신통방 [illegible] 서

신통

수리논술 2권

미적분, 기하와 벡터 과정

구자관 저

YBM

수리논술 2권

구자관

서울대학교 공과대학 졸업

수학 참고서 및 문제집 다수 집필

30여 년 동안 대입수학 강의 – 서울학원, 한빛학원(대치동 소재), 청솔학원, 종로학원 등

2005년부터 수리논술 강의 – 청솔학원, 종로학원, 정일학원, 이투스학원 등

전국 수리논술 담당 교사 및 강사를 대상으로 강연

신통 수리논술 1, 2권 집필, 하이라이트 수학(지학사) 집필

현재 다수 학원 및 방과 후 학교에서 수리논술 전문 강사로 강의

E-mail kjk9112s@hanmail.net

펴낸곳 | YBM **펴낸이** | 오재환 **펴낸날** | 2016년 2월 1일 1쇄

지은이 | 구자관 **편집** | 박창석, 이성주, 이자현, 황현경, 김재우, 이선정, 조정윤, 장지원, 이윤수
마케팅 | 정세동, 김근수, 김승은, 김태형, 이원주, 안창순, 문지은, 유효선
디자인 | 디자인스튜디오 랑
영업문의 | 02)2000-0515 **팩스** | 02)2271-0172
학습문의 | 서울특별시 종로구 종로98 8층 (우) 110-122 **전화** | 02)2000-0591
ISBN | 978-89-17-22407-8 **홈페이지** | www.ybmtext.com
도서주문 | http://www.ybmbooks.com

이 책을 내면서

수험생이 대학에 진학하기 위해 치르는 시험 전형에는 크게 수시 전형과 정시 전형이 있습니다. 수시 전형은 학생부 성적, 논술이 큰 영향을 미치는 반면 정시 전형은 수능 점수에 의해 결정됩니다.

그런데 수시 전형을 통해 선발하는 학생 수는 매년 증가하여 현재는 그 비율이 70% 정도로 확대되었습니다.

상위권에 속하는 대학의 대부분은 우수한 학생을 선발하기 위해 다양한 방법을 강구하고 있고, 그 방법의 하나로 논술 전형을 실시하고 있습니다.

현재 자연계 학생으로서 성적이 매우 우수한 학생은 물론이고 전과목을 잘하지는 못하지만 수학, 과학 등에서 뛰어난 능력을 갖추고 있거나, 학생부 성적이 우수하지 못한 학생들도 상위권 대학으로의 진학이 가능한 전형이 논술 전형이라고 할 수 있습니다.

그러나 자연계 논술을 준비하는 학생을 위한 참고서는 시중에 거의 없다 시피합니다. 있더라도 기출문제 해설서에 불과합니다. 수리논술 문제의 난이도는 교육부의 관리에 의해 점점 낮아지고 있지만 아직도 짧은 시간에 해결하기에는 어려운 수준입니다.

제대로 된 논술 참고서가 없는 상황에서 논술을 준비하지 못해 방황하는 수험생과 이들을 가르치기 위해 노력하시는 수리논술 담당 선생님을 생각하면 너무나 가슴이 아픕니다.

2006년도에 수리논술 교재를 집필하고, 2011년도에 개정판을 내면서 기존 책과는 다른 체제와 풍부한 배경지식으로 많은 사랑을 받은 바 있습니다. 그런데 수학 교육과정이 개정되고 논술 시험 경향의 변화가 있어 여기에 맞추어 다시 수리논술을 체계적으로 준비할 수 있는 학습 자료를 만들기로 하였습니다.

이미 발간된 내용을 바탕으로 더욱 진화, 발전한 주제를 설정하고 깊고 풍부한 배경지식(주제별 강의)과 기출문제에 대한 쉽고 자세한 해설을 추가하였습니다. 내신과 수능에 대비하여 열심히 공부하는 학생이라면 충분히 스스로 학습이 가능하도록 배려하였습니다. 아울러 2017학년도 대학 입시를 치르는 수험생부터는 개정 교육과정으로 공부를 하기 때문에 이에 맞게 목차를 정하였습니다.

아무쪼록 이 책으로 공부하는 수험생과 학생 여러분에게 좋은 결과가 있기를 기원합니다. 끝으로 집필 과정에서 많은 도움을 주시고 아낌없는 조언을 해 주신 여러 선생님들과 출판사 YBM 민선식 부회장님을 비롯한 모든 직원 여러분께도 깊은 감사의 마음을 전해드립니다.

서릿골 연구실에서

구 자 관

이 책의 차례

I 지수함수와 로그함수 10

수리논술 기출 및 예상 문제 ······ 16

II 삼각함수 20

수리논술 기출 및 예상 문제 ······ 31

주제별 강의 제 1 장 삼각측량 ······ 38

III 함수의 극한과 연속 44

수리논술 기출 및 예상 문제 ······ 53

주제별 강의 제 2 장 거미줄 그림으로 부동점(고정점) 찾기 ······ 59

제 3 장 원리합계 ······ 66

IV 미분법 74

수리논술 기출 및 예상 문제 ······ 88

주제별 강의 제 4 장 빛의 반사와 굴절 ······ 108

제 5 장 로그 미분법 ······ 118

제 6 장 방정식의 실근의 근삿값(Newton의 방법) ······ 122

제 7 장 평균값의 정리 ······ 126

제 8 장 그래프의 모양(위·아래로 볼록) ······ 135

제 9 장 도형에서의 최대·최소 ······ 142

V 적분법 152

수리논술 기출 및 예상 문제 ······ 164

주제별 강의 제 10 장 $\int \sin^n x\,dx$, $\int \cos^n x\,dx$의 계산 ······ 185

제 11 장 여러 가지 변화율 ······ 189

제 12 장 분수의 합(급수의 수렴, 발산) ······ 198

제 13 장 그래프의 대칭성과 미적분 ······ 205

제 14 장 역함수와 미적분 ······ 211

제 15 장 파푸스의 정리 ······ 218

제 16 장 카발리에리의 원리 ······ 223

기하와 벡터

Ⅵ 이차곡선 234

수리논술 기출 및 예상 문제 238
주제별 강의 제 17 장 이차곡선의 자취 242
제 18 장 이차곡선의 여러 가지 성질 259

Ⅶ 공간도형 282

수리논술 기출 및 예상 문제 289
주제별 강의 제 19 장 정다면체 295

Ⅷ 벡터 306

수리논술 기출 및 예상 문제 317
주제별 강의 제 20 장 사이클로이드 334
제 21 장 구의 그림자 348

신통 수리논술 1권 차례

수학 Ⅰ

Ⅰ 다항식
제 1 장 소수
제 2 장 n진법

Ⅱ 방정식과 부등식
제 3 장 천칭저울로 불량 동전을 찾는 방법

Ⅲ 도형의 방정식
제 4 장 삼각형의 무게중심, 페르마의 점
제 5 장 아폴로니오스의 원
제 6 장 최단거리 찾기
제 7 장 맨홀 뚜껑이 원, 음료수 캔이 원기둥인 이유
제 8 장 테셀레이션(tessellation)
제 9 장 부등식의 영역에서의 최대 · 최소

수학 Ⅱ

Ⅳ 집합과 명제
제 10 장 귀류법을 이용하는 증명
제 11 장 의사결정의 최적화(게임이론)
제 12 장 산술평균과 기하평균, 조화평균
제 13 장 코시-슈바르츠 부등식

Ⅴ 함수
제 14 장 합성함수 $f \circ f \circ f \circ \cdots \circ f$의 그래프

Ⅵ 수열과 수열의 극한
제 15 장 여러 가지 점화식
제 16 장 추론과 수학적 귀납법의 응용
제 17 장 피보나치 수열과 황금비
제 18 장 프랙탈

확률과 통계

Ⅶ 확률
제 19 장 확률을 이용한 원주율 π 찾기
제 20 장 조건부확률
제 21 장 재미있는 확률 이야기
제 22 장 하디-바인베르크의 법칙

Ⅷ 통계
제 23 장 자연수의 최초(최고 자리)의 수 구하기
제 24 장 심프슨의 역설
제 25 장 통계의 왜곡

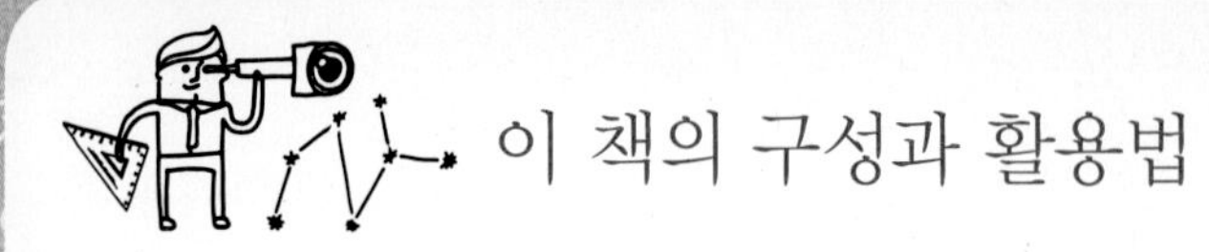

이 책의 구성과 활용법

교육과정의 교과목 순서대로 내용을 실어, 체계적인 수리논술 학습이 이루어질 수 있도록 하였으며, 각 단원에 관련된 주제를 찾아 단원별로 공부할 수 있도록 하였다.

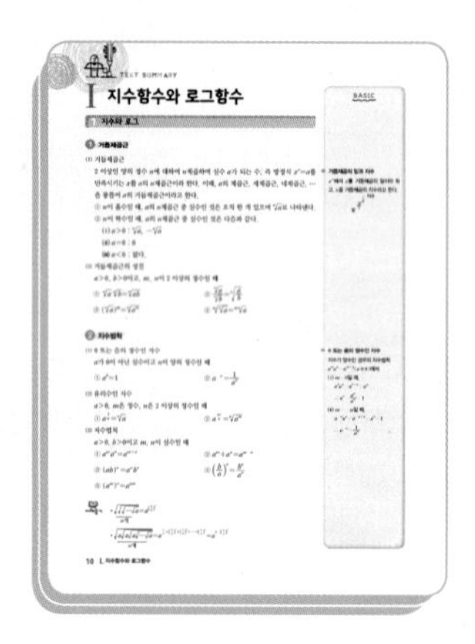

핵심 개념 정리

수리논술에서 필요한 핵심 개념을 발췌하여 실었으며, 이해 돕기(예)를 통하여 배운 내용을 확실히 복습할 수 있도록 하였다.

BASIC 기본적으로 알고 있어야 할 개념과 핵심 개념 정리의 기초적인 설명이나 용어의 정의, 공식 등을 수록하였다.

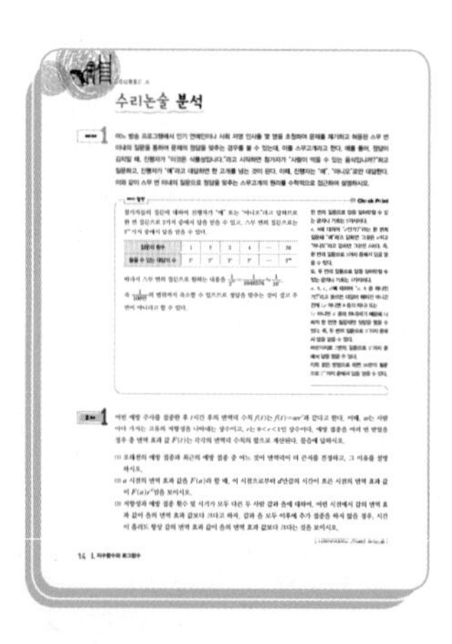

수리논술 분석(예제)

수리논술 문제를 풀기 위해서는 문제가 요구하는 풀이를 정확히 써야 한다. 체크포인트(check point)를 통해 문제의 정확한 해석과 접근 방법 및 해결 방법을 제시하여 수리논술 문제의 거부감을 줄였다. 일정 수준의 사고력 증진을 위한 과정이다.

예제의 풀이 방법을 바탕으로 유사한 문제를 연습하는 과정이다.

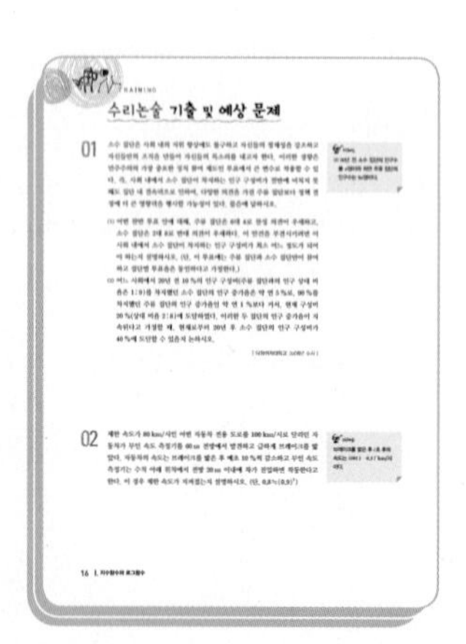

수리논술 기출 및 예상 문제

기존의 대학별 고사에서 출제되었던 기출문제를 수록하고, 자세한 해설을 제시하였다. 또 기출문제의 분석을 토대로 앞으로 출제될 예상 문제를 함께 실었다.

Hint 문제를 풀기 위한 실마리를 제공하였다.

주제별 강의

기존에 많이 출제되었던 주제를 엄선하여 집중적으로 다루었다.
교과서에서 다루지 않았던 수리논술에 필요한 주제를 확실히 이해하고 활용할 수 있는 과정이다.

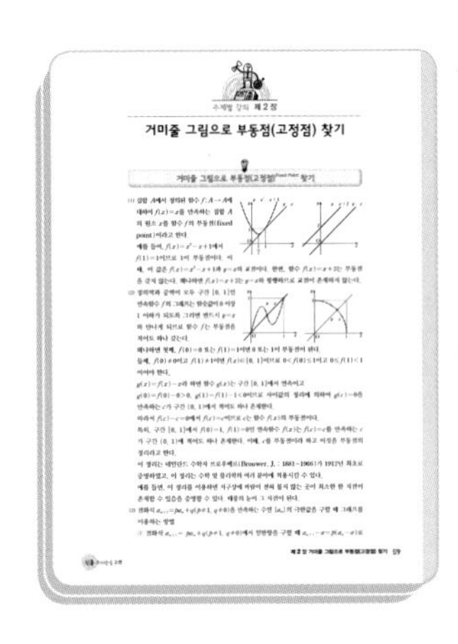

주제별 강의 예시 및 문제

주제별 강의에서 설명만으로는 부족한 내용을 예시와 문제로 이해할 수 있도록 집중적으로 연습하는 과정이다.

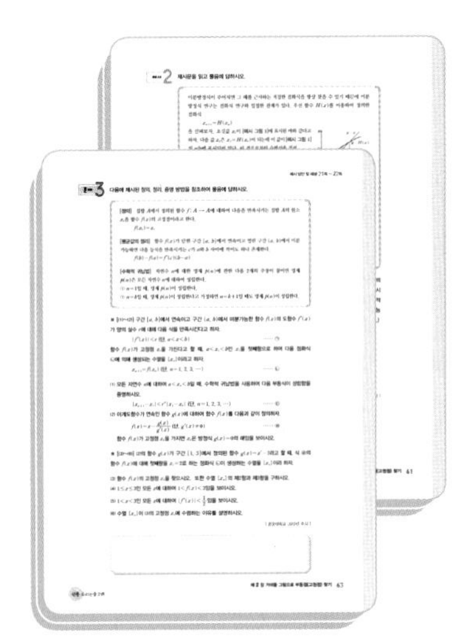

예시 답안 및 해설

지금까지 나와 있는 수리논술 문제집의 단점은 어려운 풀이에 있었다.
쉬운 표현으로 누구나 쉽게 이해할 수 있도록 상세히 기술하였다.

자연계 수리논술 이렇게 대비하자.

1 자연계 수리논술의 유형

많은 대학의 자연계 수리논술의 유형이 유사해지고 정형화되고 있지만 각 대학마다 출제 경향 및 유형에는 다소 차이가 있다. 이를 크게 나누면 다음과 같다.

첫째 수리논술 + 과학논술을 보는 유형

- 자연계 논술 시험 문항에 수리에 관한 문항 1~2개, 과학에 관한 문항 1~2개(물리, 화학, 생물 등에서 선택)가 출제되는 유형이다.
- 서울대, 연세대, 고려대, 성균관대, 중앙대, 경희대, 건국대, 동국대, 숭실대, 가톨릭대, 부산대, 경북대 등에서 출제되는 유형이다.

둘째 수리논술만 보는 유형

- 자연계 논술 시험 문항에 수리에 관한 문항만 2개 이상 출제되는 유형이다. 특히 수학에 뛰어난 능력이 있는 학생에게 유리한 전형이라고 할 수 있다.
- 서강대, 한양대, 이화여대, 서울시립대, 홍익대, 한양대(에리카), 세종대, 단국대, 서울과기대, 한국항공대, 광운대, 인하대, 아주대, 연세대(원주) 등에서 출제되는 유형이다.

2 수리논술의 이해와 대비

첫째 수리논술이란?

수리논술은 수능에서와 같이 단순히 문제를 풀어 답을 내는 것이 아니고, 반드시 문제를 푸는 과정마다 수학적 원리나 개념에 바탕을 둔 논리적인 근거를 제시하는 논리적 서술이다. 즉, 결과를 보는 것이 아니라 해결하는 과정을 보는 수학 시험이라고 할 수 있다. 따라서 수리논술의 답안 작성은 논리적으로 서술하여 상대방을 설득할 수 있어야 한다. 이때 자신이 주장하는 내용에는 주어진 제시문이나 자신이 알고 있는 수학적 원리와 개념을 적절한 수식이나 그림, 그래프를 활용하여 표현하는 것이 바람직하다.

둘째 수리논술의 문항은?

수능 문제와 달리 수리논술 문제는 제시문과 논제의 두 부분으로 구성된다. 제시문은 논제의 이해를 돕기 위한 내용 또는 문제를 풀기 위한 자료(필요한 개념, 공식) 등과 같은 힌트라고 볼 수 있다. 논제는 좁은 의미에서 논술 문제를 뜻하는데, 구하는 것이 무엇인지, 어떻게 써야 하는지를 제시하고 있다. 따라서 답안 작성을 할 때 용어는 되도록 제시문 또는 논제에서 주어진 것을 그대로 사용하고, 제시문과 논제에서 언급하지 않은 문자나 기호를 사용할 경우에는 정의를 하고 사용해야 한다.
그리고 많은 대학들이 하나의 문제를 몇 개의 소문항으로 세분화하여 단계적으로 연계하여 출제하고 있다.
특히 소문항 중 첫 번째 문항은 가장 쉬운 문제이므로 가능하면 빨리 정확하게 풀어내야 한다. 주어진 시간적인 제약도 고려해야 하기 때문이다.
대체로 뒤의 소문항들은 앞의 소문항의 결과를 이용하여 풀게 되어 있으므로 소문항들을 차근차근 풀게 되면 마지막 문항의 답을 얻을 수 있다. 뒤로 갈수록 문항의 난이도는 높아지지만 소문항들은 연결된 경우가 많으므로 앞의 소문항의 해결이 어려우면 다음 소문항의 내용에서 문제 풀이의 방향에 대한 힌트를 얻을 수도 있다. 따라서 소문항들로 이루어진 논제 전체에 대한 이해를 하는 것이 문제를 풀기 위한 첫걸음이다.

셋째 제시문과 논제의 최선의 활용은?

대학에 따라 제시문의 양은 다르다. 특히 제시문의 양이 많은 경우에는 논제를 먼저 이해를 하여 무엇을 구하는지를 이해하고 제시문에서 주어진 자료 또는 공식을 확인하여 문제 풀이의 방향성을 정한다.
즉, 답을 구하는 방법이 여러 가지인 경우에 제시문과 논제에서 제시한 방법이 아닌 경우에는 좋은 점수를 받을 수 없다.

넷째 수리논술 논제의 유형은?

논제는 각 문제들이 요구하는 것에 따라 정답 요구 유형과 증명, 설명 요구 유형 등으로 나눌 수 있다.

⑴ 정답 요구 유형
수리논술에서 가장 많이 출제되는 유형으로 제시문에 있는 내용(배경지식, 활용할 공식 등)을 이용하여 문제에서 요구하는 답을 찾는 문제이다. 이 유형은 수능 문제와 비슷하지만 여기에서 구하는 것은 수능과는 달리 수치로 나타내는 답뿐만 아니라 관계식, 함수 등과 같이 여러 가지로 다양하다. 이 유형에서는 정답을 구하는 것뿐만 아니라 논리적 서술 과정이 더욱 더 주요한 평가 요소임에 주의해야 한다. 즉, 논리적 과정없이 답만 구해서는 안 된다. 예를 들어 미분계수를 구할 때 로피탈의 정리를 이용하지 않고 정의를 이용하여 구하는 연습이 필요하다.

⑵ 증명, 설명 요구 유형
수능에서 출제되는 전체 풀이 과정의 일부를 비워두고 물어보는 유형과 유사하다고 볼 수 있는데 수리논술에서는 풀이 전체를 힌트없이 해결해야 하는 부담이 큰 유형이다. 예를 들어 수학적 귀납법으로 증명하는 유형이 이 유형에 속한다. 논제에서 요구하는 증명 또는 설명은 수학적으로 증명하거나 논리적으로 설명해야 하는데 수학 교과서에 나오는 공식의 증명 또는 이해를 평소에 연습해 두어야 한다. 예를 들어 삼각함수의 덧셈정리, 평균값의 정리 등에 대한 것이다.

다섯째 수리논술 문제에 대한 연습은?

논술의 유형은 대학별로 조금씩 차이가 있다. 그 이유는 각 대학의 논술 문제를 출제하는 교수님이 한정되어 있고, 그 교수님의 수학에서의 전공 분야가 다르기 때문이다. 그리고 대학별로 원하는 학력의 학생을 뽑기 위해 문제의 난이도도 다르다. 따라서 자신이 지원할 대학의 논술 유형을 파악하기 위해 그 대학의 기출문제와 모의논술 문제를 꾸준히 풀어 보아야 한다. 또한 자신이 지원할 대학뿐만 아니라 다른 여러 대학의 문제까지도 풀어 보면 사고의 폭이 넓어진다.

여섯째 신통 수리논술의 장점의 활용은?

신통 수리논술의 커다란 장점은 〈주제별 강의〉에 있다.
시중에 나와 있는 다른 수리논술 책들은 대부분 기출문제만 수록되어 있어 앞으로 출제될 문제에 대한 대비책은 부족할 수밖에 없다.
대학별로 출제되는 문제의 유형과 난이도는 차이가 있어도 출제되는 주제의 공통성은 있다. 이러한 자주 출제되는 관심 분야를 폭넓게, 그리고 깊이있게 개념을 정리하여 쉽게 접근할 수 있도록 하였다. 여기에 있는 내용은 수능을 준비하는 지식만으로는 해결할 수 없는 문제까지 다룰 수 있도록 하여 지적 결핍을 뛰어넘을 수 있다.
더욱이 개념 정리를 하는 중간에 〈예시〉문제를 통하여 개념을 쉽게 이해할 수 있도록 하였으며, 같은 주제의 여러 대학의 기출문제를 한 곳에 모아 정리 및 연습을 쉽게 할 수 있도록 하였다. 따라서 잡은 고기를 주는 것이 아니라 고기를 잡는 방법을 습득하도록 하는 차원에서 같은 주제의 문제가 다르게 변형되는 경우에도 적응이 가능하다. 또 〈예시 답안 및 해설〉은 최대한 쉬운 풀이와 함께 여러 가지 풀이법을 제시하여 다양한 사고를 충족시키고 있다. 대학에서 제시한 답안의 경우에도 과정의 생략이나 참고 그림이 부족한 관계로 쉽게 이해하기 어려운 경우가 많이 있다. 이러한 어려움을 해결하고자 많은 참고 그림을 추가하고 많은 다른 방법을 제시하여 이해를 쉽게 하도록 하였다.

 아무쪼록 신통 수리논술을 잘 이용하여 합격의 영광을 꼭 얻기 바란다.

서시

윤동주

죽는 날까지 하늘을 우러러
한 점 부끄럼이 없기를,
잎새에 이는 바람에도
나는 괴로워했다.
별을 노래하는 마음으로
모든 죽어 가는 것을 사랑해야지.
그리고 나한테 주어진 길을
걸어가야겠다.

오늘 밤에도 별이 바람에 스치운다.

미적분

Ⅰ 지수함수와 로그함수 10

Ⅱ 삼각함수 20

Ⅲ 함수의 극한과 연속 44

Ⅳ 미분법 74

Ⅴ 적분법 152

TEXT SUMMARY

I 지수함수와 로그함수

1 지수와 로그

1 거듭제곱근

(1) 거듭제곱근

2 이상인 양의 정수 n에 대하여 n제곱하여 실수 a가 되는 수, 즉 방정식 $x^n=a$를 만족시키는 x를 a의 n제곱근이라 한다. 이때, a의 제곱근, 세제곱근, 네제곱근, … 을 통틀어 a의 거듭제곱근이라고 한다.

① n이 홀수일 때, a의 n제곱근 중 실수인 것은 오직 한 개 있으며 $\sqrt[n]{a}$로 나타낸다.

② n이 짝수일 때, a의 n제곱근 중 실수인 것은 다음과 같다.

(i) $a>0$: $\sqrt[n]{a}$, $-\sqrt[n]{a}$

(ii) $a=0$: 0

(iii) $a<0$: 없다.

(2) 거듭제곱근의 성질

$a>0$, $b>0$이고, m, n이 2 이상의 정수일 때

① $\sqrt[n]{a}\sqrt[n]{b}=\sqrt[n]{ab}$ ② $\dfrac{\sqrt[n]{a}}{\sqrt[n]{b}}=\sqrt[n]{\dfrac{a}{b}}$

③ $(\sqrt[n]{a})^m=\sqrt[n]{a^m}$ ④ $\sqrt[m]{\sqrt[n]{a}}=\sqrt[mn]{a}$

BASIC

거듭제곱의 밑과 지수

x^n에서 x를 거듭제곱의 밑이라 하고, n을 거듭제곱의 지수라고 한다.

x^n (밑: x, 지수: n)

2 지수법칙

(1) 0 또는 음의 정수인 지수

a가 0이 아닌 실수이고 n이 양의 정수일 때

① $a^0=1$ ② $a^{-n}=\dfrac{1}{a^n}$

(2) 유리수인 지수

$a>0$, m은 정수, n은 2 이상의 정수일 때

① $a^{\frac{1}{n}}=\sqrt[n]{a}$ ② $a^{\frac{m}{n}}=\sqrt[n]{a^m}$

(3) 지수법칙

$a>0$, $b>0$이고 m, n이 실수일 때

① $a^m a^n=a^{m+n}$ ② $a^m\div a^n=a^{m-n}$

③ $(ab)^n=a^n b^n$ ④ $\left(\dfrac{b}{a}\right)^n=\dfrac{b^n}{a^n}$

⑤ $(a^m)^n=a^{mn}$

이해돕기

• $\underbrace{\sqrt{\sqrt{\sqrt{\cdots\sqrt{a}}}}}_{n\text{개}}=a^{\left(\frac{1}{2}\right)^n}$

• $\underbrace{\sqrt{a\sqrt{a\sqrt{a\sqrt{\cdots\sqrt{a}}}}}}_{n\text{개}}=a^{\frac{1}{2}+\left(\frac{1}{2}\right)^2+\left(\frac{1}{2}\right)^3+\cdots+\left(\frac{1}{2}\right)^n}=a^{1-\left(\frac{1}{2}\right)^n}$

0 또는 음의 정수인 지수

지수가 양수인 경우의 지수법칙 $a^m a^n=a^{m+n}(a\neq0)$에서

(i) $m=0$일 때,

$a^0a^n=a^{0+n}=a^n$

$\therefore a^0=\dfrac{a^n}{a^n}=1$

(ii) $m=-n$일 때,

$a^{-n}a^n=a^{-n+n}=a^0=1$

$\therefore a^{-n}=\dfrac{1}{a^n}$

3 로그

(1) 로그의 정의

$a>0$, $a\neq1$일 때, 임의의 양수 N에 대하여 $a^x=N$을 만족시키는 실수 x는 오직 하나 존재한다. 이 실수 x를 a를 밑으로 하는 N의 로그라 하고, $x=\log_a N$으로 나타낸다.

$$a^x=N \iff x=\log_a N\ (a>0,\ a\neq1,\ N>0)$$

(2) 로그의 성질

$a>0$, $b>0$, $c>0$, $a\neq1$, $b\neq1$, $c\neq1$, $x>0$, $y>0$일 때

① $\log_a 1=0$　　② $\log_a a=1$

③ $\log_a xy=\log_a x+\log_a y$　　④ $\log_a \frac{x}{y}=\log_a x-\log_a y$

⑤ $\log_a x^n=n\log_a x$, $\log_{a^m} x^n=\frac{n}{m}\log_a x$ (m, n은 실수, $m\neq0$)

⑥ $\log_a b=\frac{\log_c b}{\log_c a}$, $\log_a b=\frac{1}{\log_b a}$ (밑 변환 공식)

⑦ $a^{\log_a b}=b$, $a^{\log_b c}=c^{\log_b a}$

이해돕기 $\log_{10}2=a$, $\log_{10}3=b$일 때, $\log_{\sqrt{12}}\sqrt[3]{48}$을 a, b로 나타내시오.

풀이

$$\log_{\sqrt{12}}\sqrt[3]{48}=\frac{\log_{10}\sqrt[3]{48}}{\log_{10}\sqrt{12}}=\frac{\log_{10}48^{\frac{1}{3}}}{\log_{10}12^{\frac{1}{2}}}=\frac{\frac{1}{3}\log_{10}(2^4\times3)}{\frac{1}{2}\log_{10}(2^2\times3)}$$

$$=\frac{2(4\log_{10}2+\log_{10}3)}{3(2\log_{10}2+\log_{10}3)}=\frac{2(4a+b)}{3(2a+b)}$$

4 상용로그

(1) 상용로그

10을 밑으로 하는 로그를 상용로그라 하고, 보통 밑 10을 생략한다. 즉,

$$\log_{10}x=\log x$$

(2) 지표와 가수

임의의 양수 N에 대하여 $\log N=$(정수)+(0 이상 1 미만의 수)로 나타낼 때, (정수)를 $\log N$의 지표, (0 이상 1 미만의 수)를 $\log N$의 가수라고 한다.

(3) 지표와 가수의 성질

① 지표의 성질

(i) $\log N$의 진수 N의 정수 부분이 n자리이면 $\log N$의 지표는 $n-1$이다.

(ii) $\log N$의 진수 N이 소수 n째 자리에서 처음으로 0이 아닌 숫자가 나타나면 $\log N$의 지표는 $\overline{n}$(또는 $-n$)이다.

② 가수의 성질

숫자의 배열이 같고 소숫점의 위치만 다른 수들의 가수는 모두 같다.

(4) $\log A$의 지표가 $n \iff n\leq\log A<n+1 \iff 10^n\leq A<10^{n+1}$

BASIC

로그의 성질

로그의 성질 ③을 로그의 정의를 이용하여 증명하면 다음과 같다.

$\log_a x=m$, $\log_a y=n$으로 놓으면 $x=a^m$, $y=a^n$이므로

$$xy=a^m a^n=a^{m+n}$$

이다. 이때, 로그의 정의에 의하여 $\log_a xy=m+n$이므로

$$\log_a xy=\log_a x+\log_a y$$

잘못된 로그의 계산

- $\log_a(x+y)\neq\log_a x+\log_a y$
- $\log_a(x-y)\neq\log_a x-\log_a y$
- $(\log_a x)^n\neq n\log_a x$
- $\log_1 1\neq1$, $\log_1 1\neq0$

지표와 가수

임의의 양수 $N=a\times10^n$($1\leq a<10$, n은 정수)에 대하여 양변에 상용로그를 취하면

$$\log N=\log(a\times10^n)=\log a+\log 10^n=n+\log a$$

이때, n이 $\log N$의 지표, $\log a$가 $\log N$의 가수이다.

이해돕기 상용로그의 지표가 m인 자연수 전체의 개수를 x, 역수의 상용로그의 지표가 $\bar{n}(n>0)$인 자연수 전체의 개수를 y라 할 때, $\log x-\log y$를 m, n으로 나타내시오.

풀이 상용로그의 지표가 m인 자연수를 A, 역수의 상용로그의 지표가 $\bar{n}$인 자연수를 B라 하면

$m\le\log A<m+1$에서 $10^m\le A<10^{m+1}$

$\therefore x=10^{m+1}-10^m=9\cdot10^m$

$-n\le\log\frac{1}{B}<-n+1$에서 $-n\le-\log B<-n+1$

$n-1<\log B\le n$ $\quad\therefore 10^{n-1}<B\le10^n$

$\therefore y=10^n-10^{n-1}=9\cdot10^{n-1}$

$\therefore \log x-\log y=\log\frac{x}{y}=\log\frac{9\cdot10^m}{9\cdot10^{n-1}}$

$=\log 10^{m-(n-1)}=m-n+1$

2 지수함수와 로그함수

1 지수함수와 로그함수

(1) 지수함수와 로그함수의 그래프

지수함수 $y=a^x(a>0,\ a\ne1)$과 로그함수 $y=\log_a x(a>0,\ a\ne1)$의 그래프는 a의 값의 범위에 따라 다음과 같다.

지수함수 $y=a^x(a>0, a\ne1)$		로그함수 $y=\log_a x(a>0, a\ne1)$	
$a>1$일 때	$0<a<1$일 때	$a>1$일 때	$0<a<1$일 때

(2) 지수함수와 로그함수의 성질

지수함수와 로그함수의 성질은 다음과 같다.

지수함수 $y=a^x(a>0, a\ne1)$	로그함수 $y=\log_a x(a>0, a\ne1)$
정의역은 R, 치역은 $\{y\mid y>0\}$이다.	정의역은 $\{x\mid x>0\}$, 치역은 R이다.
$a>1$일 때 x의 값이 증가하면 y의 값도 증가하고, $0<a<1$일 때 x의 값이 증가하면 y의 값은 감소한다.	$a>1$일 때 x의 값이 증가하면 y의 값도 증가하고, $0<a<1$일 때 x의 값이 증가하면 y의 값은 감소한다.
그래프는 점 $(0, 1)$, $(1, a)$를 지나고, x축이 점근선이다.	그래프는 점 $(1, 0)$, $(a, 1)$을 지나고, y축이 점근선이다.

참고 지수함수 $y=a^x$과 로그함수 $y=\log_a x$ 사이의 관계

① 두 함수는 서로 역함수이다.

② 두 함수의 그래프는 직선 $y=x$에 대하여 대칭이다.

예 두 함수 $y=2^x$과 $y=\log_2 x$의 그래프는 직선 $y=x$에 대하여 대칭이다.

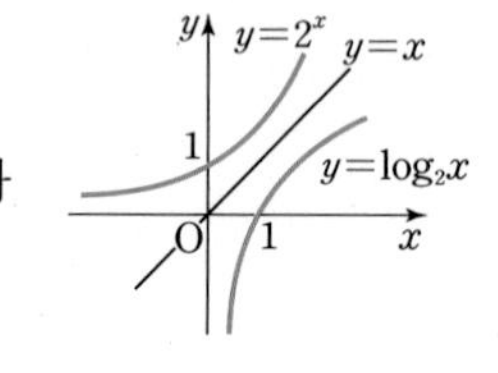

BASIC

지수함수에서 $a\ne1$인 이유

만약 지수함수 $y=a^x$에서 $a=1$이면 $a^x=1^x=1$이므로 $y=a^x=1$, 즉 상수함수이다. 따라서 지수함수는 $a\ne1(a>0)$인 경우만 생각한다.

❷ 지수 · 로그방정식과 지수 · 로그부등식

(1) 지수 · 로그방정식

① 지수방정식의 해법

(i) $a^{f(x)}=a^{g(x)}(a>0,\ a\neq1)$의 꼴 $\Longrightarrow f(x)=g(x)$

(ii) $a^{f(x)}=b^{g(x)}$의 꼴이면 양변에 로그를 취한다. $(a>0,\ a\neq1,\ b>0,\ b\neq1)$

(iii) 항이 3개일 때, $a^x=X$로 치환하여 X에 대한 방정식을 푼다.

② 로그방정식의 해법

(i) $\begin{cases} \log_a f(x)=\log_a g(x)(a>0,\ a\neq1)\text{의 꼴} \Longrightarrow f(x)=g(x) \\ \qquad\qquad (\text{단, } f(x)>0,\ g(x)>0) \\ \log_a f(x)=b\text{의 꼴} \Longrightarrow f(x)=a^b\ (\text{단, } f(x)>0) \end{cases}$

(ii) 같은 꼴이 있으면 $\log_a x=X$로 치환하여 X에 대한 방정식을 푼 다음 $\log_a x=X$를 푼다.

(iii) 지수에 로그가 있는 꼴이면 양변에 로그를 취한다.

BASIC

● **지수 · 로그방정식과 지수 · 로그부등식**

지수에 미지수를 포함하는 방정식을 지수방정식, 로그의 진수 또는 밑에 미지수를 포함하는 방정식을 로그방정식이라고 한다.

또, 지수에 미지수를 포함하는 부등식을 지수부등식, 로그의 진수 또는 밑에 미지수를 포함하는 부등식을 로그부등식이라고 한다.

(2) 지수 · 로그부등식

밑의 조건	지수부등식의 해법	로그부등식의 해법	부등호 방향
$a>1$	$a^{f(x)}>a^{g(x)}$ $\Longrightarrow f(x)>g(x)$	$\log_a f(x)>\log_a g(x)$ $\Longrightarrow f(x)>g(x)$ (단, $f(x)>0,\ g(x)>0$)	부등호 방향 그대로
$0<a<1$	$a^{f(x)}>a^{g(x)}$ $\Longrightarrow f(x)<g(x)$	$\log_a f(x)>\log_a g(x)$ $\Longrightarrow f(x)<g(x)$ (단, $f(x)>0,\ g(x)>0$)	부등호 방향 반대로

● $a^{f(x)}=a^{g(x)}$에서

- 지수가 0일 때 밑이 같지 않아도 성립한다.
- 밑이 1일 때 지수가 같지 않아도 성립한다.

참고 (i) $a>1$일 때

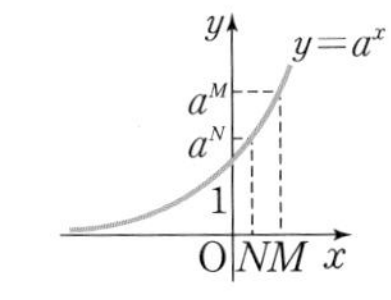

$a^M>a^N$이면 $M>N$

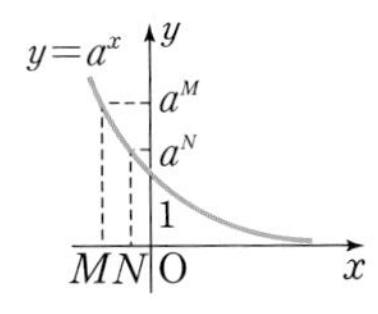

$\log_a M>\log_a N$이면 $M>N(M>0,\ N>0)$

(ii) $0<a<1$일 때

$a^M>a^N$이면 $M<N$

$\log_a M>\log_a N$이면 $M<N(M>0,\ N>0)$

이해돕기 다음 방정식과 부등식을 푸시오.

(1) $x^{\log x}=1000x^2$ (2) $2^{x+1}>3^{2x}$

풀이

(1) 양변에 상용로그를 취하면 $\log x^{\log x}=\log 1000x^2$, $(\log x)^2=3+2\log x$

$\log x=t$로 치환하면 $t^2-2t-3=0$, $(t+1)(t-3)=0$ $\quad\therefore t=-1$ 또는 $t=3$

(i) $t=-1$일 때, $\log x=-1$ $\quad\therefore x=10^{-1}=\dfrac{1}{10}$

(ii) $t=3$일 때, $\log x=3$ $\quad\therefore x=10^3=1000$

(2) 양변에 상용로그를 취하면

$\log 2^{x+1}>\log 3^{2x}$, $(x+1)\log 2>2x\log 3$

$(2\log 3-\log 2)x<\log 2$ $\quad\therefore x<\dfrac{\log 2}{2\log 3-\log 2}$

● 로그부등식에서 밑이 문자일 때에는

(밑)>1, $0<$(밑)<1

인 경우로 나누어 푼다.

COURSE A

수리논술 분석

예제 1 어느 방송 프로그램에서 인기 연예인이나 사회 저명 인사들 몇 명을 초청하여 문제를 제기하고 허용된 스무 번 이내의 질문을 통하여 문제의 정답을 맞추는 경우를 볼 수 있는데, 이를 스무고개라고 한다. 예를 들어, 정답이 김치일 때, 진행자가 "이것은 식물성입니다."라고 시작하면 참가자가 "사람이 먹을 수 있는 음식입니까?"하고 질문하고, 진행자가 "예"라고 대답하면 한 고개를 넘는 것이 된다. 이때, 진행자는 "예", "아니오"로만 대답한다. 이와 같이 스무 번 이내의 질문으로 정답을 맞추는 스무고개의 원리를 수학적으로 접근하여 설명하시오.

예시 답안

참가자들의 질문에 대하여 진행자가 "예" 또는 "아니오"라고 답하므로 한 번 질문으로 2가지 중에서 답을 얻을 수 있고, 스무 번의 질문으로는 2^{20}가지 중에서 답을 얻을 수 있다.

질문의 횟수	1	2	3	4	…	20
들을 수 있는 대답의 수	2^1	2^2	2^3	2^4	…	2^{20}

따라서 스무 번의 질문으로 원하는 내용을 $\frac{1}{2^{20}}=\frac{1}{1048576}≒\frac{1}{10^6}$,

즉 $\frac{1}{100만}$의 범위까지 축소할 수 있으므로 정답을 맞추는 것이 결코 우연이 아니라고 할 수 있다.

Check Point

한 번의 질문으로 답을 알아맞힐 수 있는 문자나 기호는 2가지이다.
a, b에 대하여 "a인가?"라는 한 번의 질문에 "예"라고 답하면 그것은 a이고 "아니오"라고 답하면 그것은 b이다. 즉, 한 번의 질문으로 2가지 중에서 답을 얻을 수 있다.
또, 두 번의 질문으로 답을 알아맞힐 수 있는 문자나 기호는 4가지이다.
a, b, c, d에 대하여 "a, b 중 하나인가?"라고 물으면 대답이 예이건 아니건 간에 (a 아니면 b 중의 하나) 또는 (c 아니면 d 중의 하나)이기 때문에 나머지 한 번만 질문하면 정답을 얻을 수 있다. 즉, 두 번의 질문으로 2^2가지 중에서 답을 얻을 수 있다.
마찬가지로 3번의 질문으로 2^3가지 중에서 답을 얻을 수 있다.
이와 같은 방법으로 하면 20번의 질문으로 2^{20}가지 중에서 답을 얻을 수 있다.

유제 1 어떤 예방 주사를 접종한 후 t시간 후의 면역력 수치 $f(t)$는 $f(t)=wr^t$과 같다고 한다. 이때, w는 사람마다 가지는 고유의 저항성을 나타내는 상수이고, r는 $0<r<1$인 상수이다. 예방 접종을 여러 번 받았을 경우 총 면역 효과 값 $F(t)$는 각각의 면역력 수치의 합으로 계산된다. 물음에 답하시오.

(1) 오래전의 예방 접종과 최근의 예방 접종 중 어느 것이 면역력이 더 큰지를 결정하고, 그 이유를 설명하시오.

(2) a 시점의 면역 효과 값을 $F(a)$라 할 때, 이 시점으로부터 d만큼의 시간이 흐른 시점의 면역 효과 값이 $F(a)r^d$임을 보이시오.

(3) 저항성과 예방 접종 횟수 및 시기가 모두 다른 두 사람 갑과 을에 대하여, 어떤 시점에서 갑의 면역 효과 값이 을의 면역 효과 값보다 크다고 하자. 갑과 을 모두 이후에 추가 접종을 하지 않을 경우, 시간이 흘러도 항상 갑의 면역 효과 값이 을의 면역 효과 값보다 크다는 것을 보이시오.

| 이화여자대학교 2006년 모의논술 |

예제 2 오른쪽 그림은 기원전 10000년부터 서기 2000년까지 인류의 추정 인구수를 시간 t의 함수 $P(t)$로 표시한 그래프이다. 그래프에서 세로축은 같은 간격마다 일정한 비율로 값이 커지는 로그 척도로 표시되어 있고, 큰 눈금은 각각 1M(백만), 10M(천만), 100M(일억), 1000M(십억), 10000M(백억) 명을 나타낸다. 그래프를 보면 인구수가 유목시대에는 4~5백만 명으로 매우 완만하게 증가하다, 그래프를 직선으로 근사할 수 있는 기원전 5000년부터 서기 1600년까지 농경시대 동안은 인구가 거의 일정한 비율로 증가하였고, 1600년 이후 산업화시대에는 매우 높은 비율로 증가하고 있는 것을 알 수 있다.

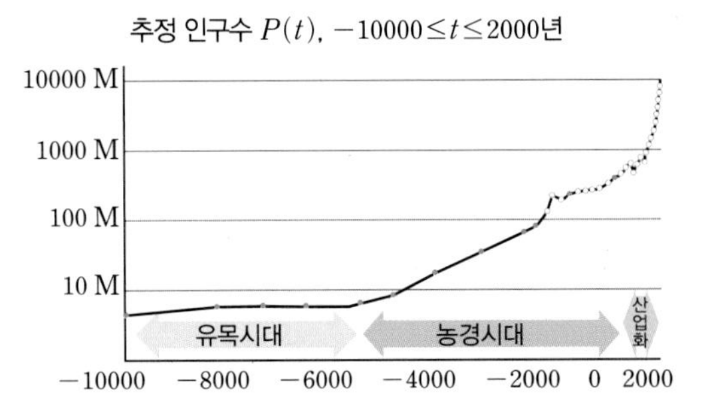

(1) 기원전 5000년 5백만이었던 인구수가 일정한 비율로 증가하여 서기 1600년 5억이 되었다고 할 때, 이 시대 인구가 2배 증가하는 데 소요된 평균 기간을 구하시오. (단, 상용로그 log 2의 근삿값은 0.3으로 계산한다.)

(2) 1927년 20억 명이었던 인구수는 거의 일정한 증가율을 보이며 증가하여 1970년대 40억 명에 도달하였고, 2027년 80억 명에 도달할 것으로 예측되고 있다. 이 100년 동안의 연평균 인구 증가율(%)을 아래 70−배증 법칙을 이용하여 근사하여 보시오.

> 70−배증법칙: 매년 일정한 비율(%)로 증가하는 수열 $\left(1+\frac{(\text{비율})}{100}\right)^{(\text{연수})}$의 값이 2가 되려면 (연수)×(비율)의 값은 근사적으로 70과 같다. (참고로 이 근사식은 연수가 비율(%)보다 큰 경우 유용한 근삿값을 제공한다.)

(3) 산업화시대를 전기와 후기로 구분할 때, 전기 350년(16C 후반 ~ 20C 초반) 동안 인구수는 일정 비율로 증가하여 4배, 후기 100년(20C 초반 ~ 21C 초반) 동안 또 다른 일정 비율로 증가하여 다시 4배로 증가하였다고 하자. 만약 산업화시대 전기 350년 동안 연평균 인구 증가율이 과거 전기 추정 값의 $\frac{1}{2}$이었고, 후기 100년 동안 연평균 인구 증가율이 과거 후기 추정 값의 $\frac{1}{4}$이라고 가정하면, 이 450년 동안(16C 후반 ~ 21C 초반) 인구는 몇 배로 증가되었을지 구하시오.

| 이화여자대학교 2014년 모의논술 |

예시 답안

(1) $\log P(t)=a+bt$ 또는 $P(t)=A\cdot 10^{bt}$이므로
$\frac{P(1600)}{P(-5000)}=10^{b\{1600-(-5000)\}}=\frac{5\text{억}}{5\text{백만}}=100$이다.
양변에 상용로그를 취하면 $b\cdot 6600=2$이므로 $b=\frac{1}{3300}$, 인구가 2배가 되는 기간 T는 $10^{bT}=2$를 만족하므로 $bT=\log 2$, $T=\frac{\log 2}{b}=990$년(약 1천년마다 2배)이다.

(2) 100년 동안 일정한 비율로 증가하여 4배가 되었으므로 2배가 되는 데 50년 소요된다. 70−배증법칙에 의하면 (연수)×(비율)=70이므로 연평균 증가율은 $\frac{70}{50}=1.4(\%)$

(3) 전기 350년 동안 4배가 되었으므로 2배가 되는데 175년, 후기는 100년 동안 4배가 되었으므로 2배가 되는 데 50년이 소요된다. 2배가 되기 위한 소요 연수와 연평균 인구 증가율은 반비례 관계에 있으므로, 인구증가율이 각각 $\frac{1}{2}$, $\frac{1}{4}$이면 2배가 되는 데 전기 350년, 후기 200년이 소요된다.
따라서 전기에 $2^{\frac{350}{350}}=2$배, 후기에 $2^{\frac{100}{200}}=\sqrt{2}$배, 즉 $2\sqrt{2}$배가 된다.

Check Point

(1) 기원전 5000년부터 서기 1600년까지 로그 척도의 그래프는 직선이다.

TRAINING

수리논술 기출 및 예상 문제

01

소수 집단은 사회 내의 지위 향상에도 불구하고 자신들의 정체성을 강조하고 자신들만의 조직을 만들어 자신들의 목소리를 내고자 한다. 이러한 경향은 민주주의의 가장 중요한 정치 참여 제도인 투표에서 큰 변수로 작용할 수 있다. 즉, 사회 내에서 소수 집단이 차지하는 인구 구성비가 절반에 미치지 못해도 집단 내 결속력으로 인하여, 다양한 의견을 가진 주류 집단보다 정책 결정에 더 큰 영향력을 행사할 가능성이 있다. 물음에 답하시오.

(1) 어떤 찬반 투표 안에 대해, 주류 집단은 6대 4로 찬성 의견이 우세하고, 소수 집단은 2대 8로 반대 의견이 우세하다. 이 안건을 부결시키려면 이 사회 내에서 소수 집단이 차지하는 인구 구성비가 최소 어느 정도가 되어야 하는지 설명하시오. (단, 이 투표에는 주류 집단과 소수 집단만이 참여하고 집단별 투표율은 동일하다고 가정한다.)

(2) 어느 사회에서 20년 전 10 %의 인구 구성비(주류 집단과의 인구 상대 비율은 1 : 9)를 차지했던 소수 집단의 인구 증가율은 약 연 5 %로, 90 %를 차지했던 주류 집단의 인구 증가율인 약 연 1 %보다 커서, 현재 구성비 20 %(상대 비율 2 : 8)에 도달하였다. 이러한 두 집단의 인구 증가율이 지속된다고 가정할 때, 현재로부터 20년 후 소수 집단의 인구 구성비가 40 %에 도달할 수 있을지 논하시오.

| 이화여자대학교 2008년 수시 |

Hint
(2) 20년 전 소수 집단의 인구수를 a명이라 하면 주류 집단의 인구수는 $9a$명이다.

02

제한 속도가 80 km/시인 어떤 자동차 전용 도로를 100 km/시로 달리던 자동차가 무인 속도 측정기를 60 m 전방에서 발견하고 급하게 브레이크를 밟았다. 자동차의 속도는 브레이크를 밟은 후 매초 10 %씩 감소하고 무인 속도 측정기는 수직 아래 위치에서 전방 20 m 이내에 차가 진입하면 작동한다고 한다. 이 경우 제한 속도가 지켜졌는지 설명하시오. (단, $0.8 \fallingdotseq (0.9)^2$)

Hint
브레이크를 밟은 후 t초 후의 속도는 $100(1-0.1)^t$ km/시이다.

03 제시문을 읽고 물음에 답하시오.

(가) a가 양의 실수이고 n이 자연수라 하자. a의 n거듭제곱 a^n은

$$a^n=\underbrace{aa\cdots a}_{n\text{개}}$$

로 정의한다. a의 n제곱근 $\sqrt[n]{a}$는 방정식 $x^n=a$의 양의 실수해로 정의한다.

(나) a가 양의 실수이고 r가 양의 유리수라 하자. a^r은 r가 두 자연수 m, n에 대하여 $r=\dfrac{n}{m}$으로 표현될 때,

$$a^r=\sqrt[m]{a^n}$$

으로 정의한다. 즉, $x^m=a^n$의 양의 실수해로 정의한다.

(다) a가 양의 실수이고 x가 양의 실수라 하자. a^x은 r_1, r_2, r_3, …이 x로 수렴하는 양의 유리수의 수열이라 할 때, 수열

$$a^{r_1},\ a^{r_2},\ a^{r_3},\ \cdots$$

이 수렴하는 실수로 정의한다.

(라) a가 양의 실수이고 x, y가 양의 실수이면

$$a^{x+y}=a^xa^y$$

이 성립한다. 또한, $x<y$이고 $a>1$이면

$$a^x<a^y$$

이 성립한다.

(1) $2^{\sqrt{2}}$이 $\dfrac{5}{2}$보다 크고 3보다 작은 수라는 것을 설명하시오.

(2) a가 양의 실수일 때, a^x을 x가 음수 또는 0일 때에도 정의하고, 자신이 제시한 정의에 대하여 그 적절성을 설명하시오.

| 한양대학교 2011년 모의논술 |

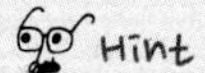

(1) $\sqrt{2}=1.414\cdots$이므로

$$\frac{4}{3}<\sqrt{2}<\frac{3}{2}$$

임을 이용한다. 이때,

$$2^{\frac{4}{3}}<2^{\sqrt{2}}<2^{\frac{3}{2}}$$

이 성립한다.

04

컴퓨터 바이러스는 컴퓨터에서 실행되는 프로그램의 한 종류이다. 여기서 바이러스라는 이름이 붙은 이유는, 생물학적인 바이러스가 자기 자신을 복제하는 유전 인자를 가지고 있는 것처럼 컴퓨터 바이러스도 자기 자신을 복사하는 코드를 가지고 있기 때문이다. 어떤 컴퓨터 바이러스는 다른 컴퓨터 10대를 감염시키는 데 약 2시간이 걸린다. 이 바이러스가 유포되기 시작한 후, 1000만 대가 보급된 우리나라 컴퓨터의 10 % 이상을 감염시키는 데 최소한 몇 시간이 걸리는지 설명하시오. (단, 감염된 컴퓨터는 다른 컴퓨터를 10대까지만 감염시킬 수 있고, $\log 3=0.4771$로 계산한다.)

| POSTECH 2012년 심층면접 |

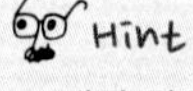

10대의 컴퓨터를 감염시키는 데 2시간이 소요되므로 4시간 후에는 $10^{\frac{4}{2}}$대, 6시간 후에는 $10^{\frac{6}{2}}$대, …의 컴퓨터를 계속 감염시킨다.

05

물음에 답하시오.

(1) 다음은 동물의 크기와 무게를 측정한 연구 결과이다.

> Stahl과 Gummerson은 타마린, 긴꼬리원숭이, 비비 등과 같은 영장류 동물의 몸통 둘레를 측정하여 체중과의 상관관계를 도출하였다. 약 0.2~30 kg 사이의 다양한 개체들을 측정한 결과 (체중)^{x}에 비례하여 몸통 둘레가 증가한다는 것을 확인하였다.

다음 설명들을 이용하여 위의 x의 값을 유추하되 그 과정을 단계별로 보이시오.

(가) 동물의 몸은 높이 h와 지름 d인 원통으로 생각할 수 있다.

(나) 부피와 체중은 비례한다고 생각할 수 있다.

(다) McMahon은 높이가 약 2~100 m 사이인 다양한 종의 나무 576그루의 높이(height)와 밑동 지름(diameter)에 대한 분포도를 아래 그림과 같이 보인 바 있다. 그림은 가로축을 지름의 로그, 세로축을 높이의 로그로 하여 데이터들을 점으로 찍은 것인데, 점들은 거의 일직선상에 놓였고 그 기울기가 $\frac{2}{3}$였다. 이 결과를 영장류 동물에도 적용할 수 있다고 가정한다.

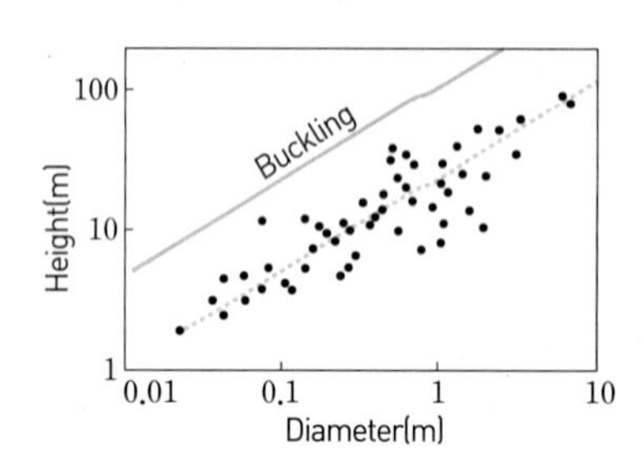

(2) 지구와 행성 X의 질량과 반지름이 오른쪽 표와 같다. 물음에 답하시오.

	질량(kg)	반지름(m)
지구	6.0×10^{24}	6.4×10^{3}
행성 X	9.6×10^{25}	1.6×10^{3}

① 천체 표면에서의 중력은 천체의 질량에 비례하고 중심으로부터의 거리의 제곱에 반비례한다. 행성 X 표면에서의 중력은 지구 표면에서의 중력의 몇 배인지 표에 나온 값을 이용하여 계산하시오.

② 동물의 뼈의 굵기가 몸통 둘레에 비례한다고 가정하자. 이때, 만약 지구상의 동물이 행성 X의 표면에서 산다면 뼈의 굵기가 몇 배 늘어나야 될지 (1)의 결과를 이용하여 유추해 보시오.

| 숭실대학교 2013년 모의논술 |

Hint

(1) 그림에서 $\frac{\log(\text{높이})}{\log(\text{지름})}=\log_{(\text{지름})}(\text{높이})$는 $\frac{2}{3}$에 비례한다.

06 제시문을 읽고 물음에 답하시오. (단, 적절한 수식을 사용하여 답하시오.)

> • 밥 멧칼프(Bob Metcalfe)는 어떤 네트워크의 유용성 또는 실용성(B)은 사용자 수(n)의 제곱에 비례한다고 주장하였다. 즉, 전화, 팩스, 컴퓨터 또는 사람 사이의 네트워크까지 모든 네트워크의 가치는 *노드(node)나 사용자가 추가될 때마다 크게 증가한다는 것이다. 이를 멧칼프의 법칙(Metcalfe's Law)이라고 부른다.
>
> (*) node(노드) 데이터 통신망에서 데이터를 전송하는 통로에 접속되는 하나 이상의 기능 단위이다.
>
> • 고든 무어(Gorden Moore)는 1965년도에 한 연설에서 마이크로 칩의 처리 능력(P)은 18개월마다 두 배로 증대된다고 말하였다. 이 말은 1970년경부터 2000년경에 이르기까지 약 30년간 상당히 정확히 들어맞았다. 이를 무어의 법칙(Moore's Law)이라고 부른다.

(1) 제시문에 기술된 멧칼프의 법칙과 무어의 법칙을 각각 수식화하여 보이시오.

(2) 성격이 비슷한 인터넷 소모임이 두 개 있다고 하자. 소모임 A의 가입자 수가 소모임 B의 가입자 수의 2배라 한다. 소모임 A로부터 얻을 수 있는 실용성은 소모임 B로부터 기대되는 실용성과 비교하여 얼마나 되겠는지 수식화된 멧칼프의 법칙을 이용하여 예측하시오. 아울러, 1970년 당시의 마이크로 칩이 단위 시간당 처리할 수 있는 정보량이 C만큼이었다고 하자. 그렇다면 1985년 수준의 마이크로 칩의 정보 처리 능력은 얼마 정도였겠는지, 수식화된 무어의 법칙에 기반하여 설명하시오.

(3) 만약 어떤 회사가 지난 30여 년간 최신 마이크로 칩 기술을 보유해 왔고, 그 기간 동안 수집한 통계 자료를 분석해 보니 마이크로 칩의 정보 처리 능력(P)과 네트워크 가입자 수(n) 사이에는 정비례 관계가 성립해왔다는 결론을 얻었다고 하자. 그렇다면 1994년에 이 회사의 네트워크에 가입한 사람이 2000년에 이르러서는 같은 네트워크로부터 얼마만큼 더 많은 실용성(B)을 얻을 수 있었겠는가?

| 성신여자대학교 2007년 예시 |

Hint

(3) 마이크로 칩의 정보 처리 능력(P)와 네트워크 가입자 수(n) 사이에 정비례 관계가 성립하므로 $n=k'\times P$(단, k'은 비례상수)로 놓을 수 있다.

TEXT SUMMARY

II 삼각함수

1 삼각함수

1 일반각과 호도법

(1) 일반각의 표시

동경 OP가 시초선 OX의 양의 방향과 이루는 최소의 양의 각을 $\alpha°$라 하면 동경 OP가 나타내는 일반각 θ는

$$\theta=360°\times n+\alpha° \text{ (단, } n\text{은 정수)}$$

(2) 호도법과 육십분법 사이의 관계

π(라디안)$=180°$이므로 1(라디안)$=\frac{180°}{\pi}\fallingdotseq 57°17'45''$, $1°=\frac{\pi}{180}$(라디안)

(3) 부채꼴의 호의 길이와 넓이

반지름의 길이가 r, 중심각의 크기가 θ(라디안)인 부채꼴의 호의 길이를 l, 넓이를 S라 하면

$$l=r\theta,\ S=\frac{1}{2}rl=\frac{1}{2}r^2\theta$$

이해돕기 둘레의 길이가 8인 부채꼴의 넓이가 최대일 때, 부채꼴의 중심각의 크기를 구하시오.

풀이 부채꼴의 반지름의 길이를 r, 호의 길이를 l, 중심각의 크기를 θ라 하면

$2r+l=8$에서 $l=8-2r$

부채꼴의 넓이 S는

$$S=\frac{1}{2}rl=\frac{1}{2}r(8-2r)=-r^2+4r=-(r-2)^2+4$$

즉, $r=2$일 때 부채꼴의 넓이는 최대이므로 호의 길이는

$l=8-2\times 2=4$이다.

따라서 구하는 중심각의 크기는 $\theta=\frac{l}{r}=\frac{4}{2}=2$(라디안)이다.

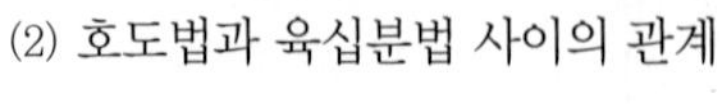

2 삼각함수의 정의

(1) 삼각함수의 정의

오른쪽 그림에서 동경 OP가 x축의 양의 방향과 이루는 각을 θ라 할 때,

$$\sin\theta=\frac{y}{r},\ \cos\theta=\frac{x}{r},\ \tan\theta=\frac{y}{x}$$

$$\csc\theta=\frac{r}{y},\ \sec\theta=\frac{r}{x},\ \cot\theta=\frac{x}{y}$$

(2) 삼각함수의 값의 부호

삼각함수 \ 사분면	제1사분면	제2사분면	제3사분면	제4사분면
sin	+	+	−	−
cos	+	−	−	+
tan	+	−	+	−

BASIC

• 육십분법: 직각의 $\frac{1}{90}$을 1도, 1도의 $\frac{1}{60}$을 1분, 1분의 $\frac{1}{60}$을 1초로 각도의 단위를 정하는 방법

• 호도법: 호의 길이와 반지름의 길이가 똑같을 때의 중심각의 크기를 1라디안이라 하고 이것을 단위로 하여 각의 크기를 나타내는 방법

부채꼴의 호의 길이와 넓이

호의 길이를 l, 넓이를 S라 할 때

• $l=2\pi r\times\frac{(\text{중심각의 크기})}{360°}=2\pi r\times\frac{\theta}{2\pi}=r\theta$

• $S=\pi r^2\times\frac{(\text{중심각의 크기})}{360°}=\pi r^2\times\frac{\theta}{2\pi}=\frac{1}{2}r^2\theta$

삼각함수의 정의에 의하면 $-1\le\sin\theta\le 1$, $-1\le\cos\theta\le 1$임을 알 수 있다.
또한, $\tan\theta$는 모든 실수임을 알 수 있다.

이해돕기 $\pi<\theta<\frac{3}{2}\pi$일 때, $\sqrt{\sin^2\theta}+\sqrt[3]{(\sin\theta+\cos\theta)^3}-\sqrt[4]{(\cos\theta+\tan\theta+1)^4}$을 간단히 하시오.

풀이 (주어진 식) $=|\sin\theta|+(\sin\theta+\cos\theta)-|\cos\theta+\tan\theta+1|$

$=-\sin\theta+\sin\theta+\cos\theta-(\cos\theta+\tan\theta+1)$

$=-\tan\theta-1$

3 삼각함수의 상호관계

(1) 삼각함수 사이의 관계

$$\tan\theta=\frac{\sin\theta}{\cos\theta},\ \cot\theta=\frac{\cos\theta}{\sin\theta}$$

(2) 역수 관계

$$\csc\theta=\frac{1}{\sin\theta},\ \sec\theta=\frac{1}{\cos\theta},\ \cot\theta=\frac{1}{\tan\theta}$$

(3) 제곱 관계

$$\sin^2\theta+\cos^2\theta=1,\ 1+\tan^2\theta=\sec^2\theta,\ 1+\cot^2\theta=\csc^2\theta$$

이해돕기 $\sin\theta+\cos\theta=\frac{1}{2}$일 때, $\sin^3\theta+\cos^3\theta$의 값을 구하시오.

풀이 $(\sin\theta+\cos\theta)^2=\left(\frac{1}{2}\right)^2$에서 $\sin^2\theta+2\sin\theta\cos\theta+\cos^2\theta=\frac{1}{4}$

$1+2\sin\theta\cos\theta=\frac{1}{4},\ 2\sin\theta\cos\theta=-\frac{3}{4}\quad \therefore \sin\theta\cos\theta=-\frac{3}{8}$

$\therefore \sin^3\theta+\cos^3\theta=(\sin\theta+\cos\theta)^3-3\sin\theta\cos\theta(\sin\theta+\cos\theta)$

$=\left(\frac{1}{2}\right)^3-3\times\left(-\frac{3}{8}\right)\times\frac{1}{2}=\frac{11}{16}$

4 삼각함수 공식

(1) $2n\pi+\theta$의 삼각함수 (단, n은 정수)

$$\sin(2n\pi+\theta)=\sin\theta,\ \cos(2n\pi+\theta)=\cos\theta,\ \tan(2n\pi+\theta)=\tan\theta$$

(2) $-\theta$의 삼각함수

$$\sin(-\theta)=-\sin\theta,\ \cos(-\theta)=\cos\theta,\ \tan(-\theta)=-\tan\theta$$

(3) $\pi\pm\theta$의 삼각함수

$$\sin(\pi\pm\theta)=\mp\sin\theta,\ \cos(\pi\pm\theta)=-\cos\theta,\ \tan(\pi\pm\theta)=\pm\tan\theta$$

(복부호동순)

(4) $\frac{\pi}{2}\pm\theta$의 삼각함수

$$\sin\left(\frac{\pi}{2}\pm\theta\right)=\cos\theta,\ \cos\left(\frac{\pi}{2}\pm\theta\right)=\mp\sin\theta,\ \tan\left(\frac{\pi}{2}\pm\theta\right)=\mp\cot\theta$$

(복부호동순)

(5) $\frac{3}{2}\pi\pm\theta$의 삼각함수

$$\sin\left(\frac{3}{2}\pi\pm\theta\right)=-\cos\theta,\ \cos\left(\frac{3}{2}\pi\pm\theta\right)=\pm\sin\theta,$$

$$\tan\left(\frac{3}{2}\pi\pm\theta\right)=\mp\cot\theta \text{ (복부호동순)}$$

BASIC

- $|a|=\begin{cases} a\ (a\ge0) \\ -a\ (a<0)\end{cases}$

- **$1+\tan^2\theta=\sec^2\theta$의 증명**
  $\sin^2\theta+\cos^2\theta=1$의 양변을 $\cos^2\theta$로 나누면
  $\frac{\sin^2\theta}{\cos^2\theta}+1=\frac{1}{\cos^2\theta}$
  $\therefore \tan^2\theta+1=\sec^2\theta$

- **$1+\cot^2\theta=\csc^2\theta$의 증명**
  $\sin^2\theta+\cos^2\theta=1$의 양변을 $\sin^2\theta$로 나누면
  $1+\frac{\cos^2\theta}{\sin^2\theta}=\frac{1}{\sin^2\theta}$
  $\therefore 1+\cot^2\theta=\csc^2\theta$

- $-\theta$의 삼각함수는 제4사분면에서의 부호를 생각한다.

2 삼각함수의 그래프

1 주기함수

함수 $f(x)$가 정의역의 임의의 x에 대하여 $f(x+p)=f(x)$ (단, p는 0이 아닌 상수)를 만족할 때, 함수 $f(x)$를 주기함수라 하고, 상수 p 중에서 최소의 양수를 주기라고 한다.

2 삼각함수의 그래프

(1) $y=\sin x$, $y=\cos x$, $y=\tan x$의 그래프

① $y=\sin x$의 그래프

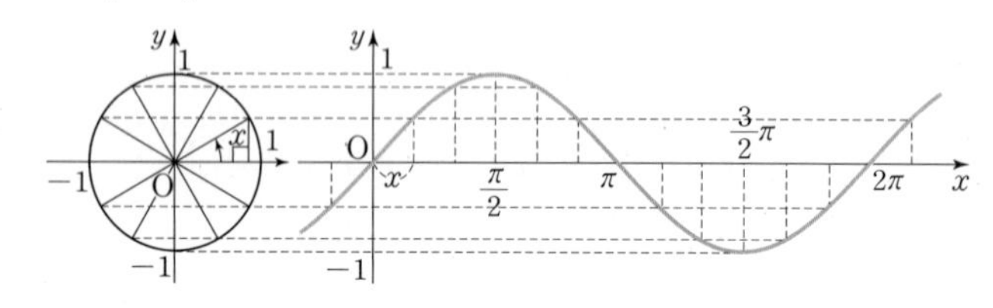

② $y=\cos x$의 그래프

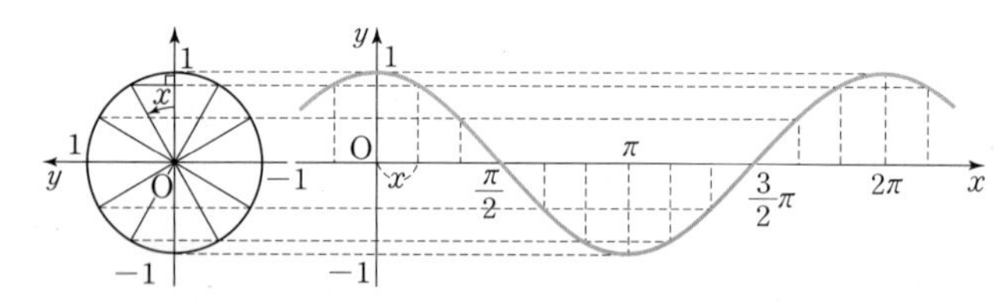

③ $y=\tan x$의 그래프

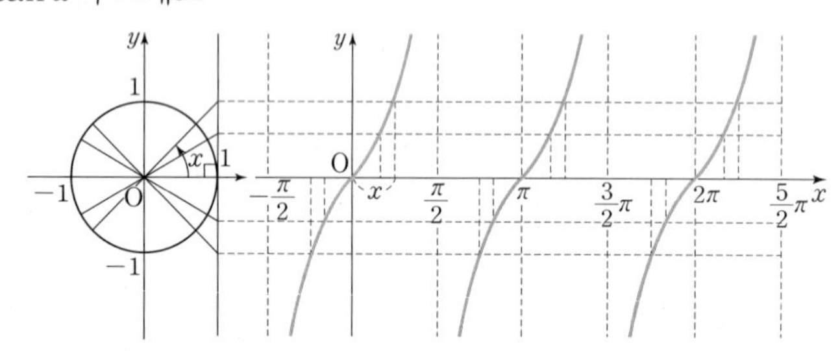

(2) 삼각함수의 그래프의 성질

삼각함수	$y=\sin x$	$y=\cos x$	$y=\tan x$
정의역	실수 전체의 집합	실수 전체의 집합	$x\neq n\pi+\frac{\pi}{2}$(n은 정수)인 실수 전체의 집합
치역	$\{y\mid -1\leq y\leq 1\}$	$\{y\mid -1\leq y\leq 1\}$	실수 전체의 집합
주기	2π	2π	π
대칭성	원점에 대하여 대칭	y축에 대하여 대칭	원점에 대하여 대칭

(3) $y=a\sin(bx+c)+d$, $y=a\cos(bx+c)+d$, $y=a\tan(bx+c)+d$의 그래프

삼각함수	치역	최댓값	최솟값	주기
$y=a\sin(bx+c)+d$	$\{y\mid -\lvert a\rvert+d\leq y\leq \lvert a\rvert+d\}$	$\lvert a\rvert+d$	$-\lvert a\rvert+d$	$\frac{2\pi}{\lvert b\rvert}$
$y=a\cos(bx+c)+d$	$\{y\mid -\lvert a\rvert+d\leq y\leq \lvert a\rvert+d\}$	$\lvert a\rvert+d$	$-\lvert a\rvert+d$	$\frac{2\pi}{\lvert b\rvert}$
$y=a\tan(bx+c)+d$	실수 전체의 집합	없다.	없다.	$\frac{\pi}{\lvert b\rvert}$

BASIC

● $y=\cos x$의 그래프는 $y=\sin x$의 그래프를 x축의 방향으로 $-\frac{\pi}{2}$만큼 평행이동한 것이다. 즉, $\sin\left(x+\frac{\pi}{2}\right)=\cos x$

3 삼각방정식과 삼각부등식

BASIC

1 삼각방정식의 풀이

(1) 주어진 방정식을 $\sin x=a$ (또는 $\cos x=a$, $\tan x=a$)꼴로 나타낸다.

(2) 그래프 또는 단위원을 이용하여 해를 구한다.

① 그래프 이용: $y=\sin x$ (또는 $y=\cos x$, $y=\tan x$)의 그래프와 직선 $y=a$의 교점의 x좌표를 구한다.

② 단위원 이용

$\sin x=a$

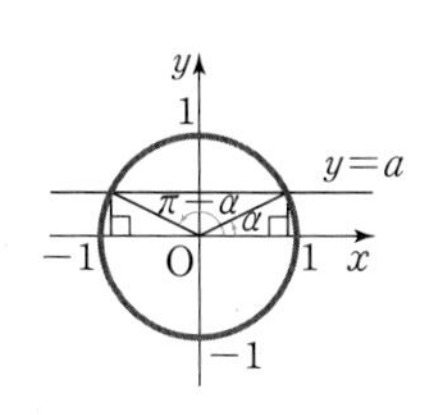

$\cos x=a$

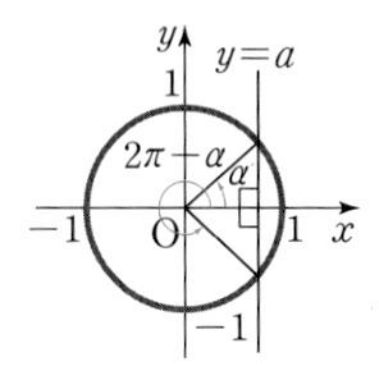

$\tan x=a$

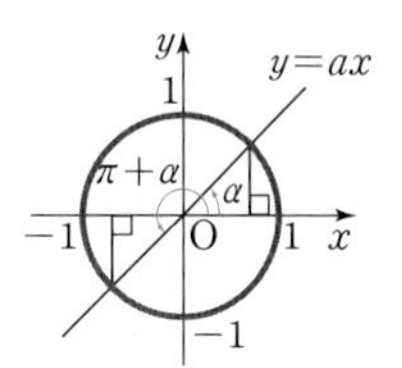

• 삼각함수의 각의 크기를 미지수로 하는 방정식을 삼각방정식이라고 한다.
• 복잡한 삼각방정식은 치환을 이용한다.

2 삼각방정식의 일반해

(1) $\sin x=a(|a|\le 1)$의 한 해가 α이면 $x=n\pi+(-1)^n\alpha$ (단, n은 정수)

(2) $\cos x=a(|a|\le 1)$의 한 해가 α이면 $x=2n\pi\pm\alpha$ (단, n은 정수)

(3) $\tan x=a$의 한 해가 α이면 $x=n\pi+\alpha$ (단, n은 정수)

참고 (1) $\sin x=\sin y$의 일반해는 $x=n\pi+(-1)^n y$ (단, n은 정수)
(2) $\cos x=\cos y$의 일반해는 $x=2n\pi\pm y$ (단, n은 정수)
(3) $\tan x=\tan y$의 일반해는 $x=n\pi+y$ (단, n은 정수)

삼각방정식의 일반해
임의의 각 θ와 정수 n에 대하여
$\sin(2n\pi+\theta)=\sin\theta$,
$\cos(2n\pi+\theta)=\cos\theta$
이다. 이때,
$2n\pi+\theta$ (단, n은 정수)
를 각 θ에 대한 일반각이라고 한다. 삼각방정식을 만족하는 일반각을 그 삼각방정식의 일반해라고 한다.

3 삼각부등식의 풀이

(1) 주어진 부등식을 $\sin x>a$ (또는 $\sin x<a$), $\cos x>a$ (또는 $\cos x<a$), $\tan x>a$ (또는 $\tan x<a$)꼴로 나타낸다.

(2) 삼각방정식과 같은 방법으로 그래프 또는 단위원을 이용하여 해를 구한다.

삼각함수의 각의 크기를 미지수로 하는 부등식을 삼각부등식이라고 한다.

 물음에 답하시오.

(1) $0\le x\le 2\pi$에서 방정식 $2\cos^2 x+3\sin x-3=0$을 만족하는 x의 값을 구하시오.

(2) $0\le x\le 2\pi$일 때, 이차방정식 $x^2-4x\sin\theta+2(\cos\theta+1)=0$이 실근을 갖도록 하는 x의 값의 범위를 구하시오.

풀이 (1) $\sin^2 x+\cos^2 x=1$이므로 $\cos^2 x=1-\sin^2 x$를 주어진 방정식에 대입하면

$2(1-\sin^2 x)+3\sin x-3=0$,
$2\sin^2 x-3\sin x+1=0$,
$(\sin x-1)(2\sin x-1)=0$
$\therefore \sin x=1$ 또는 $\sin x=\frac{1}{2}$

$0\le x\le 2\pi$이므로

$x=\frac{\pi}{2}$ 또는 $x=\frac{\pi}{6}$ 또는 $x=\frac{5}{6}\pi$이다.

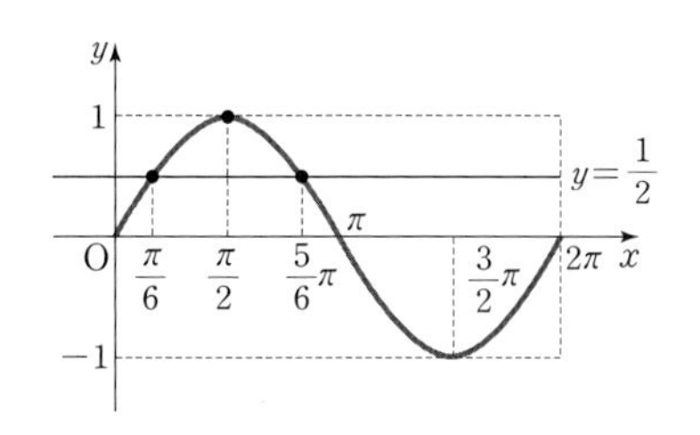

(2) 주어진 방정식이 실근을 가지려면

$\frac{D}{4}=4\sin^2\theta-2(\cos\theta+1)\ge 0$,

$2(1-\cos^2\theta)-(\cos\theta+1)\ge 0$,

$2\cos^2\theta+\cos\theta-1\le 0$,

$(2\cos\theta-1)(\cos\theta+1)\le 0$

$\therefore\ -1\le\cos\theta\le\frac{1}{2}$

$0\le x\le 2\pi$이므로 $\frac{\pi}{3}\le x\le\frac{5}{3}\pi$이다.

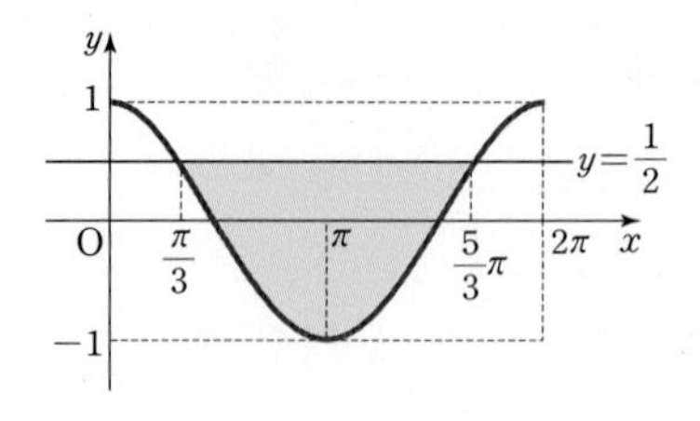

4 삼각함수의 덧셈정리

1 삼각함수의 덧셈정리

(1) $\sin(\alpha+\beta)=\sin\alpha\cos\beta+\cos\alpha\sin\beta$

$\sin(\alpha-\beta)=\sin\alpha\cos\beta-\cos\alpha\sin\beta$

(2) $\cos(\alpha+\beta)=\cos\alpha\cos\beta-\sin\alpha\sin\beta$

$\cos(\alpha-\beta)=\cos\alpha\cos\beta+\sin\alpha\sin\beta$

(3) $\tan(\alpha+\beta)=\frac{\tan\alpha+\tan\beta}{1-\tan\alpha\tan\beta}$

$\tan(\alpha-\beta)=\frac{\tan\alpha-\tan\beta}{1+\tan\alpha\tan\beta}$

BASIC

- $\sin 15^\circ$
$=\sin(45^\circ-30^\circ)$
$=\sin 45^\circ\cos 30^\circ-\cos 45^\circ\sin 30^\circ$
$=\frac{\sqrt{2}}{2}\times\frac{\sqrt{3}}{2}-\frac{\sqrt{2}}{2}\times\frac{1}{2}$
$=\frac{\sqrt{6}-\sqrt{2}}{4}$
- $\sin 75^\circ=\sin(45^\circ+30^\circ)=\frac{\sqrt{6}+\sqrt{2}}{4}$
- $\cos 15^\circ=\cos(45^\circ-30^\circ)=\frac{\sqrt{6}+\sqrt{2}}{4}$
- $\cos 75^\circ=\cos(45^\circ+30^\circ)=\frac{\sqrt{6}-\sqrt{2}}{4}$

이해돕기 삼각함수의 덧셈정리에 대한 여러 가지 증명

증명 (1) 합동인 두 삼각형을 이용한 증명

오른쪽 그림에서 원 O는 단위원이고,

$\angle AOP=\alpha$, $\angle POQ=\angle AOR=\beta$로 놓으면

$P(\cos\alpha, \sin\alpha)$, $Q(\cos(\alpha+\beta), \sin(\alpha+\beta))$,

$R(\cos(-\beta), \sin(-\beta))=(\cos\beta, -\sin\beta)$

이다. 이때,

$$\overline{AQ}^2=\{1-\cos(\alpha+\beta)\}^2+\sin^2(\alpha+\beta)$$
$$=1-2\cos(\alpha+\beta)+\cos^2(\alpha+\beta)+\sin^2(\alpha+\beta)$$
$$=2-2\cos(\alpha+\beta)$$
$$\overline{PR}^2=(\cos\alpha-\cos\beta)^2+(\sin\alpha+\sin\beta)^2$$
$$=\cos^2\alpha-2\cos\alpha\cos\beta+\cos^2\beta+\sin^2\alpha+2\sin\alpha\sin\beta+\sin^2\beta$$
$$=2-2(\cos\alpha\cos\beta-\sin\alpha\sin\beta)$$

이다.

그런데 $\triangle AOQ\equiv\triangle POR$(SAS 합동)이므로 $\overline{AQ}=\overline{PR}$에서 $\overline{AQ}^2=\overline{PR}^2$이다.

따라서 $2-2\cos(\alpha+\beta)=2-2(\cos\alpha\cos\beta-\sin\alpha\sin\beta)$에서

$\cos(\alpha+\beta)=\cos\alpha\cos\beta-\sin\alpha\sin\beta$가 성립한다.

또, $\sin(\alpha+\beta)=\cos\left\{\frac{\pi}{2}-(\alpha+\beta)\right\}=\cos\left\{\left(\frac{\pi}{2}-\alpha\right)-\beta\right\}$

$$=\cos\left(\frac{\pi}{2}-\alpha\right)\cos\beta+\sin\left(\frac{\pi}{2}-\alpha\right)\sin\beta$$
$$=\sin\alpha\cos\beta+\cos\alpha\sin\beta$$

이므로 $\sin(\alpha+\beta)=\sin\alpha\cos\beta+\cos\alpha\sin\beta$

가 성립한다. 여기에서 β에 $-\beta$를 대입하면

$$\sin\{\alpha+(-\beta)\}=\sin\alpha\cos(-\beta)+\cos\alpha\sin(-\beta)$$

이므로 $\sin(\alpha-\beta)=\sin\alpha\cos\beta-\cos\alpha\sin\beta$가 성립한다.

한편, $\tan(\alpha+\beta)=\dfrac{\sin(\alpha+\beta)}{\cos(\alpha+\beta)}=\dfrac{\sin\alpha\cos\beta+\cos\alpha\sin\beta}{\cos\alpha\cos\beta-\sin\alpha\sin\beta}$이고,

분자와 분모를 $\cos\alpha\cos\beta(\neq 0)$로 각각 나누면

$$\tan(\alpha+\beta)=\frac{\tan\alpha+\tan\beta}{1-\tan\alpha\tan\beta}$$

가 성립한다. 또, $\tan(\alpha-\beta)=\dfrac{\sin(\alpha-\beta)}{\cos(\alpha-\beta)}=\dfrac{\sin\alpha\cos\beta-\cos\alpha\sin\beta}{\cos\alpha\cos\beta+\sin\alpha\sin\beta}$이고,

분자와 분모를 $\cos\alpha\cos\beta(\neq 0)$로 각각 나누면

$$\tan(\alpha-\beta)=\frac{\tan\alpha-\tan\beta}{1+\tan\alpha\tan\beta}$$

가 성립한다.

(2) 제이코사인 법칙을 이용한 증명

오른쪽 그림과 같이 두 각 α, β가 나타내는 동경이 단위원과 만나는 점을 각각 P, Q라 하면

$$P(\cos\alpha, \sin\alpha),\ Q(\cos\beta, \sin\beta)$$

이고, $\angle POQ=\alpha-\beta$이다.

이때, $\triangle OPQ$에서 제이코사인 법칙에 의하여

$$\begin{aligned}\overline{PQ}^2&=\overline{OP}^2+\overline{OQ}^2-2\,\overline{OP}\cdot\overline{OQ}\cdot\cos(\alpha-\beta)\\&=1+1-2\cdot1\cdot1\cdot\cos(\alpha-\beta)\\&=2-2\cos(\alpha-\beta)\qquad\cdots\cdots ㉠\end{aligned}$$

이다. 한편, 두 점 P, Q 사이의 거리를 $\overline{PQ}$라 하면

$$\begin{aligned}\overline{PQ}^2&=(\cos\alpha-\cos\beta)^2+(\sin\alpha-\sin\beta)^2\\&=2-2(\cos\alpha\cos\beta+\sin\alpha\sin\beta)\qquad\cdots\cdots ㉡\end{aligned}$$

이다. ㉠, ㉡에 의하여

$$2-2\cos(\alpha-\beta)=2-2(\cos\alpha\cos\beta+\sin\alpha\sin\beta)$$

이므로 $\cos(\alpha-\beta)=\cos\alpha\cos\beta+\sin\alpha\sin\beta$ ⋯⋯ ㉢

가 성립한다. ㉢에서 β에 $-\beta$를 대입하면

$$\cos\{\alpha-(-\beta)\}=\cos\alpha\cos(-\beta)+\sin\alpha\sin(-\beta)$$

이므로 $\cos(\alpha+\beta)=\cos\alpha\cos\beta-\sin\alpha\sin\beta$가 성립한다.

(3) 벡터를 이용한 증명

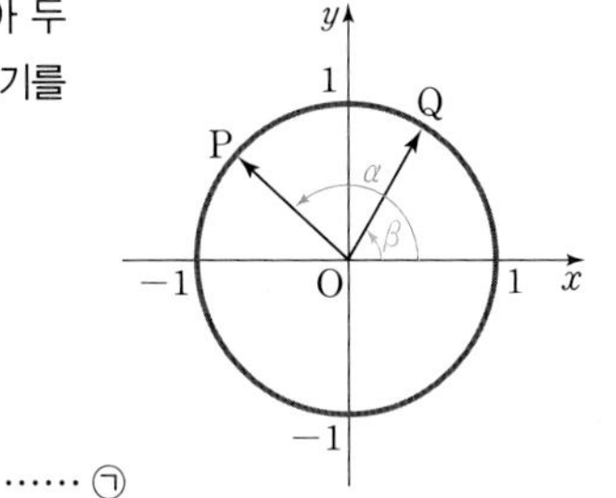

오른쪽 그림과 같이 단위원 O 위에 두 점 P, Q를 잡아 두 벡터 $\overrightarrow{OP}$, $\overrightarrow{OQ}$가 x축의 양의 방향과 이루는 각의 크기를 각각 α, β $(\alpha>\beta)$라 하면 $\angle POQ=\alpha-\beta$이고, $\overrightarrow{OP}=(\cos\alpha, \sin\alpha)$, $\overrightarrow{OQ}=(\cos\beta, \sin\beta)$이다.

이때, 두 벡터 $\overrightarrow{OP}$, $\overrightarrow{OQ}$의 내적을 구하면

$$\begin{aligned}\overrightarrow{OP}\cdot\overrightarrow{OQ}&=|\overrightarrow{OP}||\overrightarrow{OQ}|\cos(\alpha-\beta)\\&=1\cdot1\cdot\cos(\alpha-\beta)\\&=\cos(\alpha-\beta)\qquad\cdots\cdots ㉠\end{aligned}$$

이다. 한편, 성분을 이용하여 내적을 구하면

$$\begin{aligned}\overrightarrow{OP}\cdot\overrightarrow{OQ}&=(\cos\alpha, \sin\alpha)\cdot(\cos\beta, \sin\beta)\\&=\cos\alpha\cos\beta+\sin\alpha\sin\beta\qquad\cdots\cdots ㉡\end{aligned}$$

이다. 따라서 ㉠, ㉡에 의하여

$$\cos(\alpha-\beta)=\cos\alpha\cos\beta+\sin\alpha\sin\beta$$

가 성립한다.

BASIC

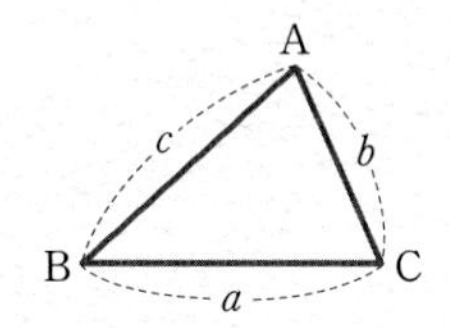

제이코사인 법칙은

$a^2=b^2+c^2-2bc\cos A$

$b^2=c^2+a^2-2ca\cos B$

$c^2=a^2+b^2-2ab\cos C$

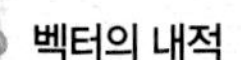

벡터의 내적

- 두 벡터 $\vec{a}$, $\vec{b}$가 이루는 각의 크기가 θ일 때,
  $\vec{a}\cdot\vec{b}=|\vec{a}||\vec{b}|\cos\theta$
  특히, $\vec{a}=\vec{0}$ 또는 $\vec{b}=\vec{0}$일 때,
  $\vec{a}\cdot\vec{b}=0$
- $\vec{a}=(a_1, a_2)$, $\vec{b}=(b_1, b_2)$일 때,
  $\vec{a}\cdot\vec{b}=a_1b_1+a_2b_2$

2 두 직선이 이루는 각

두 직선 $y=mx+n$, $y=m'x+n'$이 이루는 예각의 크기를 θ라 하면

$$\tan\theta=\left|\frac{m-m'}{1+mm'}\right| \text{ (단, } mm'\neq-1\text{)}$$

이다.

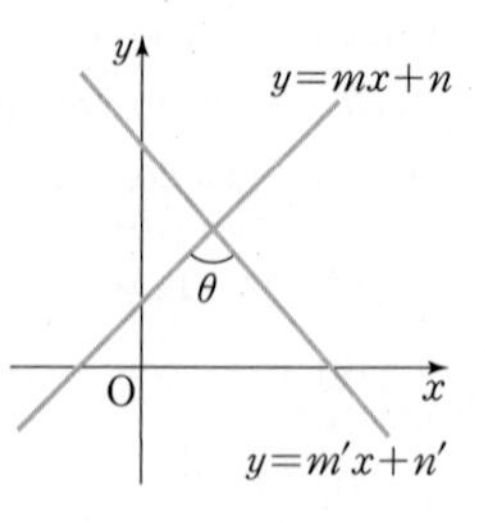

이해돕기 x, y에 대한 방정식 $y^2+xy-6x^2-5x-1=0$은 두 직선을 나타낸다. 이때, 방정식이 나타내는 두 직선이 이루는 예각의 크기를 구하시오.

풀이 $y^2+xy-(6x^2+5x+1)=0$에서
$y^2+xy-(2x+1)(3x+1)=0$, $\{y-(2x+1)\}\{y+(3x+1)\}=0$이므로
두 직선은 $y=2x+1$, $y=-3x-1$이다.
이때, 두 직선이 이루는 예각의 크기를 θ라 하면

$$\tan\theta=\left|\frac{2-(-3)}{1+2\times(-3)}\right|=\left|\frac{5}{-5}\right|=1$$

따라서 방정식이 나타내는 두 직선이 이루는 예각의 크기는 $45°$이다.

3 삼각함수의 합성

(1) 좌표평면 위에 점 $P(a,\ b)$를 잡고, $\overline{OP}$가 x축의 양의 방향과 이루는 각을 α라 하면

$$a\sin\theta+b\cos\theta=\sqrt{a^2+b^2}\sin(\theta+\alpha)$$

$$\left(\text{단, } \sin\alpha=\frac{b}{\sqrt{a^2+b^2}},\ \cos\alpha=\frac{a}{\sqrt{a^2+b^2}}\right)$$

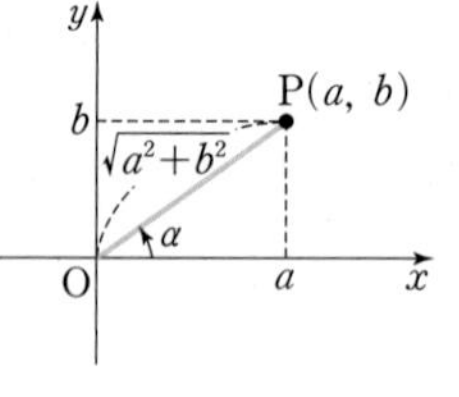

(2) 좌표평면 위에 점 $Q(b,\ a)$를 잡고, $\overline{OQ}$가 x축의 양의 방향과 이루는 각을 β라 하면

$$a\sin\theta+b\cos\theta=\sqrt{a^2+b^2}\cos(\theta-\beta)$$

$$\left(\text{단, } \sin\beta=\frac{a}{\sqrt{a^2+b^2}},\ \cos\beta=\frac{b}{\sqrt{a^2+b^2}}\right)$$

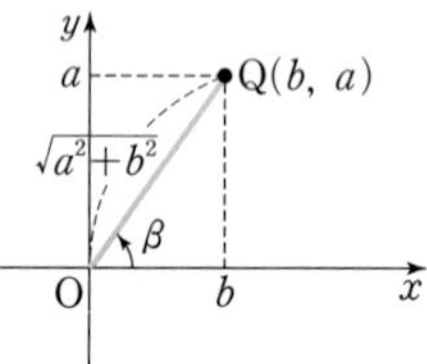

4 $y=a\sin x+b\cos x\,(a\neq0,\ b\neq0)$꼴의 삼각함수의 주기와 최댓값, 최솟값

(1) 삼각함수 $y=a\sin x+b\cos x\,(a\neq0,\ b\neq0)$에서 삼각함수의 합성을 이용하면

$$y=a\sin x+b\cos x=\sqrt{a^2+b^2}\sin(x+\alpha)$$

$$\left(\text{단, } \sin\alpha=\frac{b}{\sqrt{a^2+b^2}},\ \cos\alpha=\frac{a}{\sqrt{a^2+b^2}}\right)$$

이므로 주어진 함수의 주기는 2π이다.

(2) $-1\le\sin(x+\alpha)\le1$에서

$$-\sqrt{a^2+b^2}\le\sqrt{a^2+b^2}\sin(x+\alpha)\le\sqrt{a^2+b^2}$$

이므로 주어진 함수는

$x+\alpha=2n\pi+\frac{\pi}{2}$($n$은 정수)일 때 최댓값 $\sqrt{a^2+b^2}$을 가지고,

$x+\alpha=2n\pi+\frac{3}{2}\pi$($n$은 정수)일 때 최솟값 $-\sqrt{a^2+b^2}$을 가진다.

BASIC

삼각함수의 주기와 최댓값, 최솟값
- $\sin x$의 주기는 2π이고 최댓값은 1, 최솟값은 -1이다.
- $\cos x$의 주기는 2π이고 최댓값은 1, 최솟값은 -1이다.
- $\tan x$의 주기는 π이고 최댓값과 최솟값은 없다.

함수 $y=\sin x\cos x+\sin x+\cos x$의 최댓값과 최솟값을 구하시오.

풀이

$\sin x+\cos x=t$로 놓으면 $t=\sqrt{2}\sin\left(x+\frac{\pi}{4}\right)$이므로 t의 값의 범위는 $-\sqrt{2}\le t\le\sqrt{2}$이다.

한편, $(\sin x+\cos x)^2=1+2\sin x\cos x$에서 $t^2=1+2\sin x\cos x$이므로

$\sin x\cos x=\frac{1}{2}(t^2-1)$이다. 따라서

$$f(t)=\frac{1}{2}(t^2-1)+t=\frac{1}{2}t^2+t-\frac{1}{2}=\frac{1}{2}(t+1)^2-1$$

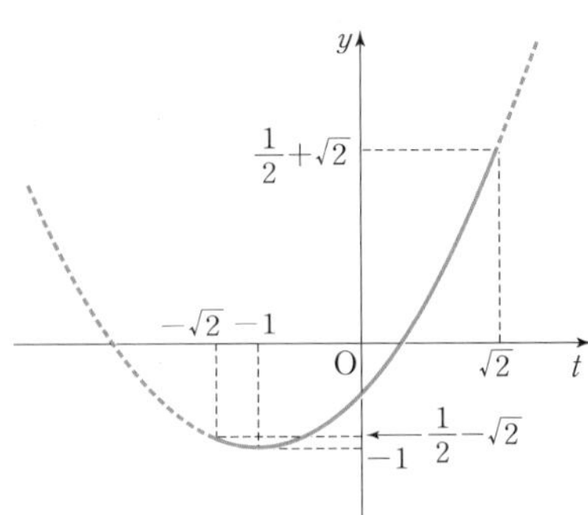

이다. 이때, $-\sqrt{2}\le t\le\sqrt{2}$이므로

최댓값은 $f(\sqrt{2})=\frac{1}{2}+\sqrt{2}$이고,

최솟값은 $f(-1)=-1$이다.

5 삼각함수의 덧셈정리의 응용

1 배각의 공식

(1) $\sin 2\alpha=2\sin\alpha\cos\alpha$

(2) $\cos 2\alpha=\cos^2\alpha-\sin^2\alpha=2\cos^2\alpha-1=1-2\sin^2\alpha$

(3) $\tan 2\alpha=\frac{2\tan\alpha}{1-\tan^2\alpha}$

삼각함수의 덧셈정리에서 $\beta=\alpha$로 놓으면 배각의 공식을 유도할 수 있다.

2 삼배각의 공식

(1) $\sin 3\alpha=3\sin\alpha-4\sin^3\alpha$

(2) $\cos 3\alpha=4\cos^3\alpha-3\cos\alpha$

(3) $\tan 3\alpha=\frac{3\tan\alpha-\tan^3\alpha}{1-3\tan^2\alpha}$

$\sin 3\alpha$
$=\sin(2\alpha+\alpha)$
$=\sin 2\alpha\cos\alpha+\cos 2\alpha\sin\alpha$
$=2\sin\alpha\cos^2\alpha+(1-2\sin^2\alpha)\sin\alpha$
$=2\sin\alpha(1-\sin^2\alpha)+\sin\alpha-2\sin^3\alpha$
$=2\sin\alpha-2\sin^3\alpha+\sin\alpha-2\sin^3\alpha$
$=3\sin\alpha-4\sin^3\alpha$

나머지 삼각함수에 대한 삼배각의 공식도 위와 유사한 방법으로 유도할 수 있다.

3 반각의 공식

(1) $\sin^2\frac{\alpha}{2}=\frac{1-\cos\alpha}{2}$ (2) $\cos^2\frac{\alpha}{2}=\frac{1+\cos\alpha}{2}$ (3) $\tan^2\frac{\alpha}{2}=\frac{1-\cos\alpha}{1+\cos\alpha}$

$\cos 2\alpha$에 대한 배각의 공식에서 α 대신에 $\frac{\alpha}{2}$를 대입하면

$$\cos\alpha=\cos\left(2\cdot\frac{\alpha}{2}\right)=2\cos^2\frac{\alpha}{2}-1=1-2\sin^2\frac{\alpha}{2}$$

이므로 $\cos^2\frac{\alpha}{2}=\frac{1+\cos\alpha}{2}$, $\sin^2\frac{\alpha}{2}=\frac{1-\cos\alpha}{2}$를 얻을 수 있다.

또, 위의 두 식에서

$$\tan^2\frac{\alpha}{2}=\frac{\sin^2\frac{\alpha}{2}}{\cos^2\frac{\alpha}{2}}=\frac{\frac{1-\cos\alpha}{2}}{\frac{1+\cos\alpha}{2}}=\frac{1-\cos\alpha}{1+\cos\alpha}$$

를 얻을 수 있다.

4 곱을 합 또는 차로 고치는 공식

(1) $\sin\alpha\cos\beta=\frac{1}{2}\{\sin(\alpha+\beta)+\sin(\alpha-\beta)\}$

(2) $\cos\alpha\sin\beta=\frac{1}{2}\{\sin(\alpha+\beta)-\sin(\alpha-\beta)\}$

(3) $\cos\alpha\cos\beta=\frac{1}{2}\{\cos(\alpha+\beta)+\cos(\alpha-\beta)\}$

(4) $\sin\alpha\sin\beta=-\frac{1}{2}\{\cos(\alpha+\beta)-\cos(\alpha-\beta)\}$

증명 $\sin(\alpha+\beta)=\sin\alpha\cos\beta+\cos\alpha\sin\beta$ ······ ㉠

$\sin(\alpha-\beta)=\sin\alpha\cos\beta-\cos\alpha\sin\beta$ ······ ㉡

으로 놓자. 이때,

㉠+㉡을 하면 $\sin(\alpha+\beta)+\sin(\alpha-\beta)=2\sin\alpha\cos\beta$,

㉠−㉡을 하면 $\sin(\alpha+\beta)-\sin(\alpha-\beta)=2\cos\alpha\sin\beta$

이고 이것을 정리하면

$$\sin\alpha\cos\beta=\frac{1}{2}\{\sin(\alpha+\beta)+\sin(\alpha-\beta)\},$$

$$\cos\alpha\sin\beta=\frac{1}{2}\{\sin(\alpha+\beta)-\sin(\alpha-\beta)\}$$

를 유도할 수 있다.

BASIC

● 코사인에 대한 덧셈정리를 이용하면 곱을 합 또는 차로 고치는 공식에서 (3), (4)를 유도할 수 있다.

5 합 또는 차를 곱으로 고치는 공식

(1) $\sin A+\sin B=2\sin\frac{A+B}{2}\cos\frac{A-B}{2}$

(2) $\sin A-\sin B=2\cos\frac{A+B}{2}\sin\frac{A-B}{2}$

(3) $\cos A+\cos B=2\cos\frac{A+B}{2}\cos\frac{A-B}{2}$

(4) $\cos A-\cos B=-2\sin\frac{A+B}{2}\sin\frac{A-B}{2}$

증명 $\alpha+\beta=A$, $\alpha-\beta=B$로 놓으면

$$\alpha=\frac{A+B}{2},\ \beta=\frac{A-B}{2}$$

이므로 곱을 합 또는 차로 고치는 공식

$$\sin\alpha\cos\beta=\frac{1}{2}\{\sin(\alpha+\beta)+\sin(\alpha-\beta)\},$$

$$\cos\alpha\sin\beta=\frac{1}{2}\{\sin(\alpha+\beta)-\sin(\alpha-\beta)\}$$

에서

$$\sin A+\sin B=2\sin\frac{A+B}{2}\cos\frac{A-B}{2},$$

$$\sin A-\sin B=2\cos\frac{A+B}{2}\sin\frac{A-B}{2}$$

를 유도할 수 있다.

수리논술 분석

예제 1 오른쪽 그림과 같이 중심이 O이고 반지름이 1인 원과 이 원의 중심을 지나는 직선 OA가 만나는 점을 B라 하자. 원 위의 점 X에서 원에 접하는 직선이 직선 OA와 만나는 점을 P, 점 X에서 직선 OA에 그은 수선의 발을 H라 하고 점 B에서 직선 XP에 그은 수선의 발을 Q라 할 때, 물음에 답하시오.

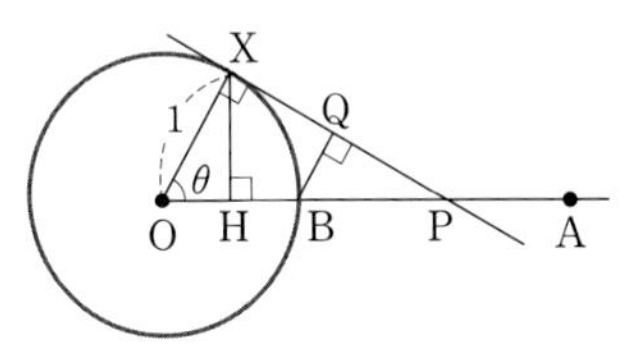

$\left(\text{단, } \angle\text{XOP는 } \theta\left(0<\theta<\dfrac{\pi}{2}\right)\text{이다.}\right)$

(1) 선분 HP, 선분 BQ의 길이를 θ의 함수로 표현하시오.

(2) 선분 HP의 길이가 선분 BQ의 길이의 3배가 되는 θ의 값을 구하시오.

| 인하대학교 2011년 수시 |

예시 답안

(1) △OHX와 △OPX에서

$$\overline{\text{OH}}=\cos\theta,\ \overline{\text{OP}}=\frac{1}{\cos\theta}$$

이다. 따라서

$$\overline{\text{HP}}=\overline{\text{OP}}-\overline{\text{OH}}=\frac{1}{\cos\theta}-\cos\theta$$

또한 △OPX∽△BPQ이므로 비례식

$$\overline{\text{OX}}:\overline{\text{BQ}}=\overline{\text{OP}}:\overline{\text{BP}},\ \text{즉 } 1:\overline{\text{BQ}}=\frac{1}{\cos\theta}:\frac{1}{\cos\theta}-1$$

로부터

$$\overline{\text{BQ}}=\cos\theta\left(\frac{1}{\cos\theta}-1\right)=1-\cos\theta$$

다른 답안

점 B에서 선분 OX에 내린 수선의 발을 H′이라 하면 $\overline{\text{OH}'}=\cos\theta$이므로

$$\overline{\text{BQ}}=\overline{\text{XH}'}=\overline{\text{OX}}-\overline{\text{OH}'}=1-\cos\theta$$

(2) 문제의 조건 $\overline{\text{HP}}=3\,\overline{\text{BQ}}$로부터 등식

$$\frac{1}{\cos\theta}-\cos\theta=3(1-\cos\theta)$$

를 얻고 이를 정리하면

$$2\cos^2\theta-3\cos\theta+1=(2\cos\theta-1)(\cos\theta-1)=0$$

을 얻는다. $0<\theta<\frac{\pi}{2}$이므로 $\cos\theta=\frac{1}{2}$이다. 따라서 $\theta=\frac{\pi}{3}$이다.

Check Point

(1) 선분의 길이를 삼각함수로 표현하려면 직각삼각형을 이용한다.

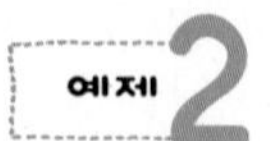

한 변의 길이가 a인 정사각형 ABCD가 있다. 세 꼭짓점 P, Q, R가 각각 변 AD, AB, CD 위에 있는 정삼각형을 생각한다. 물음에 답하시오.

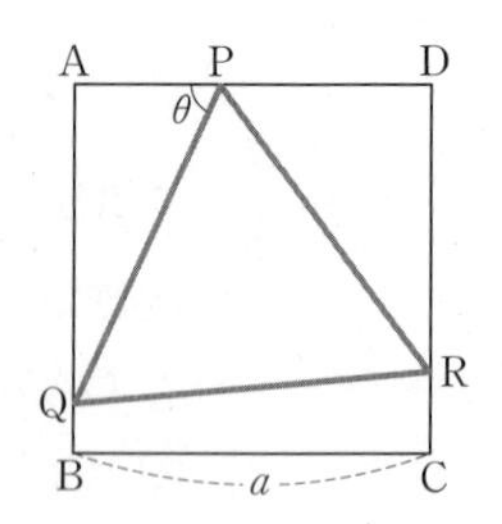

(1) △PQR의 넓이를 $\theta(=\angle\mathrm{APQ})$와 a를 사용하여 나타내시오.

(2) △PQR의 넓이를 최대로 하는 θ의 값을 구하시오.

예시 답안

Check Point

(1) 정삼각형 PQR의 한 변의 길이를 x로 놓고 $\overline{\mathrm{AD}}=\overline{\mathrm{PA}}+\overline{\mathrm{PD}}$임을 이용하여 a와 x 사이의 관계식을 구한다.

(1) 정삼각형 PQR의 한 변의 길이를 x라 하면
$\overline{\mathrm{PA}}=x\cos\theta$, $\overline{\mathrm{PD}}=x\cos(120°-\theta)$이고
$\overline{\mathrm{AD}}=\overline{\mathrm{PA}}+\overline{\mathrm{PD}}$이므로 $a=x\cos\theta+x\cos(120°-\theta)$이다.

$$a=x\{\cos\theta+\cos(120°-\theta)\}=x\cdot 2\cos 60°\cdot\cos(\theta-60°)$$
$$=x\cos(\theta-60°)$$

에서 $x=\dfrac{a}{\cos(\theta-60°)}$이다.

따라서 △PQR의 넓이를 θ와 a를 사용하여 나타내면 $\dfrac{\sqrt{3}}{4}x^2=\dfrac{\sqrt{3}}{4}\cdot\dfrac{a^2}{\cos^2(\theta-60°)}$이다.

(2) △PQR의 넓이가 최대인 경우는 $\cos^2(\theta-60°)$가 최소일 때이다.
정삼각형이 만들어질 수 있는 θ의 범위를 구해 보자.
첫째, [그림 1]과 같이 점 R가 점 C인 경우에는
△PDC≡△QBC(SAS 합동)이므로 $\overline{\mathrm{PD}}=\overline{\mathrm{QB}}$이다.
이때, $\overline{\mathrm{AP}}=\overline{\mathrm{AQ}}$이므로 $\theta=45°$이다.

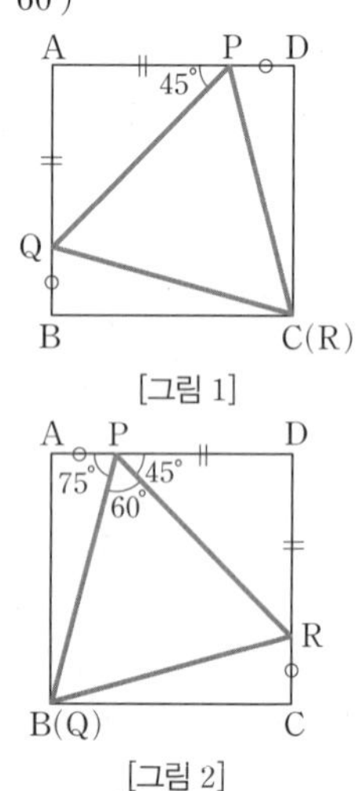

[그림 1]

[그림 2]

둘째, [그림 2]와 같이 점 Q가 점 B인 경우에는
△PAB≡△RCB(SAS 합동)이므로 $\overline{\mathrm{PA}}=\overline{\mathrm{RC}}$이다.
이때, $\overline{\mathrm{PD}}=\overline{\mathrm{RD}}$이므로 $\theta=75°$이다.
그러므로 $45°\le\theta\le75°$이므로 $-15°\le\theta-60°\le15°$이다.
따라서 △PQR의 넓이가 최대인 경우는 $\theta-60°=-15°$ 또는 $\theta-60°=15°$일 때이므로 $\theta=45°$ 또는 $\theta=75°$일 때이다.

직사각형 ABCD를 제1사분면에 오른쪽 그림과 같이 놓는다. 이때, 점 A는 y축 위, 점 B는 x축 위의 점이다. 다시 이 직사각형에 외접하는 직사각형 OPQR를 그린다. 물음에 답하시오. (단, $\overline{\mathrm{AB}}=a$, $\overline{\mathrm{BC}}=b$이다.)

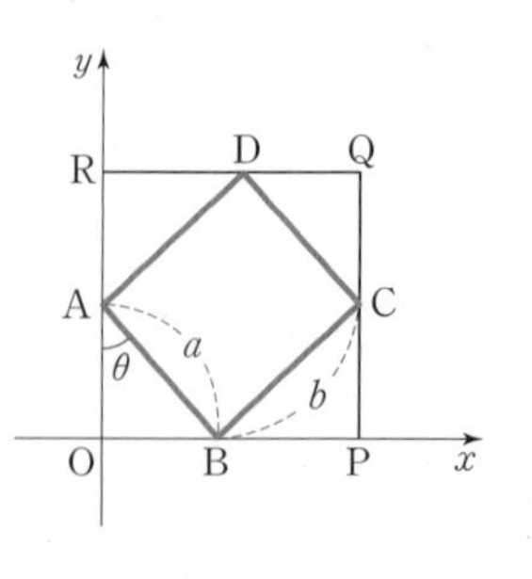

(1) $\angle\mathrm{OAB}=\theta$라 할 때, 점 Q의 좌표를 a, b, θ를 사용하여 나타내시오.

(2) θ가 변할 때, 변 PQ의 길이를 최대로 하는 두 점 A, B의 좌표를 a, b를 사용하여 나타내시오.

(3) 직사각형 OPQR의 넓이를 최대로 하는 θ의 값을 구하시오.

TRAINING

예시 답안 및 해설 **4쪽 ~ 5쪽**

수리논술 기출 및 예상 문제

01

직사각형 모양의 오페라 극장이 있다. 공연이 진행되는 중앙무대의 폭은 30 m이고, 객석 내의 한 점에서 중앙무대의 양 끝을 바라보는 각의 크기가 $15°$ 이상 $30°$ 이하가 되는 부분에 일등석을 설치하려고 한다. 일등석 한 자리의 크기를 가로, 세로 각각 1 m, 1.5 m로 정하면 일등석은 최대 몇 석을 만들 수 있는지 설명하시오. (단, $\sqrt{3}=1.73$, $\pi=3.14$로 계산한다.)

무대를 원의 현으로 하고 이 현에 대한 중심각의 크기가 $30°$, $60°$인 두 원을 그려 본다.

02

물음에 답하시오.

(1) 주기가 $\frac{1}{3}$인 함수와 주기가 $\frac{2}{5}$인 함수를 더하면 주기함수인가? 만일 주기함수라면 그 주기는 얼마인가? 또, 주기함수가 아니라면 그 이유는 무엇인가?

(2) 주기가 1인 함수와 주기가 $\sqrt{2}$인 함수를 더하면 주기함수인가? 만일 주기함수라면 그 주기는 얼마인가? 또, 주기함수가 아니라면 그 이유는 무엇인가?

| 서울대학교 2002년 수시 |

Hint

두 주기함수 $f(x)$, $g(x)$의 주기가 각각 a, b일 때, $f(x)+g(x)$는 주기함수이다. (단, a, b는 유리수)
이때, $f(x)+g(x)$의 주기는 a, b의 최소공배수이다.

03

원점을 중심으로 반지름이 R인 원을 따라 각속도 ω로 시계 반대 방향으로 회전하는 점 P의 시각 t에서의 좌표는 기준점 $t=0$일 때 $(R,\ 0)$에서 출발한다고 할 때, $(R\cos\omega t,\ R\sin\omega t)$로 주어진다. 원점을 중심으로 반지름이 r_1, r_2, r_3인 원을 따라 서로 다른 각속도 ω_1, ω_2, ω_3으로 시계 반대 방향으로 회전하는 점 P, Q, R를 생각하자. 물음에 답하시오.

Hint
시각 t에서의 점 P, Q의 위치는 $\mathrm{P}(r_1\cos\omega_1 t,\ r_1\sin\omega_1 t)$, $\mathrm{Q}(r_2\cos\omega_2 t,\ r_2\sin\omega_2 t)$이다.

(1) P와 Q 사이의 거리의 제곱, 즉 $\overline{\mathrm{PQ}}^2$의 식을 구하시오.

(2) $\overline{\mathrm{PQ}}^2$의 최댓값과 최솟값을 구하고 $\overline{\mathrm{PQ}}^2$이 최댓값과 최솟값을 취할 때, 두 점 P, Q의 상대적인 위치는 어떻게 되는지 설명하시오.

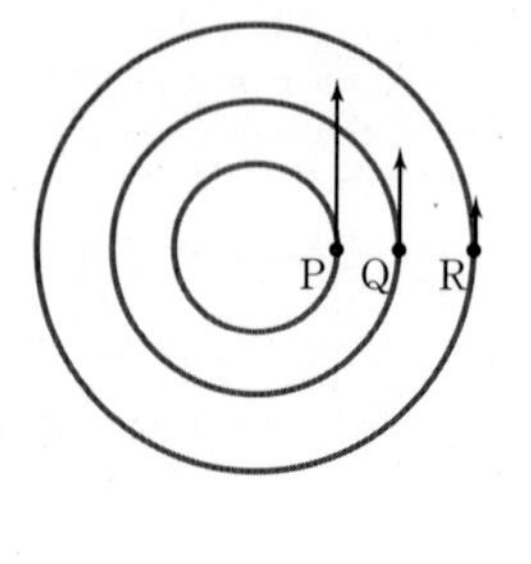

(3) $\omega_1 : \omega_2 : \omega_3 = 3 : 2 : 1$일 때, $\overline{\mathrm{PQ}}^2 + \overline{\mathrm{QR}}^2$의 최댓값을 구하시오.

(4) $\omega_1 : \omega_2 : \omega_3 = 4 : 2 : 1$이고 $r_1=1$, $r_2=2$, $r_3=3$일 때, $\overline{\mathrm{PQ}}^2 + \overline{\mathrm{QR}}^2$의 최댓값을 구하시오.

| 홍익대학교 2005년 수시 |

04

오른쪽 그림과 같이 바퀴의 반지름의 길이가 1이고, 바퀴의 중심 사이의 거리가 l인 정지된 자동차의 앞, 뒤 바퀴에 두 점 P, Q가 고정되어 있다. P는 바퀴의 정점에, Q는 바퀴의 가장 뒤쪽에 있다. 자동차가 직선 방향으로 움직일 때, 자동차가 진행한 거리에 따른 두 점 P, Q 사이의 거리 변화에 대하여 설명하시오.

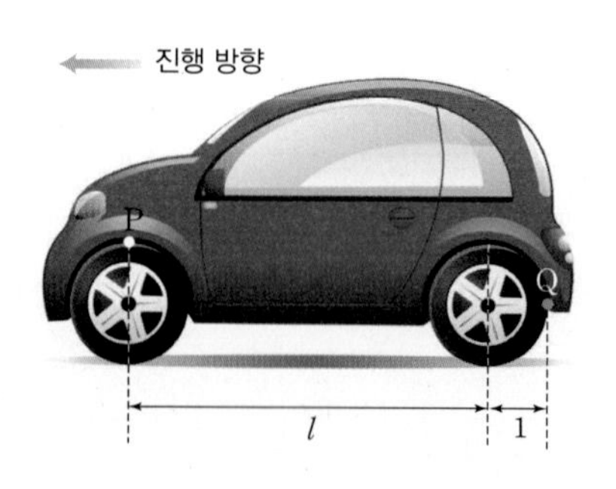

| 한양대학교 2006년 모의논술 |

Hint
- 앞바퀴의 중심을 xy좌표평면의 원점으로 놓고 자동차가 움직인 후 점 P가 각 θ만큼 움직였을 때 점 P, Q의 좌표를 생각한다.
- 원운동의 매개변수 표시

①

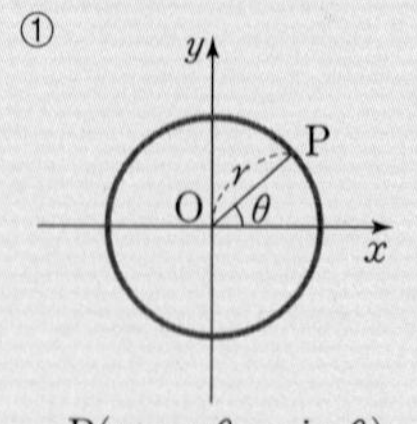

$\mathrm{P}(r\cos\theta,\ r\sin\theta)$

②

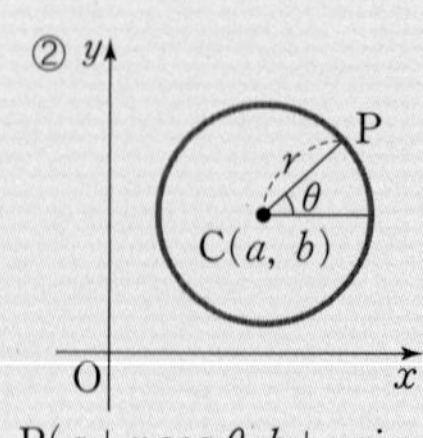

$\mathrm{P}(a+r\cos\theta,\ b+r\sin\theta)$

05 제시문을 읽고 물음에 답하시오.

(가) 직각삼각형과 한 꼭짓점을 공유하는 직사각형을 이용하여 탄젠트함수의 덧셈정리를 그림으로 나타내면 오른쪽과 같다.

$$\tan(\alpha+\beta)=\frac{\tan\alpha+\tan\beta}{1-\tan\alpha\tan\beta}$$

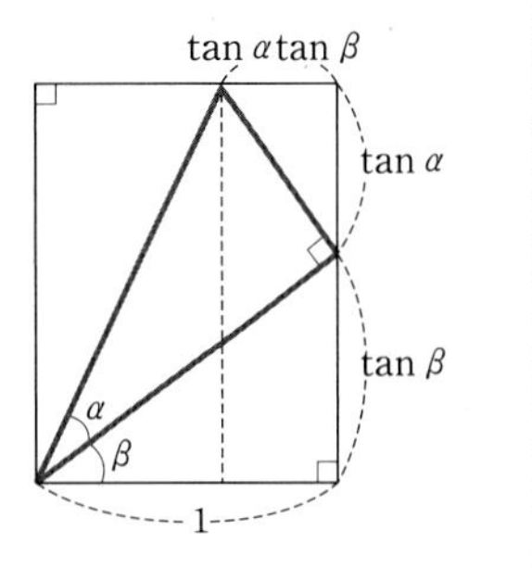

(나) 직각삼각형을 포함하는 최소 정사각형은 오른쪽 그림과 같다. 즉, 직각삼각형의 최소각에 있는 꼭짓점 O와 정사각형의 한 꼭짓점을 일치시켰을 때, 직각삼각형의 다른 두 꼭짓점 P와 Q는 정사각형의 두 변 위에 있어야 한다.

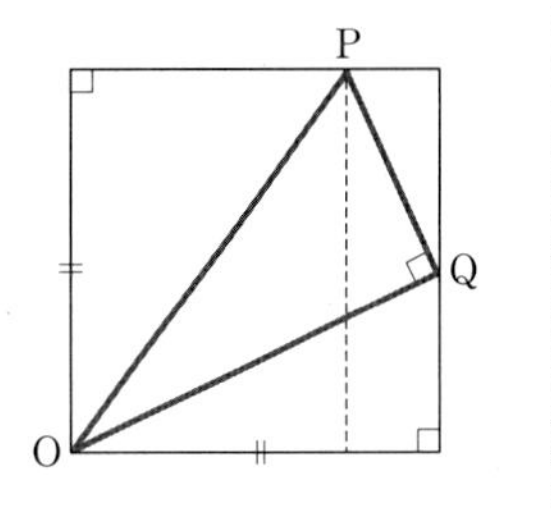

(1) 제시문 (나)의 그림에서 직각삼각형 OPQ의 세 변의 길이가 3, 4, 5라고 하자. 이 직각삼각형을 포함하는 최소 정사각형의 한 변의 길이를 위 제시문에 근거하여 구하시오.

(2) 제시문 (가)에 근거하여 오른쪽 그림에서 A와 B의 길이를 구하시오.

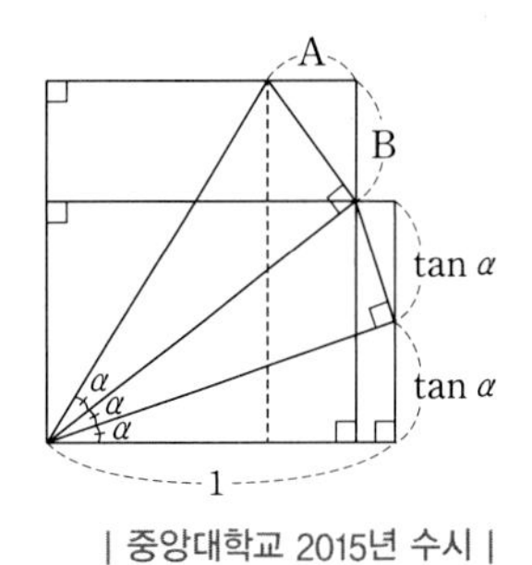

| 중앙대학교 2015년 수시 |

Hint

(1) 직각삼각형 OPQ에서 $\overline{PQ}=3$, $\overline{OQ}=4$, $\overline{OP}=5$라 놓고 $\angle POQ=\alpha$, 그 밑의 예각을 β라 놓고 정사각형의 한 변의 길이를 l이라 하면 $\sin\alpha$, $\cos\alpha$, $\cos\beta$, $\sin(\alpha+\beta)$를 구할 수 있다.

06 주어진 실수 $\alpha(0<\alpha<\pi)$에 대하여, 함수 $F(\theta)$를 다음과 같이 정의하려고 한다. 물음에 답하시오.

$$F(\theta)=\frac{\sin(\theta+\alpha)-\sin\theta}{\cos(\theta+\alpha)+\cos\theta}\ (\text{단, } \theta>0)$$

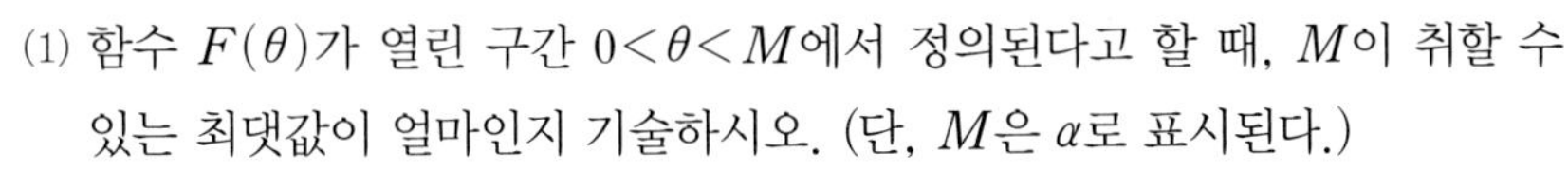

(1) 함수 $F(\theta)$가 열린 구간 $0<\theta<M$에서 정의된다고 할 때, M이 취할 수 있는 최댓값이 얼마인지 기술하시오. (단, M은 α로 표시된다.)

(2) 문제 (1)에서 구한 정의역에서 $F(\theta)$는 상수함수가 됨을 보이시오.

| 이화여자대학교 2012년 수시 |

Hint

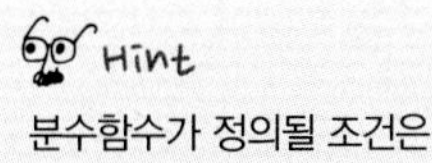

분수함수가 정의될 조건은 (분모)$\neq 0$이다.

07

제시문을 읽고 물음에 답하시오.

(가) 눈금 없는 자와 컴퍼스만으로 일부 정다각형을 작도하는 방법은 오래전부터 알려져 있었다. 그중에서 정삼각형, 정사각형, 정육각형의 작도 방법은 간단하지만, 정오각형의 작도는 조금 복잡하다. 정오각형을 작도할 수 있다는 사실은 눈금 없는 자와 컴퍼스만을 사용하여 $36°$를 작도할 수 있다는 것이다.

(나) 다음의 왼쪽 삼각형에서 $\overline{AB}=\overline{AC}$이고 $\angle BAC=36°$이며, $\overline{AD}=\overline{BD}=1$이다. 또, 오른쪽 그림에서 정오각형 ABCDE는 중심이 O이고 반지름이 1인 원에 내접한다.

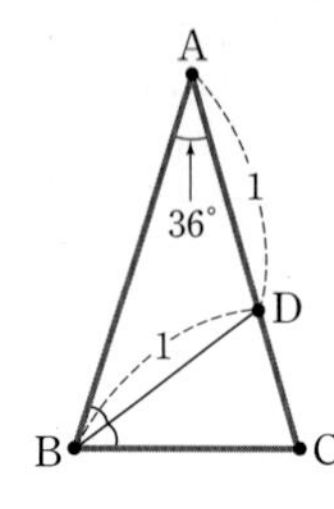

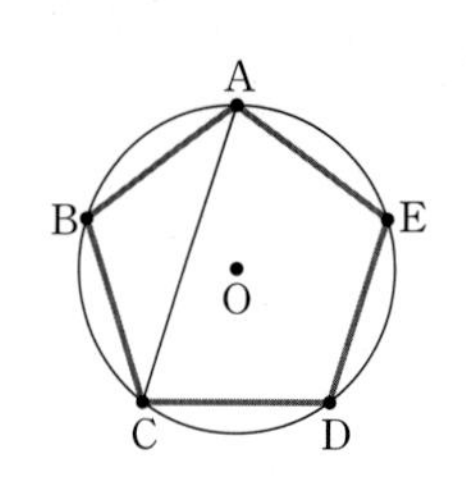

(1) [단답형] $0<\theta<\pi$이고 $\sin\theta=2\sin 2\theta$일 때, $\sin\theta$의 값을 구하여 답만 쓰시오.

(2) [서술형] 위의 제시문 (나)의 왼쪽 삼각형을 이용하여 $\cos 72°$의 값을 계산하되, 계산 과정도 함께 쓰시오.

(3) [서술형] 위의 제시문 (나)의 오른쪽 그림에서 점 O에서 $\overline{AB}$까지의 거리를 d_1, 점 O에서 $\overline{AC}$까지의 거리를 d_2라고 할 때, d_1-d_2의 값을 계산하되, 계산 과정도 함께 쓰시오.

| 건국대학교 2016년 모의논술 |

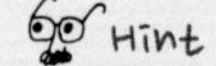

Hint

정n각형의 한 내각의 크기는 $\frac{(n-2)\pi}{n}$이므로 정오각형의 한 내각의 크기는 $108°$이다.

08

반지름이 1이고 중심이 O인 단위원에 내접하는 정오각형의 각 꼭짓점을 시계 방향 순서대로 A_1, A_2, A_3, A_4, A_5라 하자. 이때, $\triangle A_1A_2A_3$과 $\triangle OA_1A_3$의 넓이의 비 $\frac{\triangle A_1A_2A_3}{\triangle OA_1A_3}$을 구하시오.

| 성균관대학교 2013년 심층면접 |

Hint

$\overline{OA_2}\perp\overline{A_1A_3}$이고 두 삼각형은 $\overline{A_1A_3}$을 밑변으로 공유하므로 두 삼각형의 넓이의 비는 높이의 비와 같다.

09 제시문을 읽고 물음에 답하시오.

(1) 두 밑각의 크기가 72°인 이등변삼각형을 이용하거나 $\sin 18°$의 값을 이용한다.

(가) 고대 그리스 천문학자인 아리스타르쿠스(Aristarchus)는 [그림 1]과 같이 달이 정확히 반원 형상일 때 달과 태양의 각도를 관측하여 지구에서 달까지의 거리와 지구에서 태양까지의 거리 비를 구하려고 하였다. 그의 계산은 지구에서 태양까지의 거리가 지구에서 달까지 거리보다 18~20배 먼 것을 보였지만, 당시에는 각도 관측이 부정확하였고 삼각함수의 값을 정확히 알지 못하였기 때문에 실제 거리 비와는 많은 차이가 있었다. 특정 관측각 θ의 경우, 이등변삼각형의 기하학적 성질을 이용하면 삼각함수의 정확한 값이 없어도 별 사이의 거리를 계산할 수 있다.

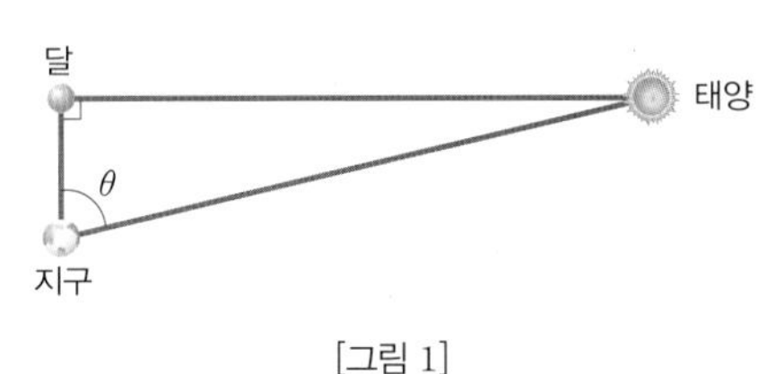

[그림 1]

(나) '프톨레마이오스(Ptolemaeus)의 정리'에 의하면 [그림 2]와 같이 원에 내접하는 사각형에서, 서로 마주 보는 변 길이의 곱의 합은 두 대각선 길이의 곱과 같다. 즉, $\overline{AB}\times\overline{CD}+\overline{BC}\times\overline{DA}=\overline{AC}\times\overline{BD}$가 성립한다.
이 프톨레마이오스의 정리와 원에 내접하는 삼각형 및 사각형의 성질을 이용하여 삼각함수의 덧셈정리를 유도할 수 있다. 또 이 덧셈정리로부터 다양한 삼각함수의 값을 알 수 있다.

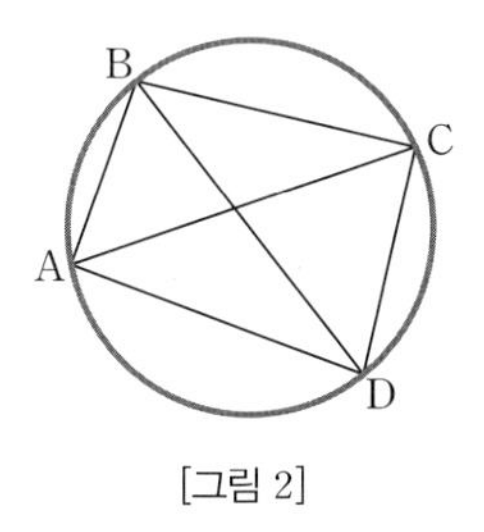

[그림 2]

(1) 다음 그림과 같이 어떤 혜성과 지구, 달이 72°의 각도를 형성하고 있다. 혜성과 지구 사이의 거리는 달과 지구 사이의 거리의 몇 배인지 설명하시오. (단, 지구와 달, 혜성의 크기는 무시한다.)

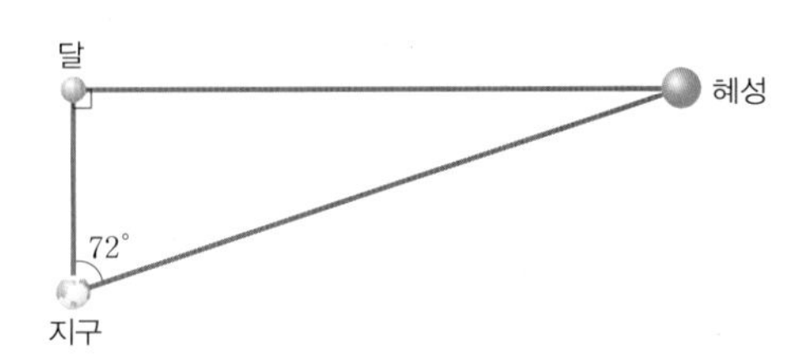

(2) 다음 그림과 같이 반지름이 R인 원에 내접하는 사각형 ABCD에서, 선분 AD는 원의 원점 O를 지나고 $\angle\mathrm{BAD}=\alpha$, $\angle\mathrm{CAD}=\beta$이다. 제시문 (나)를 활용하여 $\sin(\alpha-\beta)=\sin\alpha\cos\beta-\cos\alpha\sin\beta$가 성립함을 설명하시오.

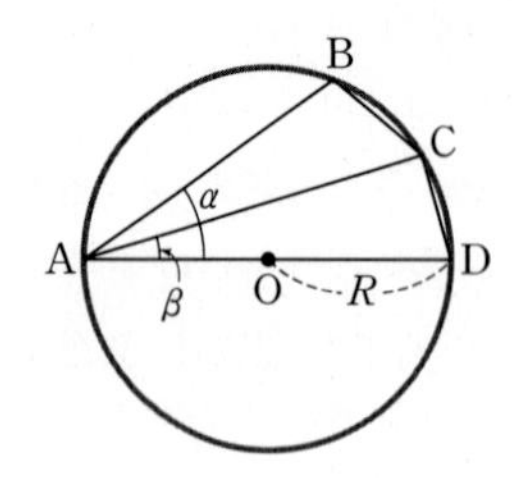

(3) (2)의 그림에서 $\alpha=45°$, $\beta=30°$, 반지름 $R=1$인 경우 선분 BC의 길이를 구하시오.

| 한국항공대학교 2014년 수시 |

10

수열 $\{a_n\}$이 $a_1=\frac{3}{2}$이고 다음의 점화식을 만족할 때, 물음에 답하시오.

> 모든 자연수 n에 대하여 $a_{n+1}=\frac{2a_n+3}{2-3a_n}$

(1) $\tan\theta=\frac{3}{2}\left(0<\theta<\frac{\pi}{2}\right)$일 때, 일반항 a_n을 θ로 나타내시오.

(2) 모든 자연수 n에 대하여 a_n이 0이 아닌 유리수임을 보이시오.

(3) 서로 다른 자연수 n과 m에 대하여 $a_n\neq a_m$임을 보이시오.

| 이화여자대학교 2015년 수시 |

Hint

(1) $\tan\theta=\frac{3}{2}$이므로

$a_1=\frac{3}{2}=\tan\theta$이고

$$a_2=\frac{2a_1+3}{2-3a_1}=\frac{a_1+\frac{3}{2}}{1-\frac{3}{2}a_1}=\frac{\tan\theta+\tan\theta}{1-\tan\theta\tan\theta}=\tan 2\theta$$

이다. 같은 방법으로 하여 귀납적으로 a_n을 추정한 후 수학적 귀납법으로 증명한다.

(2) 수학적 귀납법으로 모든 자연수 n에 대하여 a_n이 유리수임을 보인다. 또, a_n이 0이 아님을 보이는 경우는 n이 홀수인 경우와 짝수인 경우로 나누어 생각해 본다.

11

리처드 파인만은 소년 시절에 다음의 기묘한 식을 배우고 언제나 기억했다고 알려져 있다.

$$\cos 20^\circ \cos 40^\circ \cos 80^\circ = \frac{1}{8} \qquad \cdots\cdots ㉠$$

이는 삼각함수의 덧셈정리를 통하여 확인할 수 있다.
삼각함수의 덧셈정리로부터 사인과 코사인의 합 · 차를 곱으로, 또는 곱을 합 · 차로 고치는 공식들과, 삼각함수의 배각 및 반각공식들을 유도할 수 있다.
삼각함수의 곱을 합 · 차로 고치는 공식을 이용하여 식 ㉠을 다음과 같이 확인할 수 있다.

$$\begin{aligned}&\cos 20^\circ \cos 40^\circ \cos 80^\circ\\ &=\frac{1}{2}(\cos 100^\circ + \cos 60^\circ)\cos 40^\circ\\ &=\frac{1}{2}\cos 100^\circ \cos 40^\circ + \frac{1}{2}\cos 60^\circ \cos 40^\circ\\ &=\frac{1}{4}(\cos 140^\circ + \cos 60^\circ) + \frac{1}{4}\cos 40^\circ\\ &=\frac{1}{4}\cos 60^\circ + \frac{1}{4}(\cos 140^\circ + \cos 40^\circ) = \frac{1}{8}\end{aligned}$$

한편, 식 ㉠은 사인함수의 배각공식을 이용하여 보일 수도 있다. 배각공식을 반복하여 적용하면 다음과 같은 식을 얻는다.

$$\begin{aligned}&\sin 20^\circ \cos 20^\circ \cos 40^\circ \cos 80^\circ\\ &=\frac{1}{2}\sin 40^\circ \cos 40^\circ \cos 80^\circ\\ &=\frac{1}{4}\sin 80^\circ \cos 80^\circ\\ &=\frac{1}{8}\sin 160^\circ\end{aligned}$$

$\sin 20^\circ = \sin 160^\circ$이므로 이로부터 식 ㉠을 얻을 수 있다.

> **Hint**
> (1) ②의 문제에서 점화식
> $a_{n+1} = a_n f_n (n=1, 2, 3, \cdots)$
> 꼴의 해법을 생각한다.

(1) 제시문의 내용을 바탕으로 물음에 답하시오.
① $\sin 20^\circ \sin 40^\circ \sin 80^\circ$의 값을 구하시오.
② 다음과 같이 귀납적으로 정열된 수열 $\{a_n\}$을 생각하자.

$$a_1 = \cos\frac{\pi}{7}, \qquad a_{n+1} = a_n \cos\frac{\pi}{7\cdot 2^n}\ (n=1, 2, 3, \cdots)$$

이때, 극한 $\lim_{n\to\infty} a_n$을 구하시오.

(2) 점 $(1, 0)$을 출발하여, 원점을 중심으로 하고 반지름의 길이가 1인 원 위를 시계 반대 방향으로 움직이는 점 P를 생각하자. 열린 구간 $(-1, 1)$의 수 t에 대하여, 점 P의 x좌표가 처음으로 t가 될 때까지 이동한 거리를 $\alpha(t)$, 점 P의 y좌표가 처음으로 t가 될 때까지 이동한 거리를 $\beta(t)$라 하고 $f(t) = \sin\{2\alpha(t)\} + \cos\{2\beta(t)\}$로 정의하자. 물음에 답하시오.
① 함수 $f(t)$를 삼각함수를 사용하지 않고 나타내시오.
② 열린 구간 $(-1, 1)$에서 $f'(t) = 0$인 t를 모두 구하시오.

| 아주대학교 2014년 수시 |

주제별 강의 **제 1 장**

삼각측량

삼각형과 삼각함수

1 삼각형과 삼각함수

(1) 사인법칙: 삼각형 ABC의 세 각의 크기 A, B, C와 세 변의 길이 a, b, c 및 외접원 O의 반지름의 길이 R 사이에 다음 관계가 성립한다.

$$\frac{a}{\sin A}=\frac{b}{\sin B}=\frac{c}{\sin C}=2R$$

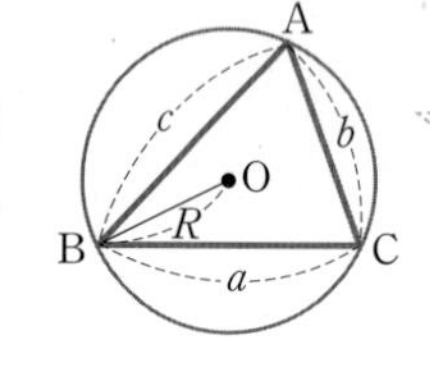

사인법칙을 이용하는 경우
- 한 변의 길이와 그 양 끝 각의 크기가 주어지고 나머지 두 변의 길이를 구할 때
- 두 변의 길이와 그 끼인 각이 아닌 다른 한 각의 크기가 주어지고 대각의 크기를 구할 때

(2) 코사인법칙: 삼각형 ABC에서 세 변의 길이를 a, b, c, 세 각의 크기를 A, B, C라 하면

① 제일코사인법칙

$$a=b\cos C+c\cos B$$
$$b=c\cos A+a\cos C$$
$$c=a\cos B+b\cos A$$

② 제이코사인법칙

$$a^2=b^2+c^2-2bc\cos A$$
$$b^2=c^2+a^2-2ca\cos B$$
$$c^2=a^2+b^2-2ab\cos C$$

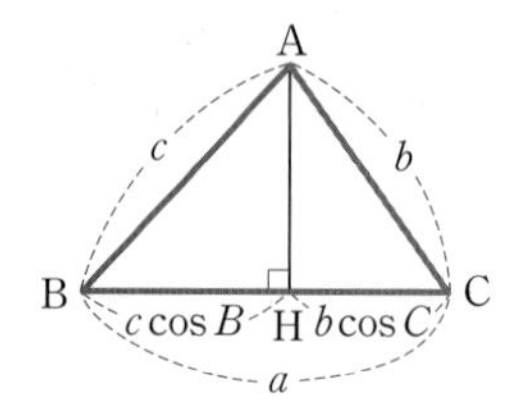

제이코사인법칙을 이용하는 경우
- 두 변의 길이와 그 끼인 각의 크기가 주어지고 나머지 한 변의 길이를 구할 때
- 세 변의 길이가 주어지고 한 각의 크기를 구할 때

(3) 삼각형의 넓이

① 두 변의 길이가 a, b이고 그 끼인 각의 크기가 ∠C일 때, 삼각형의 넓이 S는

$$S=\frac{1}{2}ab\sin C$$

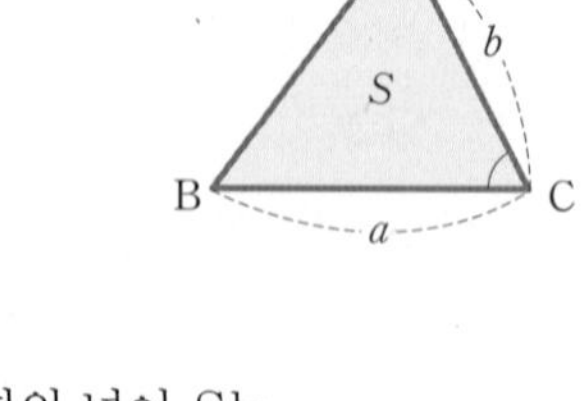

② 헤론의 공식

세 변의 길이가 a, b, c인 삼각형의 넓이 S는

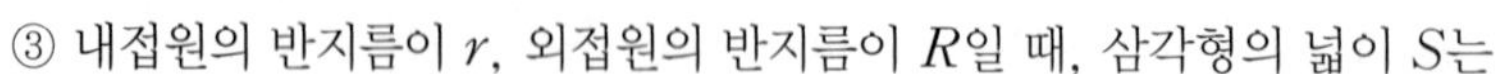

$$S=\sqrt{s(s-a)(s-b)(s-c)}\ (\text{단, } 2s=a+b+c)$$

③ 내접원의 반지름이 r, 외접원의 반지름이 R일 때, 삼각형의 넓이 S는

(i)

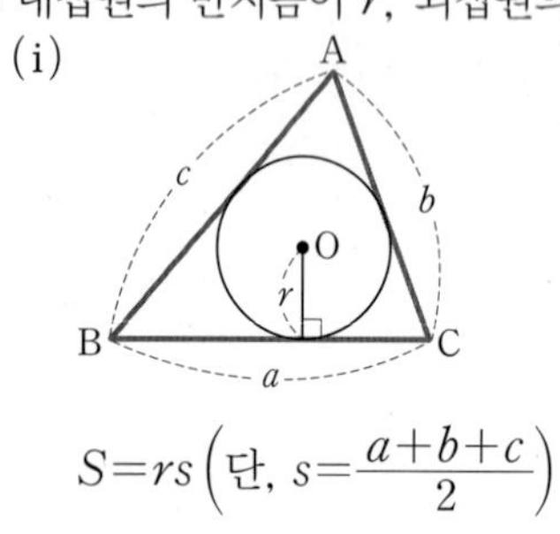

$$S=rs\left(\text{단, } s=\frac{a+b+c}{2}\right)$$

(ii)

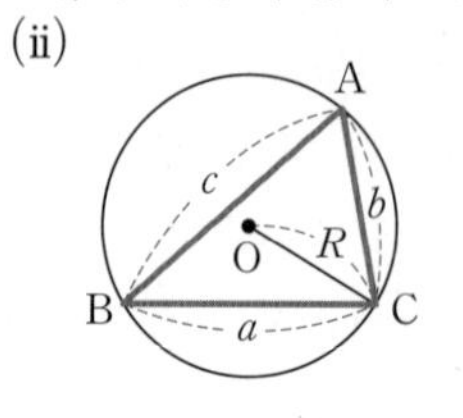

$$S=\frac{abc}{4R}$$

예시 1 삼각형의 내접원의 반지름을 r, 외접원의 반지름을 R라 할 때, 다음을 증명하시오.

(앞의 (3) ③ 그림 참고)

(1) $S=\frac{1}{2}r(a+b+c)$　　　(2) $S=\frac{abc}{4R}$

풀이

(1) $S=\triangle OAB+\triangle OBC+\triangle OCA=\frac{1}{2}rc+\frac{1}{2}ra+\frac{1}{2}rb=\frac{1}{2}r(a+b+c)$

(2) $\sin A=\frac{a}{2R}$(사인법칙)이므로 $S=\frac{1}{2}bc\sin A=\frac{1}{2}bc\cdot\frac{a}{2R}=\frac{abc}{4R}$

삼각측량

1 삼각측량 triangulation

삼각측량은 서로 멀리 떨어진 세 지점을 연결하여 삼각형을 그려 삼각형의 내각의 크기를 측량하여 각각의 위치 관계를 수치적으로 정하는 측량 방법이다. 실제의 길이를 알 수 있는 몇 개의 기선(基線)이 정해지면 넓은 지역에서 중간 지형의 영향을 받지 않고 측량이 가능하다. 측량하려는 지점을 꼭짓점으로 하는 한 개 또는 여러 개의 삼각점을 정하고 각(角)과 각 변의 관계를 이용한다.

> 기선(基線)이란 삼각형을 결정하기 위하여 삼각형의 한 변의 길이와 내각의 크기를 측정할 때 최초의 한 변, 즉 기준이 되는 선을 말한다.

오른쪽 그림과 같이 두 지점 A, B 사이의 거리와 ∠CAB, ∠ABC, ∠PAC의 크기를 측량하였을 때, 산의 높이 $\overline{PC}$를 구할 수 있을까?

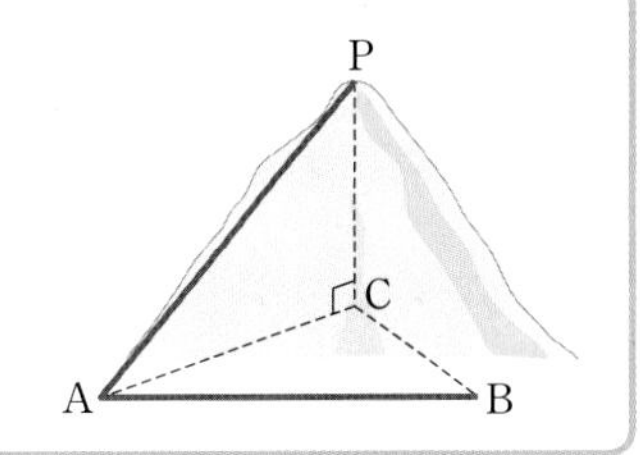

오른쪽 그림과 같이 $\overline{AB}=d$ m, $\overline{PC}=h$ m, $\angle CAB=\alpha$, $\angle ABC=\beta$, $\angle PAC=\gamma$라 하면

△ABC에서 $\angle ACB=\pi-(\alpha+\beta)$이므로

사인법칙에 의하여

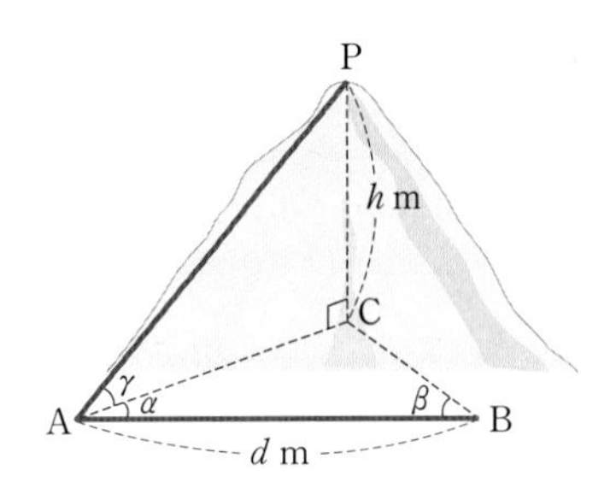

$$\frac{d}{\sin(\pi-(\alpha+\beta))}=\frac{\overline{AC}}{\sin\beta}$$

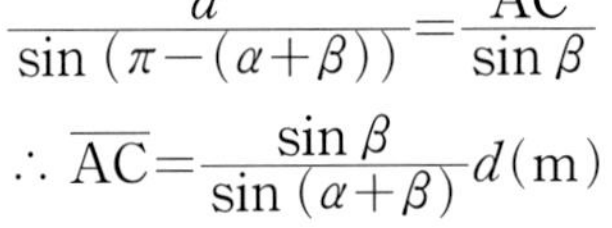

$$\therefore \overline{AC}=\frac{\sin\beta}{\sin(\alpha+\beta)}d(\text{m})$$

△PAC에서 $\angle PCA=90°$이므로

$$\tan\gamma=\frac{h}{\overline{AC}}$$

$$\therefore h=\overline{AC}\cdot\tan\gamma=\frac{\sin\beta\tan\gamma}{\sin(\alpha+\beta)}d(\text{m})$$

따라서 두 지점 A, B 사이의 거리와 두 지점 A, B에서 C지점을 바라본 각의 크기와 A지점 또는 B지점에서 P지점을 바라본 각의 크기를 알면 산의 높이를 구할 수 있다.

2 피라미드의 높이 측정 방법

(1) 탈레스

탈레스(Thales;? B.C.640~? B.C.546)는 고대 그리스의 철학자이며 수학자이다. 페니키아 인의 혈통인 그는 상인으로 재산을 모아 이집트에 유학하여 수학과 천문학을 배웠다. 그는 이집트의 경험적, 실용적 지식을 바탕으로 최초의 기하학을 확립하였다. '원은 지름에 의해서 이등분된다.', '이등변삼각형의 두 밑각의 크기는 같다.', '두 직선이 교차할 때 생기는 맞꼭지각의 크기는 같다.' 등의 정리를 발견하였다. 또, 도형의 닮음을 이용하여 피라미드의 높이를 구하였고, 해안에서 바다에 있는 배까지의 거리를 측정하였다.

(2) 탈레스가 측정한 피라미드의 높이

막대를 이용하여 피라미드의 높이를 측량할 수 있을까?

탈레스는 막대를 지면에 수직으로 세워서 막대의 그림자의 길이와 막대의 길이가 같아지는 시점의 피라미드 그림자의 길이가 바로 피라미드의 높이와 같다는 논리로 피라미드의 높이를 구했다. 이 방법은 막대의 그림자의 길이와 피라미드의 그림자의 길이의 비가 막대의 길이와 피라미드의 높이의 비와 같다는 것을 이용한 것이다.

다음 그림과 같이 피라미드의 그림자의 길이를 d_1, 막대의 그림자의 길이를 d_2, 피라미드의 높이를 h_1, 막대의 길이를 h_2라 하자.

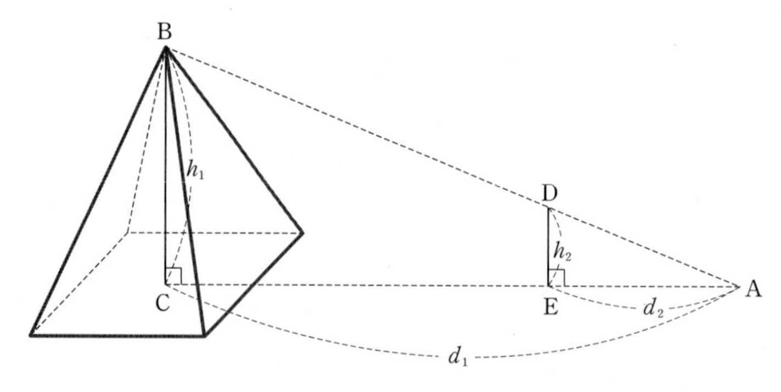

즉, 두 직각삼각형 ABC와 ADE가 닮은 삼각형이므로

$h_1 : h_2 = d_1 : d_2$이고 $h_1 = \frac{h_2 d_1}{d_2}$이다.

예시 2 철수는 집에서 멀리 떨어진 국기게양대의 높이를 근사적으로 알려고 한다. 집 앞에는 일정한 거리로 떨어져 있는 두 나무가 있고 각의 크기를 측정할 수 있는 각도기와 거리를 잴 수 있는 줄자가 있다. 물음에 답하시오.

(1) 집 앞에 있는 두 나무의 위치를 이용하여 이 두 나무에서 국기게양대가 있는 지점까지의 거리를 각각 알아낼 수 있는 방법을 설명하시오. (단, 가능하면 측정 횟수를 줄이는 방법을 택한다.)

(2) 집 앞에 있는 두 지점을 정하여 국기게양대의 높이를 알아낼 수 있는 방법을 두 가지 이상 설명하시오.

| 서강대학교 2006년 예시 응용 |

풀이

(1) 오른쪽 그림과 같이 집 앞에 있는 두 나무를 각각 A, B, 국기게양대가 있는 지점을 C라 하자.

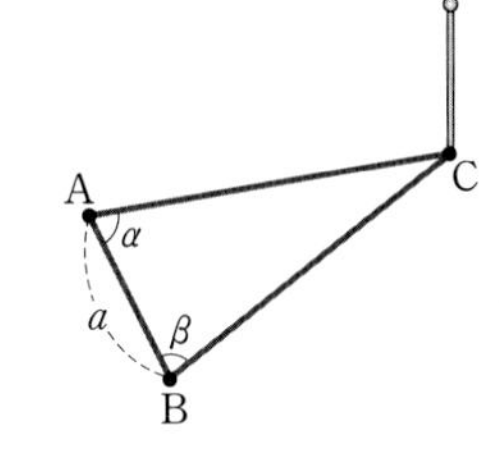

두 나무 사이의 거리 $\overline{AB}$와 각 나무에서 국기게양대가 있는 지점이 이루는 두 각, 즉 $\angle CAB$, $\angle CBA$의 크기를 측정하여 사인법칙을 이용하면 각 나무에서 국기게양대가 있는 지점까지의 거리 $\overline{BC}$, $\overline{CA}$를 구할 수 있다.

즉, $\angle ACB=\pi-(\alpha+\beta)$이므로 사인법칙

$\dfrac{a}{\sin\{\pi-(\alpha+\beta)\}}=\dfrac{\overline{BC}}{\sin\alpha}=\dfrac{\overline{CA}}{\sin\beta}$를 이용하여 $\overline{BC}$, $\overline{CA}$를 구할 수 있다.

(2) ① 오른쪽 그림과 같이 집 앞의 한 지점 E에서 국기게양대의 꼭대기 D를 올려다 본 각 DEC의 크기를 측정한 후, 국기게양대 쪽으로 직선거리로 일정한 거리를 다가간 지점 F에서 다시 국기게양대의 꼭대기 D를 올려다 본 각 DFC의 크기를 측정한다. 이 측정으로 얻은 두 각의 크기와 두 측정 지점 사이의 거리 $\overline{EF}$를 사인법칙에 적용하면 국기게양대의 높이 $\overline{DC}$를 구할 수 있다.

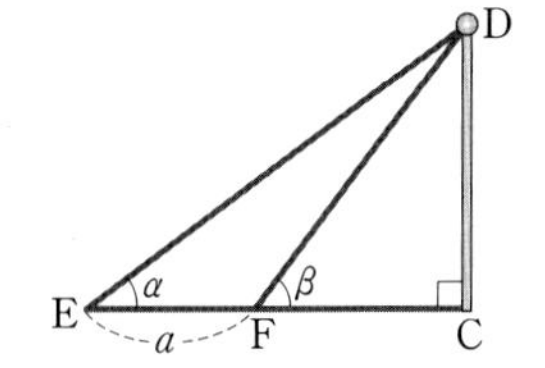

즉, $\triangle EFD$에서 $\angle EDF=\beta-\alpha$이므로 사인법칙을 이용하면

$\dfrac{a}{\sin(\beta-\alpha)}=\dfrac{\overline{FD}}{\sin\alpha}$, 즉 $\overline{FD}=\dfrac{a\sin\alpha}{\sin(\beta-\alpha)}$이다.

또, $\triangle FCD$에서 $\sin\beta=\dfrac{\overline{DC}}{\overline{FD}}$이므로

$\overline{DC}=\overline{FD}\sin\beta=\dfrac{a\sin\alpha\sin\beta}{\sin(\beta-\alpha)}$이다.

② 집 앞에 두 지점 G, H를 정하고 국기게양대의 꼭대기를 D라 하자.

두 지점 사이의 거리 $\overline{GH}$와 $\angle DGH$, $\angle DHG$의 크기를 측정하여 사인법칙을 이용하면 두 지점 중 한 지점에서 국기게양대의 꼭대기까지의 거리를 알 수 있다. 즉, $\overline{GD}$ 또는 $\overline{HD}$의 길이를 알 수 있다. 그 다음 G지점에서 국기게양대의 꼭대기를 올려다 본 각, 즉 $\angle DGC=\theta$의 크기를 측정하면 직각삼각형 DGC에서 국기게양대의 높이 $\overline{DC}$를 구할 수 있다.

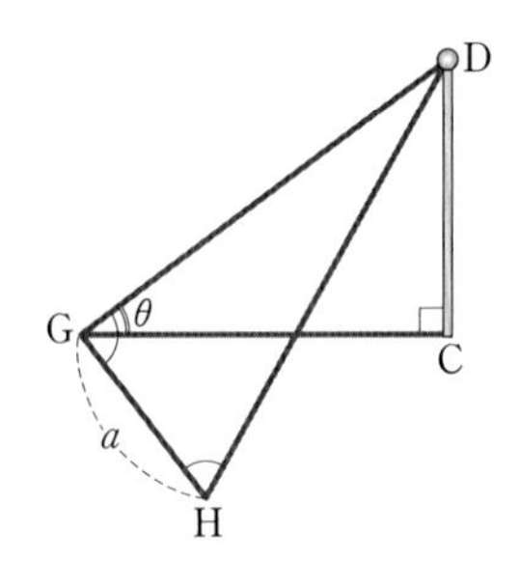

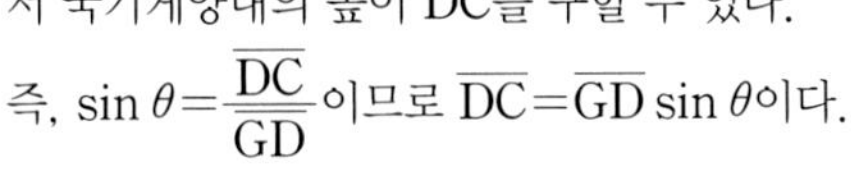

즉, $\sin\theta=\dfrac{\overline{DC}}{\overline{GD}}$이므로 $\overline{DC}=\overline{GD}\sin\theta$이다.

문제 1 남산이 보이는 아파트 8층에 살고 있는 영희는 해발고도가 H인 남산의 정상에 위치한 남산타워의 높이 h를 계산하려고 한다. 그래서 자신의 집에서 남산타워의 정상을 잇는 직선과 수평선이 이루는 각도, 그리고 자신의 집에서 남산의 정상을 잇는 직선과 수평선이 이루는 각도를 측정하였다. 물음에 답하시오.

(1) 영희가 자신의 집의 해발고도를 알고 있을 때, 위에서 측정한 두 각도를 이용하여 남산타워의 높이를 계산하는 방법을 설명하시오.

(2) 영희는 자신의 집의 해발고도를 알 수 없어, 같은 열 12층에 사는 친구의 집에서 이전과 동일한 방법으로 남산타워의 정상을 바라보는 각도 및 남산의 정상을 바라보는 각도를 다시 측정하였다. 처음에 측정한 두 각도와 함께, 8층과 12층 사이의 높이 차와 새롭게 측정한 각도들을 이용하여 남산타워의 높이를 구할 수 있을지 논하시오.

(3) 영희는 자신의 집의 해발고도를 알 수 없어, 같은 높이의 옆 동 8층에 사는 친구의 집에서 이전과 동일한 방법으로 남산타워의 정상을 바라보는 각도 및 남산의 정상을 바라보는 각도를 다시 측정하였다. 처음에 측정한 두 각도와 함께, 두 측정 지점 사이의 수평거리와 새롭게 측정한 각도들을 이용하여 남산타워의 높이를 구할 수 있을지 논하시오.

| 이화여자대학교 2006년 수시 |

(3) 영희의 집, 친구의 집, 남산이 일직선 상에 있는 경우와 있지 않은 경우로 나누어 생각해 본다.

문제 2 세 변의 길이가 $\overline{AB}=2\sqrt{2}$, $\overline{BC}=\sqrt{2}+\sqrt{6}$, $\overline{CA}=2\sqrt{3}$이고, 외접원의 중심이 O인 삼각형 ABC가 있다. 물음에 답하시오.

(1) 외접원의 반지름의 길이를 구하시오.

(2) 세 삼각형 OAB, OBC, OCA의 넓이의 비를 구하시오.

(3) 점 D가 그림과 같이 부채꼴 OCA의 호 CA에서 움직일 때 삼각형 ACD의 무게중심의 자취의 길이를 구하시오. (단, 점 D는 호 CA의 양 끝 점 A와 C는 제외하고 움직인다.)

| 서울시립대학교 2013년 모의논술 |

(1) 삼각형 ABC의 외접원의 반지름 R는 사인법칙 $\frac{b}{\sin B}=2R$를 이용하여 구할 수 있다.

(3) 직선 OC를 x축으로 하는 좌표평면을 이용한다.

물음에 답하시오.

(1) 두 개의 기계 장치가 [그림 1]에 간략하게 선분 AC와 선분 BD로 주어졌고 그 길이는 각각 p와 q이다. [그림 1]과 같이 선분 AC와 선분 BD의 교각은 θ이고, 이 장치들이 정상적 작동을 하면 [그림 2]와 같이 사각형 ABCD를 경계로 하는 내부의 모든 영역을 사용하게 된다. 주어진 여건에 의하여 사각형 ABCD에 할당된 면적이 $\frac{pq}{4}$로 설정되었을 때, 교각 θ를 다음과 같은 순서로 구하여 보자. (단, 기계 장치의 길이 p와 q는 각각 일정하다.)

① 사각형 ABCD의 면적 S를 p, q, θ에 관한 식으로 나타내고, 그 과정을 평면도형과 관련된 성질을 이용하여 논리적으로 기술하시오.

② $S=\frac{pq}{4}$일 때, 교각 θ를 구하시오. (단, $0° \le \theta \le 90°$)

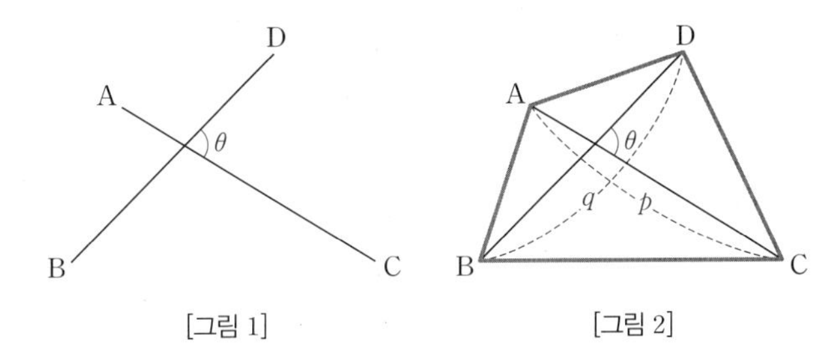

[그림 1] [그림 2]

(2) 직각으로 교차하는 두 개의 기계 장치를 [그림 3]에 선분 AC와 선분 BD로 표시하였다. [그림 4]와 같이 선분 AC와 선분 BD의 끝 점을 직선으로 연결하여 만든 사각형 ABCD가 사다리꼴이 되었다. 사다리꼴 ABCD의 높이가 h이고 대각선 BD의 길이가 m일 때, 평면도형과 관련된 성질을 이용해 사다리꼴 ABCD의 면적 R를 m과 h에 관한 식으로 나타내고 그 과정을 논리적으로 기술하시오.

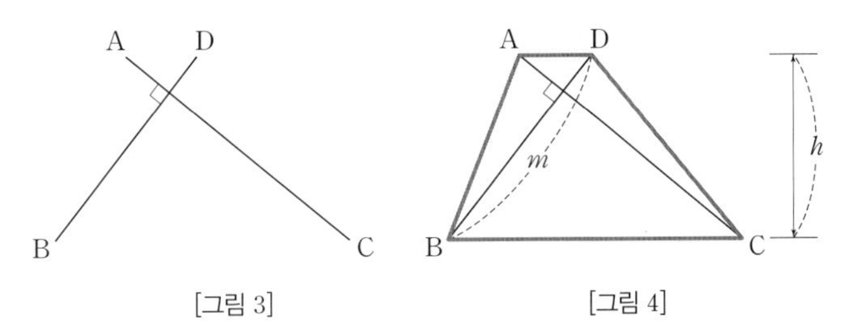

[그림 3] [그림 4]

| 한국항공대학교 2011년 수시 |

(1) 사각형은 몇 개의 삼각형으로 나누어 생각한다.

TEXT SUMMARY

III 함수의 극한과 연속

1 함수의 극한

1 함수의 극한

(1) 함수 $f(x)$에서 x의 값이 a와 같지 않으면서 a에 한없이 가까워질 때, $f(x)$의 값이 일정한 값 L에 한없이 가까워지면 'x가 a에 가까워질 때, 함수 $f(x)$는 L에 수렴한다.'고 하고, 이것을 기호로

$$\lim_{x\to a} f(x)=L \text{ 또는 } x\to a\text{일 때 } f(x)\to L$$

과 같이 나타낸다. 이때, L을 $x\to a$일 때의 $f(x)$의 극한값 또는 극한이라고 한다.

(2) 함수 $f(x)$에서 $x\to a$일 때 $f(x)$의 값이 한없이 커지면 '$x\to a$일 때, $f(x)$는 양의 무한대로 발산한다.'고 하고, 이것을 기호로

$$\lim_{x\to a} f(x)=\infty \text{ 또는 } x\to a\text{일 때 } f(x)\to\infty$$

와 같이 나타낸다. 한편, $x\to a$일 때 $f(x)$의 값이 음수이면서 그 절댓값이 한없이 커지면 '$x\to a$일 때, $f(x)$는 음의 무한대로 발산한다.'고 하고, 이것을 기호로

$$\lim_{x\to a} f(x)=-\infty \text{ 또는 } x\to a\text{일 때 } f(x)\to-\infty$$

와 같이 나타낸다.

(3) $x\to a+$일 때 $f(x)$의 값이 일정한 값 L에 한없이 가까워지면 기호로

$$\lim_{x\to a+} f(x)=L$$

과 같이 나타내고 L을 $x\to a+$일 때의 $f(x)$의 우극한값 또는 우극한이라고 한다.
또 $x\to a-$일 때 $f(x)$의 값이 일정한 값 M에 한없이 가까워지면 기호로

$$\lim_{x\to a-} f(x)=M$$

과 같이 나타내고 M을 $x\to a-$일 때의 $f(x)$의 좌극한값 또는 좌극한이라고 한다.
함수의 극한의 정의로부터, 우극한 $\lim_{x\to a+} f(x)$와 좌극한 $\lim_{x\to a-} f(x)$가 모두 존재하고 그 값이 같으면 극한값 $\lim_{x\to a} f(x)$가 존재하며, 그 역도 성립함을 알 수 있다. 즉,

$$\lim_{x\to a} f(x)=L \Longleftrightarrow \lim_{x\to a+} f(x)=\lim_{x\to a-} f(x)=L$$

이 성립한다.

BASIC

- $x\to\infty$일 때, 함수 $f(x)$의 값이 일정한 값 L에 한없이 가까워지면 $\lim_{x\to\infty} f(x)=L$과 같이 나타낸다.
또 $x\to-\infty$일 때, 함수 $f(x)$의 값이 일정한 값 L에 한없이 가까워지면 $\lim_{x\to-\infty} f(x)=L$과 같이 나타낸다.

- $x\to\infty$ 또는 $x\to-\infty$일 때, 함수 $f(x)$의 값이 양의 무한대 또는 음의 무한대로 발산하는 것을 각각 다음과 같이 나타낸다.
$\lim_{x\to\infty} f(x)=\infty$,
$\lim_{x\to\infty} f(x)=-\infty$,
$\lim_{x\to-\infty} f(x)=\infty$,
$\lim_{x\to-\infty} f(x)=-\infty$

- x가 a보다 큰 값을 가지면서 a에 한없이 가까워지는 것을 $x\to a+$로 나타내고, x가 a보다 작은 값을 가지면서 a에 한없이 가까워지는 것을 $x\to a-$로 나타낸다.

이해돕기 다음 극한을 조사하시오.

(1) $\lim_{x\to 0}\dfrac{|x|}{x}$

(2) $\lim_{x\to 2}[x]$

(3) $\lim_{x\to 0}\dfrac{2^{\frac{1}{x}}}{1+2^{\frac{1}{x}}}$

(단, $[x]$는 x보다 크지 않은 정수이다.)

풀이

(1) $\begin{cases}\lim_{x\to 0+}\dfrac{|x|}{x}=\lim_{x\to 0+}\dfrac{x}{x}=1\\ \lim_{x\to 0-}\dfrac{|x|}{x}=\lim_{x\to 0-}\dfrac{-x}{x}=-1\end{cases}$

$\lim_{x\to 0+}\dfrac{|x|}{x}\neq\lim_{x\to 0-}\dfrac{|x|}{x}$이므로 극한값은 존재하지 않는다.

y, $f(x)=\dfrac{|x|}{x}$, 1, O, x, -1

(2) $\begin{cases} \lim_{x \to 2+} [x]=2 \\ \lim_{x \to 2-} [x]=1 \end{cases}$

$\lim_{x \to 2+} [x] \neq \lim_{x \to 2-} [x]$이므로 극한값은 존재하지 않는다.

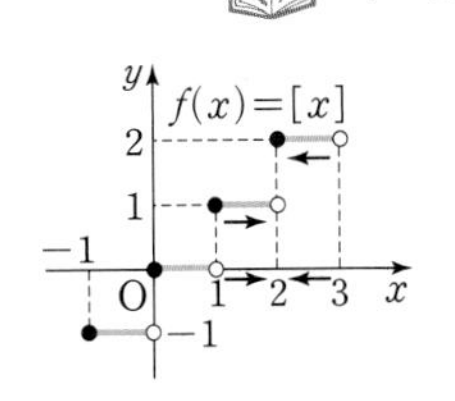

(3) $\lim_{x \to 0+} 2^{\frac{1}{x}}=\infty$, $\lim_{x \to 0-} 2^{\frac{1}{x}}=0$이므로

$\begin{cases} \lim_{x \to 0+} \dfrac{2^{\frac{1}{x}}}{1+2^{\frac{1}{x}}}=\lim_{x \to 0+} \dfrac{1}{\frac{1}{2^{\frac{1}{x}}}+1}=1 \\ \lim_{x \to 0-} \dfrac{2^{\frac{1}{x}}}{1+2^{\frac{1}{x}}}=\dfrac{0}{1+0}=0 \end{cases}$

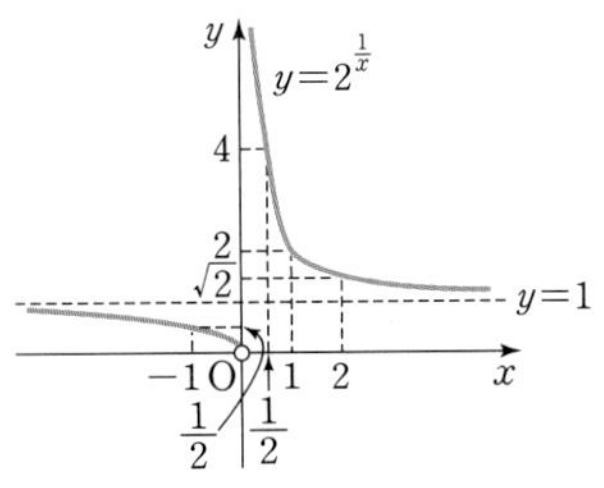

$\lim_{x \to 0+} \dfrac{2^{\frac{1}{x}}}{1+2^{\frac{1}{x}}} \neq \lim_{x \to 0-} \dfrac{2^{\frac{1}{x}}}{1+2^{\frac{1}{x}}}$이므로 극한값은 존재하지 않는다.

BASIC

2 극한값의 계산

(1) 함수의 극한에 대한 성질

수열의 극한에서와 마찬가지로, 함수의 극한에서도 다음의 성질이 성립한다.

$\lim_{x \to a} f(x)=L$, $\lim_{x \to a} g(x)=M$ (L, M은 실수)일 때

① $\lim_{x \to a} cf(x)=c\lim_{x \to a} f(x)=cL$ (단, c는 상수)

② $\lim_{x \to a} \{f(x) \pm g(x)\}=\lim_{x \to a} f(x) \pm \lim_{x \to a} g(x)=L \pm M$ (복부호 동순)

③ $\lim_{x \to a} \{f(x) \cdot g(x)\}=\lim_{x \to a} f(x) \cdot \lim_{x \to a} g(x)=LM$

④ $\lim_{x \to a} \dfrac{f(x)}{g(x)}=\dfrac{\lim_{x \to a} f(x)}{\lim_{x \to a} g(x)}=\dfrac{L}{M}$ (단, $g(x) \neq 0$, $M \neq 0$)

- 함수의 극한에 대한 성질은 $x \to \infty$ 또는 $x \to -\infty$일 때에도 성립한다.

(2) 함수의 극한의 대소 관계

a에 가까운 모든 x에 대하여

① $f(x) \leq g(x)$이고 $\lim_{x \to a} f(x)$와 $\lim_{x \to a} g(x)$가 존재하면

$\lim_{x \to a} f(x) \leq \lim_{x \to a} g(x)$

② $f(x) \leq g(x) \leq h(x)$이고 $\lim_{x \to a} f(x)=\lim_{x \to a} h(x)=L$이면

$\lim_{x \to a} g(x)=L$

(3) 극한값의 계산

① $\dfrac{0}{0}$꼴: (i) 분자, 분모가 모두 다항식인 경우에는 분자, 분모를 각각 인수분해하여 약분한다.

(ii) 분자, 분모 중 무리식이 있으면 근호가 들어 있는 쪽을 유리화한다.

② $\dfrac{\infty}{\infty}$꼴: 분모의 최고차항으로 분자, 분모를 각각 나눈다.

③ $\infty-\infty$꼴: (i) 다항식은 최고차항으로 묶는다.

(ii) 무리식은 근호가 들어 있는 쪽을 유리화한다.

④ $\infty \times 0$꼴: $\infty \times c$, $\dfrac{c}{\infty}$, $\dfrac{0}{0}$, $\dfrac{\infty}{\infty}$(c는 상수)꼴로 변형한다.

- $\dfrac{0}{0}$꼴과 $\infty \times 0$꼴에서 0은 숫자 0이 아니라 0에 한없이 가까운 값을 나타낸다.
- $\dfrac{\infty}{\infty}$꼴의 유리식의 극한은 수열의 극한과 같은 방법으로 구한다.
- $\infty+\infty$, $\infty \times \infty$, $c \times \infty$ ($c \neq 0$인 상수)의 꼴은 모두 발산한다.

③ 미정계수의 결정

(1) $\lim_{x \to a} \frac{f(x)}{g(x)}=L$($L$은 상수)일 때, $\lim_{x \to a} g(x)=0$이면 $\lim_{x \to a} f(x)=0$이다.

(2) $\lim_{x \to a} \frac{f(x)}{g(x)}=L$($L$은 0이 아닌 상수)일 때, $\lim_{x \to a} f(x)=0$이면 $\lim_{x \to a} g(x)=0$이다.

이해돕기 두 실수 a, b가 $\lim_{x \to 2} \frac{\sqrt{x^2+a}-b}{x-2}=\frac{2}{5}$를 만족시킬 때 a, b의 값을 구하시오.

풀이 $x \to 2$일 때, (분모) → 0이므로 (분자) → 0이어야 한다.

$\sqrt{4+a}-b=0$에서 $b=\sqrt{4+a}$ ……㉠

(좌변)$=\lim_{x \to 2} \frac{\sqrt{x^2+a}-\sqrt{4+a}}{x-2}=\lim_{x \to 2} \frac{x^2-4}{(x-2)(\sqrt{x^2+a}+\sqrt{4+a})}$

$=\lim_{x \to 2} \frac{x+2}{\sqrt{x^2+a}+\sqrt{4+a}}=\frac{4}{2\sqrt{4+a}}=\frac{2}{\sqrt{4+a}}=\frac{2}{5}$

$\sqrt{4+a}=5$이므로 $a=21$이고 이 값을 ㉠에 대입하면 $b=5$이다.

④ 지수함수와 로그함수의 극한

(1) 지수함수의 극한

지수함수 $y=a^x$ ($a>0$, $a \neq 1$)에서

① $a>1$일 때

$\lim_{x \to 0} a^x=1$, $\lim_{x \to 1} a^x=a$,

$\lim_{x \to \infty} a^x=\infty$, $\lim_{x \to -\infty} a^x=0$

② $0<a<1$일 때

$\lim_{x \to 0} a^x=1$, $\lim_{x \to 1} a^x=a$,

$\lim_{x \to \infty} a^x=0$, $\lim_{x \to -\infty} a^x=\infty$

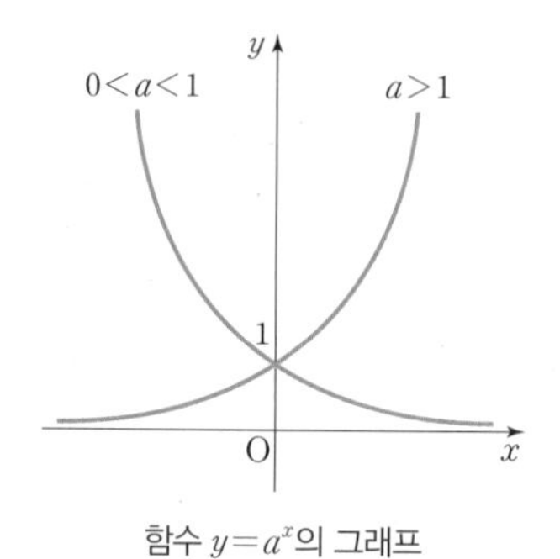

함수 $y=a^x$의 그래프

(2) 로그함수의 극한

로그함수 $y=\log_a x$($a>0$, $a \neq 1$)에서

① $a>1$일 때

$\lim_{x \to 0+} \log_a x=-\infty$, $\lim_{x \to 1} \log_a x=0$,

$\lim_{x \to a} \log_a x=1$, $\lim_{x \to \infty} \log_a x=\infty$

② $0<a<1$일 때

$\lim_{x \to 0+} \log_a x=\infty$, $\lim_{x \to 1} \log_a x=0$,

$\lim_{x \to a} \log_a x=1$, $\lim_{x \to \infty} \log_a x=-\infty$

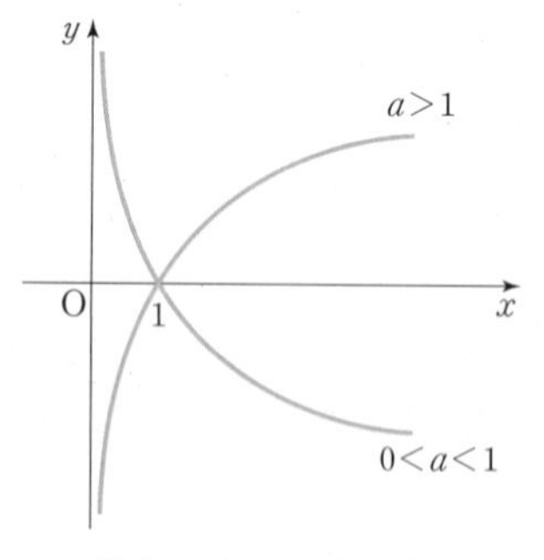

함수 $y=\log_a x$의 그래프

⑤ 무리수 e와 자연로그

(1) 무리수 e의 정의

① $\lim_{x \to 0} (1+x)^{\frac{1}{x}}=e$

② $\lim_{x \to \infty} \left(1+\frac{1}{x}\right)^x=e$ (단, $e=2.71828\cdots$)

BASIC

- 지수함수와 로그함수의 극한은 그래프를 이용하면 쉽게 알 수 있다.
- 함수 $f(x)$에 대하여 $f(x)>0$일 때, $\lim_{x \to \infty} f(x)$의 값이 존재하면 $\lim_{x \to \infty} \{\log_a f(x)\}=\log_a \{\lim_{x \to \infty} f(x)\}$ ($a>0$, $a \neq 1$) 가 성립한다.
- 0이 아닌 상수 a에 대하여 $\lim_{x \to 0} (1+ax)^{\frac{1}{ax}}=e$, $\lim_{x \to \infty} \left(1+\frac{1}{ax}\right)^{ax}=e$

(2) 자연로그의 뜻

무리수 e를 밑으로 하는 $\log_e x(x>0)$를 x의 자연로그라 하며, 자연로그는 밑 e를 생략하고 간단히 $\ln x$로 나타낸다.

BASIC

6 e의 정의를 이용한 지수 · 로그함수의 극한

$a>0$, $a\neq1$일 때

(1) $\lim\limits_{x\to0}\dfrac{\ln(1+x)}{x}=1$, $\lim\limits_{x\to0}\dfrac{\log_a(1+x)}{x}=\dfrac{1}{\ln a}$

(2) $\lim\limits_{x\to0}\dfrac{e^x-1}{x}=1$, $\lim\limits_{x\to0}\dfrac{a^x-1}{x}=\ln a$

● 0이 아닌 상수 a에 대하여

$\lim\limits_{x\to0}\dfrac{\ln(1+ax)}{x}=a$,

$\lim\limits_{x\to0}\dfrac{e^{ax}-1}{x}=a$

이해돕기 $\lim\limits_{n\to\infty}\left\{\dfrac{1}{2}\left(1+\dfrac{1}{n}\right)\left(1+\dfrac{1}{n+1}\right)\left(1+\dfrac{1}{n+2}\right)\cdots\left(1+\dfrac{1}{2n}\right)\right\}^n$의 값을 구하시오.

풀이

$\lim\limits_{n\to\infty}\left\{\dfrac{1}{2}\left(1+\dfrac{1}{n}\right)\left(1+\dfrac{1}{n+1}\right)\left(1+\dfrac{1}{n+2}\right)\cdots\left(1+\dfrac{1}{2n}\right)\right\}^n$

$=\lim\limits_{n\to\infty}\left(\dfrac{1}{2}\cdot\dfrac{n+1}{n}\cdot\dfrac{n+2}{n+1}\cdot\dfrac{n+3}{n+2}\cdot\cdots\cdot\dfrac{2n+1}{2n}\right)^n$

$=\lim\limits_{n\to\infty}\left(\dfrac{2n+1}{2n}\right)^n=\lim\limits_{n\to\infty}\left(1+\dfrac{1}{2n}\right)^n=\lim\limits_{n\to\infty}\left\{\left(1+\dfrac{1}{2n}\right)^{2n}\right\}^{\frac{1}{2}}=e^{\frac{1}{2}}=\sqrt{e}$

7 삼각함수의 극한

x의 단위가 라디안일 때,

$$\lim_{x\to0}\frac{\sin x}{x}=1$$

● 삼각함수 $y=\sin x$, $y=\cos x$, $y=\tan x$의 정의역의 한 원소 a에 대하여

$\lim\limits_{x\to a}\sin x=\sin a$,

$\lim\limits_{x\to a}\cos x=\cos a$,

$\lim\limits_{x\to a}\tan x=\tan a$

한편, $\lim\limits_{x\to\infty}\sin x$, $\lim\limits_{x\to\infty}\cos x$, $\lim\limits_{x\to\frac{\pi}{2}}\tan x$의 값은 존재하지 않는다.

증명

오른쪽 그림과 같이 반지름의 길이가 r인 원 O의 둘레에 $\angle$AOB의 크기가 x라디안인 두 점 A, B를 잡고, 점 A에서 원 O에 그은 접선과 직선 OB와의 교점을 T라 하자.

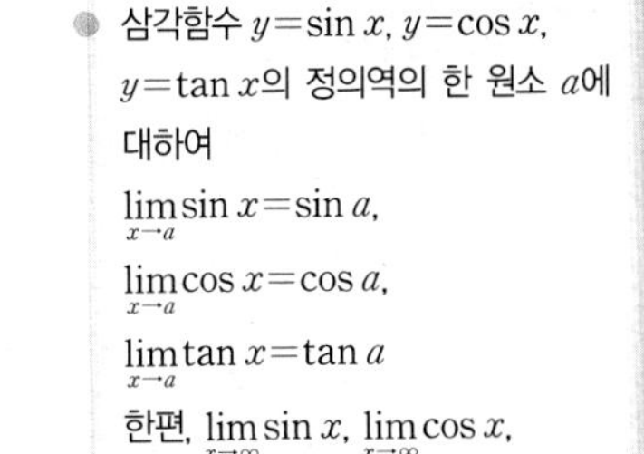

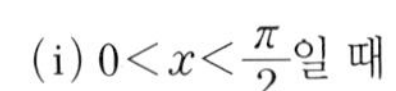
(i) $0<x<\dfrac{\pi}{2}$일 때

($\triangle$OAB의 넓이)$<$(부채꼴 OAB의 넓이)

$<$($\triangle$OAT의 넓이)

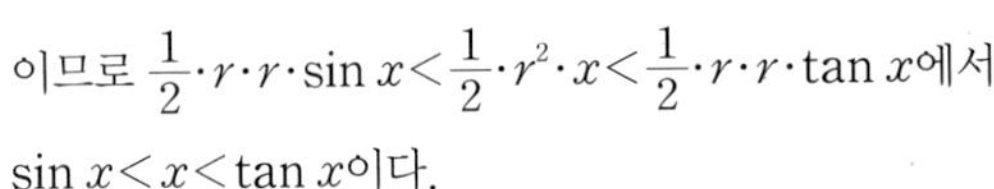
이므로 $\dfrac{1}{2}\cdot r\cdot r\cdot\sin x<\dfrac{1}{2}\cdot r^2\cdot x<\dfrac{1}{2}\cdot r\cdot r\cdot\tan x$에서

$\sin x<x<\tan x$이다.

이때, $0<x<\dfrac{\pi}{2}$에서 $\sin x>0$이므로 각 변을 $\sin x$로 나누면

$1<\dfrac{x}{\sin x}<\dfrac{1}{\cos x}$이고 따라서 $1>\dfrac{\sin x}{x}>\cos x$가 성립한다.

$\lim\limits_{x\to0+}\cos x=1$, $\lim\limits_{x\to0+}1=1$이므로 $\lim\limits_{x\to0+}\dfrac{\sin x}{x}=1$이다.

(ii) $-\frac{\pi}{2}<x<0$일 때

$x=-t$로 놓으면 $0<t<\frac{\pi}{2}$이고 $x \to 0-$일 때 $t \to 0+$이므로

$\lim_{x\to 0-}\frac{\sin x}{x}=\lim_{t\to 0+}\frac{\sin(-t)}{-t}=\lim_{t\to 0+}\frac{-\sin t}{-t}=\lim_{t\to 0+}\frac{\sin t}{t}=1$이므로

$\lim_{x\to 0-}\frac{\sin x}{x}=1$이다.

따라서 (i), (ii)에서 $\lim_{x\to 0}\frac{\sin x}{x}=1$이다.

참고 (1) $\lim_{x\to 0}\frac{x}{\sin x}=\lim_{x\to 0}\frac{1}{\frac{\sin x}{x}}=\frac{1}{1}=1$

(2) $\lim_{x\to 0}\frac{\tan x}{x}=\lim_{x\to 0}\frac{1}{\cos x}\cdot\frac{\sin x}{x}=1\cdot 1=1$

(3) $\lim_{x\to 0}\frac{\sin ax}{bx}=\lim_{x\to 0}\frac{\sin ax}{ax}\cdot\frac{a}{b}=\frac{a}{b}$ (단, $b\neq 0$)

(4) $\lim_{x\to 0}\frac{\tan ax}{bx}=\lim_{x\to 0}\frac{\tan ax}{ax}\cdot\frac{a}{b}=\frac{a}{b}$ (단, $b\neq 0$)

(5) $\lim_{x\to 0}\frac{\sin bx}{\tan ax}=\lim_{x\to 0}\frac{\sin bx}{bx}\cdot\frac{ax}{\tan ax}\cdot\frac{bx}{ax}=\frac{b}{a}$ (단, $a\neq 0$)

BASIC

● $\lim_{x\to 0}\frac{x}{\tan x}=1$

이해돕기 그림과 같이 사다리꼴 ABCD에서 변 AD와 변 BC가 평행하고 $\angle B=2\theta$, $\angle C=3\theta$, $\overline{BC}=2\sin\theta$, $\overline{AD}=\sin\theta$이다. 사다리꼴 ABCD의 넓이를 $S(\theta)$라 할 때, $\lim_{\theta\to 0+}\frac{S(\theta)}{\theta^3}$의 값을 구하시오.

$\left(\text{단, } 0<\theta<\frac{\pi}{6}\text{이다.}\right)$

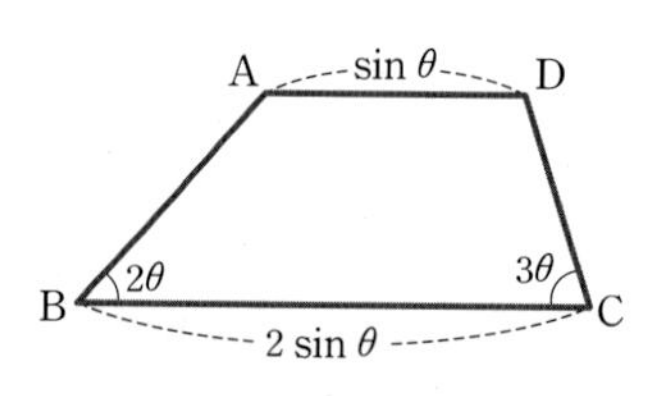

풀이 오른쪽 그림과 같이 보조선 AE, DH를 긋고 사다리꼴의 높이를 h라 하자. 이때, 사다리꼴의 밑변의 길이는

$\overline{BC}=\frac{h}{\tan 2\theta}+\sin\theta+\frac{h}{\tan 3\theta}=2\sin\theta$이므로

$h=\frac{\sin\theta}{\frac{1}{\tan 2\theta}+\frac{1}{\tan 3\theta}}$이다.

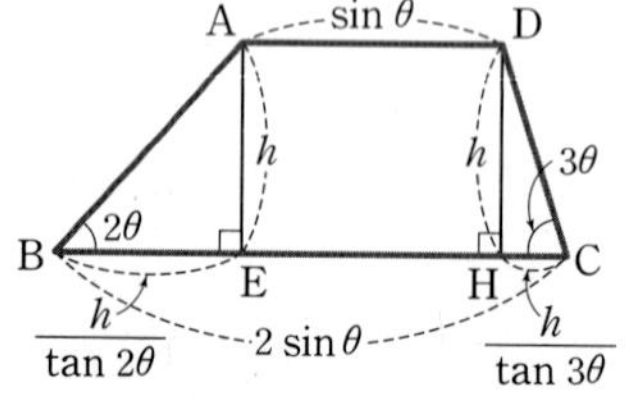

따라서 $S(\theta)=\frac{1}{2}\times(\sin\theta+2\sin\theta)\times\frac{\sin\theta}{\frac{1}{\tan 2\theta}+\frac{1}{\tan 3\theta}}$이므로

$$\lim_{\theta\to 0+}\frac{S(\theta)}{\theta^3}=\lim_{\theta\to 0+}\frac{1}{2}\times\frac{3\sin\theta}{\theta}\times\frac{\frac{\sin\theta}{\theta}}{\frac{\theta}{\tan 2\theta}+\frac{\theta}{\tan 3\theta}}$$

$$=\frac{1}{2}\times 3\times\frac{1}{\frac{1}{2}+\frac{1}{3}}$$

$$=\frac{9}{5}$$

● $\lim_{\theta\to 0+}\frac{\theta}{\tan 2\theta}$

$=\lim_{\theta\to 0+}\frac{2\theta}{\tan 2\theta}\cdot\frac{1}{2}=\frac{1}{2}$

$\lim_{\theta\to 0+}\frac{\theta}{\tan 3\theta}$

$=\lim_{\theta\to 0+}\frac{3\theta}{\tan 3\theta}\cdot\frac{1}{3}=\frac{1}{3}$

2 함수의 연속

1 함수의 연속과 불연속

(1) 함수의 연속

함수 $f(x)$가 실수 a에 대하여 다음 세 조건을 만족시킬 때,

함수 $f(x)$는 $x=a$에서 연속이라고 한다.

(ⅰ) 함수 $f(x)$가 $x=a$에서 정의되어 있고

(ⅱ) 극한값 $\lim_{x\to a} f(x)$가 존재하며

(ⅲ) $\lim_{x\to a} f(x)=f(a)$

(2) 함수의 불연속

함수 $f(x)$가 $x=a$에서 연속이 아닐 때, 함수 $f(x)$는 $x=a$에서 불연속이라고 한다.

2 연속함수

(1) 연속함수

함수 $f(x)$가 어떤 구간에 속하는 모든 실수에 대하여 연속일 때, $f(x)$를 그 구간에서 연속 또는 그 구간에서 연속함수라고 한다.

(2) 연속함수의 성질

두 함수 $f(x)$, $g(x)$가 $x=a$에서 연속이면 다음 함수도 $x=a$에서 연속이다.

① $cf(x)$ (단, c는 상수)　② $f(x)\pm g(x)$

③ $f(x)g(x)$　④ $\dfrac{f(x)}{g(x)}$ (단, $g(x)\neq 0$)

⑤ $(g\circ f)(x)=g(f(x))$ (단, $f(x)$의 치역은 $g(x)$의 정의역에 포함된다.)

이해돕기 다음 함수의 주어진 점에서의 연속성을 조사하시오.

(1) $f(x)=\dfrac{x^2-1}{x-1}$ $(x=1)$

(2) $f(x)=[x]$ $(x=2)$ (단, $[x]$는 x보다 크지 않은 정수이다.)

(3) $f(x)=\begin{cases} x^2+1 & (x\neq 0) \\ 0 & (x=0) \end{cases}$ $(x=0)$

(4) $f(x)=x^2+\dfrac{x^2}{x^2+1}+\dfrac{x^2}{(x^2+1)^2}+\cdots$ $(x=0)$

(5) $f(x)=\lim_{n\to\infty}\dfrac{x^{2n+1}+x^{2n}+1}{x^{2n}+1}$ $(x=-1,\ x=1)$

풀이

(1) $f(1)$의 값이 정의되지 않으므로 $f(x)$는 $x=1$에서 불연속이다.

$$f(x)=\frac{x^2-1}{x-1}=\frac{(x+1)(x-1)}{x-1}=x+1\ (x\neq 1)$$

(2) (ⅰ) $f(2)=[2]=2$

(ⅱ) $\lim_{x\to 2}[x]$의 값이 존재하지 않는다.

따라서 $f(x)$는 $x=2$에서 불연속이다.

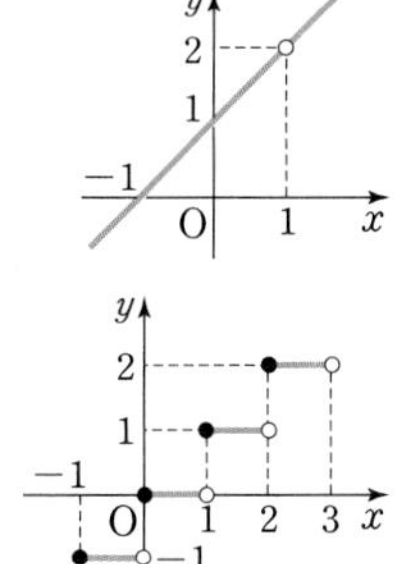

BASIC

두 실수 a, $b(a<b)$에 대하여 실수의 집합

$\{x|a\le x\le b\}$, $\{x|a\le x<b\}$,
$\{x|a<x\le b\}$, $\{x|a<x<b\}$

를 구간이라 하며, 이것을 기호로 각각

$[a, b]$, $[a, b)$, $(a, b]$, (a, b)와 같이 나타낸다. 이때, $[a, b]$를 닫힌 구간, (a, b)를 열린 구간, $[a, b)$, $(a, b]$를 반닫힌 구간 또는 반열린 구간이라고 한다.

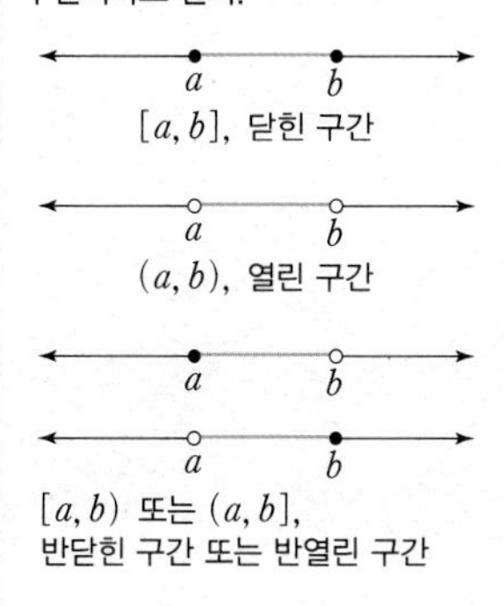

합성함수의 연속

$$\lim_{x\to a}(g\circ f)(x)=\lim_{x\to a}g(f(x))=g(\lim_{x\to a}f(x))=g(f(a))=(g\circ f)(a)$$

(3) (i) $f(0)=0$ (ii) $\lim_{x\to0}f(x)=\lim_{x\to0}(x^2+1)=1$

(iii) $\lim_{x\to0}f(x)\neq f(0)$

따라서 $f(x)$는 $x=0$에서 불연속이다.

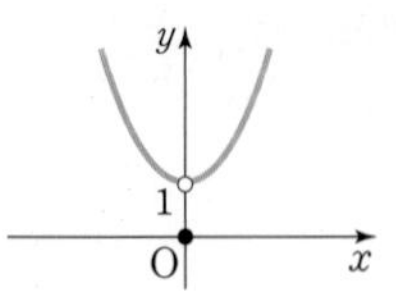

(4) (i) $x=0$일 때: $f(0)=0$

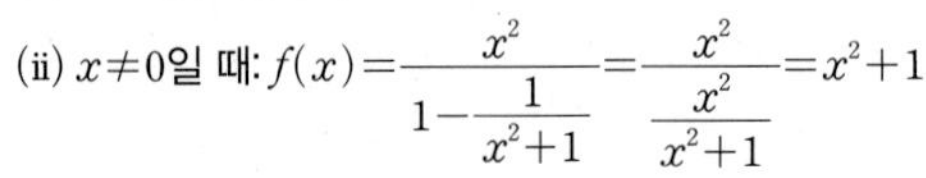

(ii) $x\neq0$일 때: $f(x)=\dfrac{x^2}{1-\dfrac{1}{x^2+1}}=\dfrac{x^2}{\dfrac{x^2}{x^2+1}}=x^2+1$

$\lim_{x\to0}f(x)=\lim_{x\to0}(x^2+1)=1$

(iii) $\lim_{x\to0}f(x)\neq f(0)$

따라서 $f(x)$는 $x=0$에서 불연속이다.

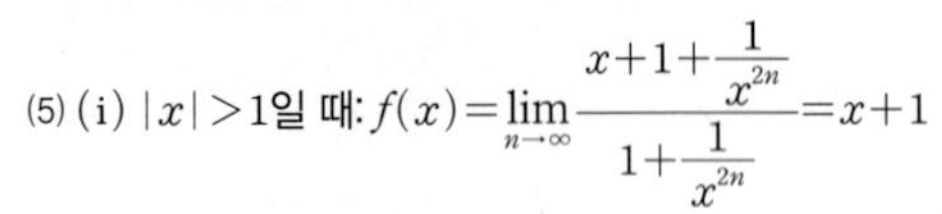

(5) (i) $|x|>1$일 때: $f(x)=\lim_{n\to\infty}\dfrac{x+1+\dfrac{1}{x^{2n}}}{1+\dfrac{1}{x^{2n}}}=x+1$

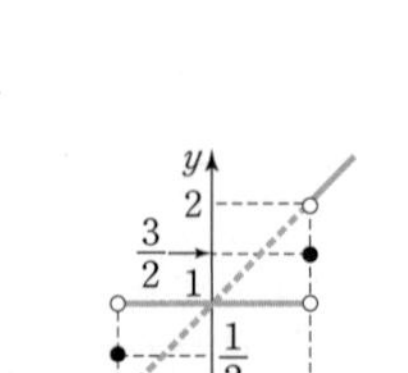

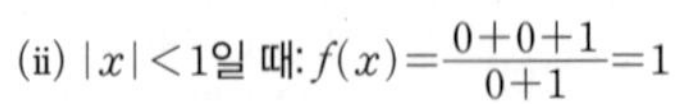

(ii) $|x|<1$일 때: $f(x)=\dfrac{0+0+1}{0+1}=1$

(iii) $x=1$일 때: $f(x)=\dfrac{1+1+1}{1+1}=\dfrac{3}{2}$

(iv) $x=-1$일 때: $f(x)=\dfrac{-1+1+1}{1+1}=\dfrac{1}{2}$

따라서 $f(x)$는 $x=-1$, $x=1$에서 불연속이다.

3 최대 · 최소의 정리

함수 $f(x)$가 닫힌 구간 $[a, b]$에서 연속이면 함수 $f(x)$는 이 구간에서 반드시 최댓값과 최솟값을 가진다.

BASIC

닫힌 구간이 아닌 경우에는 이 구간에서 연속이더라도 최댓값과 최솟값을 갖지 않을 수 있다.
또 함수 $f(x)$가 연속이 아니면 닫힌 구간에서도 최댓값과 최솟값을 갖지 않을 수 있다.

4 사이값의 정리

(1) 사이값의 정리

함수 $f(x)$가 닫힌 구간 $[a, b]$에서 연속이고 $f(a)\neq f(b)$이면 $f(a)$와 $f(b)$ 사이의 임의의 값 k에 대하여

$$f(c)=k\ (a<c<b)$$

인 c가 적어도 하나 존재한다.

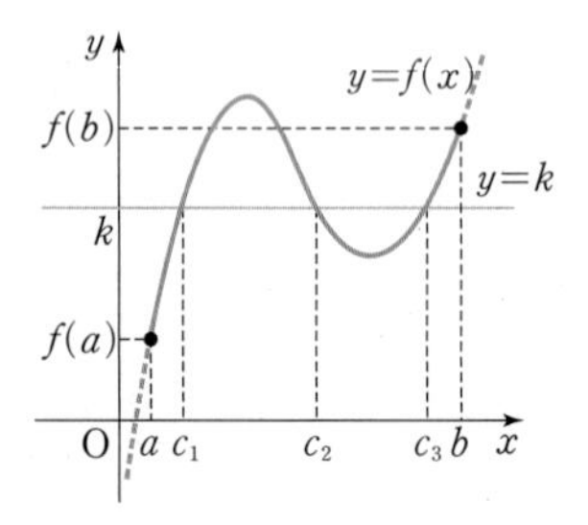

(2) 사이값의 정리의 응용

함수 $f(x)$가 닫힌 구간 $[a, b]$에서 연속이고 $f(a)$와 $f(b)$가 서로 다른 부호이면, 즉 $f(a)f(b)<0$이면 방정식 $f(x)=0$의 실근이 열린 구간 (a, b)에 적어도 하나 존재한다.

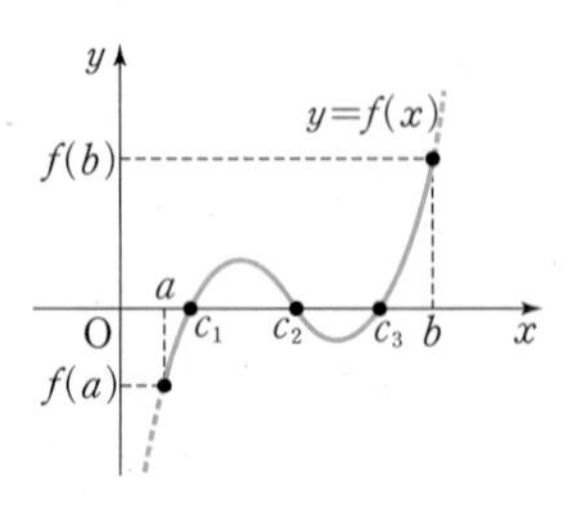

이해돕기 방정식 $x^3-3x+1=0$이 1과 2 사이에서 적어도 하나의 실근을 가짐을 보이시오.

풀이 $f(x)=x^3-3x+1$로 놓으면 $f(x)$는 구간 $[1, 2]$에서 연속이고 $f(1)=1-3+1=-1(<0)$, $f(2)=8-6+1=3(>0)$, 즉 $f(1)f(2)<0$이므로 사이값의 정리에 의하여 $f(c)=0$인 c가 $1<c<2$ 사이에 적어도 하나 존재한다.
따라서 방정식 $f(x)=0$은 1과 2 사이에서 적어도 하나의 실근을 갖는다.

수리논술 분석

예제 1

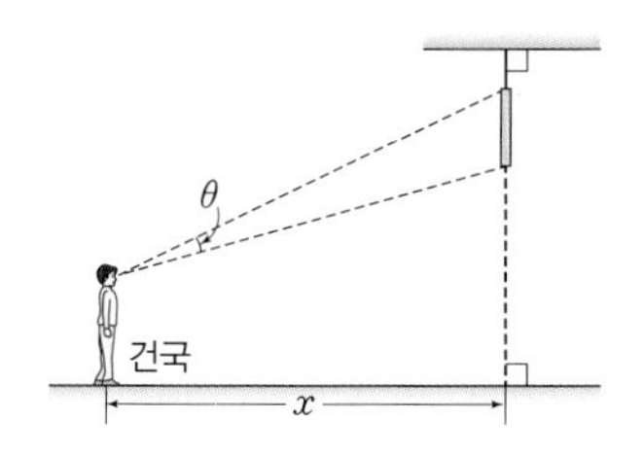

오른쪽은 천장에 수직으로 매달려 있는 막대기를 건국이가 바라보고 있는 그림이다. 막대기로부터의 수평거리 x에 따라 건국이가 막대기를 바라본 각 θ의 크기가 달라진다. 각 θ를 측정한 후 삼각비를 이용하여 막대기의 길이를 계산할 수 있다. 건국이가 수평거리 $2\,\mathrm{m}$인 지점에서 막대기를 바라보았을 때 각 θ의 크기가 A, 수평거리 $3\,\mathrm{m}$인 지점에서 막대기를 바라보았을 때 각 θ의 크기가 B일 때 $\tan A=\frac{2}{11}$, $\tan B=\frac{1}{7}$이다.

(1) 막대기의 길이를 구하시오.

(2) 지면으로부터 눈까지의 높이를 재었을 때, 건국이의 조카가 건국이보다 $\frac{1}{2}\,\mathrm{m}$ 작다. 수평거리 $x\,\mathrm{m}$인 지점에서 건국이가 막대기를 바라보았을 때 각 θ의 크기를 $f(x)$, 건국이의 조카가 막대기를 바라보았을 때 각 θ의 크기를 $g(x)$라 하자. 극한값 $\lim_{x\to0}\frac{f(x)}{g(x)}$를 구하시오.

| 건국대학교 2015년 수시 |

예시 답안

Check Point

문제의 조건에서 탄젠트의 덧셈정리를 이용하는 방법을 생각한다.

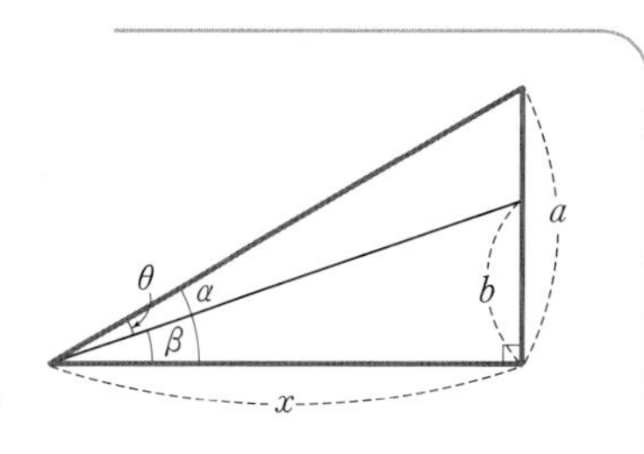

(1) 그림에서 $\tan\alpha=\frac{a}{x}$, $\tan\beta=\frac{b}{x}$이므로

$$\tan\theta=\tan(\alpha-\beta)=\frac{\tan\alpha-\tan\beta}{1+\tan\alpha\tan\beta}=\frac{\frac{a}{x}-\frac{b}{x}}{1+\frac{a}{x}\cdot\frac{b}{x}}=\frac{(a-b)x}{x^2+ab}$$

$x=2,\ 3$일 때의 $\tan\theta$의 값이 $\frac{2}{11}$, $\frac{1}{7}$이므로

$$\tan A=\frac{2}{11}=\frac{2(a-b)}{4+ab},\ \tan B=\frac{1}{7}=\frac{3(a-b)}{9+ab}$$

따라서 $11(a-b)=4+ab$ ⋯⋯ ① $\quad 21(a-b)=9+ab$ ⋯⋯ ②

②−①을 하면 $10(a-b)=5$이므로 $a-b=\frac{1}{2}$이다.

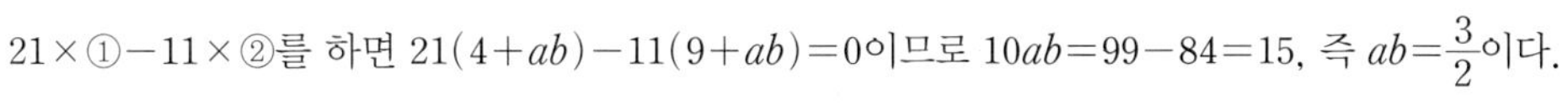
$21\times$①$-11\times$②를 하면 $21(4+ab)-11(9+ab)=0$이므로 $10ab=99-84=15$, 즉 $ab=\frac{3}{2}$이다.

위 두 식을 연립하여 풀면 $a=\frac{3}{2}$, $b=1$이다. 따라서 막대의 길이는 $a-b=\frac{3}{2}-1=\frac{1}{2}$이 된다.

(2) (1)의 풀이에 의해 건국이의 경우 $a=\frac{3}{2}$, $b=1$이므로 $\tan f(x)=\frac{(a-b)x}{x^2+ab}=\frac{\frac{1}{2}x}{x^2+\frac{3}{2}}=\frac{x}{2x^2+3}$이다.

조카의 경우 대응되는 길이를 a', b'이라 하면 $a'=a+\frac{1}{2}=2$, $b'=b+\frac{1}{2}=\frac{3}{2}$이므로

$$\tan g(x)=\frac{(a'-b')x}{x^2+a'b'}=\frac{\frac{1}{2}x}{x^2+2\cdot\frac{3}{2}}=\frac{x}{2x^2+6}$$

$\lim_{x\to0}f(x)=\lim_{x\to0}g(x)=0$이므로 $\lim_{x\to0}\frac{\tan f(x)}{f(x)}=\lim_{x\to0}\frac{\tan g(x)}{g(x)}=1$

또한 $\lim_{x\to0}\frac{\tan f(x)}{\tan g(x)}=\lim_{x\to0}\frac{2x^2+6}{2x^2+3}=2$이므로

$$\lim_{x\to0}\frac{f(x)}{g(x)}=\lim_{x\to0}\frac{f(x)}{\tan f(x)}\cdot\frac{\tan g(x)}{g(x)}\cdot\frac{\tan f(x)}{\tan g(x)}=1\cdot1\cdot2=2$$

예제 2 다리가 3개 있는 삼각형 모양의 탁자는 다리 길이가 서로 다르더라도 결코 흔들리지 않으며 항상 다리 3개 모두 그 끝이 바닥에 닿아 있다. 그 이유는 임의의 세 점은 '평면의 결정 조건'이 되므로 3개의 다리가 바닥에 닿아 생기는 세 점은 하나의 평면을 만들어 내기 때문이다. 다리가 3개 있는 삼각형 모양의 탁자가 흔들리지 않는 것은 이러한 기하학적인 이유 때문으로 사진기의 스탠드나 토지 측량기구가 모두 삼각대인 것도 흔들리지 않게 하기 위해서이다.

그런데 다리가 4개 있는 사각형 모양의 탁자는 다리의 길이가 4개 모두 같더라도 바닥이 고르지 않으면 다리 하나가 공중에 떠 있는 상태가 되어 흔들리기도 한다. 그 이유는 네 점은 특수한 경우에만 한 평면을 결정하므로 네 점이 하나의 평면을 결정하지 않을 수도 있다. 그러므로 4개의 다리가 동일한 평면 위에 있지 않아 흔들거릴 수 있다. 이때, 탁자가 흔들리지 않게 하기 위해서 떠 있는 다리 밑에 종이를 접어서 끼워 넣을 수도 있지만 사각형의 탁자를 회전시켜 보면 탁자가 안정되는 상태가 되는 경우가 있다. 이 경우에는 어떤 수학적인 원리가 숨겨져 있는지를 설명하시오.

예시 답안

사각형 모양 탁자의 4개의 다리를 바닥에 닿도록 하면서 돌리면 반드시 4개의 다리가 모두 바닥에 닿게 되어 탁자가 안정된 상태가 되는 경우가 있다. 그 이유는 다음과 같다.
사각형 모양 탁자의 4개의 다리를 각각 A, B, C, D라 하고 다리 D만이 바닥에 닿지 않고 공중에 떠 있는 상태에 있다고 하자.
탁자를 다리 D가 처음 위치에 올 때까지 회전시키면 움직이는 동안에 다리 D의 끝은 바닥에서 떠 있는 상태에서 출발하여 처음에 있었던 위치까지 이동하는 사이에 서서히 바닥에 접근하여 반드시 바닥에 닿는 부분이 있게 된다.

Check Point

탁자를 회전시킬 때, 다리 D의 위치의 변화 x에 대하여 바닥으로부터 다리 D까지의 높이를 $f(x)$라 하고 좌표평면에 나타내 본다.

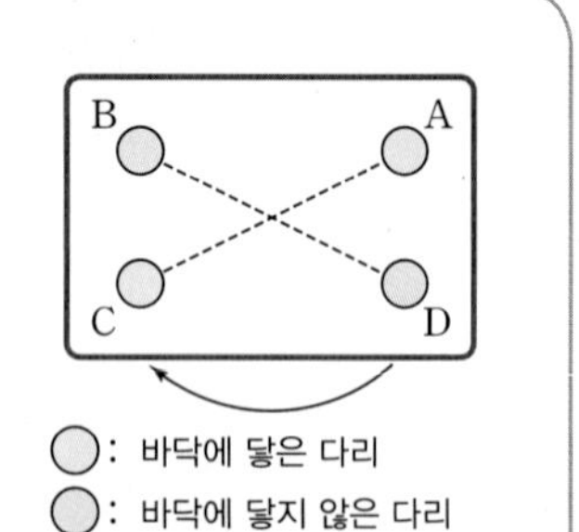

이때, 다리 D의 위치의 변화 x에 대하여 다리 D의 끝의 바닥으로부터의 높이를 $f(x)$라 하면 사이값의 정리에 의하여 출발 지점과 도착 지점에서의 다리 D의 끝의 바닥으로부터의 높이가 같으므로 오른쪽 그림과 같이 적어도 어느 한 지점에서는 바닥에 닿게 된다.

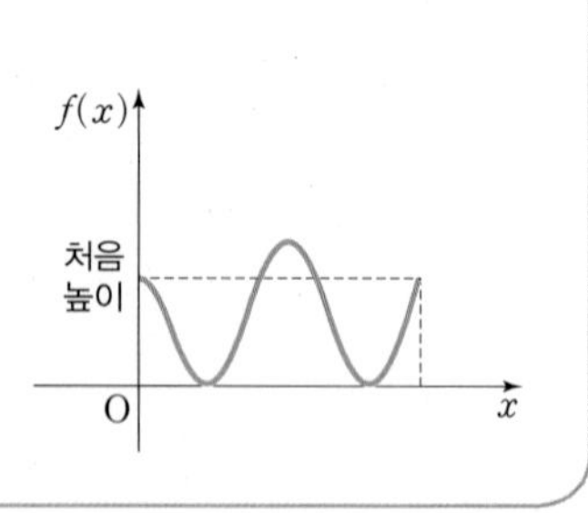

유제 1 어떤 호수의 평균 수온을 측정하려고 한다. 호수의 가장자리의 한 곳에서 출발한 배가 쉬지 않고 호수를 한 바퀴 돌아 다시 출발한 지점으로 돌아왔다. 출발 지점까지 돌아오는 동안 수온을 측정하였더니 수온이 가장 낮은 지점은 P지점으로 5 ℃였고, 가장 높은 지점은 Q지점으로 17 ℃였다. 출발 지점의 수온은 10 ℃로 일정하다고 할 때, 이 호수의 수온의 변화에 대하여 수학적으로 설명하시오.

수리논술 기출 및 예상 문제

01

제시문을 읽고 물음에 답하시오.

> (가) 함수 $y=f(x)$에서 $f(x)$가 x에 대한 다항식일 때, 이 함수를 다항함수라 하고, $f(x)$가 x에 대한 분수식일 때, 이 함수를 분수함수라 한다.
>
> (나) 분수함수는 두 다항함수의 몫으로 나타나므로 분모를 0으로 하지 않는 모든 실수에서 연속이다.
>
> (다) 다항함수 $p(x)=\sum_{n=0}^{5} a_n x^n = \left(x-\frac{1}{2}\right)(x-3)(x-4)(x-\alpha)(x-\beta)$라고 하자. 여기서 α와 β는 0이 아닌 실수이다.
>
> (라) 다항함수 $q(x)=\sum_{n=0}^{5} a_{5-n}\cdot x^n$이라고 하자.

(1) 2가 아닌 모든 실수 c에 대하여 $\lim_{x\to c}\frac{p(x)}{q(x)}$가 존재하도록 (다)의 α와 β값을 구하시오.

(2) 위에서 구한 α와 β를 대입한 후, $\lim_{x\to 3}\frac{p(x)}{q(x)}$의 값을 구하시오.

| 성균관대학교 2012년 수시 |

Hint

예를 들어, 삼차방정식 $ax^3+bx^2+cx+d=0(ad\neq 0)$의 세 근이 α, β, γ일 때 삼차방정식 $dx^3+cx^2+bx+a=0$의 세 근은 $\frac{1}{\alpha}$, $\frac{1}{\beta}$, $\frac{1}{\gamma}$이다.

[해설] $ax^3+bx^2+cx+d=0$의 한 근이 α이면 $a\alpha^3+b\alpha^2+c\alpha+d=0$이다. 양변을 α^3으로 나누면

$d\left(\frac{1}{\alpha}\right)^3+c\left(\frac{1}{\alpha}\right)^2+b\left(\frac{1}{\alpha}\right)+a=0$

이다. 이것은 $dx^3+cx^2+bx+a=0$의 한 근이 $\frac{1}{\alpha}$임을 뜻한다.

02

실수 α는 다음의 부등식을 만족한다.

$$\log_3\{(\log\alpha)^2+2\log\alpha\}<\log_3(\log\alpha)+1$$

이때, 다음 극한값을 구하는 과정을 구체적으로 기술하시오.

(여기에서 log는 상용로그를 의미한다.)

$$\lim_{n\to\infty}\left(1+\frac{\alpha}{10}\right)\left\{1+\left(\frac{\alpha}{10}\right)^2\right\}\left\{1+\left(\frac{\alpha}{10}\right)^4\right\}\cdots\left\{1+\left(\frac{\alpha}{10}\right)^{2^n}\right\}$$

| 이화여자대학교 2012년 수시 |

Hint

$P=(1+x)(1+x^2)(1+x^4)\cdots$ 일 때

$(1-x)P$
$=(1-x)(1+x)(1+x^2)(1+x^4)\cdots$
$=(1-x^2)(1+x^2)(1+x^4)\cdots$
$=(1-x^4)(1+x^4)\cdots$
이다.

03 제시문을 읽고 물음에 답하시오.

(가) $x \to \infty$일 때, $\left(1+\frac{1}{x}\right)^x$은 일정한 값에 수렴함이 알려져 있으며, 그 극한값을 e로 나타낸다. 즉, $\lim_{x\to\infty}\left(1+\frac{1}{x}\right)^x=e$이다.

(나) 수렴하는 두 수열 $\{a_n\}$, $\{b_n\}$과 연속함수 $f(x)$에 대하여 다음의 등식이 성립한다.

$$\lim_{n\to\infty} a_n b_n=\lim_{n\to\infty} a_n \cdot \lim_{n\to\infty} b_n$$

$$\lim_{n\to\infty}\frac{a_n}{b_n}=\frac{\lim_{n\to\infty} a_n}{\lim_{n\to\infty} b_n} \text{ (단, } b_n\neq 0,\ \lim_{n\to\infty} b_n \neq 0\text{)}$$

$$\lim_{n\to\infty} f(a_n)=f\left(\lim_{n\to\infty} a_n\right)$$

(다) 좌표평면 위의 한 점 (x_0, y_0)과 직선 $ax+by+c=0$ 사이의 거리 d는 다음과 같다.

$$d=\frac{|ax_0+by_0+c|}{\sqrt{a^2+b^2}}$$

(1) 다음 수열의 n번째 항을 a_n이라 할 때, $\lim_{n\to\infty}\left(\frac{n+100a_n}{n+a_n}\right)^n$을 구하시오.

0.1, 0.101, 0.10101, 0.1010101, ⋯

(2) (1)에서 정의된 수열 $\{a_n\}$의 첫째 항부터 n번째 항까지의 합을 S_n이라 하자. 점 $(S_n, S_n^2-6S_n+11)$과 직선 $x-y-10=0$ 사이의 거리가 최소가 되는 자연수 n을 구하시오.

| 중앙대학교 2015년 수시 |

Hint

(1) $0.\dot{a}=\frac{a}{9}$, $0.\dot{a}\dot{b}=\frac{ab}{99}$, $0.\dot{a}b\dot{c}=\frac{abc}{999}$

(2) 수열 0.1, 0.11, 0.111, ⋯ 에서 n번째 항은 $\frac{1}{9}\times 0.9$, $\frac{1}{9}\times 0.99$, $\frac{1}{9}\times 0.999$, ⋯에서 $\frac{1}{9}(1-0.1^n)$이다.
수열 0.1, 0.101, 0.10101, ⋯의 n번째 항은 $\frac{1}{9.9}\times 0.99$, $\frac{1}{9.9}\times 0.9999$, $\frac{1}{9.9}\times 0.999999$, ⋯에서 $\frac{1}{9.9}\times 0.999999\cdots$ $=\frac{1}{9.9}(1-0.01^n)$이다.

04 제시문을 읽고 물음에 답하시오.

임의의 실수 α, β에 대하여 아래의 결과는 쉽게 유도할 수 있는 성질이다.

$$\sin(\alpha+\beta)=\sin\alpha\cos\beta+\sin\beta\cos\alpha$$

$$\sin(\alpha-\beta)=\sin\alpha\cos\beta-\sin\beta\cos\alpha$$

(1) 제시문의 성질을 이용하여 실수 α, β에 대하여
$\sin\alpha-\sin\beta=2\sin\left(\frac{\alpha-\beta}{2}\right)\cos\left(\frac{\alpha+\beta}{2}\right)$가 성립함을 보이시오.

(2) 실수 $x\left(0<|x|<\frac{\pi}{2}\right)$에 대하여 부등식 $|\sin x|<|x|<|\tan x|$가 성립하는 이유를 설명하시오.

(3) (2)의 부등식을 이용하여 $\lim_{x\to 0}\frac{\sin x}{x}=1$이 됨을 증명하시오.

| 부산대학교 2014년 모의논술 |

Hint

(1) $\alpha=\frac{\alpha+\beta}{2}+\frac{\alpha-\beta}{2}$, $\beta=\frac{\alpha+\beta}{2}-\frac{\alpha-\beta}{2}$로 변형할 수 있다.

05

자연수 n에 대해 점 P_n을 다음과 같이 정의한다.

$\mathrm{P}_0=(1,\ 0)$, $\overline{\mathrm{OP}_n}=e^{-\theta}\,\overline{\mathrm{OP}_{n-1}}$ $(n=1,\ 2,\ 3,\ \cdots)$

$\theta=\angle\mathrm{P}_0\mathrm{OP}_1=\angle\mathrm{P}_1\mathrm{OP}_2=\cdots=\angle\mathrm{P}_{n-1}\mathrm{OP}_n$ (단, O는 원점)

(1) 선분 $\mathrm{P}_{n-1}\mathrm{P}_n$의 길이를 θ에 관한 식으로 나타내시오.

(2) $\lim\limits_{\theta\to 0}\cos(\angle\mathrm{OP}_{n-1}\mathrm{P}_n)$의 값을 구하시오.

| 서울시립대학교 2014년 모의논술 응용 |

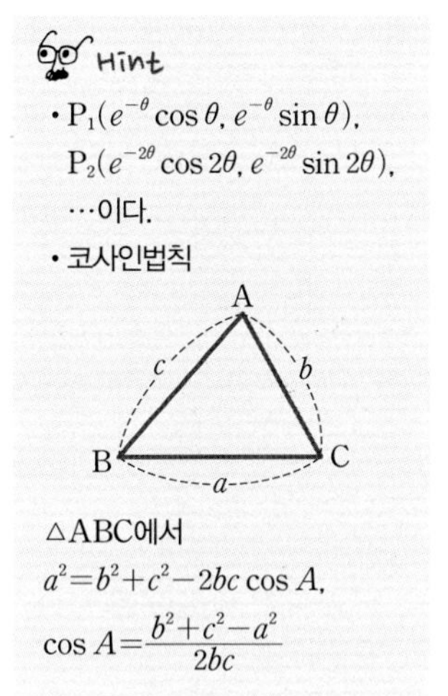

Hint
- $\mathrm{P}_1(e^{-\theta}\cos\theta,\ e^{-\theta}\sin\theta)$, $\mathrm{P}_2(e^{-2\theta}\cos 2\theta,\ e^{-2\theta}\sin 2\theta)$, …이다.
- 코사인법칙

△ABC에서

$a^2=b^2+c^2-2bc\cos A$,

$\cos A=\dfrac{b^2+c^2-a^2}{2bc}$

06

그림과 같은 단위원에서 점 A_n, B_n, C_n을 잡고 S_n을 $\square\mathrm{OA}_n\mathrm{B}_n\mathrm{C}_n$의 넓이라 하고 a_n을 $\overline{\mathrm{OA}_n}$과 $\overline{\mathrm{OC}_n}$ 중 긴 것이라 하자.

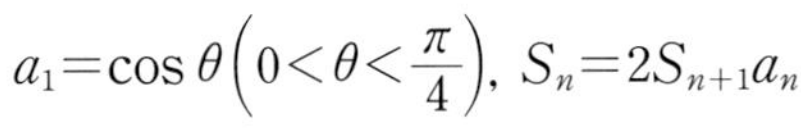

$$a_1=\cos\theta\left(0<\theta<\frac{\pi}{4}\right),\ S_n=2S_{n+1}a_n$$

일 때, 물음에 답하시오.

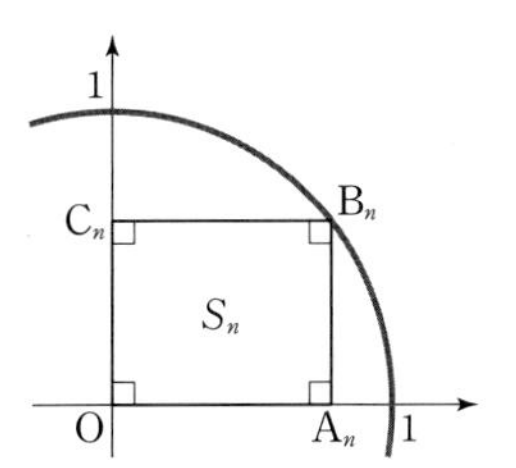

(1) a_n과 a_{n+1}의 관계식을 구하시오.

(2) a_n을 구하시오.

(3) $\lim\limits_{n\to\infty}a_n\times\cdots\times a_1$의 값을 구하시오.

| 고려대학교 2013년 수시 면접 |

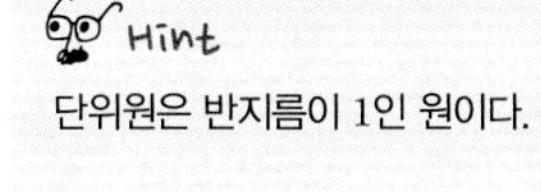

Hint
단위원은 반지름이 1인 원이다.

07

반지름이 $r(r>0)$인 원에 내접하는 정n각형들에 대하여 물음에 답하시오.

(1) 정삼각형$(n=3)$에서 세 변 위의 각 점을 중심으로 하는 반지름이 r인 원을 고려하자. 이 원들을 모두 모았을 때의 자취가 차지하는 넓이를 구하시오.

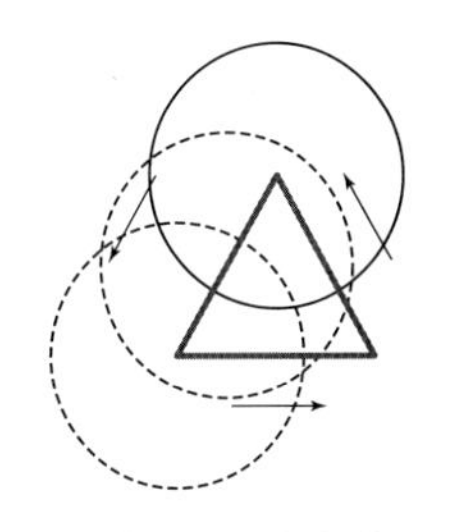

(2) 정n각형에서 변 위의 각 점을 중심으로 하는 반지름이 r인 원을 고려하자. 이 원들을 모두 모았을 때의 자취가 차지하는 넓이를 A_n이라고 할 때, 극한값 $\lim\limits_{n\to\infty}A_n$을 구하는 과정을 기술하시오.

(단, 정n각형의 내각의 합은 $(n-2)\pi$이다.)

| 이화여자대학교 2012년 수시 |

Hint
(1) 원들의 자취를 그려 보면 정삼각형, 직사각형, 부채꼴로 이루어진 도형이 된다.

08

반지름이 1인 원에 내접하는 정n각형이 있다. 이 정n각형을 둘레의 길이와 같은 길이의 실로 한 바퀴 감았다. 이때, 실의 한쪽 끝은 한 꼭짓점에 고정이 되어 있다. 정n각형과 같은 평면 위에서 실을 팽팽한 상태로 유지하면서 실 전체가 최초로 직선이 되는 순간까지 풀었을 때, 실의 다른 끝 점이 움직인 거리를 L_n이라 하자.

(1) 다음 그림은 정사각형의 경우를 보여준다. L_4를 구하시오.

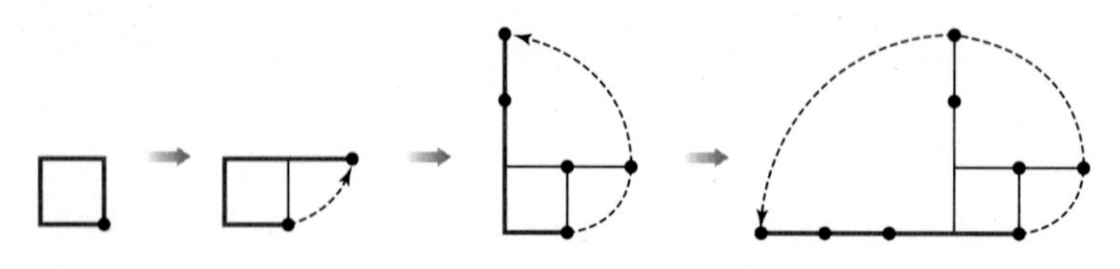

(2) L_n을 구하시오.

(3) 정n각형을 반지름이 1인 원으로 바꾸었을 때, 실의 끝 점이 만드는 곡선의 길이를 구하시오.

| 서울시립대학교 2010년 수시 |

Hint

(1) 각 단계에서 실이 회전하는 각의 크기는 $\frac{\pi}{2}$이다.

(2) 정n각형의 한 변의 길이는 $2\sin\frac{\pi}{n}$이다.

(3) $\lim_{x\to 0}\frac{\sin x}{x}=1$, $\lim_{x\to\infty}\frac{\sin\frac{1}{x}}{\frac{1}{x}}=1$

09

함수 $f(t)$가 $f(1)=11$과 $f(0)=-10$을 만족하고 모든 실수에서 연속일 때, 다음 x, y에 대한 연립방정식이 해를 가지지 않는 t값이 존재함을 보이시오.

$$\begin{cases} f(t)x+2y=1 \\ 2x+y=3 \end{cases}$$

Hint

연립방정식 $\begin{cases} ax+by+c=0 \\ a'x+b'y+c'=0 \end{cases}$의 해가 존재하지 않는 경우는 $\frac{a'}{a}=\frac{b'}{b}\neq\frac{c'}{c}$

10

다음 함수 $f(x)$가 실수 계수를 갖는 서로 다른 일차식으로 인수분해됨을 증명하시오. (단, n은 $n\geq 2$인 정수이다.)

$$f(x)=\{x(x-2)(x-4)\cdots(x-2n)\}^2-1$$

| 한양대학교 2007년 수시 면접 |

Hint

다항함수 $y=f(x)$가 x축과 서로 다른 n개의 점에서 만나면 방정식 $f(x)=0$은 서로 다른 n개의 근을 갖고, $f(x)$는 n차 이상의 다항식으로 표시된다.

11

삼차방정식 $ax^3+bx^2+cx+d=0$이 인수정리에 의하여 인수분해가 되지 않아 근의 근삿값을 구하려고 한다.

$f(x)=ax^3+bx^2+cx+d$로 놓은 결과로 $f(x)$의 그래프는 일대일함수이고, $\alpha_1<\alpha_2$에 대하여 $f(\alpha_1)<0$, $f(\alpha_2)>0$임을 알 수 있다.

$\alpha_i<x<\alpha_{i+1}$에서 하나의 근이 존재할 때 $f\left(\dfrac{\alpha_i+\alpha_{i+1}}{2}\right)$의 부호를 조사하여 근의 범위를 줄여나간다. 이때, 근의 존재 범위를 구간 $(\alpha_1,\ \alpha_2)$의 길이의 $\dfrac{1}{1000}$보다 작게 만들기 위해서 $f\left(\dfrac{\alpha_i+\alpha_{i+1}}{2}\right)$의 부호를 몇 번 조사해야 하는지 설명하시오.

> **Hint**
> 방정식 $f(x)=0$에서
> $f(\alpha_1)<0,\ f(\alpha_2)>0$
> 이면 방정식 $f(x)=0$은
> $\alpha_1<x<\alpha_2$에서 적어도 하나의 근을 갖는다.

12

물음에 답하시오.

(1) 함수 $f(x)=x^3-2x+\dfrac{1}{2}$이라고 하자. 사이값의 정리를 이용하여 방정식 $f(x)=0$은 서로 다른 세 실근 α, β, γ를 가짐을 보이시오. 또한 각각의 근이 유리수가 아님을 보이시오. (단, $\alpha<\beta<\gamma$)

(2) 세 점 $\mathrm{A}(\alpha,\ 0)$, $\mathrm{B}(\beta,\ 0)$, $\mathrm{C}(\gamma,\ 0)$는 $y=x^3-2x+\dfrac{1}{2}$ 위에 있다.
점 $\mathrm{P}_n(n,\ 0)$(n은 자연수)에 대하여 수열 $\{a_n\}$을 $a_n=\overline{\mathrm{AP}_n}\times\overline{\mathrm{BP}_n}\times\overline{\mathrm{CP}_n}$이라고 하자. 이 수열의 첫째항부터 제$n$항까지의 합 $S_n=\sum_{k=1}^{n}a_k$를 구하시오. (단, $\alpha<\beta<\gamma$)

| 서강대학교 2015년 수시 응용 |

> **Hint**
> (1) 극값을 가지는 x의 값은
> $f'(x)=3x^2-2=0$에서
> $x=\pm\dfrac{\sqrt{6}}{3}=\pm0.8\cdots$이므로
> 그래프의 모양은 다음과 같다.

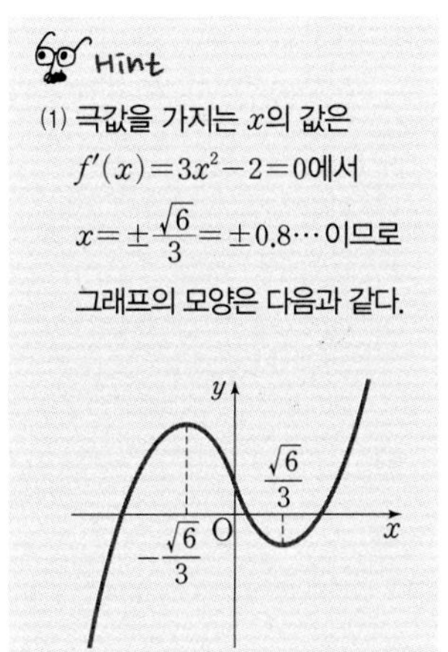

13

다음 그림과 같이 $x\geq0$에서 두 곡선 $y=e^x$과 $y=e^{nx}-1$은 한 점에서 만난다. 그 교점의 x좌표를 a_n이라 하고, 두 곡선의 그래프와 y축으로 둘러싸인 영역의 넓이를 S_n이라 하자. 물음에 답하시오. (단, n은 2보다 큰 정수이다.)

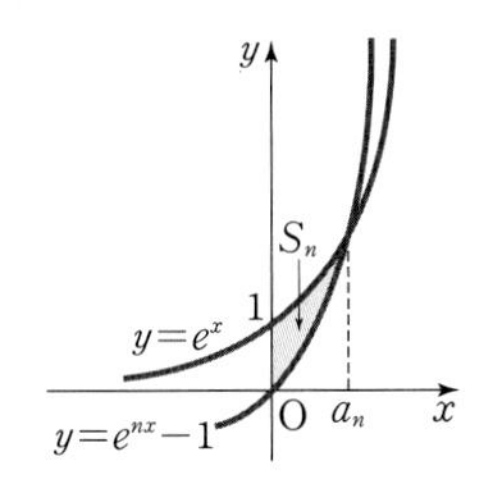

(1) 사이값의 정리를 이용하여 $0<a_n<\dfrac{1}{n}$임을 보이시오.

(2) 극한 $\lim_{n\to\infty}\dfrac{S_n}{a_n}$의 값을 구하시오.

| 인하대학교 2016년 모의논술 응용 |

> **Hint**
> (1) a_n은 방정식 $e^x=e^{nx}-1$, 즉 $e^{nx}-e^x-1=0$의 근이다.
> (2) $n\to\infty$일 때 (1)에 의하여 $a_n\to0$이다.

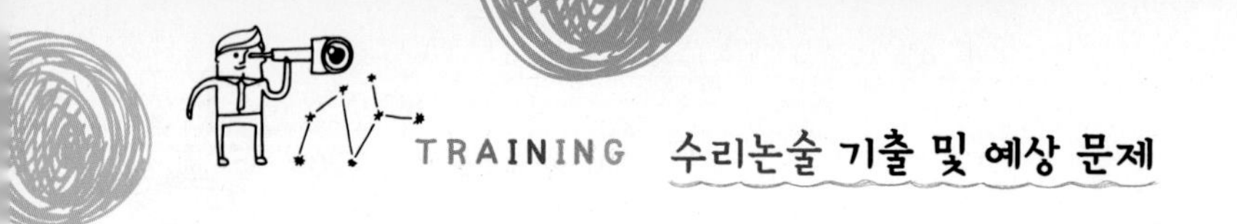

14 제시문을 읽고 물음에 답하시오.

> 함수 $f(x)$가 구간 $[a, b]$에 속하는 임의의 두 수 x_1, x_2에 대하여 $x_1<x_2$일 때 $f(x_1)<f(x_2)$이면 함수 $f(x)$는 구간 $[a, b]$에서 증가한다고 하고 $f(x_1)>f(x_2)$이면 함수 $f(x)$는 구간 $[a, b]$에서 감소한다고 한다.

(1) 함수 $f(x)$는 구간 $[a, b]$에서 증가하고 함수 $g(x)$는 구간 $[a, b]$에서 감소할 때, 만약 $f(x)$와 $g(x)$의 함숫값이 항상 양수이면 부등식 $f(a)g(b)\le f(x)g(x)\le f(b)g(a)$가 구간 $[a, b]$에 속하는 모든 x에 대하여 성립함을 설명하시오.

(2) 구간 $[0, 1]$에 속하는 임의의 x에 대하여 부등식 $1\le\frac{x+1}{2^x}\le 2$가 항상 성립함을 설명하시오.

(3) 방정식 $x\cos x=2$가 구간 $\left[\frac{(n-1)\pi}{4}, \frac{n\pi}{4}\right]$에서 해를 갖게 되는 10 이하의 자연수 n을 모두 구하고 그 이유를 설명하시오.

| 한양대학교 의예과 2013년 모의면접 |

Hint
(2) $f(x)=x+1$, $g(x)=2^x$, $h(x)=\frac{1}{g(x)}$로 놓으면 구간 $[0, 1]$에서 $f(x)$는 증가함수, $h(x)$는 감소함수이므로 (1)의 결과를 이용할 수 있다.

15 물음에 답하시오.

(1) 삼각함수의 덧셈정리와 배각의 공식을 이용하여 다음을 증명하시오.

$$\cos 3\theta=4\cos^3\theta-3\cos\theta$$

(2) 사이값의 정리를 활용하여 $100\cos\frac{4\pi}{9}$의 정수 부분을 구하시오.

필요하면 다음 표를 이용하시오.

x	11	12	13	14	15	16	17	18	19
x^3	1331	1728	2197	2744	3375	4096	4913	5832	6859

| 서울시립대학교 2015년 수시 |

Hint
(2) $\cos\frac{4\pi}{3}=\cos\left(3\times\frac{4\pi}{9}\right)$이므로 (1)에서 구한 삼배각의 공식을 이용한다.

거미줄 그림으로 부동점(고정점) 찾기

거미줄 그림으로 부동점(고정점)Fixed Point 찾기

(1) 집합 A에서 정의된 함수 $f: A \to A$에 대하여 $f(x)=x$를 만족하는 집합 A의 원소 x를 함수 f의 부동점(fixed point)이라고 한다.

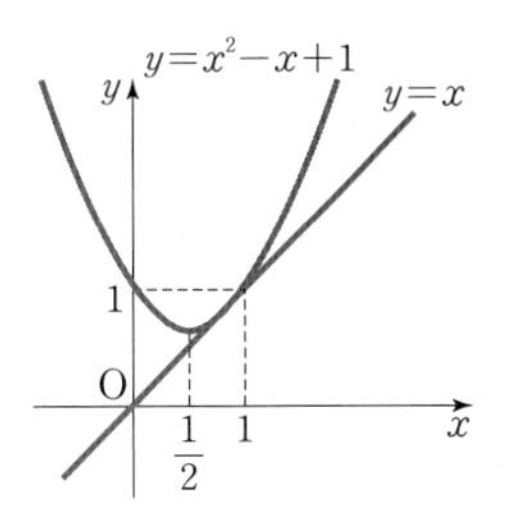

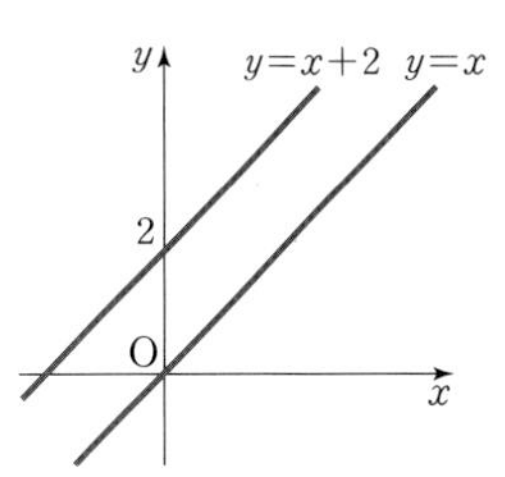

예를 들어, $f(x)=x^2-x+1$에서 $f(1)=1$이므로 1이 부동점이다. 이때, 이 값은 $f(x)=x^2-x+1$과 $y=x$의 교점이다. 한편, 함수 $f(x)=x+2$는 부동점을 갖지 않는다. 왜냐하면 $f(x)=x+2$는 $y=x$와 평행하므로 교점이 존재하지 않는다.

(2) 정의역과 공역이 모두 구간 $[0,\ 1]$인 연속함수 f의 그래프는 함숫값이 0 이상 1 이하가 되도록 그리면 반드시 $y=x$와 만나게 되므로 함수 f는 부동점을 적어도 하나 갖는다.

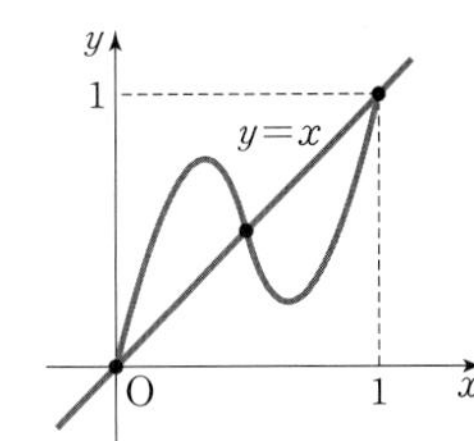

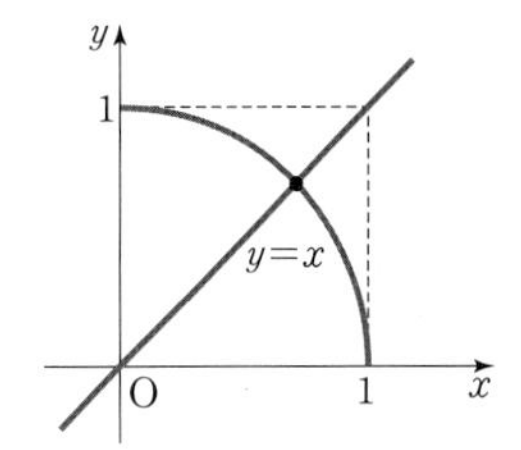

왜냐하면 첫째, $f(0)=0$ 또는 $f(1)=1$이면 0 또는 1이 부동점이 된다.

둘째, $f(0)\neq 0$이고 $f(1)\neq 1$이면 $f(x)\in[0,\ 1]$이므로 $0<f(0)\leq 1$이고 $0\leq f(1)<1$이어야 한다.

$g(x)=f(x)-x$라 하면 함수 $g(x)$는 구간 $[0,\ 1]$에서 연속이고

$g(0)=f(0)-0>0,\ g(1)=f(1)-1<0$이므로 사이값의 정리에 의하여 $g(c)=0$을 만족하는 c가 구간 $(0,\ 1)$에서 적어도 하나 존재한다.

따라서 $f(c)-c=0$에서 $f(c)=c$이므로 c는 함수 $f(x)$의 부동점이다.

특히, 구간 $[0,\ 1]$에서 $f(0)=1,\ f(1)=0$인 연속함수 $f(x)$는 $f(c)=c$를 만족하는 c가 구간 $(0,\ 1)$에 적어도 하나 존재한다. 이때, c를 부동점이라 하고 이것을 부동점의 정리라고 한다.

이 정리는 네덜란드 수학자 브로우베르(Brouwer. J. : 1881~1966)가 1912년 최초로 증명하였고, 이 정리는 수학 및 물리학의 여러 분야에 적용시킬 수 있다.

예를 들면, 이 정리를 이용하면 지구상에 바람이 전혀 불지 않는 곳이 최소한 한 지점이 존재할 수 있음을 증명할 수 있다. 태풍의 눈이 그 지점이 된다.

(3) 점화식 $a_{n+1}=pa_n+q(p\neq 1,\ q\neq 0)$을 만족하는 수열 $\{a_n\}$의 극한값을 구할 때 그래프를 이용하는 방법

① 점화식 $a_{n+1}=pa_n+q(p\neq 1,\ q\neq 0)$에서 일반항을 구할 때 $a_{n+1}-\alpha=p(a_n-\alpha)$로

변형하면 $\alpha=\frac{q}{1-p}$이고, 수열 $\{a_n-\alpha\}$는 첫째항 $(a_1-\alpha)$, 공비가 p인 등비수열이므로 $a_n-\alpha=(a_1-\alpha)p^{n-1}$에서 $a_n=(a_1-\alpha)p^{n-1}+\alpha$이다.

이것은 수열 $\{a_n\}$을 자연수를 정의역으로 하는 함수의 그래프로 나타낸 후, y축 방향으로 α만큼 평행이동하면 이것에 대응하는 수열 $\{a_n-\alpha\}$는 등비수열이 됨을 알 수 있다.

② 점화식 $a_{n+1}=pa_n+q(p\neq1,\ q\neq0)$을 만족하는 수열 $\{a_n\}$에서 $|p|<1$인 경우는 각 항들의 절댓값은 점점 줄어들고, $|p|>1$인 경우는 각 항들의 절댓값은 점점 커진다. 이때의 수열 $\{a_n\}$의 극한값을 두 그래프 $y=px+q$, $y=x$를 이용하여 구해 보자.

$|p|>1$인 경우, $x=a_1$일 때의 $y=px+q$의 함숫값이 a_2가 되고 [그림 1]과 같이 이 값을 $y=x$의 그래프를 이용하여 x축으로 옮겨 올 수 있고 $x=a_2$일 때의 $y=px+q$의 함숫값이 a_3이 되고 이와 같은 과정을 반복하면 a_n은 한없이 커진다.

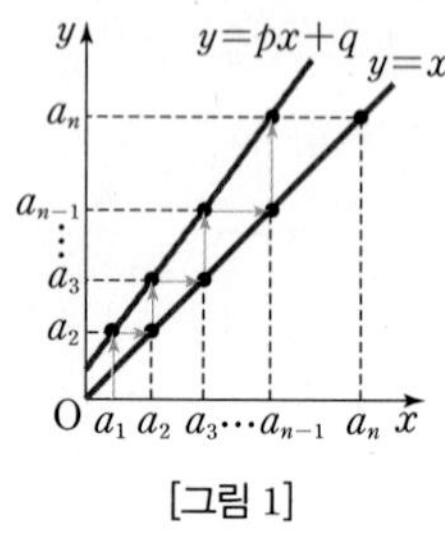

[그림 1]

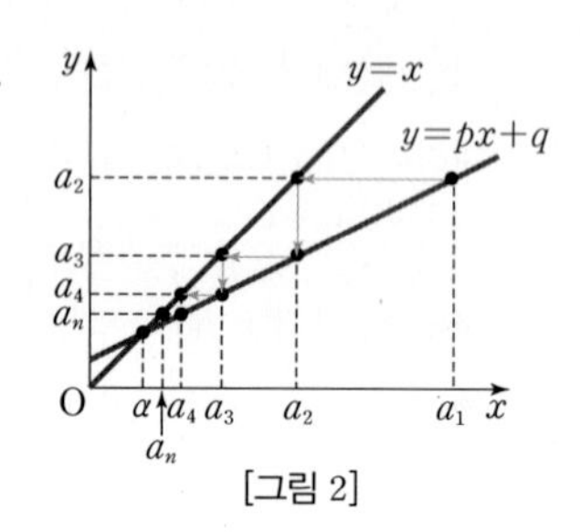

[그림 2]

따라서 a_n의 극한값은 존재하지 않는다.

$|p|<1$인 경우, [그림 2]와 같이 $x=a_1$일 때의 $y=px+q$의 함숫값이 a_2가 되고 이 값을 $y=x$의 그래프를 이용하여 x축으로 옮겨 올 수 있고 $x=a_2$일 때의 $y=px+q$의 함숫값이 a_3이 된다.

이와 같은 과정을 반복하면 a_n은 두 직선의 교점으로 한없이 접근한다.

따라서 $y=px+q$와 $y=x$의 교점의 x좌표가 a_n의 극한값이 된다.

예시 1 함수 $f(x)$가 $f(x)=\sqrt{x+2}$일 때, 오른쪽 그림은 $y=f(x)$, $y=x$의 그래프이다. 수열 $\{a_n\}$을

$$a_1=1,\ a_{n+1}=f(a_n)\ (n=1,\ 2,\ 3,\ \cdots)$$

으로 정의할 때, $\lim_{n\to\infty}a_n$의 값을 구하시오.

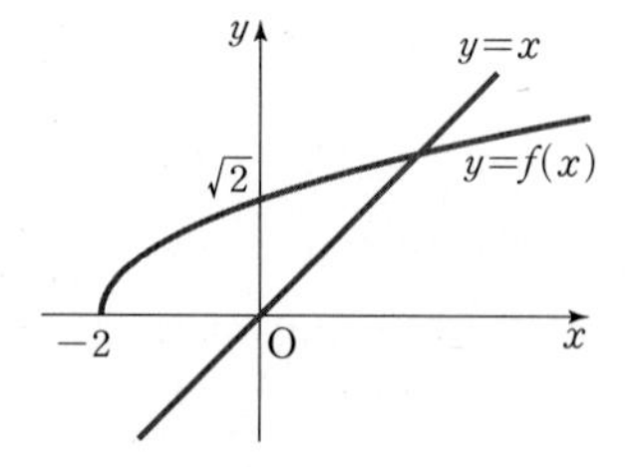

풀이 먼저 두 함수 $y=f(x)$, $y=x$의 그래프의 교점을 구해 보자.

$\sqrt{x+2}=x$의 양변을 제곱하여 정리하면

$x^2-x-2=0$, $(x-2)(x+1)=0$에서 $x=2(\because x>0)$이다.

따라서 두 함수 $y=f(x)$, $y=x$의 그래프의 교점은 $(2,\ 2)$이다.

$a_{n+1}=f(a_n)$의 n에 $1,\ 2,\ 3,\ \cdots$을 대입하면

$a_2=f(a_1)$, $a_3=f(a_2)$, $a_4=f(a_3)$, $\cdots$이므로 오른쪽 그림과 같이 $n\to\infty$일 때, 점 $(a_n,\ a_n)$은 두 그래프의 교점 $(2,\ 2)$에 한없이 가까워진다. 따라서 $\lim_{n\to\infty}a_n=2$이다.

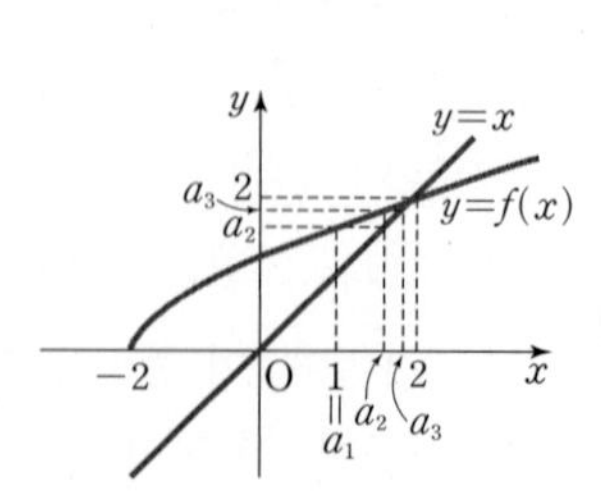

다른 답안

$a_{n+1}=f(a_n)$에서 $a_{n+1}=\sqrt{a_n+2}$이므로 ${a_{n+1}}^2=a_n+2$이다.

$\lim_{n\to\infty}a_n=\alpha$라 하면 $\lim_{n\to\infty}{a_{n+1}}^2=\lim_{n\to\infty}(a_n+2)$에서 $\alpha^2=\alpha+2$, $\alpha^2-\alpha-2=0$이다.

따라서 $\alpha=2(\because \alpha>0)$이므로 $\lim_{n\to\infty}a_n=2$이다.

예시 2 제시문을 읽고 물음에 답하시오.

미분방정식이 주어지면 그 해를 근사하는 적절한 점화식을 항상 찾을 수 있기 때문에 미분방정식 연구는 점화식 연구와 밀접한 관계가 있다. 우선 함수 $H(x)$를 이용하여 정의한 점화식

$$x_{n+1}=H(x_n)$$

을 살펴보자. 초깃값 x_0이 [예시 그림 1]에 표시된 바와 같다고 하자. 다음 값 x_1은 $x_1=H(x_0)$이 되는데 이 값이 [예시 그림 1]의 y축에 표시되어 있다. 이 점으로부터 수평선을 직선 $y=x$와 만날 때까지 그으면 그 교점의 x좌표는 당연히 x_1이 되며, 이 값이 x축에 표시되어 있다. 이 x_1을 새로운 초깃값으로 점화식을 다시 적용하면 다음 값 x_2는 $x_2=H(x_1)$이 되며 이 값이 y축에 x_2로 표시되어 있다. 이 과정을 반복해서

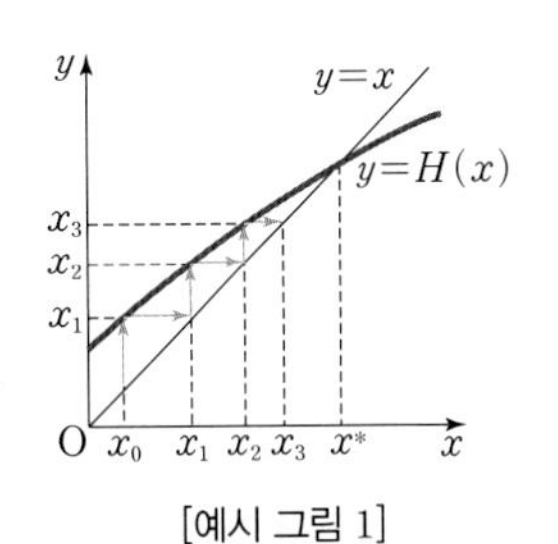

[예시 그림 1]

[예시 그림 1]에서와 같이 굵게 표시한 화살표들을 그릴 수 있다. 이와 같이 x_0, x_1, x_2, ⋯의 움직임에 관한 정보를 화살표들로 그린 것을 x_0에서 시작하는 거미줄 그림이라 부른다. 만약 x^*가 $H(x^*)=x^*$를 만족하면 이 x^*를 점화식 $x_{n+1}=H(x_n)$의 부동점이라 부른다. [예시 그림 1]에서 볼 수 있듯이 x^*는 $y=H(x)$의 그래프와 직선 $y=x$가 만나는 점의 x좌표이다. x^*가 점화식 $x_{n+1}=H(x_n)$의 부동점일 때, x^*를 포함하는 적절한 열린 구간을 잡아서 그 열린 구간에 속하는 모든 c에 대하여 $x_0=c$, $x_{n+1}=H(x_n)$으로 정의된 수열 $\{x_n\}$이 x^*로 수렴하도록 할 수 있으면, x^*를 안정성을 가진 부동점 또는 줄여서 안정부동점이라 부른다. [예시 그림 1]의 경우 x^*는 안정부동점이다. 안정부동점이 아닌 부동점을 불안정부동점이라 부른다.

아래에 주어진 [그림 1], [그림 2], [그림 3]에서 함수 $y=H(x)$의 그래프는 굵은 선으로, $y=x$의 그래프는 가는 선으로 표시되어 있다. [그림 1]~[그림 3]의 경우에 각 그림에 표시된 x_0에서 시작하는 거미줄 그림의 개형을 답안지에 그리시오. 이를 기반으로 부동점의 안정성 여부를 일반적인 경우에 대하여 곡선 $y=H(x)$의 기울기와 관련해서 논하시오. (단, 함수 $H(x)$가 미분가능하고 도함수가 연속이며, 부동점 x^*에서 곡선 $y=H(x)$의 기울기는 ±1이 아니라고 가정한다.)

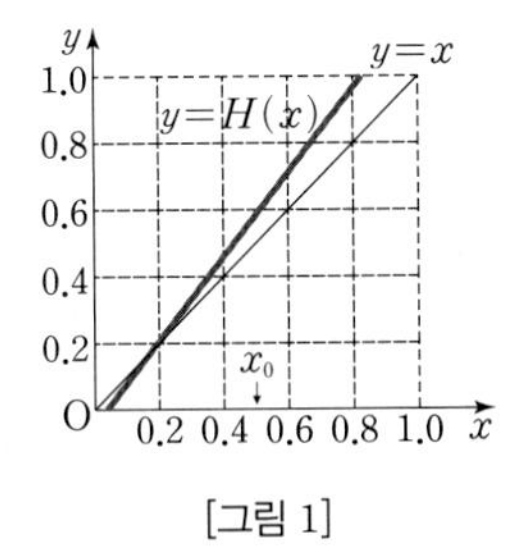

[그림 1]

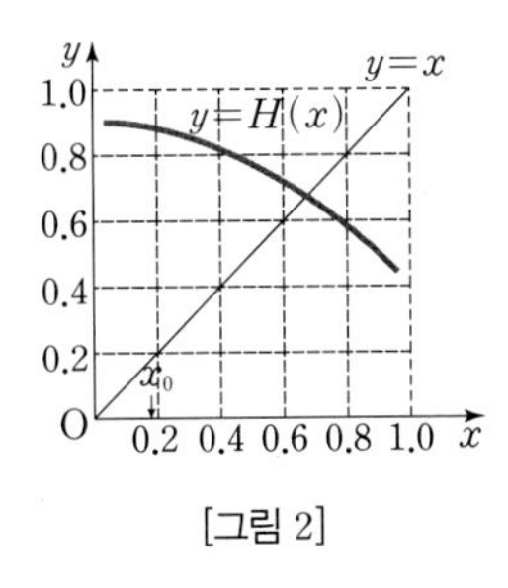

[그림 2]

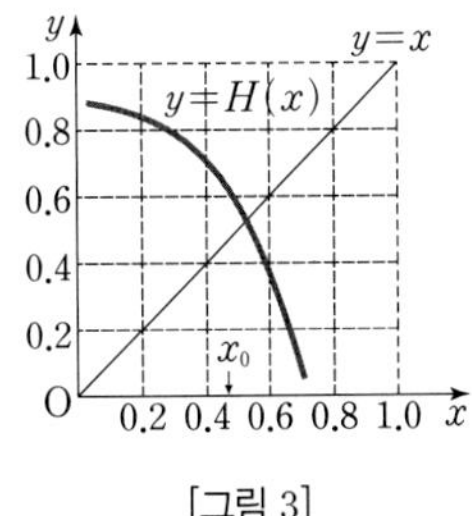

[그림 3]

| 서울대학교 2009년 정시 |

풀이

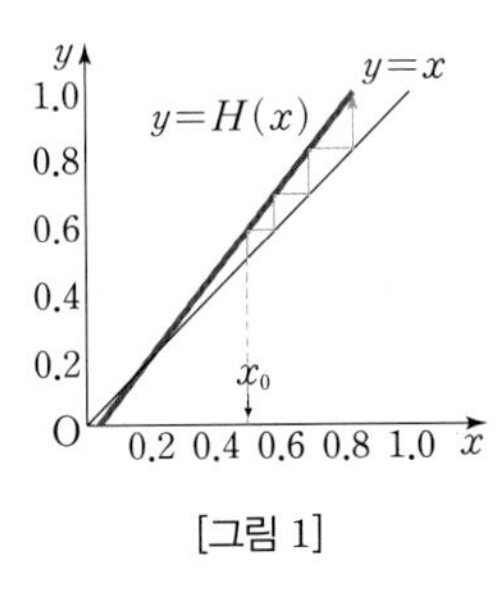

[그림 1]

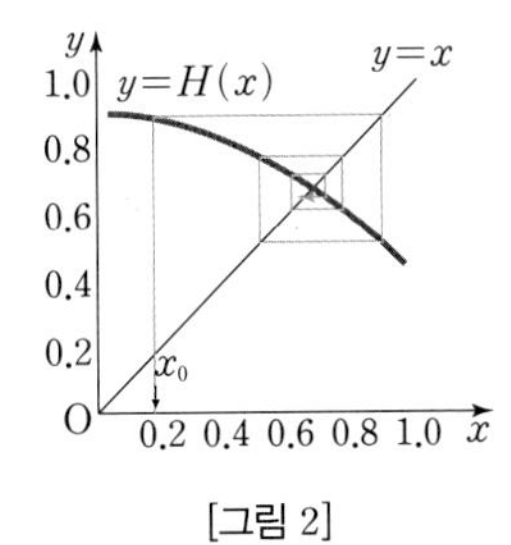

[그림 2]

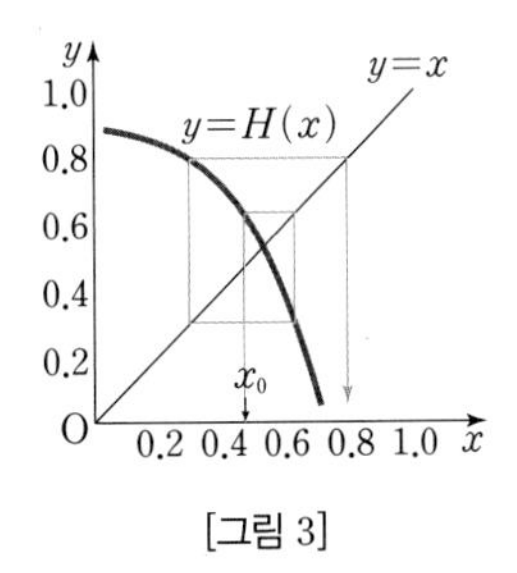

[그림 3]

[그림 1]과 [그림 3]은 불안정부동점을 가지고, [그림 2]는 안정부동점을 가진다.
일반적으로 $y=x$와 $y=H(x)$의 교점에서 $y=H(x)$에 그은 접선의 기울기 m이 $-1<m<1$이면 안정부동점을 가지고 $m>1$이거나 $m<-1$이면 불안정부동점을 가진다.

다음과 같이 함수 $y=f(x)$가 실수 전체의 집합에서 정의되어 있다. 물음에 답하시오.

$$f(x)=\begin{cases} x+2 & (x<-1) \\ x^2 & (-1\le x<1) \\ 2x-1 & (x\ge 1) \end{cases}$$

(1) 합성함수 $g=f\circ f$의 그래프의 개형을 그리고, 미분가능하지 않은 점을 모두 구하시오.

(2) 조건 $a_1=k$와 점화식 $a_{n+1}=f(a_n)(n\ge 1)$으로 정의되는 수열 $\{a_n\}$이 극한값을 가질 k의 범위를 구하시오.

| 인하대학교 2015년 모의논술 |

(2) $y=f(x)$의 그래프에서 $k<-1$, $-1<k<1$, $k=\pm 1$, $k>1$인 경우로 나누어 생각한다.

$x_1=a$, $x_{n+1}=\frac{1}{2}x_n+x_n{}^b(a, b>0)$인 수열 $\{x_n\}$이 있다.

(1) a에 따라 수열 $\{x_n\}$의 극한값이 2개 이상 존재하는 b의 범위를 구하시오.

(2) $0<a<\frac{1}{2}$이고 $b=2$일 때, 수열 $\{x_n\}$의 극한값이 0이 됨을 설명하고 급수 $\sum_{n=1}^{\infty}x_n$은 수렴함을 보이시오.
(참고 어떤 수열이 증가 또는 감소수열이면서 그 범위가 한정되어 있다면 이 수열은 수렴하는 성질이 있다.)

(3) $0<b<1$일 때, 수열 $\{x_n\}$의 극한값이 0이 아님을 보이시오.

| 서울대학교 2008년 심층면접 |

(1) $0<b<1$, $b=1$, $b>1$의 경우로 나누어 $f(x)$의 그래프를 생각한다.

다음에 제시된 정의, 정리, 증명 방법을 참조하여 물음에 답하시오.

[정의] 집합 A에서 정의된 함수 $f: A \to A$에 대하여 다음을 만족시키는 집합 A의 원소 x_0을 함수 $f(x)$의 고정점이라고 한다.

$$f(x_0)=x_0$$

[평균값의 정리] 함수 $f(x)$가 닫힌 구간 $[a, b]$에서 연속이고 열린 구간 (a, b)에서 미분가능하면 다음 등식을 만족시키는 c가 a와 b 사이에 적어도 하나 존재한다.

$$f(b)-f(a)=f'(c)(b-a)$$

[수학적 귀납법] 자연수 n에 대한 명제 $p(n)$에 관한 다음 2개의 주장이 참이면 명제 $p(n)$은 모든 자연수 n에 대하여 성립한다.

① $n=1$일 때, 명제 $p(n)$이 성립한다.

② $n=k$일 때, 명제 $p(n)$이 성립한다고 가정하면 $n=k+1$일 때도 명제 $p(n)$이 성립한다.

※ [(1)~(2)] 구간 $[a, b]$에서 연속이고 구간 (a, b)에서 미분가능한 함수 $f(x)$의 도함수 $f'(x)$가 양의 실수 r에 대해 다음 식을 만족시킨다고 하자.

$$|f'(x)|<r \text{ (단, } a<x<b) \qquad \cdots\cdots ㉠$$

함수 $f(x)$가 고정점 x_0을 가진다고 할 때, $a<x_1<b$인 x_1을 첫째항으로 하여 다음 점화식 ㉡에 의해 생성되는 수열을 $\{x_n\}$이라고 하자.

$$x_{n+1}=f(x_n) \text{ (단, } n=1, 2, 3, \cdots) \qquad \cdots\cdots ㉡$$

(1) 모든 자연수 n에 대하여 $a<x_n<b$일 때, 수학적 귀납법을 사용하여 다음 부등식이 성립함을 증명하시오.

$$|x_{n+1}-x_0|<r^n|x_1-x_0| \text{ (단, } n=1, 2, 3, \cdots) \qquad \cdots\cdots ㉢$$

(2) 이계도함수가 연속인 함수 $g(x)$에 대하여 함수 $f(x)$를 다음과 같이 정의하자.

$$f(x)=x-\frac{g(x)}{g'(x)} \text{ (단, } g'(x)\neq 0) \qquad \cdots\cdots ㉣$$

함수 $f(x)$가 고정점 x_0을 가지면 x_0은 방정식 $g(x)=0$의 해임을 보이시오.

※ [(3)~(6)] (2)의 함수 $g(x)$가 구간 $[1, 3]$에서 정의된 함수 $g(x)=x^2-2$라고 할 때, 식 ㉣의 함수 $f(x)$에 대해 첫째항을 $x_1=2$로 하는 점화식 ㉡이 생성하는 수열을 $\{x_n\}$이라 하자.

(3) 함수 $f(x)$의 고정점 x_0을 찾으시오. 또한 수열 $\{x_n\}$의 제2항과 제3항을 구하시오.

(4) $1\le x\le 3$인 모든 x에 대하여 $1<f(x)<3$임을 보이시오.

(5) $1<x<3$인 모든 x에 대하여 $|f'(x)|<\frac{1}{2}$임을 보이시오.

(6) 수열 $\{x_n\}$이 (3)의 고정점 x_0에 수렴하는 이유를 설명하시오.

| 광운대학교 2013년 수시 |

(3) $f(x)=\frac{1}{2}x+\frac{1}{x}$이므로 점화식 ㉡에 의해 생성되는 수열은 $x_{n+1}=\frac{1}{2}x_n+\frac{1}{x_n}$이다.

제시문을 읽고 물음에 답하시오.

(가) a가 양의 실수이고 n이 자연수일 때 $a^{-n}=\frac{1}{a^n}$, $a^0=1$로 정의함으로써 양의 실수의 거듭제곱을 정수로 확장시킬 수 있으며, m이 2 이상의 자연수이고 n이 자연수일 때 $a^{\frac{n}{m}}=\sqrt[m]{a^n}$으로 정의하고, r가 양의 유리수일 때 $a^{-r}=\frac{1}{a^r}$로 정의함으로써 양의 실수 a의 거듭제곱을 유리수까지 확장시킬 수 있다. 이때 자연수 지수에서의 지수법칙은 유리수 지수에서까지 성립함을 쉽게 보일 수 있다. 즉, $a>0$인 실수와 임의의 유리수 p, q에 대하여 $a^pa^q=a^{p+q}$ 그리고 $(a^p)^q=a^{pq}$가 성립한다.

(나) 양수의 거듭제곱은 임의의 실수 지수로 확장될 수 있다. 즉, $a>0$과 x가 임의의 실수일 때 a^x을 유리수 지수의 확장이면서 실수에서도 지수법칙이 성립하도록 정의할 수 있다. 실제로, 위로 유계인 단조증가 수열이 반드시 극한을 갖는다는 실수의 기본 성질, 수학적으로 표현하자면 무한수열 $\{a_n\}$과 어떤 양수 M이 있어, 모든 자연수 n에 대하여 $a_n \le a_{n+1}$이고 $a_n<M$이면, 수열 $\{a_n\}$은 적당한 실수에 수렴하는 성질을 사용하여 a^x을 정의할 수 있다.

(다) 우선 $a>1$, $x>0$이라 가정하고, $x=x_0.x_1x_2\cdots x_k\cdots$를 x의 무한소수 표기라고 하자. 이때 x_0, x_1, $\cdots$, x_k, $\cdots$는 모두 음이 아닌 정수이다. p_n을 x를 소수 n번째 자리까지 표기한 유리수, 즉 $p_n=x_0.x_1x_2\cdots x_n$이라 정의하면 수열 $\{p_n\}$은 $p_1\le p_2\le\cdots\le p_n\le\cdots$을 만족하면서(즉, 단조증가하면서) 주어진 양의 실수 x로 수렴한다. 즉, 수열 $\{a^{p_n}\}$은 단조증가이며 위로 유계이므로 극한이 존재한다. 이제 $a^x=\lim_{n\to\infty}a^{p_n}$으로 정의한다. 다음으로 $0<a<1$, $x>0$인 경우는 $a=\frac{1}{b}$로 놓고, $b>1$임을 이용하여 위의 방법으로 정의된 b^x에 대하여 $a^x=\frac{1}{b^x}$이라 정의한다. 끝으로 $x<0$인 경우 $a^x=\frac{1}{a^{-x}}$로 정의한다. 이렇게 정의된 함수 $f(x)=a^x$은 실수 위에서 연속이다. 즉, 임의의 실수 x_0에 대하여 $\lim_{x\to x_0}a^x=a^{x_0}$이 성립한다.

(라) 함수 $f(x)=2^x$은 실수 전체에서 연속이며 $f(1)=2$, $f(2)=4$이다. 따라서 사이값의 정리에 의하여 $2^\omega=3$을 만족하는 ω가 열린 구간 $(1, 2)$에 존재하며 또한 $f(x)=2^x$은 증가함수이므로 이러한 ω는 유일하게 존재한다. 우리는 $2^\omega=3$을 만족하는 유일한 ω를 $\log_2 3$으로 나타낸다. 이와 마찬가지의 방법으로 $\log_2 5$와 $\log_2 15$도 정의된다.

(1) a가 양의 실수이고, p, q가 양의 유리수일 때, 자연수 지수에서의 지수법칙을 이용하여 제시문 (가)에서 언급한 $a^pa^q=a^{p+q}$가 성립함을 보이시오.

(2) 제시문 (나)에 제시된 성질을 참조하여 $\sqrt{2}$, $\sqrt{2+\sqrt{2}}$, $\sqrt{2+\sqrt{2+\sqrt{2}}}$, $\cdots$로 정의된 수열이 수렴함을 보이고, 이 수열의 극한값을 구하시오.

(3) 제시문 (다)의 내용을 바탕으로 양의 실수 x, y에 대하여 $2^x2^y=2^{x+y}$이 성립함을 보이고 이를 이용하여 제시문 (라)에서 정의된 $\log_2 3$, $\log_2 5$, $\log_2 15$에 대하여 $\log_2 15=\log_2 3+\log_2 5$가 성립함을 보이시오.

| 서강대학교 2013년 모의논술 |

(1) $p=\frac{n}{m}$, $q=\frac{i}{j}$(단, m, n, i, j는 자연수)로 놓는다.

문제 5 제시문을 읽고 물음에 답하시오.

(가) 병을 낫기 위해 병원에 입원했다가 각종 항생제에 내성을 보이는 박테리아에 감염된 경우가 잇따르고 있어 병원 감염에 관한 불안이 확산되고 있다. 어떤 보고서에 따르면 항생제 내성 박테리아에 의한 병원 감염은 환자와 환자 간의 신체 접촉에 의해 직접적으로 전파되기보다는, 병원 내에서 의료진의 손이나 병원 환경을 통해서 전파된다고 한다. 그리고 병원 내 항생제 내성 박테리아 감염율은 병원 내 총 박테리아의 양과 밀접히 관련되어 있다고 한다. 병원 환경에서 박테리아의 총 양의 변화를 정량적으로 분석하기 위하여 여러 수학 모델이 제시되었다.

(나) 이 제시문에서는 감염된 환자 개인별로 박테리아의 개체수의 변화를 단위 시간별로 추적하는 수학 모델을 소개하고자 한다. 박테리아가 인체에 침투했을 때 박테리아의 양을 a_0으로 표시하고, 침투 후 n시간이 경과한 후 박테리아의 양을 a_n으로 표시하자. 이때, 수열 $\{a_n\}$에 관하여 다음 조건이 성립한다고 가정하자.

$$a_{n+1}=a_n+\beta a_n(K-a_n)\ (n=0,\ 1,\ 2,\ \cdots) \qquad \cdots\cdots ㉠$$

여기서 K는 환자의 몸 안에서 생존할 수 있는 개체수의 정원을 의미하는 양의 상수이고, β는 박테리아의 증가율과 관련이 있는 양의 상수이다(단, a_n은 개체수를 표현하므로 자연수이어야 하나 계산의 편의상 실수라고 하자.). 이 모델은 비현실적인 가정에 근거하고 있으나 박테리아 개체수 변화의 기본 모델로서 이용되어 많은 성과를 얻었다.

(다) 수리 모델 ㉠에서 $0<\beta<\dfrac{1}{2K}$일 때 개체수의 변화를 살펴보자. 초기 개체수 a_0이 $K<a_0<2K$이면 개체수가 K가 될 때까지 감소하고, 초기 개체수 a_0이 $0<a_0<K$이면 개체수가 K가 될 때까지 증가한다.

(1) 수열 $\{a_n\}$이 수렴한다면 그 극한값은 무엇이 되어야 하는지를 논리적으로 설명하시오.

(2) 제시문 (다)에서 초기 개체수가 $K<a_0<2K$이면 a_1은 부등식 $K<a_1<a_0$을 만족하고, $0<a_0<K$이면 부등식 $a_0<a_1<K$를 만족함을 논리적으로 설명하시오.

(3) 제시문 (다)가 성립함을 수열 $\{a_n\}$의 극한값을 이용하여 논리적으로 설명하시오.

| 연세대학교 2009년 모의논술 |

(2) $y=x$와
$y=x+\beta x(K-x)$
$=-\beta x^2+(K\beta+1)x$
의 교점을 구해 그래프를 그려서 생각한다.

주제별 강의 제 3 장

원리합계

복리법

은행에 저금을 하면 원금과 이자를 합한 원리합계를 받는다. 이때, 은행은 일정 기간마다 원금에 대한 이자를 계산해 주는데, 이자가 발생한 후 다음 일정 기간 후에는 원금에 대한 이자와 함께 발생한 이자에 대한 이자를 준다. 이러한 계산법을 복리법이라고 한다. 이자가 다시 이자를 낳는다고 하여 복리라는 이름이 붙었다.

예를 들어, 은행에서 연 1 %의 예금금리를 약속하는 정기예금을 판매하고 있다고 하자.

오늘 100만 원을 이 은행에 예금하면 1년 후에 100만$\times$0.01=1(만 원)의 이자와 원금 100만 원을 합하여 101만 원의 돈을 가지게 된다. 이때, 1년 후에 받게 될 101만 원을 오늘 예금하는 100만 원의 미래가치라고 생각할 수 있다. 반대로 오늘 예금하는 100만 원을 1년 후에 가지게 되는 101만 원의 현재가치라고 한다.

원금과 이자를 포함한 금액 101만 원은 다음과 같은 식으로 계산된다.

100만+100만$\times$0.01=100만$\times(1+0.01)$(원)

이 101만 원을 같은 예금금리로 다시 1년 예치하는 경우를 생각해 보자.

즉, 100만 원을 은행에 예금하고 2년을 기다리면 우선 1년 뒤에 원금 100만 원과 이자 1만 원의 합이 예금계좌에 기록된다. 이 101만 원이 원금이 되고 다시 1년 뒤에는 101만 원에 대한 1 %의 이자가 발생하게 된다.

따라서 2년 후에 가지게 되는 원리합계는

101만$\times(1+0.01)$=100만$\times(1+0.01)\times(1+0.01)$

=100만$\times(1+0.01)^2$(원)

이 된다.

따라서 원금이 a, 이율이 r, 기간이 n(이자 계산 횟수)일 때 복리의 원리합계 S는

$$S=a(1+r)^n$$

이다.

예시 1 물음에 답하시오.

(1) 은행에 입금을 하면 매년 4 %의 비율로 이자를 받는다고 하자. 2년 후에 내가 필요한 금액이 400만 원이라면 오늘 얼마를 예금하면 정확히 2년 후에 400만 원을 만들 수 있을까?

(2) 1년 후부터 매년 C만큼의 현금을 영원히 받을 수 있는 연금이 있다. 매년 이자율이 r일 때 이 연금의 현재가치를 구하시오. (단, C와 r는 양수이다.)

(3) 1년 후에는 C원, 2년 후에는 $C(1+g)$원, 3년 후에는 $C(1+g)^2$원, … 이렇게 영원히 지급되는 현금이 $(1+g)$의 비율로 매년 증가하는 연금이 있다. 매년 이자율이 r일 때 이 연금의 현재가치를 구하시오. (단, C, r, g는 모두 양수이다.)

(4) 이번에는 C만큼의 현금을 n년 동안 받을 수 있는 연금을 생각하자. 매년 이자율이 r일 때 이 연금의 현재가치를 구하시오. (단, C와 r는 양수이다.)

참고 (2)의 결과를 이용하여 간단히 보일 수도 있다.

| 한양대학교 상경계 2011년 모의논술 |

풀이

(1) 오늘 P원을 예금한다고 하자. 매년 4 %의 이자가 발생하므로 1년 뒤에는 원금과 이자를 포함하여 $P(1+0.04)$원 만큼의 금액을 가지게 된다. 2년 후에는 $P(1+0.04)$원을 원금으로 다시 이자가 발생하므로 전체 금액은 $P(1+0.04)^2$원이 된다. 그러면 2년 후에 400만 원을 만들기 위해서 예금해야 하는 금액은 다음의 방정식

$$P(1+0.04)^2=4000000$$

을 풀면 된다. 답은 $P=\frac{4000000}{1.04^2}\fallingdotseq 3{,}698{,}225$(원)이다.

(2) 이 연금의 현재가치를 P라고 하면

$$P=\frac{C}{1+r}+\frac{C}{(1+r)^2}+\frac{C}{(1+r)^3}+\cdots$$

인 등비급수이고 $\frac{1}{1+r}<1$이기 때문에 P는 수렴한다. 따라서

$$P=\frac{\frac{C}{1+r}}{1-\frac{1}{1+r}}=\frac{C}{1+r-1}=\frac{C}{r}$$

가 된다.

(3) (2)와 마찬가지로 이 연금의 현재가치를 P라고 하면

$$P=\frac{C}{1+r}+\frac{C(1+g)}{(1+r)^2}+\frac{C(1+g)^2}{(1+r)^3}+\cdots$$

인 등비급수가 된다. 이때, $g\geq r$이면 $\frac{1+g}{1+r}\geq 1$이므로 이 급수는 발산하고

$g<r$이면 $\frac{1+g}{1+r}<1$이므로 P는 수렴한다. 이때,

$$P=\frac{\frac{C}{1+r}}{1-\frac{1+g}{1+r}}=\frac{C}{1+r-(1+g)}=\frac{C}{r-g}$$

가 된다.

(4) (2), (3)과 같은 방식으로 이 연금의 현재가치를 계산할 수 있다. 다른 방법으로는 이 문제의 연금을 (2)와 같이 영원히 C원을 받는 연금 A와 $(n+1)$년 후부터 매년 C원을 영원히 받는 연금 B의 차로 분해하여 접근하는 방법이 있다. 연금 A의 현재가치는

$$P_A=\frac{C}{r}$$

이다. 연금 B의 현재가치를 보면, 우선 n년 후의 연금 B의 가치는 다음 해부터 C원을 영원히 받기 때문에 (2)의 연금과 같이 $\frac{C}{r}$가 된다. 이것의 현재가치를 다시 구하면

$$P_B=\frac{\frac{C}{r}}{(1+r)^n}=\frac{C}{r(1+r)^n}$$

가 된다. 따라서 이 문제의 연금의 가치는

$$P=P_A-P_B=\frac{C}{r}-\frac{C}{r(1+r)^n}=\frac{C}{r}\left\{1-\frac{1}{(1+r)^n}\right\}$$

이다.

오일러 상수 e

18세기에 오일러가 자연로그의 밑으로 $e(\log_e x=\ln x)$를 사용하면서부터 e가 '오일러 상수'로 불리게 되었다.

은행에 원금 P를 연이율 r로 t년 동안 복리로 맡겼을 때 원리합계를 S라 하면
$S=P(1+r)^t$이다.

그런데 이자를 1년이 아니라 반년(6개월)에 한 번씩 계산한다면 은행에서는 업무상의 안전 및 편리성을 고려하여 단순히 이율을 '연이율÷2', 즉 $\frac{r}{2}$로 하여 1년에 2번씩 복리로 계산하여

$$S=P\left(1+\frac{r}{2}\right)^{2t}$$

이 된다.

또 이자 계산을 분기별(3달마다)로 하면 $S=P\left(1+\frac{r}{4}\right)^{4t}$, 1달, 하루 단위로 계산하면 각각

$$S=P\left(1+\frac{r}{12}\right)^{12t},\ S=P\left(1+\frac{r}{365}\right)^{365t}$$

이 된다.

여기에서 이자 계산을 1년에 한 번 할 때와 매일 할 때의 원리합계의 차이가 발생한다.

다음 표는 100만 원을 연이율 1 %로 하여 이자 계산을 여러 다른 기간으로 했을 때 1년 동안의 원리합계의 차이를 보여준다.

계산 주기	계산 횟수(n)	$\frac{r}{n}$	원리합계(S)
1년	1	0.01	1,010,000
6개월	2	0.005	1,010,025
3개월	4	0.0025	1,010,038
1개월	12	0.000833	1,010,042
…	…	…	…

앞의 표에서 계산 주기를 짧게 할수록 조금씩 원리합계가 늘어난다. 그런데 만약에 이 값이 조금씩 늘어나더라도 수렴하지 않고 무한대로 발산하면 은행에서는 계산 주기에 대한 문제점을 생각해야 한다.

여기에서 원금을 1원, 연이율 100 %, 예금 기간을 1년으로 가정하고 계산 횟수를 n으로 하는 계산 주기에 따른 원리합계의 식은 $S=P\left(1+\frac{r}{n}\right)^{nt}$에서 $S=\left(1+\frac{1}{n}\right)^{n}$이 되고

$\lim_{n\to\infty}S=\lim_{n\to\infty}\left(1+\frac{1}{n}\right)^{n}=e$가 된다.

따라서 계산 주기를 아무리 짧게 하더라도 무한대로 발산하지는 않는다.

문제 1

제시문을 읽고 물음에 답하시오.

(가) 원금 a원을 월이율 r의 복리로 계산할 때 n개월 후의 원리합계 S_n은 다음과 같다.

$$S_n=a(1+r)^n$$

(나) 사이값의 정리

함수 $f(x)$가 닫힌 구간 $[a, b]$에서 연속이고 $f(a)\neq f(b)$이면 $f(a)$와 $f(b)$ 사이에 있는 임의의 값 k에 대하여

$$f(c)=k$$

를 만족하는 c가 열린 구간 (a, b)에 적어도 하나 존재한다.

90만 원짜리 스마트폰을 2013년 5월 1일부터 매월 1일에 45000원씩 24개월 동안 내기로 약정하고 2013년 4월 1일에 구입하였다. 월이율을 $r(0<r<1)$라 하고 복리로 계산할 경우, 이율이 얼마인지 알고자 한다.

(1) 매달 45000원씩 24개월 동안 납부한 금액의 원리합계를 구하시오.

(2) 다음 방정식의 근을 구하면, 그 근이 판매자와 구매자 모두가 손해를 보지 않는 월이율이 됨을 설명하시오.

$$20r(1+r)^{24}-(1+r)^{24}+1=0$$

(3) (2)의 방정식을 만족하는 r가 존재함을 보이시오. (단, 필요하면 다음 근삿값을 이용하시오.)

r	$(1+r)^{23}$	$(1+r)^{24}$	$(1+r)^{25}$
0.001	1.023	1.024	1.025
0.01	1.257	1.270	1.282
0.02	1.577	1.608	1.641
0.1	8.954	9.850	10.835

| 서울과학기술대학교 2014년 수시 |

(2) 납부한 금액의 원리합계와 90만 원의 24개월 후의 가치가 같아야 한다.

제시문을 읽고 물음에 답하시오. (단, 모든 이율은 복리로 계산한다.)

처음 투자한 자본에 대하여 t년 후의 원리합계를 계산하고자 한다. 이때, 처음 투자된 자본을 원금이라 하며, 투자된 원금에 대한 대가를 지급하게 되는데 이를 이자라 한다. 기준 시점인 $t=0$으로부터 t년이 지난 후의 원리합계를 $A(t)$로 나타내며, 이는 t에 대한 함수가 된다. 또한 주어진 기간 동안의 이율은 "그 주어진 기간 동안 발생한 $\frac{(\text{이자})}{(\text{원금})}$"로 정의되고, 1년 동안의 이율을 연이율이라고 한다.

실생활에 활용되는 이율을 다루기 위해서 다음과 같이 한 해에 여러 번 이자가 지불되는 경우를 생각할 수 있다. 일 년을 m등분 한 각 기간마다 이자가 지급될 때의 연이율을 m에 대한 명목이율이라 하고 r_m으로 표시한다. 이때, 이자가 지급되는 각 단위 기간 $\frac{1}{m}$년 당 이율은 $\frac{r_m}{m}$이 된다. 예를 들어, 명목이율 $r_{12}=6\%$의 의미는 $\frac{1}{12}$년, 즉 1개월의 이율이 $\frac{6\%}{12}=0.5\%=0.005$가 된다는 것이다. 따라서 1원을 명목이율 $r_{12}=6\%$의 복리로 투자하면 1년 후의 원리합계는 $(1+0.005)^{12}\fallingdotseq 1.0617$원이 된다. 이것으로부터 연이율은 $r_1=6.17\%$가 되는 것을 알 수 있다.

(1) 이율의 정의를 이용하여 주어진 기간 $\left[t, t+\frac{1}{m}\right]$ 동안의 이율 $\frac{r_m}{m}$을 원리합계 함수 A를 이용하여 표현하시오. 또한 $m\geq 2$일 때, 이항전개를 이용하여 $r_1>r_m$임을 증명하시오. m을 한없이 크게 할 때 명목이율 r_m의 수렴 여부를 판단하고, 수렴할 경우 그 극한값을 구하시오.

(2) 김씨는 아파트 전세비용을 마련하기 위하여 B 은행에서 1억 원을 연이율 $r_1=10\%$로 5년 만기 대출을 받았다. 이 대출을 상환하기 위하여, 김씨는 대출 받은 시점으로부터 시작하여 명목이율 $r_{12}=6\%$로 매월 초 a원을 적립하는 5년짜리 예금을 들었다고 가정하자. 만기 시 B 은행에서의 대출을 완전 상환하기 위하여 필요한 최소한의 a값을 구하시오. 이번에는 B 은행에서의 대출을 상환하기 위하여, 김씨는 대출 받은 시점으로부터 시작하여 명목이율 $r_{12}=6\%$로 매월 초 b원을 적립하는 5년짜리 예금을 들었다고 하자. 그러나 대출을 받은 후 자금의 여유가 생겨 동일한 명목이율 $r_{12}=6\%$로 대출 시점으로부터 1년이 지난 후 매월 초마다 1만 원씩 더 예금을 한다고 하였을 때, 만기 시 B 은행에서의 대출을 완전 상환하기 위하여 필요한 최소한의 b값을 구하시오. (단, 천 원 단위에서 올림하여 만 원 단위로 구하고, $1.1^5=1.60$, $1.005^{49}=1.28$, $1.005^{60}=1.35$로 계산한다.)

| 덕성여자대학교 2014년 수시 |

(1) $A(t+1)$
$=A(t)\left(1+\frac{r_m}{m}\right)^m$
$=A(t)(1+r_1)$
이 성립한다.

문제 3 제시문을 읽고 물음에 답하시오.

은행에서 취급하는 예금 상품의 금리는 일반적으로 연이율로 표시된다. 예금 만기 시에 은행은 고객이 예금했던 원금에 계약 기간 동안 복리로 계산한 이자를 더한 금액을 고객에게 지급한다.
어떤 예금 상품의 연이율이 r이고 계약 기간은 1년이라고 하자. 또한 자연수 n에 대하여 $\frac{1}{n}$년 이율을 r_n이라고 하자 (단, 모든 이자는 복리로 계산한다). 이때, r_{12}는 이 예금의 월 이율을 뜻하고 $r_1=r$가 된다.
그런데 r_n의 값을 복리로 정확하게 구하여 표시하는 대신에 그 근삿값으로 $\frac{1}{n}$년 이율을 표시하는 경우가 종종 있다. 예를 들어, 연이율 0.06인 예금 상품의 월이율을 $\frac{0.06}{12}=0.005$로 표시하는 경우 등을 말한다. 이제 $\frac{1}{n}$년 이율, 즉 r_n의 어떤 근삿값을 s_n이라고 할 때,

$$W=\lim_{n\to\infty}\frac{(1+s_n)^n}{1+r}$$

의 값을 근삿값 s_n의 초단기근사효율지수라고 정의하자. 정의의 내용으로부터 W의 값이 1에 가까울수록 s_n이 초단기이율에 대한 근사효율 면에서 좋다고 판단할 수 있다.

(1) $\frac{1}{n}$년 이율인 r_n을 연이율 r에 관한 식으로 나타내시오.

(2) 이항정리를 증명 없이 간단히 기술하고, 저금리의 경우(즉, r의 값이 0에 가까운 경우)에 월이율 r_{12}의 근삿값으로 $\frac{r}{12}$를 사용할 수 있는 근거를 이항정리를 이용하여 설명하시오.

(3) r_n에 대하여 $s_n=\frac{r}{n}$와 $t_n=\frac{1}{n}\log_e(1+r)$의 두 가지 근삿값을 생각해 보자. s_n과 t_n의 초단기근사효율지수 W_1과 W_2의 값을 각각 구하여 초단기이율에 대한 근사효율 면에서 어느 쪽이 더 좋은지 판단하시오. (단, $r>0$이고, $e=\lim_{n\to\infty}\left(1+\frac{1}{n}\right)^n=2.718\cdots$인 무리수이다.)

| 단국대학교 2011년 수시 |

(3) $W_1=\lim_{n\to\infty}\frac{(1+s_n)^n}{1+r}$

$W_2=\lim_{n\to\infty}\frac{(1+t_n)^n}{1+r}$

 제시문을 읽고 물음에 답하시오.

현대 사회에서 은행예금은 개인들의 가장 기본적인 재테크 수단이다.
은행에 원금 P를 예금하여 이자를 연이율 10 %로 받기로 약정했을 때 단리인 경우와 복리인 경우로 나누어 생각할 수 있다.
단리인 경우 1년 후에는 원금과 이자 합계(이하 원리합계)가 $1.1P$, 2년 후에는 $1.2P$, 3년 후에는 $1.3P$가 될 것이다.
복리인 경우에는 1년 후에는 원리합계가 $1.1P$, 2년 후에는 $1.1P$에 대한 이자가 붙어 $1.21P$, 3년 후에는 $1.21P$에 대한 이자가 붙어 $1.331P$가 된다.
따라서 단리 예금보다는 복리 예금이 예금자에게 유리한 조건이다.

(1) 원금 P를 1년마다 이율 10 %(복리 산정기간 1년), 6개월마다 이율 5 %(복리 산정기간 6개월), 3개월마다 이율 2.5 %(복리 산정기간 3개월)의 조건으로 1년 동안 복리 예금했을 때, 세 가지 경우에 대한 1년 후의 원리합계를 추정하시오.

(2) 원금은 P로, 예금 기간은 1년으로 고정하고 (1)과 같은 방법으로 계속 복리 산정기간을 줄여 무한히 작게 하였을 때 1년 후의 원리합계가 얼마인지 e를 사용하여 추정하고, 그 방법에 대하여 논술하시오. $\left(\right.$단, e는 $e=\lim_{t \to 0}(1+t)^{\frac{1}{t}}$이며, 복리 산정기간이 $\frac{1}{m}$년이면 매 $\frac{1}{m}$년마다 이율 $\frac{10}{m}$%로 1년 간 복리 예금하는 것으로 한다.$\left.\right)$

(3) n명이 똑같이 원금 $1(P=1)$을 가지고 복리 산정기간은 모두 $\frac{1}{m}$년, 이율은 각각

$$\frac{x}{m}\%,\ \frac{2x}{m}\%,\ \frac{3x}{m}\%,\ \cdots,\ \frac{nx}{m}\%$$

로 1년 간 복리 예금에 가입한다고 가정하고, (2)와 마찬가지로 복리 산정기간을 무한히 작게 한다고 하자. 이때, 1년 후의 원리합계 금액을 각각

$$Q(x),\ Q(2x),\ Q(3x),\ \cdots,\ Q(nx)$$

라 하면, n명의 원리합계 평균은

$$\frac{Q(x)+Q(2x)+Q(3x)+\cdots+Q(nx)}{n}$$

가 된다. (2)의 결과를 참조하여 극한값

$$\lim_{x \to 0}\left[\frac{1}{x}\ln\left\{\frac{Q(x)+Q(2x)+Q(3x)+\cdots+Q(nx)}{n}\right\}\right]$$

를 추정하고, 그 방법에 대하여 논술하시오. (단, $\ln x=\log_e x$)

| 경희대학교 2009년 수시 응용 |

(2) 매 $\frac{1}{m}$년마다 복리 $\frac{10}{m}$%를 적용하였을 때의 원리합계의 식은 $P\left(1+\frac{0.1}{m}\right)^m$이다.
(3) $f(x)$
$=\ln(e^{\frac{x}{100}}+e^{\frac{2x}{100}}+e^{\frac{3x}{100}}+\cdots+e^{\frac{nx}{100}})$
로 놓는다.

2015년 1월 1일 현재 김이화 과장의 나이는 30세이다. 이화은행에서는 김이화 과장에게 퇴직금으로 65세부터 매해 1회 연말에 1000만 원씩 지급하려고 한다. 이때, 연이율은 5 %의 복리로 고정되어 있다고 가정한다. 물음에 답하시오.

(1) 김이화 과장이 100세까지 퇴직금으로 매해 1000만 원씩을 총 36번을 수령했다고 할 때, 이 퇴직금 수령액 합계의 2015년 1월 1일 현재가치를 구하시오.

(2) 김이화 과장은 2015년부터 64세가 되는 2049년까지 이화은행에 매해 연말에 300만 원씩 총 35번을 적립한다고 한다. 이 적금(적립금 총액)으로 (1)번에 제시된 김이화 과장의 퇴직금을 충당하기에 충분한지 논하시오.

(3) 김이화 과장이 매해 연말까지 생존할 확률이 $\frac{95}{100}$라고 하자. $\Big($예를 들어 현재 2015년 1월 1일 나이가 30세인 김이화 과장이 2015년 12월 31일까지 살아 있을 확률은 $\frac{95}{100}$, 그리고 2016년 12월 31일까지 살아 있을 확률은 $\left(\frac{95}{100}\right)^2$이다.$\Big)$ 김이화 과장은 30세부터 매해 연말 생존하였을 경우 일정한 금액 K를 매해 1회 연말에 이화은행에 납입하며, 납입금은 김이화 과장이 64세가 되는 2049년 연말까지만 최대 35번까지 납입될 수 있다. 그리고 퇴직금으로 김이화 과장이 65세가 되는 해부터 최대 100세가 되는 해까지 김이화 과장이 생존하였을 경우 매해 연말 1회 1000만 원씩이 지급되고, 최대 총 36번까지 지급될 수 있다. 김이화 과장의 생존 여부에 따른 적립 예상 금액의 현재가치를 적립금 현재가치라 하고, 수령 예상 퇴직금의 현재가치를 퇴직금 현재가치라고 하자. 이화은행은 김이화 과장의 퇴직금 현재가치의 기댓값과 김이화 과장의 적립금 현재가치의 기댓값이 같도록 납입금액 K를 책정하려고 한다. 이때, 적절한 K를 구하시오.

단, 위 문제에서 필요한 경우 다음의 계산을 사용할 수 있다.

$1.05^{-1} \fallingdotseq 0.95$	$1.05^{-35} \fallingdotseq 0.18$	$1.05^{-36} \fallingdotseq 0.17$	$\frac{1}{1-1.05^{-1}}=21$
$\frac{95}{105} \fallingdotseq 0.90$	$\left(\frac{95}{105}\right)^{35} \fallingdotseq 0.030$	$\left(\frac{95}{105}\right)^{36} \fallingdotseq 0.027$	$\frac{1}{1-\frac{95}{105}}=10.5$

| 이화여자대학교 2015년 모의논술 |

(3) 확률변수 X_1을 첫 번째 해에 적립할 금액의 현재가치라고 하면 X_1의 확률분포는 다음과 같다.

X_1	0	$k(1.05)^{-1}$
$P(X_1=x)$	$1-\frac{95}{100}$	$\frac{95}{100}$

Ⅳ 미분법

1 미분계수와 도함수

BASIC

1 평균변화율과 미분계수

(1) 평균변화율

함수 $y=f(x)$에서 x의 값이 a에서 $b(=a+\Delta x)$까지 변할 때,

$$\frac{\Delta y}{\Delta x}=\frac{f(b)-f(a)}{b-a}=\frac{f(a+\Delta x)-f(a)}{\Delta x}$$

를 x의 값이 a에서 $b(=a+\Delta x)$까지 변할 때의 함수 $y=f(x)$의 평균변화율이라고 한다.

평균변화율은 곡선 $y=f(x)$ 위의 두 점 $\mathrm{A}(a, f(a))$, $\mathrm{B}(b, f(b))$를 지나는 직선 AB의 기울기를 나타낸다.

● $b>a$이면 $\Delta x=b-a>0$이고, $b<a$이면 $\Delta x=b-a<0$이므로 Δx의 값은 음수가 될 수도 있다.

(2) 미분계수

함수 $y=f(x)$에서 x의 값이 a에서 $a+\Delta x$까지 변할 때의 평균변화율에서 $\Delta x\to 0$일 때의 극한값을 함수 $y=f(x)$의 $x=a$에서의 순간변화율 또는 미분계수라 하고, 기호로 $f'(a)$와 같이 나타낸다. 즉,

$$f'(a)=\lim_{\Delta x\to 0}\frac{\Delta y}{\Delta x}=\lim_{\Delta x\to 0}\frac{f(a+\Delta x)-f(a)}{\Delta x}$$

$$=\lim_{x\to a}\frac{f(x)-f(a)}{x-a}$$

$$=\lim_{h\to 0}\frac{f(a+h)-f(a)}{h}$$

곡선 $y=f(x)$ 위의 점 $\mathrm{A}(a, f(a))$에서의 접선의 기울기는 $x=a$에서의 미분계수 $f'(a)$와 같다.

2 미분가능성과 연속성

(1) 미분가능

함수 $y=f(x)$의 $x=a$에서의 미분계수 $f'(a)$가 존재할 때, 즉

$$f'(a)=\lim_{h\to 0}\frac{f(a+h)-f(a)}{h}=\lim_{x\to a}\frac{f(x)-f(a)}{x-a}$$

가 존재할 때, 함수 $y=f(x)$는 $x=a$에서 미분가능하다고 한다.

● (좌미분계수)=(우미분계수)일 때, 함수 $y=f(x)$는 $x=a$에서 미분가능하다고 한다.

(2) 미분가능성과 연속성

① 함수 $y=f(x)$가 $x=a$에서 미분가능하면 $y=f(x)$는 $x=a$에서 연속이다.

② 함수 $y=f(x)$가 $x=a$에서 연속이라고 해서 $y=f(x)$가 $x=a$에서 항상 미분가능한 것은 아니다.

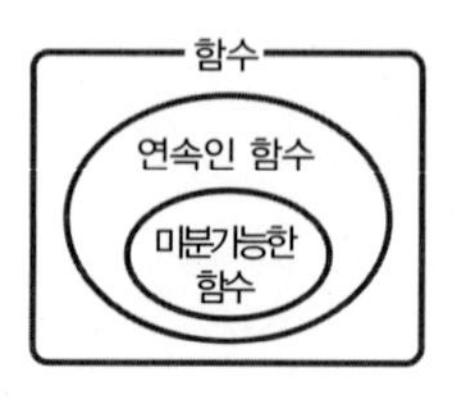

이해돕기 다음 함수의 $x=0$에서의 연속성과 미분가능성을 조사하시오.

(1) $f(x)=|x|$ (2) $f(x)=x|x|$

풀이 (1) (i) $f(0)=0$이고, $\lim_{x\to0+}f(x)=\lim_{x\to0+}(|x|)=0$, $\lim_{x\to0-}f(x)=\lim_{x\to0-}(|x|)=0$이므로

$\lim_{x\to0}f(x)=f(0)$

따라서 함수 $f(x)=|x|$는 $x=0$에서 연속이다.

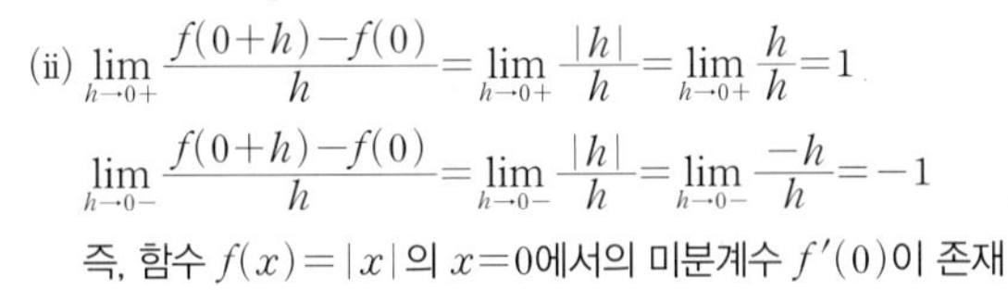

(ii) $\lim_{h\to0+}\frac{f(0+h)-f(0)}{h}=\lim_{h\to0+}\frac{|h|}{h}=\lim_{h\to0+}\frac{h}{h}=1$

$\lim_{h\to0-}\frac{f(0+h)-f(0)}{h}=\lim_{h\to0-}\frac{|h|}{h}=\lim_{h\to0-}\frac{-h}{h}=-1$

즉, 함수 $f(x)=|x|$의 $x=0$에서의 미분계수 $f'(0)$이 존재하지 않으므로 함수 $f(x)=|x|$는 $x=0$에서 미분가능하지 않다.

(i), (ii)에서 함수 $f(x)=|x|$는 $x=0$에서 연속이지만 미분가능하지 않다.

(2) (i) $f(0)=0$이고, $\lim_{x\to0+}f(x)=\lim_{x\to0+}(x|x|)=0$,

$\lim_{x\to0-}f(x)=\lim_{x\to0-}(x|x|)=0$이므로 $\lim_{x\to0}f(x)=f(0)$

따라서 함수 $f(x)=x|x|$는 $x=0$에서 연속이다.

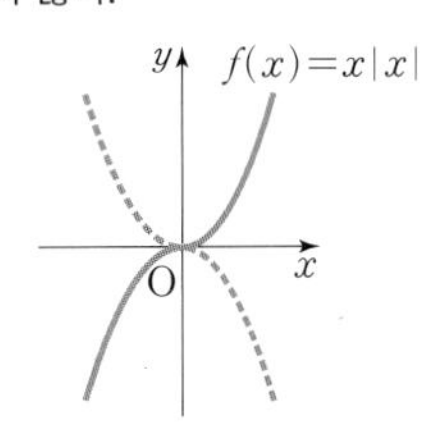

(ii) $\lim_{h\to0}\frac{f(0+h)-f(0)}{h}=\lim_{h\to0}\frac{h|h|}{h}=\lim_{h\to0}|h|=0$

즉, $f'(0)=0$이므로 함수 $f(x)=x|x|$는 $x=0$에서 미분가능하다.

(i), (ii)에서 함수 $f(x)=x|x|$는 $x=0$에서 연속이고 미분가능하다.

BASIC

- 미분가능하지 않은 경우
  - 불연속점

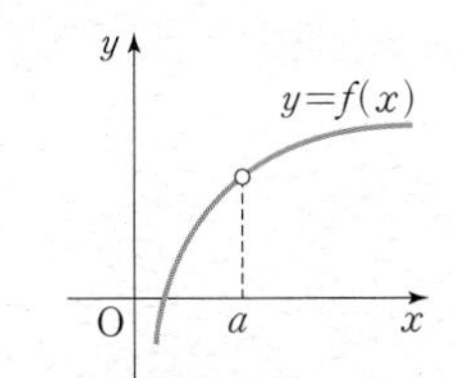

  - 꺾인점(첨점)

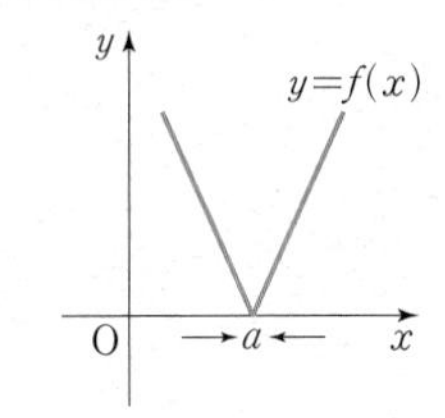

3 도함수

(1) 도함수의 정의

미분가능한 함수 $y=f(x)$의 정의역에 속하는 임의의 원소 x에 대하여 미분계수 $f'(x)$를 대응시키면 새로운 함수 $f':x\to f'(x)$, 즉

$f'(x)=\lim_{\Delta x\to0}\frac{f(x+\Delta x)-f(x)}{\Delta x}$를 얻는다.

이 함수 $f'(x)$를 함수 $f(x)$의 도함수라고 한다.

도함수 $f'(x)$는 함수 $y=f(x)$의 그래프 위의 임의의 점 $(x,\ f(x))$에서의 접선의 기울기를 나타낸다.

(2) 미분법의 공식

두 함수 $f(x)$, $g(x)$가 미분가능할 때

① $f(x)=c$ (c는 상수)이면 $f'(x)=0$

② $f(x)=x^n$ (n은 양의 정수)이면 $f'(x)=nx^{n-1}$

③ $\{kf(x)\}'=kf'(x)$ (단, k는 상수)

④ $\{f(x)\pm g(x)\}'=f'(x)\pm g'(x)$ (복부호동순)

⑤ $\{f(x)g(x)\}'=f'(x)g(x)+f(x)g'(x)$

⑥ $\{f(x)g(x)h(x)\}'=f'(x)g(x)h(x)+f(x)g'(x)h(x)+f(x)g(x)h'(x)$

⑦ $y=\{f(x)\}^n$이면 $y'=n\{f(x)\}^{n-1}f'(x)$ (단, n은 자연수)

- **$f(x)$의 도함수**
  $f'(x)$ 이외에 y', $\frac{dy}{dx}$, $\frac{d}{dx}f(x)$로 나타내기도 한다.

- 함수 $y=f(x)$의 도함수 $f'(x)$를 구하는 것을 함수 $f(x)$를 x에 대하여 미분한다고 하고, 그 계산법을 미분법이라고 한다.

2 여러 가지 함수의 미분법

1 함수의 몫의 미분법

두 함수 $f(x)$, $g(x)$ $(g(x)\neq 0)$가 미분가능할 때

$$y=\frac{f(x)}{g(x)} \Rightarrow y'=\frac{f'(x)g(x)-f(x)g'(x)}{\{g(x)\}^2}$$

특히, $f(x)=1$일 때, $f'(x)=0$이므로

$$y=\frac{1}{g(x)} \Rightarrow y'=-\frac{g'(x)}{\{g(x)\}^2}$$

예 $y=\frac{x}{x^2+1}$일 때 $y'=\frac{1\cdot(x^2+1)-x\cdot 2x}{(x^2+1)^2}=\frac{-x^2+1}{(x^2+1)^2}$

2 합성함수의 미분법

미분가능한 두 함수 $y=f(u)$, $u=g(x)$에 대하여 합성함수 $y=f(g(x))$가 미분가능할 때, 그 도함수는

$$\frac{dy}{dx}=\frac{dy}{du}\cdot\frac{du}{dx} \text{ 또는 } y'=f'(g(x))g'(x)$$

예 $y=(x^2+1)^2$일 때, $u=x^2+1$로 놓으면 $y=u^2$이므로

$$\frac{du}{dx}=2x,\ \frac{dy}{du}=2u$$

$$\therefore \frac{dy}{dx}=\frac{dy}{du}\cdot\frac{du}{dx}=2u\cdot 2x=2(x^2+1)\cdot 2x=4x(x^2+1)$$

3 매개변수로 나타내어진 함수의 미분법

두 함수 $x=f(t)$, $y=g(t)$가 미분가능하고 $f'(t)\neq 0$일 때

$$\frac{dy}{dx}=\frac{\frac{dy}{dt}}{\frac{dx}{dt}}=\frac{g'(t)}{f'(t)}$$

예 $x=2t$, $y=t^2-t$로 나타내어진 함수에서 $\frac{dy}{dx}=\frac{\frac{dy}{dt}}{\frac{dx}{dt}}=\frac{2t-1}{2}=t-\frac{1}{2}$

4 음함수와 역함수의 미분법

(1) 음함수의 미분법

방정식 $f(x, y)=0$으로 주어지는 음함수 y의 x에 대한 도함수는 y를 x의 함수로 보고 방정식의 양변을 x에 대하여 미분하여 얻은 등식에서 $\frac{dy}{dx}$를 구한 것과 같다.

예 방정식 $x^2+y^2=1$에서 y를 x의 함수로 보고 양변을 x에 대하여 미분하면

$$2x+2y\frac{dy}{dx}=0 \qquad \therefore \frac{dy}{dx}=-\frac{x}{y}\ (\text{단, } y\neq 0)$$

BASIC

x^n의 도함수
n이 정수일 때,
$(x^n)'=nx^{n-1}$

두 함수 $y=f(u)$, $u=g(x)$가 미분가능할 때, 합성함수 $y=f(g(x))$도 미분가능하다.

$y=\{f(x)\}^n$의 도함수
함수 $f(x)$가 미분가능하고 n이 정수일 때,
$y'=n\{f(x)\}^{n-1}f'(x)$

매개변수
두 변수 x, y 사이의 관계가 변수 t를 매개로 $x=f(t)$, $y=g(t)$의 꼴로 나타내어질 때, 변수 t를 매개변수라고 한다.

음함수
x의 함수 y가 $f(x, y)=0$의 꼴로 주어졌을 때, y를 x의 음함수라고 한다.

x^r(r는 유리수)의 도함수
r가 유리수일 때,
$(x^r)'=rx^{r-1}$ (단, $x>0$)

(2) 역함수의 미분법

함수 $y=f(x)$가 미분가능하고 그 역함수 $x=g(y)$가 존재할 때, $x=g(y)$에 대하여 $g'(y)\neq0$이면

$$\frac{dy}{dx}=\frac{1}{\frac{dx}{dy}}=\frac{1}{g'(y)}$$

예 $y=x^2-3x+1$일 때 $\frac{dy}{dx}=2x-3$, $x=y^2-3y+1$일 때 $\frac{dy}{dx}=\frac{1}{\frac{dx}{dy}}=\frac{1}{2y-3}$

5 삼각함수의 미분법

① $y=\sin x$이면 $y'=\cos x$

② $y=\cos x$이면 $y'=-\sin x$

③ $y=\tan x$이면 $y'=\sec^2 x$

④ $y=\sec x$이면 $y'=\sec x \tan x$

⑤ $y=\csc x$이면 $y'=-\csc x \cot x$

⑥ $y=\cot x$이면 $y'=-\csc^2 x$

참고
- $y=\sin f(x)$이면 $y'=f'(x)\cos f(x)$
- $y=\cos f(x)$이면 $y'=-f'(x)\sin f(x)$
- $y=\tan f(x)$이면 $y'=f'(x)\sec^2 f(x)$

예 $y=\cos^3(2x+1)$일 때,

$$\begin{aligned} y'&=3\cos^2(2x+1)\cdot\{\cos(2x+1)\}' \\ &=3\cos^2(2x+1)\cdot\{-\sin(2x+1)\cdot(2x+1)'\} \\ &=-6\sin(2x+1)\cos^2(2x+1) \end{aligned}$$

6 지수함수와 로그함수의 미분법

(1) 지수함수의 미분법

① $y=e^x$이면 $y'=e^x$

$y=a^x$이면 $y'=a^x \ln a$ (단, $a>0$, $a\neq1$)

② $y=e^{f(x)}$이면 $y'=e^{f(x)}f'(x)$

$y=a^{f(x)}$이면 $y'=a^{f(x)}f'(x)\ln a$ (단, $a>0$, $a\neq1$)

(2) 로그함수의 미분법

① $y=\ln x$이면 $y'=\frac{1}{x}$ (단, $x>0$)

$y=\ln|x|$이면 $y'=\frac{1}{x}$ (단, $x\neq0$)

$y=\log_a x$이면 $y'=\frac{1}{x\ln a}$ (단, $x>0$, $a>0$, $a\neq1$)

② $y=\ln|f(x)|$이면 $y'=\frac{f'(x)}{f(x)}$ (단, $f(x)\neq0$)

$y=\log_a|f(x)|$이면 $y'=\frac{f'(x)}{f(x)\ln a}$ (단, $f(x)\neq0$, $a>0$, $a\neq1$)

BASIC

- 연속인 함수의 역함수는 연속이고, 미분가능한 함수의 역함수도 미분가능하다.
- $y=\sin x$, $y=\cos x$는 모든 실수에서 미분가능하고, $y=\tan x$는 $x=n\pi+\frac{\pi}{2}$ (n은 정수)를 제외한 모든 실수에서 미분가능하다.
- **x^α(α는 실수)의 도함수**
  α가 실수일 때, $(x^\alpha)'=\alpha x^{\alpha-1}$ (단, $x>0$)

7 이계도함수

(1) 이계도함수

미분가능한 함수 $y=f(x)$의 도함수 $f'(x)$가 미분가능할 때, $f'(x)$의 도함수

$$\{f'(x)\}'=\lim_{\Delta x\to 0}\frac{f'(x+\Delta x)-f'(x)}{\Delta x}$$

를 함수 $y=f(x)$의 이계도함수라 하고, 이것을 기호로

$$y'',\ f''(x),\ \frac{d^2y}{dx^2},\ \frac{d^2}{dx^2}f(x)$$

등과 같이 나타낸다.

(2) n계도함수

양의 정수 n에 대하여 함수 $y=f(x)$를 n번 미분한 함수를 $y=f(x)$의 n계도함수라 하고 $y^{(n)}$, $f^{(n)}(x)$, $\frac{d^ny}{dx^n}$, $\frac{d^n}{dx^n}f(x)$ 등과 같이 나타낸다.

BASIC

f''을 'f double prime' 또는 'f second'로 읽는다.
이계도함수 $f''(x)$에 대하여 $f'(x)$를 일계도함수라고 한다.

이해돕기 함수 $y=e^{ax}\sin x$가 모든 실수 x에 대하여
$y''-2y'+2y=0$을 만족시킬 때 상수 a의 값을 구하시오.

풀이

$y'=ae^{ax}\sin x+e^{ax}\cos x$
$=e^{ax}(a\sin x+\cos x)$
$y''=ae^{ax}(a\sin x+\cos x)+e^{ax}(a\cos x-\sin x)$
$=e^{ax}\{(a^2-1)\sin x+2a\cos x\}$

이것을 $y''-2y'+2y=0$에 대입하여 정리하면

$e^{ax}\{(a^2-1)\sin x+2a\cos x\}+e^{ax}(-2a\sin x-2\cos x)+e^{ax}(2\sin x)=0$
$e^{ax}\{(a^2-2a+1)\sin x+2(a-1)\cos x\}=0$
$e^{ax}\{(a-1)^2\sin x+2(a-1)\cos x\}=0$

이다.

이것이 모든 실수 x에 대하여 성립하기 위해서는 $a-1=0$이어야 하므로 $a=1$이다.

3 도함수의 활용

1 접선의 방정식

곡선 $y=f(x)$ 위의 점 $(a, f(a))$에서의 접선의 방정식은

$$y-f(a)=f'(a)(x-a)$$

점 (a, b)를 지나고 기울기가 m인 직선의 방정식은 $y-b=m(x-a)$이다.

2 평균값의 정리

(1) 롤(Rolle)의 정리

함수 $y=f(x)$가 닫힌 구간 $[a, b]$에서 연속이고 열린 구간 (a, b)에서 미분가능할 때, $f(a)=f(b)$이면 $f'(c)=0$인 c가 열린 구간 (a, b)에 적어도 하나 존재한다.

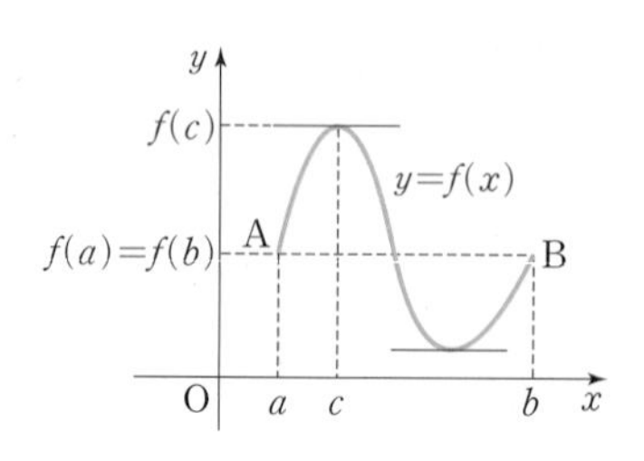

롤의 정리는 a와 b 사이에서 x축과 평행한 접선이 적어도 하나 존재한다는 뜻이다.

BASIC

참고 롤의 정리의 증명

(1) 함수 $y=f(x)$가 상수함수인 경우

$f'(x)=0$이므로 열린 구간 $(a,\ b)$에 속하는 모든 c에 대하여 $f'(c)=0$이다.

(2) 함수 $y=f(x)$가 상수함수가 아닌 경우

$f(a)=f(b)$이므로 함수 $y=f(x)$는 열린 구간 $(a,\ b)$ 안의 값 $x=c$에서 최댓값 또는 최솟값을 가진다.

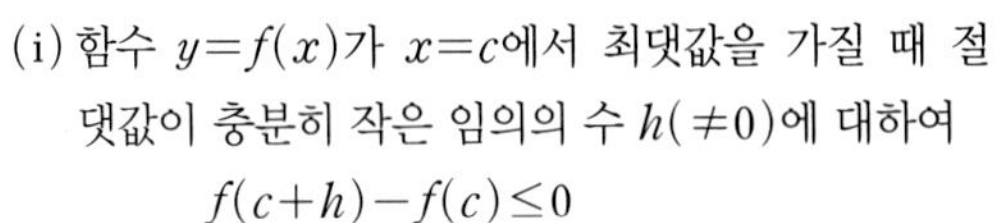

(i) 함수 $y=f(x)$가 $x=c$에서 최댓값을 가질 때 절댓값이 충분히 작은 임의의 수 $h(\neq 0)$에 대하여

$$f(c+h)-f(c)\leq 0$$

이므로

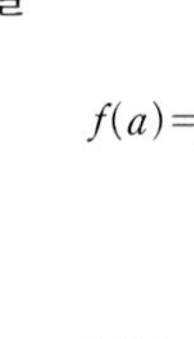

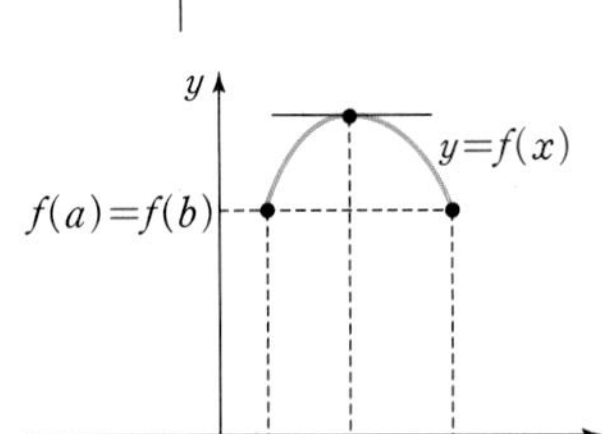

$$\lim_{h\to 0+}\frac{f(c+h)-f(c)}{h}\leq 0$$

$$\lim_{h\to 0-}\frac{f(c+h)-f(c)}{h}\geq 0$$

그런데 함수 $y=f(x)$는 $x=c$에서 미분가능하므로 위의 두 극한값이 같아야 한다.

$$\therefore\ f'(c)=\lim_{h\to 0}\frac{f(c+h)-f(c)}{h}=0$$

(ii) 함수 $y=f(x)$가 $x=c$에서 최솟값을 가질 때도 (i)과 같은 방법으로 하여 $f'(c)=0$임을 보일 수 있다.

(2) 평균값의 정리

함수 $y=f(x)$가 닫힌 구간 $[a,\ b]$에서 연속이고, 열린 구간 $(a,\ b)$에서 미분가능하면

$$\frac{f(b)-f(a)}{b-a}=f'(c)$$

인 c가 열린 구간 $(a,\ b)$에 적어도 하나 존재한다.

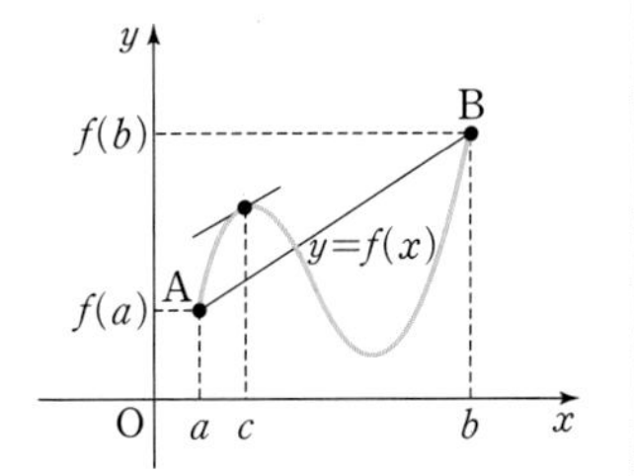

평균값의 정리는 a와 b 사이에 직선 AB와 평행한 접선이 적어도 하나 존재한다는 뜻이다.

참고 평균값의 정리의 증명

오른쪽 그림에서 함수 $y=f(x)$ 위의 두 점 $\mathrm{A}(a,\ f(a))$, $\mathrm{B}(b,\ f(b))$를 잇는 직선의 기울기를 $\frac{f(b)-f(a)}{b-a}=k$라 하면 직선 AB의 방정식은

$$y-f(a)=k(x-a)$$

$$y=k(x-a)+f(a)$$

이다. 여기서

$$F(x)=f(x)-f(a)-k(x-a)$$

로 놓으면 함수 $F(x)$는 닫힌 구간 $[a,\ b]$에서 연속이고, 열린 구간 $(a,\ b)$에서 미분가능하며

$$F(a)=f(a)-f(a)-k(a-a)=0$$

$$F(b)=f(b)-f(a)-k(b-a)=f(b)-f(a)-\frac{f(b)-f(a)}{b-a}(b-a)$$

$$=f(b)-f(a)-f(b)+f(a)=0$$

$$\therefore\ F(a)=F(b)=0$$

롤의 정리에 의하여 $F'(c)=0$인 c가 열린 구간 $(a,\ b)$에 적어도 하나 존재한다.

$F'(x)=f'(x)-k$이므로 $F'(c)=0$에서

$$F'(c)=f'(c)-k=0$$

$$\therefore f'(c)=k$$

따라서 $\frac{f(b)-f(a)}{b-a}=f'(c)$인 c가 열린 구간 (a, b)에 적어도 하나 존재한다.

이해돕기 함수 $f(x)=\ln x$에 대하여 구간 $[1, e]$에서 평균값의 정리를 만족하는 상수 c의 값을 구하시오.

풀이 $f'(x)=\frac{1}{x}$이므로 $f'(c)=\frac{1}{c}$, $\frac{f(e)-f(1)}{e-1}=\frac{\ln e-\ln 1}{e-1}=\frac{1}{e-1}$이다.

이때 $\frac{1}{c}=\frac{1}{e-1}$이므로 $c=e-1$이다.

3 함수의 증가 · 감소

(1) 함수의 증가 · 감소

함수 $y=f(x)$가 어떤 구간에 속하는 임의의 두 점 x_1, x_2에 대하여

(i) $x_1<x_2$일 때, $f(x_1)<f(x_2)$이면 $f(x)$는 그 구간에서 증가한다.

(ii) $x_1<x_2$일 때, $f(x_1)>f(x_2)$이면 $f(x)$는 그 구간에서 감소한다.

(2) 함수의 증가 · 감소의 판정

함수 $y=f(x)$가 어떤 구간에서 미분가능하고 그 구간에서

(i) $f'(x)>0$이면 $f(x)$는 그 구간에서 증가한다.

(ii) $f'(x)<0$이면 $f(x)$는 그 구간에서 감소한다.

(iii) $f(x)$가 증가함수이면 그 구간에서 $f'(x)\ge 0$이다.

(iv) $f(x)$가 감소함수이면 그 구간에서 $f'(x)\le 0$이다.

4 함수의 극대 · 극소

(1) $f'(x)$의 부호를 이용한 함수 $f(x)$의 극대 · 극소 판정

미분가능한 함수 $f(x)$가 $f'(a)=0$이고, x가 증가하면서 $x=a$의 좌우에서 $f'(x)$의 부호가

① 양에서 음으로 바뀌면 $f(x)$는 $x=a$에서 극대이고, 극댓값은 $f(a)$이다.

② 음에서 양으로 바뀌면 $f(x)$는 $x=a$에서 극소이고, 극솟값은 $f(a)$이다.

(2) $f''(x)$의 부호를 이용한 함수 $f(x)$의 극대 · 극소 판정

$f'(a)=0$이고, 함수 $f(x)$가 이계도함수를 가질 때

① $f''(a)>0$이면 $f(x)$는 $x=a$에서 극소이고, 극솟값 $f(a)$를 가진다.

② $f''(a)<0$이면 $f(x)$는 $x=a$에서 극대이고, 극댓값 $f(a)$를 가진다.

5 함수의 최대 · 최소

어떤 구간에서 연속함수의 최댓값과 최솟값을 구할 때는 그 구간의 끝점에서의 함숫값과 극값을 비교하여 가장 큰 값을 최댓값, 가장 작은 값을 최솟값으로 택한다.

BASIC

증가상태와 감소상태

함수 $y=f(x)$에서 충분히 작은 양수 h에 대하여

$$f(a-h)<f(a)<f(a+h)$$

일 때, 함수 $f(x)$는 $x=a$에서 증가상태에 있다고 하고,

$$f(a-h)>f(a)>f(a+h)$$

일 때, 함수 $f(x)$는 $x=a$에서 감소상태에 있다고 한다.

함수의 극대 · 극소

함수 $f(x)$가 $x=a$에서 연속이고 x의 값이 증가하면서 $x=a$의 좌우에서

- $f(x)$가 증가상태에서 감소상태로 변하면 함수 $f(x)$는 $x=a$에서 극대라 하고, 함숫값 $f(a)$를 극댓값이라고 한다.
- $f(x)$가 감소상태에서 증가상태로 변하면 함수 $f(x)$는 $x=a$에서 극소라 하고, 함숫값 $f(a)$를 극솟값이라고 한다.

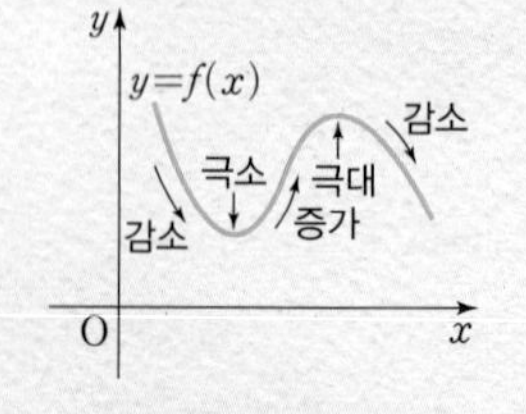

BASIC

이해돕기 직육면체 모양의 건물 정면에 일정한 세기의 바람이 불 때, 건물이 받는 힘은 건물 정면의 세로의 길이의 제곱과 가로의 길이를 곱한 값에 정비례한다고 한다. 가장 큰 힘을 받을 때, 가로의 길이와 세로의 길이의 관계를 설명하시오.

풀이 오른쪽 그림과 같이 건물 정면의 가로, 세로의 길이를 각각 x, y라 하고, 대각선의 길이를 a라 하자. 이때 피타고라스의 정리에 의하여 $x^2+y^2=a^2$에서 $y^2=a^2-x^2$이다.

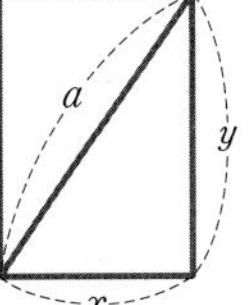

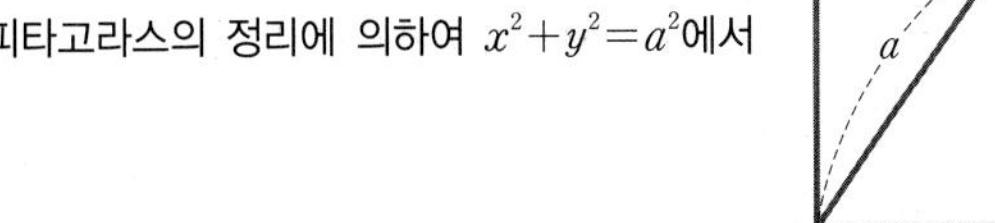

건물이 받는 힘은

$$xy^2=x(a^2-x^2)=-x^3+a^2x$$

이므로 $f(x)=-x^3+a^2x$라 하면

$$f'(x)=-3x^2+a^2=-3\left(x^2-\frac{a^2}{3}\right)=-3\left(x+\frac{a}{\sqrt{3}}\right)\left(x-\frac{a}{\sqrt{3}}\right)$$

이다. 따라서 $x=\frac{a}{\sqrt{3}}$일 때 $f(x)$가 최대이므로 건물이 가장 큰 힘을 받게 된다.

이때, $y=\frac{\sqrt{2}}{\sqrt{3}}a$이므로 $x:y=\frac{1}{\sqrt{3}}a:\frac{\sqrt{2}}{\sqrt{3}}a=1:\sqrt{2}$, 즉 $y=\sqrt{2}x$이다.

따라서 건물의 세로의 길이가 가로의 길이의 $\sqrt{2}$배일 때 가장 큰 힘을 받게 된다.

6 함수의 그래프

(1) 곡선의 구부러진 모양

함수 $y=f(x)$가 어떤 구간에서

① $f''(x)>0$이면 곡선 $y=f(x)$는 이 구간에서 아래로 볼록하다.

② $f''(x)<0$이면 곡선 $y=f(x)$는 이 구간에서 위로 볼록하다.

(2) 변곡점

함수 $y=f(x)$가 어떤 구간에서 $f''(a)=0$이고 $x=a$의 좌우에서 $f''(x)$의 부호가 변하면 점 $(a, f(a))$는 곡선 $y=f(x)$의 변곡점이다.

(3) 곡선의 개형

그래프의 개형을 그릴 때는 다음과 같은 사항을 알아보고, 이를 종합하여 그린다.

① 곡선이 존재하는 범위를 구한다.

② 곡선의 대칭성을 조사한다.

③ 좌표축과의 교점을 조사한다.

④ 점근선이 있으면 조사한다.

⑤ 함수의 증가 · 감소와 극대 · 극소를 조사한다.

⑥ 곡선의 오목 · 볼록과 변곡점을 조사한다.

참고 삼차함수의 그래프와 변곡점

① 삼차함수의 그래프는 반드시 변곡점이 존재하며, 변곡점에 관하여 대칭이다.

② 삼차함수의 그래프에서 극대점과 극소점의 중점은 변곡점이 된다.

③ 삼차함수의 그래프에서 최고차항의 계수가 양수일 때 접선의 기울기가 최소인 접점은 변곡점이다.

해설 점 $(1,\ 0)$에서 곡선 $y=x^3$에 그은 접선의 방정식을 구해 보자.

$f(x)=x^3$이라고 하면 $f'(x)=3x^2$이다. 접점의 좌표를 $(\alpha,\ \alpha^3)$이라고 하면 접선의 기울기는 $f(\alpha)=3\alpha^2$이므로 접선의 방정식은 $y-\alpha^3=3\alpha^2(x-\alpha)$이다.

이것이 점 $(1,\ 0)$을 지나므로

$0-\alpha^3=3\alpha^2(1-\alpha),\ -\alpha^3=3\alpha^2-3\alpha^3$

$2\alpha^3-3\alpha^2=0,\ \alpha^2(2\alpha-3)=0 \qquad \therefore \alpha=0,\ \alpha=\frac{3}{2}$

따라서 접선의 방정식은 $y=0,\ y-\frac{27}{8}=3\times\frac{9}{4}\left(x-\frac{3}{2}\right)$

$\therefore y=0,\ y=\frac{27}{4}x-\frac{27}{4}$

여기에서 접점의 좌표는 $(0,\ 0),\ \left(\frac{3}{2},\ \frac{27}{8}\right)$이고, 점 $(0,\ 0)$은 변곡점이다.

실수 m에 대하여 점 $(0,\ 2)$를 지나고 기울기가 m인 직선이 곡선 $y=x^3-3x^2+1$과 만나는 점의 개수를 $f(m)$이라 하자. 함수 $f(m)$이 구간 $(-\infty,\ a)$에서 연속이 되게 하는 실수 a의 최댓값을 구하시오.

풀이 $f(x)=x^3-3x^2+1$로 놓으면

$f'(x)=3x^2-6x=3x(x-2),\ f''(x)=6x-6$

$f'(x)=0$에서 $x=0$ 또는 $x=2$

$f''(x)=0$에서 $x=1$

이므로 $f(x)$의 증감표는 오른쪽과 같다.

x	$\cdots$	0	$\cdots$	1	$\cdots$	2	$\cdots$
$f'(x)$	$+$	0	$-$	$-$	$-$	0	$+$
$f''(x)$	$-$	$-$	$-$	0	$+$	$+$	$+$
$f(x)$	↗	1	↘	-1	↘	-3	↗

한편 곡선 $y=f(x)$의 접점의 좌표를 $(t,\ t^3-3t^2+1)$이라 하면 접선의 기울기는 $f'(t)=3t^2-6t$이므로 접선의 방정식은

$y-(t^3-3t^2+1)=(3t^2-6t)(x-t)$ ...... ㉠

이 직선이 점 $(0,\ 2)$를 지나므로

$2-(t^3-3t^2+1)=(3t^2-6t)\cdot(-t)$

$2t^3-3t^2+1=0,\ (2t+1)(t-1)^2=0$

$\therefore t=-\frac{1}{2}$ 또는 $t=1$

$t=-\frac{1}{2},\ t=1$을 ㉠에 각각 대입하면 접선의 방정식은

$y=\frac{15}{4}x+2,\ y=-3x+2$ (여기에서 $y=-3x+2$는 변곡점 $(1,\ -1)$을 지나는 접선이다.)

주어진 곡선과 접선의 그래프는 오른쪽 그림과 같으므로 두 그래프의 교점은 $m<\frac{15}{4}$일 때 1개, $m=\frac{15}{4}$일 때 2개, $m>\frac{15}{4}$일 때 3개이다. 즉,

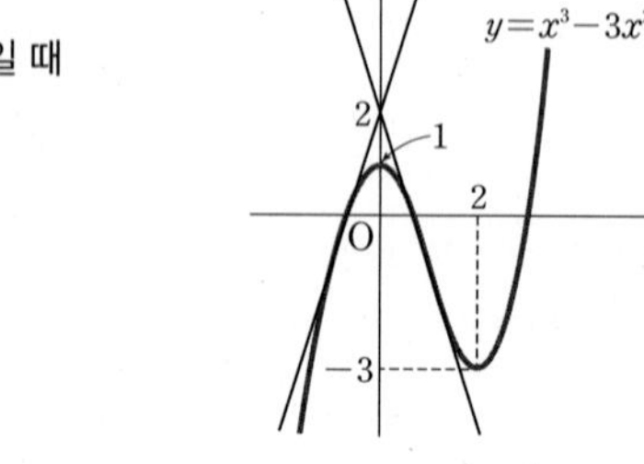

$$f(m)=\begin{cases} 1 \left(m<\frac{15}{4}\right) \\ 2 \left(m=\frac{15}{4}\right) \\ 3 \left(m>\frac{15}{4}\right) \end{cases}$$

따라서 함수 $f(m)$은 $m=\frac{15}{4}$에서 불연속이므로 구간 $(-\infty,\ a)$에서 연속이 되게 하는 실수 a의 최댓값은 $\frac{15}{4}$이다.

참고 여러 가지 함수의 그래프의 개형

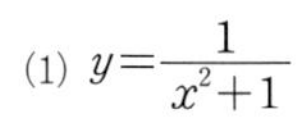
(1) $y=\frac{1}{x^2+1}$ $\qquad y=\frac{x}{x^2+1}$ $\qquad y=e^{-x^2}=\frac{1}{e^{x^2}}$

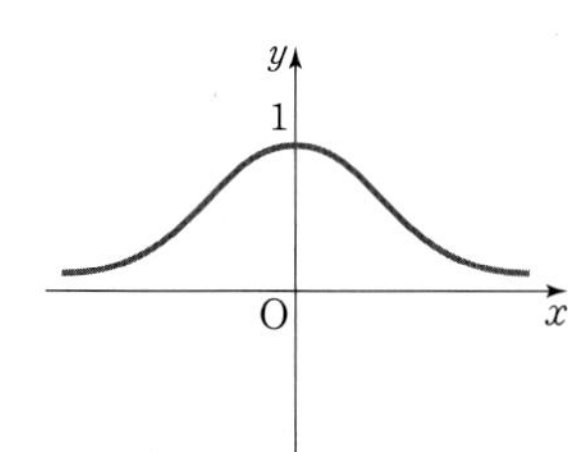

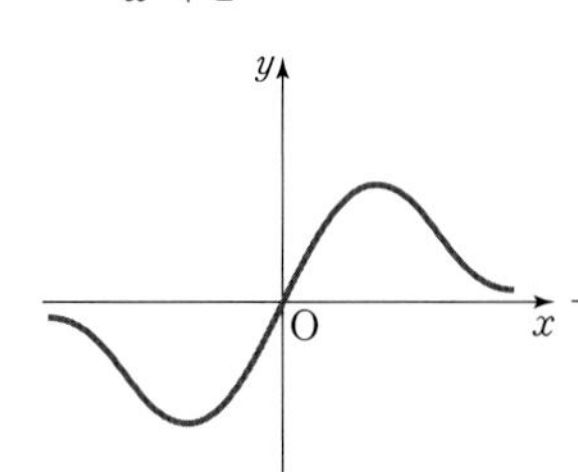

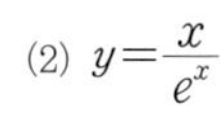
(2) $y=\frac{x}{e^x}$ $\qquad$ 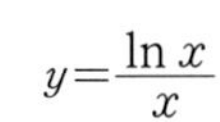 $y=\frac{\ln x}{x}$

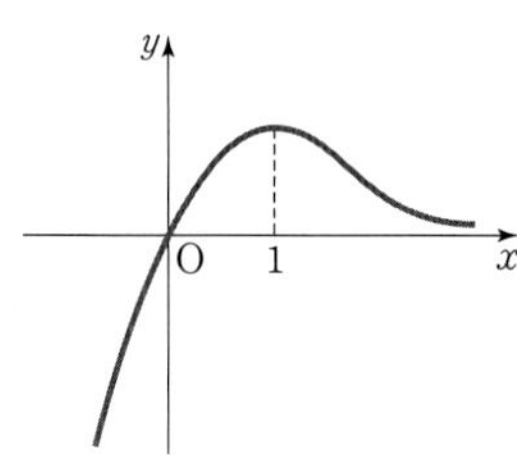

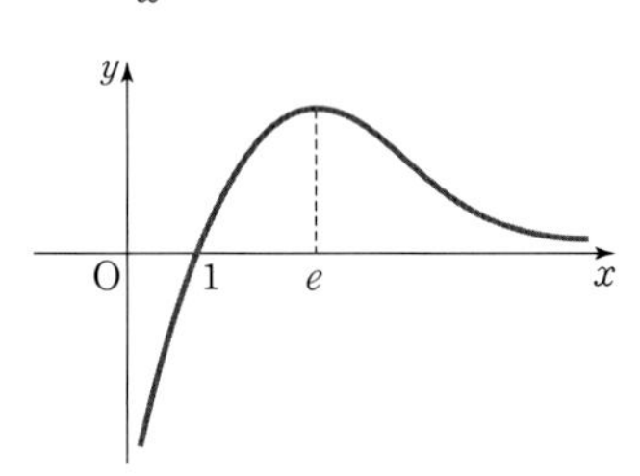

(3) $y=\frac{x^2}{e^x}$ $\qquad y=xe^x$ $\qquad y=\frac{e^x}{x}$

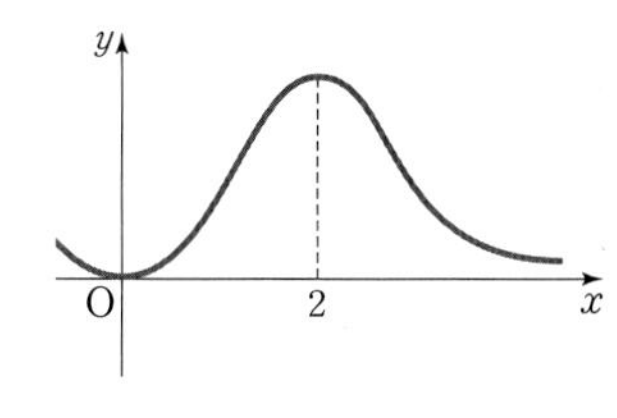

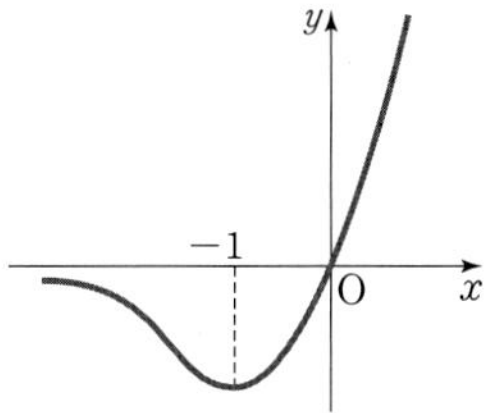

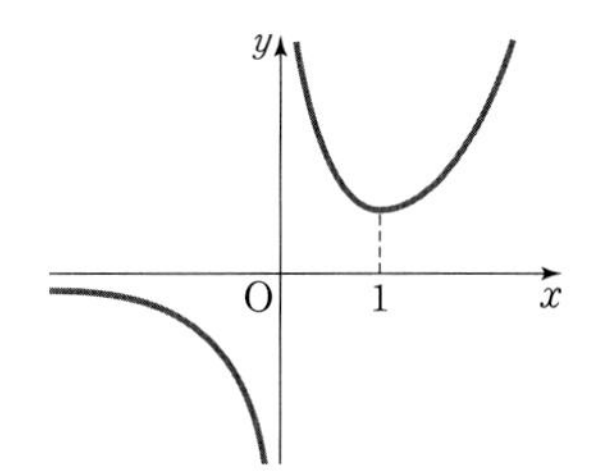

(4) $y=\ln(x^2+1)$ $\qquad y=(\ln x)^2$ $\qquad y=x-\ln x$

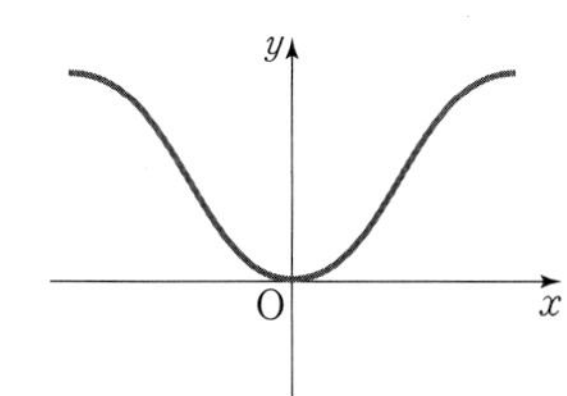

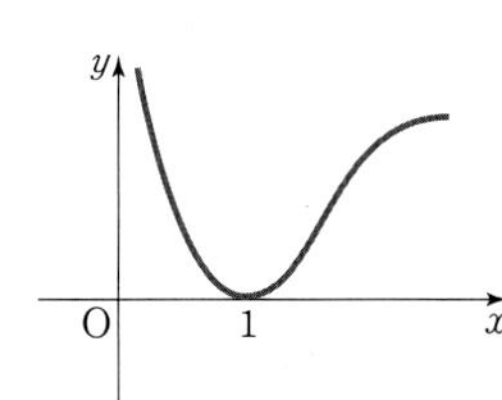

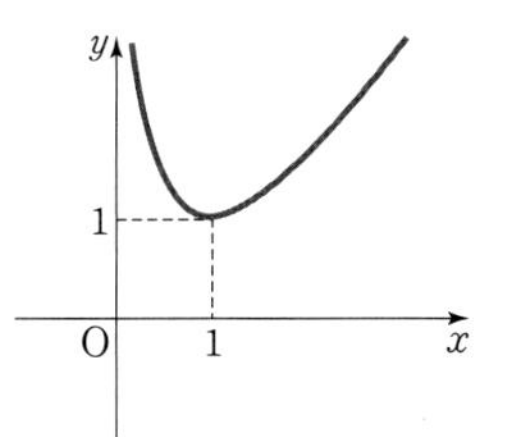

이해돕기 함수 $f(x)=kx^2e^{-x}(k>0)$과 실수 t에 대하여 곡선 $y=f(x)$ 위의 점 $(t, f(t))$에서 x축까지의 거리와 y축까지의 거리 중 크지 않은 값을 $g(t)$라 하자. 함수 $g(t)$가 한 점에서만 미분가능하지 않도록 하는 k의 최댓값을 구하시오.

풀이 $f'(x)=2kxe^{-x}-kx^2e^{-x}=kxe^{-x}(2-x)$이므로 $f'(x)=0$일 때 $x=0$, $x=2$이다.

x	$\cdots$	0	$\cdots$	2	$\cdots$
$f'(x)$	$-$	0	$+$	0	$-$
$f(x)$	↘	0	↗	$\frac{4k}{e^2}$	↘

또한 $f(x) \geq 0$이므로 함수 $f(x)$의 그래프의 개형은 다음과 같다.

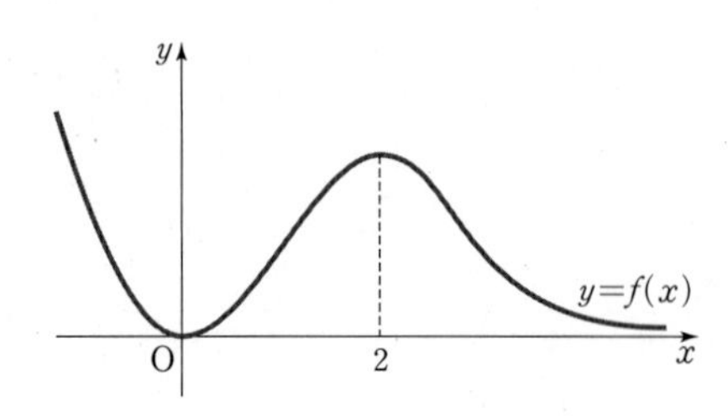

곡선 $y=f(x)$ 위의 점 $(t,\ f(t))$에서 x축까지의 거리와 y축까지의 거리 중 크지 않은 값을 $g(t)$라 하므로 곡선 $y=f(x)$와 직선 $y=x$, $y=-x$와 만나는 교점을 찾는다.

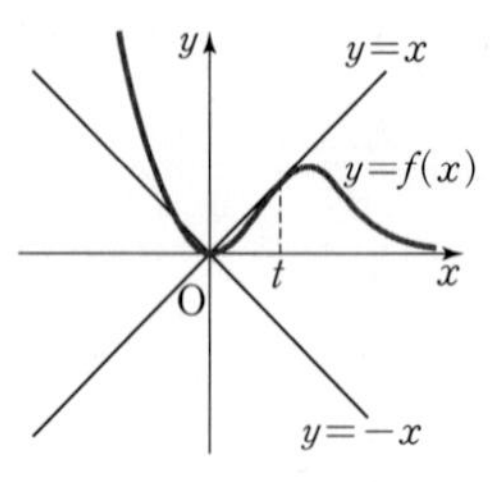

이때, 미분가능하지 않은 점이 한 곳만 있으려면 $x>0$에서 곡선 $y=f(x)$와 직선 $y=x$가 만나지 않거나 접해야 한다.
접점의 좌표를 $(t,\ f(t))$라 하면
$kt^2e^{-t}=t$ …… ㉠
이고 $x=t$에서 접선의 기울기가 1이므로
$kt(2-t)e^{-t}=1$ …… ㉡
㉠, ㉡에서 $2-t=1$, $t=1$이고 $k=e$이다.
따라서 k의 최댓값은 e이다.

7 방정식과 부등식에의 활용

(1) 방정식에의 활용
$y=f(x)$가 삼차함수이고 극값을 가질 때, 방정식 $f(x)=0$이
(i) 서로 다른 세 실근 $\iff$ (극댓값)×(극솟값)<0
(ii) 중근과 다른 한 실근 $\iff$ (극댓값)×(극솟값)$=0$
(iii) 한 실근과 두 허근 $\iff$ (극댓값)×(극솟값)>0

(2) 부등식에의 활용
주어진 구간의 모든 x에 대하여 $f(x) \geq 0$임을 증명할 경우에는 ($f(x)$의 최솟값)≥ 0임을 보이면 된다.

8 속도와 가속도

수직선 위를 움직이는 점 P의 시각 t에서의 좌표 x가 $x=f(t)$일 때, 점 P의 시각 t에서의 속도 v와 가속도 a는

$$v=\frac{dx}{dt}=f'(t),\ a=\frac{dv}{dt}=f''(t)$$

BASIC

시간에 대한 변화율
시각 t에서 길이가 l, 넓이가 S, 부피가 V인 도형이 Δt초 경과한 후 시각 t에서의
길이의 변화율은 $\lim_{\Delta t \to 0}\frac{\Delta l}{\Delta t}=\frac{dl}{dt}$,
넓이의 변화율은 $\lim_{\Delta t \to 0}\frac{\Delta S}{\Delta t}=\frac{dS}{dt}$,
부피의 변화율은 $\lim_{\Delta t \to 0}\frac{\Delta V}{\Delta t}=\frac{dV}{dt}$

COURSE A

수리논술 분석

예제 1 물음에 답하시오.

(1) 실수에서 정의된 미분가능한 함수 $f(x)$가 임의의 x, y에 대하여 $f(x+y)=f(x)+f(y)-3xy(x+y)$와 $f'(0)=12$를 만족할 때 $f(x)$가 극값을 가지는 x의 값을 구하시오.

(2) 미분가능한 함수 $f(x)$와 함수 $g(x)$가 모든 실수 x, y에 대하여 $f(x+y)=f(x)f(y)$, $f(x)=1+xg(x)$, 그리고 $\lim_{x\to0}g(x)=1$을 모두 만족할 때, $f'(-x)=\frac{1}{f'(x)}$임을 보이고 그 이유를 서술하시오.

| 경희대학교 2012년 수시 응용 |

예시 답안

(1) 주어진 방정식에 $x=0$, $y=0$을 대입하면 $f(0)=0$이다.

$$\begin{aligned}f'(x)&=\lim_{h\to0}\frac{f(x+h)-f(x)}{h}\\&=\lim_{h\to0}\frac{f(x)+f(h)-3xh(x+h)-f(x)}{h}\\&=\lim_{h\to0}\left\{\frac{f(h)}{h}-3x(x+h)\right\}\\&=\lim_{h\to0}\left\{\frac{f(0+h)-f(0)}{h}-3x(x+h)\right\}\\&=f'(0)-3x^2=-3x^2+12\end{aligned}$$

$f'(x)=-3(x+2)(x-2)$, $f'(x)=0$일 때 $x=\pm2$이다.

따라서 $x=2$에서 극대, $x=-2$에서 극소이다.

(2) 주어진 방정식 $f(x)=1+xg(x)$에 $x=0$을 대입하면

$$f(0)=1 \qquad \cdots\cdots ㉠$$

이다. 주어진 방정식 $f(x+y)=f(x)f(y)$에 따르면

$$f'(0)=\lim_{h\to0}\frac{f(0+h)-f(0)}{h}=\lim_{h\to0}\frac{f(0)f(h)-f(0)}{h}$$

이고 ㉠과 주어진 방정식 $f(x)=1+xg(x)$와 $\lim_{x\to0}g(x)=1$에 의해

$$f'(0)=\lim_{h\to0}\frac{f(h)-1}{h}=\lim_{h\to0}g(h)=1 \qquad \cdots\cdots ㉡$$

을 얻을 수 있다. 주어진 방정식 $f(x+y)=f(x)f(y)$에 따르면

$$f'(x)=\lim_{h\to0}\frac{f(x+h)-f(x)}{h}=\lim_{h\to0}\frac{f(x)f(h)-f(x)}{h}=\lim_{h\to0}\frac{f(x)\{f(h)-1\}}{h}$$

이고 ㉠과 ㉡으로부터

$$f'(x)=f(x)\lim_{h\to0}\frac{f(h)-f(0)}{h}=f(x)f'(0)=f(x)$$

임을 알 수 있다. 따라서 $f'(-x)=f(-x)$이고, 주어진 방정식 $f(x+y)=f(x)f(y)$에 의해

$$f(0)=f(x-x)=f(x)f(-x)$$

이므로

$$f(0)=f'(x)f'(-x)$$

이다. 그러므로 ㉠으로부터

$$f'(-x)=\frac{f(0)}{f'(x)}=\frac{1}{f'(x)}$$

이 성립한다.

Check Point

(1) $f(x)$의 x, y에 대한 항등식이 주어지고 $f'(x)$를 구할 때에는 도함수의 정의를 이용한다.

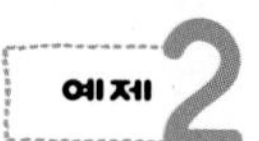

예제 2

오른쪽 그림과 같이 x축 위의 점 $P(p,\ 0)$에서 곡선 $y=x^4+1$에 그은 두 접선의 접점의 좌표를 $Q(s,\ t)$와 $R(u,\ v)$라 하자.

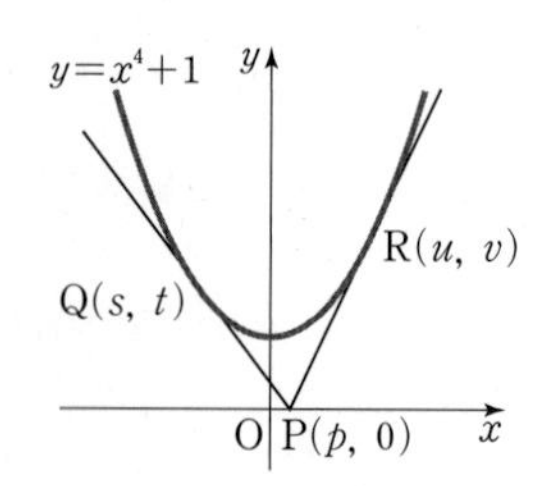

(1) p를 s의 함수로 나타내시오.

(2) 극한 $\lim_{s\to 0} s^4\dfrac{du}{ds}$를 구하시오.

| 고려대학교 2015년 모의논술 |

예시 답안

Check Point

(2) 점 Q, R에서의 두 접선의 교점이 P임을 이용하여 s와 u의 관계식을 구한다.

(1) $y=x^4+1$에서 $y'=4x^3$

점 $Q(s,\ s^4+1)$에서의 접선의 방정식은 $l_Q:\ y-(s^4+1)=4s^3(x-s)$이다.

$y=0$일 때 $x=p=s-\dfrac{s^4+1}{4s^3}=\dfrac{3s^4-1}{4s^3}$ …… ㉠

이다.

(2) (1)과 같은 방법으로 점 R에서의 접선의 방정식은 $l_R:\ y-(u^4+1)=4u^3(x-u)$이고

$y=0$일 때 $x=p=\dfrac{3u^4-1}{4u^3}$ …… ㉡

이다. 이때, ㉠=㉡이므로 $\dfrac{3s^4-1}{4s^3}=\dfrac{3u^4-1}{4u^3}$이다.

양변을 s에 대해 미분하면

$$\frac{12s^3\cdot 4s^3-(3s^4-1)12s^2}{(4s^3)^2}=\frac{12u^3\cdot 4u^3-(3u^4-1)12u^2}{(4u^3)^2}\cdot\frac{du}{ds},$$

$$\frac{12s^6+12s^2}{16s^6}=\frac{12u^6+12u^2}{16u^6}\cdot\frac{du}{ds},$$

$\dfrac{3}{4}+\dfrac{3}{4}\cdot\dfrac{1}{s^4}=\left(\dfrac{3}{4}+\dfrac{3}{4}\cdot\dfrac{1}{u^4}\right)\dfrac{du}{ds}$에서 $s^4\dfrac{du}{ds}=\dfrac{\frac{3}{4}(s^4+1)}{\frac{3}{4}\left(1+\frac{1}{u^4}\right)}=\dfrac{s^4+1}{1+\frac{1}{u^4}}$이다.

$s\to 0$일 때 $|u|\to\infty$이므로 $u^4\to\infty$이다. 따라서

$$\lim_{s\to 0}s^4\frac{du}{ds}=\lim_{s\to 0}\frac{s^4+1}{1+\frac{1}{u^4}}=1$$

다른 답안

(1)과 같은 방법으로 점 R에서의 접선의 방정식은 $l_R:\ y-(u^4+1)=4u^3(x-u)$이고

$y=0$일 때 $x=p=\dfrac{3u^4-1}{4u^3}$ …… ㉡

이다. ㉠에서 $p=\dfrac{3}{4}s-\dfrac{1}{4s^3}$이고 $\dfrac{dp}{ds}=\dfrac{3}{4}+\dfrac{3}{4}s^{-4}$이고,

㉡에서 $p=\dfrac{3}{4}u-\dfrac{1}{4u^3}$이고 $\dfrac{dp}{du}=\dfrac{3}{4}+\dfrac{3}{4}u^{-4}$이다.

$$\lim_{s\to 0}s^4\frac{du}{ds}=\lim_{s\to 0}s^4\frac{\frac{du}{dp}}{\frac{ds}{dp}}=\lim_{s\to 0}s^4\frac{\frac{3}{4}(1+s^{-4})}{\frac{3}{4}(1+u^{-4})}=\lim_{s\to 0}\frac{s^4+1}{1+u^{-4}}$$

그런데 그래프에서 $s\to 0$일 때 $|u|\to\infty$이므로 $\lim_{s\to 0}s^4\dfrac{du}{ds}=1$이다.

예제 3 케플러가 살던 시대에는 다음의 방법으로 음료수의 값을 정하였다고 한다. 오른쪽 그림과 같은 원기둥 모양의 음료수 잔에서 그 입구의 한쪽 끝에서부터 맞은 편 높이의 반이 되는 지점까지의 거리를 측정하여 그 길이의 100배를 음료수 한 잔의 값으로 받았다. 물음에 답하시오.

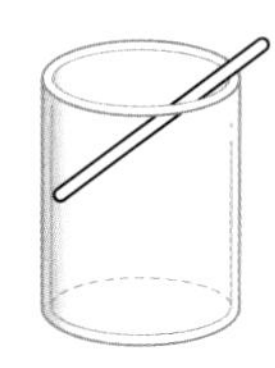

(1) 음료수 잔이 다음 두 종류라고 할 때, 어느 잔을 사용하여 마시는 것이 유리한가?

A : 밑면의 지름이 20 cm, 높이가 20 cm인 원기둥

B : 밑면의 지름이 10 cm, 높이가 30 cm인 원기둥

(단, $\sqrt{5} \fallingdotseq 2.2$, $\sqrt{13} \fallingdotseq 3.6$, $\pi = 3.14$로 계산한다.)

(2) 음료수 잔의 모양이 모두 원기둥이라고 할 때, 정해진 금액으로 최대한 많은 양의 음료수를 마시려면 원기둥의 지름과 높이의 비가 어떻게 되어 있는 잔을 사용하면 좋을지 자유롭게 논술하시오.

예시 답안

(1)

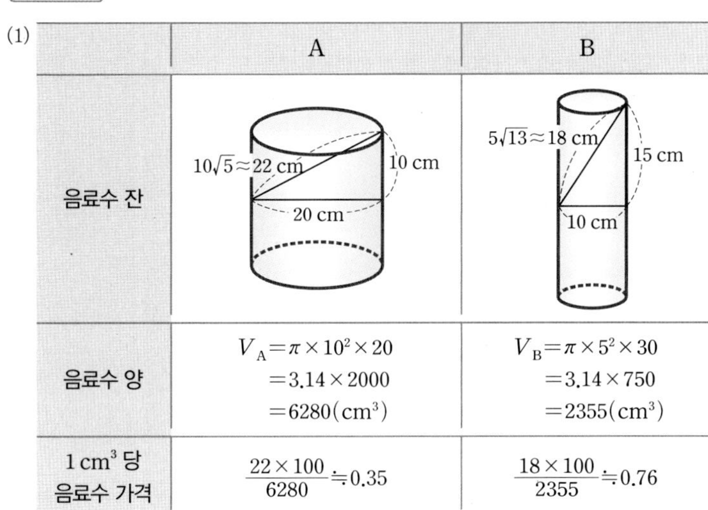

	A	B
음료수 잔	$10\sqrt{5} \approx 22$ cm, 10 cm, 20 cm	$5\sqrt{13} \approx 18$ cm, 15 cm, 10 cm
음료수 양	$V_A = \pi \times 10^2 \times 20$ $= 3.14 \times 2000$ $= 6280(\text{cm}^3)$	$V_B = \pi \times 5^2 \times 30$ $= 3.14 \times 750$ $= 2355(\text{cm}^3)$
1 cm³ 당 음료수 가격	$\frac{22 \times 100}{6280} \fallingdotseq 0.35$	$\frac{18 \times 100}{2355} \fallingdotseq 0.76$

따라서 A의 음료수 잔을 사용하여 마시는 것이 유리하다.

(2) 오른쪽 그림과 같이 원기둥의 밑면의 지름을 $2x$, 높이를 $2y$라 하고 음료수의 값을 결정하는 길이를 a라 하면 금액이 정해져 있으므로 a의 값은 일정한 상수가 된다.

이때, 원기둥의 부피가 최대인 경우를 생각하자.

$(2x)^2 + y^2 = a^2$이고 원기둥의 부피는 $V = \pi x^2(2y) = 2\pi x^2 y$이다.

$4x^2 = a^2 - y^2$에서 $x^2 = \frac{1}{4}(a^2 - y^2)$ 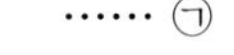 ······ ㉠

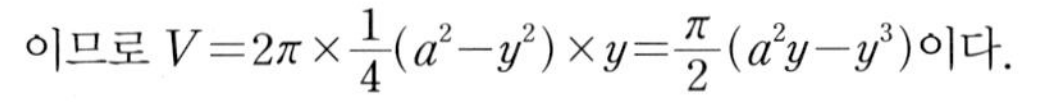

이므로 $V = 2\pi \times \frac{1}{4}(a^2 - y^2) \times y = \frac{\pi}{2}(a^2 y - y^3)$이다.

따라서 $\frac{dV}{dy} = \frac{\pi}{2}(a^2 - 3y^2) = \frac{\pi}{2}(a + \sqrt{3}y)(a - \sqrt{3}y)$이다.

y	0	…	$\frac{a}{\sqrt{3}}$	…	a
V'		+	0	−	
V		↗	최대	↘	

$0 < y < a$이므로 $y = \frac{a}{\sqrt{3}}$일 때 V는 최대이고, 이때 ㉠에서 $x = \frac{a}{\sqrt{6}}$이다.

따라서 $x : y = \frac{a}{\sqrt{6}} : \frac{a}{\sqrt{3}} = 1 : \sqrt{2}$이다.

즉, 원기둥의 지름과 높이의 비가 $1 : \sqrt{2}$인 음료수 잔을 사용하는 것이 좋다.

Check Point

(1) $1\,\text{cm}^3$ 당 음료수 가격을 구하여 본다.

(2) 음료수 값이 정해져 있으므로 측정한 거리의 값은 일정한 상수이다.

TRAINING

수리논술 기출 및 예상 문제

01

제시문을 읽고 물음에 답하시오.

(가) f가 실수 전체의 집합에서 정의된 함수일 때, 실수 a에 대하여 극한값

$$\lim_{h \to 0} \frac{f(a+h)-f(a)}{h}$$

가 존재하면 함수 f가 $x=a$에서 미분가능하다고 한다. 이때, 이 값을 함수 f의 $x=a$에서의 미분계수라고 하며, 이것을 기호로 $f'(a)$와 같이 나타낸다.

(나) x가 변수, n이 음이 아닌 정수이고 c_0, c_1, $\cdots$, c_n을 $n+1$개의 실수라 할 때, 다음과 같이 표현되는 함수 f가 다항함수이다.

$$f(x)=c_n x^n + c_{n-1} x^{n-1} + \cdots + c_1 x + c_0$$

이때, $c_m \neq 0$이 되는 최대의 m이 이 다항함수 f의 차수이며 $m=\deg(f)$로 표기한다. 각 상수 c_j를 이 다항함수 f의 계수라고 한다. 특히 $m=\deg(f)$이면 c_m을 최고차항의 계수라고 한다.

$\deg(f)=m \geq 1$인 다항함수 f는 모든 실수 x에 대하여 $f'(x)$가 존재하며

$$f'(x)=mc_m x^{m-1}+(m-1)c_{m-1}x^{m-2}+\cdots+c_1$$

이다.

함수 f와 g는 실수 전체의 집합에서 정의된 함수이며 $x=0$에서 미분가능하다. $g(0)=1$이고 모든 실수 x와 y에 대하여

$$f(x+y)=f(x)+f(y)+g(xy)-2$$

가 성립한다.

(1) $f(0)$의 값을 구하시오.

(2) (가)의 미분가능성 정의를 사용하여 0이 아닌 모든 실수 x에 대하여 $f'(x)$가 존재함을 보이시오.

(3) 함수 f는 다항함수임을 보이시오.

(4) 함수 g는 $\deg(g)=0$ 또는 $\deg(g)=1$인 다항함수임을 보이시오.

| 광운대학교 2012년 수시 |

Hint

(2) $\lim_{h \to 0} \frac{f(x+h)-f(x)}{h}$ 가 존재할 때 $f'(x)$가 존재한다.

02

함수 $y=x^n$(n은 정수), $y=x^r$(r는 유리수), $y=x^r$(r는 실수)의 도함수를 구하는 과정에 대한 물음에 제시문을 읽고 답하시오.

> (가) 다항식 $P(x)$에 대하여 $P(a)=0$이면 $P(x)=(x-a)Q(x)$인 다항식 $Q(x)$가 존재하며, 다항함수는 도함수가 존재하며 연속이다.
> (나) 함수 $f(x)$가 $x=a$에서 미분가능하고 함수 $g(x)$가 $x=f(a)$에서 미분가능할 때, 합성함수 $g(f(x))$의 $x=a$에서 미분계수는 $g'(f(a))f'(a)$이다.
> (다) 함수 $f(x)$와 $g(x)$가 $x=a$에서 미분가능하면 함수 $f(x)g(x)$의 $x=a$에서 미분계수는 $f'(a)g(a)+f(a)g'(a)$이다.
> (라) 양수 c에 대하여 $e^{\ln c}=c$이다.

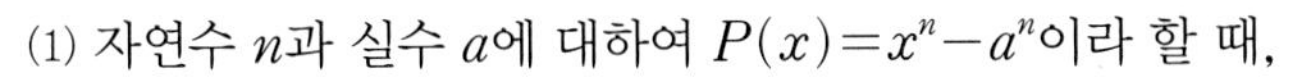

(1) 자연수 n과 실수 a에 대하여 $P(x)=x^n-a^n$이라 할 때,
$$P(x)=(x-a)Q(x)$$
인 다항식 $Q(x)$가 존재함을 설명하고 다항식 $Q(x)$를 구하는 방법을 설명하시오. 이를 이용하여 다항함수 $f(x)=x^n$의 $x=a$에서 미분계수를 구하시오.

(2) 양수 a, 자연수 n, 정수 k에 대하여, 함수 $h(x)=x^{\frac{n+k}{n}}$의 $x=a$에서 미분계수를 $n+k\geq 0$인 경우와 $n+k<0$인 경우로 나누어서 제시문 (가), (나), (다)를 이용하여 구하시오.

(3) 양수 a, 자연수 n, 정수 k에 대하여, 함수 $h(x)=x^{\frac{n+k}{n}}$에 대하여 $x=a$에서 미분계수를 제시문 (가), (나), (라)를 이용하여 구하시오.

(4) 양수 a와 유리수 r에 대하여 $h(x)=x^r$의 $x=a$에서 미분계수를 구하는 방법을 위의 결과의 관점에서 설명하고, 양수 a와 유리수가 아닌 실수 r에 대하여 $h(x)=x^r$의 $x=a$에서 미분계수를 구할 수 있는지를 위의 결과의 관점에서 설명하시오.

| 한양대학교 2015년 모의논술 |

Hint

(1) $Q(x)=a_0+a_1x+a_2x^2+\cdots+a_{n-1}x^{n-1}$으로 놓아
x^n-a^n
$=(x-a)(a_0+a_1x+a_2x^2+\cdots+a_{n-1}x^{n-1})$
에서 같은 차수의 항의 계수를 비교하면 $Q(x)$를 구할 수 있다.

03

제시문을 읽고 물음에 답하시오.

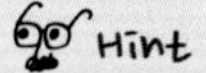

(1) 같은 형태의 조작이 반복되는 경우이므로 점화식을 이용한다. (수열의 귀납적 정의)

> 체중이 81 kg인 연돌이가 5년 후의 체중 65~70 kg을 목표로 다이어트를 하기로 결심하였다. 하루 기초 대사량이 1350 cal이고 체중을 1 kg 줄이는 데 9000 cal가 필요하다고 한다. 하루 섭취량이 A cal라 하고, 그 전날 체중이 a kg일 때 그날 다이어트에 쓰는 열량을 Ba cal로 한다.
>
> (단, $1700 \leq A \leq 2500$, $5 \leq B \leq 15$이다.)

(1) 이 문제를 수학적으로 표현하시오.

(2) 다음의 식을 해석하시오. 그리고 연돌이가 다이어트 목표를 달성할 수 있는지 판단하시오.

$$a_{n+1}=a_n+\frac{1900-1350-8a_n}{9000}$$

(3) 다이어트를 시작한 지 t일 후의 체중을 $f(t)$ kg이라 할 때, 그 도함수 $f'(t)$를 $f(t)$, A, B로 나타내시오. 이때, A가 증가할 경우와 B가 증가할 경우 $f'(t)$가 각각 어떻게 변하고 그 의미는 무엇인지 설명하시오.

(4) 5년 후 다이어트 목표를 달성하기 위한 이상적인 A, B를 결정하시오.

| 연세대학교 2006년 수시 |

04

물음에 답하시오.

(2) $f(x)$가 $x=a$에서 미분가능하면 $f(x)$가 $x=a$에서 연속이다. 따라서 $x=0$에서 미분가능한가를 먼저 조사한다.

(1) 실수 위에서 정의된 함수 $f(x)$가 모든 실수 x, w에 대하여 $|f(x)-f(w)| \leq 3|x-w|^{\frac{3}{2}}$을 만족할 때, 모든 실수 x에 대하여 $f'(x)=0$임을 보이시오.

(2) 실수 위에서 정의된 함수 $f(x)=\begin{cases} x^2 & (x\text{는 유리수}) \\ 0 & (x\text{는 무리수}) \end{cases}$는 $x=0$에서 연속인가? $x=0$에서 미분가능한가?

(3) 실수 위에서 정의된 함수 $f(x)=\begin{cases} 2^{-\frac{1}{x}}+x^2\cos x & (x>0) \\ 0 & (x \leq 0) \end{cases}$는 $x=0$에서 미분가능한가?

(4) 방정식 $\sin x=x^3-6x^2+13x-7$은 단 하나의 실근을 가지며, 그 실근은 0과 1 사이에 있음을 보이시오.

(5) 평균값의 정리를 사용하여 $\frac{9}{11}<\sqrt{119}-\sqrt{101}<\frac{9}{10}$임을 보이시오.

| 서강대학교 2013년 수시 |

05

다음과 같이 주어진 함수 $f: R \rightarrow R$에 대하여 물음에 답하시오.

(단, m과 n은 자연수이다.)

$$f(x)=\begin{cases} x^m \sin \dfrac{1}{x^n} & (x \neq 0) \\ 0 & (x=0) \end{cases}$$

(1) $f'(0)$이 존재하고 $x=0$에서 도함수 $f'(x)$가 연속이 되기 위한 m과 n에 관한 조건을 구하시오.

(2) $n=1$임을 가정하자. 이때, 함수 $f(x)$의 k계도함수 $f^{(k)}(x)$에 대하여 $\lim_{x \to 0} f^{(k)}(x)=0$이 되는 k의 범위를 구하시오.

| 서울대학교 2006년 정시 |

(1) 미분계수의 정의를 이용하여 $f'(0)$을 구한다.
또, 함수 $f'(x)$가 $x=a$에서 연속일 조건은 $\lim_{x \to a} f'(x)=f'(a)$ 이다.

06

제시문을 읽고 물음에 답하시오.

> 함수 $f(x)$가 $x=d$에서 미분가능하고, $\lim_{n \to \infty} \mu_n = \lim_{n \to \infty} \gamma_n = d$이고, 임의의 자연수 n에 대하여 $\mu_n \neq d$, $\gamma_n \neq d$를 만족하는 수열 $\{\mu_n\}$과 수열 $\{\gamma_n\}$에 대하여 $\lim_{n \to \infty} \dfrac{f(\mu_n)-f(d)}{\mu_n - d} = \lim_{n \to \infty} \dfrac{f(\gamma_n)-f(d)}{\gamma_n - d}$가 성립한다.

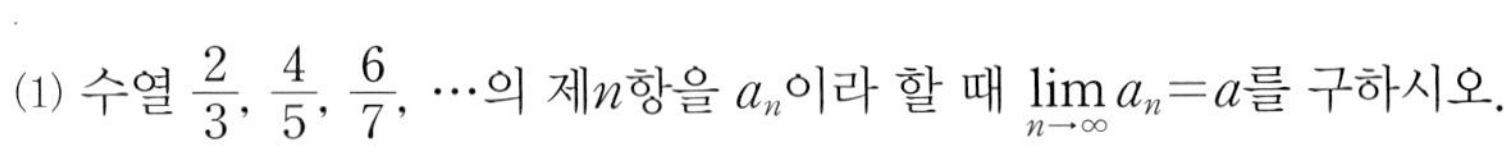

(1) 수열 $\frac{2}{3}, \frac{4}{5}, \frac{6}{7}, \cdots$의 제$n$항을 a_n이라 할 때 $\lim_{n \to \infty} a_n = a$를 구하시오.

(2) $b_1=2$, $b_{n+1}=\dfrac{b_n+1}{2}$ $(n=1, 2, \cdots)$로 정의되는 수열 $\{b_n\}$이 있다.
모든 자연수 n에 대하여 $b_n > b_{n+1}$임을 수학적 귀납법으로 증명하고 수열 $\{b_n\}$의 일반항 b_n을 구하고 $\lim_{n \to \infty} b_n = b$를 구하시오.

(3) 함수 $f(x)=\begin{cases} x^2 & (|x| \leq 1) \\ x & (|x|>1) \end{cases}$에 대하여
$\lim_{n \to \infty} f(a_n) = \lim_{n \to \infty} f(b_n)$임을 증명하시오.
또, $\lim_{n \to \infty} \dfrac{f(a_n)-f(a)}{a_n - a}$와 $\lim_{n \to \infty} \dfrac{f(b_n)-f(b)}{b_n - b}$를 비교 설명하고, $x=a$에서 함수 $f(x)$의 미분가능성을 제시문의 관점에서 설명하시오.

| 한양대학교 2015년 모의논술 응용 |

(3) $n \rightarrow \infty$일 때 $a_n \rightarrow a$이고 $a_n < a_{n+1}$이므로
$\lim_{n \to \infty} \dfrac{f(a_n)-f(a)}{a_n - a}$
$= \lim_{x \to a-} \dfrac{f(x)-f(a)}{x-a}$
이다.

07 제시문을 읽고 물음에 답하시오.

(가) 함수 $f(x)$가 $x=a$에서 미분가능하지 않을 때 $f(x)$에 어떤 함수 $g(x)$를 합성하여 얻은 함수 $(g\circ f)(x)$는 $x=a$에서 미분가능할 수도 있다. 예를 들어 $f(x)=\sqrt{|x|}$는 $x=0$에서 미분가능하지 않지만 $f(x)$와 $g(x)=\sqrt[8]{x^8+2}$의 합성함수 $(g\circ f)(x)=\sqrt[8]{x^4+2}$는 $x=0$에서 미분가능하다.

(나) 함수 $f(x)=\begin{cases} f_1(x), & x\le a \\ f_2(x), & x>a \end{cases}$가 $x=a$에서 미분가능하지 않을 때, 어떤 함수 $g(x)$에 대하여 함수 $h(x)=\begin{cases} f_1(x), & x\le a \\ (g\circ f_2)(x), & x>a \end{cases}$는 $x=a$에서 미분가능할 수도 있다.

(다) 함수 $f(x)$가 $x=a$를 제외한 정의역의 나머지 모든 점에서 미분가능하다는 것을 알고 있을 때, 다음을 이용하면 $f'(a)$의 존재 여부뿐만 아니라 $f'(x)$의 $x=a$에서의 연속성도 알 수 있다.

$f'(x)$가 $x=a$에서 연속

이기 위한 필요충분조건은

$f(x)$가 $x=a$에서 연속이고 $\lim_{x\to a-} f'(x)=\lim_{x\to a+} f'(x)$

이다.

함수 $s(x)=\sqrt[n]{x^n+2}$ (단, n은 자연수)에 대하여 연속함수 $f: R \to R$가 다음 조건을 만족시킬 때 물음에 답하시오.

① $f(0)=0$
② f는 집합 $R-\{0\}$에서 미분가능하다.
③ $n=3$일 때, $\lim_{x\to 0}(s\circ f)'(x)=1$이다.

(1) 극한값 $\lim_{x\to 0}[\{f(x)\}^2 f'(x)]$를 구하시오.

(2) $s^{(1)}(x)=s(x)$, $s^{(k+1)}(x)=s^{(k)}\circ s(x)$라 하자. (단, k는 자연수이다.) 함수

$$h(x)=\begin{cases} 6, & x\le 0 \\ (s^{(k)}\circ f)(x), & x>0 \end{cases}$$

에 대하여 $h'(x)$가 $x=0$에서 연속이 되도록 하는 n의 최솟값과 그때의 k의 값을 구하시오.

| 단국대학교 2014년 수시 |

Hint
- $f(x)$가 연속이므로 $\lim_{x\to 0} f(x)=f(0)$
- $s(x)=\sqrt[n]{x^n+2}$일 때 $(s\circ f)(x)=s(f(x))=\sqrt[n]{(f(x))^n+2}$

08 제시문을 읽고 물음에 답하시오.

Hint
(2) (1)에서 구한 $f'(0)$의 값을 확장하여 $f^{(n)}(0)$의 값을 추정해 본다.

(가) 수학적 귀납법은 어떤 주장이 모든 자연수에 대해 성립함을 증명하기 위해 사용되는 방법이다. 우선 첫 번째 명제가 참임을 증명하고, 그 다음에는 명제들 중에서 어떤 하나가 참이면 언제나 그 다음 명제도 참임을 증명하는 방법으로 이루어진다. 수학적 귀납법은 도미노 게임에 비유될 수 있다. 잘 배열된 막대들은 다음 두 가지 사실을 만족하면 모두 무너뜨릴 수 있다. 첫째, 처음의 막대가 넘어지고, 둘째, 한 막대기가 넘어지면 다음의 막대도 반드시 넘어진다.

(나) 뉴턴(Newton)과 라이프니쯔(Leibniz)가 독립적으로 체계화한 미분은 현대 과학 기술 발달의 중요한 기틀 중 하나이다. 미분의 과학과 공학에서의 활용에는 함수를 한 번 미분한 도함수 $f'(x)$뿐만 아니라 두 번 이상의 미분, 즉 고차도함수도 필요하다. 도함수의 도함수인 $f''(x)=(f'(x))'$을 이계도함수라 부르고, 이계도함수의 도함수 $f'''(x)=(f''(x))'$은 $f^{(3)}(x)$라 표기한다. 이와 같은 방법으로 $f^{(n)}(x)$를 정의할 수 있고 이것을 함수 $f(x)$의 n계도함수라 한다. 미분을 정의하는 데 극한을 사용하지만, 미분은 로피탈(L'Hospital) 정리를 이용하면 극한을 구하는 데 도움을 줄 수 있다. 로피탈(L'Hospital) 정리는 $\frac{0}{0}$형 또는 $\frac{\infty}{\infty}$형의 부정형을 갖는 $\frac{f(x)}{g(x)}$ 모양의 함수의 극한을 구할 때 유용하며, 구체적으로 "a의 근방에서 f와 g가 미분가능하고 $g'(x)\neq 0$일 때, $\lim_{x\to a}f(x)=0$, $\lim_{x\to a}g(x)=0$이거나 또는 $\lim_{x\to a}f(x)=\infty$, $\lim_{x\to a}g(x)=\infty$이고, 극한값 $\lim_{x\to a}\frac{f'(x)}{g'(x)}$가 존재하면, $\lim_{x\to a}\frac{f(x)}{g(x)}=\lim_{x\to a}\frac{f'(x)}{g'(x)}$가 성립한다."는 것이다. 로피탈이 1696년에 익명으로 출판한 책에는 "$\frac{0}{0}$의 법칙"으로 이 정리가 소개되는데, 이 정리는 요한 베르누이에 의하여 발견되었다.

정의역의 구간에 따라 다양한 함숫값을 가지는 미분가능한 함수를 구성하는 것은 매우 흥미롭고 특히 이와 같은 함수를 이용하여 주어진 함수보다 미분가능한 범위가 확장된 새로운 함수를 생각할 수 있다는 사실이 알려져 있다. 이와 관련하여 다음과 같이 주어진 함수 $f: R \to R$를 생각해 보자.

(단, R는 실수 전체의 집합이다.)

$$f(x)=\begin{cases}0 & (x\leq 0)\\ e^{-\frac{1}{x}} & (x>0)\end{cases}$$

(1) 점 $x=0$에서 함수 $f(x)$의 미분가능성을 미분계수의 정의를 이용하여 조사하고, 그 근거를 서술하시오.

(2) 수학적 귀납법을 이용하여 함수 $f(x)$의 n계도함수 $f^{(n)}(x)$의 $x=0$에서의 값을 확인하고, 그 근거를 서술하시오.

(3) 위에서 정의한 함수 $f(x)$를 이용하여 새로운 함수 $h: R \to R$를
$h(x)=\dfrac{f(x)}{f(x)+f(1-x)}$와 같이 정의할 때, 이 함수 $h(x)$는 R에서 미분 가능하고, $x \in R$에서는 $0 \le h(x) \le 1$이며, $x \le 0$에서는 $h(x)=0$이고, $x \ge 1$에서는 $h(x)=1$이 됨을 확인하고 그 근거를 서술하시오.

(4) 위에서 정의한 함수 $h(x)$를 이용하여 새로운 함수 $g: R \to R$를
$g(x)=h\left(\dfrac{x+a}{a-b}\right)h\left(\dfrac{-x+a}{a-b}\right)(a>b>0)$와 같이 정의할 때, 이 함수 $g(x)$의 미분가능성을 확인하고 그 근거를 서술하시오. 그리고 $g(x)$의 함숫값이 0이 되는 구간과 1이 되는 구간에 대하여 조사하시오. 그리고 함수 $g(x)$의 그래프를 간단히 보이시오.

| 경희대학교 2012년 모의논술 |

09

가로, 세로, 높이가 각각 $\sqrt{3}$, 1, 1인 직육면체 모양의 그릇이 지면 위에 놓여 있고, 그 안에는 물이 가득 차 있다. 아래의 그림과 같이 길이가 1인 밑변 하나가 지면에 고정된 채 천천히 기울어져서 물이 밖으로 흘러나가고 있다. 밑면과 지면이 이루는 각이 θ일 때, 그릇에 남아 있는 물의 양과 수면의 면적을 각각 $V(\theta)$, $S(\theta)$라고 하자. $\theta\left(0<\theta<\dfrac{\pi}{2}\right)$에 관한 함수 $V(\theta)$, $S(\theta)$의 미분가능성을 조사하고, 미분가능한 θ의 범위에서 각 함수의 미분계수를 구하시오.

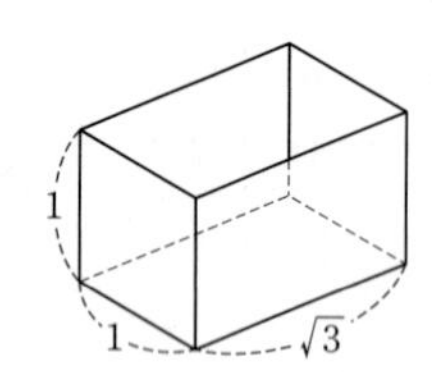

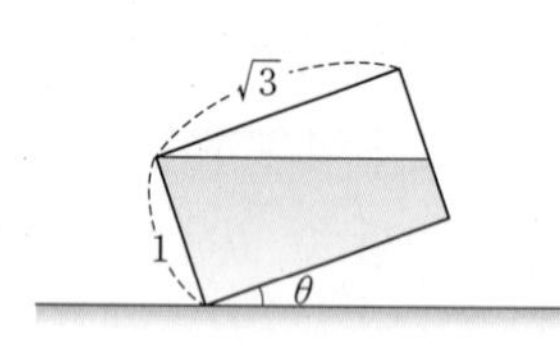

| 서울시립대학교 2009년 수시 |

Hint
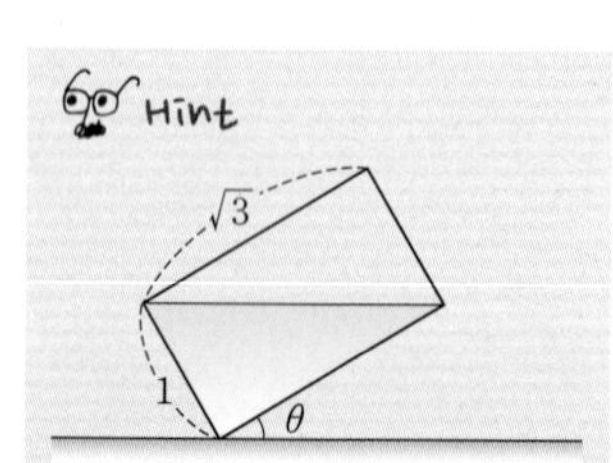

그림과 같은 경우(수면이 대각선)를 경계로 수면의 위치가 위, 아래에 있을 때로 나누어 생각한다.

10 제시문을 읽고 물음에 답하시오.

좌표평면 위에 직선 $l : 2x+2y-\sqrt{2}=0$이 원 $x^2+y^2=1$과 만나는 점을 각각 A, B라 하자. 원 $x^2+y^2=1$ 위의 점 P의 동경이 θ(라디안)라 할 때, $\triangle$PAB의 넓이를 s_θ라 하자. $\theta\,(0\le\theta\le2\pi)$에 대하여 집합 $X(\theta)$를

$X(\theta)=\{\mathrm{T}\,|\,\mathrm{T}$는 원 $x^2+y^2=1$ 위의 점이고 $\triangle$TAB의 넓이는 s_θ이다.$\}$

로 정의하자 (단, 좌표평면에서 동경의 시초선은 x축의 양의 방향이다.).

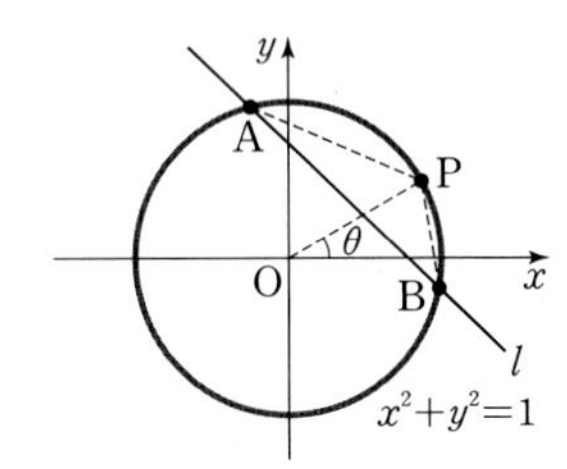

(가) 함수 $y=f(x)$와 실수 a에 대하여

(i) $f(x)$는 $x=a$에서 정의되어 있고

(ii) $x=a$에서의 우극한 $\lim\limits_{x\to a+}f(x)$와 좌극한 $\lim\limits_{x\to a-}f(x)$가 존재하고

(iii) $\lim\limits_{x\to a+}f(x)=\lim\limits_{x\to a-}f(x)=f(a)$

일 때, $f(x)$는 $x=a$에서 연속이라 한다.

(나) 함수 $y=f(x)$가 실수 a에 대하여, 함수 $\dfrac{f(x)-f(a)}{x-a}$의 $x=a$에서 우극한과 좌극한이 존재하고 그 두 값이 같을 때, $f(x)$는 $x=a$에서 미분가능하다고 한다.

집합 $X(x)(0\le x\le2\pi)$의 원소의 개수를 $f(x)$라 하자. (단, 점 A의 동경을 α, 점 B의 동경을 β라 할 때, $f(\alpha)=f(\beta)=4$로 정의한다.) 예를 들면, $f(\pi)=2$이다.

(1) (가)를 이용하여 열린 구간 $(0,\ 2\pi)$에서 함수 $f(x)$가 연속이 아닌 모든 x의 값을 구하고, 함수 $g(x)=[pf(x)]$가 열린 구간 $(0,\ 2\pi)$에서 연속이 되도록 하는 양의 실수 p의 범위를 구하시오. (단, $[x]$는 x를 넘지 않는 최대의 정수이다.)

(2) 최고차항의 계수가 1인 이차함수 $h(x)$에 대하여 함수 $k(x)=h(x)f(x)$라 하자. 함수 $f(x)$는 $x=x_0\left(\dfrac{\pi}{2}<x_0<\pi\right)$에서 연속이 아니고, $k(x)$는 $x=x_0$에서 연속이라 하자.

① (가)를 이용하여 $h(x_0)$의 값을 구하고, ② $k(x)$가 $x=x_0$에서 미분가능할 때, (나)를 이용하여 $h(x)$를 구하시오.

| 단국대학교 2015년 모의논술 |

Hint

원점에서 직선 l까지의 거리는 $\frac{1}{2}$이므로 $\theta=\frac{\pi}{4}, \frac{3\pi}{4}, \frac{7\pi}{4}$일 때의 원 위의 점을 각각 $\mathrm{P_1, P_2, P_3}$이라 하면

$\triangle\mathrm{P_1AB}=\triangle\mathrm{P_2AB}=\triangle\mathrm{P_3AB}$

이다.

이때의 넓이를 s_θ라 하면

$X(\theta)=\{\mathrm{T}\,|\,\mathrm{T}$는 원 $x^2+y^2=1$ 위의 점이고 $\triangle$TAB의 넓이는 s_θ이다.$\}$

의 원소 T는 3개이므로

$f(\theta)=3$이다.

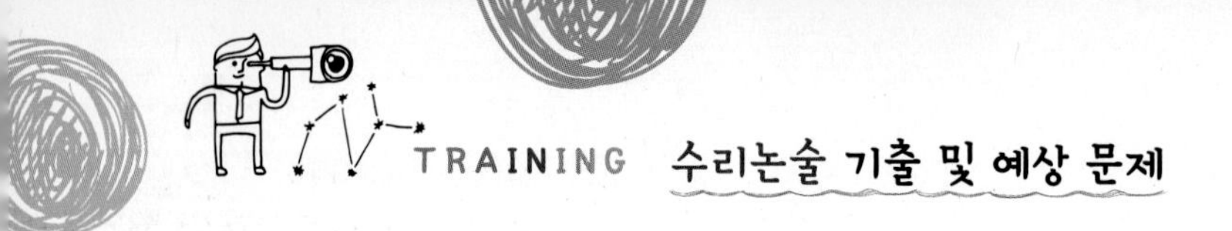

11

제시문을 읽고 물음에 답하시오.

> 두 함수 $y=f(u)$, $u=g(x)$가 각각 u, x에 대하여 미분가능하면 합성함수 $y=(f\circ g)(x)=f(g(x))$도 x에 대하여 미분가능하고, 그 도함수는
> $$\frac{dy}{dx}=\frac{dy}{du}\cdot\frac{du}{dx}=f'(g(x))g'(x)$$
> 이다.

모든 $x>0$에서 정의된 함수 $y=f(x)$가 미분가능하고, 다음의 성질을 만족한다.

> (ㄱ) $0<f(x)<1$
> (ㄴ) $-\ln y+\ln(1+\sqrt{1-y^2})-\sqrt{1-y^2}=x$

(1) $\dfrac{dy}{dx}$를 y의 식으로 나타내시오.

(2) 점 $\mathrm{P}(t,\ f(t))$에서 함수 $y=f(x)$의 그래프에 접하는 직선이 x축과 만나는 점을 Q라 할 때, 선분 PQ의 길이를 구하시오.

(3) 극한 $\lim\limits_{x\to\infty}f(x)$와 $\lim\limits_{x\to\infty}e^x f(x)$의 값을 구하시오.

| 인하대학교 2015년 수시 |

Hint

(3) (ㄴ)에서 $x\to\infty$일 때 우변 $\to\infty$이므로 $x\to\infty$일 때 좌변 $\to\infty$이어야 한다.

12

$f(x)=x^4+ax^3+bx^2+cx+d$이고, $f(1)=0$이다. 물음에 답하시오.

(1) $f(x)$가 $(x-1)$로 나누어지는 이유를 설명하시오. 그리고 $f(x)$를 $(x-1)$로 나누었을 때의 몫인 $Q(x)$를 구하시오.

(2) $g(x)=f'(x)-Q(x)$라 할 때, $g(1)=0$임을 설명하시오. 그리고 $f(x)$ 위의 점 $(t,\ f(t))$에서 그은 접선 L이 점 $(1,\ 0)$을 지나는 조건과 $g(t)=0$인 조건이 서로 필요충분조건임을 설명하시오.

(3) 점 $(1,\ 0)$을 지나고 $f(x)$에 접하는 직선이 3개 존재하기 위한 필요충분조건을 구하시오.

| 서울대학교 2009년 심층면접 |

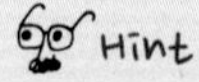
Hint

(2) $p(x)\Longleftrightarrow q(x)$
($p(x)$와 $q(x)$가 필요충분조건)임을 보이려면
$p(x)\Rightarrow q(x)$이고
$q(x)\Rightarrow p(x)$임을 보인다.

13

제시문을 읽고 물음에 답하시오.

(가) 두 함수 f와 g는 정의역과 공역이 모두 양의 실수 전체의 집합인 연속함수이다. 함수 f는 정의역의 모든 점에서 양의 미분계수를 갖는다. [그림 1]과 같이 임의의 양수 t에 대하여 곡선 $y=f(x)$ 위의 점 $\mathrm{F}(t,\ f(t))$에서의 접선과 x축이 이루는 예각의 크기는 원점과 점 $\mathrm{G}(t,\ g(t))$를 잇는 선분과 y축이 이루는 예각의 크기와 같다.

(나) 세 양수 $a,\ b,\ c$가 $a<b<c$를 만족할 때 a와 b의 산술평균을 d라 하고 b와 c의 산술평균을 e라 하자. [그림 2]와 같이 곡선 $y=\frac{1}{2}x^2$ 위의 세 점 $\mathrm{A}\left(a,\ \frac{1}{2}a^2\right)$, $\mathrm{B}\left(b,\ \frac{1}{2}b^2\right)$, $\mathrm{C}\left(c,\ \frac{1}{2}c^2\right)$에 대하여 두 직선 AB와 BC가 이루는 예각의 크기를 α라 하고, 직선 $y=1$ 위의 두 점 $\mathrm{D}(d,\ 1)$, $\mathrm{E}(e,\ 1)$에 대하여 두 직선 OD와 OE가 이루는 예각의 크기를 β라 하자.

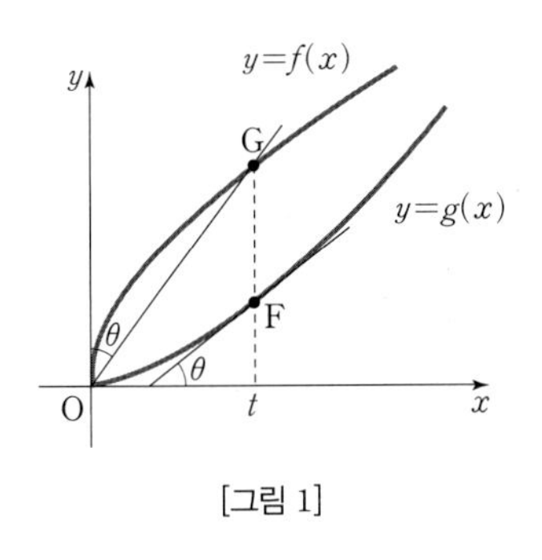

[그림 1]

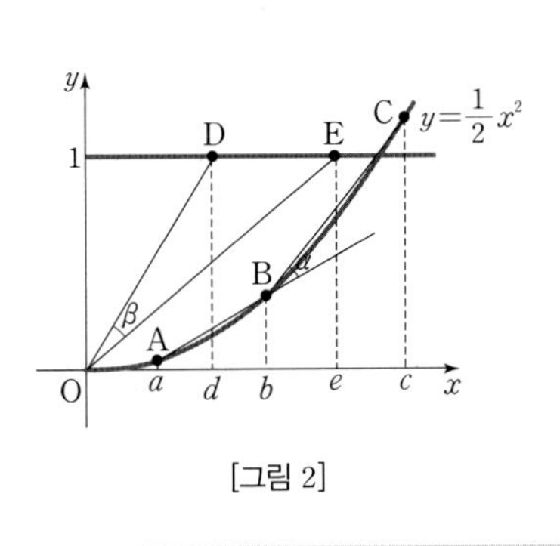

[그림 2]

(1) (가)에서의 두 함수 f와 g 사이의 관계식을 구하고, 함수 g가 상수함수 $g(x)=1$일 때의 함수 f를 구하시오.

(2) (1)의 결과를 이용하여 (나)의 α와 β 사이의 관계를 도출하시오.

| 고려대학교 2012년 수시 |

Hint

(1) $\mathrm{F}(t,\ f(t))$에서의 접선의 기울기는 $f'(t)$이므로 $\tan\theta=f'(t)$이다.

14

서로 다른 두 양의 실수 x와 y에 대하여 $A,\ B,\ C$를 다음과 같이 정의하자.

$$A=|x-y|,\ B=|\ln x-\ln y|,\ C=\left|\sqrt{x}-\sqrt{y}\right|$$

C가 A와 B의 기하평균이 되도록 하는 x와 y가 존재하는지 논하시오.

| 성균관대학교 2014년 면접 |

Hint

$x>y$라고 가정하고 풀어도 일반성을 잃지 않는다.
(또는 $x>y$일 때와 $x<y$일 때로 나누어 풀어도 된다.)

15 제시문을 읽고 물음에 답하시오.

[롤의 정리] 함수 $y=f(x)$가 닫힌 구간 $[a, b]$에서 연속이고 열린 구간 (a, b)에서 미분가능할 때, $f(a)=f(b)$이면

$$f'(c)=0,\ a<c<b$$

인 점 c가 적어도 하나 존재한다.

[삼각함수의 항등식]

$$\sin 2t=2\sin t\cos t$$

$$\sin^2 t=\frac{1-\cos 2t}{2},\ \cos^2 t=\frac{1+\cos 2t}{2},\ \cos^2 t+\sin^2 t=1$$

Hint

(1) 두 함수 $f(x)$, $g(x)$가 닫힌 구간 $[a, b]$에서 연속이고 열린 구간 (a, b)에서 미분가능하며 $g(a)\neq g(b)$이므로 함수 $F(x)$도 닫힌 구간 $[a, b]$에서 연속이고 열린 구간 (a, b)에서 미분가능하다.

(1) 닫힌 구간 $[a, b]$에서 연속인 두 함수 $f(x)$, $g(x)$가 열린 구간 (a, b)에서 미분가능하며 $g'(x)\neq 0$이다. 여기서 $g(a)\neq g(b)$일 때, 구간 $[a, b]$에서 함수 $F(x)$를 다음과 같이 정의하자.

$$F(x)=f(x)-f(a)-\frac{f(b)-f(a)}{g(b)-g(a)}\{g(x)-g(b)\} \quad \cdots\cdots ㉠$$

구간 $[a, b]$에서 $F(x)$에 롤의 정리를 사용하여

$$\frac{f(b)-f(a)}{g(b)-g(a)}=\frac{f'(c)}{g'(c)},\ a<c<b$$

인 점 c가 적어도 하나 존재함을 증명하시오.

(2) 점 $x=s$를 포함하는 열린 구간 (a, b)에서 두 함수 $f(x)$, $g(x)$가 미분가능하고 $g'(x)\neq 0$이라 하자. 이때, $f(s)=0$, $g(s)=0$이면 다음이 성립함을 증명하시오.

$$\lim_{x\to s}\frac{f(x)}{g(x)}=\frac{f'(s)}{g'(s)}$$

※ [(3)~(5)] 다음 제시문과 (1), (2)의 결과를 이용하여 물음에 답하시오.

[그림 1]과 같이 중심이 원점 O이고 반지름이 $r>0$인 원을 생각하자. 이때, 제1사분면에 놓인 원 위의 한 점을 P라 하고 직선 OP가 양의 x축과 이루는 각의 크기를 θ, 그리고 점 P에서 양의 x축에 내린 수선의 발을 점 A라 하자. 또, 점 P에서의 원의 접선이 양의 x축과 만나는 점을 T라 하자. 한편 점 B는 반원이 양의 x축과 만나는 점이다.

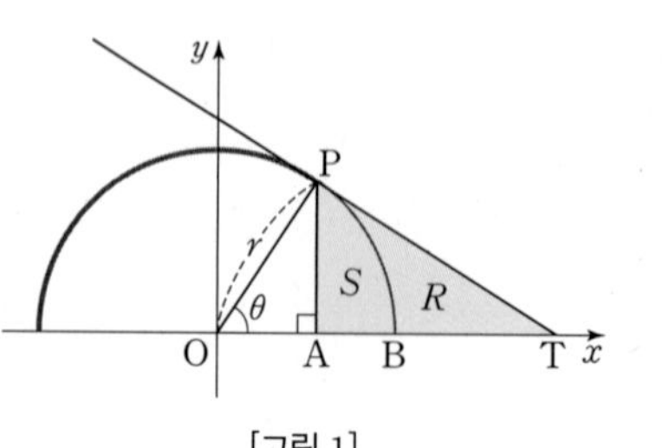

[그림 1]

(3) [그림 1]에서 세 점 P, A, B의 좌표를 각각 r와 θ로 나타내시오. 또, 점 P에서의 주어진 원의 접선의 방정식을 구하고 점 T의 좌표도 r와 θ로 나타내시오.

(4) [그림 1]에서 도형 PAB의 면적 S와 도형 PBT의 면적 R를 r와 θ로 나타내시오.

(5) Q를 $\triangle$OPA의 면적이라고 할 때, 다음 극한값을 구하시오.

$$\lim_{\theta\to0+}\frac{R}{Q},\ \lim_{\theta\to0+}\frac{S'}{R'}$$

여기서 $S'=\dfrac{dS}{d\theta}$, $R'=\dfrac{dR}{d\theta}$이다.

| 광운대학교 2015년 수시 |

16

제시문을 읽고 물음에 답하시오.

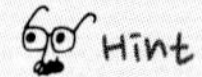

Hint
(1), (2) $y=h(x)$와 $y=f(x)$가 접할 때를 먼저 생각한다.

> 모든 양의 실수 x에 대하여 함수 $f(x)$가 다음과 같이 정의된다.
>
> $$f(x)=\begin{cases}1+\ln x, & 0<x\le1\\ 3-2^x, & x>1\end{cases}$$

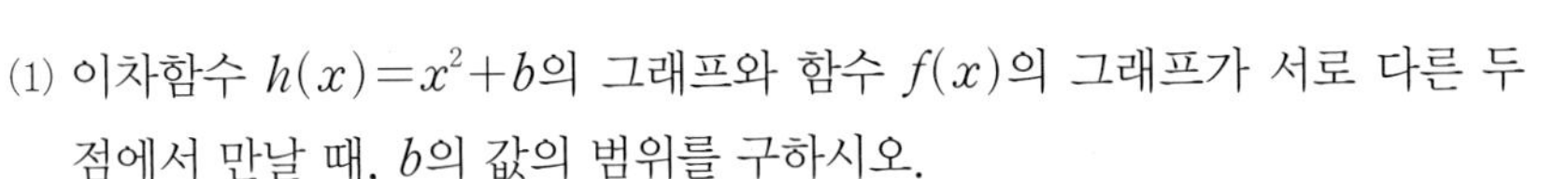

(1) 이차함수 $h(x)=x^2+b$의 그래프와 함수 $f(x)$의 그래프가 서로 다른 두 점에서 만날 때, b의 값의 범위를 구하시오.

(2) 이차함수 $h(x)=ax^2+3$의 그래프와 함수 $f(x)$의 그래프가 서로 다른 두 점에서 만날 때, a의 값의 범위를 구하시오.

(3) 양의 실수 t에 대하여 함수 $y=f(x)-tx^2$의 극댓값을 $g(t)$라 할 때, $\displaystyle\lim_{t\to\frac{e}{2}}\frac{g(t)}{2t-e}$의 값을 구하시오.

| 한양대학교 2015년 수시 |

17 제시문을 읽고 물음에 답하시오.

(가) 함수 $f(x)$는 실수 전체의 집합 R를 정의역과 공역으로 갖는 연속함수이다.
포물선 $y=x^2+px$를 생각하자. 함수 $y=x^2+px-f(x)$는 상수 p의 값에 따라 최솟값을 가질 수도, 가지지 않을 수도 있다. 집합 A를 다음과 같이 정의한다.

$A=\{p\in R\,|\,x^2+px-f(x)$가 최솟값을 가진다.$\}$

함수 $F(p)$는 $p\in A$에 대하여 $x^2+px-f(x)$의 최솟값을 대응하는 함수이다. 집합 B를 다음과 같이 정의한다.

$B=\{t\in R\,|\,$어떤 $p\in A$에 대하여 $x^2+px-f(x)$는 $x=t$에서 최솟값을 가진다.$\}$

(나) 연속 함수 $g(x)$에 대하여 부등식 $g(x)\ge f(x)$가 모든 실수 x에 대하여 성립하고 등호는 단 한 점에서만 성립하면 곡선 $y=g(x)$가 곡선 $y=f(x)$의 위쪽에서 단 한 번 만난다고 한다.

(다) 두 실수 a, b에 대하여 $\min(a, b)$는 다음과 같이 정의한다.

$$\min(a, b)=\begin{cases} a, & a\le b \\ b, & a>b \end{cases}$$

(1) 함수 $f(x)$의 도함수 $f'(x)$가 모든 실수에 대하여 존재하고 또한 연속이라고 가정하자.
① 집합 $A=\{1\}$이고 $B=(-\infty, \infty)$인 함수 $f(x)$를 모두 찾고 그 이유를 설명하시오. 또, ② 집합 $A=(0, \infty)$인 함수 $f(x)$가 존재하는지를 판단하고 그 이유를 설명하시오.

(2) 포물선 $y=x^2$을 x축과 y축의 양의 방향으로 각각 a와 b만큼 평행이동하면 곡선 $y=f(x)$의 위쪽에서 단 한 번 만난다고 하자. 이 정보만을 가지고 집합 A의 원소 p를 최소한 1개 찾아서 a, b에 대한 식으로 표현하고 $F(p)$를 구하시오.

(3) 함수 $f(x)$의 최댓값이 존재한다고 가정하자. 이때, 집합 A를 구하고 그 이유를 설명하시오.

(4) 함수 $f(x)=\min(ax+b, cx+d)\ (a<c)$에 대하여 집합 A와 B를 찾고, $F(p)$를 a, b, c, d와 p에 대한 식으로 나타내시오.

| 연세대학교 2015년 모의논술 |

Hint
(1) 집합 $A=\{1\}$이고 $B=(-\infty, \infty)$인 경우는 $p=1$이고 $x^2+px-f(x)=$(상수)여야 한다. 또, $A=(0, \infty)$인 경우는 $p>0$일 때 $\{x^2+px-f(x)\}'=0$인 x의 값이 존재하는 경우이다.

18 제시문을 읽고 물음에 답하시오.

> 한 도형을 일정한 비율로 확대하거나 축소하여 얻은 도형과 합동인 도형을 처음 도형과 서로 닮음인 관계에 있다고 하며 닮음인 관계에 있는 두 도형을 닮은 도형이라고 한다. 일반적으로 서로 닮은 입체도형에는 다음과 같은 성질이 있다.
> 첫째, 대응하는 모서리의 길이의 비는 모두 같다.
> 둘째, 대응하는 면은 서로 닮은 도형이다.

Hint
(1) 그릇을 큰 것부터 작은 것 순서로 쌓고 있으므로 수열을 $a_n, a_{n-1}, a_{n-2}, \cdots, a_1$의 순서로 생각한다.

자연수 n에 대하여 크기가 다른 n개의 반구 형태의 그릇을 거꾸로 하여 큰 것부터 작은 것 순서로 그림과 같이 수직으로 쌓고 있다. 그릇의 두께는 무시해도 무방할 만큼 얇다고 가정하자. n개의 그릇을 모두 쌓아서 만든 입체를 P_n, 그 높이를 h_n, 위에서부터 k번째 그릇의 반지름을 $a_k(k=1, 2, \cdots, n)$라고 표시하자. 가장 아래 n번째 그릇의 반지름 a_n이 1일 때, 물음에 답하시오.

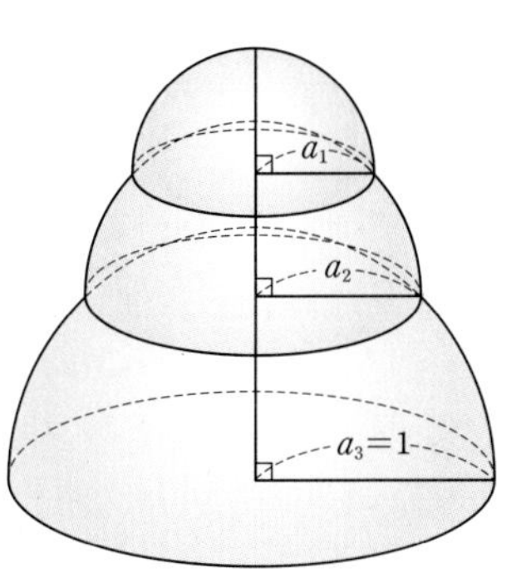

[그림] $n=3$인 경우

(1) 어떤 고정된 양수 r에 대하여 a_k가 점화식 $a_{k+1}=\dfrac{a_k}{r}(k=1, 2, \cdots, n-1)$를 만족할 때, 입체 P_n의 높이 h_n을 $c+dr^n$형태로 나타내고, 그 근거를 논술하시오. 단, c와 d는 n을 포함하지 않는다. 만약 n이 한없이 커질 때, h_n이 수렴하는지 발산하는지를 결정하고, 그 근거를 논술하시오. 만약 수렴하는 경우에는 그 극한값을 구하시오.

(2) 두 개의 그릇을 쌓았을 때, 입체 P_2의 높이 h_2가 최대가 되는 a_1과 최대 높이 h_2를 구하고, 그 근거를 논술하시오.

(3) 반지름 a_k가 점화식 $a_{k+1}=\sqrt{\dfrac{k+1}{k}}a_k\ (k=1, 2, \cdots, n-1)$를 만족할 때, 입체 P_n의 높이 h_n을 구하고, 그 근거를 논술하시오.

(4) 모든 가능한 입체 P_n에 대하여 (3)과 같이 a_k가 점화식 $a_{k+1}=\sqrt{\dfrac{k+1}{k}}a_k$ $(k=1, 2, \cdots, n-1)$를 만족하는 경우에 높이 h_n이 최대가 됨을 수학적 귀납법을 적용하여 증명하시오.

| 경희대학교 2015년 의학계 모의논술 |

19 좌표평면에 원점 O와 점 A(3, 0)이 있다. 점 B는 원점 O를 중심으로 하고 반지름의 길이가 1인 원 C_1 위에 있고, 점 C는 점 A를 중심으로 하고 반지름의 길이가 2인 원 C_2에 있다고 하자. 선분 OB가 x축의 양의 방향과 이루는 각을 θ_1이라 하고, 선분 AC가 x축의 양의 방향과 이루는 각을 θ_2라고 할 때, 물음에 답하시오.

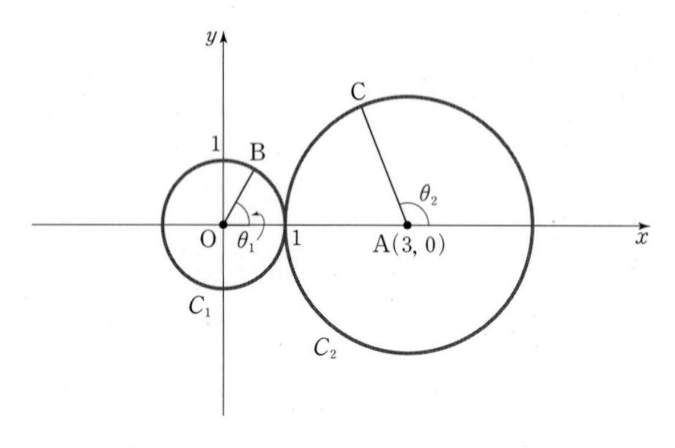

(1) $\theta_1=\theta_2(0<\theta_1<\pi)$일 때, 두 점 B와 C를 지나는 직선을 l이라고 하자. l의 기울기가 최대일 때의 직선 l은 두 원 C_1, C_2의 공통접선임을 보이시오.

(2) $\sin\theta_1>0$, $\cos\theta_1>\frac{1}{6}$, $\theta_2=2\theta_1$일 때, 사각형 OACB가 볼록사각형임을 보이시오.

(3) $\sin\theta_1>0$, $\cos\theta_1>\frac{1}{6}$, $\theta_2=2\theta_1$일 때, 사각형 OACB의 넓이가 최대가 되는 θ_1에 대하여 $\cos\theta_1$의 값을 구하시오.

| 서울시립대학교 2014년 모의논술 |

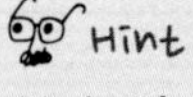

(2) $\sin 2\theta=2\sin\theta\cos\theta$
$\cos 2\theta=\cos^2\theta-\sin^2\theta$
$=2\cos^2\theta-1$
임을 이용한다.

(3) $O(0, 0)$, $P(x_1, y_1)$, $Q(x_2, y_2)$일 때 삼각형 OPQ의 넓이 S는
$S=\frac{1}{2}|y_1x_2-y_2x_1|$

20 반지름이 1인 구에 외접하는 원뿔의 부피의 최솟값을 구하시오.

| 서울시립대학교 2016년 모의논술 |

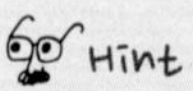

원뿔의 밑면의 반지름을 r, 높이를 h라 하고 r와 h의 관계식을 구한다.

21

가스탄(폭발과 동시에 유해가스가 배출되는 폭탄)이 폭발하면서 오른쪽 그림과 같은 반구 모양으로 유해가스가 퍼져 나간다고 하자(단, 부피의 시간에 대한 변화율은 일정하다고 한다.). 아래 표는 초당 가스의 부피를 나타낸 자료이다. 물음에 답하시오.

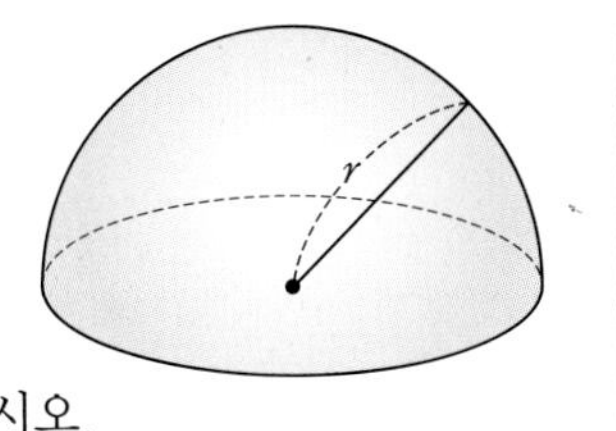

t(초)	5	㈎	30	60
$V(\text{km}^3)$	$1{,}000\pi$	$2{,}250\pi$	㈏	$14{,}750\pi$

(1) ㈎, ㈏의 값을 추정하시오.

(2) 위와 같이 가스가 퍼져갈 때, 반지름이 5 km일 때 부피의 반지름에 대한 변화율을 설명하시오.

(3) 가스의 유해함을 막기 위해서는 반지름 r인 반구에 내접하는 최대 원기둥의 부피에 해당하는 양의 해독가스가 필요하다고 한다. 반지름이 5 km일 때 필요한 해독가스의 양이 얼마인지를 설명하시오.

| 연세대학교(원주) 2010년 예시 |

> Hint
> 부피의 시간에 대한 변화율이 일정하므로 $\frac{dV}{dt}=a$(상수)라 하면 $V=at+b$이다.

22

경비행기로 육지 위와 강 위를 비행할 때는 소모되는 에너지에 차이가 있다고 한다. 강 위를 비행할 때는, 육지 위를 비행할 때 소비되는 에너지의 k배가 필요하다고 하자. 다음은 두 지점 A와 B 사이를 공중에서 내려다본 그림이다. 두 지점 사이에는 반지름이 4 km인 반원 모양의 강변이 있고, 다른 곳은 강폭이 동일하게 1 km이다. 경비행기를 타고 A 지점에서 B 지점으로 가려고 한다.

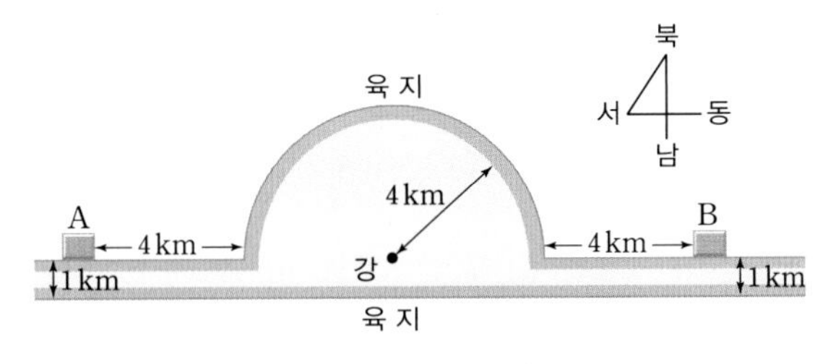

(1) 육지 위로만 비행하여 A 지점에서 B 지점으로 갈 때, 가장 경제적인 항로를 답안지에 그리고, 이때의 비행거리를 측정하시오.

(2) A 지점에서 강 남단을 경유하여 B 지점으로 가려고 할 때, k의 값에 따른 가장 경제적인 항로를 답안지에 그리고, 이때의 비행거리를 측정하시오.

(3) (1)과 (2)에서 구한 항로를 비교할 때, 어느 항로가 더 경제적인지 k의 값에 따라 판단하시오.

| 중앙대학교 2005년 수시 |

> A 지점에서 B 지점으로 갈 때, 가장 경제적인 항로는 비행거리가 최소이면서 에너지 소모가 적은 항로이다.

23

제시문을 읽고 물음에 답하시오.

(가) 학교에서 평균값의 정리를 배우던 가홍이는 평균변화율과 도함수가 같아지는 점이 있다는 사실로부터 "평균변화율이 도함수의 두 배와 같아지는 경우도 있을까?" 하는 의문이 들었다. 일차함수에서는 일반적으로 이러한 경우가 성립하지 않는다는 것을 알게 된 가홍이는 어떤 함수에서 이것이 성립하는지 알아보고자 하였다.

(나) 여러 가지 함수를 조사하기 위해, 다음 조건을 만족하는 함수 $f(x)$를 모두 모아 놓은 집합을 A라고 하였다.

> (ㄱ) 함수 $f(x)$는 정의역이 실수 전체의 집합이고 미분가능하다.
> (ㄴ) 모든 실수 y에 대하여 $f(x+y)-f(x)=2yf'(x)$를 만족시키는 x가 존재한다. (단, x는 y에 따라 달라질 수 있다.)

(다) 정의역이 실수 전체의 집합인 함수 $g(x)$를 다음과 같이 정의한다.

$$g(x)=xe^{-\frac{x^2-1}{2}}$$

(라) 다음 조건을 만족하는 함수 $h(x)$를 모두 모아 놓은 집합을 B라고 하자.

> (ㄷ) 함수 $h(x)$는 정의역이 실수 전체의 집합이고 두 번 미분가능하다.
> (ㄹ) 방정식 $h'(x)=0$은 서로 다른 두 실근을 가지며, 그 근에서 $h''(x)\neq 0$이다.
> (ㅁ) $\lim_{x\to\infty}\frac{h(x)}{g(x)}=\lim_{x\to-\infty}\frac{h(x)}{g(x)}=1$을 만족한다.

(1) 삼차함수 $f(x)=x^3+ax$가 집합 A의 원소가 되도록 하는 실수 a의 범위를 구하고, 그 근거를 논술하시오.

(2) (다)에 주어진 함수 $y=g(x)$의 증감표를 작성하여 그래프를 그리고, 집합 B가 집합 A의 부분집합임을 논증하시오.

| 가톨릭대학교 의예과 2015년 수시 |

Hint
(나) (ㄴ) $f(x+y)-f(x)=2yf'(x)$, 즉 $\frac{f(x+y)-f(x)}{y}=2f'(x)$를 만족시키는 x가 존재하면 (가)의 내용과 연결된다.

24

평면 위에 $0<b<a$를 만족하는 고정된 두 점 $\mathrm{A}(0,\ a)$, $\mathrm{B}(0,\ b)$가 주어져 있다. 각 실수 t에 대하여 점 $\mathrm{P}(1,\ t)$에서 선분 AB 위의 점까지 거리의 최솟값을 $f(t)$라 할 때, $f(t)$를 t에 관한 함수로 나타내고 이 함수의 그래프 개형을 그리시오.

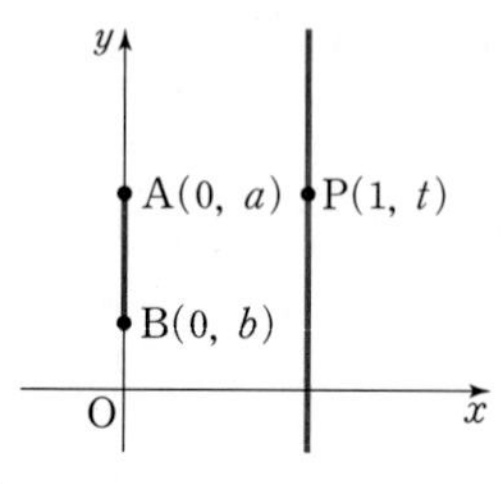

| 성신여자대학교 2014년 수시 |

Hint
t의 값에 따라 $f(t)$가 다르게 나타난다.

25

제시문을 읽고 물음에 답하시오.

(1) m, n에 적당한 자연수의 값을 대입하여 $f(0)$, $f(2)$ 값을 구하면 $f(3)$ 값을 구할 수 있다.

> 0이 아닌 서로 다른 상수 p, q와 모든 실수 x에 대하여 $f(x)=p^x+q^x$으로 정의되는 함수 $f(x)$는 다음의 조건 (ㄱ)과 (ㄴ)을 만족한다. (단, $p>q$)
>
> (ㄱ) $f(1)=3$
>
> (ㄴ) 모든 자연수 m, n에 대해서 $f(m)f(n)=f(m+n)+f(m-n)$이다.

(1) $f(3)$을 구하시오.

(2) 상수 p, q를 구하시오.

(3) 미분계수 $f'(a)=1$이 되는 a는 구간 $[0,\ 1]$에 몇 개가 되는가를 논하시오.

| 한양대학교 2016년 모의논술 |

26

제시문을 읽고 물음에 답하시오.

Hint

삼차방정식 $f(x)=0$이 서로 다른 세 실근을 가질 조건은 $f(x)$의 (극댓값)×(극솟값)<0이다.

> (가) 좌표평면에서 직선 $ax+by=c$에 수직인 직선은 어떤 상수 d에 대해 $bx-ay=d$의 형태를 가진다.
>
> (나) 곡선 C 위의 점 P에서 곡선에 접하는 접선에 수직이고 점 P를 지나는 직선을 점 P에서 곡선 C의 법선이라 한다.

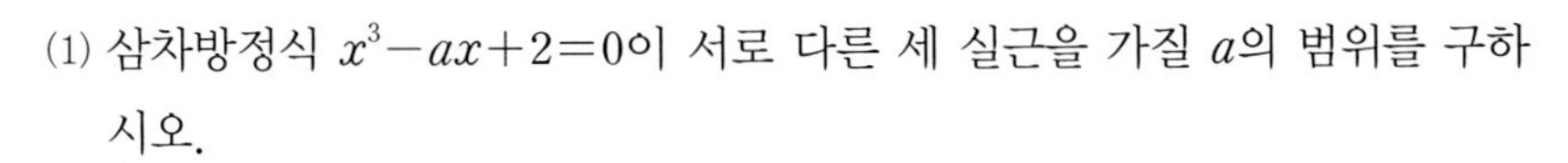

(1) 삼차방정식 $x^3-ax+2=0$이 서로 다른 세 실근을 가질 a의 범위를 구하시오.

(2) 평면 위의 점 $\mathrm{Q}(\alpha,\ \beta)$가 포물선 $y=\frac{1}{2}x^2$의 서로 다른 세 법선의 교점이 되도록 하는 α와 β가 만족해야 하는 조건을 구하고, 점 $\mathrm{Q}(\alpha,\ \beta)$가 그리는 영역을 개략적으로 그리시오.

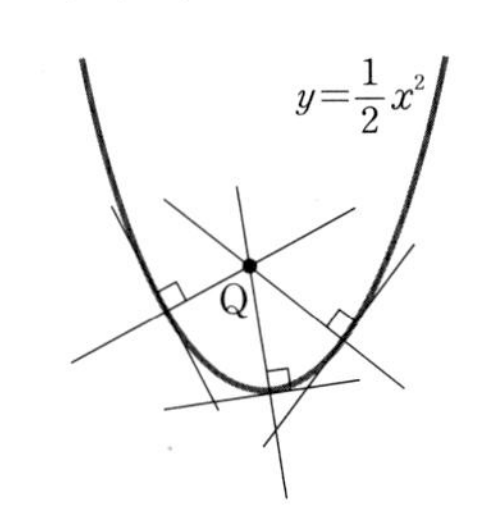

| 인하대학교 2015년 모의논술 |

27

제시문을 읽고 물음에 답하시오.

(가) [한 점에서 함수의 연속의 정의] 함수 $f(x)$가 실수 a에 대하여 다음 세 조건을 모두 만족할 때, 함수 $f(x)$는 $x=a$에서 연속이라고 한다.
(1) 함수 $f(x)$는 $x=a$에서 정의되어 있다.
(2) 극한값 $\lim_{x\to a} f(x)$가 존재한다.
(3) $\lim_{x\to a} f(x)=f(a)$
[구간에서 함수의 연속의 정의] 함수 $f(x)$가 어떤 구간에 속하는 모든 점에서 연속일 때, 함수 $f(x)$는 그 구간에서 연속이라고 한다.

(나) [사이값의 정리] 함수 $f(x)$가 구간 $[a, b]$에서 연속이고 $f(a)\neq f(b)$이면 $f(a)$와 $f(b)$ 사이의 임의의 실수 k에 대하여 $f(c)=k$를 만족하는 c가 a와 b 사이에 적어도 하나 존재한다.

(다) [미분계수의 정의] 함수 $f(x)$가 a를 포함하는 어떤 열린 구간에서 정의되어 있고 극한값

$$\lim_{h\to 0}\frac{f(a+h)-f(a)}{h}$$

가 존재하면 함수 $f(x)$가 $x=a$에서 미분가능하다고 한다. 이 극한값을 $f(x)$의 a에서의 미분계수라 하고, 기호 $f'(a)$로 나타낸다.
[도함수의 정의] 함수 $f(x)$가 미분가능한 점 x들의 집합을 정의역으로 하고, 정의역에 속하는 모든 x에 대하여 $f(x)$의 x에서의 미분계수를 대응시키는 함수를 $f(x)$의 도함수라 하고, 기호 $f'(x)$로 나타낸다.

함수 $f(x)$가 다음과 같이 실수 전체에서 정의되어 있다.

$$f(x)=\begin{cases} x\sin\frac{1}{x} & (x\neq 0) \\ 0 & (x=0) \end{cases}$$

(1) 함수 $f(x)$가 $x=0$에서 연속인지 여부에 대하여 논하시오.
(2) 함수 $f(x)$가 $x=0$에서 미분가능한지 여부에 대하여 논하시오.
(3) 등식 $f'(x)=3$을 만족하는 x가 얼마나 많이 있는가에 대하여 논하시오.

| 한양대학교 2013년 모의논술 |

Hint
(3) $f'(x)=3$을 만족하는 x의 개수는 두 그래프 $y=f'(x)$와 $y=3$의 교점의 개수와 같다.

28

무한히 늘어날 수 있는 고무로 된 띠 위를 따라 개미가 $\frac{1}{3}$(m/분)의 속력으로, 직선으로 기어가고 있다. 최초 띠의 길이는 1 m였고 1분이 지날 때마다 띠의 길이가 k배씩 늘어난다고 하자. 띠의 한쪽 끝에서 출발을 한 개미가 결국 띠의 다른 쪽 끝에 도달하려면 k는 어떤 조건을 만족해야 하는가를 설명하시오. (여기서 k는 1보다 큰 유리수이다.)

| 중앙대학교 2003년 수시 |

Hint
x분 후
(개미가 움직인 거리)=(띠의 길이)
를 만족하는 유리수 k가 존재할 조건을 구한다.

29

$\theta_1, \theta_2, \cdots, \theta_n$이 양의 실수이고 $\theta_1+\theta_2+\cdots+\theta_n=\frac{\pi}{3}$일 때 다음 부등식을 증명하시오.

$$2(\sin\theta_1+\sin\theta_2+\cdots+\sin\theta_n)+(\tan\theta_1+\tan\theta_2+\cdots+\tan\theta_n)>\pi$$

| 성균관대학교 2012년 심층면접 |

Hint

$\theta_1+\theta_2+\cdots+\theta_n=\sum_{i=1}^{n}\theta_i=\frac{\pi}{3}$이므로 주어진 부등식은 $\sum_{i=1}^{n}(2\sin\theta_i+\tan\theta_i-3\theta_i)>0$이 된다.

30

그림과 같이 x축 위를 움직이는 점 P에 대해 곡선 $y=e^x+\frac{1}{3}$ 위의 점 중에서 점 P에 가장 가까운 점을 Q라 하고, 점 Q에서의 접선이 x축과 만나는 점을 S라 할 때, 물음에 답하시오.

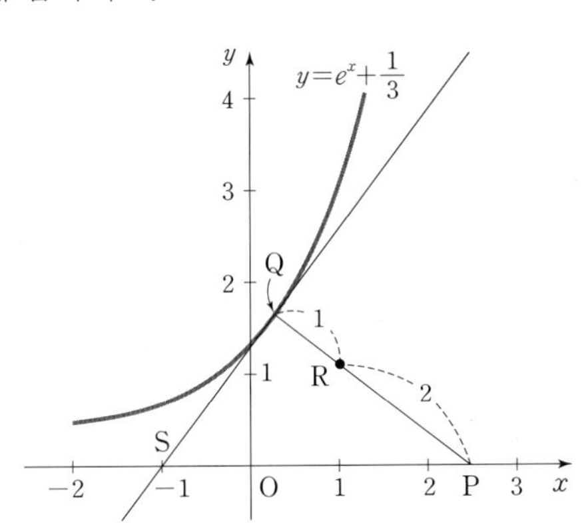

(1) 선분 PQ를 2 : 1로 내분하는 점 R가 그리는 곡선의 방정식을 구하시오.

(2) 선분 PS의 길이의 최솟값을 구하시오.

(3) 점 P의 시각 t에서의 좌표가 다음과 같다.

$$P(t)=(18t^3+11t-3,\ 0)$$

점 Q가 y축 위에 있을 때의 시각 t_0을 구하고, 시각 t_0에서 점 S의 속도를 구하시오.

| 서울시립대학교 2014년 모의논술 |

Hint

(1) 점 $P(p, 0)$, 점 $Q\left(s, e^s+\frac{1}{3}\right)$로 놓고 선분 PQ의 길이가 최소일 때의 P와 S의 관계식을 구한다.

주제별 강의 **제 4 장**

빛의 반사와 굴절

페르마의 원리

1 페르마Fermat

페르마(Fermat, P. ; 1601~1665)는 프랑스 보몽 드로마뉴에서 태어나 법률가로 툴루즈의 지방의회의 의원직에 종사하였다. 수학을 취미로 하였으나 여러 방면에 획기적인 업적을 남겨 17세기 최고의 수학자로 손꼽힌다.
페르마의 정리 중에서 '페르마의 소정리(Fermat's Little Theorem)'라 불리는 다음과 같은 정리가 있다.

'p가 소수이고 a와 p가 서로소일 때, $a^{p-1}-1$은 p의 배수이다.'

또, '페르마의 대정리(Fermat's Great Theorem)' 또는 '페르마의 마지막 정리(Fermat's Last Theorem)'라 불리는 다음과 같은 정리가 있다.

'$x^n+y^n=z^n$에서 n이 3 이상의 자연수일 때, 이 방정식을 만족하는 0이 아닌 세 정수 x, y, z는 존재하지 않는다.'

2 페르마의 원리

페르마는 과학 분야에서도 '빛이 반사, 굴절 등으로 진행할 경우에는 최단 시간이 되는 경로로 진행한다.'는 '페르마의 원리(Fermat's principle)' 또는 '최단 시간의 원리'로 알려진 원리를 발견하여 이후 광학 발전에 중요한 역할을 하였다.
이것은 '한 점에서 나온 빛이 몇 번의 반사와 굴절을 거쳐 다른 한 점에 도달할 때까지 통과하는 경로는 통과하는 데 소요되는 시간이 최소가 되는 경로이다.'를 의미한다.

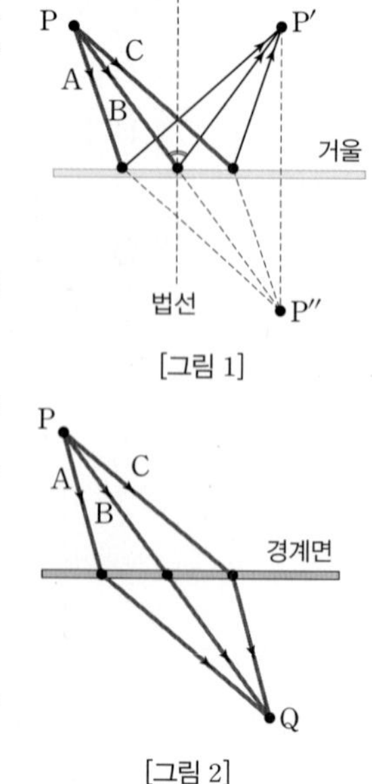

[그림 1]
[그림 2]

[그림 1]에서 빛이 점 P에서 나와 점 P′까지 이동한다고 하자.
거울에 반사하기 전과 후의 빛이 지나가는 공간의 물질이 변하지 않는다면 빛의 속력은 같다. 따라서 세 가지 경로 A, B, C 중 거리가 가장 짧은 것이 빛이 통과하는 시간이 최소가 되는 경로가 되는데 [그림 1]에서는 B의 경로가 최소가 되는 경로이다. 이때, 법선을 기준으로 입사각과 반사각이 같은 모양으로 반사가 일어난다(빛의 반사의 법칙).
또, [그림 2]에서 점 P에서 빛이 나와 투과하여 점 Q까지 이동한다고 하자.
경계면 위, 아래의 물질이 다르면 빛의 속력이 달라지게 된다. 만약 위쪽에서 빛이 빠르고 아래쪽에서 빛이 느려진다면 C의 경로로 이동하여야 빨리 도달할 수 있다.

이것은 빠른 곳에서는 더 많은 거리를 이동하고, 느린 곳에서는 적은 거리를 이동하여야 시간이 적게 걸리는 효율성이 있기 때문이다.
또, 빛의 속도가 위쪽보다 아래쪽에서 빠르다면 A의 경로로 이동하여야 빨리 도달할 수 있다(빛의 굴절의 법칙).

빛의 반사의 법칙과 굴절의 법칙

1 빛의 반사의 법칙

빛이 진행하다가 다른 물질을 만나 경계면에서 되돌아오는 현상을 빛의 반사라고 한다. 이때, 다음과 같은 빛의 반사의 법칙(Law of Reflection)이 있다.

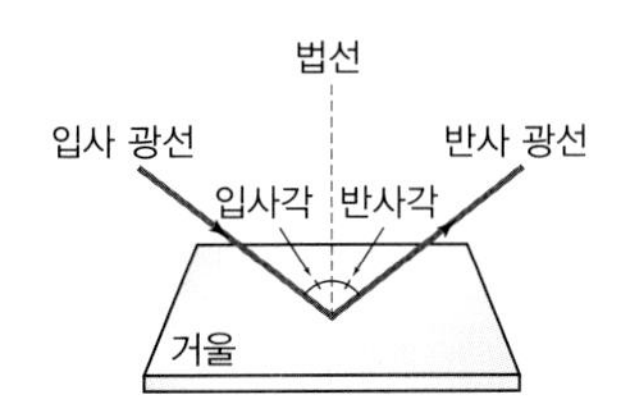

① 입사각과 반사각의 크기는 항상 같다.
② 입사 광선과 반사 광선은 법선의 양쪽에 있고, 두 광선은 법선과 동일 평면 내에 있다.

입사각은 입사 광선과 법선, 즉 반사면에 수직인 선이 이루는 각이고, 반사각은 반사 광선과 법선이 이루는 각이다.

2 빛의 반사의 종류

거울처럼 매끄러운 평면에서 반사한 빛은 일정한 방향으로 반사된다. 이 경우를 정반사라고 한다. 또, 종이면과 같이 빛이 여러 방향으로 흩어져 반사하는 경우를 난반사라고 한다. 정반사와 난반사 두 가지 경우 모두 반사의 법칙은 항상 성립한다.

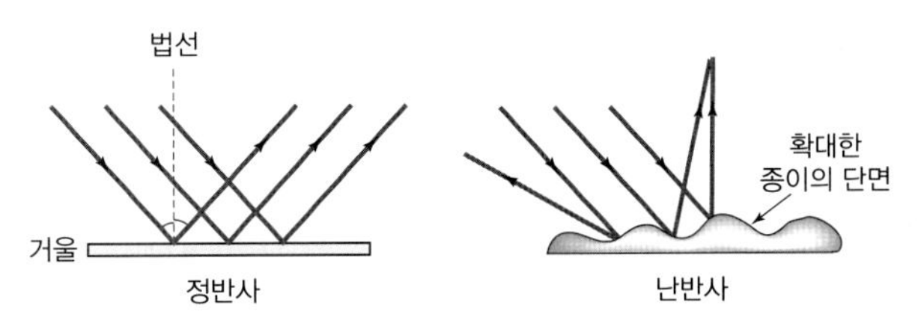

예시 1 좌표평면 위에 두 점 A(1, 3), B(4, 2)가 있다. y축 위에 있는 점 P와 x축 위에 있는 점 Q에 대하여 $\overline{AP}+\overline{PQ}+\overline{QB}$의 최솟값을 구하시오.

풀이 점 A(1, 3)을 y축에 대하여 대칭이동한 점 A′(−1, 3)을 잡고, 점 B(4, 2)를 x축에 대하여 대칭이동한 점 B′(4, −2)를 잡으면 $\overline{A'B'}$의 길이가 $\overline{AP}+\overline{PQ}+\overline{QB}$의 최솟값이 된다.

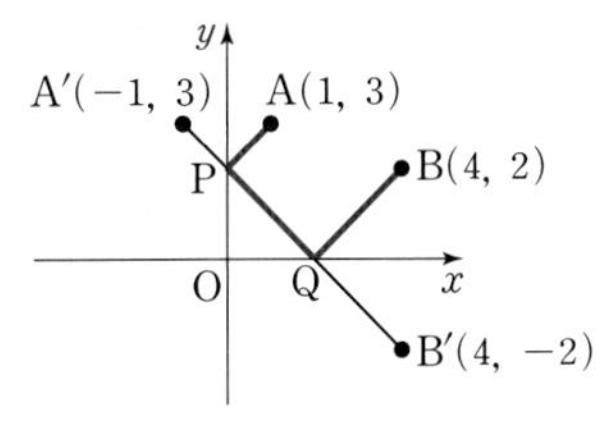

따라서 $\overline{AP}+\overline{PQ}+\overline{QB}$의 최솟값은

$$\overline{A'B'}=\sqrt{(4+1)^2+(-2-3)^2}=\sqrt{50}=5\sqrt{2}$$

3 빛의 굴절의 법칙(스넬의 법칙)

오른쪽 그림과 같이 굴절율이 각각 n_1과 n_2로 서로 다른 균일한 매질 1과 매질 2를 빛이 통과할 때, 경계면에서 입사각 θ_1과 굴절각 θ_2 사이에 다음과 같은 관계가 있다.

$$\frac{\sin\theta_1}{\sin\theta_2}=\frac{v_1}{v_2}=\frac{n_2}{n_1}$$

이것을 빛의 굴절의 법칙 또는 스넬의 법칙이라고 한다.

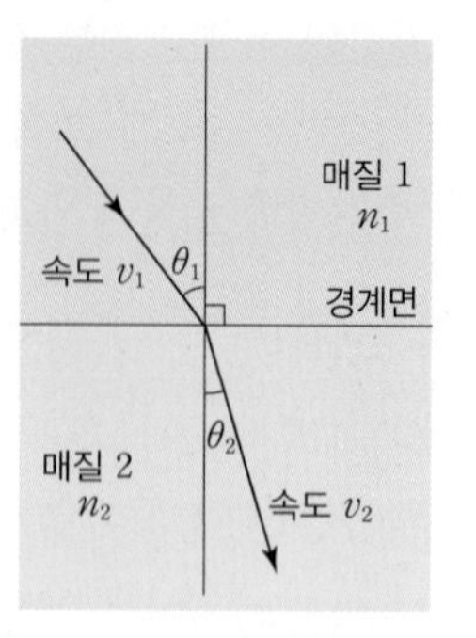

4 빛의 반사의 법칙 유도 과정

(1) 기하학적인 방법

동일한 물질 내에서는 빛이 일정한 속력으로 직선으로 진행한다. 오른쪽 그림과 같이 점 A에서 나온 빛이 거울면 위의 점 P에서 반사된 후 점 B에 가장 빨리 도착하는 경로를 찾아보자.

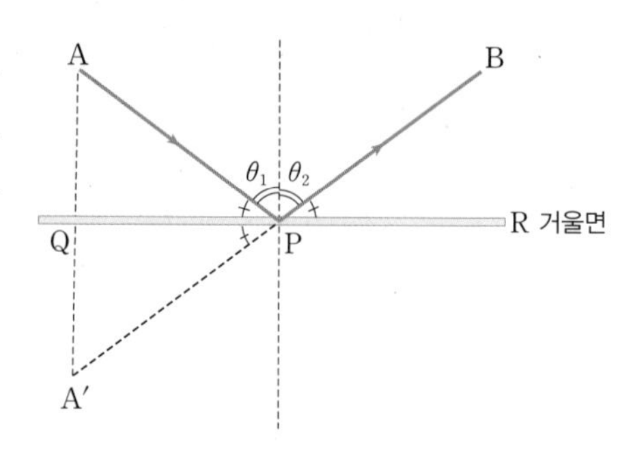

점 A를 거울면에 대하여 대칭이동한 점을 A′이라 할 때 A → P → B가 최소가 되는 경로는 점 A′에서 점 B까지의 직선 A′B이다.

이때, ∠APQ=∠A′PQ=∠BPR이므로 입사각 θ_1과 반사각 θ_2는 같다.

(2) 미분을 이용하는 방법

오른쪽 그림에서 A → P → B의 경로가 빛이 최단 시간에 진행하는 경로라 하자.

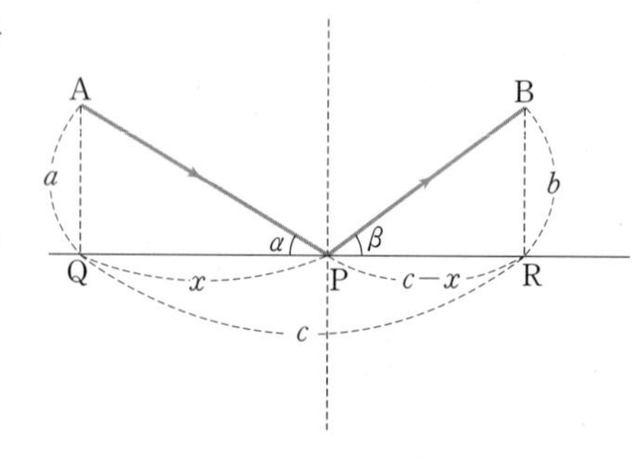

$$\overline{\text{AP}}=\sqrt{a^2+x^2},\ \overline{\text{BP}}=\sqrt{b^2+(c-x)^2}$$

이고, 빛의 속도를 v, A → P → B의 경로를 따라 빛이 진행하는 시간을 $f(x)$라 하면

$$f(x)=\frac{\overline{\text{AP}}}{v}+\frac{\overline{\text{BP}}}{v}=\frac{\sqrt{a^2+x^2}}{v}+\frac{\sqrt{b^2+(c-x)^2}}{v}$$

이다.

이때, $f'(x)=0$을 만족하는 x의 값에서 A → P → B의 경로를 진행하는 시간이 최소가 된다.

즉, $f'(x)=\frac{1}{v}\cdot\frac{x}{\sqrt{a^2+x^2}}+\frac{1}{v}\cdot\frac{-(c-x)}{\sqrt{b^2+(c-x)^2}}=0$에서

$\frac{x}{\sqrt{a^2+x^2}}=\frac{c-x}{\sqrt{b^2+(c-x)^2}}$이고, 이 식이 성립할 때 그림에서 ∠APQ=α, ∠BPR=β라 하면 $\cos\alpha=\cos\beta$이므로 $\alpha=\beta$가 된다. 따라서 입사각과 반사각은 같다.

5 빛의 굴절의 법칙(스넬의 법칙) 유도 과정

점 A에서 나온 빛이 굴절률이 n_1인 매질 1에서 속도 v_1로 진행하다가 점 P에서 굴절률이 n_2인 매질 2로 굴절하여 속도 v_2로 점 B에 가장 빨리 도착하는 조건을 구해 보자.

오른쪽 그림에서 $\overline{AP}=\sqrt{a^2+x^2}$, $\overline{BP}=\sqrt{b^2+(c-x)^2}$이므로

$A \to P \to B$의 경로를 빛이 진행하는 시간을 $f(x)$라 하면

$$f(x)=\frac{\overline{AP}}{v_1}+\frac{\overline{BP}}{v_2}=\frac{\sqrt{a^2+x^2}}{v_1}+\frac{\sqrt{b^2+(c-x)^2}}{v_2}$$

이다. 이때,

$$f'(x)=\frac{1}{v_1}\cdot\frac{x}{\sqrt{a^2+x^2}}+\frac{1}{v_2}\cdot\frac{-(c-x)}{\sqrt{b^2+(c-x)^2}}$$

이고, $f'(x)=0$일 때 $\dfrac{x}{v_1\sqrt{a^2+x^2}}=\dfrac{c-x}{v_2\sqrt{b^2+(c-x)^2}}$ …… ㉠

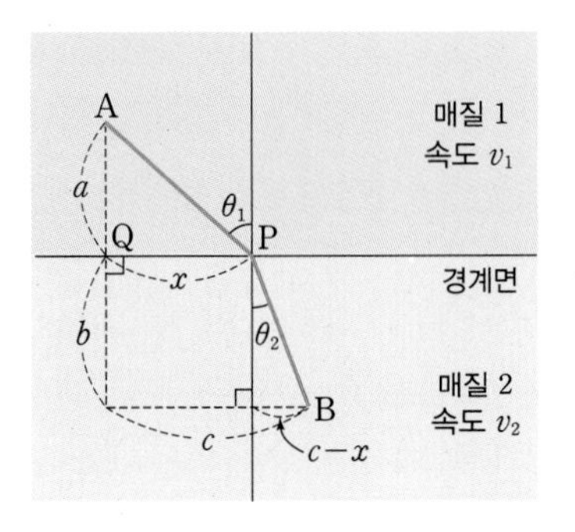

이 성립하고, 이것을 만족하는 x의 값에서 $A \to P \to B$의 경로를 진행하는 시간이 최소가 된다. 위의 그림에서 입사각을 θ_1, 굴절각을 θ_2라 하면 ㉠에서

$\dfrac{1}{v_1}\cdot\sin\theta_1=\dfrac{1}{v_2}\cdot\sin\theta_2$가 되므로 $\dfrac{\sin\theta_1}{\sin\theta_2}=\dfrac{v_1}{v_2}$이 성립한다.

무지개의 원리

(1) 빛은 전자기파의 일종이다. 전자기파는 각각의 파장이나 진동수에 따라 X선, 자외선, 가시광선, 적외선, 전파 등으로 나뉜다.
그중에서 사람이 눈으로 인식할 수 있는 380~770 nm(1 nm$=10^{-9}$ m)의 파장의 전자기파를 가시광선이라 부르며 흔히 '빛'이라고 한다.

(2) 빛은 직진하지만 성질이 다른 매질을 만나면 일부는 반사되고 일부는 굴절해 진행한다. 뉴턴이 처음으로 프리즘을 통과한 빛이 여러 색깔로 분산되는 이유는 굴절률의 차이 때문이라고 밝혔다.

(3) 여름철에 비가 온 뒤에 태양을 등지면 아름다운 무지개를 보게 되는 경우가 있다.
무지개는 빨주노초파남보의 일곱 색깔로 구성되어 있는데 햇빛이 비온 뒤 공기 중에 있는 수증기 속을 통과하면서 파장별로 굴절하는 정도가 달라 수증기를 통과한 뒤 나눠지는 분산 현상 때문이다.
이때 빨간색 빛의 굴절률은 1.3318, 보라색 빛의 굴절률은 1.3435로 파장이 짧은 보라색 빛이 더 많이 꺾인다.

(4) 햇빛이 구 모양의 물방울에서 굴절할 때, 오른쪽 그림과 같이 햇빛이 들어오는 방향과 원의 중심을 잇는 직선(법선)이 이루는 각 α(입사각)와 빛의 굴절에 의한 각 β(굴절각)가 결정된다.

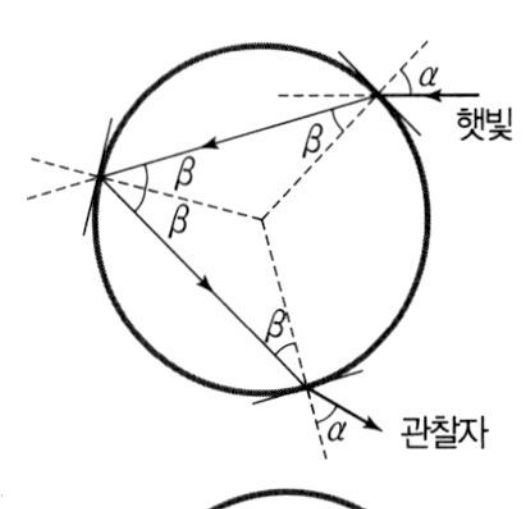

무지개의 원리는, 햇빛이 구 모양의 물방울에 들어가면 굴절이 되는데 [그림 1]과 같이 빛은 물방울에 들어갈 때 굴절, 물방울 안에서 부딪힐 때 반사, 그리고 물방울에서 나올 때 굴절이 된다는 것이다. 빛이 굴절 및 반사될 때 처음 빛으로부터 꺾인 각의 크기를 편향이라 하고 빛은 빨간색부터 주황색, 노란색, 초록색, 파란색, 남색을 거쳐 보라색까지의 파장으로 구성되어 있으며, 각각의 색

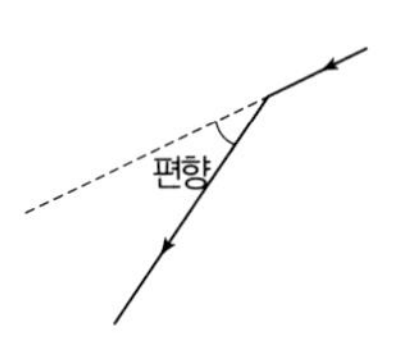

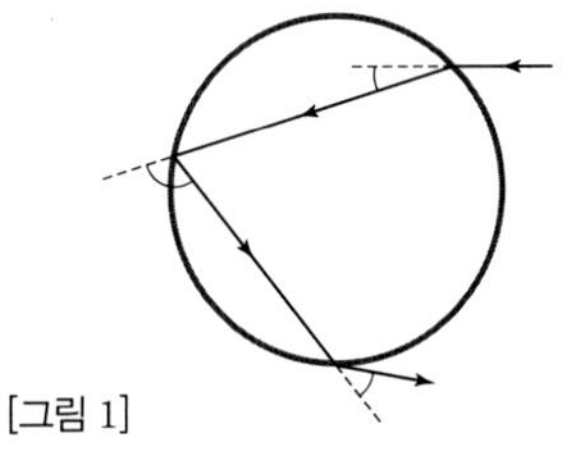

[그림 1]

깔들이 서로 다른 굴절률(즉, 편향)을 가진다. 즉, 빨간색의 굴절률이 보라색의 굴절률보다 작기 때문에 [그림 2]와 같이 굴절되어 우리의 눈으로 무지개를 볼 수 있게 된다.

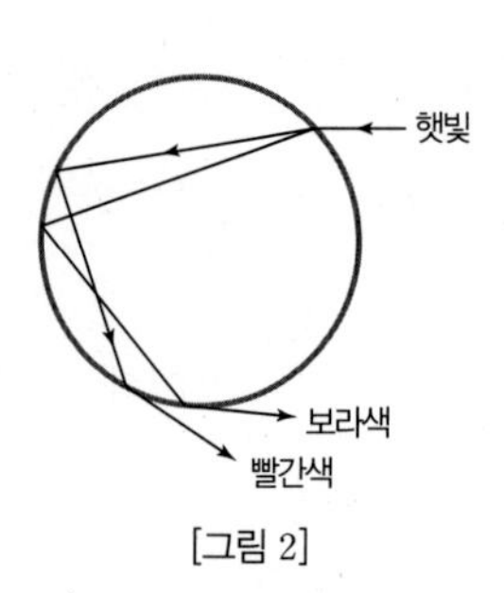

[그림 2]

예시 2 햇빛이 물방울을 통과하여 관찰자에게 진행되는 동안에 처음 빛의 방향으로부터 꺾인 각의 크기를 편향이라고 한다. 그림에서 빛이 입사각 α로 입사할 때 굴절각이 β이다.

햇빛이 물방울을 통과하여 관찰자에게 진행하는 동안 편향의 합 $D(\alpha)$를 α와 β로 나타내고, 편향의 합이 최소가 되는, 즉 $D'(\alpha)=0$일 때 $\frac{d\beta}{d\alpha}$의 값을 구하시오.

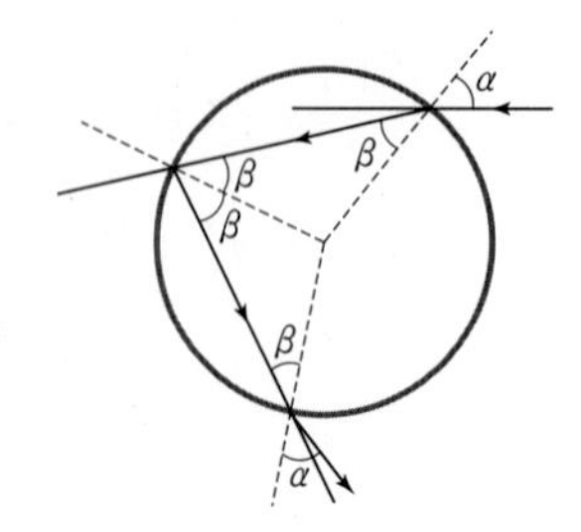

풀이 그림에서 햇빛이 물방울로 굴절되어 들어갈 때 접선과 법선에 의해 만들어지는 맞꼭지각의 크기는 같으므로 편향의 합 $D(\alpha)$는

$$D(\alpha)=(\alpha-\beta)+(\pi-2\beta)+(\alpha-\beta)=2\alpha-4\beta+\pi$$

이다.

위 식의 양변을 α에 대하여 미분하면

$D'(\alpha)=2-4\frac{d\beta}{d\alpha}=0$일 때 $\frac{d\beta}{d\alpha}=\frac{1}{2}$이다.

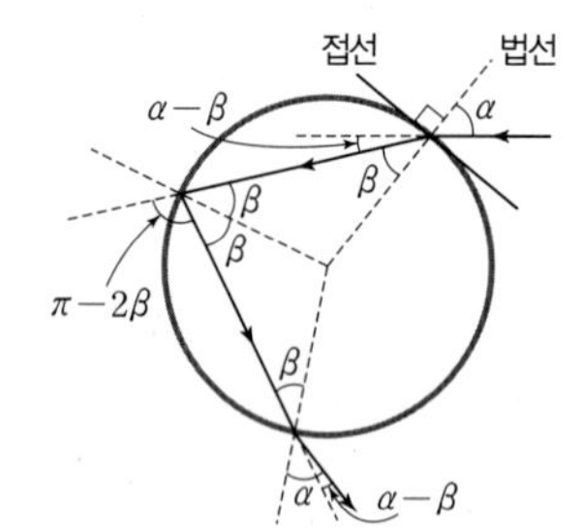

평면거울의 성질

1 평면거울 Plane Mirror

(1) 평면거울은 평면을 반사면으로 하는 거울을 말하며, 물체의 위치에 관계없이 배율 1의 완전한 상이 생긴다.

(2) [그림 1]과 같이 광선은 실제의 물체를 지나지 않고 반사 광선을 반대로 연장한 상점에서 교차하므로 거울 뒷쪽에 물체와 대칭적인 위치에 허상이 되어서 맺어진다. 또, 물체와 상은 좌우가 바뀌어 보인다.

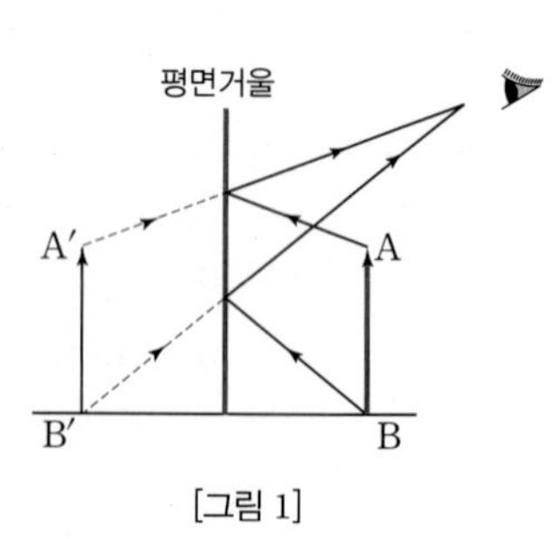

[그림 1]

(3) 전신을 볼 수 있는 거울의 크기는 전신 크기의 $\frac{1}{2}$이다.

즉, [그림 2]와 같이 사람의 크기가 화살표의 AB, 눈의 위치가 E라 하면 상 A′B′은 평면거울 MN에 대하여 대칭인 위치에 생기며

$\triangle \mathrm{EMN} \backsim \triangle \mathrm{EA'B'}$(AA 닮음)이므로 $\overline{\mathrm{MN}}=\frac{1}{2}\overline{\mathrm{A'B'}}=\frac{1}{2}\overline{\mathrm{AB}}$이다.

따라서 전신을 볼 수 있는 거울의 크기 $\overline{\mathrm{MN}}$은 전신, 즉 화살표의 길이의 $\frac{1}{2}$이다.

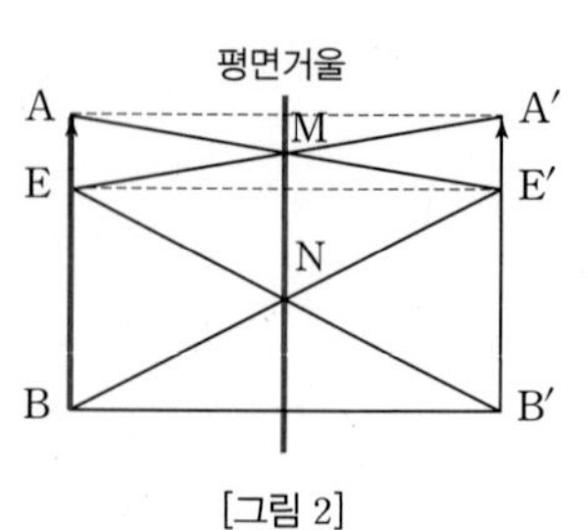

[그림 2]

② 평면거울의 상의 수

크기가 같은 두 평면거울의 한쪽을 붙여 세우고 두 거울의 사이의 각을 변화시켜 거울의 상의 개수를 구해 보자. 두 거울의 사잇각이 180°, 90°, 60°, 45°, 30°, …이면 상의 개수는 각각 1개, 3개, 5개, 7개, 11개, …로 된다. 즉, 두 거울면이 이루는 각 θ에 따라 생길 수 있는 상의 개수는 $\left[\dfrac{360^\circ}{\theta}-1\right]$이다. (단, $[x]$는 x를 넘지 않는 최대의 정수이다.)

오른쪽 그림은 두 거울의 사잇각이 120°일 때이고 상의 개수는 2개이다.

③ 쿠션당구

쿠션은 당구대의 대반(슬레이트)의 가장 자리 안쪽에 탄력을 주기 위해 고무를 댄 부분을 말한다.

쿠션당구는 공 A로 공 B를 맞히고자 할 때, 직접 맞히는 것이 아니고 공 A를 당구대의 가장자리, 즉 쿠션에 먼저 부딪힌 후에 공 B를 맞히는 경기이다.

당구대 위에 [그림 1]과 같이 두 개의 공 A, B가 있을 때, 공 A로 공 B를 맞히는 쿠션당구에서는 점 B를 쿠션에 대하여 대칭이동시킨 점 B′을 향해 공 A의 가운데를 보통의 힘으로 치면 된다. 이것은 쿠션의 P 지점에 수직인 선, 즉 법선을 그어 생각하면 입사각과 반사각이 같은 원리를 이용하는 것이다. 쿠션에 두 번, 세 번 반사시켜서 공을 맞히려면 쿠션에 대한 대칭이동을 각각 두 번, 세 번 적용하면 된다.

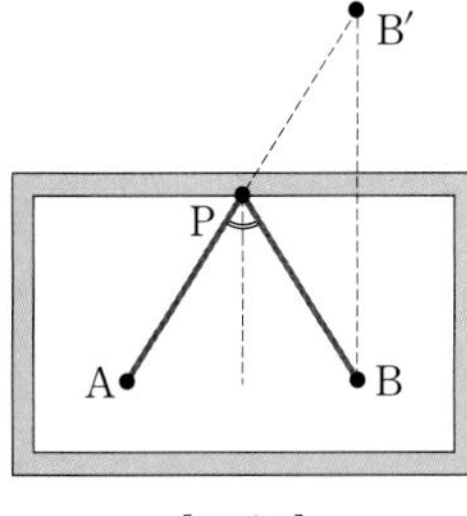

[그림 1]

당구대의 한쪽 구석에서 쿠션을 이용하여 다른 쪽 구석을 맞힐 때, 대부분의 당구대는 직사각형 모양이고 가로와 세로의 길이의 비는 2 : 1이므로 당구대의 한 구석에서 쿠션과 45°의 각도로 공을 치면 반사되는 횟수는 [그림 2]와 같이 1번이다.

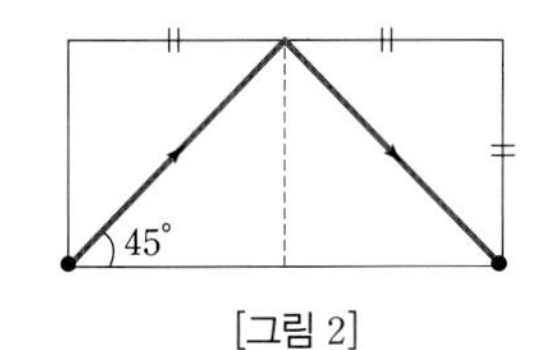

[그림 2]

만약 가로와 세로의 길이의 비가 5 : 3인 당구대의 한 구석에서 쿠션과 45°의 각도로 공을 칠 때, 쿠션에 공이 반사되는 곳에 번호를 붙이면 반사되는 횟수는 [그림 3]과 같이 6번이다.

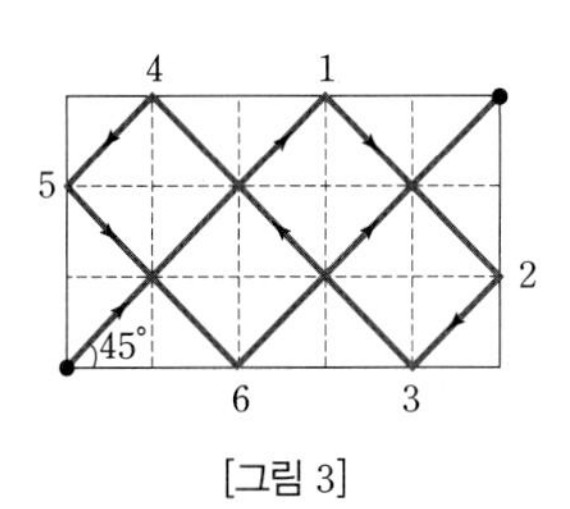

[그림 3]

일반적으로 당구대의 가로, 세로의 길이의 비가 $m : n$(m, n은 서로소)일 때, 당구대의 한 구석에서 쿠션과 45°의 각도로 공을 치면 쿠션에 반사되는 횟수는 $(m+n-2)$번이 된다.

문제 1 제시문을 읽고 물음에 답하시오.

> 최대 · 최소 문제는 빛을 연구하는 광학에서도 적용된다. 17세기 프랑스의 수학자 페르마(Fermat, P. ; 1601~1665)는 최단 시간의 원리(페르마의 원리)를 발견하였는데, 빛이 반사와 굴절을 통하여 진행할 때 소요 시간이 최소가 되는 경로를 따른다는 것이다.

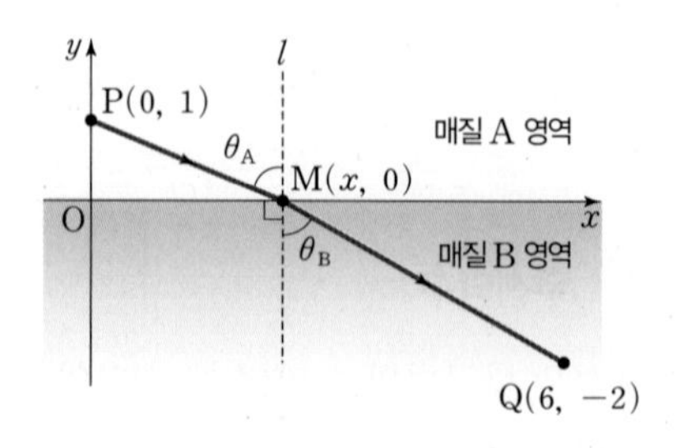

그림과 같이 평면이 x축을 경계로 매질 A 영역과 매질 B 영역으로 나누어져 있다. 매질 A와 매질 B 영역에서의 빛의 속력이 각각 $v_A=1$, $v_B=\frac{1}{2}$이고, x축 위를 움직이는 점 $M(x, 0)$과 M을 지나면서 x축에 수직인 직선을 l이라 하자. 또, 두 점 $P(0, 1)$, $Q(6, -2)$에 대하여 직선 l과 두 선분 $\overline{PM}$, $\overline{MQ}$가 이루는 예각을 각각 θ_A, θ_B라 하자. (단, 빛이 두 매질의 경계면에서 모두 반사되지는 않으며, x축을 통과할 때 점 $M(x, 0)$을 지난다.)

(1) 빛이 점 P에서 x축 위의 점 M을 지나 점 Q까지 가는 데 걸리는 시간을 T라 할 때, $0\le x\le 6$에서 정의되는 함수 $T=h(x)$를 구하시오.

(2) 최단 시간의 원리(페르마 원리)를 만족하는 경로를 찾고자 한다. 빛이 점 P에서 점 Q까지 가는 데 걸리는 시간 T가 최소가 되게 하는 x축 위의 점 $M(c, 0)$이 존재함을 보이고, 꼭 하나만 존재함을 이계도함수를 이용하여 설명하시오. (단, $0\le c\le 6$)

(3) 그림에서 최단 시간의 원리(페르마 원리)를 만족하는 점 M에 의해 정해지는 θ_A, θ_B에 대하여 $\frac{\sin\theta_A}{\sin\theta_B}$의 값을 구하시오.

| 부산대학교 2014년 모의논술 |

(2) 함수 $T=h(x)$가 구간 $[0, 6]$에서 연속이면 최대 · 최소의 정리에 의해 최솟값이 존재한다.

육지와 바다가 만나는 경계에 수상안전원이 대기하고 있다. 수상안전원은 육지에서 1초에 최대 2 m를 달릴 수 있고, 바다에서는 수영으로 1초에 최대 1 m를 갈 수 있다. 바다에 위급 상황이 발생하면, 그 위치에 따라 바로 수영만 해서 갈 수도 있고 일정 거리까지는 육지에서 수평 방향으로 달려간 뒤 수영을 할 수도 있는데, 어떤 방법을 택하느냐에 따라 그 위치에 도달하는 시간이 달라질 수 있다. 물음에 답하시오. (단, 육지와 바다의 경계는 수평 방향의 직선이라 가정한다.)

(1) 그림과 같이 위급 상황이 발생한 지점 P가 육지로부터 $10\sqrt{3}$ m 떨어져 있고, P에서 가장 가까운 육지의 지점 H로부터 왼쪽 수평 방향으로 80 m 떨어진 지점 A에 수상안전원이 위치하고 있다. 수상안전원이 A 지점을 출발하여 P 지점에 도착하는 데 걸리는 최소 시간을 구하시오.

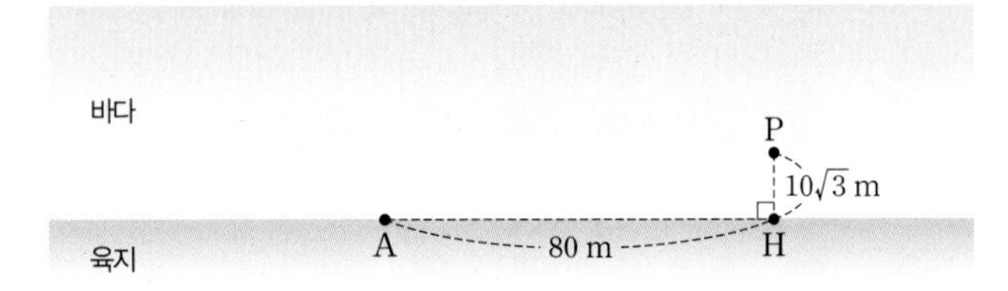

(2) 위급 상황이 발생한 지점 P가 육지로부터 y m 떨어져 있고, P에서 가장 가까운 육지의 지점 H로부터 왼쪽 수평 방향으로 x m 떨어진 지점 A에 수상안전원이 위치하고 있다. 수상안전원이 A 지점을 출발하여 P 지점에 가장 빨리 도착하기 위해 오른쪽 수평 방향으로 50 m를 달리고 나서 바로 수영을 시작했다. 이때, x와 y가 만족하는 관계식을 구하시오.

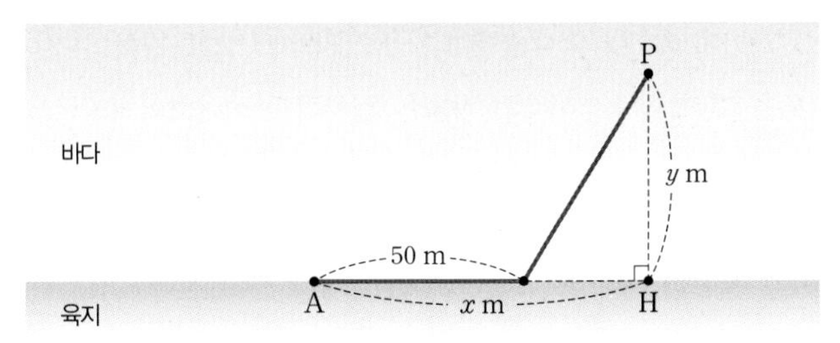

(3) 수상안전원이 60초 안에 도착할 수 있는 바다의 모든 지점들로 이루어진 영역을 나타내고, 그 영역의 넓이를 구하시오.

| 세종대학교 2016년 모의논술 |

(2) 문제의 조건인 「오른쪽 수평 방향으로 50 m를 달리고 ……」라는 말에 혹하지 말고 수평 방향으로 달리는 거리를 z m로 생각하고 문제를 푼다.

제시문을 읽고 물음에 답하시오.

빛이 굴절률 n_1인 매질에서 굴절률 n_2인 매질로 입사하면, [그림 1]처럼 일부는 반사되고 일부는 굴절되어 진행한다. 이때, [그림 1]에서 입사각 a와 반사각 a'은 같고, 굴절각 b는 $n_1 \sin a = n_2 \sin b$를 만족한다.

빛이 진공에서 수직으로 세워진 굴절률 n의 원기둥에 수평으로 입사하는 경우를 생각해 보자. 아래 [그림 2], [그림 3], [그림 4]는 빛이 움직이는 경로와 원기둥의 단면 원을 그린 것이다. 이 경우에도 입사점에서 원의 접선과 법선에 대해 입사각과 반사각, 굴절각을 정의하면 위에서 주어진 관계식이 성립한다. 원에 입사한 빛은 [그림 2]처럼 일부는 반사되고, 일부는 굴절되어 원 안으로 진행한다. 원 안으로 진행한 빛의 일부는 [그림 3]처럼 굴절되어 진공으로 나가고, 나머지는 다시 원 내부로 반사된다. 이런 과정을 되풀이하면 일반적으로 [그림 4]처럼 원에서 여러 번 반사된 후 원 밖으로 빠져나가는 빛도 있음을 알 수 있다.

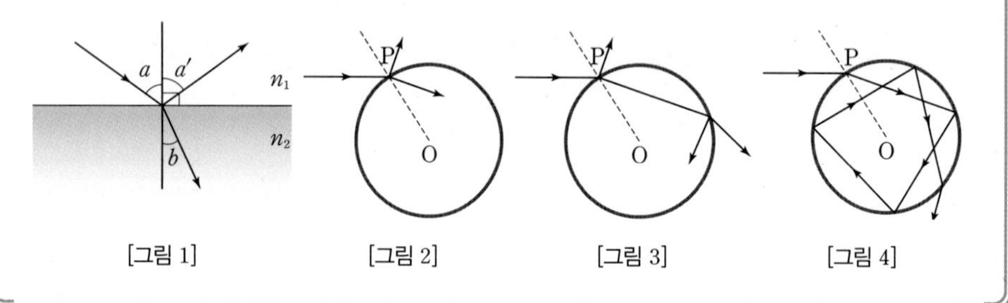

[그림 1] [그림 2] [그림 3] [그림 4]

(1) 진공의 굴절률은 1이고, 원기둥의 굴절률은 $n=\sqrt{3}$이라고 하자. 빛을 적당한 입사각으로 진공에서 점 P에 입사시키면 원기둥 안으로 들어간 후 내부에서 정다각형의 경로를 거쳐 입사 지점으로 다시 나오는 빛이 있다. 이때의 가능한 입사각과 정다각형의 꼭짓점 수 k를 구하는 방법을 설명하시오.

(2) 진공에서 원기둥으로 입사하거나 원기둥에서 진공으로 입사하는 두 경우 모두, 입사한 빛의 세기에 대해 반사되는 빛의 세기의 비율은 $R(0<R<1)$이고, 나머지 $1-R$는 굴절된다. (1)의 경우에 점 P에서 나가는 빛 중에는 [그림 2]처럼 바로 반사되는 빛 이외에도 내부에서 여러 번$(k-1,\ 2k-1,\ \cdots)$ 반사된 뒤 나가는 빛들이 있을 것이다. 처음에 입사하는 빛의 세기가 1이라고 할 때, 점 P에서 나가는 빛의 세기의 총합을 R의 함수로 구하시오.

| 이화여자대학교 2011년 수시 |

$k=3$, $k=4$, $\cdots$일 때 입사각을 구해 본다.

네 개의 면이 거울로 둘러싸인 정사각형 모양의 상자가 있다. 한 꼭짓점에서 레이저 광선을 발사하여 어느 한 꼭짓점에 도달하면 흡수되어 더 이상 진행되지 않는다고 한다. 오른쪽 그림은 점 A에서 $\frac{\overline{BP}}{\overline{AB}}=\frac{1}{2}$이 되게 레이저 광선을 발사하여 $\overline{BC}$의 중점 P에서 한 번 반사되어 점 D로 들어가는 경우이다.

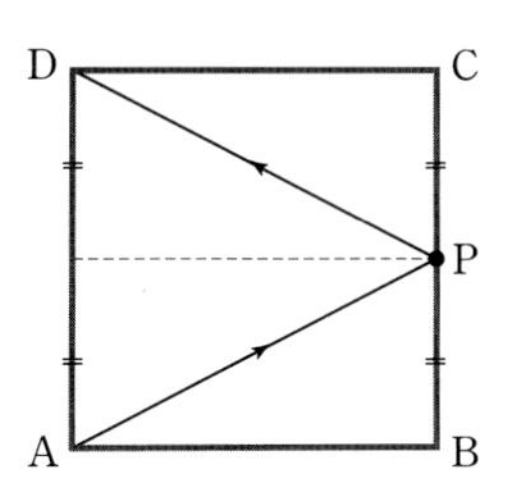

$\frac{\overline{BP}}{\overline{AB}}=\frac{n}{m}$($m$, n은 서로소인 자연수)일 때, 반사되는 횟수와 m, n의 관계를 설명하시오. 또, 레이저 광선을 발사하여 이 광선이 네 개의 면이 거울로 둘러싸인 정사각형 모양의 상자 안에서 무한히 움직이게 할 수 있는지 논하시오.

m, n의 값을 다르게 하여 반사되는 횟수를 구해 본다.

오른쪽 그림은 평면 위에 수직으로 두 장의 거울 A, B를 세우고, 그 사이의 P 지점에 촛불을 놓아둔 것을 위에서 내려다본 평면도이다. 이때, Q 지점에서 거울을 바라보면 상은 몇 개로 보이고, 그 상은 각각 어느 방향으로 보이는지 설명하시오.

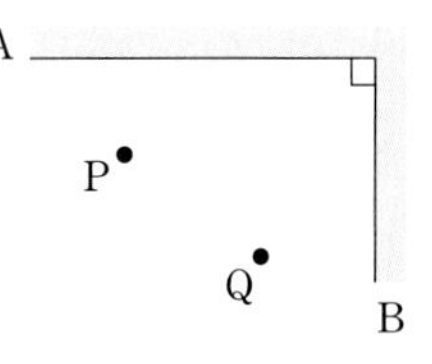

거울 A에서 반사되는 경우, 거울 B에서 반사되는 경우, 거울 A, B에서 각각 한 번씩 반사되는 경우로 나누어 생각한다.

오른쪽 그림은 점 A에서 반직선 BC에 비춘 빛이 반직선 AB와 BC 사이에서 5번 반사되어 반직선 AB 또는 반직선 BC에 수직인 점에 도달하면 점 A로 되돌아오는 것을 나타낸 것이다. ∠ABC=11°일 때, 점 A에서 나온 빛이 n번 반사하여 수직인 점에 도달한 후 점 A로 되돌아올 수 있는 반사 횟수 n의 최댓값을 구하는 방법을 설명하시오.

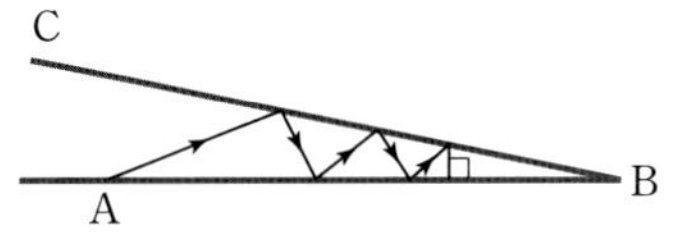

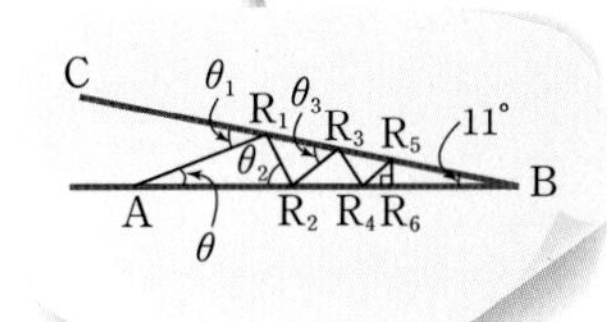

주제별 강의 제 5 장

로그 미분법

로그 미분법

1 로그 미분법

$y=e^x$, $y=2^x$, …과 같이 밑이 상수인 지수함수의 도함수는 공식을 이용하여 구할 수 있지만 $y=x^x(x>0)$과 같이 밑과 지수에 모두 변수가 포함된 함수의 도함수는 공식을 이용하여 도함수를 구할 수 없다.

또, $y=\dfrac{(x+1)(x+3)^3}{(x+2)^2}$과 같이 복잡한 분수함수는 몫의 미분법을 이용하여 도함수를 구하려면 계산이 복잡하다.

따라서 함수 $y=f(x)$가 밑과 지수에 모두 변수가 있는 지수꼴이나 복잡한 분수꼴일 때에는 다음과 같은 방법을 이용하여 도함수를 구한다.

① $y=f(x)$의 양변에 절댓값을 취한다.

② ①의 식의 양변에 자연로그를 취한다.

③ ②의 식의 양변을 x에 대하여 미분한 후 도함수를 구한다.

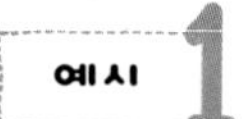

예시 1 다음 함수를 미분하시오.

(1) $y=x^x$ (단, $x>0$)　　(2) $y=\dfrac{(x+1)(x+3)^3}{(x+2)^2}$

풀이 (1) 양변에 자연로그를 취하면

$$\ln y=\ln x^x=x\ln x$$

양변을 x에 대하여 미분하면

$$\frac{y'}{y}=1\cdot\ln x+x\cdot\frac{1}{x}=\ln x+1$$

$$\therefore y'=(\ln x+1)y=(\ln x+1)x^x$$

(2) 양변에 절댓값과 자연로그를 순서대로 취하면

$$\ln|y|=\ln\left|\frac{(x+1)(x+3)^3}{(x+2)^2}\right|$$
$$=\ln|x+1|+\ln|(x+3)^3|-\ln|(x+2)^2|$$
$$=\ln|x+1|+3\ln|x+3|-2\ln|x+2|$$

양변을 x에 대하여 미분하면

$$\frac{y'}{y}=\frac{1}{x+1}+\frac{3}{x+3}-\frac{2}{x+2}=\frac{(x+2)(x+3)+3(x+1)(x+2)-2(x+1)(x+3)}{(x+1)(x+2)(x+3)}$$
$$=\frac{2x^2+6x+6}{(x+1)(x+2)(x+3)}$$

$$\therefore y'=\frac{2(x^2+3x+3)}{(x+1)(x+2)(x+3)}\cdot\frac{(x+1)(x+3)^3}{(x+2)^2}=\frac{2(x^2+3x+3)(x+3)^2}{(x+2)^3}$$

참고 로그의 진수는 양수이어야 하므로 식의 양변에 절댓값을 먼저 취한 다음 로그를 취해야 한다. 이미 양변이 양수일 때에는 절댓값을 취하지 않아도 된다.

함수 $f(x)=(e^x+1)(e^{2x}+1)(e^{3x}+1)(e^{4x}+1)$에 대하여 $\lim_{x\to 0}\frac{f'(x)}{f(x)}$의 값을 구하시오.

풀이 $f(x)>0$이므로 함수 $f(x)$에 자연로그를 취하면

$$\ln f(x)=\ln\{(e^x+1)(e^{2x}+1)(e^{3x}+1)(e^{4x}+1)\}$$
$$=\ln(e^x+1)+\ln(e^{2x}+1)+\ln(e^{3x}+1)+\ln(e^{4x}+1)$$ 이다.

위의 식의 양변을 x에 대하여 미분하면

$$\frac{f'(x)}{f(x)}=\frac{e^x}{e^x+1}+\frac{2e^{2x}}{e^{2x}+1}+\frac{3e^{3x}}{e^{3x}+1}+\frac{4e^{4x}}{e^{4x}+1}$$ 이므로

$$\lim_{x\to 0}\frac{f'(x)}{f(x)}=\lim_{x\to 0}\left(\frac{e^x}{e^x+1}+\frac{2e^{2x}}{e^{2x}+1}+\frac{3e^{3x}}{e^{3x}+1}+\frac{4e^{4x}}{e^{4x}+1}\right)$$
$$=\frac{1}{2}+\frac{2}{2}+\frac{3}{2}+\frac{4}{2}$$
$$=\frac{10}{2}=5$$

다른 답안

$$f'(x)=e^x(e^{2x}+1)(e^{3x}+1)(e^{4x}+1)+(e^x+1)2e^{2x}(e^{3x}+1)(e^{4x}+1)$$
$$+(e^x+1)(e^{2x}+1)\cdot 3e^{3x}(e^{4x}+1)$$
$$+(e^x+1)(e^{2x}+1)(e^{3x}+1)\cdot 4e^{4x}$$

이므로 $\lim_{x\to 0}\frac{f'(x)}{f(x)}=\frac{f'(0)}{f(0)}=\frac{8+2\cdot 8+3\cdot 8+4\cdot 8}{16}=5$

함수 $f(x)=x^x(x>0)$의 그래프 개형을 그려 보시오.

풀이 $f(x)=x^x(x>0)$의 양변에 자연로그를 취한 다음 미분하면

$\ln f(x)=x\ln x$, $\frac{f'(x)}{f(x)}=\ln x+1$, $f'(x)=x^x(\ln x+1)$

$f'(x)=0$에서 $x=\frac{1}{e}$이므로 증감표를 그려 보면

x	0	$\cdots$	$\frac{1}{e}$	$\cdots$
$f'(x)$		$-$	0	$+$
$f(x)$		↘	$\left(\frac{1}{e}\right)^{\frac{1}{e}}$	↗

또한 $\lim_{x\to 0+}\ln f(x)=\lim_{x\to 0+}x\ln x\left(\frac{1}{x}=t로\ 놓으면\right)=\lim_{t\to\infty}\frac{-\ln t}{t}=0$이므로 $\lim_{x\to 0+}x^x=1$이다.

이러한 조건을 모두 만족하는 $f(x)=x^x\ (x>0)$의 그래프 개형은 그림과 같다.

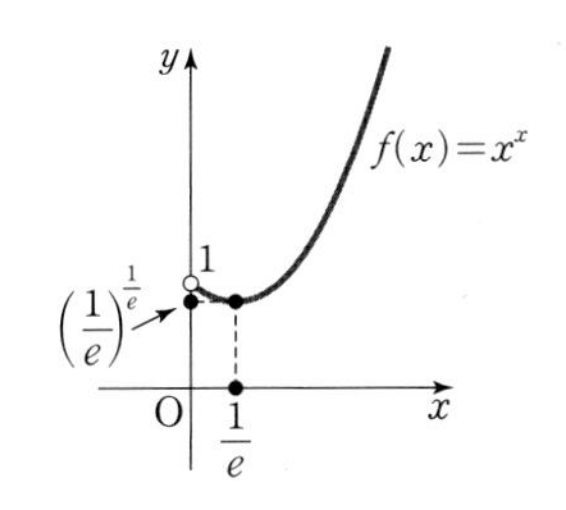

물음에 답하시오.

(1) 극한 $\lim_{x \to 0+} x^x$이 존재하는가? 만일 존재한다면 그 값을 구하시오. (참고 $\lim_{x \to 0+} x \ln x = 0$)

(2) $x > 0$일 때, x^x의 최솟값을 구하시오.

(3) $x > 0$일 때, $x^{x^x} = x^{(x^x)}$의 최솟값과 x^x의 최솟값의 크기를 비교하시오.

| 덕성여자대학교 2010년 수시 |

(1) $y = x^x (x > 0)$으로 놓고 $\lim_{x \to 0+} \ln y$의 값을 구해 본다.

부등식 $a > b > 0$을 만족하는 모든 실수 a, b에 대하여 다음 부등식이 성립하는 최소의 양의 실수 m의 값을 구하시오.

$$ab(a^2 - b^2) \le m(a^2 + b^2)^2$$

| 성균관대학교 2010년 심층면접 |

각 항을 $(a^2+b^2)^2$으로 나누면 $\frac{ab(a^2-b^2)}{(a^2+b^2)^2} \le m$이므로 m이 최소일 때 $\frac{ab(a^2-b^2)}{(a^2+b^2)^2} = \frac{\left(\frac{a}{b}\right)\left\{\left(\frac{a}{b}\right)^2 - 1\right\}}{\left\{\left(\frac{a}{b}\right)^2 + 1\right\}^2}$은 최대이다.

$a > 0$일 때, t에 관한 방정식 $e^t = t^a$이 몇 개의 양의 근을 갖는지 설명하시오.

| 서울대학교 2012년 정시 |

$e^t = t^a$에서 $t^{\frac{1}{t}} = e^{\frac{1}{a}} (t > 0)$이므로 $f(t) = t^{\frac{1}{t}} (t > 0)$, $y = e^{\frac{1}{a}}$의 교점을 조사한다.

제시문을 읽고 물음에 답하시오.

실수 a, b가 0보다 클 때, a^b과 b^a의 크기를 비교해 보고자 한다. a값을 고정하고 b값을 변화시킬 때, a^b과 b^a의 대소 관계가 어떻게 변하는지 살펴보는 것이다. 예를 들어, $a=3$으로 하고 b값을 변화시켜 보자. $b=2$, 3, 4이면, 다음이 성립함을 쉽게 알 수 있다.

$3^2>2^3$, $3^3=3^3$, $3^4>4^3$

그렇다면 $2<b<3$ 또는 $3<b<4$인 경우는 어떠할까? b가 자연수가 아닐 때 3^b과 b^3의 크기를 어떻게 비교할 수 있을까?

(1) $3^{2.5}$과 2.5^3의 크기를 비교하시오.

(2) $3^{2.4}$과 2.4^3의 크기를 비교하시오. (단, $\log 2=0.30102\cdots$, $\log 3=0.47712\cdots$)

(3) $x>0$일 때, 함수 $f(x)=x^{\frac{1}{x}}$의 증감을 조사하시오.

(4) (3)의 결과를 이용하여 3^π과 π^3의 크기를 비교하시오.

(5) 양의 실수 a에 대하여 $a^x=x^a$을 만족하고 $x\neq a$인 양의 실수 x는 몇 개인지 조사하시오.

$\left(\text{단, } \lim_{x\to\infty}\frac{\ln x}{x}=0\right)$

| 한양대학교 2014년 수시 |

(5) $a^x=x^a \Longleftrightarrow a^{\frac{1}{a}}=x^{\frac{1}{x}}$

물음에 답하시오.

(1) $x>0$일 때, $\ln x<\sqrt{x}$임을 보이시오.

(2) (1)을 이용하여 $\lim_{x\to\infty}\frac{\ln x}{x}=0$임을 보이시오.

(3) 함수 $f(x)=\frac{\ln x}{x}(x>0)$의 그래프의 개형을 그리고, 극대, 극소 또는 변곡점이 있으면 해당되는 점의 x좌표를 모두 구하시오.

(4) (3)을 이용하여 다음 방정식의 자연수 해는 $m=2$, $n=4$뿐임을 보이시오.

$m^n=n^m$ (단, $m<n$이다.)

| 세종대학교 2015년 모의논술 |

(1) $\ln x<\sqrt{x} \Longleftrightarrow \sqrt{x}-\ln x>0$

또는

$\ln x<\sqrt{x} \Longleftrightarrow \frac{\ln x}{\sqrt{x}}<1$

주제별 강의 **제 6 장**

방정식의 실근의 근삿값(Newton의 방법)

방정식 $f(x)=0$의 실근을 구할 때 $f(x)$가 인수분해되지 않으면 계산적으로 구하는 것이 어렵다.

방정식 $f(x)=0$의 근이 r일 때 이것을 구하는 기하학적인 방법을 생각해 보자.

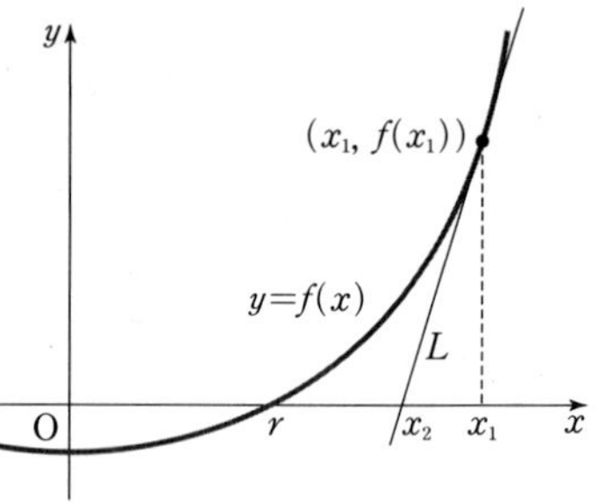

먼저 첫 번째 근삿값 x_1을 가지고 시작하자. 이 x_1은 추측에 의하여 또는 f의 그래프에서 적당히 잡는다. 점 $(x_1, f(x_1))$에서 곡선 $y=f(x)$의 접선 L을 생각하고 L의 x절편을 x_2라 하자. Newton의 방법의 아이디어는 접선은 곡선에 근접하고 따라서 x절편 x_2가 곡선의 x절편(즉, 우리가 구하고자 하는 근 r)에 가까이 간다는 것이다. 접선은 직선이므로 x절편은 쉽게 구할 수 있다.

x_2를 x_1로 나타내는 공식을 구하기 위하여 L의 기울기가 $f'(x_1)$임을 이용하면 L의 방정식은 $y-f(x_1)=f'(x_1)(x-x_1)$임을 알 수 있다.

$f'(x_1)\neq0$이면 x_2에 대하여 방정식을 풀어 $x_2=x_1-\dfrac{f(x_1)}{f'(x_1)}$을 얻는다.

이 x_2를 r에 대한 두 번째 근삿값으로 사용한다.

다음에 x_1을 x_2로 바꾸어 이 과정을 반복하고 점 $(x_2, f(x_2))$에서의 접선을 이용한다.

이렇게 하여 세 번째 근삿값 $x_3=x_2-\dfrac{f(x_2)}{f'(x_2)}$를 얻는다.

이 과정을 반복하면 그림에서 보듯이 근삿값들의 수열 x_1, x_2, x_3, …을 얻는다.

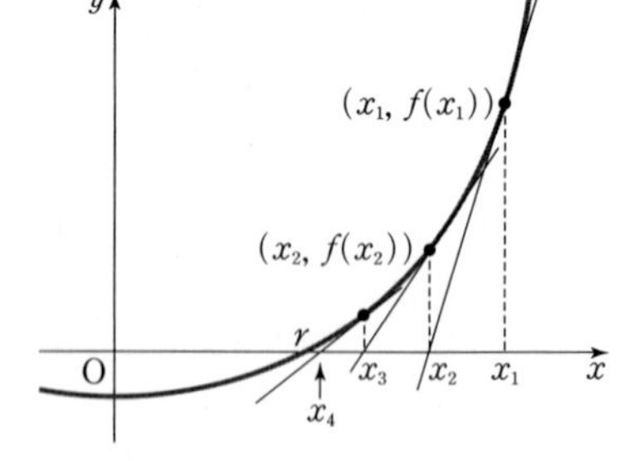

일반적으로 n번째 근삿값은 x_n이고, $f(x_n)\neq0$이면, 그 다음 근삿값은 다음과 같다.

$$x_{n+1}=x_n-\frac{f(x_n)}{f'(x_n)}$$

n이 커짐에 따라 x_n이 r에 점점 더 가까워지면 그 수열은 r로 수렴한다고 하고 $\lim_{n\to\infty} x_n=r$이다.

예시 1 좌표평면에서 곡선 $y=x^4$ 위의 점 $(1,\ 1)$에서의 접선과 x축의 교점을 $(a_1,\ 0)$, 점 $(a_1,\ a_1^4)$에서의 접선과 x축의 교점을 $(a_2,\ 0)$, 점 $(a_2,\ a_2^4)$에서의 접선과 x축의 교점을 $(a_3,\ 0)$, $\cdots$ 이라 하자.
이와 같은 과정을 계속하여 얻은 수열 $\{a_n\}$에서 $\lim_{n\to\infty} a_n$과 $\sum_{n=1}^{\infty} a_n$의 값을 구하시오.

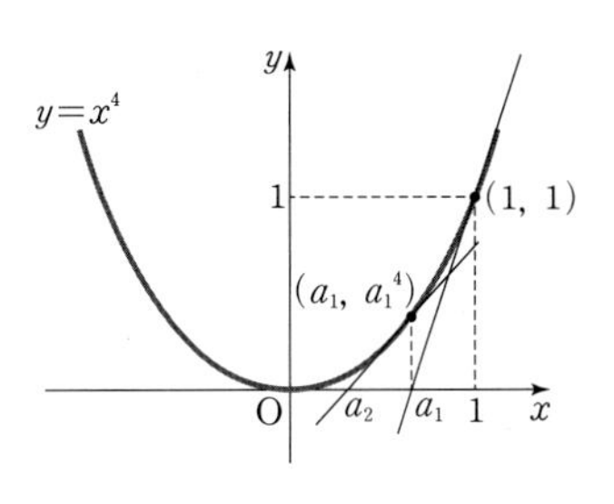

풀이

$y=x^4$에서 $y'=4x^3$

점 $(1,\ 1)$에서의 접선의 방정식은 $y-1=4(x-1)$에서 $y=4x-3$이다.

$y=0$일 때 $x=\frac{3}{4}$이므로 $a_1=\frac{3}{4}$이다.

또, 점 $(a_1,\ a_1^4)=\left(\frac{3}{4},\ \left(\frac{3}{4}\right)^4\right)$에서의 접선의 방정식은

$y-\left(\frac{3}{4}\right)^4=4\left(\frac{3}{4}\right)^3\left(x-\frac{3}{4}\right)$이다.

$y=0$일 때 $-\left(\frac{3}{4}\right)^4=4\left(\frac{3}{4}\right)^3\left(x-\frac{3}{4}\right)$, $-\frac{3}{4}=4\left(x-\frac{3}{4}\right)$

$x-\frac{3}{4}=-\frac{3}{16}$, $x=\frac{3}{4}-\frac{3}{16}=\frac{9}{16}$이므로 $a_2=\frac{9}{16}=\left(\frac{3}{4}\right)^2$이다.

같은 방법으로 하면 $a_3=\left(\frac{3}{4}\right)^3$, $\cdots$, $a_n=\left(\frac{3}{4}\right)^n$이므로

$\lim_{n\to\infty} a_n=0$이고 $\sum_{n=1}^{\infty} a_n=\dfrac{\frac{3}{4}}{1-\frac{3}{4}}=3$이다.

다른 답안

$y=x^4$에서 $y'=4x^3$

점 $(1,\ 1)$에서의 접선의 방정식은 $y-1=4(x-1)$에서 $y=4x-3$이다.

$y=4x-3$에서 x축과의 교점은 $\left(\frac{3}{4},\ 0\right)$, 즉 $a_1=\frac{3}{4}$

또, 곡선 위의 점 $(a_n,\ a_n^4)$에서의 접선의 방정식은 $y-a_n^4=4a_n^3(x-a_n)$에서 $y=4a_n^3x-3a_n^4$이다.

$y=0$일 때의 x좌표가 a_{n+1}이므로 $a_{n+1}=\frac{3}{4}a_n$

따라서 수열 $\{a_n\}$은 첫째항 $a_1=\frac{3}{4}$, 공비 $r=\frac{3}{4}$인 등비수열이다.

$a_n=\frac{3}{4}\left(\frac{3}{4}\right)^{n-1}=\left(\frac{3}{4}\right)^n$이므로 $\lim_{n\to\infty} a_n=0$이고 $\sum_{n=1}^{\infty} a_n=\dfrac{\frac{3}{4}}{1-\frac{3}{4}}=3$이다.

문제 1 제시문을 읽고 물음에 답하시오.

(가) 닫힌 구간 $[a, b]$에서 연속인 함수 $f(x)$는 $f(a)$와 $f(b)$ 사이의 값 k에 대하여 방정식 $f(x)-k=0$을 만족하는 근을 구간 $[a, b]$에서 적어도 하나 가진다.

(나) 함수 $f(x)$가 미분가능할 때, 방정식 $f(x)=0$을 만족하는 근 α를 구하는 뉴턴의 방법은 다음과 같다.
먼저 α에 대한 적당한 근삿값 x_0을 선택한다. 곡선 $y=f(x)$ 위의 점 $(x_0, f(x_0))$에서 접선을 구하고 접선의 x절편 x_1을 계산한다. x_1은 x_0보다 α에 더 가까운 값이 되며 제1차 근삿값이라 한다. x_1을 x_0 대신 사용하여 위의 과정을 따라가면, x_1보다 α에 더 가까운 값 x_2를 구할 수 있고 이를 제2차 근삿값이라 한다. 이러한 과정을 계속 반복하면 근에 수렴하는 수열 $x_0, x_1, x_2, \cdots$를 얻을 수 있고, 이를 통해 근에 보다 가까운 근삿값을 구할 수 있다.

(다) 아래 그림은 길이와 밀도가 똑같은 두 개의 나무기둥 A, B의 수평 단면에 좌표축을 설정하여 살펴본 그래프이다. A의 무게가 B의 무게보다 훨씬 가벼울 경우 무게가 같아지도록 나무기둥 B를 절단하는 방법을 알아보자. A의 단면은 $y=f(x)$와 x축으로 둘러싸여 있고, B의 단면은 $y=g(x)$와 x축으로 둘러싸여 있다. a_0은 A의 단면적이고, $a(t)$는 B의 단면의 색칠한 부분의 면적이다. $S(t)=a(t)-a_0$이라 하면, $S(t)$는 닫힌 구간 $[-1, 1]$에서 연속인 함수가 된다. 방정식 $S(t)=0$을 만족하는 근 α를 구하고 절단선 $x=\alpha$를 따라 나무기둥 B를 잘라 내면, 무게가 A와 같은 나무기둥을 얻을 수 있다.

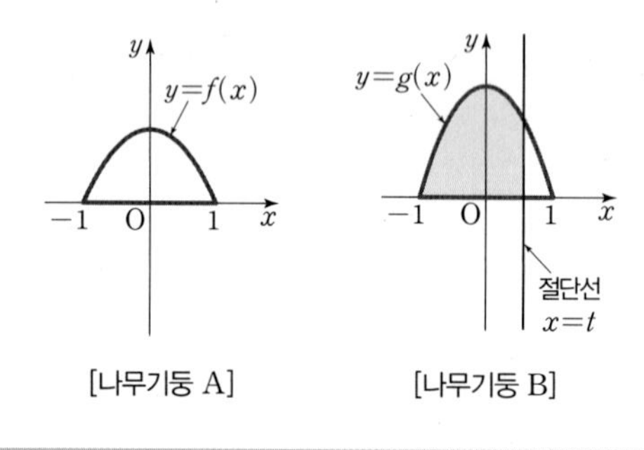

[나무기둥 A] [나무기둥 B]

(1) (나)에서 점 $(x_0, f(x_0))$을 지나는 접선의 방정식은 (㉠)이다. 또한 제1차 근삿값 x_1은 이 접선의 x절편이므로 x_1과 x_0 사이의 관계식 $x_1=x_0-($ ㉡ $)$을 유도할 수 있다. 괄호 안의 ㉠, ㉡을 구하시오. (단, $f'(x_0)\neq0$이다.)

(2) (다)에서 정의한 연속함수 $S(t)$에 대하여 방정식 $S(t)=0$을 만족하는 근이 닫힌 구간 $[-1, 1]$에 적어도 하나 존재한다. 그 이유를 (가)에 근거하여 설명하시오.

(3) (다)에서 $a_0=1$, $g(x)=1-x^2$인 경우 (나)에 근거하여 방정식 $S(t)=0$을 만족하는 근의 제2차 근삿값 t_2를 구하시오. $\left(\text{단, } t_0=\frac{1}{2}\text{이다.}\right)$

(2) $a(t)$는 B의 단면의 색칠한 부분의 면적이므로 $a(-1)=0$이다.

예시 답안 및 해설 **57**쪽

문제 2 제시문을 읽고 물음에 답하시오.

(가) 함수 $f(x)=4x^3+6x^2-2x-1$의 그래프 위의 임의의 점 $(a,\ f(a))$에서 그래프의 접선의 x절편을 a_1이라 하고 a_n을 다음과 같이 귀납적으로 정의하자.

> 함수의 그래프 위의 점 $(a_k,\ f(a_k))$에서 그래프의 접선의 x절편을 a_{k+1}이라 하자.

(나) 충분히 큰 모든 자연수 n에 대하여 a_n이 어떤 실수 c에 충분히 가까이 있을 때 수열 $\{a_n\}$이 수렴한다고 한다. 수열 $\{a_n\}$이 수렴하면 수렴하는 값은 유일하다. 수열 $\{a_n\}$이 수렴하지 않을 때 발산한다고 한다.

(다) 모든 자연수 n에 대하여 $a_n \le a_{n+1}$이거나 모든 자연수 n에 대하여 $a_n \ge a_{n+1}$이면, 수열 $\{a_n\}$을 단조수열이라고 한다.

(라) 어떤 실수 $b,\ d(b<d)$가 있어서, 단조수열 $\{a_n\}$이 항상 $b \le a_n \le d$를 만족하면 $\{a_n\}$은 수렴한다.

(1) 방정식 $f(x)=0$의 해를 구하고, $a=1$일 때 수열 $\{a_n\}$의 수렴 · 발산에 대하여 논하고 $a=-2$일 때 수열 $\{a_n\}$의 수렴 · 발산에 대하여 설명하시오.

(2) 함수 $f(x)$의 극댓값과 극솟값의 x성분을 구하시오. 그리고 그래프의 접선의 x절편이 $\frac{1}{2}$인 접선의 식을 구하고, 이를 참고하여 $a=-\frac{10^9+1}{10^9}$일 때 수열 $\{a_n\}$의 수렴 · 발산에 대하여 설명하시오.

(3) 함수 $y=f(x)$의 변곡점의 x성분을 구하고, $a=0$일 때 수열 $\{a_n\}$의 수렴 · 발산에 대하여 설명하시오.

| 한양대학교 2011년 모의논술 |

점 $(a,\ f(a))$에서 그래프의 접선을 그리고, 접선의 x절편인 a_1의 범위를 구한다.
또, 점 $(a_1,\ f(a_1))$에서 그래프의 접선을 그리고, 접선의 x절편인 a_2의 범위를 구한다.
이와 같은 과정을 반복하여 수열 $\{a_n\}$이 닫힌 구간에서 단조수열임을 보인다.

주제별 강의 **제 7 장**

평균값의 정리

평균값의 정리

1 평균값의 정리

① 함수 $y=f(x)$가 닫힌 구간 $[a, b]$에서 연속이고, 열린 구간 (a, b)에서 미분가능하면

$$\frac{f(b)-f(a)}{b-a}=f'(c)$$

인 c가 열린 구간 (a, b)에 적어도 하나 존재한다.

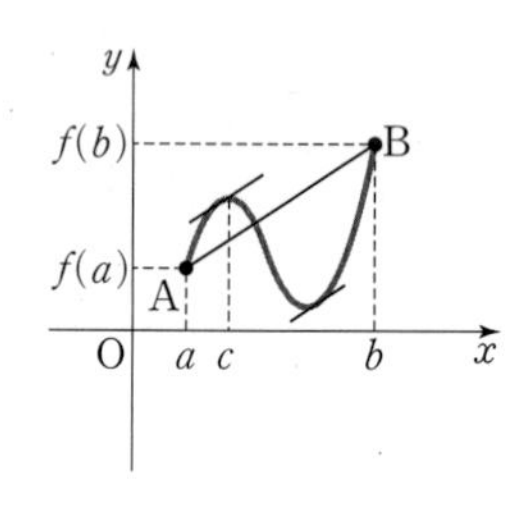

② 평균값의 정리의 기하학적인 의미는 a와 b 사이에 직선 AB와 평행한 접선이 적어도 하나 존재한다는 뜻이다.

2 평균값의 정리의 확장

함수 $y=f(x)$가 닫힌 구간 $[a, b]$에서 연속이고, 열린 구간 (a, b)에서 미분가능할 때 다음이 성립한다.

① $f(b)=f(a)+(b-a)f'(c)$ (단, $a<c<b$)

② $b-a=h$로 놓으면

$f(a+h)=f(a)+hf'(c)$ (단, $a<c<a+h$)

③ (수직선: a, c, b, x / θh, h)

$\frac{c-a}{b-a}=\theta(0<\theta<1)$로 놓으면 $c=a+\theta h$

$f(a+h)=f(a)+hf'(a+\theta h)$ (단, $0<\theta<1$)

예시 1 평균값의 정리를 이용하여 다음 극한값을 구하시오.

$$\lim_{x\to1}\frac{3^x-3}{x-1}$$

풀이 $f(x)=3^x$으로 놓으면 $f(x)$는 닫힌 구간 $[1, x]$에서 연속이고 열린 구간 $(1, x)$에서 미분가능하므로 평균값의 정리에 의하여 $\frac{3^x-3}{x-1}=f'(c)$ $(1<c<x)$인 c가 적어도 하나 존재한다.

$f'(x)=3^x\ln 3$이므로 $\frac{3^x-3}{x-1}=3^c\ln 3$ $(1<c<x)$인 c가 적어도 하나 존재한다.

그런데 $x\to1$일 때 $c\to1$이므로 $\lim_{x\to1}\frac{3^x-3}{x-1}=\lim_{c\to1}3^c\ln 3=3\ln 3$이다.

참고 다음 방법으로 구할 수도 있다.

① $x-1=h$로 놓으면 $x=1+h$이고 $x \to 1$일 때 $h \to 0$이므로

$$\lim_{x\to1}\frac{3^x-3}{x-1}=\lim_{h\to0}\frac{3^{1+h}-3}{h}=3\lim_{h\to0}\frac{3^h-1}{h}=3\ln 3\ \left(\lim_{h\to0}\frac{a^h-1}{h}=\ln a\ (a>0)\text{를 이용!}\right)$$

② $f(x)=3^x$으로 놓으면 $f'(x)=3^x\ln 3$이므로

$$\lim_{x\to1}\frac{3^x-3}{x-1}=\lim_{x\to1}\frac{f(x)-f(1)}{x-1}=f'(1)=3\ln 3\ \left(\lim_{x\to a}\frac{f(x)-f(a)}{x-a}=f'(a)\text{를 이용!}\right)$$

③ $\lim_{x\to1}\frac{3^x-3}{x-1}=\lim_{x\to1}\frac{(3^x-3)'}{(x-1)'}=\lim_{x\to1}3^x\ln 3=3\ln 3$ (로피탈의 정리를 이용!)

두 수열 $\{a_n\}$, $\{b_n\}$이 다음 두 조건 (가), (나)를 만족할 때, 함수 $f(x)=\sin^2 x+e^{2x}$에 대하여 $\lim_{n\to\infty}\frac{f(b_n)-f(a_n)}{b_n-a_n}$의 값을 구하시오.

> (가) $-1<a_n<a_{n+1}<0<b_{n+1}<b_n<1$
>
> (나) $\lim_{n\to\infty}a_n=0$, $\lim_{n\to\infty}\sum_{k=1}^{n}b_k=\frac{1}{\pi}$

풀이 $f(x)$는 실수 전체에서 연속이고 미분가능한 함수이므로 평균값의 정리에 의하여

$\frac{f(b_n)-f(a_n)}{b_n-a_n}=f'(c_n)$ $(a_n<c_n<b_n)$인 c_n이 존재한다.

조건 (나)에서 $\lim_{n\to\infty}a_n=0$이고 $\lim_{n\to\infty}\sum_{k=1}^{n}b_k=\frac{1}{\pi}$ (수렴)이므로 $\lim_{n\to\infty}b_n=0$이다.

그러므로 $0=\lim_{n\to\infty}a_n\le\lim_{n\to\infty}c_n\le\lim_{n\to\infty}b_n=0$에서 $\lim_{n\to\infty}c_n=0$이다. (조임 정리)

$f'(x)=2\sin x\cos x+2e^{2x}$이므로

$\lim_{n\to\infty}\frac{f(b_n)-f(a_n)}{b_n-a_n}=\lim_{n\to\infty}f'(c_n)=f'(0)=2$이다.

도함수가 0인 함수에 대하여 알아보려고 한다. 물음에 답하시오.

(1) 구간 (a, b)에 속하는 모든 x에 대하여 $f'(x)=0$이면 f는 구간 (a, b)에서 상수함수가 됨을 설명하시오.

(2) 상수함수가 아닌 함수 $g(x)=\begin{cases}1 & (x>0)\\ -1 & (x<0)\end{cases}$에 대하여 $g'(x)$를 구하고, 이 결과를 (1)의 내용과 연관시켜 설명하시오.

| 서울대학교 2008년 정시 응용 |

풀이 (1) $f'(x)=0$이므로 도함수 $f'(x)$는 모든 구간에서 연속이다. 여기에 구간 (a, b)에 속하는 서로 다른 x_1, x_2에 대하여 평균값의 정리를 적용하면 $\frac{f(x_2)-f(x_1)}{x_2-x_1}=f'(c)=0$ $(a<c<b)$를 만족하므로 구간 (a, b)에 속하는 임의의 x_1, x_2에 대하여 $f(x_2)=f(x_1)$이다.

따라서 함수 $f(x)$는 구간 (a, b)에서 상수함수이다.

(2) 함수 $g(x)$는 구간 $(-\infty, 0)$과 $(0, \infty)$에서 각각 상수함수이므로 $g'(x)=0(x\neq0)$이고 $g(x)$는 $x=0$에서 불연속이므로 $g'(0)$은 존재하지 않는다.

따라서 $g(x)$는 $(-\infty, \infty)$에서 상수함수라고 할 수 없다.

예시 4 어느 한적한 도로에서 뺑소니 사건이 일어나 한 보행자가 사망하였다. 도로 위의 CCTV를 분석한 결과 아쉽게도 사건 현장은 포착되지 않았으나 사건이 일어난 추정시각 1시간을 전후로 하여 이 도로 위를 운전한 사람은 A씨 한 사람뿐이었다는 사실이 밝혀졌다. A씨의 알리바이를 분석한 결과 A씨는 약 30분 동안 총 58 km를 운전하였다는 사실을 알아내었다. 또한, 시신의 상태와 도로 위의 혈흔, 타이어 자국을 분석한 결과 이 보행자는 110 km/h로 충돌하여 사망했다는 사실을 얻어내었다고 할 때, A씨를 유력한 용의자로 기소할 수 있는지 조사하시오.

| 경북대학교 2008년 모의논술 응용 |

풀이 A씨를 유력한 용의자로 기소할 수 있으려면 A씨가 운전한 30분 동안에 적어도 한 번은 110 km/h로 운전하였다는 사실을 입증할 수 있어야 한다. 먼저, A씨가 30분 동안 총 58 km를 운전하였다는 사실로 미루어 A씨는 평균 속력 116 km/h로 운전하였다고 볼 수 있다. 이때, 시간에 따른 속력에 대한 함수는 연속함수로 볼 수 있으므로 이 함수가 미분가능하면 평균값의 정리에 의하여 전체의 평균 속력은 A씨가 운전하던 어느 한 순간의 순간 속력과 같다고 볼 수 있다. 따라서 A씨는 적어도 한 순간에는 116 km/h의 속력으로 운전하였다고 볼 수 있다. 이때, A씨가 운전을 시작했을 때와 운전을 마쳤을 때는 속력이 0 km/h이므로 사이값의 정리에 의하여 최소한 두 번은 속력이 정확히 110 km/h이었을 때가 있다. 따라서 A씨는 이 사건의 유력한 용의자로 충분히 기소할 수 있다.

제시문을 읽고 물음에 답하시오.

(가) x에 관한 다항식 $f(x)$가 $(x-a)^2$으로 나누어떨어지기 위한 필요충분조건은 $f(a)=0$, $f'(a)=0$이다.

(나) 함수 $f(x)$가 어떤 구간에서 미분가능하고 그 구간에서 항상 $f'(x)>0$이면 $f(x)$는 그 구간에서 단조증가한다.

(다) 함수 $f(x)$가 닫힌 구간 $[a, b]$에서 연속이고 열린 구간 (a, b)에서 미분가능하면

$$\frac{f(b)-f(a)}{b-a}=f'(c) \text{ (단, } a<c<b\text{)}$$

인 c가 적어도 하나 존재한다.

(1) n을 자연수라고 할 때, 다항식 $f(x)=a_nx^{n+1}+b_nx^n+1$이 $(x-1)^2$으로 나누어떨어지도록 a_n, b_n을 구하시오.

(2) 함수 $f(x)=(x+2)e^{-x}$의 도함수 $f'(x)$는 $x>0$에서 단조증가하는 것을 보이고, 이를 이용하여 $0<a<b$일 때 $-(a+1)e^{-a}<\dfrac{(b+2)e^{-b}-(a+2)e^{-a}}{b-a}<-(b+1)e^{-b}$이 성립함을 증명하시오.

(3) 함수 $f(x)=\dfrac{3}{2}x(1-x)$라 하고 수열 $\{a_n\}$에 대하여 $a_1=\dfrac{1}{2}$, $a_{n+1}=f(a_n)$ $(n=1, 2, \cdots)$이고, $\dfrac{1}{3}<a_n<\dfrac{1}{2}$ $(n\geq 2)$이 만족될 때, $\dfrac{3a_{n+1}-1}{3a_n-1}<\dfrac{1}{2}$임을 보이시오.

| 한양대학교 에리카 2015년 모의논술 |

(2) $f(x)=(x+2)e^{-x}$일 때

$$\frac{(b+2)e^{-b}-(a+2)e^{-a}}{b-a}=\frac{f(b)-f(a)}{b-a}$$

이다.

(3)

$$\frac{3a_{n+1}-1}{3a_n-1}=\frac{a_{n+1}-\frac{1}{3}}{a_n-\frac{1}{3}}=\frac{f(a_n)-f\left(\frac{1}{3}\right)}{a_n-\frac{1}{3}}$$

임을 유의한다.

문제 2

제시문을 읽고 물음에 답하시오.

(가) 함수 $f(x)$와 실수 a에 대하여 극한값

$$\lim_{\Delta x\to 0}\frac{f(a+\Delta x)-f(a)}{\Delta x}=\lim_{x\to a}\frac{f(x)-f(a)}{x-a}$$

가 존재할 때, 함수 $f(x)$는 $x=a$에서 미분가능이라 하고, 이 극한값을 $f'(a)$로 표현한다.

(나) 함수 $f(x)$가 구간 $[a,\ b]$에서 연속이고 구간 $(a,\ b)$에서 미분가능하면

$$\frac{f(b)-f(a)}{b-a}=f'(c)$$

인 c가 a와 b 사이에 적어도 하나 존재한다. 이를 평균값의 정리라 한다.

실수 전체의 집합에서 정의된 미분가능한 함수 $f(x)$가 있다.

(1) 다음의 필요충분조건을 증명하시오.

> 모든 실수 x에 대하여 $|f'(x)|\le 1$이다.
> $\Longleftrightarrow$ 모든 실수 s, t에 대하여 $|f(s)-f(t)|\le|s-t|$이다.

(2) 모든 실수 x에 대하여 $|f'(x)|\le 1$이고 $f(0)=0$일 때, 모든 실수 a, b에 대하여

$$|b^2f(b)-a^2f(a)|\le|b^3-a^3|$$

임을 보이시오.

| 인하대학교 2014년 수시 |

(1) 필요충분조건
$p(x)\Longleftrightarrow q(x)$
의 증명은
$p(x)\Longrightarrow q(x)$,
$q(x)\Longrightarrow p(x)$
가 성립함을 각각 보인다.

문제 3

$(1+x)^{\frac{1}{4}}$의 근사식을 찾아보려고 한다. 물음에 답하시오.

(1) $|x|\le\frac{1}{2}$일 때, 부등식 $\left|(1+x)^{\frac{1}{4}}-1\right|\le\frac{|x|}{2}$가 성립함을 설명하시오.

(2) $|x|\le\frac{1}{2}$일 때, 부등식 $\left|(1+x)^{\frac{1}{4}}-\left(1+\frac{1}{4}x\right)\right|\le\frac{3x^2}{4}$이 성립함을 설명하시오.

| 서울대학교 2008년 정시 응용 |

(1) $f(x)=(1+x)^{\frac{1}{4}}-1$로 놓으면 $f(0)=0$이므로 평균값의 정리에 의하여

$$\frac{f(x)-f(0)}{x-0}=f'(c)\quad(0<c<x)$$

인 c가 존재한다.

문제 4 제시문을 읽고 물음에 답하시오.

(가) [사이값의 정리] 함수 $g(x)$가 닫힌 구간 $[a, b]$에서 연속이고 $g(a) \neq g(b)$일 때, $g(a)$와 $g(b)$ 사이의 임의의 실수 r에 대하여 $g(c)=r$인 실수 c가 열린 구간 (a, b)에서 적어도 하나 존재한다.

(나) [평균값의 정리] 함수 $h(x)$가 닫힌 구간 $[a, b]$에서 연속이고 열린 구간 (a, b)에서 미분가능하면 $\frac{h(b)-h(a)}{b-a}=h'(c)$인 실수 c가 a와 b 사이에 적어도 하나 존재한다.

(다) 함수 $f(x)$는 다음 조건을 만족시킨다.

① 함수 $f(x)$는 미분가능하고, 도함수 $f'(x)$가 연속이다.

② $f(0)=0$, $f(1)=1$이다.

(1) (다)의 조건과 임의의 실수 x, y에 대하여 $f(x+y)=f(x)+f(y)+6xy$를 만족시키는 함수 $f(x)$를 구하시오.

(2) 함수 $f(x)$가 (다)의 조건을 만족시키면 $\frac{1}{f'(c_1)}+\frac{1}{f'(c_2)}=2$이고 $0 \le c_1 < c_2 \le 1$인 c_1, c_2가 존재함을 보이시오.

(3) 함수 $f(x)$가 (다)의 조건을 만족시키면 임의의 자연수 n에 대하여

$\frac{1}{f'(c_1)}+\cdots+\frac{1}{f'(c_n)}=n$이고 $0 \le c_1 < \cdots < c_n \le 1$인 $c_1, \cdots, c_n$이 존재함을 보이시오.

| 한양대학교 2015년 수시 |

(1) 도함수의 정의를 이용하여 $f'(x)$를 구한다.

(2) 구간 $[0, x_0]$과 $[x_0, 1]$에 대하여 평균값의 정리를 각각 적용한다. 이때, $0 < c_1 < x_0 < c_2 < 1$이다.

문제 5 물음에 답하시오.

> [평균값의 정리] 함수 $f(x)$가 닫힌 구간 $[a, b]$에서 연속이고, 열린 구간 (a, b)에서 미분 가능하면 $\dfrac{f(b)-f(a)}{b-a}=f'(c)$ …… ㉠
>
> 인 $c\in(a, b)$가 적어도 하나 존재한다.
>
> 참고로 식 ㉠은 다음과 같이 나타낼 수도 있다. 여기서 $b-a=h$이고 $0<\theta<1$이다.
>
> $f(a+h)=f(a)+hf'(a+\theta h)$ …… ㉡

(1) 식 ㉠을 바탕으로 한 평균값의 정리는 기하학적으로 어떠한 의미들을 갖는가?

(2) 함수 $f(x)=\dfrac{1}{x}$이 평균값의 정리의 식 ㉡으로부터 얻어지는 $f(1+h)=f(1)+hf'(1+\theta h)$를 만족할 때, h가 충분히 작아지면 θ는 어떤 값으로 수렴하는가?

| 연세대학교(원주) 2009년 모의논술 응용 |

(2) θ를 h에 대한 식으로 나타낸다.

문제 6 물음에 답하시오.

(1) 좌표평면 상의 구간 $[a, b]$에서 정의된 직선 $f(x)$가 있을 때, 이것의 길이 L을 평균값의 정리를 활용해 나타내시오.

(2) 구간 $[a, b]$에서 정의된 곡선 $f(x)$의 길이는 $L\approx\int_a^b\sqrt{1+\{f'(x)\}^2}\,dx$와 같이 근사시킬 수 있다. 평균값의 정리를 활용해 이 식을 유도하고 그 과정을 설명하시오.

(3) 좌표평면 상에 $y=\dfrac{e^x+e^{-x}}{2}-1$인 곡선과 반지름이 $\dfrac{3}{8\pi}$인 원이 오른쪽 그림과 같이 원점에서 접하도록 위치해 있다. 원 위의 점 P가 현재 원점에 있고, 원이 곡선과 접하면서 오른쪽으로 미끄러짐 없이 굴러 올라간다. 점 P가 다시 곡선과 최초로 만났을 때의 원의 중심의 좌표를 구하시오.

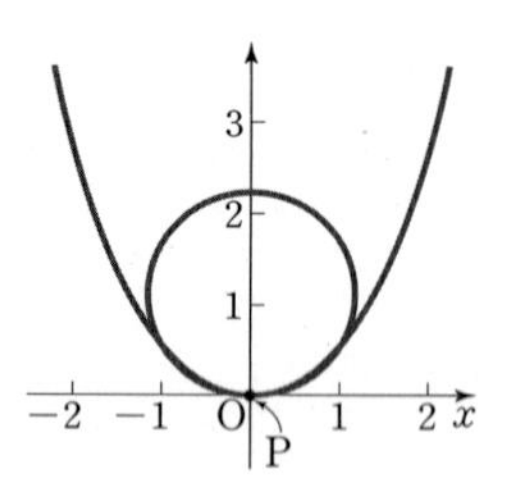

| 서울대학교 2008년 심층면접 |

(2) a와 b 사이의 길이를 n등분하여
$a=x_0<x_1<\cdots<x_n=b$,
$\Delta x=x_k-x_{k-1}=\dfrac{b-a}{n}$
로 놓는다.

참고 적분에 관한 평균값의 정리

(1) 함수 $f(x)$가 구간 $[a, b]$에서 연속이면

$\frac{1}{b-a}\int_a^b f(x)\,dx=f(c)$ $\left(\text{또는 } \int_a^b f(x)\,dx=f(c)(b-a)\right)$를 만족하는 c가 a와 b 사이에 적어도 하나 존재한다.

(2) 적분에 관한 평균값의 정리의 기하학적인 의미는 구간 $[a, b]$에서 $f(x)\geq 0$일 때 $y=f(x)$와 x축 및 두 직선 $x=a$, $x=b$로 둘러싸인 도형의 넓이가 밑변의 길이가 $b-a$이고 높이가 $f(c)$인 직사각형의 넓이와 같다는 것을 의미한다.

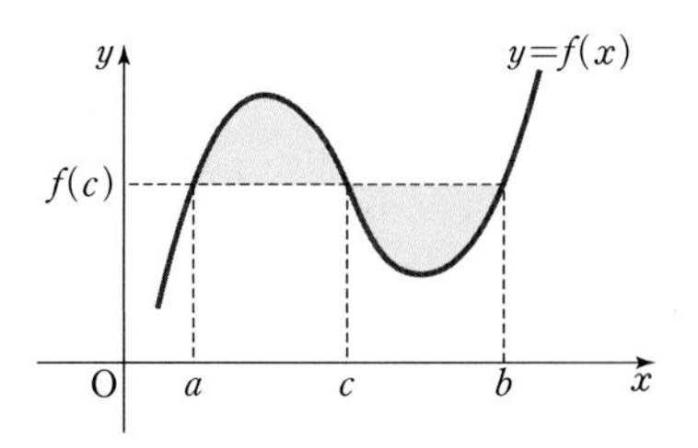

(3) 적분에 관한 평균값의 정리를 사이값의 정리를 이용하여 증명해 보자.

증명 $f(x)$가 구간 $[a, b]$에서 연속이므로 $f(x)$는 최댓값 M과 최솟값 m을 갖는다. 즉, $m\leq f(x)\leq M$이다.

각 항에 구간 $[a, b]$에서의 정적분을 취하면 $\int_a^b m\,dx\leq\int_a^b f(x)\,dx\leq\int_a^b M\,dx$이므로

$m(b-a)\leq\int_a^b f(x)\,dx\leq M(b-a)$이다.

이때, 각 항을 $b-a$로 나누면 $m\leq\frac{1}{b-a}\int_a^b f(x)\,dx\leq M$이 된다.

여기에서 $f(x)$는 구간 $[a, b]$에서 연속이므로 사이값의 정리에 의하여 $\frac{1}{b-a}\int_a^b f(x)\,dx=f(c)$가 되는 c가 a와 b 사이에 적어도 하나 존재한다.

문제 7 구간 $[a, b]$에서 연속인 함수 f에 대하여 $\frac{1}{b-a}\int_a^b f(x)\,dx=f(c)$를 만족하는 c가 a와 b 사이에 적어도 하나 존재한다. 이것을 '적분에 관한 평균값의 정리'라고 한다.

이것을 이용하여 도함수 $f'(x)$가 구간 $[a, b]$에서 연속이면 $\frac{f(b)-f(a)}{b-a}=f'(c)$를 만족하는 c가 a와 b 사이에 적어도 하나 존재한다는 '미분에 관한 평균값의 정리'를 유도하시오.

| 서울대학교 2008년 정시 응용 |

함수 $f'(x)$가 구간 $[a, b]$에서 연속이면 $f'(x)$에 대하여 적분에 관한 평균값의 정리를 적용할 수 있다.

제시문을 읽고 물음에 답하시오.

(가) [평균값의 정리] 함수 $f(x)$가 닫힌 구간 $[a, b]$에서 연속이고 열린 구간 (a, b)에서 미분가능하면 $\frac{f(b)-f(a)}{b-a}=f'(c)$를 만족하는 $c\in(a, b)$가 적어도 하나 존재한다.

(나) [정적분과 미분의 관계] 함수 $f(x)$가 닫힌 구간 $[a, b]$에서 연속일 때, 함수 $F(x)$를 $F(x)=\int_a^x f(t)\,dt$와 같이 정의하자.

그러면 $F(x)$는 $x\in[a, b]$에서 연속이고 $\frac{d}{dx}F(x)=f(x)$가 $x\in(a, b)$에 대해서 성립한다.

(1) 함수 $f(x)$가 닫힌 구간 $[a, b]$에서 연속이면 $\frac{1}{b-a}\int_a^b f(x)\,dx=f(c)$를 만족하는 c가 열린 구간 (a, b)에 존재함을 보이시오.

(2) 자연수 n에 대하여 0이 아닌 실수 $a_0, a_1, \cdots, a_n$이 $\frac{a_0}{1}+\frac{a_1}{3}+\frac{a_2}{5}+\cdots+\frac{a_n}{2n+1}=0$을 만족한다. 이때, 방정식 $a_0+a_1x^2+a_2x^4+\cdots+a_nx^{2n}=0$의 실근이 적어도 두 개임을 보이시오.

| 서울과학기술대학교 2015년 모의논술 |

(1) $F(x)=\int_a^x f(t)\,dt$로 놓고 $F(x)$에 평균값의 정리를 적용한다.

주제별 강의 **제 8 장**

그래프의 모양(위·아래로 볼록)

그래프의 모양(위 · 아래로 볼록)

(1) 어떤 구간에서 곡선 $y=f(x)$가 아래로 볼록(또는 위로 오목)하다는 것은 $y=f(x)$ 위의 임의의 두 점 A, B에 대하여 이 두 점 사이에 있는 곡선 부분이 선분 AB보다 항상 아래(또는 위에)에 있거나 같은 위치에 있다는 것이다.

(2) 곡선 $y=f(x)$에서 $f\left(\dfrac{a+b}{2}\right)\le\dfrac{f(a)+f(b)}{2}$이면 $y=f(x)$의 그래프는 아래로 볼록하고, $f\left(\dfrac{a+b}{2}\right)\ge\dfrac{f(a)+f(b)}{2}$이면 $y=f(x)$의 그래프는 위로 볼록하다.

$y=f(x)$가 아래로 볼록할 때, 두 수 a, b에 대하여 $f\left(\dfrac{a+b}{2}\right)\le\dfrac{f(a)+f(b)}{2}$가 성립함을 알아보자.

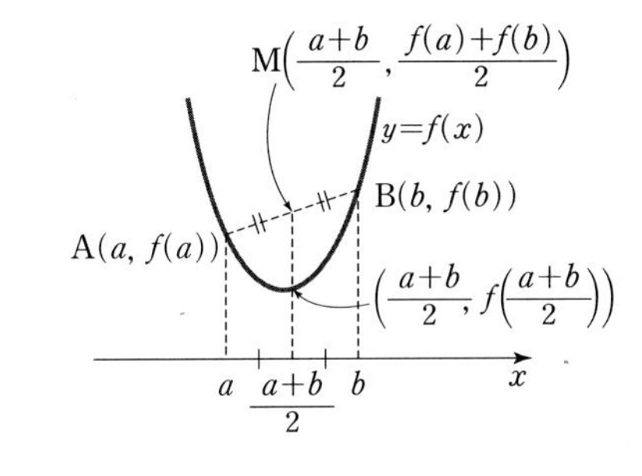

오른쪽 그림에서 $y=f(x)$ 위의 두 점 $\mathrm{A}(a, f(a))$, $\mathrm{B}(b, f(b))$를 이은 선분의 중점 M의 좌표는

$$\mathrm{M}\left(\dfrac{a+b}{2}, \dfrac{f(a)+f(b)}{2}\right)$$

이다. 점 M에서 x축에 수선을 내리면 그 점의 좌표는 $\left(\dfrac{a+b}{2}, 0\right)$이 되고, 이 x값에 대한 $y=f(x)$의 값은 $f\left(\dfrac{a+b}{2}\right)$이다.

$y=f(x)$의 그래프가 아래로 볼록하므로 $f\left(\dfrac{a+b}{2}\right)\le\dfrac{f(a)+f(b)}{2}$가 성립한다.

(3)

정의식	$f\left(\dfrac{a+b}{2}\right)\le\dfrac{f(a)+f(b)}{2}$	$f\left(\dfrac{a+b}{2}\right)\ge\dfrac{f(a)+f(b)}{2}$
그래프의 모양	아래로 볼록	위로 볼록
예	$y=2^x$	$y=\log_2 x$

예	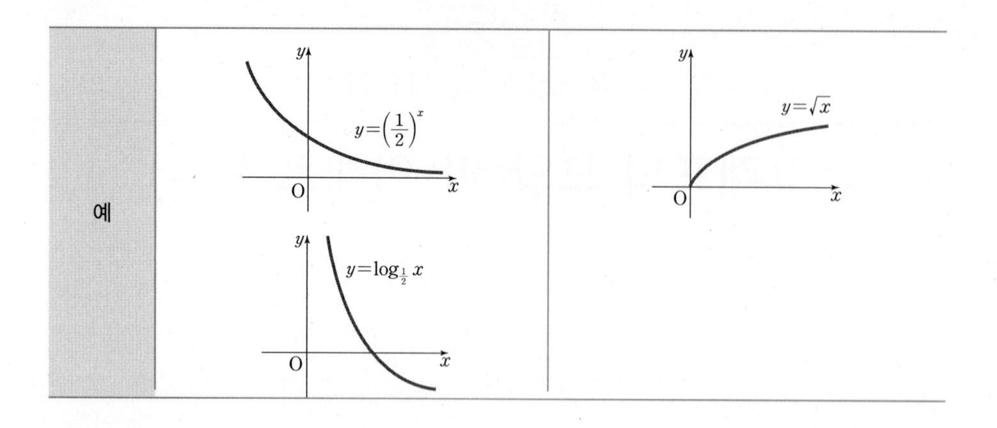

참고 $y=f(x)$의 그래프가 아래로 볼록한 경우를 나타내는 식

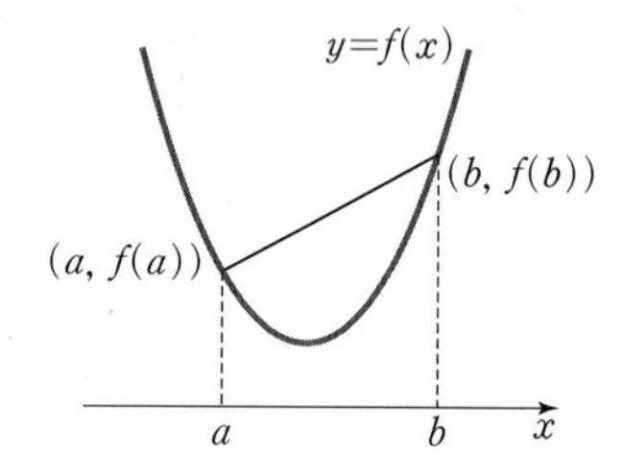

① $f\left(\frac{a+b}{2}\right) \le \frac{f(a)+f(b)}{2}$

② $a<b$일 때, $f'(a)<f'(b)$

③ $a<b$일 때, $f'(a)<\frac{f(b)-f(a)}{b-a}$

④ $f''(x)>0$

⑤ $\int_a^b f(x)\,dx < \frac{1}{2}(b-a)\{f(a)+f(b)\}$

(4) $f(x)$가 미분가능할 때 $f(x)$의 그래프가 아래로 볼록하면 오른쪽 그림에서 두 점 $(a, f(a))$, $(b, f(b))$를 지나는 직선의 기울기보다 점 $(b, f(b))$에서의 접선의 기울기가 더 크다. 따라서

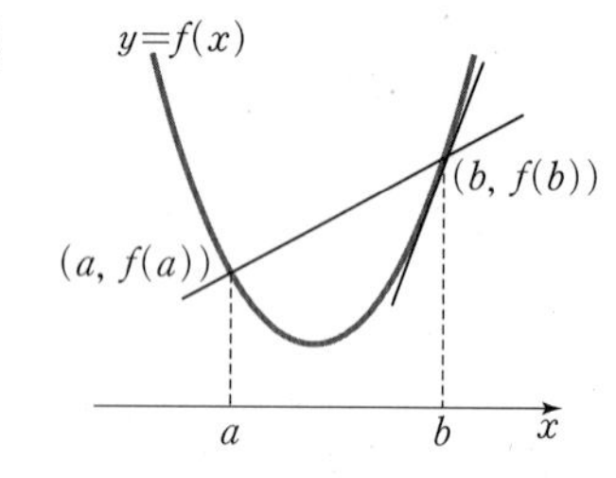

$$\frac{f(b)-f(a)}{b-a} \le f'(b),\ f(b)-f(a) \le f'(b)(b-a)$$

이다.

여기에서 a 대신 x, b 대신 y로 바꾸어 대입하면

$$f(y)-f(x) \le f'(y)(y-x)$$

이다.

(이때, $f(y)-f(x) \ge f'(x)(y-x)$도 성립한다.)

(5) 구간 (a, b)에 속하는 임의의 실수 p, q와 $0<t<1$인 실수 t에 대하여

$$f(tp+(1-t)q) \le tf(p)+(1-t)f(q)$$

를 만족할 때 함수 f는 구간 (a, b)에서 아래로 볼록하다고 한다.

($f(tp+(1-t)q) \ge tf(p)+(1-t)f(q)$이면 f는 위로 볼록하다.)

위의 식이 성립함을 알아보면 다음과 같다.

오른쪽 그림에서 곡선 $y=f(x)$가 아래로 볼록할 때, 두 점 $(p, f(p))$, $(q, f(q))$를 이은 선분을 $(1-t):t$로 내분한 점은 $(tp+(1-t)q,\ tf(p)+(1-t)f(q))$이고, $y=f(x)$ 위의 $x=tp+(1-t)q$일 때 y의 값은 $f(tp+(1-t)q)$이므로 $f(tp+(1-t)q) \le tf(p)+(1-t)f(q)$가 성립한다.

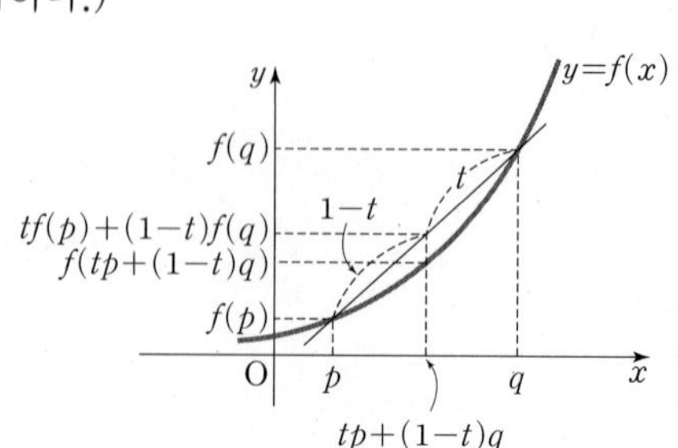

(6) (5)의 식에서 수학적 귀납법을 사용하여 확장시킬 수 있다.

함수 $f(x)$가 구간 (a, b)에서 아래로 볼록할 때 구간 (a, b)에 있는 실수 $x_1, x_2, \cdots, x_n$과 $t_1+t_2+\cdots+t_n=1$인 양의 실수 $t_1, t_2, \cdots, t_n$에 대하여

$$f(t_1x_1+t_2x_2+\cdots+t_nx_n)\le t_1f(x_1)+t_2f(x_2)+\cdots+t_nf(x_n)$$

이 성립한다.

위의 식을 덴마크의 수학자 젠센(Jensen)의 이름을 따서 젠센의 부등식이라고 부른다.

(함수 $f(x)$가 위로 볼록하면

$f(t_1x_1+t_2x_2+\cdots+t_nx_n)\ge t_1f(x_1)+t_2f(x_2)+\cdots+t_nf(x_n)$

이 성립한다.)

함수의 볼록성에 대한 엄밀한 수학적 정의는 다음과 같다.

$f(x)$는 구간 $[a, b]$에서 정의된 함수이다. 임의의 $p, q, r\in[a, b]$ $(p<q<r)$에 대하여 점 $(q, f(q))$가 두 점 $(p, f(p))$, $(r, f(r))$를 잇는 선분에 포함되거나 그 아래(또는 위)에 있을 때, $f(x)$는 구간 $[a, b]$에서 아래로(또는 위로) 볼록이라고 부른다.

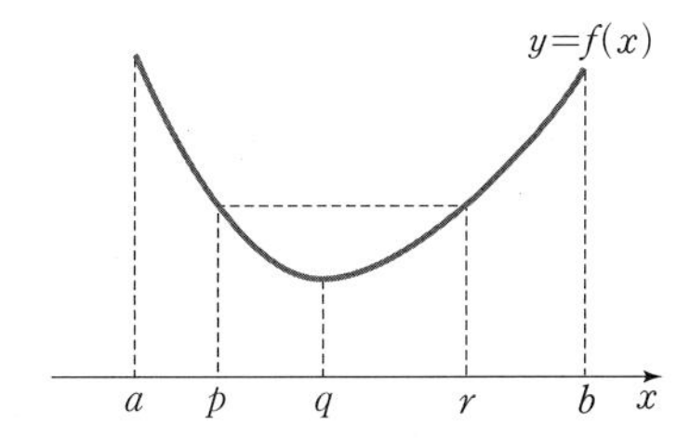

함수 $f(x)$가 구간 $[a, b]$에서 연속이고 구간 (a, b)에서 미분가능할 때, 평균값의 정리를 사용하여 다음의 사실들을 설명하시오.

(1) $f'(x)>0$ $(x\in(a, b))$이면 $f(x)$는 증가함수이다(즉, $x_1<x_2$이면 $f(x_1)<f(x_2)$이다.).

(2) $f(x)$가 구간 (a, b)에서 두 번 미분가능하고, $f''(x)>0$ $(x\in(a, b))$이면 $f(x)$는 아래로 볼록이다.

| 서울시립대학교 2009년 모의논술 응용 |

(1) 구간 $[a, b]$에서 연속인 함수 $f(x)$가 구간 (a, b)에서 미분가능하면

$$\frac{f(b)-f(a)}{b-a}=f'(c)$$

를 만족하는 $c\in(a, b)$가 적어도 하나 존재한다.

문제 2 제시문을 읽고 물음에 답하시오.

> 어떤 구간에서 정의된 함수 $f(x)$가 구간의 끝 점이 아닌 모든 실수 x에 대해 부등식 $f''(x)<0$을 만족한다.

(1) 직선 $y=cx+d$가 곡선 $y=f(x)$의 끝 점이 아닌 점에서의 접선이면, $f(x)$의 정의역에 속하는 모든 실수 x에 대해 부등식

$$f(x)\le cx+d$$

가 성립함을 설명하시오.

(2) 위 (1)의 부등식을 사용하여 임의의 양의 정수 n과 $f(x)$의 정의역에 속하는 임의의 실수 $a_1, a_2, \cdots, a_n$에 대해 부등식

$$f\left(\frac{a_1+a_2+\cdots+a_n}{n}\right)\ge\frac{1}{n}\{f(a_1)+f(a_2)+\cdots+f(a_n)\}$$

이 성립함을 설명하시오. 또, 등식이 성립할 조건은 무엇인지 설명하시오.

(3) 위 (2)의 부등식을 사용하여 임의의 양의 정수 n과 임의의 양수 $a_1, a_2, \cdots, a_n$에 대해 부등식

$$\frac{a_1+a_2+\cdots+a_n}{n}\ge\sqrt[n]{a_1a_2\cdots a_n}$$

이 성립함을 설명하시오. 또, 등식이 성립할 조건은 무엇인지 설명하시오.

| 한양대학교 2012년 의예과 모의 수리사고 평가 |

(1) 접점을 $(m, f(m))$이라고 하면 접선의 방정식은 $y=f'(m)(x-m)+f(m)$이므로 $c=f'(m)$, $d=-mf'(m)+f(m)$이다.

제시문을 읽고 물음에 답하시오.

(가) 함수 f가 다음 조건을 만족하면 함수 f의 그래프가 위로 볼록하다.

[조건 1] 함수 f는 두 번 미분가능한 함수이고 정의역 위의 모든 실수 x에 대하여 다음을 만족한다.

$$f''(x)<0$$

[조건 2] 함수 f는 정의역 위의 모든 실수 x, y에 대하여 다음을 만족한다.

$$tf(x)+(1-t)f(y)\le f(tx+(1-t)y)\ (0\le t\le 1)$$

[조건 3] 함수 f는 미분가능한 함수이고 정의역 위의 모든 실수 x, y에 대하여 다음을 만족한다.

$$f(y)-f(x)\le (y-x)f'(x)$$

(나) 함수 f가 [조건 1]을 만족하면, 함수 f는 [조건 2]도 만족한다.

(다) 함수 f가 미분가능하고 [조건 2]를 만족하면, 함수 f는 [조건 3]도 만족한다.

(1) $f(x)=\sqrt[3]{x}\ (x>0)$이고, x, $y>0$일 때 다음이 성립함을 보이시오.

$$tf(x)+(1-t)f(y)\le f(tx+(1-t)y)\ (0\le t\le 1)$$

(2) (나)를 이용하여 다음 합보다 큰 정수 중 최솟값을 구하시오.

$$S=\frac{1}{\sqrt[3]{2^2}}+\frac{1}{\sqrt[3]{3^2}}+\cdots+\frac{1}{\sqrt[3]{1000^2}}$$

| 한양대학교 에리카 2014년 모의논술 |

(2) $f(x)=\sqrt[3]{x}$일 때

$f'(x)=\dfrac{1}{3\sqrt[3]{x^2}}$

임을 이용한다.

제시문을 읽고 물음에 답하시오.

함수 $f(x)$는 구간 I에서 정의되고, x_1, $x_2 \in I$라 하자. x_1과 x_2 사이에 있는 실수는 0보다 크고 1보다 작은 적당한 t에 대하여 $(1-t)x_1+tx_2$로 표시된다.
$x_1 \le x \le x_2$일 때, $y=f(x)$의 그래프가 두 점 $(x_1, f(x_1))$과 $(x_2, f(x_2))$를 잇는 직선의 아래에 있으면 함수 $f(x)$는 아래로 볼록하다고 말한다. 다시 말해서, 다음과 같이 정의할 수 있다.

[정의 1] 함수 $f(x)$는 구간 I에서 정의된다. 모든 x_1, $x_2 \in I$와 $0<t<1$인 모든 실수 t에 대하여 부등식

$$f((1-t)x_1+tx_2) \le (1-t)f(x_1)+tf(x_2) \quad \cdots\cdots ㉠$$

가 성립하면 $f(x)$는 구간 I에서 아래로 볼록하다고 한다.

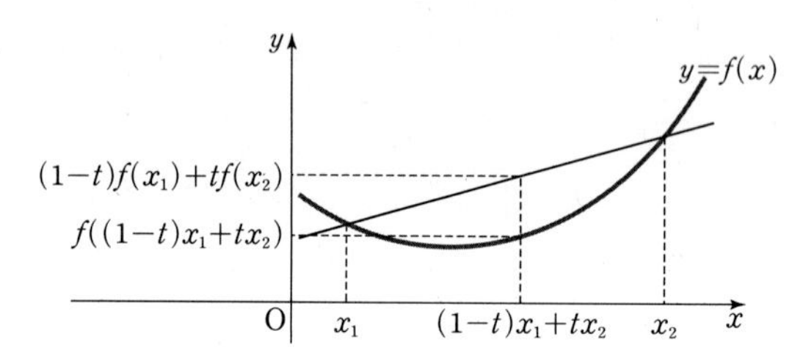

[그림 1] 아래로 볼록한 함수의 그래프

수학적 귀납법을 사용하여 부등식 ㉠을 확장시킬 수 있다.

[정리 1] 함수 $f(x)$가 구간 I에서 아래로 볼록하다고 하자. 그러면 I에 있는 모든 실수 x_1, x_2, $\cdots$, x_n과 $t_1+t_2+\cdots+t_n=1$인 모든 양의 실수 t_1, t_2, $\cdots$, t_n에 대하여 다음 부등식이 성립한다.

$$f(t_1x_1+t_2x_2+\cdots+t_nx_n) \le t_1f(x_1)+t_2f(x_2)+\cdots+t_nf(x_n) \quad \cdots\cdots ㉡$$

[정의 1]에서 부등식 ㉠과 반대 방향의 부등식이 성립할 때, 함수 $f(x)$는 구간 I에서 위로 볼록하다고 말한다. 위로 볼록한 함수에 대하여 ㉡과 반대 방향의 확장된 부등식이 성립할 것은 분명하다.

[정리 2] 함수 $f(x)$가 구간 I에서 위로 볼록하다고 하자. 그러면 I에 있는 모든 실수 x_1, x_2, $\cdots$, x_n과 $t_1+t_2+\cdots+t_n=1$인 모든 양의 실수 t_1, t_2, $\cdots$, t_n에 대하여 다음 부등식이 성립한다.

$$f(t_1x_1+t_2x_2+\cdots+t_nx_n) \ge t_1f(x_1)+t_2f(x_2)+\cdots+t_nf(x_n) \quad \cdots\cdots ㉢$$

덴마크의 수학자 젠센(Jensen)의 이름을 따서 부등식 ㉡과 ㉢을 젠센의 부등식이라 부른다. 함수의 볼록함은 이계도함수를 이용하면 쉽게 확인할 수 있다.

[정리 3] 함수 $f(x)$가 구간 I에서 두 번 미분가능하다면 다음이 성립한다.
(ㄱ) 구간 I에서 $f''(x)>0$이면, $f(x)$는 I에서 아래로 볼록하다.
(ㄴ) 구간 I에서 $f''(x)<0$이면, $f(x)$는 I에서 위로 볼록하다.

젠센의 부등식을 이용하여 다른 부등식들을 증명할 수 있다. 이차함수 $f(x)=x^2$을 생각하자. 이계도함수는 $f''(x)=2>0$이므로 $f(x)=x^2$은 항상 아래로 볼록하다.

부등식 ㉠에서 $t=\frac{1}{2}$로 놓으면 모든 x_1, x_2에 대하여 부등식

$$\left(\frac{x_1+x_2}{2}\right)^2 \le \frac{x_1^2}{2}+\frac{x_2^2}{2}$$

이 성립한다. 이 식을 정리하면

$$x_1x_2 \le \frac{x_1^2+x_2^2}{2}$$

이 되고, 이제 $x_1^2=a$, $x_2^2=b$로 놓으면 유명한 산술평균-기하평균 부등식을 얻는다.

[예제] 양의 실수 a, b, c가 $a+b+c=1$을 만족할 때,

$$\left(a+\frac{1}{a}\right)^3+\left(b+\frac{1}{b}\right)^3+\left(c+\frac{1}{c}\right)^3$$

의 최솟값을 구해 보자. 먼저 함수 $f(x)=\left(x+\frac{1}{x}\right)^3$을 생각한다. $x>0$이면

$$f''(x)=6\left(x+\frac{1}{x}\right)\left(1-\frac{1}{x^2}\right)^2+6\left(x+\frac{1}{x}\right)^2\frac{1}{x^3}>0$$

이므로 $f(x)$는 아래로 볼록하다. 주어진 식은

$$f(a)+f(b)+f(c)=\frac{3\{f(a)+f(b)+f(c)\}}{3}$$

와 같다. 젠센의 부등식 ㉡을 이용하면

$$\frac{3\{f(a)+f(b)+f(c)\}}{3} \ge 3f\left(\frac{a+b+c}{3}\right)$$
$$=3f\left(\frac{1}{3}\right)=3\left(\frac{1}{3}+3\right)^3=3\left(\frac{10}{3}\right)^3$$

을 얻는다. $a=b=c=\frac{1}{3}$일 때 등호가 성립하므로 구하는 최솟값은 $\frac{1000}{9}$이다.

(1) 양의 실수 a, b, c, d가 $a+b+c+d=1$을 만족할 때,

$$a\ln a+b\ln b+c\ln c+d\ln d$$

의 최솟값을 구하시오.

(2) 임의의 삼각형 ABC에 대하여

$$\sin A\sin B\sin C \le \frac{3\sqrt{3}}{8}$$

이 성립함을 보이시오. 그리고 등호가 성립할 수 있는지 말하시오.

(3) 자연수 r가 주어졌을 때, 양의 실수 a_1, a_2, $\cdots$, a_n의 r제곱의 평균을

$$S_r=\left(\frac{a_1^r+a_2^r+\cdots+a_n^r}{n}\right)^{\frac{1}{r}}$$

이라 정의한다. 자연수 r와 t가 $r<t$이면 $S_r \le S_t$임을 증명하시오.

(Hint 함수 $f(x)=x^{\frac{r}{t}}$은 $x>0$일 때 위로 볼록하다는 사실을 이용하시오.)

(4) 양의 실수 x_1, x_2, $\cdots$, x_n이 $x_1+x_2+\cdots+x_n=n$을 만족할 때,

$$\left(x_1^2+\frac{1}{x_1^2}\right)^5+\left(x_2^2+\frac{1}{x_2^2}\right)^5+\cdots+\left(x_n^2+\frac{1}{x_n^2}\right)^5$$

의 최솟값을 구하시오.

| 아주대학교 2012년 수시 |

(1) $f(x)=x\ln x$로 놓는다.
(2) 산술평균-기하평균 부등식에 의하여
$$\frac{\sin A+\sin B+\sin C}{3} \ge \sqrt[3]{\sin A\sin B\sin C}$$
가 성립한다.

주제별 강의 **제 9 장**

도형에서의 최대·최소

도형에서의 최대·최소

1 도형에서의 최대·최소

도형의 길이, 넓이, 부피 중 하나의 요소가 일정할 때 다른 요소가 최대·최소인 경우에 대하여 알아보자.

(1) 겉넓이가 일정한 원기둥에서 부피가 최대일 때, 밑면의 지름과 높이의 비는 1 : 1이다.

일정한 넓이를 가지는 양철판으로 그림과 같은 통조림통을 만들려고 할 때, 밑면의 반지름을 x, 높이를 y라 하면 x와 y의 비를 어떻게 정하면 그 부피가 최대가 되는지 알아보자.

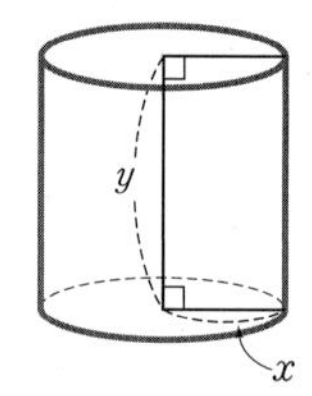

원기둥의 전개도에서 겉넓이를 $2\pi a^2$이라 하면

$$2\pi x^2+2\pi xy=2\pi a^2,$$

$$x^2+xy=a^2,$$

$$xy=a^2-x^2,$$

$$y=\frac{1}{x}(a^2-x^2)$$

이다.

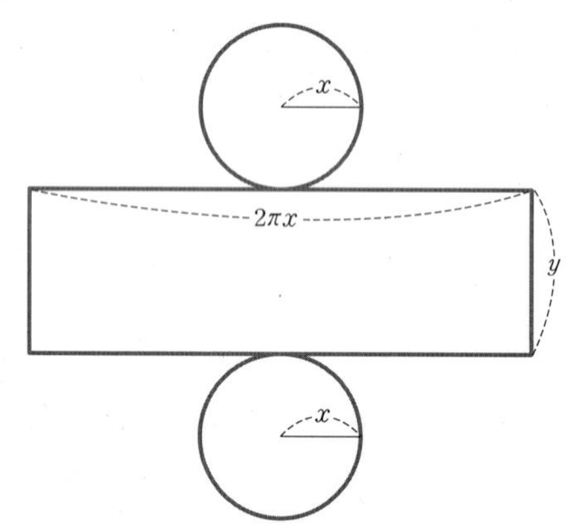

통조림통의 부피를 V라 하면

$$V=\pi x^2 y$$

$$=\pi x^2\times\frac{1}{x}(a^2-x^2)$$

$$=\pi x(a^2-x^2)$$

이다.

$f(x)=\pi(a^2x-x^3)$이라 하면

$f'(x)=\pi(a^2-3x^2)=\pi(a+\sqrt{3}x)(a-\sqrt{3}x)$이다.

$f'(x)=0$에서 $x=\dfrac{a}{\sqrt{3}}$이므로 $x=\dfrac{a}{\sqrt{3}}$일 때, 극대이고 동시에 최대이다.

이때, $y=\dfrac{1}{x}(a^2-x^2)=\dfrac{1}{\frac{a}{\sqrt{3}}}\left(a^2-\dfrac{a^2}{3}\right)=\dfrac{\sqrt{3}}{a}\times\dfrac{2a^2}{3}=\dfrac{2\sqrt{3}}{3}a$이므로

$x:y=\dfrac{\sqrt{3}}{3}a:\dfrac{2\sqrt{3}}{3}a=1:2$이다.

따라서 원기둥의 밑면의 지름과 높이의 비는 1 : 1이다.

(2) 부피가 일정한 원기둥에서 겉넓이가 최소일 때 밑면의 지름과 높이의 비는 1 : 1이다.

부피가 일정한 원기둥에서 밑면의 반지름을 r, 높이를 h라고 할 때, 겉넓이가 가장 작게 되는 $\frac{h}{r}$를 구해 보자.

$V=\pi r^2 h=k$(상수)로 놓으면 $h=\frac{k}{\pi r^2}$이다.

$S=2\pi r^2+2\pi rh$

$=2\pi r^2+2\pi r\times\frac{k}{\pi r^2}$에서

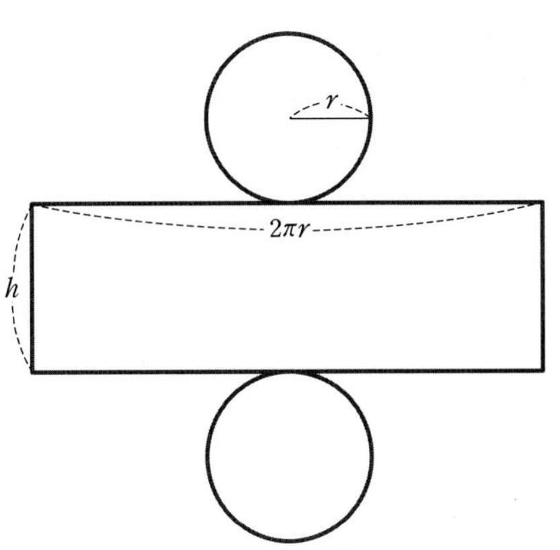

$f(r)=2\pi r^2+\frac{2k}{r}$로 놓으면

$f'(r)=4\pi r-\frac{2k}{r^2}$이다.

$f'(r)=0$일 때, $r^3=\frac{k}{2\pi}$, $r=\sqrt[3]{\frac{k}{2\pi}}$이므로

$r=\sqrt[3]{\frac{k}{2\pi}}$일 때 극소이고 동시에 최소이다.

이때, $\frac{h}{r}=\frac{\frac{k}{\pi r^2}}{r}=\frac{k}{\pi r^3}=\frac{k}{\pi\times\frac{k}{2\pi}}=2$이다.

(3) 밑면의 반지름이 r인 직원뿔에 내접하는 직원기둥의 부피가 최대일 때 밑면의 반지름은 $\frac{2}{3}r$이다.

밑면의 반지름이 r, 높이가 h인 직원뿔에 내접하는 직원기둥 중에서 부피가 최대일 때 직원기둥의 밑면의 반지름을 구해 보자.

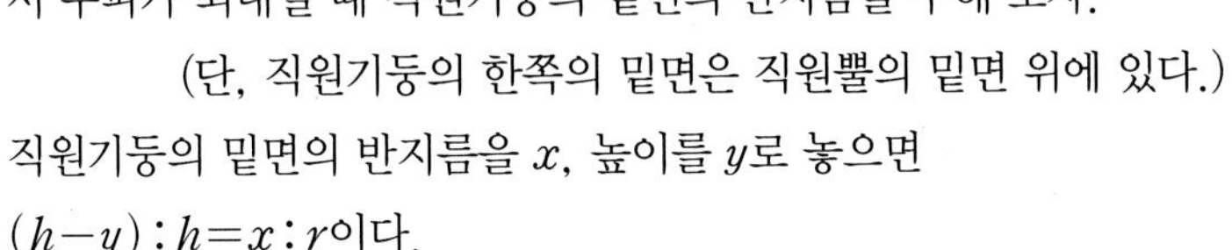

(단, 직원기둥의 한쪽의 밑면은 직원뿔의 밑면 위에 있다.)

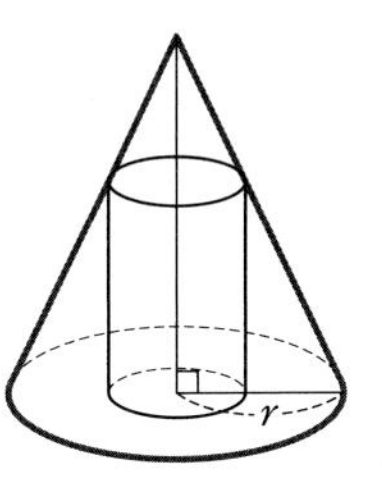

직원기둥의 밑면의 반지름을 x, 높이를 y로 놓으면

$(h-y):h=x:r$이다.

$r(h-y)=hx$, $rh-ry=hx$,

$ry=rh-hx=h(r-x)$에서

$y=\frac{h}{r}(r-x)$이다.

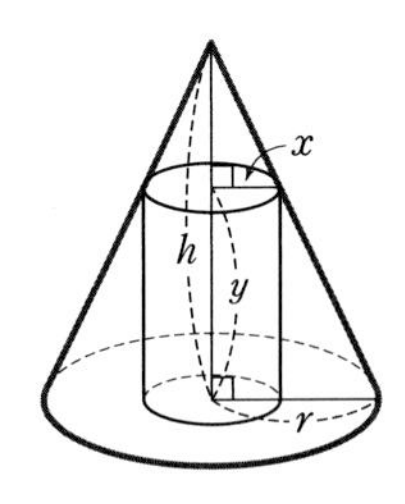

$V=\pi x^2 y=\pi x^2\times\frac{h}{r}(r-x)$에서

$f(x)=\frac{\pi h}{r}x^2(r-x)=\frac{\pi h}{r}(rx^2-x^3)$으로 놓으면

$f'(x)=\frac{\pi h}{r}(2rx-3x^2)=\frac{\pi h}{r}x(2r-3x)$이다.

$f'(x)=0$일 때, $x=\frac{2}{3}r$이다.

따라서 $x=\frac{2}{3}r$일 때, 극대이고 최대이다.

예시 1 밑면의 반지름이 각각 R_1, $R_2(R_1<R_2)$인 직원뿔 A, B가 있다.
직원뿔 A에 내접하는 원기둥 중에서 부피가 최대인 것의 밑면의 반지름을 r_1, 직원뿔 B에 내접하는 원기둥 중에서 부피가 최대인 것의 밑면의 반지름을 r_2라 할 때 R_1, R_2, r_1, r_2 사이의 관계식을 구하시오.

풀이 앞에서 살펴본 바와 같이 $r_1=\frac{2}{3}R_1$, $r_2=\frac{2}{3}R_2$이므로 $\frac{2}{3}=\frac{r_1}{R_1}=\frac{r_2}{R_2}$에서 $r_1R_2=r_2R_1$이 성립한다.

2 둘레의 길이가 일정한 도형의 최대 넓이

(1) 둘레의 길이가 일정한 삼각형 중 넓이가 최대인 것은 정삼각형이다.

① 삼각형의 세 변의 길이를 a, b, c라 하고, $s=\frac{a+b+c}{2}$라 하자.

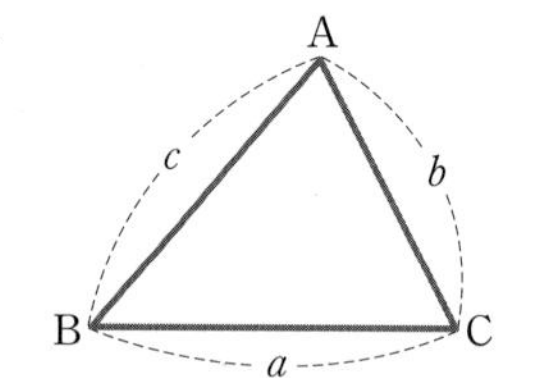

삼각형의 넓이는 헤론의 공식에 의해

$$S=\sqrt{s(s-a)(s-b)(s-c)}$$
$$=\sqrt{s}\sqrt{(s-a)(s-b)(s-c)}$$

로 구할 수 있다.

산술평균과 기하평균의 관계에 의하여

$$\frac{(s-a)+(s-b)+(s-c)}{3}\geq\sqrt[3]{(s-a)(s-b)(s-c)} \quad \cdots\cdots \text{㉠}$$

즉, $\sqrt[3]{(s-a)(s-b)(s-c)}\leq\frac{s}{3}$이므로 $\sqrt{(s-a)(s-b)(s-c)}\leq\left(\frac{s}{3}\right)^{\frac{3}{2}}$이다.

이때, $S\leq\sqrt{s}\sqrt{\left(\frac{s}{3}\right)^3}=\frac{s^2}{\sqrt{27}}$에서 S의 최댓값은 $\frac{s^2}{\sqrt{27}}$이다.

S가 최대가 되는 경우는 ㉠에서 등호가 성립할 때이므로 $s-a=s-b=s-c$, 즉 $a=b=c$일 때이다.

따라서 둘레의 길이가 일정한 삼각형 중 넓이가 최대인 것은 정삼각형이다.

② 둘레의 길이가 일정한 삼각형 ABC의 한 변 AC의 중점을 좌표평면의 원점에 놓자. 변 AC가 고정되면 나머지 두 변의 길이의 합이 일정하므로 점 B의 자취는 두 점 A, C를 초점으로 하는 타원이 된다. 이때, 삼각형의 넓이가 최대가 되려면 높이가 최대가 되어야 하는데, 점 B가 타원의 단축 위에 있을 때 높이가 최대가 된다. 즉, 두 변 AB, BC의 길이가 같을 때 넓이가 최대가 되므로 삼각형 ABC가 이등변삼각형일 때 그 넓이가 최대가 된다. 이 이등변삼각형의 넓이를 구하기 위해 삼각형 ABC의 둘레의 길이를 $2s$, 두 점 A, C의 좌표를 각각 $(-k, 0)$, $(k, 0)$ $(k>0)$이라고 하자.

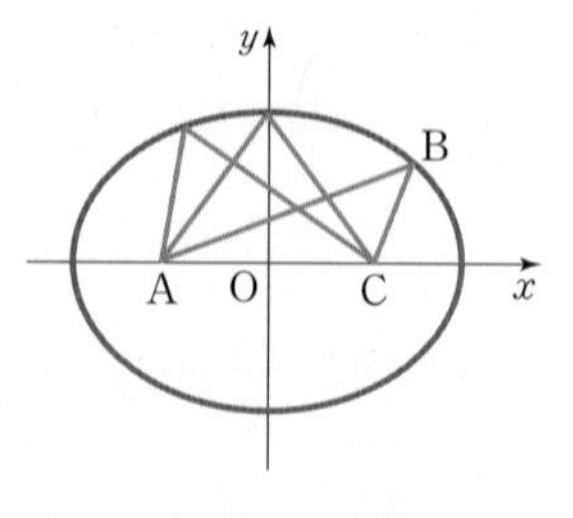

타원의 장축의 길이를 $2a$라고 하면 $2a=2s-2k$, 단축의 길이를 $2b$라고 하면

$$b^2=a^2-k^2=(s-k)^2-k^2=s(s-2k)$$

이므로 타원의 방정식은

$$\frac{x^2}{(s-k)^2}+\frac{y^2}{s(s-2k)}=1$$

이다. 꼭짓점 B에서 x축까지의 거리를 h라 하면

$$\triangle ABC=\frac{1}{2}\overline{AC}\cdot h=\frac{1}{2}(2k)h=kh\ (0\le h\le\sqrt{s(s-2k)})$$

이다. 따라서 삼각형 ABC의 넓이는 점 B가 y축 위에 있을 때, 즉 $h=\sqrt{s(s-2k)}$일 때 최대이고, 그 넓이는 $S=kh=k\sqrt{s(s-2k)}$이다. $S>0$이므로 S가 최대가 되는 k의 값은 S^2이 최대가 되는 k의 값과 같음을 이용하면

$$S^2=k^2\{s(s-2k)\}=s(sk^2-2k^3)$$

$\frac{dS^2}{dk}=2ks(s-3k)=0$에서 $k=\frac{s}{3}$에서 변 AC의 길이는 $\frac{2s}{3}$가 되어 둘레의 길이가 일정한 삼각형 중 넓이가 최대인 것은 정삼각형임을 알 수 있다.

(2) 둘레의 길이가 일정한 사각형 중 넓이가 최대인 것은 정사각형이다.

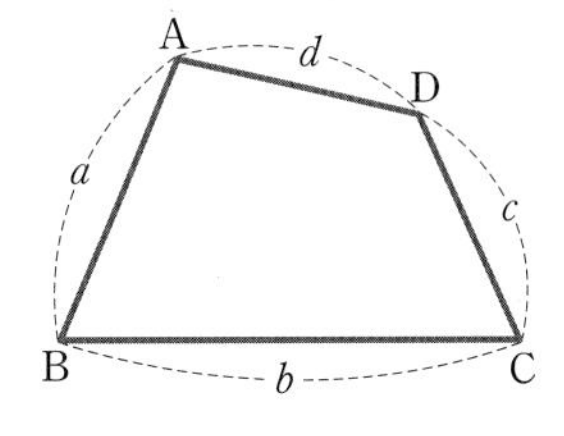

볼록사각형 ABCD의 연속한 네 변의 길이가 a, b, c, d이고 $s=\frac{a+b+c+d}{2}$일 때, 넓이 S는

$$S=\sqrt{(s-a)(s-b)(s-c)(s-d)-abcd\cos^2\alpha}$$

(단, 2α는 두 대각의 크기의 합)

이다.(150쪽 **문제 3** 참고)

이 값이 최대인 경우는 $\cos\alpha=0$, 즉 $\alpha=90^\circ$이고 $(s-a)(s-b)(s-c)(s-d)$가 최대일 때이다.

산술평균과 기하평균의 관계에 의하여

$$\frac{(s-a)+(s-b)+(s-c)+(s-d)}{4}\ge\sqrt[4]{(s-a)(s-b)(s-c)(s-d)}\quad\cdots\cdots\ ㉠$$

즉, $\sqrt[4]{(s-a)(s-b)(s-c)(s-d)}\le\frac{s}{2}$이므로

$\sqrt{(s-a)(s-b)(s-c)(s-d)}\le\left(\frac{s}{2}\right)^2$이다.

이때, $S\le\left(\frac{s}{2}\right)^2$에서 S의 최댓값은 $\frac{s^2}{4}$이다.

S가 최대가 되는 경우는 ㉠에서 등호가 성립할 때이므로 $s-a=s-b=s-c=s-d$, 즉 $a=b=c=d$일 때이다.

또, $\cos\alpha=0$에서 $\alpha=90^\circ$이고, 두 대각의 합이 180°이므로 정사각형이어야 한다.

따라서 둘레의 길이가 일정한 사각형 중 넓이가 최대인 것은 정사각형이다.

(3) 둘레의 길이가 일정한 n각형 중 넓이가 최대인 것은 (정n각형)이고, 정n각형의 넓이는 n이 클수록 크다.

(1), (2)에서 둘레의 길이가 일정할 때 삼각형 중에는 정삼각형의 넓이가 가장 크고, 사각형 중에는 정사각형의 넓이가 가장 크다.

그러므로 둘레의 길이가 일정할 때 n각형 중에 넓이가 가장 큰 것은 정n각형이라고 추측할 수 있다.

또, '신통 수리논술 1권'에서 '맨홀 뚜껑이 원, 음료수 캔이 원기둥인 이유'의 주제별 강의 제7장에서 둘레의 길이가 일정할 때 넓이가 가장 큰 도형은 원임을 배운 바 있다.

즉, 둘레의 길이가 일정할 때, 정n각형의 넓이는 n이 클수록 크므로 n을 무한대로 보내면 평면도형 중 넓이가 가장 큰 것은 원임을 알 수 있다.

둘레의 길이가 일정한 정n각형의 넓이는 n이 클수록 커짐을 증명해 보자.

둘레의 길이가 $2l$인 정n각형이 있다고 하자. 정n각형을 오른쪽 그림과 같이 n개의 이등변삼각형으로 나누었을 때, 직각삼각형 OBM에서

$$\overline{\mathrm{OM}}=\frac{\overline{\mathrm{BM}}}{\tan\frac{\pi}{n}}=\frac{l}{n\tan\frac{\pi}{n}}$$

이므로 정n각형의 넓이는

$$\frac{1}{2}n\,\overline{\mathrm{OM}}\cdot\overline{\mathrm{AB}}=\frac{1}{2}n\frac{l}{n\tan\frac{\pi}{n}}\cdot\frac{2l}{n}=\frac{l^2}{n\tan\frac{\pi}{n}}$$

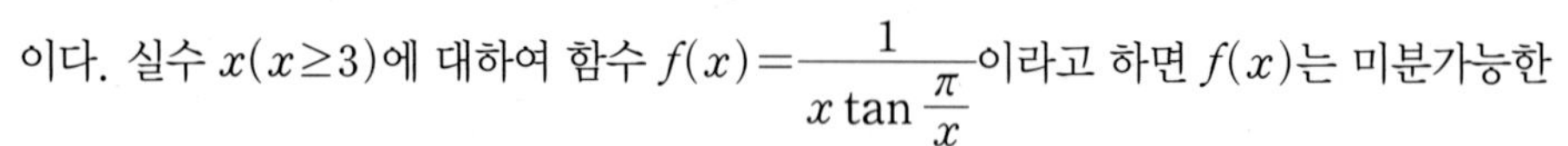

이다. 실수 $x(x\geq3)$에 대하여 함수 $f(x)=\frac{1}{x\tan\frac{\pi}{x}}$이라고 하면 $f(x)$는 미분가능한 함수이다.

$$f'(x)=-\frac{\tan\frac{\pi}{x}+x\sec^2\frac{\pi}{x}\left(-\frac{\pi}{x^2}\right)}{\left(x\tan\frac{\pi}{x}\right)^2}=-\frac{\frac{\sin\frac{\pi}{x}}{\cos\frac{\pi}{x}}-\frac{\pi}{x}\cdot\frac{1}{\cos^2\frac{\pi}{x}}}{x^2\tan^2\frac{\pi}{x}}$$

$$=-\frac{\frac{x\sin\frac{\pi}{x}\cos\frac{\pi}{x}-\pi}{x\cos^2\frac{\pi}{x}}}{x^2\tan^2\frac{\pi}{x}}=-\frac{\frac{1}{2}x\sin\frac{2\pi}{x}-\pi}{x^3\cos^2\frac{\pi}{x}\tan^2\frac{\pi}{x}}$$

$$=\frac{-x\sin\frac{2\pi}{x}+2\pi}{2x^3\cos^2\frac{\pi}{x}\tan^2\frac{\pi}{x}}$$

이다. 여기서 $g(x)=-x\sin\frac{2\pi}{x}$라 하면 $g'(x)=-\sin\frac{2\pi}{x}+\frac{2\pi}{x}\cos\frac{2\pi}{x}$이므로

(i) $x\geq3$일 때, $g'(x)<0$

(ii) $g(3)=-3\sin\frac{2\pi}{3}=-\frac{3\sqrt{3}}{2}\fallingdotseq-2.6$,

$\lim_{x\to\infty}g'(x)=0$

따라서 $g(x)$는 $|g(x)|<2.6$, 즉 $|g(x)|<2\pi$이므로 $f'(x)>0$이다. 이를 종합하면 $x\geq3$일 때, $f(x)>0$이고 증가함수이므로 x가 클수록 함숫값도 커진다.

따라서 x가 자연수인 경우를 생각하면 정n각형의 넓이는 n이 클수록 크다고 할 수 있다.

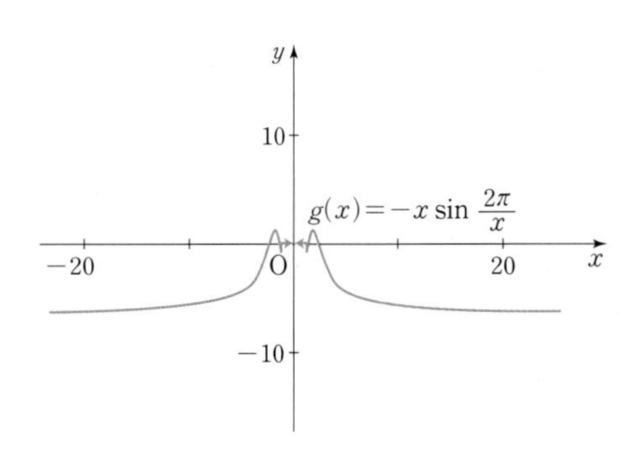

(4) 원에 내접하는 직사각형 중 넓이가 최대인 것은 정사각형이고, 원에 내접하는 n각형 중 넓이가 최대인 것은 정n각형이다.

반지름 r인 원에 가로, 세로의 길이가 각각 x, y인 직사각형이 내접하면 $x^2+y^2=(2r)^2$이 성립한다.

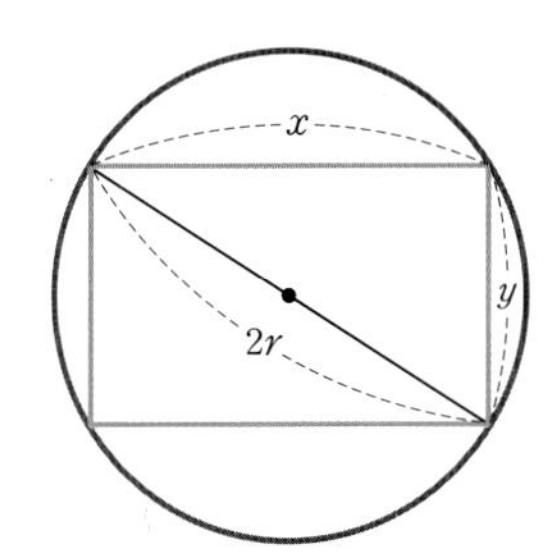

그런데 $\frac{x^2+y^2}{2}\geq\sqrt{x^2y^2}$ ⋯⋯ ㉠이 성립하므로 $\frac{4r^2}{2}\geq xy$, 즉 $xy\leq 2r^2$에서 직사각형의 넓이 xy의 최댓값은 $2r^2$이다. 그런데 최대가 되는 경우는 ㉠에서 $x=y$일 때이므로 정사각형이 된다. 따라서 원에 내접하는 직사각형 중 넓이가 최대인 것은 정사각형이다.

또, 「원에 내접하는 n각형 중 넓이가 최대인 것은 정n각형이다.」를 귀류법을 이용하여 증명해 보자.

원에 내접하는 n각형 중 넓이가 최대인 것이 정n각형이 아니라고 가정하면 이웃하는 두 변의 길이가 서로 다른 두 변 $\overline{AB}$, $\overline{AC}$가 반드시 존재한다.

$\overline{AB}<\overline{AC}$라고 가정하면 도형은 오른쪽 그림과 같다.

호 BC의 중점을 A′이라 하면 $\triangle A'BC>\triangle ABC$가 되어 보다 큰 n각형이 존재하게 되므로 가정에 모순이다.

따라서 원에 내접하는 n각형 중에서 넓이가 최대인 것은 정n각형이다.

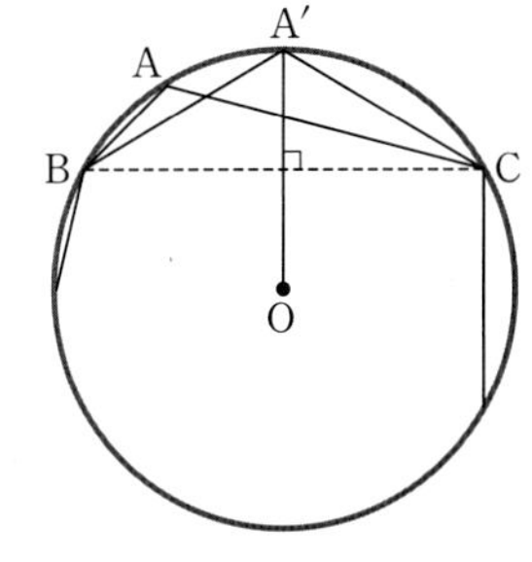

참고 원에 내접하는 n각형 중 둘레의 길이가 최대인 것은 정n각형이다.

증명 원에 내접하는 n각형 중 둘레의 길이가 최대인 것이 정n각형이 아니라고 가정하면 위의 그림에서 이웃하는 두 변의 길이가 서로 다른 두 변 $\overline{AB}$, $\overline{AC}$가 존재한다.
($\triangle ABC$의 넓이)$<$($\triangle A'BC$의 넓이)이고 $\angle BAC=\angle BA'C=\theta$라 하면

$$\frac{1}{2}\overline{AB}\cdot\overline{AC}\cdot\sin\theta<\frac{1}{2}\overline{A'B}\cdot\overline{A'C}\cdot\sin\theta,\ \overline{AB}\cdot\overline{AC}<\overline{A'B}\cdot\overline{A'C}$$

가 성립한다. $\triangle ABC$에서 제이코사인법칙을 이용하면

$$\overline{BC}^2=\overline{AB}^2+\overline{AC}^2-2\overline{AB}\cdot\overline{AC}\cdot\cos\theta=(\overline{AB}+\overline{AC})^2-2\overline{AB}\cdot\overline{AC}(1+\cos\theta)$$

이다.

$$\begin{aligned}(\overline{AB}+\overline{AC})^2&=\overline{BC}^2+2\overline{AB}\cdot\overline{AC}(1+\cos\theta)<\overline{BC}^2+2\overline{A'B}\cdot\overline{A'C}(1+\cos\theta)\\&=(\overline{A'B}^2+\overline{A'C}^2-2\overline{A'B}\cdot\overline{A'C}\cos\theta)+2\overline{A'B}\cdot\overline{A'C}+2\overline{A'B}\cdot\overline{A'C}\cos\theta\\&=\overline{A'B}^2+2\overline{A'B}\cdot\overline{A'C}+\overline{A'C}^2\\&=(\overline{A'B}+\overline{A'C})^2\end{aligned}$$

이 성립한다. 그러므로 $\overline{AB}+\overline{AC}<\overline{A'B}+\overline{A'C}$가 되어 보다 큰 n각형이 존재하므로 가정에 모순이다. 따라서 원에 내접하는 n각형 중 둘레의 길이가 최대인 것은 정n각형이다.

(5) 구에 내접하는 직육면체 중 부피가 최대인 것은 정육면체이다.

증명 구에 내접하는 직육면체를 ABCD−EFGH라 하자.
오른쪽 그림과 같이 □AFGD는 평행사변형이므로 두 대각선 $\overline{AG}$와 $\overline{FD}$는 서로 이등분한다. $\overline{AG}$와 $\overline{FD}$의 교점을 O라 하면 O는 직육면체의 중심이 된다.
□ABFE의 두 대각선의 교점을 M이라 하면 $\overline{AM}=\overline{FM}$이고,
△AOF가 이등변삼각형이므로

$\overline{OM}\perp\overline{AF}$ ...... ㉠

이다. 같은 방법으로

$\overline{BE}\perp\overline{OM}$ ...... ㉡

이다.
네 개의 점 A, B, F, E는 구 위의 점이고 ㉠과 ㉡에서 점 O는 구의 중심이다. 즉, 구의 중심과 직육면체의 두 대각선의 교점은 일치한다. 직육면체의 가로, 세로, 높이를 a, b, c라 하면 대각선의 길이 l은 $l^2=a^2+b^2+c^2$이고, 직육면체의 부피 V는 $V=abc$이다.
산술평균과 기하평균의 관계에 의하여 $\dfrac{a^2+b^2+c^2}{3}\geq\sqrt[3]{a^2b^2c^2}$ ...... ㉢

이므로

$$\sqrt[3]{a^2b^2c^2}\leq\frac{l^2}{3},\ abc\leq\left(\frac{l^2}{3}\right)^{\frac{3}{2}}=\left(\frac{l}{\sqrt{3}}\right)^3$$

이다.
이때, 직육면체의 부피의 최댓값은 $\left(\dfrac{l}{\sqrt{3}}\right)^3$이다.
부피가 최대가 되는 경우는 ㉢에서 등호가 성립할 때이므로 $a^2=b^2=c^2$, 즉 $a=b=c$일 때이다.
따라서 구에 내접하는 직육면체 중 부피가 최대인 것은 정육면체이다.

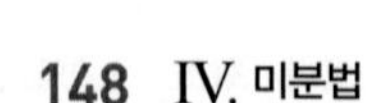

문제 1

대부분의 음료수들은 원기둥 모양의 용기에 담겨 있다. 뚜껑의 모양이 원으로 되어 있는 것은 마시다가 옆으로 새는 것을 방지하기 위해서일 뿐만 아니라 적은 재료로 용량이 큰 용기를 만들기 위해서이다. 즉, 일정한 용량의 음료수를 담을 용기를 만들 때 비용을 줄이려면 부피가 일정할 때, 겉넓이가 최소가 되는 모양을 생각해서 재료를 아껴야 한다. 둘레의 길이가 일정할 때 넓이가 최대가 되는 평면도형은 원이므로 우리가 구하는 도형은 밑면이 원인 기둥, 즉 원기둥이다. 이제 부피가 일정한 원기둥 모양의 용기를 만들 때, 가장 경제적으로 하려면 반지름의 길이와 높이의 비가 어떻게 되는지 알아보자.

(1) 부피가 1인 원기둥 모양의 용기에서 밑면의 반지름의 길이를 r, 높이를 h라고 할 때, 겉넓이가 가장 작게 되는 $\frac{h}{r}$를 추정하시오.

(2) 위 (1)에서는 오로지 밑면의 반지름의 길이와 높이와의 관계만을 구한 것이다. 그러나 실제로 용기의 재료를 잘라 원기둥 모양의 용기를 만드는 것을 생각하면, 옆면은 직사각형 모양으로 자르기 때문에 재료의 손실이 없지만 밑면인 원을 잘라 낸 후에는 버려지는 조각이 생기게 된다. 용기의 재료는 직사각형으로 가정하고 버려지는 재료의 양을 최소화할 수 있는 경우를 찾아보자.

① 오른쪽 그림과 같이 정사각형에 밑면인 원이 내접하도록 잘라 내었을 경우, 부피가 1이고 밑면이 정사각형인 용기의 겉넓이가 가장 작게 되는 $\frac{h}{r}$를 추정하시오.

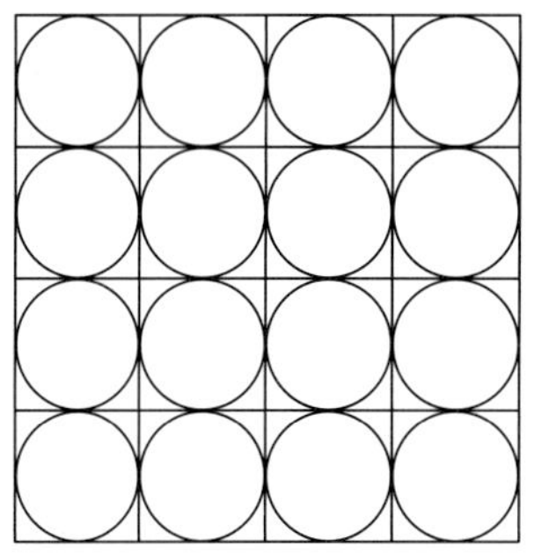

② 오른쪽 그림과 같이 정육각형에 밑면인 원이 내접하도록 잘라 내었을 경우, 부피가 1이고 밑면이 정육각형인 용기의 겉넓이가 가장 작게 되는 $\frac{h}{r}$를 추정하시오.

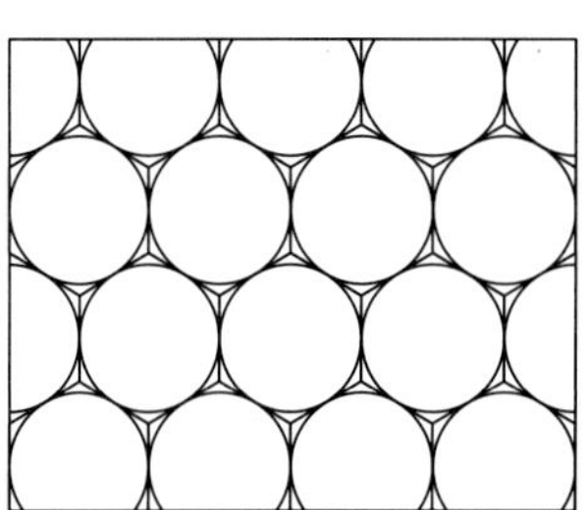

③ 위의 ①, ②에 근거하여 원기둥 모양으로 용기를 만들 때, 재료를 절약할 수 있는 방법에 대하여 설명하시오.

| 인하대학교 수리논술 자료집 |

겉넓이를 $A(r)$로 놓고 $A'(r)=0$이 되는 r를 구해 본다.

일정한 크기의 공 모양의 나무를 깎아 최대 부피를 갖는 직원뿔 모양을 만들고, 다시 이 직원뿔 모양의 나무를 깎아 최대 부피를 갖는 원기둥을 만들어 간다.

이 과정에서 생기는 세 입체도형의 반지름의 길이, 즉 공의 반지름의 길이, 직원뿔의 밑면의 반지름의 길이, 원기둥의 밑면의 반지름의 길이 사이의 관계를 설명하시오.

공에 내접하는 직원뿔의 부피가 최대인 경우와 직원뿔에 내접하는 원기둥의 부피가 최대인 경우로 나누어 길이의 비를 구한다.

제시문을 읽고 물음에 답하시오.

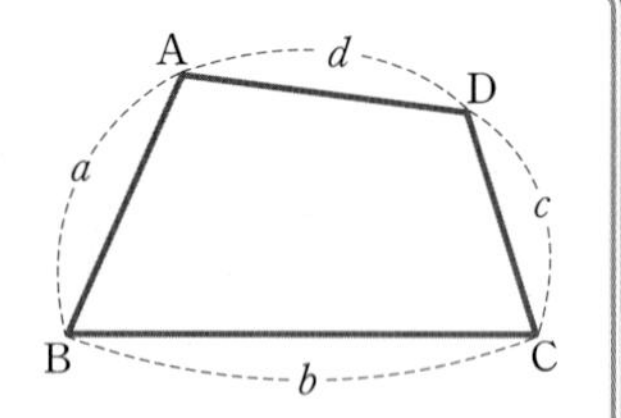

고대 이집트의 수학 문제를 다룬 아메스 파피루스(기원전 1650년경)에는 사각형의 넓이에 관한 문제가 있는데, 오른쪽 그림과 같이 연속한 네 변의 길이가 a, b, c, d인 사각형의 넓이 S를 다음과 같이 계산하고 있다.

$$S=\frac{a+c}{2}\cdot\frac{b+d}{2} \quad \cdots\cdots \text{㉠}$$

이 공식이 정확하지 않음을 쉽게 확인할 수 있는데, 신기하게도 이 공식이 중국과 우리나라의 전통 수학에도 나타난다.

이런 사각형의 넓이 S를 찾는 정확한 공식은 다음과 같다.

$$S=\sqrt{(p-a)(p-b)(p-c)(p-d)-abcd\cos^2\alpha} \quad \cdots\cdots \text{㉡}$$

(단, $2p=a+b+c+d$, 2α는 두 대각의 크기의 합)

(1) 공식 ㉠으로 넓이의 참값을 구할 수 있는 사각형의 예를 들어 보시오. 그리고 공식 ㉠을 일반적으로 적용할 수 없는 이유를 구체적인 예를 들어 설명하시오.

(2) 인도의 수학자 브라마굽타는 오른쪽 그림과 같이 연속한 네 변의 길이가 a, b, c, d이고, 원에 내접하는 사각형 ABCD의 넓이 S를 구하는 다음과 같은 공식을 발견하였다.

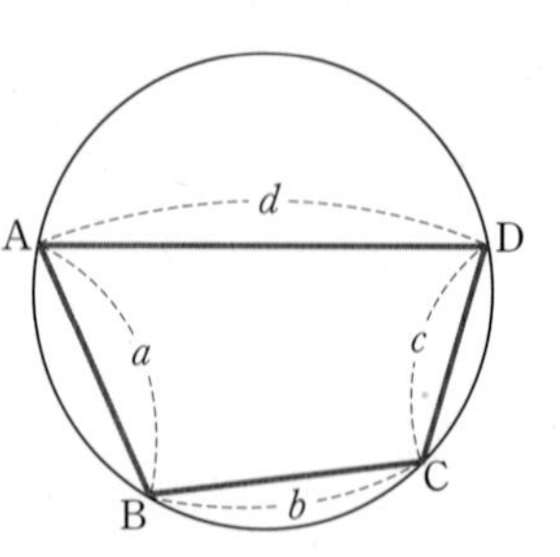

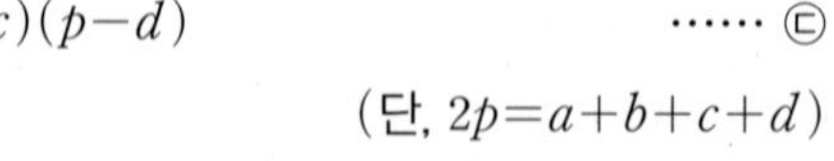

$$S=\sqrt{(p-a)(p-b)(p-c)(p-d)} \quad \cdots\cdots \text{㉢}$$

(단, $2p=a+b+c+d$)

이 사각형에서 $\angle$A의 크기를 A라 할 때,

① 코사인법칙을 이용해서 $\cos A=\dfrac{a^2+d^2-b^2-c^2}{2(ad+bc)}$을 유도하고,

② 삼각형의 넓이 공식을 이용해서 $S=\dfrac{1}{2}(ad+bc)\sin A$를 유도한 다음에,

③ 이런 결과를 이용해서 공식 ㉢을 증명하시오.

(3) 일반적인 공식 ㉡은 다음과 같이 증명할 수 있다.

오른쪽 그림과 같이 볼록사각형 ABCD에서 연속한 네 변의 길이를 a, b, c, d라 하고, 마주 보는 ∠A와 ∠C의 크기를 각각 A와 C라 하면, $S=\frac{1}{2}ad\sin A+\frac{1}{2}bc\sin C$이고, $a^2+d^2-b^2-c^2=2ad\cos A-2bc\cos C$가 성립한다.
그러므로 다음을 얻는다.

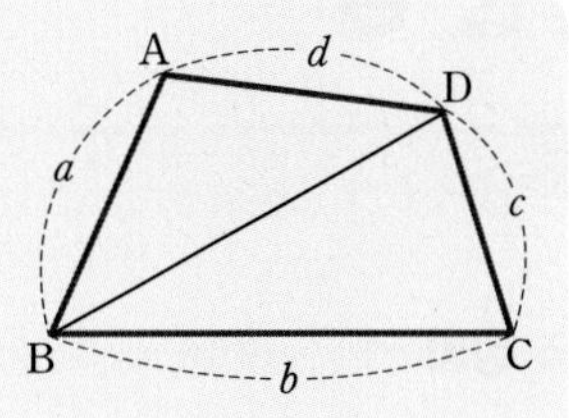

$$16S^2=(2ad\sin A+2bc\sin C)^2+(2ad\cos A-2bc\cos C)^2-(a^2+d^2-b^2-c^2)^2$$
$$=\{4a^2d^2+4b^2c^2+8abcd-(a^2+d^2-b^2-c^2)^2\}$$
$$-8abcd(1+\cos A\cos C-\sin A\sin C)$$
$$=(b+c+a-d)(b+c-a+d)(a+d+b-c)(a+d-b+c)-16abcd\cos^2\alpha,$$
$$S^2=\left(\frac{a+b+c-d}{2}\right)\left(\frac{b+c-a+d}{2}\right)\left(\frac{a+b-c+d}{2}\right)\left(\frac{a-b+c+d}{2}\right)-abcd\cos^2\alpha,$$
$$S=\sqrt{(p-a)(p-b)(p-c)(p-d)-abcd\cos^2\alpha}$$

위의 증명 과정에서 이용한 다음 등식을 증명하시오.

$$1+\cos A\cos C-\sin A\sin C=2\cos^2\alpha$$

| 광운대학교 2011년 모의논술 |

(2) ① 코사인법칙
△ABC에서
$a^2=b^2+c^2-2bc\cos A$
$b^2=c^2+a^2-2ca\cos B$
$c^2=a^2+b^2-2ab\cos C$
② △ABC에서 두 변의 길이 b, c와 그 끼인 각 A의 크기를 알 때, 이 삼각형의 넓이 S는
$S=\frac{1}{2}bc\sin A$
③ $\sin A=\sqrt{1-\cos^2 A}$를 이용한다.
(3) 삼각함수의 덧셈정리와 배각공식을 이용한다.

TEXT SUMMARY

V 적분법

1 부정적분

1 부정적분의 정의

함수 $f(x)$에 대하여 $F'(x)=f(x)$일 때, 함수 $F(x)$를 주어진 함수 $f(x)$의 부정적분이라 하고 기호 $\int f(x)dx$로 나타낸다. 즉,

$$F'(x)=f(x) \Longleftrightarrow \int f(x)dx=F(x)+C$$

(단, C는 적분상수)

적분 →

$\int f(x)dx=F(x)+C$

← 미분

2 부정적분의 성질

(1) x^n (n은 실수)의 부정적분

① $n\neq-1$일 때, $\int x^n dx=\frac{1}{n+1}x^{n+1}+C$

② $n=-1$일 때, $\int \frac{1}{x}dx=\ln|x|+C$

(2) $\int kf(x)dx=k\int f(x)dx$ (단, k는 상수)

(3) $\int \{f(x)\pm g(x)\}dx=\int f(x)dx\pm\int g(x)dx$ (복부호동순)

3 여러 가지 함수의 부정적분

(1) 삼각함수의 부정적분

① $\int \sin x\,dx=-\cos x+C$　② $\int \cos x\,dx=\sin x+C$

③ $\int \sec^2 x\,dx=\tan x+C$　④ $\int \csc^2 x\,dx=-\cot x+C$

⑤ $\int \sec x\tan x\,dx=\sec x+C$　⑥ $\int \csc x\cot x\,dx=-\csc x+C$

(2) 지수함수의 부정적분

① $\int e^x dx=e^x+C$　② $\int a^x dx=\frac{a^x}{\ln a}+C$ ($a>0$, $a\neq1$)

4 치환적분

(1) 미분가능한 함수 $g(x)$에 대하여 $g(x)=t$로 놓으면

$$\int f(g(x))g'(x)dx=\int f(t)dt$$

(2) 함수 $f(x)$의 한 부정적분을 $F(x)$라 하면

$$\int f(ax+b)dx=\frac{1}{a}F(ax+b)+C\ (a\neq0)$$

(3) 함수 $f(x)$가 미분가능할 때,

$$\int \frac{f'(x)}{f(x)}dx=\ln|f(x)|+C$$

BASIC

- 삼각함수의 도함수
  - $(\cos x)'=-\sin x$
  - $(\sin x)'=\cos x$
  - $(\tan x)'=\sec^2 x$
  - $(\cot x)'=-\csc^2 x$
  - $(\sec x)'=\sec x\tan x$
  - $(\csc x)'=-\csc x\cot x$

- 지수함수와 로그함수의 도함수
  - $(a^x)'=a^x\ln a$ ($a>0$, $a\neq1$)
  - $(\ln x)'=\frac{1}{x}$ ($x>0$)
  - $(\log_a x)'=\frac{1}{x\ln a}$ ($x>0$, $a>0$, $a\neq1$)

- 합성함수의 미분법

$f(x)=t$를 x에 대하여 미분하면

$f'(x)=\frac{dt}{dx}$이므로

$f'(x)dx=dt$

BASIC

5 부분적분

두 함수 $f(x)$, $g(x)$가 미분가능할 때,

$$\int f(x)g'(x)dx=f(x)g(x)-\int f'(x)g(x)dx$$

참고 두 함수의 곱의 미분법에서 $\{f(x)g(x)\}'=f'(x)g(x)+f(x)g'(x)$

$f(x)g'(x)=\{f(x)g(x)\}'-f'(x)g(x)$이므로

$$\int f(x)g'(x)dx=\int \{f(x)g(x)\}'dx-\int f'(x)g(x)dx$$

$$=f(x)g(x)-\int f'(x)g(x)dx$$

2 정적분

1 구분구적법

(1) 구분구적법

넓이나 부피를 구할 때, 주어진 도형을 작은 기본 도형(직사각형, 원기둥 등)으로 분할하고, 분할된 기본 도형의 넓이나 부피의 합을 구한 다음, 그 극한값으로서 넓이나 부피를 구할 수 있다. 이것을 구분구적법이라고 한다.

(2) 구분구적법의 계산 방법

곡선 $y=f(x)$가 구간 $[a, b]$에서 연속이고 $f(x)\geq 0$일 때, 구간 $[a, b]$를 n등분 한 분점을 각각 $a=x_0$, x_1, x_2, $\cdots$, x_{n-1}, $x_n=b$라 하고, 직사각형의 가로의 길이를 $\frac{b-a}{n}=\Delta x$로 놓는다.

(i) 소구간의 오른쪽 끝점의 함숫값을 높이로 하는 경우 직사각형의 넓이의 합 S_n은

$$S_n=f(x_1)\Delta x+f(x_2)\Delta x+f(x_3)\Delta x+\cdots+f(x_n)\Delta x$$
$$=\sum_{k=1}^{n} f(x_k)\Delta x$$

(ii) 소구간의 왼쪽 끝점의 함숫값을 높이로 하는 경우 직사각형의 넓이의 합 T_n은

$$T_n=f(x_0)\Delta x+f(x_1)\Delta x+f(x_2)\Delta x+\cdots+f(x_{n-1})\Delta x$$
$$=\sum_{k=0}^{n-1} f(x_k)\Delta x$$

(i)

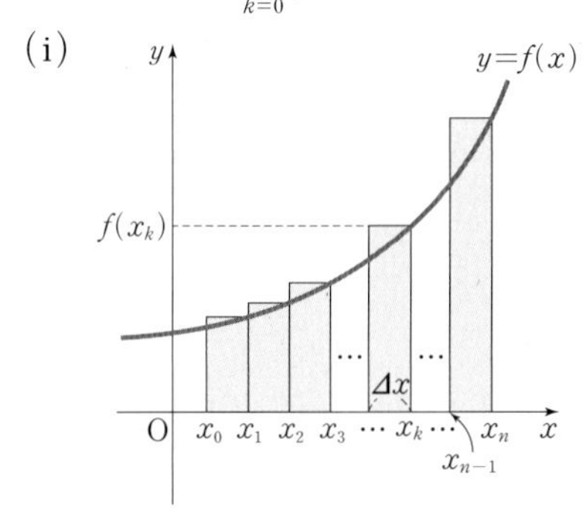

(ii)

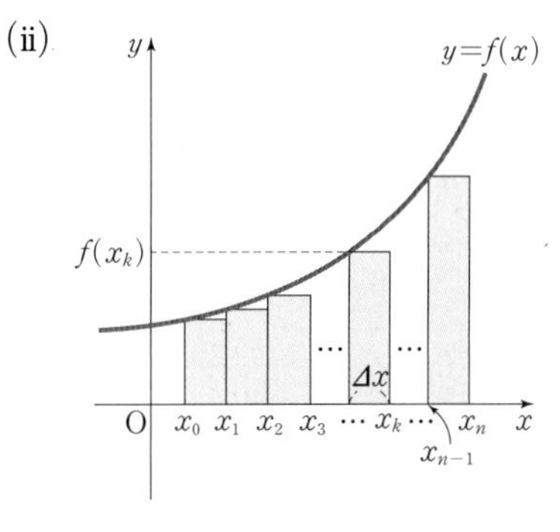

● n을 한없이 크게 하여 직사각형의 개수를 무한개로 하면 S_n은 점점 작아지고 T_n은 점점 커져서 구하는 넓이 S로 수렴한다.
즉, $S=\lim_{n\to\infty} S_n=\lim_{n\to\infty} T_n$

이때, $y=f(x)$, $x=a$, $x=b$, x축으로 둘러싸인 도형의 넓이 S는

$$S=\lim_{n\to\infty} S_n \text{ 또는 } S=\lim_{n\to\infty} T_n$$

이해돕기 밑면의 반지름의 길이가 r, 높이가 h인 원뿔의 부피를 구분구적법으로 구하시오.

BASIC

풀이 원뿔의 높이를 n등분하고, 각 분점을 지나며 밑면에 평행하게 같은 간격으로 원뿔을 자르면, 자른 자리의 반지름의 길이는 위에서부터 $\frac{r}{n}, \frac{2r}{n}, \frac{3r}{n}, \cdots, \frac{(n-1)r}{n}$

이고 높이는 모두 $\frac{h}{n}$이다. 원기둥의 부피의 합을 V_n, 구하는 부피를 V라 하면

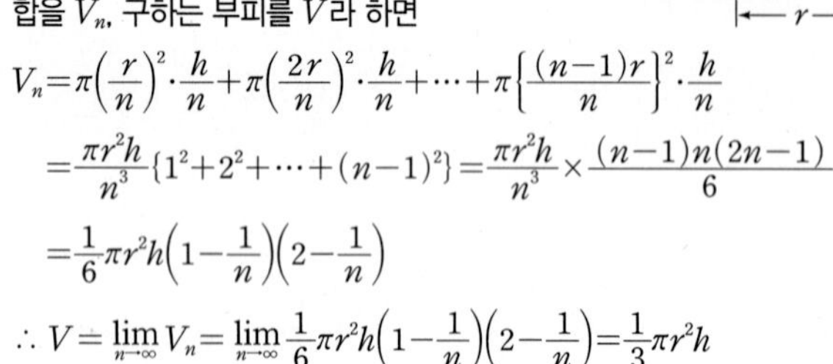

$$V_n=\pi\left(\frac{r}{n}\right)^2\cdot\frac{h}{n}+\pi\left(\frac{2r}{n}\right)^2\cdot\frac{h}{n}+\cdots+\pi\left\{\frac{(n-1)r}{n}\right\}^2\cdot\frac{h}{n}$$

$$=\frac{\pi r^2h}{n^3}\{1^2+2^2+\cdots+(n-1)^2\}=\frac{\pi r^2h}{n^3}\times\frac{(n-1)n(2n-1)}{6}$$

$$=\frac{1}{6}\pi r^2h\left(1-\frac{1}{n}\right)\left(2-\frac{1}{n}\right)$$

$$\therefore V=\lim_{n\to\infty}V_n=\lim_{n\to\infty}\frac{1}{6}\pi r^2h\left(1-\frac{1}{n}\right)\left(2-\frac{1}{n}\right)=\frac{1}{3}\pi r^2h$$

● 자연수의 거듭제곱의 합

- $\sum_{k=1}^{n}k=\frac{n(n+1)}{2}$
- $\sum_{k=1}^{n}k^2=\frac{n(n+1)(2n+1)}{6}$
- $\sum_{k=1}^{n}k^3=\left\{\frac{n(n+1)}{2}\right\}^2$

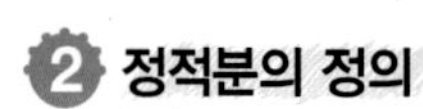

2 정적분의 정의

앞의 구분구적법에서 도형의 넓이를 직접 구하기 힘든 경우 적절히 도형을 쪼개어 넓이의 근삿값을 구할 수 있었다. 그 근삿값은 왼쪽 끝점을 기준으로 하는 경우와 오른쪽 끝점을 기준으로 하는 경우가 있는데 그 극한값은 같음을 알 수 있었다. 이 극한값을 정적분으로 정의하여 나타내면 다음과 같다.

$$\int_a^b f(x)dx=\lim_{n\to\infty}\sum_{k=1}^{n}f(x_k)\Delta x=\lim_{n\to\infty}\sum_{k=0}^{n-1}f(x_k)\Delta x$$

$$\left(\text{단, } \Delta x=\frac{b-a}{n},\ x_k=a+k\Delta x\right)$$

● 정적분과 부정적분의 차이

부정적분 $\int f(x)dx$는 x에 대한 함수이나 $\int_a^b f(x)dx$는 상수이다.

이해돕기 다음은 정적분 $\int_0^1(x^2+1)dx$의 근삿값의 오차의 한계를 구하는 과정의 일부이다. [그림 1], [그림 2]와 같이 닫힌 구간 [0, 1]을 n등분하여 얻은 n개의 직사각형들의 넓이의 합을 각각 A, B라 한다. n의 값의 변화에 따른 A, B의 차를 설명하시오.

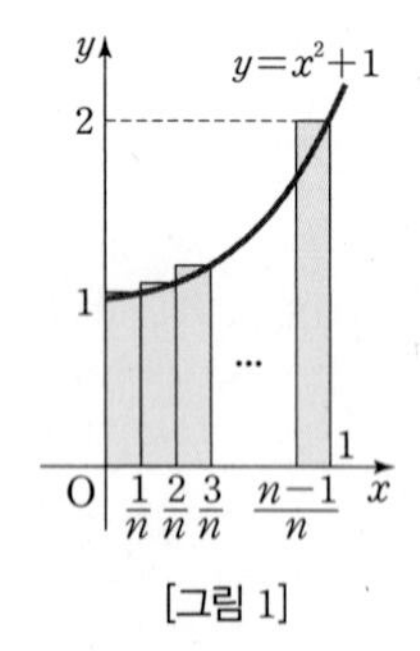

[그림 1]

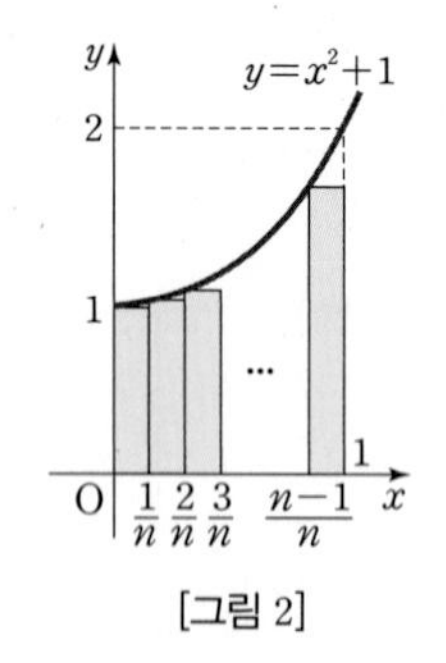

[그림 2]

풀이

$$A=\frac{1}{n}\left\{\left(\frac{1}{n}\right)^2+1\right\}+\frac{1}{n}\left\{\left(\frac{2}{n}\right)^2+1\right\}+\cdots+\frac{1}{n}\left\{\left(\frac{n-1}{n}\right)^2+1\right\}+\frac{1}{n}\left\{\left(\frac{n}{n}\right)^2+1\right\}$$

$$B=\frac{1}{n}(0^2+1)+\frac{1}{n}\left\{\left(\frac{1}{n}\right)^2+1\right\}+\frac{1}{n}\left\{\left(\frac{2}{n}\right)^2+1\right\}+\cdots+\frac{1}{n}\left\{\left(\frac{n-1}{n}\right)^2+1\right\}$$

$$\therefore A-B=\frac{2}{n}-\frac{1}{n}=\frac{1}{n}$$

여기에서 $n\to\infty$일 때, $(A-B)\to0$이므로 닫힌 구간을 무한등분 하여 얻은 무한개의 직사각형들의 넓이의 합은 [그림 1], [그림 2]의 어떤 방법으로 구하여도 같다.

3 정적분의 기본 정리

$\int f(x)dx=F(x)+C$일 때, $\int_a^b f(x)dx=\Big[F(x)\Big]_a^b=F(b)-F(a)$

이해돕기 $\int_a^b f(x)dx=F(b)-F(a)$ (단, $F'(x)=f(x)$)임을 증명하시오.

풀이 곡선 $y=f(t)$와 t축, 직선 $t=a$와 $t=x$ $(a\le x\le b)$로 둘러싸인 부분의 넓이를 $S(x)$라 하면

$S(x)=\int_a^x f(t)\,dt$

이때, x의 증분 Δx에 대한 $S(x)$의 증분을 ΔS라 하면

$\Delta S=S(x+\Delta x)-S(x)$

한편, 구간 $[x,\ x+\Delta x]$에서 함수 $f(t)$는 연속이므로 최댓값과 최솟값을 갖는다.

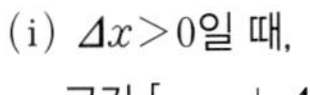

(i) $\Delta x>0$일 때,

구간 $[x,\ x+\Delta x]$에서 함수 $f(t)$의 최댓값, 최솟값을 각각 M, m이라 하면 $m\Delta x\le \Delta S\le M\Delta x$이므로

$m\le\dfrac{\Delta S}{\Delta x}\le M$ …… ㉠

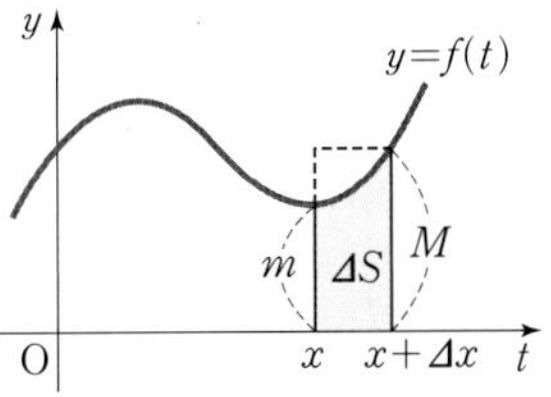

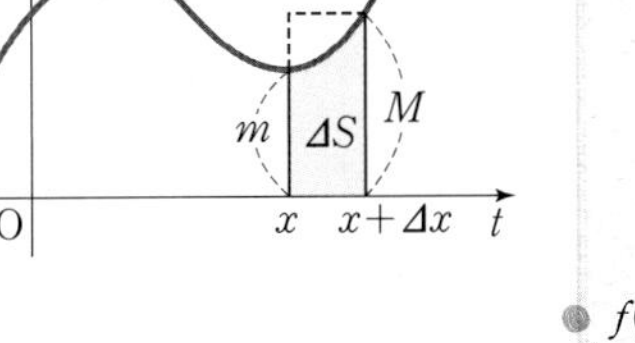

(ii) $\Delta x<0$일 때에도 같은 방법으로 하면 ㉠이 성립한다.

㉠에서 각 변에 $\Delta x\to0$일 때의 극한을 취하면

$\lim_{\Delta x\to0}m\le\lim_{\Delta x\to0}\dfrac{\Delta S}{\Delta x}\le\lim_{\Delta x\to0}M$

$\Delta x\to0$일 때, $m\to f(x)$, $M\to f(x)$이므로

$\lim_{\Delta x\to0}\dfrac{\Delta S}{\Delta x}=f(x)$

즉, $S'(x)=f(x)$이므로 $S(x)$는 $f(x)$의 부정적분이다.

따라서 $f(x)$의 부정적분 중 하나를 $F(x)$(즉, $F'(x)=f(x)$)라 하면

$S(x)=F(x)+C$

여기에서 $x=a$일 때, $S(a)=F(a)+C$

그런데 $S(a)=0$이므로 $0=F(a)+C$ $\quad\therefore C=-F(a)$

따라서 $S(x)=F(x)-F(a)$, 즉 $\int_a^x f(x)\,dx=F(x)-F(a)$

이때, $x=b$를 대입하면 $\int_a^b f(x)\,dx=F(b)-F(a)$

BASIC

- $f(x)\le h(x)\le g(x)$이고 $\lim_{x\to a}f(x)=\lim_{x\to a}g(x)=\alpha$이면 $\lim_{x\to a}h(x)=\alpha$이다.

- $\lim_{\Delta x\to0}\dfrac{\Delta S}{\Delta x}$
$=\lim_{\Delta x\to0}\dfrac{S(x+\Delta x)-S(x)}{\Delta x}$
$=\dfrac{d}{dx}S(x)=S'(x)$

4 정적분의 성질

구간 $[a,\ b]$에서 두 함수 $f(x)$, $g(x)$가 연속일 때

(1) $\int_a^a f(x)dx=0$

(2) $\int_a^b f(x)dx=-\int_b^a f(x)dx$

(3) $\int_a^b kf(x)dx=k\int_a^b f(x)dx$ (단, k는 상수)

(4) $\int_a^b \{f(x)\pm g(x)\}dx=\int_a^b f(x)dx\pm\int_a^b g(x)dx$ (복부호동순)

(5) a, b, c를 포함하는 구간에서 함수 $f(x)$가 연속일 때,

$\int_a^b f(x)dx=\int_a^c f(x)dx+\int_c^b f(x)dx$

5 우함수와 기함수의 정적분

(1) 우함수의 정적분

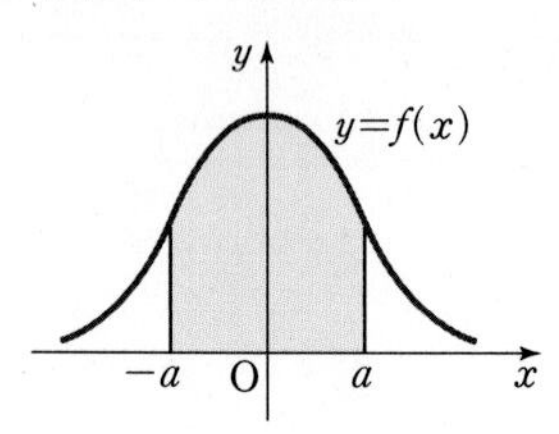

$$\int_{-a}^{a} f(x)dx=2\int_{0}^{a} f(x)dx$$

(2) 기함수의 정적분

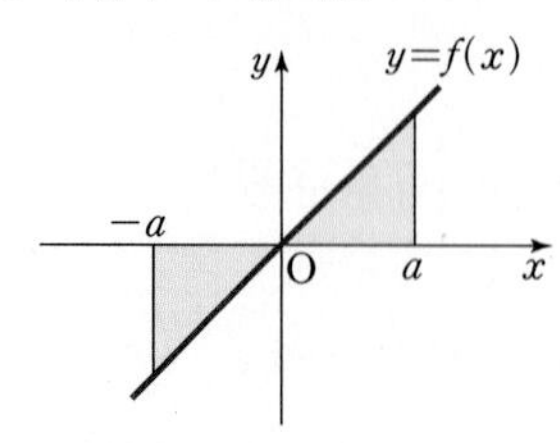

$$\int_{-a}^{a} f(x)dx=0$$

BASIC

● 우함수와 기함수
- 우함수는 y축에 대하여 대칭인 함수, 즉 $f(-x)=f(x)$
- 기함수는 원점에 대하여 대칭인 함수, 즉 $f(-x)=-f(x)$

6 정적분의 치환적분과 부분적분법

(1) 정적분의 치환적분법

미분가능한 함수 $t=g(x)$의 도함수 $g'(x)$가 구간 $[a, b]$에서 연속이고, 함수 $f(t)$가 구간 $[\alpha, \beta]$에서 연속일 때, $g(a)=\alpha$, $g(b)=\beta$이면

$$\int_{a}^{b} f(g(x))g'(x)dx=\int_{\alpha}^{\beta} f(t)dt$$

(2) 정적분의 부분적분법

두 함수 $f(x)$, $g(x)$가 미분가능하고, $f'(x)$, $g'(x)$가 연속일 때,

$$\int_{a}^{b} f(x)g'(x)dx=\Big[f(x)g(x)\Big]_{a}^{b}-\int_{a}^{b} f'(x)g(x)dx$$

● 부분적분법에서 $f(x)$와 $g'(x)$는 다음과 같이 놓는다.

$f(x)$ ← → $g'(x)$

로그함수, 다항함수, 삼각함수, 지수함수

이해돕기 다음 정적분의 값을 구하시오.

(1) $\displaystyle\int_{0}^{\ln 2} \frac{e^{3x}}{e^{x}-1}dx+\int_{\ln 2}^{0} \frac{1}{e^{x}-1}dx$

(2) $\displaystyle\int_{0}^{\frac{\pi}{2}} \sin^{3}x\cos x\,dx$

(3) $\displaystyle\int_{0}^{\frac{\pi}{2}} x\cos x\,dx$

풀이 (1) (주어진 식)$\displaystyle=\int_{0}^{\ln 2}\left(\frac{e^{3x}}{e^{x}-1}-\frac{1}{e^{x}-1}\right)dx=\int_{0}^{\ln 2}\frac{e^{3x}-1}{e^{x}-1}dx$

$\displaystyle=\int_{0}^{\ln 2}(e^{2x}+e^{x}+1)dx=\left[\frac{1}{2}e^{2x}+e^{x}+x\right]_{0}^{\ln 2}$

$\displaystyle=\left(\frac{1}{2}e^{2\ln 2}+e^{\ln 2}+\ln 2\right)-\left(\frac{1}{2}+1+0\right)$

$\displaystyle=\frac{1}{2}\times 4+2+\ln 2-\frac{3}{2}$

$\displaystyle=\frac{5}{2}+\ln 2$

(2) $\sin x=t$로 놓으면 $\cos x\,dx=dt$

$x=0$일 때 $t=0$, $x=\frac{\pi}{2}$일 때 $t=1$

(주어진 식)$\displaystyle=\int_{0}^{1} t^{3}dt=\left[\frac{t^{4}}{4}\right]_{0}^{1}=\frac{1}{4}$

(3) $f(x)=x$, $g'(x)=\cos x$로 놓으면 $f'(x)=1$, $g(x)=\sin x$

(주어진 식)$\displaystyle=\Big[x\sin x\Big]_{0}^{\frac{\pi}{2}}-\int_{0}^{\frac{\pi}{2}}1\cdot\sin x\,dx=\frac{\pi}{2}-\Big[-\cos x\Big]_{0}^{\frac{\pi}{2}}=\frac{\pi}{2}-1$

7 정적분과 미분

(1) 정적분으로 정의된 함수의 미분

함수 $y=f(t)$가 구간 $[a, b]$에서 연속일 때

① $\frac{d}{dx}\int_a^x f(t)\,dt=f(x)\ (a\le x\le b)$

② $\frac{d}{dx}\int_x^{x+a} f(t)\,dt=f(x+a)-f(x)\ (a\le x\le b)$

③ $\frac{d}{dx}\int_{g(x)}^{h(x)} f(t)\,dt=f(h(x))h'(x)-f(g(x))g'(x)\ (a\le x\le b)$

(2) 정적분으로 정의된 함수의 극한값

함수 $y=f(t)$가 구간 $[a, b]$에서 연속일 때

① $\lim_{x\to a}\frac{1}{x-a}\int_a^x f(t)dt=f(a)\ (a\le x\le b)$

② $\lim_{x\to 0}\frac{1}{x}\int_a^{x+a} f(t)dt=f(a)\ (a\le x\le b)$

8 정적분과 무한급수

연속함수 $f(x)$에 대하여

(1) $\lim_{n\to\infty}\sum_{k=1}^{n} f\left(a+\frac{b-a}{n}k\right)\cdot\frac{b-a}{n}=\int_a^b f(x)dx$

(2) $\lim_{n\to\infty}\sum_{k=1}^{n} f\left(a+\frac{p}{n}k\right)\cdot\frac{p}{n}=\int_a^{a+p} f(x)dx$

(3) $\lim_{n\to\infty}\sum_{k=1}^{n} f\left(\frac{p}{n}k\right)\cdot\frac{p}{n}=\int_0^p f(x)dx$

이해돕기 $\lim_{n\to\infty}\sum_{k=1}^{n}\left(1+\frac{3}{n}k\right)^2\cdot\frac{3}{n}$을 정적분을 이용하여 나타내어 보자.

(1) $\frac{1}{n}k\to x,\ \frac{1}{n}\to dx$

$\begin{cases}k=1,\ n\to\infty\text{이면 } x\to 0\\ k=n,\ n\to\infty\text{이면 } x\to 1\end{cases}\to\int_0^1$

$\lim_{n\to\infty}\sum_{k=1}^{n}\left(1+\frac{3}{n}k\right)^2\cdot\frac{3}{n}=3\int_0^1(1+3x)^2dx$

(2) $\frac{3}{n}k\to x,\ \frac{3}{n}\to dx$

$\begin{cases}k=1,\ n\to\infty\text{이면 } x\to 0\\ k=n,\ n\to\infty\text{이면 } x\to 3\end{cases}\to\int_0^3$

$\lim_{n\to\infty}\sum_{k=1}^{n}\left(1+\frac{3}{n}k\right)^2\cdot\frac{3}{n}=\int_0^3(1+x)^2dx$

(3) $1+\frac{3}{n}k\to x,\ \frac{3}{n}\to dx$

$\begin{cases}k=1,\ n\to\infty\text{이면 } x\to 1\\ k=n,\ n\to\infty\text{이면 } x\to 4\end{cases}\to\int_1^4$

$\lim_{n\to\infty}\sum_{k=1}^{n}\left(1+\frac{3}{n}k\right)^2\cdot\frac{3}{n}=\int_1^4 x^2dx$

BASIC

무한급수의 정적분 표시 방법

(i) 무한급수의 합을 $\lim_{n\to\infty}\sum_{k=1}^{n}$으로 고친다.

(ii) $\lim_{n\to\infty}\sum_{k=1}^{n}\to\int,\ \frac{a}{n}k\to x,\ \frac{a}{n}\to dx$로 나타낸다.

BASIC

3 정적분의 활용

1 정적분과 넓이

(1) x축과 곡선 사이의 넓이

구간 $[a, b]$에서 함수 $y=f(x)$가 연속일 때,
곡선 $y=f(x)$와 x축 및 두 직선 $x=a$, $x=b(b>a)$로 둘러싸인 부분의 넓이 S는

$$S=\int_a^b |y|dx=\int_a^b |f(x)|dx$$

(2) y축과 곡선 사이의 넓이

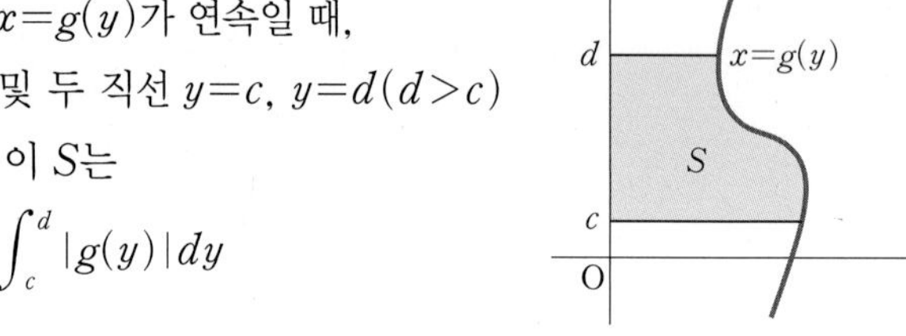

구간 $[c, d]$에서 함수 $x=g(y)$가 연속일 때,
곡선 $x=g(y)$와 y축 및 두 직선 $y=c$, $y=d(d>c)$로 둘러싸인 부분의 넓이 S는

$$S=\int_c^d |x|dy=\int_c^d |g(y)|dy$$

(3) 두 곡선 사이의 넓이

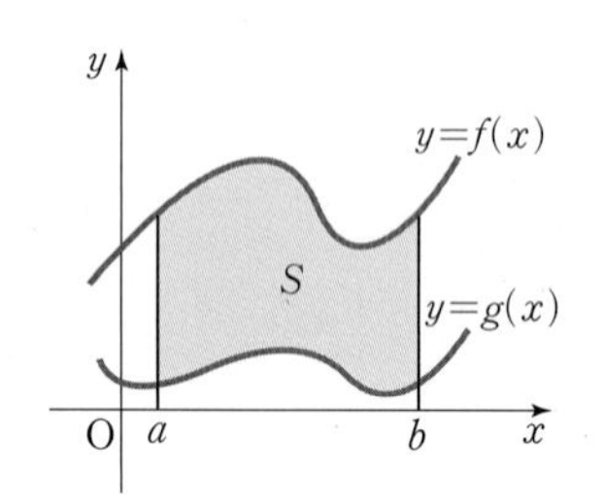

구간 $[a, b]$에서 두 함수 $y=f(x)$, $y=g(x)$가 연속일 때, 두 곡선 $y=f(x)$, $y=g(x)$와 두 직선 $x=a$, $x=b(b>a)$로 둘러싸인 부분의 넓이 S는

$$S=\int_a^b |f(x)-g(x)|dx$$

이해돕기 오른쪽 그림과 같이 좌표평면 위에 놓여져 있는 정사각형 모양의 타일에 함수 $y=f(x)$와 $y=g(x)$의 그래프를 경계로 하여 파란색과 노란색을 칠하려고 한다. 파란색과 노란색이 칠해지는 부분의 넓이의 비가 $2:3$일 때, $\int_0^{15} f(x)dx$의 값을 구하시오.

(단, 함수 $g(x)$는 $f(x)$의 역함수이다.)

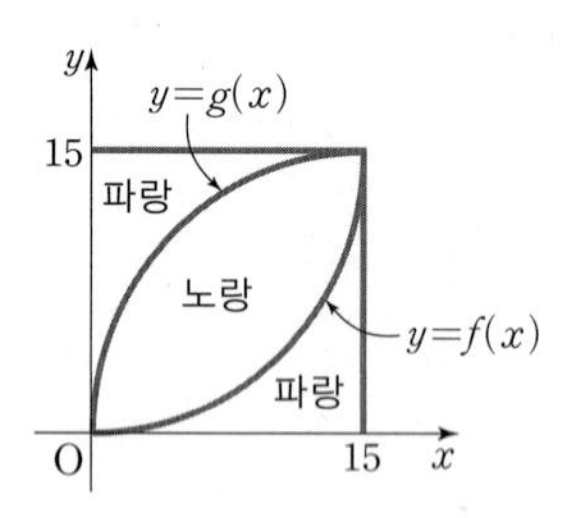

풀이 함수 $y=g(x)$의 그래프가 함수 $y=f(x)$의 그래프와 직선 $y=x$에 대하여 대칭이므로 파란색으로 칠해지는 두 부분의 넓이는 같다. 파란색으로 칠해지는 각각의 부분의 넓이를 S, 노란색으로 칠해지는 부분의 넓이를 T라 하면

$2S+T=15^2$ …… ㉠

$2S:T=2:3$ …… ㉡

㉡에서 $T=3S$이고, 이것을 ㉠에 대입하면

$5S=225$ $\quad\therefore S=45$

$\therefore \int_0^{15} f(x)dx=S=45$

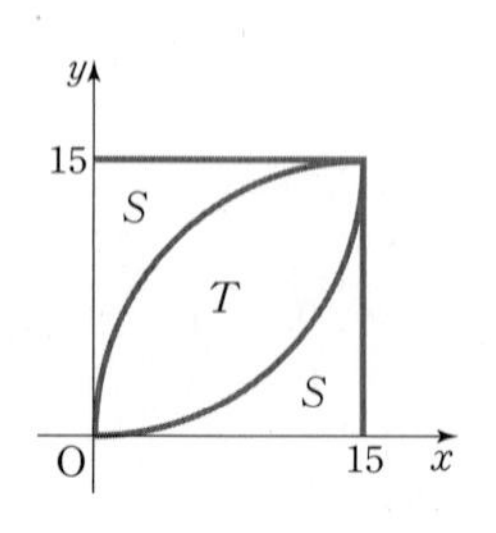

BASIC

❷ 입체도형의 부피

어떤 입체도형을 구간 $[a,\ b]$의 임의의 점 x에서 x축에 수직인 평면으로 잘랐을 때, 잘린 단면의 넓이가 $S(x)$이면 $x=a$에서 $x=b$ 사이의 입체도형의 부피 V는

$$V=\int_a^b S(x)dx$$

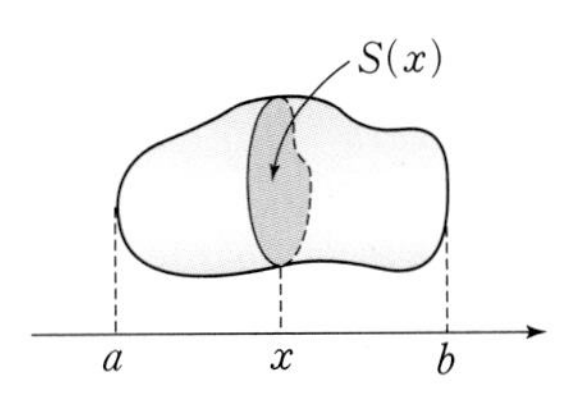

밑면의 반지름의 길이가 1, 높이가 2인 원기둥이 있다. 밑면의 중심을 지나고 밑면과 60°의 각을 이루는 평면으로 이 원기둥을 자를 때 생기는 두 입체도형 중에서 작은 것의 부피를 구하시오.

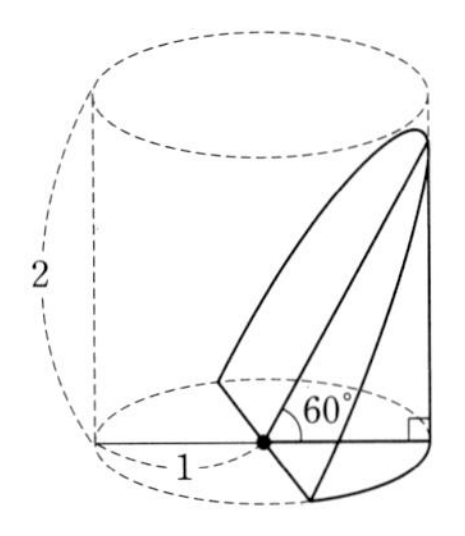

풀이 밑면의 중심을 원점으로 잡고, $\overline{AB}$ 위에 동점 P를 잡아 P를 지나고 $\overline{AB}$에 수직인 평면에 의한 단면을 $\triangle PQR$라고 하자.

$\overline{OP}=x$로 놓으면 $\overline{PQ}=\sqrt{1-x^2}$

$\overline{QR}=\sqrt{1-x^2}\tan 60^\circ=\sqrt{3}\cdot\sqrt{1-x^2}$

$\therefore\ \triangle PQR=\frac{1}{2}\times\sqrt{1-x^2}\times\sqrt{3}\cdot\sqrt{1-x^2}$

$=\frac{\sqrt{3}}{2}(1-x^2)=S(x)$

$V=\int_{-1}^{1}\frac{\sqrt{3}}{2}(1-x^2)\,dx=\sqrt{3}\int_0^1(1-x^2)dx$

$=\sqrt{3}\left[x-\frac{x^3}{3}\right]_0^1=\frac{2}{3}\sqrt{3}$

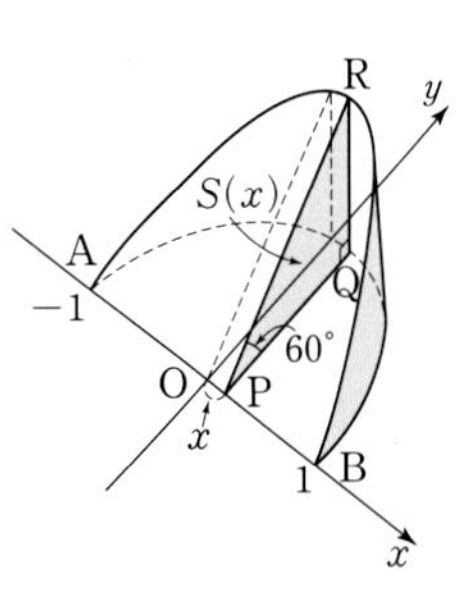

❸ 회전체의 부피

(1) x축 둘레로 회전시킨 회전체의 부피

함수 $y=f(x)$가 구간 $[a,\ b]$에서 연속일 때, $y=f(x)$와 x축 및 두 직선 $x=a$, $x=b$로 둘러싸인 도형을 x축 둘레로 회전시킬 때 생기는 회전체의 부피 V_x는

$$V_x=\int_a^b S(x)dx=\pi\int_a^b y^2dx=\pi\int_a^b\{f(x)\}^2dx$$

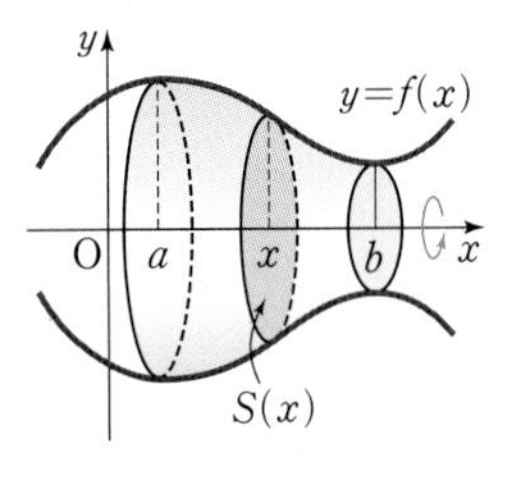

● $S(x)=\pi\{f(x)\}^2$

(2) y축 둘레로 회전시킨 회전체의 부피

함수 $x=g(y)$가 구간 $[c,\ d]$에서 연속일 때, $x=g(y)$와 y축 및 두 직선 $y=c$, $y=d$로 둘러싸인 도형을 y축 둘레로 회전시킬 때 생기는 회전체의 부피 V_y는

$$V_y=\int_c^d S(y)dy=\pi\int_c^d x^2dy=\pi\int_c^d\{g(y)\}^2dy$$

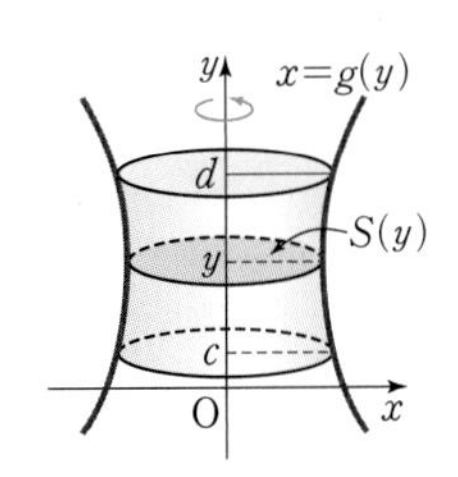

● $S(y)=\pi\{g(y)\}^2$

이해돕기 오른쪽 그림에서 부채꼴 OAB를 $\overline{OA}$의 둘레로 회전시켜서 생기는 회전체의 부피를 구하시오.

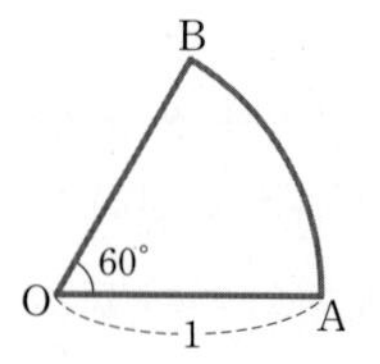

BASIC

풀이 오른쪽 그림에서 직선 OB의 방정식은 $y=\sqrt{3}x$이고, 호 AB의 방정식은

$x^2+y^2=1\left(\frac{1}{2}\le x\le 1\right)$

따라서 회전체의 부피 V는

$$V=\pi\int_0^{\frac{1}{2}}(\sqrt{3}x)^2dx+\pi\int_{\frac{1}{2}}^1(1-x^2)dx$$
$$=\pi\Big[x^3\Big]_0^{\frac{1}{2}}+\pi\Big[x-\frac{1}{3}x^3\Big]_{\frac{1}{2}}^1$$
$$=\frac{\pi}{8}+\frac{5}{24}\pi=\frac{\pi}{3}$$

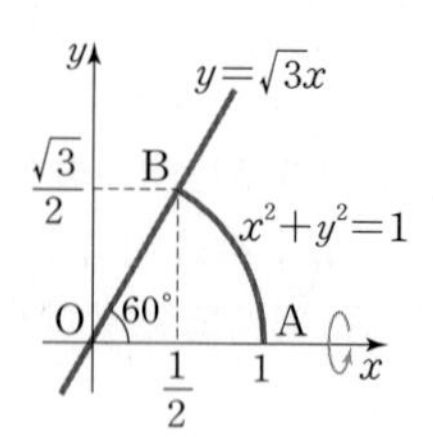

4 속도와 거리

수직선 위를 움직이는 점 P의 시각 t에서의 위치를 $s(t)$, 속도를 $v(t)$라 할 때

(1) 시각 $t=t_0$에서의 점 P의 위치가 x_0이면 시각 t에서의 위치 $s(t)$는

$$s(t)=s(t_0)+\int_{t_0}^t v(t)dt=x_0+\int_{t_0}^t v(t)dt$$

(2) $t=a$에서 $t=b(a\le b)$까지 점 P가 움직일 때

① 위치 변화량: $\int_a^b v(t)dt$

② 실제로 움직인 거리: $\int_a^b |v(t)|dt$

● 거리, 속도, 가속도의 관계

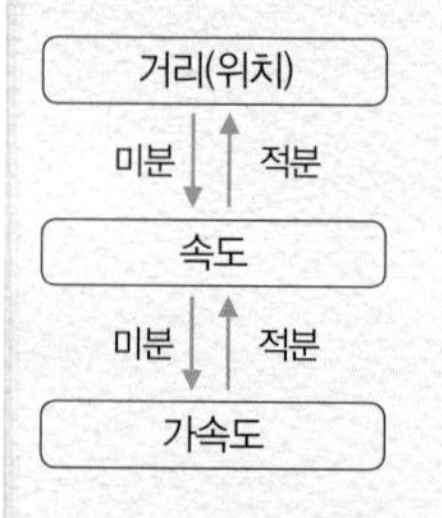

이해돕기 고속열차가 출발하여 3km를 달리는 동안 시각 t에서의 속력이 $v(t)=\frac{3}{4}t^2+\frac{1}{2}t$(km/분)이고, 그 이후로는 속력이 일정하다. 출발 후 5분 동안 이 열차가 달린 거리를 구하시오.

풀이 3 km를 달리는 시간을 t분이라고 하면

$$\int_0^t\left(\frac{3}{4}t^2+\frac{1}{2}t\right)dt=\Big[\frac{t^3}{4}+\frac{t^2}{4}\Big]_0^t=\frac{t^3}{4}+\frac{t^2}{4}=3$$

$t^3+t^2=12$, $t^3+t^2-12=0$, $(t-2)(t^2+3t+6)=0$

$\therefore t=2$

그러므로 출발하여 2분 동안 3 km를 가고, 2분 후의 속도는

$v(2)=\frac{3}{4}\times 2^2+\frac{1}{2}\times 2=3+1=4$(km/분)

즉, 나머지 3분 동안 달린 거리는 $3\times 4=12$(km)이다.

따라서 총 달린 거리는 $3+12=15$(km)이다.

COURSE A

예시 답안 및 해설 68쪽

수리논술 분석

예제 1 함수 f는 최고차항의 계수가 양수인 n차 다항함수이고

$$\lim_{x\to\infty}\frac{f(x^3)+\{xf'(x)\}^3}{x^2f(x^2)}=3$$

이 성립할 때, 물음에 답하시오.

(1) $n=2$임을 보이고 다항함수 f의 최고차항의 계수를 구하시오.

(2) $\int_{-\pi}^{\pi} f'(x)\sin x\,dx$의 값을 구하시오.

| 광운대학교 2012년 수시 |

예시 답안

(1) $f(x)=a_nx^n+a_{n-1}x^{n-1}+\cdots+a_1x+a_0\,(a_n>0)$으로 놓으면

$f(x^3)=a_nx^{3n}+a_{n-1}x^{3n-3}+\cdots+a_1x^3+a_0$

$xf'(x)=x\{na_nx^{n-1}+(n-1)a_{n-1}x^{n-2}+\cdots+a_1\}$

$\quad=na_nx^n+(n-1)a_{n-1}x^{n-1}+\cdots+a_1x$

$f(x^2)=a_nx^{2n}+a_{n-1}x^{2n-2}+\cdots+a_1x^2+a_0$

이므로

$\lim_{n\to\infty}\frac{f(x^3)+\{xf'(x)\}^3}{x^2f(x^2)}=\lim_{n\to\infty}\frac{(a_n+n^3a_n^3)x^{3n}+\cdots+a_0}{a_nx^{2n+2}+a_{n-1}x^{2n}+\cdots+a_0x^2}=3$이다.

여기에서 $3n=2n+2$이고 $\frac{a_n+n^3a_n^3}{a_n}=3$이다.

따라서 $n=2$이고 $f(x)$의 최고차항의 계수는 $a_n=a_2=\frac{1}{2}$이다.

(2) (1)에서 $f(x)=\frac{1}{2}x^2+a_1x+a_0$이므로 $f'(x)=x+a_1$이다.

그러므로 부분적분법을 이용하면 다음을 얻는다.

$$\int_{-\pi}^{\pi}f'(x)\sin x\,dx=\int_{-\pi}^{\pi}(x+a_1)\sin x\,dx=\int_{-\pi}^{\pi}x\sin x\,dx+\int_{-\pi}^{\pi}a_1\sin x\,dx$$
$$=2\int_0^{\pi}x\sin x\,dx+0=2\left(\Big[-x\cos x\Big]_0^{\pi}+\int_0^{\pi}\cos x\,dx\right)=2\pi$$

Check Point

$\frac{\infty}{\infty}$꼴의 극한값이 존재하면 분자와 분모의 최고차항의 차수가 같다.

유제 1 p, q가 양의 정수일 때, 정적분 $\int_1^2(x-1)^p(2-x)^q\,dx$의 값을 가장 간단한 식으로 나타내시오.

예제 2 다음 급수의 합을 구하시오.

$$\sum_{k=1}^{\infty}\frac{k}{1^2+2^2+\cdots+k^2}$$

| 성균관대학교 2012년 심층면접 |

예시 답안

$$\sum_{k=1}^{\infty}\frac{k}{1^2+2^2+\cdots+k^2}$$
$$=\sum_{k=1}^{\infty}\frac{k}{\frac{k(k+1)(2k+1)}{6}}$$
$$=6\sum_{k=1}^{\infty}\frac{1}{(k+1)(2k+1)}$$
$$=6\lim_{n\to\infty}\sum_{k=1}^{n-1}\left(\frac{2}{2k+1}-\frac{1}{k+1}\right)$$
$$=6\lim_{n\to\infty}\left\{2\left(\frac{1}{3}+\frac{1}{5}+\frac{1}{7}+\cdots+\frac{1}{2n-1}\right)-\left(\frac{1}{2}+\frac{1}{3}+\frac{1}{4}+\cdots+\frac{1}{n}\right)\right\}$$
$$=6\lim_{n\to\infty}\left[2\left\{\left(\frac{1}{3}+\frac{1}{4}+\frac{1}{5}+\frac{1}{6}+\cdots+\frac{1}{2n}\right)-\left(\frac{1}{4}+\frac{1}{6}+\cdots+\frac{1}{2n}\right)\right\}-\left(\frac{1}{2}+\frac{1}{3}+\frac{1}{4}+\cdots+\frac{1}{n}\right)\right]$$
$$=6\lim_{n\to\infty}\left\{2\left(\sum_{k=3}^{2n}\frac{1}{k}-\sum_{k=2}^{n}\frac{1}{2k}\right)-\sum_{k=2}^{n}\frac{1}{k}\right\}$$
$$=6\lim_{n\to\infty}2\left(\sum_{k=3}^{2n}\frac{1}{k}-\sum_{k=2}^{n}\frac{1}{k}\right)$$
$$=12\lim_{n\to\infty}\left\{\left(\frac{1}{n+1}+\frac{1}{n+2}+\cdots+\frac{1}{2n}\right)-\frac{1}{2}\right\}$$
$$=12\lim_{n\to\infty}\sum_{k=1}^{n}\frac{1}{n+k}-6$$
$$\lim_{n\to\infty}\sum_{k=1}^{n}\frac{1}{n+k}=\lim_{n\to\infty}\sum_{k=1}^{n}\frac{1}{1+\frac{k}{n}}\cdot\frac{1}{n}=\int_0^1\frac{1}{1+x}dx$$
$$=\Big[\ln(1+x)\Big]_0^1=\ln 2$$

이므로 $\sum_{k=1}^{\infty}\frac{k}{1^2+2^2+\cdots+k^2}=12\ln 2-6=6(2\ln 2-1)$이다.

Check Point

$$\sum_{k=1}^{\infty}a_k=\lim_{n\to\infty}\sum_{k=1}^{n}a_k$$
$$=\lim_{n\to\infty}\sum_{k=1}^{n-1}a_k$$

유제 2 함수 $f(x)$가 임의의 실수 x, y에 대하여 $f(x+y)=f(x)+f(y)$와 $\int_0^1 f(1+x)dx=\lim_{n\to\infty}\sum_{k=1}^{n}f\left(1+\frac{k}{n}\right)\frac{1}{n}=11$을 만족할 때, $\int_{11}^{22}f(x)dx$의 값을 구하고 그 근거를 서술하시오.

| 경희대학교 2012년 수시 응용 |

예제 3 곡선 $y=x^2$을 C라 하자. $a>2$를 만족하는 실수 a에 대하여 점 P_a의 좌표를 $(a,\ a^2)$이라고 정의한다. 좌표평면 위의 두 점 O와 A는 각각 좌표 $O(0,\ 0)$과 $A(1,\ 0)$을 가진다. 물음에 답하시오.

(1) 선분 AP_a와 곡선 C가 점 P_a를 포함하여 두 점에서 만남을 보이시오. 이 중 P_a가 아닌 다른 한 점을 Q_a라고 할 때, 점 Q_a의 좌표를 a에 대한 식으로 나타내시오.

(2) 선분 OP_a와 곡선 C로 둘러싸인 영역의 넓이를 $S_1(a)$라고 하자. a에 대한 다항식 $S_1(a)$를 구하시오.

(3) 선분 Q_aP_a와 곡선 C로 둘러싸인 영역의 넓이를 $S_2(a)$라고 하자. $S_2(a)=\left(\frac{a}{a-1}\right)^3\times g(a)$를 만족하는 a에 관한 다항식 $g(a)$를 구하시오.

(4) (1)과 (2)에서 정의된 $S_1(a)$와 $S_2(a)$에 대하여, $\lim_{a\to\infty}\frac{S_2(a)}{S_1(a)}$의 값을 추론하시오.

| 성균관대학교 2014년 수시 |

예시 답안

(1) 직선 AP_a의 방정식은

$y=\frac{a^2}{a-1}(x-1)$이므로

이 직선의 방정식과 $y=x^2$을 연립하면

$x^2=\frac{a^2}{a-1}(x-1)$,

$(a-1)x^2-a^2x+a^2=0$,

$(x-a)\{(a-1)x-a\}=0$에서

$x=a$ 또는 $x=\frac{a}{a-1}$이다.

그런데 $x=a$일 때 점 P_a이므로

또 다른 점 Q_a의 좌표는 $\left(\frac{a}{a-1},\ \left(\frac{a}{a-1}\right)^2\right)$이다.

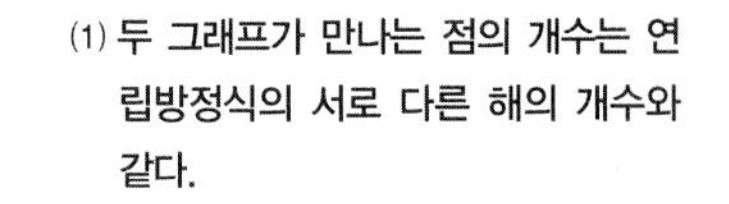

Check Point

(1) 두 그래프가 만나는 점의 개수는 연립방정식의 서로 다른 해의 개수와 같다.

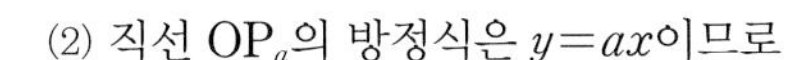

(2) 직선 OP_a의 방정식은 $y=ax$이므로

$S_1(a)=\int_0^a(ax-x^2)dx=\left[\frac{ax^2}{2}-\frac{x^3}{3}\right]_0^a=\frac{a^3}{6}$이다.

(3) $S_2(a)=\int_{\frac{a}{a-1}}^{a}\left\{\frac{a^2}{a-1}(x-1)-x^2\right\}dx=\left[\frac{a^2}{a-1}\cdot\frac{(x-1)^2}{2}-\frac{x^3}{3}\right]_{\frac{a}{a-1}}^{a}$

$=\frac{a^3(a-2)^3}{6(a-1)^3}=\left(\frac{a}{a-1}\right)^3\times\left\{\frac{1}{6}(a-2)^3\right\}$

이므로 $g(a)=\frac{1}{6}(a-2)^3$이다.

(4) $\lim_{a\to\infty}\frac{S_2(a)}{S_1(a)}=\lim_{a\to\infty}\frac{\frac{a^3(a-2)^3}{6(a-1)^3}}{\frac{a^3}{6}}=1$

TRAINING

수리논술 기출 및 예상 문제

01

모든 실수 x에 대하여 미분가능한 함수 $f(x)$가 다음 조건을 만족한다.

> (가) $f'(1)=1$이다.
> (나) 모든 실수 x, y에 대하여 $f(xy)=f(x)f(y)$가 성립한다.

함수 $f(x)$를 구하시오.

| POSTECH 2003년 수시 |

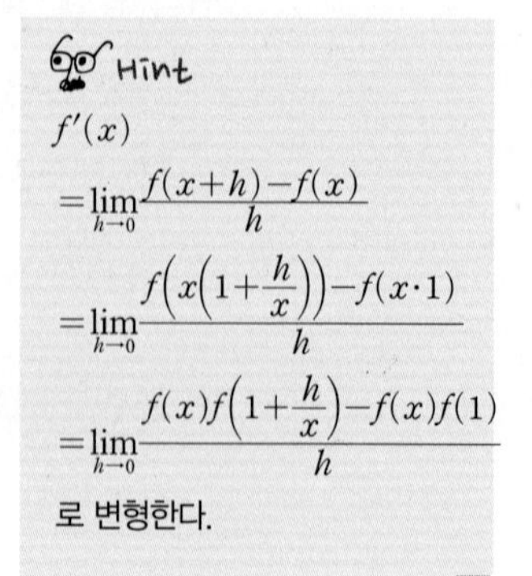

Hint

$f'(x)$

$=\lim_{h\to 0}\frac{f(x+h)-f(x)}{h}$

$=\lim_{h\to 0}\frac{f\left(x\left(1+\frac{h}{x}\right)\right)-f(x\cdot 1)}{h}$

$=\lim_{h\to 0}\frac{f(x)f\left(1+\frac{h}{x}\right)-f(x)f(1)}{h}$

로 변형한다.

02

다음을 만족하는 함수 $f(x)$에 대하여 물음에 답하시오.

> (가) 함수 $f_1(x)=x^2e^x$으로 정의한다.
> (나) 자연수 n에 대하여 함수 $f_{n+1}(x)$는 $f_n(x)$의 부정적분 중의 하나이며 다항식 $P_{n+1}(x)$에 대하여 $f_{n+1}(x)=P_{n+1}(x)e^x$의 꼴을 가진다.

(1) 함수 $f_2(x)$를 x에 관한 식으로 나타내고 그 이유를 논하시오.

(2) 자연수 n에 대하여 $f_n(x)$를 x와 n에 관한 식으로 나타내고 그 이유를 논하시오.

(3) $\sum_{n=2}^{2015}\frac{1}{f_n(0)}$의 값을 구하고 그 이유를 논하시오.

| 성균관대학교 2015년 수시 |

(2) (1)에 의해 다항식 $P_n(x)$는 최고차항의 계수가 1인 이차 다항식이 되므로 $P_n(x)=x^2+a_nx+b_n$으로 놓을 수 있다.

03 물음에 답하시오.

(1) 다항식 $x^{10}+x^9+x^8+\cdots+x^2+x+1$을 $(x+1)^3$으로 나눈 나머지를 $a(x+1)^2+b(x+1)+c$라 할 때, 계수 a, b, c를 각각 구하시오.

(2) $\int \frac{10x+p}{x^2(x+1)^2}dx$가 x에 대한 유리식이 되도록 상수 p를 정하시오.

| 중앙대학교 2015년 수시 |

Hint

(2) $\frac{1}{x^2(x+1)^2}$
$=\left\{\frac{1}{x(x+1)}\right\}^2$
$=\left(\frac{1}{x}-\frac{1}{x+1}\right)^2$
$=\frac{1}{x^2}+\frac{1}{(x+1)^2}-\frac{2}{x(x+1)}$
$=\frac{1}{x^2}+\frac{1}{(x+1)^2}-2\left(\frac{1}{x}-\frac{1}{x+1}\right)$
$=\left(\frac{1}{x^2}-\frac{2}{x}\right)+\left\{\frac{1}{(x+1)^2}+\frac{2}{x+1}\right\}$
를 이용한다.

04 제시문을 이용하여 물음에 답하시오.

> [정적분의 정의]
> 함수 $f(x)$가 닫힌 구간 $[a, b]$에서 연속일 때,
> $\int_a^b f(x)dx=\lim_{n\to\infty}\sum_{k=1}^{n} f(x_k)\Delta x$ $\left(\text{단, } \Delta x=\frac{b-a}{n},\ x_k=a+k\Delta x\right)$

(1) 정적분의 정의에 의하여 $\int_0^1 e^x dx=e-1$임을 보이시오.

(2) 다음 극한값을 정적분 $\int_0^1 h(x)dx$를 이용하여 구한다고 할 때, 함수 $h(x)$와 극한값을 구하시오.

$$\lim_{n\to\infty}\left(\frac{1}{2n+1}+\frac{1}{2n+2}+\cdots+\frac{1}{2n+n}\right)$$

| 광운대학교 2016년 모의논술 응용 |

Hint

(1) 정적분의 정의와 등비급수의 부분합을 이용한다.

(2) 정적분의 정의를 이용하여 $h(x)$를 구한다.

05

물음에 답하시오.

(1) 함수 $f(x)$의 극값과 증가, 감소를 조사한다.

(1) 함수 $f(x)=\dfrac{\ln x}{x}$의 그래프를 이용하여 다음 부등식이 성립함을 보이시오.

$$\int_2^3 \frac{\ln x}{x}dx<\frac{1}{e}$$

(2) n이 3 이상의 자연수일 때, 다음 부등식이 성립함을 보이시오.

$$\frac{(\ln n)^2}{2}<\ln\left(2^{\frac{1}{2}}3^{\frac{1}{3}}4^{\frac{1}{4}}\cdots n^{\frac{1}{n}}\right)+\frac{1}{e}$$

| 서울시립대학교 2015년 모의논술 |

06

제시문을 읽고 물음에 답하시오.

Hint

(2) (1)에서 함수 $f(x)$는 $y=\frac{1}{2}x$, $y=x$의 일부분으로 나타나므로 $n=2m+1$, $n=2m$으로 나누어 생각한다.

(가) 구간 I_n은 다음과 같이 정의된다.

$$I_n=\left\{x\,\middle|\,\frac{1}{2^n}<x\le\frac{1}{2^{n-1}}\right\}(n=1,\ 2,\ 3,\ \cdots)$$

(나) 함수 $f_n(x)$를 다음과 같이 정의한다. $(n=1,\ 2,\ 3,\ \cdots)$

$$f_n(x)=\begin{cases}\dfrac{3+(-1)^k}{2}x, & x\in I_k\\ 0, & x>1 \text{ 또는 } x\le\dfrac{1}{2^n}\end{cases}$$

(단, $k=1,\ 2,\ \cdots,\ n$)

(다) 함수 $g(x)$의 불연속점이 $0<x_1<x_2<x_3<\cdots<x_n<1$이라고 할 때, $g(x)$의 적분은 다음과 같이 계산된다.

$$\int_0^1 g(x)dx=\int_0^{x_1}g(x)dx+\sum_{k=1}^{n-1}\int_{x_k}^{x_{k+1}}g(x)dx+\int_{x_n}^1 g(x)dx$$

(라) 수열 $\{S_n\}$은 다음과 같이 정의된다. $(n=1,\ 2,\ 3,\ \cdots)$

$$S_n=\int_0^1 f_n(x)dx$$

(1) 제시문 (나)에서 정의된 함수 중 $y=f_4(x)$의 그래프를 그리시오.

(2) 제시문 (라)에서 정의된 수열 $\{S_n\}$의 일반항을 구하고 이 수열의 수렴성에 대해서 논술하시오.

| 가톨릭대학교 2015년 모의논술 |

07

제시문을 읽고 물음에 답하시오.

(가) [그림 1]에서와 같이 부등식 $y \le |x|$의 영역에서 원 $x^2+y^2=1$과 내접하고 $y=|x|$와 한 점에서 만나는 원의 중심을 D라 하자.

(나) [그림 2]에서와 같이 점 $\mathrm{A}(t,\ t^2)$가 곡선 $y=x^2$ 위를 움직일 때 점 A에서 이 곡선과 접하고 x축과 점 B에서 접하는 원의 중심을 $\mathrm{C}(x,\ y)$라 하고 중심 C의 자취를 매개변수로 나타내면 $x=f(t)$, $y=g(t)$가 된다고 하자.

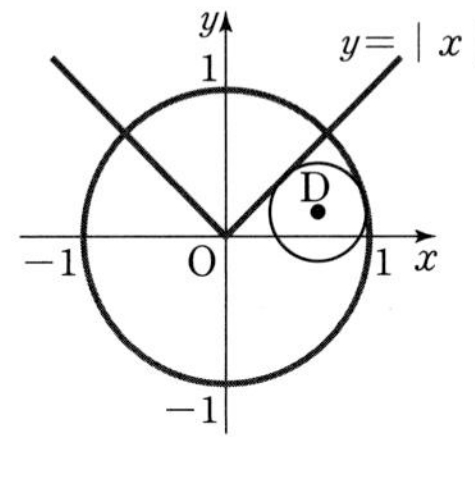

[그림 1]

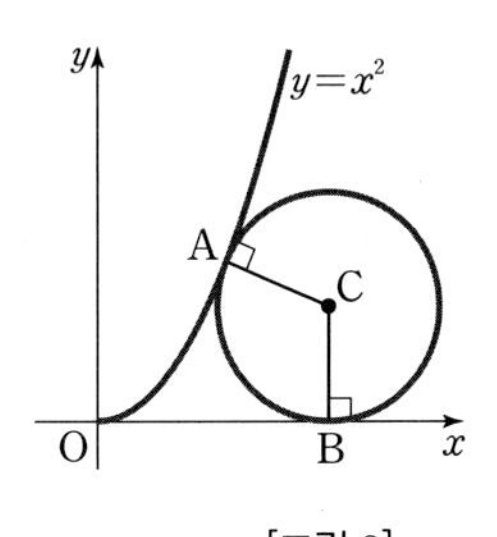

[그림 2]

(1) 제시문 (가)에서 점 D의 좌표를 $(x,\ y)$라 할 때, 점 $(x,\ y)$가 만족시키는 방정식을 구하시오.

(2) 제시문 (나)의 매개변수에 의해서 나타내어지는 함수 $x=f(t)$, $y=g(t)$를 구하시오. (단, $t>0$)

(3) 문제 (2)에서의 두 함수 $x=f(t)$, $y=g(t)$가 $t=0$에서 연속이기 위한 함숫값 $f(0)$과 $g(0)$을 각각 구하고, 이때 적분값 $\int_0^1 f(t)dt$를 구하시오.

| 고려대학교 2014년 수시 |

Hint

(1) 직선 $y=x$와 원 $x^2+y^2=1$의 교점의 좌표는 $\left(\frac{\sqrt{2}}{2},\ \frac{\sqrt{2}}{2}\right)$이다.
이때 점 D의 자취를 x의 범위에 따라 나누어 생각한다.

(2) 점 $\mathrm{A}(t,\ t^2)$에서의 접선의 기울기가 $2t$이므로 점 A에서의 법선의 기울기는 $-\frac{1}{2t}$이다.

08

물음에 답하시오.

(1) $x>0$일 때

$$F(x)=\int_{-\frac{\pi}{4}}^{\frac{\pi}{4}} e^{x\tan\theta}d\theta,\ G(x)=\int_{-\frac{\pi}{4}}^{\frac{\pi}{4}} e^{x\tan\theta}\sec^2\theta d\theta$$

라고 하자. 이때, $\frac{1}{2}G(x) \le F(x) \le G(x)$임을 증명하시오.

(2) (1)에서 주어진 부등식 관계를 이용하여

$\lim_{x\to\infty}\frac{\ln(xF(x))}{x}$의 값을 구하시오.

| 인하대학교 2015년 모의논술 |

Hint

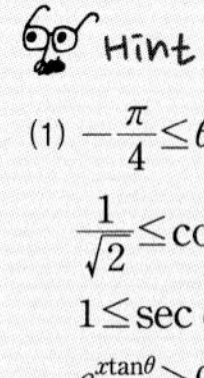

(1) $-\frac{\pi}{4} \le \theta \le \frac{\pi}{4}$일 때
$\frac{1}{\sqrt{2}} \le \cos\theta \le 1$이므로
$1 \le \sec\theta \le \sqrt{2}$이고
$e^{x\tan\theta}>0$임을 이용한다.

(2) $\int e^{f(\theta)}f'(\theta)d\theta$는 $f(\theta)=t$로 놓으면 $f'(\theta)d\theta=dt$이므로
$\int e^{f(\theta)}f'(\theta)d\theta$
$=\int e^t\,dt=e^t+C$
$=e^{f(\theta)}+C$

09

제시문을 읽고 물음에 답하시오.

(가) 함수 $f(x)$가 어떤 구간의 임의의 두 실수 $x<y$에 대하여 $f(x)<f(y)$이면 $f(x)$는 그 구간에서 증가한다고 한다.

(나) 두 함수 $f(x)$, $g(x)$가 미분가능할 때,
$\int f(x)g'(x)dx=f(x)g(x)-\int f'(x)g(x)dx$이다.

(다) 닫힌 구간 [0, 1]에서 연속인 함수 $f(x)$에 대하여
평균값을 $\int_0^1 f(x)dx$로 정의하고 증가폭을 $f(1)-f(0)$으로 정의한다.

(라) 무리수 $e=\lim_{n\to\infty}\left(1+\frac{1}{n}\right)^n=2.71828\cdots$로 정의한다.

(1) 함수 $f(x)=(x+1)\ln(x+1)$라 하자.
  ① $\int_0^1 f(x)dx$의 값을 구하고 그 이유를 논하시오.
  ② 닫힌 구간 [0, 1]에서 함수 $f(x)$의 최댓값을 M이라 할 때,
  $M<f(1)-f(0)+\int_0^1 f(x)dx$임을 보이고 그 이유를 논하시오.

(2) 닫힌 구간 [0, 1]에서 정의된 연속이고 증가하는 임의의 함수 $g(x)$에 대하여 $g(x)$의 함숫값이 평균값과 증가폭의 합보다 클 수 없음을 보이고 그 이유를 논하시오.

(3) 함수 $h(x)=-\sin\left\{\frac{\pi}{3}(4x+1)\right\}$은 닫힌 구간 [0, 1]에서 증가하는 함수가 아니다. 이 구간에서 $h(x)$의 함숫값이 평균값과 증가폭의 합보다 클 수 없음을 보이고 그 이유를 논하시오.

| 성균관대학교 2015년 수시 |

Hint

(1) $f(x)=(x+1)\ln(x+1)$이 증가함수임을 확인할 수 있으면 닫힌 구간 [0, 1]에서 $f(x)$의 최댓값은 $f(1)$이다.

10

제시문을 읽고 물음에 답하시오.

(가) 상수 a를 포함하는 구간 $(\alpha, \beta)=\{x|\alpha<x<\beta\}$에서 정의된 연속함수 $f(x)$에 대하여 $F(x)=\int_a^x f(t)dt$로 정의하면
$F(x)$는 $x=a$에서 미분가능하고 $F'(a)=f(a)$이다.
이를 미분계수의 정의를 이용하여 다음과 같이 쓸 수 있다.

$$\lim_{x\to a}\frac{1}{x-a}\int_a^x f(t)dt=\lim_{x\to a}\frac{F(x)-F(a)}{x-a}=F'(a)=f(a)$$

(나) 구간 $[a, b]=\{x|a\le x\le b\}$에서 정의된 연속함수 $g(x)$, $h(x)$가 $g(x)\le h(x)$ $(a\le x\le b)$를 만족할 때, 두 곡선 $y=g(x)$, $y=h(x)$ 및 두 직선 $x=a$, $x=b$로 둘러싸인 영역의 넓이는
$\int_a^b\{h(x)-g(x)\}dx$이다. 그런데

$$0\le\int_a^b\{h(x)-g(x)\}dx=\int_a^b h(x)dx-\int_a^b g(x)dx$$

이므로 아래의 부등식을 얻는다.

$$\int_a^b g(x)dx\le\int_a^b h(x)dx$$

함수 $f(x)=xe^x$에 대하여 점 x_0, x_1, x_2, $\cdots$, x_n이 아래의 두 조건을 만족한다고 하자.

- $0=x_0<x_1<x_2<\cdots<x_{n-1}<x_n=2$
- $\int_{x_{k-1}}^{x_k}f(x)dx=\frac{1}{n}\int_0^2 f(x)dx$ $(k=1, 2, \cdots, n)$

(1) $\int_0^2 f(x)dx$의 값을 구하시오.

(2) 극한 $\lim_{n\to\infty}n(x_n-x_{n-1})$의 값을 구하시오.

(3) 상수 α에 대하여 극한 $\lim_{n\to\infty}\frac{n^\alpha(x_n-x_{n-1})}{x_1-x_0}$의 값 L은 양의 실수이다.
$0\le x\le x_1$일 때, $1\le e^x\le e^{x_1}$임을 이용하여 α의 값과 극한값 L을 각각 구하시오.

| 인하대학교 2015년 수시 |

Hint
(2) $\int_{x_{n-1}}^{x_n}f(x)dx=\frac{1}{n}\int_0^2 f(x)dx$를 이용해 본다.

11

함수

$$g(x)=2\int_0^x e^{t-x}\sin(x-t)dt$$

에 대하여 방정식 $g(x)=1$의 모든 양의 해를 작은 것부터 크기 순서대로 x_1, x_2, $\cdots$, x_n, $\cdots$이라 할 때, $\sum_{n=1}^{\infty}g'(x_n)$의 값을 구하시오.

| 단국대학교 2016년 모의논술 |

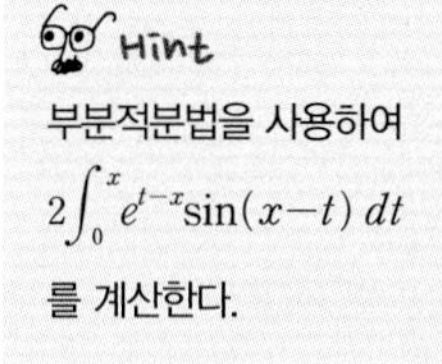
Hint
부분적분법을 사용하여 $2\int_0^x e^{t-x}\sin(x-t)\,dt$를 계산한다.

12 제시문을 읽고 물음에 답하시오.

> **Hint**
> (4) $f'(x)=\ln(\sin x+a)$일 때 $f(x)=\int_0^x \ln(\sin t+a)dt$로 놓아도 일반성을 잃지 않는다.

(가) 함수 $f(x)$가 닫힌 구간 $[a, b]$에서 연속이면 극한 $\lim_{n\to\infty}\frac{b-a}{n}\sum_{k=1}^{n}f(x_k)$는 어떤 실수 S로 수렴한다. $\left(\text{단, } n\text{은 자연수이고 } x_k=a+\frac{k(b-a)}{n}\right)$

$\int_a^b f(x)dx$를 그 실수 S로 정의하고

$$\int_b^a f(x)dx=-\int_a^b f(x)dx,\ \int_a^a f(x)dx=0$$

으로 정의한다.

(나) 함수 $f(x)$가 열린 구간 (c, d)에서 연속이고, a가 (c, d)에 속하는 한 점이면

$$\frac{d}{dx}\int_a^x f(t)dt=f(x)$$

가 (c, d)에서 성립한다.

(다) (정적분의 기본 정리) 함수 $f(x)$가 열린 구간 (c, d)에서 연속이고, a, b가 (c, d)에 속하는 두 점이라 하자. $F(x)$가 $F'(x)=f(x)$를 (c, d)에서 만족하면 다음이 성립한다.

$$\int_a^b f(x)dx=\Big[F(x)\Big]_a^b=F(b)-F(a)$$

(라) 임의의 실수 x는 어떤 정수 n과 실수 $y(0\le y<2\pi)$에 대하여 $x=2n\pi+y$로 표현할 수 있다.

(1) 극한값 $\lim_{n\to\infty}\frac{1}{n}\sum_{k=1}^{n}\left(\frac{2k+n}{n}\right)^{13}$을 구하시오.

(2) 계산 '$\int_{-\frac{1}{e}}^{e}\frac{1}{x}dx=\Big[\ln|x|\Big]_{-\frac{1}{e}}^{e}=2$'에서 잘못된 점을 찾아 설명하시오.

(3) 실수 전체에서 $f'(x)=\ln(\sin x+2)$와 $f(0)=3$을 만족하는 함수 $f(x)$를 정적분을 이용해서 표현하시오.

(4) 어떤 실수 $a(a>1)$에 대해 함수 $f(x)$가 실수 전체에서 $f'(x)=\ln(\sin x+a)$를 만족할 때, $f(x)$가 실수 전체에서 최댓값과 최솟값을 갖을 필요충분조건이 $\int_0^{2\pi}\ln(\sin x+a)dx=0$임을 설명하시오.

(5) 다음을 읽고 $\int_0^{2\pi}\ln(\sin x+a)dx=0$을 만족하는 실수 $a(a>1)$가 오직 하나 있음을 설명하시오.

> ㉮ $\int_0^{2\pi}\ln(\sin x+a)dx$는 a의 함수로서 열린 구간 $(1, \infty)$에서 연속이다.
>
> ㉯ 1보다 큰 실수 a 중 $\int_0^{\pi}\ln(a^2-\sin^2 x)dx<0$을 만족하는 것이 있다.

| 한양대학교 2014년 모의논술 |

13 제시문을 읽고 물음에 답하시오.

(가) 다항함수 $y=f(x)$와 임의의 정수 m, n, c에 대하여 그래프의 평행이동과 대칭이동을 이용하면 다음의 결과를 얻을 수 있다.

$$\int_m^n f(x)dx=\int_{m-c}^{n-c} f(x+c)dx,\ \int_m^n f(x)dx=\int_{-n}^{-m} f(-x)dx$$

마찬가지로 $\sum_{k=m}^{n} f(k)$도 위와 유사한 성질을 만족한다.

(나) 미분의 곱의 법칙을 이용하면 다항함수 $f(x)$, $g(x)$에 대하여 다음과 같은 공식을 얻을 수 있다.

$$\int_a^b f(x)g'(x)dx=\Big[f(x)g(x)\Big]_a^b-\int_a^b f'(x)g(x)dx$$

(다) 연속함수 $f_n(x)(n=0,\ 1,\ 2,\ \cdots)$에 대하여

$$\sum_{n=0}^{\infty}\left(\int_a^b f_n(x)dx\right)=\int_a^b\left(\sum_{n=0}^{\infty} f_n(x)\right)dx$$

가 일반적으로 성립하지 않지만, 어떤 수열 $\{a_n\}$이 존재하여 $a\le x\le b$인 모든 x에 대하여 $|f_n(x)|\le a_n$이고 $\sum_{n=0}^{\infty} a_n$이 수렴하면 위의 등식이 성립한다.

(라) 다항함수 $f(x)$가 $f(a)=0$을 만족하면 $f(x)=(x-a)g(x)$인 다항함수 $g(x)$가 존재한다.

(1) 다항함수 $f(x)$가 모든 정수 n에 대하여
$f(n)+f(2-n)=(n-1)^{10}+2(n-1)^2$을 만족할 때, 제시문 (가)를 참고하여 극한값 $\lim_{n\to\infty}\frac{1}{n^{11}}\sum_{k=2-n}^{n} f(k)$를 구하시오.

(2) 제시문 (나)의 공식을 반복 이용하여 다음 정적분의 값을 구하시오.

$$\int_0^1 x^n(1-x)^n dx \text{ (단, } n\text{은 음이 아닌 정수이다.)}$$

(3) 무한급수 $\sum_{n=0}^{\infty}\frac{2^n(n!)^2}{(2n+1)!}$을 (2)의 결과와 제시문 (다)를 이용하여 정적분 $\int_0^1 \frac{1}{p(x)}dx$의 꼴로 표시할 수 있음을 논리적으로 설명하고, 다항함수 $p(x)$를 구하시오. (단, $n!=n(n-1)\cdots 2\cdot 1$이고 $0!=1$이다.)

(4) 다항함수 $f(x)$에 대하여 극한값

$$\lim_{x\to a}\frac{1}{(x-a)^3}\left(\int_a^{\frac{a+x}{2}} f(t)dt-\int_{\frac{a+x}{2}}^{x} f(t)dt\right)$$

이 존재하기 위한 $f'(a)$의 조건을 제시문 (라)를 이용하여 구하고, 그 극한값을 구하시오. (단, 로피탈의 정리를 사용하지 마시오.)

| 고려대학교 2011년 수시 |

Hint

(1) $\sum_{k=2-n}^{n} f(k)$
$=f(2-n)+f(3-n)+\cdots+f(-1)+f(0)+f(1)+\cdots+f(n-1)+f(n)$
$=\{f(n)+f(2-n)\}+\{f(n-1)+f(3-n)\}+\cdots+\{f(3)+f(-1)\}+\{f(2)+f(0)\}+f(1)$

14 자연수 n에 대하여 $x_k=\frac{k}{n}(k=0,\ 1,\ 2,\ \cdots,\ n)$라 하고 점 P_k의 좌표를 $(x_k,\ e^{x_k})$라 하자. 다음을 모두 만족시키는 점 Q_k, $R_k(k=0,\ 1,\ 2,\ \cdots,\ n-1)$에 대하여 물음에 답하시오.

- $\overline{P_kQ_k}=\sqrt{1+e^{2x_k}}$
- 사각형 $P_kQ_kR_kP_{k+1}$이 직사각형이다.
- 점 Q_k는 함수 $y=e^x$의 그래프 아래에 있다.

(1) $\overline{P_kP_{k+1}}=\frac{\sqrt{1+e^{2u_k}}}{n}$인 u_k가 x_k와 x_{k+1} 사이에 존재함을 보이시오.

(2) 직사각형 $P_{k-1}Q_{k-1}R_{k-1}P_k$의 넓이를 A_k라 할 때, $\lim_{n\to\infty}\sum_{k=1}^{n}A_k$의 값을 구하시오.

| 서울시립대학교 2015년 모의논술 |

- 점 $P_k(x_k,\ e^{x_k})$는 $y=e^x$ 위의 점이다.
- 함수 $f(x)$가 구간 $[a,\ b]$에서 연속이고 구간 $(a,\ b)$에서 미분가능하면 $\frac{f(b)-f(a)}{b-a}=f'(c)$인 c가 구간 $(a,\ b)$에 적어도 하나 존재한다.

15 다음 그림과 같이 삼각형 ABC에서 $\overline{BC}=a$, $\overline{CA}=b$, $\overline{AB}=c$라 하고 변 AB 위에 있는 점 D에 대하여 $\overline{CD}=d$, $\overline{BD}=m$, $\overline{DA}=n$이라 하자. 물음에 답하시오.

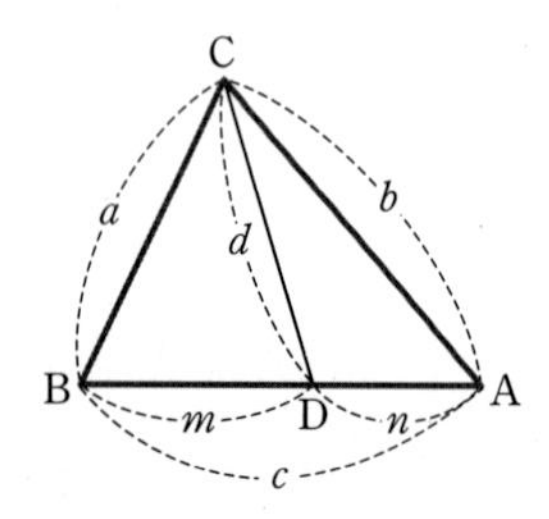

(1) 다음 등식이 성립함을 보이시오.

$$a^2n+b^2m=c(d^2+mn)$$

(2) 변 BA를 n등분하는 점들을 B에서 가까운 쪽부터 차례대로

$$B=D_0,\ D_1,\ D_2,\ \cdots,\ D_{n-1},\ D_n=A$$

라 하고 $\overline{CD_k}=d_k(k=1,\ 2,\ \cdots,\ n)$라 하자. d_k^2들의 평균, 즉 $\frac{1}{n}(d_1^2+d_2^2+\cdots+d_n^2)$을 P_n이라고 할 때, $\lim_{n\to\infty}P_n$의 값을 구하시오.

| 인하대학교 2014년 수시 |

(1) 꼭짓점 C에서 $\overline{AB}$에 수선을 내려 피타고라스의 정리를 사용하거나, $\angle CDB=\theta$로 놓고 $\triangle CDB$와 $\triangle CDA$에 대해 각각 제이코사인법칙을 사용하거나 $\overrightarrow{CA}=\vec{a}$, $\overrightarrow{CB}=\vec{b}$로 놓아 $\overrightarrow{CD}$가 $\overline{AB}$를 $n:m$으로 내분하는 벡터이므로 $|\overrightarrow{CD}|=d$임을 이용해 본다.

16

제시문을 읽고 물음에 답하시오.

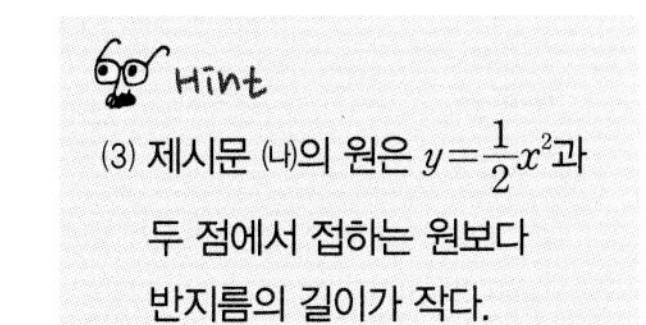

Hint
(3) 제시문 (나)의 원은 $y=\frac{1}{2}x^2$과 두 점에서 접하는 원보다 반지름의 길이가 작다.

> (가) 세 점 $O(0,\ 0)$, $P(a,\ b)$, $Q(c,\ d)$가 삼각형을 이룰 때, $|ad-bc|$의 값은 점 $O(0,\ 0)$, $P(a,\ b)$, $Q(c,\ d)$, $R(a+c,\ b+d)$를 꼭짓점으로 하는 평행사변형의 넓이이다.
>
> (나) 원 C는 부등식 $y\geq\frac{1}{2}x^2$의 영역에 있고 곡선 $y=\frac{1}{2}x^2$과는 점 $A\left(1,\ \frac{1}{2}\right)$에서만 만난다.
>
> (다) 점 $A\left(1,\ \frac{1}{2}\right)$에서 곡선 $y=\frac{1}{2}x^2$에 수직인 직선과 점 $B\left(t,\ \frac{1}{2}t^2\right)$에서 곡선 $y=\frac{1}{2}x^2$에 수직인 직선이 만나는 점을 D라 한다.(단, $t\neq1$이다.)

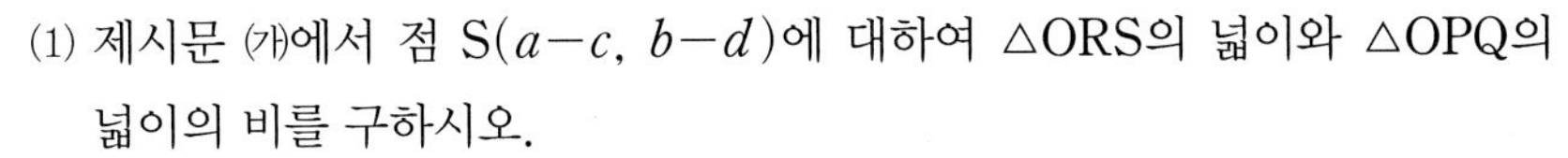

(1) 제시문 (가)에서 점 $S(a-c,\ b-d)$에 대하여 $\triangle ORS$의 넓이와 $\triangle OPQ$의 넓이의 비를 구하시오.

(2) 제시문 (가)에서 점 P의 좌표가 $(a,\ b)=(15,\ 20)$이고 점 $Q(c,\ d)$는 직선 OP 위에 있지 않은 임의의 점이라 할 때, $\triangle OPQ$의 넓이의 최솟값을 구하시오. (단, c와 d는 자연수이다.)

(3) 제시문 (나)에서 원 C의 반지름의 길이의 범위를 구하시오.

(4) 제시문 (다)에서 점 D의 좌표를 구하시오.

(5) 제시문 (다)에서 $2\leq t\leq4$일 때 선분 BD가 쓸고 지나가는 영역의 넓이를 구하시오.

| 고려대학교 2016년 모의논술 응용 |

17

실수 전체에서 정의된 함수 $f(x)$가 $f(x)=(x^2-3)^2$을 만족한다. 물음에 답하시오.

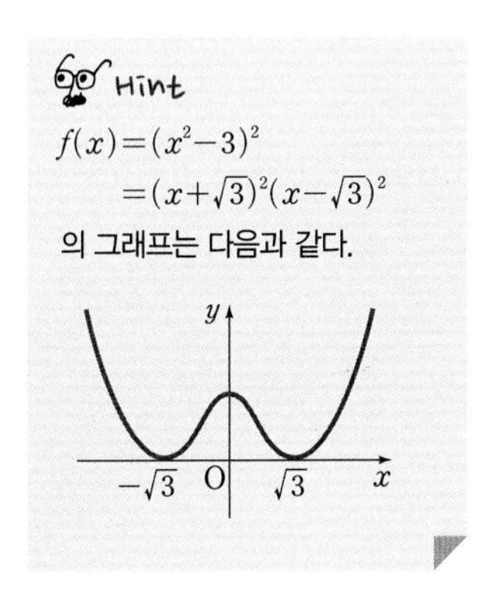

Hint
$f(x)=(x^2-3)^2$
$=(x+\sqrt{3})^2(x-\sqrt{3})^2$
의 그래프는 다음과 같다.

(1) 점 $(t,\ (t^2-3)^2)$에서 $f(x)$의 그래프에 접하는 직선이 점 $P(a,\ b)$를 지날 때, b를 t와 a의 식으로 나타내시오.

(2) 점 $P(1,\ b)$를 지나고 $f(x)$의 그래프에 접하는 직선의 개수를 b의 값의 범위에 따라 구하시오.

(3) $2\leq a\leq3$일 때, 점 $P(a,\ b)$를 지나고 $f(x)$의 그래프에 접하는 직선이 4개 존재하도록 하는 $P(a,\ b)$의 집합을 S라 하자. S의 넓이를 구하시오.

| 인하대학교 2015년 수시 |

18

제시문을 읽고 물음에 답하시오.

> Hint
> (1) $f'(x)$의 부호를 조사하여 $g(x)=\int_0^x |f'(t)|dt$에서 $|f'(t)|$의 절댓값 기호를 처리한다.

(가) 미적분의 기본정리(적분과 미분의 관계)에 의하면 닫힌 구간 $[a, b]$에서 연속인 함수 $f(x)$에 대하여 함수 $F(x)=\int_a^b f(t)dt$는 $f(x)$의 부정적분이 된다. $\int_a^b \sin(x^2)dx$의 예에서와 같이 부정적분을 통하여 정적분의 값을 계산하기 어려운 경우가 있다. 그러나 피적분함수가 미분가능한 경우에는 도함수의 성질을 이용하여 그래프의 개형 및 대칭성을 조사하는 등의 다각적인 고찰에 의하여 정적분의 값을 구할 수도 있다.

(나) 함수 $f(x)$가 구간 $[a, b]$에서 연속인 도함수 $f'(x)$를 가질 때, $g(x)=\int_a^x |f'(t)|dt$(단, $a\le x\le b$)라 하자. 만일 구간 $[a, b]$의 모든 점 x에서 $f'(x)\le 0$이면 $y=g(x)$의 그래프는 $y=f(x)$의 그래프와 직선 $y=\frac{f(a)}{2}$에 대하여 대칭이고 $f(x)+g(x)=f(a)$가 성립한다.

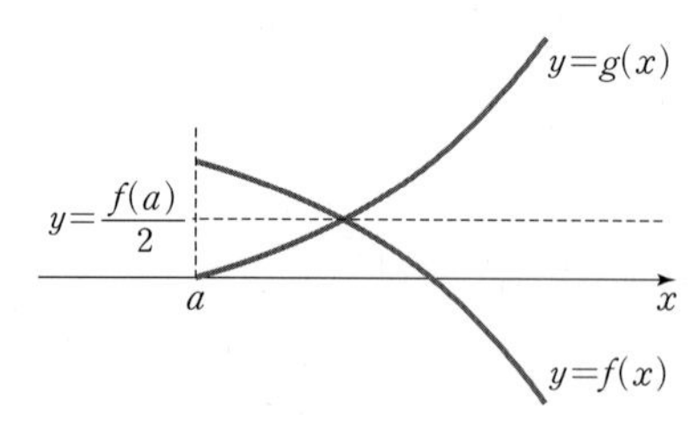

(다) 도함수가 연속인 함수 $f(x)$에 대하여 $g(x)=\int_a^x |f'(t)|dt$라 할 때, $f(x)$가 감소하는 구간에서 $y=g(x)$의 그래프는 $y=f(x)$의 그래프와 x축에 평행한 어떤 직선에 대하여 대칭이다.(단, a는 함수 $f(x)$의 정의역에 속하는 실수이다.)

함수 $f(x)=\ln(x+1)\times\ln\left(\frac{9}{x+1}\right)$에 대하여 $g(x)=\int_0^x |f'(t)|dt$ (단, $x>-1$)라 할 때, 물음에 답하시오.

(1) $y=g(x)$의 그래프는 구간 $[a, \infty)$에서 $y=f(x)$의 그래프와 직선 $y=k$에 대하여 대칭이다. a의 최솟값과 k의 값을 구하시오.

(2) $h(x)=\int_8^x |f'(t)|dt$(단, $x>-1$), $\int_3^7 g(x)dx=s$라 할 때, 두 곡선 $y=f(x)$, $y=h(x)$와 두 직선 $x=3$, $x=7$로 둘러싸인 도형의 넓이는 $c-2s$이다. c의 값을 구하시오.

| 단국대학교 2014년 수시 |

19 제시문을 읽고 물음에 답하시오.

(가) 0이 아닌 실수 r과 자연수 m, n에 대하여 좌표평면에서 원점 $O(0, 0)$, $(n, 0)$, $(0, n)$, (n, n)을 꼭짓점으로 하는 정사각형의 영역을 S라 하자. 함수 $y=\{r(x-1)\}^{\frac{1}{m}}$의 그래프에 의하여 영역 S가 원점을 꼭짓점으로 하는 영역 $A_{m,n}$과 그 나머지 영역 $B_{m,n}$으로 나누어진다. 영역 $A_{m,n}$의 넓이를 $a_{m,n}$, 영역 $B_{m,n}$의 넓이를 $b_{m,n}$이라 하자.

(나) 양의 실수 c에 대하여 $\lim_{m\to\infty} c^{\frac{1}{m}}=1$이다.

(다) 수렴하는 수열 $\{a_n\}$과 $\{b_n\}$에 대하여
$\lim_{n\to\infty}(a_n b_n)=\lim_{n\to\infty}a_n\cdot\lim_{n\to\infty}b_n$이 성립하며
$\lim_{n\to\infty}a_n\neq0$인 경우 $\lim_{n\to\infty}\frac{b_n}{a_n}=\frac{\lim_{n\to\infty}b_n}{\lim_{n\to\infty}a_n}$이 성립한다.

(1) $a_{m,1}$과 $b_{m,1}$을 구하고 극한 $\lim_{m\to\infty}\frac{b_{m,1}}{a_{m,1}}$에 관하여 논하시오.

(2) 자연수 $n>1$와 $r>0$인 경우에 대하여 $a_{m,n}$과 $b_{m,n}$을 구하고 극한 $\lim_{m\to\infty}\frac{b_{m,n}}{a_{m,n}}$에 관하여 논하시오.

(3) 자연수 $n>1$와 $r<0$인 경우에 대하여 $a_{m,n}$과 $b_{m,n}$을 구하고 극한 $\lim_{m\to\infty}\frac{b_{m,n}}{a_{m,n}}$에 관하여 논하시오.

| 한양대학교 2016년 모의논술 |

Hint

(1) $n=1$일 때 제시문 (가)에서 그래프에 의하여 영역 S가 두 개의 영역으로 나누어지는 경우는 $r<0$일 때이다.

20 제시문을 읽고 물음에 답하시오.

0보다 큰 실수 z, w에 의하여 평면에서의 영역 D는 다음과 같이 정하여진다.

$$D=\{(x, y)\in R^2 : z\le x\le 2z,\ 0\le y\le 2w\}$$
$$\cup\{(x, y)\in R^2 : 0\le x\le 2z,\ w\le y\le 2w\}$$

(1) 제시문에서 $z+w=10$인 경우에 영역 D의 최대 넓이는 언제인지 구하시오.

(2) 지수함수 $f(x)=2^{cx}(c\neq0)$의 그래프에 의하여 영역 D가 2부분으로 나누어질 조건과 3부분으로 나누어질 조건을 z, w, c로 각각 표현하시오.

(3) 문제 (2)에서 $c=-1$인 경우 3부분으로 나누어졌을 때, 나누어진 영역의 넓이를 z, w로 각각 표현하시오.

| 한양대학교 2015년 모의논술 |

Hint

(2) $c>0$인 경우와 $c<0$인 경우로 나누어 여러 가지 형태를 생각한다.

21

이차함수 $f(x)=ax^2+bx+c$의 그래프는 그림과 같다. 이 곡선 위에 서로 다른 두 점 $\mathrm{A}(x_1, f(x_1))$, $\mathrm{B}(x_2, f(x_2))$를 잡고, 직선 AB와 평행하고 포물선 $y=f(x)$에 접하는 직선이 두 직선 $x=x_1$, $x=x_2$와 만나는 점을 각각 D, C라 하자.

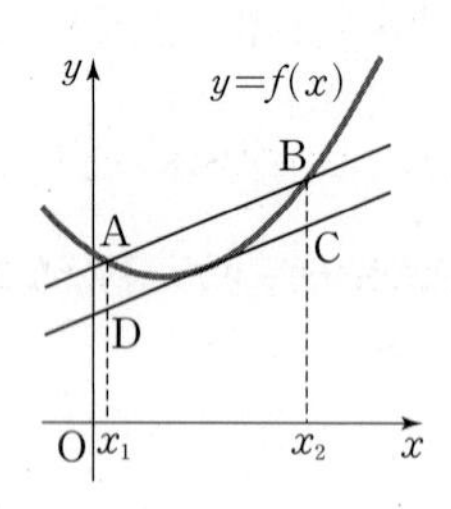

직선 AB와 곡선 $y=f(x)$로 둘러싸인 영역의 면적과 평행사변형 ABCD의 넓이의 비를 구하시오.

| 고려대학교 2012년 모의논술 |

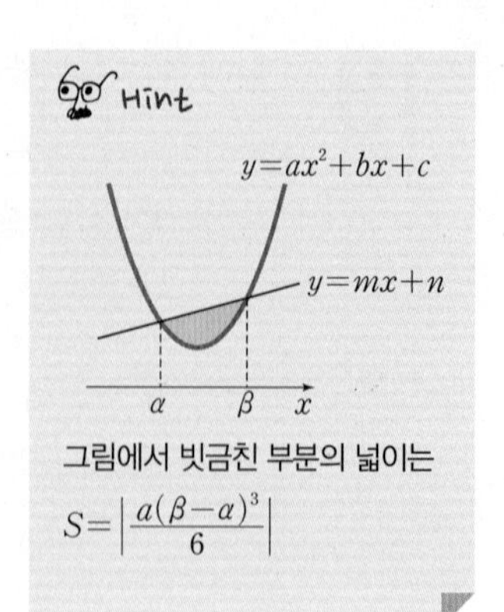

그림에서 빗금친 부분의 넓이는

$S=\left|\dfrac{a(\beta-\alpha)^3}{6}\right|$

22

그림과 같이 2 이상인 자연수 n에 대하여 곡선 $y=x^n(x\geq 0)$ 위에 $0\leq a<b$인 두 실 수 a, b를 x좌표로 하는 두 점 $\mathrm{A}(a, a^n)$과 $\mathrm{B}(b, b^n)$에서의 접선들의 교점을 $\mathrm{C}(c, d)$라 하자. 점 A, B, C의 수선의 발을 각각 점 $\mathrm{A}'(a, 0)$, $\mathrm{B}'(b, 0)$, $\mathrm{C}'(c, 0)$이라 하자.

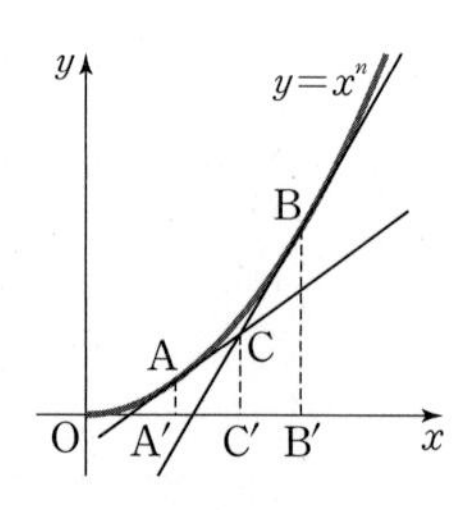

(1) x축 위의 점 $(n+1, 0)$을 지나고 곡선 $y=x^n$과 수직으로 만나는 직선의 방정식을 구하시오.

(2) $0\leq a<b$인 임의의 두 실수 a, b에 대하여 $\overline{\mathrm{A'C'}}=\overline{\mathrm{C'B'}}$이 되기 위한 n의 값을 구하고, 이때 곡선 $y=x^n$과 두 접선의 의해 둘러싸인 영역의 면적을 구하시오.

| 고려대학교 2015년 모의논술 |

Hint

(1) 점 $(n+1, 0)$을 지나는 직선이 $y=x^n$과 수직으로 만나는 점을 (k, k^n)으로 잡는다.

23 제시문을 읽고 물음에 답하시오.

> **Hint**
> 점 E를 원점으로 하는 좌표공간을 생각한다.

(가) 좌표평면의 두 점 $A(a^2,\ a)$와 $B(b^2,\ b)$에 대하여 곡선 $x=y^2$ 위의 점 P에서의 접선이 직선 AB와 평행할 때, 세 점 A, P, B를 꼭짓점으로 하는 삼각형 APB를 $T(a,\ b)$라 하자.

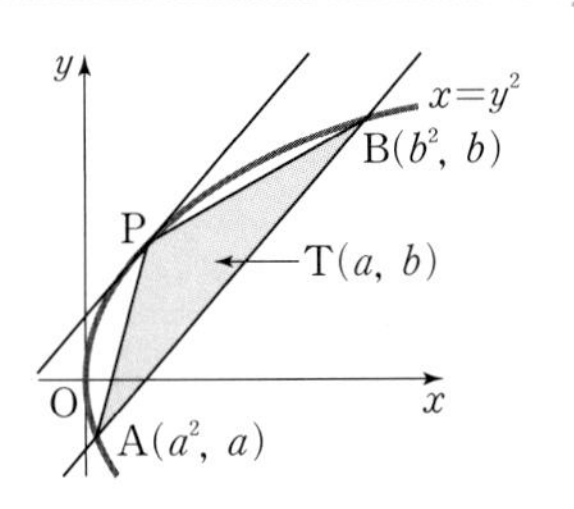

(나) 삼각형 $T(0,\ 1)$의 넓이를 S_0이라 하자.

[단계 1] 삼각형 $T(0,\ 1)$의 세 꼭짓점의 y좌표를 크기순으로 $y_0,\ y_1,\ y_2$(단, $y_0<y_1<y_2$)라 표기하자. 이 경우 $y_0=0,\ y_2=1$이다. 두 삼각형 $T(y_0,\ y_1),\ T(y_1,\ y_2)$의 넓이의 합을 S_1이라 하자.

[단계 2] [단계 1]에서 얻어지는 두 삼각형 $T(y_0,\ y_1),\ T(y_1,\ y_2)$의 꼭짓점의 y좌표를 크기순으로 새롭게 표기한 것을 $y_0,\ y_1,\ y_2,\ y_3,\ y_4$ (단, $y_0<y_1<y_2<y_3<y_4$)라 하자. 이 경우 $y_0=0,\ y_4=1$이다. 네 삼각형 $T(y_0,\ y_1),\ T(y_1,\ y_2),\ T(y_2,\ y_3),\ T(y_3,\ y_4)$의 넓이의 합을 S_2라 하자.

⋮

[단계 k] [단계 $k-1$]에서 얻어지는 2^{k-1}개의 삼각형 $T(y_{i-1},\ y_i)$ $(i=1,\ 2,\ \cdots,\ 2^{k-1})$의 꼭짓점의 y좌표를 크기순으로 새롭게 표기한 것을 $y_0,\ y_1,\ \cdots,\ y_{2^k}$(단, $y_0<y_1<\cdots<y_{2^k}$)이라 하자. 2^k개의 삼각형 $T(y_{i-1},\ y_i)(i=1,\ 2,\ \cdots,\ 2^k)$의 넓이의 합을 S_k라 하자.

$A_k=S_0+S_1+\cdots+S_k$라 할 때, A_k는 k가 커짐에 따라 직선 $y=x$와 곡선 $x=y^2$으로 둘러싸인 영역의 넓이에 가까워진다.

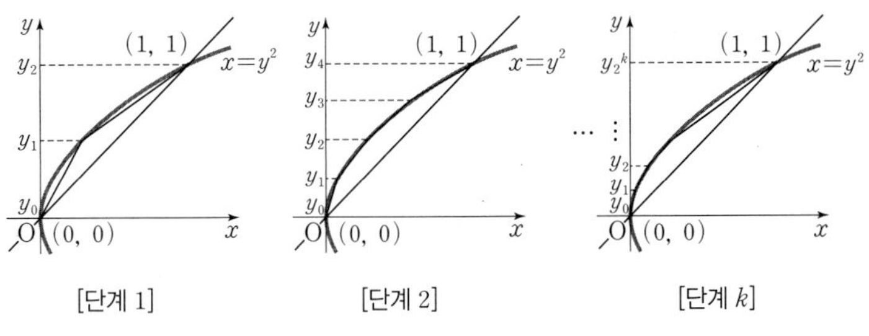

(다) 좌표평면에서 삼각형 ABC의 세 꼭짓점이 $A(a_1,\ b_1),\ B(a_2,\ b_2),\ C(a_3,\ b_3)$일 때, 넓이 S는 다음과 같이 구할 수 있다.

$$S=\frac{1}{2}|a_1(b_2-b_3)+a_2(b_3-b_1)+a_3(b_1-b_2)|$$

(1) 제시문 (가)에서 정의한 점 P의 y좌표와 삼각형 $T(a,\ b)$의 넓이를 각각 $a,\ b$에 관한 간단한 식으로 나타내시오.

(2) 직선 $y=x$와 곡선 $x=y^2$으로 둘러싸인 영역의 넓이를 A라 할 때, 제시문 (나)에서 정의한 A_k에 대하여 $A-A_k<\frac{1}{2015}$을 만족시키는 자연수 k의 최솟값을 구하시오.

| 단국대학교 2015년 수시 |

24 제시문을 읽고 물음에 답하시오.

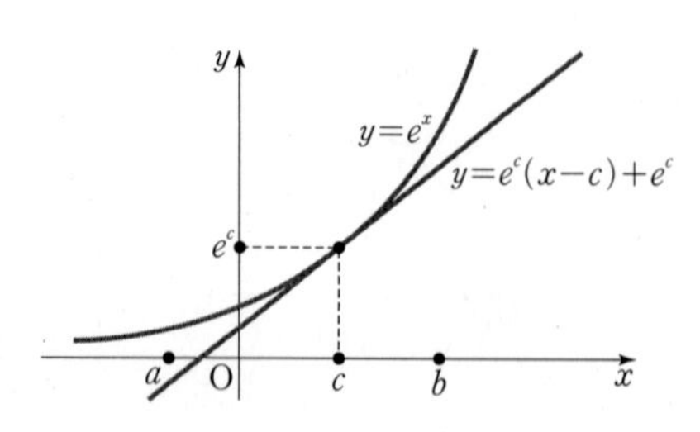

위 그림은 곡선 $y=e^x$와 이 곡선 위의 점 $(c,\ e^c)$에서의 접선을 나타낸다.
이 접선은 그림에서와 같이 곡선 $y=e^x$보다 아래에 있다. 즉, 모든 실수 x에 대하여 부등식

$$e^c(x-c)+e^c \le e^x \qquad \cdots\cdots ㉠$$

이 성립하고 등호는 $x=c$인 경우에 성립한다. 예를 들면 $c=1$일 때 부등식 ㉠은 $ex \le e^x$ 또는

$$x \le e^{x-1}$$

이 되고 등호는 $x=1$인 경우에 성립한다.
한편 임의의 양수 $a_1,\ a_2,\ \cdots,\ a_n$의 산술평균은

$$M=\frac{a_1+a_2+\cdots+a_n}{n}$$

이다. 부등식 $x \le e^{x-1}$에서 x 대신에 $\frac{a_k}{M}$를 대입하면 부등식

$$\frac{a_k}{M} \le e^{\frac{a_k}{M}-1}(k=1,\ 2,\ \cdots,\ n) \qquad \cdots\cdots ㉡$$

이 되고 등호는 $a_k=M$인 경우에 성립한다.

(1) ① 부등식 $1+x \le e^x$를 부등식 ㉠을 이용하여 설명하시오.

② $a<b$일 때 정적분을 이용하여 다음 부등식이 성립함을 보이시오.

$$\frac{e^b-e^a}{b-a}<\frac{e^a+e^b}{2}$$

③ $a<b$일 때 부등식 $1+x \le e^x$와 $\sqrt{a_1a_2} \le \frac{a_1+a_2}{2}$($a_1,\ a_2$는 양수)를 이용하여 다음 부등식이 성립함을 보이시오.

$$\frac{2\sqrt{2}}{3}\{(1+b)^{\frac{3}{2}}-(1+a)^{\frac{3}{2}}\} \le \int_a^b \sqrt{1+e^{2x}}\,dx \le b-a+\frac{e^{2b}-e^{2a}}{4}$$

(2) 부등식 ㉡을 이용하여 임의의 양수 $a_1,\ a_2,\ \cdots,\ a_n$에 대한 다음 부등식이 성립함을 보이시오.

$$(a_1a_2\cdots a_n)^{\frac{1}{n}} \le \frac{a_1+a_2+\cdots+a_n}{n}$$

(3) 임의의 예각삼각형 세 각을 $A,\ B,\ C$라 하자.
부등식 $(a_1a_2a_3)^{\frac{1}{3}} \le \frac{a_1+a_2+a_3}{3}$($a_1,\ a_2,\ a_3$은 양수)을 이용하여 $\tan A+\tan B+\tan C$의 최솟값을 구하시오.

| 한양대학교 2013년 수시 |

(1) ② 그림으로부터 $y=e^x$이 $[a,\ b]$에서 x축과 둘러싸인 도형의 넓이는 사다리꼴의 넓이보다 작다.

25 제시문을 읽고 물음에 답하시오.

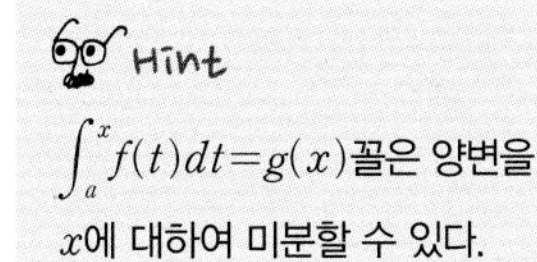

㈎ 닫힌 구간 $[a,\ b]$에서 연속인 함수 $y=f(x)$와 직선 $x=a$, $x=b$, $y=0$으로 둘러싸인 부분을 x축에 대해 회전한 회전체의 부피 V는 다음과 같이 주어진다.

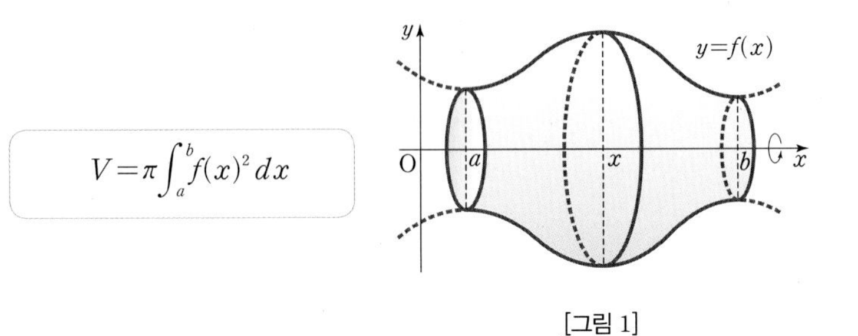

[그림 1]

㈏ 다항함수 $y=g(x)$의 그래프는 [그림 2]와 같다.
직선 $x=r$가 곡선 $y=g(x)$와 만나는 점을 F, x축과 만나는 점을 G라 하고, 점 F를 지나고 x축에 평행한 직선이 y축과 만나는 점을 E라 하자. 영역 S와 직사각형 OEFG를 x축 둘레로 회전시켜서 얻어지는 회전체의 부피를 각각 A_1과 A_2라 하자.

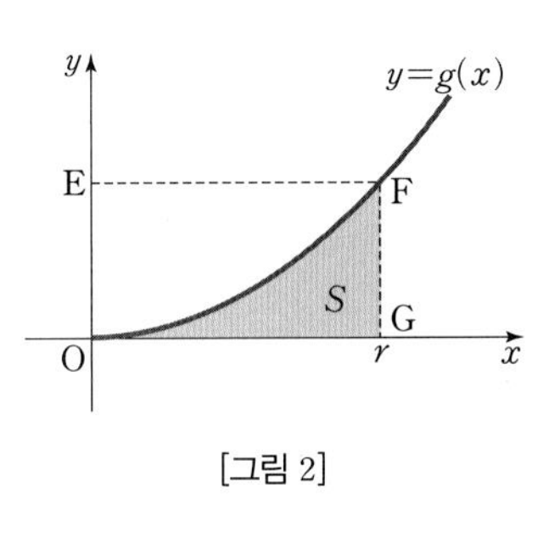

[그림 2]

제시문 ㈏의 [그림 2]에서 모든 양의 실수 r에 대하여 $5A_1=A_2$를 만족할 때, 다항함수 $y=g(x)$는 어떤 형태인지 설명하시오.

| 고려대학교 2012년 모의논술 응용 |

26

$k \in S=\{1, 2, \cdots, 2012\}$인 자연수에 대하여 구간 $[0, \pi]$에 정의된 함수

$$f_k(x)=\min\{|\sin(kx)|, 1-|\sin(kx)|\}$$

가 있다. 여기서 $\min\{A, B\}$는 A, B 중 크지 않은 것을 나타낸다. 곡선 $y=f_k(x)$와 x축에 의하여 둘러싸인 부분을 x축 둘레로 회전시킨 입체의 부피를 V_k라 할 때, $\sum_{k=1}^{2012} V_k$를 구하시오.

| 성균관대학교 2012년 심층면접 |

> **Hint**
> $k=1, 2, 3$일 때의 그래프를 이용하여 $f_k(x)$의 그래프를 유추해 본다.

27

제시문을 읽고 물음에 답하시오.

> 회전체의 회전축에 수직인 평면으로 자른 단면의 넓이를 알고 있다면, 회전축을 포함하는 평면으로 자른 단면의 넓이도 알 수 있다.
> 닫힌 구간 $[0, 1]$에서 연속인 함수 $f(x)$에 대하여 곡선 $y=f(x)$와 x축 및 두 직선 $x=0$, $x=1$로 둘러싸인 도형을 x축 둘레로 회전시킬 때 생기는 회전체가 아래의 조건을 만족시킨다.
>
> 모든 자연수 k, m에 대하여 구간 $[0, 1]$을 $k:m$의 비율로 내분하는 점을 지나고 x축에 수직인 평면과 회전체가 만나서 생기는 도형 S의 넓이는 $\frac{k^2m^2}{(k+m)^4}$이다.
>
> 조건을 이용하면 회전체의 부피를 비롯하여 함수 $f(x)$에 대한 정보를 얻을 수 있다.
>
> 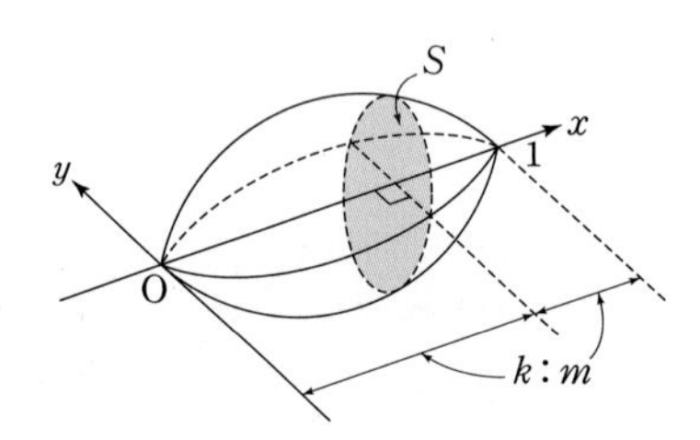
>

조건과 구분구적법을 이용하여 x축을 포함하는 평면과 제시문에서 제시된 회전체가 만나서 생기는 도형(아래 그림의 어두운 부분)의 넓이를 구하고 그 과정을 설명하시오.

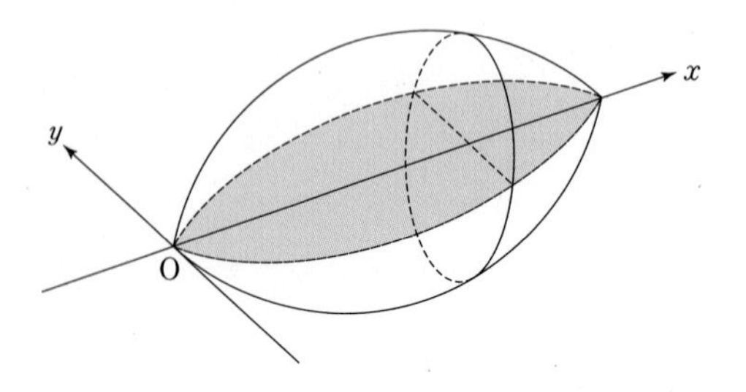

| 단국대학교 2014년 모의논술 |

> **Hint**
> 회전체의 회전축에 수직으로 자른 단면적이 $S(x)$일 때, 회전체의 부피는
> $V=\int_a^b S(x)dx$
> 이다.

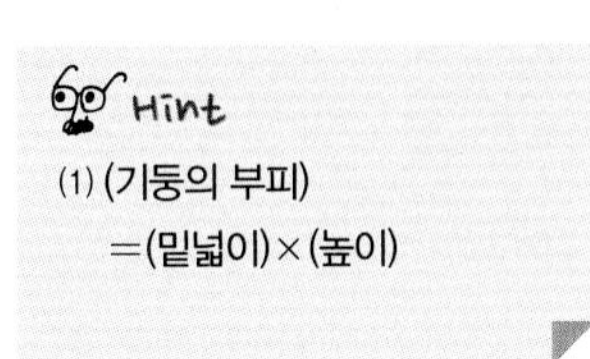

28 물음에 답하시오.

Hint
(1) (기둥의 부피)
=(밑넓이)×(높이)

(1) [그림 1]과 같이 일정한 두께 d를 가지고, xy평면과 평행한 단면이 주어진 양의 상수 a에 대하여 영역 $y \geq ax^2$을 이루는 용기에, 시간당 일정한 부피의 물을 붓기 시작했다. 수면의 높이와 물을 붓기 시작한 후 흐른 시간과의 관계에 대하여 논하시오. (단, 여기에서 높이는 y좌푯값에 해당한다.)

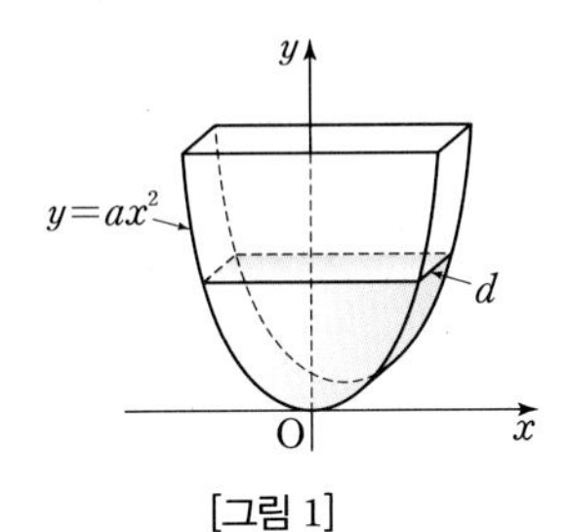

[그림 1]

(2) [그림 2]와 같이 곡선 $y=ax^2$(a는 양의 상수)을 y축을 중심으로 회전하여 얻어진 포물면 용기와 완전한 구형인 풍선이, 높이가 일정한 원에서 서로 접하고 있다. 이때 풍선의 중심의 높이와 접점들의 높이의 관계에 대하여 논하시오. 풍선이 [그림 2]와 같이 용기에 접한 상태에서 완전한 구형을 유지하면서 점점 바람이 빠지고 있다고 하자. 풍선의 아랫부분이 용기의 바닥에 처음 닿는 순간 풍선의 반지름과 포물면을 결정하는 상수 a의 관계에 대하여 논하시오.

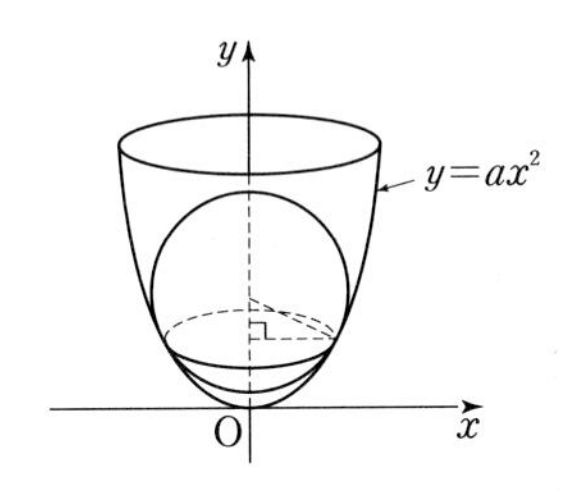

[그림 2]

(3) 문제 (2)의 상황에서, 용기가 곡선 $y=ax^2$ 대신 곡선 $y=|x|^{\frac{3}{2}}$을 y축을 중심으로 회전하여 얻어졌다고 하자. 풍선의 아랫부분이 용기의 바닥에 처음 닿는 순간 풍선의 반지름에 대하여 논하시오.

| 덕성여자대학교 2014년 수시 |

29

제시문을 읽고 물음에 답하시오.

> 원주율 π는 주어진 반원의 호의 길이와 반지름의 길이와의 비율을 말한다. 주어진 각에 해당하는 반지름의 길이가 1인 부채꼴의 호의 길이를 각도로 정의할 수 있는데, 이때의 단위를 라디안(radian)이라고 부른다.
> 오른쪽 그림에서 주어진 세 개의 도형(삼각형 OAB, 부채꼴 OAB, 삼각형 OAD)의 넓이를 비교해 보면 삼각함수와 관련된 중요한 극한 중의 하나인 $\lim\limits_{\theta\to0}\dfrac{\sin\theta}{\theta}=1$을 유도할 수 있다.
> (단, θ의 단위는 라디안)

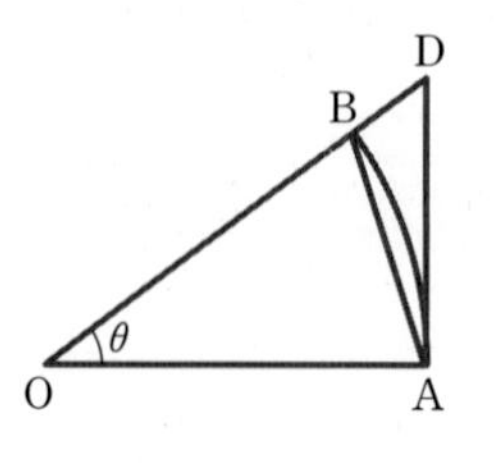

제시문의 주장을 구체적으로 설명하시오. 그리고 부채꼴 OAB를 축 OA를 중심으로 360° 회전시켰을 때 나타나는 입체의 부피를 $V(\theta)$라고 할 때, $\lim\limits_{\theta\to0}\dfrac{V(2\theta)}{V(\theta)}$를 구하시오.

| 서울시립대학교 2009년 모의논술 응용 |

> **Hint**
> 부채꼴 OAB를 축 OA를 중심으로 360° 회전시킨 입체의 부피를 구할 때에는 축 OA를 x축으로 하는 좌표평면에서 직선과 곡선의 두 부분으로 나누어 회전시킨다.

30

고대 그리스의 수학자 아르키메데스 (Archimedes ; B.C.287 ~B.C.212)는 원기둥에 꼭 맞게 들어가는 구와 원뿔의 부피의 비를 환상적인 비로 나타낼 수 있음을 발견하였다.
오른쪽 그림과 같은 모양의 입체에서 원기둥에 꼭 맞게 들어가는 구를 물 $36\pi\ \mathrm{cm}^3$로 가득 채울 수 있다면 원뿔에는 얼마의 물로 가득 채울 수 있는지 구하시오. 또, 원기둥의 밑면에서부터 높이가 4 cm인 곳까지 원기둥과 구 사이의 부피를 구하시오.

> **Hint**
> 함수 $x=g(y)$와 y축 및 두 직선 $y=c$, $y=d$로 둘러싸인 도형을 y축 둘레로 회전시킬 때 생기는 회전체의 부피 V_y는
> $V_y=\pi\displaystyle\int_c^d x^2\,dy$
> $\quad=\pi\displaystyle\int_c^d \{g(y)\}^2\,dy$
> 이다.

31

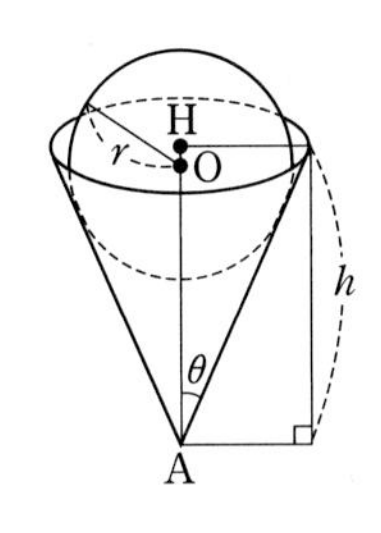

[그림 1]

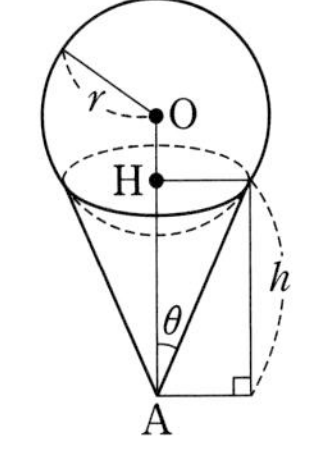

[그림 2]

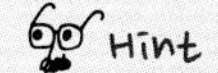

(1) 흘러나오는 물의 부피는 쇠공이 물에 잠기는 부분의 부피와 일치한다.

높이가 상수 h이고 원뿔의 중심축과 모선 사이의 각이 θ인 원뿔 모양의 컵에 물이 가득 차 있다. $\left(\text{단, } 0<\theta<\frac{\pi}{2}\right)$

[그림 1] 또는 [그림 2]와 같이 반지름이 r이고 중심이 O인 무거운 쇠공 하나를 컵에 넣을 때 컵에서 흘러나오는 물의 부피 V에 대한 다음 질문에 답하시오. 여기서, 쇠공이 컵의 내부로 전체가 들어가는 경우, 컵의 옆면에 접하는 경우 ([그림 1]), 컵의 가장자리 위에 놓여 있는 경우 ([그림 2]) 등의 세 가지 경우가 생길 수 있다.

(1) 구의 중심 O에서 원뿔 컵의 윗면의 중심 H까지의 거리를 d라고 할 때, a는 다음과 같이 정의된다.

> H가 O보다 위에 있을 때 a는 d, 아래에 있을 때 a는 $-d$이라고 하자. (예를 들어, [그림 1]의 경우는 $a=d$이고, [그림 2]의 경우는 $a=-d$이다.)

이때, 흘러나오는 물의 부피 V를 a와 r에 관한 식으로 나타내고, 그 근거를 논술하시오.

(2) (1)의 a를 r, h, θ에 관한 식으로 나타내고, 그 근거를 논술하시오.

(3) 위에서 언급한 세 가지 경우의 각각에 해당하는 r의 범위를 h와 θ에 관한 부등식으로 나타내고, 그 근거를 논술하시오.

(4) V의 값이 최대가 되는 경우는 쇠공이 컵의 옆면에 접하는 경우임을 증명하고, 이때 r을 θ와 h에 관한 식으로 나타내고, 그 근거를 논술하시오.

| 경희대학교 2015년 의학계 모의논술 |

32

제시문을 읽고 물음에 답하시오.

그림과 같이 속이 꽉 찬 어떤 물체에 실을 매달아 물이 가득 찬 용기 위에 위치를 잡고, 시각 t에 대해 $2t$ cm/초의 속력으로 용기의 수면과 수직인 방향으로 물체를 아래로 움직인다.
$t=0$일 때 물체의 아랫부분과 수면 사이의 최단 거리가 1cm이고, 물체의 높이는 8cm이며, 물체가 수면에 닿기 시작한 시각 $t=a$부터 완전히 물에 잠긴 시각 $t=b$까지 용기로부터 넘쳐흐른 물의 부피는

$$V(t)=-(5t^2-16t-4)(t-1)^4\ \text{cm}^3\ (a\le t\le b)$$

로 주어진다.
(단, 시각의 단위는 초이며, 물체는 처음 실에 매달린 형태 그대로 수면과 수직인 방향으로만 움직인다고 가정한다.)

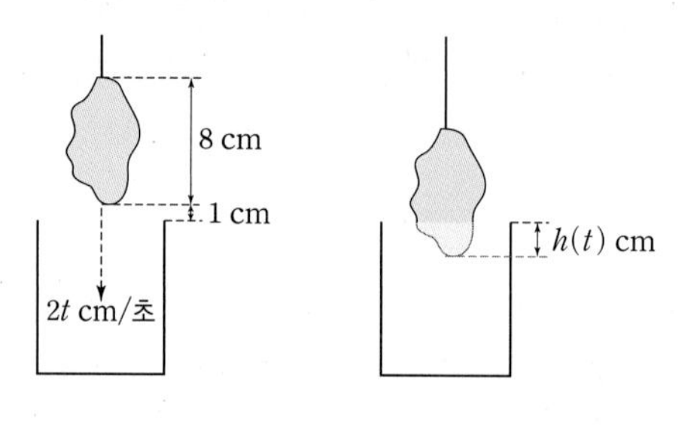

Hint
물체가 수면과 수직으로 움직인 거리는
$t=a$일 때 $\int_0^a 2t\,dt=1$,
$a<t<b$일 때 $\int_0^t 2t\,dt$,
$t=b$일 때 $\int_0^b 2t\,dt=9$이다.

(1) 물체가 수면에 닿는 시각 $t=a$를 구하고 물체가 수면에 잠긴 깊이를 시각 t에 관한 함수 $h(t)\,(a\le t\le b)$로 나타내시오.

(2) 물체가 용기에 잠길 때 넘쳐흐른 물의 부피를 이용하면, 수면과 평행한 방향으로 물체를 자를 때 생기는 단면의 넓이를 구할 수 있음을 설명하고, 시각이 t일 때 수면과 같은 위치에 있는 물체의 단면의 넓이를 시각 t에 관한 함수 $S(t)$로 나타내시오.

(3) $S(t)$가 최대가 되는 시각 t를 구하시오.

| 세종대학교 2015년 모의논술 |

주제별 강의 **제 10 장**

$\int \sin^n x\, dx$, $\int \cos^n x\, dx$의 계산

$\int \sin^n x\, dx$, $\int \cos^n x\, dx$의 계산

1 $\int \sin^n x\, dx$, $\int \cos^n x\, dx$의 계산

$\int \sin^n x\, dx$, $\int \cos^n x\, dx$의 계산에서 n이 짝수이면 반각공식을 이용하고, n이 홀수이면 치환을 이용한다.

예컨대, 다음과 같다.

① $\int \sin^2 x\, dx = \int \frac{1-\cos 2x}{2}\, dx = \int \left(\frac{1}{2} - \frac{\cos 2x}{2}\right) dx$

$= \frac{1}{2}x - \frac{1}{4}\sin 2x + C$

② $\int \cos^2 x\, dx = \int \frac{1+\cos 2x}{2}\, dx = \int \left(\frac{1}{2} + \frac{\cos 2x}{2}\right) dx$

$= \frac{1}{2}x + \frac{1}{4}\sin 2x + C$

③ $\int \sin^3 x\, dx = \int \sin^2 x \cdot \sin x\, dx = \int (1-\cos^2 x)\sin x\, dx$

($\cos x = t$로 놓으면 $-\sin x\, dx = dt$, $\sin x\, dx = -dt$)

$= \int (1-t^2)(-dt) = \int (t^2-1)dt = \frac{t^3}{3} - t + C$

$= \frac{1}{3}\cos^3 x - \cos x + C$

④ $\int \cos^3 x\, dx = \int \cos^2 x \cdot \cos x\, dx = \int (1-\sin^2 x)\cos x\, dx$

($\sin x = t$로 놓으면 $\cos x\, dx = dt$)

$= \int (1-t^2)dt = t - \frac{t^3}{3} + C$

$= -\frac{1}{3}\sin^3 x + \sin x + C$

2 $\int_0^{\frac{\pi}{2}} \sin^n x\, dx$, $\int_0^{\frac{\pi}{2}} \cos^n x\, dx$의 계산

(1) n이 양의 정수일 때 다음 공식이 성립한다.

① $\int_0^{\frac{\pi}{2}} \sin^n x\, dx = \frac{1\cdot 3\cdot 5\cdot \cdots \cdot (n-1)}{2\cdot 4\cdot 6\cdot \cdots \cdot n}\cdot\frac{\pi}{2}$ (n은 짝수)

② $\int_0^{\frac{\pi}{2}} \sin^n x\, dx = \frac{2\cdot 4\cdot 6\cdot \cdots \cdot (n-1)}{1\cdot 3\cdot 5\cdot \cdots \cdot n}$ (n은 홀수)

증명 $I_n=\int_0^{\frac{\pi}{2}}\sin^n x\,dx\,(n\ge 2)$로 놓고 부분적분을 이용하면

$$I_n=\int_0^{\frac{\pi}{2}}\sin^{n-1}x\sin x\,dx=\Big[-\cos x\sin^{n-1}x\Big]_0^{\frac{\pi}{2}}+(n-1)\int_0^{\frac{\pi}{2}}\sin^{n-2}x\cos^2 x\,dx$$

$$=0+(n-1)\int_0^{\frac{\pi}{2}}\sin^{n-2}x\,(1-\sin^2 x)dx=(n-1)(I_{n-2}-I_n)$$

$nI_n=(n-1)I_{n-2}$이므로 $I_n=\frac{n-1}{n}I_{n-2}$이다. …… ㉠

① n이 짝수일 때 ㉠에서 $I_n=\frac{n-1}{n}\cdot\frac{n-3}{n-2}\cdot\frac{n-5}{n-4}\cdot\cdots\cdot\frac{1}{2}\int_0^{\frac{\pi}{2}}dx$

$\int_0^{\frac{\pi}{2}}dx=\frac{\pi}{2}$이므로 $\int_0^{\frac{\pi}{2}}\sin^n x\,dx=\frac{1\cdot3\cdot5\cdot\cdots\cdot(n-1)}{2\cdot4\cdot6\cdot\cdots\cdot n}\cdot\frac{\pi}{2}$

② n이 홀수일 때 ㉠에서 $I_n=\frac{n-1}{n}\cdot\frac{n-3}{n-2}\cdots\frac{2}{3}\int_0^{\frac{\pi}{2}}\sin x\,dx$

$\int_0^{\frac{\pi}{2}}\sin x\,dx=1$이므로 $\int_0^{\frac{\pi}{2}}\sin^n x\,dx=\frac{2\cdot4\cdot6\cdot\cdots\cdot(n-1)}{1\cdot3\cdot5\cdot\cdots\cdot n}$

예 ① $I=\int_0^{\frac{\pi}{2}}\sin^5 x\,dx$ ② $I=\int_0^{\frac{\pi}{2}}\sin^6 x\,dx$ ③ $I=\int_0^{\frac{\pi}{2}}\sin^7 x\,dx$를 구하시오.

⇨ ① $I=\frac{2\cdot4}{1\cdot3\cdot5}=\frac{8}{15}$ ② $I=\frac{1\cdot3\cdot5}{2\cdot4\cdot6}\cdot\frac{\pi}{2}=\frac{5\pi}{32}$ ③ $I=\frac{2\cdot4\cdot6}{1\cdot3\cdot5\cdot7}=\frac{16}{35}$

(2) $\int_0^{\frac{\pi}{2}}\sin^n x\,dx=\int_0^{\frac{\pi}{2}}\cos^n x\,dx$

좌변의 $\sin x$를 우변의 $\cos x$로 바꾸기 위하여 $x=\frac{\pi}{2}-\theta$로 치환하면

$dx=-d\theta$이고 $x=0$일 때 $\theta=\frac{\pi}{2}$, $x=\frac{\pi}{2}$일 때 $\theta=0$이므로

$$\int_0^{\frac{\pi}{2}}\sin^n x\,dx=\int_{\frac{\pi}{2}}^{0}\left\{\sin\left(\frac{\pi}{2}-\theta\right)\right\}^n(-d\theta)=\int_0^{\frac{\pi}{2}}(\cos\theta)^n d\theta$$

$$=\int_0^{\frac{\pi}{2}}\cos^n\theta\,d\theta=\int_0^{\frac{\pi}{2}}\cos^n x\,dx$$

예 ① $I=\int_0^{\frac{\pi}{2}}\cos^2 x\,dx$ ② $I=\int_0^{\frac{\pi}{2}}\cos^3 x\,dx$ ③ $I=\int_0^{\frac{\pi}{2}}\cos^4 x\,dx$를 구하시오.

⇨ ① $I=\frac{1}{2}\cdot\frac{\pi}{2}=\frac{\pi}{4}$ ② $I=\frac{2}{1\cdot3}=\frac{2}{3}$ ③ $I=\frac{1\cdot3}{2\cdot4}\cdot\frac{\pi}{2}=\frac{3\pi}{16}$

예시 1 정수 $n\ge0$에 대하여 $I_n=\int_0^{\pi}(\cos x)^n dx$이다.

(1) $f(x)=(\cos x)^{n-1}$, $g(x)=\sin x$로 놓으면 $I_n=\int_0^{\pi}f(x)g'(x)$가 된다.

이것을 이용하여 정수 $n\ge2$에 대하여 $I_n=\frac{n-1}{n}I_{n-2}$가 성립함을 증명하시오.

(2) $I_8=\int_0^{\pi}(\cos x)^8 dx$와 $I_{81}=\int_0^{\pi}(\cos x)^{81}dx$를 계산하시오.

| 부산대학교 2014년 모의논술 응용 |

풀이

(1) $n \geq 2$일 때,

$$I_n = \int_0^{\pi} (\cos x)^n dx = \int_0^{\pi} (\cos x)^{n-1} (\sin x)' dx$$

$$= \Big[(\cos x)^{n-1} \sin x \Big]_0^{\pi} - \int_0^{\pi} \{-(n-1)(\cos x)^{n-2}(\sin x)^2\} dx$$

$$= (n-1)\int_0^{\pi} \{(\cos x)^{n-2} - (\cos x)^n\} dx = (n-1)I_{n-2} - (n-1)I_n$$

이고 정리하면

$$I_n = \frac{n-1}{n} I_{n-2}$$

를 얻게 된다.

(2) 위의 (1)에서 구한 관계식을 반복해서 적용하면

$$I_8 = \frac{7}{8} \cdot \frac{5}{6} \cdot \frac{3}{4} \cdot \frac{1}{2} I_0 = \frac{35}{128} I_0$$

이다.

한편 $I_0 = \int_0^{\pi} dx = \pi$이므로 $I_8 = \frac{35}{128}\pi$이다.

역시 (1)에서 구한 관계식을 반복해서 이용하면

$$I_{81} = \frac{80}{81} \cdot \frac{78}{79} \cdot \cdots \cdot \frac{4}{5} \cdot \frac{2}{3} I_1$$

이다. 한편 $I_1 = \int_0^{\pi} \cos x\, dx = 0$이므로 $I_{81} = 0$이다.

문제 1 $a_{2n} = \int_0^{\frac{\pi}{2}} \sin^{2n} x\, dx$라고 할 때, $a_{2n} < \frac{1}{2}$이 성립하는 가장 작은 자연수 n을 구하시오.

| 성균관대학교 2013년 심층면접 |

먼저 $a_n = \int_0^{\frac{\pi}{2}} \sin^n x\, dx$를 구한다.

물음에 답하시오.

(1) n이 2 이상의 자연수일 때 부분적분법을 이용하여

$\int \sin^n x\,dx = -\frac{1}{n}\sin^{n-1}x\cos x + \frac{n-1}{n}\int \sin^{n-2}x\,dx$임을 설명하고 이를 이용하여

$\int_{\frac{\pi}{2}}^{\pi} \sin^{2n}x\,dx$의 값을 구하시오.

(2) $a_n = \int_{\frac{\pi}{2}}^{\pi} \sin^n x\,dx$라 놓을 때 $\lim_{n\to\infty}\frac{a_{2n}}{a_{2n+1}}=1$이 성립함을 설명하시오.

(3) $f(x)=\frac{1}{\sqrt{2\pi}}e^{-\frac{x^2}{2}}$가 표준정규분포의 확률밀도함수임을 이용하여 k가 자연수일 때,

$\lim_{t\to\infty}\int_0^t x^{2k}e^{-\frac{x^2}{2}}\,dx = \frac{(2k)!}{k!2^{k+1}}\sqrt{2\pi}$임을 증명하시오.

(단, 임의의 자연수 n에 대하여 $\lim_{x\to\infty}\frac{x^n}{e^x}=0$이다.)

| 서강대학교 2011년 수시 응용 |

(2) 조임정리를 이용한다.

주제별 강의 제 11 장

여러 가지 변화율

여러 가지 변화율

1 미분방정식

여러 가지 자연현상 및 사회현상은 시간에 따라 변화하는 적절한 양과 그 양의 순간변화율(도함수) 등의 관계식으로 표현할 수 있다. 예를 들어 마찰이 없는 수평면 위에서 용수철에 의해 진동하는 질량 m인 물체의 운동을 생각해 보자.

y를 용수철 평형점으로부터의 변위(길이)라 하고 용수철 상수를 k라 하면 후크의 법칙에 의해 용수철이 물체에 가하는 힘은 $F=-ky$가 된다. 또 뉴턴의 운동방정식은 $\mathrm{F}=ma$로 표시되므로 $-ky=ma$에서 $ma+ky=0$이 된다. 여기에서 가속도 a는 속도 v의 도함수이고, 속도 v는 위치 y의 도함수이므로 $a=\dfrac{dv}{dt}=\dfrac{d}{dt}\left(\dfrac{dy}{dt}\right)$이고, y를 두 번 미분한 결과 $\dfrac{d}{dt}\left(\dfrac{dy}{dt}\right)$, 즉 y의 이차 도함수를 $\dfrac{d^2y}{dt^2}$로 나타내면, 관계식

$$m\frac{d^2y}{dt^2}+ky=0 \qquad \cdots\cdots ㉠$$

을 얻는다. $\left(y=f(t)\text{인 경우 } \dfrac{d^2y}{dt^2}\text{를 } f''(t)\text{로 쓰기도 한다.}\right)$

이와 같이 시간에 따라 변하는 양과 이의 도함수들 사이의 관계를 설정한 등식을 총칭하여 '미분방정식'이라 부른다.

상수 a에 대해 $\dfrac{d\sin at}{dt}=a\cos at$, $\dfrac{d\cos at}{dt}=-a\sin at$라는 사실을 이용하면, 함수 $y=\sin\sqrt{\dfrac{k}{m}}t$를 미분방정식 ㉠에 대입했을 때 모든 t에 대해서 등호가 성립함을 쉽게 확인할 수 있다. 이때, $y=\sin\sqrt{\dfrac{k}{m}}t$가 미분방정식 ㉠을 '만족'시킨다고 말한다. 이와 같이 '주어진 미분방정식을 만족시키는 함수'를 그 '미분방정식의 해'라고 부른다.

예시 1 미분방정식 $\dfrac{dy}{dx}=y$의 해를 구하시오.

풀이 $\dfrac{\frac{dy}{dx}}{y}=1$의 양변을 적분하면 $\displaystyle\int\frac{\frac{dy}{dx}}{y}dx=\int 1\,dx$에서 $\ln|y|=x+C$(단, C는 적분상수)

$|y|=e^{x+C}$에서 $y=\pm e^{x+C}=\pm e^Ce^x$이다.

따라서 $y=ke^x$(k는 상수)이다.

2 물질의 온도의 변화(뉴턴의 냉각법칙)

물질의 온도의 변화, 박테리아와 같은 생물들의 개체수의 변화, 방사성 물질의 붕괴현상 등에서 지수함수적인 변화를 알 수 있다.

(1) 뉴턴의 냉각법칙

물체가 가지고 있는 열량을 방출하거나, 주위 환경으로부터 열량을 흡수할 때, 그 물체와 물체가 놓인 환경사이의 온도차가 그리 크지 않다면 물체가 식어 가는 비율이나 데워지는 비율은 그 물체와 물체의 환경(주위) 사이의 온도차에 비례한다. 이 법칙을 뉴턴의 냉각법칙이라고 하는데 1701년 뉴턴에 의해 발견되었다.

(2) 예컨대 커피와 같은 뜨거운 용액의 시간 t에서의 온도를 $T(t)$, 주위의 대기온도를 T_0라 할 때 뜨거운 용액을 그대로 둔다면 용액의 식어가는 비율 $T'(t)$는 다음과 같이 나타낼 수 있다.

$T'(t)=c(T(t)-T_0)$(단, c는 비례상수)

$\dfrac{T'(t)}{T(t)-T_0}=c$에서 양변을 적분하면

$\displaystyle\int\frac{T'(t)}{T(t)-T_0}dt=\int c\,dt$, $\ln|T(t)-T_0|=ct+d$(d는 적분상수)

$T(t)-T_0=e^{ct+d}$이다.

$t=0$일 때, $e^d=T(0)-T_0$이므로

$T(t)-T_0=(T(0)-T_0)e^{ct}$이다.

이것은 $T(t)-T_0=ka^t$로 나타낼 수 있으므로 뜨거운 물체의 온도와 주위의 대기 온도와의 차는 지수함수적으로 감소한다.

예시 2 뉴턴의 냉각법칙이란 물체와 물체의 환경 사이의 온도차가 그리 크지 않다면 식어져 가는 비율이 그 물체와 환경 사이의 온도차에 비례한다는 것이다. 살인사건의 조사 과정에서 사망시간의 추정은 매우 중요한데 이러한 시간을 추정하는데 뉴턴의 냉각 법칙을 이용할 수 있다. 예를 들어 정상적인 사람의 체온이 37℃일 때 28℃의 체온인 시신이 정오에 발견되었고 두 시간 후에 이 시신의 체온이 22℃로 측정되었다면 주위 공기의 온도가 18℃일 때 대략적인 사망 시간에 관하여 논하시오. (단, $\ln 2≒0.693$, $\ln 5≒1.609$, $\ln 19≒2.944$)

| 중앙대학교 2003년 수시 |

풀이 정오부터 흐른 시간을 t, 시신의 온도를 $T(t)$, 주위 공기의 온도를 T_0라 하자.
뉴턴의 냉각 법칙에 의해 주어진 상황은 비례상수 k를 이용하여 표현하면 다음과 같다.

$\dfrac{dT}{dt}=k(T-T_0)$

이 미분방정식을 풀면 $\dfrac{\frac{dT}{dt}}{T-T_0}=k$, $\displaystyle\int\frac{\frac{dT}{dt}}{T-T_0}dt=\int k\,dt$에서

$\ln|T-T_0|=kt+C_1$(C_1은 적분상수)

$T=T_0+Ce^{kt}(C=e^{C_1})(\because T>T_0)$이다.

여기에 $T(0)=28$, $T_0=18$를 적용하면 C가 10이 되므로 $T=18+10e^{kt}$

또한 2시간 후의 체온 $T(2)=22$이므로 $T(2)=18+10e^{2k}=22$, $e^k=\left(\dfrac{2}{5}\right)^{\frac{1}{2}}$이다.

따라서 $T(t)=18+10\left(\frac{2}{5}\right)^{\frac{t}{2}}$이다.

$T(t)=37$일 때의 t를 구하면

$37=18+10\left(\frac{2}{5}\right)^{\frac{t}{2}}$에서 $t=2\times\frac{\log 19-\log 10}{\log 2-\log 5}\fallingdotseq-1.4$이다.

사망 시간은 시신이 발견되기 약 1.4시간 전으로 추정되므로 오전 10시 36분 정도를 사망 시간으로 볼 수 있다.

3 개체수의 변화

(1) 로지스틱 곡선(Logistic curve)

① 동물이나 식물의 개체수 또는 인구수 등이 너무 증가하게 되면 반대로 감소하는 요인이 발생하여 증가와 감소가 거의 없는 일정한 수를 유지하게 된다.

예를 들어, 산에서 야생 토끼의 개체수가 증가하면 포식자인 늑대의 개체수도 증가하게 되고, 다시 늑대의 개체수가 많아지면 피식자인 토끼의 개체수는 감소하게 된다. 따라서 개체군의 성장곡선은 이상적인 조건하에서는 개체수가 기하급수적으로 증가하는 J자형이 되지만, 자연상태에서는 개체군의 밀도가 커질수록 환경저항(먹이 부족, 생활공간의 부족, 노폐물의 축적, 질병의 증가, 경쟁의 심화 등 개체군의 성장을 억제하는 요인)이 커져서 S자형이 된다. 이 S자형 곡선을 로지스틱 곡선이라고 한다.

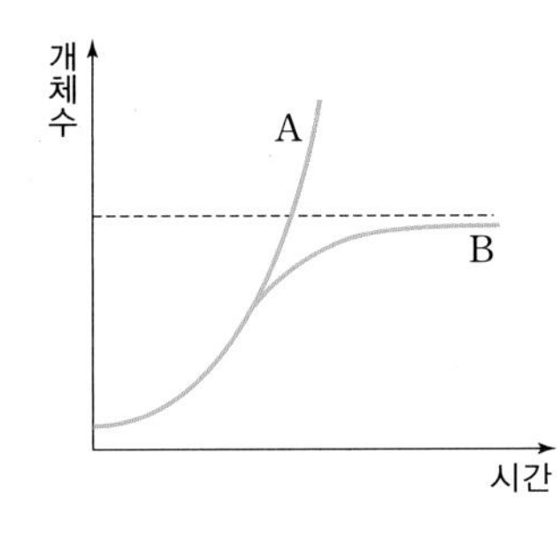

A: 이론상의 성장곡선

B: 실제의 성장곡선

점선: 환경저항에 의한 개체수의 한계선

② 동물의 개체 수의 증가는 기준 연도, 즉 초기 측정 연도의 동물의 개체 수에 비례하고, 비례 상수는 동물의 개체 수의 증가율이다.

동물의 개체 수의 증가율이 일정하면 동물의 개체 수는 해마다 증가하게 될 것이다.

n년 후의 동물의 개체 수를 x_n이라 하고, 이것을 수식으로 나타내면

$x_{n+1}=rx_n(r>0,\ n=0,\ 1,\ 2,\ \cdots)$ …… ㉠

여기에서 r는 동물의 개체 수의 증가율이며 $r>1$일 때에는 동물의 개체 수는 계속적으로 증가하고, $0<r<1$일 때에는 동물의 개체 수는 점점 감소하게 된다.

그런데 동물의 개체 수가 크게 증가하면 환경적 요소에 의하여 동물의 개체 수 증가율의 저하가 나타나며 이것은 개체 수에 비례하게 된다. 따라서 ㉠은 다음과 같이 변형시킬 수 있다.

$x_{n+1}=rx_n(1-x_n)(n=0,\ 1,\ 2,\ \cdots)$ …… ㉡

이 식은 x_n의 값이 증가하면 $1-x_n$의 값이 감소하여 그 곱은 초기값에 크게 영향을 받지 않는다.

이 식의 원형은 1845년 페어훌스트(Pierre Francois Verhulst, 1804~1849)가 동물의 개체수 증가 현상을 수학적으로 모델화하기 위해 도입한 식이다.

이제 ㉡에서 $r=1.5$이고, $x_0=0.9$일 경우 x_1, x_2, x_3, $\cdots$의 값을 실제로 구해 보면 0.135, 0.175$\cdots$, 0.216$\cdots$, 0.254$\cdots$, $\cdots$가 되어 점점 0.33으로 접근하는 것을 알 수 있다. $x_0=0.03$일 경우에도 x_1, x_2, x_3, $\cdots$의 값을 실제로 구해 보면
0.043$\cdots$, 0.062$\cdots$, 0.088$\cdots$, 0.120$\cdots$, $\cdots$가 되어 점점 0.33으로 접근하는 것을 알 수 있다. 이 두 가지 경우를 그림으로 나타내면 다음과 같다.

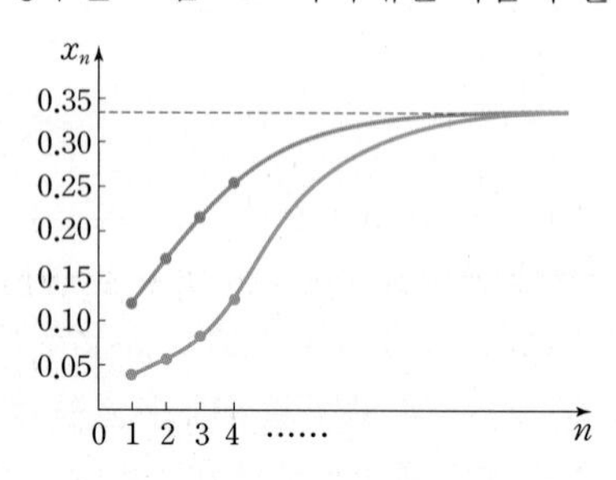

여기에서 알 수 있는 것은 동물의 개체 수의 증가율은 처음에는 크지만 어느 순간부터는 증가율이 작아져서 동물의 개체 수는 일정하게 유지된다는 것이다.

여기에서 로지스틱 곡선의 식이 유도되었다. 로지스틱 곡선의 모양은 미끄럼대와 비슷하게 시작점에서 서서히 상방 커브를 그리다가 나중에는 수평이 되는 S자 곡선을 그린다.

자연현상이나 사회 현상의 일부는 대체로 생성, 발전, 성숙, 안정의 과정을 밟게 되므로 생물의 성장 · 증식 현상이나 인구 증가 현상 등이 로지스틱 곡선으로 설명이 가능하다.

③ 어떤 해의 초기 동물의 개체수를 x라 하고 매년 개체수의 출생률을 a, 사망률을 b라 하면 다음 해의 동물의 개체수 x'은

$$x'=x+ax-bx=x(1+a-b)=x\left\{(1+a)-\frac{b}{x}\times x\right\}$$
$$=(1+a)x\left\{1-\frac{b}{(1+a)x}x\right\}$$

이때, $\dfrac{b}{(1+a)x}=c$로 놓고 어떤 해의 개체수를 x_n, 다음 해의 개체수를 x_{n+1}이라 하면 $x_{n+1}=(1+a)x_n(1-cx_n)$

이고 $1+a=r$로 놓으면

$x_{n+1}=rx_n(1-cx_n)\,(r>0,\ c>0,\ n=0,\ 1,\ 2,\ 3,\ \cdots)$

가 성립한다.

 제시문을 읽고 물음에 답하시오.

실험실의 최적 환경 조건에서 미생물을 일정기간 배양하면서 시간 경과에 따른 개체군의 증가 형태를 조사하면 이론적인 생장곡선은 그래프 ㈎와 같이 나타난다. 개체수는 초기에는 완만히 증가하고 후기에는 급격히 증가하는 J자형의 곡선을 따른다. 이와 같은 생장곡선을 지수생장곡선이라고 한다. 이때, 지수적으로 생장하는 개체군의 생장률은 고유의 번식능력과 생식연령에 달한 개체수에 따라 결정된다. 개체군의 지수생장을 수식으로 나타내면 다음과 같다.

$$\frac{d}{dt}N(t)=rN(t) \qquad \cdots\cdots ㉠$$

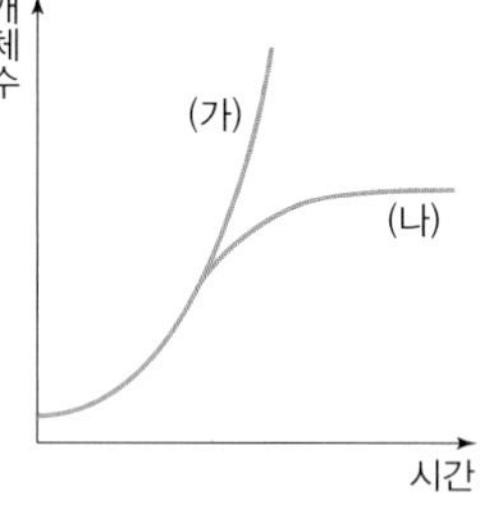

여기서 r는 개체군의 증가율, 즉 출생률에서 사망률을 뺀 값이고, $N(t)$는 t시간 후의 미생물의 개체수를 나타낸다. 따라서 r가 높은 개체군은 낮은 개체군보다 단위 시간당 개체수가 많이 증가한다.

그러나 실험실에서 관찰되는 미생물의 생장곡선은 실제로는 위 그래프 ㈏와 같이 나타난다. 이러한 S자형 생장곡선(로지스트형 생장곡선)에서는 개체수가 초기엔 지수적으로 증가하지만 시간이 충분히 지나면 일정 수를 유지하게 된다.

S자형 생장곡선 ㈏는 다음과 같은 수식으로 나타낼 수 있다.

$$\frac{d}{dt}N(t)=rN(t)\frac{K-N(t)}{K} \qquad \cdots\cdots ㉡$$

여기서 K는 주어진 환경에서 무기한으로 지속할 수 있는 개체군의 최대 개체수이다. 초기에 개체수가 작아서 환경저항이 적은 기간에는 개체수의 증가율이 커지지만 개체수가 커져서 과밀하게 되면 환경저항이 커져서 개체군의 증가율이 작아지게 된다.

하지만, 실제 자연 생태계에서는 이러한 S자형 생장곡선 모형 또한 찾아보기 힘들다. 이는 포식자가 없고 같은 자원을 놓고 경쟁하는 다른 종이 없는 일관된 환경 하에서만 적용이 가능하기 때문이다. 그럼에도 불구하고, 이 모형은 개체군이 시간이 지나면서 어떻게 성장하여 더 복잡한 모형을 형성해 가는지를 검토할 수 있는 유용한 시발점이 된다.

(1) 식 ㉠에서 $r=2$라면 개체수가 초기 개체수의 두 배가 되는 시간을 구하는 과정을 설명하고 답을 구하시오.

(2) 생물의 이론적인 생장곡선은 ㈎의 형태이나 실제로는 ㈏의 형태로 나타난다. 초기에는 그래프 ㈎와 ㈏가 일치하다가 일정 시간이 지나면 차이가 나는 이유를 수학적으로 설명하시오.

(1) 식 ㉠에서 $r=2$이므로 $\frac{d}{dt}N(t)=2N(t)$이고 양변을 $N(t)$로 나누면 $\dfrac{\frac{d}{dt}N(t)}{N(t)}=2$이다.

이때, 양변을 t에 대하여 부정적분을 하면

$\displaystyle\int\frac{\frac{d}{dt}N(t)}{N(t)}dt=\int 2\,dt$에서

$\ln|N(t)|=2t+C$ (단, C는 적분상수)

이다. 이때, $N(t)>0$이므로 $\ln N(t)=2t+C$, 즉

$N(t)=e^{2t+C}$이다.

$e^C=A$(단, $A>0$)라 하면 $N(t)=Ae^{2t}$이다.

초기 개체수를 $N(a)$라 하고, $t=b$일 때 초기 개체수의 두 배가 된다고 하면 $2N(a)=N(b)$이므로 $2Ae^{2a}=Ae^{2b}$에서 $2e^{2a}=e^{2b}$이다.

양변에 상용로그를 취하면

$\ln 2e^{2a}=\ln e^{2b}$, $\ln 2+2a=2b$이므로 $b=a+\frac{\ln 2}{2}$이다.

따라서 $\frac{\ln 2}{2}=\ln\sqrt{2}$(초) 후에는 기존 개체수의 2배가 됨을 알 수 있다.

(2) $\frac{d}{dt}N(t)=rN(t)$ ...... ㉠

$\frac{d}{dt}N(t)=rN(t)\frac{K-N(t)}{K}$ ...... ㉡

를 비교하면 초기에는 그래프 (가)와 (나)가 일치하다가 일정 시간이 지나면 차이가 나는 이유를 알 수 있다. 우선, 식 ㉡의 경우 초기에 $N(t)$의 값이 K의 값보다 극히 작아서 $K-N(t)\simeq K$이다. 따라서 초기에는 식 ㉡을 다음과 같이 변형할 수 있다.

$$\begin{aligned}\frac{d}{dt}N(t)&\simeq rN(t)\frac{K}{K}\ (\because K-N(t)=K)\\&=rN(t)\end{aligned}$$

즉, 초기에는 두 식 ㉠과 ㉡이 거의 같기 때문에 그래프 상에서도 일치한다. 그런데 식 ㉡에서 충분한 시간이 지나면 $N(t)$가 K(주어진 환경이 감당할 수 있는 개체군의 최대 개체수)의 값에 근접한다.

따라서 충분한 시간이 지나게 되면 식 ㉡을 다음과 같이 변형할 수 있다.

$$\frac{d}{dt}N(t)\simeq rN(t)\frac{k-k}{k}=0\ (\because \lim_{t\to\infty}N(t)=K)$$

즉, 충분한 시간이 지나면 개체수에 대한 그래프의 접선의 기울기 값 $\frac{d}{dt}N(t)$가 0에 가까워지므로 개체수가 일정하게 유지된다고 할 수 있다.

그런데 식 ㉠은 충분한 시간이 지나면 $N(t)$의 값이 점점 더 크게 증가하게 된다. 결국, 그래프 (가)는 시간이 지날수록 그래프의 접선의 기울기의 값 $\frac{d}{dt}N(t)$가 매우 커지기 때문에 계속해서 개체수가 증가하게 된다.

문제 1 제시문을 읽고 물음에 답하시오.

2005년 한국인 평균수명은 78세 7개월, 여자는 81세 11개월이고 남자는 75세 2개월이다. 1960년 평균수명이 여자 53세 8개월, 남자 51세 1개월이었으니 50년도 안돼 여자는 28년, 남자는 24년을 더 살게 됐다. 얼마 전 보건사회연구원은 질병과 장애 없이 건강한 삶을 누리며 사는 평균건강수명을 68세 7개월로 집계했다. 평균수명과 비교해 보면 보통 10년을 갖가지 질병에 시달리다 가는 셈이다. 여자는 남자보다 평균 6세 9개월을 더 살지만 건강수명은 69세 7개월밖에 안돼 남자 67세 5개월과 2세 차 밖에 안 난다. 관절염이나 우울증처럼 남자보다 질병이 많기 때문이라고 한다.

그래서 "한국이 2050년 세계에서 가장 늙은 국가가 된다."는 통계청 전망도 달가운 뉴스가 아니다. 65세 고령인구 비중은 2005년 9.1%에서 2050년 38.2%로 높아져 세계 평균 16.2%의 갑절을 넘어설 거라고 한다. 80세 이상 초고령 인구 비중은 1.4%에서 14.5%로 폭증해 세계 평균 4.4%의 세 배를 웃돌 전망이다. 급속한 수명 연장 추세에 세계 최저 출산율이 겹친 탓이다. 젊은 세대가 노인을 부양하는 국가적 부담이 감당하기 어렵게 커진다는 얘기이다.

이상적인 죽음의 모습으로 세간에 '9988234'라는 말이 나돈다. '99세까지 팔팔하게 살다 2~3일 앓고 죽는(死) 것'을 뜻한다. 노화와 질병의 고통을 마지막 순간에 짧게 응축해 겪는다는 의미로 '병의 압축(compression of morbidity)'이라는 용어도 있다.

(1) 장래 인구 $f(x)$를 '개체수의 변화율 $f'(x)$는 개체수 $f(x)$에 비례한다.'는 전제로부터 구해 보시오. (자료는 가장 최근 자료인 2000년, 2005년 것만을 사용하되, 2000년을 $x=0$, 2005년을 $x=1$, 우리나라 인구를 $f(x)$라 한다.)

[표 1] 우리나라 인구

지역	2000	2005
인구(단위 : 백만 명)	46	47

(2) [표 2]를 이용하여 2015년의 인구수를 예측하시오.

(3) [표 2]를 이용하여 2050년 우리나라 65세 이상의 고령인구수를 예측하시오.

[표 2] 거듭제곱의 값

거듭제곱	$\frac{47}{46}$	$\left(\frac{47}{46}\right)^2$	$\left(\frac{47}{46}\right)^3$	$\left(\frac{47}{46}\right)^4$	$\left(\frac{47}{46}\right)^5$	$\left(\frac{47}{46}\right)^6$	$\left(\frac{47}{46}\right)^7$	$\left(\frac{47}{46}\right)^8$	$\left(\frac{47}{46}\right)^9$	$\left(\frac{47}{46}\right)^{10}$	$\left(\frac{47}{46}\right)^{11}$
값	1.02	1.04	1.07	1.09	1.11	1.14	1.16	1.19	1.21	1.24	1.27

| 인하대학교 수리논술집 응용 |

(1) $f'(x)=cf(x)$임을 이용한다.

(나)에서 제시된 포물선 모형이 두 가지 조건을 모두 잘 반영하고 있는지 검토하시오. 그리고 어떤 해에 코끼리 개체 수가 16000이었다면 해가 지남에 따라 코끼리 개체 수가 궁극적으로 어떻게 변할지 설명해 보고, (가)에서 '코끼리가 굶어 죽더라도 그냥 내버려 두기로 한 결정'의 타당성을 평가하시오.

(가) 우리가 몇 년 전에 한 경험을 말해보겠습니다. 코끼리 이야기인데, 밀렵꾼들 탓에 그 수가 줄어드는 것을 염려하여 설정한 코끼리 보호 구역에서 있었던 일입니다. 우리가 코끼리들을 보호한 지 얼마 지나지 않아 그 수가 엄청나게 불어났습니다. 그러자 이번에는 다른 문제가 생겼습니다. 무리를 지어 다니는 코끼리들이 그 지역의 식물들을 모조리 파괴하기 시작한 것입니다. 그들이 지나가고 나면 마치 탱크 군단이 지나간 것처럼 숲이 파괴되었습니다. 예를 들어 지난 수만 년 동안 바오밥 나무는 건기(乾期)에 코끼리들에게 먹이와 물을 공급하는 역할을 해왔습니다. 코끼리들은 어금니를 바오밥 나무 줄기 속에 박아 넣어 껍질을 벗겨내고 속에 수분이 있는 펄프를 꺼내 먹지요. 그런데 코끼리의 수가 급격하게 늘자 보호 구역 안에 서식하는 바오밥 나무들이 차츰 사라졌습니다. 수천 년 동안 그곳에 서 있었던 나무들이 말입니다. 숲 속의 다른 나무들도 마찬가지였습니다. 그러자 동료들 사이에서 코끼리들을 쏴 죽여 개체 수를 줄여야 한다는 주장이 나오기 시작했습니다. 그래야만 코끼리와 그들의 먹이 사이에 균형이 잡히고 결과적으로는 코끼리들에게도 도움이 된다는 것입니다. 그 말에 일리가 있다고 생각한 우리는 그동안 한 번도 해보지 않았던 코끼리 추려내기를 시작했습니다. 하루에도 수 마리의 코끼리들을 쏘아 죽였더니 단시일에 수백 마리의 코끼리들이 몰살됐습니다. 실로 간담이 서늘해질 정도로 끔찍한 일이었습니다. 결국 우리는 생각을 바꿔 그 일을 일단 중단했습니다. 설사 코끼리들이 그들의 먹이를 모두 소비하여 언젠가는 굶어 죽는 한이 있더라도 그때까지는 그냥 내버려두기로 했던 겁니다. 어찌 보면 무책임해 보이기도 했지만, 그 결정이 현명했다는 것은 얼마 지나지 않아 밝혀졌습니다. 그 후 일 년도 지나지 않아 혹독한 가뭄이 그 지역을 휩쓸었습니다. 평원과 숲은 바싹 타들어가 푸른 잎이 모두 사라져버렸습니다. 마치 융단 폭격을 받은 것처럼 숲은 황폐해졌지요. 굶주린 코끼리들은 나무를 통째로 먹어치우며 견뎠지만, 그 가뭄 때문에 최소한 일만 마리의 코끼리들이 사라졌습니다. 사람들이 걱정하지 않아도 자연이 스스로 코끼리 추려내기를 한 셈입니다. 그 후 코끼리들이 파괴한 삼림은 얼룩말이나 영양 같은 다른 동물들의 새로운 서식처가 된다는 것도 밝혀졌습니다.

(나) 위의 지문에 나타난 코끼리 개체 수의 변화 양상을 이해하기 위하여, 한 연구자는 아래와 같은 두 가지 조건을 가정하고 설명 모형을 만들었다.

(a) 먹이가 풍부하고 코끼리 개체 수가 극히 적은 이상적인 상황에서는 코끼리 개체 수가 매년 50%로 늘어난다.

(b) 코끼리 개체 수가 지나치게 많으면 다음 해에는 굶어 죽어 개체 수가 오히려 줄어들고, 극단적으로 개체 수가 20000이면 그 다음 해에는 코끼리가 모두 죽는다.

코끼리 사례뿐 아니라 일반적으로 생태계에서 어떤 종의 개체 수 변화를 연구할 때, 개체 수 변화에 대한 기초 설명 모형으로서 포물선 형태가 다양한 분야에서 활용되고 있다. 이 연구자는 이 점에 착안하여 위의 두 가지 조건 모두를 반영하는 간단한 설명 모형으로 $y=rx\left(1-\dfrac{x}{20000}\right)$ 형태의 포물선을 제시하였다. 여기서 어떤 해의 코끼리 개체 수를 x, 그 다음 해의 코끼리 개체 수를 y, 개체 수 증가 비율과 관계된 상수를 r로 표시한다.

| 이화여자대학교 2007년 수시 |

조건 (a)에서 $y=\frac{3}{2}x$를 구할 수 있다.

다음은 해발고도 h가 높아질수록 대기압 P가 낮아지고, 이에 따라 물의 끓는점 T가 낮아지는 현상을 수학적으로 기술한 것이다. 이에 관하여 물음에 답하시오. (단, 문제에서 주어진 수치는 계산의 편의를 위하여 실제 측정값을 다소 조정한 것이다.)

(1) 해발고도 h의 변화에 따른 대기압 $P(h)$의 변화비율 $\frac{1}{P(h)}\frac{dP}{dh}$를 $f(h)$라고 할 때, 대기압 $P(h)$를 대기압의 변화비율 $f(h)$와 해수면$(h=0)$에서의 대기압 $P_0=P(0)$을 이용하여 구하시오.

(2) 대류권에서 대기압의 변화비율 $f(h)$는 h에 무관하게 거의 일정한 값을 가지는데, 이 값을 상수 k로 가정하자. 해발고도 5,680(m)에서의 대기압이 $\frac{1}{2}P_0$이라 할 때, 상숫값 k와 해발고도가 약 8,520(m)인 히말라야 로체봉에서의 대기압 P_L을 구하시오.

(3) 압력이 낮아지면 액체의 끓는점도 함께 낮아진다. 물의 경우 $P_0=1$(기압)일 때 절대온도 $T_0=373(K)$에서 끓는다. 하지만 압력$\left(\frac{1}{30}<P<3\right)$이 변화하면 물의 끓는점 $T(P)$는 근사적으로 $T(P)=\frac{T_0}{1-a\log P}$의 관계를 만족하고, $P=\frac{1}{2}$(기압)일 때 $T\left(\frac{1}{2}\right)=\frac{373}{1.05}(K)$에서 끓는다. 어떤 산에 올라가서 물을 가열하였더니 $T_H=\frac{373}{1.0125}(K)$에서 끓었다고 할 때, 이 지점의 해발고도 H를 구하시오. (단, $\log$는 상용로그이고, $\log 2=0.30$이다.)

| 이화여자대학교 2014년 수시 |

(1) $\frac{1}{P(h)}\frac{dP}{dh}=f(h)$의 양변을 구간 $[0, h]$에서 정적분하여 $P(h)$를 구한다.

주제별 강의 **제 12 장**

분수의 합(급수의 수렴, 발산)

급수의 수렴판정법

❶ 일반항의 극한 이용법

'급수 $\sum_{n=1}^{\infty} a_n$이 수렴하면 $\lim_{n\to\infty} a_n=0$이다.'가 성립한다. 이 명제의 대우는 '$\lim_{n\to\infty} a_n \neq 0$이면 급수 $\sum_{n=1}^{\infty} a_n$은 발산한다.'이다.

예 급수 $\frac{1}{2}+\frac{2}{3}+\frac{3}{4}+\frac{4}{5}+\cdots$는 $a_n=\frac{n}{n+1}$이고 $\lim_{n\to\infty} a_n=1\neq 0$이므로 발산한다.

❷ 비교 판정법

각 항이 0 이상인 급수 $\sum_{n=1}^{\infty} a_n$, $\sum_{n=1}^{\infty} b_n$에 대하여 $a_n \geq b_n$일 때

① $\sum_{n=1}^{\infty} a_n$이 수렴하면 $\sum_{n=1}^{\infty} b_n$도 수렴한다.

② $\sum_{n=1}^{\infty} b_n$이 발산하면 $\sum_{n=1}^{\infty} a_n$도 발산한다.

예1

$$\begin{aligned}\sum_{n=1}^{\infty}\frac{1}{n}&=\frac{1}{1}+\frac{1}{2}+\frac{1}{3}+\frac{1}{4}+\frac{1}{5}+\frac{1}{6}+\frac{1}{7}+\frac{1}{8}+\cdots\\&=1+\frac{1}{2}+\left(\frac{1}{3}+\frac{1}{4}\right)+\left(\frac{1}{5}+\frac{1}{6}+\frac{1}{7}+\frac{1}{8}\right)+\cdots\\&>1+\frac{1}{2}+\left(\frac{1}{4}+\frac{1}{4}\right)+\left(\frac{1}{8}+\frac{1}{8}+\frac{1}{8}+\frac{1}{8}\right)+\cdots\\&=1+\frac{1}{2}+\frac{1}{2}+\frac{1}{2}+\cdots\\&=1+1+1+\cdots=\infty\end{aligned}$$

이므로 $\sum_{n=1}^{\infty}\frac{1}{n}$은 발산한다.

예2

$$\begin{aligned}\sum_{n=1}^{\infty}\frac{1}{n^2}&=\frac{1}{1^2}+\frac{1}{2^2}+\frac{1}{3^2}+\frac{1}{4^2}+\cdots<1+\frac{1}{1\cdot 2}+\frac{1}{2\cdot 3}+\frac{1}{3\cdot 4}+\cdots\\&=\lim_{n\to\infty}\left\{1+\left(\frac{1}{1}-\frac{1}{2}\right)+\left(\frac{1}{2}-\frac{1}{3}\right)+\left(\frac{1}{3}-\frac{1}{4}\right)+\cdots+\left(\frac{1}{n-1}-\frac{1}{n}\right)\right\}=2\end{aligned}$$

이므로 $\sum_{n=1}^{\infty}\frac{1}{n^2}$은 수렴한다.

참고 $\frac{3}{2}<\sum_{n=1}^{\infty}\frac{1}{n^2}<2$임을 확인해보자.

자연수 k에 대하여 $\frac{1}{k(k+1)}<\frac{1}{k^2}<\frac{1}{(k-1)k}$이므로

$$\sum_{k=2}^{n}\frac{1}{k(k+1)}=\frac{1}{2\cdot 3}+\frac{1}{3\cdot 4}+\cdots+\frac{1}{n(n+1)}$$

$$=\left(\frac{1}{2}-\frac{1}{3}\right)+\left(\frac{1}{3}-\frac{1}{4}\right)+\cdots+\left(\frac{1}{n}-\frac{1}{n+1}\right)=\frac{1}{2}-\frac{1}{n+1},$$

$$\sum_{k=2}^{n}\frac{1}{(k-1)k}=\frac{1}{1\cdot 2}+\frac{1}{2\cdot 3}+\cdots+\frac{1}{(n-1)n}$$

$$=\left(\frac{1}{1}-\frac{1}{2}\right)+\left(\frac{1}{2}-\frac{1}{3}\right)+\cdots+\left(\frac{1}{n-1}-\frac{1}{n}\right)=1-\frac{1}{n}$$

이므로 $\frac{1}{2}-\frac{1}{n+1}<\sum_{k=2}^{n}\frac{1}{k^2}<1-\frac{1}{n}$이다.

각 항에 1을 더하면

$\frac{3}{2}-\frac{1}{n+1}<1+\sum_{k=2}^{n}\frac{1}{k^2}<2-\frac{1}{n}$ 즉, $\frac{3}{2}-\frac{1}{n+1}<\sum_{k=1}^{n}\frac{1}{k^2}<2-\frac{1}{n}$이다.

여기에서 $\lim_{n\to\infty}\left(\frac{3}{2}-\frac{1}{n+1}\right)=\frac{3}{2}$, $\lim_{n\to\infty}\left(2-\frac{1}{n}\right)=2$이므로

$\frac{3}{2}<\lim_{n\to\infty}\sum_{k=1}^{n}\frac{1}{k^2}<2$, $\frac{3}{2}<\sum_{n=1}^{\infty}\frac{1}{n^2}<2$이다.

이상에서 급수 $\sum_{n=1}^{\infty}\frac{1}{n^p}$의 수렴, 발산을 조사해 보자.

$p<0$이면 $\lim_{n\to\infty}\frac{1}{n^p}=\infty$이고 $p=0$이면 $\lim_{n\to\infty}\frac{1}{n^p}=1$이므로 $\lim_{n\to\infty}\frac{1}{n^p}\neq 0$이다.

또, $0<p\leq 1$이면 $n^p\leq n$이므로 $\frac{1}{n^p}\geq\frac{1}{n}$이다.

이때, $\sum_{n=1}^{\infty}\frac{1}{n^p}\geq\sum_{n=1}^{\infty}\frac{1}{n}$이므로 $\sum_{n=1}^{\infty}\frac{1}{n^p}$은 발산한다.

따라서 $\sum_{n=1}^{\infty}\frac{1}{n^p}=\begin{cases}\text{발산}(p\leq 1)\\ \text{수렴}(p>1)\end{cases}$이다.

3 비율 판정법

> 각 항이 양수인 급수 $\sum_{n=1}^{\infty}a_n$에 대하여 $\frac{a_{n+1}}{a_n}=r$일 때
>
> ① $r<1$이면 $\sum_{n=1}^{\infty}a_n$은 수렴한다.
>
> ② $r>1$이면 $\sum_{n=1}^{\infty}a_n$은 발산한다.

예1 급수 $\sum_{n=1}^{\infty}\frac{1}{n!}$에서 $a_n=\frac{1}{n!}$이므로 $\frac{a_{n+1}}{a_n}=\frac{\frac{1}{(n+1)!}}{\frac{1}{n!}}=\frac{1}{n+1}<1$이다.

$\sum_{n=1}^{\infty}\frac{1}{n!}=\frac{1}{1!}+\frac{1}{2!}+\frac{1}{3!}+\cdots+\frac{1}{n!}+\cdots$에서

$n>2$일 때 $n!>2^{n-1}$이므로 $\frac{1}{n!}<\frac{1}{2^{n-1}}$이다.

그러므로 $\sum_{n=1}^{\infty}\frac{1}{n!}<1+\frac{1}{2}+\frac{1}{2^2}+\cdots+\frac{1}{2^{n-1}}+\cdots=\frac{1}{1-\frac{1}{2}}=2$이므로

$\sum_{n=1}^{\infty}\frac{1}{n!}$은 수렴한다.

예2 급수 $\sum_{n=1}^{\infty}\frac{n!}{2^n}$는 $a_n=\frac{n!}{2^n}$로 놓으면

$\frac{a_{n+1}}{a_n}=\frac{\frac{(n+1)!}{2^{n+1}}}{\frac{n!}{2^n}}=\frac{n+1}{2}>1(n\geq 2)$이므로 $a_n<a_{n+1}(n\geq 2)$이다.

그러므로 급수 $\sum_{n=1}^{\infty}\frac{n!}{2^n}$은 발산한다.

예3 급수 $\sum_{n=1}^{\infty}\frac{n^n}{n!}$은 $a_n=\frac{n^n}{n!}$으로 놓으면

$$\frac{a_{n+1}}{a_n}=\frac{\frac{(n+1)^{n+1}}{(n+1)!}}{\frac{n^n}{n!}}=\frac{(n+1)^{n+1}}{(n+1)!}\times\frac{n!}{n^n}=\frac{(n+1)(n+1)^n}{(n+1)n!}\times\frac{n!}{n^n}$$

$$=\frac{(n+1)^n}{n^n}=\left(\frac{n+1}{n}\right)^n=\left(1+\frac{1}{n}\right)^n \text{이다.}$$

$\lim_{n\to\infty}\frac{a_{n+1}}{a_n}=\lim_{n\to\infty}\left(1+\frac{1}{n}\right)^n=e>1$이므로 $a_n<a_{n+1}(n\geq1)$이다.

그러므로 급수 $\sum_{n=1}^{\infty}\frac{n^n}{n!}$은 발산한다.

4 교대급수 판정법

> 교대급수 $\sum_{n=1}^{\infty}(-1)^{n-1}a_n=a_1-a_2+a_3-a_4+a_5-a_6+\cdots$이
>
> $a_1\geq a_2\geq a_3\geq a_4\geq\cdots>0$이고 $\lim_{n\to\infty}a_n=0$
>
> 이면 수렴한다.

짝수 부분합 S_{2n}을 구하면

$$S_{2n}=a_1-a_2+a_3-a_4+\cdots+a_{2n-1}-a_{2n}$$

$$=(a_1-a_2)+(a_3-a_4)+\cdots+(a_{2n-1}-a_{2n}) \quad \cdots\cdots ㉠$$

$$=a_1-(a_2-a_3)-(a_4-a_5)-\cdots-(a_{2n-2}-a_{2n-1})-a_{2n} \quad \cdots\cdots ㉡$$

㉠에서 $a_1-a_2\geq0,\ a_3-a_4\geq0,\ \cdots,\ a_{2n-1}-a_{2n}\geq0$이므로

$0\leq S_2\leq S_4\leq S_6\leq\cdots$이고

㉡에서 $a_2-a_3\geq0,\ a_4-a_5\geq0,\ \cdots,\ a_{2n-2}-a_{2n-1}\geq0,\ a_{2n}>0$이므로

$0\leq S_{2n}<a_1$이다.

그러므로 $\lim_{n\to\infty}S_{2n}$이 존재한다.

한편, $\lim_{n\to\infty}a_n=0$이므로 $\lim_{n\to\infty}a_{2n+1}=0$이고

$\lim_{n\to\infty}S_{2n+1}=\lim_{n\to\infty}(S_{2n}+a_{2n+1})=\lim_{n\to\infty}S_{2n}$이다.

따라서 $\lim_{n\to\infty}S_n$이 존재하므로 교대급수 $\sum_{n=1}^{\infty}(-1)^{n-1}a_n$은 수렴한다.

예를 들어 교대급수 $1-\frac{1}{2}+\frac{1}{3}-\frac{1}{4}+\cdots=\sum_{n=1}^{\infty}\frac{(-1)^{n-1}}{n}$은

$\frac{1}{n}>\frac{1}{n+1}$이므로 $a_n>a_{n+1}$이고 $\lim_{n\to\infty}a_n=\lim_{n\to\infty}\frac{1}{n}=0$을 만족한다.

따라서 이 교대급수는 수렴한다.

5 적분 판정법

> 함수 $f(x)$가 구간 $[1, \infty)$에서 연속, $f(x)>0$, 감소함수일 때 $a_n=f(n)$이라 하면
> ① $\int_1^{\infty} f(x)dx$가 수렴하면 급수 $\sum_{n=1}^{\infty} a_n$도 수렴한다.
> ② $\int_1^{\infty} f(x)dx$가 발산하면 급수 $\sum_{n=1}^{\infty} a_n$도 발산한다.

$t \geq a$인 모든 t에 대하여 $\int_a^t f(x)dx$가 존재하고, 극한이 존재한다면, $\int_a^{\infty} f(x)dx$를 다음과 같이 정의한다.

$$\int_a^{\infty} f(x)dx=\lim_{t\to\infty}\int_a^t f(x)dx$$

$S_n=f(1)+f(2)+\cdots+f(n)$이라 하고, 구간 $[1, n]$에서 넓이를 비교하면

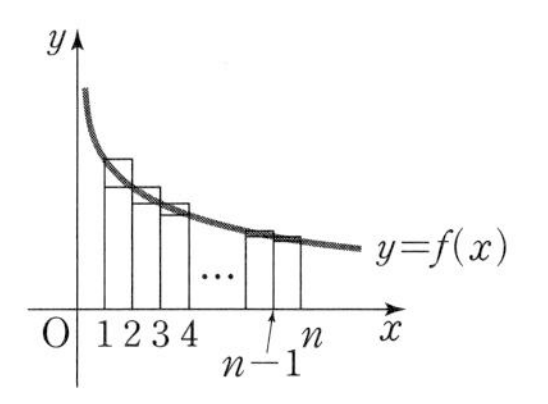

$f(2)+f(3)+\cdots+f(n) \leq \int_1^n f(x)dx$이므로

$$S_n \leq f(1)+\int_1^n f(x)dx \qquad \cdots\cdots ㉠$$

$\int_1^n f(x)dx \leq f(1)+f(2)+\cdots+f(n-1)=S_{n-1}$이므로

$$\int_1^n f(x)dx < S_n \qquad \cdots\cdots ㉡$$

$\int_1^{\infty} f(x)dx=\lim_{n\to\infty}\int_1^n f(x)dx$가 수렴하면 ①에서 $\sum_{n=1}^{\infty} f(n)$도 수렴하고,

발산하면 ②에서 $\sum_{n=1}^{\infty} f(n)$도 발산한다.

예컨대, 급수 $\sum_{n=1}^{\infty}\frac{1}{n^2}=\frac{1}{1^2}+\frac{1}{2^2}+\frac{1}{3^2}+\frac{1}{4^2}+\cdots$에서 $f(x)=\frac{1}{x^2}$로 놓으면

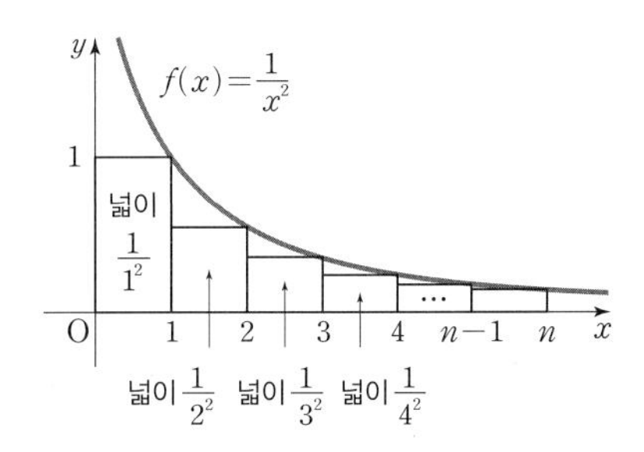

그림에서

$\int_1^n f(x)dx > \frac{1}{2^2}+\frac{1}{3^2}+\frac{1}{4^2}+\cdots+\frac{1}{n^2}$이 성립한다.

$$\frac{1}{1^2}+\frac{1}{2^2}+\frac{1}{3^2}+\cdots+\frac{1}{n^2}<1+\int_1^n f(x)dx$$

이고 $\int_1^n f(x)dx=\int_1^n \frac{1}{x^2}dx=\left[-\frac{1}{x}\right]_1^n=1-\frac{1}{n}$,

$\lim_{n\to\infty}\int_1^n f(x)dx=1$이므로 $\sum_{n=1}^{\infty}\frac{1}{n^2}<1+1=2$이다.

따라서 급수 $\sum_{n=1}^{\infty}\frac{1}{n^2}$은 2보다 작은 값으로 수렴한다.

예시 1 다음 극한값을 구하시오.

$$\lim_{n\to\infty}\frac{1}{n}\left(1+\frac{1}{2}+\frac{1}{3}+\cdots+\frac{1}{n}\right)$$

풀이 $f(x)=\dfrac{1}{x}$로 놓으면 그림에서

$$f(2)+f(3)+\cdots+f(n)<\int_1^n f(x)dx$$

이므로

$$1+\frac{1}{2}+\frac{1}{3}+\cdots+\frac{1}{n}<1+\int_1^n\frac{1}{x}\,dx=1+[\ln x]_1^n=1+\ln n$$

이 성립한다.

따라서 $0<\dfrac{1}{n}\left(1+\dfrac{1}{2}+\dfrac{1}{3}+\cdots+\dfrac{1}{n}\right)<\dfrac{1+\ln n}{n}=\dfrac{1}{n}+\dfrac{\ln n}{n}$이 된다.

여기에서 $\lim\limits_{n\to\infty}\left(\dfrac{1}{n}+\dfrac{\ln n}{n}\right)=0\left(\because \text{ 로피탈 정리에 의하여 } \lim\limits_{n\to\infty}\dfrac{\ln n}{n}=\lim\limits_{n\to\infty}\dfrac{1}{n}=0\right)$

이므로 조임정리(부등식과 극한의 관계)에 의하여

$\lim\limits_{n\to\infty}\dfrac{1}{n}\left(1+\dfrac{1}{2}+\dfrac{1}{3}+\cdots+\dfrac{1}{n}\right)=0$이다.

문제 1 제시문을 읽고 물음에 답하시오.

제시문과 문제에서 n은 자연수로 가정한다.

(가) 다음과 같이 급수가 주어졌다.

$$\sum_{k=1}^{\infty}\frac{1}{k}=1+\frac{1}{2}+\frac{1}{3}+\frac{1}{4}+\frac{1}{5}+\cdots$$

위에 주어진 급수의 첫째항부터 제 n항까지의 부분합 S_n을 다음과 같이 정의한다.

$$S_n=1+\frac{1}{2}+\frac{1}{3}+\cdots+\frac{1}{n}$$

(나) 평면에서 직선으로 둘러싸인 도형의 넓이는 그 도형을 유한개의 삼각형이나 사각형으로 나눈 후에 이들의 넓이를 모두 합하여 정확히 구할 수 있다. 그러나 곡선이 포함된 도형의 경우에는 유한개의 삼각형이나 사각형을 사용하면 그 도형 넓이의 근삿값만을 구할 수 있다.

곡선 $y=\dfrac{1}{x}$이 [그림 1]과 같이 주어졌다고 가정하자. 이 곡선 $y=\dfrac{1}{x}$과 세 개의 직선 $x=1$, $x=n$, $y=0$에 의하여 둘러싸인 영역이 [그림 2]에서 빗금으로 표시되었다. 빗금으로 표시된 면적의 근삿값은 직사각형이나 사다리꼴의 면적의 합을 이용하여 구할 수 있다.

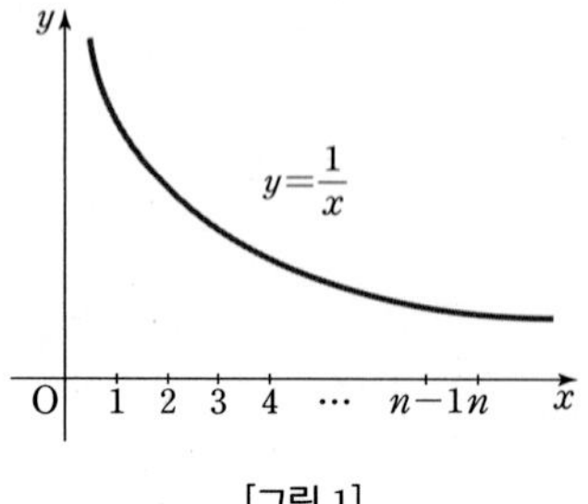

[그림 1]

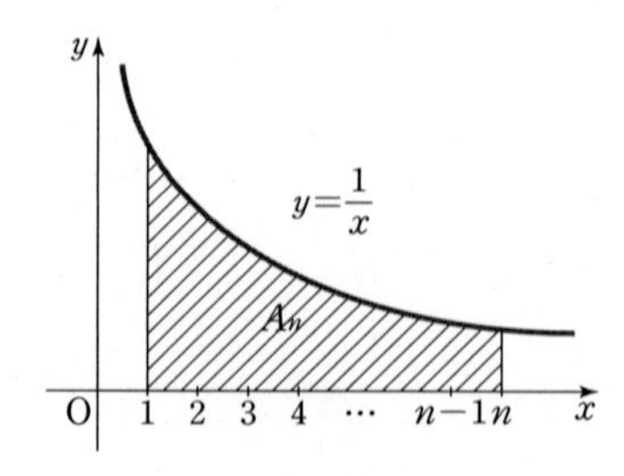

[그림 2]

이때, 빗금으로 표시된 영역의 면적을 A_n으로 표시한다. 단, $A_1=0$이다.

(1) 제시문 ㈎에서 주어진 급수의 부분합 S_n에 대해서, $n=2^r(r=0, 1, 2, \cdots)$일 때의 부분합 S_n은 다음과 같은 부등식을 만족한다.

$$S_n \geq 1+\frac{r}{2}(n=2^r, r=0, 1, 2, \cdots) \qquad \cdots\cdots ㉠$$

① $r=3$과 $r=7$일 때, 위의 부등식 ㉠이 성립함을 보이시오.

② 수학적 귀납법을 사용하여 위의 부등식 ㉠이 음이 아닌 모든 정수 r에 대하여 성립함을 보이시오.

(2) 무한급수 $\sum_{n=1}^{\infty}\frac{1}{k}$이 수렴하는지 발산하는지를 판단하고 그 이유를 설명하시오.

(3) 제시문 ㈏를 이용하여 다음 부등식이 성립함을 설명하시오.

$$A_n+\frac{1}{2}+\frac{1}{2n} \leq S_n \leq A_n+1$$

(4) 부등식 $A_5>1.7$이 참인지 거짓인지를 판정하고, 그 이유를 설명하시오.

| 한국항공대학교 2014년 수시 |

(3) 면적 A_n의 면적은 $y=\frac{1}{x}$의 아랫쪽으로 만든 직사각형의 면적의 합보다 크고, 사다리꼴의 면적의 합보다는 작다.

급수 $S_n=1+\frac{1}{\sqrt{2}}+\frac{1}{\sqrt{3}}+\cdots+\frac{1}{\sqrt{n}}$이라 하자. 다음과 같은 과정을 이용하여, S_{100}의 근사값 $[S_{100}]$을 구하고자 한다. (여기에서 $[x]$는 실수 x에 대하여 x를 넘지 않는 가장 큰 정수를 나타낸다.)

(1) 모든 자연수 k에 대하여 $\frac{1}{\sqrt{k+1}}<\int_k^{k+1}\frac{1}{\sqrt{x}}dx<\frac{1}{\sqrt{k}}$임을 그래프를 이용하여 설명하시오.

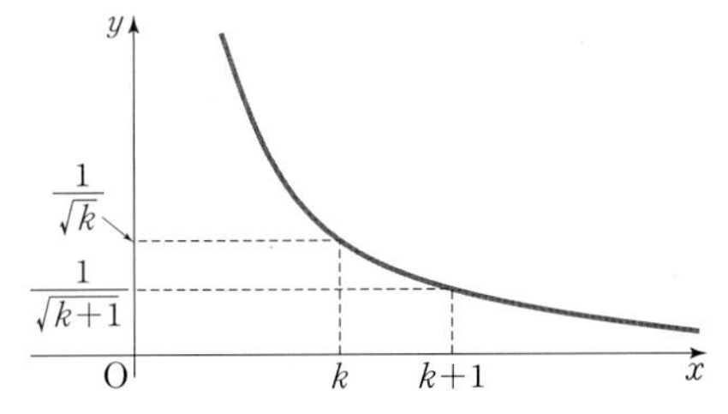

(2) 위의 결과를 이용하여 $\left[1+\frac{1}{\sqrt{2}}+\frac{1}{\sqrt{3}}+\cdots+\frac{1}{\sqrt{100}}\right]$을 구하는 방법을 설명하고 그 값을 찾으시오.

| 이화여자대학교 2011년 수시 |

(2) $\int_1^{100}\frac{1}{\sqrt{x}}dx=\sum_{k=1}^{99}\int_k^{k+1}\frac{1}{\sqrt{x}}dx$를 이용한다.

문제 3 제시문을 읽고 물음에 답하시오.

(가) 함수 $y=f(x)$가 폐구간 $[a, b]$에서 연속이고 $f(x)\ge 0$일 때, 두 직선 $x=a$, $x=b$와 x축 및 곡선 $y=f(x)$로 둘러싸인 영역의 넓이 S를 구분구적법으로 구하면 다음과 같다.

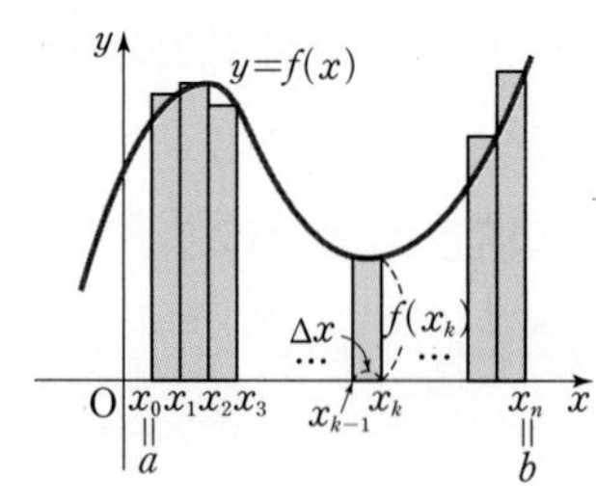

$S=\lim_{n\to\infty}\sum_{k=1}^{n} f(x_k)\Delta x$, $\left(\Delta x=\dfrac{b-a}{n},\ x_k=a+k\Delta x\right)$

이 극한값 S를 함수 $f(x)$의 a에서 b까지의 정적분이라 하고, 기호로 $\int_a^b f(x)dx$와 같이 나타낸다.

(나) n, m은 자연수라고 하자. 두 실수 a, b가 $n-1<a\le n<m\le b<m+1$일 때, 구간 $[a, b]$에서 함수 $y=[x]$의 정적분을 다음과 같이 정의한다. (단, $[x]$는 x보다 크지 않은 최대의 정수)

$$\int_a^b [x]dx=\int_a^n (n-1)dx+\sum_{k=n+1}^{m}\int_{k-1}^{k}(k-1)dx+\int_m^b m\,dx$$

(다) 감소수열 $\{a_n\}$은 $\lim_{n\to\infty}a_n=a$와 $a_1\le b$를 만족한다고 하자. 구간 $(a, b]$ 위의 함수 $y=f(x)$에 대하여 정적분 $\int_a^b f(x)dx$는 극한값 $\lim_{n\to\infty}\int_{a_n}^b f(x)dx$로 정의한다. 즉,

$$\int_a^b f(x)dx=\lim_{n\to\infty}\int_{a_n}^b f(x)dx$$

(라) 감소수열 $\{b_n\}$에 대하여 $\lim_{n\to\infty}b_n=0$이면 무한급수 $\sum_{n=1}^{\infty}(-1)^n b_n$이 수렴한다.

(마) 다음은 함수 $y=2\left[\dfrac{1}{x}\right]$의 그래프 중 일부분이다.

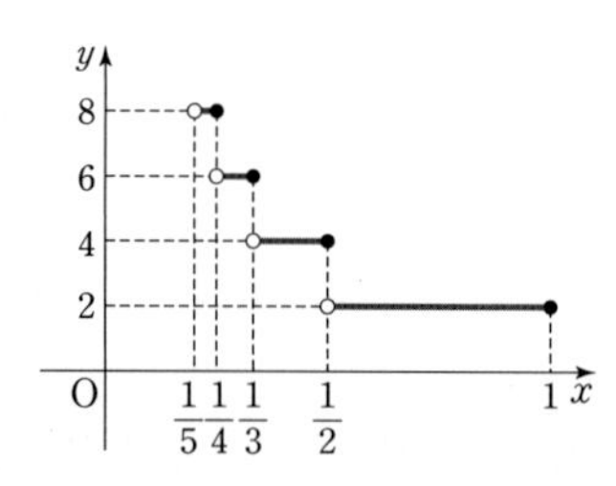

(1) 자연수 n에 대하여 등식 $\sum_{k=1}^{n}\dfrac{1}{(2k-1)2k}=\sum_{k=1}^{n}\dfrac{1}{n+k}$이 성립함을 보이시오.

(2) 극한값 $\lim_{n\to\infty}\sum_{k=1}^{n}\dfrac{1}{(2k-1)2k}$을 구하시오.

(3) 무한급수 $\sum_{n=1}^{\infty}(-1)^{n+1}\dfrac{1}{n}=1-\dfrac{1}{2}+\dfrac{1}{3}-\dfrac{1}{4}+\dfrac{1}{5}-\dfrac{1}{6}+\cdots$의 값을 구하시오.

(4) (3)의 결과를 이용하여, 극한값 $\lim_{n\to\infty}\dfrac{1}{n}\sum_{k=1}^{n}\left(\left[\dfrac{2n}{k}\right]-2\left[\dfrac{n}{k}\right]\right)$을 구하시오.

| 한양대학교 2012년 수시 |

(1) 수학적 귀납법을 이용한다.

주제별 강의 **제 13 장**

그래프의 대칭성과 미적분

1 우함수와 기함수의 정적분

(1) 우함수와 기함수

① 우함수는 그래프가 y축에 대하여 대칭인 함수이고, $f(-x)=f(x)$가 성립한다.
예컨대, 3, x^2, x^4, $\cdots$, x^{2n}(n은 자연수), $\cos x$가 우함수이다.

② 기함수는 그래프가 원점에 대하여 대칭인 함수이고, $f(-x)=-f(x)$가 성립한다.
예컨대, x, x^3, $\cdots$, x^{2n-1}(n은 자연수), $\sin x$, $\tan x$가 기함수이다.

(2) 우함수와 기함수의 정적분

① 우함수의 정적분

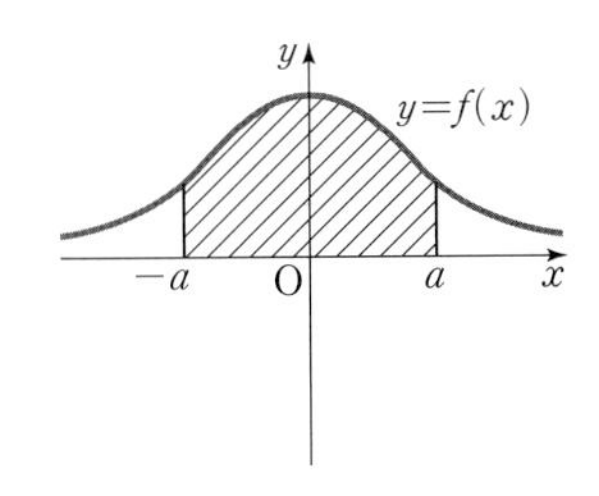

$$\int_{-a}^{a} f(x)\,dx=2\int_{0}^{a} f(x)\,dx$$

② 기함수의 정적분

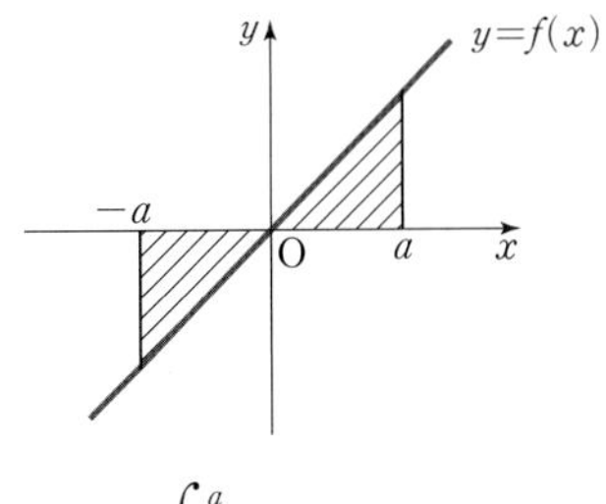

$$\int_{-a}^{a} f(x)\,dx=0$$

2 그래프의 대칭성

정의식	대칭성
$\begin{cases} f(a-x)=f(a+x) \\ f(a-x)-f(a+x)=0 \end{cases}$ $f(2a-x)=f(x)$	$y=f(x)$는 $x=a$에 대하여 대칭이다.
$\begin{cases} f(a-x)=-f(a+x) \\ f(a-x)+f(a+x)=0 \end{cases}$ $f(2a-x)=-f(x)$	$y=f(x)$는 점 $(a, 0)$에 대하여 대칭이다.
$f(a-x)+f(a+x)=2b$ $f(2a-x)+f(x)=2b$	$y=f(x)$는 점 (a, b)에 대하여 대칭이다.

해설

(1) ① $y=f(x)$의 그래프가 $x=a$에 대하여 대칭이면 $y=f(x)$를 $x=a$에 대하여 대칭이동한 $y=f(2a-x)$는 $y=f(x)$와 일치한다.
따라서 $f(2a-x)=f(x)$가 성립하고, x 대신 $a+x$를 대입하면
$f(a-x)=f(a+x)$이다.

② $y=f(x)$의 그래프가 점 $(a, 0)$에 대하여 대칭이면 $y=f(x)$를 점 $(a, 0)$에 대하여 대칭 이동한 $2\times0-y=f(2a-x)$,
즉 $y=-f(2a-x)$는 $y=f(x)$와 일치한다.
따라서 $-f(2a-x)=f(x)$가 성립하고, x 대신 $a+x$를 대입하면
$f(a-x)=-f(a+x)$이다.

③ $y=f(x)$의 그래프가 점 (a, b)에 대하여 대칭이면 $y=f(x)$를 점 (a, b)에 대하여 대칭 이동한 $2b-y=f(2a-x)$,
즉 $y=-f(2a-x)+2b$는 $y=f(x)$와 일치한다.
따라서 $-f(2a-x)+2b=f(x)$, 즉 $f(2a-x)+f(x)=2b$가 성립하고, x 대신 $a+x$를 대입하면 $f(a-x)+f(a+x)=2b$이다.

(2) 함수 $y=2^{|x|}$의 그래프는 y축 $(x=0)$에 대하여 대칭이다.
이것을 x축 방향으로 1만큼 평행이동하면 $y=2^{|x-1|}$가 되고 이 그래프는 $x=1$에 대하여 대칭이다.

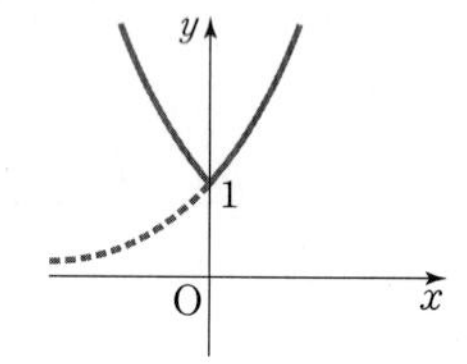

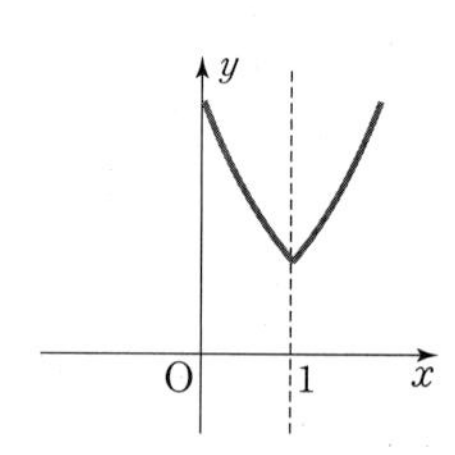

이때, $f(x)=2^{|x-1|}$일 때
$f(1-x)=2^{|(1-x)-1|}=2^{|-x|}=2^{|x|}$,
$f(1+x)=2^{|(1+x)-1|}=2^{|x|}$이므로
$f(1-x)=f(1+x)$, 즉 $f(1-x)-f(1+x)=0$가 성립한다.

예시 1 함수 $f(x)=\dfrac{3^x}{3^x+1}$이 점 $\left(0, \dfrac{1}{2}\right)$에 대하여 대칭임을 밝히시오.
또 이것을 이용하여 $\mathrm{A}=f(1)+f(2)+\cdots+f(10)$과 $\mathrm{B}=f(-1)+f(-2)+\cdots+f(-10)$의 합 $\mathrm{A+B}$를 구하시오.

풀이 $f(x)$가 점 $\left(0, \dfrac{1}{2}\right)$에 대하여 대칭임을 밝히기 위해 $f(0-x)+f(0+x)=2\times\dfrac{1}{2}$임을 보이면 된다.

$f(-x)+f(x)=\dfrac{3^{-x}}{3^{-x}+1}+\dfrac{3^x}{3^x+1}=\dfrac{1}{1+3^x}+\dfrac{3^x}{3^x+1}=\dfrac{3^x+1}{3^x+1}=1$

이므로 $f(x)$는 점 $\left(0, \dfrac{1}{2}\right)$에 대하여 대칭이다.

또, $f(-x)+f(x)=1$이므로

$$\begin{aligned}\mathrm{A+B}&=\Big(f(1)+f(-1)\Big)+\Big(f(2)+f(-2)\Big)+\cdots+\Big(f(10)+f(-10)\Big)\\&=\sum_{k=1}^{10}\Big(f(k)+f(-k)\Big)=\sum_{k=1}^{10}1=10\end{aligned}$$

이다.

문제 1 제시문을 읽고, 이를 이용하여 물음에 답하시오.

실수에서 정의된 함수 f가 모든 x에 대해 $f(-x)=-f(x)$를 만족하면 원점에 대해 점대칭인 함수가 된다. 이는 아래 [그림 1]에서 보듯이 두 점 $(x, f(x))$와 $(-x, f(-x))$의 중점이 $(0, 0)$이 된다는 것과 같은 의미이다.

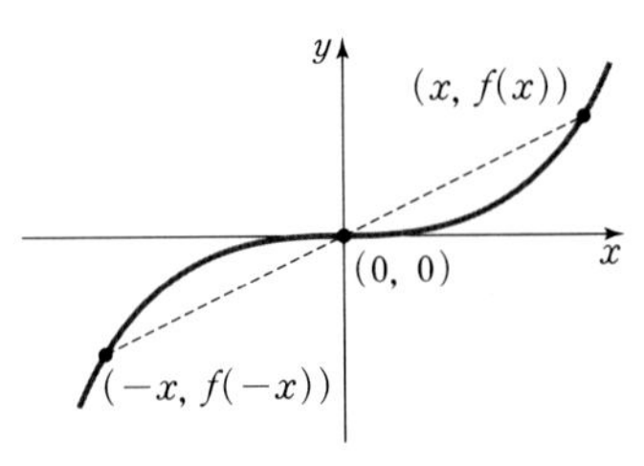

[그림 1]

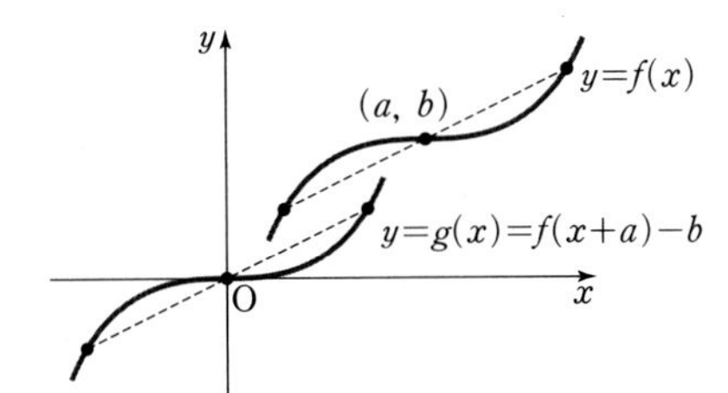

[그림 2]

같은 방법으로 함수 f가 점 (a, b)에 대해 점대칭인 함수라는 말은 두 점 $(a-x, f(a-x))$와 $(a+x, f(a+x))$의 중점이 (a, b)라는 뜻이므로 모든 x에 대해

$$f(a+x)+f(a-x)=2b \cdots\cdots ㉠$$

를 만족한다는 것을 알 수 있다.

또는, 점 (a, b)에 대해 점대칭인 함수 $y=f(x)$를 [그림 2]에서처럼 x축으로 $-a$만큼, y축으로 $-b$만큼 평행이동 시켜 얻은 함수를 $g(x)=f(x+a)-b$라 하자. 이때 $g(x)$가 원점에 대해 점대칭인 함수가 된다는 사실을 이용하여, $g(-x)=-g(x)$로부터 식 ㉠을 얻을 수도 있다.

(1) 함수 $f(x)=x^3-6x^2+11x-6$은 점 (a, b)에 대해 점대칭인 함수가 된다. 점 (a, b)를 구하시오.

(2) 함수 $g(x)$가 원점 $(0, 0)$에 대해 점대칭인 함수이고, 함수 $h(x)$가 점 $(a, 0)$에 대해 점대칭인 함수이면, 합성함수 $(g \circ h)(x)$는 점 $(a, 0)$에 대해 점대칭인 함수가 됨을 보이시오.

(3) (1)과 (2)의 결과를 이용하여 정적분 $\int_{-1}^{5}(4+\sqrt[3]{x^3-6x^2+11x-6})\,dx$의 값을 구하시오.

| 세종대학교 2015년 수시 |

(1) $f(x)$가 $f(a+x)+f(a-x)=2b$를 만족함을 보여주거나 또는 삼차함수 $f(x)$가 변곡점에 대하여 대칭임을 이용한다.
(3) $f(x)$가 점 (a, b)에 대해 점대칭일때 $\sqrt[3]{f(x)}$가 점 (a, b)에 대해 대칭인가를 확인한다.

문제 2 제시문을 읽고 물음에 답하시오.

(가) $a<b$를 만족하는 상수 a, b에 대해 함수 $f:[a, b] \to \mathrm{R}$의 그래프는 정의역 $[a, b]$의 원소 x와 이에 대응하는 함숫값 $f(x)$의 순서쌍 전체의 집합 $\{(x, f(x)) | a \le x \le b\}$을 뜻한다.

(나) 양의 상수 h에 대해 함수 $f:[-h, h] \to \mathrm{R}$가 주어졌다. 임의의 $x \in [-h, h]$에 대해 평면의 점 $(-x, -f(x))$가 f의 그래프 위의 점이면, 다시 말해서 $f(-x)=-f(x)$이면 f를 기함수라 하고, 이때 f의 그래프가 원점에 대해 대칭이라고 한다.

(다) 실수 a, b가 상수이고 h가 양의 상수라 하자. 주어진 함수 $f:[a-h, a+h] \to \mathrm{R}$에 대해

$$g(x)=f(x+a)-b \qquad (-h \le x \le h)$$

로 정의된 함수 $g:[-h, h] \to \mathrm{R}$가 기함수이면 f의 그래프가 평면의 점 (a, b)에 대해 대칭이라고 한다.

(※) h는 양의 상수이고 a, b는 상수이다.

(1) 함수 $f:[a-h, a+h] \to \mathrm{R}$의 그래프가 평면의 점 (a, b)에 대해 대칭일 필요충분조건은 모든 $x \in [a-h, a+h]$에 대해 아래의 등식이 성립하는 것이다.

$$f(x)+f(2a-x)=\mathrm{A}$$

상수 A의 값을 구하고, 그 이유를 설명하시오.

(2) 함수 $f:[a-h, a+h] \to \mathrm{R}$의 그래프가 평면의 점 (a, b)에 대해 대칭일 때 정적분 $\int_{a-h}^{a+h} f(x)dx$의 값을 a나 b 또는 h를 이용하여 나타내고, 그 이유를 설명하시오.

(3) 정적분 $\int_0^{2\pi} \frac{1}{1+2^{\sin x}} dx$의 값을 구하고, 그 이유를 설명하시오.

| 인하대학교 2015년 모의논술 |

(1) 제시문 (다)에 의해 $g(x)=f(x+a)-b$라 하여 $g(-x)=-g(x)$임을 이용한다.

(3) $f(x)=\frac{1}{1+2^{\sin x}}$일 때 적분구간이 $[0, 2\pi]$이므로 $\sin(2\pi-x)=-\sin x$를 이용하여 $f(2\pi-x)$ 등을 생각해 본다.

함수 $f(x)$가 최고차항의 계수가 1로 주어진 삼차함수이고 다음 조건을 만족할 때 물음에 답하시오.

> (가) 함수 $f(x)$가 극댓값 3과 극솟값 1을 가진다.
> (나) 함수 $f(x)-(x+2)$가 서로 다른 세 근 $-\alpha$, β, α를 가지고 다음을 만족한다.
> $$\int_{-\alpha}^{\alpha}\{f(x)-(x+2)\}dx=0,\ -\alpha<\beta<\alpha$$

(1) 조건 (나)의 삼차함수 $f(x)-(x+2)$가 원점 $(0, 0)$을 변곡점으로 가짐을 보이시오.

(2) 임의의 삼차함수 $g(x)$가 점 (p, q)를 변곡점으로 가지면 그래프 $(x, g(x))$가 점 (p, q)에 대하여 대칭임을 보이시오.

(3) 조건 (가), (나)를 모두 만족하는 삼차함수 $f(x)$를 구하시오.

| 이화여자대학교 2015년 수시 |

(2) 삼차함수 $g(x)$가 점 (p, q)를 변곡점으로 가지면 $g''(x)=k(x-p)$, $g(p)=q$이다.

제시문 (가)~(라)를 읽고 물음에 답하시오.

(가) 문제 (2)에서는 모든 함수가 미분가능하고, 도함수가 연속이다.

(나) 함수 $f(x)$와 $g(x)$에 대하여 $H(x)=\int_{a}^{g(x)} f(t)dt$라 할 때,
$\frac{d}{dx}H(x)=f(g(x))g'(x)$가 성립한다. (단, a는 상수)

(다) 어떤 함수 $h(x)$가 직선 $x=\beta$에 대하여 대칭이면 $h(x)=h(2\beta-x)$를 만족한다.

(라) 어떤 함수가 원점대칭이며 역함수가 존재하면 역함수도 원점대칭이다.

(1) 음이 아닌 실수 전체에서 정의된 $g(x)$의 역함수를 $f(x)$라 하자.
$\int_{0}^{g(x)} f(t)dt=x-\ln(x+1)$을 만족할 때, $g(x)$를 구하시오. (단, $g(0)=0$)

(2) 함수 $p(x)$, $q(x)$에 대하여, $p(x)$는 $x=\frac{a}{2}$에 대칭이고 $q(x)+q(a-x)=k$가 성립할 때,
$\int_{0}^{a} p(x)q(x)dx=k\int_{0}^{\frac{a}{2}} p(x)dx$임을 보이시오. (단, $a\neq0$이고 k는 상수)

(3) 함수 r : R → R이 일대일대응이며 원점대칭이고 $r(2)=1$이라 하자.
$r(x)$의 역함수를 $s(x)$라 할 때, $\int_{-1}^{1} s'(x)(x+1)dx$의 값을 구하시오.
(단, $r(x)$는 일차함수가 아니다.)

| 한양대학교 에리카 2015년 수시 |

(1) $g(x)$의 역함수가 $f(x)$이면 $f(g(x))=x$이다.

주제별 강의 **제 14 장**

역함수와 미적분

(1) 역함수

함수 f : X → Y, $y=f(x)$가 일대일 대응일때 x와 y를 바꾸어 구한

함수 f^{-1} : Y → X, $y=f^{-1}(x)=g(x)$를 f의 역함수라고 한다.

이때, $y=f(x)$의 그래프와 그 역함수 $y=f^{-1}(x)$의 그래프는 직선 $y=x$에 대하여 대칭이다.

(2) 역함수의 미분법

$x=f(y)$꼴의 함수에서 x에 대하여 미분하면

$\dfrac{dy}{dx}=\dfrac{1}{\dfrac{dx}{dy}}=\dfrac{1}{f'(y)}$이다.

예컨대, $f(x)=x^3+1$의 역함수를 $g(x)$라 할 때 $g'(2)$를 구해 보자.

방법1 $f(x)=y=x^3+1$의 역함수는 $x=y^3+1$이고 $y=g(x)$이다.

이때 $g'(x)=\dfrac{dy}{dx}=\dfrac{1}{\dfrac{dx}{dy}}=\dfrac{1}{3y^2}$이다.

$x=y^3+1$에서 $x=2$일때 $y=1$이므로

$g'(2)=\dfrac{1}{3\times1^2}=\dfrac{1}{3}$이다.

방법2 $f(x)$와 $g(x)$는 역함수이므로 $f(g(x))=x$가 성립한다.

양변을 x에 관하여 미분하면 $f'(g(x))\cdot g'(x)=1$ …… ①이다.

$g(2)=f^{-1}(2)=k$로 놓으면 $f(k)=2$, $k^3+1=2$에서 $k=1$,

즉 $g(2)=1$이다.

①에서 $x=2$를 대입하면 $f'(g(2))\cdot g'(2)=1$이므로

$f'(1)\cdot g'(2)=1$에서 $g'(2)=\dfrac{1}{f'(1)}$이다.

$f(x)=x^3+1$에서 $f'(x)=3x^2$이므로 $f'(1)=3$이다.

따라서 $g'(2)=\dfrac{1}{3}$이다.

예시 1 함수 $f(x)=\sin x\left(-\frac{\pi}{2}<x<\frac{\pi}{2}\right)$의 역함수를 $g(x)$라 할 때,

$g'(x)$ 및 $g'\left(\frac{1}{2}\right)$의 값을 구하시오.

풀이 방법1 $f(x)=y=\sin x\left(-\frac{\pi}{2}<x<\frac{\pi}{2}\right)$의 역함수는

$x=\sin y\left(-\frac{\pi}{2}<y<\frac{\pi}{2}\right)$이므로

$$\frac{dy}{dx}=\frac{1}{\frac{dx}{dy}}=\frac{1}{\cos y}=\frac{1}{\sqrt{1-\sin^2 y}}=\frac{1}{\sqrt{1-x^2}}$$

즉, $g'(x)=\frac{1}{\sqrt{1-x^2}}$이고 $g'\left(\frac{1}{2}\right)=\frac{2\sqrt{3}}{3}$이다.

방법2 $f(x)$의 역함수가 $g(x)$이면 $f(g(x))=x$가 성립한다.

이때, $\sin g(x)=x\left(\text{단, }-\frac{\pi}{2}<g(x)<\frac{\pi}{2}\right)$이고 $f'(g(x))\cdot g'(x)=1$이다.

$f'(x)=\cos x$이므로

$$g'(x)=\frac{1}{f'(g(x))}=\frac{1}{\cos g(x)}=\frac{1}{\sqrt{1-\sin^2 g(x)}}=\frac{1}{\sqrt{1-x^2}}$$

이고

$g'\left(\frac{1}{2}\right)=\frac{2\sqrt{3}}{3}$이다.

(2) 역함수의 그래프와 넓이

함수 $f(x)$의 역함수를 $g(x)$라 할 때, 두 함수로 둘러싸인 부분의 넓이를 구하는 경우에 $f(x)$의 역함수인 $g(x)$의 식을 구하기보다는 두 그래프가 $y=x$에 대하여 대칭인 성질을 이용한다.

오른쪽 그림에서 $f(x)$와 그 역함수 $g(x)$의 교점의 x좌표가 a, b이고, 두 그래프와 $y=x$로 둘러싸인 넓이를 각각 S_1, S_2라 하면 구하는 넓이 S는 $S=S_1+S_2$이고 $S_1=S_2$이다.

따라서 $S=\int_a^b \left| f(x)-g(x) \right| dx=2\int_a^b \left| x-f(x) \right| dx$

이다.

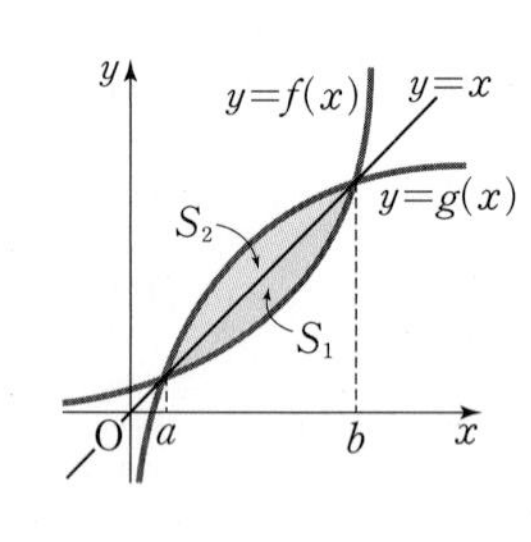

함수 $f(x)=x^2\ (x\geq 0)$의 역함수를 $g(x)$라 할 때, 두 곡선 $y=f(x)$와 $y=g(x)$로 둘러싸인 부분의 넓이를 구하시오.

풀이 함수 $y=f(x)=x^2$과 직선 $y=x$의 교점의 x좌표는 $x^2=x$에서 $x=0$ 또는 $x=1$이다.

두 곡선 $y=f(x)$와 $y=g(x)$로 둘러싸인 부분의 넓이는 두 곡선 $y=f(x)$와 직선 $y=x$로 둘러싸인 부분의 넓이의 2배이므로 구하는 넓이 S는

$S=2\int_0^1 (x-x^2)dx=\frac{1}{3}$

이다.

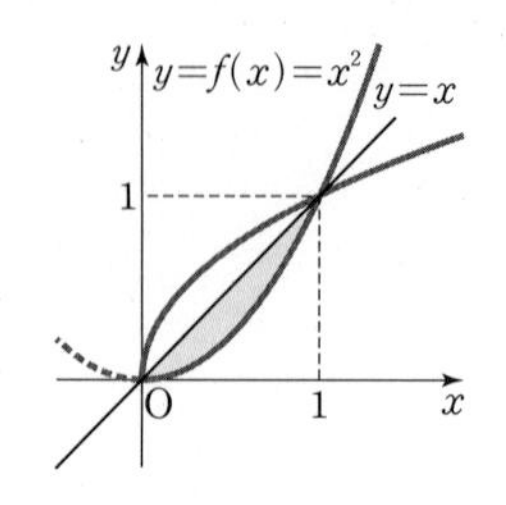

예시 3 두 곡선 $y=e^{2(x-a)}$와 $y=\frac{1}{2}\ln x+a$가 한 점에서 만난다고 하자. 이때 실수 a의 값을 구하고, 이 두 곡선과 x축, y축으로 둘러싸인 영역의 넓이를 구하시오.

| 인하대학교 2013년 수시 |

풀이 $y=e^{2(x-a)}$와 $y=\frac{1}{2}\ln x+a$는 서로 역함수이므로 두 함수의 그래프는 $y=x$에 대칭이고, 이 두 함수의 그래프가 한 점에서 만난다고 했으므로 두 함수의 그래프의 교점 B는 $y=x$ 상에 있다. 교점 B의 좌표를 $\mathrm{B}(b,\ b)$라 두면 $y=x$는 교점 B에서 두 함수의 공통접선이다.

$y=e^{2(x-a)}$에서 $y'=2e^{2(x-a)}$, $y=\frac{1}{2}\ln x+a$에서 $y'=\frac{2}{x}$이므로 $2e^{2(b-a)}=1=\frac{1}{2b}$이 성립한다.

이로부터 $b=\frac{1}{2}$, $a=\frac{1}{2}+\frac{1}{2}\ln 2$를 얻을 수 있다.

따라서 구하는 넓이 S는 $S=2\int_0^b\left\{e^{2(x-a)}-x\right\}dx=\frac{1}{4}-\frac{1}{2e}$이다.

예시 4 오른쪽 그림은 함수 $y=f(x)$의 그래프이다.
구간 $[0,\ 1]$에서 함수 $f(x)$의 역함수 $g(x)$가 존재할 때,
극한값 $\lim_{n\to\infty}\sum_{k=1}^{n}\left\{g\left(\frac{k}{n}\right)-g\left(\frac{k-1}{n}\right)\right\}\frac{k}{n}$
를 $f(x)$에 관한 정적분으로 나타내시오.

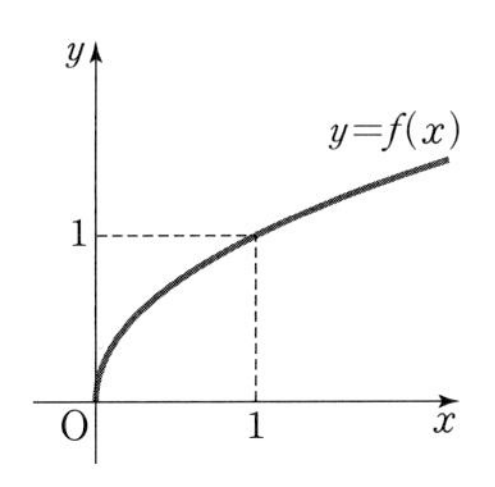

풀이

$\sum_{k=1}^{n}\left\{g\left(\frac{k}{n}\right)-g\left(\frac{k-1}{n}\right)\right\}\frac{k}{n}$

$=\left\{g\left(\frac{1}{n}\right)-g\left(\frac{0}{n}\right)\right\}\frac{1}{n}+\left\{g\left(\frac{2}{n}\right)-g\left(\frac{1}{n}\right)\right\}\frac{2}{n}+\cdots+\left\{g\left(\frac{n}{n}\right)-g\left(\frac{n-1}{n}\right)\right\}\frac{n}{n}$

$=-\left\{g\left(\frac{0}{n}\right)\frac{1}{n}+g\left(\frac{1}{n}\right)\frac{1}{n}+\cdots+g\left(\frac{n-1}{n}\right)\frac{1}{n}\right\}+g(1)$

$=g(1)-\sum_{k=1}^{n}g\left(\frac{k-1}{n}\right)\frac{1}{n}$이므로

$\lim_{n\to\infty}\sum_{k=1}^{n}\left\{g\left(\frac{k}{n}\right)-g\left(\frac{k-1}{n}\right)\right\}\frac{k}{n}$

$=\lim_{n\to\infty}\left\{g(1)-\sum_{k=1}^{n}g\left(\frac{k-1}{n}\right)\frac{1}{n}\right\}$

$=g(1)-\int_0^1 g(x)dx$

$f(1)=1$이므로 $g(1)=1$이고 $\int_0^1 f(x)dx+\int_0^1 g(x)dx=1$이므로

(주어진 식)$=1-\int_0^1 g(x)dx=\int_0^1 f(x)dx$

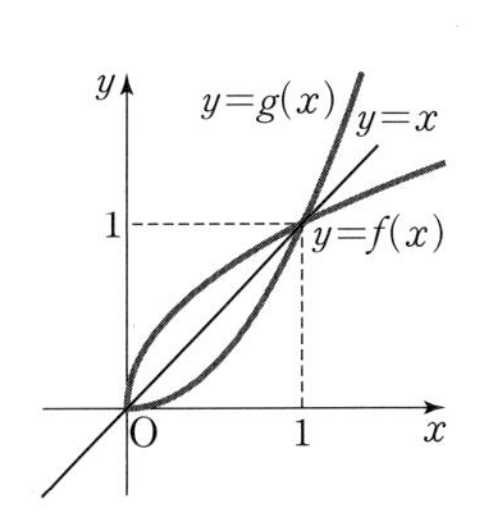

(가) [평균값의 정리] 두 실수 a, b가 $a<b$를 만족할 때, 함수 f가 닫힌구간 $[a, b]$에서 연속이고 열린구간 (a, b)에서 미분가능하면, $f(b)-f(a)=f'(c)(b-a)$를 만족하는 적당한 점 c가 (a, b) 안에 존재한다.

(나) 함수 f가 실수 전체에서 연속인 일대일 함수이면 다음 성질을 만족한다.

① 함수 f의 치역을 정의역으로 갖는 역함수 f^{-1}가 존재하고, f^{-1}도 역시 연속함수이다.

② 임의의 점 α에 대하여 $f(\alpha)=\beta$라고 하자. β에 대하여 h가 충분히 작은 실수이면, $\beta+h=f(\gamma)$를 만족하는 점 γ를 유일하게 찾을 수 있다.

함수 f가 임의의 실수 x에 대하여 $f'(x)>0$을 만족할 때, 위 제시문을 이용하여 다음 물음에 답하시오.

(1) 함수 f가 일대일 함수임을 보이시오.

(2) α, β, h, γ가 제시문 (나) ②에서 주어진 것과 같을 때, h가 0으로 수렴하면 γ가 α로 수렴함을 설명하시오.

(3) α, β가 제시문 (나) ②에서 주어진 것과 같을 때, 함수 f의 역함수 f^{-1}가 β에서 미분가능함을 보이고, 다음의 등식을 유도하시오.

$$(f^{-1})'(\beta)=\frac{1}{f'(\alpha)}$$

| 이화여자대학교 2012년 모의논술 |

(1) 함수 $f(x)$가 일대일함수이다.
$\Leftrightarrow a\neq b$이면 $f(a)\neq f(b)$이다.

(3) $(f^{-1})'(\beta)$
$=\lim_{h\to 0}\frac{f^{-1}(\beta+h)-f^{-1}(\beta)}{h}$

$y=x^3+x$와 $y=\frac{f''(x)}{4}$가 $y=x$에 대하여 대칭이다. 물음에 답하시오.

(1) $f''(x^3+x)$를 구하시오.

(2) $2f'(2)=f(2)$일 때, $f(0)$을 구하시오.

| 고려대학교 2013년 수시 면접 |

$y=f(x)$와 $y=g(x)$가 $y=x$에 대하여 대칭이다.
$\Leftrightarrow$ $y=f(x)$와 $y=g(x)$는 서로 역함수이다.

개구간 $\left(-\frac{\pi}{2}, \frac{\pi}{2}\right)$에서 정의된 함수 $F(x)=\sin x$의 역함수를 $G(x)$라고 하고, 개구간 $(-2, 2)$에서 정의된 함수 $f(x)=2\sin\left(\frac{\pi x}{4}\right)$의 역함수를 $g(x)$라고 하자.

(1) $g(1)$과 $h(g(\sqrt{2}))$의 값을 구하시오. 여기서 $h(x)$는 개구간 $\left(-\frac{\pi}{2}, \frac{\pi}{2}\right)$에서 정의된 $\tan x$의 역함수이다.

(2) 함수 G를 이용하여 $g(x)$를 나타내시오. 그리고 두 함수 $f(x)$와 $g(x)$의 그래프 개형을 그리시오.

(3) 두 함수 $f(x)$와 $g(x)$의 그래프로 둘러싸인 영역의 넓이를 구하시오.

(4) 함수 $g(x)$의 도함수를 구하시오.

| 서울시립대학교 2010년 수시 |

(2) $f(x)=2F\left(\frac{\pi x}{4}\right)$를 이용하거나 또는 $G(\sin x)=x$, $g\left(2\sin\left(\frac{\pi x}{4}\right)\right)=x$를 이용한다.

제시문을 읽고 물음에 답하시오.

(가) 두 실수 a, b 중 작지 않은 값을 $\max\{a, b\}$라 하자. 두 함수 $f: A \to R$, $g: B \to R$이 주어졌을 때, $A \cap B$의 각 원소 x에 대하여 함수 $h(x)$를 $h(x)=\max\{f(x), g(x)\}$라 하자.

$f(x)$와 $g(x)$가 모두 연속함수이면 $h(x)$도 연속함수가 되지만, 다음의 예에서 볼 수 있듯이 $f(x)$와 $g(x)$가 모두 미분가능한 함수이더라도 $h(x)$는 미분가능하지 않은 경우가 있을 수 있다. (단, R은 실수 전체의 집합이다.)

예 R에서 미분가능한 두 함수 $f(x)=x$, $g(x)=-x$에 대하여
$h(x)=max\{f(x), g(x)\}=|x|$는 $x=0$에서 미분가능하지 않다.

(나) 함수 $f: R \to R$이 일대일 대응이면 $f^{-1}(x)$의 정의역도 R이므로, k가 0이 아닌 실수일 때 함수 $g(x)=\max\left\{f^{-1}(x), \dfrac{k}{f(x)}\right\}$의 정의역은 $\{x \in R \mid f(x) \neq 0\}$이다.

(다) x에 대한 방정식 $ax^2+2ax+b=0$이 서로 다른 실근을 갖도록 하는 두 실수 a와 b의 조건을 생각해 보자. $a=0$이면 $b=0$일 때 무수히 많은 실근을 가지므로 조건을 만족시킨다. $a \neq 0$이면 이차방정식의 판별식에 의하여 $a^2-ab=a(a-b)>0$일 때 서로 다른 실근을 가진다. 이때, a와 b의 관계를 a축과 b축으로 이루어진 좌표평면에 영역으로 나타내면 오른쪽과 같다.

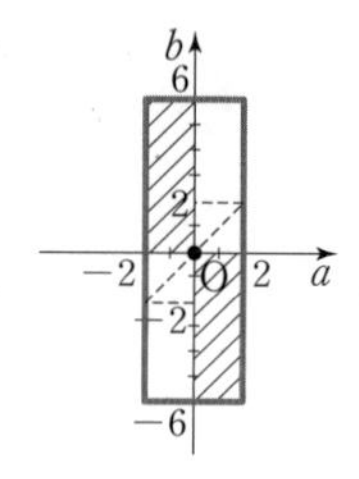

(단, $-2 \leq a \leq 2$, $-6 \leq b \leq 6$인 범위에서만 그리기로 한다.)

여기서 직선 $b=a$의 점선 표기는 이 직선이 영역에 포함되지 않음을 의미하여 원점에 표기한 굵은 점은 이 점이 영역에 속해 있음을 의미한다. 좌표축이 영역에 포함되지 않음을 고려해야 할 경우는 위쪽 예의 괄호안의 서술과 같이 기술하거나 좌표축을 점선으로 그리기로 한다. (단, 원점을 제외한 b축은 영역에 포함되지 않는다.)

(1) 함수 $f(x)=x+k$(단, k는 상수)에 대하여, $g(x)=\max\left\{f^{-1}(x), \dfrac{2k+1}{f(x)}\right\}$이라 하자.
함수 $g(x)$가 $g(x)$의 정의역 전체에서 미분가능할 때의 k값을 구하고,
이때 $g'(2k)+g'(-2k)$의 값을 구하시오.

(2) 삼차함수 $f(x)=ax^3+ax+b$ 에 대하여, 함수 $h(x)=\max\left\{f^{-1}(x), \dfrac{b}{f(x)}\right\}$가 0을 정의역의 원소로 갖는다고 하자.
$h(0)=1$이고 $h'(0)$이 존재하도록 하는 두 실수 a와 b의 관계를 a축과 b축으로 이루어진 좌표평면에 영역으로 나타내시오. (단, 제시문 (다)를 참조하여 $-2 \leq a \leq 2$, $-6 \leq b \leq 6$인 범위에서만 그리기로 한다.)

| 단국대학교 2015년 수시 |

(1) $g(x)$
$=\max\{p(x), q(x)\}$
가 정의역 전체에서 미분가능하려면 연속이어야 하므로 $p(x)=q(x)$인 x의 값이 존재해야 하고, x의 값 $(x=\alpha)$에서 미분계수가 존재해야 하므로 $p'(\alpha)=q'(\alpha)$가 성립해야 한다.

구간 $\left[0,\ \frac{\pi}{2}\right]$에서 증가함수 $f(x)=\frac{\sqrt{\sin x}}{\sqrt{\sin x}+\sqrt{\cos x}}$의 역함수를 g라고 할 때,

$$\lim_{n\to\infty}\sum_{k=1}^{n}\left\{g\left(\frac{k}{n}\right)-g\left(\frac{k-1}{n}\right)\right\}\frac{k}{n}$$

의 값을 구하시오.

| 성균관대학교 2012년 특기자 전형 |

급수를 합의 꼴로 고쳐서 변형시킨다.

제시문을 읽고 물음에 답하시오.

미분가능한 함수 $f(x)$가 역함수 $g(x)$를 가질 때, 관계식 $f(g(x))=x$의 양변을 x에 대하여 미분하면, 합성함수의 미분법에 의하여

$$f'(g(x))g'(x)=1$$

이 된다. 실제로 $f'(g(x))$가 0이 아닌 경우 $g(x)$는 미분가능하며, 위 등식으로부터

$$g'(x)=\frac{1}{f'(g(x))}$$

임을 알 수 있다.

(1) 곡선 $y=x^3-6x$와 직선 $y=k$가 서로 다른 세 점에서 만나도록 하는 k의 값의 범위를 구하시오.

(2) 곡선 $y=x^3-6x$의 $0<x<\sqrt{6}$인 부분과 직선 $y=k$가 아래 그림과 같이 두 점에서 만날 때, 두 점 사이의 거리를 $f(k)$라고 하자. 이때, $f'(-5)$의 값을 구하시오.

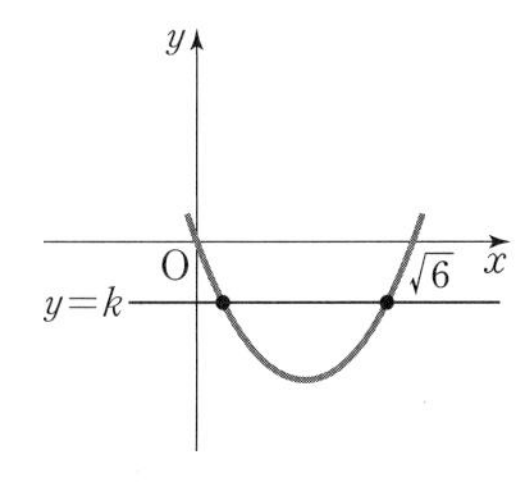

| 인하대학교 2016년 모의논술 |

(2) $f(k)$를 구하여 $f'(-5)$의 값을 구하기가 어려우므로 제시문에 의한 역함수를 이용한다.

주제별 강의 **제 15 장**

파푸스의 정리

파푸스의 정리

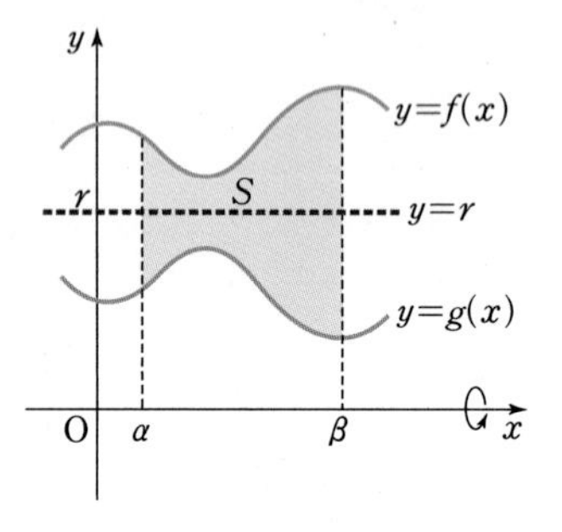

(1) 두 함수 $y=f(x)$와 $y=g(x)$의 그래프가 직선 $y=r$에 대하여 대칭이고, $0<g(x)<r<f(x)$를 만족한다. 오른쪽 그림에서 두 곡선 $y=f(x)$, $y=g(x)$와 두 직선 $x=\alpha$, $x=\beta(\alpha<\beta)$로 둘러싸인 부분의 넓이가 S일 때, 이 부분을 x축의 둘레로 회전시킨 회전체의 부피를 구하면 다음과 같다.

$S=\int_{\alpha}^{\beta}\{f(x)-g(x)\}dx$이고, $y=f(x)$와 $y=g(x)$의 그래프가 직선 $y=r$에 대하여 대칭이므로

$\frac{f(x)+g(x)}{2}=r$, $f(x)+g(x)=2r$이다.

$$\therefore V=\pi\int_{\alpha}^{\beta}[\{f(x)\}^2-\{g(x)\}^2]dx=\pi\int_{\alpha}^{\beta}\{f(x)+g(x)\}\{f(x)-g(x)\}dx$$

$$=2\pi r\int_{\alpha}^{\beta}\{f(x)-g(x)\}dx=2\pi rS$$

(2) 파푸스의 정리

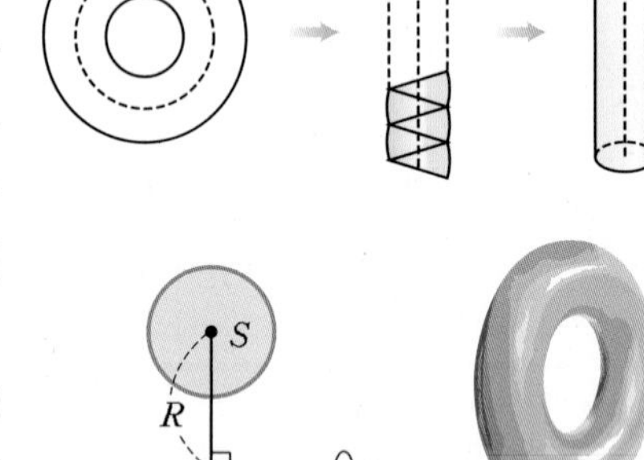

서기 300년경 알렉산드리아의 수학자 파푸스(Pappus)는 오른쪽 그림과 같은 회전체의 부피는 이 회전체를 가늘게 잘라 지그재그로 붙이면 원기둥의 부피와 근사한 값이 될 것이라는 예측을 하였고, 1300년 후 스위스의 수학자 굴딘(Pual Guldin)은 이 사실을 증명하여 다음과 같은 정리를 내놓았다.

「직선 l의 한쪽에 놓인 넓이가 S인 도형의 무게중심에서 직선 l까지의 거리를 R라 할 때, 이 도형을 직선 l의 둘레로 회전시켜 생기는 회전체의 부피 V는

$$V=(2\pi R)S$$

이다.」

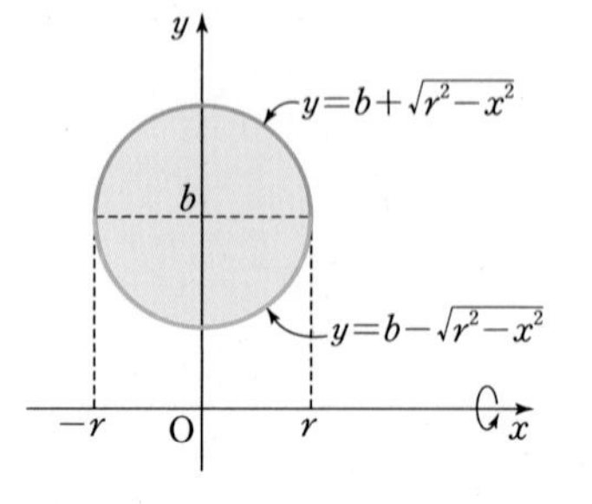

예를 들어, 원 $x^2+(y-b)^2=r^2(0<r<b)$을 x축 둘레로 회전시킬 때 생기는 회전체의 부피를 적분을 이용하여 구하면 다음과 같다.

주어진 원의 방정식을 y에 대하여 풀면 $y=b\pm\sqrt{r^2-x^2}$이다.

이때, 구하는 부피 V는 구간 $[-r, r]$에서 반원

$y=b+\sqrt{r^2-x^2}$을 x축 둘레로 회전시킬 때 생기는 회전체의 부피에서 반원 $y=b-\sqrt{r^2-x^2}$을 x축 둘레로 회전시킬 때 생기는 회전체의 부피를 뺀 것과 같다. 즉,

$$V=\pi\int_{-r}^{r}(b+\sqrt{r^2-x^2})^2dx-\pi\int_{-r}^{r}(b-\sqrt{r^2-x^2})^2dx$$
$$=\pi\int_{-r}^{r}\{(b+\sqrt{r^2-x^2})^2-(b-\sqrt{r^2-x^2})^2\}dx$$
$$=4\pi b\int_{-r}^{r}\sqrt{r^2-x^2}\,dx=4\pi b\cdot\frac{\pi r^2}{2}=2\pi^2r^2b$$

> $\int_{-r}^{r}\sqrt{r^2-x^2}dx$는 반지름의 길이가 r인 원의 넓이의 $\frac{1}{2}$이므로 그 값은 $\frac{\pi r^2}{2}$이다.

이것을 파푸스의 정리를 이용하여 풀면 회전체의 부피 V는
$V=(2\pi b)\pi r^2=2\pi^2r^2b$이다.

예시 1

오른쪽 그림과 같이 반지름의 길이가 1 m인 공 모양의 놀이 기구의 중심에 4 m 길이의 막대가 지면과 평행하게 매달려 있다. 이때, 기구가 지지대 둘레로 회전하여 생기는 회전체의 부피를 구하시오.

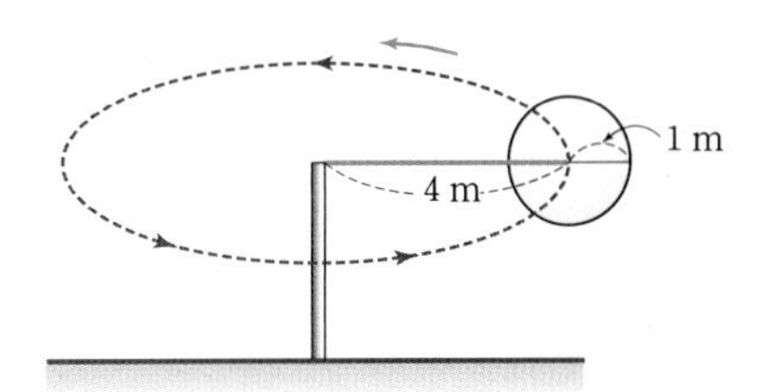

풀이

[정적분을 이용한 풀이 방법]

구하는 부피는 원 $(x-4)^2+y^2=1$을 y축 둘레로 회전시켜 생기는 회전체의 부피와 같다.

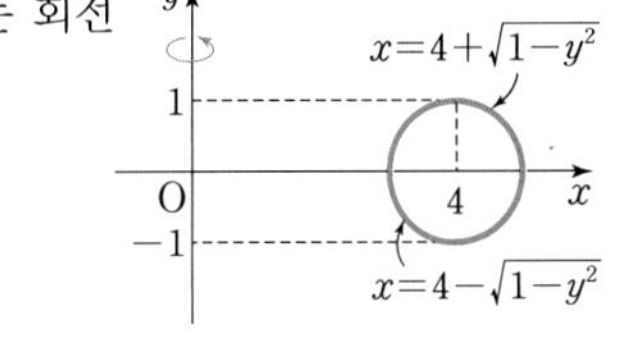

$x=4\pm\sqrt{1-y^2}$이므로 구하는 부피 V는

$$V=\pi\int_{-1}^{1}\{(4+\sqrt{1-y^2})^2-(4-\sqrt{1-y^2})^2\}dy$$
$$=16\pi\int_{-1}^{1}\sqrt{1-y^2}\,dy=16\pi\times\frac{\pi}{2}=8\pi^2(\mathrm{m}^3)$$

$\left(\because \int_{-1}^{1}\sqrt{1-y^2}\,dy\text{는 반지름의 길이가 1인 반원의 넓이}\right)$

[파푸스의 정리를 이용한 풀이 방법]

$$V=2\pi rS$$
$$=2\pi\times4\times(\pi\times1^2)$$
$$=8\pi^2(\mathrm{m}^3)$$

예시 2

소연이는 초등학교 때 끼던 금으로 된 링반지를 가지고 있는데 작아서 좀더 큰 호수로 늘리려고 한다. 소연이가 현재 가지고 있는 반지는 안쪽 원의 지름의 길이가 16 mm, 바깥쪽 원의 지름의 길이가 20 mm이다. 이 반지로 안쪽 원의 지름의 길이가 18 mm인 링반지를 만들 때, 다음 중 새로 만든 링반지의 단면의 반지름의 길이가 포함되어 있는 범위는 어느 것인지 고르시오.

(단, 링반지의 단면은 원이다.)

① (0.75 mm, 0.8 mm) ② (0.8 mm, 0.85 mm) ③ (0.85 mm, 0.9 mm)
④ (0.9 mm, 0.95 mm) ⑤ (0.95 mm, 1 mm)

풀이 현재 링반지의 부피와 새로 만든 링반지의 부피를 각각 V_1, V_2, 새로 만든 링반지의 반지름의 길이를 r라 하면 파푸스의 정리에 의하여

$V_1=2\pi\times 9\times(\pi\times 1^2)=18\pi^2$

$V_2=2\pi\times(9+r)\times\pi r^2$

$\quad=2\pi^2r^2(9+r)$

이고, $V_1=V_2$이므로

$18\pi^2=2\pi^2r^2(9+r)$, $9=9r^2+r^3$, $r^3+9r^2-9=0$

이때, $f(r)=r^3+9r^2-9$라 하면 함수 f는 모든 실수에서 연속이고

$f(0.75)=-3.51563<0$, $f(0.8)=-2.728<0$, $f(0.85)=-1.883375<0$,

$f(0.9)=-0.981<0$, $f(0.95)=-0.0213<0$, $f(1)=1>0$

따라서 사이값의 정리에 의하여 구간 $(0.95,\ 1)$에서 $f(r)=0$인 r가 적어도 하나 존재하게 되므로 새로 만든 링반지의 단면의 반지름의 길이는 0.95 mm와 1 mm 사이의 값이다.

그러므로 반지름의 길이가 포함되어 있는 범위는 ⑤ (0.95 mm, 1 mm)이다.

오른쪽 그림과 같이 원 C는 중심이 x축 위에 있고 반지름의 길이가 1인 원이다. 원 C_i는 다음 조건을 만족한다.

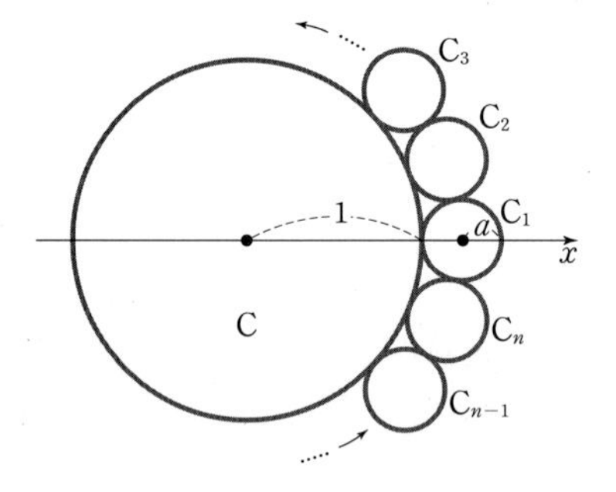

(i) 원 C_i는 반지름의 길이가 a이고, 원 C에 접한다. (단, $i=1, 2, 3, \cdots, n$)
(ii) 원 C_1의 중심은 x축 위에 있다.
(iii) 원 C_i는 원 C_{i+1}에 접한다. (단, $i=1, 2, 3, \cdots, n-1$)
(iv) 원 C_n은 원 C_1에 접한다.

(1) a와 n 사이의 관계를 구하시오.

(2) 조건 $a<1$을 만족하는 n의 범위를 구하시오.

(3) 원 C_1, C_2, $\cdots$, C_n들의 둘레의 합을 $L(n)$이라 할 때, 극한값 $\lim_{n\to\infty}L(n)$을 구하시오.

(4) 원 C_1, C_1, $\cdots$, C_n들을 x축 둘레로 회전시킨 회전체의 부피의 합을 $V(n)$이라 할 때, 극한값 $\lim_{n\to\infty}nV(2n)$을 정적분 형태로 표현하시오.

| 고려대학교 2011년 모의논술 |

(2) (1)의 식을 a에 대하여 정리한다.

(3) $\lim_{n\to\infty}\dfrac{\sin\frac{1}{n}}{\frac{1}{n}}=1$

문제 2 제시문을 읽고 물음에 답하시오.

(가) 닫힌구간 $[a,\ b]$에서 연속인 함수 $y=f(x)$와 직선 $x=a$, $x=b$, $y=0$으로 둘러싸인 부분을 x축에 대해 회전한 회전체의 부피 V는 다음과 같이 주어진다. (그림 1)

$$V=\pi\int_a^b f(x)^2\,dx$$

(나) 닫힌구간 $[a,\ b]$에서 연속인 함수 $y=f(x)$와 $y=g(x)$가 그 구간에서 $f(x)>g(x)>0$를 만족한다고 할 때, 곡선 $y=f(x)$, $y=g(x)$와 직선 $x=a$, $x=b$로 둘러싸인 부분을 x축에 대해 회전한 회전체의 부피 W는 다음과 같이 주어진다. (그림 2)

$$W=\pi\int_a^b f(x)^2\,dx-\pi\int_a^b g(x)^2\,dx$$

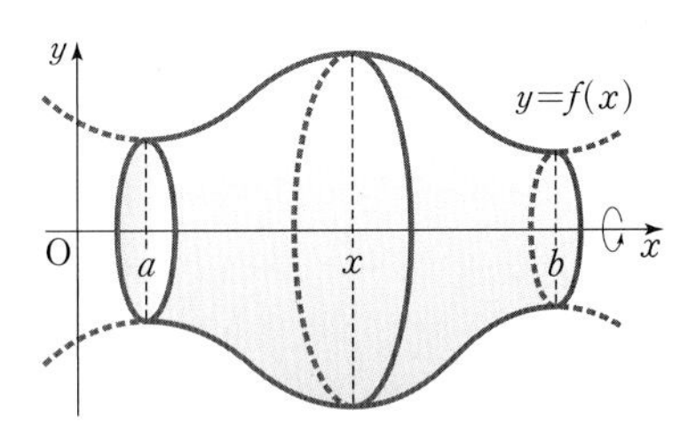

[그림 1]

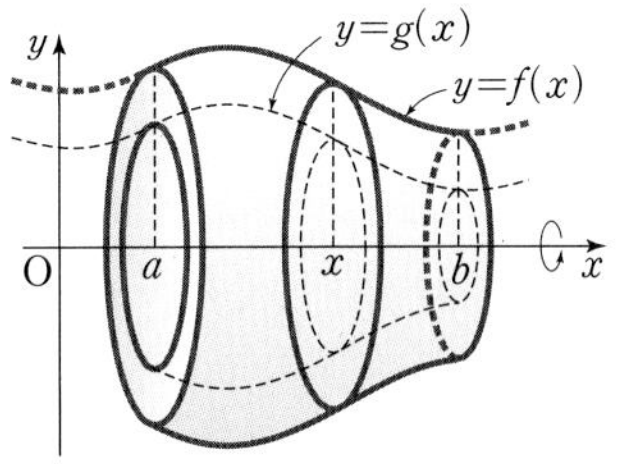

[그림 2]

(다) 닫힌구간 $[a,\ b]$에서 연속인 함수 $y=f(x)$가 0보다 큰 상수 k에 대하여 $f(x)>k$를 만족한다. 함수 $f(x)$를 직선 $y=k$에 대하여 대칭 이동한 함수를 $g(x)$라고 하고, 곡선 $y=f(x)$, $y=g(x)$와 직선 $x=a$, $x=b$로 둘러싸인 영역을 A라고 하자. 만일 영역 A의 면적이 S이고 $g(x)>0$이면 영역 A를 x축에 대하여 회전한 회전체의 부피는 $2\pi kS$이다.

(라) 두 부등식 $x^2+(y-1)^2\le 1$과 $(x-1)^2+(y-1)^2\le 1$을 만족하는 영역을 B라고 하자.

(1) 제시문 (가)와 제시문 (나)에서 주어진 회전체의 부피를 계산하는 적분식을 이용하여 제시문 (다)의 주장이 타당함을 논증하시오.

(2) 제시문 (라)의 영역 B를 x축에 대해 회전한 회전체의 부피를 제시문 (다)의 주장을 이용하여 구하시오.

| 가톨릭대학교 2014년 모의논술 |

제시문 (다)에서 두 점 $(x,\ f(x))$와 $(x,\ g(x))$의 중점의 y좌표는 k이다.

문제 3 제시문을 읽고 물음에 답하시오.

아래 그림과 같이 반지름이 같은 두 원이 서로의 중심을 지나는 단면을 갖도록 튜브를 만들 때, 주입해야 할 공기의 양을 구하고 싶다.

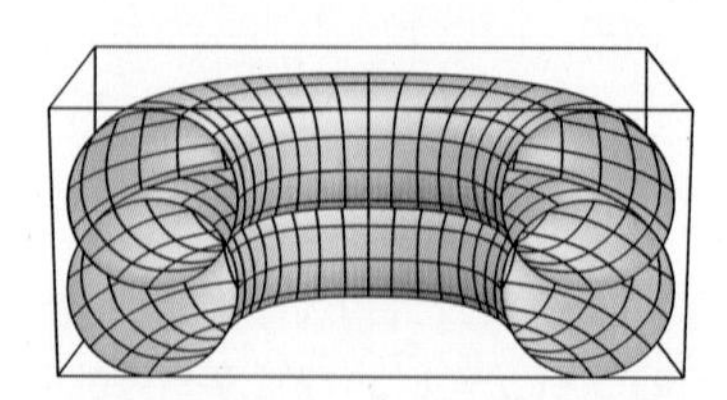

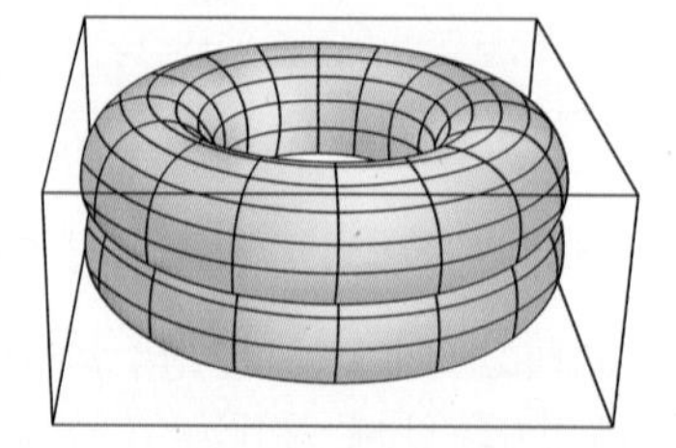

가로와 세로의 길이가 62 cm이고, 높이가 18 cm인 직육면체의 상자에 꼭 맞게 들어가도록 튜브를 만들 때, 주입해야 할 공기의 부피(cm^3)를 다음 단계에 따라 구하시오.

(1) 문제에서 주어진 튜브의 부피는 회전체의 부피를 이용하여 구할 수 있다. 튜브를 x축에 대한 회전체로 이해할 수 있도록, 튜브의 단면을 좌표평면의 제1사분면에 그리시오. 또, 그려진 두 원의 중심 사이의 거리와 원의 중심에서 x축까지의 최단거리를 구하시오.

(2) 양의 상수 c에 대해, 닫힌구간 $[a,\ b]$에서 연속함수 $f(x)$는 $0 \le f(x) \le c$이다. 두 직선 $x=a$, $x=b$와 두 함수 $y=c+f(x)$, $y=c-f(x)$의 그래프로 둘러싸인 영역을 x축 둘레로 회전시킨 입체의 부피를 $\int_a^b f(x)\,dx$를 이용하여 나타내시오.

(3) 문제 (1)과 (2)의 결과를 이용하여, 튜브에 주입해야 할 공기의 부피를 구하시오.

| 세종대학교 2015년 수시 |

x축과 만나지 않는 원을 x축 둘레로 회전시키면 튜브를 만들 수 있다.

주제별 강의 **제 16 장**

카발리에리의 원리

카발리에리의 원리

카발리에리의 원리 Cavalieri's principle

카발리에리의 원리란 '두 개의 평면도형을 정직선에 평행한 직선으로 잘랐을 때, 두 평면도형 내에 있는 선분의 길이의 비가 항상 $m:n$으로 같은 경우, 두 평면도형의 넓이의 비도 $m:n$과 같다.'라는 것이다.

이 원리는 입체인 경우로 확장할 수 있다. 즉, '두 개의 입체도형을 일정한 평면에 평행한 평면으로 잘랐을 때, 두 입체도형의 단면의 넓이의 비가 항상 $m:n$으로 같은 경우, 두 입체도형의 부피의 비도 $m:n$과 같다.'라고 할 수 있다.

(1) 넓이에 관한 카발리에리의 원리 증명

두 평면도형 A, B를 정직선에 평행한 임의의 직선으로 잘랐을 때, 두 평면도형 내에 있는 선분의 길이의 비가 $m:n$이면 두 도형 A, B의 넓이의 비도 $m:n$과 같다.

증명

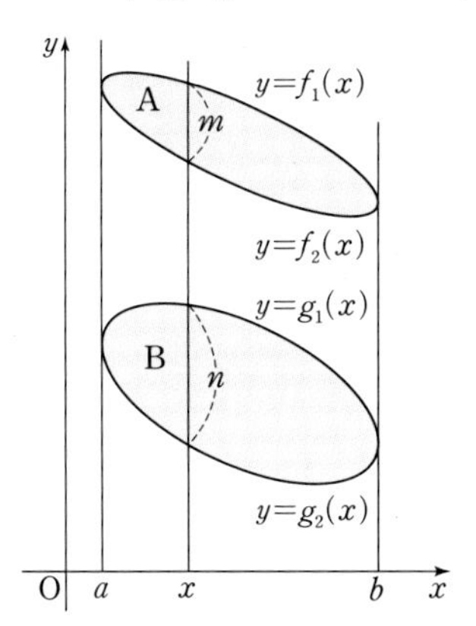

오른쪽 그림과 같이 y축에 평행하면서 도형 A, B를 끼고 있는 두 직선이 x축과 만나는 점의 x좌표를 a, $b(a<b)$라 하자.

이제 $y=f_1(x)$, $y=f_2(x)$를 도형 A를 둘러싸는 그래프의 함수, $y=g_1(x)$, $y=g_2(x)$를 도형 B를 둘러싸는 그래프의 함수라 하면

$\{f_1(x)-f_2(x)\}:\{g_1(x)-g_2(x)\}=m:n$이므로

$\{f_1(x)-f_2(x)\}=\dfrac{m}{n}\{g_1(x)-g_2(x)\}$이다. 이때,

$$(\text{A의 넓이})=\int_a^b \{f_1(x)-f_2(x)\}dx$$
$$=\frac{m}{n}\int_a^b \{g_1(x)-g_2(x)\}dx=\frac{m}{n}(\text{B의 넓이})$$

따라서 두 도형 A, B의 넓이의 비는 $m:n$이다.

(2) 부피에 관한 카발리에리의 원리 증명

두 입체도형 C, D를 일정한 평면에 평행한 평면으로 잘랐을 때, 두 단면의 넓이의 비가 $m:n$이면 두 입체도형 C, D의 부피의 비도 $m:n$과 같다.

증명 일정한 평면에 수직인 한 직선을 x축이라 하고 일정한 평면에 평행하면서 입체를 끼고 있는 두 평면이 x축과 만나는 점의 x좌표를 a, $b(a<b)$라 하자.

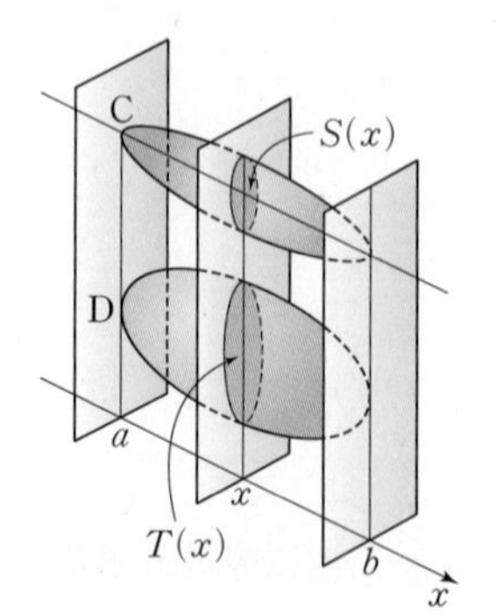

이제 x축 위의 좌표가 x인 점을 지나고 x축에 수직인 평면이 입체도형 C, D를 자른 단면의 넓이를 각각 $S(x)$, $T(x)$라 하면

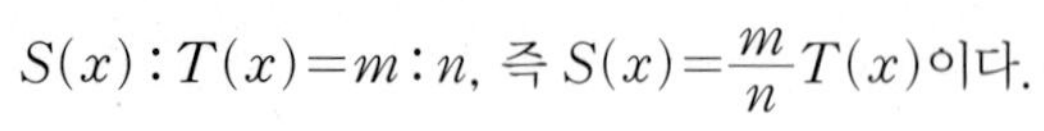

$S(x):T(x)=m:n$, 즉 $S(x)=\frac{m}{n}T(x)$이다.

$(\text{C의 부피})=\int_a^b S(x)dx=\frac{m}{n}\int_a^b T(x)dx=\frac{m}{n}(\text{D의 부피})$

따라서 두 입체도형 C, D의 부피의 비는 $m:n$이다.

예시 1 세 학생이 모래판 위에 길이가 같은 나무 막대를 이용하여 오른쪽 그림과 같은 세 도형 A, B, C를 만들었다. 각 도형은 나무 막대를 모래판에서 가로 방향으로 평행이동하여 만들어진 것이라고 할 때, 이들의 넓이의 대소 관계를 논하시오.

(단, 세 도형 A, B, C의 넓이는 각각 A, B, C로 놓는다.)

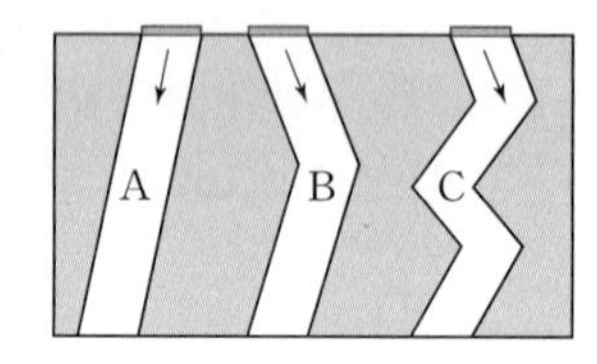

풀이 [방법 1] 오른쪽 그림과 같이 세로에 수직인 선분으로 세 도형 A, B, C를 잘랐을 때 세 도형 내의 선분의 길이가 모두 같으므로 카발리에리의 원리에 의해 넓이가 같다.

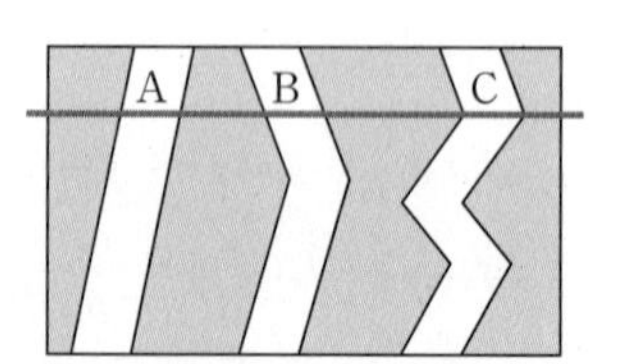

[방법 2] 오른쪽 그림과 같이 세 도형 A, B, C의 잘린 부분의 길이를 a, 각 도형의 높이를 각각 h, (h_1, h_2), (h_3, h_4, h_5, h_6)이라 하자.

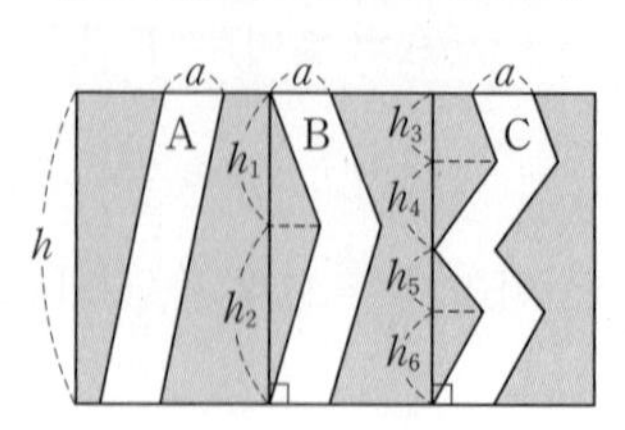

세 도형 A, B, C의 넓이는

$A=ah$

$B=ah_1+ah_2=a(h_1+h_2)=ah$

$C=ah_3+ah_4+ah_5+ah_6=a(h_3+h_4+h_5+h_6)=ah$

$\therefore A=B=C$

따라서 세 도형의 넓이는 같다.

2 등적변형과 카발리에리의 원리

오른쪽 그림에서 $\triangle$ABC의 밑변 BC를 고정시키고, 꼭짓점 A를 점 A를 지나 밑변 BC에 평행한 직선 위로 움직여 점 D로 움직이면 모양은 변하여도 넓이는 변하지 않는다.

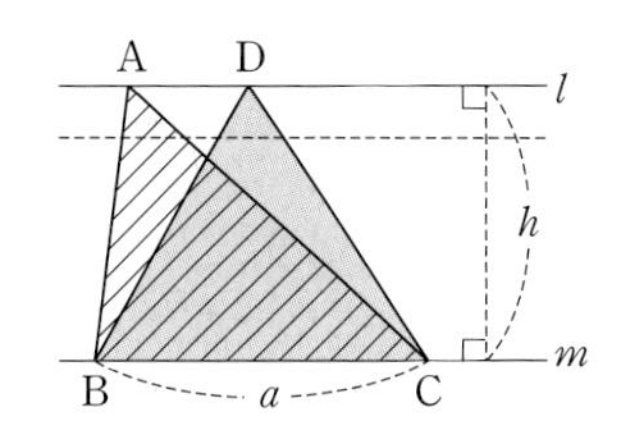

또, 직사각형 ABCD를 밑변을 $\overline{BC}$로 하고 직사각형 ABCD의 세로와 같은 높이를 갖는 평행사변형 BCFE로 변형하면 넓이는 같다.

이와 같이 넓이가 같은 다른 모양으로 변형하는 것을 '등적변형'이라고 한다. 두 그림에서 밑변에 평행한 점선으로 절단된 선분의 길이가 같으므로 카발리에리의 원리에 의하여 두 도형의 넓이는 각각 같다.

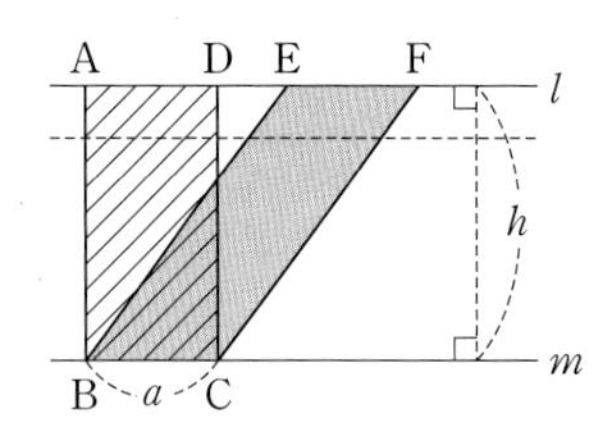

예시 2 함수 $f(x)=\frac{a}{3}x^3-ax+a(a>0)$이 있다. 함수 $g(x)$는 모든 실수 x에 대하여 $f'(x)=g'(x)$를 만족시키고 $g(0)=a+1$이다. 두 곡선 $y=f(x)$, $y=g(x)$와 두 직선 $x=-1$, $x=1$로 둘러싸인 부분을 x축 둘레로 회전시켜 생기는 회전체의 부피가 34π일 때, a의 값을 구하시오.

풀이 $f'(x)=ax^2-a=a(x+1)(x-1)$, $f'(x)=0$일 때 $x=\pm1$이다.

$f(x)$의 구간 $[-1, 1]$에서의 최솟값은

$f(1)=\frac{a}{3}>0$이므로 $-1\le x\le1$에서 $f(x)>0$이다.

문제의 조건에서 $g(x)=f(x)+1$이므로 $y=f(x)$, $y=g(x)$와 두 직선 $x=-1$, $x=1$로 둘러싸인 부분의 넓이는 카발리에리의 원리를 이용하면 2×1인 직사각형의 넓이와 같다.

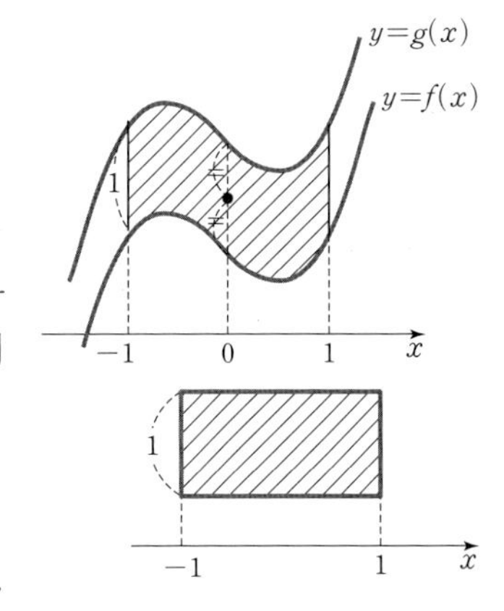

회전시킬 도형의 중심은 $\left(0, \frac{f(0)+g(0)}{2}\right)=\left(0, \frac{2a+1}{2}\right)$이므로 회전체의 부피 V는 $V=2\pi\times\frac{2a+1}{2}\times2=2(2a+1)\pi$이다.

따라서 $2(2a+1)\pi=34\pi$에서 $a=8$이다.

참고 적분을 이용한 풀이

$f'(x)=ax^2-a=a(x+1)(x-1)$, $f'(x)=0$일 때 $x=\pm1$이다.

$f(x)$의 구간 $[-1, 1]$에서의 최솟값은 $f(1)=\frac{a}{3}>0$이므로

$-1\le x\le1$에서 $f(x)>0$이다.

문제의 조건에서 $g(x)=f(x)+1$이므로

구하는 부피를 V라 하면

$$V=\pi\int_{-1}^{1}[\{g(x)\}^2-\{f(x)\}^2]dx=\pi\int_{-1}^{1}\{f(x)+g(x)\}\{f(x)-g(x)\}dx$$

$$=\pi\int_{-1}^{1}\left(\frac{2a}{3}x^3-2ax+2a+1\right)dx=2\pi\int_{0}^{1}(2a+1)dx$$

$$=2(2a+1)\pi$$이다.

따라서 $2(2a+1)\pi=34\pi$에서 $a=8$이다.

카발리에리의 원리를 이용한 넓이와 부피

1 타원의 넓이

타원 $\dfrac{x^2}{a^2}+\dfrac{y^2}{b^2}=1$(단, $a>b>0$)의 넓이를 카발리에리의 원리를 이용해서 구해 보자.

타원 $\dfrac{x^2}{a^2}+\dfrac{y^2}{b^2}=1\ (a>b>0)$에서 $y^2=\dfrac{b^2}{a^2}(a^2-x^2)$

$\therefore\ y=\pm\dfrac{b}{a}\sqrt{a^2-x^2}$

원 $x^2+y^2=a^2$에서 $y^2=a^2-x^2$

$\therefore\ y=\pm\sqrt{a^2-x^2}$

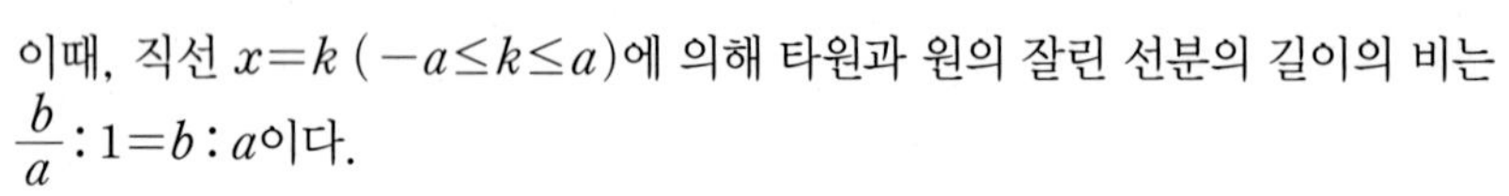

이때, 직선 $x=k\ (-a\le k\le a)$에 의해 타원과 원의 잘린 선분의 길이의 비는 $\dfrac{b}{a}:1=b:a$이다.

따라서 카발리에리의 원리에 의해 타원의 넓이와 원의 넓이의 비 역시 $b:a$가 된다. 이때, 원의 넓이가 πa^2이므로 타원의 넓이를 S라 하면 $S:\pi a^2=b:a$에서 $S=\pi ab$이다.

참고 적분을 이용한 풀이

$\dfrac{x^2}{a^2}+\dfrac{y^2}{b^2}=1$(단, $a>b>0$)을 변형하면 $y=\pm\dfrac{b}{a}\sqrt{a^2-x^2}$이다.

타원의 넓이 S는 $y=\dfrac{b}{a}\sqrt{a^2-x^2}$이 x축과 둘러싸인 부분의 넓이의 2배이므로

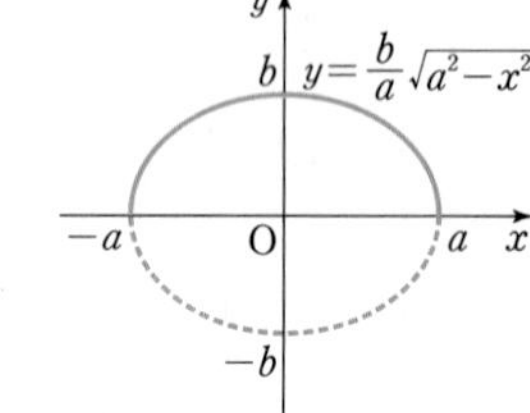

$$S=2\int_{-a}^{a}\frac{b}{a}\sqrt{a^2-x^2}\,dx=\frac{4b}{a}\int_{0}^{a}\sqrt{a^2-x^2}\,dx$$

이때, $\displaystyle\int_0^a\sqrt{a^2-x^2}\,dx=\frac{1}{4}\pi a^2$(사분원의 넓이)이므로 $S=\dfrac{4b}{a}\times\dfrac{1}{4}\pi a^2=\pi ab$이다.

2 사각뿔의 부피

카발리에리의 원리를 이용하여 뿔의 부피가 기둥의 부피의 $\dfrac{1}{3}$이라는 사실을 알 수 있다.

다음 그림과 같이 정육면체의 중앙에 한 점을 잡고 그 점에서 꼭짓점으로 선을 그어서 6개의 합동인 사각뿔을 얻는다. 정육면체의 부피가 a^3이므로 정사각뿔 하나의 부피는 $\dfrac{a^3}{6}$이다.

이때, 정사각뿔의 높이를 $\dfrac{a}{2}$에서 a로 두 배 늘이면 카발리에리의 원리에 의해 정사각뿔의 부피도 두 배 늘어난다.

따라서 밑면의 넓이와 높이가 동일한 기둥과 뿔의 부피의 비는 $a^3:2\times\dfrac{a^3}{6}=1:\dfrac{1}{3}$이 된다.

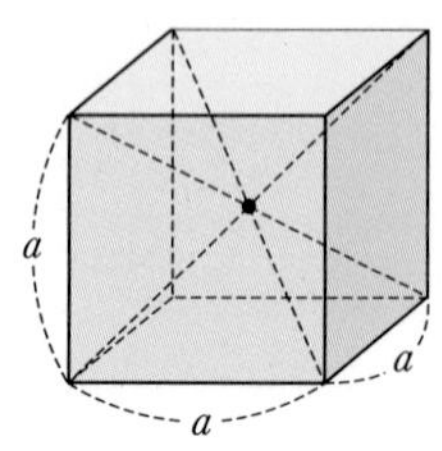

부피 : a^3

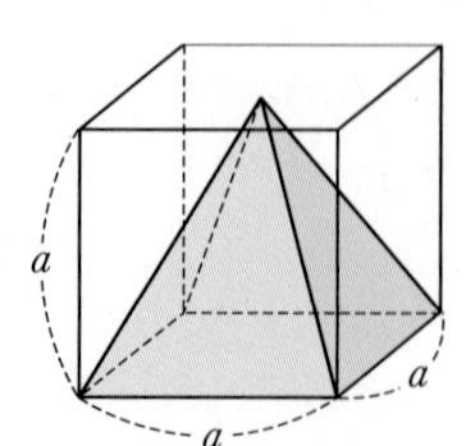

부피 : $\dfrac{a^3}{3}$

정육면체와 사각뿔의 부피

③ 구의 부피

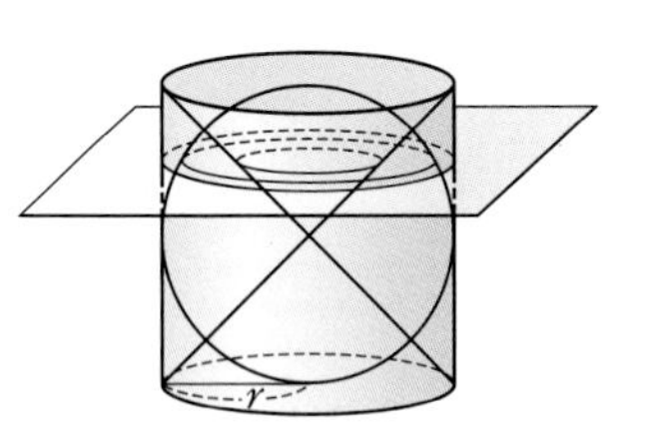

이번에는 구의 부피가 $\frac{4}{3}\pi r^3$이 되는 이유를 알아보자. 오른쪽 그림과 같이 밑면의 반지름의 길이가 r이고 높이가 $2r$인 원기둥에 내접하는 반지름의 길이가 r인 구와 밑면의 반지름의 길이가 r, 높이가 r인 하나의 꼭짓점을 공유하며 원기둥에 내접하는 두 원뿔을 생각해 보자.

다음 그림과 같이 세 입체도형을 일렬로 나열하고 밑면에 평행한 단면으로 잘라 이들 단면의 넓이를 비교해 보자.

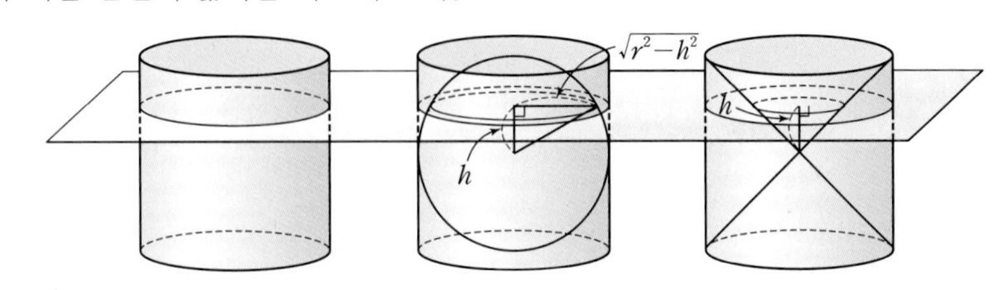

구의 중심에서 단면까지의 거리를 h라 하면 구의 단면의 반지름의 길이는 피타고라스의 정리에 의해 $\sqrt{r^2-h^2}$이다. 또, 원뿔의 꼭짓점과 단면 사이의 거리를 h라 하면 단면의 반지름의 길이도 h가 된다.

이때, 구의 단면과 원뿔의 단면 넓이의 합은 항상 $\pi(r^2-h^2)+\pi h^2=\pi r^2$이므로 원기둥의 단면의 넓이와 같다.

(원기둥의 단면의 넓이)=(구의 단면의 넓이)+(원뿔의 단면의 넓이)

이므로

(원기둥의 부피)=(구의 부피)+(원뿔 부피)

이고 원뿔의 부피는 원기둥의 부피의 $\frac{1}{3}$이므로 구의 부피는 원기둥 부피의 $\frac{2}{3}$가 된다.

따라서 구의 부피는 $\frac{2}{3}(\pi r^2\cdot 2r)=\frac{4}{3}\pi r^3$이다.

참고 적분을 이용한 풀이

원의 방정식 $x^2+y^2=r^2$에서 $y=\pm\sqrt{r^2-x^2}$이다.

$y=\sqrt{r^2-x^2}$을 x축 둘레로 회전한 구의 부피는

$$\begin{aligned}(\text{구의 부피})&=\pi\int_{-r}^{r} y^2dx=\pi\int_{-r}^{r}(r^2-x^2)dx\\&=2\pi\int_{0}^{r}(r^2-x^2)dx\\&=2\pi\left[r^2x-\frac{x^3}{3}\right]_0^r\\&=\frac{4}{3}\pi r^3\end{aligned}$$

이다. 한편, 구에 접한 원기둥의 부피는 $\pi r^2\times 2r=2\pi r^3$이므로 적분에 의한 계산에 의해서도 구의 부피는 원기둥의 부피의 $\frac{2}{3}$이다.

4 서로 같은 두 개의 원기둥이 교차했을 때 겹치는 부분의 부피

무한히 길고 반지름의 길이가 1인 두 개의 원기둥이 수직으로 교차할 때, 두 원기둥이 겹쳐지는 부분의 부피의 최댓값을 구해 보자.

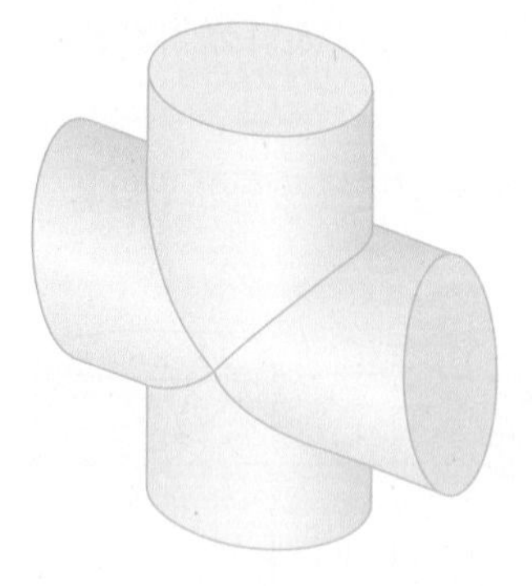

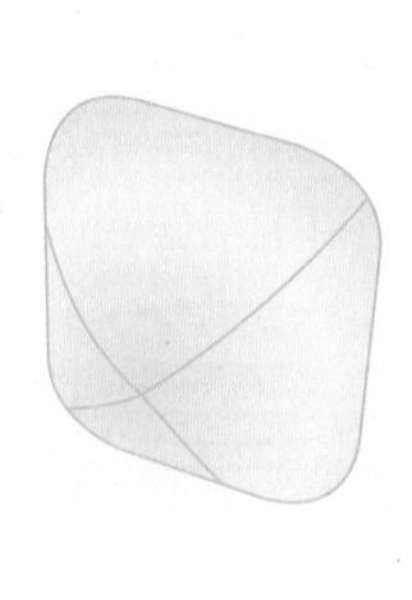

구하는 입체는 위의 그림과 같다. 왼쪽 그림은 교차된 원기둥을 나타낸 것이고, 오른쪽 그림은 공통 부분만을 나타낸 것이다.

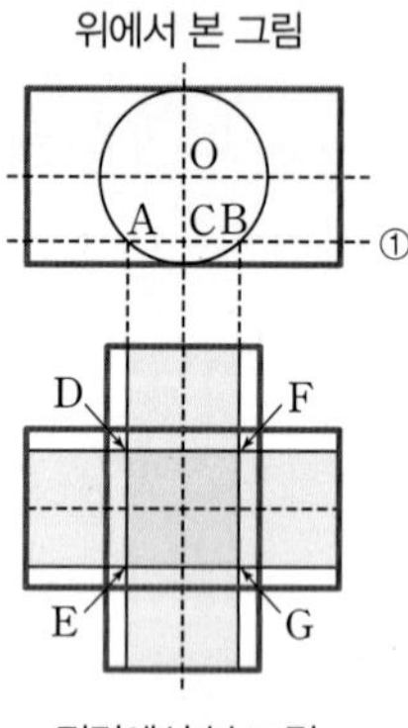

이러한 경우는 절단하는 방향이 중요하다. 점선 ①을 따라 절단하면 절단면은 색칠한 부분이 되고, 그 공통 부분이 정사각형 DEGF가 된다.

$\overline{OC}=x$라 하면 $\overline{OA}=1$이므로 $\overline{AC}=\sqrt{1-x^2}$,

$\overline{AB}=\overline{DF}=\overline{FG}=2\sqrt{1-x^2}$이다.

따라서 단면의 넓이는 $S(x)=4(1-x^2)$이므로 구하는 입체의 부피 V는

$$V=2\int_0^1 S(x)dx=8\int_0^1 (1-x^2)dx=8\left[x-\frac{1}{3}x^3\right]_0^1=\frac{16}{3}$$

참고 반지름의 길이가 r인 두 원기둥이 교차했을 때의 부피를 구해 보자.

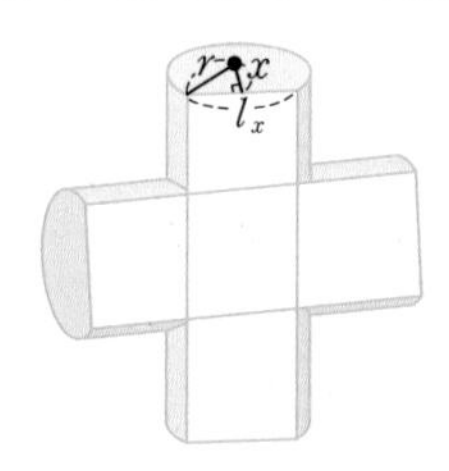

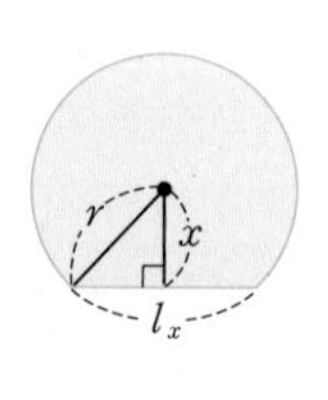

위의 그림과 같이 공통 부분의 중심에서 x만큼 떨어지고 두 원기둥에 평행인 평면으로 자를 때의 단면은 한 변의 길이가

$l_x=2\sqrt{r^2-x^2}$

인 정사각형이다.

따라서 단면의 넓이는

$S(x)=(2\sqrt{r^2-x^2})^2=4(r^2-x^2)$

이다.

구하는 입체의 부피 V는

$$V=\int_{-r}^{r}4(r^2-x^2)dx$$
$$=2\int_{0}^{r}4(r^2-x^2)dx$$
$$=8\left[r^2x-\frac{1}{3}x^3\right]_0^r=8\left(r^3-\frac{r^3}{3}\right)=\frac{16}{3}r^3$$

이다.

이번에는 반지름의 길이가 r인 두 원기둥이 직교할 때 이루는 부분의 부피를 카발리에리의 원리를 이용해 구해 보자. 교차하는 입체의 단면은 다음 그림과 같이 정사각형이다.

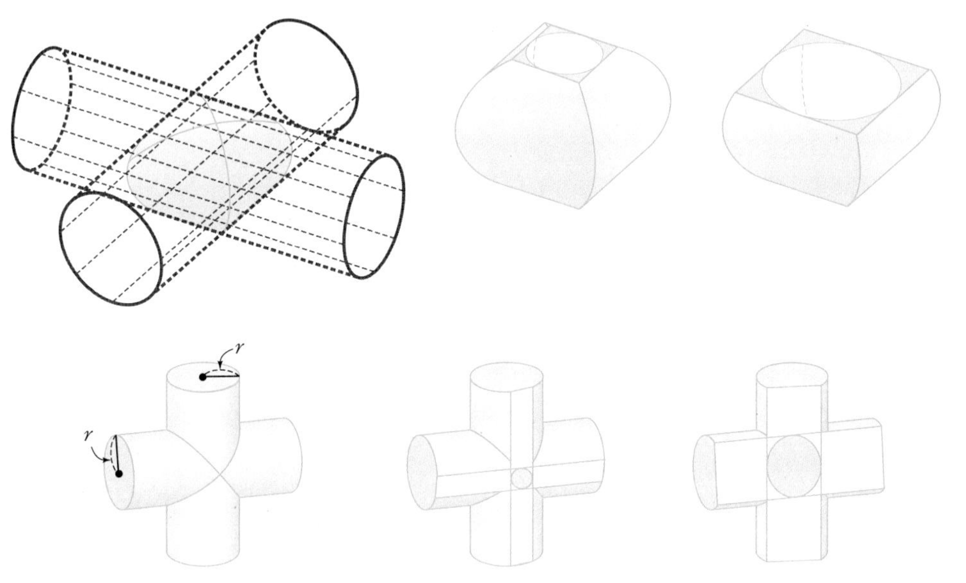

이때, 그 정사각형 단면에 내접하는 원들을 입체 전체에 걸쳐서 합치면 구가 된다.

따라서 구의 부피 공식이 $\frac{4}{3}\pi r^3$인 것을 이용하면 교차 부분의 부피를 구할 수 있다.

정사각형의 단면의 한 변의 길이를 a라 하면 그에 내접하는 원의 반지름의 길이는 $\frac{a}{2}$이므로 (정사각형의 넓이) : (원의 넓이)$=a^2 : \pi\left(\frac{a}{2}\right)^2=4 : \pi$이다.

정사각형과 원의 단면의 넓이의 비가 $4 : \pi$이므로 전체 부피의 비도 $4 : \pi$일 것이다.

따라서 교차 부분의 부피를 V라 하면 $4 : \pi=V : \frac{4}{3}\pi$이므로

$V=\frac{4}{3}\pi\times\frac{4}{\pi}=\frac{16}{3}$이다.

단면적을 이용한 정적분을 통해서도 구할 수 있지만 카발리에리의 원리를 이용하는 것이 훨씬 더 간단하다.

문제 1 좌표공간에서 $x^2+z^2\leq1,\ y^2+z^2\leq1$로 결정되는 입체도형의 부피를 구하시오.

두 부등식으로 만들어지는 입체도형은 반지름의 길이가 1인 두 원기둥이 수직으로 교차했을 때의 공통 부분이다.

문제 2 그림과 같이 좌표평면 위에 한 변의 길이가 2인 정육각형이 놓여 있다. 점 C는 정육각형의 외접원의 중심이다. 이 정육각형을 점 B$(1,\ 0)$을 중심으로 시계방향으로 회전시킬 때, 변 AB와 x축이 이루는 각의 크기를 θ라고 하자. 다음 물음에 답하시오.

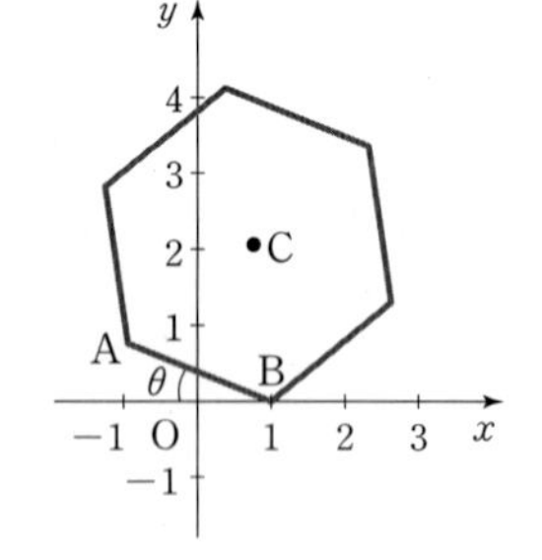

(1) θ가 0에서 $\frac{\pi}{3}$까지 변할 때, 점 C가 이루는 곡선 C_1을 매개변수 θ를 이용하여 나타내시오.

(2) θ가 0에서 $\frac{\pi}{3}$까지 변할 때, 점 C의 x좌표를 x_1이라 하고, 정육각형과 직선 $y=k$가 만나게 되는 k의 값 중에서 최댓값을 y_1이라 할 때, 점 $(x_1,\ y_1)$이 이루는 곡선 C_2를 매개변수 θ를 이용하여 나타내시오.

(3) 위에서 구한 두 곡선 C_1, C_2와 두 직선 $x=0$, $x=2$로 둘러싸인 영역의 넓이를 구하시오.

| 서울시립대학교 2013년 수시 |

(1) $\triangle$ABC는 정삼각형이므로 그림에서 $\angle \mathrm{CBC'}=\theta+\frac{\pi}{3}$이다.

C, 2, B, C′, $\theta+\frac{\pi}{3}$, (1, 0)

문제 3 제시문을 읽고 물음에 답하시오.

(가)

[그림 1]과 같이 좌표공간에서 두 평면 $z=a$와 $z=b$ 사이에 있는 입체 A를 평면 $z=z_0$으로 자른 단면의 넓이가 $S(z_0)$일 때, A의 부피는

$$V_{\mathrm{A}}=\int_a^b S(z)dz$$

이다. [그림 2]에서 입체 B는 [그림 1]의 입체 A를 z축 방향으로 k배 늘여서 얻어진다.
입체 B의 부피를 V_{B}라 한다.

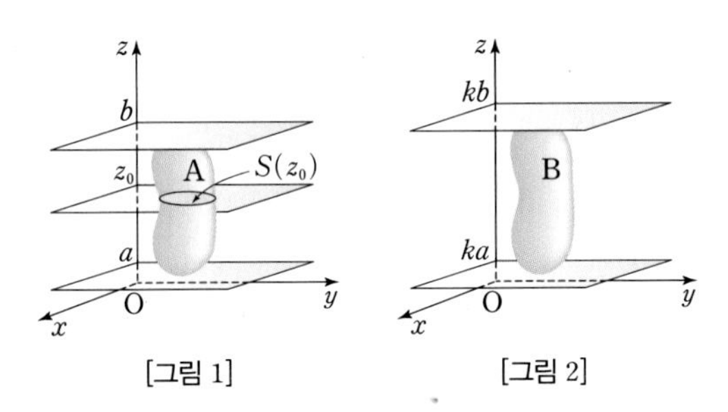

[그림 1] [그림 2]

(나)

[그림 3]과 같이 반지름이 1인 구가 평면 α와 점 O에서 접한다. 점 O를 포함하고 평면 α와 수직이 아닌 평면 β가 평면 α와 이루는 예각을 ϕ라 한다.

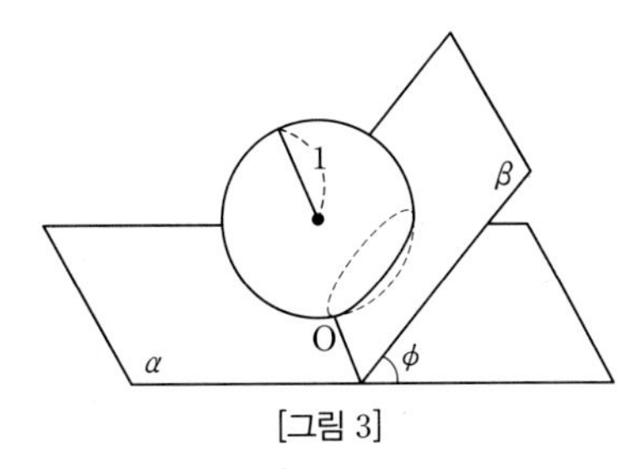

[그림 3]

(다)

좌표공간에서 zx평면 위의 타원 $x^2+\frac{(z-2)^2}{4}=1$을 z축 둘레로 회전하여 얻어진 곡면으로 둘러싸인 입체를 C라 한다. 원점을 포함하고 zx평면과 수직이 아닌 평면 γ가 zx평면과 이루는 예각을 θ라 한다.

(1) 치환적분을 이용하여 제시문 (가)에서 V_{A}와 V_{B}의 관계식을 구하시오.

(2) 제시문 (나)에서 평면 β에 의해 잘린 구의 두 영역 중 작은 영역의 부피 $U(\phi)$를 구하시오.

(3) 제시문 (다)에서 평면 γ에 의해 나눠지는 C의 두 영역 중 작은 영역의 부피를 $W(\theta)$라 하자.
극한

$$\lim_{\theta\to 0+}\theta^a W(\theta)$$

가 수렴할 때, 실수 a와 극한값을 구하시오.

(2) y, O, ϕ, $\cos\phi$, 1, x

$U(\phi)$는 빗금 친 영역을 x축 둘레로 회전하여 얻어진 입체의 부피이다.

| 고려대학교 2013년 모의논술 |

예시 답안 및 해설 106쪽

문제 4 제시문을 읽고 물음에 답하시오.

(가) 단위원 $x^2+y^2=1$ 위를 점 A(1, 0)에서 출발하여 시계 반대 방향으로 움직이는 점 P의 시각 t에서 좌표를 $(x(t), y(t))$라 하자. 타원 $x^2+k^2y^2=1$(단, $k>1$인 실수)은 두 점 (1, 0), (−1, 0)에서 단위원에 접한다. 점 P에서 x축으로 내린 수선이 타원과 처음 만나는 점을 Q라 하자.

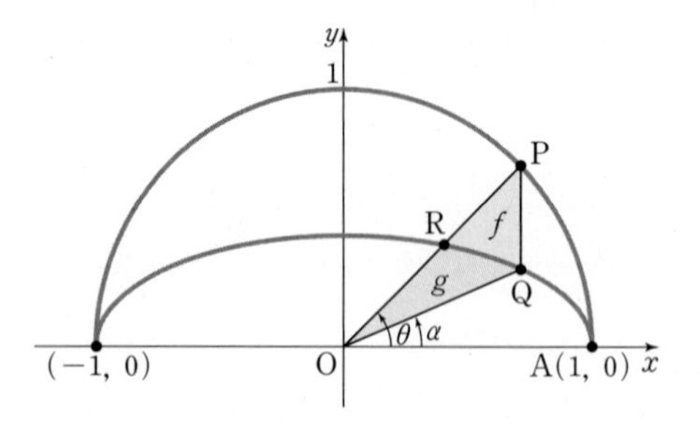

(나) 점 P와 원점 O를 이은 선분이 타원과 만나는 점을 R라 하자. 선분 OA와 선분 OP가 이루는 각을 θ, 선분 OA와 선분 OQ가 이루는 각을 α라 하자. 선분 PQ, 선분 PR와 타원의 호 RQ로 둘러싸인 도형 PQR의 넓이를 f, 선분 OQ, 선분 OR와 타원의 호 RQ로 둘러싸인 도형 OQR의 넓이를 g라 하자.

(1) 점 P$(x(t), y(t))$가 단위원 위의 점 A(1, 0)에서 출발하여 시계 반대 방향으로 시각 t에 따라 일정한 속도로 돌고 있다. 선분 OA, 선분 OQ와 타원의 호 AQ로 둘러싸인 도형 OAQ의 넓이를 $S(t)$라 하자. $S(t)$의 시간에 대한 변화율 $\frac{dS}{dt}$가 상수임을 논리적으로 설명하시오.

(2) 각 α의 시간에 대한 변화율 $\frac{d\alpha}{dt}$가 각 θ의 시간에 대한 변화율 $\frac{d\theta}{dt}$와 같아지는 θ가 구간 $0\le\theta\le\frac{\pi}{2}$에서 적어도 하나는 존재함을 논하고, 또한 이때 α와 θ 사이의 관계식을 구하시오.
극한값 $\lim_{\theta\to\frac{\pi}{2}-}\frac{\frac{\pi}{2}-\theta}{\frac{\pi}{2}-\alpha}$를 구하시오.

(3) 극한값 $\lim_{\theta\to\frac{\pi}{2}-}\frac{f}{g}$를 구하시오.

| 연세대학교 2011년 수시 |

(1) 점 Q의 좌표가 $\left(x(t), \frac{1}{k}y(t)\right)$임을 이용한다.
(2) $\lim_{\theta\to0}\frac{\tan\theta}{\theta}=1$
(3) $\frac{f}{g}=\frac{f+g}{g}-1$을 이용한다.

기하와 벡터

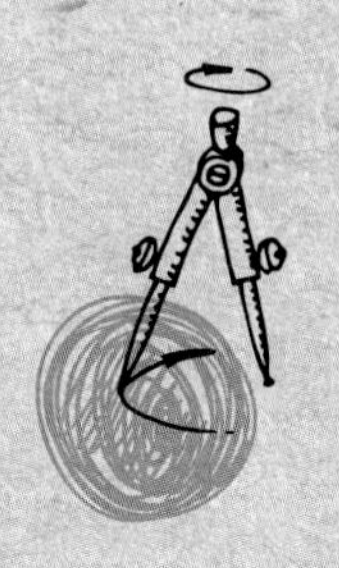

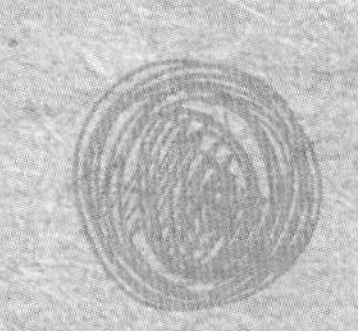

Ⅵ 이차곡선 234

Ⅶ 공간도형 282

Ⅷ 벡터 306

TEXT SUMMARY

VI 이차곡선

1 이차곡선

1 포물선

평면 위에서 한 정점 F와 이 점을 지나지 않는 한 정직선 l에 이르는 거리가 같은 점들의 집합을 포물선이라고 한다.

이때, 정점 F를 포물선의 초점, 정직선 l을 포물선의 준선이라고 한다.

(1) 초점이 $\mathrm{F}(p, 0)$, 준선의 방정식이 $x=-p$인 포물선의 방정식은

$$y^2=4px \text{ (단, } p\neq0)$$

① 초점: $\mathrm{F}(p, 0)$ ② 꼭짓점: $(0, 0)$

③ 준선: $x=-p$ ④ 축: $y=0$

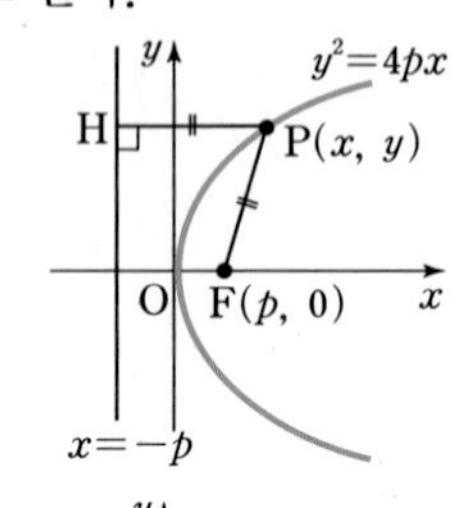

(2) 초점이 $\mathrm{F}(0, p)$, 준선의 방정식이 $y=-p$인 포물선의 방정식은

$$x^2=4py \text{ (단, } p\neq0)$$

① 초점: $\mathrm{F}(0, p)$ ② 꼭짓점: $(0, 0)$

③ 준선: $y=-p$ ④ 축: $x=0$

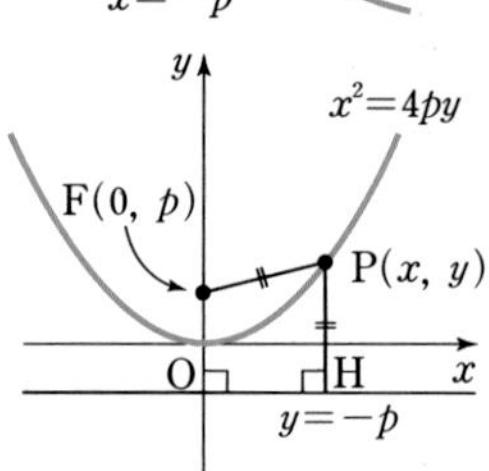

이해돕기 포물선 $y^2-8x-8y-24=0$의 초점의 좌표와 준선의 방정식을 구하시오.

풀이 방정식 $y^2-8x-8y-24=0$을 변형하면

$(y^2-8y+16)-8(x+5)=0$, $(y-4)^2=8(x+5)$

따라서 주어진 방정식이 나타내는 도형은 포물선 $y^2=8x$를 x축의 방향으로 -5만큼, y축의 방향으로 4만큼 평행이동한 포물선이므로 초점의 좌표는 $(2-5, 4)$, 즉 $(-3, 4)$이고 준선의 방정식은 $x=-2-5$, 즉 $x=-7$이다.

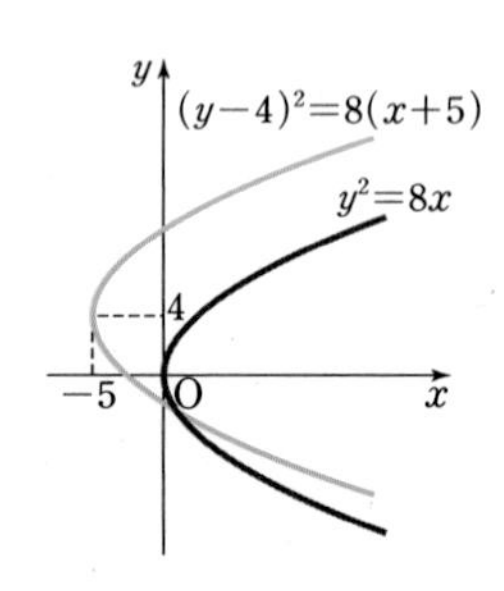

2 타원

평면 위의 두 정점 F, F′으로부터 거리의 합이 일정한 점들의 집합을 타원이라고 한다.

(1) 초점 $\mathrm{F}(c, 0)$, $\mathrm{F}'(-c, 0)$으로부터 거리의 합이 $2a$인 타원의 방정식은

$$\frac{x^2}{a^2}+\frac{y^2}{b^2}=1 \text{ (단, } a>b>0,\ c^2=a^2-b^2)$$

이때, 장축, 단축의 길이는 각각 $2a$, $2b$이다.

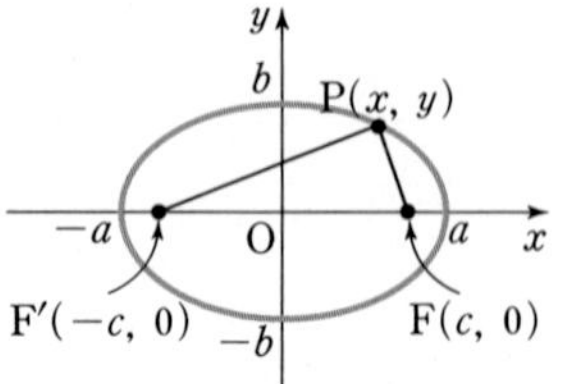

(2) 초점 $\mathrm{F}(0, c)$, $\mathrm{F}'(0, -c)$로부터 거리의 합이 $2b$인 타원의 방정식은

$$\frac{x^2}{a^2}+\frac{y^2}{b^2}=1 \text{ (단, } b>a>0,\ c^2=b^2-a^2)$$

이때, 장축, 단축의 길이는 각각 $2b$, $2a$이다.

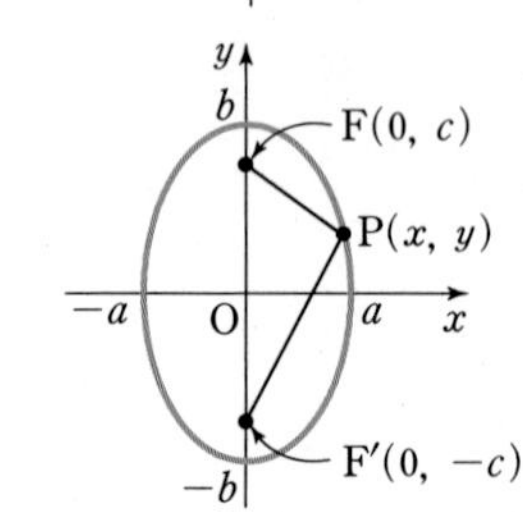

BASIC

이차곡선

두 일차식의 곱으로 인수분해되지 않는 x, y에 대한 이차방정식 $Ax^2+By^2+Cxy+Dx+Ey+F=0$으로 나타내어지는 곡선을 이차곡선이라 한다.

$y^2=4px$의 그래프는
- $p>0$이면 왼쪽으로 볼록
- $p<0$이면 오른쪽으로 볼록

$x^2=4py$의 그래프는
- $p>0$이면 아래로 볼록
- $p<0$이면 위로 볼록

- 타원 $\frac{x^2}{a^2}+\frac{y^2}{b^2}=1$의 그래프는 x축, y축 및 원점에 대하여 각각 대칭이다.
- 타원을 평행이동하여도 장축, 단축의 길이는 변하지 않는다.

BASIC

이해돕기 타원 $9x^2+4y^2=36$의 초점의 좌표와 장축, 단축의 길이를 구하고 그 그래프를 그리시오.

풀이 $9x^2+4y^2=36$에서 $\frac{x^2}{4}+\frac{y^2}{9}=1$

$c^2=9-4=5$이므로 $c=\pm\sqrt{5}$이다.

따라서 초점의 좌표는 $\mathrm{F}(0, \sqrt{5})$, $\mathrm{F}'(0, -\sqrt{5})$이다.

장축의 길이는 $2\cdot3=6$, 단축의 길이는 $2\cdot2=4$이고 그 그래프는 오른쪽 그림과 같다.

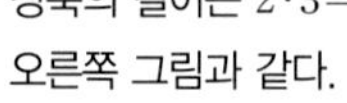

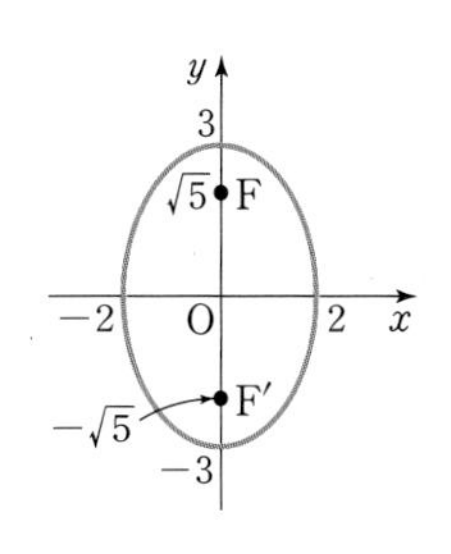

3 쌍곡선

평면 위의 두 정점 F, F′으로부터 거리의 차가 일정한 점들의 집합을 쌍곡선이라고 한다.

(1) 초점 $\mathrm{F}(c, 0)$, $\mathrm{F}'(-c, 0)$으로부터 거리의 차가 $2a$인 쌍곡선의 방정식은

$$\frac{x^2}{a^2}-\frac{y^2}{b^2}=1 \text{ (단, } c>a>0,\ c^2=a^2+b^2)$$

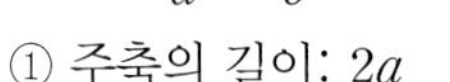

① 주축의 길이: $2a$

② 중심: $(0, 0)$

③ 꼭짓점: $(a, 0)$, $(-a, 0)$

(2) 초점 $\mathrm{F}(0, c)$, $\mathrm{F}'(0, -c)$로부터 거리의 차가 $2b$인 쌍곡선의 방정식은

$$\frac{x^2}{a^2}-\frac{y^2}{b^2}=-1 \text{ (단, } c>b>0,\ c^2=a^2+b^2)$$

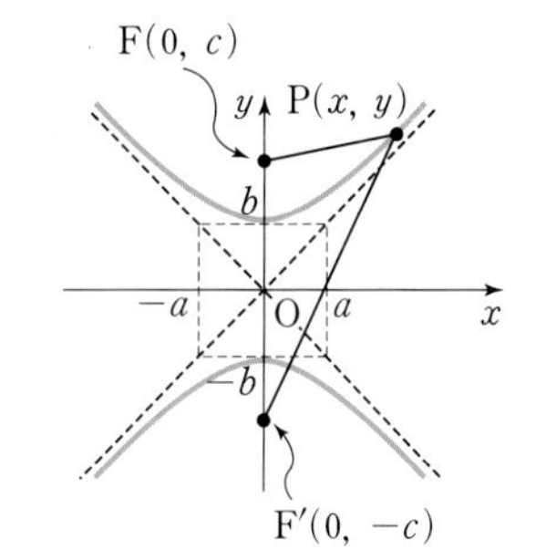

① 주축의 길이: $2b$

② 중심: $(0, 0)$

③ 꼭짓점: $(0, b)$, $(0, -b)$

(3) 쌍곡선 $\frac{x^2}{a^2}-\frac{y^2}{b^2}=\pm1$의 점근선의 방정식은 $y=\pm\frac{b}{a}x$

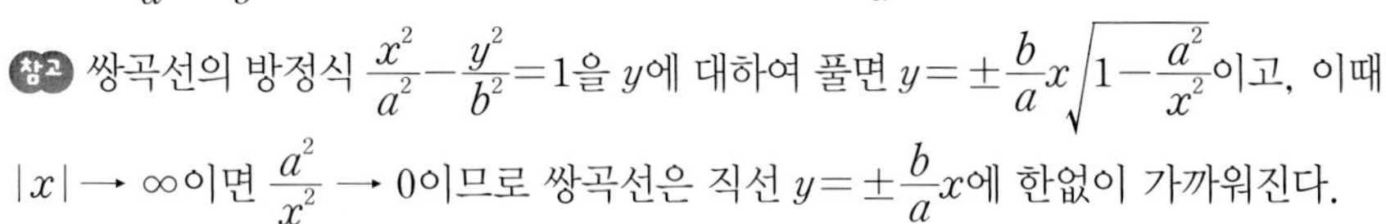

참고 쌍곡선의 방정식 $\frac{x^2}{a^2}-\frac{y^2}{b^2}=1$을 y에 대하여 풀면 $y=\pm\frac{b}{a}x\sqrt{1-\frac{a^2}{x^2}}$이고, 이때 $|x|\to\infty$이면 $\frac{a^2}{x^2}\to0$이므로 쌍곡선은 직선 $y=\pm\frac{b}{a}x$에 한없이 가까워진다.

● 쌍곡선 위의 한 점 P에서 두 초점 F, F′에 이르는 거리의 차는 두 초점 사이의 거리보다 작아야 한다. 즉, $|\overline{\mathrm{PF}}-\overline{\mathrm{PF'}}|<\overline{\mathrm{FF'}}$이다.

이해돕기 쌍곡선 $\frac{x^2}{9}-\frac{y^2}{7}=1$의 꼭짓점과 초점의 좌표 및 주축의 길이를 구하고, 그 그래프를 그리시오.

풀이

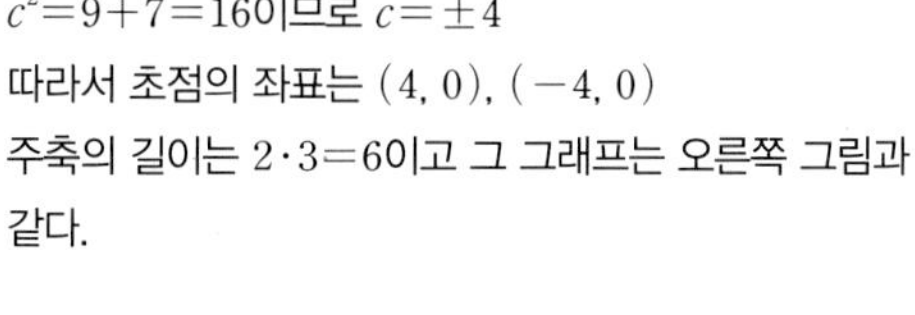

꼭짓점의 좌표는 $(3, 0)$, $(-3, 0)$

$c^2=9+7=16$이므로 $c=\pm4$

따라서 초점의 좌표는 $(4, 0)$, $(-4, 0)$

주축의 길이는 $2\cdot3=6$이고 그 그래프는 오른쪽 그림과 같다.

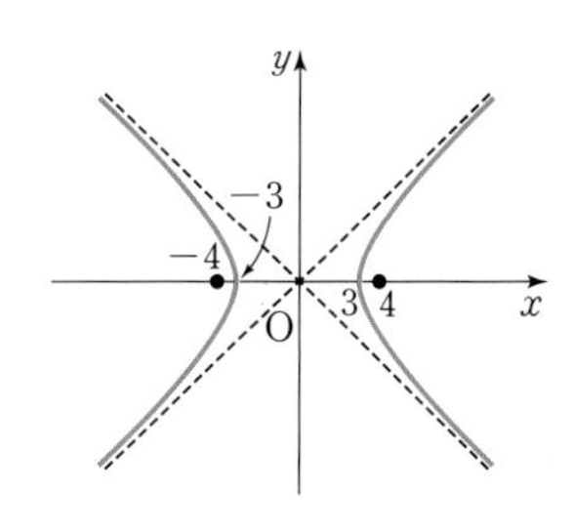

4 이차곡선의 접선의 방정식

	이차곡선	기울기가 m인 접선	이차곡선 위의 점 (x_1, y_1)에서의 접선
포물선	$y^2=4px$	$y=mx+\frac{p}{m}$ (단, $m\neq0$)	$y_1y=2p(x+x_1)$
	$x^2=4py$	$y=mx-m^2p$	$x_1x=2p(y+y_1)$
타원	$\frac{x^2}{a^2}+\frac{y^2}{b^2}=1$	$y=mx\pm\sqrt{a^2m^2+b^2}$	$\frac{x_1x}{a^2}+\frac{y_1y}{b^2}=1$
쌍곡선	$\frac{x^2}{a^2}-\frac{y^2}{b^2}=1$	$y=mx\pm\sqrt{a^2m^2-b^2}$	$\frac{x_1x}{a^2}-\frac{y_1y}{b^2}=1$
	$\frac{x^2}{a^2}-\frac{y^2}{b^2}=-1$	$y=mx\pm\sqrt{b^2-a^2m^2}$	$\frac{x_1x}{a^2}-\frac{y_1y}{b^2}=-1$

BASIC

원 $x^2+y^2=r^2$에 접하고 기울기 m인 접선의 방정식은
$y=mx\pm r\sqrt{m^2+1}$
원 $x^2+y^2=r^2$ 위의 점 (x_1, y_1)에서의 접선의 방정식은
$x_1x+y_1y=r^2$

5 이차곡선의 일반형

이차곡선 $Ax^2+By^2+Cx+Dy+E=0$에 대하여 좌변이 두 일차 인수의 곱으로 인수분해되지 않을 경우

(1) 원이 될 조건 $\Longleftrightarrow A=B(\neq0)$

(2) 포물선이 될 조건 $\Longleftrightarrow A=0,\ BC\neq0$ 또는 $B=0,\ AD\neq0$

(3) 타원이 될 조건 $\Longleftrightarrow AB>0,\ A\neq B$

(4) 쌍곡선이 될 조건 $\Longleftrightarrow AB<0$

참고 교과 과정에서 다루는 이차곡선에서는 xy항이 나타나지 않지만 축이 x축 또는 y축에 평행하지 않으면 xy항도 나올 수 있다.

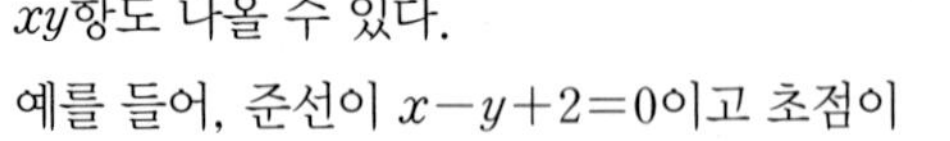

예를 들어, 준선이 $x-y+2=0$이고 초점이 $(1, -1)$인 포물선의 방정식을 구해 보자.

이 포물선 위의 한 점을 (x, y)라 하면 포물선의 정의에 의하여

$$\sqrt{(x-1)^2+(y+1)^2}=\frac{|x-y+2|}{\sqrt{2}}$$

정리하면

$$x^2+y^2+2xy-8x+8y=0,\ (x+y)^2=8(x-y)$$

이것은 $X=\frac{x-y}{\sqrt{2}}$, $Y=\frac{x+y}{\sqrt{2}}$로 놓으면 포물선임을 알 수 있다.

이와 같이 축이 좌표축과 평행하지 않을 경우 xy항이 나타난다.

이해돕기 $x^2+y^2+2x-1+k(x^2+2y^2-1)=0$($k$는 실수)에서 포물선, 타원, 쌍곡선이 될 조건을 구하시오.

풀이 $(1+k)x^2+(1+2k)y^2+2x-(1+k)=0$에서

포물선이 되는 경우, $1+k=0$에서 $k=-1$이다.

타원이 되는 경우, $(1+k)(1+2k)>0$, $1+k\neq1+2k$에서

$k<-1,\ k>-\frac{1}{2}$(단, $k\neq0$)이므로 $k<-1,\ -\frac{1}{2}<k<0,\ k>0$이다.

쌍곡선이 되는 경우, $(1+k)(1+2k)<0$에서 $-1<k<-\frac{1}{2}$이다.

COURSE A

수리논술 분석

예제 1 제시문을 읽고 물음에 답하시오.

> 한없이 넓은 초원이 있다고 가정하자. 이 초원 위에 10km의 거리를 두고 A마을과 B마을이 있다. 한 사람이 A마을을 출발해서 B마을로 가는 도중에 초원의 한 곳에 보물을 숨겼다고 하자. 초원엔 별다른 장애물이 없고 이 사람이 이동하는 속력은 시속 5km로 일정하다. 또한 보물을 숨기는 데 걸리는 시간은 무시할 수 있을 만큼 작다고 가정하자.

(1) 이 사람이 B마을에 도착하기까지 걸린 시간이 t시간$(t>2)$일 때, 보물이 숨겨져 있을 가능성이 있는 지역의 모양은 어떻게 되는가?

(2) 이 사람이 B마을에 도착하기까지 걸린 시간이 t시간일 때, 보물이 숨겨져 있을 가능성이 있는 지역의 넓이를 $A(t)$라 하자. t가 한없이 커질 때 $\frac{A(t)}{t^2}$는 어떤 수에 한없이 가까워지겠는가?

(3) 이 사람이 4시간 만에 B마을에 도착했다면 보물이 숨겨져 있을 가능성이 있는 지역의 넓이는 얼마나 되겠는가?

| 한양대학교 2015년 모의논술 |

예시 답안

(1) A마을과 B마을을 초점으로 하고 두 마을까지의 거리의 합이 $5t$(km)인 지점들로 이루어지는 타원을 생각하자. 타원의 안쪽에 있는 지역은 이 사람이 t시간 안에 들렀다가 B마을에 도착하는 것이 가능하고 이 타원의 밖에 있는 지역은 t시간 안에 도달했다가 여행을 마칠 수 없다. 따라서 A마을과 B마을을 초점으로 하고 이 두 마을까지의 거리의 합이 $5t$(km)인 타원의 안쪽이다.

(2) (1)의 타원은 t가 커질수록 중심이 두 마을의 중간 지점을 중심으로 하고 반지름 $\frac{5}{2}t$인 원과 비슷해지므로 $A(t)\approx\pi\left(\frac{5}{2}t\right)^2$이다. 즉, $\lim_{t\to\infty}\frac{A(t)}{t^2}=\frac{25}{4}\pi$

(3) 초점 사이의 거리가 10km, 거리의 합(장축의 길이)이 20km인 타원의 넓이이다.

xy평면에서 초점 $(-1, 0)$, $(1, 0)$, 거리의 합(장축의 길이)이 4인 타원의 식은 $\frac{x^2}{4}+\frac{y^2}{3}=1$이다.

곡선 $y=\sqrt{3}\sqrt{1-\frac{x^2}{4}}$, $0\le x\le 2$와 x축 사이의 넓이 A를 4배한 것이 이 타원의 넓이이다.

$A=\sqrt{3}\int_0^2\sqrt{1-\frac{x^2}{4}}\,dx$이다.

$x=2\sin\theta$, $0\le\theta\le\frac{\pi}{2}$로 치환하면 $dx=2\cos\theta$이므로

$A=\sqrt{3}\int_0^{\frac{\pi}{2}}2\cos^2\theta\,d\theta=\sqrt{3}\int_0^{\frac{\pi}{2}}(1+\cos2\theta)\,d\theta=\frac{\sqrt{3}\pi}{2}$

따라서 이 타원의 넓이는 $2\sqrt{3}\pi$이고, 보물이 숨겨져 있을 가능성이 있는 지역의 넓이는 $50\sqrt{3}\pi$ km²이다.

Check Point

(1) 이동하는 속력이 5 km/시로 일정하고, 걸린 시간이 t시간이므로 이동거리는 $5t$(km)로 일정하다.

TRAINING

수리논술 기출 및 예상 문제

01

두 점 A(1, 1)과 점 B(−1, −1)에서 거리의 합이 6인 점들이 이루는 도형 S가 있다. 물음에 답하시오.

(1) 도형 S와 타원 $\frac{x^2}{9}+\frac{y^2}{7}=1$의 관계를 설명하시오.

(2) 도형 S 위의 점 $\left(\frac{3}{\sqrt{2}}, \frac{3}{\sqrt{2}}\right)$에서의 접선의 방정식을 구하시오.

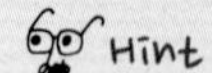

Hint

(1) 거리의 합이 일정한 점의 자취는 타원이다. 두 타원에서 장축의 길이, 단축의 길이를 비교해 본다.

02

제시문을 읽고 물음에 답하시오.

택연이는 자연수 $k=1, 2, \cdots, 100$에 대하여 점 $\left(k, \frac{1}{k}\right)$을 중심으로 하는 타원

$$\mathrm{E}_k:\ \frac{(x-k)^2}{k}+\frac{\left(y-\frac{1}{k}\right)^2}{\frac{1}{k}}=2\left(k+\frac{1}{k}\right)$$

을 인쇄하였다. 모든 k에 대해 타원 E_k를 다음 그림과 같이 x축과 y축을 기준으로 4개의 영역으로 나누어서 각각 $S_1^{(k)}$, $S_2^{(k)}$, $S_3^{(k)}$, $S_4^{(k)}$라 하고, 영역 $S_1^{(k)}$와 $S_3^{(k)}$에 파란색을 칠하고 다른 두 영역 $S_2^{(k)}$와 $S_4^{(k)}$에는 빨간색을 칠하였다.

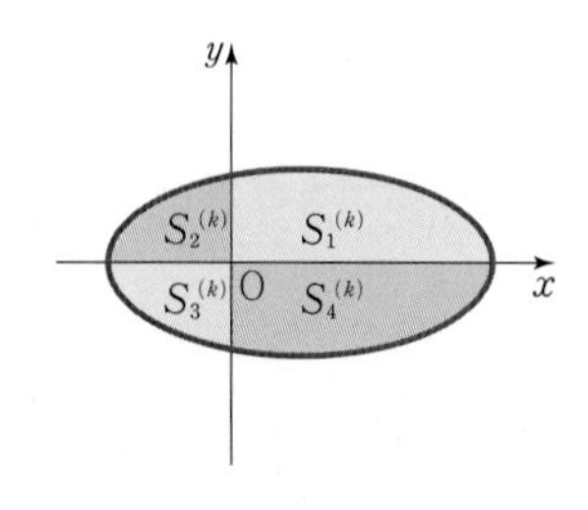

(1) $k=1$이면 중심이 (1, 1)이고 반지름이 2인 원임을 알 수 있다. 이때, 영역 $S_1^{(1)}$의 면적을 구하시오.

(2) 100개의 타원들에 칠해진 파란색 면적의 합과 빨간색 면적의 합의 차이에 대해서 설명하시오.

| 한양대학교 2011년 수시 |

Hint

(1) $k=1$일 때 $(x-1)^2+(y-1)^2=2^2$의 중심 (1, 1)에 대해 x축, y축을 대칭이동시킨 직선을 이용한다.

03 물음에 답하시오.

(1) 타원의 방정식 $\frac{x^2}{16}+\frac{y^2}{9}=1$로 주어진 타원 E_1을 시계 반대 방향으로 $\frac{\pi}{2}$만큼 회전하여 얻어진 타원을 E_2라 하자. E_1과 E_2가 만나는 교점을 $P(x_1, y_1)$ $(x_1>0, y_1>0)$이라고 하자.([그림 1] 참고)
E_1 위의 점 P에서의 접선과 E_2 위의 점 P에서의 접선이 이루는 예각을 θ라고 할 때, $\sqrt{\cot\theta}$의 값을 구하시오.

(2) (1)에서 정의된 타원 E_1의 두 초점을 F, F′이라고 하고, 타원 E_2의 두 초점을 G, G′이라고 하자.([그림 2] 참고)
두 개의 타원 E_1과 E_2에 동시에 접하는 직선이 E_1과 만나는 점을 $Q(s_1, t_1)$(단, $s_1>0$, $t_1>0$), E_2와 만나는 점을 $R(s_2, t_2)(s_2>0, t_2>0)$라고 하자. 또한 선분 F′Q와 선분 G′R이 만나는 점을 S라고 하자. 이때 삼각형 SQR의 면적을 구하시오.

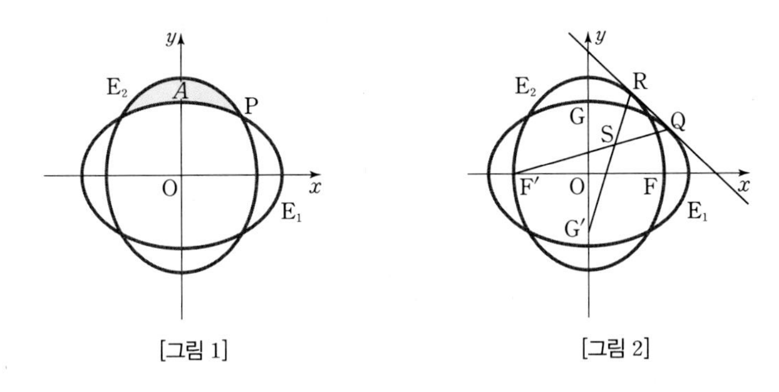

[그림 1] [그림 2]

(3) 두 곡선으로 둘러싸인 영역 A의 면적을 구하시오.([그림 1] 참고)

| 서강대학교 2015년 수시 |

(1) 타원 $\frac{x^2}{a^2}+\frac{y^2}{b^2}=1$을 $\frac{\pi}{2}$만큼 회전하면 타원 $\frac{x^2}{b^2}+\frac{y^2}{a^2}=1$을 얻을 수 있다.

04

제시문을 읽고 물음에 답하시오.

좌표평면에 점 P와 원 C가 있다. 점 P에서 원 C까지의 거리 d는 점 P와 원 C 위의 점과의 거리 중에서 최솟값으로 정의한다.

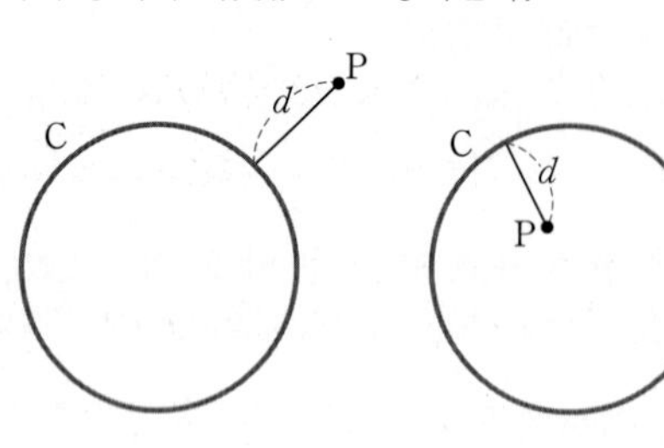

(1) 중심이 점 A이고 반지름이 r인 원 C가 있다. 점 P에서 원 C까지의 거리 d를 $\overline{PA}$와 r로 표현하시오.

(2) 두 원 C_1과 C_2가 다음과 같이 주어졌다.

$$C_1 : (x+2)^2+y^2=25,\ C_2 : (x-2)^2+y^2=9$$

원 C_2 위에 있거나 내부에 있는 점들 중에서 두 원 C_1과 C_2까지의 거리가 같은 점의 집합을 S라 하자. S로 둘러싸인 도형을 x축 둘레로 회전시켜서 생기는 회전체의 부피를 구하시오.

| 인하대학교 2015년 수시 |

(1) 점 P가 원 C의 외부에 있을 때, 내부에 있을 때, 위에 있을 때로 나누어 생각한다.

05

제시문을 읽고 물음에 답하시오.

(가) C_0은 좌표평면 위의 원 $x^2+y^2=1$이다.
(나) $n=1, 2, 3, \cdots$에 대하여 C_n은 다음 조건을 만족하는 원이라고 귀납적으로 정의한다.
　(i) C_n은 좌표평면의 $x>0$인 영역에서 C_{n-1}과 접한다.
　(ii) C_n은 쌍곡선 $y^2-x^2=1$의 $y>0$인 부분과 $y<0$인 부분에 동시에 접한다.
(다) C_n의 반지름의 길이를 r_n이라고 하자.

(1) C_1의 중심의 좌표와 C_1과 쌍곡선 $y^2-x^2=1$이 접하는 점의 좌표를 구하시오.

(2) 모든 자연수 n에 대하여 r_{n+1}, r_n, r_{n-1} 사이의 관계식으로 수열 $\{r_n\}$의 점화식을 구하시오.

(3) 모든 자연수 n에 대하여 C_n의 중심의 x좌표와 C_n과 쌍곡선 $y^2-x^2=1$이 접하는 점의 x좌표는 자연수임을 보이시오.

| 연세대학교 2015년 수시 |

(1) C_1의 중심의 좌표를 $(a_1, 0)$, 반지름의 길이를 r_1이라 하면 C_1의 방정식은 $(x-a_1)^2+y^2={r_1}^2$이고 원 C_0과 접하므로 $a_1=1+r_1$이다.

06

이차방정식 $\left(ab-\frac{1}{2}\right)x^2+\left(ab+\frac{1}{2}\right)y^2+(b-2)x+(b+2)y+4(b-1)=0$이 나타내는 도형을 C라 한다. 물음에 답하시오.

(1) 도형 C가 쌍곡선이 되기 위한 조건을 구하시오.

(2) 도형 C가 포물선이라면 그 초점은 정직선 위에 있음을 보이시오.
또한, 그 직선의 방정식을 구하시오. $\left(단,\ ab>-\frac{1}{2}\right)$

Hint

이차곡선

$Ax^2+By^2+Cx+Dy+E=0$ 에서

- 원이 될 조건
  → $A=B(\neq 0)$
- 포물선이 될 조건
  → $A=0,\ BC\neq 0$
  또는 $B=0,\ AD\neq 0$
- 타원이 될 조건
  → $AB>0,\ A\neq B$
- 쌍곡선이 될 조건
  → $AB<0$

07

공간에서 $z^2=x^2+y^2$을 만족하는 점들의 집합을 원뿔면이라 한다. 이 원뿔면은 xz평면 위의 직선 $z=x$를 z축 둘레로 회전하여 얻어지는 회전체이고, 이것의 모양은 두 원뿔의 꼭짓점을 맞붙여 놓은 형태이다. 공간에서 원뿔면과 평면의 교집합으로 주어지는 곡선은 원, 타원, 포물선, 쌍곡선 등이 될 수 있다. 예를 들어 살펴보자. 원뿔면과 평면 $z=4$와의 교집합은 $4^2=x^2+y^2$이 되고 이는 반지름이 4인 원이다. 또한 원뿔면과 평면 $y=1$과의 교집합은 $z^2-x^2=1$이므로 쌍곡선이 된다. 원뿔면 $z^2=x^2+y^2$과 평면 $z=ax+1$의 교집합이 원, 포물선, 타원, 쌍곡선이 되는 a의 값의 범위를 각각 구하시오.

Hint

원뿔면 $z^2=x^2+y^2$과 평면 $z=ax+1$의 교집합은 $(ax+1)^2=x^2+y^2$이다.

주제별 강의 **제 17 장**

이차곡선의 자취

원뿔곡선

(1) 좌표평면에서 원, 포물선, 타원, 쌍곡선은 x, y에 관한 이차방정식

$Ax^2+By^2+Cx+Dy+E=0$의 꼴로 나타내어진다.

역으로 x, y에 관한 이차방정식 $Ax^2+By^2+Cx+Dy+E=0$은 좌변이 x, y에 관한 두 일차식의 곱으로 인수분해되지 않는 경우에 원, 포물선, 타원, 쌍곡선이 된다.

이때, 이들 곡선을 통틀어 이차곡선이라고 한다.

그런데 이들 곡선은 직원뿔을 그 꼭짓점을 지나지 않는 평면으로 자른 부분에 생기는 곡선과 같다. 이러한 뜻에서 이차곡선을 원뿔곡선이라고도 한다.

직원뿔을 자르는 평면의 기울기를 점점 변화시켜 갈 때 나타나는 단면은 원, 타원, 포물선, 쌍곡선이 된다.

즉, 밑면에 평행한 평면으로 잘랐을 때의 단면은 원, 평면을 조금 더 기울여서 모선과 평행해지기 전에 잘랐을 때의 단면은 타원, 모선에 평행한 평면으로 잘랐을 때의 단면은 포물선, 포물선의 경우보다 더 기울기가 큰 평면으로 잘랐을 때의 단면은 쌍곡선이 된다.

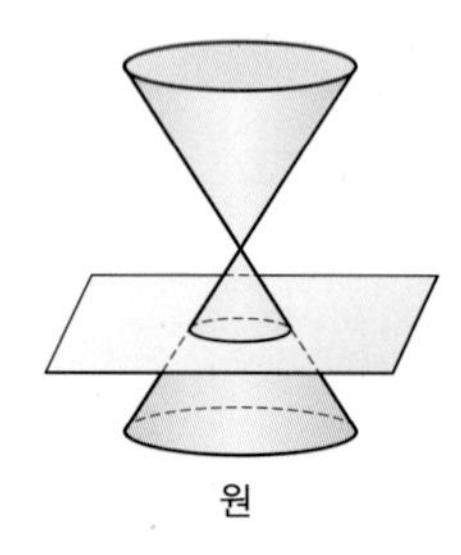

원　　타원

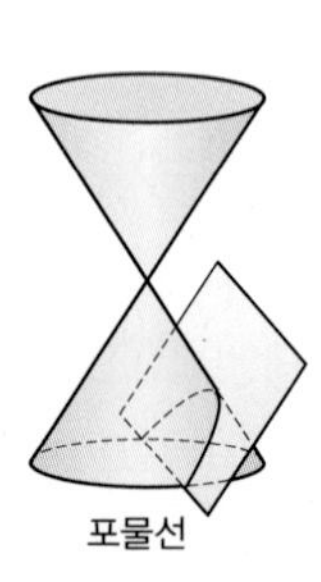

포물선

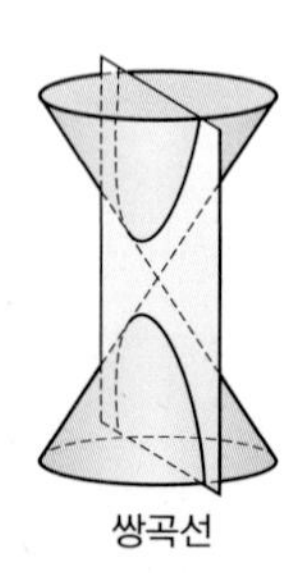

쌍곡선

다시 말하면, 원뿔의 밑면과 모선이 이루는 각을 α, 원뿔의 밑면과 단면이 이루는 각을 θ라 할 때, 잘린 단면의 모양은 다음과 같다. $\left(\text{단, } 0\le\theta\le\frac{\pi}{2}\right)$

$\theta=0$이면 ➡ 원

$\theta<\alpha$이면 ➡ 타원

$\theta=\alpha$이면 ➡ 포물선

$\theta>\alpha$이면 ➡ 쌍곡선

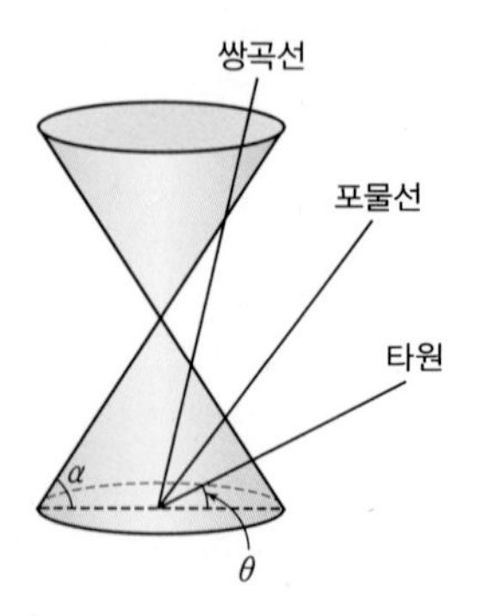

(2) 유클리드의 제자였던 아폴로니오스는 저서 '원뿔곡선론(Conics)'에서 원, 타원, 포물선, 쌍곡선에 대하여 논하였다.

하나의 직원뿔을 여러가지 평면으로 잘라 이 평면이 밑면과 이루는 각이 모선과 밑면이 이루는 각보다 작은가, 같은가, 큰가에 따라서 타원(ellipse − 부족하다), 포물선(parabola − 같다), 쌍곡선(hyperbola − 초과한다)의 이름을 붙였다.

원뿔곡선에 대한 연구는 그후 계속되어 벨기에 수학자 당드랑(G.P. Dandelin, 1794~1847)은 원뿔의 모든 모선에 접하면서 절단한 평면에도 접하는 구가 있어 이 구와 절단한 평면의 접점이 원뿔곡선의 초점이 됨을 증명하였다. 이때 원뿔이 모든 모선에 접하고 단면에도 접하는 구를 '당드랑의 구'라고 한다.

① 포물선의 경우

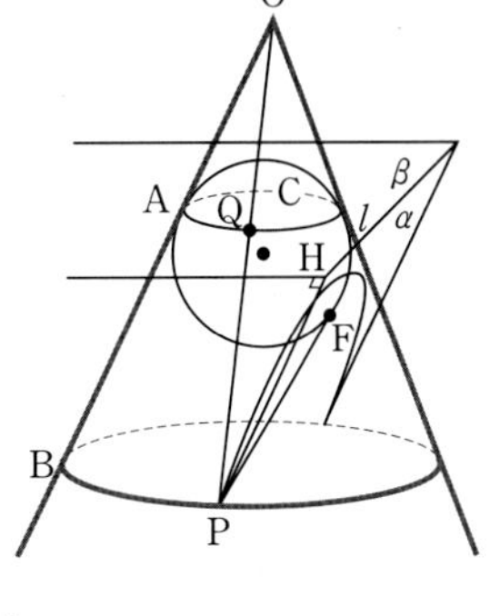

원뿔을 모선과 평행한 단면 α로 잘랐을 때 단면 α 위에 생기는 곡선 위의 임의의 점을 P라고 하고 원뿔의 모든 모선과 단면 α에 접하는 구(당드랑의 구)가 단면 α에 접하는 점을 F, 원뿔과 구의 교선인 원을 C라 하자.

원 C를 포함하는 평면 β와 평면 α의 교선을 l이라 하고 점 P에서 교선 l에 내린 수선의 발을 H라 하자.

또 점 P와 원뿔의 꼭짓점 O를 연결한 직선 OP와 원 C의 교점을 Q, 점 P를 지나고 밑면과 평행한 단면 위의 임의의 점 B에 대하여 직선 OB와 원 C의 교점을 A라 하자.

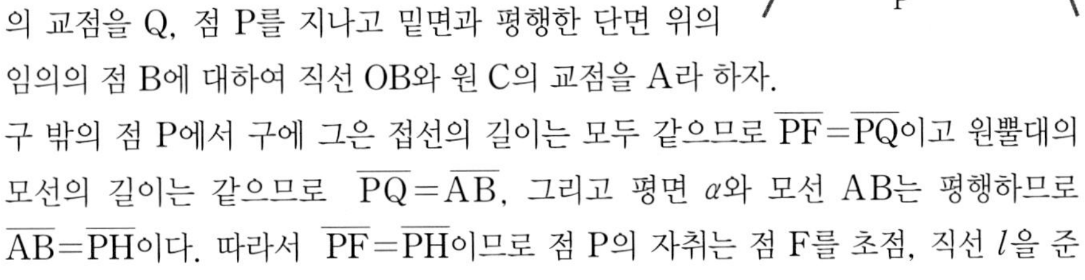

구 밖의 점 P에서 구에 그은 접선의 길이는 모두 같으므로 $\overline{PF}=\overline{PQ}$이고 원뿔대의 모선의 길이는 같으므로 $\overline{PQ}=\overline{AB}$, 그리고 평면 α와 모선 AB는 평행하므로 $\overline{AB}=\overline{PH}$이다. 따라서 $\overline{PF}=\overline{PH}$이므로 점 P의 자취는 점 F를 초점, 직선 l을 준선으로 하는 포물선이 된다.

② 타원의 경우

원뿔의 밑면과 이루는 각이 원뿔의 밑면과 모선이 이루는 각의 크기보다 작게 자른 평면을 α라 하고, 원뿔의 모든 모선과 평면 α에 동시에 접하는 두 개의 구 O_1, O_2에 대하여 구 O_1, O_2와 평면 α의 접점을 각각 F_1, F_2라 하자.

원뿔의 꼭짓점에서 두 구 O_1, O_2에 접선을 그을 때, 접점의 자취인 원을 각각 C_1, C_2라 하고 평면 α에 의하여 만들어지는 단면을 C라 하자. 또, 한 접선이 C_1, C, C_2와 만나는 점을 각각 Q_1, P, Q_2라 하면 점 P에서 구 O_1에 그은 접선의 길이가 같으므로

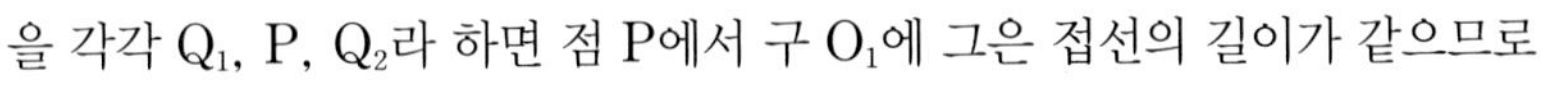

$$\overline{PQ_1}=\overline{PF_1} \quad \cdots\cdots ㉠$$

이고 점 P에서 구 O_2에 그은 접선의 길이가 같으므로

$$\overline{PQ_2}=\overline{PF_2} \quad \cdots\cdots ㉡$$

이다. 따라서 ㉠, ㉡에서

$$\overline{PF_1}+\overline{PF_2}=\overline{PQ_1}+\overline{PQ_2}=\overline{Q_1Q_2}$$

로 일정하고, 점 P는 단면 C 위의 임의의 점이므로 단면 C는 F_1, F_2를 두 초점으로 하는 타원이다. 이때, 이 타원의 장축의 길이는 $\overline{Q_1Q_2}$이다.

③ 쌍곡선의 경우

원뿔의 밑면과 이루는 각이 원뿔의 밑면과 모선이 이루는 각의 크기보다 크게 자른 평면을 α라 하고, 원뿔의 모든 모선과 평면 α에 동시에 접하는 두 개의 구 O_1, O_2에 대하여 구 O_1, O_2와 평면 α의 접점을 각각 F_1, F_2라 하자.

평면 α 위에 생기는 곡선 위의 임의의 점 P에서 원뿔의 꼭짓점을 이은 직선과 두 구가 접하는 점을 각각 Q_1, Q_2라 하면 구의 접선의 길이는 같으므로 $\overline{PF_1}=\overline{PQ_1}$, $\overline{PF_2}=\overline{PQ_2}$이다.

따라서 $|\overline{PF_1}-\overline{PF_2}|=|\overline{PQ_1}-\overline{PQ_2}|=\overline{Q_1Q_2}$로 일정하므로 점 P의 자취는 두 점 F_1, F_2를 초점으로 하는 쌍곡선이다.

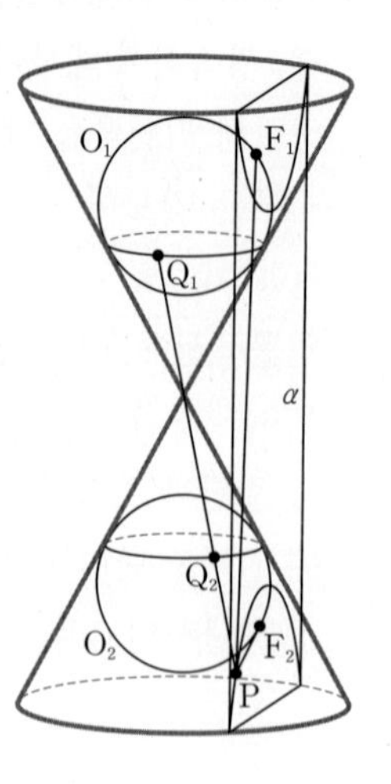

예시 1 [그림 1]과 같이 반지름의 길이가 6, 모선의 길이가 10인 원뿔 두 개가 점 O를 공유하면서 밑면이 서로 평행한 입체도형을 V라 하자. V의 밑면과 수직인 평면 α로 V를 자르면 단면에 쌍곡선이 생긴다. [그림 2]와 같이 반지름의 길이가 3인 두 개의 구가 잘린 입체도형의 옆면 및 단면에 접할 때, 두 개의 구와 평면 α가 접하는 점을 각각 F_1, F_2라 하자. 이때 쌍곡선 위의 점 P에 대하여 $|\overline{PF_1}-\overline{PF_2}|$의 값을 구하시오.

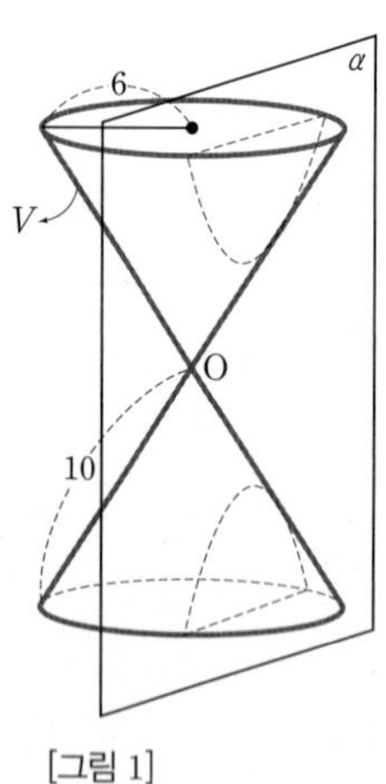

[그림 1]

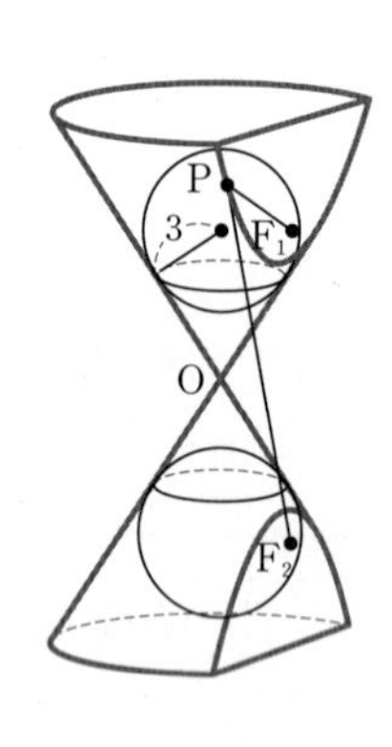

[그림 2]

풀이 구 밖의 한 점 P에서 원뿔의 꼭짓점을 이은 직선과 두 구가 접하는 점을 각각 Q, R이라 하면 구의 접선의 길이는 같으므로

$\overline{PF_1}=\overline{PQ}$, $\overline{PF_2}=\overline{PR}$이고

$|\overline{PF_1}-\overline{PF_2}|=|\overline{PQ}-\overline{PR}|=\overline{QR}$이다.

따라서 $\frac{1}{2}\overline{QR}:3=8:6$이므로 $\overline{QR}=8$이다.

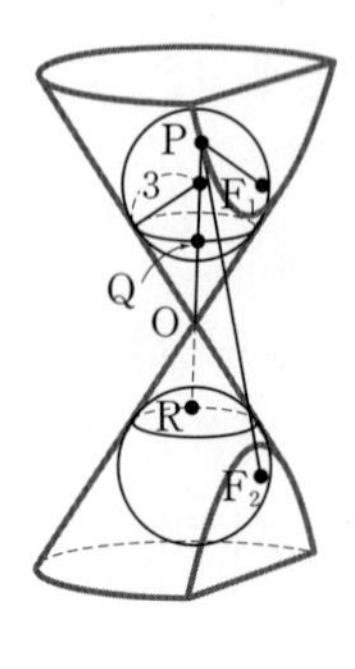

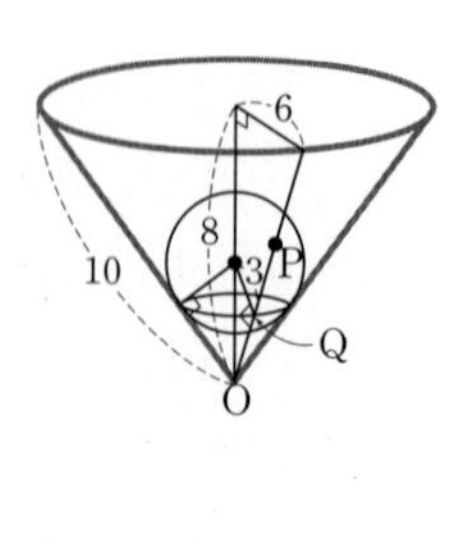

이차곡선과 종이접기

(1) A_4 용지를 접어서 포물선, 타원, 쌍곡선을 만들 수 있다.

예컨대 A_4 용지를 이용하여 포물선을 만들어 보자.

① 다음 그림과 같이 A_4 용지의 변 AB에서 약간 떨어진 지점(좌우 중앙이고 아래쪽)에 한 점 F를 표시한 후 꼭짓점 B가 점 F와 일치하도록 종이를 접는다. 이때 접힌 선이 변 BC와 만나는 점 P_1을 표시한다. 종이를 펼친 다음에 접은 선을 긋는다.

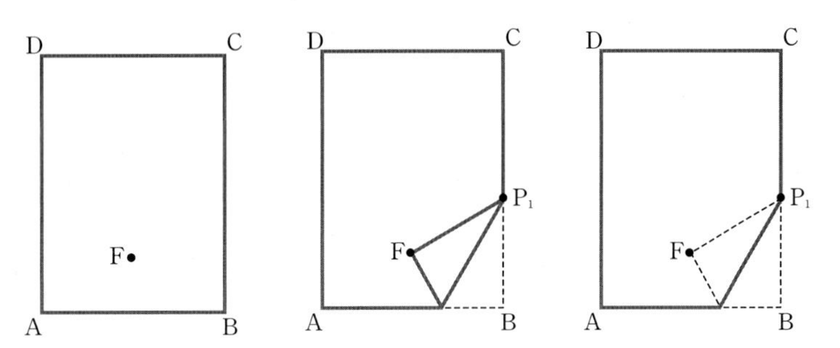

② 변 BC와 평행한 임의의 선분 MN을 접는 선으로 하여 뒤로 접은 후, 점 M이 점 F와 일치하도록 종이를 접는다. 이때 접힌 선이 MN과 만나는 점 P_2를 표시한다. 종이를 펼친 다음에 접은 선을 긋는다.

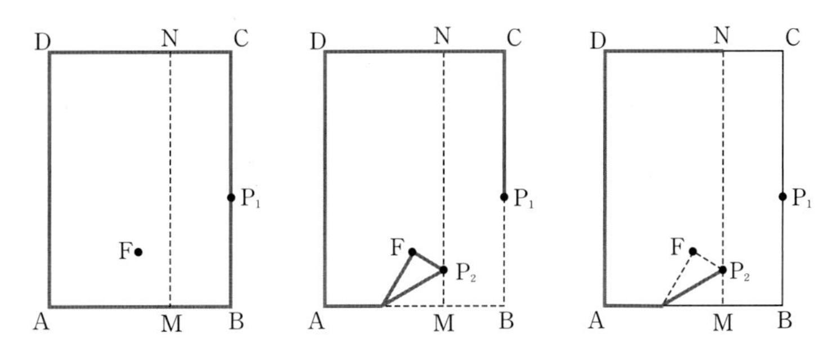

③ 같은 방법으로 계속하여 점 $P_n(n=1,\ 2,\ \cdots)$을 여러 개 표시한 다음 매끄러운 곡선으로 연결할 때 이 곡선은 포물선이 된다. 왜냐하면 두 선분 P_1F와 P_1B는 종이를 접을 때 맞닿는 두 선분이므로 그 길이는 같고 $\overline{P_1B}\perp\overline{AB}$이므로 점 $P_n(n=1,\ 2,\ \cdots)$은 점 F가 초점이고 직선 AB가 준선인 포물선 위의 점이다. 이때 접은 선들은 포물선의 접선이 된다.

(2) A_4 용지를 접어서 이차곡선 만들기

① 포물선 만들기

[그림 1]과 같이 한 점과 그 점을 지나지 않는 선분을 긋고,

[그림 2]와 같이 선분이 점을 지나도록 종이를 접었다 편다.

이때 접힌 선을 긋는다.

[그림 3]과 같이 점을 지나는 선분의 위치를 바꾸면서 여러 번 종이를 접었다 펼치기를 반복하여 접힌 선을 많이 구할수록 분명한 포물선의 모양이 만들어진다.

이때 처음에 찍은 점은 포물선의 초점, 처음에 그은 선분은 포물선의 준선이 되며, 접힌 선들은 포물선의 접선이 된다.

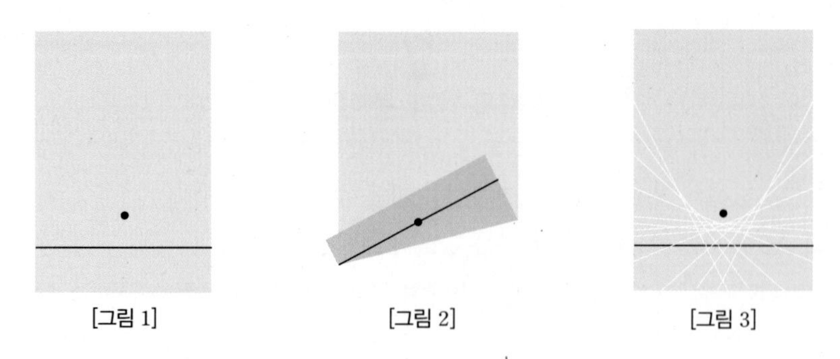

[그림 1] [그림 2] [그림 3]

② 타원 만들기

[그림 1]과 같이 한 점과 그 점을 포함하는 원을 그리고,
[그림 2]와 같이 원이 점을 지나도록 종이를 접었다 편다.
이때 접힌 선을 긋는다.
[그림 3]과 같이 점을 지나는 원의 위치를 바꾸면서 여러 번 종이를 접었다 펼치기를 반복하여 접힌 선을 많이 구할수록 분명한 타원의 모양이 만들어진다.
이때 처음에 찍은 점은 타원의 한 초점, 접힌 선들은 타원의 접선이 된다.

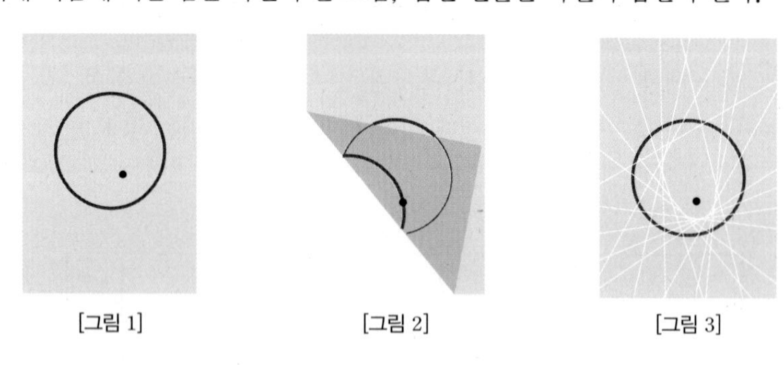

[그림 1] [그림 2] [그림 3]

③ 쌍곡선 만들기

[그림 1]과 같이 한 점과 그 점을 포함하지 않는 원을 그리고,
[그림 2]와 같이 점이 원 위에 놓이도록 종이를 접었다 편다.
이때 접힌 선을 긋는다.
[그림 3]과 같이 점이 놓이는 원의 위치를 바꾸면서 여러 번 종이를 접었다 펼치기를 반복하여 접힌 선을 많이 구할수록 분명한 쌍곡선의 모양이 만들어진다.
이때 처음에 찍은 점은 쌍곡선의 한 초점, 접힌 선들은 쌍곡선의 접선이 된다.

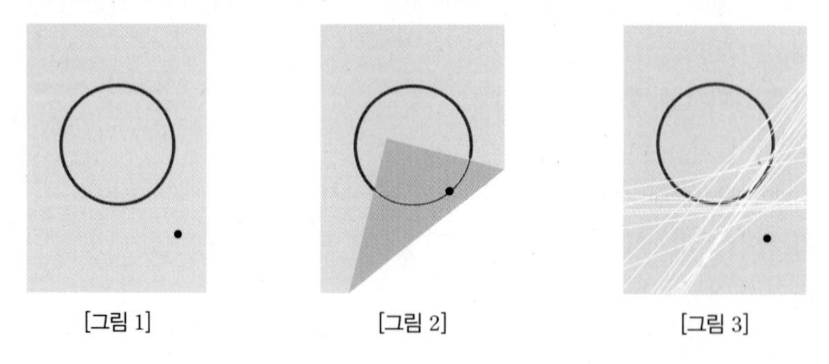

[그림 1] [그림 2] [그림 3]

예시 2 제시문을 읽고 물음에 답하시오.

다음과 같이 정사각형 모양의 종이를 접어보자.

(1) [그림 1]과 같이 가로의 길이와 세로의 길이가 모두 10인 정사각형 종이 ABCD의 중앙에 점 P가 있다(즉, 점 P에서 가로까지의 거리는 5이고 세로까지의 거리도 5이다).

(2) 다음 [그림 2]와 같이 가로 AB가 점 P에 닿도록 종이를 접는다.

(3) 약간의 간격을 두고 (2)와 같은 방법으로 종이를 계속 접는다.

그 결과, XY와 같이 접은 선들이 그리는 도형은 [그림 3]과 같이 곡선을 이루게 되는데, 이때 접은 선은 이 곡선의 접선이 된다.

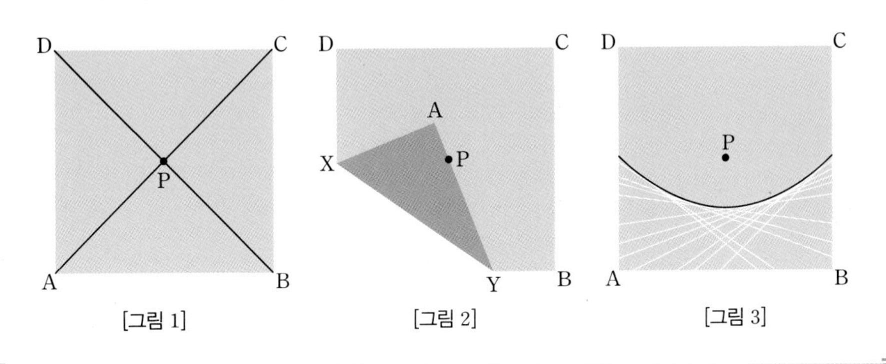

[그림 1] [그림 2] [그림 3]

(1) (단답형) 이 곡선의 점에서 밑변 AB까지의 거리의 최솟값을 쓰시오.

(2) (서술형 1) [그림 3]에서 정사각형 종이의 양쪽 옆면과 곡선 및 밑변 AB로 둘러싸인 부분의 넓이를 구하되 풀이 과정을 명시하시오.

(서술형 2) [그림 2]에서 선분 AP의 길이가 1일 때, 삼각형 AXY의 넓이를 구하되 풀이 과정을 명시하시오.

| 건국대학교 2015년 모의논술 |

풀이

(1) 오른쪽 그림에서 알 수 있듯이 $\overline{PQ}=\overline{QL}$이다. 따라서 문제의 곡선은 초점이 P이고 준선이 AB인 포물선이다.
그러므로 이 곡선의 점에서 AB까지의 거리의 최솟값은 초점에서 준선까지의 거리의 $\frac{1}{2}$인 $\frac{5}{2}$이다.

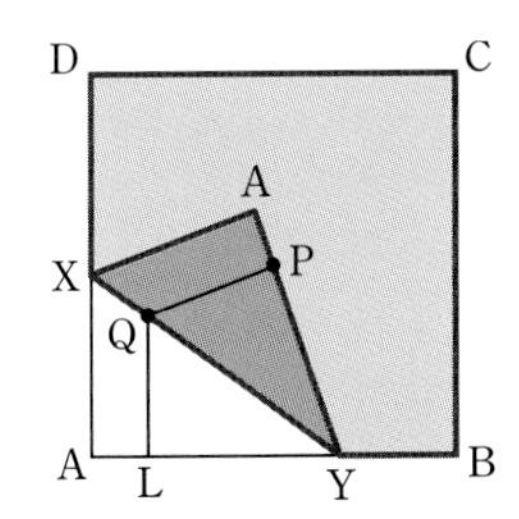

(2) $\overline{AB}$를 x축, $\overline{AD}$를 y축이라고 하면, 준선의 방정식은 $y=0$이고 초점의 좌표는 P(5, 5)이다. 이를 이용하여 곡선의 방정식을 구하면 $\sqrt{(x-5)^2+(y-5)^2}=y$이다.
양변을 제곱하여 정리하면 $y=\frac{1}{10}x^2-x+5$이다.

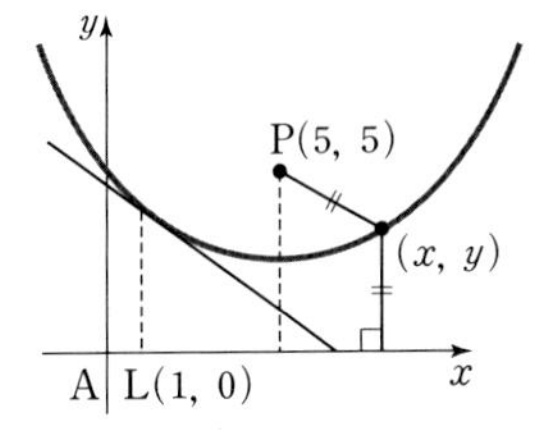

(서술형 1) 구하는 넓이는 $\int_0^{10}\left(\frac{1}{10}x^2-x+5\right)dx=\frac{100}{3}$이다.

(서술형 2) 구하는 것은 포물선 위의 점 $\left(1, \frac{41}{10}\right)$에서의 이 포물선의 접선 $y=-\frac{4}{5}x+\frac{49}{10}$와 x축 및 y축으로 둘러싸인 부분의 넓이이므로 $\frac{49^2}{160}$이다.

다른 답안 1

$\overline{AB}$의 중점을 원점으로 하는 좌표축을 잡으면 초점이 (0, 5), 준선이 x축인 포물선의 방정식은

$\sqrt{x^2+(y-5)^2}=y$에서 $y=\frac{1}{10}x^2+\frac{5}{2}$이다.

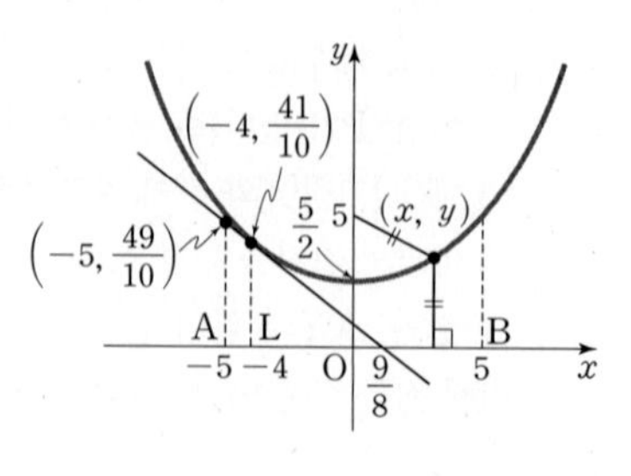

(서술형 1) 구하는 넓이는

$\int_{-5}^{5}\left(\frac{1}{10}x^2+\frac{5}{2}\right)dx=\frac{100}{3}$이다.

(서술형 2) 포물선 위의 점 $\left(-4,\ \frac{41}{10}\right)$에서의 접선은

$y=-\frac{4}{5}x+\frac{9}{10}$이므로 구하는 넓이는

$\frac{1}{2}\times\left(\frac{9}{8}+5\right)\times\frac{49}{10}=\frac{49^2}{160}$이다.

다른 답안 2

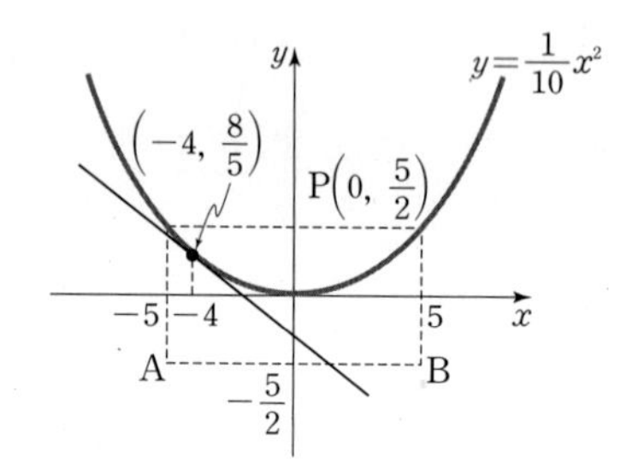

포물선의 꼭짓점을 원점으로 하는 좌표축을 잡으면

초점이 $P\left(0,\ \frac{5}{2}\right)$, 준선이 $y=-\frac{5}{2}$인 포물선의 방정식은

$x^2=4\times\frac{5}{2}\times y$, $y=\frac{1}{10}x^2$이다.

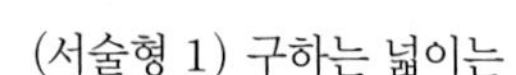

(서술형 1) 구하는 넓이는

$\int_{-5}^{5}\left\{\frac{1}{10}x^2-\left(-\frac{5}{2}\right)\right\}dx=\frac{100}{3}$이다.

(서술형 2) 포물선 위의 점 $\left(-4,\ \frac{8}{5}\right)$에서의 접선의 방정식은

$y=-\frac{4}{5}x-\frac{8}{5}$이다.

이 접선과 선분 AB와의 교점은 $\left(\frac{9}{8},\ -\frac{5}{2}\right)$,

$x=-5$일 때 $y=\frac{12}{5}$이므로 구하는 넓이는

$\frac{1}{2}\times\left(\frac{9}{8}+5\right)\times\left(\frac{12}{5}+\frac{5}{2}\right)=\frac{49^2}{160}$이다.

이차곡선의 자취의 여러 가지 유형

1 포물선의 자취

(1) 오른쪽 그림과 같이 선분 AB의 길이와 같은 길이의 실을 점 F와 T자의 한 끝 B에 고정시킨다. 그리고 연필로 실을 팽팽하게 유지하면서 직선 l을 따라 T자를 수평으로 이동시킬 때, 점 P의 자취를 알아보자.

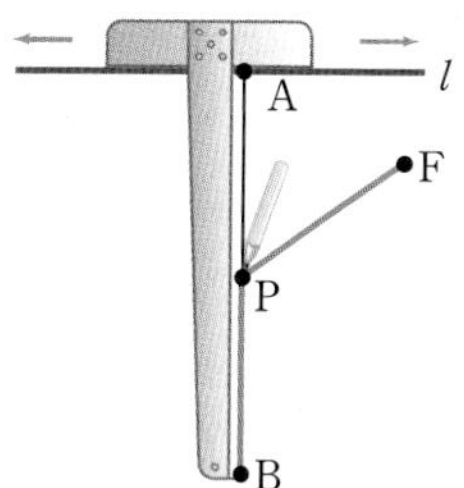

$\overline{AB}=$(실의 길이)이므로

$\overline{AB}=\overline{FP}+\overline{PB}$, $\overline{AP}+\overline{PB}=\overline{FP}+\overline{PB}$ $\quad\therefore \overline{AP}=\overline{FP}$

즉, 점 P는 직선 l과 정점 F로부터 같은 거리에 있는 점이다.

따라서 점 P의 자취는 직선 l을 준선, 정점 F를 초점으로 하는 위로 볼록한 포물선의 일부이다.

(2) 오른쪽 그림과 같이 반지름의 길이가 r인 원 O에 외접하면서 직선 l에 접하는 원의 중심을 P라 할 때, 점 P의 자취를 알아보자.

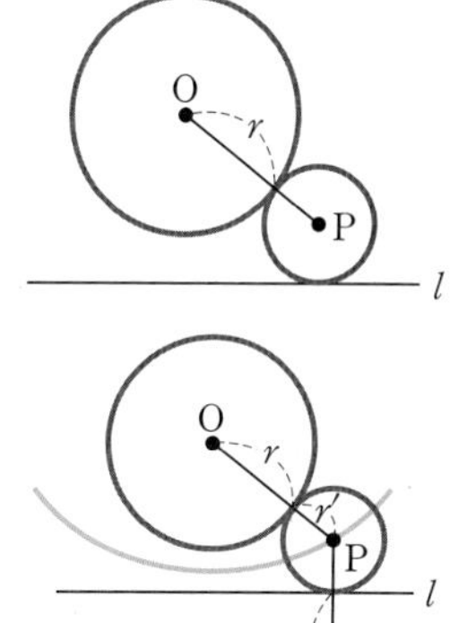

오른쪽 그림과 같이 점 P가 중심인 원의 반지름의 길이를 r'이라 하고 직선 l에 평행하면서 원 O의 반대 방향으로 r만큼 평행이동한 직선을 l'이라 하자.

점 P에서 l'에 내린 수선의 발을 H라 하면

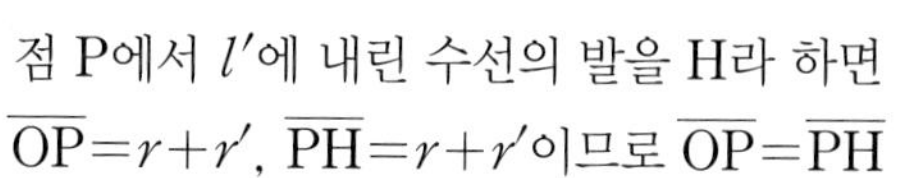

$\overline{OP}=r+r'$, $\overline{PH}=r+r'$이므로 $\overline{OP}=\overline{PH}$

즉, 점 P는 정점 O와 직선 l'으로부터 같은 거리에 있는 점이다. 따라서 점 P의 자취는 정점 O를 초점, 직선 l'을 준선으로 하는 아래로 볼록한 포물선이다.

(3) 오른쪽 그림과 같이 선분 AB를 지름으로 하고 중심이 O인 반원에 내접하는 원의 중심을 P라 할 때, 점 P의 자취를 알아보자.

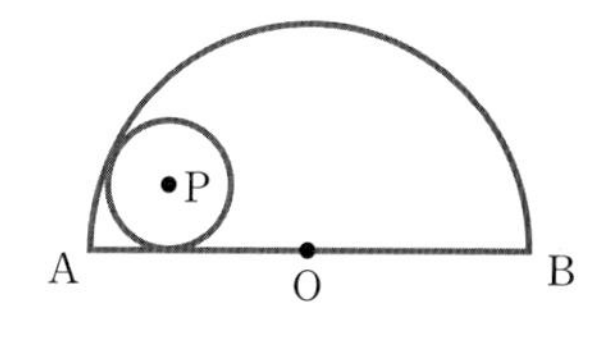

지름 AB와 평행한 접선 l의 접점을 E, 점 P에서 접선 l과 반지름 OE에 내린 수선의 발을 각각 H, D라 하자.

$\overline{OC}=\overline{OE}=\overline{HS}$, $\overline{PC}=\overline{PS}$이므로

$$\overline{OP}=\overline{OC}-\overline{PC}=\overline{OE}-\overline{PS}=\overline{HS}-\overline{PS}=\overline{PH}$$

즉, $\overline{OP}=\overline{PH}$이므로 점 P는 정점 O와 직선 l로부터 같은 거리에 있는 점이다.

따라서 점 P의 자취는 정점 O를 초점, 직선 l을 준선으로 하는 위로 볼록한 포물선의 일부이다.

오른쪽 그림과 같이 평면 위에 선분 AB와 길이가 같은 실의 양끝을 점 P와 삼각자의 한 끝 B에 고정시키고, 연필로 실을 팽팽하게 유지하면서 직선 l을 따라 삼각자를 수평으로 이동시킬 때, 연필이 닿는 점을 Q라 하자. $\overline{AP}=a$일 때, △APQ가 정삼각형이 된다. 이때, 점 Q가 그리는 곡선과 점 P 사이의 거리의 최솟값에 대하여 설명하시오.

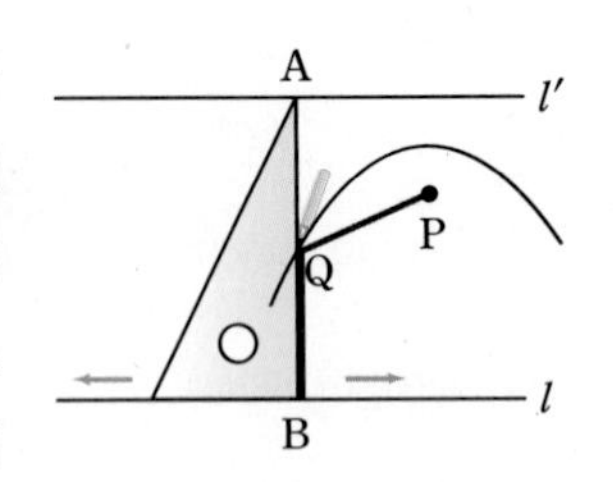

풀이

삼각자를 직선 l을 따라 이동시킬 때

$\overline{AB}=\overline{AQ}+\overline{QB}=\overline{PQ}+\overline{QB}$이므로 $\overline{AQ}=\overline{PQ}$이다.

즉, 점 Q의 자취는 점 P를 초점으로 하고 직선 l'을 준선으로 하는 포물선의 일부이다.

$\overline{AP}=a$일 때, △APQ가 정삼각형이므로 점 P에서 준선 l'에 이르는 거리는 $\overline{AP}\cos 60°=a\times\frac{1}{2}=\frac{a}{2}$

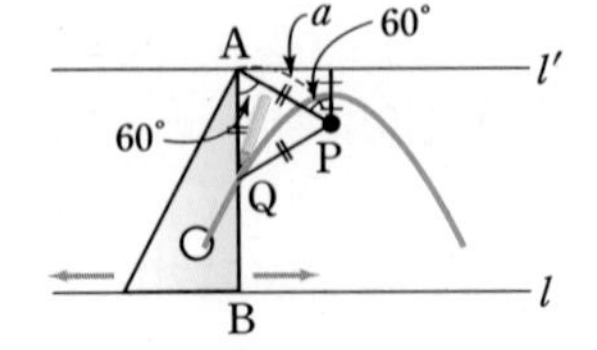

이때, 점 Q가 그리는 곡선과 점 P 사이의 거리가 최소일 때는 점 Q가 포물선의 꼭짓점에 있을 때이다.

따라서 $\overline{PQ}$의 최솟값은 $\frac{1}{2}\times\frac{a}{2}=\frac{a}{4}$이다.

2 타원의 자취

(1) 오른쪽 그림과 같이 벽에 기대어 있는 나무막대의 양 끝점을 A, B, $\overline{AB}$의 중점을 M, $\overline{BM}$ 위의 한 점을 P라 하자. 나무막대의 양끝이 벽과 지면에 닿으면서 미끄러질 때, 나무막대 위의 점 P의 자취를 알아보자.

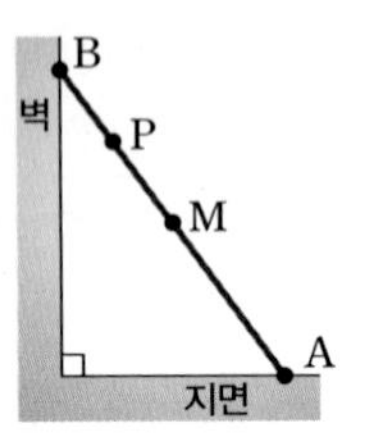

오른쪽 그림과 같이 벽과 지면의 경계점을 원점으로 하는 좌표축을 잡자.

A$(a, 0)$, B$(0, b)$라 하고, 막대의 길이를 l이라 하면

$$a^2+b^2=l^2 \quad \cdots\cdots ㉠$$

이때, $\overline{AP}:\overline{BP}=m:n$ (단, $m>n$)이라 하고, 점 P의 좌표를 P(x, y)라 하면

$$x=\frac{an}{m+n},\ y=\frac{bm}{m+n} \quad \cdots\cdots ㉡$$

㉡에서 $a=\frac{x}{\frac{n}{m+n}}$, $b=\frac{y}{\frac{m}{m+n}}$를 ㉠에 대입하면

$$\frac{x^2}{\left(\frac{n}{m+n}\right)^2}+\frac{y^2}{\left(\frac{m}{m+n}\right)^2}=l^2$$

점 P가 그리는 도형은 벽을 장축으로 하는 오른쪽 그림과 같은 타원의 일부이다.

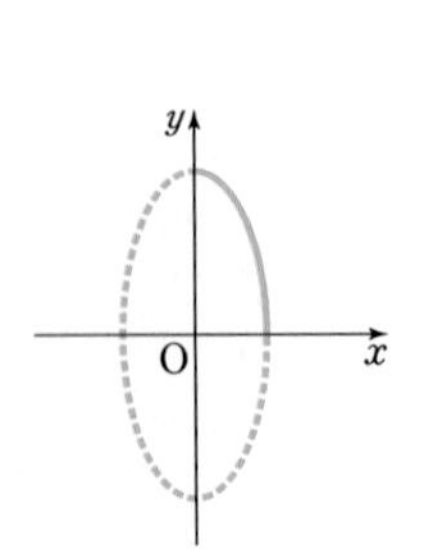

(2) 오른쪽 그림과 같이 반지름의 길이가 a인 원 A가 반지름의 길이가 b 인 원 B에 포함되어 있다. 원 A에 외접하고 원 B에 내접하는 원의 중심을 P라 할 때, 점 P의 자취를 알아보자.

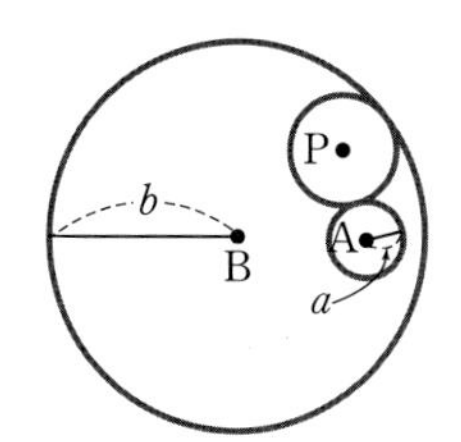

중심이 P인 원의 반지름의 길이를 p, 원 B와 원 P의 접점을 C라 하면

$$\overline{PA}+\overline{PB}=\overline{PA}+(\overline{BC}-\overline{PC})$$
$$=(a+p)+(b-p)=a+b$$

이다. 즉, 점 P는 두 정점 A, B에서의 거리의 합이 $a+b$로 일정한 점이다.
따라서 점 P의 자취는 두 정점 A, B를 초점으로 하는 타원이다.

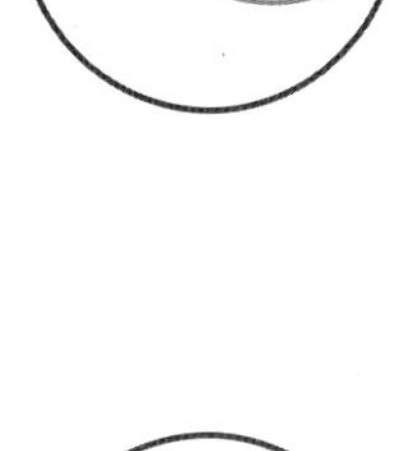

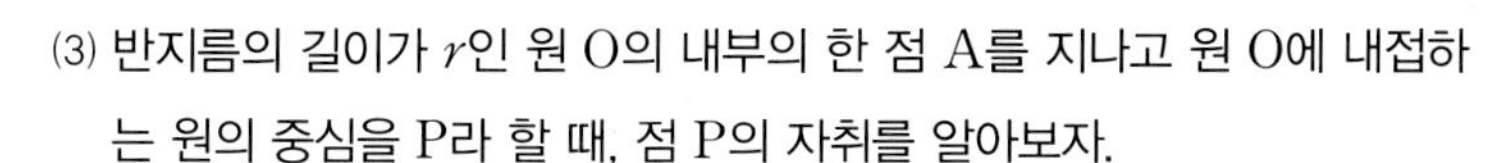

(3) 반지름의 길이가 r인 원 O의 내부의 한 점 A를 지나고 원 O에 내접하는 원의 중심을 P라 할 때, 점 P의 자취를 알아보자.

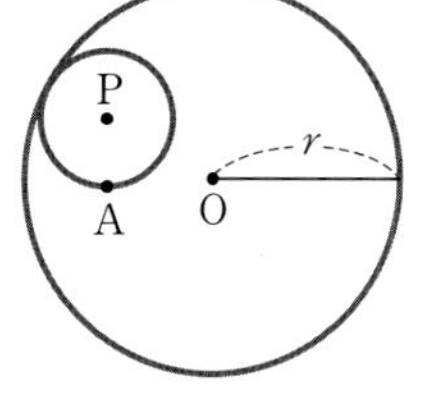

중심이 P인 원의 반지름의 길이를 r'이라 하고 중심이 P인 원과 원 O의 접점을 B라 하면

$$\overline{PA}+\overline{PO}=\overline{PA}+(\overline{BO}-\overline{BP})=r'+(r-r')=r$$

즉, 점 P는 두 정점 A, O에서의 거리의 합이 r로 일정한 점이다.
따라서 점 P의 자취는 두 정점 A, O를 초점으로 하는 타원이다.

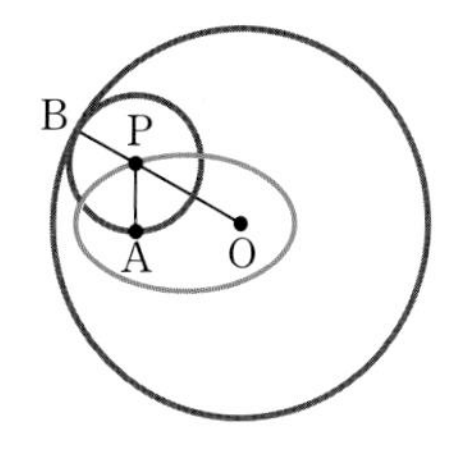

(4) 원의 내부에 원의 중심 O가 아닌 점 A를 지나는 직선이 원과 만나는 한 점을 B라 하자.
선분 AB의 수직이등분선과 선분 OB가 만나는 점을 P라 할 때, 점 P의 자취를 알아보자.

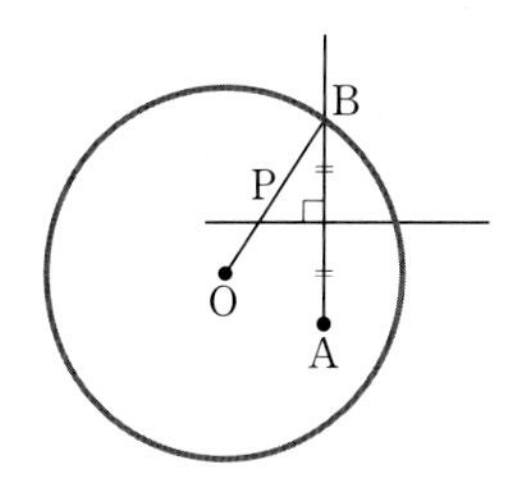

선분의 수직이등분선 위의 점에서 양끝점까지의 거리는 같으므로
$\overline{PA}=\overline{PB}$이고, 원의 반지름의 길이를 r이라 하면
$\overline{OP}+\overline{PA}=\overline{OP}+\overline{PB}=r$이다.
따라서 점 P의 자취는 두 점 O, A를 초점으로 하는 타원이다.

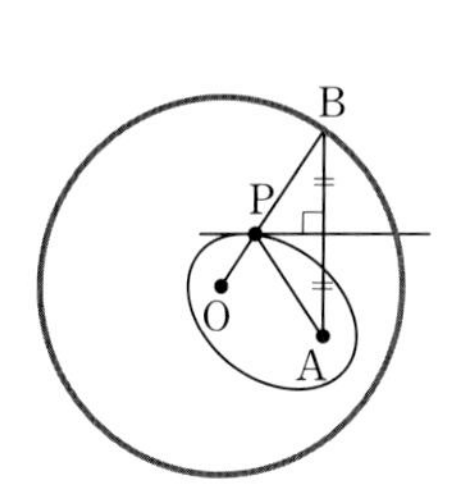

예시 4 좌표평면에서 원 $x^2+y^2=36$ 위를 움직이는 점 $\mathrm{P}(a,\ b)$와 점 $\mathrm{A}(4,\ 0)$에 대하여 다음 조건을 만족시키는 점 Q의 자취의 방정식을 구하시오. (단, $b\neq0$)

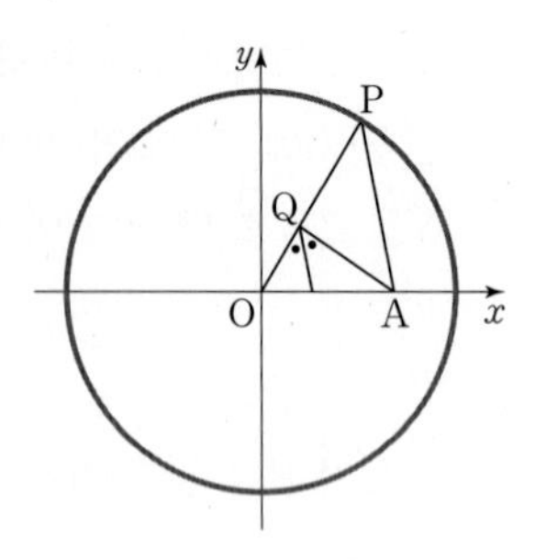

> (가) 점 Q는 선분 OP 위에 있다.
> (나) 점 Q를 지나고 직선 AP에 평행한 직선이 ∠OQA를 이등분한다.

풀이 ∠OQA의 이등분선이 선분 OA와 만나는 점을 R이라 하면
$\overline{\mathrm{QR}}/\!/\overline{\mathrm{PA}}$로부터 ∠RQA=∠QAP(엇각),
∠OQR=∠QPA(동위각)가 성립하므로
△APQ는 $\overline{\mathrm{QA}}=\overline{\mathrm{QP}}$인 이등변삼각형이다.
그런데 $\overline{\mathrm{OP}}=6=\overline{\mathrm{OQ}}+\overline{\mathrm{QP}}$이므로
$\overline{\mathrm{OQ}}+\overline{\mathrm{QA}}=6$(일정)하다.
따라서 점 Q의 자취는 두 점 $\mathrm{O}(0,\ 0)$과 $\mathrm{A}(4,\ 0)$을 초점으로 하는 타원이다.
타원의 방정식을 $\dfrac{(x-2)^2}{3^2}+\dfrac{y^2}{b^2}=1$로 놓으면 중심 $(2,\ 0)$에서 초점까지의 거리는 2이므로 $3^2-b^2=2^2$에서 $b^2=5$이다.
그러므로 점 Q의 자취의 방정식은 $\dfrac{(x-2)^2}{9}+\dfrac{y^2}{5}=1$이다.

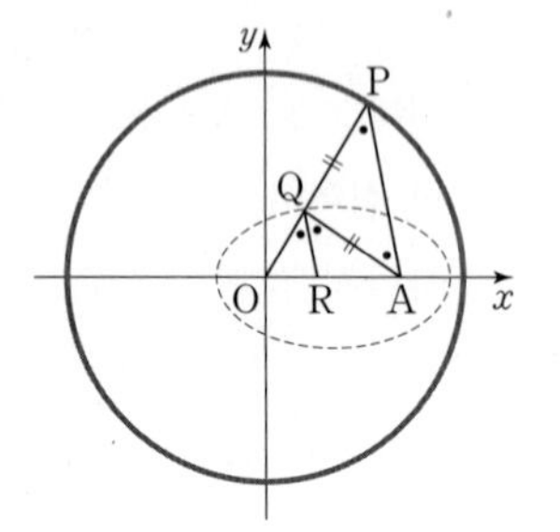

3 쌍곡선의 자취

(1) 오른쪽 그림과 같이 반지름의 길이가 r인 원 O와 원 밖의 한 정점 F가 있다. 원 위의 동점 P에 대하여 선분 PF의 수직이등분선 l이 직선 PO와 만나는 점을 Q라 할 때, 점 Q의 자취를 알아보자.

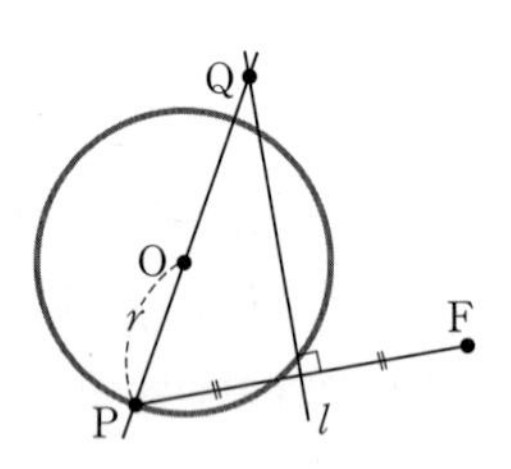

△QPF는 이등변삼각형이므로 $\overline{\mathrm{QP}}=\overline{\mathrm{QF}}$이고

$\overline{\mathrm{QF}}-\overline{\mathrm{QO}}=\overline{\mathrm{QP}}-\overline{\mathrm{QO}}=r$

즉, $\overline{\mathrm{QF}}-\overline{\mathrm{QO}}=r$이므로 점 Q는 두 정점 O, F에서 거리의 차가 r로 일정한 점이다.
따라서 점 Q의 자취는 두 정점 O, F를 초점으로 하는 쌍곡선의 일부이다.

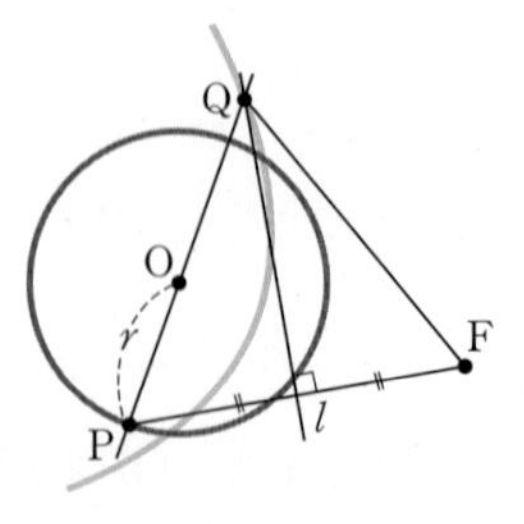

(2) 오른쪽 그림과 같이 반지름의 길이가 r인 원 O와 원 밖의 한 정점 F가 있다. 점 F를 지나면서 원 O에 외접하는 원의 중심을 P라 할 때, 점 P의 자취를 알아보자.

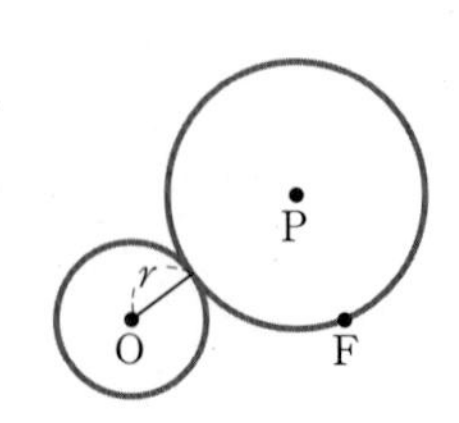

중심이 P인 원의 반지름의 길이를 r'이라 하면

$$\overline{PO}-\overline{PF}=(r+r')-r'=r$$

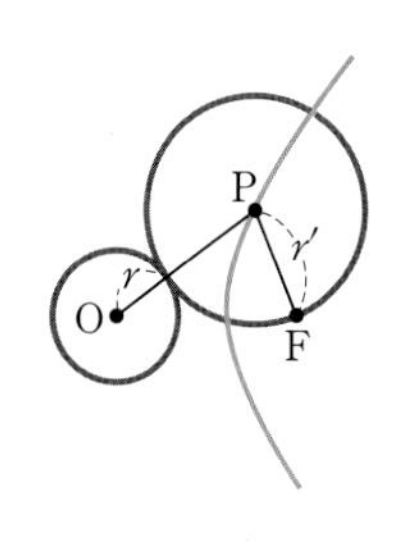

즉, $\overline{PO}-\overline{PF}=r$이므로 점 P는 두 정점 O, F에서 거리의 차가 r로 일정한 점이다.

따라서 점 P의 자취는 두 정점 O, F를 점으로 하는 쌍곡선의 일부분이다.

(3) 오른쪽 그림과 같이 반지름의 길이가 r인 원 O와 원 밖의 한 정점 F가 있다. 점 F를 지나고 원 O와 내접하는 원의 중심을 P라 할 때, 점 P의 자취를 알아보자.

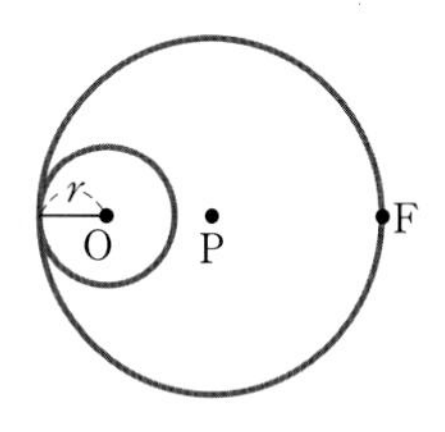

중심이 P인 원의 반지름의 길이를 r'이라 하면

$$\overline{PF}-\overline{PO}=r'-(r'-r)=r$$

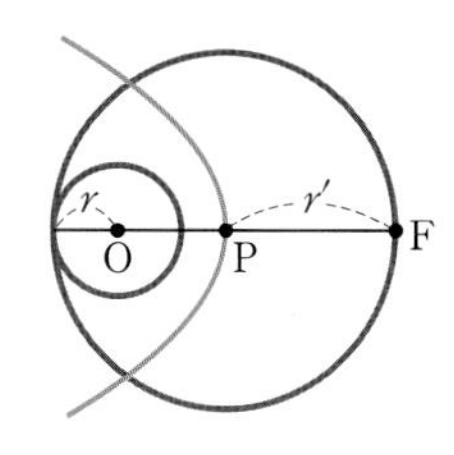

즉, $\overline{PF}-\overline{PO}=r$이므로 점 P는 두 정점 O, F에서 거리의 차가 r로 일정한 점이다.

따라서 점 P의 자취는 두 정점 O, F를 초점으로 하는 쌍곡선의 일부이다.

(4) 만나지 않고 서로 외부에 있는 두 원 C_1, C_2에 동시에 외접하는 원의 중심 P의 자취를 알아보자.

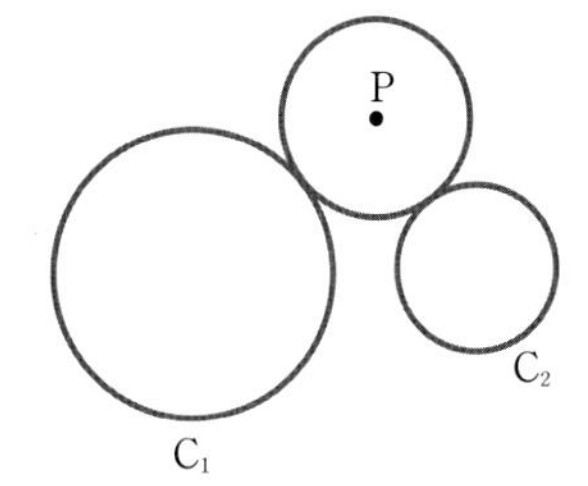

두 원 C_1, C_2의 중심을 각각 O_1, O_2, 반지름의 길이를 각각 r_1, r_2라 하고, 두 원 C_1, C_2에 동시에 외접하는 원의 반지름의 길이를 r이라고 하자.

$|\overline{PO_1}-\overline{PO_2}|=|(r+r_1)-(r+r_2)|=|r_1-r_2|$(일정)

이므로 점 P의 자취는 두 점 O_1, O_2로부터의 거리의 차가 일정하므로 쌍곡선의 일부이다.

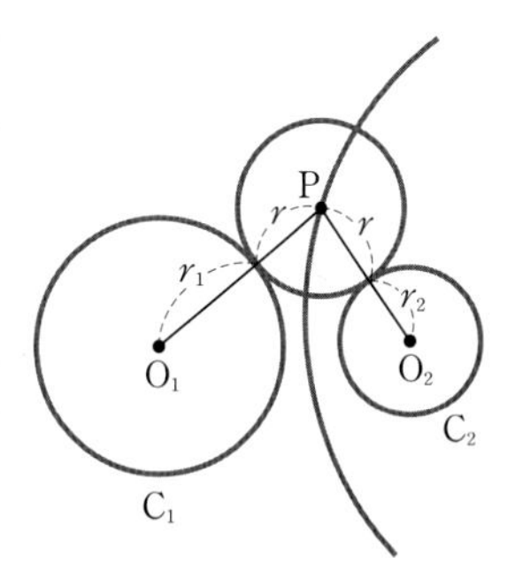

예시 5 어떤 회사가 A지점에서 동쪽으로 20 km 떨어진 B지점으로 이전하게 되었다. 출근 거리가 A지점에 회사가 있을 때보다 10 km 이상 멀어진 사원들에게 교통비를 지불하기로 한다면, 교통비를 받게 되는 사원들의 거주 지역을 수학적으로 설명하시오.

풀이 두 지점 A, B를 이은 선분의 중점을 원점으로 하는 좌표평면에서 A$(-10,\ 0)$, B$(10,\ 0)$으로 나타낼 수 있다. 이때,

(B지점까지의 출근 거리)$-$(A지점까지의 출근 거리)≥ 10 km인 지점을 나타내는 영역은 두 점 A$(-10,\ 0)$, B$(10,\ 0)$에서 거리의 차가 10인 쌍곡선의 왼쪽 부분이다.

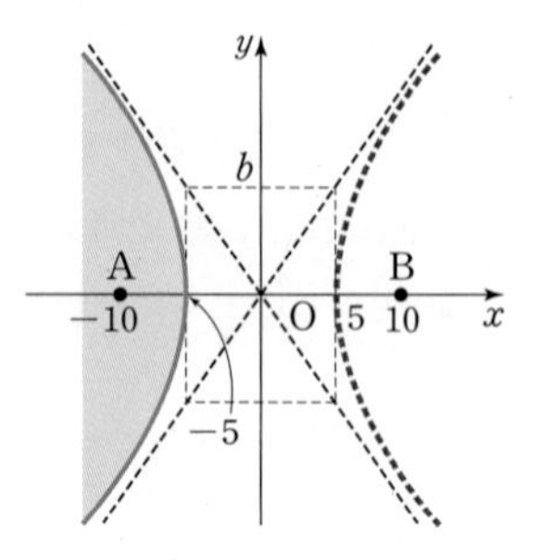

구하는 쌍곡선의 방정식을 $\frac{x^2}{a^2}-\frac{y^2}{b^2}=1$로 놓으면

$2a=10$에서 $a=5$이고 $b^2=10^2-5^2=75$이다.

따라서 이 쌍곡선의 방정식은

$\frac{x^2}{25}-\frac{y^2}{75}=1$이고, 그래프는 오른쪽 그림과 같다.

이때, 출근 거리가 A지점일 때보다

10 km 이상 멀어진 지역은 오른쪽 그림에서 색칠한 부분이다.

문제 1 밑면의 반지름의 길이가 r인 원기둥에서 밑면과 θ의 각을 이루는 평면으로 자른 단면은 타원이다. 이때, 타원의 초점은 잘린 각 원기둥에 내접하는 구가 평면에 접하는 접점임을 설명하시오.

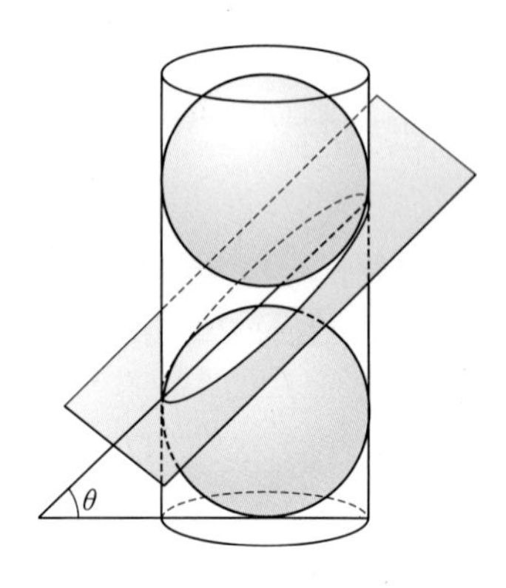

두 구가 접하는 면이 타원이므로 장축의 길이를 $2a$, 단축의 길이를 $2b$라 하면

$2a\cos\theta=2r$, $2b=2r$

즉, $\cos\theta=\frac{r}{a}$, $b=r$이다.

제시문을 읽고 물음에 답하시오.

(가) 길이가 1로 고정된 선분 AB 위에 점 A로부터 $1-a$만큼 떨어진 지점에 P가 있다. [그림 1]과 같이 선분 AB의 양 끝 점이 한 변의 길이가 3인 정사각형 OCDE의 변을 따라 움직이고 있다. (단 $0<a<1$이다.)

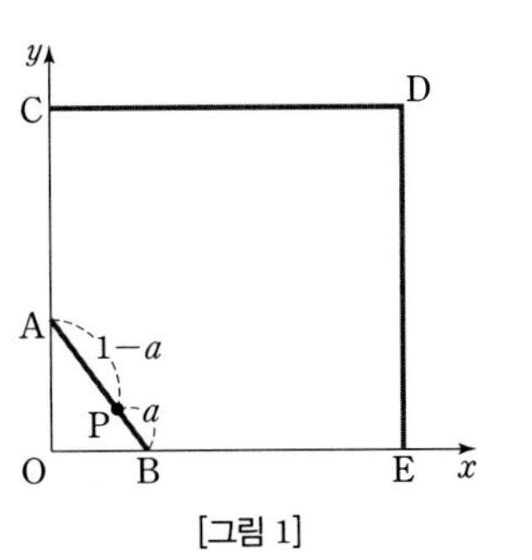

[그림 1]

(나) [그림 2]와 같이 x축의 양의 방향과 이루는 각이 θ $(0<\theta<\pi)$인 반직선 OQ가 있다. 길이가 1로 고정된 선분 AB 위에 중점 P가 있고 점 A는 반직선 OQ를 따라 움직이며 점 B는 양의 x축 위를 움직인다.

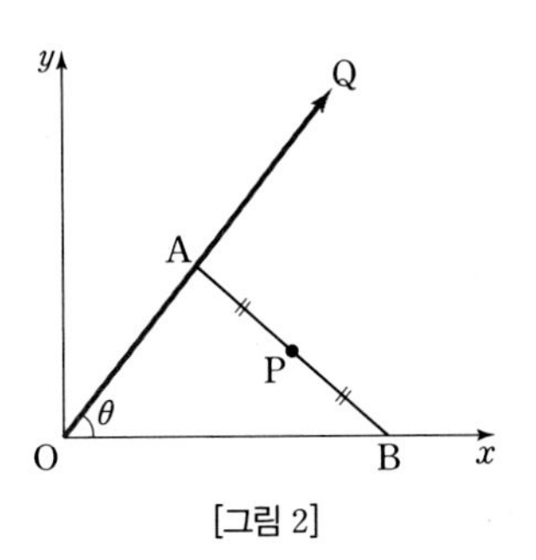

[그림 2]

(1) [그림 1]에서 점 A가 원점 O를 출발하여 점 C, D, E를 거쳐서 다시 원점으로 돌아올 때 점 P가 그리는 자취에 대하여 설명하시오.

(2) [그림 1]에서 점 A가 사각형의 둘레를 한 바퀴 돌았을 때 생기는 점 P의 자취와 정사각형 OCDE의 네 변 사이에 있는 영역을 x축으로 회전시켰을 때 생기는 회전체의 부피를 $f(a)$라 할 때, 극한값 $\lim_{n\to\infty} nf\left(\frac{1}{n}\right)$을 구하시오.

(참고 적분 $\int_0^r \sqrt{r^2-x^2}\,dx$는 원점을 중심으로 하고 반지름의 길이가 r인 원의 넓이의 $\frac{1}{4}$이다.)

(3) [그림 2]에서 점 A가 원점 O에서 시작해서 1만큼 움직일 때 점 P가 그리는 자취에 대하여 설명하시오.

| 고려대학교 2010년 수시 예시 |

(1) 주어진 조건에서 $a>\frac{1}{2}$, $a<\frac{1}{2}$, $a=\frac{1}{2}$인 세 경우로 나누어 생각한다.

문제 3 제시문을 읽고 물음에 답하시오.

크게 펼쳐진 천 위의 한 지점에는 염색제를, 다른 한 지점에는 표백제를 동시에 떨어뜨리고 그에 따른 염색의 진행상태를 관찰한 결과, 다음과 같은 사실을 알게 되었다.
(가) 천 위에서 염색제와 표백제는 둘 다 $1\,\mathrm{cm/s}$의 일정한 속력으로 모든 방향으로 퍼진다.
(나) 염색제가 천의 한 지점 P에 도달한 후
　─ 5초 이내에 표백제가 P에 도달하면 염색제가 제거된다.
　─ 5초를 경과한 후에 표백제가 P에 도달하면 염색제가 고착되어 염색이 유지된다.
(다) 천 위의 한 지점 P에 표백제가 염색제보다 먼저 도달하면 그 지점은 염색되지 않는다.

펼쳐진 천이 센티미터(cm) 단위의 좌표평면 전체라 생각하고 염색제와 표백제는 평면 전체로 확산된다고 가정할 때, 다음 물음에 답하시오.

(1) 지점 $\mathrm{A}(-4,\ 0)$에는 염색제를, 지점 $\mathrm{B}(4,\ 0)$에는 표백제를 동시에 떨어뜨리는 실험을 할 때, 지점 $\mathrm{P}(-4,\ 6)$이 염색이 될지 또는 되지 않을지 논하시오.
(2) 문제 (1)의 실험에서 염색이 될 지점들의 영역을 구하고, 그 영역을 개략적으로 그리시오.
(3) 지점 $\mathrm{A}(-4,\ 0)$과 지점 $\mathrm{C}(12,\ 0)$에는 염색제를, 지점 $\mathrm{B}(4,\ 0)$에는 표백제를 동시에 떨어뜨리는 실험을 한다. 이때 염색이 될 지점들의 영역을 문제 (2)의 결과에서부터 유추하여 구하고, 그 영역을 개략적으로 그리시오.

| 숭실대학교 2014년 모의논술 |

염색이 되는 지점과 염색이 되지 않는 지점의 경계선은 점 B로부터의 거리가 점 A로부터의 거리보다 5 cm 먼 지점이다.

오른쪽 그림과 같이 중심이 O이고 반지름의 길이가 1인 원 C가 있다. 원 C의 내부에 주어진 한 점 A와 중심 O 사이의 거리는 $\overline{AO}=a(0<a<1)$이다. 임의의 점 P에 대하여 원 C 위의 점들 중 P와 가장 가까운 점을 Q라 할 때, 물음에 답하시오.

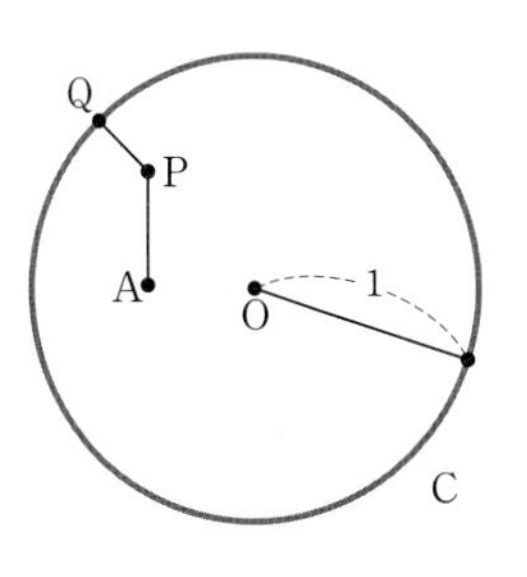

(1) 점 P가 원 C의 내부에 있고 양수 b에 대하여 $\overline{AP}-\overline{PQ}=b$를 만족할 때, 점 P의 자취를 구하시오.

(2) 점 P가 $\overline{AP}-\overline{PQ}=b(0<b\leq 1-a)$를 만족한다. 점 P의 자취로 둘러싸인 부분의 면적을 a와 b로 나타내고, 주어진 b의 범위에서 면적의 최댓값을 구하시오.

| 이화여자대학교 2015년 수시 |

(2) 타원 $\frac{x^2}{a^2}+\frac{y^2}{b^2}=1$ $(a>0,\ b>0)$의 면적은 πab이다.

예시 답안 및 해설 114쪽

문제 5 제시문을 읽고 물음에 답하시오.

(가) 다음 그림과 같이 반지름의 길이가 4인 원 O의 내부에 점 M이 있다. 원 O 위의 점 A에 대하여 선분 MA의 수직이등분선 l과 직선 OA는 점 P에서 만난다. 점 A가 원 O를 따라 움직일 때 점 P는 어떤 곡선을 따라 움직이게 된다.

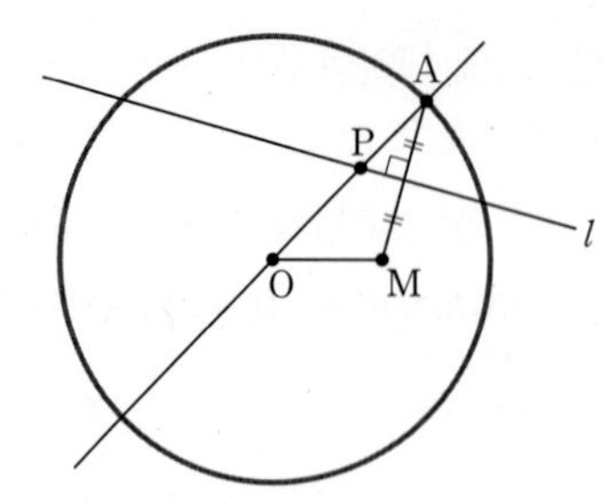

(나) 반지름의 길이가 4인 원 O의 외부에 점 N이 있다. 원 O 위의 점 A에 대하여 선분 NA의 수직이등분선과 직선 OA의 교점을 Q라고 하자. 점 A가 원 O를 따라 움직일 때 점 Q는 어떤 곡선을 따라 움직이게 된다.

(1) [단답형] $\overline{OM}=2$일 때, 제시문 (가)의 곡선과 선분 OM의 수직이등분선이 만나는 두 점 사이의 거리를 구하시오.

(2) [서술형1] $\overline{OM}=2$일 때, 점 M을 지나면서 선분 OM에 수직인 직선과 제시문 (가)의 곡선이 만나는 점을 B라 하자. 점 B에서의 곡선의 접선이 직선 OM과 이루는 예각을 θ라고 할 때, $\tan\theta$를 구하고 풀이 과정도 함께 쓰시오.

(3) [서술형2] 제시문 (나)에서 $\overline{ON}=8$이라 하자. 점 O를 지나는 직선 m이 선분 ON과 이루는 각의 크기가 $45°$라고 하자. 제시문 (나)의 곡선과 직선 m이 만나는 두 점 사이의 거리를 구하고 풀이 과정도 함께 쓰시오.

| 건국대학교 2015년 수시 |

제시문 (가)에서 점 P의 자취를 구하기 위해 거리의 합 또는 거리의 차가 일정한가를 생각한다.

주제별 강의 제 18 장

이차곡선의 여러 가지 성질

이차곡선의 접선의 성질

1 포물선의 접선의 성질

(1) 포물선 위의 한 점에서의 접선은 접점에서 준선에 내린 수선과 접점과 초점을 잇는 직선 사이의 각을 이등분한다.

증명

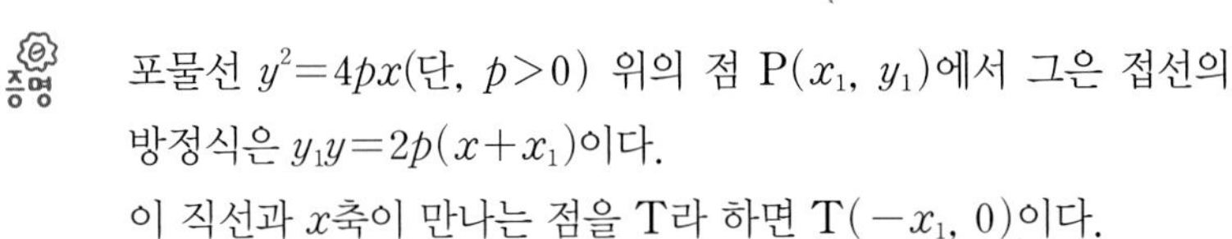

포물선 $y^2=4px$(단, $p>0$) 위의 점 $\mathrm{P}(x_1,\ y_1)$에서 그은 접선의 방정식은 $y_1y=2p(x+x_1)$이다.

이 직선과 x축이 만나는 점을 T라 하면 $\mathrm{T}(-x_1,\ 0)$이다.

한편, 초점의 좌표는 $\mathrm{F}(p,\ 0)$이므로

$\overline{\mathrm{TF}}=|p+x_1|$ ······ ㉠

또한, $\mathrm{P}(x_1,\ y_1)$이 포물선 $y^2=4px$ 위의 점이므로

$y_1^{\ 2}=4px_1$

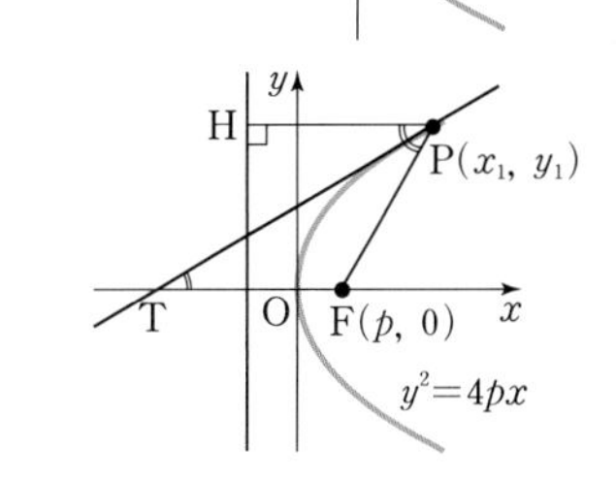

$\therefore\ \overline{\mathrm{PF}}=\sqrt{(x_1-p)^2+y_1^{\ 2}}$

$=\sqrt{(x_1-p)^2+4px_1}$

$=\sqrt{(x_1+p)^2}=|x_1+p|$ ······ ㉡

㉠, ㉡에서 $\overline{\mathrm{TF}}=\overline{\mathrm{PF}}$이다.

따라서 삼각형 PTF는 이등변삼각형이므로 두 밑각의 크기는 같다.

$\therefore\ \angle\mathrm{PTF}=\angle\mathrm{TPF}$

이때, 접점에서 준선에 내린 수선의 발을 H라 하면

$\angle\mathrm{FTP}=\angle\mathrm{HPT}$(엇각)이므로 $\angle\mathrm{FPT}=\angle\mathrm{HPT}$이다.

(2) ① 포물선의 준선 위의 한 점에서 그은 두 접선은 서로 직교한다.

② 포물선의 두 접선이 직교할 때, 두 접선의 교점은 포물선의 준선 위에 있다.

③ 포물선의 두 접선이 직교할 때 두 접점을 이은 직선은 포물선의 초점을 지난다.

증명

① 포물선 $y^2=4px$에서 준선의 방정식은 $x=-p$이므로 준선 위의 한 점을 $\mathrm{P}(-p,\ y_1)$이라 하고, 점 P에서 포물선에 그은 접선의 기울기를 m이라 하면 접선의 방정식은

$y=mx+\dfrac{p}{m}$

이 직선이 점 $\mathrm{P}(-p,\ y_1)$을 지나므로 $y_1=-pm+\dfrac{p}{m}$이고

양변에 m을 곱하여 정리하면

$pm^2+y_1m-p=0$ ······ ㉠

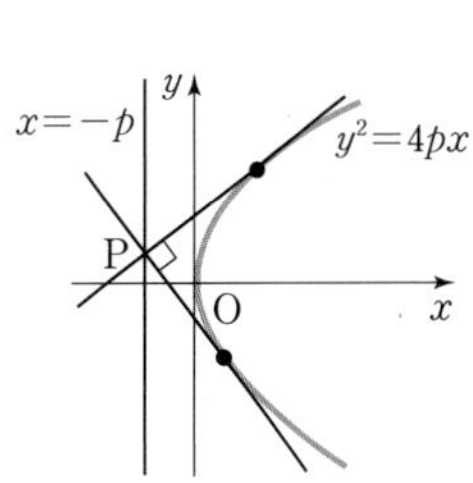

이때, 식 ㉠은 m에 대한 이차방정식이므로 이 방정식의 두 근을 m_1, m_2라 하면 이것은 두 접선의 기울기이고 근과 계수의 관계에서 $m_1m_2=-1$이다.

따라서 두 접선은 서로 수직이다.

② 포물선 $y^2=4px$에서 기울기가 m인 접선의 방정식은 $y=mx+\frac{p}{m}$이고,

이때, 두 접선이 만나는 점을 $\mathrm{Q}(a,\ b)$라 하면 $b=ma+\frac{p}{m}$가 성립한다.

양변에 m을 곱하여 정리하면 $am^2-bm+p=0$이다.

이 방정식의 두 근을 m_1, m_2라 하면 $m_1m_2=-1$이므로 $\frac{p}{a}=-1$, 즉 $a=-p$이다.

따라서 두 접선의 교점은 준선 $x=-p$ 위에 있다.

③ 포물선 $y^2=4px$의 준선 위의 한 점 P에서 포물선에 그은 두 접선의 접점을 $\mathrm{Q}(x_1,\ y_1)$, $\mathrm{R}(x_2,\ y_2)$라 하면 두 접선의 방정식은

$y_1y=2p(x+x_1)$, $y_2y=2p(x+x_2)$

이고 직교하므로 (기울기의 곱)$=\frac{2p}{y_1}\times\frac{2p}{y_2}=-1$, $4p^2=-y_1y_2$이다.

직선 QR의 방정식은 $y-y_1=\frac{y_2-y_1}{x_2-x_1}(x-x_1)$이고

${y_1}^2=4px_1$, ${y_2}^2=4px_2$이므로 $x_1=\frac{{y_1}^2}{4p}$, $x_2=\frac{{y_2}^2}{4p}$을 직선의 방정식에 대입하면

$y-y_1=\frac{4p}{y_1+y_2}\left(x-\frac{{y_1}^2}{4p}\right)$이다.

$y=0$일 때 $x=\frac{-y_1y_2}{4p}=\frac{4p^2}{4p}=p$이므로

직선 QR는 초점 $(p,\ 0)$을 지난다.

(3) ① 포물선 위의 두 점 P, Q에서의 접선이 만나는 점에서 포물선의 축에 평행선을 그으면 선분 PQ의 중점을 지난다.

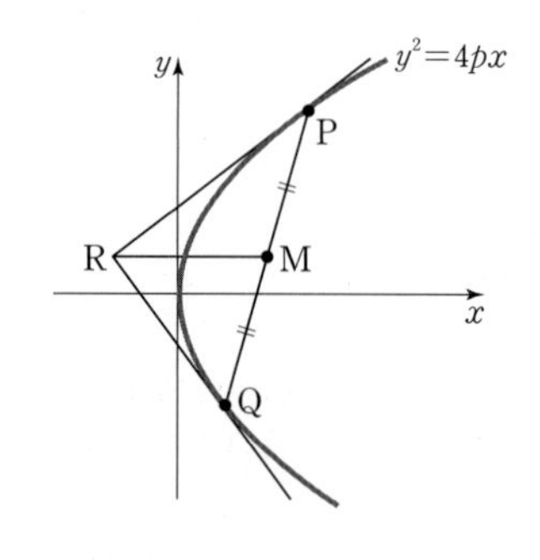

증명

$y^2=4px$ 위의 두 점을 $\mathrm{P}(x_1,\ y_1)$, $\mathrm{Q}(x_2,\ y_2)$라 하면

P, Q에서의 접선의 방정식은

$y_1y=2p(x+x_1)$, $y_2y=2p(x+x_2)$이다.

두 접선의 교점을 $\mathrm{R}(\alpha,\ \beta)$라 하면

$y_1\beta=2p(\alpha+x_1)$ …… ㉠, $y_2\beta=2p(\alpha+x_2)$ …… ㉡가 성립한다.

㉠$-$㉡을 하면 $(y_1-y_2)\beta=2p(x_1-x_2)$이고 ${y_1}^2=4px_1$, ${y_2}^2=4px_2$이므로

$$\beta=\frac{2p\left(\frac{{y_1}^2}{4p}-\frac{{y_2}^2}{4p}\right)}{y_1-y_2}=\frac{{y_1}^2-{y_2}^2}{2(y_1-y_2)}=\frac{y_1+y_2}{2}\text{이다.}$$

따라서 점 R의 y좌표와 선분 PQ의 중점 M의 y좌표가 일치하므로 $\overline{\mathrm{RM}}$과 x축은 평행하다.

② 다음 그림의 포물선 위의 두 점 P, Q에서의 접선이 만나는 점을 R이라 하고 두 점 P, Q의 x좌표를 각각 α, β라 하자.

㉠ △PQR의 넓이는 직선 $x=\frac{\alpha+\beta}{2}$에 의해 이등분된다.

㉡ 직선 PQ와 포물선으로 둘러싸인 부분의 넓이는 직선 $x=\dfrac{\alpha+\beta}{2}$에 의해 이등분된다.

㉢ 포물선과 두 접선으로 둘러싸인 부분의 넓이는 직선 $x=\dfrac{\alpha+\beta}{2}$에 의해 이등분된다.

㉣ 직선 PQ와 포물선으로 둘러싸인 부분의 넓이는 포물선과 두 접선으로 둘러싸인 부분의 넓이의 2배이다.

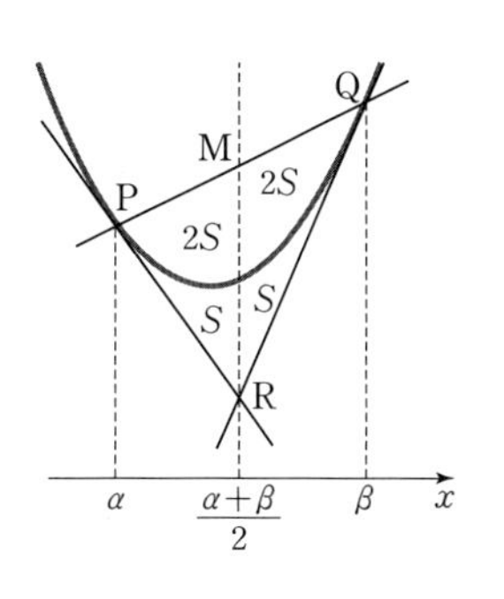

(4) 포물선의 초점을 지나는 직선이 포물선과 만나는 두 점을 지름의 양 끝으로 하는 원은 준선에 접한다.

증명

포물선의 초점을 지나는 직선이 포물선과 만나는 두 점을 P, Q라 하면 두 점 P, Q에서의 접선은 직교하므로 두 접선의 교점 R은 준선 위에 있다.
이때 R에서 포물선의 축(x축)에 평행선을 그으면 선분 PQ의 중점 M을 지난다.
그러므로 P, Q에서 준선에 내린 수선의 발을 각각 P′, Q′라 하면 $\overline{\mathrm{MR}}\perp\overline{\mathrm{P'Q'}}$이다.

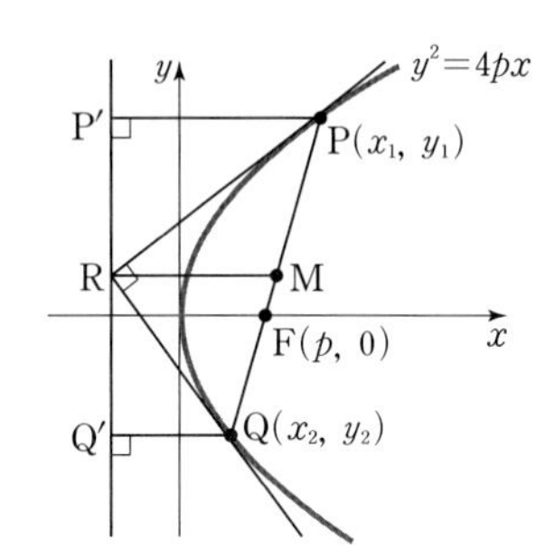

삼각형 PQR은 ∠PRQ=90°인 직각삼각형이므로 빗변의 중점 M은 삼각형 PQR의 외심이 되어 $\overline{\mathrm{MP}}=\overline{\mathrm{MQ}}=\overline{\mathrm{MR}}$이다.
따라서 두 점 P, Q를 지름의 양 끝으로 하는 원은 준선에 접한다.

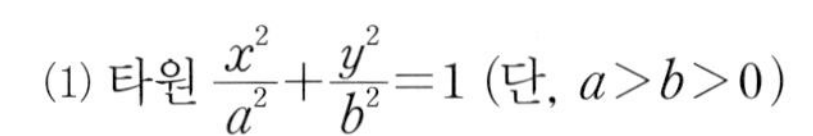

2 타원의 접선의 성질

(1) 타원 $\dfrac{x^2}{a^2}+\dfrac{y^2}{b^2}=1$ (단, $a>b>0$)
의 두 초점 F, F′에서 접선 TPS에 그은 수선의 발을 H, H′라 하고, 타원 위의 접점 P에서의 법선과 x축의 교점을 N이라 하자. 이때, 다음의 성질이 성립한다.

① ∠FPT=∠F′PS

② 법선 PN은 ∠FPF′을 이등분한다.

③ 점 H, H′은 선분 AB를 지름으로 하는 원 위에 있다.

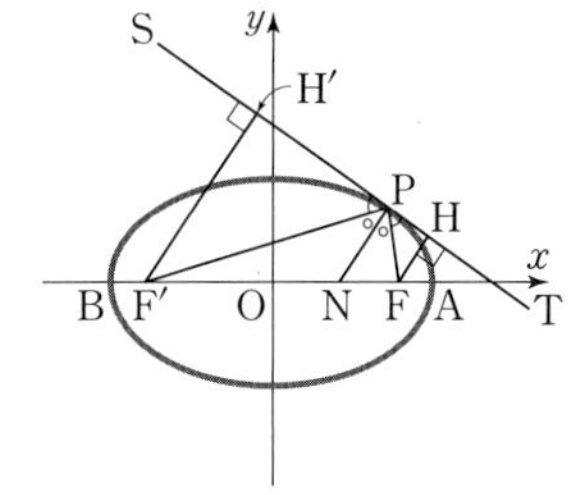

증명

① 접점 P$(x_1, y_1)$$(x_1>0, y_1>0)$인 경우로 가정하자.
∠FPT$=\theta_1$, ∠F′PS$=\theta_2$라 하고 접선과 두 직선 PF, PF′의 기울기를 각각 m, m_1, m_2라 하면

$m=-\dfrac{b^2x_1}{a^2y_1}$, $m_1=\dfrac{y_1}{x_1-c}$, $m_2=\dfrac{y_1}{x_1+c}$이다.

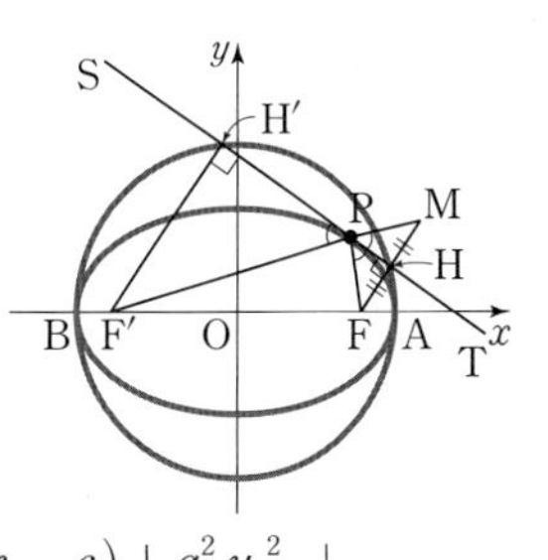

$$\tan\theta_1=\left|\frac{m-m_1}{1+mm_1}\right|=\left|\frac{-\dfrac{b^2x_1}{a^2y_1}-\dfrac{y_1}{x_1-c}}{1-\dfrac{b^2x_1}{a^2y_1}\cdot\dfrac{y_1}{x_1-c}}\right|=\left|\frac{b^2x_1(x_1-c)+a^2y_1^{\,2}}{a^2y_1(x_1-c)-b^2x_1y_1}\right|$$

$$=\left|\frac{(b^2x_1{}^2+a^2y_1{}^2)-b^2cx_1}{(a^2-b^2)x_1y_1-a^2cy_1}\right|$$

$\left(a^2-b^2=c^2,\ \frac{x_1{}^2}{a^2}+\frac{y_1{}^2}{b^2}=1\text{에서 } b^2x_1{}^2+a^2y_1{}^2=a^2b^2\text{이므로}\right)$

$$=\left|\frac{a^2b^2-b^2cx_1}{c^2x_1y_1-a^2cy_1}\right|=\left|\frac{b^2(a^2-cx_1)}{cy_1(cx_1-a^2)}\right|=\frac{b^2}{cy_1}$$

같은 방법으로 하여 $\tan\theta_2=\frac{b^2}{cy_1}$이므로 $\tan\theta_1=\tan\theta_2$이다.

따라서 $\theta_1=\theta_2$이므로 $\angle\mathrm{FPT}=\angle\mathrm{F'PS}$이다.

③ $\overline{\mathrm{FH}}$와 $\overline{\mathrm{PF'}}$의 연장선의 교점을 M이라 하면

$\triangle\mathrm{PFH}\equiv\triangle\mathrm{PMH}$이므로 $\overline{\mathrm{PF}}=\overline{\mathrm{PM}}$, $\overline{\mathrm{FH}}=\overline{\mathrm{MH}}$이다.

이때, $\triangle\mathrm{FMF'}$에서 두 점 O, H는 각각 $\overline{\mathrm{FF'}}$, $\overline{\mathrm{FM}}$의 중점이므로

$\overline{\mathrm{OH}}=\frac{1}{2}\overline{\mathrm{MF'}}=\frac{1}{2}(\overline{\mathrm{PF'}}+\overline{\mathrm{PM}})=\frac{1}{2}(\overline{\mathrm{PF'}}+\overline{\mathrm{PF}})=\frac{1}{2}\times 2a=a$이다.

같은 방법으로 하여 $\overline{\mathrm{OH'}}=a$이다.

따라서 점 H, H′은 원 $x^2+y^2=a^2$ 위의 점이다.

(2) 타원 $\frac{x^2}{a^2}+\frac{y^2}{b^2}=1$ 위의 점 P에서의 접선이 x축, y축과 만나는 점을 각각 T, T′라 하고, 점 P에서 x축, y축에 내린 수선의 발을 H, H′라 하면 $\overline{\mathrm{OH}}\cdot\overline{\mathrm{OT}}=a^2$, $\overline{\mathrm{OH'}}\cdot\overline{\mathrm{OT'}}=b^2$이다.

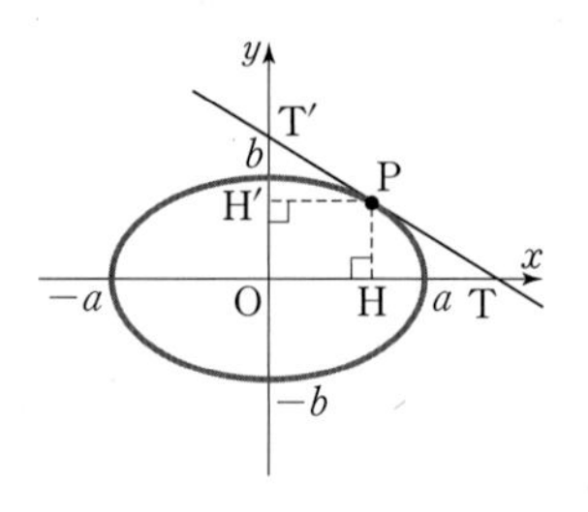

증명

타원 $\frac{x^2}{a^2}+\frac{y^2}{b^2}=1$ 위의 점 $\mathrm{P}(x_1,\ y_1)$에서의 접선의 방정식은 $\frac{x_1x}{a^2}+\frac{y_1y}{b^2}=1$이다.

$y=0$일 때 $x=\frac{a^2}{x_1}$, $x=0$일 때 $y=\frac{b^2}{y_1}$이므로

$\overline{\mathrm{OH}}\cdot\overline{\mathrm{OT}}=x_1\times\frac{a^2}{x_1}=a^2$, $\overline{\mathrm{OH'}}\cdot\overline{\mathrm{OT'}}=y_1\times\frac{b^2}{y_1}=b^2$이다.

(3) 포물선과 타원이 직교할 조건

① 포물선 $y^2=4px$와 타원 $\frac{x^2}{a^2}+\frac{y^2}{b^2}=1$이 직교할 조건은 $b^2=2a^2$이다.

② 포물선 $x^2=4py$와 타원 $\frac{x^2}{a^2}+\frac{y^2}{b^2}=1$이 직교할 조건은 $a^2=2b^2$이다.

증명

① 두 곡선이 직교한다는 것은 교점에서의 두 접선이 서로 직교함을 뜻한다.

포물선과 타원의 교점을 $\mathrm{P}(x_1,\ y_1)$라 하면 점 P에서의

포물선의 접선의 방정식은 $y_1y=2p(x+x_1)$,

$y=\frac{2p}{y_1}(x+x_1)$이고 타원의 접선의 방정식은

$\frac{x_1x}{a^2}+\frac{y_1y}{b^2}=1$, $y=-\frac{b^2x_1}{a^2y_1}x+\frac{b^2}{y_1}$이다.

두 접선이 직교하므로 기울기의 곱은 -1이므로

$\frac{2p}{y_1}\times\left(-\frac{b^2x_1}{a^2y_1}\right)=-1$, $2b^2px_1=a^2y_1{}^2$ …… ㉠이다.

그런데 점 $\mathrm{P}(x_1,\ y_1)$은 $y^2=4px$ 위의 점이므로

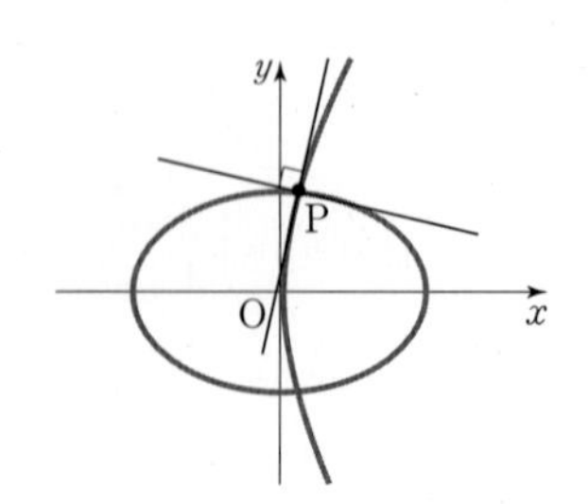

$y_1^2=4px_1$이다.

이것을 ㉠에 대입하면 $2b^2px_1=a^2\times 4px_1$에서

$b^2=2a^2$이 성립한다.

예시 1 포물선 $y^2=4x$와 타원 $x^2+\dfrac{y^2}{k}=1$이 서로 수직으로 만날 때 상수 k의 값을 구하시오.

풀이 포물선과 타원의 교점을 $\mathrm{P}(x_1, y_1)$이라고 하면

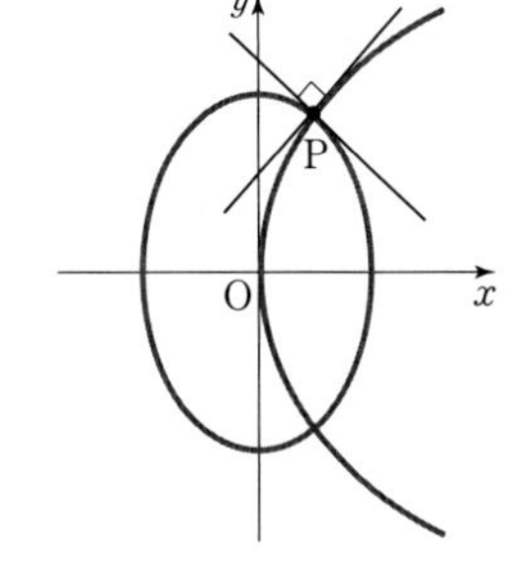

점 P에서의 각각의 접선의 방정식은

$y_1y=2(x+x_1)$, $x_1x+\dfrac{y_1y}{k}=1$, 즉

$y=\dfrac{2}{y_1}x+\dfrac{2x_1}{y_1}$, $y=-\dfrac{kx_1}{y_1}x+\dfrac{k}{y_1}$이다.

포물선과 타원이 수직으로 만나면 두 접선은 수직이므로

$\dfrac{2}{y_1}\times\left(-\dfrac{kx_1}{y_1}\right)=-1$, $k=\dfrac{y_1^2}{2x_1}$ …… ㉠

이다.

그런데 점 $\mathrm{P}(x_1, y_1)$이 $y^2=4x$ 위의 점이므로 $y_1^2=4x_1$ …… ㉡

이다. 따라서 ㉠, ㉡에서 $k=2$이다.

참고 포물선 $y^2=4px$와 타원 $\dfrac{x^2}{a^2}+\dfrac{y^2}{b^2}=1$이 직교할 조건은

$b^2=2a^2$이므로 $k=2$이다.

3 쌍곡선의 접선의 성질

(1) 쌍곡선 위의 점 P에서의 접선이 두 점근선과의 교점이 A, B일 때 $\overline{\mathrm{PA}}=\overline{\mathrm{PB}}$가 성립한다.

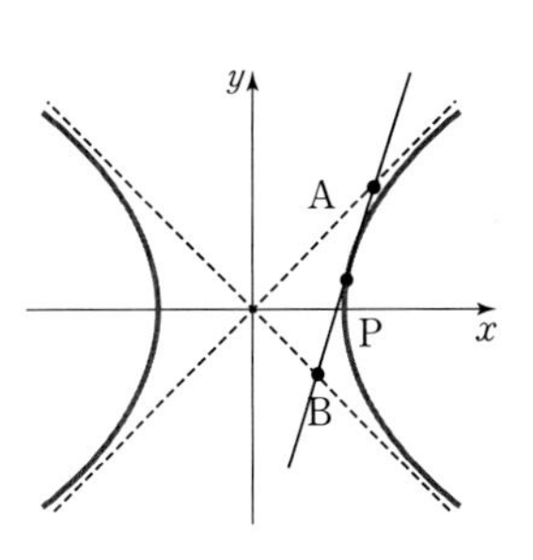

증명

쌍곡선 $\dfrac{x^2}{a^2}-\dfrac{y^2}{b^2}=1$ 위의 점 $\mathrm{P}(x_1, y_1)$에서의

접선의 방정식 $\dfrac{x_1x}{a^2}-\dfrac{y_1y}{b^2}=1$과

두 점근선 $y=\pm\dfrac{b}{a}x$와의 교점 A, B의

x좌표를 각각 x_2, x_3이라 하자.

$x_2=\dfrac{a^2b}{bx_1-ay_1}$, $x_3=\dfrac{a^2b}{bx_1+ay_1}$이므로 선분 AB의 중점의 x좌표는

$$\frac{x_2+x_3}{2}=\frac{1}{2}\left(\frac{a^2b}{bx_1-ay_1}+\frac{a^2b}{bx_1+ay_1}\right)=\frac{2a^2b^2x_1}{2(b^2x_1^2-a^2y_1^2)}$$

$\left(\dfrac{x_1^2}{a^2}-\dfrac{y_1^2}{b^2}=1\text{에서 } b^2x_1^2-a^2y_1^2=a^2b^2\text{이므로}\right)$

$$=\frac{a^2b^2x_1}{a^2b^2}=x_1$$

이 된다.

따라서 선분 AB의 중점이 P와 일치하므로 $\overline{\mathrm{PA}}=\overline{\mathrm{PB}}$이다.

(2) 쌍곡선의 임의의 접선과 두 점근선으로 만들어지는 삼각형의 넓이는 일정하다.

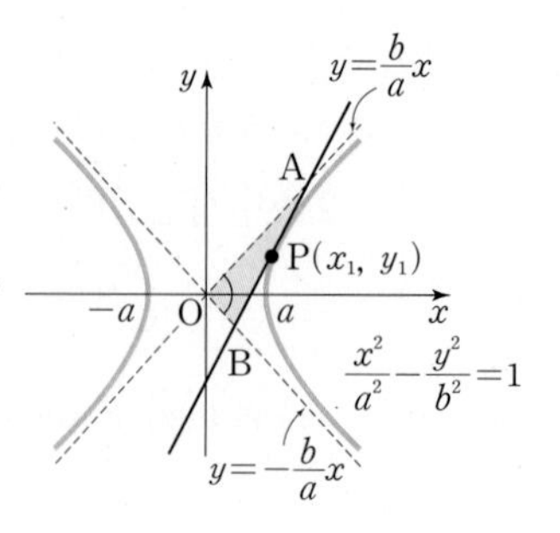

쌍곡선 $\frac{x^2}{a^2}-\frac{y^2}{b^2}=1$ 위의 점 $P(x_1,\ y_1)$에서 그은 접선과 두 점근선의 교점을 각각 A, B라 하자.

점 $P(x_1,\ y_1)$에서의 접선의 방정식은 $\frac{x_1x}{a^2}-\frac{y_1y}{b^2}=1$ ······ ㉠

점근선의 방정식은 $y=\frac{b}{a}x$ ······ ㉡, $y=-\frac{b}{a}x$ ······ ㉢

점 $P(x_1,\ y_1)$은 $\frac{x^2}{a^2}-\frac{y^2}{b^2}=1$ 위의 점이므로 $\frac{x_1^2}{a^2}-\frac{y_1^2}{b^2}=1$ ······ ㉣

㉠, ㉡의 교점의 좌표는 $A\left(\frac{a^2b}{bx_1-ay_1},\ \frac{ab^2}{bx_1-ay_1}\right)$ (단, $bx_1\neq ay_1$)

㉠, ㉢의 교점의 좌표는 $B\left(\frac{a^2b}{bx_1+ay_1},\ -\frac{ab^2}{bx_1+ay_1}\right)$ (단, $bx_1\neq -ay_1$)

$\overline{OA}^2=\left(\frac{a^2b}{bx_1-ay_1}\right)^2+\left(\frac{ab^2}{bx_1-ay_1}\right)^2=\frac{a^2b^2(a^2+b^2)}{(bx_1-ay_1)^2}$,

$\overline{OB}^2=\left(\frac{a^2b}{bx_1+ay_1}\right)^2+\left(-\frac{ab^2}{bx_1+ay_1}\right)^2=\frac{a^2b^2(a^2+b^2)}{(bx_1+ay_1)^2}$

이므로 $\overline{OA}=\frac{|ab|\sqrt{a^2+b^2}}{|bx_1-ay_1|}$, $\overline{OB}=\frac{|ab|\sqrt{a^2+b^2}}{|bx_1+ay_1|}$

㉡, ㉢에서 $\tan\alpha=\frac{b}{a}$, $\tan\beta=-\frac{b}{a}$라 하면

$\tan(\beta-\alpha)=\frac{\tan\beta-\tan\alpha}{1+\tan\beta\tan\alpha}=\frac{-2ab}{a^2-b^2}$

이때 $\sin(\beta-\alpha)=\left|\frac{2ab}{a^2+b^2}\right|$이므로

$\triangle OAB=\frac{1}{2}\times\overline{OA}\times\overline{OB}\times\sin(\beta-\alpha)$

$=\frac{1}{2}\times\frac{|ab|\sqrt{a^2+b^2}}{|bx_1-ay_1|}\times\frac{|ab|\sqrt{a^2+b^2}}{|bx_1+ay_1|}\times\left|\frac{2ab}{a^2+b^2}\right|=|ab|$ ($\because$ ㉣)

따라서 삼각형의 넓이는 $|ab|$로 일정하다.

다른 방법

쌍곡선 $\frac{x^2}{a^2}-\frac{y^2}{b^2}=1$(단, $a,\ b>0$) 위의 점 $P(x_1,\ y_1)$에서의 접선이 두 점근선과 만나는 점 A, B의 x좌표를 각각 x_2, x_3이라 하고 $\angle AOx_2=\angle BOx_3=\alpha$로 놓으면

$\tan\alpha=\frac{b}{a}$, $x_2=\overline{OA}\cos\alpha$, $x_3=\overline{OB}\cos\alpha$이다.

$\triangle OAB=\frac{1}{2}\overline{OA}\cdot\overline{OB}\sin 2\alpha=\frac{1}{2}\overline{OA}\cdot\overline{OB}(2\sin\alpha\cos\alpha)$

$=\frac{x_2}{\cos\alpha}\cdot\frac{x_3}{\cos\alpha}\cdot\sin\alpha\cos\alpha=x_2x_3\tan\alpha$

$=\frac{a^2b}{bx_1-ay_1}\times\frac{a^2b}{bx_1+ay_1}\tan\alpha=\frac{a^4b^2}{b^2x_1^2-a^2y_1^2}\tan\alpha$

$=\frac{a^4b^2}{a^2b^2}\tan\alpha=a^2\tan\alpha=a^2\times\frac{b}{a}=ab$

예시 2 쌍곡선 $x^2-y^2=8$ 위의 점 $(3, 1)$에서의 접선과 두 점근선으로 둘러싸인 도형의 넓이를 구하시오.

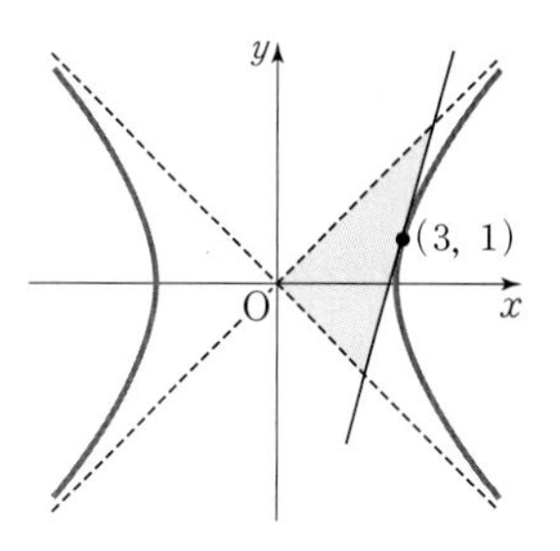

풀이 쌍곡선 $x^2-y^2=8$의 점근선의 방정식은 $y=\pm x$이고,
점 $(3, 1)$에서의 접선의 방정식은 $3x-y=8$이다.
두 점근선과 접선의 교점의 좌표는 $A(4, 4)$, $B(2, -2)$이므로
원점 O에 대하여 $\overline{OA}=4\sqrt{2}$, $\overline{OB}=2\sqrt{2}$이고 $\overline{OA}\perp\overline{OB}$이므로
$\triangle OAB=\frac{1}{2}\times 4\sqrt{2}\times 2\sqrt{2}=8$이다.

참고 쌍곡선 $x^2-y^2=8$에서 $\frac{x^2}{(\sqrt{8})^2}-\frac{y^2}{(\sqrt{8})^2}=1$이고
접선과 두 점근선으로 만들어지는 삼각형의 넓이는 ab이므로
$\sqrt{8}\times\sqrt{8}=8$이다.

(3) 좌표평면 위의 점 P에서 쌍곡선에 그을 수 있는 접선의 개수는 점 P의 위치에 따라 다르다.

① 접선을 그을 수 없는 경우: 점 P가 원점에 있거나, 쌍곡선을 경계로 한 반대쪽의 두 영역에 있을 때

② 접선을 1개 그을 수 있는 경우: 점 P가 원점을 제외한 점근선 위에 있거나, 쌍곡선 위에 있을 때

③ 접선을 2개 그을 수 있는 경우: 점 P가 쌍곡선 사이의 영역 중에서 점근선을 제외한 영역에 있을 때

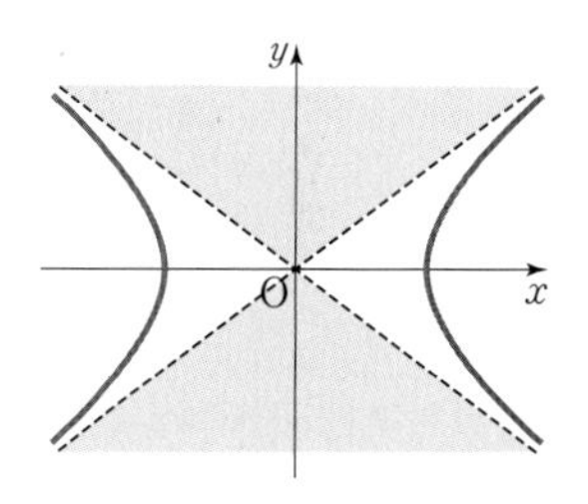

예시 3 물음에 답하시오.

(1) $|a|=|b|$를 만족하는 점 (a, b)에서 쌍곡선 $y^2-x^2=1$에 몇 개의 접선을 그을 수 있는지 구하시오.

(2) 평면의 한 점 (a, b)에서 쌍곡선 $y^2-x^2=1$에 접선을 그을 때, 서로 다른 두 개의 접선을 그을 수 있는 점 (a, b)의 집합을 구하시오.

(3) (2)에서 구한 집합에 속하는 점 중에서 쌍곡선에 그은 접선의 기울기의 곱이 상수 k가 되는 점의 자취를 k에 따라 구하고, $k=\frac{1}{2}$, $k=-\frac{1}{2}$일 때의 자취를 각각 좌표평면에 도시하시오.

| 서울대학교 2005년 수시 |

풀이 (1) 점 (a, b)에서 쌍곡선 $x^2-y^2=-1$에 그은 접선의 기울기를 m이라 하면
접선의 방정식은 $y=mx\pm\sqrt{1-m^2}$이다.
이 접선이 점 (a, b)를 지나므로 $b=ma\pm\sqrt{1-m^2}$이다.
$(b-ma)^2=(\pm\sqrt{1-m^2})^2$에서
$(1+a^2)m^2-2abm+b^2-1=0$ …… ㉠
이다.
(i) $|a|=|b|=0$일 때,
$m^2-1=0$이므로 $m=\pm 1$이다.
즉, $m=\pm 1$이면 점근선이므로 접선은 존재하지 않는다.

(ⅱ) $a=b\neq0$일 때,

$(1+a^2)m^2-2a^2m+a^2-1=0$에서

$(m-1)\{(1+a^2)m+(1-a^2)\}=0$이다.

이때, $m=1$이면 점근선이 되므로

$m=\dfrac{a^2-1}{a^2+1}$ (단, $a\neq0$)이다.

즉, 접선은 한 개 존재한다.

(ⅲ) $a=-b\neq0$일 때,

$(1+a^2)m^2+2a^2m+a^2-1=0$에서

$(m+1)\{(1+a^2)m-(1-a^2)\}=0$이다.

이때, $m=-1$이면 점근선이 되므로

$m=\dfrac{1-a^2}{1+a^2}$ (단, $a\neq0$)이다.

즉, 접선은 한 개 존재한다.

(ⅰ), (ⅱ), (ⅲ)에 의하여 원점을 제외한 $|a|=|b|$를 만족하는 점 (a, b)에서 오직 하나의 접선을 그을 수 있다.

(2) (1)의 ㉠이 서로 다른 두 실근을 가져야 하므로

$\dfrac{D}{4}=a^2b^2-(1+a^2)(b^2-1)>0$, 즉 $a^2-b^2+1>0$이어야 한다.

그런데 (1)에서 $|a|=|b|$이면 접선을 한 개 그을 수 있다고 하였으므로 $|a|\neq|b|$이어야 한다.

따라서 구하는 집합은 $\{(a, b)\,|\,|a|\neq|b|,\ a^2-b^2>-1\}$이다.

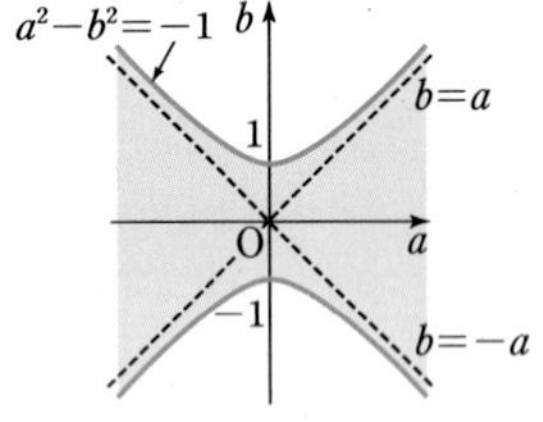

(단, 경계선과 점선 제외)

(3) (1)의 $(1+a^2)m^2-2abm+b^2-1=0$에서 두 근의 곱이 k이므로

$\dfrac{b^2-1}{1+a^2}=k$가 성립한다.

이것을 변형하면

$b^2-1=k+ka^2$, $ka^2-b^2=-(1+k)$(단, $|a|\neq|b|$)

이때

(ⅰ) $k(-1)>0$, 즉 $k<0$이면 점 (a, b)의 자취는 타원이다.

(ⅱ) $k(-1)<0$, 즉 $k>0$이면 점 (a, b)의 자취는 쌍곡선이다.

또 $ka^2-b^2=-(1+k)$에서

$\dfrac{a^2}{\frac{1+k}{k}}-\dfrac{b^2}{1+k}=-1$이므로

$k=\dfrac{1}{2}$일 때, 점 (a, b)의 자취의 방정식은 $\dfrac{a^2}{3}-\dfrac{b^2}{\frac{3}{2}}=-1$이고

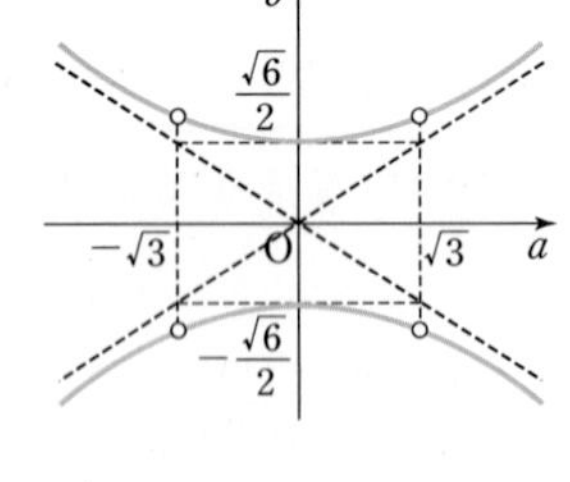

그래프는 오른쪽 그림과 같다.

이때, $|a|\neq|b|$이므로 $a\neq\pm\sqrt{3}$이다.

$k=-\dfrac{1}{2}$일 때, 점 (a, b)의 자취의 방정식은 $a^2+2b^2=1$이고

그래프는 오른쪽 그림과 같다.

이때 $|a|\neq|b|$이므로 $a\neq\pm\dfrac{1}{\sqrt{3}}$이다.

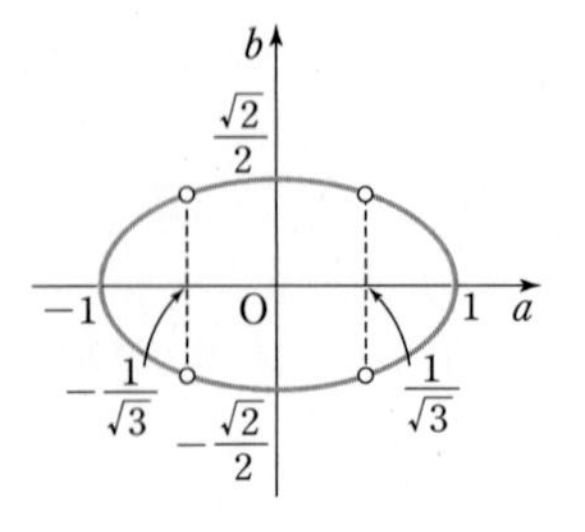

직교하는 접선의 자취

이차곡선의 두 접선이 서로 직교할 때 두 접선의 교점의 자취는 다음과 같다.

이차곡선		직교하는 두 접선의 교점의 자취
원	$x^2+y^2=r^2$	$x^2+y^2=2r^2$
포물선	$y^2=4px$	$x=-p$(준선)
	$x^2=4py$	$y=-p$(준선)
타원	$\frac{x^2}{a^2}+\frac{y^2}{b^2}=1$	$x^2+y^2=a^2+b^2$
쌍곡선	$\frac{x^2}{a^2}-\frac{y^2}{b^2}=1$	$x^2+y^2=a^2-b^2$(단, $a^2>b^2$)
	$\frac{x^2}{a^2}-\frac{y^2}{b^2}=-1$	$x^2+y^2=b^2-a^2$(단, $b^2>a^2$)

증명

① 원 $x^2+y^2=r^2$의 기울기 m인 접선의 방정식은

$y=mx\pm r\sqrt{m^2+1}$, $y-mx=\pm r\sqrt{m^2+1}$ …… ㉠

기울기 $-\frac{1}{m}$인 접선의 방정식은

$y=-\frac{1}{m}x\pm r\sqrt{\frac{1}{m^2}+1}$, $my+x=\pm r\sqrt{m^2+1}$ …… ㉡

이다.

㉠^{2}+㉡^{2}을 하여 정리하면 $x^2+y^2=2r^2$ 이다.

② 포물선 $y^2=4px$의 기울기 m인 접선의 방정식은

$y=mx+\frac{p}{m}$ …… ㉠

기울기 $-\frac{1}{m}$인 접선의 방정식은

$y=-\frac{1}{m}x-mp$ …… ㉡

이다.

㉠−㉡을 하여 정리하면 $x=-p$(준선)이다.

③ 타원 $\frac{x^2}{a^2}+\frac{y^2}{b^2}=1$의 기울기 m인 접선의 방정식은

$y=mx\pm\sqrt{a^2m^2+b^2}$, $y-mx=\pm\sqrt{a^2m^2+b^2}$ …… ㉠

기울기 $-\frac{1}{m}$인 접선의 방정식은

$y=-\frac{1}{m}x\pm\sqrt{\frac{a^2}{m^2}+b^2}$, $my+x=\pm\sqrt{a^2+b^2m^2}$ …… ㉡

㉠^{2}+㉡^{2}을 하여 정리하면 $x^2+y^2=a^2+b^2$이다.

④ 쌍곡선 $\frac{x^2}{a^2}-\frac{y^2}{b^2}=1$의 기울기 m인 접선의 방정식은

$y=mx\pm\sqrt{a^2m^2-b^2}$, $y-mx=\pm\sqrt{a^2m^2-b^2}$ …… ㉠

기울기 $-\frac{1}{m}$인 접선의 방정식은

$$y=-\frac{1}{m}x\pm\sqrt{\frac{a^2}{m^2}-b^2},\ my+x=\pm\sqrt{a^2-b^2m^2} \qquad \cdots\cdots ㉡$$

$㉠^2+㉡^2$을 하여 정리하면 $x^2+y^2=a^2-b^2$이다.

이 경우에는 a, b의 대소관계에 따라

$a=b$일 때, $x=y=0$이므로 점 P는 원점이므로 접선을 그을 수 없다.

$a>b$일 때, 점 P의 자취는 원이다.

$a<b$일 때, 점 P는 존재하지 않는다.

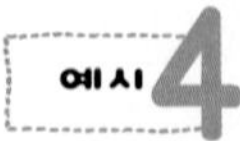

다음 주어진 각각의 도형 S에 대해 도형 S 밖의 점 P에서 그은 두 접선이 서로 수직할 때, 점 P의 자취를 나타내는 방정식을 구하시오.

(1) S: $y=ax^2(a\neq0)$

(2) S: $\frac{x^2}{a^2}+\frac{y^2}{b^2}=1(a,\ b>0)$

(3) S: $\frac{x^2}{a^2}-\frac{y^2}{b^2}=1(a,\ b>0)$

| 이화여자대학교 2015년 모의논술 |

(1) 포물선 밖의 점 P를 (X, Y)라고 할 때, 점 P를 지나는 기울기 m인 직선의 방정식은 $y=m(x-\mathrm{X})+\mathrm{Y}$로 쓸 수 있다.

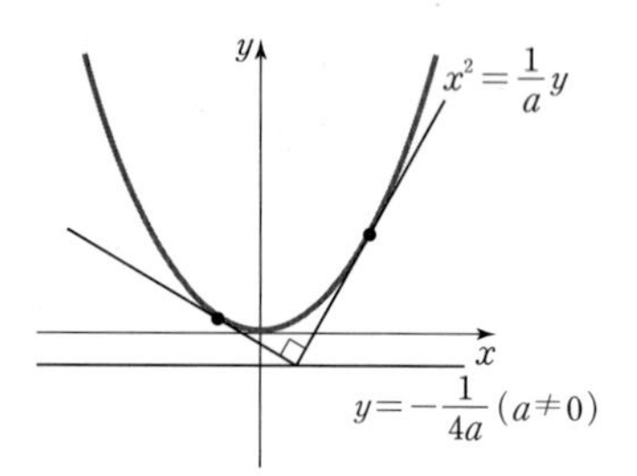

이때, 기울기 m으로 주어진 포물선의 접선의 방정식은

$y=mx-\frac{m^2}{4a}$으로 구해지므로 $\mathrm{Y}=m\mathrm{X}-\frac{m^2}{4a}$이다.

m에 관하여 정리하면

$\frac{1}{4a}m^2-\mathrm{X}m+\mathrm{Y}=0$으로 주어지며, 두 접선이 수직하므로

이차방정식의 근과 계수의 관계에 의해 $4a\mathrm{Y}=-1(a\neq0)$이다.

수직한 두 접선을 가지는 포물선 밖의 점들의 자취는 직선의 방정식 $\mathrm{Y}=-\frac{1}{4a}(a\neq0)$을 만족한다.

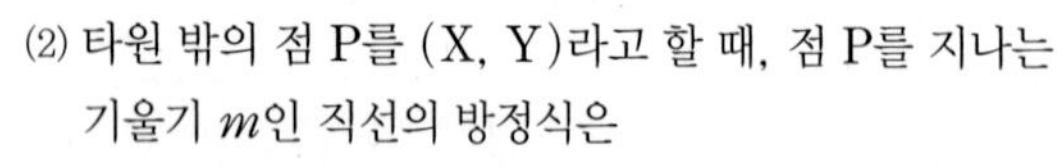

(2) 타원 밖의 점 P를 (X, Y)라고 할 때, 점 P를 지나는 기울기 m인 직선의 방정식은

$y=m(x-\mathrm{X})+\mathrm{Y}$로 쓸 수 있다.

이때, 기울기 m으로 주어진 타원의 접선의 방정식은

$y=mx\pm\sqrt{a^2m^2+b^2}$으로 구해지므로

$-m\mathrm{X}+\mathrm{Y}=\pm\sqrt{a^2m^2+b^2}$이다.

양변을 제곱하여 m에 관하여 정리하면

$(\mathrm{X}^2-a^2)m^2-2\mathrm{XY}m+(\mathrm{Y}^2-b^2)=0$으로 주어지며,

두 접선이 수직하므로 이차방정식의 근과 계수의 관계에 의해

$\frac{\mathrm{Y}^2-b^2}{\mathrm{X}^2-a^2}=-1(\mathrm{X}\neq\pm a)$이다.

따라서 네 점 $(\pm a,\ \pm b)$을 제외한 원 $\mathrm{X}^2+\mathrm{Y}^2=a^2+b^2$ 위의 점 P에서 서로 수직한 두 접선을 그을 수 있다. 이때 네 점 $(\pm a,\ \pm b)$에서도 수직한 두 접선을 그을 수 있으므로, 수직한 두 접선을 가지는 타원 밖의 점들의 자취는 원의 방정식 $\mathrm{X}^2+\mathrm{Y}^2=a^2+b^2$을 만족한다.

(3) 쌍곡선 밖의 점 P를 (X, Y)라고 할 때, 점 P를 지나는 기울기 m인 직선의 방정식은 $y=m(x-\mathrm{X})+\mathrm{Y}$로 쓸 수 있다. 이때 기울기 m으로 주어진 쌍곡선의 접선의 방정식은 $y=mx\pm\sqrt{a^2m^2-b^2}$으로 구해지므로 $-m\mathrm{X}+\mathrm{Y}=\pm\sqrt{a^2m^2-b^2}$이다.

양변을 제곱하여 m에 관하여 정리하면 $(\mathrm{X}^2-a^2)m^2-2\mathrm{XY}m+(\mathrm{Y}^2+b^2)=0$으로 주어지며,

두 접선이 수직하므로 이차방정식의 근과 계수의 관계에 의해

$\frac{\mathrm{Y}^2+b^2}{\mathrm{X}^2-a^2}=-1(\mathrm{X}\neq\pm a)$ …… ㉠이다.

따라서 수직한 두 접선을 그을 수 있는 쌍곡선 밖의 점 P는 $\mathrm{X}^2+\mathrm{Y}^2=a^2-b^2$을 만족한다.

이때 두 직선 $\mathrm{X}=\pm a$과 ㉠은 공통의 해를 갖지 않는다.

(i) $a>b>0$인 경우, 쌍곡선의 두 점근선과 원 $\mathrm{X}^2+\mathrm{Y}^2=a^2-b^2$의 교점인 네 점 $\left(\pm\frac{a\sqrt{a^2-b^2}}{\sqrt{a^2+b^2}}, \pm\frac{b\sqrt{a^2-b^2}}{\sqrt{a^2+b^2}}\right)$에서는 수직한 두 접선을 그을 수 없으므로 이들 네 점을 제외한 원 $\mathrm{X}^2+\mathrm{Y}^2=a^2-b^2$ 위의 점 P에서 서로 수직한 두 접선을 그을 수 있다. 따라서 수직한 두 접선을 가지는 쌍곡선 밖의 점들의 자취는 원의 방정식 $\mathrm{X}^2+\mathrm{Y}^2=a^2-b^2(a>b>0)$을 만족하는 점 중 네 점 $\left(\pm\frac{a\sqrt{a^2-b^2}}{\sqrt{a^2+b^2}}, \pm\frac{b\sqrt{a^2-b^2}}{\sqrt{a^2+b^2}}\right)$을 제외한 점들이다.

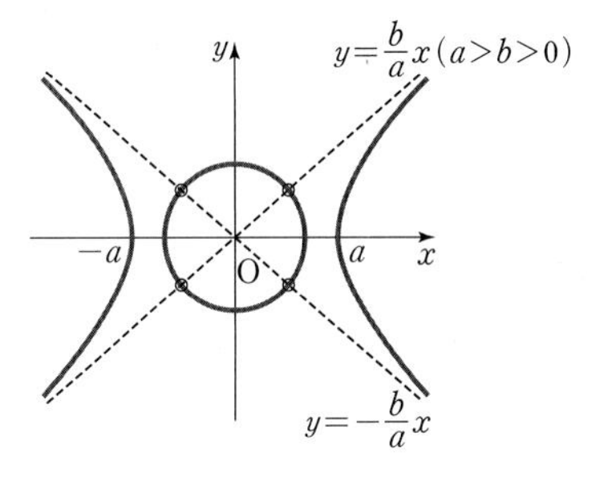

(ii) $0<a\leq b$인 경우, ㉠을 만족하는 경우는 $a=b$이고 $(\mathrm{X}, \mathrm{Y})=(0, 0)$일 때뿐이다.
하지만 원점에서는 쌍곡선에 접선을 그을 수 없다. 따라서 이 경우 수직한 두 접선을 가지는 쌍곡선 밖의 점들의 자취는 공집합이다.

포물선의 광학적 성질

1 포물선의 광학적 성질

포물선의 초점에서 발사된 빛은 포물선에 반사된 다음 항상 축에 평행하게 진행한다.
반대로, 축과 평행하게 온 빛은 포물선에 반사된 다음 반드시 초점을 지나간다.

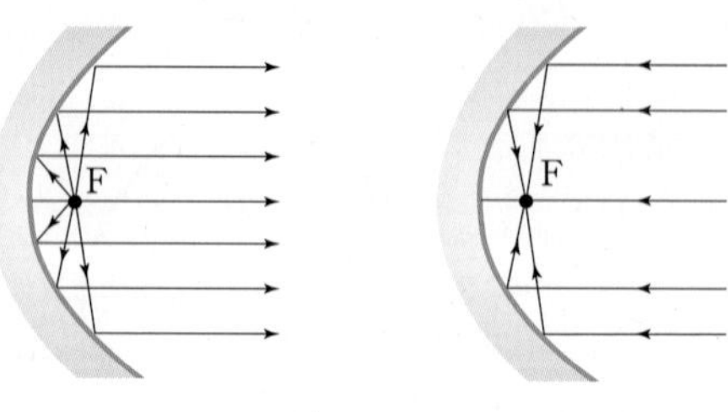

증명

포물선의 접선의 성질 (1)에 의하여 오른쪽 그림에서
$\angle PTF = \angle TPF$이다.
또한, 점 F에서 발사된 빛은 (입사각)=(반사각)이므로

$\angle TPF = \angle QPX \qquad \therefore \angle PTF = \angle QPX$

따라서 $\overline{PX}$와 x축은 서로 평행하므로 포물선의 초점에서 발사된 빛은 포물선에 반사된 다음 항상 축과 평행하게 진행한다.

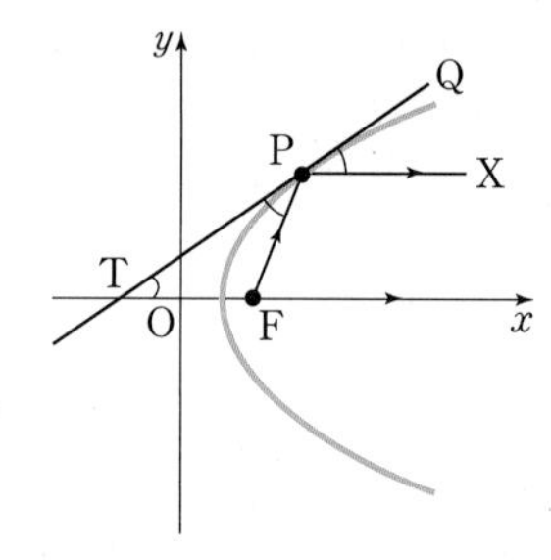

2 생활 속에서의 포물선

(1) 포물선의 초점에서 나온 빛은 포물선에 반사되어 축에 평행하게 진행한다.
이 성질을 이용한 것에는 자동차의 헤드라이트, 손전등, 스포트라이트, 서치라이트(탐조등) 등이 있다. 이들의 반사경은 포물선을 그 축을 회전축으로 하여 회전시켜 얻을 수 있는 입체 모양을 하고 있다.
특히, 자동차의 헤드라이트에서는 포물선 거울인 반사경의 초점의 위치에 전구를 놓아 빛이 축과 평행한 방향으로 직진하여 멀리까지 비추게 된다. 이 경우를 상향등(high beam, 원등)이라고 한다.
그런데 평소에는 마주 오는 차의 운전자에게 눈부심을 주지 않기 위해서 하향등(low beam, 근등)을 이용한다. 이 경우에는 전구의 위치를 초점에서 조금 벗어난 위치로 옮기면 되는데, 이때의 빛은 위와 아래로 향하게 되고 위로 향하는 빛을 차단하여 아래쪽으로만 빛을 진행하게 하여 짧은 거리를 비추게 된다.

(2) 포물선의 축에 평행하게 빛을 비추면 포물면 거울에 반사된 빛은 포물선의 초점으로 모이게 된다. 전파도 빛과 같은 현상이 나타나므로 전파를 모으는 파라볼라(parabola) 안테나도 이 원리를 이용하여 안테나의 둥근 외형이 포물선의 모양이다.
따라서 파라볼라 안테나는 전파를 일정한 방향으로 집중시켜 송수신 할 수 있으며, 마이크로파 중계나 위성 방송의 수신 등에 쓰인다.

(3) 야구나 테니스 경기에서 볼 수 있는 공의 움직이는 모양은 포물선을 그리고, 포탄이나 총알이 움직이는 자취 역시 포물선이다.

또한, 다리 중에는 양쪽 끝에 거대한 주탑을 세우고 케이블을 연결하여 만든 현수교가 있는데 우리나라의 남해대교, 미국의 샌프란시스코에 있는 금문교 같은 것이 여기에 해당된다. 현수교에서 두 주탑 사이에 케이블을 걸고, 이때 처지는 케이블에 일정한 간격으로 로프를 걸어 하중을 주면 포물선 모양이 된다.

(4) 건물의 옥상에서 물체를 그냥 떨어뜨리는 자유낙하의 경우와 수평으로 던지는 경우 물체가 바닥에 떨어지는 데 걸리는 시간은 같다. 그 이유는 떨어지는 데 걸리는 시간은 수직방향의 속력에만 관계가 있고 수직방향으로는 중력의 영향만을 받기 때문이다.

이때, 수평으로 던진 물체가 떨어지는 모양은 포물선을 이루게 된다. 수평으로 던진 물체의 운동은 수평방향과 수직방향으로 나누어 생각해야 한다. 수직방향으로 작용하는 힘은 중력뿐이므로 가속도는 일정하고 물체가 아래로 떨어지면서 속력이 점점 증가하므로 수직방향으로는 등가속도운동을 하게 된다.

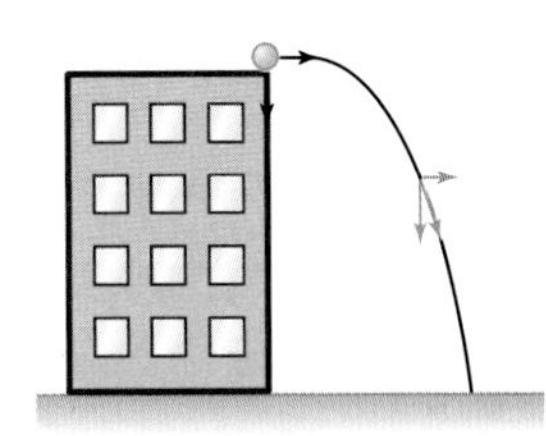

수평방향으로 작용하는 힘은 어느 정도 시간이 지나면 작용하는 힘이 0이 되므로 관성의 법칙에 의해 일정한 속력으로 운동하므로 수평방향으로는 등속도운동을 하게 된다. 따라서 물체를 수평으로 던지게 되면 수직방향으로 작용하는 중력 때문에 수평으로 진행하지 못하고 포물선 모양으로 지면에 떨어진다.

타원의 광학적 성질

1 타원의 광학적 성질

거울로 된 타원의 두 초점을 F, F′이라 하고 타원 위의 임의의 한 점을 P라 하면 한 초점 F에서 나온 빛은 점 P에서 반사되어 다른 초점 F′을 지난다.

증명 1 타원 위의 점 P에서 접선을 l이라 하고 접선 l 위의 임의의 한 점을 Q, $\overline{QF}$와 타원의 교점을 R라 하자.

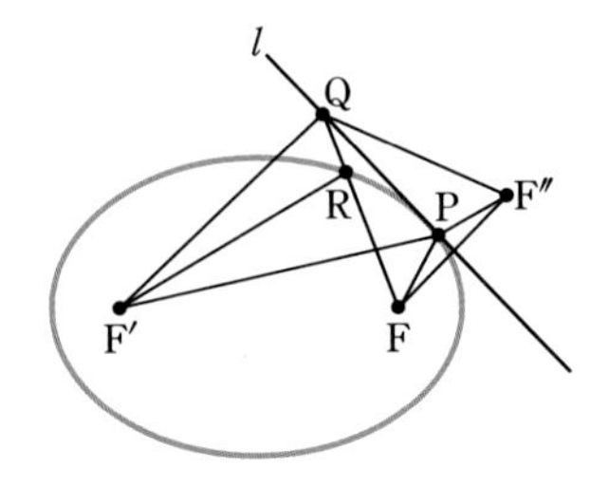

△QF′R에서 $\overline{F'Q}+\overline{RQ}\geq\overline{F'R}$이므로

$$\begin{aligned}\overline{F'Q}+\overline{FQ}&=\overline{F'Q}+(\overline{FR}+\overline{RQ})\\&=(\overline{F'Q}+\overline{RQ})+\overline{FR}\\&\geq\overline{F'R}+\overline{FR}\quad\cdots\cdots ㉠\end{aligned}$$

또, 점 P, R는 타원 위의 점이므로

$\overline{F'P}+\overline{FP}=\overline{F'R}+\overline{FR}$ ……㉡

따라서 ㉠, ㉡에서 $\overline{F'Q}+\overline{FQ}\geq\overline{F'P}+\overline{FP}$

이로부터 두 초점으로부터 접선 l 위의 한 점에 이르는 거리의 합은 접점 P에서 최소가 됨을 알 수 있다.

증명 2 점 F의 접선 l에 대한 대칭점을 점 F″이라 하면 앞의 그림에서
$\overline{F'P}+\overline{F''P}=\overline{F'P}+\overline{FP}\le\overline{F'Q}+\overline{FQ}=\overline{F'Q}+\overline{F''Q}$
이므로 $\overline{F'Q}+\overline{F''Q}$가 최소일 때는 세 점 F′, P, F″이 한 직선 위에 있음을 알 수 있다.
따라서 오른쪽 그림에서 ∠SPF′=∠F″PT이고 △PFF″에서
∠FPT=∠F″PT이므로 ∠SPF′=∠FPT이다.

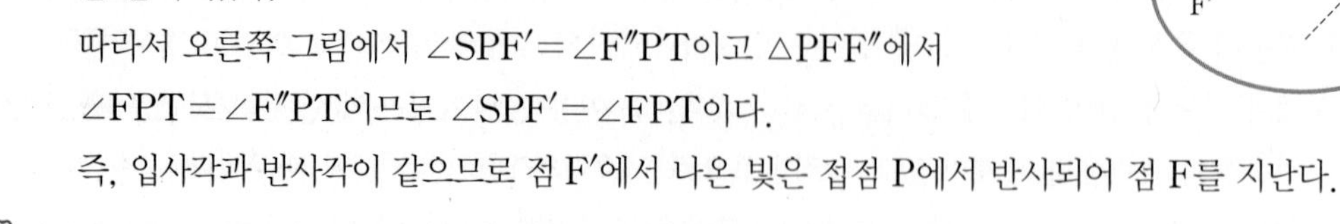

즉, 입사각과 반사각이 같으므로 점 F′에서 나온 빛은 접점 P에서 반사되어 점 F를 지난다.

증명 3 점 F′을 중심으로 하는 원 위의 점을 Q, 원 내부의 임의의 점 F에 대하여 선분 FQ의 수직이등분선을 잡아 점 P에서의 접선과의 교점을 M이라 하면
△PFM≡△PQM이므로 $\overline{PQ}=\overline{PF}$이다.
$\overline{PF'}+\overline{PF}=\overline{PF'}+\overline{PQ}=\overline{F'Q}=$(원의 반지름)
이므로 점 P는 두 점 F, F′을 초점으로 하는 타원이다.
이때 그림에서 ∠F′PN=∠QPM(맞꼭지각), ∠QPM=∠FPM
이므로 ∠F′PN=∠FPM이 성립한다.

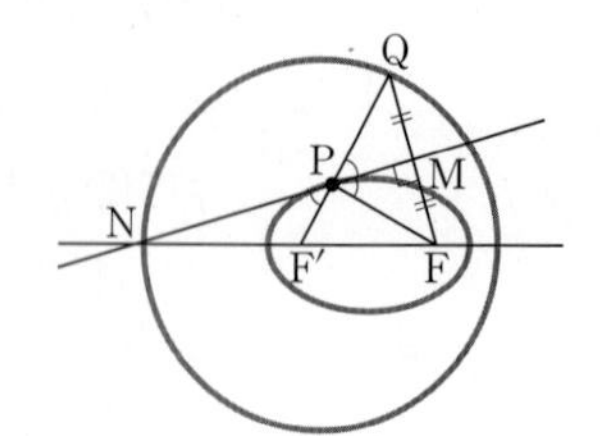

따라서 타원의 한 초점에서 나온 빛은 (입사각)=(반사각)이 되어 점 P에서 반사되어 다른 초점을 지난다.

2 생활 속에서의 타원

(1) 영국 런던의 성 바오로 대성당은 '속삭이는 화랑(Whispering gallery)'이라는 신비한 장소로 유명하다.
미국 국회의사당의 스태츄어리홀도 같은 현상이 나타난다.
이들은 복도 한 곳에서 속삭이면 조금 떨어진 곳에서는 소리를 잘 들을 수 없는데 멀리 떨어진 특정한 장소에서는 정확하게 들을 수 있다.
이러한 현상은 타원형으로 생긴 천장 때문에 생긴다. 타원의 한 초점의 위치에서 내는 소리가 타원의 성질에 의해 천장에서 반사된 후 다른 초점에 모이게 된다.

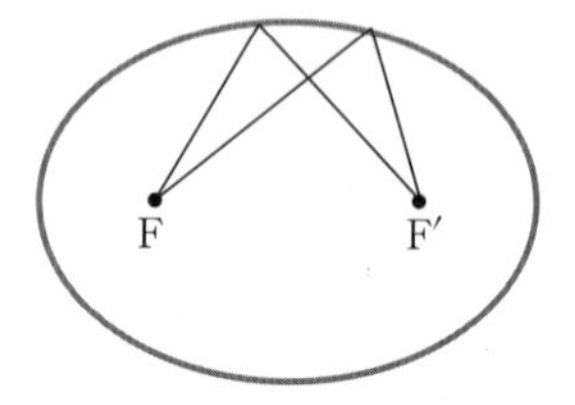

(2) 한 초점에서 쏜 음파가 다른 초점에 이르게 되는 타원의 성질은 신장결석을 치료하는 결석 파쇄기(Lithotripter)에도 응용된다.
환자를 특수 제작된 욕조에 물을 채우고 정해진 위치에 고정시킨다. 욕조 아랫쪽 타원체(타원을 회전시켜 얻은 입체도형)의 끝에 반사경 컵이 달려 있고 타원의 초점 위치에 전극봉이 달려 있다. 환자의 신장결석이 타원의 다른 초점 위에 오게 하여 전극봉에서 충격파를 발생시키면 타원 모양의 반사 장치를 통하여 충격파가 결석의 위치에 모이게 된다.
이러한 과정을 통해 신체에 큰 손상없이 결석에 충격을 집중시켜 결석을 분쇄시킬 수 있다.

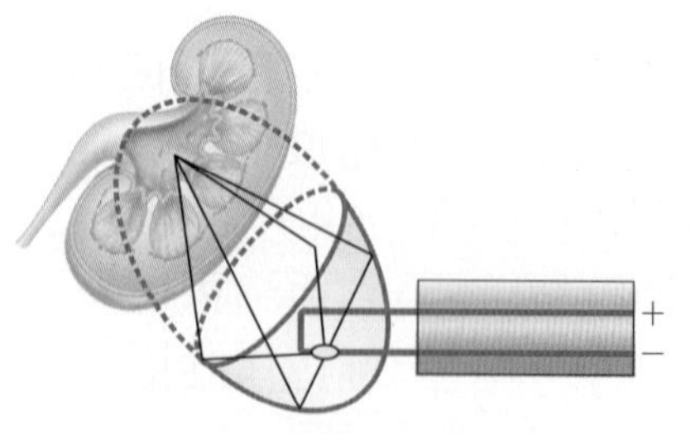

③ 케플러가 발견한 타원 궤도

케플러의 법칙:
튀코 브라헤(Tycho Brahe;1546~1601)의 제자였던 케플러(Johannes Kepler;1571~1630)는 그의 스승이 관측한 자료를 정리분석하여 다음과 같은 행성 운동의 세 가지 법칙을 발견하였다.

① 제1법칙(타원 궤도의 법칙)

(i) 모든 행성은 태양을 하나의 초점으로 하는 타원 궤도를 그리며 공전한다.

(ii) 행성이 태양에 가장 가까이 있는 곳을 근일점, 가장 멀리 떨어져 있는 곳을 원일점이라고 한다. 지구는 동지일 때 근일점 부근, 하지일 때 원일점 부근에 있다.

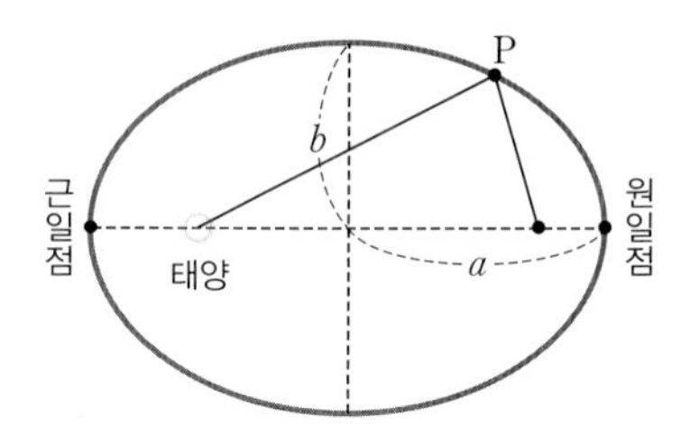

(iii) 타원의 납작한 정도를 나타내는 값인 이심률이 클수록 행성은 길쭉한 타원 궤도(납작한 모양)를 그린다.
타원의 긴 반지름의 길이를 a, 짧은 반지름의 길이를 b라 하면 이심률 e는
$e=\frac{\sqrt{a^2-b^2}}{a}$이다.

그런데 수성을 제외하면 행성들의 공전 궤도 이심률은 거의 0에 가까운 값을 가지므로 행성들의 공전 궤도는 거의 원에 가까운 타원 궤도이다.

행성	수성	금성	지구	화성	목성	토성	천왕성	해왕성
궤도 반지름($\times 10^8$ km)	0.58	1.08	1.50	2.28	7.78	14.3	28.7	45.0
이심률	0.206	0.007	0.017	0.093	0.048	0.056	0.047	0.008

② 제2법칙(면적 속도 일정의 법칙)

(i) 태양과 행성을 연결한 선분은 같은 시간 동안에 같은 면적을 쓸고 지나간다.
태양으로부터 행성까지의 거리를 r_1, r_2, r_3, r_4라 하고 공전 속도를 v_1, v_2, v_3, v_4라 하면
$S_1=S_2=S_3=S_4$이므로
$r_1v_1=r_2v_2=r_3v_3=r_4v_4$이다.

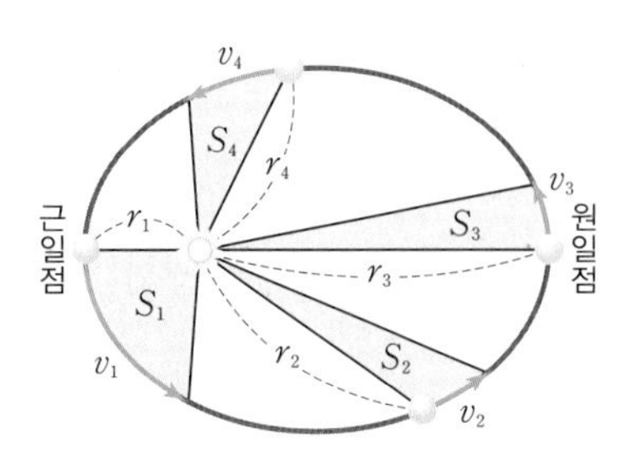

(ii) 행성의 공전 속도는 일정하지 않고 근일점에서 가장 빠르고 원일점에서 가장 느리다. 즉, 지구는 근일점 부근에 위치하는 동지 때를 전후하여 가장 빠르고, 원일점 부근에 위치하는 하지 때를 전후하여 가장 느리다.

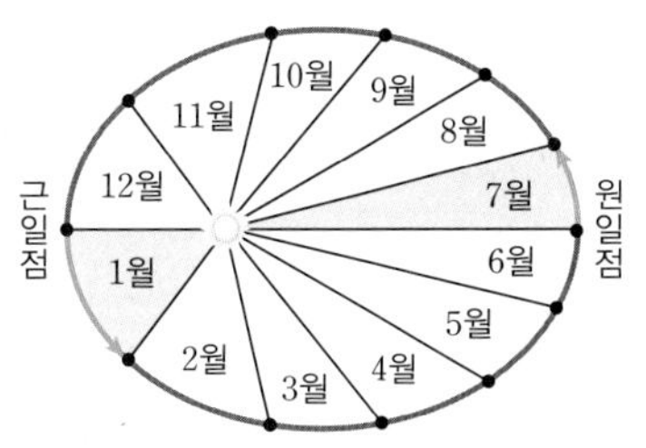

③ 제3법칙(조화의 법칙)

(i) 행성의 공전 주기(P)의 제곱은 그 행성의 공전 궤도 긴 반지름의 길이(a)의 세제곱에 비례한다.

즉, $\frac{a^3}{P^2}=k$(일정)이다.

(ii) 지구의 공전 주기(P)가 1년이고, 궤도의 긴 반지름의 길이(a)가 1 AU이므로 모든 행성에 대하여 다음과 같은 관계식이 성립한다.

$$\frac{{a_{수성}}^3}{{P_{수성}}^2}=\cdots=\frac{{a_{지구}}^3}{{P_{지구}}^2}=\cdots=\frac{{a_{목성}}^3}{{P_{목성}}^2}=\cdots=1(일정)$$

따라서 어떤 행성의 공전 주기를 알면 태양으로부터 행성까지의 거리를 알 수 있다.

예를 들어, 어떤 행성의 공전 주기가 27년이면 태양으로부터 이 행성까지의 거리는

$a^3=P^2$에서 $a^3=27^2=(3^3)^2=(3^2)^3$이므로 $a=9$ AU이다.

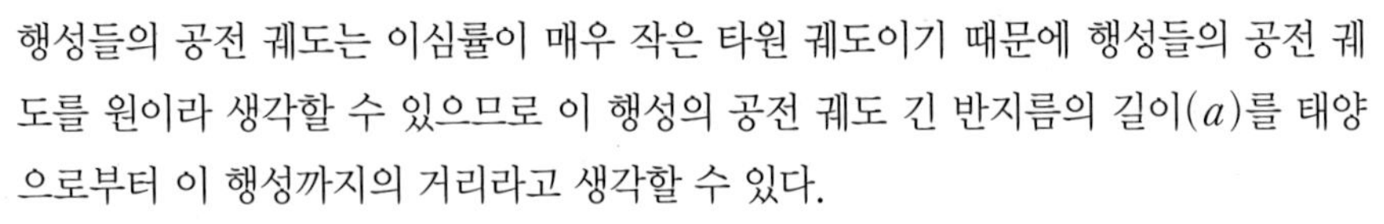

행성들의 공전 궤도는 이심률이 매우 작은 타원 궤도이기 때문에 행성들의 공전 궤도를 원이라 생각할 수 있으므로 이 행성의 공전 궤도 긴 반지름의 길이(a)를 태양으로부터 이 행성까지의 거리라고 생각할 수 있다.

다음은 행성들의 공전 주기(P)와 공전 궤도 긴 반지름의 길이(a)를 나타낸 것이다.

행성	수성	금성	지구	화성	목성	토성
공전 주기(년)	0.241	0.615	1.00	1.88	11.86	29.46
공간 궤도 긴 반지름(AU)	0.387	0.723	1.00	1.524	5.203	9.54

(iii) 케플러 제2법칙과 제3법칙은 모두 태양에 가까울 때 빨리 공전하고 태양에서 멀수록 느리게 공전한다는 내용을 담고 있다. 그러나 제2법칙은 행성 하나에 대한 것이고, 제3법칙은 여러 행성의 공전 궤도를 비교한 것이다.

예시 5 케플러의 법칙에 의하여 다음 사실이 알려져 있다.

> 행성은 태양을 하나의 초점으로 하는 타원 궤도를 따라 공전한다. 태양으로부터 행성까지의 거리를 r, 행성의 속도를 v라 하면 장축과 공전 궤도가 만나는 두 지점에서 거리와 속도의 곱 rv의 값은 서로 같다.

두 초점 사이의 거리가 $2c$인 타원 궤도를 따라 공전하는 행성이 있다. 단축과 공전 궤도가 만나는 한 지점과 태양 사이의 거리가 a이다. 장축과 공전 궤도가 만나는 두 지점에서의 속도의 비가 $3:5$일 때, a와 c의 관계식을 구하시오.

풀이 단축과 공전 궤도가 만나는 한 지점과 태양 사이의 거리가 a이므로 공전 궤도(타원)의 장축의 길이는 $2a$이다. 또한, 두 초점 사이의 거리가 $2c$이므로 장축과 공전 궤도가 만나는 두 지점과 태양 사이의 거리는 각각 $a-c$와 $a+c$이다.

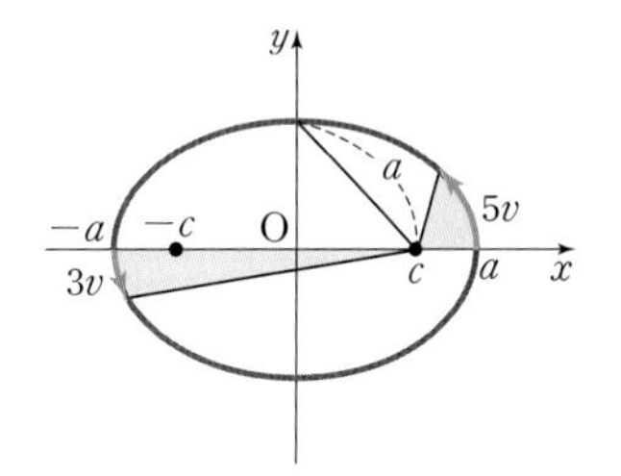

장축과 공전 궤도가 만나는 두 지점에서의 속도의 비가 $3:5$이므로 속도를 각각 $3v$, $5v$라 하면 거리와 속도의 곱의 값이 같아야 하므로 $3v(a+c)=5v(a-c)$, $3a+3c=5a-5c$에서 $a=4c$이다.

쌍곡선의 광학적 성질

1 쌍곡선의 광학적 성질

쌍곡선인 모양의 거울에 대하여 한 초점을 향하여 진행하는 빛은 거울면에 반사되어 다른 한 초점을 향하여 진행한다. 역으로 쌍곡선의 한 초점에서 출발한 빛은 거울면에 반사되어 다른 한 초점에서 나온 것처럼 진행한다.

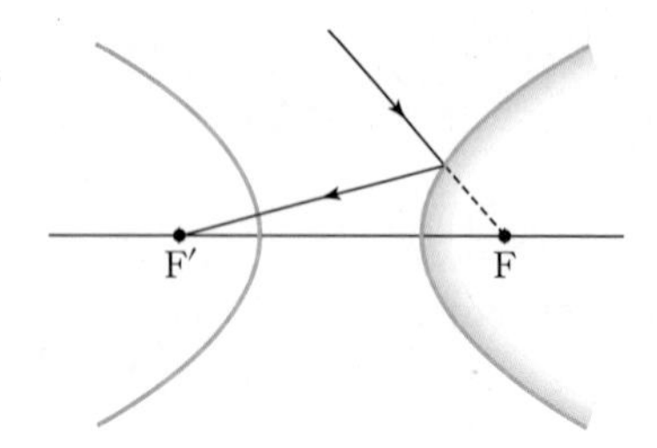

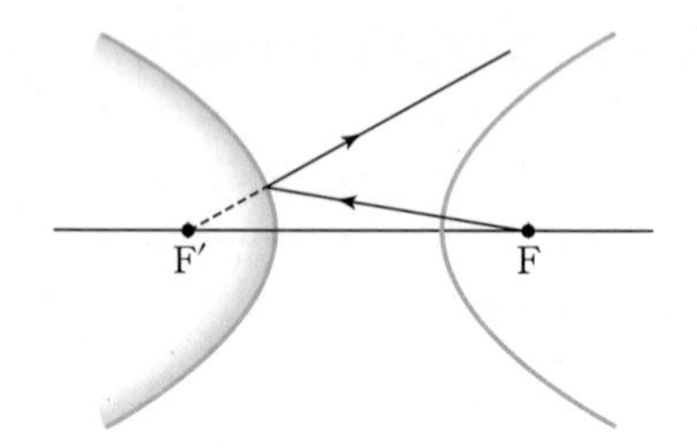

증명 1 빛은 최단 경로로 진행한다는 성질을 이용한 증명

두 점 F, F′을 초점으로 하는 쌍곡선의 꼭짓점을 A, B라 하고 쌍곡선 밖의 한 점 P와 초점 F를 연결한 선분이 쌍곡선과 만나는 점을 Q라 하자. 또 쌍곡선 위의 점 Q와 같은 쪽에 있는 다른 임의의 점을 Q′이라 하자.

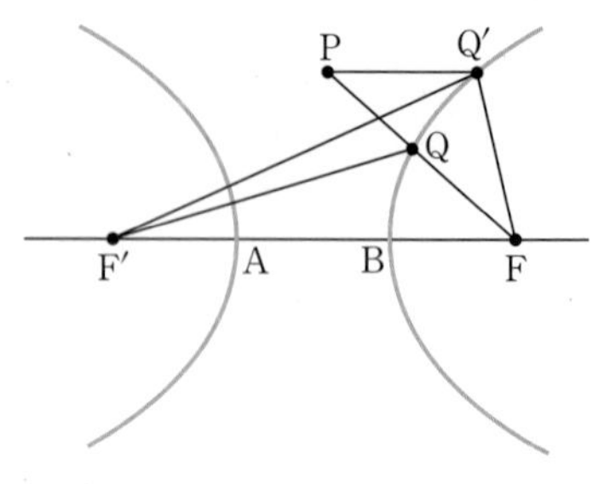

쌍곡선의 정의에 의하여 $|\overline{QF'}-\overline{QF}|=\overline{AB}$, $|\overline{Q'F'}-\overline{Q'F}|=\overline{AB}$ 이므로

$$\overline{PQ}+\overline{QF'}=(\overline{PF}-\overline{QF})+\overline{QF'}=\overline{PF}+(\overline{QF'}-\overline{QF})$$

$$=\overline{PF}+\overline{AB} \quad \cdots\cdots \text{㉠}$$

$$\overline{PQ'}+\overline{Q'F'}=\overline{PQ'}+(\overline{Q'F}+\overline{AB})=(\overline{PQ'}+\overline{Q'F})+\overline{AB}$$

이때, $\triangle PQ'F$에서 $\overline{PQ'}+\overline{Q'F}>\overline{PF}$이므로

$$\overline{PQ'}+\overline{Q'F'}>\overline{PF}+\overline{AB} \quad \cdots\cdots \text{㉡}$$

㉠, ㉡에서 $\overline{PQ'}+\overline{Q'F'}>\overline{PQ}+\overline{QF'}$

따라서 쌍곡선 밖의 한 점에서 쌍곡선의 한 초점을 향하여 진행한 빛은 쌍곡선 표면에 있는 거울에 반사되어 다른 한 초점을 향하여 진행한다.

증명 2 오른쪽 그림에서 점 F′을 중심으로 하는 원 위의 점 Q에 대하여 선분 QF의 수직이등분선이 직선 QF′과 만나는 점을 P라 할 때 점 P의 자취는 쌍곡선이다.(쌍곡선의 자취 (1))

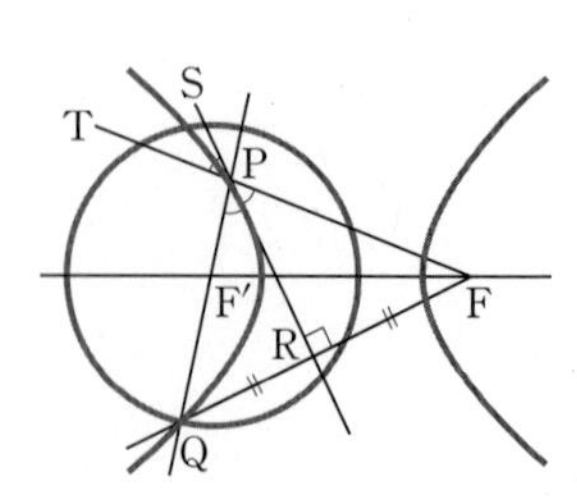

이때 $\angle TPS=\angle FPR$(맞꼭지각),

$\triangle PQR\equiv\triangle PFR$로부터 $\angle QPR=\angle FPR$이므로

$\angle TPS=\angle QPR=\angle F'PR$이다.

따라서 쌍곡선의 한 초점을 향하여 진행하는 빛은 쌍곡선면에 반사되어 다른 한 초점을 향하여 진행한다.

증명 3 (입사각의 크기)=(반사각의 크기)를 이용한 증명

쌍곡선 $\frac{x^2}{a^2}-\frac{y^2}{b^2}=1$ 위의 점 $\mathrm{P}(x_1, y_1)$에서의 접선의 방정식은

$\frac{x_1 x}{a^2}-\frac{y_1 y}{b^2}=1$이고 이 접선이 x축과 만나는 점을 Q라 하면

$\mathrm{Q}\left(\frac{a^2}{x_1}, 0\right)$이다.

쌍곡선 $\frac{x^2}{a^2}-\frac{y^2}{b^2}=1$의 두 초점을 $\mathrm{F}(c, 0)$, $\mathrm{F'}(-c, 0)$이라 하면

$\overline{\mathrm{FQ}}=c-\frac{a^2}{x_1}=\frac{cx_1-a^2}{x_1}$, $\overline{\mathrm{F'Q}}=\frac{a^2}{x_1}-(-c)=\frac{cx_1+a^2}{x_1}$이다.

한편, $\mathrm{P}(x_1, y_1)$은 $\frac{x^2}{a^2}-\frac{y^2}{b^2}=1$ 위의 점이므로 $\frac{{x_1}^2}{a^2}-\frac{{y_1}^2}{b^2}=1$이다.

$$\overline{\mathrm{PF}}^2=(x_1-c)^2+{y_1}^2=(x_1-c)^2+b^2\left(\frac{{x_1}^2}{a^2}-1\right)=\frac{a^2+b^2}{a^2}{x_1}^2-2cx_1+c^2-b^2$$
$$=\frac{c^2}{a^2}{x_1}^2-2cx_1+a^2=\left(\frac{cx_1-a^2}{a}\right)^2$$

이므로 $\overline{\mathrm{PF}}=\frac{cx_1-a^2}{a}$이고 같은 방법으로 하면 $\overline{\mathrm{PF'}}=\frac{cx_1+a^2}{a}$이다.

이때 $\triangle\mathrm{PFF'}$에서 $\overline{\mathrm{FQ}}:\overline{\mathrm{F'Q}}=\overline{\mathrm{PF}}:\overline{\mathrm{PF'}}$이 성립하므로 $\overline{\mathrm{PQ}}$는 $\angle\mathrm{FPF'}$의 이등분선이 된다.

그런데 $\angle\mathrm{FPQ}=\angle\mathrm{RPS}$(맞꼭지각)이므로 $\angle\mathrm{F'PQ}=\angle\mathrm{RPS}$이다.
따라서 쌍곡선의 한 초점 방향으로 진행하는 빛은 쌍곡선면경에서 반사하면 다른 초점으로 들어가게 된다.

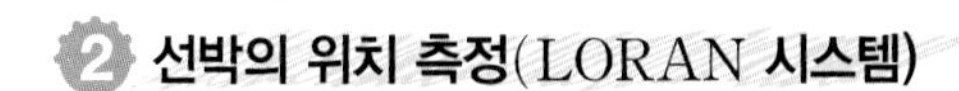

2 선박의 위치 측정(LORAN 시스템)

바다 위를 움직이는 배가 정확한 항로를 따라 항해할 수 있게 해주는 시스템을 LORAN (LOng RAnge Navigation, 장거리 항해)이라고 한다.
이것은 항해 및 항공을 위해 개발된 항법으로서 같은 시간에 서로 다른 2개의 송신국에서 보내는 무선신호를 받는 시간차에 바탕을 둔 시스템이다. 멀리 떨어져 있는 두 기지(송신국)에서 배로 동시에 전파를 보내면 어느 한 기지가 더 가까이 있으므로 배에서는 두 기지에서 보내는 전파를 약간의 시차를 두고 받게 된다. 즉, 두 송신국 F_1, F_2에서 동시에 전파를 보내면 배에 도착하는 시간차 t_2-t_1이 생긴다.
이때 배는 $|\overline{\mathrm{PF}_2}-\overline{\mathrm{PF}_1}|=c(t_2-t_1)$(단, P는 배의 위치, c는 전파의 속력)을 이용하여 자신의 위치가 [쌍곡선 1] 위의 임의의 점에 있음을 알 수 있다.
같은 방법으로 두 송신국 F_2, F_3에서 동시에 전파를 보내면 배에 도착하는 시간차 t_3-t_2가 생기므로 배는 $|\overline{\mathrm{PF}_3}-\overline{\mathrm{PF}_2}|=c(t_3-t_2)$를 이용하여 자신의 위치가 [쌍곡선 2] 위의 임의의 점에 있음을 알게 되고, [쌍곡선 1]과 [쌍곡선 2]가 처음으로 만나는 점 P를 찾아 자신의 위치를 정확하게 구할 수 있다. 이와 같이 서로 다른 세 지점으로부터 신호를 받아 배의 위치를 찾아 항해하는 것을 쌍곡선 항법이라고도 한다.

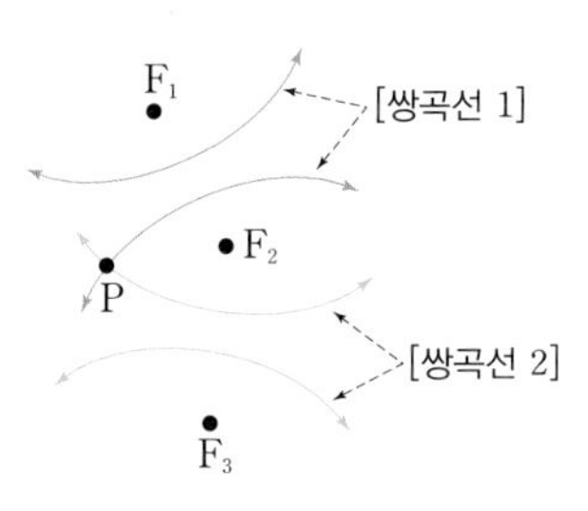

이 방법은 정확도가 높기 때문에 측량, 해저케이블의 부설, 부표의 설치 등에 사용되기도 하였으나 오늘날에는 지구 주위를 선회하는 인공위성을 이용하는 GPS(Global

Positioning System, 위성 항법 장치)가 이를 대신하여 선박, 비행기의 운항 뿐만 아니라 개인의 위치 추적, 차량의 운행정보 제공 등에 사용되고 있다.

예시 6 쌍곡선 $\frac{x^2}{5}-\frac{y^2}{4}=1$ 위의 제1사분면 위의 점 P와 두 점 A(3, 0), B(7, 5)가 있을 때, $\overline{PA}+\overline{PB}$의 최솟값을 구하시오.

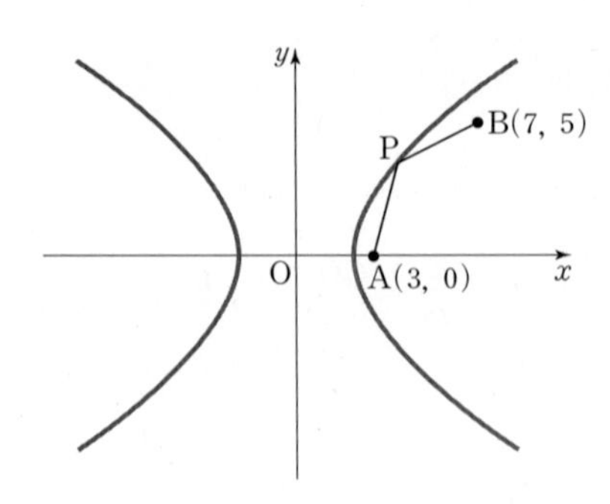

풀이 쌍곡선 $\frac{x^2}{5}-\frac{y^2}{4}=1$의 초점의 좌표는
A(3, 0), A′(−3, 0)이다.
점 P에서의 접선에 관한 점 B의 대칭점을 B′이라 하면
$\overline{PA}+\overline{PB}$의 최솟값은 $\overline{AB'}$이다.
$\overline{PA'}=a$, $\overline{PA}=b$, $\overline{PB}=c$라 하면
$a+c=\overline{A'B}=\sqrt{(7+3)^2+(5-0)^2}=5\sqrt{5}$ …… ㉠
$a-b=2\sqrt{5}$ …… ㉡
이다. ㉠−㉡을 하면 $b+c=3\sqrt{5}$이므로
따라서 $\overline{PA}+\overline{PB}$의 최솟값은 $3\sqrt{5}$이다.

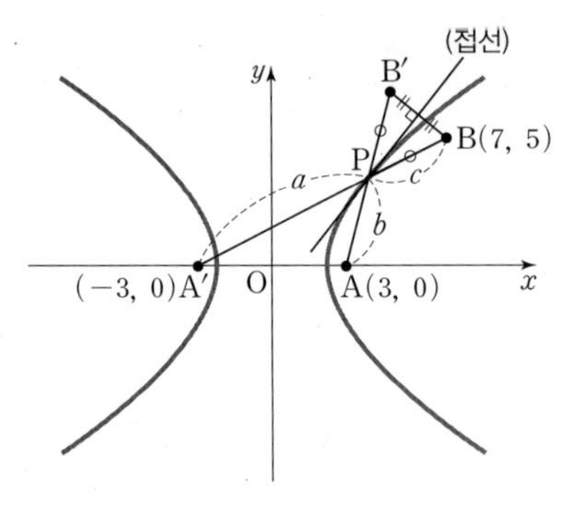

문제 1 주어진 타원 $\frac{x^2}{a^2}+\frac{y^2}{b^2}=1(a, b>0)$에 대하여 다음 물음에 답하시오.

(1) 임의의 실수 m을 기울기로 하는 타원의 두 접선 사이의 거리를 m에 대한 함수 $l(m)$으로 구하시오.

(2) 타원 밖의 점 P에서 그은 타원의 두 접선이 서로 수직할 때, 이러한 점 P의 자취를 나타내는 방정식을 구하시오.

(3) 타원에 외접하는 직사각형의 넓이의 최댓값 S를 구하시오.

| 이화여자대학교 2014년 수시 |

(1) 두 접선 사이의 거리는 평행한 두 직선 사이의 거리를 구하는 방법을 이용한다.
(2) 두 접선의 기울기의 곱이 −1임을 이용한다.
(3) 타원에 외접하는 직사각형은 서로 수직하는 기울기를 가지는 평행한 두 쌍의 접선으로 결정된다.

문제 2 제시문을 읽고 물음에 답하시오.

한 직선이 있고, 그 직선에 대해 같은 쪽에 두 개의 점이 있다. 그 중 한 점으로부터 직선 위의 점을 거쳐 다른 점까지에 이르는 최단경로에 대해 생각해 보자. 이 최단경로를 구하는 방법은 다음과 같다.

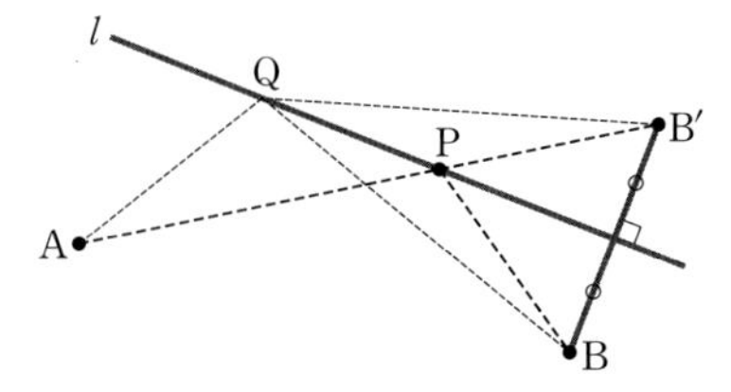

직선 l과 이 직선에 대해 같은 쪽에 있는 두 점 A, B가 주어져 있다. 직선 l에 대해 점 B와 대칭인 점을 B′이라 하고, 선분 AB′이 직선 l과 만나는 점을 P라 하자. 그러면, A에서 P를 거쳐 B까지 가는 것이 구하는 최단경로가 된다. 이를 증명하기 위해 직선 l 위의 임의의 점을 Q라 하면

$$\overline{AQ}+\overline{QB}=\overline{AQ}+\overline{QB'}>\overline{AB'}=\overline{AP}+\overline{PB'}=\overline{AP}+\overline{PB}$$

이다. 따라서 $\overline{AP}+\overline{PB}$가 최단경로가 된다. 이때 직선 l에 대해 선분 AP가 이루는 각과 선분 BP가 이루는 각이 같아지는데, 그 이유는 직선 l에 대해 선분 AP와 선분 B′P가 이루는 각이 맞꼭지각으로 같고, 직선 l에 대해 선분 BP와 선분 B′P가 이루는 각이 대칭에 의해 같기 때문이다.

(1) 그림과 같이 초점이 F_1, F_2인 타원이 있다. 이 타원에 대해 세 점 P, Q, R이 각각 타원 위, 내부, 그리고 외부에 위치하고 있다.

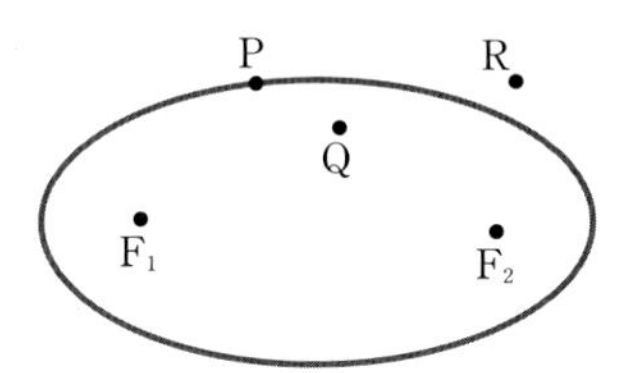

이때 $\overline{F_1Q}+\overline{QF_2}<\overline{F_1P}+\overline{PF_2}<\overline{F_1R}+\overline{RF_2}$임을 보이시오.

(2) 그림과 같이 초점이 F_1, F_2인 타원 위의 한 점 P에서의 접선 l이 있다.

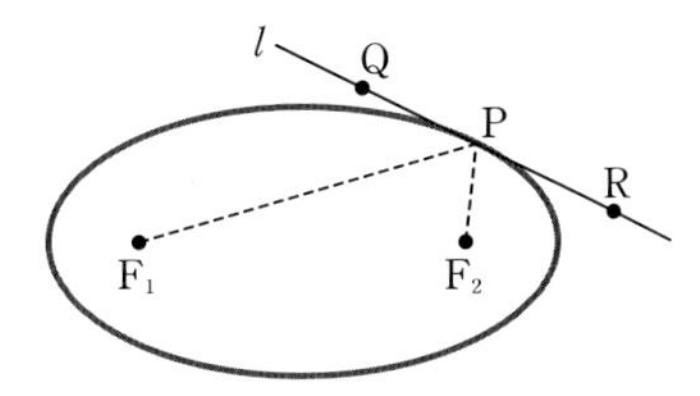

직선 l 위에 두 점 Q, R이 P에 대하여 서로 반대편에 위치하고 있다. 문제 (1)과 제시문을 이용하여 $\angle F_1PQ=\angle F_2PR$임을 보이시오.

(3) 그림과 같이 초점과 준선이 각각 F, l인 포물선이 있다. 이 포물선에 대해 두 점 Q, R이 각각 포물선의 안과 바깥에 위치하고 있다.

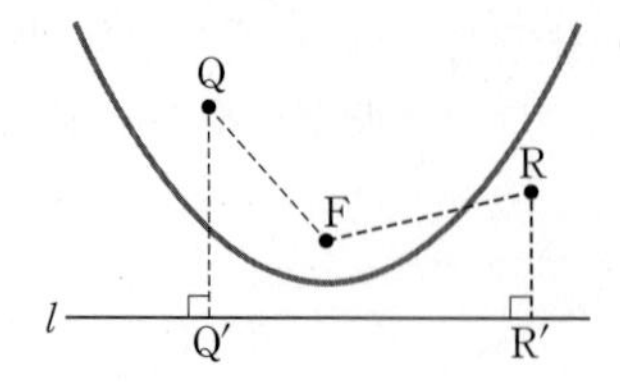

점 Q′과 R′이 각각 점 Q와 R에서 직선 l에 내린 수선의 발일 때, $\overline{FQ}<\overline{QQ'}$이고 $\overline{FR}>\overline{RR'}$임을 보이시오.

(4) 그림과 같이 초점과 준선이 각각 F, l인 포물선이 있다.

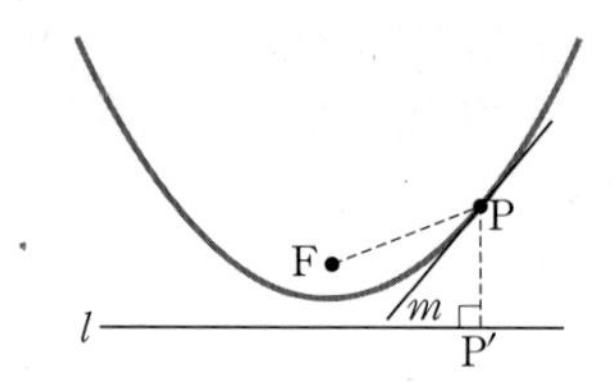

포물선 위의 한 점 P에서 그은 접선이 m이고, P에서 l에 내린 수선의 발을 P′이라 할 때, 접선 m은 $\angle FPP'$을 이등분함을 보이시오.

(5) 그림과 같이 초점이 F인 포물선 위의 두 점 P, Q에서 각각 그은 접선이 점 R에서 만난다.

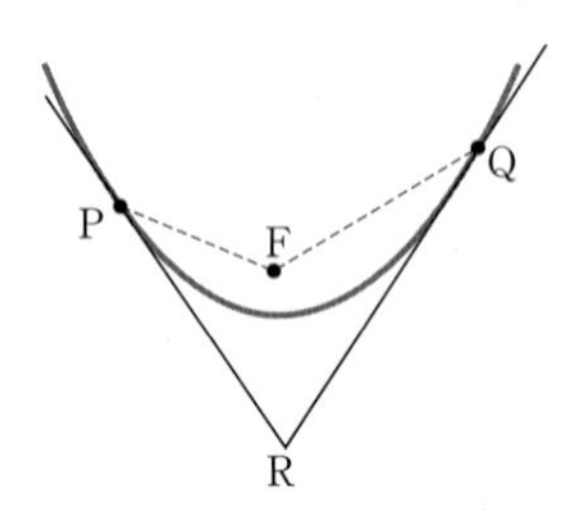

$\angle PFQ=105^\circ$일 때, $\angle PRQ$의 크기를 구하시오.

| 아주대학교 2013년 수시 |

(1) 선분 F_1Q를 점 Q쪽으로 연장하여 타원과 만나는 점을 P_1이라 놓고 생각한다.

문제 3 제시문을 읽고 물음에 답하시오.

> 타원의 표면에서 빛이 반사된다고 가정할 때, 타원은 한 초점에서 출발한 빛이 타원 표면에서 반사된 후 다른 초점으로 모아진다는 성질을 가지고 있다.

(1) 다음 그림의 타원에서 두 초점이 $F_1(-1, 0)$, $F_2(1, 0)$이고 $B(0, 1)$이다. 직선 l_0는 타원 위의 점 $X(x_0, y_0)$에서의 접선이고, 이 접선과 선분 XF_1, XF_2가 이루는 예각을 각각 α, β라고 하자.

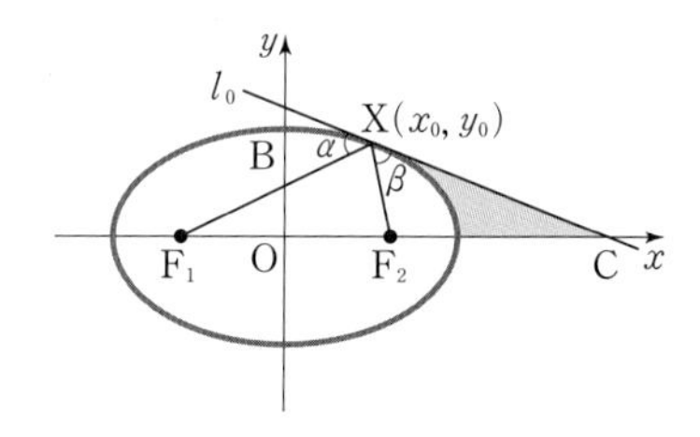

① $\cos\alpha$의 값을 y_0에 관한 식으로 표현하시오.

② 제시문은 각 α와 β가 동일함을 의미한다. 제시문을 이용하여 이 사실이 성립함을 논술하시오.

(2) 문제 (1)의 그림에서 두 초점이 $F_1(-1, 0)$, $F_2(1, 0)$이고, $B(0, 1)$, $C(3, 0)$일 때, 색칠한 부분을 x축을 중심으로 회전시킨 입체의 부피를 구하고 그 근거를 서술하시오.

(3) 문제 (1)의 그림에서 타원의 두 초점이 $F_1(-1, 0)$, $F_2(1, 0)$이고, $B(0, 1)$일 때, 이 타원을 x축을 중심으로 하여 회전시킨 회전체를 V라고 하자. 또한 이 회전체 V에 내접하면서 각 면이 xy, yz 혹은 zx평면과 평행인 직육면체들 중에서 부피가 최대가 되는 직육면체를 R이라고 하자.

① 부피가 최대가 되는 직육면체 R의 한 꼭짓점을 (a, b, c)라고 할 때, 이 꼭짓점은 타원 위의 점이 x축을 중심으로 $\frac{\pi}{4}$ 혹은 $-\frac{\pi}{4}$만큼 회전이동한 것임을 보이고 그 근거를 서술하시오.

② 부피가 최대가 되는 직육면체 R의 가로, 세로, 높이의 길이를 구하고 그 근거를 서술하시오.

| 경희대학교 2013년 수시응용 |

(1) 점 F_1에서 접선까지의 거리를 구해 $\sin\alpha$의 값을 구한다음 $\cos\alpha=\sqrt{1-\sin^2\alpha}$를 이용한다.

(3) ① 직육면체 R의 한 꼭짓점을 (a, b, c)라고 할 때, $a>0$, $b>0$, $c>0$인 경우에 나머지 꼭짓점들은 xy, yz, zx평면에 대하여 대칭인 위치에 있다.

Ⅶ 공간도형

1 공간도형

BASIC

1 평면의 결정조건

(1) 한 직선 위에 있지 않은 세 점

(2) 한 직선과 그 위에 있지 않은 한 점

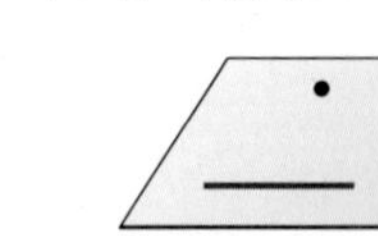

(3) 만나는 두 직선

(4) 평행한 두 직선

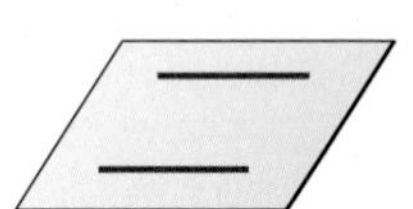

- 공간도형에서도 한 점을 지나는 직선은 무수히 많지만 두 점을 지나는 직선은 오직 하나로 결정된다.

이해돕기 삼각기둥을 이루는 6개의 꼭짓점으로 만들 수 있는 모든 평면의 개수를 구하시오.

풀이 6개의 꼭짓점을 A, B, C, D, E, F라 하자.
먼저, 삼각기둥의 5개의 면을 포함하는 각각의 평면을 만들 수 있다.
또한 일직선 위에 있지 않는 세 개의 점은 한 평면을 결정하므로
세 개의 점을 묶어서 정리해 보면 (A, B, F), (B, C, D),
(C, A, E), (D, E, C), (E, F, A), (F, D, B)이다.
따라서 만들 수 있는 모든 평면의 개수는 $5+6=11$(개)이다.
|다른 풀이| ${}_{6}C_{3}-{}_{4}C_{3}\times 3-{}_{3}C_{3}\times 2+5=11$(개)

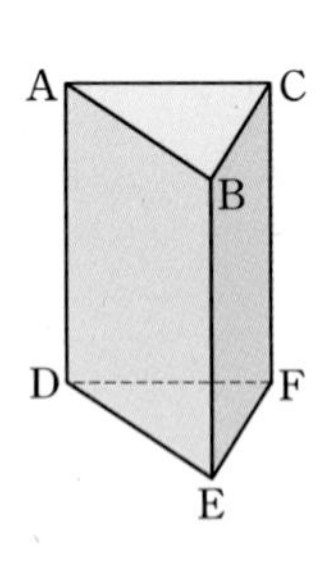

2 직선과 평면의 위치 관계

(1) 공간에서의 두 직선의 위치 관계
① 만난다. ② 평행하다. ③ 꼬인 위치에 있다.

(2) 공간에서의 직선과 평면의 위치 관계
① 직선이 평면에 포함된다. ② 만난다. ③ 평행하다.

(3) 두 평면의 위치 관계
① 만난다. ② 평행하다.

- • 꼬인 위치: 공간에서 한 평면에 있지 않은 두 직선은 한 점에서 만나지도 않고 평행하지도 않는다.
  • 직선과 평면의 교점이 2개 이상이면 직선은 평면에 포함된다.

3 직선과 평면 사이의 각

(1) 꼬인 위치에 있는 두 직선이 이루는 각
두 직선 a, b가 꼬인 위치에 있을 때, a를 b 위의 한 점 O를 지나도록 평행이동한 직선 a'과 직선 b가 이루는 각을 직선 a, b가 이루는 각이라고 한다.

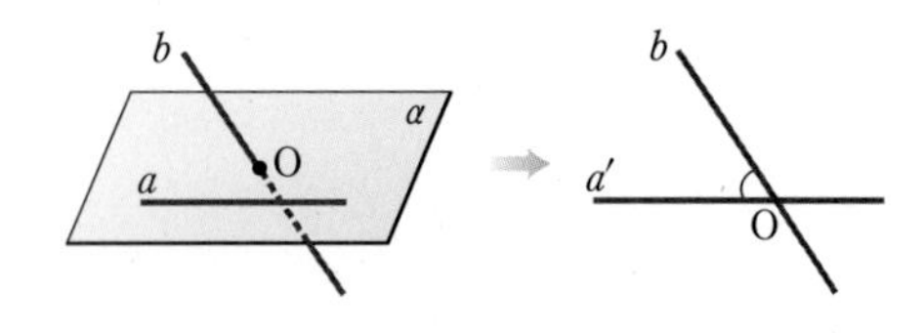

- 두 직선이 이루는 각의 크기는 보통 크기가 작은 쪽의 각을 생각한다.

(2) 직선과 평면이 이루는 각

직선 l이 평면 α와 점 O에서 만날 때, 직선 위의 임의의 한 점 A에서 평면 α에 내린 수선의 발을 B라 하면, $\angle$AOB를 직선 l과 평면 α가 이루는 각이라고 한다.
특히, 공간에서 직선 l이 평면 α와 점 O에서 만나고, 점 O를 지나는 평면 α 위의 모든 직선과 l이 수직일 때, 직선 l과 평면 α는 수직이라 하고, 기호 $l \perp \alpha$로 나타낸다.

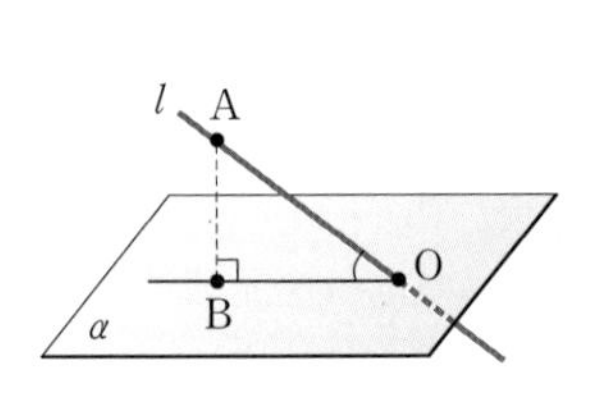

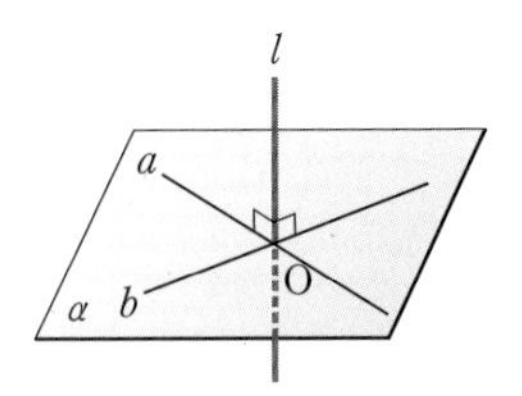

(3) 두 평면이 이루는 각

두 평면 α, β의 교선 l 위의 한 점 O로부터 l에 수직이고 각 평면 α, β에 포함되는 직선 OA, OB를 그으면 $\angle$AOB의 크기는 점 O의 위치에 관계없이 일정하다.
이때 이 각을 두 평면이 이루는 각이라고 한다.

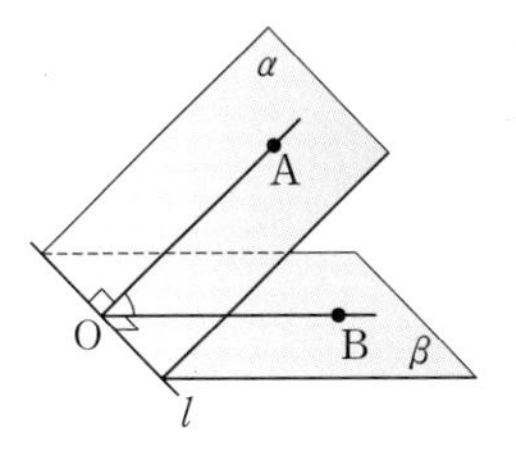

이해돕기 오른쪽 그림과 같은 정사면체 ABCD에서 두 평면 ABC, BCD가 이루는 예각의 크기를 α, 모서리 AD와 평면 BCD가 이루는 예각의 크기를 β라 할 때, $\cos\alpha$, $\cos\beta$의 값을 구하시오.

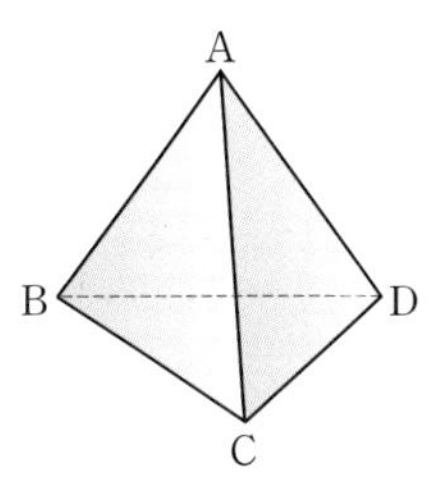

풀이 $\overline{BC}$의 중점을 M이라 하면 $\overline{AM} \perp \overline{BC}$, $\overline{DM} \perp \overline{BC}$이다.
$\angle AMD = \alpha$, $\angle ADM = \beta$, 꼭짓점 A에서 $\triangle$BCD에 내린 수선의 발을 H라 하면 점 H는 $\triangle$BCD의 무게중심이므로
$\overline{DH} : \overline{MH} = 2 : 1$이다.
한편, 정사면체의 한 모서리의 길이를 a라 하면
$\overline{AM} = \overline{DM} = \frac{\sqrt{3}}{2}a$이므로
$\overline{MH} = \frac{1}{3}\overline{DM} = \frac{\sqrt{3}}{6}a$, $\overline{DH} = \frac{2}{3}\overline{DM} = \frac{\sqrt{3}}{3}a$

$$\therefore \cos\alpha = \frac{\overline{MH}}{\overline{AM}} = \frac{\frac{\sqrt{3}}{6}a}{\frac{\sqrt{3}}{2}a} = \frac{1}{3}, \ \cos\beta = \frac{\overline{DH}}{\overline{AD}} = \frac{\frac{\sqrt{3}}{3}a}{a} = \frac{\sqrt{3}}{3}$$

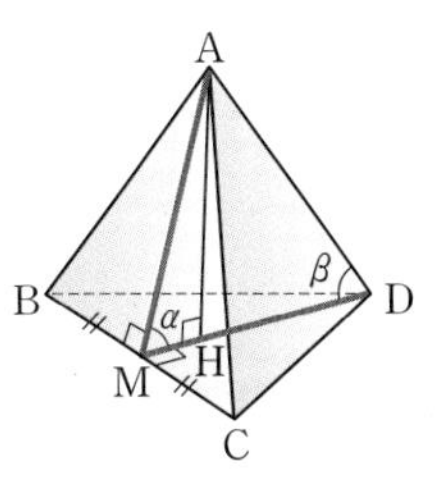

4 삼수선의 정리

평면 α 밖의 한 점을 P, 평면 α 위의 한 직선을 l, 직선 l 위의 점 B에 대하여 다음이 성립한다.
(1) $\overline{PA} \perp \alpha$, $\overline{AB} \perp l$이면 $\overline{PB} \perp l$
(2) $\overline{PA} \perp \alpha$, $\overline{PB} \perp l$이면 $\overline{AB} \perp l$
(3) $\overline{PB} \perp l$, $\overline{AB} \perp l$, $\overline{PA} \perp \overline{AB}$이면 $\overline{PA} \perp \alpha$

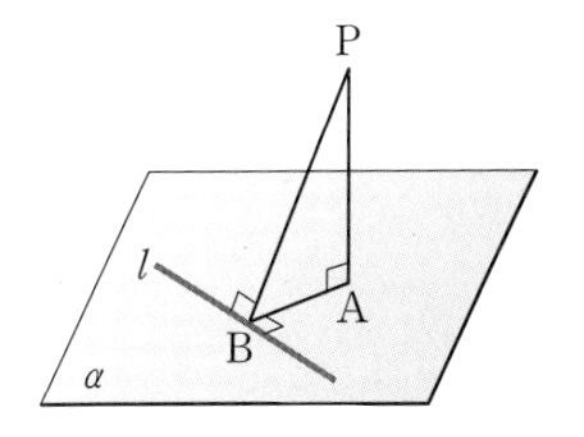

BASIC

- 직선 l이 평면 α와 수직임을 보이기 위해서는 직선 l이 평면 α 위의 평행하지 않은 두 직선 a, b와 수직임을 보이면 된다.
- 교선: 두 평면이 만날 때, 두 평면이 공유하는 한 직선
- $\overline{PA} \perp \alpha$이면 $\overline{PA}$는 평면 α 위의 모든 직선과 수직이다.

이해돕기 오른쪽 그림은 $\overline{AB}=1$, $\overline{AD}=2$, $\overline{BF}=3$인 직육면체이다. 꼭짓점 A에서 $\overline{FH}$에 내린 수선의 발을 P라 할 때, $\overline{AP}$의 길이를 구하시오.

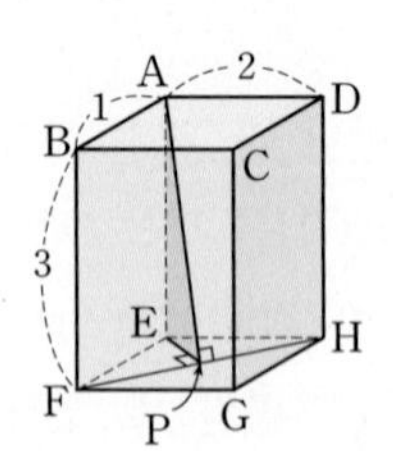

풀이 $\overline{FH}=\sqrt{\overline{EF}^2+\overline{EH}^2}=\sqrt{1^2+2^2}=\sqrt{5}$

점 A에서 밑면 EFGH에 내린 수선이 $\overline{AE}$이고, $\overline{AP}\perp\overline{FH}$이므로

삼수선의 정리에 의하여 $\overline{EP}\perp\overline{FH}$이므로 △EFH에서

$\frac{1}{2}\cdot\overline{EF}\cdot\overline{EH}=\frac{1}{2}\overline{FH}\cdot\overline{EP}$, $\frac{1}{2}\cdot1\cdot2=\frac{1}{2}\cdot\sqrt{5}\cdot\overline{EP}$ $\quad\therefore \overline{EP}=\frac{2}{\sqrt{5}}$

따라서 직각삼각형 AEP에서 $\overline{AP}=\sqrt{3^2+\left(\frac{2}{\sqrt{5}}\right)^2}=\frac{7\sqrt{5}}{5}$

5 정사영

(1) 정사영의 길이

$\overline{AB}$의 평면 α 위로의 정사영을 $\overline{A'B'}$이라 하고, 직선 AB가 평면 α와 이루는 예각의 크기를 θ라 하면

$$\overline{A'B'}=\overline{AB}\cos\theta$$

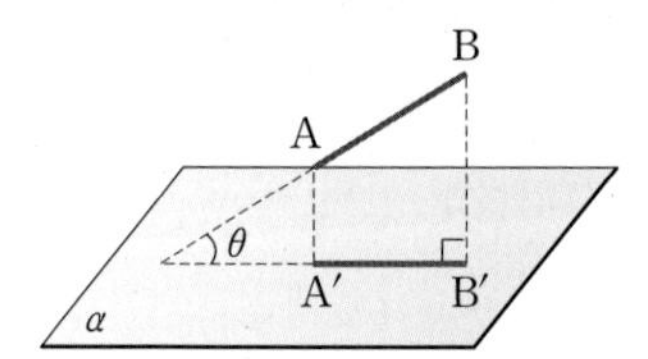

(2) 정사영의 넓이

두 평면 α, β가 이루는 각이 θ이고 평면 α 위의 도형 F의 넓이를 S라 할 때 F의 평면 β 위로의 정사영을 F′이라 하면 F′의 넓이 S'은

$$S'=S\cos\theta$$

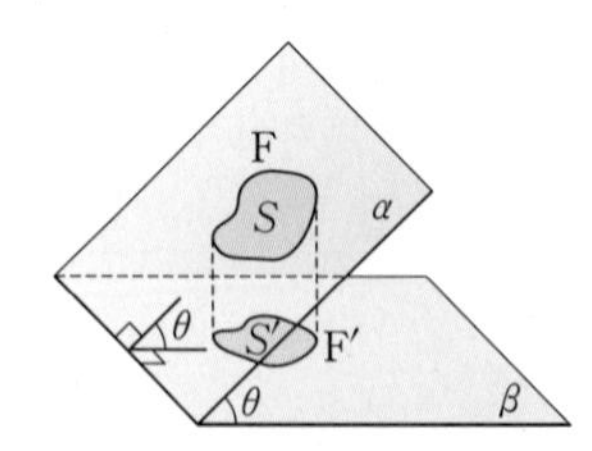

● **정사영**
평면 α 위에 있지 않는 점 P에서 평면 α에 내린 수선의 발을 P′이라 할 때, 점 P′을 점 P의 평면 α 위로의 정사영이라고 한다.

● 교선을 알 수 없는 두 평면의 이면각의 크기는 정사영을 이용하여 구한다.

이해돕기 오른쪽 그림과 같이 한 모서리의 길이가 18인 정사면체의 한 면 ABC에 내접하는 원이 있다. 이 원을 밑면 BCD에 정사영시킬 때 생기는 타원의 단축의 길이를 구하시오.

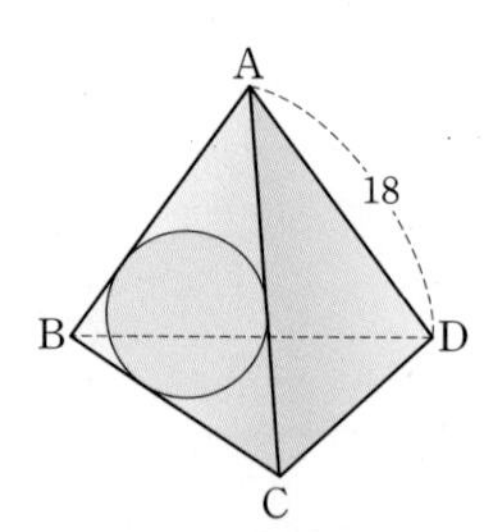

풀이 주어진 원의 반지름의 길이를 r라 하면 원의 중심은 정삼각형 ABC의 무게중심이다.

이때 $\overline{AP}=\frac{\sqrt{3}}{2}\overline{AB}=\frac{\sqrt{3}}{2}\times18=9\sqrt{3}$이므로

$$r=\frac{1}{3}\overline{AP}=\frac{1}{3}\times9\sqrt{3}=3\sqrt{3}$$

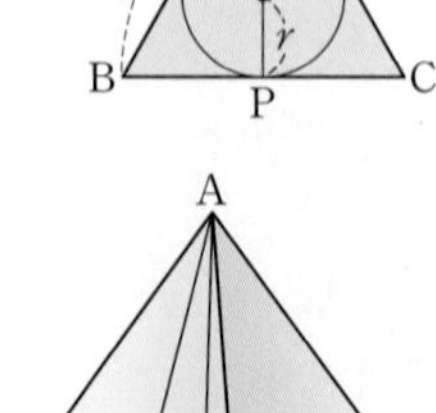

한편, 꼭짓점 A에서 △BCD에 내린 수선의 발 A′은 △BCD의 무게중심이므로 △ABC의 평면 BCD 위로의 정사영

△A′BC의 넓이는 △ABC의 넓이의 $\frac{1}{3}$이다.

즉, △ABC $\cos\theta=\frac{1}{3}$△ABC이므로 $\cos\theta=\frac{1}{3}$

따라서 타원의 단축의 길이는 $2r\cos\theta=2\times3\sqrt{3}\times\frac{1}{3}=2\sqrt{3}$

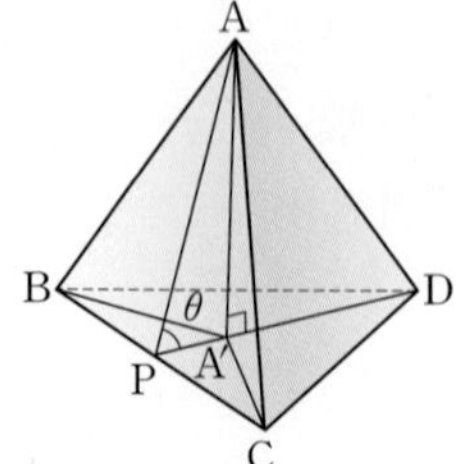

2 공간좌표

1 공간좌표

(1) 두 점 사이의 거리

좌표공간에서 두 점 $A(x_1, y_1, z_1)$, $B(x_2, y_2, z_2)$ 사이의 거리는

$$\overline{AB}=\sqrt{(x_2-x_1)^2+(y_2-y_1)^2+(z_2-z_1)^2}$$

(2) 선분의 내분점과 외분점

좌표공간에서 두 점 $A(x_1, y_1, z_1)$, $B(x_2, y_2, z_2)$에 대하여 선분 AB를 $m:n$ (단, $m>0$, $n>0$)으로 내분하는 점을 P, 선분 AB를 $m:n$ (단, $m>0$, $n>0$, $m\neq n$)으로 외분하는 점을 Q라 하면

$$P\left(\frac{mx_2+nx_1}{m+n}, \frac{my_2+ny_1}{m+n}, \frac{mz_2+nz_1}{m+n}\right),$$

$$Q\left(\frac{mx_2-nx_1}{m-n}, \frac{my_2-ny_1}{m-n}, \frac{mz_2-nz_1}{m-n}\right)$$

(3) 삼각형의 무게중심

좌표공간에서 세 점 $A(x_1, y_1, z_1)$, $B(x_2, y_2, z_2)$, $C(x_3, y_3, z_3)$를 꼭짓점으로 하는 $\triangle ABC$의 무게중심을 G라 하면

$$G\left(\frac{x_1+x_2+x_3}{3}, \frac{y_1+y_2+y_3}{3}, \frac{z_1+z_2+z_3}{3}\right)$$

BASIC

- 원점 O와 점 $A(x, y, z)$ 사이의 거리는 $\sqrt{x^2+y^2+z^2}$이다.
- **좌표공간에서 두 점** $A(x_1, y_1, z_1)$, $B(x_2, y_2, z_2)$에 대하여 선분 AB의 중점을 M이라 하면 $M\left(\frac{x_1+x_2}{2}, \frac{y_1+y_2}{2}, \frac{z_1+z_2}{2}\right)$

2 구의 방정식

(1) 구의 방정식의 표준형

중심이 (a, b, c)이고, 반지름의 길이가 r인 구의 방정식은

$$(x-a)^2+(y-b)^2+(z-c)^2=r^2$$

(2) 구의 방정식의 일반형

$$x^2+y^2+z^2+Ax+By+Cz+D=0 \text{ (단, } A, B, C, D\text{는 상수)}$$

(3) 두 점 $A(x_1, y_1, z_1)$, $B(x_2, y_2, z_2)$를 지름의 양 끝점으로 하는 구의 방정식은

$$(x-x_1)(x-x_2)+(y-y_1)(y-y_2)+(z-z_1)(z-z_2)=0$$

- 중심이 원점이고 반지름의 길이가 r인 구의 방정식은 $x^2+y^2+z^2=r^2$
- 구의 방정식의 일반형에서 중심의 좌표는 $\left(-\frac{A}{2}, -\frac{B}{2}, -\frac{C}{2}\right)$이고 반지름의 길이는 $\frac{1}{2}\sqrt{A^2+B^2+C^2-4D}$ (단, $A^2+B^2+C^2-4D>0$)

이해돕기 거리가 1인 평행한 두 평면으로 반지름의 길이가 1인 구를 잘라서 얻어진 두 단면의 넓이의 합의 최댓값을 구하시오.

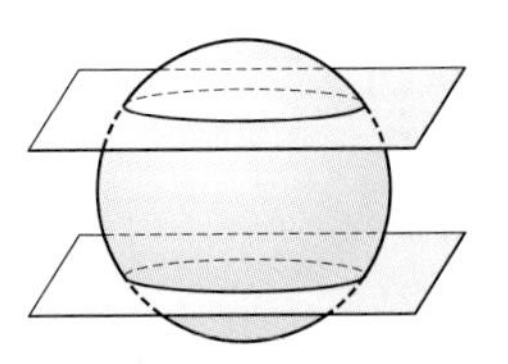

풀이 오른쪽 그림과 같이 구의 중심 O에서 위쪽에 있는 원 C_1의 중심까지의 거리를 x라 하면, 두 단면의 사이의 거리가 1이므로 구의 중심 O에서 아래쪽에 있는 원 C_2의 중심까지의 거리는 $1-x$이다.

원 C_1, C_2의 반지름의 길이를 각각 r_1, r_2라 하면

$$r_1^2=1-x^2,\ r_2^2=1-(1-x)^2 \text{ (단, } 0<x<1)$$

이므로 두 단면의 넓이의 합 S는

$$S=\pi(r_1^2+r_2^2)=\pi\{1-x^2+1-(1-x)^2\}=\pi\left\{-2\left(x-\frac{1}{2}\right)^2+\frac{3}{2}\right\}$$

따라서 두 단면의 넓이의 합의 최댓값은 $\frac{3}{2}\pi$이다.

COURSE A

수리논술 분석

예제 1 $\overline{AB}=a$, $\overline{BC}=b$ $(a>b>0)$인 직사각형의 종이 ABCD가 있다. 오른쪽 그림과 같이 대각선 BD의 중점 M을 지나서 $\overline{BD}$에 수직인 직선 EF를 접는 선으로 하여 종이를 접어 평면 AEFD가 평면 EBCF에 수직이 되도록 한다. 이 공간도형에서 $\angle DFC$의 크기를 θ라 할 때, 다음 물음에 답하시오. (단, $0<\theta<\pi$)

(1) $\cos\theta$를 a, b로 나타내시오.

(2) θ의 존재 범위를 구하시오.

A D E M F B b C a

예시 답안

(1) $\triangle DFC$에서 세 변 $\overline{DC}$, $\overline{DF}$, $\overline{CF}$의 길이를 구하여 제이코사인법칙을 이용하면 $\cos\theta$를 구할 수 있다.

D θ C F A M E B

(i) $\overline{DC}$의 길이를 구해 보자.

$\overline{DM}\perp\overline{EF}$, $\overline{BM}\perp\overline{DM}$, $\angle DMB=90^\circ$이므로 $\overline{DM}\perp$(평면 MBCF)에서

$\overline{DM}\perp\overline{MC}$ …… ㉠

이고, 점 M은 사각형 ABCD의 대각선의 교점이므로

$\overline{DM}=\overline{MC}$ …… ㉡

이다. ㉠, ㉡에서 $\triangle DMC$는 직각이등변삼각형이므로

$\overline{DC}^2=\overline{DM}^2+\overline{MC}^2=2\overline{DM}^2=2\left(\frac{\sqrt{a^2+b^2}}{2}\right)^2=\frac{a^2+b^2}{2}$이다.

(ii) $\overline{DF}$의 길이를 구해 보자.

직사각형 ABCD에서 $\triangle BCD\backsim\triangle FMD$이므로

$\overline{DB}:\overline{DF}=\overline{DC}:\overline{DM}$이고

$\sqrt{a^2+b^2}:\overline{DF}=a:\frac{\sqrt{a^2+b^2}}{2}$에서 $\overline{DF}=\frac{a^2+b^2}{2a}$이다.

(iii) $\overline{CF}$의 길이를 구해 보자.

$\overline{CF}=a-\overline{DF}=a-\frac{a^2+b^2}{2a}=\frac{a^2-b^2}{2a}$이다.

따라서 $\triangle DFC$에서

$$\cos\theta=\frac{\overline{DF}^2+\overline{CF}^2-\overline{DC}^2}{2\overline{DF}\cdot\overline{CF}}=\frac{\left(\frac{a^2+b^2}{2a}\right)^2+\left(\frac{a^2-b^2}{2a}\right)^2-\frac{a^2+b^2}{2}}{2\times\frac{a^2+b^2}{2a}\times\frac{a^2-b^2}{2a}}=-\frac{b^2}{a^2+b^2}\text{이다.}$$

(2) $\cos\theta=-\frac{b^2}{a^2+b^2}=-\frac{1}{\left(\frac{a}{b}\right)^2+1}$에서 $\frac{a}{b}=k$로 놓으면 $\cos\theta=-\frac{1}{k^2+1}$이다.

그런데 $a>b>0$이므로 $k=\frac{a}{b}>1$이다.

$k^2+1>2$이므로 $-\frac{1}{2}<-\frac{1}{k^2+1}<0$에서 $-\frac{1}{2}<\cos\theta<0$이다.

이때 $0<\theta<\pi$이므로 구하는 θ의 존재 범위는 $\frac{\pi}{2}<\theta<\frac{2\pi}{3}$이다.

Check Point

(1) • (평면 AEFD)$\perp$(평면 FEBC)이므로 평면 AEFD 위의 선분 DM은 평면 FEBC 위의 선분 MC, 선분 MF와 각각 수직이다.

• 점 M은 사각형 ABCD의 대각선의 교점이므로

$\overline{DM}=\overline{BM}=\overline{MC}$

• $\triangle CFD$에서 코사인법칙을 이용한다.

그림과 같이 사잇각 60°인 두 평면 사이에 반지름이 1인 구가 두 평면과 각각 한 점에서 만난다. 구의 중심을 지나면서 두 평면의 교선에 수직인 직선과 평행한 방향으로 태양 광선이 비출 때, 두 평면에 나타나는 그림자의 넓이를 구하시오.

| 단국대학교 2015년 수시 |

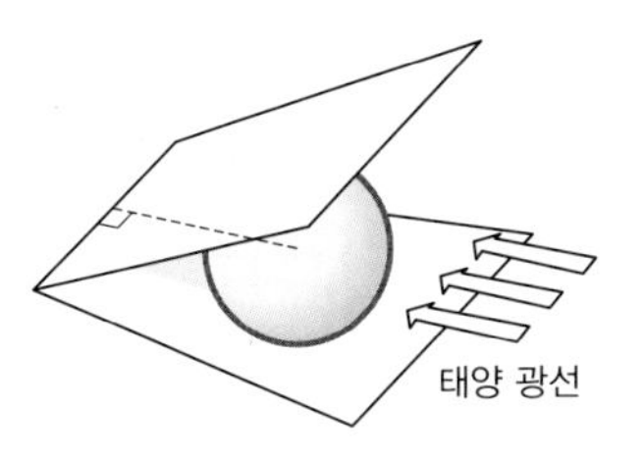

예시 답안

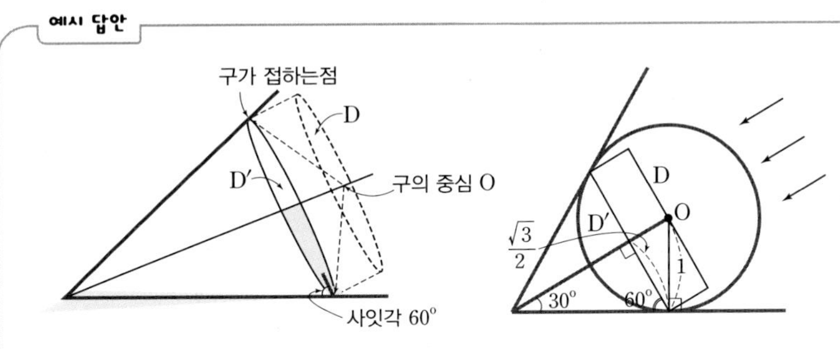

Check Point

예컨대, 태양 광선이 책상 위에 수직으로 비출 때 생기는 연필의 그림자가 연필의 책상 위로의 정사영이다.

구의 중심 O를 지나고 태양 광선에 수직인 평면 중 구의 안쪽 영역(원판)을 D라 하고 D를 태양 광선이 비추는 방향으로 두 평면과 만날 때까지 평행이동한 원판은 D′이라 하자.

한쪽 평면에 생긴 그림자(그림에서 아래 음영)의 D′이 포함된 평면 위로의 정사영을 생각하면

(한쪽 평면에 생긴 그림자의 넓이)$\times\cos 60^\circ=$(D′의 넓이)$\times\frac{1}{2}=\frac{3}{4}\pi\times\frac{1}{2}=\frac{3}{8}\pi$이다.

따라서 한쪽 평면에 생긴 그림자의 넓이는 $\frac{3}{4}\pi$이다. 똑같은 그림자가 다른 쪽 평면 위에도 생기므로 그림자의 총 넓이는 $\frac{3}{2}\pi$이다.

서로 수직인 두 평면 α, β의 교선을 l이라 하자. 반지름의 길이가 6인 원판이 두 평면 α, β와 각각 한 점에서 만나고 교선 l에 평행하게 놓여 있다. 태양 광선이 평면 α와 30°의 각을 이루면서 원판의 면에 수직으로 비출 때, 다음 그림과 같이 평면 β에 나타나는 원판의 그림자의 넓이를 구하시오.

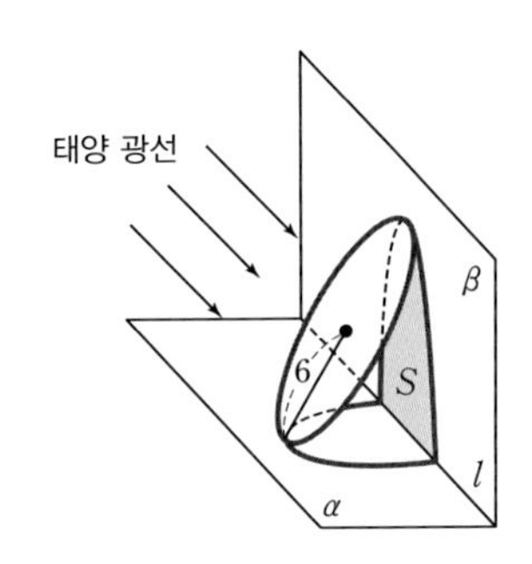

예제 3 θ가 실수일 때, 점 $P(x, y, z)$의 세 좌표 x, y, z가

$$x=(1-|z|)\cos\theta,\ y=(1-|z|)\sin\theta,\ -1\le z\le 1$$

을 만족한다고 한다. 이 점 P가 이루는 도형을 S라 할 때, 다음 물음에 답하시오.

(1) 도형 S와 xy평면이 만나는 부분은 어떤 도형인지 설명하시오.

(2) 이 도형 S의 부피를 구하시오.

예시 답안

(1) xy평면과 만나는 점은 z좌표가 0이므로 $x=\cos\theta$, $y=\sin\theta$가 성립한다. 이때, θ를 소거하면 $x^2+y^2=1$이므로 도형 S와 xy평면이 만나는 부분은 xy평면 위에서 원점을 중심으로 하고, 반지름의 길이가 1인 원이다.

Check Point

$x=r\cos\theta$, $y=r\sin\theta$를 만족하는 점 (x, y)의 자취의 방정식은 $x^2+y^2=r^2$이다.

(2) $x=(1-|z|)\cos\theta$, $y=(1-|z|)\sin\theta$

에서 θ를 소거하면

$x^2+y^2=(1-|z|)^2$이다.

이 도형 S와 평면 $z=a(-1\le a\le 1)$의 교선은 반지름의 길이가 $1-|a|$인 원이다.

따라서 도형 S는 오른쪽 그림과 같이 세 점 $(0, 1, 0)$, $(0, 0, 1)$, $(0, 0, -1)$로 만든 삼각형을 z축 둘레로 회전한 입체이므로 구하는 부피는 $2\times\left(\frac{1}{3}\times\pi\times1^2\times1\right)=\frac{2}{3}\pi$이다.

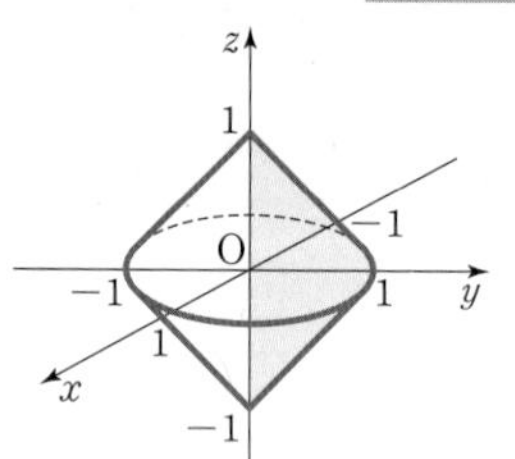

| 다른 답안 |

(2) 도형 S와 평면 $z=a$가 만나는 단면은 반지름의 길이가 $1-|a|$인 원이므로 그 단면의 넓이는 $\pi(1-|a|)^2$이다.

따라서 구하는 부피는

$\int_{-1}^{1}\pi(1-|a|)^2da=2\pi\int_{0}^{1}(1-a)^2da=\frac{2}{3}\pi$이다.

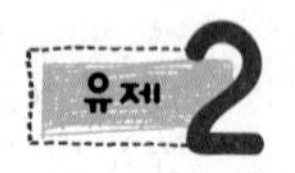

유제 2 좌표공간에 점 $P(r\cos\theta,\ r\sin\theta,\ \theta)$가 있다. θ의 값이 $0\le\theta\le2\pi$를 만족할 때, 점 P의 자취에 대하여 설명하고, 그 자취의 길이를 구하시오. (단, $r>0$)

수리논술 기출 및 예상 문제

01

한 모서리의 길이가 1인 정육면체 안에 9개의 합동인 구가 들어있다. 그 중 하나는 정육면체의 한 가운데에 있고, 다른 구는 각각 중앙에 있는 구와 정육면체의 세 면과 각각 접할 때 구의 반지름의 길이를 구하시오.

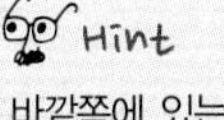

바깥쪽에 있는 8개 구의 중심을 연결한 도형인 정육면체를 생각한다.

02

B는 한 변의 길이가 $2\sqrt{3}$인 정육면체이다. S는 중심이 B의 무게중심과 일치하는 반지름이 1인 구이다. B의 표면에서 한 점을 고르고 S의 표면에서 세 점을 골라서 만들 수 있는 사면체의 부피의 최댓값을 구하시오.

| 울산대학교 의과대학 2014년 수시 |

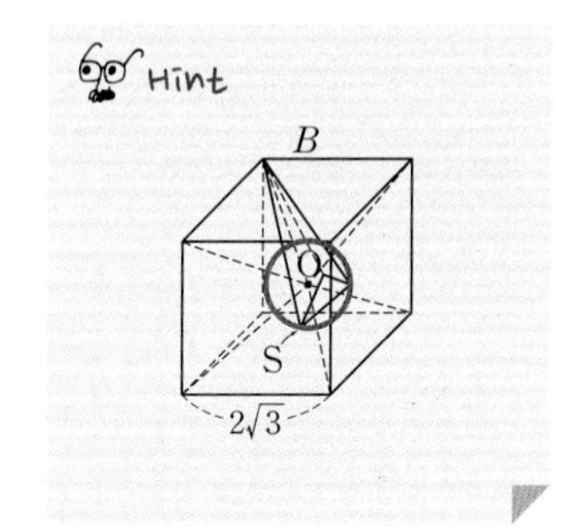

03

직원뿔의 꼭짓점 O에서 밑면의 둘레 위의 한 점 A를 잇는 모선의 중점을 B라 하자. 그림과 같이 B를 지나고 밑면과 평행한 평면으로 원뿔을 잘라 윗면의 반지름이 1, 밑면의 반지름이 2, 선분 AB의 길이가 x인 직원뿔대를 얻었다. 한 점 P가 점 A에서 출발하여 직원뿔대의 옆면을 한 바퀴 돌아 점 B에 도달할 때, 그 경로가 최단거리를 가지게 되는 경우를 생각해 보자. (단, 경로는 윗면의 경계 또는 밑면의 경계의 일부를 포함할 수 있다.)

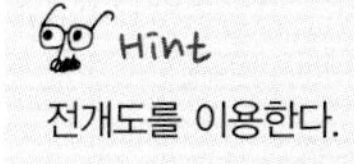

전개도를 이용한다.

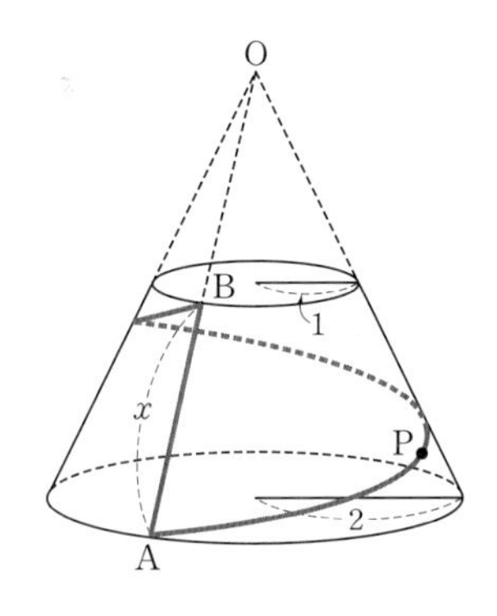

위의 제시문을 읽고 물음에 답하시오.

(1) $x=2$일 때 경로의 최단거리를 구하시오.

(2) 경로의 최단거리를 x의 함수 $f(x)$로 나타내시오.

(3) 문제 (2)에서 구한 함수 $f(x)$에 대하여 $x=6$에서의 연속성을 논하시오.

| 고려대학교 2012년 수시 |

04

다음 물음에 답하시오.

(1) 평면상의 두 점 A, B로부터 같은 거리에 있는 점의 집합을 설명하시오.

(2) 평면상의 일직선 위에 있지 않은 세 점 A, B, C로부터 같은 거리에 있는 점의 집합을 설명하시오.

(3) 공간상의 두 점 A, B로부터 같은 거리에 있는 점의 집합을 설명하시오.

(4) 공간상의 일직선 위에 있지 않은 세 점 A, B, C로부터 같은 거리에 있는 점의 집합을 설명하시오.

(5) 공간상의 한 평면 위에 있지 않은 네 점 A, B, C, D로부터 같은 거리에 있는 점의 집합을 설명하시오.

> **Hint**
> (1), (3)에서 평면상에서 직선인 점의 집합에 대응하는 공간상의 점의 집합은 평면이 된다.

05

다음 물음에 답하시오.

(1) 평면 위의 n개의 직선을 그릴 때, 이들 직선에 의해서 나누어지는 평면의 영역의 개수의 최댓값을 구하시오.

(2) 평면 위의 n개의 원을 그릴 때, 이들 원에 의해서 나누어지는 평면의 영역의 개수의 최댓값을 구하시오.

(3) 3차원 공간에 n개의 평면을 그릴 때, 이들 평면에 의해서 나누어지는 공간의 영역의 개수의 최댓값을 구하시오.

(4) 3차원 공간에 n개의 구를 그릴 때, 이들 구면에 의해서 나누어지는 공간의 영역의 개수의 최댓값을 구하시오.

> **Hint**
> (1) n개의 직선으로 평면의 영역을 최대의 개수로 나누는 경우는 어느 세 직선도 한 점에서 만나지 않고, 어느 두 직선도 평행하지 않는 경우이다.
> (2) n개의 원으로 평면의 영역을 최대의 개수로 나누는 경우는 어느 두 원도 두 점에서 만나는 경우이다.

06

공간상에 $x^2+(z-1)^2=1$인 원 위의 점 P는 $(0,\ 0,\ 2)$를 시작으로 초당 2의 각속도로 시계 방향으로 회전하는 점이고 점 Q는 $x^2+y^2=1$ 위의 점 $(0,\ 1,\ 0)$을 시작으로 초당 1의 각속도로 시계 방향으로 회전한다. 이때 t초 후 P점을 xy평면에 정사영 시킨 점을 P′이라고 하자.

(1) 점 P, Q가 t초 동안 운동했을 때, 점 P, P′, Q의 좌표를 구하시오.
(2) t초에서 점 O, P, P′, Q를 이어 만든 삼각뿔의 부피의 최댓값을 구하시오.

| UNIST 2013년 심층면접 |

Hint

(1) 점 P가 점 $A(0,\ r)$에서 시계 방향으로 θ만큼 회전하면 $P\left(r\cos\left(\frac{\pi}{2}-\theta\right),\ r\sin\left(\frac{\pi}{2}-\theta\right)\right)$이다.

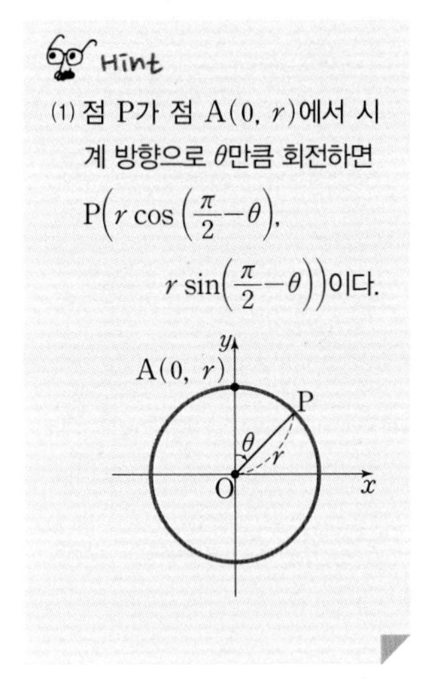

07

아래 그림에서 점 A, B, C, D는 원기둥의 밑면의 둘레를 4등분하고, 점 A′, B′, C′, D′은 각각 점 A, B, C, D의 맞은편 원기둥 밑면으로의 정사영이다. 사각형 ACC′A′을 포함하는 평면이 평평한 지면과 이루는 각이 $\theta\left(0<\theta<\frac{\pi}{2}\right)$가 되도록 원기둥의 점 D′이 지면에 접하게 기울인다. 기울어진 원기둥을 점 A, C를 지나는 직선과 평행하면서 점 D, B′을 포함하는 평면으로 잘라서 아래 오른쪽 그림과 같은 용기를 만들어 물을 채우려 한다. 첫 번째 단계에서 비어있는 용기에 1만큼의 물을 채운다. 그리고 다음 단계에서 현재 용기에 담겨 있는 물의 양의 반의 제곱을 덜어내고 다시 1만큼의 물을 용기에 추가한다. 이와 같은 과정을 반복하여 n번째 단계에서 용기에 담겨있는 물의 양을 V_n이라 하자.

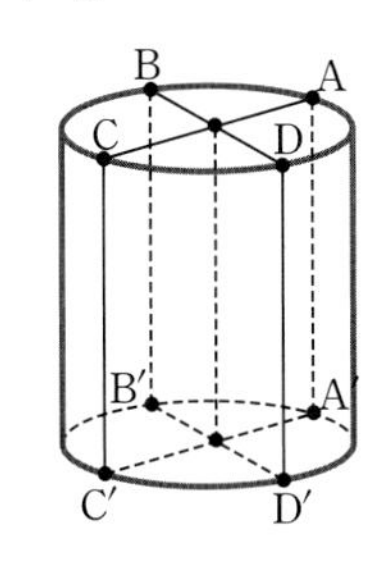

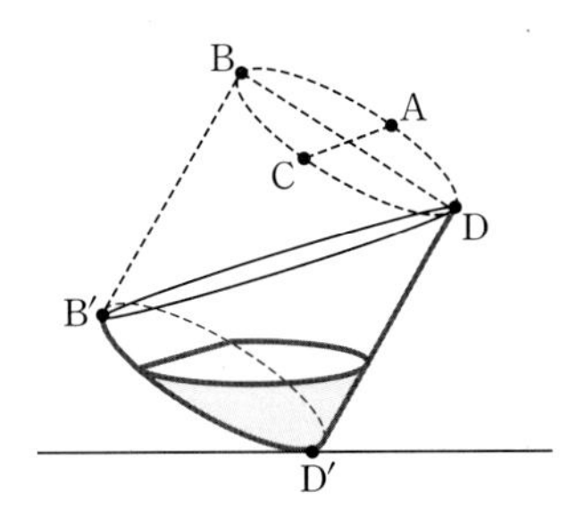

(1) 모든 단계에서 $0<V_n<2$임을 수학적 귀납법을 이용하여 논술하시오.
(2) n이 커짐에 따라 물의 양 V_n이 증가함을 논술하시오.
(3) 수열 $\{V_n\}$의 일반항과 극한값을 구하고 그 근거를 서술하시오.
(4) 위에서 정의된 각 θ와 용기의 크기는 모든 단계에서 물이 넘치지 않으면서 용기의 겉넓이가 최소가 되도록 설계되었다. 이 용기에 물을 가득 채웠을 때, 수면의 넓이를 S라고 하자. 원기둥의 밑면의 넓이를 S_0라고 할 때, 두 넓이의 비 $\frac{S}{S_0}$에 가장 가까운 자연수를 구하고 그 근거를 서술하시오. 단, 용기의 두께는 무시한다.

| 경희대학교 2015년 수시 |

Hint

(1) V_n과 V_{n+1}의 관계식을 구한다.
(2) $V_{n+1}>V_n$임을 설명한다.
(4) 정사영을 이용하면 $S_0=S\cos\left(\frac{\pi}{2}-\theta\right)$이다.

08

세 점 A$(1,\ 0,\ 0)$, B$(0,\ \sqrt{3},\ 0)$, C$(-1,\ 0,\ 0)$이 이루는 정삼각형과 평면 $z=3$이 있다. 평면 $z=3$ 위의 점 P$(x,\ y,\ z)$ 중에서 $\triangle$PAB$=\triangle$PBC$=\triangle$PCA가 성립하는 점 P의 좌표를 다음 경우에 따라 구하시오.

(1) 점 P의 xy평면 위로의 정사영이 $\triangle$ABC 안에 있는 경우
(2) 점 P의 xy평면 위로의 정사영이 $\triangle$ABC 밖에 있는 경우

> **Hint**
> 정삼각형 ABC의 무게중심 G의 평면 $z=3$ 위로의 정사영을 점 P라 할 때, PABC는 사면체가 되고 $\triangle$PAB$=\triangle$PBC$=\triangle$PCA가 성립한다.

09

공간의 xy평면 위에 원 $S=\{(x,\ y,\ z) : x^2+y^2=1,\ z=0\}$이 있다.

(1) 공간의 한 점 P$(a,\ b,\ c)$에서 S까지의 최단거리를 구하는 방법을 설명하시오.
(2) xz평면 위의 원 $T=\{(x,\ y,\ z)\,|\,x^2+(z-1)^2=1,\ y=0\}$에서 S까지의 최단거리를 구하시오.
(3) xz평면 위의 타원 $E=\left\{(x,\ y,\ z)\,\middle|\,\dfrac{x^2}{2^2}+z^2=1,\ y=0\right\}$에서 S까지의 최단거리를 구하시오. 또한, xz평면 위에 임의로 주어진 곡선과 원 S 사이의 최단거리를 구하는 방법을 설명하시오.

| 서울대학교 2003년 수시 |

> **Hint**
> (1) 점 P$(a,\ b,\ c)$의 xy평면으로의 정사영 P$'(a,\ b,\ 0)$에서 원 S까지의 최단거리를 이용한다.

예시 답안 및 해설 123쪽 ~ 124쪽

10 제시문을 읽고 물음에 답하시오.

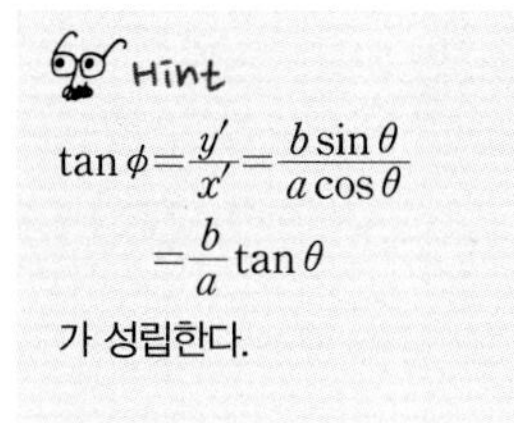
Hint
$\tan\phi = \frac{y'}{x'} = \frac{b\sin\theta}{a\cos\theta} = \frac{b}{a}\tan\theta$
가 성립한다.

아래 왼쪽 그림에서 원을 포함하는 평면 m과 이 평면의 x축을 공유하는 평면 n이 있고, 두 평면이 이루는 각이 α이다. 평면 m 위의 원을 평면 n 위에 정사영하면 타원이 되고, 이 타원의 넓이는 원의 넓이에 $\cos\alpha$를 곱한 것과 같다.
평면 m 위에 반지름이 a이며, 중심이 원점인 원이 있을 때, 이 원 위의 점 P의 좌표 (x, y)는 다음과 같다.

$$x = a\cos\theta,\ y = a\sin\theta,\ 0 \le \theta < 2\pi$$

여기서 θ는 원점과 점 P를 연결한 선이 x축과 이루는 양의 각도이다. 이 원을 평면 n 위에 정사영하면 장축의 길이가 $2a$이고, 단축의 길이가 $2b$인 타원이 된다. 이때 $\cos\alpha = \frac{b}{a}$이다.
원 위의 점 P는 타원 위의 점 P′로 정사영되고, 타원을 포함하는 평면 n의 좌표계에서 P′의 좌표 (x', y')는 다음과 같다.

$$x' = a\cos\theta,\ y' = b\sin\theta,\ 0 \le \theta < 2\pi$$

평면 m 위의 좌표계와 평면 n 위의 좌표계를 일치시켜 타원과 원의 관계를 나타내면 아래 오른쪽 그림과 같다.

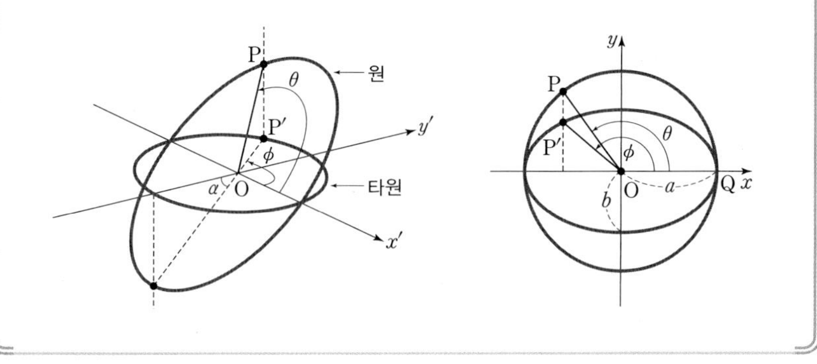

(1) 제시문에서 ϕ는 선분 OP′이 x축과 이루는 양의 각도이다. 제시문에 근거하여 P′의 좌표 $(x', y') = (a\cos\theta, b\sin\theta)$를 $\tan\phi$로 나타내시오. $\left(\text{단, } 0 \le \phi < \frac{\pi}{2}\text{이다.}\right)$

(2) 제시문에 주어진 타원의 장축의 길이가 $2\sqrt{3}$, 단축의 길이가 2, $\phi = \frac{\pi}{4}$일 때, 제시문에 근거하여 부채꼴 OQP′의 넓이를 구하시오.

| 중앙대학교 2015년 수시 |

11

좌표공간에서 집합 A는 반지름이 2이고 중심의 좌표가 $(0,\ 0,\ \sqrt{3})$인 구이다. 집합 B는 원기둥이며 원기둥의 밑면과 윗면은 중심이 각각 $(0,\ 0,\ 0)$, $(0,\ 0,\ 2\sqrt{3})$이고 반지름이 $\sqrt{3}$인 원이다. 다음 그림을 참고하여 각각의 물음에 답하시오.

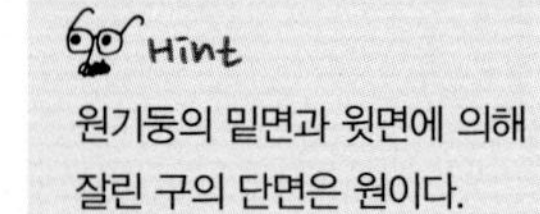

원기둥의 밑면과 윗면에 의해 잘린 구의 단면은 원이다.

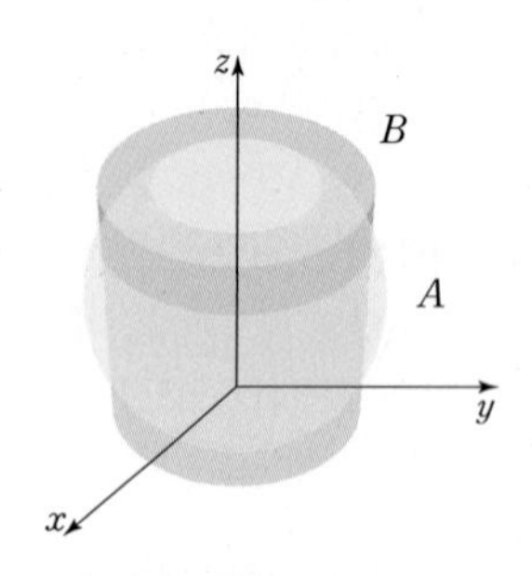

(1) 구 A와 원기둥 B의 윗면의 교집합으로 나타나는 원의 반지름을 r라 하자. 또한 구 A와 원기둥 B의 옆면에 공통으로 속하는 점에 대한 z좌표의 최댓값을 a라 하자. r와 a의 값을 각각 구하시오.

(2) $a \le k \le 2\sqrt{3}$일 때 평면 $z=k$가 구 A와 만나 이루어지는 원의 넓이를 $S(k)$라 하자, $S(k)$를 구하시오.

(3) 구 A의 내부와 원기둥 B의 내부에 공통으로 속하는 영역의 부피를 구하시오.

| 세종대학교 2016년 모의논술 |

주제별 강의 제 19 장

정다면체

정다면체

1 돌고 도는 정다면체

(1) 정다면체

평면도형인 다각형 중에는 모든 변의 길이가 같고 모든 내각의 크기가 같은 정다각형이 있고, 입체도형인 다면체 중에는 각 면이 모두 합동인 정다각형이고 각 꼭짓점에 모인 면의 수가 모두 같은 정다면체가 있다. 그런데 정다각형은 정삼각형, 정사각형, 정오각형, …과 같이 무한히 많지만 정다면체는 다섯개(정사면체, 정육면체, 정팔면체, 정십이면체, 정이십면체)만 존재한다.

(2) 정다면체의 전개도

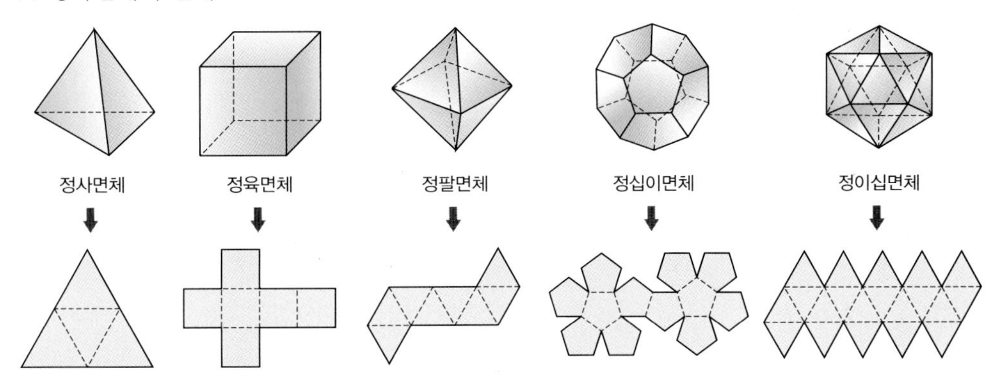

(3) 돌고 도는 정다면체

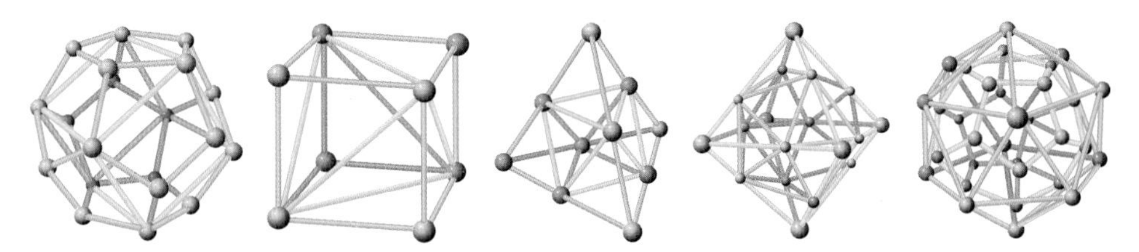

정다면체들은 서로서로 끝없이 순환하는 성질이 있다. 먼저 정십이면체의 면의 개수와 정육면체는 모서리의 개수가 서로 같으므로 정십이면체의 각 면 위에 선을 하나씩 그려 그 선이 모서리가 되도록 하면 정육면체를 만들 수 있다. 마찬가지로 정육면체의 각 면에 대각선을 하나씩 그어 그 선이 모서리가 되도록 하면 정사면체가 된다. 정사면체의 모서리의 개수와 정팔면체의 꼭짓점의 개수가 6개로 같으므로 정사면체의 각 모서리의 중점을 연결하면 정팔면체가 된다. 정팔면체의 각 모서리를 황금분할(약 1 : 1.618)하여 이웃한 이들 세 점을 지나는 평면으로 계속해서 잘라내면 정이십면체가 만들어진다. 또, 정이십면체의 각 면의 한가운데 점(각 삼각형의 무게중심)을 찍고 각 꼭짓점에 모인

5개의 면에 찍힌 점들을 이으면 정오각형이 되므로 정십이면체를 만들 수 있다.

결국 정십이면체에서 시작하여 다시 정십이면체까지 차례로 만들어 갈 수 있다. 이렇게 정다면체는 모양은 다르지만 서로서로를 품어주는 입체도형인 셈이다.

(4) 정다면체의 쌍대

정육면체의 각 면의 무게중심을 잡아 이웃한 중심끼리 연결하면 정팔면체가 만들어지는데, 이는 정팔면체의 꼭짓점의 개수와 정육면체의 면의 개수가 6개로 서로 같기 때문에 가능하다. 거꾸로 정팔면체로 정육면체를 만들 수 있다.

또, 정이십면체의 각 면을 이루는 정삼각형의 무게중심을 이어서 정십이면체를 만들 수 있고, 반대로 정십이면체의 각 면을 이루는 정오각형의 무게중심을 이으면 정이십면체를 얻을 수 있다. 즉, 정십이면체와 정이십면체는 서로 면과 꼭짓점을 바꿔 넣은 다면체라는 것을 알 수 있다. 이와 같은 다면체를 쌍대다면체(dual−polyhedron)라고 부르는데, 정육면체와 정팔면체도 쌍대가 된다. 또, 정사면체는 각 면의 중심을 이으면 다시 정사면체가 생기므로 그 자신이 쌍대가 된다.

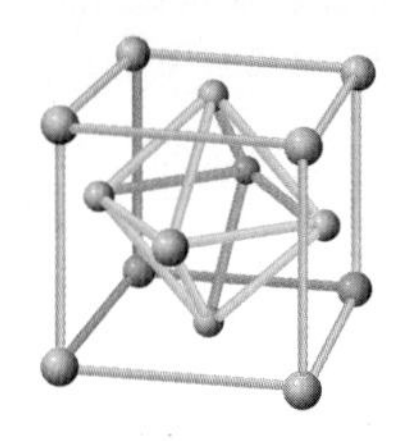
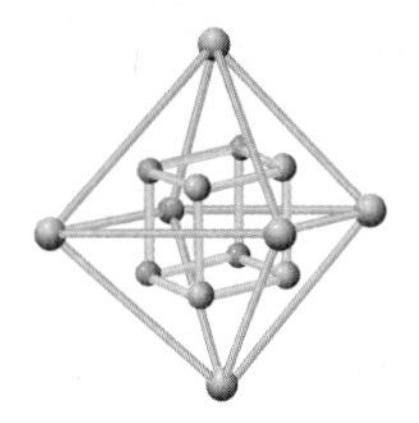
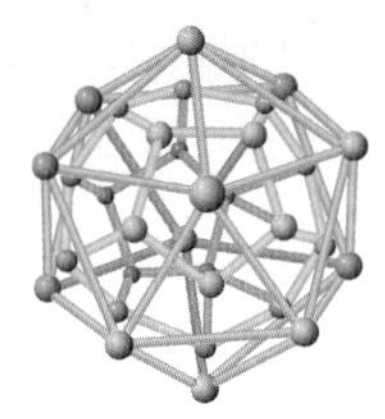
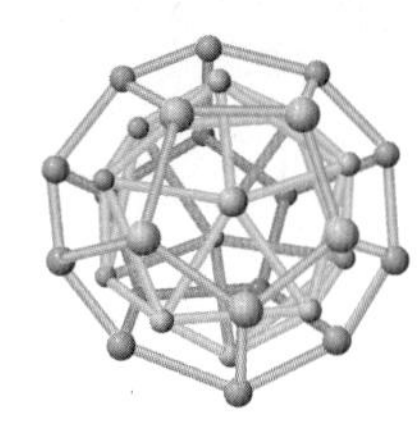
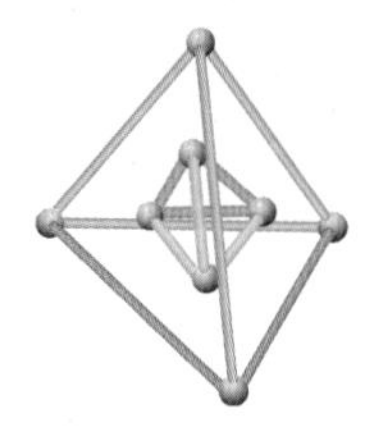

2 정다면체에서의 오일러의 정리

도형에서 꼭짓점(vertex)의 개수를 v, 모서리(edge)의 개수를 e, 면(face)의 개수를 f라 하면 $v-e+f=$(상수)가 성립한다. 이를 오일러의 정리(Euler's theorem)라고 한다. 이때, 우변의 상수(오일러의 상수)는 도형에 따라 그 값이 달라진다.

- 점과 선으로만 되어 있는 선형도형에서는 $v-e=1$
- 점, 선, 면으로 되어 있는 평면도형에서는 $v-e+f=1$
- 점, 선, 면으로 되어 있는 입체도형(공과 연결상태가 같은 도형)에서는 $v-e+f=2$

(1) 정다면체에서의 오일러의 정리

정다면체의 꼭짓점의 수, 모서리의 수, 변의 수를 구하여 $v-e+f$를 구하면 다음과 같다.

	꼭짓점의 수(v)	모서리의 수(e)	면의 수(f)	$v-e+f$
정사면체	4	6	4	2
정육면체	8	12	6	2
정팔면체	6	12	8	2
정십이면체	20	30	12	2
정이십면체	12	30	20	2

위 표에서 알 수 있듯이 정다면체에서 오일러의 정리는 성립한다.

참고 정다면체의 모서리의 수는 전개도를 이용하여 구할 수 있다.

정k각형으로 이루어진 정n면체에서 정k각형이 n개가 있으므로 모서리의 총수는 nk가 된다. 그런데 이 모서리들은 항상 두 개의 면에 공유되고 있으므로 전체 모서리의 개수는 $\frac{nk}{2}$이다.

(2) 정다면체가 5개(정사면체, 정육면체, 정팔면체, 정십이면체, 정이십면체)만 존재하는 이유

① 한 꼭짓점에 모인 정다각형의 내각의 크기를 이용한 설명

다면체는 최소한 세 개의 면이 있어야 하나의 꼭짓점이 만들어진다. 이때, 각 꼭지각의 합은 $360°$보다 작아야 한다. 정다면체를 구성하는 면은 모두 합동이므로 각 꼭지각의 크기는 같고 한 꼭짓점에 모인 도형은 최소한 3개이므로 모든 도형의 한 내각의 크기는 $\frac{360°}{3}=120°$보다 작아야 한다. 이때, 내각의 크기가 $120°$보다 작은 정다각형은 정삼각형, 정사각형, 정오각형뿐이다. 정삼각형은 내각의 크기가 $60°$이므로 하나의 꼭짓점에 모일 수 있는 삼각형 면의 개수는 3개, 4개, 5개이다. 이때, 만들어지는 정다면체는 각각 정사면체, 정팔면체, 정이십면체이다. 정사각형은 내각의 크기가 $90°$이므로 하나의 꼭짓점에 모일 수 있는 사각형 면의 개수는 3개이고, 이때 만들어지는 정다면체는 정육면체이다. 정오각형은 내각의 크기가 $108°$이므로 하나의 꼭짓점에 모일 수 있는 오각형 면의 개수는 3개이고, 이때 만들어지는 정다면체는 정십이면체이다.

이상에서 정다면체는 정사면체, 정육면체, 정팔면체, 정십이면체, 정이십면체의 다섯개만 존재한다.

② 한 꼭짓점에서 만나는 면의 개수를 이용한 설명

정다면체의 한 꼭짓점에서 만나는 정n각형인 면의 개수를 m이라 하면

$\frac{(n-2)\pi}{n}\times m<2\pi$이어야 한다.

위의 식은 $mn-2m-2n<0$, $(m-2)(n-2)<4$로 변형할 수 있으므로

$(m-2, n-2)=(1, 1), (1, 2), (1, 3), (2, 1), (3, 1)$에서

$(m, n)=(3, 3), (3, 4), (3, 5), (4, 3), (5, 3)$이다.

따라서 한 꼭짓점에서 만나는 면의 개수는 3개 또는 4개 또는 5개만 가능하다.

정x면체의 한 꼭짓점에서 만나는 정n각형인 면의 개수가 m일 때, 꼭짓점의 수(v), 모서리의 수(e), 면의 수(f)는 각각 $v=\frac{nx}{m}$, $e=\frac{nx}{2}$, $f=x$이다.

오일러의 정리 $v-e+f=2$에 의하여 $\frac{nx}{m}-\frac{nx}{2}+x=2$가 성립한다.

(i) $m=3$일 때,

$\frac{nx}{3}-\frac{nx}{2}+x=2$, $\left(1-\frac{n}{6}\right)x=2$, $x(6-n)=12$에서 x는 12의 약수이므로

$(x, n)=(12, 5), (6, 4), (4, 3)$이다.

(ii) $m=4$일 때,

$\frac{nx}{4}-\frac{nx}{2}+x=2$, $\left(1-\frac{n}{4}\right)x=2$, $x(4-n)=8$에서 x는 8의 약수이므로

$(x, n)=(8, 3)$이다.

(iii) $m=5$일 때,

$\frac{nx}{5}-\frac{nx}{2}+x=2$, $\left(1-\frac{3n}{10}\right)x=2$, $x(10-3n)=20$에서 x는 20의 약수이므로

$(x, n)=(20, 3)$이다.

따라서 x가 취할 수 있는 값은 4, 6, 8, 12, 20 중의 하나이므로 정다면체는 정사면체, 정육면체, 정팔면체, 정십이면체, 정이십면체의 5개만 존재한다.

예시 1 축구공은 12장의 정오각형의 가죽과 20장의 정육각형의 가죽을 이어 붙여서 만든 것이다. 이것을 다면체로 볼 때 꼭짓점의 개수를 구하시오.

풀이 정오각형에 있는 모서리의 개수는 $5\times12=60$(개)이고, 정육각형에 있는 모서리의 개수는 $6\times20=120$(개)이다. 그런데 다면체에서 각 모서리는 정오각형과 정육각형 또는 정육각형과 정육각형의 모서리는 서로 맞닿아 있으므로 다면체의 모서리의 개수는 $e=\frac{60+120}{2}=90$(개)이다.

또한, 면의 개수는 $f=12+20=32$(개)이므로 오일러의 정리 $v-e+f=2$에 의하여 $v=e-f+2=90-32+2=60$(개)이다.

예시 2 오른쪽 그림과 같이 한 모서리의 길이가 6인 정육면체 F_1의 각 면의 무게중심을 이웃한 것끼리 연결하면 정팔면체 G_1이 만들어진다. 또 G_1의 각 면의 무게중심을 이웃한 것끼리 연결하면 정육면체 F_2가 만들어진다. 이와 같은 방법으로 G_2, F_3, G_3, …을 차례로 만들 때, 자연수 n에 대하여 G_n의 부피를 V_n이라 할 때 $\sum_{n=1}^{\infty}V_n$의 값을 구하시오.

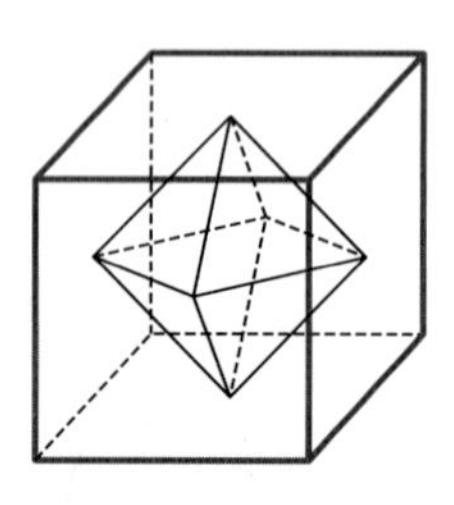

풀이 정팔면체 G_1의 한 모서리의 길이는

$\frac{1}{2}\times6\sqrt{2}=3\sqrt{2}$이므로 $V_1=2\times\frac{1}{3}\times(3\sqrt{2})^2\times3=36$이다.

오른쪽 그림에서 정팔면체 G_1의 한 모서리의 길이는 $3\sqrt{2}$이므로

$\overline{RS}=\frac{1}{2}\times3\sqrt{2}\times\sqrt{2}=3$

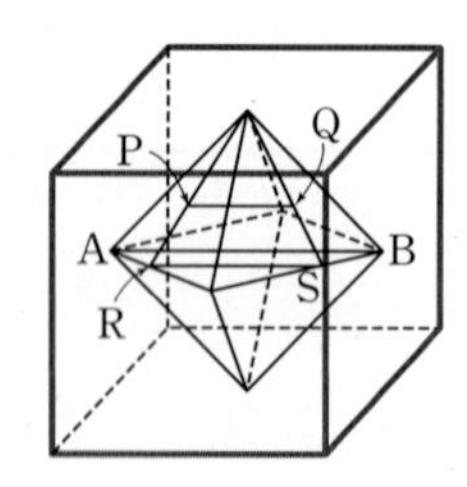

으로부터 $\overline{PQ}=\frac{2}{3}\times3=2$이다.

따라서 정육면체 F_2는 한 모서리의 길이가 2이므로 정팔면체 G_2의 한 모서리의 길이는 $\sqrt{2}$이다.

F_1과 F_2의 닮음의 비가 $3:1$이고, G_1의 한 모서리의 길이는 F_1의 한 모서리의 길이의 $\frac{\sqrt{2}}{2}$이므로 G_1과 G_2의 닮음비도 $3:1$이다.

G_n과 G_{n+1}의 부피의 비가 $27:1$이므로 수열 $\{V_n\}$은 공비가 $\frac{1}{27}$인 등비수열이다.

따라서 $\sum_{n=1}^{\infty}V_n=\frac{36}{1-\frac{1}{27}}=\frac{486}{13}$이다.

3 정사면체의 성질

(1) 정사면체 ABCD의 꼭짓점 A에서 밑면 BCD에 내린 수선의 발 H는 △BCD의 무게중심이다.

증명

$\angle AHB = \angle AHC = \angle AHD = 90^\circ$, $\overline{AH}$는 공통,

$\overline{AB} = \overline{AC} = \overline{AD}$이므로 $\triangle ABH \equiv \triangle ACH \equiv \triangle ADH$이다.

즉, $\overline{BH} = \overline{CH} = \overline{DH}$이다.

따라서 점 H는 △BCD의 외심이다.

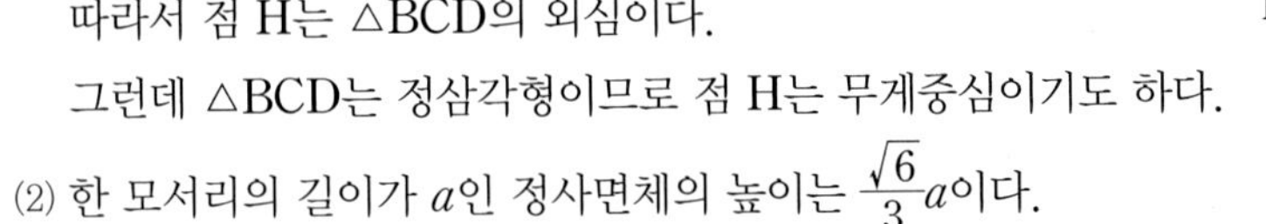
그런데 △BCD는 정삼각형이므로 점 H는 무게중심이기도 하다.

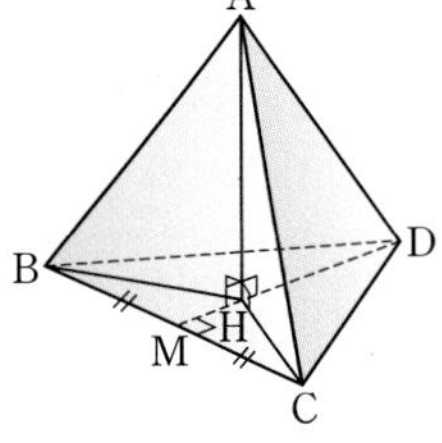

(2) 한 모서리의 길이가 a인 정사면체의 높이는 $\frac{\sqrt{6}}{3}a$이다.

증명

오른쪽 그림과 같이 모서리 BC의 중점을 M, 꼭짓점 A에서 밑면 BCD에 내린 수선의 발을 H라 하면

$\overline{AM} = \overline{DM} = \overline{AB}\sin 60^\circ = \frac{\sqrt{3}}{2}a$이고 점 H가 무게중심이므로 $\overline{MH} = \overline{DM} \times \frac{1}{3} = \frac{\sqrt{3}}{6}a$이다.

따라서 직각삼각형 AMH에서

$\overline{AH} = \sqrt{\overline{AM}^2 - \overline{MH}^2} = \sqrt{\left(\frac{\sqrt{3}}{2}a\right)^2 - \left(\frac{\sqrt{3}}{6}a\right)^2} = \frac{\sqrt{6}}{3}a$이다.

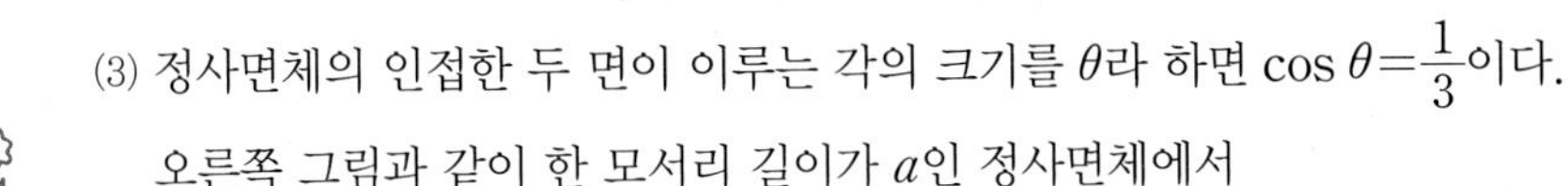
(3) 정사면체의 인접한 두 면이 이루는 각의 크기를 θ라 하면 $\cos\theta = \frac{1}{3}$이다.

증명

오른쪽 그림과 같이 한 모서리 길이가 a인 정사면체에서

$\overline{AM} = \overline{AB}\sin 60^\circ = \frac{\sqrt{3}}{2}a$, $\overline{MH} = \overline{DM} \times \frac{1}{3} = \frac{\sqrt{3}}{6}a$이므로

직각삼각형 AMH에서

$\cos\theta = \frac{\overline{MH}}{\overline{AM}} = \frac{\frac{\sqrt{3}}{6}a}{\frac{\sqrt{3}}{2}a} = \frac{1}{3}$이다.

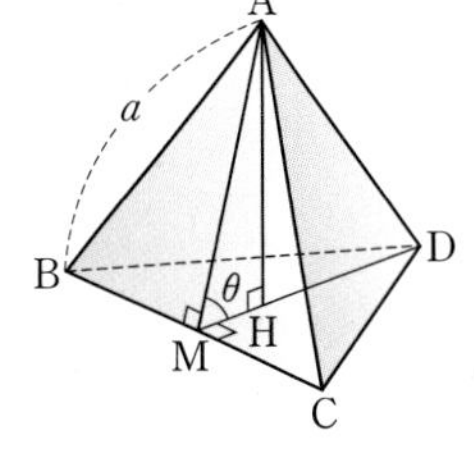

(4) 정사면체 ABCD에서 $\overline{AB}$와 $\overline{CD}$, $\overline{AC}$와 $\overline{BD}$, $\overline{AD}$와 $\overline{BC}$는 각각 수직이다.

증명

오른쪽 그림과 같은 정사면체에서 $\overline{CD}$의 중점을 M이라 하면 △ACD는 정삼각형이므로 $\overline{AM} \perp \overline{CD}$, 또 △BCD도 정삼각형이므로 $\overline{BM} \perp \overline{CD}$이다.

따라서 $\overline{CD} \perp$(평면 ABM)이고 $\overline{AB}$는 평면 ABM에 포함되므로 $\overline{AB} \perp \overline{CD}$이다.

같은 방법으로 하면 $\overline{AC} \perp \overline{BD}$, $\overline{AD} \perp \overline{BC}$임을 알 수 있다.

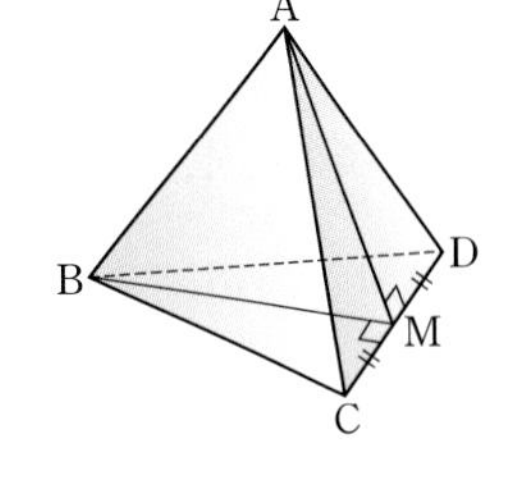

(5) 한 모서리의 길이가 a인 정사면체 ABCD에서 $\overline{AB}$와 $\overline{CD}$, $\overline{AC}$와 $\overline{BD}$, $\overline{AD}$와 $\overline{BC}$ 사이의 최단거리는 각각 $\frac{\sqrt{2}}{2}a$이다.

증명

오른쪽 그림과 같이 $\overline{AB}$, $\overline{CD}$의 중점을 각각 M, N이라 하면

$\overline{AM} = \frac{1}{2}a$, $\overline{AN} = \overline{BN} = \frac{\sqrt{3}}{2}a$이다.

△ABN이 이등변삼각형이므로 △AMN은 직각삼각형이다.

따라서 $\overline{MN} = \sqrt{\overline{AN}^2 - \overline{AM}^2} = \sqrt{\left(\frac{\sqrt{3}}{2}a\right)^2 - \left(\frac{1}{2}a\right)^2} = \frac{\sqrt{2}}{2}a$

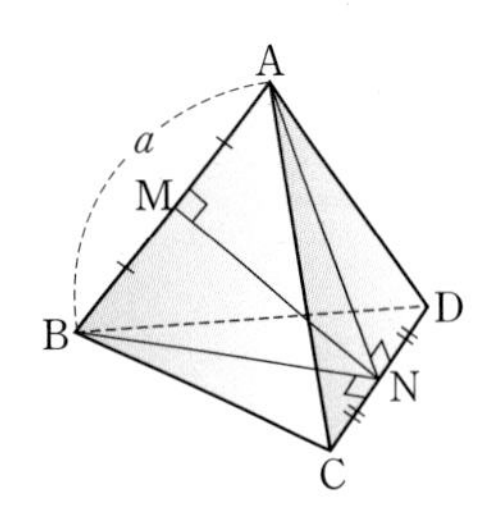

이고 같은 방법으로 하면 $\overline{AC}$와 $\overline{BD}$, $\overline{AD}$와 $\overline{BC}$ 사이의 최단거리도 $\frac{\sqrt{2}}{2}a$이다.

(6) 한 모서리의 길이가 a인 정사면체에 내접하는 구의 반지름의 길이는 $\frac{\sqrt{6}}{12}a$이다.

오른쪽 그림과 같이 내접하는 구의 중심에서 정사면체의 각 꼭짓점을 연결하면 똑같은 4개의 사면체로 나눌 수 있다.
정사면체의 한 면의 넓이를 S, 높이를 h, 내접하는 구의 반지름의 길이를 r라 하면 $\frac{1}{3}Sh=\frac{1}{3}Sr\times 4$이므로 $r=\frac{1}{4}h$이다.
이때, $h=\frac{\sqrt{6}}{3}a$이므로 $r=\frac{\sqrt{6}}{12}a$이다.

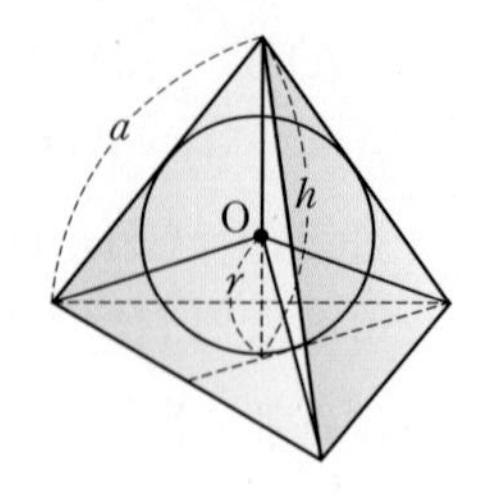

(7) 한 모서리의 길이가 a인 정사면체에 외접하는 구의 반지름의 길이는 $\frac{\sqrt{6}}{4}a$이다.

오른쪽 그림에서 정사면체의 높이 h에서 내접하는 구의 반지름의 길이 r를 빼면 외접하는 구의 반지름의 길이 R이므로
$R=\frac{\sqrt{6}}{3}a-\frac{\sqrt{6}}{12}a=\frac{\sqrt{6}}{4}a$이다.

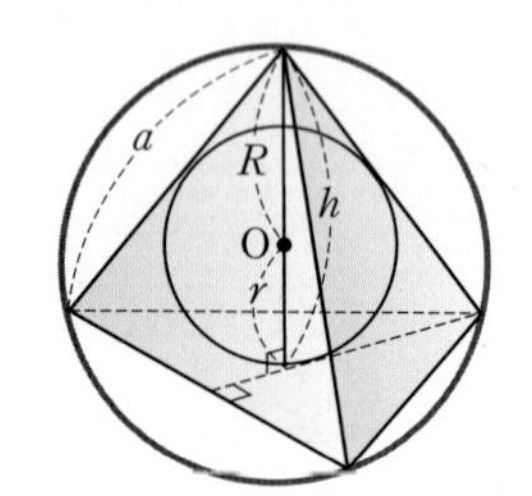

모든 모서리의 길이가 a인 정사각뿔 O$-$ABCD에 대하여 다음 물음에 답하시오.

(1) $\triangle$OAB와 $\triangle$OBC가 이루는 각의 크기를 α라 할 때, $\cos\alpha$의 값을 구하시오.

(2) 정사각뿔 O$-$ABCD의 한 옆면의 삼각형과 모서리의 길이가 a인 정사면체의 한 면을 일치하도록 붙여서 만든 입체는 몇 면체가 되는지 설명하시오.

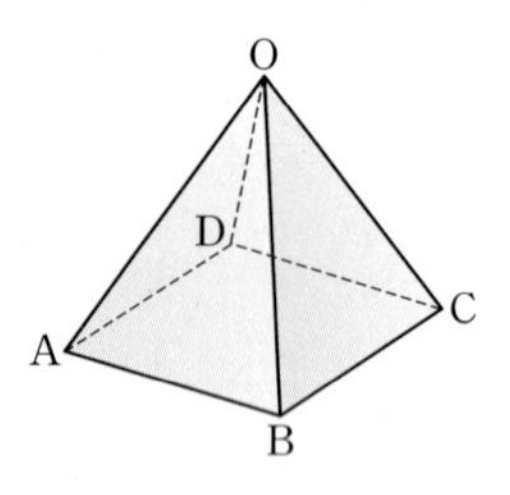

풀이

(1) 오른쪽 그림과 같이 $\overline{OB}$의 중점을 M이라 하면 $\triangle$OAB, $\triangle$OBC는 정삼각형이므로 $\overline{AM}\perp\overline{OB}$, $\overline{CM}\perp\overline{OB}$이다.
따라서 $\triangle$OAB와 $\triangle$OBC가 이루는 각은 $\angle$AMC이다.
$\triangle$AMC에서
$\overline{AM}=\overline{CM}=\frac{\sqrt{3}}{2}a$, $\overline{AC}=\sqrt{2}a$
이므로 코사인법칙에 의하여

$$\cos\alpha=\frac{\overline{AM}^2+\overline{CM}^2-\overline{AC}^2}{2\overline{AM}\,\overline{CM}}=\frac{\left(\frac{\sqrt{3}}{2}a\right)^2+\left(\frac{\sqrt{3}}{2}a\right)^2-(\sqrt{2}a)^2}{2\times\frac{\sqrt{3}}{2}a\times\frac{\sqrt{3}}{2}a}=-\frac{1}{3}$$

이다.

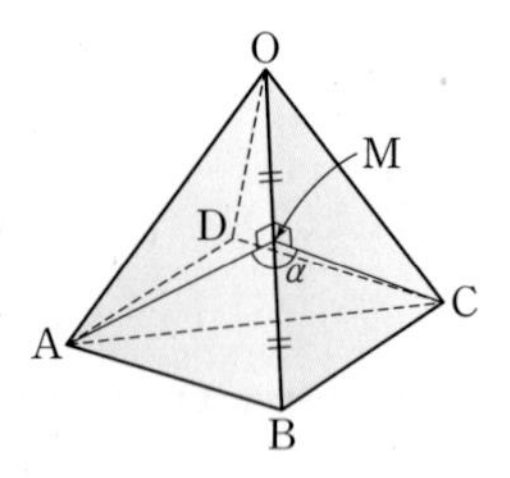

(2) 정사각뿔 O$-$ABCD와 정사면체 EABO를 $\triangle$OAB가 일치하도록 붙인다고 하자. 정사면체에서 $\triangle$OEB와 $\triangle$OAB가 이루는 각을 β라 하고 (1)과 같은 방법으로 $\cos\beta$를 구하면

$$\cos\beta=\frac{\overline{EM}^2+\overline{AM}^2-\overline{AE}^2}{2\overline{EM}\,\overline{AM}}=\frac{\left(\frac{\sqrt{3}}{2}a\right)^2+\left(\frac{\sqrt{3}}{2}a\right)^2-a^2}{2\times\frac{\sqrt{3}}{2}a\times\frac{\sqrt{3}}{2}a}=\frac{1}{3}$$

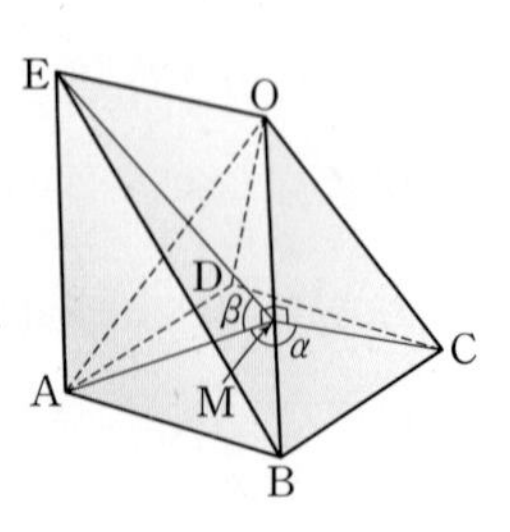

이다. 이때, $\cos\alpha=-\cos\beta$, 즉 $\cos\alpha=\cos(\pi-\beta)$이므로 $\alpha=\pi-\beta$이다.
따라서 $\alpha+\beta=\pi$가 되어 △OBC와 △OEB는 한 평면 위에 있게 된다.
같은 방법으로 하면 △OEA와 △OAD도 한 평면 위에 있게 된다. 따라서 5면체가 된다.

다른 답안1

정사각뿔 O−ABCD와 정사면체 EABO를 △OAB가 일치하도록 붙인다고 하자.

△OEB와 △OAB가 이루는 각을 β라 하면 △EAM에서 $\cos\beta=\frac{1}{3}$이다.

△OEB와 △OBC가 이루는 각은 $\overline{EM}\perp\overline{OB}$, $\overline{CM}\perp\overline{OB}$이므로 $\alpha+\beta$이다.

$\cos(\alpha+\beta)=\cos\alpha\cos\beta-\sin\alpha\sin\beta=\left(-\frac{1}{3}\right)\times\frac{1}{3}-\frac{2\sqrt{2}}{3}\times\frac{2\sqrt{2}}{3}=-1$

이므로 $\alpha+\beta=180^\circ$이다.
따라서 △OEB와 △OBC는 한 평면 위에 있다. 또, △OEA와 △OAD도 한 평면 위에 있으므로 이 입체는 5면체이다.

다른 답안2

오른쪽 그림에서 가운데 끼인 도형은 정사면체이므로 구하는 입체는 5면체이다.

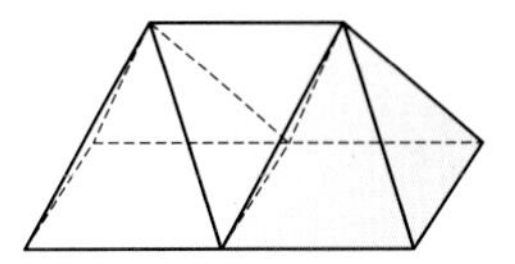

문제 1

3차원의 다면체가 있을 때, 꼭짓점의 개수를 v, 변의 개수를 e, 면의 개수를 f라 하면 $v-e+f=2$임이 알려져 있다. 이 사실을 이용해 다음 물음에 답하시오.

> 정규다면체 K란 모든 면이 n각형이고, 각 꼭짓점에 모이는 면의 개수가 일정하고 면이 3개 이상인 다면체를 말한다. 4면체를 예로 들면,
>
> 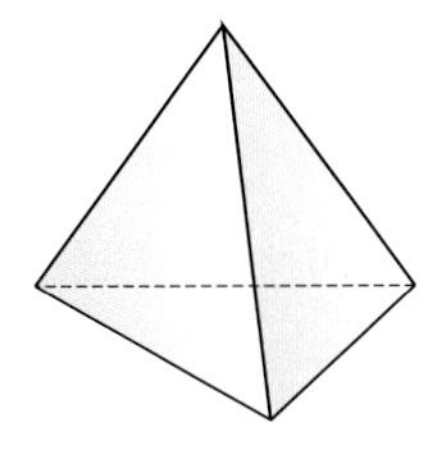
>
> 면=삼각형
> 각 꼭짓점에 3개의 면이 모인다.
> $v=4$, $e=6$, $f=4$로 $v-e+f=2$

(1) K를 면이 n각형인 정규다면체라 하고, 각 꼭짓점에 모이는 면의 개수를 m이라 하자. 이때 v, e, f, n, m 사이의 관계식을 구하고, 식 $v-e+f=2$를 이용해 e, m, n 사이의 방정식을 이끌어 내시오.
(2) $n=4$, 즉 면이 사각형인 정규다면체는 육면체임을 보이시오.
(3) 면이 육각형 이상인 정규다면체는 존재하지 않음을 보이시오. | 서울대학교 2007년 수시 |

(1) K는 n각형들을 변을 따라 붙여 만들어진 다면체이다.

오른쪽 그림은 평면 위에 같은 크기의 여러 개의 공을 정사면체 모양으로 서로 이웃한 것이 접하도록 4단으로 쌓아 올린 것이다. 다음 물음에 답하시오.

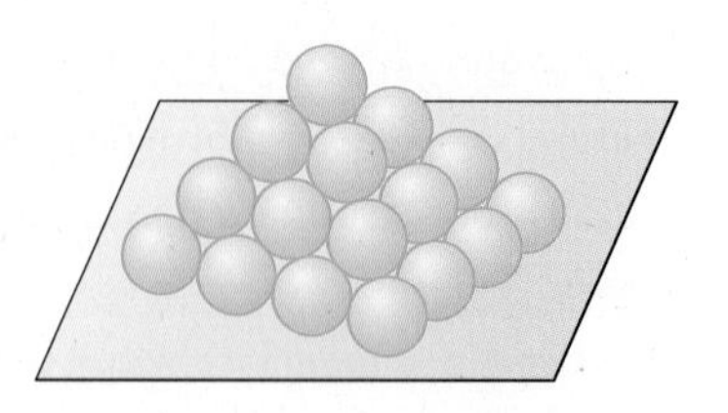

(1) 공의 반지름의 길이가 3일 때, 바닥에서 공의 최상단까지의 높이를 구하시오.

(2) 반지름의 길이가 R인 구 안에 반지름의 길이가 r인 구 4개가 들어 있다. 이때 r의 최댓값을 R로 나타내시오.

(1) 공의 중심을 연결하여 도형을 만든다.
(2) 한 변의 길이가 a인 정사면체에 외접하는 구의 반지름의 길이는 $\frac{\sqrt{6}}{4}a$이다.

다음 그림과 같이 반지름의 길이가 1인 4개의 동일한 구가 서로 접하면서 밑바닥에 3개, 그 위에 1개가 올려져 있다. 만일 이 4개의 구들 사이에 반지름의 길이가 r인 작은 구를 원래 모양의 변화 없이 모든 구와 접하게 위치시킬 수 있다면 반지름의 길이 r는 얼마인지를 구하시오.

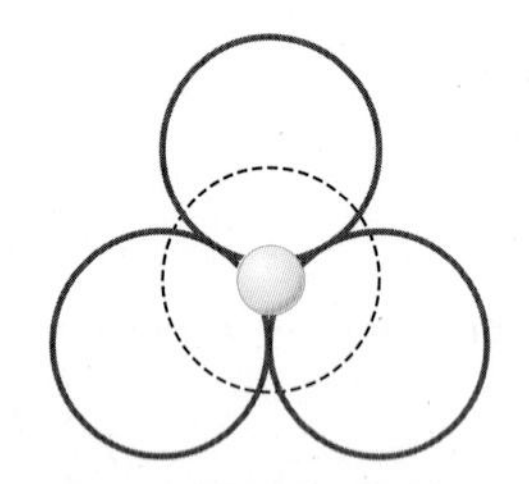

[그림] 나머지 하나의 큰 구를 위치시키기 전에 위에서 바라본 모양

| 중앙대학교 2003년 수시 |

한 변의 길이가 a인 정사면체에 외접하는 구의 반지름의 길이는 $\frac{\sqrt{6}}{4}a$이다.

예시 답안 및 해설 126쪽

다음 그림과 같이 변 DA, 변 DB, 변 DC의 길이가 일정한 상수 a이고, 밑면이 정삼각형 ABC로 이루어진 사면체 DABC가 있을 때, 그 사면체에 내접하는 구의 반지름을 r, 외접하는 구의 반지름을 R라고 하자. 그리고 삼각형 DAB에서 $\angle$BDA를 2θ라고 하자.

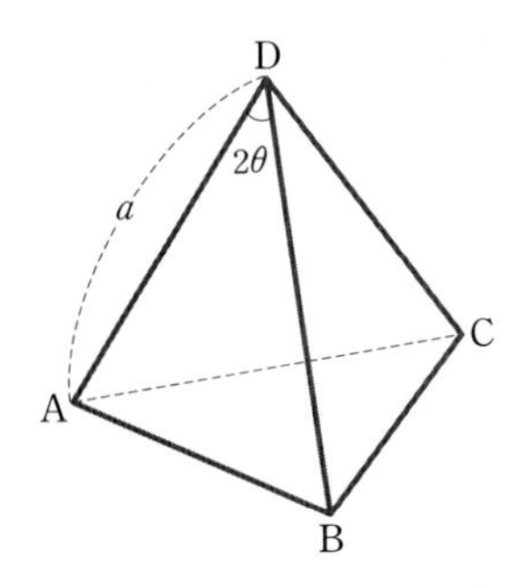

(1) 내접하는 구의 반지름 r를 a와 h로 표현하고 그 근거를 논술하시오.

(2) 내접하는 구의 반지름 r와 변 AB의 길이 $\overline{\mathrm{AB}}$에 대하여, 다음의 부등식이 성립함을 증명하시오.

$$2\sqrt{3}r < \overline{\mathrm{AB}}$$

(3) 외접하는 구의 반지름 R를 a와 θ로 표현하고 그 근거를 논술하시오.

(4) 외접하는 구의 반지름 R와 내접하는 구의 반지름 r에 대하여, 다음의 부등식이 성립함을 증명하고, 이 부등식에서 등식을 만족할 때가 어떤 사면체인지 논술하시오.

$$3r \leq R$$

| 경희대학교 의학계 2016년 모의논술 |

주어진 사면체에 내접하는 구의 중심은 사면체의 세 옆면과 동일한 거리에 있기 때문에 점 D와 △ABC의 무게중심을 이은 선분 위에 있다.

문제 5 제시문과 그림을 참조하여 물음에 답하시오.

각 면이 모두 합동인 정다각형이고 각 꼭짓점에 모인 면의 수가 같은 볼록한 다면체를 정다면체라고 한다. 정다면체는 정사면체, 정육면체, 정팔면체, 정십이면체, 정이십면체의 5가지가 있다. 한편, 두 종류 이상의 정다각형인 면으로 둘러싸여 있으면서 구에 내접하는 다면체를 준정다면체라고 한다. 대표적인 것으로 아르키메데스의 입체라 불리는 13개의 준정다면체가 있다. 아르키메데스의 입체는 아르키메데스의 저서가 전해지지 않아 그 구체적인 모양이 한동안 알려지지 않았었다. 그러나 르네상스 시대부터 여러 수학자들의 노력의 결과로 차츰 모양이 밝혀졌으며, 마침내 1619년 케플러에 의해서 모두 밝혀졌다. 아르키메데스의 입체 중에서 '깎은 정사면체', '깎은 정육면체', '깎은 정팔면체', '깎은 정십이면체', '깎은 정이십면체' 등 깎은 정다면체들은 정다면체를 각 꼭짓점으로부터 일정한 거리에 있는 지점을 지나는 평면으로 잘라 내어 만든 것이다. 예를 들어 깎은 정사면체는 정사면체로부터 만들어진 것으로 정삼각형 4개, 정육각형 4개로 이루어져 있다.

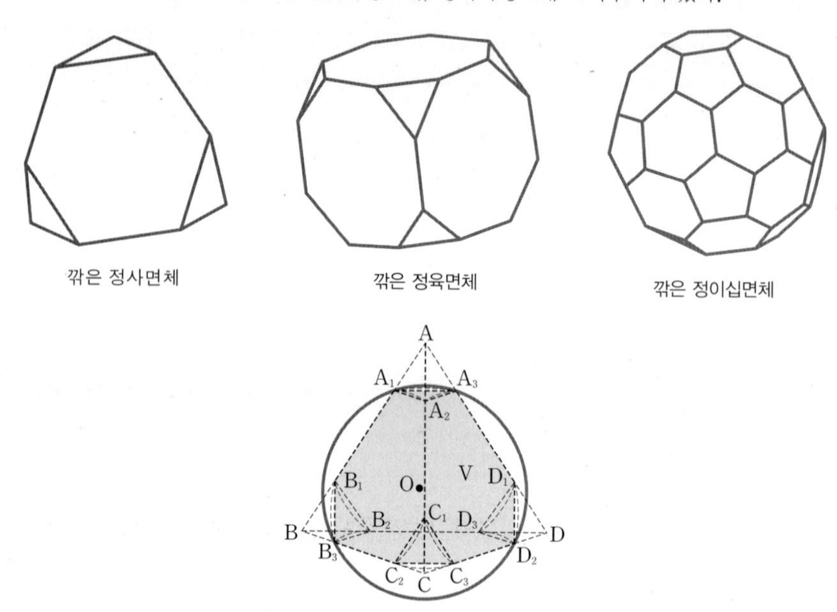

[그림] 정사면체 ABCD와 구 O가 만나는 12개의 점을 꼭짓점으로 갖는 팔면체 V가 있다. 여기서 정사면체 ABCD의 한 모서리의 길이는 6이고, 구 O의 중심은 정사면체 ABCD에 외접하는 구의 중심과 같다. 이때 면 $A_1A_2A_3$와 면 BCD, 면 $B_1B_2B_3$와 면 ACD, 면 $C_1C_2C_3$와 면 ABD, 면 $D_1D_2D_3$와 면 ABC는 각각 서로 평행하다.

(1) 팔면체 V가 깎은 정사면체일 때, 팔면체 V의 한 모서리의 길이와 부피를 구하고 그 근거를 논술하시오.

(2) 팔면체 V가 깎은 정사면체일 때, 구 O의 반지름의 길이를 구하고 그 방법을 서술하시오.

(3) 팔면체 V에 외접하는 구 O의 반지름의 길이가 $\frac{3\sqrt{3}}{2}$일 때, 팔면체 V의 겉넓이를 구하고 그 근거를 논술하시오.

| 경희대학교 2014년 수시 |

깎은 정사면체를 만들면 $\overline{AB}$는 3등분된다.

TEXT SUMMARY

VIII 벡터

1 벡터의 뜻과 연산

1 벡터의 뜻

(1) 벡터의 정의

크기와 방향을 동시에 나타내는 양을 벡터라고 한다.

점 A에서 점 B로 향하는 방향이 주어진 선분 AB를 벡터 AB라 하고, 기호 $\overrightarrow{\mathrm{AB}}$로 나타낸다.

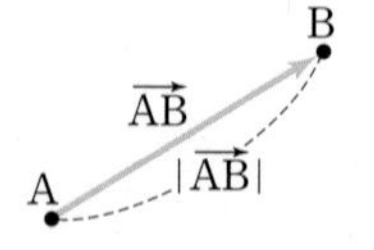

이때, A를 벡터 $\overrightarrow{\mathrm{AB}}$의 시점, B를 벡터 $\overrightarrow{\mathrm{AB}}$의 종점이라고 한다.

(2) 선분 AB의 길이를 벡터 $\overrightarrow{\mathrm{AB}}$의 크기라 하고, 기호 $|\overrightarrow{\mathrm{AB}}|$로 나타낸다.

(3) 두 벡터의 방향과 크기가 각각 같을 때, 두 벡터는 서로 같다고 한다.

2 벡터의 덧셈과 뺄셈

(1) 벡터의 덧셈

① $\overrightarrow{\mathrm{AB}}+\overrightarrow{\mathrm{BC}}=\overrightarrow{\mathrm{AC}}$

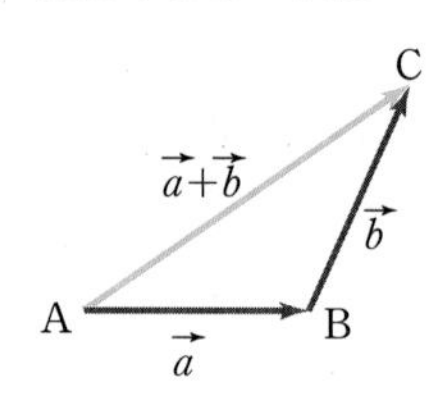

② $\overrightarrow{\mathrm{OA}}+\overrightarrow{\mathrm{OB}}=\overrightarrow{\mathrm{OC}}$

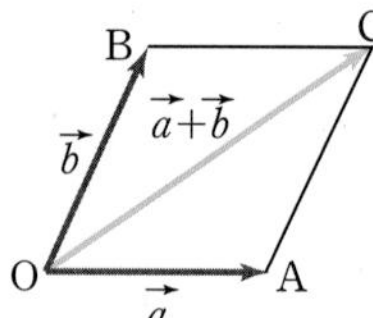
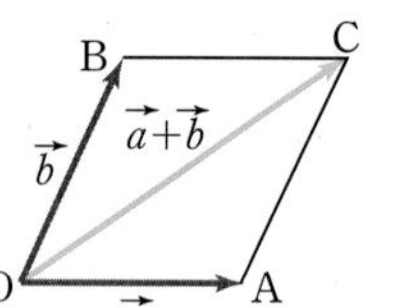

(2) 벡터의 뺄셈

$\overrightarrow{\mathrm{OB}}-\overrightarrow{\mathrm{OA}}=\overrightarrow{\mathrm{AB}}$

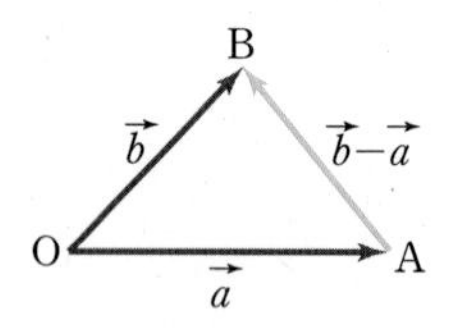

3 벡터의 실수배와 그 성질

(1) 실수 k에 대하여 $\overrightarrow{\mathrm{AB}}\neq\vec{0}$일 때 $k\overrightarrow{\mathrm{AB}}$는

① $k>0$일 때, $\overrightarrow{\mathrm{AB}}$와 방향이 같고 크기가 $k|\overrightarrow{\mathrm{AB}}|$인 벡터

② $k<0$일 때, $\overrightarrow{\mathrm{AB}}$와 방향이 반대이고 크기가 $|k||\overrightarrow{\mathrm{AB}}|$인 벡터

(2) 실수 l, m에 대하여

① $(l+m)\vec{a}=l\vec{a}+m\vec{a}$

② $(lm)\vec{a}=l(m\vec{a})=m(l\vec{a})$

③ $l(\vec{a}+\vec{b})=l\vec{a}+l\vec{b}$

BASIC

- 시점과 종점이 일치하는 벡터를 영벡터($\vec{0}$)라고 한다.
- $\vec{a}$와 크기가 같고 방향이 반대인 벡터를 기호 $-\vec{a}$로 나타낸다.

벡터에 덧셈에 대한 연산법칙

임의의 세 벡터 $\vec{a}$, $\vec{b}$, $\vec{c}$에 대하여

- 교환법칙 : $\vec{a}+\vec{b}=\vec{b}+\vec{a}$
- 결합법칙 : $(\vec{a}+\vec{b})+\vec{c}=\vec{a}+(\vec{b}+\vec{c})$

$k\overrightarrow{\mathrm{AB}}$에서

- $k=0$이면 $k\overrightarrow{\mathrm{AB}}=\vec{0}$
- $\overrightarrow{\mathrm{AB}}=\vec{0}$이면 $k\overrightarrow{\mathrm{AB}}=\vec{0}$

4 벡터가 평행할 조건

(1) $\vec{a}\neq\vec{0}$, $\vec{b}\neq\vec{0}$일 때,

$\vec{a}\,/\!/\,\vec{b} \iff \vec{b}=k\vec{a}$ (단, $k\neq0$인 실수)

(2) 세 점 A, B, P가 일직선 위에 있을 조건은

$\overrightarrow{AP}=k\overrightarrow{AB}$ (단, $k\neq0$인 실수)

BASIC

● 벡터의 평행

영벡터가 아닌 두 벡터 $\vec{a}$, $\vec{b}$가 같은 방향이거나 반대 방향일 때, 두 벡터는 평행하다고 하고 $\vec{a}\,/\!/\,\vec{b}$로 나타낸다.

5 위치벡터

(1) 위치벡터

① 벡터 $\overrightarrow{OA}$를 점 O에 대한 점 A의 위치벡터라고 한다.

② 두 점 A, B의 위치벡터를 각각 $\vec{a}$, $\vec{b}$라 하면

$\overrightarrow{AB}=\overrightarrow{OB}-\overrightarrow{OA}=\vec{b}-\vec{a}$

(2) 네 점 A, B, P, Q의 위치벡터를 각각 $\vec{a}$, $\vec{b}$, $\vec{p}$, $\vec{q}$라 할 때,

① 점 P가 선분 AB를 $m:n$으로 내분하면

$$\vec{p}=\frac{m\vec{b}+n\vec{a}}{m+n}\ (\text{단, } m>0,\ n>0)$$

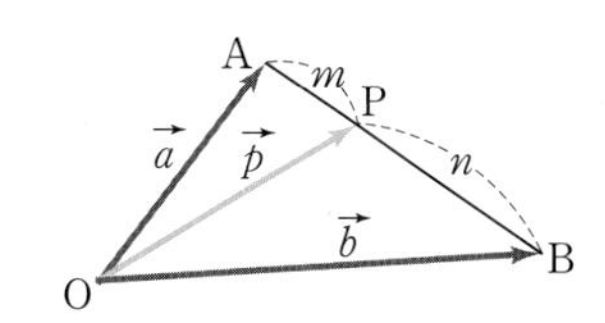

② 점 Q가 선분 AB를 $m:n$으로 외분하면

$$\vec{q}=\frac{m\vec{b}-n\vec{a}}{m-n}\ (\text{단, } m>0,\ n>0,\ m\neq n)$$

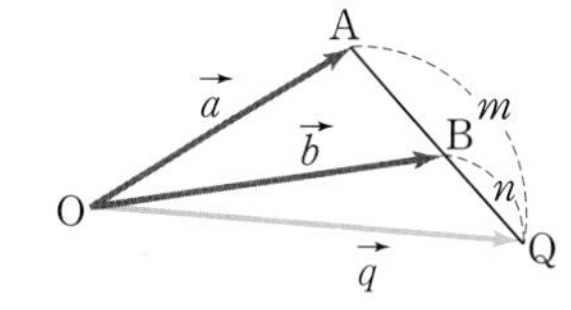

(3) 삼각형의 무게중심의 위치벡터

세 점 A, B, C의 위치벡터를 각각 $\vec{a}$, $\vec{b}$, $\vec{c}$라 할 때,

△ABC의 무게중심 G의 위치벡터 $\vec{g}$는 $\vec{g}=\frac{1}{3}(\vec{a}+\vec{b}+\vec{c})$

이해돕기 한 변의 길이가 2인 정삼각형 OAB가 있다. $m\geq0$, $n\geq0$인 실수 m, n에 대하여 $\overrightarrow{OP}=m\overrightarrow{OA}+n\overrightarrow{OB}$를 만족하는 점 P가 존재할 때, 다음을 구하시오.

(1) $m+n=1$일 때, 점 P가 나타내는 도형의 길이

(2) $m+n\leq1$일 때, 점 P가 존재하는 영역의 넓이

(3) $m\leq1$, $n\leq1$일 때, 점 P가 존재하는 영역의 넓이

● $\overrightarrow{OP}=m\overrightarrow{OA}+n\overrightarrow{OB}$에서

(i) $m\geq0$, $n\geq0$, $m+n=1$일 때, 점 P의 자취는 선분 AB

(ii) $m>0$, $n>0$, $m+n<1$일 때, 점 P의 자취는 △OAB의 내부

(iii) $0\leq m\leq1$, $0\leq n\leq1$일 때, 점 P의 자취는 $\overline{OA}$, $\overline{OB}$를 이웃하는 두 변으로 하는 평행사변형의 내부와 그 둘레

풀이

(1) $m+n=1$이므로

$$\overrightarrow{OP}=\frac{m\overrightarrow{OA}+n\overrightarrow{OB}}{1}=\frac{m\overrightarrow{OA}+n\overrightarrow{OB}}{m+n}$$

로부터 $\overrightarrow{OP}$는 선분 BA를 $m:n$으로 내분하는 점 P의 위치벡터이므로 점 P는 선분 BA 위를 움직인다.

따라서 점 P가 나타내는 도형의 길이는 2이다.

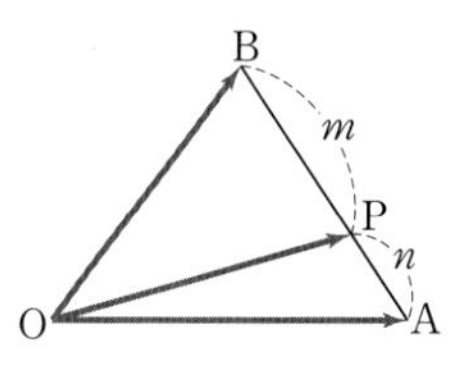

(2) $m+n=1$인 경우에 점 P는 선분 BA 위를 움직이고, $m+n<1$인 경우에 점 P는 △OAB의 내부와 선분 OA, 선분 OB 위를 움직인다. 따라서 점 P가 존재하는 영역은 오른쪽 그림과 같이 △OAB의 내부와 둘레이므로 그 넓이는

$\frac{\sqrt{3}}{4}\times2^2=\sqrt{3}$이다.

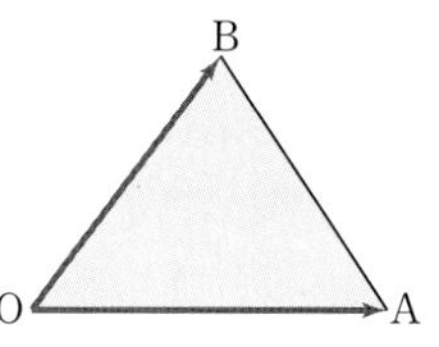

(3) $0 \le m \le 1$일 때 $m\overrightarrow{OA}$의 종점이 나타내는 도형은 선분 OA이고, $0 \le n \le 1$일 때 $n\overrightarrow{OB}$의 종점이 나타내는 도형은 선분 OB이다.
$\overrightarrow{OP}$는 $m\overrightarrow{OA}$와 $n\overrightarrow{OB}$의 합이므로 점 P는 m, n의 값에 따라 선분 OA와 선분 OB를 이웃하는 변으로 하는 평행사변형의 둘레와 내부를 움직인다. 따라서 점 P가 존재하는 영역의 넓이는
$2\triangle OAB = 2 \times \frac{\sqrt{3}}{4} \times 2^2 = 2\sqrt{3}$이다.

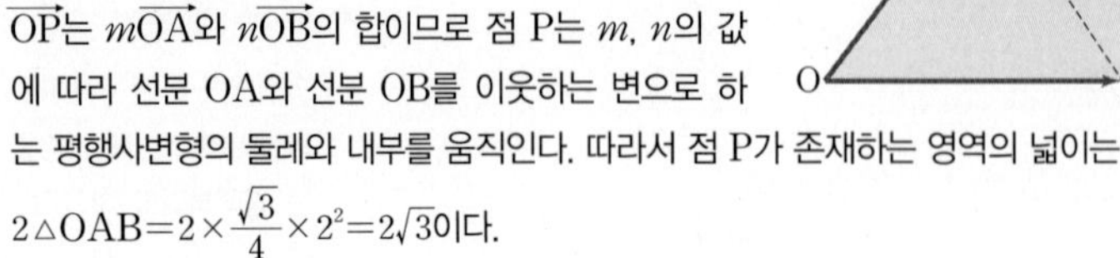

BASIC

2 벡터의 성분과 내적

1 평면벡터의 성분 표시

평면벡터 $\vec{a}=(a_1, a_2)$, $\vec{b}=(b_1, b_2)$에 대하여

(1) $\vec{a}=a_1\vec{e_1}+a_2\vec{e_2}$ (단, $\vec{e_1}=(1, 0)$, $\vec{e_2}=(0, 1)$)

(2) $|\vec{a}|=\sqrt{{a_1}^2+{a_2}^2}$

(3) $\vec{a}=\vec{b} \iff a_1=b_1,\ a_2=b_2$

(4) $\vec{a}\pm\vec{b}=(a_1\pm b_1,\ a_2\pm b_2)$ (복부호동순)

(5) $k\vec{a}=(ka_1,\ ka_2)$ (단, k는 실수)

● 좌표평면에서
$A(a_1, a_2)$, $B(b_1, b_2)$에 대하여
$\overrightarrow{AB}=\overrightarrow{OB}-\overrightarrow{OA}$
$=(b_1-a_1,\ b_2-a_2)$
$|\overrightarrow{AB}|=\sqrt{(b_1-a_1)^2+(b_2-a_2)^2}$

2 공간벡터의 성분 표시

공간벡터 $\vec{a}=(a_1, a_2, a_3)$, $\vec{b}=(b_1, b_2, b_3)$에 대하여

(1) $\vec{a}=a_1\vec{e_1}+a_2\vec{e_2}+a_3\vec{e_3}$(단, $\vec{e_1}=(1, 0, 0)$, $\vec{e_2}=(0, 1, 0)$, $\vec{e_3}=(0, 0, 1)$)

(2) $|\vec{a}|=\sqrt{{a_1}^2+{a_2}^2+{a_3}^2}$

(3) $\vec{a}=\vec{b} \iff a_1=b_1,\ a_2=b_2,\ a_3=b_3$

(4) $\vec{a}\pm\vec{b}=(a_1\pm b_1,\ a_2\pm b_2,\ a_3\pm b_3)$ (복부호동순)

(5) $k\vec{a}=(ka_1,\ ka_2,\ ka_3)$ (단, k는 실수)

(6) 방향코사인

벡터 $\vec{a}=(a_1, a_2, a_3)$가 x축, y축, z축의 양의 방향과 이루는 각의 크기를 각각 α, β, γ라 할 때, $\cos\alpha$, $\cos\beta$, $\cos\gamma$를 벡터 $\vec{a}$의 방향코사인이라고 한다.

① $\cos\alpha=\frac{a_1}{|\vec{a}|}$, $\cos\beta=\frac{a_2}{|\vec{a}|}$, $\cos\gamma=\frac{a_3}{|\vec{a}|}$

② $\cos^2\alpha+\cos^2\beta+\cos^2\gamma=1$

③ $\vec{a}$와 같은 방향의 단위벡터가 $\vec{e}$일 때,

$\vec{e}=\frac{\vec{a}}{|\vec{a}|}=\left(\frac{a_1}{|\vec{a}|}, \frac{a_2}{|\vec{a}|}, \frac{a_3}{|\vec{a}|}\right)=(\cos\alpha, \cos\beta, \cos\gamma)$

● 좌표공간에서
$A(a_1, a_2, a_3)$, $B(b_1, b_2, b_3)$에 대하여
$\overrightarrow{AB}=\overrightarrow{OB}-\overrightarrow{OA}$
$=(b_1, b_2, b_3)-(a_1, a_2, a_3)$
$=(b_1-a_1,\ b_2-a_2,\ b_3-a_3)$
$|\overrightarrow{AB}|$
$=\sqrt{(b_1-a_1)^2+(b_2-a_2)^2+(b_3-a_3)^2}$

*방향코사인은 교육과정 이외의 내용이지만 수리논술을 공부할 때 유용하게 쓰일 수 있는 개념이다.

3 벡터의 내적

(1) 벡터의 내적의 정의

두 벡터 $\vec{a}$, $\vec{b}$가 이루는 각의 크기가 $\theta(0\le\theta\le\pi)$일 때,

$$\vec{a}\cdot\vec{b}=|\vec{a}||\vec{b}|\cos\theta$$

(2) 벡터의 수직과 평행

$\vec{a}\ne\vec{0}$, $\vec{b}\ne\vec{0}$일 때,

① 수직 : $\vec{a}\perp\vec{b} \Longleftrightarrow \vec{a}\cdot\vec{b}=0$

② 평행 : $\vec{a}/\!/\vec{b} \Longleftrightarrow \vec{a}\cdot\vec{b}=\pm|\vec{a}||\vec{b}|$

BASIC

- $\vec{a}=\vec{0}$ 또는 $\vec{b}=\vec{0}$이면 $\vec{a}\cdot\vec{b}=0$
- $\vec{a}\cdot\vec{a}=|\vec{a}|^2$

4 내적의 성분 표시 및 기본 성질

(1) 벡터의 성분과 내적

① $\vec{a}=(a_1, a_2)$, $\vec{b}=(b_1, b_2)$일 때, $\vec{a}\cdot\vec{b}=a_1b_1+a_2b_2$

② $\vec{a}=(a_1, a_2, a_3)$, $\vec{b}=(b_1, b_2, b_3)$일 때, $\vec{a}\cdot\vec{b}=a_1b_1+a_2b_2+a_3b_3$

(2) 벡터의 내적의 연산법칙

① 교환법칙 : $\vec{a}\cdot\vec{b}=\vec{b}\cdot\vec{a}$

② 결합법칙 : $(k\vec{a})\cdot\vec{b}=\vec{a}\cdot(k\vec{b})=k(\vec{a}\cdot\vec{b})$ (단, k는 실수)

③ 분배법칙 : $\vec{a}\cdot(\vec{b}+\vec{c})=\vec{a}\cdot\vec{b}+\vec{a}\cdot\vec{c}$, $(\vec{a}+\vec{b})\cdot\vec{c}=\vec{a}\cdot\vec{c}+\vec{b}\cdot\vec{c}$

5 두 벡터가 이루는 각의 크기

영벡터가 아닌 두 벡터 $\vec{a}$, $\vec{b}$가 이루는 각의 크기를 $\theta(0\le\theta\le\pi)$라 할 때

(1) $\vec{a}=(a_1, a_2)$, $\vec{b}=(b_1, b_2)$이면

$$\cos\theta=\frac{\vec{a}\cdot\vec{b}}{|\vec{a}||\vec{b}|}=\frac{a_1b_1+a_2b_2}{\sqrt{a_1^2+a_2^2}\sqrt{b_1^2+b_2^2}}$$

(2) $\vec{a}=(a_1, a_2, a_3)$, $b=(b_1, b_2, b_3)$이면

$$\cos\theta=\frac{\vec{a}\cdot\vec{b}}{|\vec{a}||\vec{b}|}=\frac{a_1b_1+a_2b_2+a_3b_3}{\sqrt{a_1^2+a_2^2+a_3^2}\sqrt{b_1^2+b_2^2+b_3^2}}$$

- $\vec{a}\cdot\vec{b}=|\vec{a}||\vec{b}|\cos\theta$이므로 $\cos\theta=\frac{\vec{a}\cdot\vec{b}}{|\vec{a}||\vec{b}|}$이다. 이때 $\theta=0°$이면 $\vec{a}\cdot\vec{b}=|\vec{a}||\vec{b}|$, $\theta=90°$이면 $\vec{a}\cdot\vec{b}=0$, $\theta=180°$이면 $\vec{a}\cdot\vec{b}=-|\vec{a}||\vec{b}|$인 것을 알 수 있다.

이해돕기 한 모서리의 길이가 각각 2와 3인 두 정육면체를 오른쪽 그림과 같이 꼭짓점 O와 두 모서리가 겹치도록 붙여 놓았다. 두 정육면체의 대각선 OA와 OB에 대하여 ∠AOB의 크기를 θ라 할 때, $\cos\theta$의 값을 구하시오.

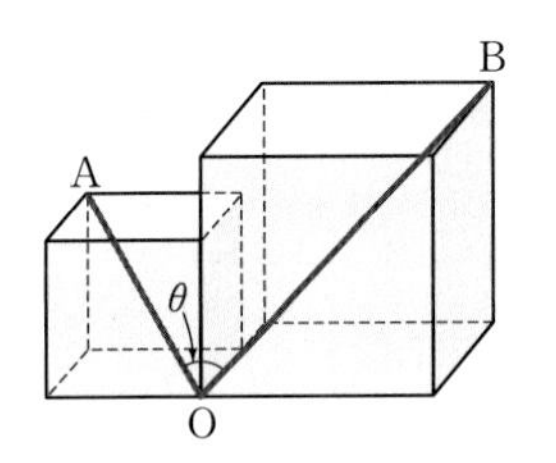

풀이 주어진 도형을 오른쪽 그림과 같이 좌표공간 위에 놓으면

$\overrightarrow{OA}=(-2, -2, 2)$, $\overrightarrow{OB}=(-3, 3, 3)$이므로

$$\cos\theta=\frac{\overrightarrow{OA}\cdot\overrightarrow{OB}}{|\overrightarrow{OA}||\overrightarrow{OB}|}=\frac{-2\times(-3)+(-2)\times3+2\times3}{\sqrt{(-2)^2+(-2)^2+2^2}\sqrt{(-3)^2+3^2+3^2}}=\frac{6}{2\sqrt{3}\cdot3\sqrt{3}}=\frac{1}{3}$$

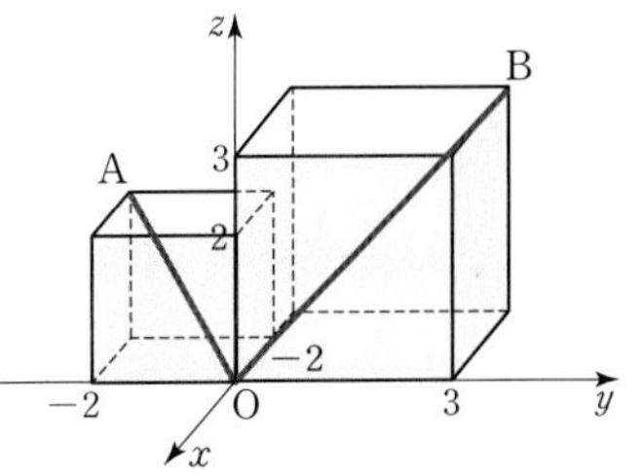

3 평면운동

1 속도와 가속도

(1) 직선 위의 운동에서 속도와 가속도

수직선 위를 움직이는 점 P의 시각 t에서의 좌표 x가 $x=f(t)$일 때, 점 P의 시각 t에서의 속도 v와 가속도 a는

$$v=\frac{dx}{dt}=f'(t),\ a=\frac{dv}{dt}=f''(t)$$

(2) 평면 위의 운동에서 속도와 가속도

좌표평면 위를 움직이는 점 P의 x좌표와 y좌표가 시각 t의 함수 $x=f(t)$, $y=g(t)$로 나타내어질 때, 점 P의 시각 t에서의 속도 $\vec{v}$와 가속도 $\vec{a}$는

$$\vec{v}=\left(\frac{dx}{dt},\ \frac{dy}{dt}\right)=(f'(t),\ g'(t)),\ \vec{a}=\left(\frac{d^2x}{dt^2},\ \frac{d^2y}{dt^2}\right)=(f''(t),\ g''(t))$$

2 속도와 거리

(1) 직선 위의 운동

수직선 위를 움직이는 점 P의 시각 t에서의 위치를 $s(t)$, 속도를 $v(t)$라 할 때,

① 시각 $t=t_0$에서의 점 P의 위치가 x_0이면 시각 t에서의 위치 $s(t)$는

$$s(t)=s(t_0)+\int_{t_0}^{t}v(t)dt=x_0+\int_{t_0}^{t}v(t)dt$$

② $t=a$에서 $t=b(a\le b)$까지 점 P가 움직일 때,

(i) 위치의 변화량 ➡ $\int_a^b v(t)dt$

(ii) 실제로 움직인 거리 ➡ $\int_a^b |v(t)|dt$

(2) 평면 위의 운동

① 경과 거리

좌표평면 위를 움직이는 점 P$(x,\ y)$의 시각 t에서의 위치가 $x=f(t)$, $y=g(t)$로 주어질 때, 점 P가 $t=a$에서 $t=b$까지 실제로 움직인 거리 s는

$$s=\int_a^b\sqrt{\left(\frac{dx}{dt}\right)^2+\left(\frac{dy}{dt}\right)^2}dt=\int_a^b\sqrt{\{f'(t)\}^2+\{g'(t)\}^2}dt$$

② 곡선의 길이

(i) 매개변수로 나타내어진 곡선 $x=f(t)$, $y=g(t)(a\le t\le b)$의 곡선의 길이 l은

$$l=\int_a^b\sqrt{\left(\frac{dx}{dt}\right)^2+\left(\frac{dy}{dt}\right)^2}dt=\int_a^b\sqrt{\{f'(t)\}^2+\{g'(t)\}^2}dt$$

(ii) 곡선 $y=f(x)(a\le x\le b)$의 길이 l은

$$l=\int_a^b\sqrt{1+\left(\frac{dy}{dx}\right)^2}dx=\int_a^b\sqrt{1+\{f'(x)\}^2}dx$$

BASIC

속력과 가속도의 크기

• 속력

$$\sqrt{\left(\frac{dx}{dt}\right)^2+\left(\frac{dy}{dt}\right)^2}=\sqrt{\{f'(t)\}^2+\{g'(t)\}^2}$$

• 가속도의 크기

$$\sqrt{\left(\frac{d^2x}{dt^2}\right)^2+\left(\frac{d^2y}{dt^2}\right)^2}=\sqrt{\{f''(t)\}^2+\{g''(t)\}^2}$$

거리, 속도, 가속도의 관계

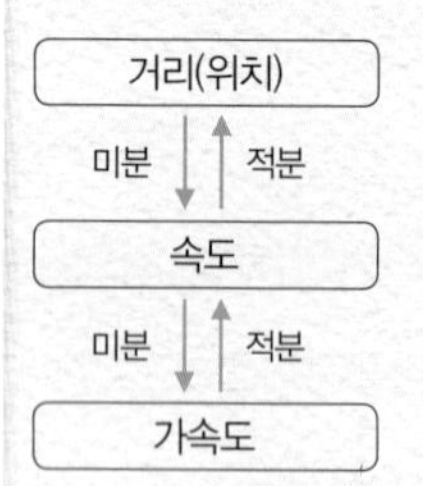

20 이해돕기 제시문을 읽고 물음에 답하시오.

BASIC

스포츠카 한 대가 교차로의 400 m 북쪽 지점에서 100 km/h 속력으로 교차로를 향해 달리고 있다. 이때, 경찰차는 교차로의 300 m 동쪽 지점에서 80 km/h 속력으로 교차로를 향해 달리면서 스포츠카의 속력을 스피드건(속력 측정기)으로 측정하였다. 경찰차와 스포츠카 사이에는 속력 측정을 방해하는 장애물이 없다. 시간 t에 따라 변하는 경찰차와 교차로 사이의 거리를 $x(t)$라 하고, 교차로에서 스포츠카까지의 거리를 $y(t)$라 하자.

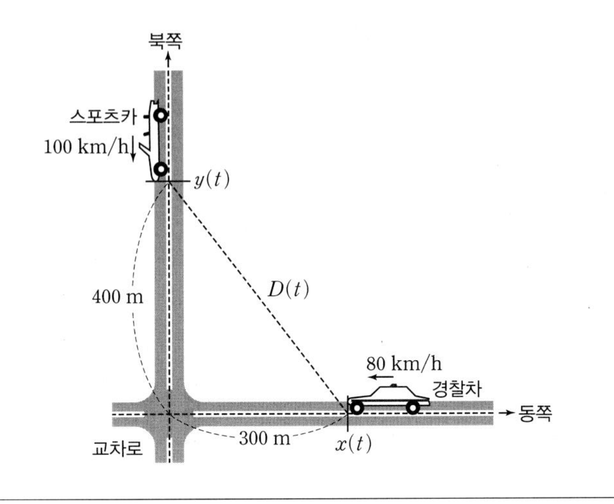

(1) 시간 t에 따라 변하는 경찰차와 스포츠카 사이의 직선거리를 $D(t)$라 할 때, $D(t)$를 $x(t)$와 $y(t)$가 포함된 t의 함수로 나타내시오.

(2) 스피드건에 기록된 스포츠카의 속력을 구하시오.

(3) 만일 경찰차가 달리지 않고 정지해 있었다면, 스피드건에는 속력이 얼마로 기록될지 구하시오.

(4) 경찰이 과속을 단속할 때, 달리는 자동차의 정면에서 정지한 상태로 속력을 측정해야 하는 이유를 (2)와 (3)의 결과를 토대로 기술하시오.

| 국민대학교 2014년 수시 |

풀이

(1) 피타고라스 정리에 의해 $D(t)=\sqrt{(x(t))^2+(y(t))^2}$이다.

(2) $(D(t))^2=(x(t))^2+(y(t))^2$의 양변을 t에 관하여 미분하면

$2D(t)\cdot D'(t)=2x(t)\cdot x'(t)+2y(t)\cdot y'(t)$ …… ㉠

$D(t)\cdot D'(t)=x(t)\cdot x'(t)+y(t)\cdot y'(t)$이다.

$x(t)=0.3$, $x'(t)=-80$, $y(t)=0.4$, $y'(t)=-100$일 때 $D(t)=0.5$이므로

$0.5\times D'(t)=0.3\times(-80)+0.4\times(-100)$에서

$D'(t)=-128$이다.

따라서 스피드건에 기록된 스포츠카의 속력은 128 km/h이다.

> $x(t)=0.3$, $y(t)=0.4$이므로
> $D(t)=\sqrt{(0.3)^2+(0.4)^2}$
> $=\sqrt{(0.5)^2}=0.5$

다른 답안 $x(t)=0.3-80t$, $y(t)=0.4-100t$이므로

$D(t)=\sqrt{(0.3-80t)^2+(0.4-100t)^2}$이다.

$D'(t)=\dfrac{-160(0.3-80t)-200(0.4-100t)}{2\sqrt{(0.3-80t)^2+(0.4-100t)^2}}$이고, $t=0$일 때

$D'(0)=\dfrac{-160\times0.3-200\times0.4}{2\sqrt{(0.3)^2+(0.4)^2}}=-128$이다.

따라서 스피드건에 기록된 스포츠카의 속력은 128 km/h이다.

> $y=\sqrt{f(x)}$라 하면
> $y'=\frac{1}{2}\{f(x)\}^{-\frac{1}{2}}\{f'(x)\}$
> $=\frac{1}{2}\cdot\frac{f'(x)}{\sqrt{f(x)}}$

(3) 경찰차가 정지해 있는 경우 (2)의 ㉠에서 $x'(t)=0$이므로
$0.5\times D'(t)=0+0.4\times(-100)$에서 $D'(t)=-80$이다.
따라서 스피드건에는 속력이 80 km/h로 기록된다.
다른 답안 $x(t)=0.3$, $y(t)=0.4-100t$이므로
$D(t)=\sqrt{(0.3)^2+(0.4-100t)^2}$ 이다.
$D'(t)=\dfrac{-200(0.4-100t)}{2\sqrt{(0.3)^2+(0.4-100t)^2}}$이고, $t=0$일 때
$D'(0)=\dfrac{-200\times0.4}{2\sqrt{(0.3)^2+(0.4)^2}}=-80$이다.
따라서 스피드건에는 속력이 80 km/h로 기록된다.

(4) 경찰이 달리는 스포츠카의 속력을 측정할 때, 정면에서 정지한 상태로 속력을 측정하면 실제 속력 100 km/h이고, (2)에서 달리면서 사선 방향으로 측정하면 128 km/h와 같이 크게 나타나고, (3)에서 정지한 상태에서 사선 방향으로 측정하면 80 km/h와 같이 작게 나타난다. 따라서 과속을 단속할 때는 달리는 자동차의 정면에서 정지한 상태로 속력을 측정해야 정확한 값을 얻을 수 있다.

4 직선과 평면의 방정식

BASIC

1 직선의 방정식

(1) 점 $A(x_1, y_1, z_1)$을 지나고, $\vec{u}=(a, b, c)$에 평행한 직선의 방정식은

$$\frac{x-x_1}{a}=\frac{y-y_1}{b}=\frac{z-z_1}{c}\ (\text{단, } abc\neq0)$$

(2) 두 점 $A(x_1, y_1, z_1)$, $B(x_2, y_2, z_2)$를 지나는 직선의 방정식은

$$\frac{x-x_1}{x_2-x_1}=\frac{y-y_1}{y_2-y_1}=\frac{z-z_1}{z_2-z_1}\ (\text{단, } x_1\neq x_2,\ y_1\neq y_2,\ z_1\neq z_2)$$

- $\frac{x-x_1}{a}=\frac{y-y_1}{b}=\frac{z-z_1}{c}=t$ (t는 실수)로 놓으면 이 직선 위의 점을 $(at+x_1, bt+y_1, ct+z_1)$으로 놓을 수 있다.

2 두 직선의 위치 관계

두 직선 $l_1 : \frac{x-x_1}{a_1}=\frac{y-y_1}{b_1}=\frac{z-z_1}{c_1}$, $l_2 : \frac{x-x_2}{a_2}=\frac{y-y_2}{b_2}=\frac{z-z_2}{c_2}$
에 대하여 방향벡터가 $\vec{u_1}=(a_1, b_1, c_1)$, $\vec{u_2}=(a_2, b_2, c_2)$이므로

(1) 두 직선 l_1, l_2가 평행하면

$$\vec{u_1}\,/\!/\,\vec{u_2} \Longleftrightarrow \vec{u_1}=k\vec{u_2}\ (k\neq0\text{인 실수}) \Longleftrightarrow \frac{a_1}{a_2}=\frac{b_1}{b_2}=\frac{c_1}{c_2}\ (\text{단, } a_2b_2c_2\neq0)$$

(2) 두 직선 l_1, l_2가 수직이면

$$\vec{u_1}\perp\vec{u_2} \Longleftrightarrow \vec{u_1}\cdot\vec{u_2}=0 \Longleftrightarrow a_1a_2+b_1b_2+c_1c_2=0$$

- 방향벡터가 $\vec{u_1}$, $\vec{u_2}$인 두 직선이 이루는 각의 크기를 $\theta\left(0\le\theta\le\frac{\pi}{2}\right)$라 하면 $\cos\theta=\dfrac{|\vec{u_1}\cdot\vec{u_2}|}{|\vec{u_1}||\vec{u_2}|}$

3 평면의 방정식

(1) 점 $A(x_1, y_1, z_1)$을 지나고, 벡터 $\vec{h}=(a, b, c)$에 수직인 평면의 방정식은

$$a(x-x_1)+b(y-y_1)+c(z-z_1)=0$$

(2) 법선벡터가 $\vec{h}=(a, b, c)$인 평면의 방정식은 $ax+by+cz+d=0$

4 두 평면의 위치 관계

두 평면 $\alpha : a_1x+b_1y+c_1z+d_1=0$, $\beta : a_2x+b_2y+c_2z+d_2=0$에 대하여 법선벡터가 $\vec{h_1}=(a_1, b_1, c_1)$, $\vec{h_2}=(a_2, b_2, c_2)$이므로

(1) 두 평면 α, β가 평행하면

$$\vec{h_1} /\!/ \vec{h_2} \Longleftrightarrow \vec{h_1}=k\vec{h_2}\ (k\neq0\text{인 실수}) \Longleftrightarrow \frac{a_1}{a_2}=\frac{b_1}{b_2}=\frac{c_1}{c_2}(\text{단, } a_2b_2c_2\neq0)$$

(2) 두 평면 α, β가 수직이면

$$\vec{h_1}\perp\vec{h_2} \Longleftrightarrow \vec{h_1}\cdot\vec{h_2}=0 \Longleftrightarrow a_1a_2+b_1b_2+c_1c_2=0$$

BASIC

- 법선벡터가 $\vec{h_1}$, $\vec{h_2}$인 두 평면이 이루는 각의 크기를 $\theta\left(0\le\theta\le\frac{\pi}{2}\right)$라 하면
$$\cos\theta=\frac{|\vec{h_1}\cdot\vec{h_2}|}{|\vec{h_1}||\vec{h_2}|}$$

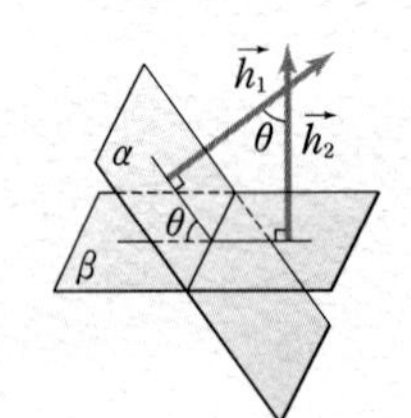

이해돕기 직선 $l : \frac{x-1}{-1}=\frac{y-2}{-4}=\frac{z}{5}$와 평면 $\alpha : x+y+z-3=0$의 위치 관계를 설명하시오.

풀이 직선 l의 방향벡터 $\vec{u}=(-1, -4, 5)$와 평면 α의 법선벡터 $\vec{h}=(1, 1, 1)$에 대하여 $\vec{u}\cdot\vec{h}=-1-4+5=0$이므로 $\vec{u}\perp\vec{h}$이다.
그러므로 직선 l과 평면 α는 평행하거나 직선 l이 평면 α에 포함된다.
이때, 직선 l 위의 점 $(1, 2, 0)$은 평면 α의 방정식을 만족하므로 직선 l은 평면 α 위에 있다.
따라서 직선 l은 평면 α에 포함된다.

5 점과 평면 사이의 거리

점 $P(x_1, y_1, z_1)$과 평면 $ax+by+cz+d=0$ 사이의 거리 h는

$$h=\frac{|ax_1+by_1+cz_1+d|}{\sqrt{a^2+b^2+c^2}}$$

- 평행한 두 평면 $ax+by+cz+d=0$, $ax+by+cz+d'=0$ 사이의 거리를 구해 보자.
원점과 평면 $ax+by+cz+d=0$에 이르는 거리는
$$\frac{|d|}{\sqrt{a^2+b^2+c^2}}$$
원점과 평면 $ax+by+cz+d'=0$에 이르는 거리는
$$\frac{|d'|}{\sqrt{a^2+b^2+c^2}}$$
따라서 두 평면 사이의 거리는
$$h=\frac{|d-d'|}{\sqrt{a^2+b^2+c^2}}$$

이해돕기 오른쪽 그림과 같이 한 모서리의 길이가 4인 정육면체 ABCD−EFGH에서 모서리 AE와 EF의 중점을 각각 M, N이라 할 때, 사면체 MENH에 내접시킬 수 있는 구의 크기를 구하시오.

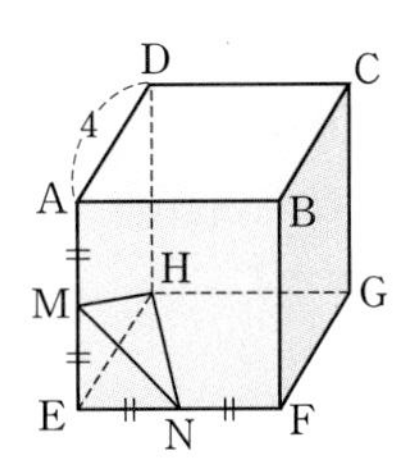

풀이 점 E를 원점, 직선 EN, EH, EM을 각각 공간좌표의 x축, y축, z축의 양의 방향으로 잡으면 $N(2, 0, 0)$, $H(0, 4, 0)$, $M(0, 0, 2)$이다. 이때 내접하는 구의 중심을 $P(r, r, r)$라 하자. $\triangle$MNH를 품는 평면의 방정식은

$$\frac{x}{2}+\frac{y}{4}+\frac{z}{2}=1,\ \text{즉 } 2x+y+2z-4=0$$

이므로 구의 중심 $P(r, r, r)$에서 이 평면까지의 거리는

$$\frac{|2r+r+2r-4|}{\sqrt{2^2+1^2+2^2}}=r,\ \frac{|5r-4|}{3}=r$$

$5r-4=3r$ 또는 $5r-4=-3r$

$\therefore r=\frac{1}{2}\ (\because 0<r<2)$

따라서 반지름의 길이가 $\frac{1}{2}$인 구를 내접시킬 수 있다.

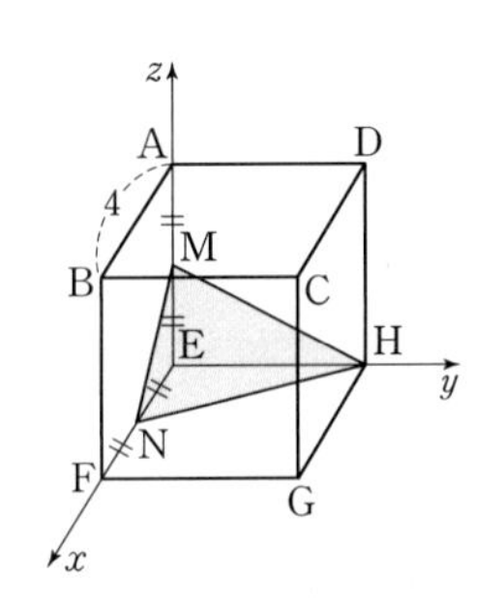

COURSE A

수리논술 분석

예제 1 제시문을 읽고 물음에 답하시오.

> (가) 두 벡터 $\vec{v}$와 $\vec{w}$가 이루는 각을 θ라 할 때, $\vec{v}$와 $\vec{w}$의 내적 $\vec{v}\cdot\vec{w}$를 다음과 같이 정의한다.
> $$\vec{v}\cdot\vec{w}=|\vec{v}||\vec{w}|\cos\theta$$
> (나) 점 $E_1(1,\ 0)$과 $E_2(0,\ 1)$의 위치벡터를 각각 $\vec{e_1}$과 $\vec{e_2}$라 하자.
> (다) 평면 위에 영벡터가 아닌 벡터 $\vec{a}$와 $\vec{e_1}$이 이루는 각은 θ_1이고, $0<\theta_1<\pi$를 만족시킨다.
> (라) 벡터 $\vec{b}=\vec{a}+\vec{e_1}$과 $\vec{e_1}$이 이루는 각은 θ_2이다.

(1) 제시문에서 주어진 두 벡터 $\vec{a}$, $\vec{b}$에 대하여 $|\vec{a}|=\sqrt{2}$, $|\vec{b}|=1$일 때, 내적 $\vec{a}\cdot\vec{b}$의 값을 구하시오.

(2) 제시문에서 주어진 벡터 $\vec{a}$의 x성분과 y성분을 θ_1과 θ_2로 나타내시오. (단, θ_1, θ_2는 제시문 (다)와 (라)에서 주어진 각이다.)

(3) 제시문에서 주어진 θ_1, θ_2에 대하여 부등식 $\sin(\pi-\theta_1)+\sin\theta_2+\sin(\theta_1-\theta_2)\le\frac{3\sqrt{3}}{2}$이 성립함을 보이시오.

| 한양대학교 2015년 수시 |

예시 답안

(1) 두 벡터 $\vec{a}$와 $\vec{b}$가 이루는 각은 $\theta=\theta_1-\theta_2$이다. 세 벡터 $\vec{a}$, $\vec{b}$, $\vec{e_1}$이 만드는 삼각형에서 코사인 제이법칙에 의하여

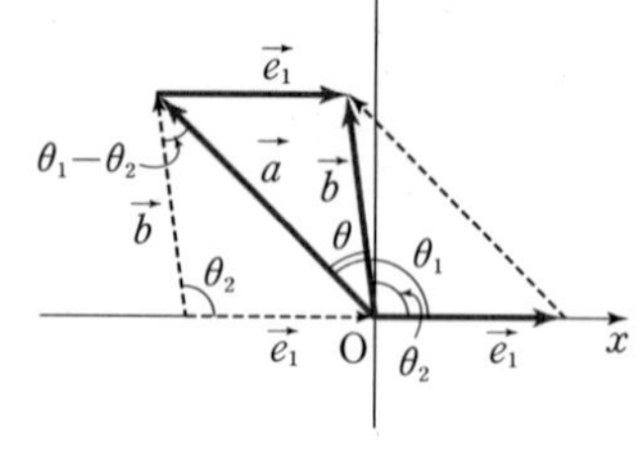

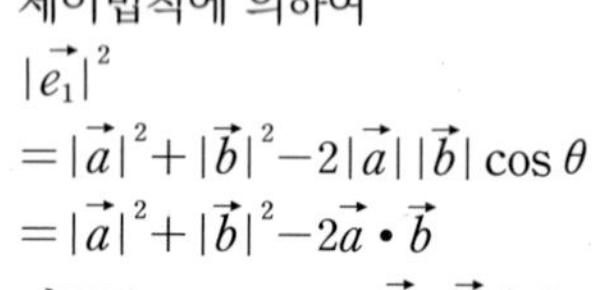

$|\vec{e_1}|^2$
$=|\vec{a}|^2+|\vec{b}|^2-2|\vec{a}||\vec{b}|\cos\theta$
$=|\vec{a}|^2+|\vec{b}|^2-2\vec{a}\cdot\vec{b}$
이므로 $1=2+1-2\vec{a}\cdot\vec{b}$이다.

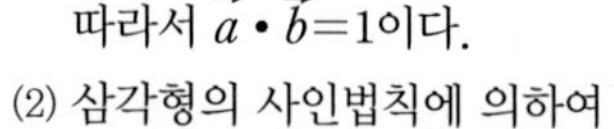

따라서 $\vec{a}\cdot\vec{b}=1$이다.

(2) 삼각형의 사인법칙에 의하여
$\frac{\sin\theta_2}{|\vec{a}|}=\frac{\sin(\pi-\theta_1)}{|\vec{b}|}=\frac{\sin(\theta_1-\theta_2)}{1}$이 성립한다. 따라서 $|\vec{a}|=\frac{\sin\theta_2}{\sin(\theta_1-\theta_2)}$
벡터 $\vec{a}$가 x축 아래에 놓여 있는 경우를 고려하면
벡터 $\vec{a}$의 x성분은 $\frac{\sin\theta_2}{\sin(\theta_1-\theta_2)}\cos\theta_1$이고, 벡터 $\vec{a}$의 y성분은 $\pm\frac{\sin\theta_2}{\sin(\theta_1-\theta_2)}\sin\theta_1$이다.

(3) $f(\theta)=\sin\theta(0<\theta<\pi)$일 때, $f''(\theta)=-\sin\theta<0$이다.
따라서 구간 $[0,\ \pi]$에서 함수 $f(\theta)$는 위로 볼록인 함수이다.
그러므로

$$\begin{aligned}\sin(\pi-\theta_1)+\sin\theta_2+\sin(\theta_1-\theta_2)&\le2\sin\left(\frac{\pi-\theta_1+\theta_2}{2}\right)+\sin(\theta_1-\theta_2)\\&=3\left\{\frac{2}{3}\sin\left(\frac{\pi-\theta_1+\theta_2}{2}\right)+\frac{1}{3}\sin(\theta_1-\theta_2)\right\}\\&\le3\sin\left\{\frac{2}{3}\cdot\frac{\pi-\theta_1+\theta_2}{2}+\frac{1}{3}(\theta_1-\theta_2)\right\}\\&=3\sin\frac{\pi}{3}=\frac{3\sqrt{3}}{2}\end{aligned}$$

Check Point

(3) $f(x)$가 위로 볼록한 그래프일 때
$\frac{f(a)+f(b)}{2}\le f\left(\frac{a+b}{2}\right)$,
$0\le t\le1$인 t에 대하여
$(1-t)f(a)+tf(b)$
$\le f((1-t)a+tb)$
가 성립한다.

그림과 같이 좌표평면에 장축의 길이가 $2\sqrt{3}$이고 단축의 길이가 2인 타원이 있다. 타원 위의 점 B가 점 A(0, 1)에서 출발하여 시계 방향으로 돌고 있다. 이때, $\angle AOB=\theta$라 하자. 다음 물음에 답하시오.

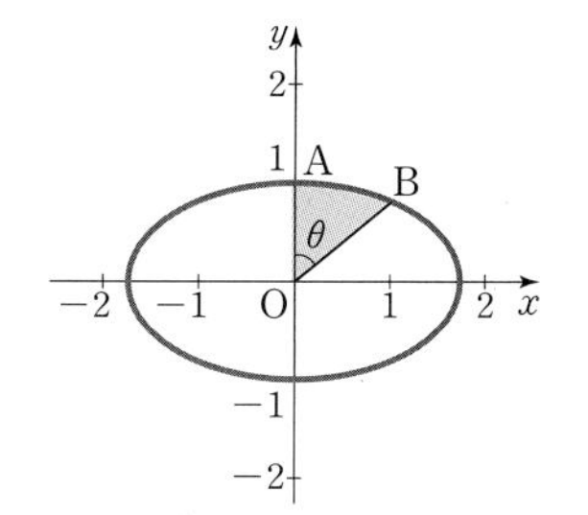

(1) 선분 OB의 길이를 θ를 이용하여 나타내시오.

(2) 시각 $t(0\le t\le 1)$에서 $\theta=2\pi t^2$이다. $\theta=\frac{\pi}{4}$인 순간에 점 B의 속력을 구하시오.

(3) 두 선분 OA, OB와 타원으로 둘러싸인 색칠한 영역을 x축 둘레로 회전시켜서 생긴 회전체의 부피 $V(\theta)$를 구하고, $V(\theta)$의 θ에 대한 변화율이 최대가 되는 θ를 구하시오. $\left(단,\ 0<\theta<\frac{\pi}{2}이다.\right)$ | 서울시립대학교 2013년 수시 |

예시 답안

Check Point

(2) $\vec{v}=\left(\frac{dx}{dt}, \frac{dy}{dt}\right)$일 때

속력 $|\vec{v}|=\sqrt{\left(\frac{dx}{dt}\right)^2+\left(\frac{dy}{dt}\right)^2}$

(1) 주어진 타원의 방정식은 $\frac{x^2}{3}+y^2=1$이고, 선분 OB의 길이를 l이라 하면, 점 B의 좌표는

$\left(l\cos\left(\frac{\pi}{2}-\theta\right),\ l\sin\left(\frac{\pi}{2}-\theta\right)\right)=(l\sin\theta,\ l\cos\theta)$이므로

$\frac{(l\sin\theta)^2}{3}+(l\cos\theta)^2=1$이다. 따라서 $l^2=\frac{3}{\sin^2\theta+3\cos^2\theta}=\frac{3}{1+2\cos^2\theta}$이고,

$\overline{OB}=l=\frac{\sqrt{3}}{\sqrt{1+2\cos^2\theta}}$이다.

(2) B의 좌표를 (a, b)라 할 때, $a=\overline{OB}\sin\theta=\frac{\sqrt{3}\sin\theta}{\sqrt{1+2\cos^2\theta}}$, $b=\overline{OB}\cos\theta=\frac{\sqrt{3}\cos\theta}{\sqrt{1+2\cos^2\theta}}$

$\theta=2\pi t^2$이므로 $\frac{d\theta}{dt}=4\pi t$이고 $\theta=\frac{\pi}{4}$일 때 $t=\frac{1}{2\sqrt{2}}(0\le t\le 1)$이다.

합성함수의 미분법을 이용하면 다음을 얻는다.

$\frac{da}{dt}=\frac{da}{d\theta}\cdot\frac{d\theta}{dt}=\frac{3\sqrt{3}\cos\theta}{(1+2\cos^2\theta)^{\frac{3}{2}}}\cdot 4\pi t$, $\frac{db}{dt}=\frac{db}{d\theta}\cdot\frac{d\theta}{dt}=-\frac{\sqrt{3}\sin\theta}{(1+2\cos^2\theta)^{\frac{3}{2}}}\cdot 4\pi t$

그러므로 위 식에 $\theta=\frac{\pi}{4}$, $t=\frac{1}{2\sqrt{2}}$을 대입하면 점 B의 속도벡터 $\vec{v}=\left(\frac{3\sqrt{6}\pi}{4},\ -\frac{\sqrt{6}\pi}{4}\right)$를 얻는다.

이때 점 B의 속력 $|\vec{v}|$는 $\sqrt{\left(\frac{3\sqrt{6}\pi}{4}\right)^2+\left(-\frac{\sqrt{6}\pi}{4}\right)^2}=\frac{\sqrt{15}}{2}\pi$이다.

(3) 점 B의 좌표를 (a, b)라 하고, 점 $(a, 0)$을 C라 하자.

$0<\theta<\frac{\pi}{2}$이므로 $a>0$, $b>0$, $b^2=1-\frac{a^2}{3}$이다.

구하고자 하는 회전체의 부피 V는 영역 OCBA를 x축의 둘레로 회전시켜서 얻은 회전체의 부피에서 삼각형 OCB를 x축의 둘레로 회전시켜서 얻은 회전체(밑면의 반지름이 b인 원이고, 높이가 a인 원뿔)의 부피를 뺀 것과 같다. 그러므로

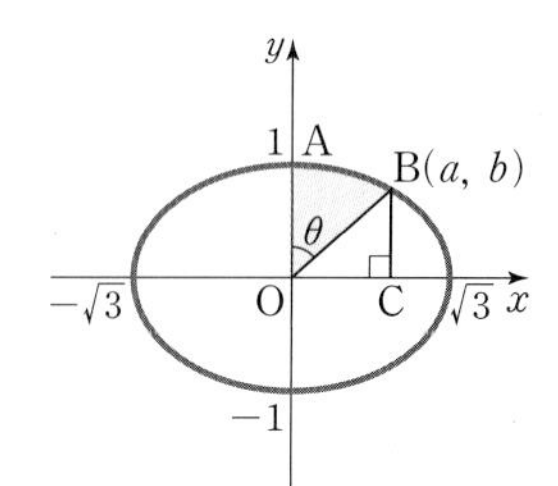

$V=\pi\int_0^a\left(1-\frac{x^2}{3}\right)dx-\frac{1}{3}\pi b^2 a=\pi\left[x-\frac{x^3}{9}\right]_0^a-\frac{\pi}{3}a\left(1-\frac{a^2}{3}\right)=\frac{2}{3}a\pi$

이고 $a=\frac{\sqrt{3}\sin\theta}{\sqrt{1+2\cos^2\theta}}$이므로 $V(\theta)=\frac{2\sqrt{3}\sin\theta}{3\sqrt{1+2\cos^2\theta}}\pi$이다.

따라서 $\frac{dV}{d\theta}=\frac{2\sqrt{3}\cos\theta}{(1+2\cos^2\theta)^{\frac{3}{2}}}\pi$, $\frac{d^2V}{d\theta^2}=\frac{2\sqrt{3}\sin\theta(4\cos^2\theta-1)}{(1+2\cos^2\theta)^{\frac{5}{2}}}\pi$

$0<\theta<\frac{\pi}{2}$에서 $\frac{d^2V}{d\theta^2}=0$의 해를 구하면 $\theta=\frac{\pi}{3}$이고, 이때 $\frac{dV}{d\theta}$는 극댓값을 갖는다.

그러므로 $\frac{dV}{d\theta}$는 $\theta=\frac{\pi}{3}$에서 최댓값 $\frac{2\sqrt{2}\pi}{3}$를 갖는다.

예제 3 제시문을 읽고 물음에 답하시오.

> (가) 실수 $0<t<3$에 대하여 좌표공간의 세 점 $P_1(t,\ 0,\ 0)$, $P_2(0,\ t,\ 0)$, $P_3(0,\ 0,\ t)$를 꼭짓점으로 가지는 삼각형의 내접원을 C_t라고 한다.
>
> (나) 밑면이 내접원 C_t이고 꼭짓점의 좌표가 $Q(1,\ 1,\ 1)$인 원뿔을 V_t라고 한다.

(1) 점 $Q(1,\ 1,\ 1)$에서 제시문 (가)의 세 점 P_1, P_2, P_3을 지나는 평면까지의 거리를 t에 관한 식으로 나타내고 그 이유를 논하시오.

(2) 제시문 (가)의 내접원 C_t의 반지름을 구하고 그 이유를 논하시오.

(3) 원뿔 V_t의 부피의 최댓값을 구하고 그 이유를 논하시오.

| 성균관대학교 2015년 수시 |

예시 답안

(1) 제시문 (가)에 의해 세 점 P_1, P_2, P_3을 지나는 평면의 방정식은
$x+y+z=t$, $x+y+z-t=0$이므로
점 $Q(1,\ 1,\ 1)$에서 위의 평면까지의 거리는 $0<t<3$에 대하여
$\frac{|1+1+1-t|}{\sqrt{1^2+1^2+1^2}}=\frac{3-t}{\sqrt{3}}=\sqrt{3}-\frac{t}{\sqrt{3}}$이다.

(2) 오른쪽 그림에서 한 변의 길이가 양의 실수 a인 정삼각형의 내접원의 반지름 r는
$1:\sqrt{3}=r:\frac{a}{2}$에서 $r=\frac{a}{2\sqrt{3}}$이다.
제시문 (가)에 의해 삼각형 $P_1P_2P_3$은 한 변의 길이가 $a=\sqrt{2}t$인 정삼각형이므로 내접원의 반지름은
$\frac{\sqrt{2}t}{2\sqrt{3}}=\frac{\sqrt{6}t}{6}$이다.

(3) 원뿔 V_t의 밑면의 반지름은 $\frac{t}{\sqrt{6}}$이고 높이는 $\sqrt{3}-\frac{t}{\sqrt{3}}$이므로
원뿔 V_t의 부피는 $\frac{\pi}{3}\left(\frac{t}{\sqrt{6}}\right)^2\left(\sqrt{3}-\frac{t}{\sqrt{3}}\right)=\frac{\pi}{18\sqrt{3}}t^2(3-t)$이다.
이 식을 함수 $f(t)=\frac{\pi}{18\sqrt{3}}t^2(3-t)$라고 하자.
이 식을 t에 대해 미분하면
$f'(t)=\frac{\pi}{18\sqrt{3}}(6t-3t^2)=\frac{\pi}{18\sqrt{3}}3t(2-t)$이다.
$f'(t)=0$의 해는 열린 구간 $(0,\ 3)$에서 유일한 해 $t=2$를 가진다.
또, $f''(t)=\frac{\pi}{3\sqrt{3}}(1-t)$이고 $f''(2)<0$이므로, $f(t)$는 $t=2$에서 최댓값을 가진다.
$t=2$를 $f(t)$에 대입하면 원뿔 V_t의 최댓값은 $\frac{\pi}{18\sqrt{3}}2^2(3-2)=\frac{2\pi}{9\sqrt{3}}$이다.

Check Point

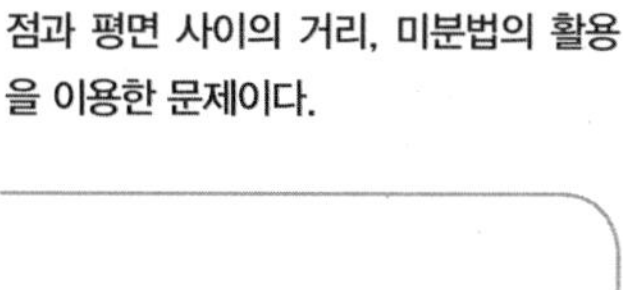

이 문제는 좌표공간의 평면의 방정식, 점과 평면 사이의 거리, 미분법의 활용을 이용한 문제이다.

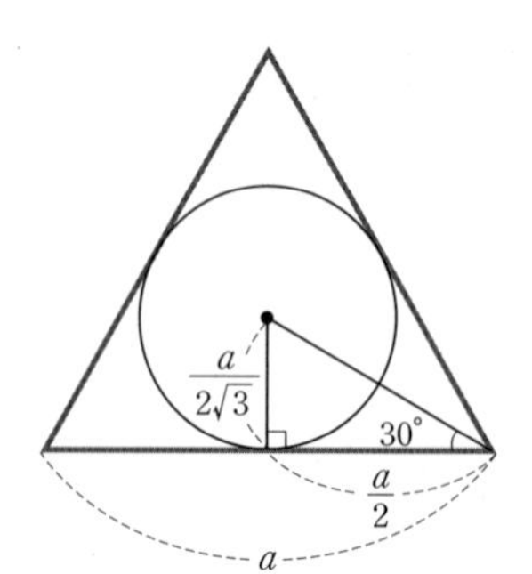

수리논술 기출 및 예상 문제

01

좌표평면에 세 점 $P_1(0,\ 0)$, $P_2(1,\ 1)$, $P_3(0,\ 1)$이 주어져 있다. 자연수 n에 대하여 점 P_{n+2}에서 선분 P_nP_{n+1}에 내린 수선의 발을 점 P_{n+3}이라 하고, l_n을 선분 P_nP_{n+1}의 길이라고 하자.

(1) l_n의 값을 구하시오.

(2) 벡터 $\frac{1}{l_n}\overrightarrow{P_nP_{n+1}}$을 $\overrightarrow{v_n}$이라 할 때, $\overrightarrow{v_{8n}}$을 구하시오.

(3) 점 P_{1001}의 x좌표를 구하시오.

| 서울시립대학교 2015년 모의논술 |

(2) $\overrightarrow{v_1}$, $\overrightarrow{v_2}$, $\overrightarrow{v_3}$, …을 구하여 $\overrightarrow{v_n}(n=1,\ 2,\ \cdots)$의 주기가 8임을 확인한다.

02

제시문을 읽고 물음에 답하시오.

(가) 점 $F(p,\ 0)$(단, $p>0$)를 초점으로 하고 y축에 평행한 직선 $x=-p$를 준선으로 하는 포물선의 방정식은 $y^2=4px$이다. 임의의 음의 실수 α, 임의의 실수 β에 대하여 좌표평면 위의 점 $C(\alpha,\ \beta)$를 지나면서 포물선 $y^2=4px$에 접하는 직선은 항상 두 개 존재한다. 이 두 직선이 포물선과 접하는 점을 각각 $A(x_0,\ y_0)$, $B(x_1,\ y_1)$(단, $y_0>0$이고 $y_1<0$)라고 하자.

([그림 1] 참고)

(나) 제시문 (가)에서 $0<t<1$인 실수 t에 대하여 선분 AC를 $t:(1-t)$로 내분하는 점을 P, 선분 BC를 $(1-t):t$로 내분하는 점을 Q, 선분 PQ를 $t:(1-t)$로 내분하는 점을 R라고 하자.

([그림 2] 참고)

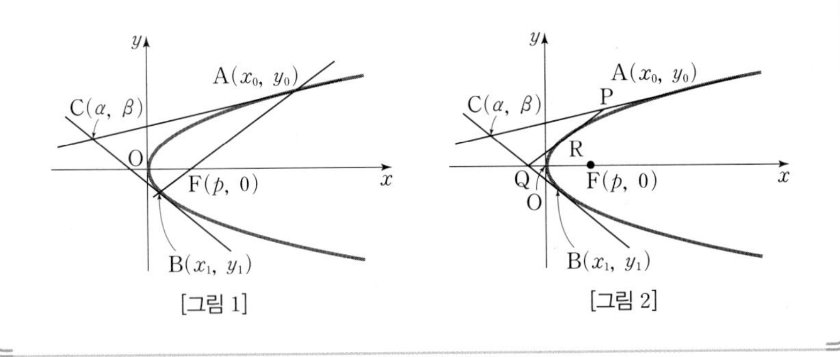

[그림 1] [그림 2]

(1) 제시문 (가)에서 두 접점의 y좌표 y_0, y_1을 α, β에 관한 식으로 나타내시오.

(2) 제시문 (가)에서 점 $C(\alpha,\ \beta)$가 준선 위에 있으면 점 $A(x_0,\ y_0)$와 점 $B(x_1,\ y_1)$을 지나는 직선은 초점 $F(p,\ 0)$를 지남을 보이시오.

(3) 제시문 (나)에서 점 R의 좌표를 t, $\overrightarrow{OA}$, $\overrightarrow{OB}$, $\overrightarrow{OC}$를 이용하여 나타내시오.

(단, $\overrightarrow{OA}=(x_0,\ y_0)$, $\overrightarrow{OB}=(x_1,\ y_1)$, $\overrightarrow{OC}=(\alpha,\ \beta)$)

(4) 제시문 (나)에서 점 R은 포물선 $y^2=4px$ 위에 있고, 점 R에서의 접선은 직선 PQ임을 보이시오.

| 서강대학교 2015년 수시 |

Hint

포물선 $y^2=4px$ 위의 접점을 $\left(\frac{u^2}{4p},\ u\right)$로 놓는다.

이때 다음을 이용하여 접선의 방정식을 구하면 편리하다.

포물선, 타원, 쌍곡선 위의 점 $(x_1,\ y_1)$에서의 접선의 방정식은

① 포물선 $y^2=4px$ ➡ $y_1y=2p(x+x_1)$

② 타원 $\frac{x^2}{a^2}+\frac{y^2}{b^2}=1$ ➡ $\frac{x_1x}{a^2}+\frac{y_1y}{b^2}=1$

③ 쌍곡선 $\frac{x^2}{a^2}-\frac{y^2}{b^2}=1$ ➡ $\frac{x_1x}{a^2}-\frac{y_1y}{b^2}=1$

03

그림과 같이 반지름의 길이가 1이고 점 O를 중심으로 하는 원이 있다. 원에 내접하는 사각형 ABCD는 다음 조건을 만족한다고 하자.

> (가) $\overrightarrow{OA}+\overrightarrow{OB}+\overrightarrow{OC}=\vec{0}$
> (나) 선분 AD와 선분 BC의 교점 P는 선분 BC를 1 : 2로 내분한다.

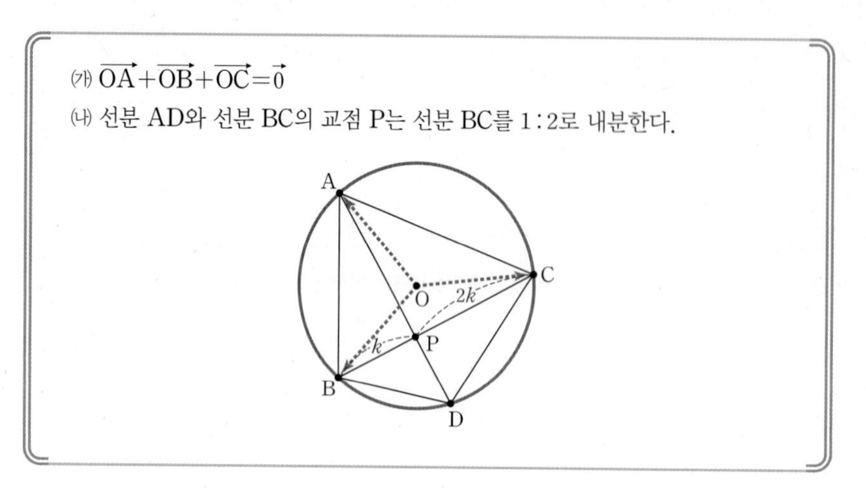

(1) 삼각형 ABC는 정삼각형임을 보이시오.
(2) $\overrightarrow{AD}$를 $\overrightarrow{AB}$와 $\overrightarrow{AC}$로 나타내시오.

| 인하대학교 2016년 모의논술 |

Hint
(1) $\overrightarrow{OA}+\overrightarrow{OB}+\overrightarrow{OC}=\vec{0}$에서
$\overrightarrow{OA}+\overrightarrow{OB}=-\overrightarrow{OC}$이다.
이때,
$|\overrightarrow{OA}|=|\overrightarrow{OB}|=|\overrightarrow{OC}|$
인 것과
$|\overrightarrow{OA}+\overrightarrow{OB}|=|-\overrightarrow{OC}|$
의 양변을 제곱하여 알아본다.

04

좌표평면에서 x축 위의 점 $\mathrm{P}(t,\ 0)$과 y축 위의 점 $\mathrm{Q}(0,\ 1)$에 대하여, 두 점 $\mathrm{R}_i(i=1,\ 2)$가 다음 두 조건을 모두 만족시킨다.

> (가) $\overrightarrow{QR_i}\cdot\overrightarrow{QP}=0$
> (나) 점 R_i와 x축 사이의 거리가 벡터 $\overrightarrow{QR_i}$의 크기보다 1만큼 작다.

(1) 두 벡터의 내적 $\overrightarrow{PR_1}\cdot\overrightarrow{PR_2}$의 값을 t에 대한 식으로 나타내시오.
(2) 두 점 R_1, R_2 중 x좌표의 값이 작은 점을 R라 하고, R를 y축에 대하여 대칭이동시킨 점을 S라고 하자. 세 점 $\mathrm{O}(0,\ 0)$, R, S를 지나는 원의 반지름의 길이를 t에 대한 식으로 나타낸 식을 $r(t)$라 하자. $r(t)$를 구하고 극한값 $\lim_{t\to\infty} r(t)$를 구하시오.

| 서울시립대학교 2014년 수시 |

Hint
조건 (가)에서 $\overrightarrow{QR_i}\perp\overrightarrow{QP}$이고,
조건 (나)의 뜻은
$|\overrightarrow{QR_i}|=$(점 R_i와 $y=-1$ 사이의 거리)
즉, 점 R_i에서 점 Q까지의 거리와 점 R_i에서 직선 $y=-1$까지의 거리가 같다.
이것으로부터 준선 $y=-1$, 초점이 $\mathrm{Q}(0,\ 1)$인 포물선을 생각한다.

05

그림과 같이 $\overline{\mathrm{OA}}=3$, $\overline{\mathrm{OB}}=2$, $\cos\angle\mathrm{AOB}=\dfrac{\sqrt{6}}{3}$인 두 점 A, B가 각각 xz평면과 yz평면 위에 있다.

(단, O는 원점이고, 점 A, B의 좌표의 성분은 모두 0 이상이다.)

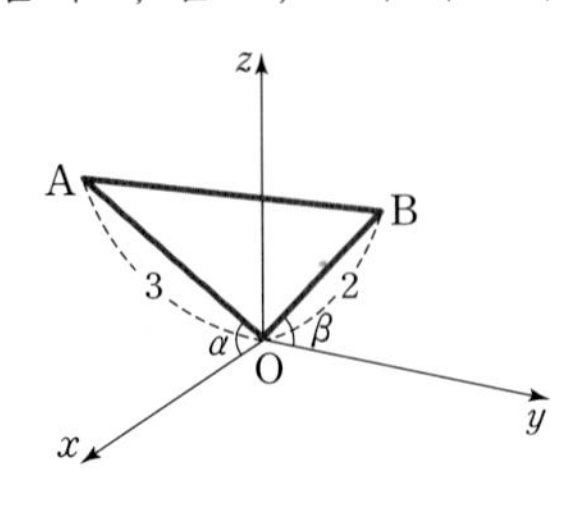

(1) 직선 OA와 x축이 이루는 각을 α, 직선 OB와 y축이 이루는 각을 β라고 할 때, α와 β의 관계식을 구하시오. $\left(\text{단, } 0<\alpha<\dfrac{\pi}{2},\ 0<\beta<\dfrac{\pi}{2}\right)$

(2) 삼각형 OAB의 xy평면 위로의 정사영이 직각이등변삼각형일 때, A의 좌표를 구하시오.

| 인하대학교 2014년 수시 |

Hint

(1) 두 점 A, B의 좌표를 구하여 두 벡터 $\overrightarrow{\mathrm{OA}}$, $\overrightarrow{\mathrm{OB}}$의 내적을 이용한다.

06

좌표평면 위의 원점 O와 세 점 $\mathrm{A_1}(1,\ 0)$, $\mathrm{A_2}$, $\mathrm{A_3}$이 다음 조건을 만족한다.

(가) 점 $\mathrm{A_2}$는 제2사분면에 있고 점 $\mathrm{A_3}$은 제3사분면에 있다.
(나) $\angle\mathrm{A_1OA_2}=\alpha$, $\angle\mathrm{A_2OA_3}=\beta$, $\angle\mathrm{A_3OA_1}=\alpha$이다.
(다) $|\overrightarrow{\mathrm{OA_2}}|=|\overrightarrow{\mathrm{OA_3}}|=\dfrac{1}{\sqrt{3}}$

좌표평면에서 부등식 $y\geq 0$의 영역을 원점을 중심으로 θ만큼 회전이동시켜서 얻어진 영역을 H_θ라 하고 위치벡터 $\overrightarrow{\mathrm{OA_1}}$, $\overrightarrow{\mathrm{OA_2}}$, $\overrightarrow{\mathrm{OA_3}}$ 중에서 H_θ에 포함되는 벡터들의 합의 크기를 $L(\theta)$라 하자.

(1) 함수 $L(\theta)$를 구하시오. (단, $0<\theta\leq 2\pi$)

(2) 함수 $L(\theta)$의 최댓값을 가장 작게 만드는 모든 α, β에 대하여 점 $(\cos\alpha,\ \cos\beta)$를 좌표평면 위에 나타내시오.

| 고려대학교 2014년 수시 |

Hint

θ의 범위를 나누어 H_θ에 포함되는 벡터를 생각한다.

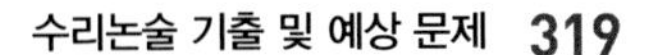

07

점 $(0, 1)$을 지나고 두 초점이 $F'(-1, 0)$과 $F(1, 0)$인 타원에 대하여 물음에 답하시오.

(1) 타원의 두 초점에서 타원 위의 임의의 점 P를 이을 때, $\angle F'PF$의 최댓값을 구하시오.

(2) 타원의 두 초점에서 타원 위의 임의의 점 P까지 이르는 두 벡터 $\overrightarrow{FP}$와 $\overrightarrow{F'P}$의 합으로 주어지는 벡터를 원점을 시점으로 그릴 때, 얻어지는 도형의 넓이를 구하시오.

(3) 주어진 타원을 $y=x$에 관한 대칭이동을 통해 얻은 도형과 주어진 타원의 공통되지 않는 부분을 x축 둘레로 회전시켰을 때 생기는 회전체의 부피를 구하시오.

(4) 주어진 타원과 문제 (3)에서 대칭이동을 통해 얻은 도형과의 교점 중 제1사분면의 점을 P_1, 제2사분면의 점을 P_2라 하자. 초점 $F_1(-1, 0)$에서 두 점 P_1, P_2를 잇는 두 벡터 $\overrightarrow{F'P_1}$과 $\overrightarrow{F'P_2}$가 이루는 각의 크기를 θ라고 할 때, $\tan\theta$를 구하시오.

| 광운대학교 2015년 수시 응용 |

> **Hint**
> 삼각형 ABC에서
> $\overline{BC}=a$, $\overline{CA}=b$, $\overline{AB}=c$일 때
> $\cos A=\frac{b^2+c^2-a^2}{2bc}$이다.

08

좌표평면 위에 정점 $A(0, 1)$, $B(1, 1)$, $C(1, 0)$이 주어져 있다. 동점 $P(x, y)$가 평면 위를 움직이는데, $\overrightarrow{OP}$가 x축의 양의 방향과 이루는 각 θ는 $0\le\theta\le\frac{\pi}{2}$를 만족한다.

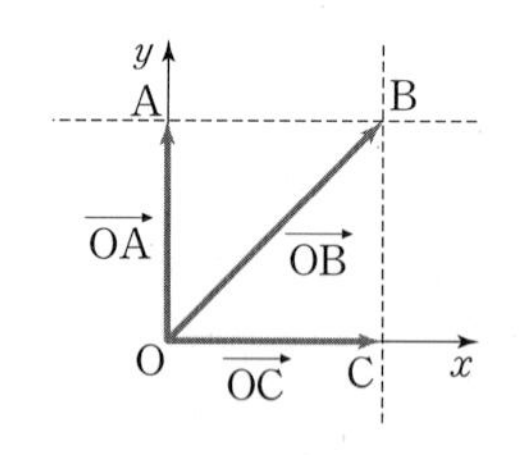

(1) $\overrightarrow{OP}$가 다음 조건을 만족할 때, 점 $P(x, y)$의 자취를 구하시오.

> $0\le\theta\le\frac{\pi}{4}$일 때, $(\overrightarrow{OP}-\overrightarrow{OC})\cdot(\overrightarrow{OP}-\overrightarrow{OC})=1$
>
> $\frac{\pi}{4}\le\theta\le\frac{\pi}{2}$일 때, $\overrightarrow{OP}=(1-t)\overrightarrow{OA}+t\overrightarrow{OB}$ (단, $0\le t\le1$)

(2) $|\overrightarrow{OP}|=|\overrightarrow{OQ}|$인 벡터 $\overrightarrow{OQ}$가 다음 조건을 만족한다.

> $\overrightarrow{OP}\cdot\overrightarrow{OQ}=0$ 또는 $\overrightarrow{OP}\cdot\overrightarrow{OQ}=-|\overrightarrow{OP}||\overrightarrow{OQ}|$

점 $P(x, y)$가 (1)에서 구한 자취를 따라 움직일 때, 점 $Q(x, y)$의 자취를 구하시오.

(3) (1), (2)에서 구한 점 P와 점 Q의 자취 및 x축과 y축으로 둘러싸인 도형을 x축 둘레로 회전시켰을 때 생기는 회전체의 부피를 구하시오.

| 서울대학교 2004년 수시 |

> **Hint**
> (1) • $\overrightarrow{OP}-\overrightarrow{OC}=\overrightarrow{CP}$
> 즉, $|\overrightarrow{CP}|=1$
> • $\overrightarrow{OP}$는 $\overline{AB}$를 $t:(1-t)$로 내분하는 벡터이다.

09

물음에 답하시오.

(1) 오른쪽 그림과 같이 정사면체의 한 꼭짓점을 시점으로 하는 세 개의 단위벡터를 $\vec{a}$, $\vec{b}$, $\vec{c}$라 하자. $\vec{v}=\vec{a}+k\vec{b}+l\vec{c}$가 $\vec{a}$와 $\vec{b}$에 모두 수직이 되도록 하는 실수 k와 l을 구하시오.

(2) 정십이면체는 정오각형들로 이루어져 있고, 한 꼭짓점에서 세 개의 면이 만난다. 정십이면체의 인접한 두 면이 이루는 각을 θ라 할 때 $\cos\theta$를 구하시오. $\left(\text{단, } \cos\frac{2\pi}{5}=\frac{\sqrt{5}-1}{4}\right)$

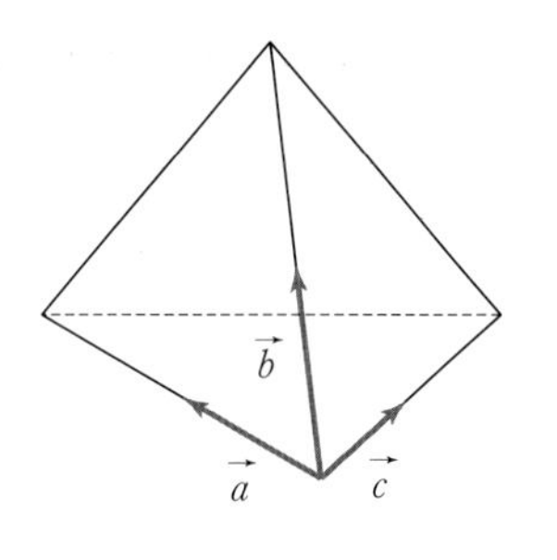

| 한양대학교 2014년 수시응용 |

(2) 문제 (1)과 같이 정십이면체의 한 꼭짓점을 시점으로 하는 세 개의 단위벡터를 $\vec{a}$, $\vec{b}$, $\vec{c}$라 하고 $\vec{v}=\vec{a}+k\vec{b}+l\vec{c}$, $\vec{w}=\vec{a}+k'\vec{b}+l'\vec{c}$라 하면 $\vec{v}$는 $\vec{a}$, $\vec{b}$와 수직이고, $\vec{w}$는 $\vec{a}$와 $\vec{c}$에 수직이 되게 할 수 있다.

10

좌표공간에서 밑면의 반지름이 2이고 높이가 2인 비스듬한 원뿔꼴 ⁄\가 주어져 있다. 오른쪽 그림과 같이 광원이 무한히 멀리 있어서 빛이 직선 $z=-\frac{3}{5}x$, $y=0$과 평행하게 입사하고 있을 때, 원 $\left(x-\frac{z_0}{3}\right)^2+y^2=(2-z_0)^2$, $z=z_0$의 평면 $z=0$에 비치는 그림자가 만족하는 방정식을 구하시오.
또 이를 이용하여 불투명한 원뿔꼴 ⁄\ 모양의 입체에 의해 평면 $z=0$에 생기는 그림자의 모양을 xy평면 위에 그리시오.

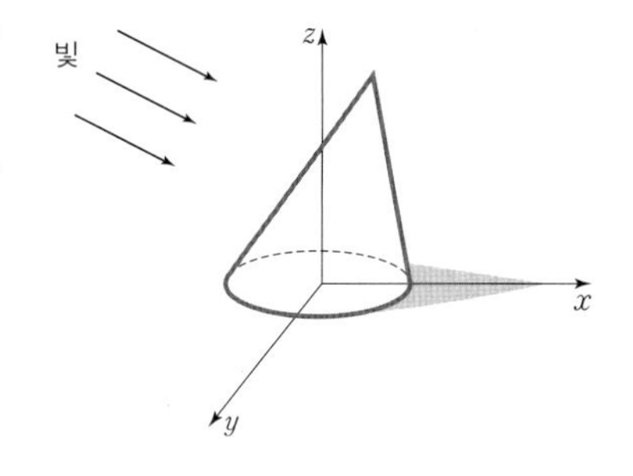

| 성균관대학교 2012년 모의논술 |

Hint

원 $\left(x-\frac{z_0}{3}\right)^2+y^2=(2-z_0)^2$, $z=z_0$ 위의 점 (x_1, y_1, z_0)을 지나고 직선 $z=-\frac{3}{5}x$, $y=0$ $\Leftrightarrow \frac{x}{-\frac{5}{3}}=\frac{y}{0}=\frac{z}{1}$에 평행한 직선을 구하여 생각한다.

11

제시문을 읽고 물음에 답하시오.

> 좌표공간에서 두 점 $A(x_1, y_1, z_1)$, $B(x_2, y_2, z_2)$ 사이의 거리는
> $$\overline{AB}=\sqrt{(x_2-x_1)^2+(y_2-y_1)^2+(z_2-z_1)^2}$$
> 이다.

(1) 좌표공간에 세 점 $A(a_1, a_2, a_3)$, $B(b_1, b_2, b_3)$, $C(c_1, c_2, c_3)$이 있다. $\overline{PA}^2+\overline{PB}^2+\overline{PC}^2$의 값이 최소가 되게 하는 점 P의 좌표를 구하시오.

(2) 좌표공간에 세 점 $A(1, 1, 2)$, $B(2, 0, 1)$, $C(0, 2, 0)$이 있다. 점 P가 평면 $x+2y+3z=0$ 위를 움직일 때, $\overline{PA}^2+\overline{PB}^2+\overline{PC}^2$의 값이 최소가 되게 하는 점 P의 좌표를 구하시오.

| 인하대학교 2015년 수시 |

Hint
점 P의 좌표를 (x, y, z)라 하여 $\overline{PA}^2+\overline{PB}^2+\overline{PC}^2$을 x, y, z의 각각에 대한 이차함수로 생각한다.

12

한 변의 길이가 $\sqrt{2}$인 정사각형을 밑면으로 하고 높이가 $\sqrt{1+\sqrt{2}}$인 정사각뿔 P가 있다. 반지름의 길이가 1이고, 중심이 P의 밑면의 무게중심인 구를 S라고 하자. 구 S와 정사각뿔 P의 네 옆면과의 공통부분에서 P의 밑면의 네 꼭짓점을 제외하면 곡선이 된다. 이 곡선의 길이를 구하시오.

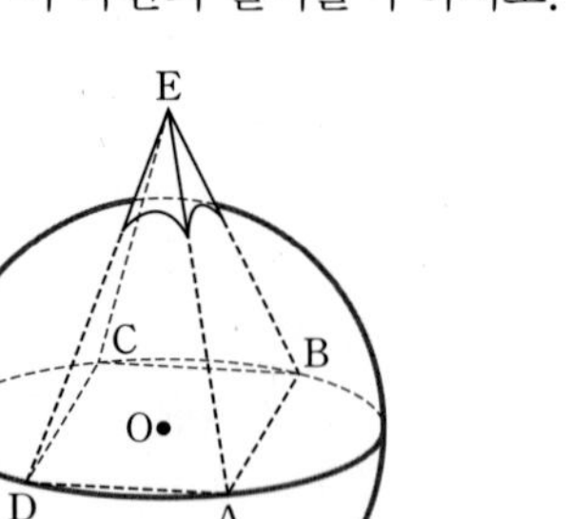

| 서울시립대학교 2015년 모의논술 |

Hint
구 S와 정사각뿔 P의 옆면과의 공통부분 중 한 면에서의 곡선 부분은 원의 호가 되는 원을 생각한다.

13

제시문을 읽고 물음에 답하시오.

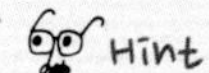

점 E를 원점으로 하는 좌표공간을 생각한다.

(가) 중심이 O인 구 S 위의 서로 다른 두 점 A와 B에 대하여, 세 점 O, A, B를 포함하는 평면과 구 S의 교집합으로 얻어지는 원 위에서 중심각의 크기가 π 이하인 호 AB의 길이를 $l(\mathrm{A},\ \mathrm{B})$로 나타내자.

(나) 공간에서 사면체 T의 모든 꼭짓점을 지나는 구를 사면체 T에 외접하는 구라고 한다.

(다) 세 변의 길이가 각각 $a,\ b,\ c$인 삼각형의 넓이 Ω는 다음과 같이 구할 수 있다.

$$\Omega=\sqrt{s(s-a)(s-b)(s-c)}\ \left(\text{단, } s=\frac{1}{2}(a+b+c)\text{이다.}\right)$$

그림과 같은 직육면체 ABCD$-$EFGH에 대하여 $\overline{\mathrm{AE}}=a$, $\overline{\mathrm{EF}}=b$, $\overline{\mathrm{FG}}=c$라 할 때, (1), (2)에 답하시오.

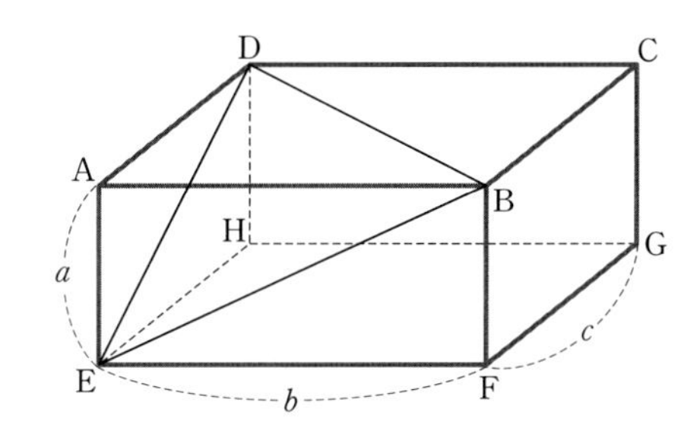

(1) 사면체 ABDE에 외접하는 구의 중심을 O라 할 때, 사면체 OBDE의 부피를 $a,\ b,\ c$에 관한 식으로 나타내시오.

(2) $a=1,\ b=1,\ c=\sqrt{6}$일 때, 사면체 ABDE에 외접하는 구에서 $l(\mathrm{B},\ \mathrm{E})$를 구하시오.

| 단국대학교 2014년 수시 |

14 제시문을 읽고 물음에 답하시오.

> Hint
> $\overline{PR}+\overline{RQ}=4\sqrt{2}$로 일정하다.

반지를 끼운 실의 양 끝점이 좌표공간의 두 점 $P(0, -\sqrt{3}, 5)$와 $Q(1, 0, 3)$에 고정되어 있고, 실의 길이는 $4\sqrt{2}$ m이다. (모든 길이의 단위는 m로 생각한다.)
점 P의 위치에서부터 실을 타고 움직인 반지는 xy평면과 가장 가까운 위치에서 더 이상 움직이지 않게 된다.

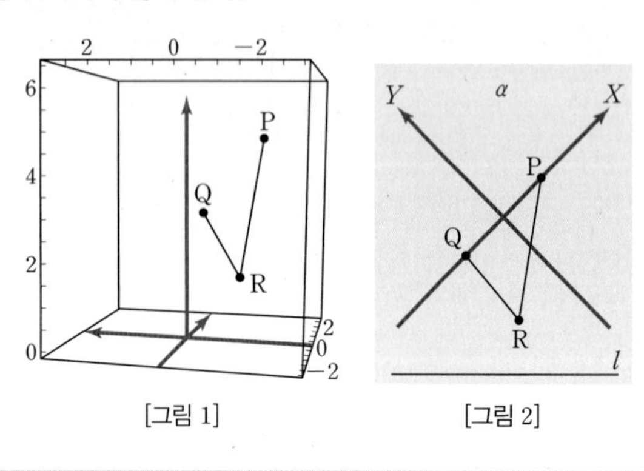

[그림 1] [그림 2]

(1) 점 P에서 출발한 반지가 실이 팽팽해진 이후 움직이는 궤적은 어떤 이차곡선의 일부가 된다. 이차곡선의 정의를 이용하여, 해당되는 이차곡선이 무엇인지 설명하시오.
한편, 반지가 xy평면과 가장 가까운 위치의 점 R에서 멈췄을 때, 세 점 P, Q, R는 한 평면 α를 결정한다. [그림 2]에서처럼 평면 α 위에서 두 점 P와 Q의 중점이 원점을 되도록 좌표축 X, Y를 잡자. 이때, XY평면 위에서 반지의 궤적을 포함하는 이차곡선의 방정식을 구하시오.

(2) xy평면과 XY평면의 교선 l의 방정식은 XY평면 위에서 $Y=aX+b$가 된다. 상수 a, b의 값을 각각 구하시오.

(3) 반지가 xy평면과 가장 가까운 위치의 점 R에서 멈췄을 때, 점 R에서 xy평면까지 이르는 수직거리를 구하시오.

| 세종대학교 2015년 수시 |

15 제시문을 읽고 물음에 답하시오.

(가) 좌표공간에서 영벡터가 아닌 벡터 $\vec{n}$에 수직이고 위치벡터가 $\vec{a}$인 점 A를 지나는 평면의 방정식은

$$\vec{n} \cdot (\vec{x}-\vec{a})=0$$

이다. 이때, $\vec{n}$를 평면의 법선벡터라고 한다.

(나) 좌표공간에서 두 점 A, B의 위치벡터를 각각 $\vec{a}$, $\vec{b}$라 할 때, 두 점 A, B를 지름의 양 끝 점으로 하는 구의 방정식은

$$(\vec{x}-\vec{a}) \cdot (\vec{x}-\vec{b})=0$$

이다.

Hint
$\overrightarrow{XP} \cdot \overrightarrow{XQ} \le 0 \Leftrightarrow$
$(\overrightarrow{OP}-\overrightarrow{OX}) \cdot (\overrightarrow{OQ}-\overrightarrow{OX}) \le 0$
$\overrightarrow{XM} \cdot \overrightarrow{PQ}=0 \Leftrightarrow$
$(\overrightarrow{OM}-\overrightarrow{OX}) \cdot \overrightarrow{PQ}=0$

(※) 좌표공간에 서로 다른 두 점 P, Q가 주어졌다. 선분 PQ를 3:1로 내분하는 점을 M이라 하자. 부등식 $\overrightarrow{XP} \cdot \overrightarrow{XQ} \le 0$을 만족하는 점 X의 집합을 A라 하고, 등식 $\overrightarrow{XM} \cdot \overrightarrow{PQ}=0$을 만족하는 점 X의 집합을 B라 하자.

(1) B에 의해 잘린 A의 두 부분의 부피의 비를 구하시오.

(2) $\overrightarrow{PQ}=(1,\ 2,\ 2)$일 때, $A \cap B$의 xy평면 위로의 정사영의 넓이를 구하시오.

| 인하대학교 2015년 수시 |

16

제시문을 읽고 물음에 답하시오.

(가) 좌표공간 상의 두 점 $A(a_1, a_2, a_3)$, $B(b_1, b_2, b_3)$에 대하여 A를 시점, B를 종점으로 하는 공간벡터 $\overrightarrow{AB}$는 $\overrightarrow{AB}=(b_1-a_1, b_2-a_2, b_3-a_3)$과 같이 성분으로 나타낼 수 있다.

(나) 좌표공간의 원점 O와 원점이 아닌 점 A가 주어졌을 때, 등식 $\overrightarrow{OX}\cdot\overrightarrow{OA}=0$을 만족하는 점 X의 집합은 원점을 지나고 직선 OA와 수직인 평면을 이룬다. 이때, 좌표공간은 이 평면을 제외하면, $\overrightarrow{OX}\cdot\overrightarrow{OA}>0$을 만족하는 점 X의 집합과 $\overrightarrow{OX}\cdot\overrightarrow{OA}<0$을 만족하는 점 X의 집합으로 나뉜다.

(다) 좌표공간 상의 점 A와 양의 실수 r이 주어졌을 때, 부등식 $|\overrightarrow{AX}|\le r$을 만족하는 점 X가 나타내는 도형은 A를 중심으로 하고 반지름이 r인 구와 그 내부이다.

(라) 좌표공간에서 원점으로부터의 거리가 1인 점 A에 대하여, 점 X에서 원점을 지나고 직선 OA와 수직인 평면에 내린 수선의 발을 H라 하면 $\overrightarrow{OH}=\overrightarrow{OX}-(\overrightarrow{OA}\cdot\overrightarrow{OX})\overrightarrow{OA}$이다. 따라서 양의 실수 r에 대하여 부등식 $|\overrightarrow{OX}-(\overrightarrow{OA}\cdot\overrightarrow{OX})\overrightarrow{OA}|\le r$를 만족하는 점 X가 나타내는 도형은 직선 OA를 중심축으로 하고 반지름이 r인 높이가 무한한 원기둥과 그 내부이다.

(1) 점 $A(1, 2, 3)$에 대하여 두 부등식 $|\overrightarrow{OX}|\le 1$과 $\overrightarrow{OX}\cdot\overrightarrow{OA}\le 0$을 만족하는 점 X가 나타내는 도형의 겉넓이를 구하시오.

(2) 두 점 $A(0, 0, 1)$, $B(1, 2, 2)$에 대하여 두 부등식
$|\overrightarrow{OX}-(\overrightarrow{OA}\cdot\overrightarrow{OX})\overrightarrow{OA}|\le 2$와 $|\overrightarrow{OX}\cdot\overrightarrow{OB}|\le 9$
를 만족하는 점 X가 나타내는 도형의 부피를 구하시오.

(3) 점 $A(0, 0, 1)$에 대하여 두 부등식
$|\overrightarrow{OX}-(\overrightarrow{OA}\cdot\overrightarrow{OX})\overrightarrow{OA}|\le 1$과 $|\overrightarrow{OX}\cdot\overrightarrow{OB}|\le|\overrightarrow{OB}|^2$
을 만족하는 점 X가 나타내는 도형의 부피가 π가 되도록 하는 점 B의 집합은 어떤 도형인지 기술하시오.

| 인하대학교 2014년 수시 |

Hint

(2) $\overrightarrow{OX}=\vec{x}$, $\overrightarrow{OA}=\vec{a}$, $\overrightarrow{OA}\cdot\overrightarrow{OX}=t$(상수)로 놓으면 $|\overrightarrow{OX}-(\overrightarrow{OA}\cdot\overrightarrow{OX})\overrightarrow{OA}|\le 2$는 $|\vec{x}-t\vec{a}|\le 2$이다.
t의 값이 0, 1, 2 … 이면 $|\vec{x}|\le 2$, $|\vec{x}-\vec{a}|\le 2$, $|\vec{x}-2\vec{a}|\le 2$이므로 $|\overrightarrow{OX}-(\overrightarrow{OA}\cdot\overrightarrow{OX})\overrightarrow{OA}|\le 2$를 만족하는 점 X가 나타내는 도형은 직선 OA를 중심축으로 하고 반지름이 r인 높이가 무한한 원기둥과 그 내부이다.

17 제시문을 읽고 물음에 답하시오.

(가) 원점이 중심이고 반지름 r인 원 위에 놓여 있는 점 C는 다음과 같이 표현된다.

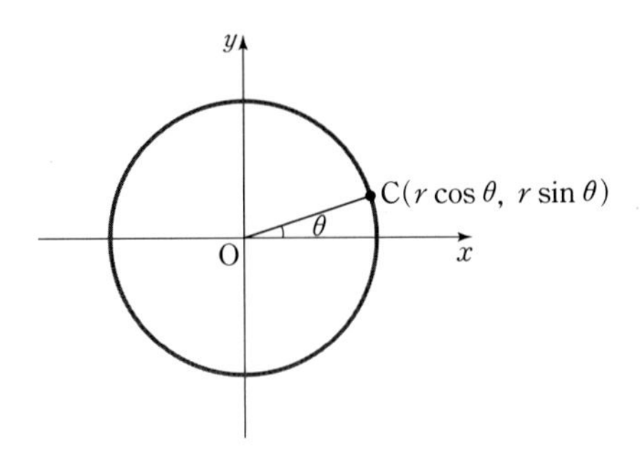

(나) 구와 접하는 평면 위의 모든 벡터는 구의 중심과 접점을 연결한 벡터와 수직이다.

(다) 아래 그림에서 원점 위에 놓여 있는 구 S는 xy평면에 접한다. 구 S와 접하는 또 다른 평면 α는 xy평면과 직선 $l : y=\sqrt{3},\ z=0$에서 만난다.

(라) 아래 그림에서 평면 β는 xy평면과 평면 α 사이의 각을 이등분하며 직선 $l : y=\sqrt{3},\ z=0$에서 만난다.

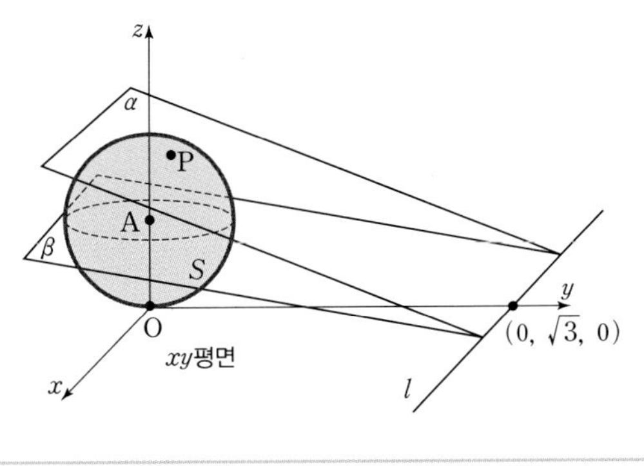

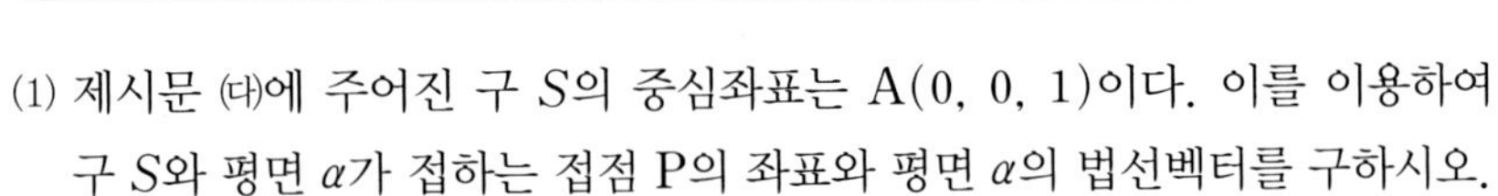

(1) 제시문 (다)에 주어진 구 S의 중심좌표는 A(0, 0, 1)이다. 이를 이용하여 구 S와 평면 α가 접하는 접점 P의 좌표와 평면 α의 법선벡터를 구하시오.

(2) 제시문 (라)에 주어진 평면 β의 법선벡터를 구하시오.

| 한양대학교 에리카 2015년 수시 응용 |

Hint

(1)

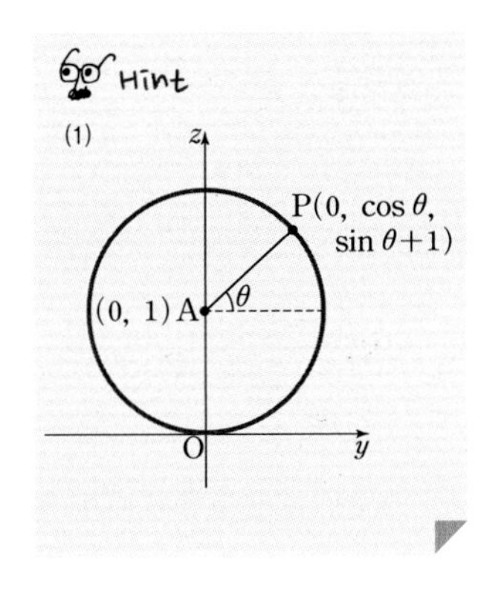

18 제시문을 읽고 물음에 답하시오.

> **Hint**
> (2) $\overrightarrow{OP}=t\overrightarrow{OQ}$이면 세 점 O, P, Q는 일직선 위에 있다. 이때 두 벡터 $\overrightarrow{OP}$, $\overrightarrow{OQ}$가 이루는 각은 0°이다.

(가) 두 공간벡터 $\vec{a}$, $\vec{b}$의 내적은 다음을 만족한다.

(1) 영벡터가 아닌 두 벡터 $\vec{a}$, $\vec{b}$가 이루는 각의 크기를 θ라 할 때,

$$\vec{a}\cdot\vec{b}=|\vec{a}||\vec{b}|\cos\theta$$

(2) $|\vec{a}\cdot\vec{b}|\le|\vec{a}||\vec{b}|$

(나) 아래 그림과 같이 구 $(x-x_0)^2+(y-y_0)^2+(z-z_0)^2=r^2$의 외부에 점 $A(x_1, y_1, z_1)$가 있다.
이때 점 A에서 구에 그은 접선들의 접점으로 이루어진 원을 포함하는 평면의 법선벡터는
$\vec{n}=(x_1-x_0, y_1-y_0, z_1-z_0)$이다.

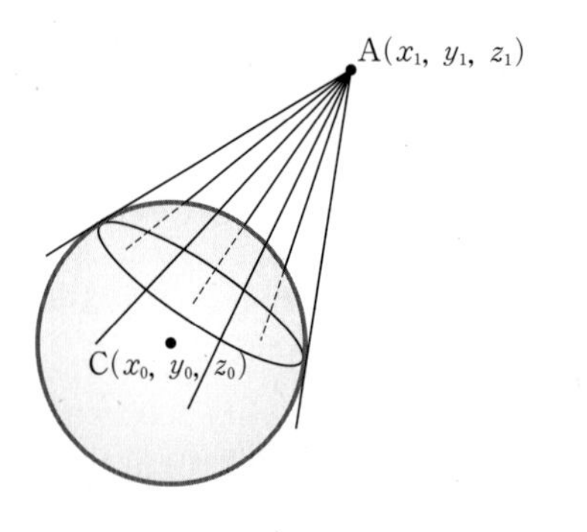

(1) 점 $A(\sqrt{3}, \sqrt{6}, 4)$에서 구 $x^2+y^2+z^2=9$에 그은 접선들의 접점으로 이루어진 원을 포함하는 평면의 방정식을 구하시오.

(2) 점 Q가 구 $x^2+y^2+z^2=r^2$의 외부에 있다. 구 위의 점 P에 대하여 $|\overrightarrow{PQ}|$가 최소가 될 때, 벡터의 연산과 내적을 이용하여 $\overrightarrow{OP}=t\overrightarrow{OQ}$임을 보이시오. (단, O는 구의 중심, t는 양의 상수)

(3) 세 점 $A(1, 2, 3)$, $B(-2, 1, 2)$, $C(-1, 0, 1)$이 구 $x^2+y^2+z^2=1$의 외부에 있다. 구 위의 점 P에 대하여 $|\overrightarrow{PA}+\overrightarrow{PB}+\overrightarrow{PC}|$의 최솟값과 이때 점 P를 구하시오.

| 한양대학교 에리카 2015년 수시 |

19 제시문을 읽고 물음에 답하시오.

> Hint
> xy평면과 평행하지 않는 원의 xy평면 위로의 정사영은 타원이 될 수 있다.

(가) 기주는 학교에서 미술시간에 찰흙으로 둥근 공을 만든 후, 칼로 평평하게 잘라보았더니 단면의 테두리 모양이 항상 원이 됨을 관찰하였다.

(나) 기주는 학교에서 수학시간에 반지름이 1이고 중심이 원점인 구의 방정식은 $x^2+y^2+z^2=1$로 주어진다는 것을 공부하였다. 이 구와 평면 $y=z$가 만나는 공통 부분을 구하기 위하여, 두 방정식을 연립하여 구하여 보았더니, $x^2+2y^2=1$이라는 타원의 방정식을 얻게 되어 구를 평면으로 자른 단면의 테두리 모양이 타원이 나올 수도 있을까라는 의문을 가지게 되었다.

(다) 평면 α 밖의 한 점 P에서 평면 α에 내린 수선의 발 P′을 점 P의 평면 α 위로의 정사영이라고 한다. 또, 도형 F의 각 점에서 평면 α에 내린 수선의 발들로 이루어진 도형 F′을 도형 F의 평면 α 위로의 정사영이라고 한다. 두 도형 α, β가 이루는 각의 크기가 θ일 때, 평면 α 위에 있고 넓이가 S인 도형의 평면 β 위로의 정사영의 넓이 S'은 $S'=S\cos\theta$로 주어진다.

(1) 제시문 (가)와 (나)에서 기주가 봉착하게 되는 모순이 어떤 오류에서 비롯된 것인지 논하시오.

(2) 부등식 $x^2+y^2+z^2\le 1$로 주어지는 속이 꽉 찬 공을 생각하자. 또한 세 점 $(1,\ 0,\ 0)$, $(0,\ 1,\ 0)$, $(0,\ 0,\ 1)$을 지나는 평면을 생각하자. 제시문 (다)를 참고하여, 이 평면과 공의 공통부분을 xy평면에 정사영했을 때 얻게 되는 도형에 관해 논하고, 이 도형의 면적을 구하시오.

| 한양대학교 2012년 모의논술 |

20

제시문을 읽고 물음에 답하시오.

> 좌표공간 $R^3=\{(x, y, z)\,|\,x, y, z$는 실수$\}$ 안에 곡선 C가 있다. 이 곡선을 매개변수 t에 관한 함수로 표현하면 다음과 같다.
>
> $$\begin{cases} x=2\cos t+6\sin t \\ y=-4\cos t+3\sin t \\ z=6-5\cos t \end{cases}$$
>
> 철수는 이 곡선의 모양을 알아보기 위해 여러 가지 시도를 해보다가 이 곡선의 xy평면 위로의 정사영은 원점을 중심으로 하는 타원이 됨을 알았다. 그래서 철수는 곡선 C가 원일 것이라고 추측하였다.

(1) 곡선 C를 포함하는 어떤 평면 α가 존재함을 보이고, 평면 α의 방정식을 구하시오. (단, 방정식에서 x의 계수가 1이 되도록 한다.)

(2) 철수의 추측이 참임을 설명하고, 이때 원 C의 중심과 반지름을 구하시오.

(3) 제시문에 주어진 타원을 E라 할 때, E의 넓이를 구하시오.

| 한양대학교 2012년 수시 |

Hint

(1) 곡선 C를 포함하는 평면의 방정식을 $ax+by+cz+d=0$이라고 하면 제시문의 곡선 C의 식은 위의 평면의 방정식을 만족한다.

• $ax+b=0$이 x에 관한 항등식 $\Leftrightarrow a=0, b=0$
$a\sin x+b\cos x+c=0$이 x에 관한 항등식
$\Leftrightarrow a=0, b=0, c=0$

21

제시문을 읽고 물음에 답하시오.

> (가) 좌표공간에서 중심이 원점이고 반지름이 1인 구면을 S라 하자.
> (나) 좌표공간에서 세 평면 α, β, γ의 방정식이 다음과 같이 주어져 있다.
> $\alpha : z=0$, $\beta : z=\sqrt{3}y$, $\gamma : x=\sqrt{2}y$
> (다) 구면 S와 각각의 평면 α, β, γ의 교선은 원이다. 이를 각각 C_1, C_2, C_3이라 하자.

(1) 원 C_2를 경계로 하는 원판을 A라 할 때, 원판 A의 평면 γ 위로의 정사영의 넓이를 구하시오.

(2) 원 C_1, C_2의 교점 중 x좌표가 양인 점을 M_1, 원 C_2, C_3의 교점 중 x좌표가 양인 점을 M_2, 원 C_3, C_1의 교점 중 x좌표가 양인 점을 M_3이라 하자. 점 M_1, M_2, M_3을 지나는 평면의 방정식을 $ax+by+cz=1$이라 할 때, $a+b+c$의 값을 구하시오.

(3) 반지름이 1인 구면의 넓이는 4π이다. 세 원 C_1, C_2, C_3은 구면 S를 몇 개의 조각으로 나누고 있는지를 밝히고, 이 조각들 중 가장 작은 조각의 넓이를 구하시오.

| 한양대학교 2015년 수시 |

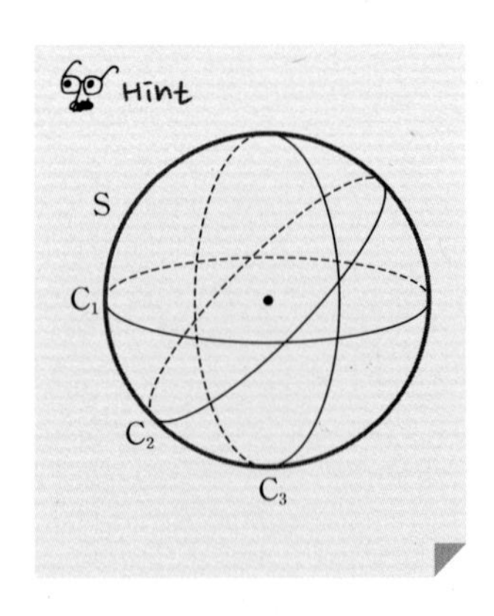

22

다음 그림에서 원점 O를 지나는 직선 l이 세 점 O, A(2, 4, 4), B(3, 0, 3)를 포함하는 평면 α와 수직으로 만난다. 세 점 O, A, B를 지나는 원이 직선 l의 둘레로 각 θ만큼 회전할 때 호 AB가 지나가는 영역을 S라 한다. S 위의 임의의 점 (a, b, c)를 점 $(a, b, 2c)$로 대응시켜 얻은 영역을 S'라 한다.

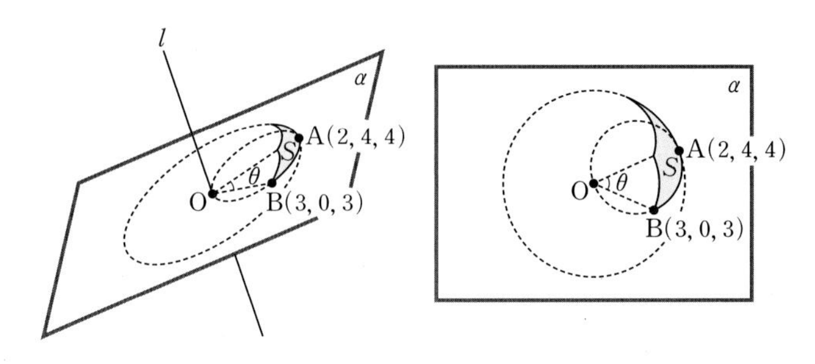

(1) 내적 $\overrightarrow{OB} \cdot \overrightarrow{AB}$를 구하고 θ가 2π일 때 S의 넓이를 구하시오.

(2) S의 넓이 $f(\theta)$와 S'의 넓이 $g(\theta)$를 구하시오. (단, $0 \le \theta \le 2\pi$)

| 고려대학교 2014년 수시 |

Hint

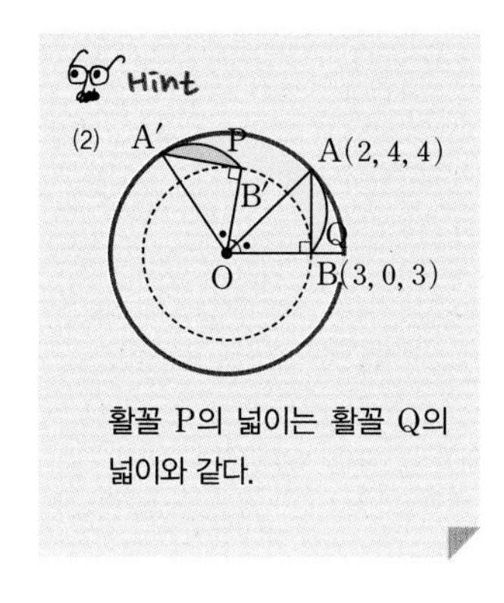

활꼴 P의 넓이는 활꼴 Q의 넓이와 같다.

23

수직으로 만나는 교차로를 향해 자동차 A는 북쪽에서 남쪽 방향으로 접근하고, 자동차 B는 교차로를 지나 동쪽으로 진행하고 있다. 자동차 A가 교차로로부터 3 km 떨어진 지점에서 시속 100 km의 속도로 달리면서 교차로로부터 4 km 떨어진 지점을 통과하는 자동차 B의 속도를 레이더를 통해 직접 측정한 결과 시속 30 km이었다. 자동차 B의 속도를 구하는 방법을 수식을 통해 설명하고 답을 구하시오.

| 서강대학교 2004년 수시 |

Hint

시각이 t일 때 자동차 A, B의 교차로로부터의 거리를 각각 x km, y km, 두 자동차 사이의 거리를 l km라 하면 $x^2+y^2=l^2$이 성립한다.

24 제시문을 읽고 물음에 답하시오.

(가) 운동하는 관찰자가 물체의 운동을 관찰하면 속도가 다르게 보이는데, 이러한 속도를 상대속도라고 한다.
상대속도는 (상대속도)=(물체의 속도)−(관찰자의 속도)로 구한다.
시각 t에서 직선운동을 하는 점 P의 가속도를 $a(t)$라 하고, 어떤 시각 t_0에서의 속도를 $v(t_0)$이라 하면 시각 t에서의 점 P의 속도 $v(t)$는
$v(t)=\int_{t_0}^{t} a(t)dt+v(t_0)$이고, 시각이 $t=a$에서 $t=b$로 변할 때, 변위는
$\int_a^b v(t)dt$이다.

(나) 뉴턴은 질량을 가진 모든 물체 사이에 인력이 존재한다는 것을 발견하였는데, 이 힘을 만유인력이라고 한다. 질량 m_1인 물체와 질량 m_2인 물체가 거리 r만큼 떨어져 있을 때 두 물체 사이에 작용하는 만유인력의 크기는 다음과 같다.
$F=G\frac{m_1m_2}{r^2}$ (G는 만유인력 상수). 여기서 힘의 방향은 두 물체를 서로 당기는 방향으로 작용한다.

(1) 동일한 직선 위를 운동하는 물체 A, B가 시각 $t=0$에서 원점에 있다. A와 B의 초기($t=0$) 속도는 각각 4 m/s와 16 m/s이다. 물체 A는 4 m/s로 등속도 운동을 한다. 물체 B는 시각 $t=k$까지 -3 m/s^2으로 등가속도 운동을 하고 $t=k$에서부터는 $(16-3k)$ m/s로 등속도 운동을 한다. $k+1$초 동안 물체 A에서 물체 B로의 변위는 $\int_0^{k+1} v_{\text{BA}}(t)dt$로 구할 수 있다.
이 변위가 최대가 되는 k와 최댓값을 구하고 풀이 과정을 기술하시오. 여기서 k는 양수이고, $v_{\text{BA}}(t)$는 물체 A에서 관찰한 물체 B의 상대속도이다.

(2) 좌표평면 위의 동일한 질량 M을 가지는 물체 A, B가 놓여 있다. 물체 A는 원점에 놓여 있고, 물체 B는 $(x-100)^2+y^2\le 50^2$, $y\ge 0$인 영역 위를 움직인다고 하자. 좌표평면 위의 점 P에 물체 C를 놓았을 때, A, B 물체로 인해 C에 가해지는 만유인력 $\overrightarrow{F_{\text{A}}}$와 $\overrightarrow{F_{\text{B}}}$가 $\overrightarrow{F_{\text{A}}}=-\overrightarrow{F_{\text{B}}}$가 되는 점 P의 영역의 넓이를 구하고 풀이 과정을 기술하시오.

| 성균관대학교 2010년 수시 |

Hint
(1) 상대속도
$v_{\text{BA}}(t)=v_{\text{B}}(t)-v_{\text{A}}(t)$
이다.
(2) $\overrightarrow{F_{\text{A}}}=-\overrightarrow{F_{\text{B}}}$가 성립하는 점은 두 점 A, B를 연결하는 직선 위에 있어야 하며 두 점 A, B로부터 같은 거리에 있어야 한다.

25 제시문을 읽고 물음에 답하시오.

반지름이 r인 원의 둘레의 길이는 $2\pi r$이다. 정적분을 이용하면 다른 곡선의 길이도 구할 수 있다. 즉, 곡선 $y=f(x)(a\leq x\leq b)$의 길이는 정적분 $\int_a^b \sqrt{1+\{f'(x)\}^2}dx$로 주어진다. 현주는 이를 이용해서 사인곡선 $y=\sin x$의 한 부분의 길이를 구하려고 했으나, 이 경우 정적분의 값을 계산하는 것이 쉽지 않음을 알았다. 그래서 현주는 정적분을 이용하지 않고 이 곡선의 길이를 구할 수 있는지 생각해 보았다. 다음은 현주가 생각한 방법을 요약한 것이다.

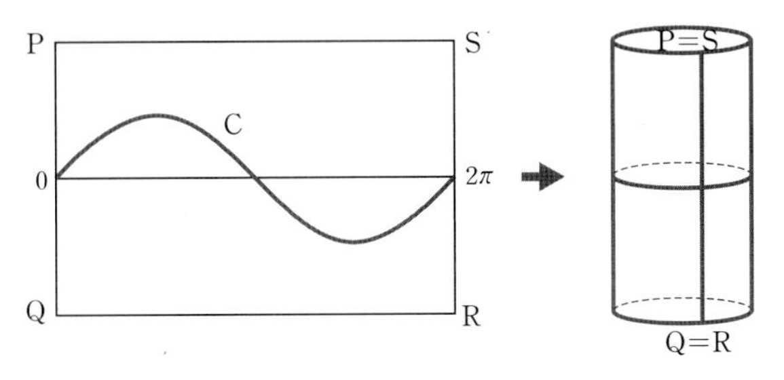

위의 그림과 같이 가로의 길이가 2π인 직사각형 PQRS 위에 곡선 $y=\sin x\,(0\leq x\leq 2\pi)$를 그리고 이를 C라 하자. 이 직사각형의 두 변 PQ, SR를 이어 붙여 원기둥을 만들면, 곡선 C는 원기둥 위의 어떤 곡선 L이 된다.

(ㄱ) 곡선 L은 원기둥의 축과 각 $\frac{\pi}{4}$를 이루며 만나는 한 평면 위에 놓여 있다.

(ㄴ) 곡선 L의 '원기둥의 축과 수직인 평면' 위로의 정사영은 원기둥 위에 있는 한 원이다. 따라서 다음 관계가 성립한다.

(곡선 L의 길이) $\cdot \cos\frac{\pi}{4}$=(원기둥 위에 있는 한 원의 둘레의 길이)

곡선 C의 길이는 곡선 L의 길이와 같고, 이 원기둥 위에 있는 원의 반지름은 항상 1이다. 따라서 현주는 곡선 C의 길이가 $2\sqrt{2}\pi$라고 결론을 내렸다.

(1) 곡선 C의 길이가 실제로는 $2\sqrt{2}\pi$보다 작음을 보이시오.

(2) 위 (1)번에 의해 현주의 방법에는 오류가 있음을 알 수 있다. 위 제시문의 내용 중 (ㄱ)과 (ㄴ)의 참, 거짓 여부를 판정하고 그 이유를 밝히시오.

(3) 평면이 원기둥의 축과 예각을 이루며 원기둥과 만나면 그 교선은 타원이 된다. 이 사실을 이용해서 곡선 $y=a\cos\frac{x}{c}+b\sin\frac{x}{c}$ (단, a, b, c는 양의 상수이고 $0\leq x\leq 2\pi c$)의 길이와 같은 둘레의 길이를 갖는 타원의 장축과 단축의 길이를 구하고 그 과정을 서술하시오.

| 한양대학교 2013년 수시 |

Hint

(1) 곡선 C의 실제 길이는 $\int_0^{2\pi}\sqrt{1+\cos^2 x}\,dx$ $=4\int_0^{\frac{\pi}{2}}\sqrt{1+\cos^2 x}\,dx$ 이다.

주제별 강의 **제 20 장**

사이클로이드

사이클로이드

1 사이클로이드 Cycloid

동전의 가장자리에 점을 하나 표시하고, 동전을 직선 위를 따라 한 바퀴 회전시킬 때 표시한 점이 움직이는 경로를 관찰해 종이에 그려 보면 오른쪽 그림과 같은 모양의 곡선이 된다.

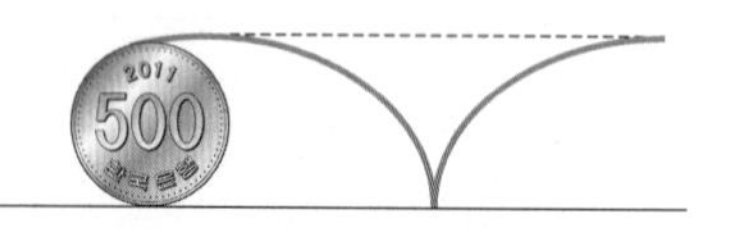

이와 같이 직선 위를 따라 원이 구를 때 원주 위의 점 P에 의하여 그려지는 곡선을 사이클로이드라고 한다.

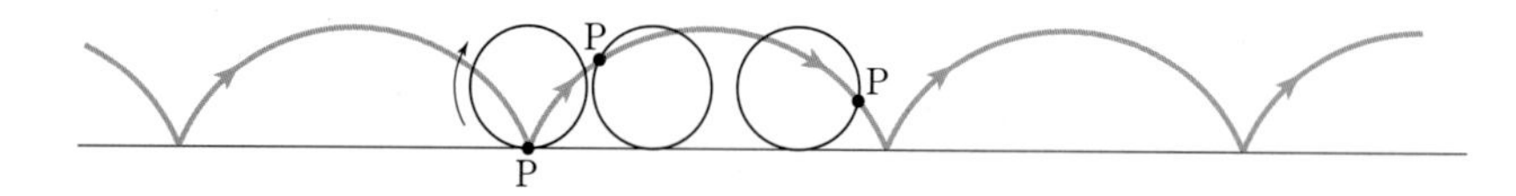

반지름의 길이가 r인 원이 x축을 따라 구르고 점 P의 한 위치가 원점일 때 사이클로이드의 매개변수방정식을 구해 보자. 원의 회전각 θ(점 P가 원점에 있을 때 $\theta=0$)를 매개변수로 하여 점 P의 좌표를 구해 보자.

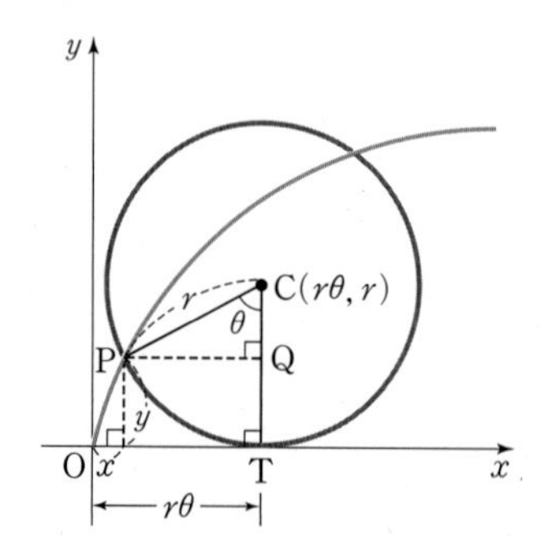

위의 그림에서 원이 θ라디안만큼 회전했을 때 원이 원점으로부터 굴러간 거리는

$$\overline{\mathrm{OT}}=\widehat{\mathrm{PT}}=r\theta$$

이고 원의 중심은 $\mathrm{C}(r\theta,\ r)$이다. 점 P의 좌표를 $(x,\ y)$로 놓으면

$$x=\overline{\mathrm{OT}}-\overline{\mathrm{PQ}}=r\theta-r\sin\theta=r(\theta-\sin\theta)$$

$$y=\overline{\mathrm{CT}}-\overline{\mathrm{CQ}}=r-r\cos\theta=r(1-\cos\theta)$$

이다. 그러므로 사이클로이드의 매개변수방정식은

$$x=r(\theta-\sin\theta),\ y=r(1-\cos\theta),\ \theta\in R$$

이다. 사이클로이드의 한 개의 반원형은 원이 1회전할 때 생기고 $0\le\theta\le2\pi$의 범위에서 그려진다.

예시 1 오른쪽 그림과 같은 사이클로이드의 매개변수 방정식이 $x=r(\theta-\sin\theta)$와 $y=r(1-\cos\theta)$일 때, 다음 물음에 답하시오.

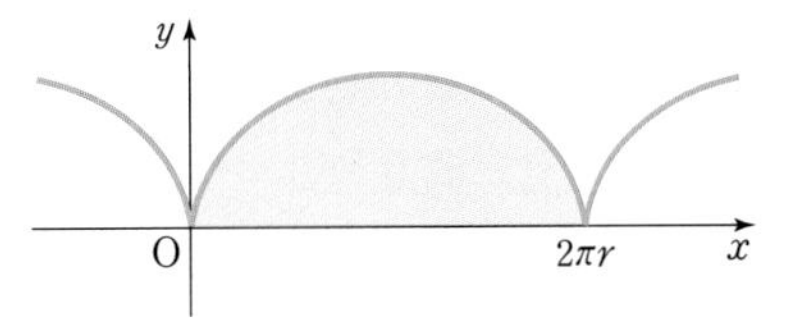

(1) 오른쪽 그림의 색칠한 부분의 넓이 S를 구하시오.

(2) 오른쪽 그림의 색칠한 부분의 호의 길이 L을 구하시오.

풀이 (1) $x=r(\theta-\sin\theta)$에서 $dx=r(1-\cos\theta)\,d\theta$

$$\begin{aligned}S&=\int_0^{2\pi r} y\,dx\\&=\int_0^{2\pi} r(1-\cos\theta)r(1-\cos\theta)\,d\theta\\&=r^2\int_0^{2\pi}(1-\cos\theta)^2d\theta\\&=r^2\int_0^{2\pi}(1-2\cos\theta+\cos^2\theta)\,d\theta\\&=r^2\int_0^{2\pi}\left\{1-2\cos\theta+\frac{1}{2}(1+\cos2\theta)\right\}d\theta\\&=r^2\int_0^{2\pi}\left(\frac{3}{2}-2\cos\theta+\frac{1}{2}\cos2\theta\right)d\theta\\&=r^2\left[\frac{3}{2}\theta-2\sin\theta+\frac{1}{4}\sin2\theta\right]_0^{2\pi}\\&=r^2\left(\frac{3}{2}\cdot2\pi\right)\\&=3\pi r^2\end{aligned}$$

(2) 한 개의 반원형은 매개변수구간 $0\le\theta\le2\pi$에서 그려진다.

$\frac{dx}{d\theta}=r(1-\cos\theta)$이고 $\frac{dy}{d\theta}=r\sin\theta$이므로

$$\begin{aligned}L&=\int_0^{2\pi}\sqrt{\left(\frac{dx}{d\theta}\right)^2+\left(\frac{dy}{d\theta}\right)^2}\,d\theta\\&=\int_0^{2\pi}\sqrt{r^2(1-\cos\theta)^2+r^2\sin^2\theta}\,d\theta\\&=\int_0^{2\pi}\sqrt{r^2(1-2\cos\theta+\cos^2\theta+\sin^2\theta)}\,d\theta\\&=r\int_0^{2\pi}\sqrt{2(1-\cos\theta)}\,d\theta\\&=r\int_0^{2\pi}\sqrt{2\times2\sin^2\frac{\theta}{2}}\,d\theta\\&=2r\int_0^{2\pi}\sin\frac{\theta}{2}\,d\theta\\&=2r\left[-2\cos\frac{\theta}{2}\right]_0^{2\pi}\\&=2r\times4\\&=8r\end{aligned}$$

> 매개변수 t로 나타내어진 곡선 $x=f(t)$, $y=g(t)\,(a\le t\le b)$가 겹치는 부분이 없을 때, 이 곡선의 길이 l은
> $l=\int_a^b\sqrt{\left(\frac{dx}{dt}\right)^2+\left(\frac{dy}{dt}\right)^2}\,dt$

참고 (1)에서 사이클로이드의 한 호의 아랫부분의 넓이는 그것을 만드는 회전원의 넓이의 3배임을 알 수 있고 (2)에서 사이클로이드 한 호의 길이는 회전원의 반지름의 8배임을 알 수 있다.

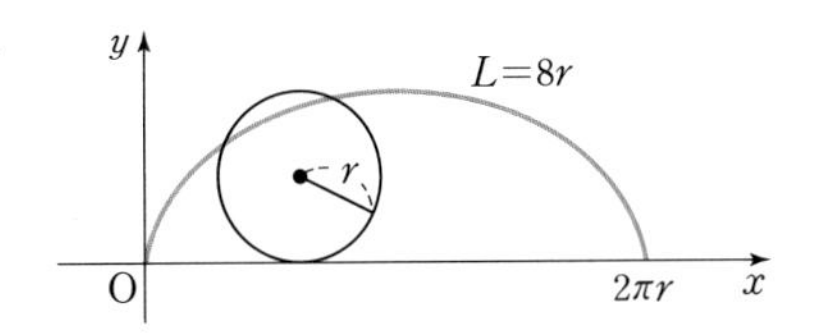

예시 2 오른쪽 그림과 같이 반지름의 길이가 1인 원이 x축에 접하며 x축의 양의 방향으로 일정한 속력으로 굴러가고 있다. 시각 $t=0$일 때, 원점 위치에 있던 원 위의 점 P가 한 바퀴 굴러 $t=6$일 때, 점 A의 위치에 도착하는 동안 점 P가 그리는 자취의 방정식을 $y=f(x)$라 한다. $t=1$일 때, $\frac{dy}{dx}$의 값을 구하시오.

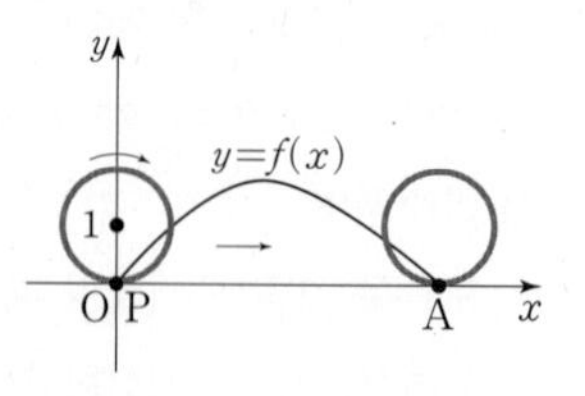

풀이 원이 θ라디안만큼 회전했을 때 점 P의 좌표를 $(x,\ y)$라 하면 원의 중심은 $(0,\ 1)$에서 $(\theta,\ 1)$로 이동한다.

$x=\theta-\sin\theta$, $y=1-\cos\theta$이므로

$\frac{dy}{dx}=\frac{\frac{dy}{d\theta}}{\frac{dx}{d\theta}}=\frac{\sin\theta}{1-\cos\theta}$이다.

여기에서 $t=6$일 때 $\theta=2\pi$이므로 $t=1$일 때 $\theta=\frac{2\pi}{6}=\frac{\pi}{3}$이다.

따라서 $t=1$일 때 $\frac{dy}{dx}$의 값은 $\frac{\sin\frac{\pi}{3}}{1-\cos\frac{\pi}{3}}=\frac{\frac{\sqrt{3}}{2}}{1-\frac{1}{2}}=\sqrt{3}$이다.

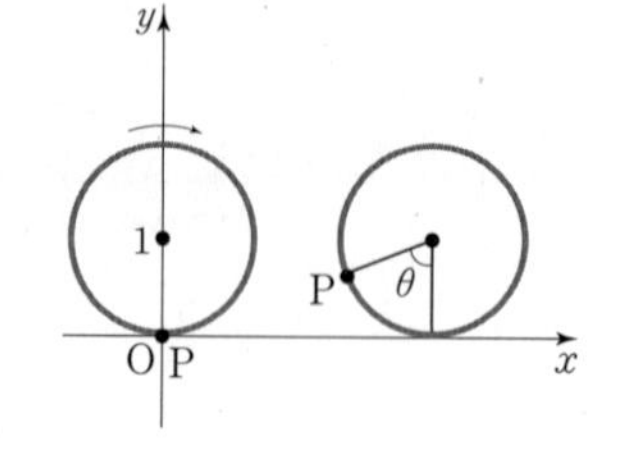

2 사이클로이드의 성질

(1) 최단 강하곡선

직선, 포물선, 사이클로이드, 원을 따라 공을 굴리면 사이클로이드 곡선 위의 공이 가장 먼저 도착한다. 언뜻 생각하면 직선 경로가 길이가 짧아서 시간이 가장 짧게 걸릴 것 같아 보이지만 사이클로이드 위에서는 가속도에 의해 보다 빨리 속도가 증가하므로 사이클로이드가 거리는 더 길어도 더 빠른 시간에 도착하게 된다.

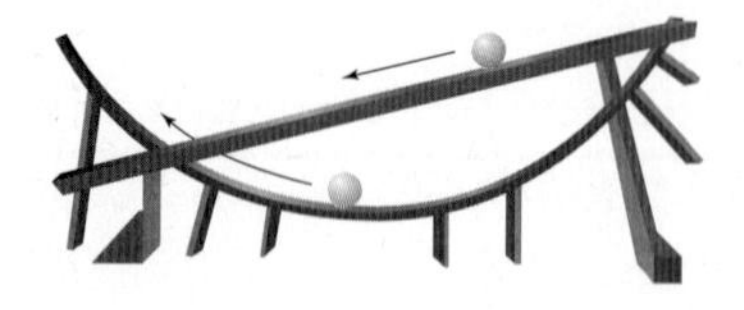

(2) 등시곡선

다음 그림에서 점 L이 사이클로이드의 가장 낮은 점일 때, P_1, P_2에서 동시에 공을 굴리면 점 L에 도착하는 시간은 같다. 즉, 사이클로이드 위에 두 개의 공을 일정한 거리를 두고 동시에 굴리면 두 개의 공은 바닥에 동시에 도착한다. 즉, 사이클로이드 위에 놓인 물체는 거리에 관계없이 바닥에 동시에 도착하게 된다.

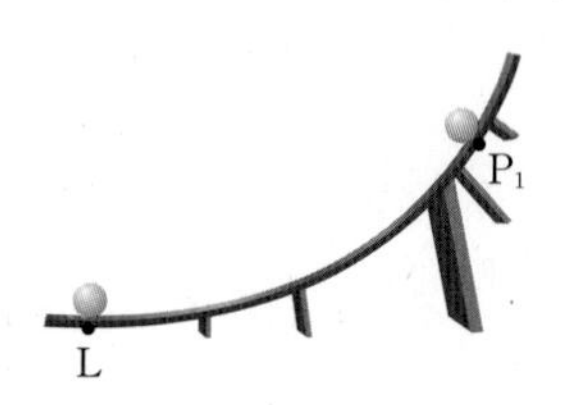

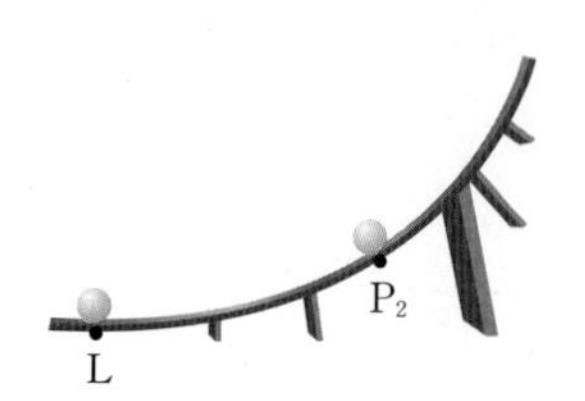

트로코이드

1 트로코이드 Trochoid

(1) 원이 직선에 접하면서 미끄러지지 않고 굴러갈 때, 반지름의 연장선 위의 점이 그리는 곡선을 트로코이드라 한다.

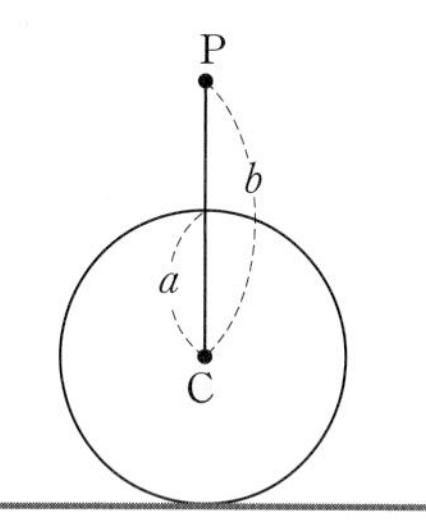

반지름 a인 원이 직선 l 위를 미끄러지지 않고 굴러갈 때, 원의 중심 C는 직선 l과 평행하게 움직이며, 반지름의 연장선 위의 점을 P라 하면 점 P는 트로코이드라 불리는 곡선을 그리게 된다.

$\overline{\text{CP}}=b$라 하자. 점 P가 원 위에 있으면 $a=b$이고 이때의 곡선은 사이드클로이드이다. 또 점 P가 원 내부에 있으면 $a>b$이고 이때의 곡선은 자전거가 움직일 때 자전거 페달이 그리는 자취와 같다.

점 P가 원 외부에 있으면 $a<b$이고 이때의 곡선은 굴러가는 원과 교차하면서 루프를 만든다.

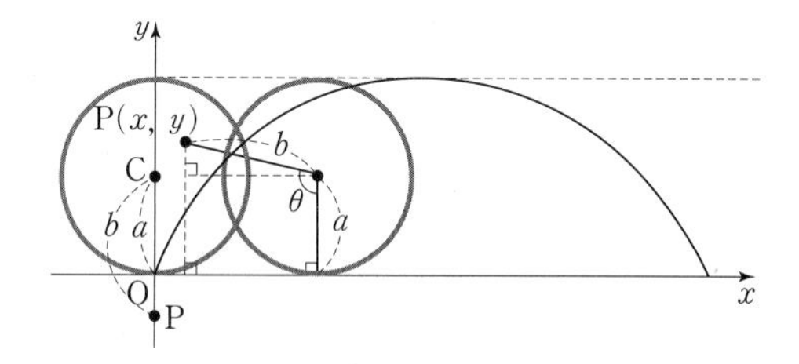

직선 l을 x축으로 하고 원점 O에 있는 점이 사이클로이드 곡선을 그릴 때 $\overline{\text{CO}}$의 연장선 위에 있는 점 P(x, y)의 자취를 매개변수 θ를 이용하여 나타내면

$x=a\theta-b\cos\left(\theta-\frac{\pi}{2}\right)=a\theta-b\sin\theta$,

$y=a+b\sin\left(\theta-\frac{\pi}{2}\right)=a-b\cos\theta$이다.

(2) 직선이 아닌 정원(定圓)의 원주에 내접하는 또 하나의 원이 미끄러지지 않고 구를 때 내접원 위에 고정된 한 점이 그리는 곡선을 하이포트로코이드라 하고, 정원의 원주에 외접하는 또 하나의 원이 미끄러지지 않고 구를 때 외접원 위에 고정된 한 점이 그리는 곡선을 에피트로코이드라고 한다.

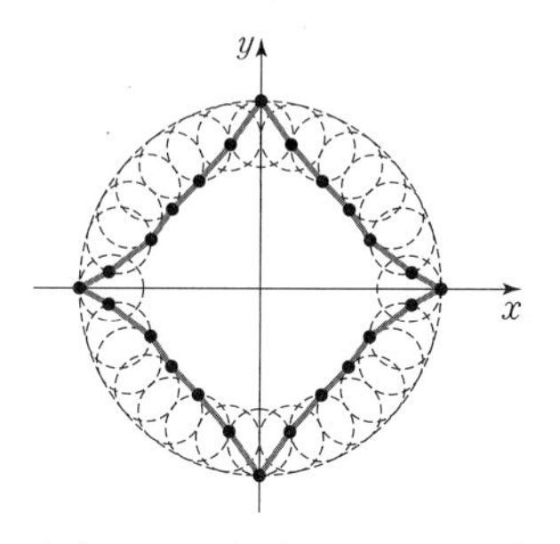

하이포트로코이드(hypotrochoid)

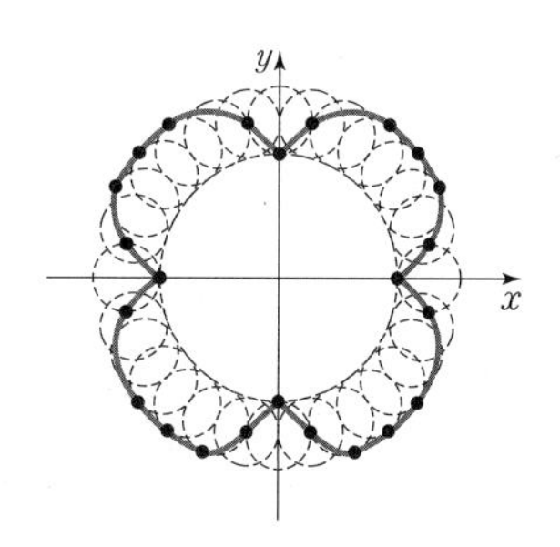

에피트로코이드(epitrochoid)

반지름이 R인 정원의 중심이 원점일 때 이에 외접하는 반지름 r인 원 위의 점 P가 $(R,\ 0)$에 있을 때 외접하는 원이 미끄러지지 않고 구를 때 점 $\mathrm{P}(x,\ y)$의 자취를 매개변수 θ를 이용하여 나타내면 다음과 같다.

고정된 원에서 두 원의 접점이 양의 x축과 이루는 각을 θ, 접점과 점 P가 외접하는 원의 중심에 대하여 이루는 각을 α라 하면 θ와 α의 관계식은 $R\theta=r\alpha$에서 $\alpha=\dfrac{R}{r}\theta$이다.

점 $\mathrm{P}(x,\ y)$의 위치를 표현하면

$$x=(R+r)\cos\theta-r\cos(\theta+\alpha)=(R+r)\cos\theta-r\cos\left(\frac{R+r}{r}\theta\right),$$

$$y=(R+r)\sin\theta-r\sin(\theta+\alpha)=(R+r)\sin\theta-r\sin\left(\frac{R+r}{r}\theta\right)$$

이다.

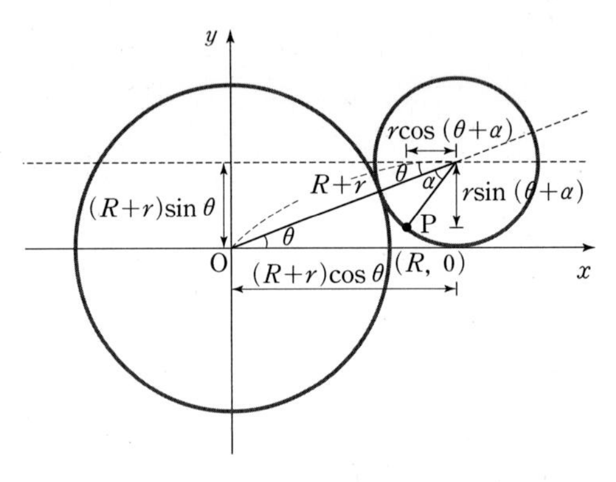

한편, 반지름 R인 정원의 중심이 원점일 때 이에 내접하는 반지름 r인 원 위의 점 P가 $(R,\ 0)$에 있을 때 내접하는 원이 미끄러지지 않고 구를 때 점 $\mathrm{P}(x,\ y)$의 자취를 매개변수 θ를 이용하여 같은 방법으로 구하면

$$x=(R-r)\cos\theta+r\cos\left(\frac{R-r}{r}\theta\right),$$

$$y=(R-r)\sin\theta-r\sin\left(\frac{R-r}{r}\theta\right)$$

이다.

오른쪽 그림과 같이 원점을 중심으로 하고 반지름의 길이가 8인 원의 내부에서 원 둘레를 따라 반지름의 길이가 2인 작은 원을 굴릴 때를 생각하여 보자. 이때, 작은 원 위의 한 고정점 $\mathrm{P}(8,\ 0)$이 움직이는 자취의 방정식을 구하시오.

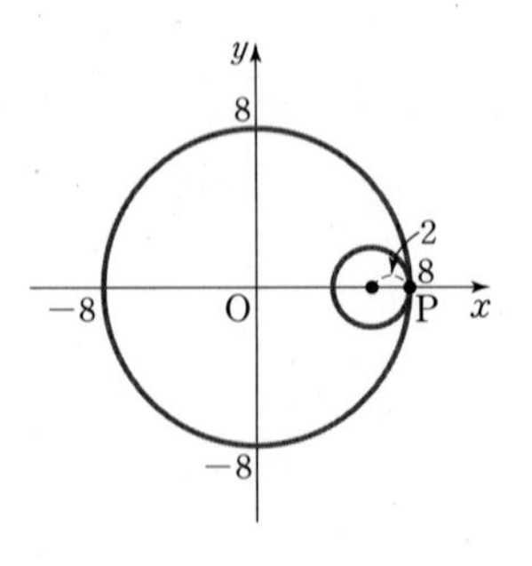

풀이 다음 그림과 같이 $\angle\mathrm{POQ}=\theta$로 놓으면 $\overset{\frown}{\mathrm{PQ}}=8\theta$이고,
x축과 평행한 선분 $\mathrm{C'R}$에 대하여 $\angle\mathrm{P'C'R}=t$로 놓으면
$\angle\mathrm{P'C'Q}=t+\theta$이므로 $\overset{\frown}{\mathrm{P'Q}}=2(t+\theta)$이다.
따라서 $2(t+\theta)=8\theta$에서 $t=3\theta$이다.

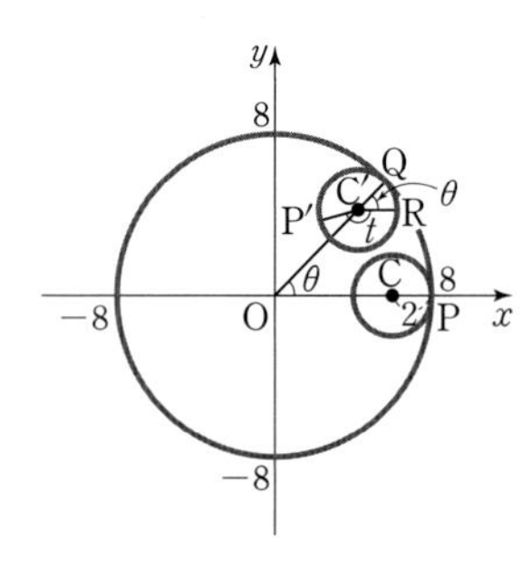

이때 C′$(6\cos\theta, 6\sin\theta)$이므로 점 P′의 좌표를 (x, y)로 놓으면

$x=6\cos\theta+2\cos(-3\theta)=6\cos\theta+2\cos3\theta$

$\quad=6\cos\theta+2(4\cos^3\theta-3\cos\theta)=8\cos^3\theta$,

$y=6\sin\theta+2\sin(-3\theta)=6\sin\theta-2\sin3\theta$

$\quad=6\sin\theta-2(3\sin\theta-4\sin^3\theta)=8\sin^3\theta$

이다.

이때 $\cos^2\theta+\sin^2\theta=1$이므로 $\left(\frac{x}{8}\right)^{\frac{2}{3}}+\left(\frac{y}{8}\right)^{\frac{2}{3}}=1$, 즉 $x^{\frac{2}{3}}+y^{\frac{2}{3}}=4$이다.

참고 점 P가 나타내는 곡선은 오른쪽 그림과 같다.

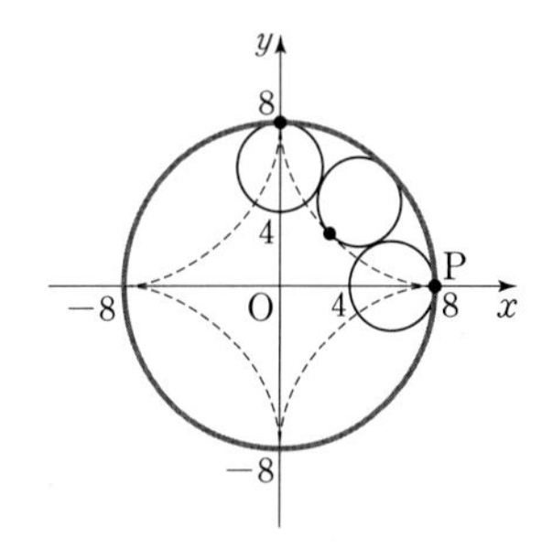

2 아리스토텔레스 Aristoteles 의 바퀴

그리스 시대의 책 "Mechanica"에 아리스토텔레스의 것으로 다음과 같은 역설이 실려 있다고 한다.

다음 그림과 같이 중심을 O로 하는 두 개의 원을 1회전시키면 세 점 O, A, B가 각각 점 O′, A′, B′의 위치로 굴러간다. 여기서 작은 원과 큰 원은 모두 1회전하였고 선분 AA′의 길이는 작은 원의 둘레의 길이와 같고 선분 BB′은 큰 원의 둘레의 길이와 같다. 그런데 이 그림에서 $\overline{\mathrm{AA'}}=\overline{\mathrm{BB'}}$이므로 큰 원과 작은 원의 둘레의 길이는 같게 되는 이상한 결론이 나온다.

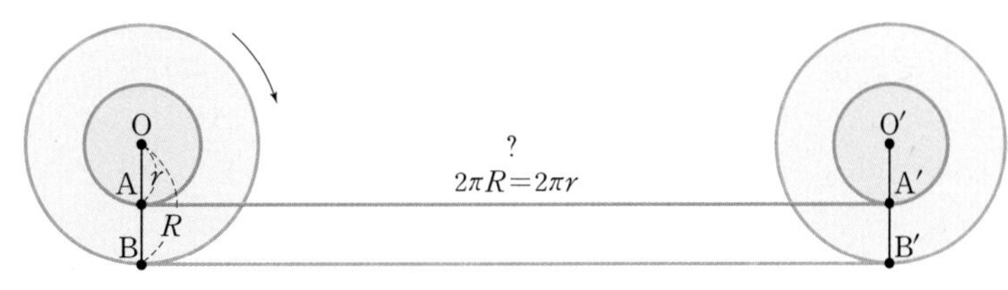

왜 이런 결론이 나오게 되는 걸까?

원인은 두 원 위의 점이 일대일 대응이 되므로 굴러간 길이도 같을 것이라는 착각을 하기 때문이다. 오른쪽 그림에서 보는 것과 같이 두 원 위의 점들이 일대일 대응을 하기는 하지만, 그렇다고 해서 두 원의 둘레의 길이가 같다고 할 수는 없다. 길이라는 것은 점의 개수(농도)와는 상관이 없기 때문이다.

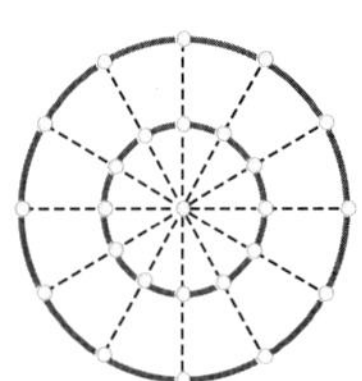

그럼 작은 원은 도대체 어떻게 움직인 걸까?
다음 그림과 같은 한 변의 길이가 1인 정육각형을 보면 쉽게 이해할 수 있다.

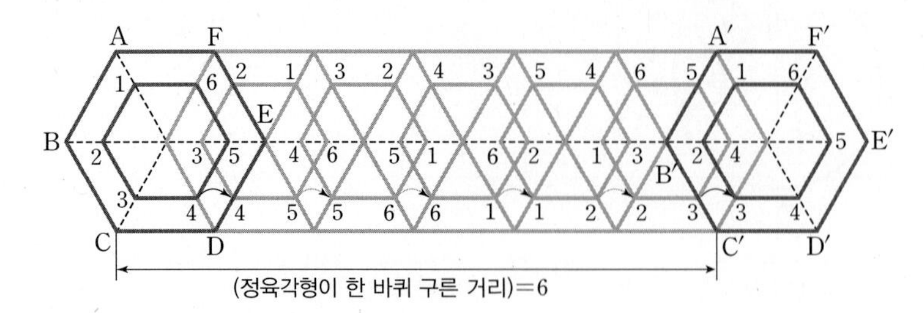

위의 그림은 정육각형 ABCDEF가 한 바퀴 굴러간 모습을 그린 것이다. 그림을 보면 안쪽 작은 정육각형이 일부 구간을 건너뛴다는 것을 알 수 있다. 이와 같은 방법으로 정n각형을 한 바퀴 굴리면 모두 n번의 점프하는 구간이 생기게 된다. 이때, 변의 수를 무한히 늘려 다각형을 원에 가깝게 만들면 작은 도형이 지나간 선분 속에 무한개의 변과 무한개의 점프 구간이 있게 된다. 따라서 큰 원과 작은 원은 무한히 많은 점프 구간을 합쳐놓은 것만큼의 차이가 난 것이다. 즉, 큰 원이 굴러가는 동안 작은 원은 눈에 띄지 않게 점프하면서 굴러간 것이다.
앞의 두 원이 굴러가는 동안 각 원 위의 두 점 A, B가 움직이는 자취는 다음 그림과 같다.

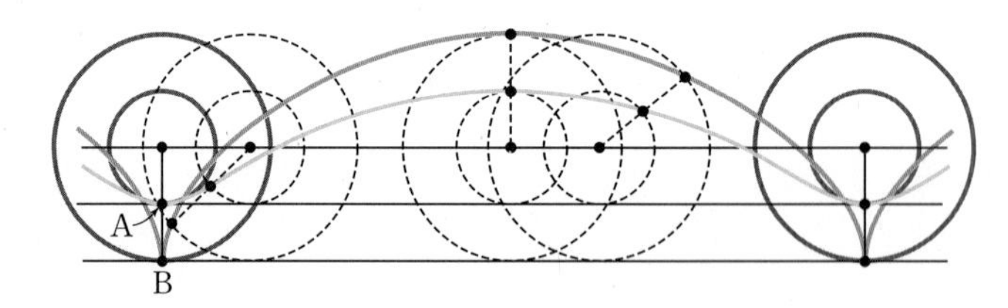

점 B가 그리는 자취는 사이클로이드인 반면 작은 원 위의 점 A는 미끄러지듯 앞으로 나가면서 매끈한 곡선을 그린다.
이와 같이 직선을 따라 굴러가는 원에 붙어 있는 점의 자취로 그려지는 곡선을 트로코이드(trochoid)라 하며 정점이 원주에 있는 경우 만들어지는 곡선은 사이클로이드가 된다.
큰 원과 작은 원의 반지름의 길이를 각각 R, r라 하면
사이클로이드의 매개변수 방정식은
$x=R(\theta-\sin\theta)$, $y=R(1-\cos\theta)$이고
트로코이드의 매개변수 방정식은
$x=R\theta-r\sin\theta$, $y=R-r\cos\theta$이다.
트로코이드의 길이와 사이클로이드의 길이가 다름을 눈으로 확인할 수 있는데, 이 길이가 바로 작은 원과 큰 원이 굴러간 거리이다.

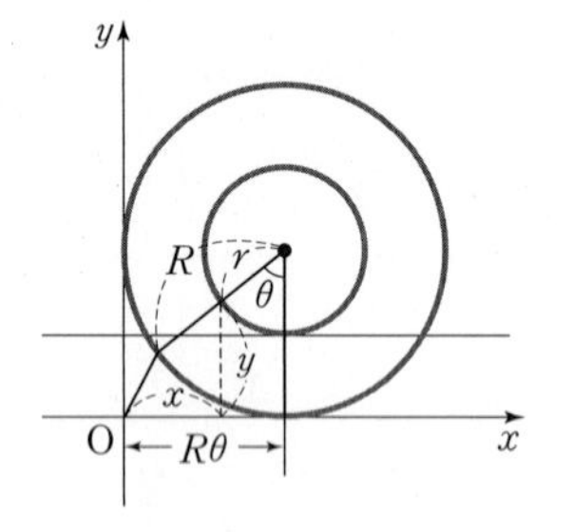

예시 답안 및 해설 147쪽

문제 1 제시문을 읽고 물음에 답하시오.

(가) 매개변수로 나타낸 곡선의 길이
두 함수 $f(t)$, $g(t)$의 도함수 $f'(t)$, $g'(t)$가 모두 구간 (α, β)에서 연속일 때, 매개변수 t로 나타낸 곡선 $x=f(t)$, $y=g(t)(\alpha \le t \le \beta)$의 길이 l은

$$l=\int_{\alpha}^{\beta}\sqrt{(f'(t))^2+(g'(t))^2}\,dt$$

(나) 삼각함수의 반각공식

$$\sin^2\frac{x}{2}=\frac{1-\cos x}{2},\ \cos^2\frac{x}{2}=\frac{1+\cos x}{2}$$

(1) 반지름의 길이가 2인 원이 왼쪽에서 오른쪽으로 굴러갈 때, 원 위의 한 점이 그리는 자취의 방정식을 사이클로이드라 한다. 다음은 원점 O에서 출발한 점 P가 그리는 사이클로이드의 방정식을 원이 회전하는 각 $\theta\left(0\le\theta\le\frac{\pi}{2}\right.$, 단위는 라디안)를 매개변수로 하여 나타내는 과정이다. 그림을 참고하여 ☐ 안에 들어갈 수식 또는 값을 구하시오.

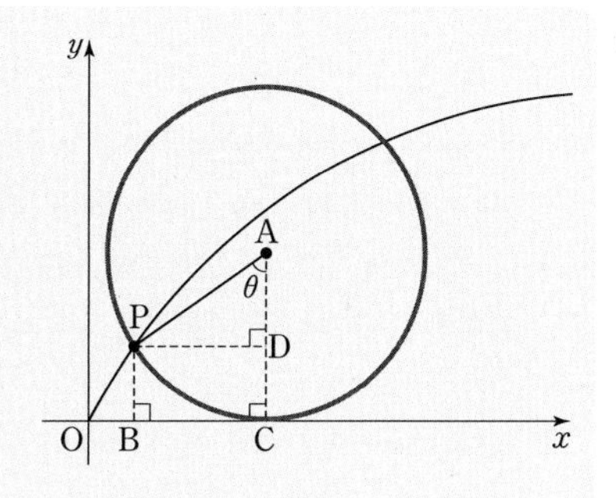

중심이 A이고 반지름의 길이가 2인 원이 x축 위를 θ만큼 굴러가면 원점 O에서 출발한 점 P의 위치는 오른쪽 그림과 같다. 점 P의 좌표를 (x, y)라 하면 $x=\overline{\mathrm{OB}}=\overline{\mathrm{OC}}-\overline{\mathrm{BC}}$이다.
여기서 $\overline{\mathrm{OC}}$와 $\overline{\mathrm{BC}}$를 θ를 이용하여 나타내 보자.
원이 x축 위를 굴러가면 $\overline{\mathrm{OC}}=\overset{\frown}{\mathrm{PC}}$이므로
$\overline{\mathrm{OC}}=$ ☐ 이고, $\triangle\mathrm{APD}$에서
$\overline{\mathrm{BC}}=\overline{\mathrm{PD}}=$ ☐ 이다.
따라서 $x=$ ☐ 이다.
또 $y=\overline{\mathrm{PB}}=\overline{\mathrm{AC}}-\overline{\mathrm{AD}}=2-\overline{\mathrm{AD}}$인데,
$\triangle\mathrm{APD}$에서 $\overline{\mathrm{AD}}=$ ☐ 이다.
따라서 $y=$ ☐ 이다.

(2) 문항 (1)에서는 편의상 $0\le\theta\le\frac{\pi}{2}$로 제한하였으나, $\theta\ge\frac{\pi}{2}$일 때도 같은 방법으로 구하면 문항 (1)에서 구한 방정식과 같다. 특히, $0\le\theta\le\frac{\pi}{2}$일 때 사이클로이드 곡선 하나가 생기고 이후에는 같은 모양이 반복된다. 사이클로이드 곡선 하나의 길이를 구하시오.

(3) 자연수 k에 대하여, x축 구간 $[4(k-1)\pi,\ 4k\pi]$에서 사이클로이드와 x축 사이의 영역을 A_k라 하자. x좌표가 x인 점에서 밀도가 $\rho(x)=x$로 주어졌을 때, 영역 A_k의 질량 m_k는
$m_k=\int_{4(k-1)\pi}^{4k\pi} xy\,dx$이다. 이때 정적분 m_k를 계산하고, 이를 이용하여 극한값 $\lim_{n\to\infty}\frac{1}{n^3}\sum_{k=1}^{n}km_k$를 구하시오.

| 서울과학기술대학교 2015년 수시 |

(3) 치환적분과 부분적분을 이용한다.

 제시문을 읽고 물음에 답하시오.

바퀴에 야광패널이 붙은 자전거가 어둠 속에서 지나가면 이 야광패널은 매우 독특한 곡선을 그리게 된다. 이 곡선을 수학적으로 정의하면 사이클로이드(cycloid)곡선이 된다. 사이클로이드곡선은 직선 위를 미끄러지지 않고 굴러가는 원 위의 한 점이 그리는 곡선이다. 사이클로이드곡선을 방정식으로 나타낼 때는 매개변수를 이용한 방정식으로 나타내는 것이 편리하다.

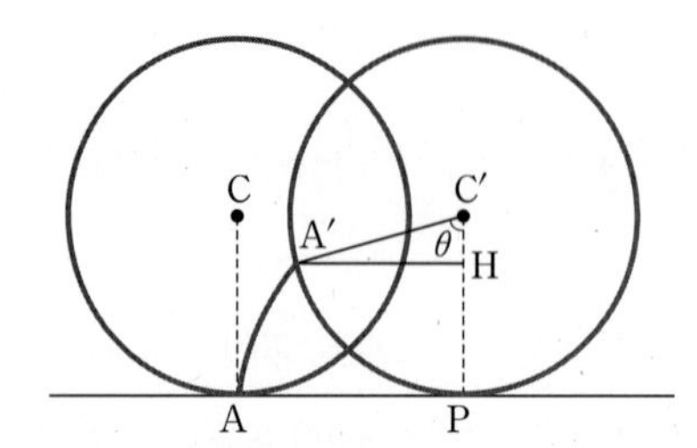

위 그림에서 원점에서 x축에 접하고 있는 반지름 r인 원 C가 x축을 따라 오른쪽으로 굴러 이동하여 점 P에서 접하는 원 C′이 되었다고 하자. 그리고 원점과 접한 원 위의 점 A는 이 이동으로 인해 접점 P로부터 시계방향으로 θ만큼 돌아간 A′의 위치에 오게 되었다고 하자. A′의 좌표를 (x, y)라 하면 이 사이클로이드곡선의 방정식은 매개변수방정식

$$x=r(\theta-\sin\theta),\ y=r(1-\cos\theta)$$

로 주어진다. 이것은 선분 AP와 원호 A′P의 길이가 같고 $r\theta$이기 때문에

$x=\overline{\mathrm{AP}}-\overline{\mathrm{A'H}}=r\theta-r\sin\theta=r(\theta-\sin\theta)$이고

$y=\overline{\mathrm{C'P}}-\overline{\mathrm{C'H}}=r-r\cos\theta=r(1-\cos\theta)$이기 때문이다. 이 방정식에 적절하게 적분을 적용하면, 사이클로이드곡선의 길이나 사이클로이드곡선으로 둘러싸인 영역의 넓이를 구할 수 있다.

미적분학이 개발되기 전인 17세기 초반에 로베르발(Roberval)은 카발리에리(Cavalieri)의 원리를 적용하여 싸이클로이드곡선으로 둘러싸인 도형의 넓이를 구했다.

카발리에리의 원리 이탈리아의 수학자 카발리에리가 발견한 원리로서, 두 입체 $\mathrm{V_1}$, $\mathrm{V_2}$를 정해진 한 평면과 평행인 임의의 평면으로 자를 때, $\mathrm{V_1}$, $\mathrm{V_2}$의 잘린 부분의 넓이의 비가 항상 $s:t$이면 두 입체 $\mathrm{V_1}$, $\mathrm{V_2}$의 부피의 비도 $s:t$가 된다.

이 카발리에리의 원리는 두 평면도형 $\mathrm{S_1}$, $\mathrm{S_2}$와 그 넓이에 대해서도 다음과 같이 성립한다. 정해진 한 직선에 평행인 임의의 직선으로 두 도형 $\mathrm{S_1}$, $\mathrm{S_2}$를 자를 때, $\mathrm{S_1}$, $\mathrm{S_2}$의 잘린 두 선분의 길이의 비가 항상 $s:t$이면 $\mathrm{S_1}$, $\mathrm{S_2}$의 넓이의 비도 $s:t$이다.

(1) 반지름이 a인 원 C와 장축과 단축이 각각 a와 b인 타원 E$\left(\text{방정식 } \dfrac{x^2}{a^2}+\dfrac{y^2}{b^2}=1\text{로 주어지는 타원}\right)$에 대해 카발리에리의 원리를 적용하여 타원 E의 넓이를 구하시오.

(2) 원이 한 바퀴 돌아 만들어진 사이클로이드곡선은 모두 닮은꼴임을 보이시오. (단, 두 곡선 $\mathrm{S_1}$, $\mathrm{S_2}$가 닮은꼴이라 함은, $\mathrm{S_1}$과 $\mathrm{S_2}$를 적당히 위치시키고 적당한 점 O를 잡으면 O에서 시작하는 임의의 반직선이 두 곡선 $\mathrm{S_1}$, $\mathrm{S_2}$와 각각 만나는 두 점 P, Q에 대해 비 $\overline{\mathrm{OP}}:\overline{\mathrm{OQ}}$가 일정하게 됨을 뜻한다.)

※ 다음 그림을 참조하여 문제 (3), (4)에 답하시오.

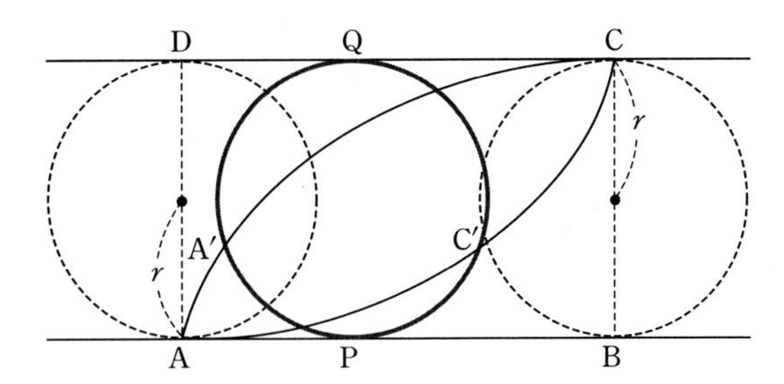

위 그림에서 곡선 $\mathrm{AA'C}$는 A에서 접하고 있던 반지름 r인 원이 선분 AB를 따라 B까지 굴러갈 때 원 위의 점 A가 그린 사이클로이드곡선이고, 곡선 $\mathrm{CC'A}$는 C에서 접하고 있던 반지름 r인 원이 선분 CD를 따라 D까지 굴러갈 때 원 위의 점 C가 그린 사이클로이드곡선이다. (단, $\overline{\mathrm{AD}}$와 $\overline{\mathrm{BC}}$는 이 원들의 지름이고, 점 $\mathrm{A'}$과 $\mathrm{C'}$은 그림과 같이 P와 Q에 동시에 접하는 반지름 r인 원 위에 있다.)

(3) 선분 $\mathrm{A'C'}$이 선분 AB에 평행함을 보이시오.

(4) 카발리에리의 원리와 문제 (3)의 결과를 이용하여 사이클로이드곡선 $\mathrm{AA'C}$와 선분 AB 그리고 원의 지름 BC로 둘러싸인 영역의 넓이를 구하시오.

| 아주대학교 2012년 예시 |

(2) 두 원의 반지름을 각각 1, $r(1<r)$로 잡아 각각의 사이클로이드 곡선 위의 점 P, Q의 회전각을 t라 하면 $\mathrm{P}(t-\sin t,\ 1-\cos t)$, $\mathrm{Q}(r(t-\sin t),\ r(1-\cos t))$이다.

문제 3 제시문을 읽고 물음에 답하시오.

(가) [그림 1]과 같이 둘레의 길이가 1인 정삼각형 ABC를 직선 l 위에서 한 바퀴 굴린다. 이때 꼭짓점 A는 꼭짓점 C를 중심으로 하는 원의 호를 따라 A′의 위치로 이동한 후 다시 점 B′를 중심으로 하는 원의 호를 따라 A″의 위치로 이동한다.

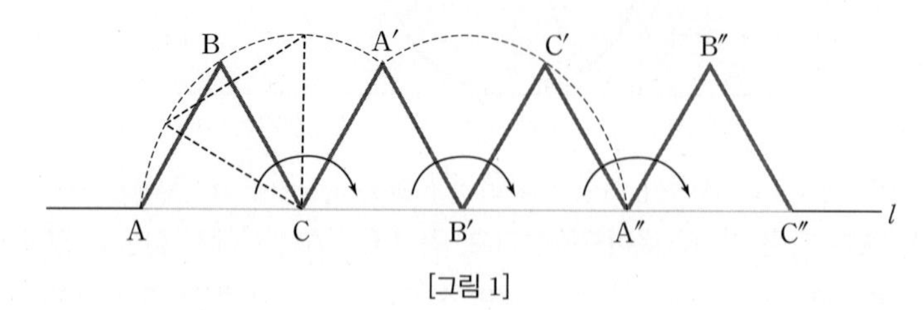

[그림 1]

(나) [그림 2]와 같이 둘레의 길이가 1인 정사각형 ABCD가 직선 l 위에서 한 바퀴 굴러 정사각형 A″B″C″D″의 위치에 도달한다.

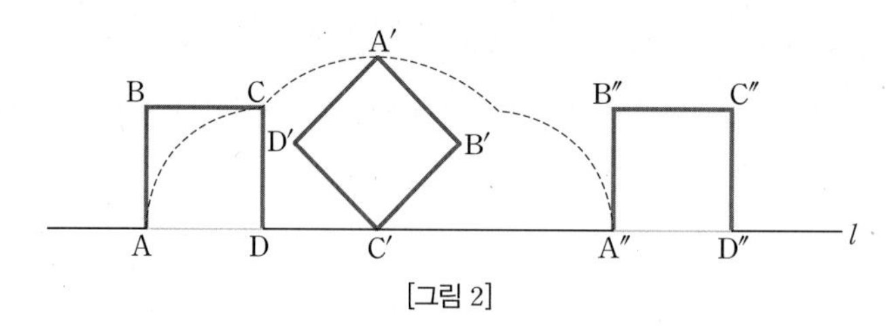

[그림 2]

(1) 제시문 (가)에서 꼭짓점 A가 움직인 거리를 구하시오.

(2) 제시문 (나)에서 꼭짓점 A가 움직인 거리를 구하시오.

(3) 둘레의 길이가 1인 정n각형 $A_1A_2 \cdots A_n$에서 선분 $\overline{A_kA_n}$의 길이를 구하시오.

(단, $1 \le k \le n-1$)

(4) 둘레의 길이가 1인 정n각형을 직선 위에서 한 바퀴 굴릴 때 한 꼭짓점이 움직인 거리 d_n과 극한값 $\lim_{n\to\infty} d_n$을 구하시오.

| 고려대학교 2014년 수시 |

(3) 반지름 r인 원 O에 내접하는 정n각형에서 $\triangle OA_kA_n$의 변 A_kA_n의 길이를 구한다.

예시 답안 및 해설 148쪽 ~ 150쪽

문제 4 제시문을 읽고 물음에 답하시오.

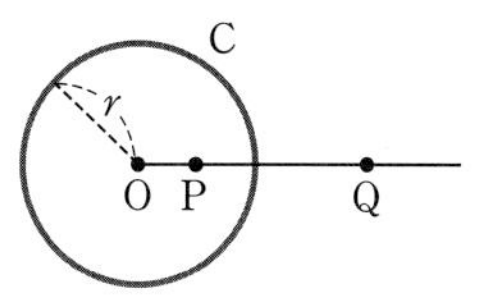

오른쪽 그림에서 C는 중심이 O이고 반지름이 r인 원이다. 임의의 점 P에 대하여 원 C에 대한 P의 역점(inverse) Q는 반직선 OP 위의 점으로 선분 OP의 길이와 선분 OQ의 길이의 곱이 r^2과 같은 점이다. 이때, P는 O가 아닌 점이다. 예를 들어, 점 P가 원 C 위에 있다면 P의 역점인 Q는 점 P와 같은 점이 된다. 그리고 점 P가 원 C의 내부에 있다면 점 Q는 원 C의 외부에 있게 된다. 반대로 점 P가 원 C의 외부에 있다면 점 Q는 원 C의 내부에 있게 된다.

한편, 두 원 C, D가 직교한다는 것은 아래 그림과 같이 두 원의 교점에서 두 원에 접하는 직선들이 서로 직교한다는 뜻이다. 즉, 점 O가 원 C의 중심, 점 E가 원 D의 중심, 점 T가 두 원의 교점이라고 할 때, 두 원이 직교하면 두 직선 OT와 ET는 서로 직교한다.

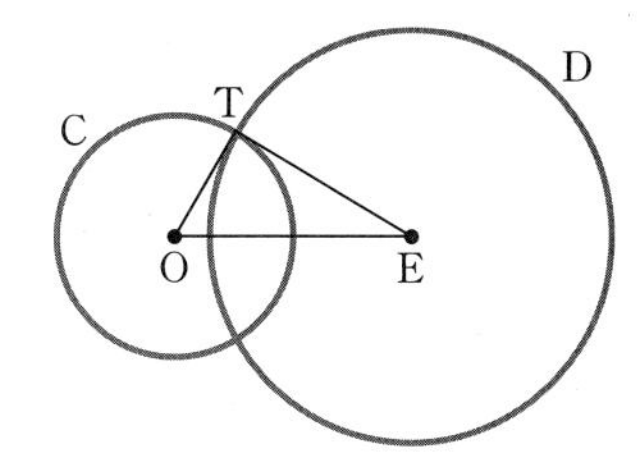

(1) 제시문의 그림과 같이 직교하는 두 원 C, D의 중심을 각각 점 O와 점 E라고 하자. 두 점 O와 E를 잇는 직선과 원 D와의 교점을 P, Q라 할 때, 점 Q가 원 C에 대한 점 P의 역점인 것을 논리적으로 설명하시오.

(2) 다음 그림과 같이 반지름이 a인 원형 바퀴 C가 있고, 그 중심에서 거리가 $\frac{a}{2}$인 곳에 한 점 P가 있다. 평면에서 바퀴가 굴러가는 경우, 원 C에 대한 점 P의 역점의 궤적을 그려 보고, 제시문을 참조하여 그 궤적의 식을 구하는 과정을 논리적으로 설명하시오.

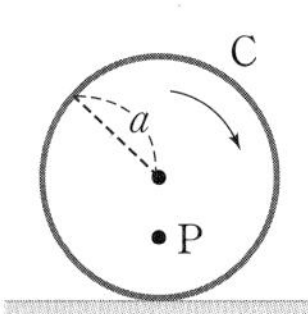

| 중앙대학교 2011년 모의논술 응용 |

(1) $\overline{OP} \cdot \overline{OQ} = r^2$이 됨을 보인다.

다음 그림과 같이 평면 위에 중심이 원점이고 반지름의 길이가 1인 고정된 원 T와 원 T의 안쪽으로 내접해서 구르는 중심이 C$\left(\frac{3}{4}, 0\right)$이고 반지름의 길이가 $\frac{1}{4}$인 원 S가 있다. 이때, 구르는 원 S 위의 한 점 P가 그리는 곡선의 자취에 대하여 다음 물음에 답하시오. (단, 점 P의 처음 출발 위치는 $(1, 0)$이다.)

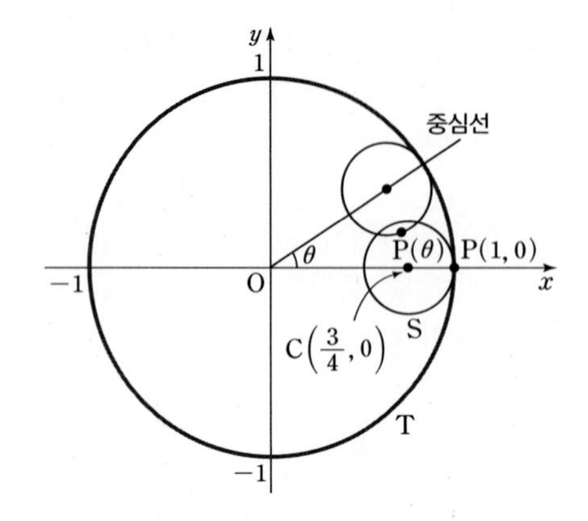

(1) 양의 x축과 중심선이 이루는 각을 θ라 할 때, 점 P의 자취를 θ에 관한 함수 $\mathrm{P}(\theta)$로 나타내면 다음과 같음을 보이시오. (단, 중심선이란 원점과 구르는 원 S의 중심을 잇는 선을 의미한다.)

$$\mathrm{P}(\theta)=(\cos^3\theta, \sin^3\theta)$$

(2) $0\leq\theta\leq\pi$일 때, 점 P의 자취로 이루어진 곡선의 개형을 그리시오.

(3) $0\leq\theta\leq\pi$일 때, 점 P의 자취로 이루어진 곡선의 길이를 구하시오.

(4) $0\leq\theta\leq\pi$일 때, 점 P의 자취로 이루어진 곡선을 x축 둘레로 회전시켜서 얻은 회전체의 부피를 구하시오. $\left(\text{단, } 1-\frac{9}{5}+\frac{9}{7}-\frac{1}{3}=\frac{16}{105}\text{이다.}\right)$

| 서울대학교 2006년 정시 |

중심선이 원 T와 만나는 점을 Q라 하면 점 P가 움직인 거리는 호 QP(θ)의 길이는 호 QP의 길이와 같다.

예시 답안 및 해설 150쪽 ~ 151쪽

문제 6 제시문을 읽고 물음에 답하시오.

일변수 함수로 직선 위의 움직임을 표현하는 데는 충분하지만 평면에 있는 점 $P(x, y)$의 움직임을 표현하기에는 부족하다. 예를 들어 인공위성의 이동을 추적하려 한다면 시간의 변화에 따른 인공위성의 위치를 알아야 한다. 이때 좌표를 설정하고 시간 t를 매개변수로 사용하여 위성의 위치를 나타내는 점 $P(x, y)$의 움직임을 방정식

$$x=x(t),\ y=y(t)$$

로 표현할 수 있는 데 이러한 방정식을 매개변수방정식이라 한다.

놀이공원에서 볼 수 있는 오른쪽 [그림]과 같은 스크램블러(scrambler)는 회전하는 두 팔로 구성되어 있다. 길이가 3m인 안쪽 팔은 반시계방향으로 회전한다. 이 경우 각속도가 ωrad/sec라고 가정하면 안쪽 팔 끝점의 위치는 매개변수방정식 $x=3\cos\omega t$, $y=3\sin\omega t$로 나타낼 수 있다. 안쪽 팔 끝에서는 한 쪽의 길이가 1m인 바깥쪽 팔이 시계방향으로 회전한다. 이 스크램블러의 바깥쪽 팔의 회전 속도는 안쪽 팔 회전 속도의 세 배라고 한다. [그림]과 같은 상태에서 바깥쪽 팔의 오른쪽 끝점에 한 사람을 태우고 스크램블러가 움직이기 시작하였다.

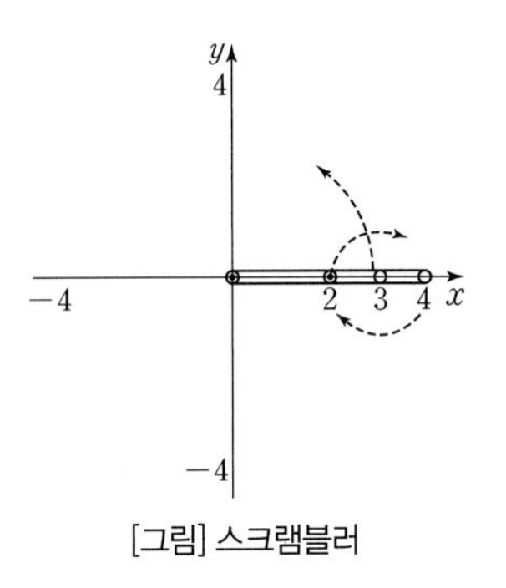

[그림] 스크램블러

(1) 안쪽 팔의 각속도가 1 rad/sec라고 할 때, 스크램블러의 안쪽 팔이 한 바퀴 회전하는 동안에 타고 있는 사람의 움직임을 나타내는 매개변수방정식을 구하고, 그 그래프를 좌표평면에 그리시오.

(2) 위 문제 (1)에서 구한 매개변수방정식을 이용하여 스크램블러에 타고 있는 사람의 속력이 0인 시각을 모두 구하고, 문제 (1)에서 그린 곡선의 길이를 구하시오.

(3) 위 문제 (1)에서 그린 곡선으로 둘러싸인 영역의 넓이를 구하시오.

| 연세대학교(원주) 2012년 의예과 수시 |

(2) $\vec{v}=\left(\frac{dx}{dt}, \frac{dy}{dt}\right)$일 때
속력 v는
$|\vec{v}|=\sqrt{\left(\frac{dx}{dt}\right)^2+\left(\frac{dy}{dt}\right)^2}$

주제별 강의 **제 21 장**

구의 그림자

구의 그림자

1 공간의 특정한 점에서 구에 빛을 비추었을 때, 구의 그림자의 모양

중심이 $\mathrm{C}(0,\ 0,\ 1)$이고 반지름의 길이가 1인 구에 광원의 위치를 달리하여 빛을 비추었을 때, xy평면에 나타나는 구의 그림자를 알아보자.

(1) 광원의 위치를 $\mathrm{A}(0,\ 0,\ 3)$으로 하는 경우

그림자의 임의의 한 점을 $\mathrm{P}(x,\ y,\ 0)$, $\overline{\mathrm{AP}}$가 구에 접하는 점을 B, $\angle\mathrm{PAC}=\theta$라 하면

$\overrightarrow{\mathrm{AP}}\cdot\overrightarrow{\mathrm{AC}}=|\overrightarrow{\mathrm{AP}}||\overrightarrow{\mathrm{AC}}|\cos\theta=|\overrightarrow{\mathrm{AP}}||\overrightarrow{\mathrm{AB}}|$이므로

$(x,\ y,\ -3)\cdot(0,\ 0,\ -2)=\sqrt{x^2+y^2+(-3)^2}\times\sqrt{3}$,

$6=\sqrt{3x^2+3y^2+27}$

이 성립한다. 양변을 제곱하여 정리하면

$36=3x^2+3y^2+27$에서

$x^2+y^2=3$

따라서 xy평면 위에 나타나는 그림자는 원의 내부이다.

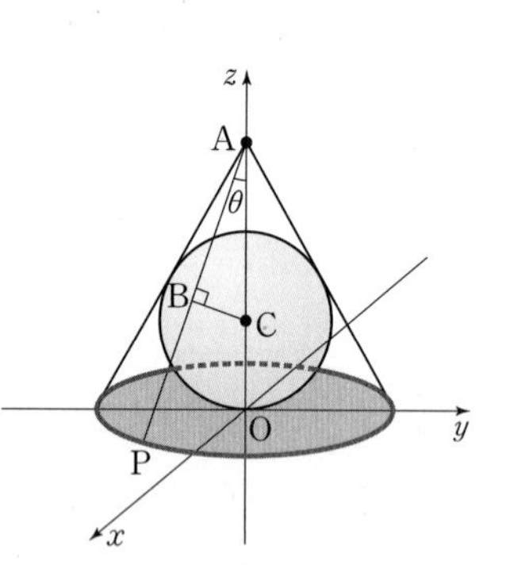

(2) 광원의 위치를 $\mathrm{A}(0,\ -1,\ 3)$으로 하는 경우

그림자의 임의의 한 점을 $\mathrm{P}(x,\ y,\ 0)$, $\overline{\mathrm{AP}}$가 구에 접하는 점을 B, $\angle\mathrm{PAC}=\theta$라 하면

$\overrightarrow{\mathrm{AP}}\cdot\overrightarrow{\mathrm{AC}}=|\overrightarrow{\mathrm{AP}}||\overrightarrow{\mathrm{AC}}|\cos\theta=|\overrightarrow{\mathrm{AP}}||\overrightarrow{\mathrm{AB}}|$이므로

$(x,\ y+1,\ -3)\cdot(0,\ 1,\ -2)$

$=\sqrt{x^2+(y+1)^2+(-3)^2}\times 2$,

$y+7=\sqrt{4x^2+4(y+1)^2+36}$

이 성립한다. 양변을 제곱하여 정리하면

$4x^2+3y^2-6y-9=0$에서 $\dfrac{x^2}{3}+\dfrac{(y-1)^2}{4}=1$

따라서 xy평면 위에 나타나는 그림자는 타원의 내부이다.

(3) 광원의 위치를 $\mathrm{A}(0,\ -2,\ 2)$로 하는 경우

그림자의 임의의 한 점을 $\mathrm{P}(x,\ y,\ 0)$, $\overline{\mathrm{AP}}$가 구에 접하는 점을 B, $\angle\mathrm{PAC}=\theta$라 하면

$\overrightarrow{\mathrm{AP}}\cdot\overrightarrow{\mathrm{AC}}=|\overrightarrow{\mathrm{AP}}||\overrightarrow{\mathrm{AC}}|\cos\theta=|\overrightarrow{\mathrm{AP}}||\overrightarrow{\mathrm{AB}}|$이므로

$(x,\ y+2,\ -2)\cdot(0,\ 2,\ -1)$

$=\sqrt{x^2+(y+2)^2+(-2)^2}\times 2$,

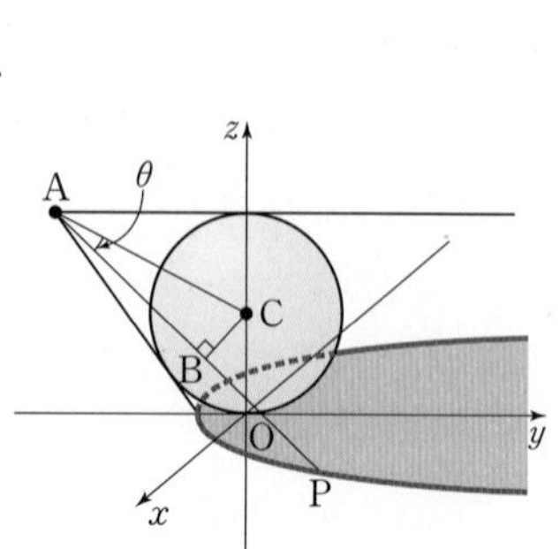

$y+3=\sqrt{x^2+(y+2)^2+(-2)^2}$

이 성립한다. 양변을 제곱하여 정리하면

$x^2-2y-1=0$에서 $x^2=2\left(y+\frac{1}{2}\right)$

따라서 xy평면 위에 나타나는 그림자는 포물선의 안쪽이다.

(4) **광원의 위치를 A(0, −2, 1)로 하는 경우**

그림자의 임의의 한 점을 $\mathrm{P}(x, y, 0)$, $\overline{\mathrm{AP}}$가 구에 접하는 점을 B, $\angle\mathrm{PAC}=\theta$라 하면

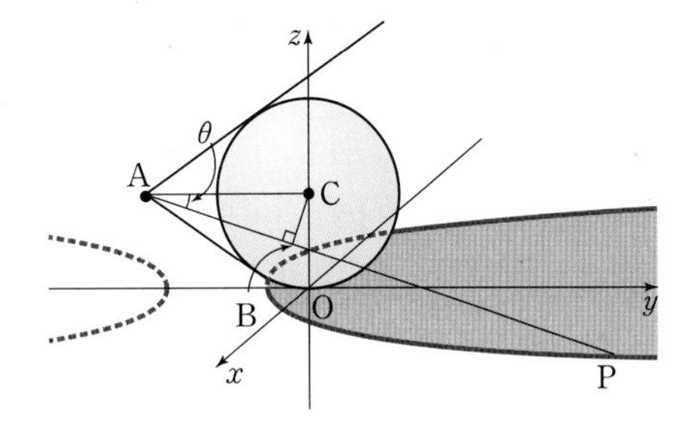

$\overrightarrow{\mathrm{AP}} \cdot \overrightarrow{\mathrm{AC}}=|\overrightarrow{\mathrm{AP}}||\overrightarrow{\mathrm{AC}}|\cos\theta$
$=|\overrightarrow{\mathrm{AP}}||\overrightarrow{\mathrm{AB}}|$

이므로

$(x, y+2, -1)\cdot(0, 2, 0)$
$=\sqrt{x^2+(y+2)^2+(-1)^2}\times\sqrt{3}$,
$2(y+2)=\sqrt{3x^2+3(y+2)^2+3}$

이 성립한다. 양변을 제곱하여 정리하면

$3x^2-y^2-4y-1=0$에서 $x^2-\frac{(y+2)^2}{3}=-1$

따라서 xy평면 위에 나타나는 그림자는 쌍곡선의 일부이다.

2 구 밖의 임의의 한 점에서 빛을 비추었을 때 구의 그림자의 모양

광원의 위치를 구 밖의 한 점 $\mathrm{A}(a, b, c)$, 구의 중심을 $\mathrm{C}(0, 0, m)$, 구의 반지름의 길이를 r (단, $m>0$, $m>r$)라 하자.

구가 xy평면 위에 떠 있을 때 xy평면 위의 그림자의 임의의 한 점을 $\mathrm{P}(x, y, 0)$, $\overline{\mathrm{AP}}$가 구에 접하는 점을 B, $\angle\mathrm{PAC}=\theta$라 하면 다음이 성립한다.

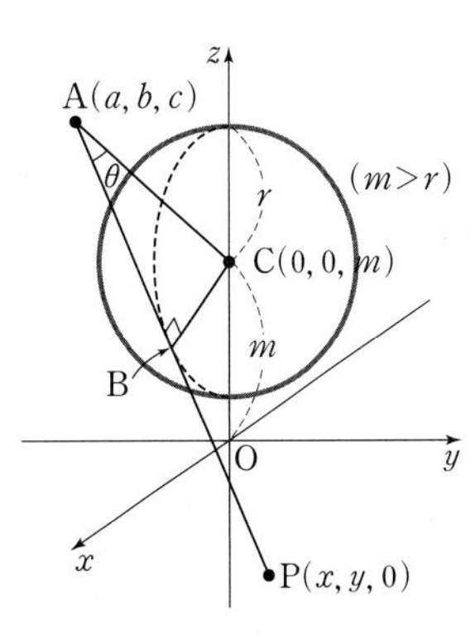

$\overrightarrow{\mathrm{AP}}\cdot\overrightarrow{\mathrm{AC}}=|\overrightarrow{\mathrm{AP}}||\overrightarrow{\mathrm{AC}}|\cos\theta=|\overrightarrow{\mathrm{AP}}||\overrightarrow{\mathrm{AB}}|$

$(x-a, y-b, -c)\cdot(-a, -b, m-c)$
$=\sqrt{(x-a)^2+(y-b)^2+(-c)^2}\sqrt{a^2+b^2+(c-m)^2-r^2}$

이것을 정리하면 x, y에 대한 이차방정식이 나온다.

이때 이차방정식의 모양에서 a, b, c, r, m의 조건에 따라 다음과 같이 달라질 수 있다.

(1) $a=0$, $b=0$, $c>m+r$이면 원이 된다.

(2) a, b 중 적어도 하나는 0이 아닐 때
$c>m+r$이면 타원,
$c=m+r$이면 포물선,
$m-r<c<m+r$이면 쌍곡선이 된다.

(3) $c\leq m-r$이면 구의 그림자는 생기지 않는다.

③ 광원의 위치가 구의 표면에 있을 때 구의 그림자의 모양

광원이 구와 xy평면과 접하는 점 P에 위치하면 구의 그림자는 xy평면 위에 생기지 않고 광원이 점 Q에 위치하면 그림자는 xy평면 전체가 된다.

또, 점 P와 점 Q가 아닌 구의 표면 위의 점 R에 광원이 위치하면 그 점에서의 접평면이 xy평면과 만나는 직선을 경계로 하는 한쪽 평면이 그림자가 된다.

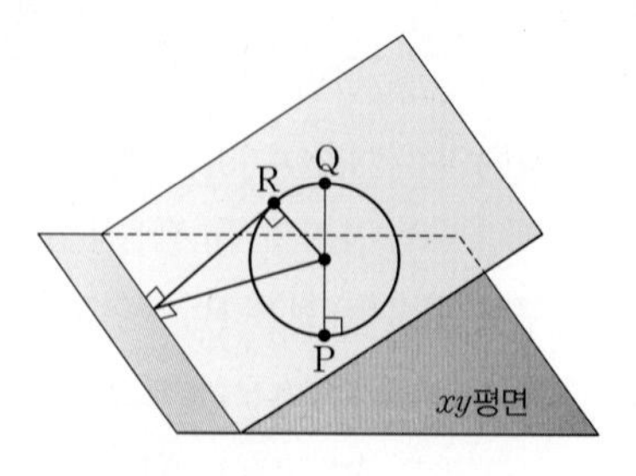

한편, 광원이 구의 안쪽에 있는 경우는 xy평면 전체에 구의 그림자가 생긴다.

예시 1 놀이 공원의 관람차에서 사람이 타는 공간이 구의 모양이라고 할 때, 다음 물음에 답하시오.

(1) 관람차가 회전하는 동안 태양에 의한 구의 그림자는 어떻게 변하는지 설명하시오.

(2) 만약 밤에 오른쪽 그림과 같이 관람차의 중심에 조명을 설치했을 때 관람차 A가 회전하는 동안 구의 그림자는 어떻게 변하는지 설명하시오.

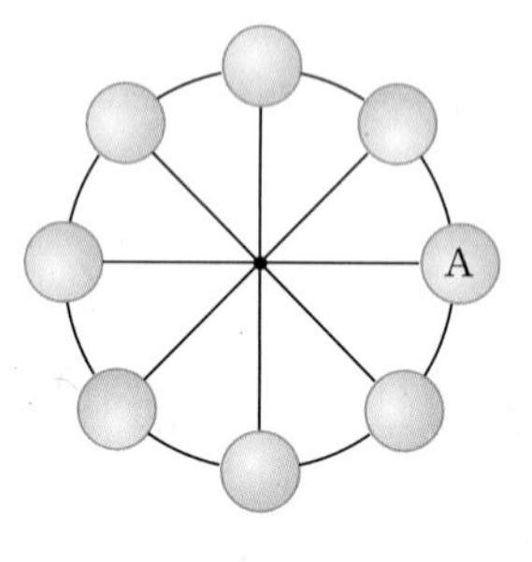

풀이 (1) 놀이 공원의 위치가 적도 지역이라면 구의 그림자는 원 모양이 된다.
놀이 공원의 위치가 적도 이외의 지역이면 항상 타원이 된다.
이때, 태양 고도(빛이 지면과 이루는 각도)가 높아지면 타원의 장축의 길이는 짧아진다.

(2) 관람차 A의 그림자의 모양은 가장 낮은 위치에 있을 때부터 '원 → 타원 → 포물선 → 쌍곡선 → 그림자 없음 → 쌍곡선 → 포물선 → 타원'을 하나의 주기로 계속 반복된다.

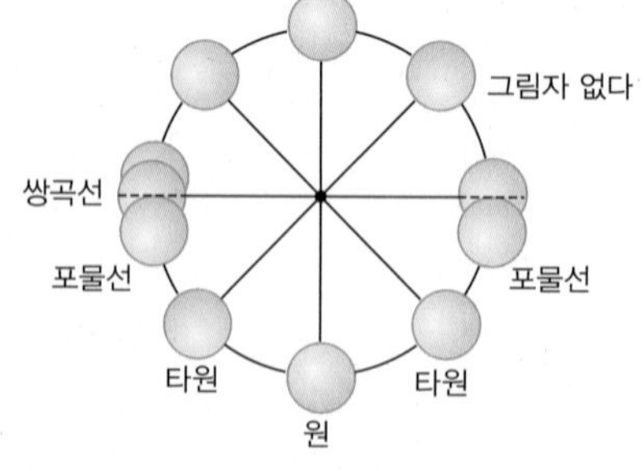

구가 가장 낮은 위치에 있을 때의 그림자는 원이 되고, 구의 가장 높은 부분이 광원의 높이보다 낮을 때 타원이 되고, 구의 가장 높은 부분이 광원의 높이와 같을 때 포물선이 되며, 구의 가장 높은 부분과 구의 가장 낮은 부분의 사이에 광원의 높이가 있을 때 쌍곡선이 된다. 한편 구의 가장 낮은 부분이 광원보다 높을 때 그림자는 없다.

예시 답안 및 해설 153쪽

문제 1 제시문을 읽고 물음에 답하시오.

그림과 같이 좌표공간에 중심이 $B(t, 0, 1)$이고 반지름이 1인 구가 있다. 점 $A(0, 0, 3)$에 고정된 점광원에 의해 xy평면에 그림자가 생긴다. 그림자의 가장 자리의 한 점과 A를 잇는 직선 위의 한 점을 $P(x, y, z)$라고 한다.

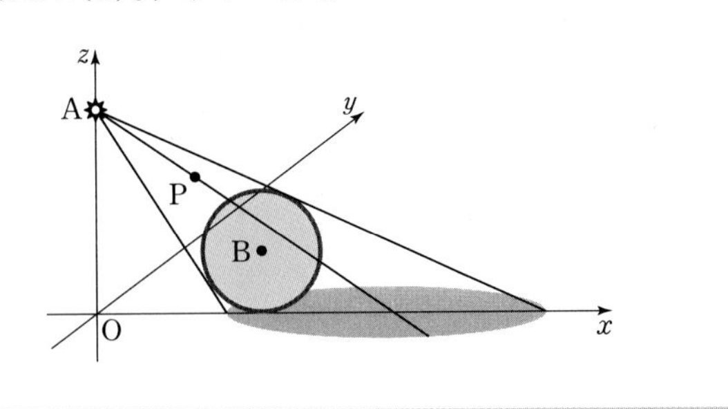

(1) P와 A가 서로 다른 점일 때, $\sin(\angle PAB)$를 t만의 식으로 나타내시오.

(2) 점 $P(x, y, z)$의 좌표가 만족하는 방정식을 찾으시오.

(3) 구의 그림자의 넓이를 $S(t)$라 할 때, $\lim_{t\to\infty}(S(t)-f(t))=0$을 만족하는 다항함수 $f(t)$를 찾으시오.

| 고려대학교 2012년 수시 |

(2) $\overrightarrow{AP}\cdot\overrightarrow{AB}$
$=|\overrightarrow{AP}||\overrightarrow{AB}|\cos(\angle PAB)$
를 이용한다.

문제 2 좌표공간의 xz평면 위에 $0\le z\le 2-x^2$으로 나타난 도형을 z축 둘레로 회전하여 얻어지는 불투명한 입체를 V라 할 때, V의 겉표면 위에 z의 좌표가 1인 한 개의 점광원 P가 있다. xy평면 위의 원점을 중심으로 하는 원 C에 대하여 P로부터 빛이 비추어지는 부분의 길이가 2π일 때, 원 C에서 빛이 비추어지지 않는 부분의 길이를 구하시오.

xy평면 위의 원점을 중심으로 하는 원 C의 방정식을 $x^2+y^2=r^2$으로 놓으면 점광원 P로부터의 빛이 비추어진 부분은 이 원의 호의 일부이고, 그 길이가 2π이다.

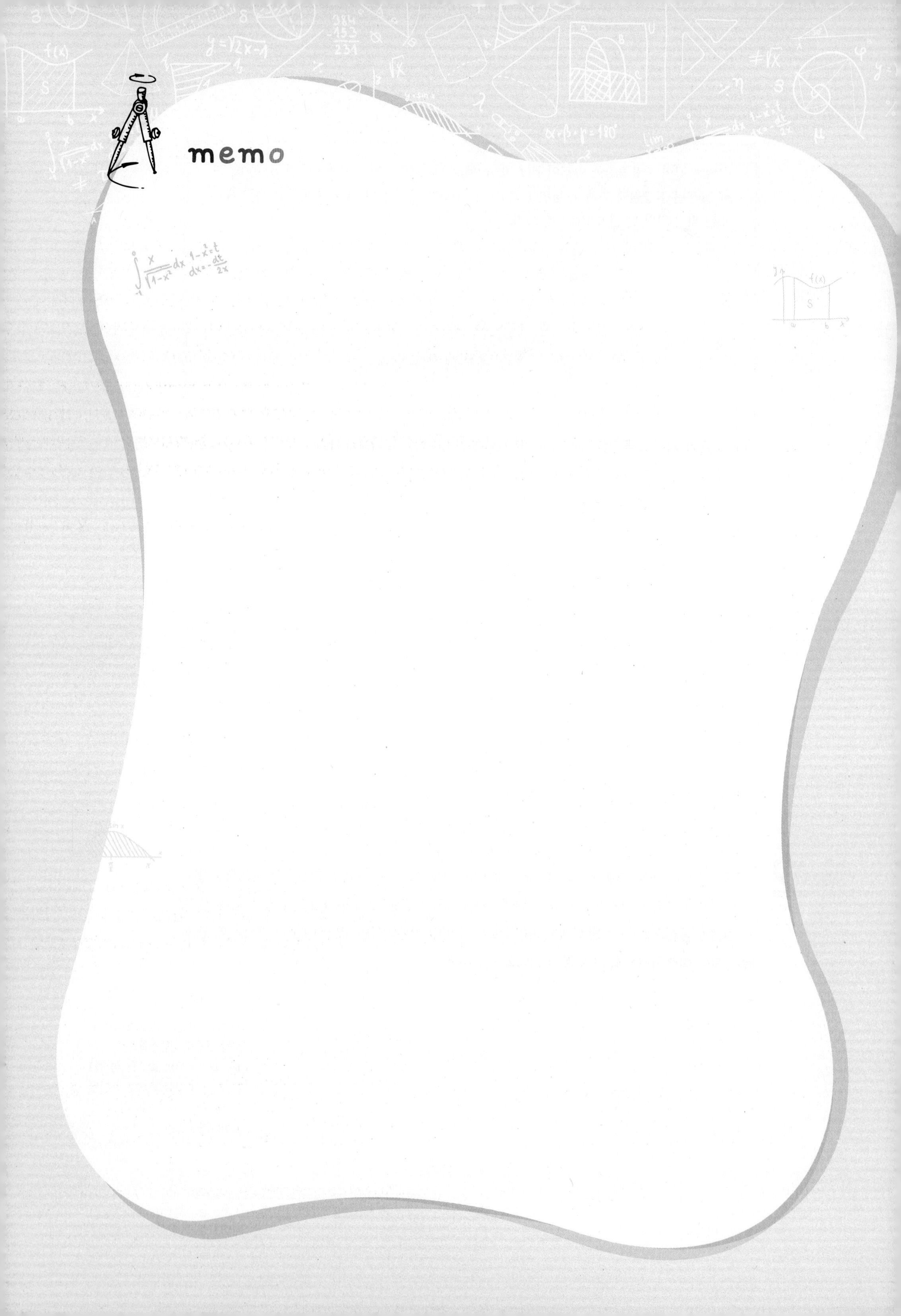
memo

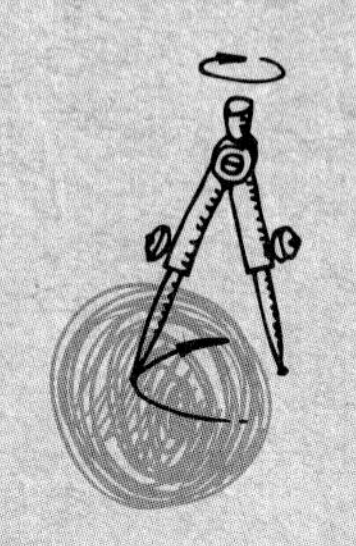

예시 답안 및 해설

한 차원 높은 예시 답안 및 해설로

수리논술을 내 손 안에!

ANSWER

I 지수함수와 로그함수

COURSE A

 • 14쪽 •

(1) $0<r<1$이므로 함수 $y=f(t)$의 그래프는 그림과 같다. 즉, 예방 주사를 접종한 후의 시간 t가 클수록 면역력 수치는 작아진다.

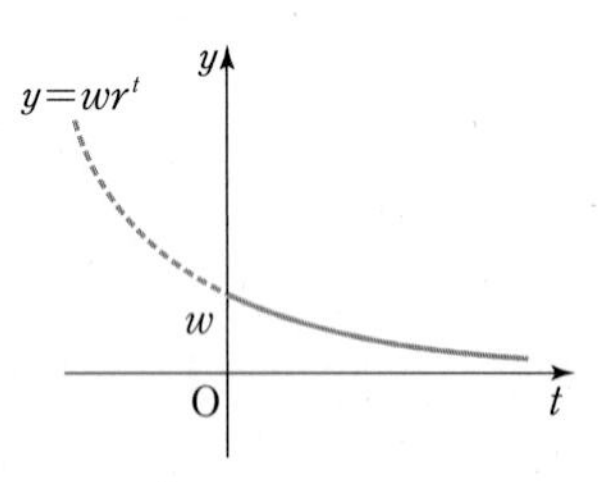

따라서 오래전의 예방 접종보다 최근의 예방 접종의 면역력이 크다.

(2) a시점까지 예방 주사를 n번 접종하였고, 각각의 접종 후 흐른 시간을 t_1, t_2, t_3, $\cdots$, t_n이라 하면

$$F(a)=f(t_1)+f(t_2)+f(t_3)+\cdots+f(t_n)$$
$$=wr^{t_1}+wr^{t_2}+wr^{t_3}+\cdots+wr^{t_n}$$

이다. 이때, 시점 $a+d$에서의 각각의 접종 후 흐른 시간은 t_1+d, t_2+d, t_3+d, $\cdots$, t_n+d이므로

$$F(a+d)=f(t_1+d)+f(t_2+d)+f(t_3+d)+\cdots+f(t_n+d)$$
$$=wr^{t_1+d}+wr^{t_2+d}+wr^{t_3+d}+\cdots+wr^{t_n+d}$$
$$=(wr^{t_1}+wr^{t_2}+wr^{t_3}+\cdots+wr^{t_n})\cdot r^d$$
$$=F(a)r^d$$

이 된다.

(3) a 시점에서 갑과 을의 면역 효과 값을 각각 $F(a)$, $G(a)$라 하면 시점 $a+d$에서의 갑과 을의 면역 효과 값은 (2)에 의하여 각각 $F(a)r^d$, $G(a)r^d$이 된다.

$F(a)>G(a)$이면 $F(a)r^d>G(a)r^d(\because r^d>0)$

이므로 추가 접종을 하지 않을 경우, 시간이 흘러도 항상 갑의 면역 효과 값이 을의 면역 효과 값보다 크다.

TRAINING

수리논술 기출 및 예상 문제

• 16쪽 ~ 19쪽 •

01 (1) 주류 집단과 소수 집단이 차지하는 인구 구성비를 각각 a, b라 하면 어떤 찬반 투표 안건을 부결시킬 조건은 $\frac{6}{10}a+\frac{2}{10}b<\frac{4}{10}a+\frac{8}{10}b$, 즉 $\frac{1}{3}a<b$가 성립하는 것이다.

따라서 소수 집단이 차지하는 인구 구성비가 주류 집단이 차지하는 인구 구성비의 $\frac{1}{3}$보다 커야 한다.

(2) 20년 전 소수 집단의 인구수를 a명이라 하면 주류 집단의 인구수는 $9a$명이다.

소수 집단의 인구 증가율은 연 5 %, 주류 집단의 인구 증가율은 연 1 %이므로 현재 인구수는 소수 집단이 $a(1.05)^{20}$명, 주류 집단이 $9a(1.01)^{20}$명이다.

현재 소수 집단의 구성비가 20 %이므로

$$\frac{a(1.05)^{20}}{a(1.05)^{20}+9a(1.01)^{20}}=\frac{20}{100}$$

즉, $(1.01)^{20}=\frac{4}{9}(1.05)^{20}$이 성립한다.

현재 소수 집단의 인구수를 b명이라 하면 주류 집단의 인구수는 $4b$명이므로 20년 후의 소수 집단의 인구 구성비는

$$\frac{b(1.05)^{20}}{b(1.05)^{20}+4b(1.01)^{20}}\times 100$$
$$=\frac{b(1.05)^{20}}{b(1.05)^{20}+\frac{16}{9}b(1.05)^{20}}\times 100$$
$$=\frac{9}{25}\times 100=36(\%)$$

이다. 따라서 현재로부터 20년 후 소수 집단의 인구 구성비는 40 %에 도달할 수 없다.

02 t초 후에 자동차의 속도가 제한 속도 이하가 된다고 하면

$100(1-0.1)^t\leq 80$, $(0.9)^t\leq 0.8\fallingdotseq(0.9)^2$

이므로 약 2초 후에 제한 속도 이하가 된다.

2초 동안 자동차가 진행한 거리는

$100000\times\frac{2}{3600}\fallingdotseq 55.6(\text{m})$보다 작고

$100000\times(0.9)^2\times\frac{2}{3600}=45(\text{m})$보다 크므로

45 m~(약) 56 m이다.

이때, 무인 속도 측정기와의 거리는 (약) 4 m~15 m 남겨지게 되고 무인 속도 측정기는 차가 수직 아래 위치에서 전방 20 m 이내에 진입하면 작동하게 되므로 이 경우 제한 속도가 지켜지지 않았다.

03 (1) 먼저 $\frac{4}{3}<\sqrt{2}<\frac{3}{2}$임을 알아보자. 이것은

$$\left(\frac{4}{3}\right)^2=\frac{16}{9}<2=(\sqrt{2})^2,\ \left(\frac{3}{2}\right)^2=\frac{9}{4}>2=(\sqrt{2})^2$$

으로부터 알 수 있다. 따라서 제시문 (라)에 의하여

$2^{\frac{4}{3}}<2^{\sqrt{2}}<2^{\frac{3}{2}}$을 얻는다.

이제 $(2^{\frac{4}{3}})^3=2^4=16$이고 $\left(\frac{5}{2}\right)^3=\frac{125}{8}<16$이므로

$\frac{5}{2}<2^{\frac{4}{3}}$이 성립하고

$(2^{\frac{3}{2}})^2=2^3=8$이고 $3^2=9>8$이므로 $2^{\frac{3}{2}}<3$이 성립한다.

따라서 $\frac{5}{2}<2^{\frac{4}{3}}<2^{\sqrt{2}}<2^{\frac{3}{2}}<3$이므로 $\frac{5}{2}<2^{\sqrt{2}}<3$이다.

(2) x가 음수이면 $a^x=\frac{1}{a^{-x}}$로 정의하고, $x=0$이면 $a^0=1$로 정의하자.

그러면 x가 양수일 때, $a^{x+(-x)}=a^0=1$이고

$a^x a^{-x}=a^x\cdot\frac{1}{a^x}=1$이므로 $a^{x+(-x)}=a^x a^{-x}$가 성립하게 된다.

일반적으로 $x<0$, $y<0$일 때,

$$a^{x+y}=\frac{1}{a^{-(x+y)}}=\frac{1}{a^{(-x)+(-y)}}=\frac{1}{a^{-x}a^{-y}}=\frac{1}{a^{-x}}\cdot\frac{1}{a^{-y}}=a^x a^y$$

이므로 $a^{x+y}=a^x a^y$이 성립한다.

또 $x<0$, $y>0$이고 $x+y>0$일 때,

$$a^{x+y}=\frac{1}{a^{-x}}\cdot a^{-x}a^{x+y}=a^x a^{(-x)+(x+y)}=a^x a^y$$

이 사실을 이용하면 $x<0$, $y>0$이고 $x+y<0$일 때,

$$a^{x+y}=\frac{1}{a^{-(x+y)}}=\frac{1}{a^{-x}a^{-y}}=\frac{1}{a^{-x}}\cdot\frac{1}{a^{-y}}=a^x a^y$$

이므로 x와 y가 0이 아닌 실수일 때, $a^{x+y}=a^x a^y$이 성립함을 알 수 있다.

마지막으로 x 또는 y가 0이라 하자.

$x=0$인 경우만 알아보아도 된다.

$a^{0+y}=a^y=1\cdot a^y=a^0 a^y$

이므로 위에서와 같이 정의하면 $a^{x+y}=a^x a^y$가 모든 실수 x, y에 대하여 성립함을 알 수 있다.

04 이 바이러스가 10대의 컴퓨터를 감염시키는 데 2시간이 소요되므로

4시간 후에는 $1+10+10^{\frac{4}{2}}$(대),

6시간 후에는 $1+10+10^{\frac{4}{2}}+10^{\frac{6}{2}}$(대),

⋮

$2n$시간 후에는 $1+10+10^{\frac{4}{2}}+10^{\frac{6}{2}}+\cdots+10^{\frac{2n}{2}}$(대)

를 감염시킨다.

위의 감염된 컴퓨터의 수가 1000만 대의 10 %, 즉

$10^7\times\frac{1}{10}$보다 커야 하므로

$1+10+10^2+10^3+\cdots+10^n\geq 10^7\times\frac{1}{10}$이다.

$\frac{10^{n+1}-1}{10-1}\geq 10^6$, $10^{n+1}-1\geq 9\times10^6$,

$10^{n+1}\geq 9\times10^6+1$

이다. 이때, 우변의 1은 9×10^6에 비하여 매우 작은 수이므로 무시하면

$10^{n+1}>9\times10^6$

이다. 이 식의 양변에 상용로그를 취하면

$\log 10^{n+1}>\log(9\times10^6)$

$n+1>2\log 3+6$, $n>2\times0.4771+6-1$에서

$n>5.9542$이다.

따라서 n의 최솟값은 6이므로 $2n$시간 후, 즉 12시간 후에 우리나라 컴퓨터의 10 % 이상을 감염시킨다.

05 (1) 동물의 몸을 높이 h와 지름 d인 원통으로 생각하면, 부피는 hd^2에 비례한다. 부피 증가와 체중 증가는 동일하므로, 체중은 hd^2에 비례한다.

다양한 종의 나무들을 분석한 결과는 높이 h가 $d^{\frac{2}{3}}$에 비례하였으며, 이를 영장류 동물에 적용한다면 체중은 $d^{\frac{8}{3}}$에 비례한다. 즉, 지름 d는 (체중)$^{\frac{3}{8}}$에 비례한다. 몸통 둘레는 d에 비례하므로, 몸통 둘레는 (체중)$^{\frac{3}{8}}$에 비례하여 증가한다.

따라서 x는 $\frac{3}{8}$이 되어야 한다.

(2) ① 천체 표면의 중력이 질량에 비례하고 중심으로부터의 거리의 제곱에 반비례하므로 다음 관계식을 쓸 수 있다.

$$\frac{W_X}{W_E}=\frac{\frac{M_X}{r_X^2}}{\frac{M_E}{r_E^2}}=\frac{M_X}{M_E}\left(\frac{r_E}{r_X}\right)^2=16\cdot4^2=256$$

즉, 행성 X 표면에서의 중력은 지구 표면에서의 중력의 256배이다.

② 행성 X 표면에서는 동물의 체중이 지구 표면에서보다 256배 크다고 할 수 있다. 즉, 체중이 256배 늘어나면 몸통 둘레는 (1)의 결과에 따라서 $(256)^{\frac{3}{8}}=(2^8)^{\frac{3}{8}}=8$배 늘어나게 된다. 뼈의 굵기가 몸통 둘레에 비례한다면, 뼈의 굵기도 8배 늘어나게 된다.

06 (1) (i) 멧칼프의 법칙은 $B=kn^2$(B: 네트워크의 유용성 또는 실용성, n: 사용자 수, k: 비례상수)로 나타낼 수 있다.

(ii) 무어의 법칙은 1970년 마이크로 칩 성능을 C, 해당 연도를 y, 마이크로 칩의 성능을 P라 하면 P는 18개월, 즉 $\frac{3}{2}$년마다 두 배로 증대하므로

$$P_y=C\times2^{\frac{y-1970}{\frac{3}{2}}}=C\times2^{\frac{2(y-1970)}{3}}$$

으로 나타낼 수 있다.

(2) (i) 인터넷 소모임 A, B의 가입자 수를 각각 n_A, n_B라 하고, 얻을 수 있는 실용성을 각각 B_A, B_B라 하면

$B_A=k\times n_A^2$, $B_B=k\times n_B^2$이므로

$$\frac{B_A}{B_B}=\frac{n_A^2}{n_B^2}=\left(\frac{n_A}{n_B}\right)^2=2^2=4$$

이다. 따라서 소모임 A로부터 얻을 수 있는 실용성은 소모임 B로부터 기대되는 실용성의 4배이다.

(ii) 무어의 법칙의 $P_y=C\times2^{\frac{2(y-1970)}{3}}$에서 $y=1985$이면

$$P_{1985}=C\times2^{\frac{2(1985-1970)}{3}}=C\times2^{10}=C\times1024$$

따라서 1985년의 마이크로 칩 성능은 1970년에 비

하여 1024배 향상되었다고 추정할 수 있다.

(3) 마이크로 칩의 정보 처리 능력(P)와 네트워크 가입자 수(n) 사이에 정비례 관계가 성립하므로
$n=k'\times P$(단, k'은 비례 상수)
로 놓을 수 있다. 이것을 $B=kn^2$에 대입하면

$$B=kn^2=k(k'P)^2=kk'^2P^2$$
$$=kk'^2\left(C\times 2^{\frac{2(y-1970)}{3}}\right)^2$$
$$=kk'^2C^2 2^{\frac{4(y-1970)}{3}}$$

이므로

$$\frac{B_{2000}}{B_{1994}}=\frac{kk'^2C^2 2^{\frac{4(2000-1970)}{3}}}{kk'^2C^2 2^{\frac{4(1994-1970)}{3}}}=\frac{2^{40}}{2^{32}}=2^8=256$$

이다. 따라서 2000년에 이 회사의 네트워크를 사용한 사람은 1994년에 비하여 256배 향상된 실용성을 얻을 수 있다.

Ⅱ 삼각함수

COURSE A

유제 1 • 30쪽 •

(1) $\angle\mathrm{OAB}=\angle\mathrm{PBC}=\angle\mathrm{RDA}=\theta$이므로
$\overline{\mathrm{OP}}=a\sin\theta+b\cos\theta$, $\overline{\mathrm{OR}}=a\cos\theta+b\sin\theta$이다.
따라서 $\mathrm{Q}(a\sin\theta+b\cos\theta,\ a\cos\theta+b\sin\theta)$이다.

(2) $\overline{\mathrm{PQ}}=a\cos\theta+b\sin\theta=\sqrt{a^2+b^2}\sin(\theta+\alpha)$
$\left(\cos\alpha=\frac{b}{\sqrt{a^2+b^2}},\ \sin\alpha=\frac{a}{\sqrt{a^2+b^2}}\right)$이므로
$\overline{\mathrm{PQ}}$가 최대가 되려면
$0\le\theta<\frac{\pi}{2}$, $0<\alpha<\frac{\pi}{2}$에서 $\sin(\theta+\alpha)=1$일 때이다.
즉, $\theta+\alpha=\frac{\pi}{2}$, $\theta=\frac{\pi}{2}-\alpha$일 때이다. 이때,
$\cos\theta=\sin\alpha=\frac{a}{\sqrt{a^2+b^2}}$, $\sin\theta=\cos\alpha=\frac{b}{\sqrt{a^2+b^2}}$이므로
$\mathrm{A}\left(0,\ \frac{a^2}{\sqrt{a^2+b^2}}\right)$, $\mathrm{B}\left(\frac{ab}{\sqrt{a^2+b^2}},\ 0\right)$이다.

(3) 직사각형 OPQR의 넓이를 S라 하면

$$S=(a\sin\theta+b\cos\theta)(a\cos\theta+b\sin\theta)$$
$$=(a^2+b^2)\sin\theta\cos\theta+ab$$
$$=\frac{a^2+b^2}{2}\sin2\theta+ab$$

이다. 따라서 S가 최대가 되는 것은 $2\theta=\frac{\pi}{2}$에서 $\theta=\frac{\pi}{4}$일 때이다.

TRAINING

수리논술 기출 및 예상 문제 • 31쪽 ~ 37쪽 •

01 중앙무대의 양 끝을 각각 A, B라 하고 현 AB에 대하여 중심각의 크기가 60°인 원을 $\mathrm{O_1}$, 중심각의 크기가 30°인 원을 $\mathrm{O_2}$라 하면, 일등석을 설치할 수 있는 영역은 오른쪽 그림의 색칠한 부분이다.

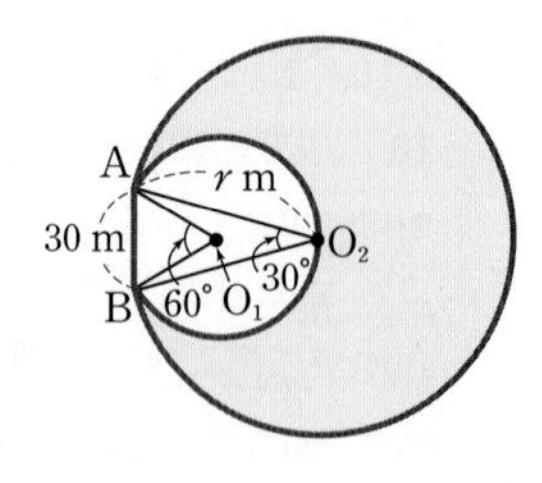

이때, $\triangle\mathrm{ABO_1}$은 정삼각형이므로 원 $\mathrm{O_1}$의 반지름의 길이는 $\overline{\mathrm{AB}}=30$ m이다. 또, 원 $\mathrm{O_2}$의 반지름의 길이를 rm라 하면 $\triangle\mathrm{ABO_2}$에서

$30^2=r^2+r^2-2\times r\times r\times\cos 30^\circ$,

$(2-\sqrt{3})r^2=900$,

$r^2=\dfrac{900}{2-\sqrt{3}}=900(2+\sqrt{3})$이다.

원 O_1의 활꼴의 넓이를 S_1, 원 O_2의 활꼴의 넓이를 S_2라 하면 다음과 같다.

$S_1=\frac{1}{2}\times 30^2\times\frac{5}{3}\pi+\frac{1}{2}\times 30^2\times\sin\frac{\pi}{3}$

$\quad=750\pi+225\sqrt{3}(\text{m}^2)$

$S_2=\frac{1}{2}\times r^2\times\frac{11}{6}\pi+\frac{1}{2}\times r^2\times\sin\frac{\pi}{6}$

$\quad=\left(\frac{11}{12}\pi+\frac{1}{4}\right)r^2=\left(\frac{11}{12}\pi+\frac{1}{4}\right)\times 900(2+\sqrt{3})$

$\quad=75(11\pi+3)(2+\sqrt{3})(\text{m}^2)$

따라서 구하는 영역의 넓이를 S라 하면

$S=S_2-S_1$

$\quad=75(11\pi+3)(2+\sqrt{3})-(750\pi+225\sqrt{3})$

$\quad\fallingdotseq 75(11\times 3.14+3)(2+1.73)$

$\qquad-(750\times 3.14+225\times 1.73)$

$\quad=7757.565(\text{m}^2)$

이다. 그런데 일등석 한 자리가 차지하는 넓이는 $1\times 1.5=1.5(\text{m}^2)$이므로 $\dfrac{7757.565}{1.5}=5171.71$에서 일등석은 최대 5171석 만들 수 있다.

그러나 좌석과 좌석 사이의 통로 등을 고려하여 이보다는 작은 수의 일등석을 생각하여야 할 것이다.

02 (1) 두 함수 $f(x)$, $g(x)$의 주기를 각각 $\frac{1}{3}=\frac{5}{15}$, $\frac{2}{5}=\frac{6}{15}$이라 하면, 두 함수의 합 $S(x)=f(x)+g(x)$는 주기가 $\frac{30}{15}=2$인 주기함수이다.

즉, $f(x)=f\left(x+\frac{1}{3}\right)$, $g(x)=g\left(x+\frac{2}{5}\right)$이므로

$S(x+2)=f(x+2)+g(x+2)$

$\quad=f\left(x+\frac{1}{3}\times 6\right)+g\left(x+\frac{2}{5}\times 5\right)$

$\quad=f(x)+g(x)$

$\quad=S(x)$

이다.

(2) 주기함수가 아니다. 만일 주기가 각각 1, $\sqrt{2}$인 주기함수의 합인 함수가 주기 T인 주기함수라면

$T=m\times 1=n\times\sqrt{2}$ (m, n은 자연수)

로 나타낼 수 있다.

이때, $\frac{m}{n}=\sqrt{2}$가 되어 모순이다.

03 (1) 점 P, Q의 시각 t에서의 위치는

$P(r_1\cos\omega_1 t,\ r_1\sin\omega_1 t)$, $Q(r_2\cos\omega_2 t,\ r_2\sin\omega_2 t)$

이므로

$\overline{PQ}^2=(r_1\cos\omega_1 t-r_2\cos\omega_2 t)^2$

$\qquad+(r_1\sin\omega_1 t-r_2\sin\omega_2 t)^2$

$\quad=r_1^2\cos^2 w_1 t-2r_1r_2\cos\omega_1 t\cos\omega_2 t$

$\qquad+r_2^2\cos^2\omega_2 t+r_1^2\sin^2\omega_1 t$

$\qquad-2r_1r_2\sin\omega_1 t\sin\omega_2 t+r_2^2\sin^2\omega_2 t$

$\quad=r_1^2+r_2^2$

$\qquad-2r_1r_2(\cos w_1 t\cos\omega_2 t+\sin\omega_1 t\sin\omega_2 t)$

$\quad=r_1^2+r_2^2-2r_1r_2\cos(\omega_1-\omega_2)t$

(2) $\overline{PQ}^2$이 최대인 경우는 $\cos(\omega_1-\omega_2)t=-1$일 때 최댓값은 $r_1^2+r_2^2+2r_1r_2=(r_1+r_2)^2$이다.

이때, $(\omega_1-\omega_2)t=2n\pi+\pi$($n$은 정수)이므로 두 점 P, Q가 원의 중심에 대해 반대쪽으로 일직선 위에 있을 때 $\overline{PQ}^2$이 최대이다.

또, $\overline{PQ}^2$이 최소인 경우는 $\cos(w_1-w_2)t=1$일 때 최솟값은 $r_1^2+r_2^2-2r_1r_2=(r_1-r_2)^2$이다.

이때, $(\omega_1-\omega_2)t=2n\pi$($n$은 정수)이므로 두 점 P, Q가 원의 중심에 대해 같은 쪽으로 일직선 위에 있을 때 $\overline{PQ}^2$이 최소이다.

(3) $\overline{PQ}^2=r_1^2+r_2^2-2r_1r_2\cos(\omega_1-\omega_2)t$이고 같은 방법으로 하여

$\overline{QR}^2=r_2^2+r_3^2-2r_2r_3\cos(\omega_2-\omega_3)t$이다.

그런데 $\omega_1:\omega_2:\omega_3=3:2:1$이므로

$\omega_1=3\omega_3$, $\omega_2=2\omega_3$을 대입하면

$\overline{PQ}^2+\overline{QR}^2$

$\quad=r_1^2+2r_2^2+r_3^2-2r_1r_2\cos w_3 t-2r_2r_3\cos\omega_3 t$

$\quad=r_1^2+2r_2^2+r_3^2-2r_2(r_1+r_3)\cos\omega_3 t$

이다.

따라서 $\cos\omega_3 t=-1$, 즉 $\omega_3 t=2n\pi+\pi$(n은 정수)일 때 $\overline{PQ}^2+\overline{QR}^2$의 최댓값은

$r_1^2+2r_2^2+r_3^2+2r_2(r_1+r_3)=(r_1+r_2)^2+(r_2+r_3)^2$

이다.

(4) $\omega_1=4w_3$, $\omega_2=2\omega_3$이고 $r_1=1$, $r_2=2$, $r_3=3$이므로

$\overline{PQ}^2+\overline{QR}^2=(5-4\cos 2\omega_3 t)+(13-12\cos\omega_3 t)$

$\quad=18-4(\cos 2\omega_3 t+3\cos\omega_3 t)$

$\quad=18-4(2\cos^2\omega_3 t+3\cos\omega_3 t-1)$

$\quad=-8\left(\cos\omega_3 t+\frac{3}{4}\right)^2+\frac{53}{2}$

따라서 $\cos\omega_3 t=-\frac{3}{4}$일 때 $\overline{PQ}^2+\overline{QR}^2$의 최댓값은 $\frac{53}{2}$이다.

04

앞, 뒤 바퀴의 중심의 좌표를 각각 (0, 0), (l, 0)이라 하면 정지된 상태에서 두 점 P, Q의 최초 좌표는 각각

$P\left(\cos\frac{\pi}{2}, \sin\frac{\pi}{2}\right)=(0, 1)$,

$Q(l+\cos 0, \sin 0)=(l+1, 0)$이다.

자동차가 직선 방향으로 움직일 때, 앞, 뒤 바퀴는 동일하게 각 θ만큼 회전한다고 생각할 수 있으므로 삼각함수를 좌표에 도입하면 두 점 P, Q의 좌표는

$P\left(\cos\left(\frac{\pi}{2}+\theta\right), \sin\left(\frac{\pi}{2}+\theta\right)\right)=(-\sin\theta, \cos\theta)$,

$Q(l+\cos\theta, \sin\theta)$가 된다.

이때, 좌표평면에서 두 점 사이의 거리를 구하는 공식을 이용하여 P, Q 사이의 거리를 구하면

$$\begin{aligned}\overline{PQ}^2&=(l+\cos\theta+\sin\theta)^2+(\sin\theta-\cos\theta)^2\\&=l^2+\cos^2\theta+\sin^2\theta+2l\cos\theta+2l\sin\theta\\&\quad+2\cos\theta\sin\theta+\sin^2\theta-2\cos\theta\sin\theta+\cos^2\theta\\&=l^2+2+2l(\sin\theta+\cos\theta)\\&=l^2+2+2\sqrt{2}l\sin\left(\theta+\frac{\pi}{4}\right)\end{aligned}$$

임을 알 수 있다.

자동차가 진행한 거리에 따른 두 점 P, Q 사이의 거리는 사인함수 그래프를 이용해 보면

$-1\le\sin\left(\theta+\frac{\pi}{4}\right)\le1$이므로 $\overline{PQ}^2$의

최댓값은 $l^2+2+2\sqrt{2}l=(l+\sqrt{2})^2$이고,

최솟값은 $l^2+2-2\sqrt{2}l=(l-\sqrt{2})^2$이므로 $\overline{PQ}$의 최댓값은 $l+\sqrt{2}$, 최솟값은 $l-\sqrt{2}$이다. 따라서 두 점 P와 Q 사이의 거리는 $(l-\sqrt{2})$와 $(l+\sqrt{2})$ 사이의 값을 나타내며 변화함을 알 수 있다.

05 (1) 정사각형의 한 변의 길이를 l이라 하면 제시문 ㈎와 ㈏에 근거하여 다음과 같은 그림을 그릴 수 있다.

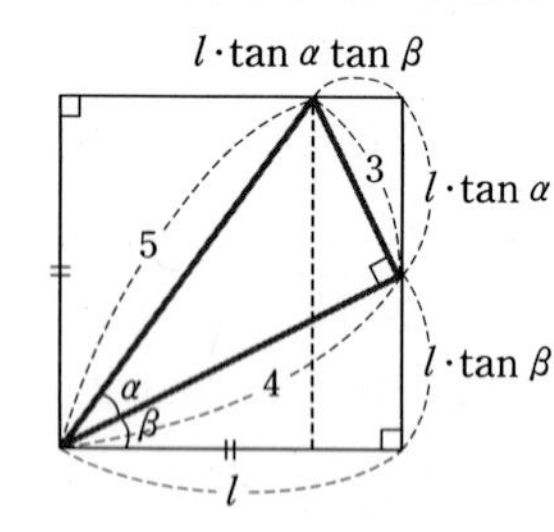

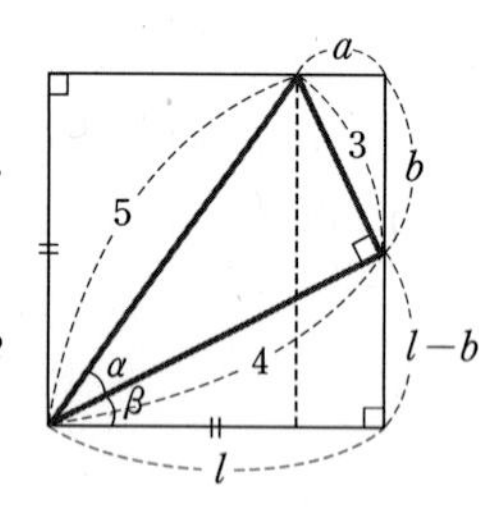

위 왼쪽 그림에서 다음과 같은 식을 유도할 수 있다.

$\cos\alpha=\frac{4}{5}$, $\sin\alpha=\frac{3}{5}$, $\cos\beta=\frac{l}{4}$, $\sin(\alpha+\beta)=\frac{l}{5}$

이때, $\sin\beta=\sqrt{1-\cos^2\beta}=\sqrt{1-\left(\frac{l}{4}\right)^2}=\frac{\sqrt{16-l^2}}{4}$

이므로

$$\begin{aligned}\sin(\alpha+\beta)&=\sin\alpha\cos\beta+\cos\alpha\sin\beta\\&=\frac{3}{5}\cdot\frac{l}{4}+\frac{4}{5}\cdot\frac{\sqrt{16-l^2}}{4}=\frac{l}{5}\end{aligned}$$

에서 $l=\frac{16}{\sqrt{17}}$이다.

다른 답안 1

(1)의 풀이의 오른쪽 그림에서

$\cos\beta=\frac{b}{3}=\frac{l}{4}$이므로 $b=\frac{3}{4}l$이다.

또, $\sin\beta=\frac{l-b}{4}=\frac{l}{16}$이므로

$\cos^2\beta+\sin^2\beta=\left(\frac{l}{4}\right)^2+\left(\frac{l}{16}\right)^2=1$에서

$l=\frac{16}{\sqrt{17}}$이다.

다른 답안 2

(1)의 풀이의 오른쪽 그림에서 삼각형의 닮은꼴을 이용하면

$l:(l-b)=b:a$이므로 $a=\frac{b(l-b)}{l}$이다.

피타고라스 정리를 이용하면

$a^2+b^2=3^2$,

$l^2+(l-b)^2=4^2$이므로

$\frac{b^2(l-b)^2}{l^2}+b^2=9$, $\frac{b^2}{l^2}\{(l-b)^2+l^2\}=9$,

$\frac{b^2}{l^2}\cdot16=9$, $b=\frac{3}{4}l$이다.

따라서 $l^2+\left(l-\frac{3}{4}l\right)^2=4^2$에서

$l=\frac{16}{\sqrt{17}}$이다.

(2) 다음 그림에서와 같이 가장 상단 삼각형을 포함하는 직사각형의 아랫변 C의 길이는 제시문 ㈎에 근거하여 다음과 같다.

(변 C의 길이)$=1-\tan^2\alpha$

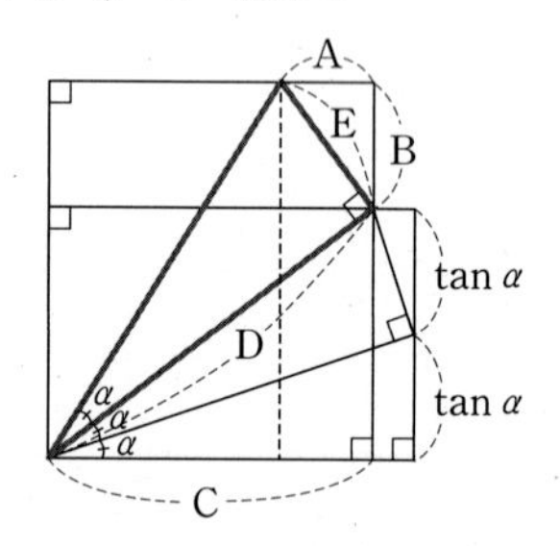

가장 상단 삼각형의 아랫변 D의 길이는 다음과 같다.

(D의 길이)$=\frac{1-\tan^2\alpha}{\cos2\alpha}$

가장 상단 삼각형의 짧은 변 E의 길이는 다음과 같다.

(E의 길이)$=\tan\alpha\cdot\frac{1-\tan^2\alpha}{\cos2\alpha}$

따라서 B의 길이는 $(1-\tan^2\alpha)\tan\alpha$이고,

A의 길이는

$(1-\tan^2\alpha)\tan\alpha\tan2\alpha$

$=(1-\tan^2\alpha)\cdot\tan\alpha\cdot\frac{2\tan\alpha}{1-\tan^2\alpha}$

$=2\tan^2\alpha$

이다.

06 (1) 함수 $F(\theta)$가 정의되려면 (분모)$\neq 0$,

즉 $\cos(\theta+\alpha)+\cos\theta \neq 0$이어야 한다.

먼저 $\cos(\theta+\alpha)+\cos\theta=0(\theta>0)$이 되는 θ의 값을 구해 보자.

$\cos(\theta+\alpha)=-\cos\theta=\cos(\pi-\theta)$이므로

$\theta+\alpha=2n\pi\pm(\pi-\theta)$($n$은 정수)에서 $\theta>0$이므로

$\theta+\alpha=2n\pi+\pi-\theta$, $\theta=\dfrac{(2n+1)\pi-\alpha}{2}$이다.

여기에서 $\cos(\theta+\alpha)+\cos\theta=0(\theta>0)$을 만족하는 θ의 최솟값은 $n=0$일 때 $\dfrac{\pi-\alpha}{2}$이다.

따라서 함수 $F(\theta)$가 $0<\theta<M$에서 정의된다고 할 때 M이 취할 수 있는 최댓값은 $\dfrac{\pi-\alpha}{2}$이다.

(2) $F(\theta)=-\dfrac{2\cos\dfrac{2\theta+\alpha}{2}\sin\dfrac{\alpha}{2}}{2\cos\dfrac{2\theta+\alpha}{2}\cos\dfrac{\alpha}{2}}=\tan\dfrac{\alpha}{2}$이므로

$F(\theta)$는 상수함수이다.

다른 답안

$0<\theta<\dfrac{\pi-\alpha}{2}$일 때,

$F(\theta)=\dfrac{\sin(\theta+\alpha)-\sin\theta}{\cos(\theta+\alpha)+\cos\theta}$,

$F'(\theta)$

$=\dfrac{\{\cos(\theta+\alpha)-\cos\theta\}\{\cos(\theta+\alpha)+\cos\theta\}+\{\sin(\theta+\alpha)-\sin\theta\}\{\sin(\theta+\alpha)+\sin\theta\}}{\{\cos(\theta+\alpha)+\cos\theta\}^2}$

$=\dfrac{\cos^2(\theta+\alpha)-\cos^2\theta+\sin^2(\theta+\alpha)-\sin^2\theta}{\{\cos(\theta+\alpha)+\cos\theta\}^2}$

$=\dfrac{1-1}{\{\cos(\theta+\alpha)+\cos\theta\}^2}=0$

그러므로 열린 구간 $0<\theta<\dfrac{\pi-\alpha}{2}$에서 $F(\theta)$는 상수함수이다.

07 (1) $\sin 2\theta=2\sin\theta\cos\theta$이므로 $x=\sin\theta$라 하면 주어진 식은 $x=4x\sqrt{1-x^2}$과 같이 나타낼 수 있다.

이 방정식을 풀면 $x=0$, $x=\pm\dfrac{\sqrt{15}}{4}$인데, $0<\theta<\pi$이므로 $\sin\theta=\dfrac{\sqrt{15}}{4}$이다.

(2) 그림의 삼각형 ABC에서

$\overline{AB}=\overline{AC}$, $\overline{AD}=\overline{BD}=\overline{BC}=1$이고,

$\angle ABC=\angle ACB=72^\circ$, $\angle BAC=\angle ABD=36^\circ$이다.

$\triangle ABC \backsim \triangle BCD$(AA 닮음)이므로

$\dfrac{\overline{AB}}{\overline{BC}}=\dfrac{\overline{BC}}{\overline{CD}}$이다. $\overline{CD}=x$라 하면 $(1+x)x=1$이다.

이 방정식을 풀면 $x>0$이므로 $x=\dfrac{-1+\sqrt{5}}{2}$이다.

그런데 $\overline{BC}=1$이므로 $\cos 72^\circ=\dfrac{1}{2}\overline{CD}=\dfrac{-1+\sqrt{5}}{4}$이다.

(3) 정오각형에서 $d_1=\cos 36^\circ$, $d_2=\cos 72^\circ$이고,

앞의 풀이에서 $\cos 72^\circ=\dfrac{-1+\sqrt{5}}{4}$이다.

반각공식을 사용하면 $\cos 36^\circ=\dfrac{\sqrt{5}+1}{4}$이므로

$d_1-d_2=\cos 36^\circ-\cos 72^\circ=\dfrac{1+\sqrt{5}}{4}-\dfrac{\sqrt{5}-1}{4}=\dfrac{1}{2}$

이다.

다른 답안

정오각형에서 $d_1=\cos 36^\circ$, $d_2=\cos 72^\circ$이다.

이제 왼쪽 그림의 삼각형에서

$\angle ABC=\angle ACB=\angle BDC=72^\circ$이고

$\overline{AB}=\overline{AD}+\overline{DC}=1+\overline{DC}$이다.

그런데 $\overline{AB}=2\cos 36^\circ$이고 $\overline{DC}=2\cos 72^\circ$이므로

$2\cos 36^\circ=1+2\cos 72^\circ$이다.

따라서 $d_1-d_2=\cos 36^\circ-\cos 72^\circ=\dfrac{1}{2}$이다.

08 $\overline{OA_2}\perp\overline{A_1A_3}$이고, $\triangle A_1A_2A_3$과 $\triangle OA_1A_3$은 $\overline{A_1A_3}$을 밑변으로 공유하므로 두 삼각형의 넓이의 비는 높이의 비와 같다. $\overline{OA_2}$와 $\overline{A_1A_3}$의 교점을 H라 하면 $\overline{OA_3}=1$이므로

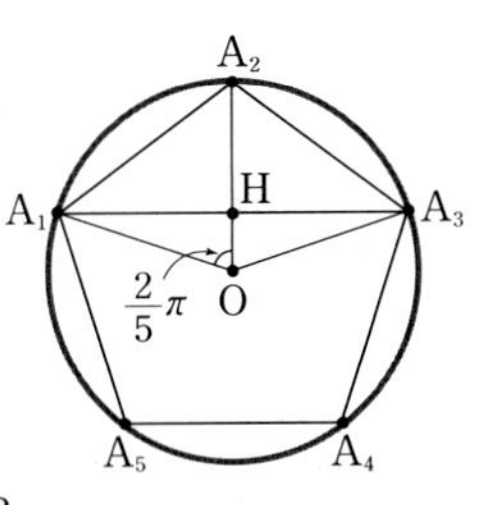

$\dfrac{\triangle A_1A_2A_3}{\triangle OA_1A_3}=\dfrac{\overline{HA_2}}{\overline{OH}}=\dfrac{1-\cos\dfrac{2}{5}\pi}{\cos\dfrac{2}{5}\pi}$이다.

$\cos\dfrac{\pi}{5}=\dfrac{1+\sqrt{5}}{4}$이므로

$\cos\dfrac{2}{5}\pi=2\cos^2\dfrac{\pi}{5}-1=\dfrac{\sqrt{5}-1}{4}$이고,

$\dfrac{\triangle A_1A_2A_3}{\triangle OA_1A_3}=\sqrt{5}$이다.

참고 $\cos\dfrac{\pi}{5}$를 구하는 방법

방법 1

밑변의 길이가 1이고, $\angle B=\angle C=\dfrac{2}{5}\pi$인 이등변삼각형 ABC에 대하여 $\overline{AB}=\overline{AC}=x$라 하면 $\cos\dfrac{\pi}{5}=\dfrac{x}{2}$가 된다. $\angle B$의 이등분선과 $\overline{AC}$의 교점을 D라 하면

$\triangle ABC \backsim \triangle BCD$(AA 닮음)이다.

따라서 $(x-1):1=1:x$가 성립하여 $x^2-x-1=0$을 만족하는 x의 값은 $x=\dfrac{1+\sqrt{5}}{2}$($\because x>0$)가 된다.

따라서 $\cos\dfrac{\pi}{5}=\dfrac{x}{2}=\dfrac{1+\sqrt{5}}{4}$이다.

방법 2

$\dfrac{\pi}{5}=\theta$로 놓으면 $5\theta=\pi$, $3\theta=\pi-2\theta$이므로

$\cos 3\theta = \cos(\pi - 2\theta)$, $\cos 3\theta = -\cos 2\theta$가 성립한다.
$4\cos^3\theta - 3\cos\theta = -(2\cos^2\theta - 1)$,
$4\cos^3\theta + 2\cos^2\theta - 3\cos\theta - 1 = 0$에서 $\cos\theta = x$로 놓으면 $4x^3 + 2x^2 - 3x - 1 = 0$이다.
$(x+1)(4x^2 - 2x - 1) = 0$에서
$x = -1$, $x = \frac{1 \pm \sqrt{5}}{4}$이고, $x > 0$이므로
$x = \frac{1+\sqrt{5}}{4}$, 즉 $\cos\frac{\pi}{5} = \frac{1+\sqrt{5}}{4}$이다.

09 (1)

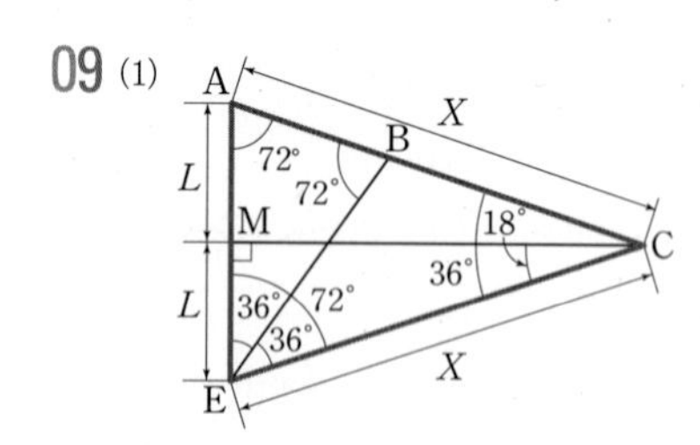

지구(E)와 달(M)의 거리를 L이라 하고 혜성의 위치를 C라고 한다. 그림과 같이 $\overline{MC}$에 대해 삼각형 EMC에 대칭인 삼각형 MAC를 그린 후, $\angle$CEM을 이등분하도록 보조선 EB를 그린다.
혜성과 지구의 거리를 X라고 하자.
$\angle EAB = \angle ABE = 72°$이므로 삼각형 EAB는 이등변삼각형이다. 따라서
$\overline{EA} = \overline{EB} = 2L$
또, $\angle CEB = \angle BCE = 36°$이므로 삼각형 EBC는 이등변삼각형이다. 따라서
$\overline{EB} = \overline{BC} = 2L$
$\triangle EAC \backsim \triangle ABE$(AA 닮음)이므로
$\overline{EA} : \overline{AC} = \overline{AB} : \overline{BE}$이므로
$2L : X = (X - 2L) : 2L$
따라서
$X^2 - 2LX - 4L^2 = 0$,
$X = \frac{2L \pm \sqrt{4L^2 + 4 \cdot 4L^2}}{2} = \frac{2L \pm \sqrt{20L^2}}{2}$
$= L(1 \pm \sqrt{5})$
$X > 0$이므로 $X = L(1+\sqrt{5})$
따라서 지구－달, 지구－혜성의 거리의 비는
(거리의 비)$= \frac{\overline{EC}}{\overline{EM}} = \frac{L(1+\sqrt{5})}{L} = 1 + \sqrt{5}$

다른 답안

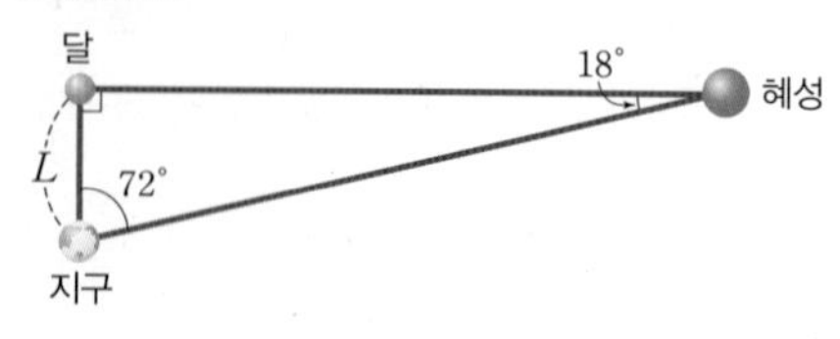

달과 지구 사이의 거리를 L이라 하면 혜성과 지구 사이의 거리는

$\sin 18° = \frac{L}{(\text{혜성과 지구 사이의 거리})}$에서
(혜성과 지구 사이의 거리)$= \frac{L}{\sin 18°}$이다.
그런데 $\sin 18° = \frac{\sqrt{5}-1}{4}$이므로 혜성과 지구 사이의 거리는 $L \times \frac{4}{\sqrt{5}-1} = (\sqrt{5}+1)L$이다.
따라서 혜성과 지구 사이의 거리는 달과 지구 사이의 거리의 $(\sqrt{5}+1)$배이다.

참고 $\sin 18°$의 값은 다음과 같이 구한다.
$\theta = 18°$로 놓으면 $5\theta = 90°$이므로 $3\theta = 90° - 2\theta$이다.
$\sin 3\theta = \sin(90° - 2\theta)$에서 $\sin 3\theta = \cos 2\theta$이다.
$3\sin\theta - 4\sin^3\theta = 1 - 2\sin^2\theta$에서
$4\sin^3\theta - 2\sin^2\theta - 3\sin\theta + 1 = 0$이다.
$\sin\theta = t$로 놓으면 $4t^3 - 2t^2 - 3t + 1 = 0$이다.
$(t-1)(4t^2 + 2t - 1) = 0$에서
$t = 1$, $t = \frac{-1 \pm \sqrt{5}}{4}$이다.
따라서 $\sin\theta = \sin 18° = \frac{-1+\sqrt{5}}{4}$이다.

(2) 제시문 (나)의 프톨레마이오스의 정리에 의해 [그림 1]에서
$\overline{AB} \times \overline{CD} + \overline{BC} \times \overline{DA} = \overline{AC} \times \overline{BD}$가 성립한다.
또, 원에 내접하는 삼각형의 성질에 의해
$\angle BOD = 2\alpha$, $\angle COD = 2\beta$
를 만족한다.

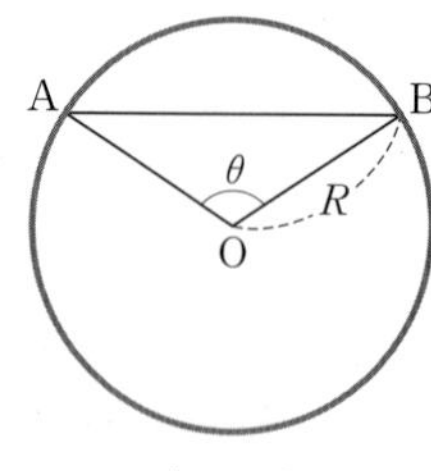

[그림 1]

또, [그림 2]에서 $\overline{AB}$의 길이는 다음과 같이 계산할 수 있다.
$\overline{AB} = 2R\sin\frac{\theta}{2}$
따라서 각 변의 길이를 각도 α, β와 원의 반지름 R로 나타낼 수 있다.

[그림 2]

$\overline{AB} = 2R\sin\left\{\frac{1}{2}(180° - 2\alpha)\right\} = 2R\sin(90° - \alpha)$
$\overline{BC} = 2R\sin\left\{\frac{1}{2}(2\alpha - 2\beta)\right\} = 2R\sin(\alpha - \beta)$
($\overline{BC}$는 코사인법칙으로도 구할 수 있다.)
$\overline{CD} = 2R\sin\left\{\frac{1}{2}(2\beta)\right\} = 2R\sin\beta$
$\overline{AD} = 2R$
$\overline{AC} = 2R\sin\left\{\frac{1}{2}(180° - 2\beta)\right\} = 2R\sin(90° - \beta)$
$\overline{BD} = 2R\sin\left\{\frac{1}{2}(2\alpha)\right\} = 2R\sin\alpha$
프톨레마이오스의 정리에 대입하면
$2R\sin(90° - \alpha) \times 2R\sin\beta + 2R\sin(\alpha - \beta) \times 2R$

$=2R\sin(90°-\beta)\times 2R\sin\alpha$

정리하면

$\sin(\alpha-\beta)=\sin\alpha\cos\beta-\cos\alpha\sin\beta$

다른 답안

$\overline{AB}\times\overline{CD}+\overline{BC}\times\overline{DA}=\overline{AC}\times\overline{BD}$ ...... ㉠

가 성립한다.

△ABD에서

∠ABD$=90°$이므로

$\overline{AB}=2R\cos\alpha$

$\overline{BD}=2R\sin\alpha$

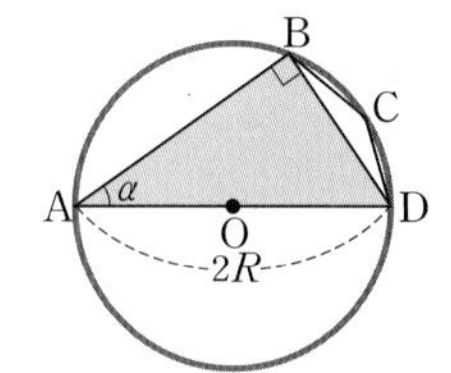

△ACD에서

∠ACD$=90°$이므로

$\overline{AC}=2R\cos\beta$

$\overline{CD}=2R\sin\beta$

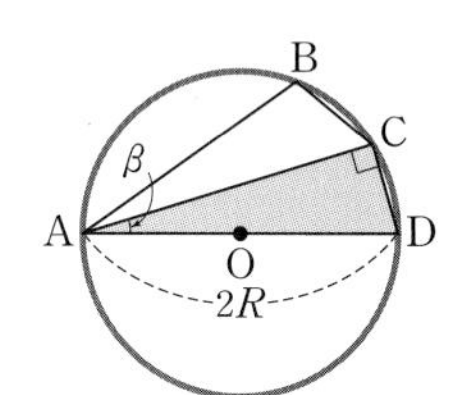

△ABC에서

사인법칙을 이용하면

$\dfrac{\overline{BC}}{\sin(\alpha-\beta)}=2R$에서

$\overline{BC}=2R\sin(\alpha-\beta)$

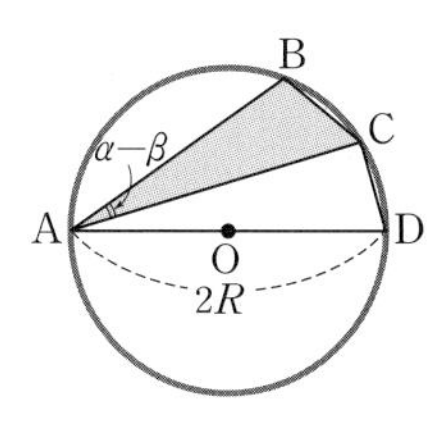

위의 내용들을 ㉠에 대입하면

$2R\cos\alpha\times 2R\sin\beta+2R\sin(\alpha-\beta)\times 2R$

$=2R\cos\beta\times 2R\sin\alpha$

$4R^2\cos\alpha\sin\beta+4R^2\sin(\alpha-\beta)=4R^2\sin\alpha\cos\beta$

$\cos\alpha\sin\beta+\sin(\alpha-\beta)=\sin\alpha\cos\beta$이므로

$\sin(\alpha-\beta)=\sin\alpha\cos\beta-\cos\alpha\sin\beta$이다.

(3) (2)에서 $\overline{BC}=2R\sin(\alpha-\beta)=2R\sin 15°$

삼각함수의 반각공식을 이용하여 $\sin 15°$의 값을 구한다.

$\sin^2\dfrac{\theta}{2}=\dfrac{1-\cos\theta}{2}$이고, $\dfrac{\theta}{2}=15°$, 즉 $\theta=30°$이므로

$$\sin^2 15°=\frac{1-\cos 30°}{2}=\frac{1-\frac{\sqrt{3}}{2}}{2}=\frac{2-\sqrt{3}}{4}$$

$$\therefore \sin 15°=\sqrt{\frac{2-\sqrt{3}}{4}}=\sqrt{\frac{4-2\sqrt{3}}{8}}=\frac{\sqrt{3}-1}{2\sqrt{2}}$$

$$=\frac{\sqrt{6}-\sqrt{2}}{4}$$

따라서 $\overline{BC}=2\sin 15°=\dfrac{\sqrt{6}-\sqrt{2}}{2}$이다.

10 (1) $\tan\theta=\dfrac{3}{2}$이므로 $a_1=\dfrac{3}{2}=\tan\theta$이고

$$a_2=\frac{2a_1+3}{2-3a_1}=\frac{a_1+\frac{3}{2}}{1-\frac{3}{2}a_1}=\frac{\tan\theta+\tan\theta}{1-\tan\theta\cdot\tan\theta}$$

$$=\tan 2\theta$$

$$a_3=\frac{2a_2+3}{2-3a_2}=\frac{a_2+\frac{3}{2}}{1-\frac{3}{2}a_2}=\frac{\tan 2\theta+\tan\theta}{1-\tan\theta\cdot\tan 2\theta}$$

$$=\tan 3\theta$$

이다.

같은 방법으로 반복하면 $a_n=\tan n\theta$를 추정할 수 있다.

이것을 수학적 귀납법으로 증명해 보자.

$n=1$일 때, 위의 관계는 참이다.

$n=k$일 때, $a_k=\tan k\theta$이면 삼각함수의 덧셈정리에 의해

$$a_{k+1}=\frac{2a_k+3}{2-3a_k}=\frac{\frac{2a_k+3}{2}}{\frac{2-3a_k}{2}}=\frac{a_k+\frac{3}{2}}{1-\frac{3}{2}a_k}$$

$$=\frac{\tan k\theta+\tan\theta}{1-\tan k\theta\cdot\tan\theta}=\tan(k+1)\theta$$

이다.

그러므로 임의의 자연수 n에 대하여 $a_n=\tan n\theta$이다.

(2) (i) $a_1=\dfrac{3}{2}$은 유리수이다. a_n이 유리수라면 $2a_n+3$과 $2-3a_n$도 유리수이고, $a_{n+1}=\dfrac{2a_n+3}{2-3a_n}$도 유리수이다. 그러므로 수학적 귀납법에 의해 모든 a_n은 유리수이다.

*(ii) 먼저 n이 홀수일 때 $a_n=\tan n\theta\neq 0$임을 보이자.

$a_1=\dfrac{3}{2}\neq 0$은 분명하다.

1보다 큰 홀수 $n=2k+1$에 대하여

$a_n=a_{2k+1}=\dfrac{2a_{2k}+3}{2-3a_{2k}}=\dfrac{2\tan 2k\theta+3}{2-3\tan 2k\theta}$이다.

따라서 $a_{2k+1}\neq 0$이기 위한 필요충분조건은

$\tan 2k\theta\neq -\dfrac{3}{2}$이다. 탄젠트함수의 배각공식에 의해

$\tan 2k\theta=\dfrac{2\tan k\theta}{1-\tan^2 k\theta}=\dfrac{2a_k}{1-{a_k}^2}$이므로

$\tan 2k\theta\neq -\dfrac{3}{2}$이기 위한 필요충분조건은

$3{a_k}^2-4a_k-3\neq 0$이다.

한편, 방정식 $3x^2-4x-3=0$의 두 근은

$x=\dfrac{4\pm\sqrt{16+36}}{6}=\dfrac{2\pm\sqrt{13}}{3}$으로 무리수이다.

하지만 처음 (i)에서 $a_k=\tan k\theta$가 유리수임을 보였으므로 $3{a_k}^2-4a_k-3\neq 0$이 성립한다.

그러므로 $a_{2k+1}\neq 0$이다.

**(iii) n이 짝수일 때, $a_n=\tan n\theta\neq 0$임을 보이자.

자연수 n을 소인수분해하면 자연수 k와 l이 존재하여 $n=2^k(2l-1)$로 쓸 수 있다.

짝수 $n=2^k(2l-1)$에 대하여 탄젠트함수의 배각공식을 활용하면

$a_n=a_{2^k(2l-1)}=\tan 2^k(2l-1)\theta$

$=\tan 2\cdot 2^{k-1}(2l-1)\theta$

$$=\frac{2\tan 2^{k-1}(2l-1)\theta}{1-\tan^2 2^{k-1}(2l-1)\theta}=\frac{2a_{\frac{n}{2}}}{1-a_{\frac{n}{2}}^2}$$

이다. 따라서 $a_n \neq 0$이기 위한 필요충분조건은 $a_{\frac{n}{2}} \neq 0$이다. 그러므로 위의 과정을 $n=2^k(2l-1)$에서 $\frac{n}{2^k}=2l-1$이 될 때까지 k번 반복하면

$$a_n \neq 0 \Longleftrightarrow a_{2^{k-1}(2l-1)} \neq 0 \Longleftrightarrow \cdots \Longleftrightarrow a_{2(2l-1)} \neq 0 \Longleftrightarrow a_{2l-1} \neq 0$$

을 얻는다. 그러면 $2l-1$은 홀수이고 $a_{2l-1} \neq 0$임을 (ii)에서 증명하였으므로 모든 짝수 $n=2^k(2l-1)$에 대해서도 $a_n \neq 0$이다.

그러므로 모든 자연수 n에 대하여 $a_n \neq 0$이 성립한다.

(*) n이 홀수일 때 $a_n=\tan n\theta \neq 0$의 다른 증명

1보다 큰 홀수 $n=2k+1$에 대하여

$a_n=a_{2k+1}=\frac{2a_{2k}+3}{2-3a_{2k}}=\frac{2\tan 2k\theta+3}{2-3\tan 2k\theta}=0$이 성립한다고 가정하자. 그러면 $2\tan 2k\theta+3=0$에서 $\tan 2k\theta=-\frac{3}{2}$이다. 따라서 탄젠트함수의 배각공식에 의해

$$-\frac{3}{2}=\tan 2k\theta=\frac{2\tan k\theta}{1-\tan^2 k\theta}=\frac{2a_k}{1-a_k^2}$$

가 성립하여 이 분수식을 단순화하면

$3a_k^2-4a_k-3=0$이고 $a_k=\frac{4\pm\sqrt{16+36}}{6}=\frac{2\pm\sqrt{13}}{3}$

이다. 하지만 (i)에 의하여 모든 a_k는 유리수여야만 하므로 홀수 $n=2k+1$에 대하여 $a_n \neq 0$이다.

(**) n이 짝수일 때 $a_n=\tan n\theta \neq 0$의 다른 증명

만약 짝수 $n=2^k(2l-1)$에 대하여 $a_n=0$이 성립한다면

$$0=a_n=a_{2^k(2l-1)}=\tan 2^k(2l-1)\theta$$
$$=\tan 2\cdot 2^{k-1}(2l-1)\theta$$
$$=\frac{2\tan 2^{k-1}(2l-1)\theta}{1-\tan^2 2^{k-1}(2l-1)\theta}=\frac{2a_{\frac{n}{2}}}{1-a_{\frac{n}{2}}^2}$$

이고 $\tan 2^{k-1}(2l-1)\theta=a_{2^{k-1}(2l-1)}=a_{\frac{n}{2}}=0$이다.

이 과정을 k번 반복하면

$$0=a_n=a_{2^k(2l-1)}=a_{2^{k-1}(2l-1)}=a_{2^{k-2}(2l-1)}=\cdots$$
$$=a_{2^{k-k}(2l-1)}=a_{2l-1}$$

을 얻는다. 그러나 $2l-1$은 홀수이고 $a_{2l-1} \neq 0$임을 (ii)에서 보였으므로 짝수 $n=2^k(2l-1)$에 대하여 $a_n=0$이 성립한다는 가정은 잘못되었다. 따라서 n이 짝수인 경우에도 $a_n \neq 0$이다.

(3) 자연수 n과 m이 다르다고 하였으므로, $n<m$이라 할 때 적당한 자연수 k에 대하여 $m=n+k$이다.

그러면 탄젠트함수의 덧셈정리에 의해

$$a_m-a_n$$
$$=\tan m\theta-\tan n\theta=\tan(n+k)\theta-\tan n\theta$$
$$=\frac{\tan n\theta+\tan k\theta}{1-\tan n\theta\tan k\theta}-\tan n\theta$$
$$=\frac{\tan n\theta+\tan k\theta-\tan n\theta+\tan^2 n\theta\tan k\theta}{1-\tan n\theta\tan k\theta}$$
$$=\frac{\tan k\theta+\tan^2 n\theta\tan k\theta}{1-\tan n\theta\tan k\theta}$$
$$=\frac{\tan k\theta(1+\tan^2 n\theta)}{1-\tan n\theta\tan k\theta}$$

이다. (2)에서 $\tan k\theta \neq 0$이라고 하였고 $1+\tan^2 n\theta>1$이 성립하므로

$a_m-a_n=\frac{\tan k\theta(1+\tan^2 n\theta)}{1-\tan n\theta\tan k\theta} \neq 0$이다.

11 (1) ① 곱을 합 · 차로 고치는 공식을 반복하면

$$\sin 20^\circ\sin 40^\circ\sin 80^\circ$$
$$=\sin 20^\circ\cdot\left(-\frac{1}{2}\right)\{\cos 120^\circ-\cos(-40^\circ)\}$$
$$=-\frac{1}{2}\left(-\frac{1}{2}\sin 20^\circ-\sin 20^\circ\cos 40^\circ\right)$$
$$=\frac{1}{4}\sin 20^\circ+\frac{1}{2}\times\frac{1}{2}\{\sin 60^\circ+\sin(-20^\circ)\}$$
$$=\frac{1}{4}\times\frac{\sqrt{3}}{2}=\frac{\sqrt{3}}{8}$$

이다.

다른 답안

곱을 합 · 차로 고치는 공식을 반복 적용하면

$$\sin 20^\circ\sin 40^\circ\sin 80^\circ$$
$$=-\frac{1}{2}(\cos 100^\circ-\cos 60^\circ)\sin 40^\circ$$
$$=-\frac{1}{2}\cos 100^\circ\sin 40^\circ+\frac{1}{2}\cos 60^\circ\sin 40^\circ$$
$$=-\frac{1}{4}(\sin 140^\circ-\sin 60^\circ)+\frac{1}{4}\sin 40^\circ$$
$$=\frac{1}{4}\sin 60^\circ-\frac{1}{4}(\sin 140^\circ-\sin 40^\circ)$$
$$=\frac{\sqrt{3}}{8}$$

② $\frac{a_{n+1}}{a_n}=\cos\frac{\pi}{7\cdot 2^n}$에서 n대신 1, 2, 3, $\cdots$, $n-1$을 대입하여 좌변은 좌변끼리, 우변은 우변끼리 곱하면

$$a_n=a_1\cdot\cos\frac{\pi}{7\cdot 2}\cdot\cos\frac{\pi}{7\cdot 2^2}\cdot\cdots\cdot\cos\frac{\pi}{7\cdot 2^{n-2}}\cdot\cos\frac{\pi}{7\cdot 2^{n-1}}$$
$$=\cos\frac{\pi}{7}\cdot\cos\frac{\pi}{7\cdot 2}\cdot\cos\frac{\pi}{7\cdot 2^2}\cdot\cdots\cdot\cos\frac{\pi}{7\cdot 2^{n-2}}\cdot\cos\frac{\pi}{7\cdot 2^{n-1}}$$

이다.

$$\sin\frac{\pi}{7\cdot 2^{n-1}}\cdot a_n$$
$$=\sin\frac{\pi}{7\cdot 2^{n-1}}\cdot\cos\frac{\pi}{7\cdot 2^{n-1}}\cdot\cos\frac{\pi}{7\cdot 2^{n-2}}\cdot\cdots\cdot\cos\frac{\pi}{7\cdot 2}\cdot\cos\frac{\pi}{7}$$
$$=\frac{1}{2}\sin\frac{\pi}{7\cdot 2^{n-2}}\cdot\cos\frac{\pi}{7\cdot 2^{n-2}}\cdot\cdots\cdot\cos\frac{\pi}{7\cdot 2}\cdot\cos\frac{\pi}{7}$$

$$=\frac{1}{2^2}\sin\frac{\pi}{7\cdot 2^{n-3}}\cdot\cos\frac{\pi}{7\cdot 2^{n-3}}\cdot\cdots\cdot\cos\frac{\pi}{7\cdot 2}\cdot\cos\frac{\pi}{7}$$

$\vdots$

$$=\frac{1}{2^{n-1}}\sin\frac{\pi}{7}\cos\frac{\pi}{7}$$

$$=\frac{1}{2^n}\sin\frac{2\pi}{7}$$

이므로

$$a_n=\frac{\sin\frac{2\pi}{7}}{2^n\cdot\sin\frac{\pi}{7\cdot 2^{n-1}}}\text{이다.}$$

따라서

$$\lim_{n\to\infty}a_n=\lim_{n\to\infty}\frac{\sin\frac{2\pi}{7}}{2^n\cdot\sin\frac{\pi}{7\cdot 2^{n-1}}}=\frac{\sin\frac{2\pi}{7}}{\frac{2\pi}{7}}$$

이다.

(2)

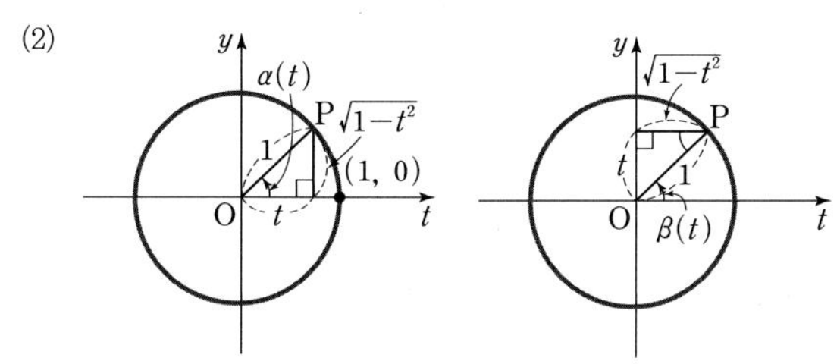

① 반지름의 길이가 1인 원에서 호의 길이는 중심각의 크기와 같으므로

$\sin\alpha(t)=\sqrt{1-t^2}$, $\cos\alpha(t)=t$이고

$\sin\beta(t)=t$, $\cos\beta(t)=\sqrt{1-t^2}$이다.

$\sin 2\alpha(t)=2\sin\alpha(t)\cos\alpha(t)=2t\sqrt{1-t^2}$,

$\cos 2\beta(t)=1-2\sin^2\beta(t)=1-2t^2$이므로

$f(t)=2t\sqrt{1-t^2}+1-2t^2$이다.

② $f'(t)=2\sqrt{1-t^2}+2t\times\frac{-2t}{2\sqrt{1-t^2}}-4t$

$$=\frac{2(1-t^2)-2t^2-4t\sqrt{1-t^2}}{\sqrt{1-t^2}}$$

$$=\frac{2-4t^2-4t\sqrt{1-t^2}}{\sqrt{1-t^2}}$$

이므로 $f'(t)=0$일 때

$1-2t^2=2t\sqrt{1-t^2}$ …… ㉠

이다.

양변을 제곱하여 정리하면 $8t^4-8t^2+1=0$이다.

$t^2=\frac{2\pm\sqrt{2}}{4}$이므로

$t=\pm\sqrt{\frac{2\pm\sqrt{2}}{4}}=\pm\frac{\sqrt{2\pm\sqrt{2}}}{2}$

이다. 그런데 ㉠에서 t와 $1-2t^2$의 부호는 같아야 하므로 $f'(t)=0$을 만족하는 t의 값은

$t=\frac{\sqrt{2-\sqrt{2}}}{2}$, $t=-\frac{\sqrt{2+\sqrt{2}}}{2}$이다.

삼각측량

문제 1 • 42쪽 •

(1) 남산타워의 정상을 P, 남산의 정상을 Q, 영희의 집의 해발고도를 x, 영희의 집에서 남산까지의 수평거리를 y, 남산타워의 높이를 h라 하고, 영희네 집에서 남산타워의 정상과 남산의 정상을 바라보는 두 각의 크기를 각각 a, b라 하자.

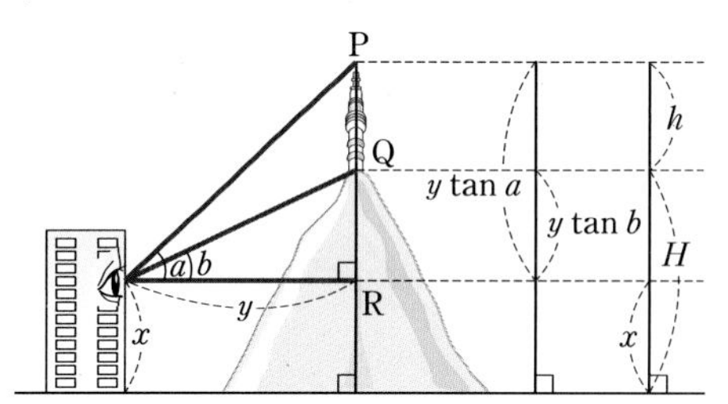

위의 그림에서

$\overline{PR}=y\tan a$, $\overline{QR}=y\tan b=H-x$이므로

$h=\overline{PQ}=\overline{PR}-\overline{QR}=y(\tan a-\tan b)$이다.

그런데 $y=\frac{H-x}{\tan b}$이므로

$$h=\frac{H-x}{\tan b}(\tan a-\tan b)=(H-x)\left(\frac{\tan a}{\tan b}-1\right)$$

이다.

따라서 남산타워의 높이는 (남산의 해발고도 H와 영희의 집의 해발고도의 차)에 $\left(\frac{\tan a}{\tan b}-1\right)$의 값을 곱하여 구할 수 있다.

(2) 친구의 집에서 남산타워의 정상과 남산의 정상을 바라본 두 각의 크기를 각각 c, d, 8층과 12층 사이의 높이 차를 x라 하자.

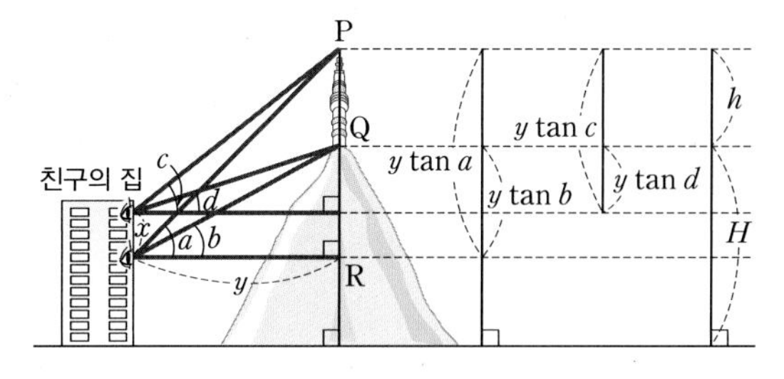

위의 그림에서

$h=y(\tan a-\tan b)$ 또는 $h=y(\tan c-\tan d)$ …… ㉠

이다.

그런데 $x=y(\tan a-\tan c)$ 또는 $x=y(\tan b-\tan d)$에서

$y=\frac{x}{\tan a-\tan c}$ 또는 $y=\frac{x}{\tan b-\tan d}$ …… ㉡

이므로 ㉡을 ㉠에 대입하여 남산타워의 높이 h를 구하면

$h=\dfrac{x(\tan a-\tan b)}{\tan a-\tan c}$ 또는 $h=\dfrac{x(\tan c-\tan d)}{\tan b-\tan d}$

이다.

(3) 영희의 집, 친구의 집, 남산이 일직선 상에 있는 경우와 있지 않은 경우로 나누어 생각해 보자.

(i) 영희의 집, 친구의 집, 남산이 일직선 상에 있지 않은 경우는

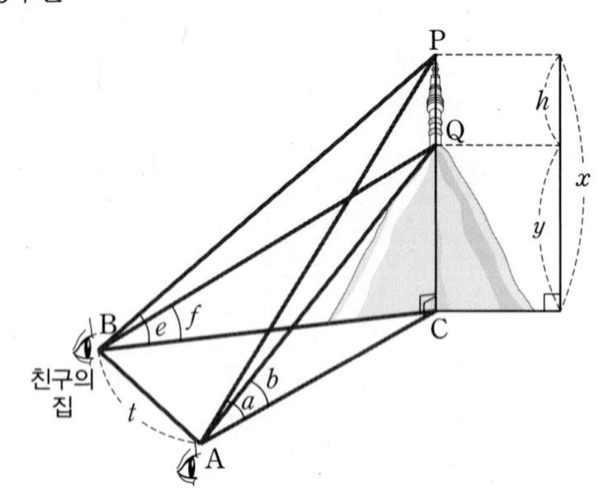

영희의 집(8층)을 해발고도 0으로 가정하면 같은 높이의 옆 동 8층에 사는 친구의 집의 해발고도도 0이다. 영희네 집을 A, 친구네 집을 B, 친구네 집에서 남산타워의 정상과 남산의 정상을 바라보는 각도를 각각 e, f라 하면 한 평면 위의 삼각형 ABC를 생각할 수 있다.

이 평면에서 남산타워까지의 높이를 x, 남산 정상까지의 높이를 y라 하면 오른쪽 그림의 △ABC에서

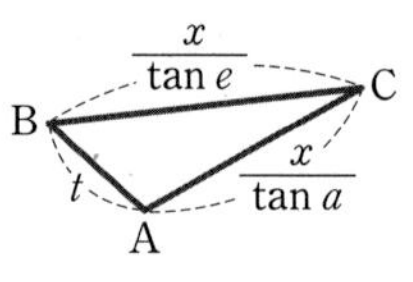

$\overline{AC}=\dfrac{x}{\tan a}=\dfrac{y}{\tan b}$,

$\overline{BC}=\dfrac{x}{\tan e}=\dfrac{y}{\tan f}$

이다. 이때, 영희의 집과 친구의 집 사이의 수평거리를 t라 하고 ∠A, ∠B, ∠C의 크기를 측량하면 △ABC에서 사인법칙 또는 코사인법칙을 이용하여 x, y의 값을 구하여 h의 값도 구할 수 있다.

그런데 ∠A, ∠B, ∠C를 측정할 수 없으므로 남산타워의 높이 h를 구할 수 없다.

(ii) 영희의 집, 친구의 집, 남산이 일직선 상에 있는 경우는

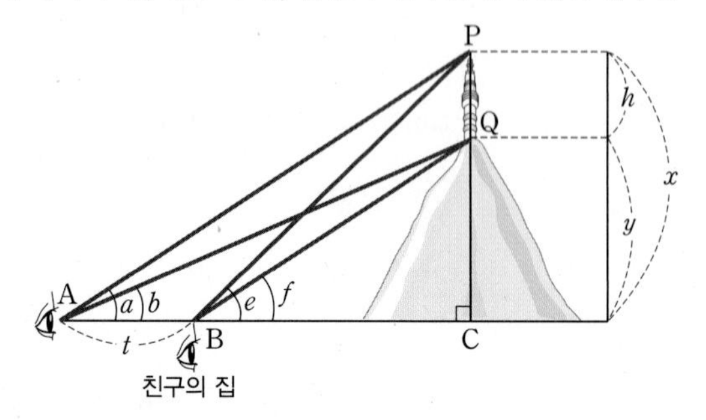

위의 그림에서

$\overline{AC}=\dfrac{x}{\tan a}=\dfrac{y}{\tan b}$, $\overline{BC}=\dfrac{x}{\tan e}=\dfrac{y}{\tan f}$

이고, 영희의 집과 친구의 집 사이의 수평거리를 t라 하면

$t=\overline{AC}-\overline{BC}=\dfrac{x}{\tan a}-\dfrac{x}{\tan e}$

$=x\left(\dfrac{1}{\tan a}-\dfrac{1}{\tan e}\right)$ ...... ㉠

또는

$t=\overline{AC}-\overline{BC}=\dfrac{y}{\tan b}-\dfrac{y}{\tan f}$

$=y\left(\dfrac{1}{\tan b}-\dfrac{1}{\tan f}\right)$ ...... ㉡

이다. 따라서 ㉠, ㉡에서 x, y의 값을 알 수 있으므로 남산타워의 높이는 $h=x-y$로 구할 수 있다.

(단, A지점에서 남산을 봤을 때, 시야를 가리는 것이 없어야 한다.)

문제 2 • 42쪽 •

(1) 제이코사인법칙에 의해서

$\cos B=\dfrac{(2\sqrt{2})^2+(\sqrt{2}+\sqrt{6})^2-(2\sqrt{3})^2}{2\times 2\sqrt{2}\times(\sqrt{2}+\sqrt{6})}=\dfrac{1}{2}$

그러므로 $\angle B=\dfrac{\pi}{3}$이다.

외접원의 반지름의 길이를 R라 할 때, 사인법칙에 의해서

$2R=\dfrac{2\sqrt{3}}{\sin B}=\dfrac{2\sqrt{3}}{\frac{\sqrt{3}}{2}}=4$

이므로 $R=2$이다.

(2) 사인법칙에 의해서 $\sin C=\dfrac{2\sqrt{2}}{2R}=\dfrac{\sqrt{2}}{2}$이므로 $\angle C=\dfrac{\pi}{4}$ 이다. 이때,

$\angle A=\pi-\angle B-\angle C=\pi-\dfrac{\pi}{3}-\dfrac{\pi}{4}=\dfrac{5}{12}\pi$이다.

중심각은 원주각의 2배이므로 삼각형 OAB, 삼각형 OBC, 삼각형 OCA의 넓이는 각각

$\dfrac{1}{2}R^2\sin 2C$, $\dfrac{1}{2}R^2\sin 2A$, $\dfrac{1}{2}R^2\sin 2B$

이다.

그러므로 세 삼각형 OAB, OBC, OCA의 넓이의 비는

$\dfrac{1}{2}R^2\sin 2C : \dfrac{1}{2}R^2\sin 2A : \dfrac{1}{2}R^2\sin 2B$

$=\sin\dfrac{\pi}{2} : \sin\dfrac{5}{6}\pi : \sin\dfrac{2}{3}\pi=2:1:\sqrt{3}$

(3) 삼각형 AOC는 $\angle AOC=\dfrac{2}{3}\pi$이고, $\overline{AO}=\overline{OC}=2$인 이등변삼각형이다. 그러므로 다음과 같은 좌표를 도입할 수 있다.

$O(0, 0)$, $C(2, 0)$, $A(-1, \sqrt{3})$

점 D는 중심이 $(0, 0)$이고, 반지름이 2인 원 위에 있으므로 점 D의 좌표를 (x, y)라 하면

$x^2+y^2=4$ ...... ㉠

이다.

삼각형 ACD의 무게중심을 $M(X, Y)$라 하면

$$(X, Y)=\left(\frac{-1+2+x}{3}, \frac{\sqrt{3}+0+y}{3}\right)$$
$$=\left(\frac{x+1}{3}, \frac{y+\sqrt{3}}{3}\right)$$

이다. 그러므로

$$x=3X-1=3\left(X-\frac{1}{3}\right),$$
$$y=3Y-\sqrt{3}=3\left(Y-\frac{\sqrt{3}}{3}\right)$$

이고, 이를 식 ㉠에 대입하여 정리하면

$$\left(X-\frac{1}{3}\right)^2+\left(Y-\frac{\sqrt{3}}{3}\right)^2=\left(\frac{2}{3}\right)^2 \quad \cdots\cdots ㉡$$

이 된다.

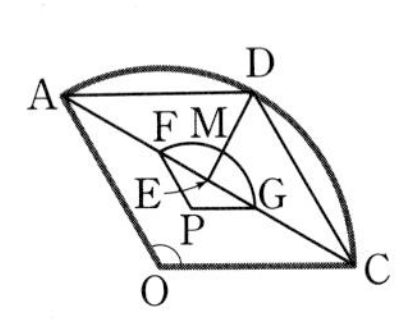

또, 삼각형 ACD의 무게중심은 변 AC의 중점 $E\left(\frac{1}{2}, \frac{\sqrt{3}}{2}\right)$과 점 D를 이은 $\overline{ED}$를 $1:2$로 내분하는 점이므로, 점 D가 점 A로 접근하면 점 M은 점 $F\left(0, \frac{2\sqrt{3}}{3}\right)$로 접근하고, 점 D가 점 C로 접근하면 점 M은 점 $G\left(1, \frac{\sqrt{3}}{3}\right)$로 접근한다. 그러므로 구하고자 하는 자취는 현 FG에 의해서 잘린 원 ㉡의 호가 된다.
(단, 경계 제외)

이때, 선분 FG의 길이는 $\frac{2\sqrt{3}}{3}$이다.

원 ㉡의 중심을 P라 하면

$$\cos(\angle FPG)=\frac{\left(\frac{2}{3}\right)^2+\left(\frac{2}{3}\right)^2-\left(\frac{2\sqrt{3}}{3}\right)^2}{2\times\frac{2}{3}\times\frac{2}{3}}=-\frac{1}{2}$$

이므로 $\angle FPG=\frac{2}{3}\pi$이다. 그러므로 구하는 자취의 길이는 $\frac{2}{3}\times\frac{2}{3}\pi=\frac{4}{9}\pi$이다. (원 ㉡의 중심이 삼각형 AOC의 내부, 즉 선분 AC의 아랫부분에 있으므로 선분 FG에 의해서 잘린 두 개의 호 중 작은 쪽 호)

다른 답안

원 $\left(x-\frac{1}{3}\right)^2+\left(y-\frac{\sqrt{3}}{3}\right)^2=\frac{4}{9}$와 직선 AC의 방정식 $y=-\frac{\sqrt{3}}{3}x+\frac{2\sqrt{3}}{3}$의 교점의 좌표가 $F\left(0, \frac{2\sqrt{3}}{3}\right)$, $G\left(1, \frac{\sqrt{3}}{3}\right)$이므로 $\overline{FG}=\sqrt{1^2+\left(\frac{\sqrt{3}}{3}\right)^2}=\frac{2\sqrt{3}}{3}$이다.

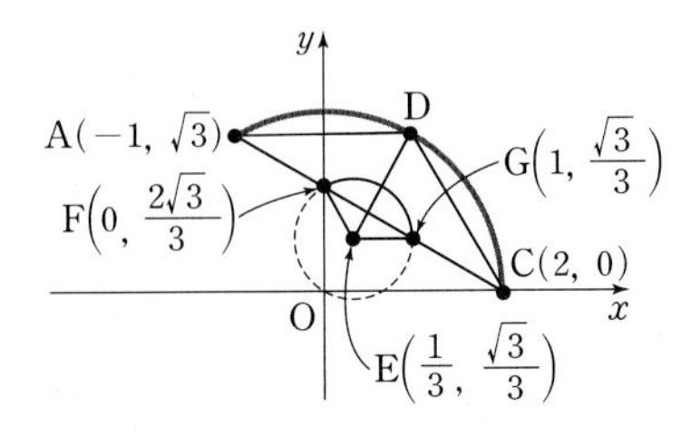

$\overline{EF}=\overline{EG}=\frac{2}{3}$이므로 $\triangle EFG$에서 제이코사인법칙을 사용하면

$$\cos(\angle FEG)=\frac{\left(\frac{2}{3}\right)^2+\left(\frac{2}{3}\right)^2-\left(\frac{2\sqrt{3}}{3}\right)^2}{2\times\frac{2}{3}\times\frac{2}{3}}=-\frac{1}{2}$$

이다.

따라서 $\angle FEG$의 크기는 $\frac{2}{3}\pi$이므로 구하는 자취의 길이는 $\frac{2}{3}\times\frac{2}{3}\pi=\frac{4}{9}\pi$이다.

(1) ①

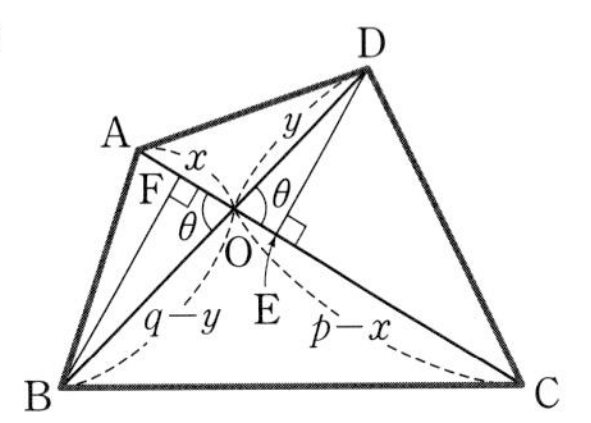

선분 AC와 선분 BD의 교점을 O라 하자. 또, 점 D에서 선분 AC에 내린 수선의 발을 E라 하고 점 B에서 선분 AC에 내린 수선의 발을 F라 하자.

선분 AO의 길이를 x라 하면, 선분 OC의 길이는 $p-x$이다.

선분 DO의 길이를 y라 하면, 선분 OB의 길이는 $q-y$이다.

선분 DO는 직각삼각형 DOE의 빗변이므로 선분 DE의 길이는 $y\sin\theta$이다. 선분 BO는 직각삼각형 BOF의 빗변이므로 선분 BF의 길이는 $(q-y)\sin\theta$이다. ($\angle BOF$와 $\angle DOE$는 맞꼭지각으로 같다.)

(i) 삼각형 DOC의 면적

$$=\frac{(\text{선분 OC의 길이})\times(\text{선분 DE의 길이})}{2}$$
$$=\frac{(p-x)y\sin\theta}{2}$$

(ii) 삼각형 DAO의 면적

$$=\frac{(\text{선분 AO의 길이})\times(\text{선분 DE의 길이})}{2}$$
$$=\frac{xy\sin\theta}{2}$$

(iii) 삼각형 ABO의 면적

$$=\frac{(\text{선분 AO의 길이})\times(\text{선분 BF의 길이})}{2}$$
$$=\frac{x(q-y)\sin\theta}{2}$$

(iv) 삼각형 OBC의 면적

$$=\frac{(\text{선분 OC의 길이})\times(\text{선분 BF의 길이})}{2}$$
$$=\frac{(p-x)(q-y)\sin\theta}{2}$$

따라서

(사각형 ABCD의 면적)=(i)+(ii)+(iii)+(iv)

$$=\frac{pq\sin\theta}{2}$$

다른 답안

오른쪽 그림과 같이 사각형 ABCD의 꼭짓점 A와 C를 지나고 대각선 BD와 평행한 직선을 긋고, 꼭짓점 B와 D를 지나고 대각선 AC와 평행한 직선을 그어 평행사변형 PQRS를 만든다.

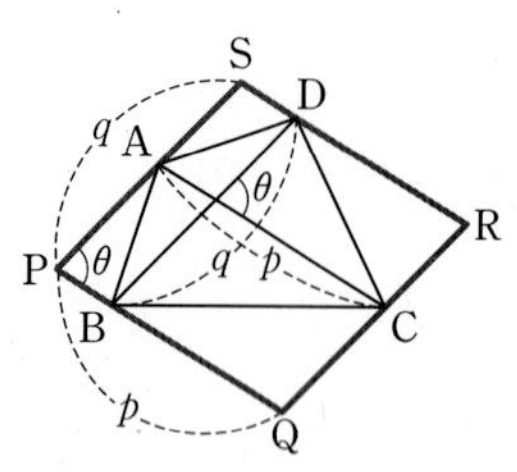

이때, 선분 PQ와 선분 PS의 교각은 θ이고,

$\overline{PQ}=\overline{AC}=p$, $\overline{PS}=\overline{BD}=q$이므로

평행사변형 PQRS의 넓이는 $pq\sin\theta$이다.

따라서 사각형 ABCD의 넓이는 평행사변형 PQRS의 넓이의 반이므로 $\frac{1}{2}pq\sin\theta$이다.

② S에 주어진 면적이 $\frac{pq}{4}$이므로 $\frac{pq}{4}=\frac{pq\sin\theta}{2}$이다.

$\sin\theta=\frac{1}{2}(0\le\theta\le 90^\circ)$이므로 $\theta=30^\circ\left(=\frac{\pi}{6}\right)$이다.

(2)

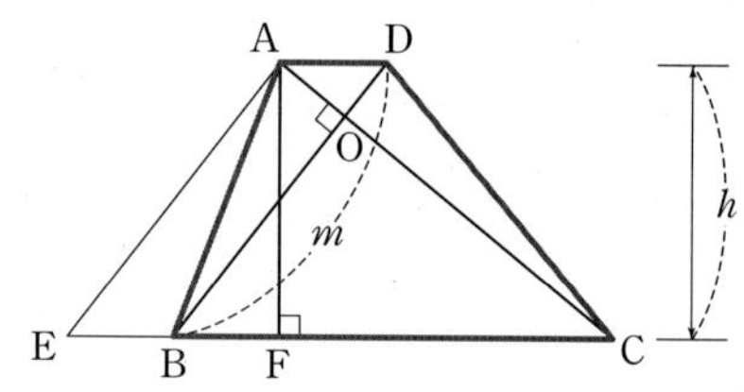

위의 그림과 같이 선분 BD와 평행하게 선분 EA(점 E는 선분 BC의 연장선 위에 있다.)를 만들면 사각형 AEBD는 평행사변형이 된다. 그러므로

$\overline{EA}=\overline{BD}=m$이다.

점 A에서 선분 EC에 내린 수선의 발을 F라 하면,

$\angle AFE=90^\circ$이고 $\overline{AF}=h$이다.

직각삼각형 AFE에 피타고라스 정리를 적용하면,

$\overline{EF}=\sqrt{m^2-h^2}$이다.

([그림 4]에 주어진 사다리꼴 ABCD에서 대각선의 길이가 높이보다 크기 때문에 $m>h$이다.)

선분 EA와 선분 BD가 평행하므로 동위각으로

$\angle EAC=\angle BOC(=90^\circ)$이다.

그러므로 삼각형 EAC는 직각삼각형이 된다.

직각삼각형 EAC와 직각삼각형 EFA에서 대응하는 세 각이 같다.

($\because$ $\angle AEF=\angle CEA$, $\angle EFA=\angle EAC=90^\circ$)

그러므로 직각삼각형 EAC와 직각삼각형 EFA는 닮음인 두 도형이다.

$\triangle EAC\backsim\triangle EFA$(AA 닮음)이므로

$\overline{EA}:\overline{AC}=\overline{EF}:\overline{FA}$, $m:\overline{AC}=\sqrt{m^2-h^2}:h$

에서 $\overline{AC}=\frac{mh}{\sqrt{m^2-h^2}}$이다.

(1) ①의 결과를 이용하여

$R=\frac{1}{2}\times\overline{AC}\times\overline{BD}\times\sin\frac{\pi}{2}=\frac{m^2h}{2\sqrt{m^2-h^2}}$

이다.

다른 답안 1

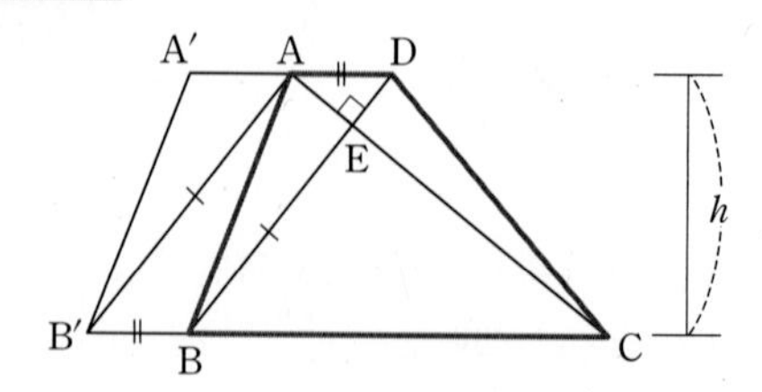

위의 그림과 같이 △ABD를 점 D가 점 A에 오도록 평행이동시킨다.

그러면 $\angle CAB'=90^\circ$($\because$ $\overline{AB'}\,/\!/\,\overline{DB}$)이다. 따라서

$\sqrt{(\overline{B'B}+\overline{BC})^2-m^2}=\sqrt{(\overline{AD}+\overline{BC})^2-m^2}=\overline{AC}$

이고, 사다리꼴의 넓이는

$R=(\overline{AD}+\overline{BC})\times\frac{h}{2}=\frac{1}{2}\sin 90^\circ\times m\times\overline{AC}=\frac{m}{2}\times\overline{AC}$

이다.

여기서 $(\overline{AD}+\overline{BC})=\frac{2R}{h}$이고

$R=\frac{m}{2}\times\sqrt{(\overline{AD}+\overline{BC})^2-m^2}$이므로

$R=\frac{m}{2}\times\sqrt{\left(\frac{2R}{h}\right)^2-m^2}$이다. 이를 제곱하여 정리하면

$4(m^2-h^2)R^2=m^4h^2$, $R^2=\frac{m^4h^2}{4(m^2-h^2)}$이다.

그러므로 $R=\frac{m^2h}{2\sqrt{m^2-h^2}}$가 된다.

다른 답안 2

오른쪽 그림과 같이 두 점 A, D에서 $\overline{BC}$에 내린 수선의 발을 각각 E, F라 하고, $\angle CAE=\theta$라 하면 $\angle DBE=\theta$이다.

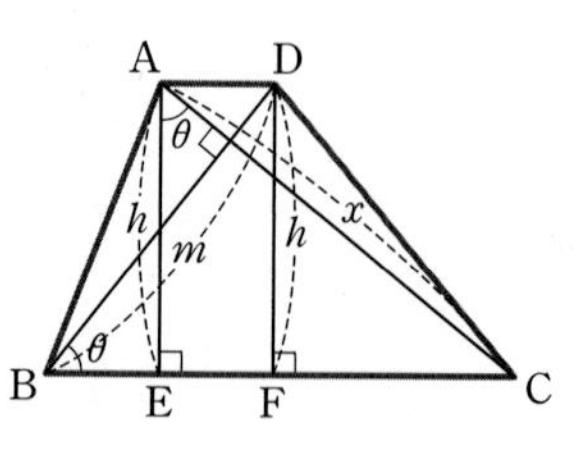

$\overline{AC}=x$로 놓으면

직각삼각형 ACE에서 $\cos\theta=\frac{h}{x}$이고

직각삼각형 BDF에서 $\sin\theta=\frac{h}{m}$이다.

$\sin^2\theta+\cos^2\theta=1$이므로 $\frac{h^2}{m^2}+\frac{h^2}{x^2}=1$에서

$x^2=\frac{m^2h^2}{m^2-h^2}$, $x=\frac{mh}{\sqrt{m^2-h^2}}$이다.

따라서 사다리꼴 ABCD의 면적 R는 (1) ①에 의해

$R=\frac{1}{2}\times m\times\frac{mh}{\sqrt{m^2-h^2}}\times\sin\frac{\pi}{2}=\frac{m^2h}{2\sqrt{m^2-h^2}}$이다.

III 함수의 극한과 연속

COURSE A

유제 1 • 52쪽 •

배가 출발한 지점에서 x만큼 이동한 지점의 수온을 $f(x)$라 하면 $f(x)$는 x에 대한 연속함수이다.
출발 지점에서 P, Q지점까지의 거리를 각각 a, $b(a<b)$라 하자. $f(a)=5$, $f(b)=17$이므로 배가 호수를 한 바퀴 돌아올 때까지의 수온에 대한 그래프를 그리면 사이값의 정리에 의하여 출발 지점과 도착 지점에서의 수온이 같으므로 다음 그림과 같이 수온이 10 ℃로 같은 지점이 적어도 두 군데 있다.

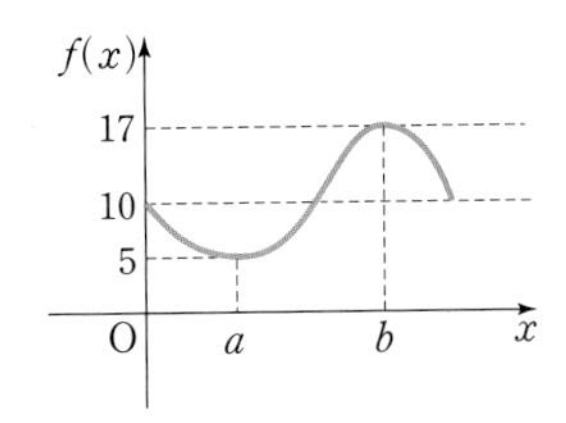

TRAINING

수리논술 기출 및 예상 문제

• 53쪽 ~ 58쪽 •

01 (1) $\alpha\beta\neq0$이므로 $p(0)\neq0$이다.
우선 $p(x)$와 $q(x)$의 근들 사이의 관계를 알아보자.
$p(c)=0$이면 $a_0+a_1c+a_2c^2+a_3c^3+a_4c^4+a_5c^5=0$, $c\neq0$에서

$$c^5\left(a_5+a_4\frac{1}{c}+a_3\frac{1}{c^2}+a_2\frac{1}{c^3}+a_1\frac{1}{c^4}+a_0\frac{1}{c^5}\right)=0$$

이므로 $q\left(\frac{1}{c}\right)=0$이다.

따라서 $q(x)$의 근들은 $2, \frac{1}{3}, \frac{1}{4}, \frac{1}{\alpha}, \frac{1}{\beta}$이다.
$c\neq2$인 모든 실수에 대하여 극한값이 존재하므로
$\left\{\frac{1}{3}, \frac{1}{4}, \frac{1}{\alpha}, \frac{1}{\beta}\right\}=\{\alpha, \beta, 3, 4\}$이며
따라서 $\{\alpha, \beta\}=\left\{\frac{1}{3}, \frac{1}{4}\right\}$

(2) $(q(x)$의 5차항의 계수$)=(p(x)$의 상수항의 계수$)$
$$=-\frac{1}{2}$$
이므로
$$\frac{p(x)}{q(x)}=\frac{\left(x-\frac{1}{2}\right)(x-3)(x-4)\left(x-\frac{1}{3}\right)\left(x-\frac{1}{4}\right)}{-\frac{1}{2}(x-2)(x-3)(x-4)\left(x-\frac{1}{3}\right)\left(x-\frac{1}{4}\right)}$$
$$=\frac{x-\frac{1}{2}}{-\frac{1}{2}(x-2)}$$
이다. 따라서
$$\lim_{x\to3}\frac{p(x)}{q(x)}=\lim_{x\to3}\frac{x-\frac{1}{2}}{-\frac{1}{2}(x-2)}=\frac{3-\frac{1}{2}}{-\frac{1}{2}(3-2)}=-5$$

02 $\log_3\{(\log\alpha)^2+2\log\alpha\}<\log_3(3\log\alpha)$이므로
$(\log\alpha)^2+2\log\alpha<3\log\alpha$, $\log\alpha(\log\alpha-1)<0$에서
$0<\log\alpha<1$이다.
그러므로 $1<\alpha<10$이고 $\frac{1}{10}<\frac{\alpha}{10}<1$이다.
$$A_n=\left(1+\frac{\alpha}{10}\right)\left\{1+\left(\frac{\alpha}{10}\right)^2\right\}\left\{1+\left(\frac{\alpha}{10}\right)^4\right\}\cdots\left\{1+\left(\frac{\alpha}{10}\right)^{2^n}\right\}$$
이라 하면 $\left(1-\frac{\alpha}{10}\right)A_n=1-\left(\frac{\alpha}{10}\right)^{2^{n+1}}$
따라서 $\lim_{n\to\infty}\left(1-\frac{\alpha}{10}\right)A_n=1$이고
$$\lim_{n\to\infty}\left(1+\frac{\alpha}{10}\right)\left\{1+\left(\frac{\alpha}{10}\right)^2\right\}\left\{1+\left(\frac{\alpha}{10}\right)^4\right\}\cdots\left\{1+\left(\frac{\alpha}{10}\right)^{2^n}\right\}$$
$$=\lim_{n\to\infty}A_n=\frac{10}{10-\alpha}\text{이다.}$$

다른 답안

$\log_3\{(\log\alpha)^2+2\log\alpha\}<\log_3(3\log\alpha)$이므로
$(\log\alpha)^2+2\log\alpha<3\log\alpha$, $\log\alpha(\log\alpha-1)<0$에서
$0<\log\alpha<1$이다.
그러므로 $1<\alpha<10$이고 $\frac{1}{10}<\frac{\alpha}{10}<1$이다.
따라서
$$\lim_{n\to\infty}\left(1+\frac{\alpha}{10}\right)\left\{1+\left(\frac{\alpha}{10}\right)^2\right\}\left\{1+\left(\frac{\alpha}{10}\right)^4\right\}\cdots\left\{1+\left(\frac{\alpha}{10}\right)^{2^n}\right\}$$
$$=\lim_{n\to\infty}\left\{1+\left(\frac{\alpha}{10}\right)+\left(\frac{\alpha}{10}\right)^2+\left(\frac{\alpha}{10}\right)^3+\left(\frac{\alpha}{10}\right)^4+\cdots+\left(\frac{\alpha}{10}\right)^{2^{n+1}-1}\right\}$$
$$=\frac{1}{1-\frac{\alpha}{10}}=\frac{10}{10-\alpha}$$
이다.

03 (1) 수열 0.1, 0.101, 0.10101, ⋯에서 $^*\lim_{n\to\infty}a_n=\alpha$라 하면
$\alpha=0.1010101\cdots=\frac{10}{99}$이다.
$$\lim_{n\to\infty}\left(\frac{n+100a_n}{n+a_n}\right)^n=\lim_{n\to\infty}\left(\frac{1+\frac{100a_n}{n}}{1+\frac{a_n}{n}}\right)^n$$
$$=\frac{\lim_{n\to\infty}\left(1+\frac{100a_n}{n}\right)^n}{\lim_{n\to\infty}\left(1+\frac{a_n}{n}\right)^n}$$

$$=\frac{\lim_{n\to\infty}\left(1+\frac{100a_n}{n}\right)^{\frac{n}{100a_n}\times 100a_n}}{\lim_{n\to\infty}\left(1+\frac{a_n}{n}\right)^{\frac{n}{a_n}\times a_n}}$$

$$=\frac{e^{100\alpha}}{e^{\alpha}}=e^{99\alpha}=e^{10}$$

(*) $\lim_{n\to\infty}a_n$의 값을 다음과 같이 구할 수도 있다.

$a_n=0.1+0.001+0.00001+\cdots+(\text{제}n\text{항})$

$=\frac{0.1(1-0.01^n)}{1-0.01}=\frac{0.1(1-0.01^n)}{0.99}$

$=\frac{10(1-0.01^n)}{99}$

이므로

$\lim_{n\to\infty}a_n=\frac{10}{99}$

(2) $9.9a_1=0.99,\ 9.9a_2=0.9999,\ 9.9a_3=0.999999,\ \cdots,$
$9.9a_n=1-0.01^n$이므로

*$9.9S_n=9.9\sum_{k=1}^{n}a_k=\sum_{k=1}^{n}(1-0.01^k)=\sum_{k=1}^{n}1-\sum_{k=1}^{n}0.01^k$

$=n-\frac{0.01(1-0.01^n)}{1-0.01}=n-\frac{1-0.01^n}{99}$

$S_n=\frac{10n}{99}-\frac{10(1-0.01^n)}{99^2}$ …… ㉠

이다. 점 $(S_n,\ S_n^2-6S_n+11)$과 직선 $x-y-10=0$ 사이의 거리 d는 다음과 같다.

$d=\frac{|S_n-(S_n^2-6S_n+11)-10|}{\sqrt{2}}$

$=\frac{|S_n^2-7S_n+21|}{\sqrt{2}}=\frac{\left(S_n-\frac{7}{2}\right)^2+\frac{35}{4}}{\sqrt{2}}$

여기에서 d가 최소인 경우는 S_n이 $\frac{7}{2}$ 또는 $\frac{7}{2}$에 가장 가까울 때이다.

㉠에서 $\frac{10(1-0.01^n)}{99^2}$은 n에 관계없이 매우 작은 수이고 $\frac{10n}{99}$은 $n=35$일 때 $3.53535\cdots$로서 $\frac{7}{2}$에 가장 가깝다.

따라서 점 $(S_n,\ S_n^2-6S_n+11)$과 직선 $x-y-10=0$ 사이의 거리는 $n=35$일 때 최소이다.

(*) S_n을 다음과 같이 구할 수도 있다.

a_n은 첫째항이 0.1이고 공비가 0.01인 등비수열의 첫째항부터 n번째항까지의 합이므로

$a_n=\frac{0.1(1-0.01^n)}{1-0.01}=\frac{0.1(1-0.01^n)}{0.99}$

$=\frac{10(1-0.01^n)}{99}$

이다. 따라서

$S_n=\sum_{k=1}^{n}a_k=\sum_{k=1}^{n}\frac{10(1-0.01^k)}{99}$

$=\frac{10}{99}\left\{n-\frac{0.01(1-0.01^n)}{1-0.01}\right\}$

$=\frac{10}{99}\left(n-\frac{1-0.01^n}{99}\right)$

$=\frac{10n}{99}-\frac{10(1-0.01^n)}{99^2}$

04 (1) $\alpha=\frac{\alpha+\beta}{2}+\frac{\alpha-\beta}{2},\ \beta=\frac{\alpha+\beta}{2}-\frac{\alpha-\beta}{2}$이므로

$\sin\alpha=\sin\left(\frac{\alpha+\beta}{2}+\frac{\alpha-\beta}{2}\right)$

$=\sin\left(\frac{\alpha+\beta}{2}\right)\cos\left(\frac{\alpha-\beta}{2}\right)$

$+\sin\left(\frac{\alpha-\beta}{2}\right)\cos\left(\frac{\alpha+\beta}{2}\right)$

$\sin\beta=\sin\left(\frac{\alpha+\beta}{2}-\frac{\alpha-\beta}{2}\right)$

$=\sin\left(\frac{\alpha+\beta}{2}\right)\cos\left(\frac{\alpha-\beta}{2}\right)$

$-\sin\left(\frac{\alpha-\beta}{2}\right)\cos\left(\frac{\alpha+\beta}{2}\right)$

이다. 그러므로

$\sin\alpha-\sin\beta=2\sin\left(\frac{\alpha-\beta}{2}\right)\cos\left(\frac{\alpha+\beta}{2}\right)$

가 성립한다.

다른 답안

제시문의 식에서

$\sin(\alpha+\beta)-\sin(\alpha-\beta)=2\sin\beta\cos\alpha$이다.

$\alpha+\beta=A,\ \alpha-\beta=B$로 놓으면

$\alpha=\frac{A+B}{2},\ \beta=\frac{A-B}{2}$이므로

$\sin A-\sin B=2\sin\frac{A-B}{2}\cos\frac{A+B}{2}$이다.

여기에서 $A,\ B$를 각각 $\alpha,\ \beta$로 바꾸면

$\sin\alpha-\sin\beta=2\sin\left(\frac{\alpha-\beta}{2}\right)\cos\left(\frac{\alpha+\beta}{2}\right)$이다.

(2)

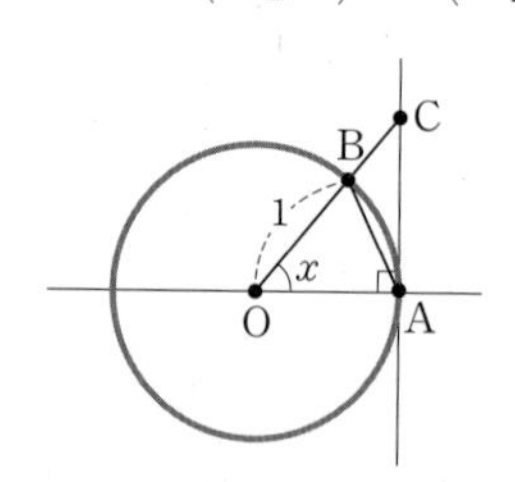

그림과 같이 반지름이 1인 원을 하나 그리고, 중심을 O라 하자. 원주 위의 두 점 A, B를 중심각이 $\angle AOB=x$가 되도록 잡고 점 A를 지나는 원의 접선과 $\overleftrightarrow{OB}$가 만나는 점을 C라고 하자. 분명히 삼각형 OAB의 넓이는 부채꼴 OAB의 넓이보다 작고, 또 부채꼴 OAB의 넓이는 삼각형 OAC의 넓이보다 작다.

한편 삼각형 OAB의 넓이는 $\frac{1}{2}|\sin x|$, 부채꼴 OAB의 넓이는 $\frac{1}{2}|x|$, 그리고 직각삼각형 OAC의 넓이는 $\frac{1}{2}|\tan x|$이다. 그러므로 부등식

$|\sin x|<|x|<|\tan x|$가 성립한다.

다른 답안

(i) $0<x<\frac{\pi}{2}$일 때,

㉠ $f(x)=x-\sin x$라 하자. 함수 f는 실수 전체에서 미분가능하므로 $0<x<\frac{\pi}{2}$에서

$f'(x)=1-\cos x>0$이다. 그러므로 함수 f는 $\left(0,\ \frac{\pi}{2}\right)$에서 증가함수이다. 그리고 $f(0)=0$이므로 함수 f는 $\left(0,\ \frac{\pi}{2}\right)$에서 양수이다.

따라서 $\sin x<x$이다.

㉡ 그리고 $g(x)=\tan x-x$라 하자. 함수 g는 $0<x<\frac{\pi}{2}$에서 미분가능하므로

$g'(x)=\sec^2 x-1=\frac{1-\cos^2 x}{\cos^2 x}>0$

함수 g는 $\left(0,\ \frac{\pi}{2}\right)$에서 증가함수이다. 그리고 $g(0)=0$이므로 함수 g는 $\left(0,\ \frac{\pi}{2}\right)$에서 양수이다. 따라서 $\tan x>x$이다.

이를 종합하면 $\left(0,\ \frac{\pi}{2}\right)$에서

$\sin x<x<\tan x$이다.

(ii) $-\frac{\pi}{2}<x<0$일 때,

(i)의 x를 $-x$로 바꾸면 $\sin(-x)<-x$에서

$-\sin x<-x$이므로 $\sin x>x$

$-x<\tan(-x)$에서

$-x<-\tan x$이므로 $x>\tan x$

따라서 $\tan x<x<\sin x$이다.

(i), (ii)를 종합하면 $0<|x|<\frac{\pi}{2}$인 x에 대해

$|\sin x|<|x|<|\tan x|$가 성립한다.

(3) 주어진 범위의 x값에 대하여 x, $\sin x$, $\tan x$의 부호가 모두 같으므로 $1<\frac{x}{\sin x}<\frac{1}{\cos x}$이고, 역수를 취하면 $\cos x<\frac{\sin x}{x}<1$이다. 그러므로

$1=\lim_{x\to0}\cos x\le\lim_{x\to0}\frac{\sin x}{x}\le1$이 되어 $\lim_{x\to0}\frac{\sin x}{x}=1$

이다.

05

(1) 점 P_n의 좌표는

$(e^{-n\theta}\cos n\theta,\ e^{-n\theta}\sin n\theta)$

이므로 삼각형 $P_{n-1}OP_n$에서 코사인법칙을 적용하면 다음을 얻는다.

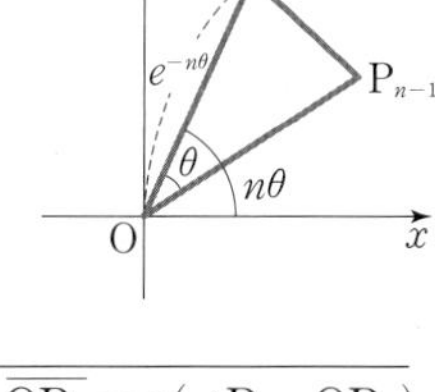

$\overline{P_{n-1}P_n}$

$=\sqrt{\overline{OP_{n-1}}^2+\overline{OP_n}^2-2\overline{OP_{n-1}}\,\overline{OP_n}\cos(\angle P_{n-1}OP_n)}$

$=\sqrt{e^{-2(n-1)\theta}+e^{-2n\theta}-2e^{-(n-1)\theta}e^{-n\theta}\cos\theta}$

$=e^{-n\theta}\sqrt{e^{2\theta}+1-2e^{\theta}\cos\theta}$

(2) 삼각형 $P_{n-1}OP_n$에 코사인법칙을 적용하면 다음을 얻는다.

$\cos(\angle OP_{n-1}P_n)$

$=\frac{\overline{OP_{n-1}}^2+\overline{P_{n-1}P_n}^2-\overline{OP_n}^2}{2\,\overline{OP_{n-1}}\,\overline{P_{n-1}P_n}}$

$=\frac{e^{-2n\theta+2\theta}+e^{-2n\theta}(e^{2\theta}+1-2e^{\theta}\cos\theta)-e^{-2n\theta}}{2e^{-n\theta+\theta}e^{-n\theta}\sqrt{e^{2\theta}+1-2e^{\theta}\cos\theta}}$

$=\frac{e^{\theta}-\cos\theta}{\sqrt{e^{2\theta}+1-2e^{\theta}\cos\theta}}$

그런데

$\lim_{\theta\to0}\frac{e^{\theta}-1}{\theta}=1$, $\lim_{\theta\to0}\frac{\sin\theta}{\theta}=1$

$\lim_{\theta\to0}\frac{1-\cos\theta}{\theta}=\lim_{\theta\to0}\frac{(1-\cos\theta)(1+\cos\theta)}{\theta(1+\cos\theta)}$

$=\lim_{\theta\to0}\frac{\sin^2\theta}{\theta^2}\times\frac{\theta}{(1+\cos\theta)}$

$=1\cdot0=0$

$\lim_{\theta\to0}\frac{e^{\theta}-\cos\theta}{\theta}=\lim_{\theta\to0}\left(\frac{e^{\theta}-1}{\theta}+\frac{1-\cos\theta}{\theta}\right)$

$=1+0=1$

$\lim_{\theta\to0}\frac{1-\cos^2\theta}{\theta^2}=\lim_{\theta\to0}\frac{\sin^2\theta}{\theta^2}=1$

이므로 다음을 얻는다.

$\lim_{\theta\to0}\cos(\angle OP_{n-1}P_n)$

$=\lim_{\theta\to0}\frac{e^{\theta}-\cos\theta}{\sqrt{e^{2\theta}+1-2e^{\theta}\cos\theta}}$

$=\lim_{\theta\to0}\frac{e^{\theta}-\cos\theta}{\sqrt{(e^{\theta}-\cos\theta)^2+1-\cos^2\theta}}$

$=\lim_{\theta\to0}\frac{\frac{e^{\theta}-\cos\theta}{\theta}}{\sqrt{\left(\frac{e^{\theta}-\cos\theta}{\theta}\right)^2+\frac{1-\cos^2\theta}{\theta^2}}}$

$=\frac{1}{\sqrt{1^2+1}}=\frac{1}{\sqrt{2}}$

06

(1) $S_n=a_n\sqrt{1-a_n^2}\,(n\ge1)$과 $S_n=2S_{n+1}a_n$에서

$a_n\sqrt{1-a_n^2}=2a_{n+1}\sqrt{1-a_{n+1}^2}\,a_n$

이다. 양변을 제곱하면

$1-a_n^2=4a_{n+1}^2-4a_{n+1}^4$

이고 $(2a_{n+1}^2-1)^2=a_n^2$이므로

$2a_{n+1}^2-1=a_n\,(n\ge1)$

이다.

(2) $2a_{n+1}^2-1=a_n\,(n\ge1)$에서

$a_{n+1}^2=\frac{1+a_n}{2}\,(n\ge1)$

이고 $a_1=\cos\theta$에서 $a_2^2=\frac{1+\cos\theta}{2}=\cos^2\frac{\theta}{2}$이므로

$a_2=\cos\frac{1}{2}\theta,\ a_3=\cos\frac{1}{2^2}\theta,\ \cdots,\ a_n=\cos\frac{1}{2^{n-1}}\theta$

이다.

(3) $S_n=2S_{n+1}a_n$에서 $2a_n=\frac{S_n}{S_{n+1}}$이므로

$2a_1\times 2a_2\times\cdots\times 2a_n=\frac{S_1}{S_2}\times\frac{S_2}{S_3}\times\cdots\times\frac{S_n}{S_{n+1}}=\frac{S_1}{S_{n+1}}$

이고

$$\begin{aligned}a_1\times\cdots\times a_n&=\frac{1}{2^n}\times\frac{S_1}{S_{n+1}}\\&=\frac{1}{2^n}\times\frac{\cos\theta\times\sin\theta}{\cos\frac{\theta}{2^n}\times\sin\frac{\theta}{2^n}}\\&=\frac{1}{2^n}\times\frac{\sin 2\theta}{\sin\frac{\theta}{2^{n-1}}}\end{aligned}$$

이다. 따라서

$\lim_{n\to\infty}a_n\times\cdots\times a_1=\frac{\sin 2\theta}{2\theta}$

이다.

07 (1) 다음 그림에서 직각삼각형을 이용하면

$\frac{x}{2}=r\cdot\sin\frac{\pi}{3}=\frac{\sqrt{3}}{2}r$이므로

정삼각형의 한 변의 길이는 $x=\sqrt{3}r$이다.

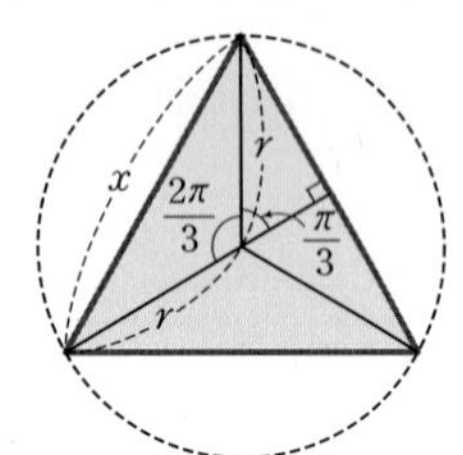

다음 그림에서, 문제에서 요구하는 영역의 넓이는 한 변의 길이가 x인 정삼각형의 넓이, 가로와 세로의 길이가 각각 x, r인 직사각형의 넓이 3개, 그리고 반지름이 r이고 중심각이 $\frac{2\pi}{3}$인 부채꼴의 넓이 3개로 이루어져 있다.

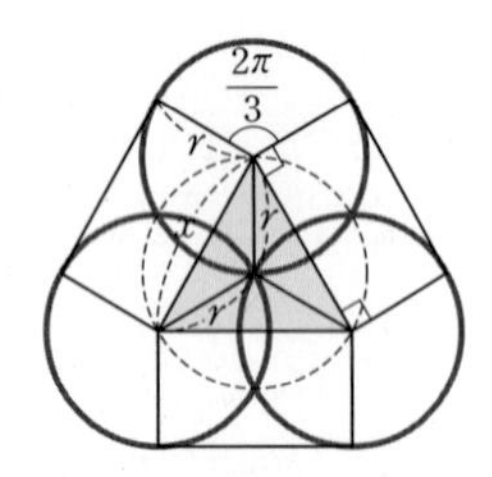

그러므로 자취가 차지하는 넓이를 A_3이라고 하면

$A_3=\frac{\sqrt{3}}{4}(\sqrt{3}r)^2+3\sqrt{3}r^2+\pi r^2=\left(\frac{15\sqrt{3}}{4}+\pi\right)r^2$

이다.

(2) 정n각형의 한 변의 길이는 $x=2r\sin\frac{\pi}{n}$이다.

따라서 한 변의 길이가 x인 정n각형의 넓이는

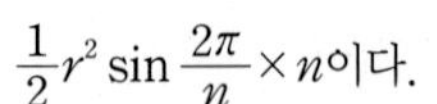

$\frac{1}{2}r^2\sin\frac{2\pi}{n}\times n$이다.

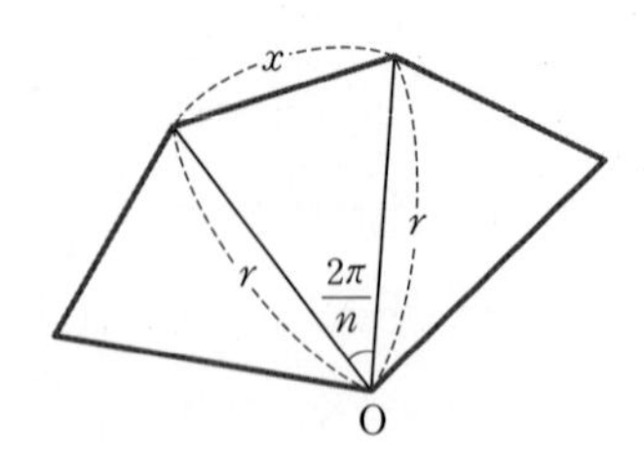

정n각형에서 원의 자취가 차지하는 넓이 A_n은 한 변의 길이가 x인 정n각형의 넓이, 가로와 세로가 각각 x, r인 직사각형의 넓이 n개, 중심각이 $\frac{2\pi}{n}$인 부채꼴의 넓이 n개의 합이다.

$\left(\text{부채꼴의 중심각은 } \pi-\frac{(n-2)\pi}{n}=\frac{2\pi}{n}\text{이다.}\right)$

따라서

$A_n=\frac{1}{2}r^2\sin\frac{2\pi}{n}\times n+2r^2\sin\frac{\pi}{n}\times n+\pi r^2$

이고

$$\begin{aligned}&\lim_{n\to\infty}A_n\\&=\lim_{n\to\infty}\left(\frac{1}{2}r^2\sin\frac{2\pi}{n}\times n+2r^2\sin\frac{\pi}{n}\times n+\pi r^2\right)\\&=\lim_{n\to\infty}\left(\frac{1}{2}r^2\cdot\frac{\sin\frac{2\pi}{n}}{\frac{2\pi}{n}}\cdot 2\pi+2r^2\cdot\frac{\sin\frac{\pi}{n}}{\frac{\pi}{n}}\cdot\pi+\pi r^2\right)\\&=4\pi r^2\end{aligned}$$

다른 답안

$n\to\infty$일 때, 반지름이 $r(r>0)$인 원에 내접하는 정n각형은 반지름이 $r(r>0)$인 원에 가까워지므로

$\lim_{n\to\infty}A_n=\pi(2r)^2=4\pi r^2$

08 (1) 반지름이 1인 원에 내접하는 정사각형의 한 변의 길이는 $\sqrt{2}$가 된다. 본문에 주어진 그림에서 각 단계에서의 회전 반지름의 길이는 각각 $\sqrt{2}$, $2\sqrt{2}$, $3\sqrt{2}$이고, 회전각은 모두 $\frac{\pi}{2}$이므로 $L_4=\sqrt{2}\times\frac{\pi}{2}+2\sqrt{2}\times\frac{\pi}{2}+3\sqrt{2}\times\frac{\pi}{2}=3\sqrt{2}\pi$

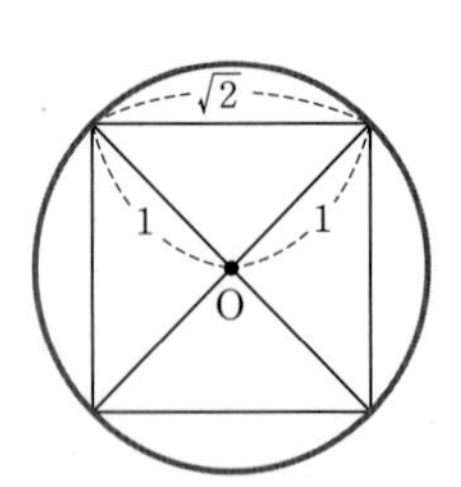

이다.

(2) 반지름이 1인 원에 내접하는 정n각형의 한 변의 길이는 $2\sin\frac{\pi}{n}$이다. 정n각형의 한 변의 길이를 a라 하면 각 단계에서의 회전 반지름의 길이는 a, $2a$, $3a$, $\cdots$, $(n-1)a$

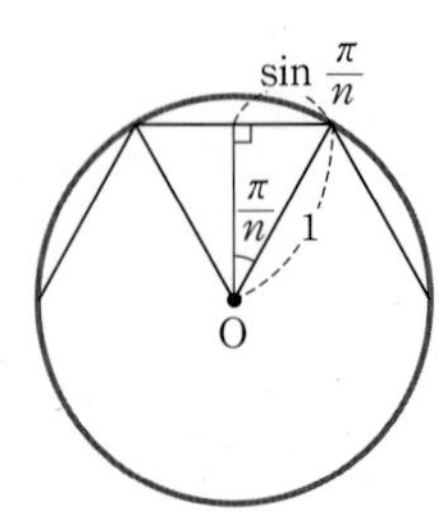

이고 회전각은 모두 $\frac{2\pi}{n}$이므로

$$L_n=a\times\frac{2\pi}{n}+2a\times\frac{2\pi}{n}+3a\times\frac{2\pi}{n}+\cdots+(n-1)a\times\frac{2\pi}{n}$$

$$=\frac{2\pi a}{n}\{1+2+3+\cdots+(n-1)\}$$

$$=\frac{2\pi a}{n}\times\frac{n(n-1)}{2}=\pi(n-1)a$$

$$=\pi(n-1)\times 2\sin\frac{\pi}{n}$$

$$=2\pi(n-1)\sin\frac{\pi}{n}$$

이다.

(3) 정n각형을 반지름이 1인 원으로 바꾸었을 때, $n\to\infty$ 이므로 실의 끝 점이 만드는 곡선의 길이는

$$\lim_{n\to\infty}2\pi(n-1)\sin\frac{\pi}{n}=\lim_{n\to\infty}2\pi(n-1)\cdot\frac{\pi}{n}\cdot\frac{\sin\frac{\pi}{n}}{\frac{\pi}{n}}$$

$$=\lim_{n\to\infty}\frac{2\pi^2(n-1)}{n}\cdot\lim_{n\to\infty}\frac{\sin\frac{\pi}{n}}{\frac{\pi}{n}}$$

$$=2\pi^2$$

이다.

09 주어진 연립방정식이 해를 가지지 않는 경우는 $\frac{f(t)}{2}=\frac{2}{1}\neq\frac{1}{3}$에서 $f(t)=4$일 때이다.
$f(t)$는 모든 실수에서 연속이므로 구간 $[0, 1]$에서 연속이다. 또한, $f(0)=-10<4$, $f(1)=11>4$이므로 사이값의 정리에 의하여 $f(c)=4$인 c가 구간 $(0, 1)$에서 적어도 하나 존재한다. 따라서 연립방정식이 해를 가지지 않는 t값이 존재한다.

10 $f(0)=f(2)=f(4)=\cdots=f(2n)<0$이고
$f(-1)$, $f(1)$, $f(3)$, $f(5)$, $\cdots$, $f(2n-1)$, $f(2n+1)>0$이다.
사이값의 정리에 의하여 방정식 $f(x)=0$은 열린 구간 $(-\infty, 0)$, $(0, 1)$, $(1, 2)$, $(2, 3)$, $\cdots$, $(2n-1, 2n)$, $(2n, \infty)$에서 적어도 $2n+2$개의 근을 갖는다.
즉, $f(x)$는 $2n+2$차 다항식이므로 $f(x)$는 서로 다른 일차의 인수의 곱으로 인수분해된다.

11 $y=f(x)=ax^3+bx^2+cx+d$의 그래프가 일대일함수이고 $\alpha_1<\alpha_2$에 대하여 $f(\alpha_1)<0$, $f(\alpha_2)>0$이므로 방정식

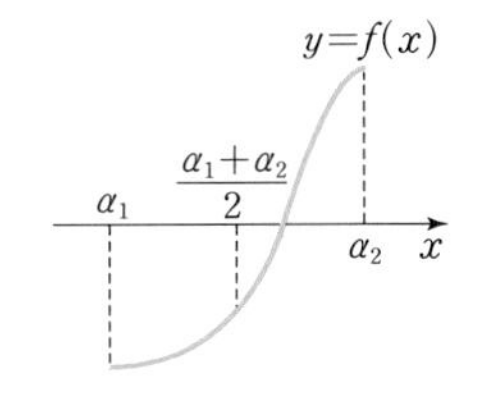

$f(x)=0$은 구간 (α_1, α_2) 사이에서 단 하나의 근을 갖는다.
$f(\alpha_1)<0$, $f(\alpha_2)>0$일 때 $f\left(\frac{\alpha_1+\alpha_2}{2}\right)<0$이면 $f\left(\frac{\alpha_1+\alpha_2}{2}\right)$와 $f(\alpha_2)$의 부호가 다르므로 근은 구간 $\left(\frac{\alpha_1+\alpha_2}{2}, \alpha_2\right)$ 사이에 존재함을 알 수 있다.
이와 같이 매번 시행할 때마다 근의 존재 범위를 구간 (α_1, α_2)의 길이의 $\frac{1}{2}$로 줄여나갈 수 있다.
그러므로 n번 시행 후 근의 존재 범위는 구간 (α_1, α_2)의 길이의 $\left(\frac{1}{2}\right)^n$으로 줄일 수 있다.
따라서 $\left(\frac{1}{2}\right)^n<\frac{1}{1000}$에서 $2^n>1000$을 만족하므로 $n\geq 10$이다.
따라서 근의 존재 범위를 구간 (α_1, α_2)의 길이의 $\frac{1}{1000}$보다 작게 만들기 위해서는 $f\left(\frac{\alpha_i+\alpha_{i+1}}{2}\right)$의 부호를 10번 이상 조사해야 한다.

12 (1) $f(-2)=-8+4+\frac{1}{2}<0$,
$f(-1)=-1+2+\frac{1}{2}>0$, $f(0)=\frac{1}{2}>0$,
$f(1)=1-2+\frac{1}{2}<0$, $f(2)=8-4+\frac{1}{2}>0$
이므로 사이값의 정리에 의하여 세 개의 근 α, β, γ가 존재하며 $-2<\alpha<-1$, $0<\beta<1$, $1<\gamma<2$임을 알 수 있다.
이제 이 근들이 유리수가 아님을 보이자.
근 $x=\frac{a}{b}$ (a, b는 서로소인 정수)로 놓으면
$f\left(\frac{a}{b}\right)=\left(\frac{a}{b}\right)^3-2\left(\frac{a}{b}\right)+\frac{1}{2}=0$,
$2a^3-4ab^2+b^3=0$,
$b^3=4ab^2-2a^3=2(2ab^2-a^3)$
마지막 식의 우변 $2(2ab^2-a^3)$이 짝수이므로 좌변 b^3도 짝수이어야 한다. 그러면 b도 짝수이어야 한다.
이제 $b=2k$로 놓으면
$2a^3-16ak^2+8k^3=0$,
$a^3-8ak^2+4k^3=0$,
$a^3=8ak^2-4k^3=2(4ak^2-2k^3)$
마지막 식의 우변 $2(4ak^2-2k^3)$이 짝수이므로 좌변 a^3도 짝수이다. 따라서 a도 짝수이다. a, b가 모두 짝수인 것은 a, b가 서로소라는 가정에 위배되므로 x는 유리수가 아니다.

(2) $k=1$일 때, $a_1=(1-\alpha)(1-\beta)(\gamma-1)$
($\because$ α, $\beta<1$, $\gamma>1$)

$k\geq 2$일 때, $a_k=(k-\alpha)(k-\beta)(k-\gamma)$가 된다.
따라서

$$\begin{aligned}S_n&=a_1+\sum_{k=2}^{n}(k-\alpha)(k-\beta)(k-\gamma)\\&=-(1-\alpha)(1-\beta)(1-\gamma)\\&\quad+\sum_{k=2}^{n}(k-\alpha)(k-\beta)(k-\gamma)\\&=-2(1-\alpha)(1-\beta)(1-\gamma)\\&\quad+\sum_{k=1}^{n}(k-\alpha)(k-\beta)(k-\gamma)\\&=-2\{1-(\alpha+\beta+\gamma)+(\alpha\beta+\beta\gamma+\gamma\alpha)-\alpha\beta\gamma\}\\&\quad+\sum_{k=1}^{n}\{k^3-(\alpha+\beta+\gamma)k^2+(\alpha\beta+\beta\gamma+\gamma\alpha)k\\&\qquad-\alpha\beta\gamma\}\\&=-2\left(1-0-2+\frac{1}{2}\right)+\left\{\frac{n(n+1)}{2}\right\}^2-0\\&\qquad+(-2)\cdot\frac{n(n+1)}{2}+\frac{1}{2}n\\&=\left\{\frac{n(n+1)}{2}\right\}^2-n(n+1)+\frac{n}{2}+1\\&=\frac{n^4}{4}+\frac{n^3}{2}-\frac{3}{4}n^2-\frac{n}{2}+1\end{aligned}$$

13 (1) $f(x)=e^{nx}-e^x-1$이라 하면 $f(x)$는 $\left[0,\ \frac{1}{n}\right]$에서 연속함수이다. 그리고

$f(0)=-1<0$,

$f\left(\frac{1}{n}\right)=e-e^{\frac{1}{n}}-1\geq(e-1)-e^{\frac{1}{2}}>0$

이므로 사이값의 정리에 의해 방정식 $f(x)=0$의 근 a_n은 열린 구간 $\left(0,\ \frac{1}{n}\right)$에 존재한다.

(2) 먼저

$$S_n=\int_0^{a_n}\{e^x-e^{nx}+1\}dx=\left[e^x-\frac{1}{n}e^{nx}+x\right]_0^{a_n}$$
$$=e^{a_n}-1-\frac{1}{n}(e^{na_n}-1)+a_n$$

이므로

$$\frac{S_n}{a_n}=\frac{e^{a_n}-1}{a_n}-\frac{e^{na_n}-1}{na_n}+1$$

이다. a_n은 (1)의 결과에 의해 $0<a_n<\frac{1}{n}$이므로

$\lim\limits_{n\to\infty}a_n=0$이다. 또한

$e^{a_n}=e^{na_n}-1$에서 $na_n=\ln(e^{a_n}+1)$이므로

$$\lim_{n\to\infty}(na_n)=\lim_{n\to\infty}\ln(e^{a_n}+1)$$
$$=\ln\{\lim_{n\to\infty}(e^{a_n}+1)\}=\ln 2$$

이다. 따라서 다음을 얻는다.

$$\lim_{n\to\infty}\frac{S_n}{a_n}=\lim_{n\to\infty}\left(\frac{e^{a_n}-1}{a_n}-\frac{e^{na_n}-1}{na_n}+1\right)$$
$$=\lim_{a_n\to 0}\left(\frac{e^{a_n}-1}{a_n}\right)-\lim_{n\to\infty}\left(\frac{e^{na_n}-1}{na_n}\right)+1$$
$$=1-\frac{e^{\ln 2}-1}{\ln 2}+1=2-\frac{2-1}{\ln 2}=2-\frac{1}{\ln 2}$$

14 (1) 구간 $[a,\ b]$에 속하는 임의의 x에 대하여 다음의 두 부등식

$0<f(a)\leq f(x)\leq f(b)$, $0<g(b)\leq g(x)\leq g(a)$가 성립하므로 부등식의 성질에 의해서

$f(a)g(b)\leq f(x)g(x)\leq f(b)g(a)$가 성립한다.

(2) $f(x)=x+1$, $g(x)=2^x$, $h(x)=\frac{1}{g(x)}$이라 할 때, 구간 $[0,\ 1]$에서 $f(x)$는 증가함수이고 $h(x)$는 감소함수이다. 따라서 $\frac{x+1}{2^x}=f(x)h(x)\leq f(1)h(0)=2$이다.

한편, 구간 $[0,\ 1]$에서 항상 $0<g(x)\leq f(x)$($\because$ 양 끝점에서 두 함수의 함숫값이 같은데 $y=f(x)$의 그래프는 직선이고 $y=g(x)$의 그래프는 아래로 볼록)이므로 $1\leq\frac{f(x)}{g(x)}=\frac{x+1}{2^x}$이 성립한다.

그러므로 구간 $[0,\ 1]$에서 부등식 $1\leq\frac{x+1}{2^x}\leq 2$가 항상 성립한다.

(3) $f(x)=x$, $g(x)=\cos x$, $h(x)=x\cos x$라 하자.

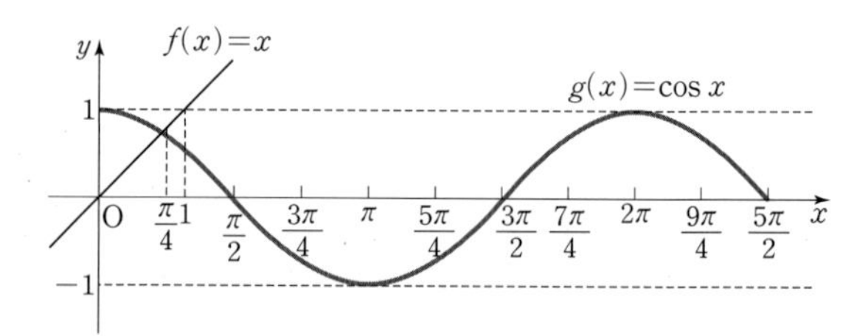

구간 $\left[0,\ \frac{\pi}{4}\right]$에서 $h(x)\leq\frac{\pi}{4}\leq 1$이므로 이 구간에서 방정식 $h(x)=2$는 해를 갖지 않는다.

구간 $\left[\frac{\pi}{4},\ \frac{\pi}{2}\right]$에서 $f(x)$는 증가하고 $g(x)$는 감소하므로 (1)로부터

$h(x)=f(x)g(x)\leq f\left(\frac{\pi}{2}\right)g\left(\frac{\pi}{4}\right)=\frac{\pi}{2\sqrt{2}}<2$임을 알 수 있다. 따라서 방정식 $h(x)=2$는 구간 $\left[\frac{\pi}{4},\ \frac{\pi}{2}\right]$에서 해를 갖지 않는다.

구간 $\left[\frac{\pi}{2},\ \frac{3\pi}{2}\right]$에서 $h(x)\leq 0$이므로 이 구간에서 방정식 $h(x)=2$는 해를 갖지 않는다.

$h\left(\frac{3\pi}{2}\right)=0$이고 $h\left(\frac{7\pi}{4}\right)=\frac{7\pi}{4\sqrt{2}}>2$이므로 사이값의 정리에 의해 $h(c)=2$를 만족하는 c가 구간 $\left[\frac{3\pi}{2},\ \frac{7\pi}{4}\right]$에 존재한다. 즉, 이 구간에서 방정식 $h(x)=2$는 적어도 하나의 해를 갖는다. (이 구간에서 $h(x)$는 증가하므로 실제로는 오직 하나의 해만 존재함.)

구간 $\left[\frac{7\pi}{4},\ 2\pi\right]$에서 $f(x)$와 $g(x)$가 모두 증가하므로 $h(x)$도 증가한다.

따라서 이 구간에서 $h(x)\geq h\left(\frac{7\pi}{4}\right)>2$이고 방정식

$h(x)=2$는 해를 갖지 않는다.

구간 $\left[2\pi,\ \frac{9\pi}{4}\right]$에서 $f(x)$는 증가하고 $g(x)$는 감소하므로 (1)로부터

$h(x)=f(x)g(x)\geq f(2\pi)g\left(\frac{9\pi}{4}\right)=\frac{2\pi}{\sqrt{2}}>2$이므로

이 구간에서 방정식 $h(x)=2$는 해를 갖지 않는다.

$h\left(\frac{9\pi}{4}\right)>2$이고 $h\left(\frac{5\pi}{2}\right)=0$이므로 사이값의 정리로부터 방정식 $h(x)=2$는 적어도 하나의 해를 구간 $\left[\frac{9\pi}{4},\ \frac{5\pi}{2}\right]$에서 갖는다.

이상으로부터 방정식 $x\cos x=2$가 구간 $\left[\frac{(n-1)\pi}{4},\ \frac{n\pi}{4}\right]$에서 해를 갖게 되는 10 이하의 자연수 n은 7과 10밖에 없음을 알 수 있다.

15 (1) $\cos 3\theta=\cos(\theta+2\theta)=\cos\theta\cos 2\theta-\sin\theta\sin 2\theta$

$=\cos\theta(2\cos^2\theta-1)-\sin\theta(2\sin\theta\cos\theta)$

$=2\cos^3\theta-\cos\theta-2\sin^2\theta\cos\theta$

$=2\cos^3\theta-\cos\theta-2(1-\cos^2\theta)\cos\theta$

$=4\cos^3\theta-3\cos\theta$

(2) $x=100\cos\frac{4\pi}{9}$라 하자. (1)에 의하여

$-\frac{1}{2}=\cos\left(3\cdot\frac{4\pi}{9}\right)=4\cos^3\frac{4\pi}{9}-3\cos\frac{4\pi}{9}$

이므로

$8\cos^3\frac{4\pi}{9}-6\cos\frac{4\pi}{9}+1=0$

이다. 이 식에 $\cos\frac{4\pi}{9}=\frac{x}{100}$를 대입하면

$8x^3-60000x+1000000=0$

이다. 이제

$f(x)=8x^3-60000x+1000000$

이라 하면

$f'(x)=24x^2-60000=24(x-50)(x+50)$

이므로 함수 $f(x)$는 $x=-50$일 때 극댓값 3000000을 갖고 $x=50$일 때 극솟값 -1000000을 갖는다.

그러므로 방정식 $f(x)=0$의 근은 구간 $(-\infty,\ -50)$, $(-50,\ 50)$, $(50,\ \infty)$에 각각 하나씩 존재한다.

한편 $\frac{\pi}{3}<\frac{4\pi}{9}<\frac{\pi}{2}$이므로

$0=\cos\frac{\pi}{2}<\cos\frac{4\pi}{9}<\cos\frac{\pi}{3}=\frac{1}{2}$이다.

그러므로 $0<x=100\cos\frac{4\pi}{9}<50$이다.

0과 50 사이에 존재하는 근의 범위를 찾기 위하여 주어진 표를 이용하면 다음을 얻는다.

$f(17)=19304>0$

$f(18)=-33344<0$

따라서 사이값의 정리에 의하여 방정식 $f(x)=0$은 $17<x<18$에서 해를 갖는다.

그러므로 $x=100\cos\frac{4\pi}{9}$의 정수 부분은 17이다.

주제별 강의 **제 2 장**

거미줄 그림으로 부동점(고정점) 찾기

문제 1 • 62쪽 •

(1) $y=f(x)$의 그래프는 다음 그림과 같다.

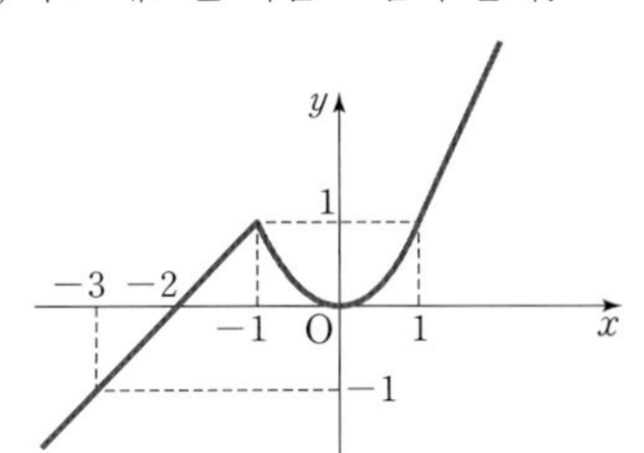

$g(x)=(f\circ f)(x)=f(f(x))$

$$=\begin{cases} f(x)+2 & (f(x)<-1) \\ (f(x))^2 & (-1\leq f(x)<1) \\ 2f(x)-1 & (f(x)\geq 1)\end{cases}$$

$$=\begin{cases} (x+2)+2 & (x<-3) \\ (x+2)^2 & (-3\leq x<-1) \\ (x^2)^2 & (-1\leq x<1) \\ 2(2x-1)-1 & (x\geq 1)\end{cases}$$

$$=\begin{cases} x+4 & (x<-3) \\ (x+2)^2 & (-3\leq x<-1) \\ x^4 & (-1\leq x<1) \\ 4x-3 & (x\geq 1)\end{cases}$$

이므로 $y=g(x)$의 그래프는 다음과 같다.

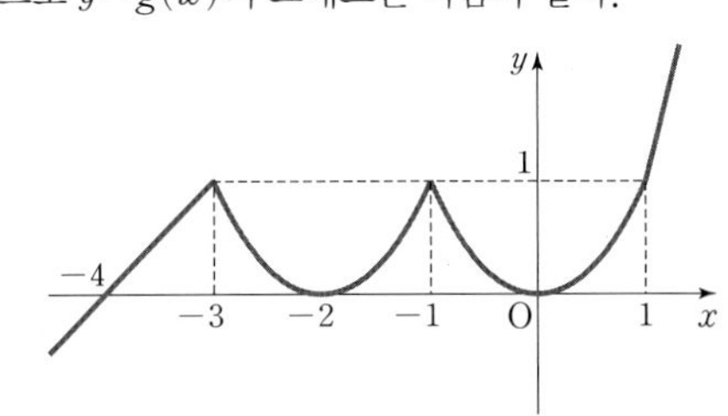

$x=1$에서 좌우 미분계수가 같으므로 $g(x)$는 $x=1$에서 미분가능하다. 미분가능하지 않은 점은 $x=-3$, $x=-1$ 두 개이다.

(2) (i) $k<-1$인 경우: $a_n<-1$이면 $a_{n+1}=a_n+2$이므로 수열 $\{a_n\}$에서 $-1\leq a_m<1$인 m이 존재한다.
그러면 $n>m$인 n에 대하여 $a_{n+1}={a_n}^2$이므로 $a_n={a_m}^{2^{n-m}}$은 $0(-1<a_m<1$인 경우) 또는 $1(a_m=1$인 경우)로 수렴한다.

(ii) $-1<k<1$인 경우: $a_n=k^{2^{n-1}}$은 0으로 수렴한다.

(iii) $k=-1$ 또는 $k=1$인 경우: $a_n=1(n\geq 2)$이다.

따라서 수렴한다.

(ⅳ) $k>1$인 경우: $a_{n+1}=2a_n-1$이고,

$a_n=1+(k-1)2^{n-1}$이므로 발산한다.

따라서 수열 $\{a_n\}$이 극한값을 가질 k의 범위는 $k\le 1$이다.

문제 2 • 62쪽 •

(1) $f(x)=\frac{1}{2}x+x^b(x>0,\ b>0)$이라 하자.

$b=1$일 때 $f(x)$는 직선이다.

$f'(x)=\frac{1}{2}+bx^{b-1}>0$이므로 $f(x)$는 증가함수이고,

$f''(x)=b(b-1)x^{b-2}$이다.

$0<b<1$에서 $f''(x)<0$이므로 $f(x)$는 위로 볼록한 함수, $b>1$일 때 $f''(x)>0$이므로 $f(x)$는 아래로 볼록한 함수이다. 따라서 $x>0$에서의 $f(x)$의 그래프는 다음과 같다.

(ⅰ)

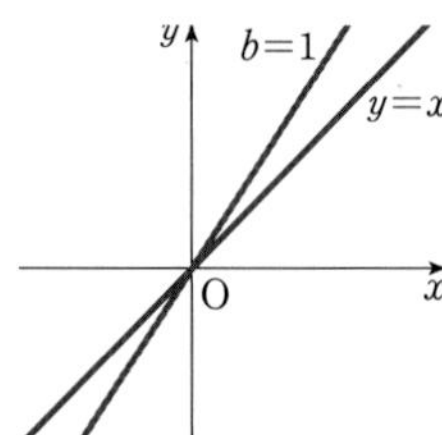

$b=1$의 경우

(ⅱ)

$0<b<1$의 경우

(ⅲ)

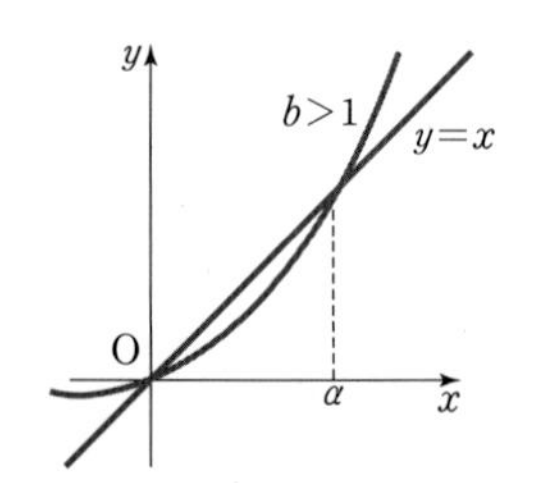

$b>1$의 경우

$y=\frac{1}{2}x+x^b$과 $y=x$의 교점 중 0이 아닌 교점을 α로 놓으면

(ⅰ) $b=1$의 경우: $x_1=a>0$에서 항상 $\lim\limits_{n\to\infty}x_n=\infty$

(ⅱ) $0<b<1$의 경우: $x_1=a>0$에서 항상 $\lim\limits_{n\to\infty}x_n=\alpha$

(ⅲ) $b>1$의 경우:

$$\lim_{n\to\infty}x_n=\begin{cases}0 & (0<a<\alpha)\\ \alpha & (a=\alpha)\\ \infty & (a>\alpha)\end{cases}$$

그러므로 $b>1$일 때 극한값이 2개 이상 존재한다.

(2) $y=\frac{1}{2}x+x^2$과 $y=x$의 교점을 구하면 $x=\frac{1}{2}$이다.

(1)의 (ⅲ) 그림과 같으므로 $0<a<\frac{1}{2}$일 때 모든 자연수 n에 대하여 $\lim\limits_{n\to\infty}x_n=0$이고 $\{x_n\}$은 감소수열이다.

즉, $a=x_1>x_2>\cdots>x_n>\cdots$이고

$0<a<\frac{1}{2}$에서 $a<r<\frac{1}{2}$인 r를 잡으면

$\frac{1}{2}+r>\frac{1}{2}+x_1>\frac{1}{2}+x_2>\cdots>\frac{1}{2}+x_n>\cdots$

이 성립한다. $x_{n+1}=x_n\left(\frac{1}{2}+x_n\right)$이므로

$x_2=x_1\left(\frac{1}{2}+x_1\right)<a\left(\frac{1}{2}+r\right)$

$x_3=x_2\left(\frac{1}{2}+x_2\right)<a\left(\frac{1}{2}+r\right)^2$

⋮

$x_n=x_{n-1}\left(\frac{1}{2}+x_{n-1}\right)<a\left(\frac{1}{2}+r\right)^{n-1}$

이다. 따라서 $\sum\limits_{n=1}^{\infty}x_n<\sum\limits_{n=1}^{\infty}a\left(\frac{1}{2}+r\right)^{n-1}$이 성립한다.

또한 $\frac{1}{2}<\frac{1}{2}+r<1$이므로 $\sum\limits_{n=1}^{\infty}a\left(\frac{1}{2}+r\right)^{n-1}$은 수렴한다.

그러므로 $\sum\limits_{n=1}^{\infty}x_n$도 수렴한다.

(3) $x_1=a>0$이므로 $x_n\neq 0$이고 (1)의 (ⅱ) 그림에서 $\lim\limits_{n\to\infty}x_n=\alpha\neq 0$이므로 수열 $\{x_n\}$의 극한값은 0이 아니다.

문제 3 • 63쪽 •

(1) ① $n=1$이라 하자. 그러면 $x_0=f(x_0)$, $x_2=f(x_1)$, 평균값의 정리, 조건식 ㉠으로부터

$|x_2-x_0|=|f(x_1)-f(x_0)|$

$=|f'(c_1)(x_1-x_0)|<r|x_1-x_0|$

을 얻는다(단, c_1은 x_0과 x_1 사이의 수이다.).

따라서 $n=1$일 때 주어진 부등식은 성립한다.

② $n=k$일 때 $|x_{k+1}-x_0|<r^k|x_1-x_0|$이 성립한다고 가정하자. 이때 $n=k+1$이면 $x_0=f(x_0)$, $x_{k+2}=f(x_{k+1})$, 평균값의 정리, 조건식 ㉠, 그리고 가정에 의해 다음을 얻는다(단, c는 x_0과 x_{k+1} 사이의 수이다.).

$|x_{k+2}-x_0|=|f(x_{k+1})-f(x_0)|$

$=|f'(c)(x_{k+1}-x_0)|$

$<r|x_{k+1}-x_0|=r^{k+1}|x_1-x_0|$

즉, $n=k+1$일 때도 성립하므로 수학적 귀납법에 의해 모든 자연수 n에 대하여 식 ㉢이 성립한다.

(2) x_0이 함수 $f(x)$의 고정점이면

$x_0=f(x_0)=x_0-\frac{g(x_0)}{g'(x_0)}$, 즉 $\frac{g(x_0)}{g'(x_0)}=0$이다.

$g'(x_0)\neq 0$이므로 $g(x_0)=0$이다. 즉, x_0은 방정식 $g(x)=0$의 해이다.

(3) (2)에 의하면 함수 $f(x)$의 고정점 x_0은 방정식 $g(x)=x^2-2=0$의 해이다. 따라서 $x_0=\pm\sqrt{2}$이다. 그런데 이 중에 $\sqrt{2}$가 구간 $[1,\ 3]$에 속하므로 $\sqrt{2}$가 고정점이다.

한편, 함수 $f(x)=\frac{1}{2}x+\frac{1}{x}$에 대해 점화식 ㉡이 생성하

는 수열은 $x_{n+1}=\frac{1}{2}x_n+\frac{1}{x_n}$이다.

따라서 $x_1=2$일 때, x_2, x_3을 구하면

$x_2=\frac{1}{2}\cdot 2+\frac{1}{2}=\frac{3}{2}$, $x_3=\frac{1}{2}\cdot\frac{3}{2}+\frac{1}{\frac{3}{2}}=\frac{17}{12}$이다.

(4) 함수 $f(x)$의 도함수는 $f'(x)=\frac{1}{2}-\frac{1}{x^2}$이므로 다음 표에서 $1\le x\le 3$이면 분명히 $1<f(x)<3$이다.

x	1	$\cdots$	$\sqrt{2}$	$\cdots$	3
$f'(x)$	−	−	0	+	+
$f(x)$	$\frac{3}{2}$	↘	최솟값($\sqrt{2}$)	↗	$\frac{11}{6}$

(5) $h(x)=f'(x)=\frac{1}{2}-\frac{1}{x^2}$로 놓으면 $h'(x)=f''(x)=\frac{2}{x^3}$이다. 따라서 $x>1$에서 $h'(x)>0$이므로 $h(x)=f'(x)$는 증가함수이며 $h(1)=-\frac{1}{2}$이다. 또한 $x>1$이면

$h(x)=\frac{1}{2}-\frac{1}{x^2}<\frac{1}{2}$이다. 따라서 $1<x<3$에서

$-\frac{1}{2}<h(x)<\frac{1}{2}$, 즉 $|f'(x)|<\frac{1}{2}$이다.

(6) 함수 $f(x)=\frac{1}{2}x+\frac{1}{x}$은 구간 $[1, 3]$에서 연속이고 구간 $(1, 3)$에서 미분가능하다. $x_1=2$이면 수열 $\{x_n\}$의 모든 항 x_n과 함수 $f(x)$의 고정점 $x_0=\sqrt{2}$는 (4)에 의하면 구간 $(1, 3)$에 있다. 또한 (5)에 의하면 구간 $1<x<3$에서

$|f'(x)|<\frac{1}{2}$이므로 식 ㉠을 만족시키는 r는 $r\ge\frac{1}{2}$이다.

이때 $r=\frac{1}{2}$로 택하면 부등식 ㉢이 성립한다.

즉, $x_0=\sqrt{2}$, $x_1=2$이므로

$$-\left(\frac{1}{2}\right)^{n-1}|2-\sqrt{2}|<x_n-\sqrt{2}<\left(\frac{1}{2}\right)^{n-1}|2-\sqrt{2}| \quad (n=2, 3, \cdots)$$

이다. $\lim_{n\to\infty}\left(\frac{1}{2}\right)^{n-1}=0$이므로 $\lim_{n\to\infty}(x_n-\sqrt{2})=0$이다.

따라서 $\lim_{n\to\infty}x_n=x_0=\sqrt{2}$이다.

문제 4 • 64쪽 •

(1) $p=\frac{n}{m}$, $q=\frac{i}{j}$(i, j, m, n은 자연수)라 놓고, 자연수 지수에서의 지수법칙을 사용하면

$$a^pa^q=a^{\frac{n}{m}}a^{\frac{i}{j}}=\sqrt[m]{a^n}\sqrt[j]{a^i}=\sqrt[mj]{a^{nj}}\sqrt[mj]{a^{mi}}$$
$$=\sqrt[mj]{a^{nj}a^{mi}}=\sqrt[mj]{a^{nj+mi}}$$

이고 정의에 의하여

$\sqrt[mj]{a^{nj+mi}}=a^{\frac{nj+mi}{mj}}=a^{\frac{n}{m}+\frac{i}{j}}=a^{p+q}$이다.

따라서 $a^pa^q=a^{p+q}$가 성립한다.

(2) 먼저 $a_1=\sqrt{2}$, $a_{n+1}=\sqrt{2+a_n}$으로 정의된 수열이 단조증가하며 위로 유계임을 수학적 귀납법으로 보이자.

$a_1=\sqrt{2}<2$이다. 이제 임의의 자연수 k에 대하여 $a_k<2$라고 가정하자.

이때 $a_{k+1}=\sqrt{2+a_k}<\sqrt{2+2}=2$이므로 수학적 귀납법에 의하여 모든 자연수 n에 대하여 $a_n<2$이다. 따라서 위 수열은 위로 유계이다. 또한 $a_n<2$와 $a_{n+1}=\sqrt{2+a_n}$으로부터 $a_{n+1}{}^2=2+a_n>a_n+a_n=2a_n>a_n{}^2$이므로 위 수열은 단조증가이다.

위 수열은 단조증가이고 위로 유계이므로 제시문 (나)에 의하여 극한이 존재한다.

$x=\lim_{n\to\infty}a_n$으로 놓으면 $x>0$이고 $a_{n+1}=\sqrt{2+a_n}$에서 $n\to\infty$의 극한을 취하면 $x=\sqrt{2+x}$, 즉 이차방정식 $x^2-x-2=0$이 성립하고 $x>0$이므로 $x=2$를 얻는다.

따라서 위 수열이 수렴하는 극한값은 2이다.

(3) 양의 실수 x, y의 무한소수 표기를 각각 $x=x_0.x_1x_2\cdots x_k\cdots$와 $y=y_0.y_1y_2\cdots y_k\cdots$라 하고 자연수 n에 대하여 유리수 p_n, q_n을

$p_n=x_0.x_1x_2\cdots x_n$, $q_n=y_0.y_1y_2\cdots y_n$이라 정의하면

제시문 (다)에 의하여

$2^x=\lim_{n\to\infty}2^{p_n}$, $2^y=\lim_{n\to\infty}2^{q_n}$ 그리고 $2^{x+y}=\lim_{n\to\infty}2^{p_n+q_n}$이다.

수렴하는 수열에서 극한의 성질과 유리수 지수에서의 지수법칙에 의하여 다음이 성립한다.

$$2^x2^y=\lim_{n\to\infty}2^{p_n}\lim_{n\to\infty}2^{q_n}=\lim_{n\to\infty}2^{p_n}2^{q_n}=\lim_{n\to\infty}2^{p_n+q_n}=2^{x+y}$$

이제 $\log_2 3=x$, $\log_2 5=y$로 놓으면 $2^x=3$, $2^y=5$이고 x, y는 양의 실수이므로

$15=3\times 5=2^x2^y=2^{x+y}$이 성립한다.

따라서 $\log_2 3+\log_2 5=x+y=\log_2 15$이다.

문제 5 • 65쪽 •

(1) 수열 $\{a_n\}$이 수렴한다고 하였으므로 그 극한값을 α라 하자. 그러면

$\lim_{n\to\infty}a_n=\lim_{n\to\infty}a_{n+1}=\alpha$

이고 제시문 (나)의 식 ㉠의 양변에 극한을 취하면

$\alpha=\alpha+\beta\alpha(K-\alpha)$이다.

이를 정리하면 $\alpha\beta(\alpha-K)=0$이므로 $\alpha=0$ 또는 $\alpha=K$이다. $a_n>0$이므로 $\lim_{n\to\infty}a_n=K$이다.

(2) 함수 $y=-\beta x^2+(K\beta+1)x$와 $y=x$를 생각하자.

여기서 $x=a_0$일 때, $y=a_1$이 된다. 이때 교점의 좌표는 (K, K)이고 꼭짓점의 x좌표는 $\frac{K}{2}+\frac{1}{2\beta}$이다. 여기서

$0<\beta<\frac{1}{2K}$이므로 $\frac{1}{\beta}>2K$이고 $\frac{K}{2}+\frac{1}{2\beta}>\frac{3}{2}K>K$

이다. 즉, 포물선의 꼭짓점이 두 함수의 교점보다 우측에 있게 된다.

먼저 초기 개체수가 $K<a_0<2K$이면 a_0은 K보다 우측

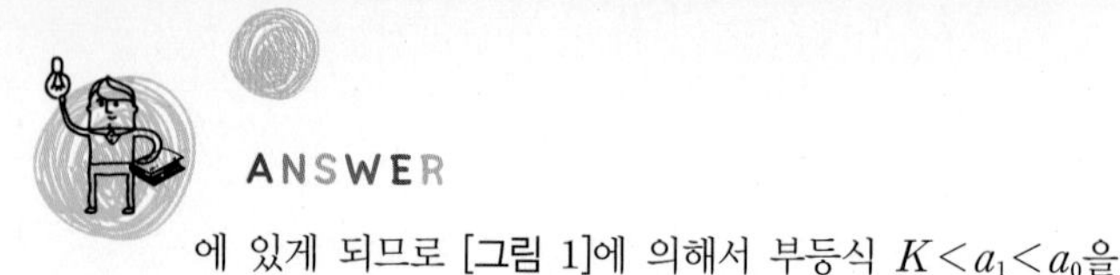

에 있게 되므로 [그림 1]에 의해서 부등식 $K<a_1<a_0$을 만족한다.

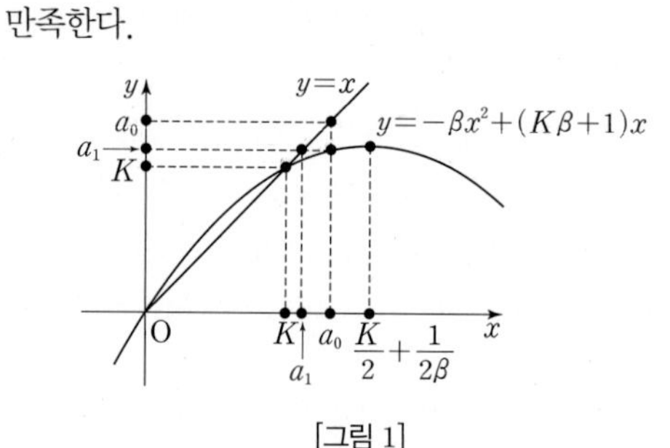

[그림 1]

또 $0<a_0<K$이면 a_0은 0과 K 사이에 존재하므로 [그림 2]에 의해 $a_0<a_1<K$이다.

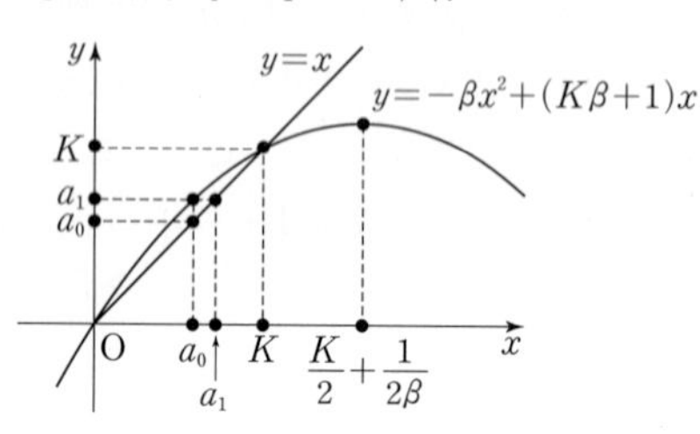

[그림 2]

(3) 함수 $y=-\beta x^2+(K\beta+1)x$와 $y=x$의 교점을 A, 점 A의 포물선의 축에의 대칭점을 B라 하자. 포물선의 꼭짓점의 x좌표가 $\frac{K}{2}+\frac{1}{2\beta}$이고 $\frac{K}{2}+\frac{1}{2\beta}>\frac{3}{2}K$이므로 점 B의 x좌표는 $2K$보다 크다.
따라서 초기 개체수가 $K<a_0<2K$이면 a_0은 점 A의 x절편과 점 B의 x절편 사이에 있게 되므로 [그림 3]과 같이 개체수 a_n의 값이 K가 될 때까지 감소한다.

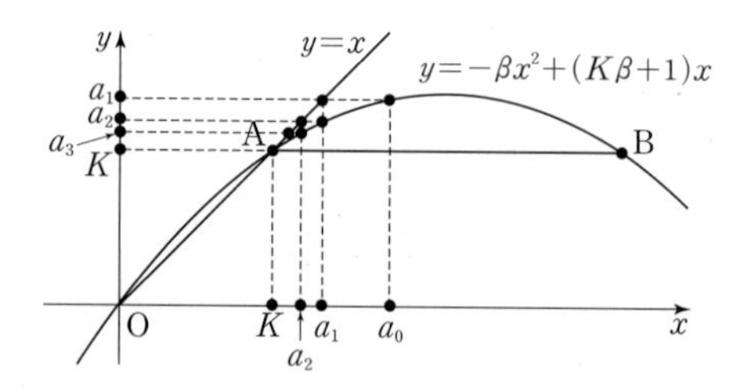

[그림 3]

또 $0<a_0<K$이면 a_0은 원점과 점 A의 x절편 사이에 존재하므로 [그림 4]에서와 같이 개체수가 K가 될 때까지 증가한다.

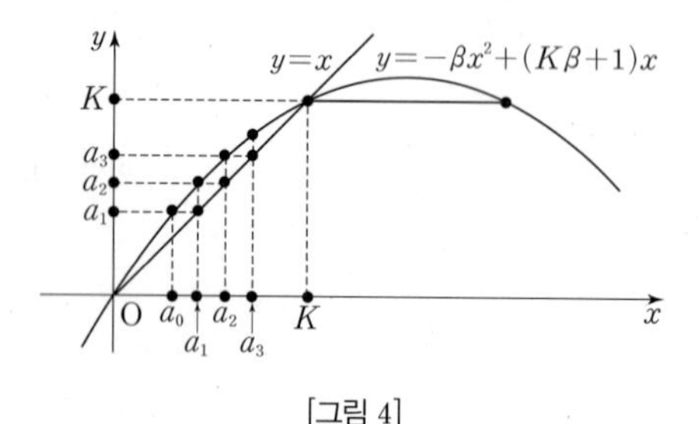

[그림 4]

주제별 강의 제 3 장

원리합계

문제 1 • 69쪽 •

(1) $4.5+4.5(1+r)+4.5(1+r)^2+\cdots+4.5(1+r)^{23}$
$=\frac{4.5\{(1+r)^{24}-1\}}{r}$(만 원)

(2) 납부한 금액의 원리합계와 90만 원의 24개월 후의 가치가 같아야 하므로
$\frac{4.5\{(1+r)^{24}-1\}}{r}=90(1+r)^{24}$
이어야 한다. 이 식을 정리하면
$20r(1+r)^{24}-(1+r)^{24}+1=0$
이다.

(3) $f(r)=20r(1+r)^{24}-(1+r)^{24}+1$이라 하면 $f(r)$는 연속함수이고
$f(0.01)=0.2\times1.01^{24}-1.01^{24}+1=-0.8\times1.01^{24}+1$
이다. 그런데 $1.01^{24}=1.27$이므로
$f(0.01)=-0.8\times1.27+1=-0.016<0$
이고
$f(1)=20\times2^{24}-2^{24}+1=19\times2^{24}+1>0$
이다. 따라서 제시문 (나)의 사이값의 정리에 의하여 $f(c)=0$이 되는 c가 0.01과 1 사이에 존재한다.

다른 답안

$f(r)=20r(1+r)^{24}-(1+r)^{24}+1$로 놓으면
$f(0.001)=20\times0.001\times1.024-1.024+1$
$=0.02048-1.024+1<0$
$f(0.01)=20\times0.01\times1.270-1.270+1$
$=0.2540-1.270+1<0$
$f(0.02)=20\times0.02\times1.608-1.608+1$
$=0.6432-1.608+1>0$
따라서 방정식 $f(r)=0$을 만족하는 r는 사이값의 정리에 의해 0.01과 0.02 사이에 존재한다.

문제 2 • 70쪽 •

(1) ① t 시점의 원금이 $A(t)$이고 이자는
$$A\left(t+\frac{1}{m}\right)-A(t)=A(t)\left(1+\frac{r_m}{m}\right)-A(t)$$
$$=A(t)\frac{r_m}{m}$$
이 되므로
$$\frac{r_m}{m}=\frac{A\left(t+\frac{1}{m}\right)-A(t)}{A(t)}$$
가 된다.

② 연이율 r_1이나 명목이율 r_m에 대한 1년 후의 원리합계가 같아야 하므로

$A(t+1)=A(t)\left(1+\frac{r_m}{m}\right)^m=A(t)(1+r_1)$에서

$(1+r_1)=\left(1+\frac{r_m}{m}\right)^m$이 된다.

따라서 이항전개에 의하여

$\left(1+\frac{r_m}{m}\right)^m$

$=1+m\cdot\frac{r_m}{m}+\frac{m(m-1)}{2!}\left(\frac{r_m}{m}\right)^2+\cdots+\left(\frac{r_m}{m}\right)^m$

을 얻는다. 그러므로

$1+r_1=\left(1+\frac{r_m}{m}\right)^m=1+r_m+\frac{m-1}{2m}(r_m)^2+\cdots$

따라서 $r_1=r_m+\frac{m-1}{2m}r_m^{\ 2}+\cdots>r_m\ (m\geq 2)$

③ ①로부터 $\frac{r_m}{m}=\frac{A\left(t+\frac{1}{m}\right)-A(t)}{A(t)}$이므로

$r_m=\frac{m\times\left\{A\left(t+\frac{1}{m}\right)-A(t)\right\}}{A(t)}$

$=\frac{\left\{\frac{A\left(t+\frac{1}{m}\right)-A(t)}{\frac{1}{m}}\right\}}{A(t)}$

가 된다. $\lim_{m\to\infty}\frac{A\left(t+\frac{1}{m}\right)-A(t)}{\frac{1}{m}}=A'(t)$이므로

$\lim_{m\to\infty}r_m=\frac{A'(t)}{A(t)}$가 된다.

따라서 m을 한없이 크게 할 때 명목이율 r_m은 $\frac{A'(t)}{A(t)}$로 수렴한다.

(2) ① 1억 원을 연이율 10 %($=r_1$)로 5년 만기 대출을 했을 때 만기 시 원리합계는

$100{,}000{,}000\times(1+0.1)^5$(원) ...... ㉠

이 된다.

한편, 매월 초 a원을 이율 $r_{12}=6\ \%$로 5년짜리 예금을 들었을 때 원리합계는 다음과 같다.

$r_{12}=6\ \%$이므로 $\frac{r_{12}}{12}=\frac{6\%}{12}=0.005$가 된다. 이제 매월 초에 예금에 대한 원리합계는 다음과 같다.

첫 번째 달 초의 예금 a에 대한 원리합계는

$a(1+0.005)^{12\times5}=a(1+0.005)^{60}$

두 번째 달 초의 예금 a에 대한 원리합계는

$a(1+0.005)^{12\times5-1}=a(1+0.005)^{59}$

$\cdots$

마지막으로 예금하는 달 초의 예금 a에 대한 원리합계는 $a(1+0.005)$가 된다.

따라서 5년 후 예금된 총 원리합계는

$a\times(1+0.005)+a\times(1+0.005)^2+\cdots+a\times(1+0.005)^{60}$

$=a\times(1.005)\{1+1.005+\cdots+(1.005)^{59}\}$

$=a\times(1.005)\frac{1.005^{60}-1}{1.005-1}$ ...... ㉡

그러므로 ㉠≤㉡이 되는 최소한의 a를 찾아야 한다.

따라서

$100{,}000{,}000\times(1+0.1)^5\leq a\times(1.005)\frac{1.005^{60}-1}{0.005}$

로부터 a에 대한 부등식을 구하면

$a\geq\frac{(100{,}000{,}000)\times(1.1)^5\times(0.005)}{(1.005)\times\{(1.005)^{60}-1\}}$

$=\frac{800{,}000}{1.005\times0.35}=\frac{800{,}000}{0.35175}$

$=2{,}274{,}343$

$\fallingdotseq 2{,}280{,}000$(원)

이 된다. 따라서 구하는 a의 값은 228만 원이다.

② ①에서와 비슷하게

첫 번째 달 초의 예금 b에 대한 원리합계는

$b(1+0.005)^{12\times5}=b(1.005)^{60}$,

두 번째 달 초의 예금 b에 대한 원리합계는

$b(1+0.005)^{12\times5-1}=b(1.005)^{59}$,

세 번째 달 초의 예금 b에 대한 원리합계는

$b(1+0.005)^{12\times5-2}=b(1.005)^{58}$,

$\cdots$

열두 번째 달 초의 예금 b에 대한 원리합계는

$b(1+0.005)^{12\times5-11}=b(1.005)^{49}$

이다. 대출 시점으로부터 1년 후 매월 100,000원씩 추가되므로

첫 번째 달(열세 번째 달) 초의 예금 b에 대한 원리합계는

$(b+10{,}000)(1+0.005)^{12\times5-12}$

$=(b+10{,}000)(1.005)^{48}$,

두 번째 달(열세 번째 달) 초의 예금 b에 대한 원리합계는

$(b+20{,}000)(1+0.005)^{12\times5-13}$

$=(b+20{,}000)(1.005)^{47}$,

$\cdots$

마지막으로 예금하는 달 초의 예금 b에 대한 원리합계는

$(b+480{,}000)(1+0.005)=(b+480{,}000)(1.005)$

이다. 따라서 5년 후 예금된 총 원리합계는 다음의 ㉠과 ㉡의 합이다.

$b(1.005)^{60}+b(1.005)^{59}+\cdots+b(1.005)+$ ...... ㉠

$(10{,}000)(1.005)^{48}+(20{,}000)(1.005)^{47}+\cdots$

$+(480{,}000)(1.005)$ ...... ㉡

따라서 계산하면

$b\times(1.005)\frac{1.005^{60}-1}{1.005-1}$

㉡의 값을 구해 보자. 이 식의 값을 S라 하면 다음을 얻는다.

$S=(10,000)(1.005)^{48}+(20,000)(1.005)^{47}+\cdots$
$+(480,000)(1.005)$

$(1.005)S=(10,000)(1.005)^{49}+(20,000)(1.005)^{48}$
$+\cdots+(480,000)(1.005)^2$

아래 식에서 위 식을 빼면

$$\begin{aligned}(0.005)S&=(10,000)(1.005)^{49}+(10,000)(1.005)^{48}\\&\quad+\cdots+(10,000)(1.005)^2\\&\quad-(480,000)(1.005)\\&=(10,000)(1.005)^{49}+(10,000)(1.005)^{48}\\&\quad+\cdots+(10,000)(1.005)\\&\quad-(490,000)(1.005)\end{aligned}$$

를 얻는다. 따라서 S의 값을 구하면 다음과 같다.

$$\begin{aligned}S&=\frac{1}{0.005}\times10,000\times(1.005)\\&\qquad\times\{(1+1.005+\cdots+1.005^{48})-49\}\\&=\frac{1.005}{0.005}\times10,000\times\left(\frac{1.005^{49}-1}{1.005-1}-49\right)\\&=201\times10,000\times7\\&=14,070,000\end{aligned}$$

b를 구하기 위하여 ㉠과 ㉡을 더하고 아래의 절차를 거치면 구하는 값을 얻을 수 있다. 따라서

$$100,000,000\times(1+0.1)^5$$
$$\le b\times(1.005)\frac{1.005^{60}-1}{1.005-1}+S$$

$$\begin{aligned}\therefore b&\ge\frac{\{100,000,000\times(1+0.1)^5-S\}\times0.005}{(1.005)(1.005^{60}-1)}\\&=\frac{(160,000,000-14,070,000)\times0.005}{1.005\times0.35}\\&=\frac{145930000\times0.005}{0.35175}\\&=\frac{729650}{0.35175}\\&=2,074,343\fallingdotseq2,080,000(\text{원})\end{aligned}$$

따라서 구하는 b의 값은 208만 원이다.

문제 3 • 71쪽 •

(1) 원금을 A원이라고 할 때, $\frac{1}{n}$년 이율 r_n을 적용한 1년 후의 원리합계와 연이율 r를 적용한 1년 후의 원리합계는 같아야 하므로 다음이 성립한다.

$A(1+r_n)^n=A(1+r)$

위 식으로부터 다음과 같이 r_n을 r에 관한 식으로 표현할 수 있다.

$r_n=(1+r)^{\frac{1}{n}}-1$ (또는 $r_n=\sqrt[n]{1+r}-1$)

(※ 첫 번째 방정식을 구할 때 원금 A에 관한 언급 없이 $(1+r_n)^n=(1+r)$로 기술해도 맞는 것으로 합니다.)

(2) 이항정리는 다음과 같다.

임의의 실수 a, b와 자연수 n에 대하여 다음이 성립한다.

$(a+b)^n=\sum_{k=0}^{n}{}_nC_ka^kb^{n-k}$ (또는 $(a+b)^n=\sum_{k=0}^{n}{}_nC_ka^{n-k}b^k$)

월이율 r_{12}의 값을 계산할 수 있는 식은 다음과 같다.

$(1+r_{12})^{12}=1+r$ …… ㉠

여기에서 이항정리를 이용하여 좌변을 전개하면

$(1+r_{12})^{12}=1+{}_{12}C_1(r_{12})^1+{}_{12}C_2(r_{12})^2+{}_{12}C_3(r_{12})^3$
$+\cdots+{}_{12}C_{12}(r_{12})^{12}$ …… ㉡

그런데 저금리의 경우에는 r_{12}의 값이 0에 가까운 값이므로 ㉡의 우변에서 r_{12}의 2차항 이상인 제3항부터 마지막 항까지는 제1항과 제2항에 비해 무시할 수 있을 만큼 작은 것으로 생각할 수 있다. 따라서 우변의 제2항까지만을 좌변의 근삿값으로 놓고 이를 ㉠의 우변과 비교하면 다음과 같다.

$1+r\fallingdotseq1+12r_{12}$

이로부터 $r_{12}\fallingdotseq\frac{r}{12}$를 월이율 r_{12}의 근삿값으로 사용할 수 있다.

(3) 임의의 실수 a에 대하여

$\lim_{n\to\infty}\left(1+\frac{a}{n}\right)^n=e^a$

이 성립함을 이용함으로써 다음과 같이 W_1과 W_2의 값을 구할 수 있다.

$$\begin{aligned}W_1&=\lim_{n\to\infty}\frac{(1+s_n)^n}{1+r}=\lim_{n\to\infty}\frac{\left(1+\frac{r}{n}\right)^n}{1+r}\\&=\lim_{n\to\infty}\frac{\left(1+\frac{r}{n}\right)^{\frac{n}{r}\times r}}{1+r}=\frac{e^r}{1+r}\end{aligned}$$

$$\begin{aligned}W_2&=\lim_{n\to\infty}\frac{(1+t_n)^n}{1+r}\\&=\lim_{n\to\infty}\frac{\left\{1+\frac{1}{n}\log_e(1+r)\right\}^n}{1+r}\\&=\frac{e^{\log_e(1+r)}}{1+r}=\frac{1+r}{1+r}=1\end{aligned}$$

$W_1\ne1$, $W_2=1$이므로 $t_n=\frac{1}{n}\log_e(1+r)$가 $s_n=\frac{r}{n}$보다 초단기이율에 대한 근사효율 면에서 더 좋다고 할 수 있다.

참고

W_1과 W_2의 값을 다음과 같이 구할 수도 있다.

$$\begin{aligned}W_1&=\lim_{n\to\infty}\frac{(1+s_n)^n}{1+r}=\lim_{n\to\infty}\frac{\left(1+\frac{r}{n}\right)^n}{1+r}\\&=\lim_{n\to\infty}\frac{\left\{\left(1+\frac{1}{\frac{n}{r}}\right)^{\frac{n}{r}}\right\}^r}{1+r}\\&=\frac{e^r}{1+r}\end{aligned}$$

$$\begin{aligned}W_2&=\lim_{n\to\infty}\frac{(1+t_n)^n}{1+r}\\&=\lim_{n\to\infty}\frac{\left\{1+\frac{1}{n}\log_e(1+r)\right\}^n}{1+r}\end{aligned}$$

$$=\lim_{n\to\infty}\frac{\left[\left\{1+\dfrac{1}{\dfrac{n}{\log_e(1+r)}}\right\}^{\frac{n}{\log_e(1+r)}}\right]^{\log_e(1+r)}}{1+r}$$

$$=\frac{e^{\log_e(1+r)}}{1+r}=\frac{1+r}{1+r}=1$$

문제 4 • 72쪽 •

(1) 원금 P를 1년 동안 복리 10 %로 예금하였을 때의 원리합계는 $P(1+0.1)$,

6개월$\left(=\frac{1}{2}\text{년}\right)$마다 복리 5 %이면

$P\left(1+\frac{0.1}{2}\right)\left(1+\frac{0.1}{2}\right)=P\left(1+\frac{0.1}{2}\right)^2$

3개월$\left(=\frac{1}{4}\text{년}\right)$마다 복리 2.5 %이면

$P\left(1+\frac{0.1}{4}\right)\left(1+\frac{0.1}{4}\right)\left(1+\frac{0.1}{4}\right)\left(1+\frac{0.1}{4}\right)$

$=P\left(1+\frac{0.1}{4}\right)^4$

이다.

(2) (1)과 같이 생각하면 복리 산정기간이 $\frac{1}{m}$년이면 매 $\frac{1}{m}$년마다 복리 $\frac{10}{m}$ %를 적용하므로 원리합계의 식은 $P\left(1+\frac{0.1}{m}\right)^m$이 됨을 알 수 있다. 복리 산정기간 $\left(\text{즉, }\frac{1}{m}\text{년}\right)$을 무한히 작게 한다는 것은 m을 무한히 크게 하는 것이므로 원리합계는 $^*\lim_{t\to\infty}\left(1+\frac{x}{t}\right)^t=e^x$을 이용하여 $\lim_{m\to\infty}P\left(1+\frac{0.1}{m}\right)^m=P\lim_{m\to\infty}\left(1+\frac{0.1}{m}\right)^m=Pe^{0.1}$임을 알 수 있다.

(*) $\frac{x}{t}=h$로 놓으면 $t\to\infty$일 때 $h\to 0$이므로

$\lim_{t\to\infty}\left(1+\frac{x}{t}\right)^t=\lim_{h\to 0}(1+h)^{\frac{x}{h}}=\lim_{h\to 0}\{(1+h)^{\frac{1}{h}}\}^x=e^x$

(3) (2)에 의하여

$Q(x)=Pe^{\frac{x}{100}}$, $Q(2x)=Pe^{\frac{2x}{100}}$, $Q(3x)=Pe^{\frac{3x}{100}}$, $\cdots$, $Q(nx)=Pe^{\frac{nx}{100}}$

임을 알 수 있다.

한편, $f(x)=\ln(e^{\frac{x}{100}}+e^{\frac{2x}{100}}+e^{\frac{3x}{100}}+\cdots+e^{\frac{nx}{100}})$로 놓으면

$f(0)=\ln n$이고, $P=1$이므로

$$\lim_{x\to 0}\left[\frac{1}{x}\ln\left\{\frac{Q(x)+Q(2x)+Q(3x)+\cdots+Q(nx)}{n}\right\}\right]$$

$$=\lim_{x\to 0}\frac{\ln\{Q(x)+Q(2x)+Q(3x)+\cdots+Q(nx)\}-\ln n}{x}$$

$$=\lim_{x\to 0}\frac{\ln(e^{\frac{x}{100}}+e^{\frac{2x}{100}}+e^{\frac{3x}{100}}+\cdots+e^{\frac{nx}{100}})-\ln n}{x}$$

$$=\lim_{x\to 0}\frac{f(x)-f(0)}{x}$$

$=f'(0)$이다.

따라서

$$f'(x)=\frac{\frac{1}{100}e^{\frac{x}{100}}+\frac{2}{100}e^{\frac{2x}{100}}+\frac{3}{100}e^{\frac{3x}{100}}+\cdots+\frac{n}{100}e^{\frac{nx}{100}}}{e^{\frac{x}{100}}+e^{\frac{2x}{100}}+e^{\frac{3x}{100}}+\cdots+e^{\frac{nx}{100}}}$$

이므로

$$f'(0)=\frac{\frac{1}{100}+\frac{2}{100}+\frac{3}{100}+\cdots+\frac{n}{100}}{1+1+1+\cdots+1}$$

$$=\frac{\frac{1}{100}\times\frac{n(n+1)}{2}}{n}$$

$$=\frac{n+1}{200}$$

이다.

문제 5 • 73쪽 •

(1)

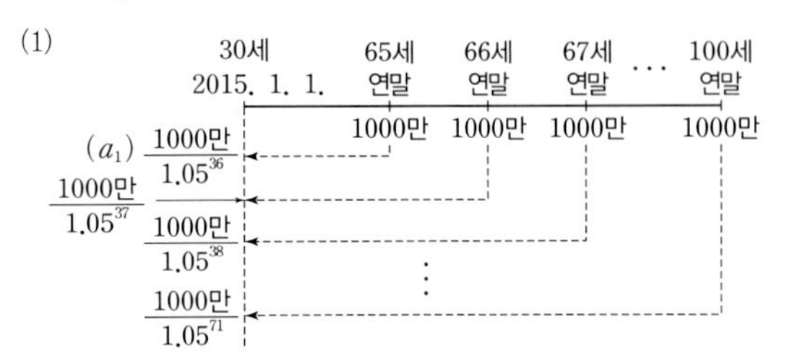

$a_1(1+0.05)^{36}=1000$만에서 $a_1=\frac{1000만}{1.05^{36}}$

김이화 과장이 첫 번째(65세 때) 받는 1000만 원의 현재가치(2015년 1월 1일)를 a_1이라고 할 때 $a_1=1000(1.05)^{-36}$으로 나타낼 수 있다. 김이화 과장은 100세까지 총 36번의 1000만 원을 수령하였는데, 일반적으로 김이화 과장이 n번째 받는 1000만 원의 현재가치는 $a_n=1000(1.05)^{-(35+n)}(n=1,\ 2,\ 3,\ \cdots,\ 36)$으로 나타낼 수 있다. 이는 첫째항이 a_1 그리고 공비가 $(1.05)^{-1}$인 등비수열이고, 총 36번 받은 1000만 원의 현재가치의 합은 이 등비급수의 제1항부터 제36항까지의 합이므로 다음과 같이 계산된다.

$$S_a=a_1\cdot\frac{1-1.05^{-36}}{1-1.05^{-1}}$$

$$=1000(1.05)^{-36}\cdot\frac{1-1.05^{-36}}{1-1.05^{-1}}$$

$$\fallingdotseq 1000\cdot 0.17\cdot(1-0.17)\cdot 21=2963.1(\text{만 원})$$

다른 답안

김이화 과장이 100세 말(2085년 12월 31일)까지 받은 돈의 원리합계를 구하면

$$1000\cdot\frac{1.05^{36}-1}{1.05-1}$$

이를 김이화 과장이 30세 초일 때(2015년 1월 1일) 가치로 환산한다.

$$S_a=1000(1.05)^{-71}\cdot\frac{1.05^{36}-1}{1.05-1}$$

$$=1000(1.05)^{-36}\cdot\frac{1-1.05^{-36}}{1-1.05^{-1}}$$

$$\fallingdotseq 1000\cdot 0.17\cdot(1-0.17)\cdot 21=2963.1(\text{만 원})$$

(2)

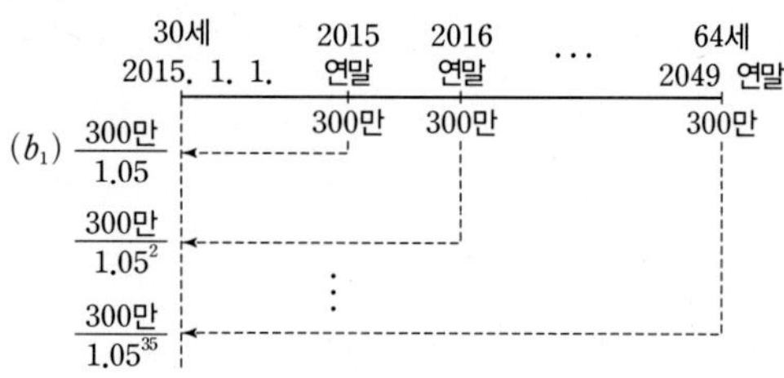

$b_1(1+0.05)=300$만에서 $b_1=\frac{300만}{1.05}$

김이화 과장이 첫 번째(30세때) 적립하는 적금액(300만 원)의 현재가치(2015년 1월 1일)를 b_1이라고 할 때 $b_1=300(1.05)^{-1}$으로 나타낼 수 있다. 김이화 과장은 64세까지 총 35번 매회 300만 원씩을 적립하였는데, 일반적으로 김이화 과장이 n번째 적립한 금액의 현재가치는 $b_n=300(1.05)^{-n}(n=1, 2, 3, \cdots, 35)$으로 나타낼 수 있다. 이는 첫째항이 b_1 그리고 공비가 $(1.05)^{-1}$인 등비수열이고, 총 35번 적금의 현재가치의 합은 이 등비급수의 제1항부터 제35항까지의 합이므로

$$S_b=b_1\cdot\frac{1-1.05^{-35}}{1-1.05^{-1}}=300(1.05)^{-1}\cdot\frac{1-1.05^{-35}}{1-1.05^{-1}}$$

$\fallingdotseq 300\cdot 0.95\cdot(1-0.18)\cdot 21=4907.7$(만 원)으로 구할 수 있다. (1)에서 구한 퇴직금의 현재가치는 $S_a=2963.1$이고 $S_a<S_b$이므로 김이화 과장의 적금은 퇴직금을 충당하기에 충분함을 알 수 있다.

다른 답안

김이화 과장이 100세 말(2085년 12월 31일)까지 받은 돈의 원리합계를 구하면

$$A=1000\cdot\frac{1.05^{36}-1}{1.05-1}$$

이다. 이제 김이화 과장이 64세 말(2049년 12월 31일)까지 적립한 돈의 원리합계를 구한 후 이 적금의 2085년 12월 31일 가치로 환산하면

$$B=\left(300\cdot\frac{1.05^{35}-1}{1.05-1}\right)(1.05)^{36}$$

이다. B가 A보다 크므로 이 적금은 퇴직금을 충당하기에 충분하다.

(3) 확률변수 X_1을 김이화 과장이 첫 번째 해에 적립할 금액의 현재가치라고 하면 X_1의 확률분포는

X_1	0	$K(1.05)^{-1}$
$P(X_1=x)$	$1-\frac{95}{100}$	$\frac{95}{100}$

이므로 X_1의 기댓값은

$$E(X_1)=K(1.05)^{-1}\cdot\frac{95}{100}+0\cdot\left(1-\frac{95}{100}\right)=K\frac{95}{105}$$

이다.

일반적으로 확률변수 X_n을 김이화 과장이 n번째 해에 적립할 금액의 현재가치라고 하면 X_n의 확률분포는

X_n	0	$K(1.05)^{-n}$
$P(X_n=x)$	$1-\left(\frac{95}{100}\right)^n$	$\left(\frac{95}{100}\right)^n$

이므로 X_n의 기댓값은

$$E(X_n)=K(1.05)^{-n}\left(\frac{95}{100}\right)^n+0\cdot\left\{1-\left(\frac{95}{100}\right)^n\right\}$$

$$=K\left(\frac{95}{105}\right)^n$$

이다.

김이화 과장은 최대 35번째 해까지 적립을 하는데 이때 적금액의 현재가치 S_1은 $S_1=E(X_1)+\cdots+E(X_{35})$로 나타낼 수 있고, 이는 첫째항이 $K\frac{95}{105}$이고 공비가 $\frac{95}{105}$인 등비수열의 제1항부터 제35항까지의 합이므로

$$S_1=E(X_1)+\cdots+E(X_{35})$$

$$=K\frac{95}{105}\cdot\frac{1-\left(\frac{95}{105}\right)^{35}}{1-\frac{95}{105}}$$

$$\fallingdotseq K\cdot 0.90\cdot(1-0.030)\cdot 10.5$$

$$=K\cdot 9.1665$$

이다. 이제 확률변수 Y_1을 김이화 과장이 첫 번째(65세 때) 받을 퇴직금 수령액의 현재가치라고 하면 Y_1의 확률분포는

x	0	$1000(1.05)^{-36}$
$P(Y_1=x)$	$1-\left(\frac{95}{100}\right)^{36}$	$\left(\frac{95}{100}\right)^{36}$

이므로 Y_1의 기댓값은

$E(Y_1)=1000(1.05)^{-36}\cdot\left(\frac{95}{100}\right)^{36}=1000\left(\frac{95}{105}\right)^{36}$이다.

일반적으로 확률변수 Y_n을 김이화 과장이 n번째 받을 퇴직금 수령액의 현재가치라고 하면 Y_n의 확률분포는

x	0	$1000(1.05)^{-(35+n)}$
$P(Y_n=x)$	$1-\left(\frac{95}{100}\right)^{35+n}$	$\left(\frac{95}{100}\right)^{35+n}$

이므로 Y_n의 기댓값은

$$E(Y_n)=1000(1.05)^{-(35+n)}\cdot\left(\frac{95}{100}\right)^{35+n}$$

$$=1000\left(\frac{95}{105}\right)^{35+n}$$

이다.

김이화 과장은 최대 36번까지 퇴직금 수령액 1000만 원씩을 수령할 수 있는데, 이때 퇴직금의 현재가치는 $S_2=E(Y_1)+\cdots+E(Y_{36})$으로 나타낼 수 있고, 이는 첫째항이 $1000\left(\frac{95}{105}\right)^{36}$이고 공비가 $\frac{95}{105}$인 등비수열의 제1항부터 제36항까지의 합이므로

$$S_2=E(Y_1)+\cdots+E(Y_{36})$$

$$=1000\left(\frac{95}{105}\right)^{36}\cdot\frac{1-\left(\frac{95}{105}\right)^{36}}{1-\frac{95}{105}}$$

$$\fallingdotseq 1000\cdot 0.027\cdot(1-0.027)\cdot 10.5=275.8455$$

이다. 퇴직금의 현재가치와 적립금의 현재가치가 같도록 납입금액 K를 책정한다고 하였으므로 $S_1=S_2$가 되도록 K의 값을 정하면 대략 $\frac{275.8455}{9.1665}\fallingdotseq 30.09$만 원이 된다.

다른 답안

확률변수 S_1을 김이화 과장이 n번째 해의 연초와 연말 사이에 죽었을 경우 적립할 금액들의 현재가치라고 하면 S_1의 확률분포는 다음 표와 같다.

n	1	2	$\cdots$	34	35
x_n	0	$K(1.05)^{-1}$	$\cdots$	$K(1.05)^{-1}+\cdots+K(1.05)^{-34}$	$K(1.05)^{-1}+\cdots+K(1.05)^{-35}$
$P(S_1=x_n)$	$1-\frac{95}{100}$	$\frac{95}{100}-\left(\frac{95}{100}\right)^2$	$\cdots$	$\left(\frac{95}{100}\right)^{33}-\left(\frac{95}{100}\right)^{34}$	$\left(\frac{95}{100}\right)^{35}$

따라서 S_1의 기댓값은

$$E(S_1)=\sum_{n=1}^{35}x_nP(S_1=x_n)$$

$$=K(1.05)^{-1}\cdot\left[\left\{\frac{95}{100}-\left(\frac{95}{100}\right)^2\right\}+\cdots+\left\{\left(\frac{95}{100}\right)^{34}-\left(\frac{95}{100}\right)^{35}\right\}+\left(\frac{95}{100}\right)^{35}\right]$$

$$+K(1.05)^{-2}\cdot\left[\left\{\left(\frac{95}{100}\right)^2-\left(\frac{95}{100}\right)^3\right\}+\cdots+\left\{\left(\frac{95}{100}\right)^{34}-\left(\frac{95}{100}\right)^{35}\right\}+\left(\frac{95}{100}\right)^{35}\right]+\cdots$$

$$+K(1.05)^{-35}\cdot\left(\frac{95}{100}\right)^{35}$$

$$=K(1.05)^{-1}\cdot\left(\frac{95}{100}\right)+K(1.05)^{-2}\cdot\left(\frac{95}{100}\right)^2+\cdots+K(1.05)^{-35}\cdot\left(\frac{95}{100}\right)^{35}$$

이다.

이는 첫째항이 $K\frac{95}{105}$이고 공비가 $\frac{95}{105}$인 등비수열의 제1항부터 제35항까지의 합이므로

$$E(S_1)=K\frac{95}{105}\cdot\frac{1-\left(\frac{95}{105}\right)^{35}}{1-\frac{95}{105}}$$

$$\fallingdotseq K\cdot 0.90\cdot(1-0.030)\cdot 10.5=K\cdot 9.1665$$

이다.

확률변수 S_2를 김이화 과장이 $(35+n)$번째 해의 연초와 연말 사이에 죽었을 경우 적립할 금액들의 현재가치라고 하면 S_2의 확률분포는 다음과 같다.

n	1	$\cdots$	36
x_n	$1000(1.05)^{-35-1}$	$\cdots$	$1000(1.05)^{-35-1}+\cdots+1000(1.05)^{-35-36}$
$P(S_2=x_n)$	$\left(\frac{95}{100}\right)^{35+1}-\left(\frac{95}{100}\right)^{35+2}$	$\cdots$	$\left(\frac{95}{100}\right)^{35+36}$

n	$\cdots$	36
$1000(1.05)^{-35-1}+\cdots+1000(1.05)^{-35-n}$	$\cdots$	$1000(1.05)^{-35-1}+\cdots+1000(1.05)^{-35-36}$
$\left(\frac{95}{100}\right)^{35+35}-\left(\frac{95}{100}\right)^{35+36}$	$\cdots$	$\left(\frac{95}{100}\right)^{35+36}$

따라서 S_2의 기댓값은

$$E(S_2)=\sum_{n=1}^{36}x_nP(S_2=x_n)$$

$$=1000(1.05)^{-36}\cdot\left[\left\{\left(\frac{95}{100}\right)^{36}-\left(\frac{95}{100}\right)^{37}\right\}+\cdots+\left\{\left(\frac{95}{100}\right)^{70}-\left(\frac{95}{100}\right)^{71}\right\}+\left(\frac{95}{100}\right)^{71}\right]$$

$$+1000(1.05)^{-37}\cdot\left[\left\{\left(\frac{95}{100}\right)^{37}-\left(\frac{95}{100}\right)^{38}\right\}+\cdots+\left\{\left(\frac{95}{100}\right)^{70}-\left(\frac{95}{100}\right)^{71}\right\}+\left(\frac{95}{100}\right)^{71}\right]+\cdots$$

$$+1000(1.05)^{-71}\cdot\left(\frac{95}{100}\right)^{71}$$

$$=1000(1.05)^{-36}\cdot\left(\frac{95}{100}\right)^{36}+1000(1.05)^{-37}\cdot\left(\frac{95}{100}\right)^{37}+\cdots+1000(1.05)^{-71}\cdot\left(\frac{95}{100}\right)^{71}$$

이다.

이는 첫째항이 $1000\left(\frac{95}{105}\right)^{36}$이고, 공비가 $\frac{95}{105}$인 등비수열의 제1항부터 제36항까지의 합이므로

$$E(S_2)=1000\left(\frac{95}{105}\right)^{36}\cdot\frac{1-\left(\frac{95}{105}\right)^{36}}{1-\frac{95}{105}}$$

$$\fallingdotseq 1000\cdot 0.027\cdot(1-0.027)\cdot 10.5=275.8455$$

이다.

퇴직금의 현재가치와 적립금의 현재가치가 같도록 납입금액 K를 책정한다고 하였으므로 $S_1=S_2$가 되도록 K의 값을 정하면 대략 $\frac{275.8455}{9.1665}\fallingdotseq 30.09$만 원이 된다.

ANSWER

Ⅳ 미분법

TRAINING

수리논술 기출 및 예상 문제

● 88쪽 ~ 107쪽 ●

01 (1) $x=y=0$일 때, $f(0+0)=f(0)+f(0)+g(0)-2$이고 $g(0)=1$이므로 $f(0)=1$이다.

(2) x가 0이 아닌 실수라고 하자. 조건에서 $f'(0)$과 $g'(0)$이 존재하고 $f(0)=1=g(0)$이므로 모든 $h\neq0$에 대하여 다음이 성립한다.

$$\frac{f(x+h)-f(x)}{h}=\frac{f(h)+g(xh)-2}{h}=\frac{f(h)-f(0)}{h}+x\frac{g(xh)-g(0)}{xh}$$

따라서

$$\lim_{h\to0}\frac{f(x+h)-f(x)}{h}=\lim_{h\to0}\frac{f(h)-f(0)}{h}+x\lim_{h\to0}\frac{g(xh)-g(0)}{xh}=f'(0)+g'(0)x$$

가 성립한다. 그러므로 $f'(x)$가 존재한다.

(3) $f(0)=1$이고 모든 실수 x에 대하여 $f'(x)=f'(0)+g'(0)x$이므로 $f(x)=1+f'(0)x+\frac{g'(0)}{2}x^2$이다.

따라서 f는 다항함수이다.

(4) $f(x+1)=f(x)+f(1)+g(x)-2$이고

$f(x)=\frac{g'(0)}{2}x^2+f'(0)x+1$이므로 다음이 성립한다.

$$\begin{aligned}g(x)&=f(x+1)-f(x)-f(1)+2\\&=\frac{g'(0)}{2}(x+1)^2+f'(0)(x+1)+1\\&\quad-\frac{g'(0)}{2}x^2-f'(0)x-1-\frac{g'(0)}{2}\\&\quad-f'(0)-1+2\\&=1+g'(0)x\end{aligned}$$

따라서 함수 g는 $g'(0)=0$이면 $\deg(g)=0$인 다항함수이고 $g'(0)\neq0$이면 $\deg(g)=1$인 다항함수이다.

02 (1) $P(a)=a^n-a^n=0$이므로 $P(x)=(x-a)Q(x)$가 성립하는 다항식 $Q(x)$가 존재하고 $Q(x)=\sum_{j=0}^{n-1}a_jx^j$라 두고 $P(x)=(x-a)Q(x)$의 양변의 계수를 비교하면 $Q(x)=a^{n-1}+a^{n-2}x+\cdots+ax^{n-2}+x^{n-1}$이다.

$$f'(a)=\lim_{x\to a}\frac{f(x)-f(a)}{x-a}=\lim_{x\to a}\frac{x^n-a^n}{x-a}=\lim_{x\to a}\frac{(x-a)(a^{n-1}+\cdots+x^{n-1})}{x-a}=na^{n-1}$$

이다.

(2) $g(x)=x^n$이라 두자.

(i) $n+k\geq0$인 경우

$g(h(x))=x^{n+k}$이고 양변을 $x=a$에서 미분하면,

$g'(h(a))h'(a)=(n+k)a^{n+k-1}$이고

$g'(x)=nx^{n-1}$이므로

$g'(h(a))=n(h(a))^{n-1}=na^{\frac{(n+k)(n-1)}{n}}$이다.

따라서

$$h'(a)=\frac{n+k}{n}a^{n+k-1-\frac{(n+k)(n-1)}{n}}=\frac{n+k}{n}a^{\frac{k}{n}}$$

이다.

(ii) $n+k<0$인 경우 $-m=n+k$라 두면

$g(h(x))=x^{n+k}=x^{-m}$이고 따라서

$x^mg(h(x))=1$이고 양변을 $x=a$에서 미분하면,

$ma^{m-1}g(h(a))+a^mg'(h(a))h'(a)=0$이고

$g'(h(a))=n(h(a))^{n-1}=na^{\frac{-m(n-1)}{n}}$이다.

따라서

$$h'(a)=-\frac{ma^{m-1}g(h(a))}{a^mg'(h(a))}=-\frac{m}{n}a^{-1+n+k+\frac{m(n-1)}{n}}=\frac{n+k}{n}a^{\frac{k}{n}}$$

이다.

(3) $h(x)=e^{\ln h(x)}=e^{\frac{n+k}{n}\ln x}$이므로

$h'(x)=e^{\frac{n+k}{n}\ln x}\frac{n+k}{n}\cdot\frac{1}{x}=\frac{n+k}{n}x^{\frac{n+k}{n}-1}$이다.

따라서 $h'(a)=\frac{n+k}{n}a^{\frac{k}{n}}$이다.

(4) 유리수 r에 대하여 모든 유리수는 $\frac{m}{n}$(m, n은 서로소인 정수 $n>0$)으로 나타낼 수 있고 $m-n=k$라 두면 $r=\frac{n+k}{n}$이므로 (2)와 (3)의 관점에서 $x=a$에서 미분계수를 구하면 모두 $h'(a)=ra^{r-1}$인 것을 알 수 있다. 유리수가 아닌 실수 r에 대하여는 (2)의 방법을 적용하여 풀 수 없고 (3)의 방법으로 풀면 $h(x)=e^{\ln h(x)}=e^{r\ln x}$이므로

$h'(x)=e^{r\ln x}r\cdot\frac{1}{x}=rx^{r-1}$이다.

따라서 $h'(a)=ra^{r-1}$이다.

03 (1) 다이어트를 시작한 후 n번째 날의 몸무게를 a_n kg이라 하면 $n+1$번째 날에 다이어트에 쓰는 열량이 Ba_n cal이고 기초 대사량과 다이어트에 쓰는 열량을 제외한 열량은 체중으로 잔류하게 된다. 따라서

$a_0=81$,

$a_{n+1}=a_n+\dfrac{A-1350-Ba_n}{9000}$ ($n=0, 1, 2, \cdots$)

이다.

(2) (1)에서 구한 식과 비교하면 하루 섭취량이 1900 cal이고 다이어트에 소요되는 열량의 비례상수 B가 8일 때, $n+1$번째 날의 체중을 n번째 날의 체중으로 나타낸 식이다. 주어진 식을 정리하면

$a_{n+1}-\dfrac{275}{4}=\dfrac{1124}{1125}\left(a_n-\dfrac{275}{4}\right)$이므로

$a_n-\dfrac{275}{4}=\left(\dfrac{1124}{1125}\right)^n\left(a_0-\dfrac{275}{4}\right)$에서

$a_n=\left(\dfrac{1124}{1125}\right)^n\dfrac{49}{4}+\dfrac{275}{4}$이다.

따라서 a_n은 $\dfrac{275}{4}=68.75$ kg에 수렴한다. 5년 후는 $n=365\times5=1825$이므로 목표를 달성할 수 있다.

(3) $a_{n+1}=a_n+\dfrac{A-1350-Ba_n}{9000}$을 정리하면

$a_{n+1}-\dfrac{A-1350}{B}=\dfrac{9000-B}{9000}\left(a_n-\dfrac{A-1350}{B}\right)$,

$a_n-\dfrac{A-1350}{B}=\left(\dfrac{9000-B}{9000}\right)^n\left(a_0-\dfrac{A-1350}{B}\right)$,

$a_n=\left(\dfrac{9000-B}{9000}\right)^n\left(\dfrac{81B-A+1350}{B}\right)+\dfrac{A-1350}{B}$

이다. 따라서

$f(t)=\left(\dfrac{9000-B}{9000}\right)^t\left(\dfrac{81B-A+1350}{B}\right)+\dfrac{A-1350}{B}$

이므로

$f'(t)$

$=\left(\dfrac{9000-B}{9000}\right)^t\left(\dfrac{81B-A+1350}{B}\right)\cdot\ln\left(\dfrac{9000-B}{9000}\right)$

$=\left(f(t)-\dfrac{A-1350}{B}\right)\ln\left(\dfrac{9000-B}{9000}\right)$

이다.

$\left(f(t)-\dfrac{A-1350}{B}\right)>0$, $\ln\left(\dfrac{9000-B}{9000}\right)<0$이므로 $f'(t)<0$이고 A가 증가할 때 $f(t)$의 감소율 $f'(t)$의 크기는 작아지고 B가 증가할 때 감소율은 커진다.

(4) a_n은 $\dfrac{A-1350}{B}$에 수렴하므로 $\dfrac{A-1350}{B}=65$가 되도록 $A=2000$, $B=10$ 정도가 적당하다.

04 (1) $|f(x)-f(w)|\le3|x-w|^{\frac{3}{2}}$의 양변을 $|x-w|$로 나누면 $\dfrac{|f(x)-f(w)|}{|x-w|}\le3|x-w|^{\frac{1}{2}}$이다.

$x-w=h$로 놓으면 $\left|\dfrac{f(x)-f(x-h)}{h}\right|\le3|h|^{\frac{1}{2}}$이고 극한을 취하면

$\lim_{h\to0}\left|\dfrac{f(x-h)-f(x)}{h}\right|\le\lim_{h\to0}3|h|^{\frac{1}{2}}=0$이다.

따라서 $|f'(x)|\le0$에서 $f'(x)=0$이다.

(2) $0\le\left|\dfrac{f(x)-f(0)}{x-0}\right|\le\left|\dfrac{x^2-0}{x-0}\right|=|x|$와

$\lim_{x\to0}|x|=0$에서 $|f'(0)|=\left|\lim_{x\to0}\dfrac{f(x)-f(0)}{x-0}\right|=0$

이므로 $f'(0)=0$이다. 따라서 $f(x)$는 $x=0$에서 미분가능하다. 또한 $f(x)$는 $x=0$에서 미분가능하므로 연속이다.

(3) $\lim_{h\to0}\dfrac{f(0+h)-f(0)}{h}=\lim_{h\to0}\dfrac{f(h)}{h}$이다.

$\lim_{h\to0-}\dfrac{f(h)}{h}=\lim_{h\to0-}\dfrac{0}{h}=0$이고

$\lim_{h\to0+}\dfrac{f(h)}{h}=\lim_{h\to0+}\dfrac{2^{-\frac{1}{h}}+h^2\cos h}{h}$

$=\lim_{h\to0+}\left(\dfrac{1}{h2^{\frac{1}{h}}}+h\cos h\right)$

$=\lim_{h\to0+}\dfrac{1}{h2^{\frac{1}{h}}}$ $\left(\dfrac{1}{h}=t\text{로 놓으면}\right)=\lim_{h\to0+}\dfrac{t}{2^t}$

$=\lim_{h\to0+}\dfrac{(t)'}{(2^t)'}$(로피탈의 정리)$=\lim_{h\to0+}\dfrac{1}{2^t}$

$=0$

이므로 $\lim_{h\to0}\dfrac{f(0+h)-f(0)}{h}=0$이다.

따라서 $f(x)$는 $x=0$에서 미분가능하다.

(4) $f(x)=x^3-6x^2+13x-7-\sin x$로 놓으면 함수 $f(x)$는 모든 실수에서 연속이고 미분가능하다.

$f(0)=-7<0$, $f(1)=1-\sin1>0$이고

$f(0)f(1)<0$이므로 사이값의 정리에 의해서 $f(x)=0$을 만족하는 x가 구간 $(0, 1)$에 적어도 하나 존재한다. 한편

$f'(x)=3x^2-12x+13-\cos x$

$=3(x-2)^2+1-\cos x>0$

으로 모든 실수 x에 대하여 $f'(x)>0$이므로 $f(x)$는 증가함수이다.

$f(x)$가 증가함수이므로 $f(x)=0$을 만족하는 x가 $(0, 1)$에서 유일하게 존재한다.

그러므로 $x^3-6x^2+13x-7=\sin x$는 단 하나의 실근을 가지며 그 실근은 0과 1 사이에 있다.

(5) $f(x)=\sqrt{x}$에 대하여 $f(x)$는 닫힌 구간 $[101, 119]$에서 연속이고 열린 구간 $(101, 119)$에서 미분가능하므로 평균값의 정리에 의해 $\dfrac{\sqrt{119}-\sqrt{101}}{119-101}=f'(c)$인 실수 c가 열린 구간 $(101, 119)$에 적어도 하나 존재한다.

$f'(x)=\dfrac{1}{2\sqrt{x}}$, $f''(x)=-\dfrac{1}{4x\sqrt{x}}$이므로 $x>0$일 때 $f''(x)<0$이다.

$x>0$일 때 $f'(x)$는 감소함수이고 $c\in(101, 119)$이므로

$f'(121)<f'(119)<f'(c)<f'(101)<f'(100)$이다.

$f'(100)=\dfrac{1}{2\sqrt{100}}=\dfrac{1}{20}$, $f'(121)=\dfrac{1}{2\sqrt{121}}=\dfrac{1}{22}$

이므로

$\frac{1}{22}<\frac{\sqrt{119}-\sqrt{101}}{119-101}<\frac{1}{20}$에서

$\frac{9}{11}<\sqrt{119}-\sqrt{101}<\frac{9}{10}$이다.

05 (1) 미분계수의 정의에 의하여

$$f'(0)=\lim_{h\to0}\frac{f(0+h)-f(0)}{h}=\lim_{h\to0}\frac{f(h)}{h}$$

$$=\lim_{h\to0}\frac{h^m\sin\frac{1}{h^n}}{h}$$

$$=\lim_{h\to0}h^{m-1}\sin\frac{1}{h^n}$$

이다. 이때, $\left|\sin\frac{1}{h^n}\right|\le1$이므로

$0\le\left|h^{m-1}\sin\frac{1}{h^n}\right|\le|h^{m-1}|$에서

$0\le\lim_{h\to0}\left|h^{m-1}\sin\frac{1}{h^n}\right|\le\lim_{h\to0}|h^{m-1}|$이다.

$f'(0)$의 값이 존재하기 위해서는 $\lim_{h\to0}|h^{m-1}|=0$이어야 하므로

$m-1\ge1$, 즉 $m\ge2$

이다. 이때, $f'(0)=0$이다. …… ㉠

또, $x\neq0$일 때

$$f'(x)=mx^{m-1}\sin\frac{1}{x^n}+x^m\cos\frac{1}{x^n}\left(-\frac{nx^{n-1}}{x^{2n}}\right)$$

$$=mx^{m-1}\sin\frac{1}{x^n}-nx^{m-n-1}\cos\frac{1}{x^n}$$

이다. 따라서 $f(x)$의 도함수 $f'(x)$는 다음과 같다.

$$f'(x)=\begin{cases}mx^{m-1}\sin\frac{1}{x^n}-nx^{m-n-1}\cos\frac{1}{x^n} & (x\neq0)\\ 0 & (x=0)\end{cases}$$

$f'(x)$가 $x=0$에서 연속이 되려면

$\lim_{x\to0}f'(x)=f'(0)=0$이어야 한다.

이 식이 성립하려면

$m-n-1\ge1$, 즉 $m\ge n+2$ …… ㉡

이어야 한다. 따라서 ㉠, ㉡에서 구하는 조건은

$m\ge n+2$(m, n은 자연수)이다.

(2) $n=1$이면 $f(x)=\begin{cases}x^m\sin\frac{1}{x} & (x\neq0)\\ 0 & (x=0)\end{cases}$이고,

$\lim_{x\to0}f^{(k)}(x)=0$이 되려면 $f^{(k)}(x)$에 있는 두 항 $x^p\sin\frac{1}{x}$, $x^q\cos\frac{1}{x}$의 x^p, x^q 중 차수가 가장 낮은 항이 1차 이상일 때이다.

x^p, x^q 중 가장 낮은 차수를 a_k라 하자.

$f'(x)=mx^{m-1}\sin\frac{1}{x}-x^{m-2}\cos\frac{1}{x}$에서

$a_1=m-2$이고, a_2는 $f'(x)$의 항 중 $x^{m-2}\cos\frac{1}{x}$을 미분한 항에서 나오므로

$$\left(x^{m-2}\cos\frac{1}{x}\right)'$$

$$=(m-2)x^{m-3}\cos\frac{1}{x}+x^{m-2}\left(-\sin\frac{1}{x}\right)\left(-\frac{1}{x^2}\right)$$

$$=(m-2)x^{m-3}\cos\frac{1}{x}+x^{m-4}\sin\frac{1}{x}$$에서

$a_2=m-4$

이다. 같은 방법으로 하면

$a_3=m-6$, …, $a_k=m-2k$임을 알 수 있다.

따라서 구하는 k의 범위는 $m-2k\ge1$에서

$1\le k\le\frac{m-1}{2}$ (k는 자연수)이다.

06 (1) $a_n=\frac{2n}{2n+1}$이므로 $a=\lim_{n\to\infty}a_n=1$이다.

(2) [감소수열의 증명]

$b_1=2>b_2=\frac{3}{2}$이 성립한다.

$b_k>b_{k+1}$이 성립한다고 가정하자.

$b_{k+2}=\frac{b_{k+1}+1}{2}<\frac{b_k+1}{2}=b_{k+1}$이 성립한다. 따라서 수학적 귀납법에 의하여 $b_n>b_{n+1}$이 성립한다.

[일반항과 극한 구하기]

$b_{n+1}=\frac{1}{2}b_n+\frac{1}{2}$에서 $b_{n+1}-1=\frac{1}{2}(b_n-1)$이므로

$b_n-1=\left(\frac{1}{2}\right)^{n-1}(b_1-1)$, $b_n=1+\left(\frac{1}{2}\right)^{n-1}$이다.

따라서 $b=\lim_{n\to\infty}b_n=1$이다.

(3) $a_n=\frac{2n}{2n+1}<1$이므로

$$\lim_{n\to\infty}f(a_n)=\lim_{n\to\infty}f\left(\frac{2n}{2n+1}\right)=\lim_{n\to\infty}\left(\frac{2n}{2n+1}\right)^2=1$$

$b_n=1+\left(\frac{1}{2}\right)^{n-1}>1$이므로

$$\lim_{n\to\infty}f(b_n)=\lim_{n\to\infty}f\left(1+\left(\frac{1}{2}\right)^{n-1}\right)$$

$$=\lim_{n\to\infty}\left\{1+\left(\frac{1}{2}\right)^{n-1}\right\}=1$$

이다.

따라서 $\lim_{n\to\infty}f(a_n)=\lim_{n\to\infty}f(b_n)$이다.

또, $n\to\infty$일 때 $a_n\to a(=1)$이고 $a_n<a_{n+1}$이므로

$$\lim_{n\to\infty}\frac{f(a_n)-f(a)}{a_n-a}=\lim_{x\to1-}\frac{f(x)-f(1)}{x-1}$$

$$=\lim_{x\to1-}\frac{x^2-1}{x-1}=\lim_{x\to1-}(x+1)=2$$

$n\to\infty$일 때 $b_n\to b(=1)$이고 $b_n>b_{n+1}$이므로

$$\lim_{n\to\infty}\frac{f(b_n)-f(b)}{b_n-b}=\lim_{x\to1+}\frac{f(x)-f(1)}{x-1}$$

$$=\lim_{x\to1+}\frac{x-1}{x-1}=1$$

이다. 따라서

$$\lim_{n\to\infty}\frac{f(a_n)-f(a)}{a_n-a}\neq\lim_{n\to\infty}\frac{f(b_n)-f(b)}{b_n-b}$$

이다. 그러므로 제시문에 의하여(대우를 이용) 함수 $f(x)$는 $x=1$에서 미분가능하지 않다.

07 (1) $n=3$일 때,

$(s\circ f)(x)=\sqrt[3]{\{f(x)\}^3+2}=[\{f(x)\}^3+2]^{\frac{1}{3}}$

이므로 $x\neq0$이면

$(s\circ f)'(x)=\dfrac{\{f(x)\}^2f'(x)}{[\{f(x)\}^3+2]^{\frac{2}{3}}}$이다.

$f(x)$가 연속이므로 $\lim_{x\to0}f(x)=f(0)=0$이고, 조건 ③으로부터

$\lim_{x\to0}(s\circ f)'(x)=\lim_{x\to0}\dfrac{\{f(x)\}^2f'(x)}{[\{f(x)\}^3+2]^{\frac{2}{3}}}=1$

이므로 $\lim_{x\to0}[\{f(x)\}^2f'(x)]=2^{\frac{2}{3}}=\sqrt[3]{4}$이다.

(2) $h'(x)$가 $x=0$에서 연속이 되려면 ㈐에 의하여

$h(x)$는 $x=0$에서 연속이고 …… ㉠

$\lim_{x\to0-}h'(x)=\lim_{x\to0+}h'(x)$ …… ㉡

이 성립해야 한다.

㉠으로부터

$\lim_{x\to0+}h(x)=\lim_{x\to0+}(s^{(k)}\circ f)(x)=h(0)=6$

이 성립해야 한다.

그런데 $s(x)=\sqrt[n]{x^n+2}$이므로

$s^{(2)}(x)=(s\circ s)(x)=s(s(x))$

$=\sqrt[n]{\{s(x)\}^n+2}=\sqrt[n]{x^n+4}$

$s^{(3)}(x)=(s^{(2)}\circ s)(x)=s^{(2)}(s(x))$

$=\sqrt[n]{\{s(x)\}^n+4}=\sqrt[n]{x^n+6}$

…

$s^{(k)}(x)=\sqrt[n]{x^n+2k}$이다.

$s^{(k)}(x)=\sqrt[n]{x^n+2k}$이므로

$(s^{(k)}\circ f)(x)=\sqrt[n]{\{f(x)\}^n+2k}$가 되어 $\sqrt[n]{2k}=6$으로부터 $k=2^{n-1}3^n$이다.

$x>0$일 때

$(s^{(k)}\circ f)'(x)=\dfrac{\{f(x)\}^{n-1}f'(x)}{[\{f(x)\}^n+2k]^{\frac{n-1}{n}}}$

이므로 ㉡으로부터

$0=\lim_{x\to0+}(s^{(k)}\circ f)'(x)=\lim_{x\to0+}\dfrac{\{f(x)\}^{n-1}f'(x)}{[\{f(x)\}^n+2k]^{\frac{n-1}{n}}}$

이다. 따라서

$\lim_{x\to0+}[\{f(x)\}^{n-1}f'(x)]$

$=\lim_{x\to0+}[\{f(x)\}^{n-3}\{f(x)\}^2f'(x)]=0$ …… ㉢

이어야 한다.

(1)의 결과에 의하여 $\lim_{x\to0}[\{f(x)\}^2f'(x)]$는 0이 아닌 실수이고, $\lim_{x\to0}f(x)=0$이므로 ㉢이 성립하려면 $n>3$이어야 함을 알 수 있다.

이제 $k=2^{n-1}3^n$이므로 $n=4$일 때, $k=648$이면 $h'(x)$가 $x=0$에서 연속이다. 따라서 n의 최솟값은 4이고 그때의 k의 값은 648이다.

08 (1) $\lim_{h\to0}\dfrac{f(0+h)-f(0)}{h}=\lim_{h\to0}\dfrac{f(h)}{h}$이다.

$\lim_{h\to0+}\dfrac{f(h)}{h}=\lim_{h\to0+}\dfrac{e^{-\frac{1}{h}}}{h}=\lim_{h\to0+}\dfrac{\frac{1}{h}}{e^{\frac{1}{h}}}$

$=\lim_{h\to0+}\dfrac{\left(\frac{1}{h}\right)'}{\left(e^{\frac{1}{h}}\right)'}$(로피탈의 정리)

$=\lim_{h\to0+}\dfrac{-\frac{1}{h^2}}{e^{\frac{1}{h}}\left(-\frac{1}{h^2}\right)}=\lim_{h\to0+}\dfrac{1}{e^{\frac{1}{h}}}=0$

이고

$\lim_{h\to0-}\dfrac{f(h)}{h}=\lim_{h\to0-}\dfrac{0}{h}=0$

이므로

$\lim_{h\to0}\dfrac{f(0+h)-f(0)}{h}=0$이다.

따라서 $\lim_{h\to0}\dfrac{f(0+h)-f(0)}{h}=f'(0)$이 존재하고 $f'(0)=0$이며, $f(x)$는 $x=0$에서 미분가능하다.

(2) $f'(0)=0$이므로 $f^{(n-1)}(0)=0$이라 가정하고 $f^{(n)}(0)=0$임을 수학적 귀납법으로 증명해 보자.

$f^{(n)}(0)=\lim_{h\to0}\dfrac{f^{(n-1)}(0+h)-f^{(n-1)}(0)}{h}$

$=\lim_{h\to0}\dfrac{f^{(n-1)}(h)}{h}$

이다.

$x<0$일 때 $f^{(n-1)}(x)=0$이므로

$\lim_{h\to0-}\dfrac{f^{(n-1)}(h)}{h}=\lim_{h\to0-}\dfrac{0}{h}=0$이다.

$x>0$일 때 $f(x)=e^{-\frac{1}{x}}$이므로

$f'(x)=e^{-\frac{1}{x}}\left(\dfrac{1}{x^2}\right)$, $f''(x)=e^{-\frac{1}{x}}\left(-\dfrac{2}{x^3}+\dfrac{1}{x^4}\right)$, …,

$f^{(n-1)}(x)=e^{-\frac{1}{x}}\cdot P\left(\dfrac{1}{t}\right)$ ($P(t)$는 t에 관한 다항식)이 된다.

$\lim_{h\to0+}\dfrac{f^{(n-1)}(h)}{h}$

$=\lim_{h\to0+}\dfrac{e^{-\frac{1}{h}}\cdot P\left(\frac{1}{h}\right)}{h}$ $\left(\dfrac{1}{h}=t\text{로 놓으면}\right)$

$=\lim_{t\to\infty}\dfrac{tP(t)}{e^t}=\lim_{t\to\infty}\dfrac{\{tP(t)\}'}{(e^t)'}$ (로피탈의 정리)

$=0$

이다.

따라서 $f^{(n)}(0)=0$이다.

(3) $f(x)$의 그래프를 그려 보자.

$x>0$일 때 $f(x)=e^{-\frac{1}{x}}$에서

$f'(x)=e^{-\frac{1}{x}}\left(\dfrac{1}{x^2}\right)>0$이므로 $f(x)$는 증가한다.

$f''(x)=e^{-\frac{1}{x}}\left(-\dfrac{2}{x^3}+\dfrac{1}{x^4}\right)$, $f''(x)=0$일 때

$x=\dfrac{1}{2}$이므로 변곡점은 $\left(\dfrac{1}{2},\ \dfrac{1}{e^2}\right)$이다.

또, $\lim_{x\to\infty} f(x)=\lim_{x\to\infty} e^{-\frac{1}{x}}=1$,

$\lim_{x\to 0+} f(x)=\lim_{x\to 0+} e^{-\frac{1}{x}}=0$이므로 $y=f(x)$의 그래프는 그림과 같다.

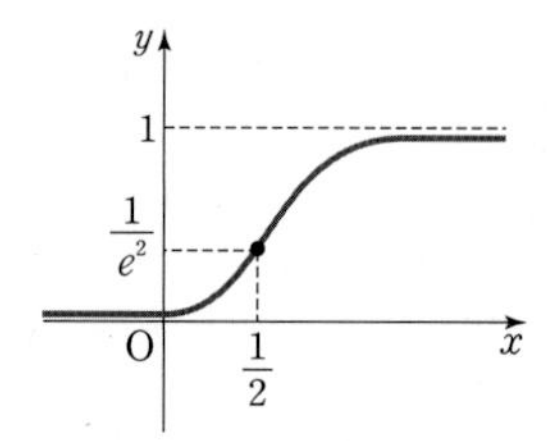

f의 정의를 사용하면 함수 h의 분모는 0이 아니며, f가 미분가능한 함수이므로 함수 h가 미분가능임을 알 수 있다. 또한 $f\geq 0$이므로 $0\leq h(x)\leq 1$이며, $x\leq 0$에서 $f(x)=0$이므로 $h(x)=0$이다.
그리고 $x\geq 1$에서는 $f(1-x)=0$이므로 $h(x)=1$이다. 또한 $0\leq x\leq 1$에서

$h'(x)$

$$=\frac{f'(x)\{f(x)+f(1-x)\}-f(x)\{f'(x)-f'(1-x)\}}{\{f(x)+f(1-x)\}^2}$$

$$=\frac{f'(x)f(1-x)+f(x)f'(1-x)}{\{f(x)+f(1-x)\}^2}\geq 0$$

이므로 h의 그래프는 다음과 같다.

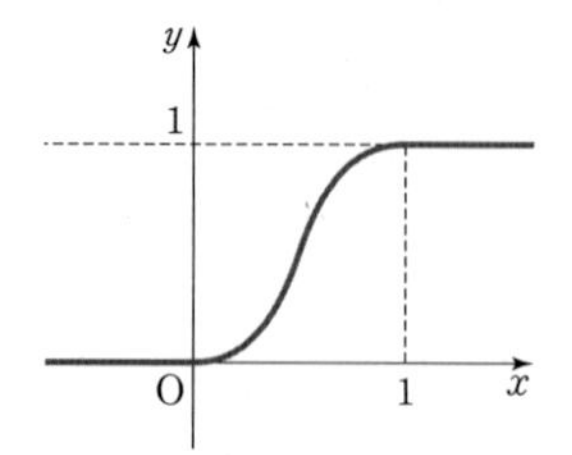

(4) 함수 h가 미분가능하고 미분가능한 함수의 곱은 미분가능하므로 함수 g는 미분가능하다. 그리고 $|x|\geq a$에서 $g(x)=0$이 됨을 알 수 있다. 또한 함수 h의 정의와 그래프 및 g를 이용하면 $|x|\leq b$에서 $g(x)=1$임을 알 수 있다. 따라서 함수 g의 그래프는 다음과 같다.

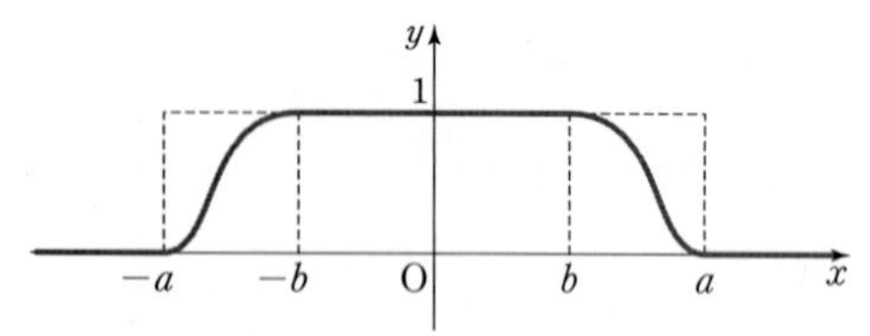

실제로 g의 미분값을 조사해 보면 구간 $(-\infty, -a)$, $(-b, b)$, (a, ∞)에서는 g의 함숫값이 0 혹은 1이므로 이 구간들에서 $g'(x)=0$이다. 구간 $(-a, -b)$와 (b, a)에서의 g의 미분값을 조사하기 위해 g를 미분하면

$$g'(x)=\frac{1}{a-b}\left[h'\left(\frac{x+a}{a-b}\right)h\left(\frac{-x+a}{a-b}\right)-h\left(\frac{x+a}{a-b}\right)h'\left(\frac{-x+a}{a-b}\right)\right]$$

한편 구간 $(-a, -b)$에서 $0<\frac{x+a}{a-b}<1$이고 $\frac{-x+a}{a-b}>1$임을 알 수 있고, 구간 (b, a)에서는 $\frac{x+a}{a-b}>1$이고 $0<\frac{-x+a}{a-b}<1$이다. h의 미분값을 조사해 보면 구간 $(-\infty, 0)$, $(1, \infty)$에서 0이고 $(0, 1)$에서는 양수이다. 따라서 구간 $(-a, -b)$에서

$$g'(x)=\frac{1}{a-b}h'\left(\frac{x+a}{a-b}\right)h\left(\frac{-x+a}{a-b}\right)\geq 0$$이고

구간 (b, a)에서는

$$g'(x)=-\frac{1}{a-b}h\left(\frac{x+a}{a-b}\right)h'\left(\frac{-x+a}{a-b}\right)\leq 0$$

임을 알 수 있다. 따라서 g의 그래프는 위의 그림과 같이 $(-a, -b)$에서 증가하고 (b, a)에서 감소한다.

다른 답안

(3)의 결과를 이용하면

$h\left(\frac{x+a}{a-b}\right)$는 $x\leq -a$일 때 함숫값이 0이며, $x\geq -b$일 때 함숫값이 1이다.
그리고 $-a<x<-b$에서

$$h'\left(\frac{x+a}{a-b}\right)=\frac{1}{a-b}h'\left(\frac{x+a}{a-b}\right)\geq 0$$이므로

$h\left(\frac{x+a}{a-b}\right)$의 그래프는 다음과 같다.

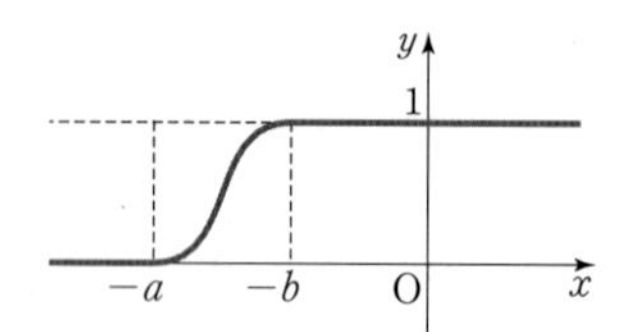

마찬가지 방법으로

$h\left(\frac{-x+a}{a-b}\right)$는 $x\geq a$일 때 함숫값이 0이며, $x\leq b$일 때 함숫값이 1이다.
그리고 $b<x<a$에서

$$h'\left(\frac{-x+a}{a-b}\right)=-\frac{1}{a-b}h'\left(\frac{x+a}{a-b}\right)\leq 0$$이므로

$h\left(\frac{x+a}{a-b}\right)$의 그래프는 다음과 같다.

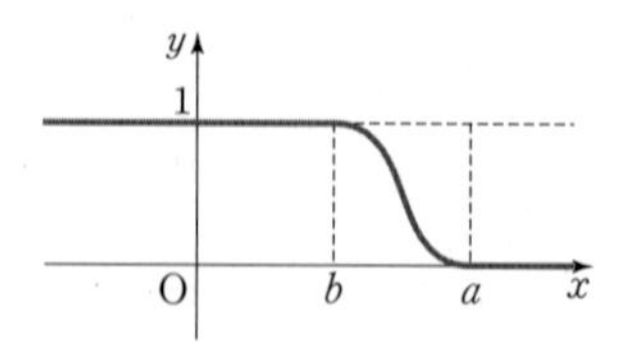

따라서 함수 g는 두 함수 $h\left(\frac{x+a}{a-b}\right)$와 $h\left(\frac{-x+a}{a-b}\right)$의 곱으로 정의되므로 g는 다음과 같은 그래프를 가진다.

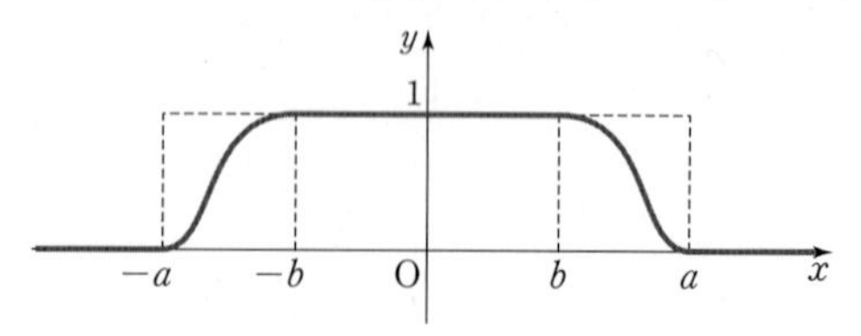

09

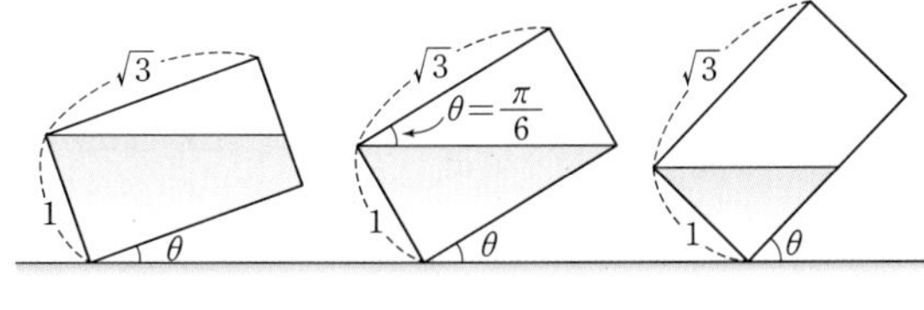

$0<\theta<\frac{\pi}{6}$일 때 　　 $\theta=\frac{\pi}{6}$일 때 　　 $\frac{\pi}{6}<\theta<\frac{\pi}{2}$일 때

직육면체 모양의 그릇을 기울여서 물이 빠져나갈 때 위의 그림과 같이 $\theta=\frac{\pi}{6}$가 되는 순간이 경계가 되어 $V(\theta)$와 $S(\theta)$에 대한 식이 달라지게 된다.

따라서 $0<\theta<\frac{\pi}{6}$와 $\frac{\pi}{6}\le\theta<\frac{\pi}{2}$일 때로 나누어야 한다.

(i) $0<\theta<\frac{\pi}{6}$일 때

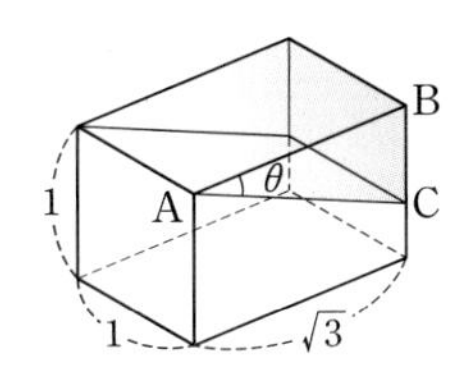

$V(\theta)$는 직육면체의 부피 $\sqrt{3}$에서 위의 그림 중 색칠된 영역의 부피를 빼면 된다.

$\overline{BC}=\sqrt{3}\tan\theta$이므로 색칠된 영역의 부피는

$\frac{1}{2}\times\sqrt{3}\times\sqrt{3}\tan\theta$가 되고 $V(\theta)=\sqrt{3}-\frac{3}{2}\tan\theta$이다.

또한 $\overline{AC}=\sqrt{3}\sec\theta$이므로 $S(\theta)=\sqrt{3}\sec\theta$이다.

(ii) $\frac{\pi}{6}\le\theta<\frac{\pi}{2}$일 때

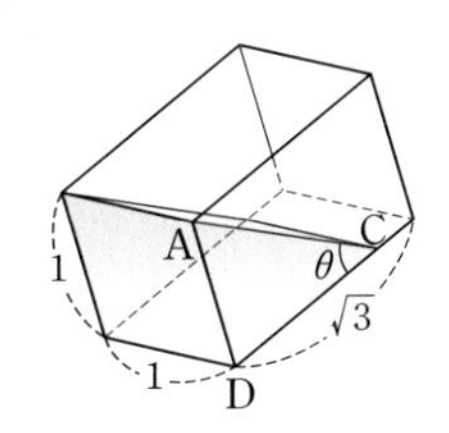

$\overline{CD}=\cot\theta$이므로 $V(\theta)=\frac{1}{2}\cot\theta$이다.

또한 $\overline{AC}=\csc\theta$이므로 $S(\theta)=\csc\theta$이다.

따라서 (i)과 (ii)의 결과를 정리하면 다음과 같다.

$$V(\theta)=\begin{cases}\sqrt{3}-\frac{3}{2}\tan\theta & \left(0<\theta<\frac{\pi}{6}\right)\\ \frac{1}{2}\cot\theta & \left(\frac{\pi}{6}\le\theta<\frac{\pi}{2}\right)\end{cases}$$

$$S(\theta)=\begin{cases}\sqrt{3}\sec\theta & \left(0<\theta<\frac{\pi}{6}\right)\\ \csc\theta & \left(\frac{\pi}{6}\le\theta<\frac{\pi}{2}\right)\end{cases}$$

(i), (ii)의 결과에서 함수 $V(\theta)$와 $S(\theta)$가 미분가능하기 위해서는 $\theta=\frac{\pi}{6}$일 때 미분가능하면 충분하다.

$$V'(\theta)=\begin{cases}-\frac{3}{2}\sec^2\theta & \left(0<\theta<\frac{\pi}{6}\right)\\ -\frac{1}{2}\csc^2\theta & \left(\frac{\pi}{6}<\theta<\frac{\pi}{2}\right)\end{cases}$$

$$S'(\theta)=\begin{cases}\sqrt{3}\sec\theta\tan\theta & \left(0<\theta<\frac{\pi}{6}\right)\\ -\csc\theta\cot\theta & \left(\frac{\pi}{6}<\theta<\frac{\pi}{2}\right)\end{cases}$$

이므로 $V'\left(\frac{\pi}{6}\right)=-2$가 되어 $V(\theta)$는 $\theta=\frac{\pi}{6}$에서 미분가능하고 따라서 $V(\theta)$는 $0<\theta<\frac{\pi}{2}$에서 미분가능하다. 하지만 $\lim_{\theta\to\frac{\pi}{6}-}S'(\theta)=\sqrt{3}\times\frac{2}{\sqrt{3}}\times\frac{1}{\sqrt{3}}=\frac{2}{\sqrt{3}}$이고

$\lim_{\theta\to\frac{\pi}{6}+}S'(\theta)=-2\times\sqrt{3}=-2\sqrt{3}$이므로 $S(\theta)$는

$\theta=\frac{\pi}{6}$에서 미분불가능하다.

10 (1) 원점에서

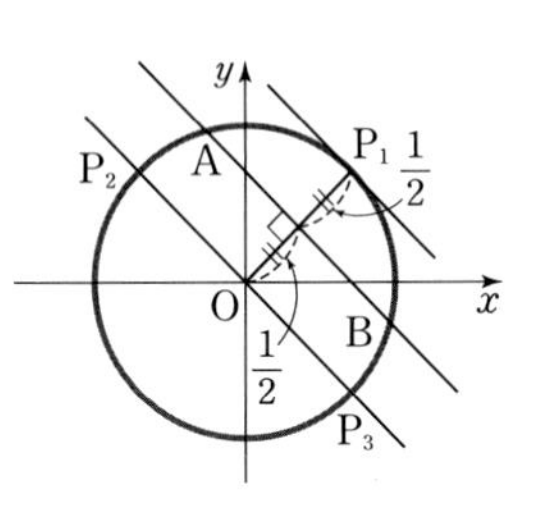

직선 $l:2x+2y-\sqrt{2}=0$

까지의 거리는

$\frac{|-\sqrt{2}|}{\sqrt{4+4}}=\frac{1}{2}$이다.

직선 AB에 평행하고

간격이 $\frac{1}{2}$인 직선은

두 개 존재하고 이 직선과 원 $x^2+y^2=1$은 세 점 P_1, P_2, P_3에서 만난다.

이때, $\triangle P_1AB=\triangle P_2AB=\triangle P_3AB$이므로

$f\left(\frac{\pi}{4}\right)=f\left(\frac{3\pi}{4}\right)=f\left(\frac{7\pi}{4}\right)=3$이다.

또, 점 P_1, P_2, P_3, P_4가 원 $x^2+y^2=1$ 위에 있고 직선 AB와 평행하고 간격이 $\frac{1}{2}$보다 작은 값으로 같은 두 직선 P_1P_2와 P_3P_4를 잡으면

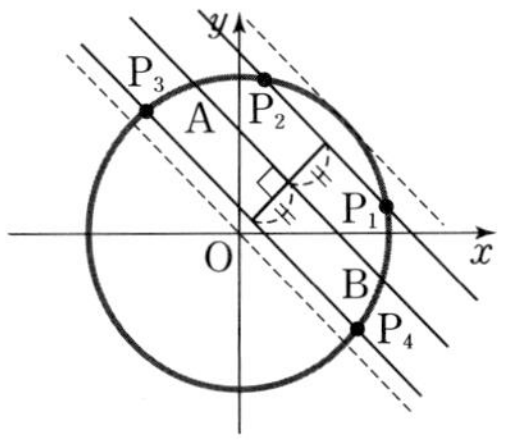

$\triangle P_1AB=\triangle P_2AB=\triangle P_3AB=\triangle P_4AB$이다.

문제에서 함수 $f(x)$를 정의할 때, 삼각형의 밑변을 선분 AB로 고정하면 삼각형의 넓이는 원 위의 점과 직선 AB 사이의 거리(삼각형의 높이)에 의하여 결정된다. 따라서 원 $x^2+y^2=1$ 위의 점과 직선 l 사이의 거리를 고려하여 $f(x)$를 구하면 다음과 같다.

$$f(x)=\begin{cases}4 & \left(0\le x<\frac{3}{4}\pi,\ x\ne\frac{\pi}{4}\right)\\ 3 & \left(x=\frac{\pi}{4},\ \frac{3}{4}\pi,\ \frac{7}{4}\pi\right)\\ 2 & \left(\frac{3}{4}\pi<x<\frac{7}{4}\pi,\ x\ne\frac{5}{4}\pi\right)\\ 1 & \left(x=\frac{5}{4}\pi\right)\\ 4 & \left(\frac{7}{4}\pi<x\le2\pi\right)\end{cases}$$

따라서 제시문 (가)에 의하여 함수 $f(x)$가 연속이 아닌 x는

$x=\frac{\pi}{4}, \frac{3}{4}\pi, \frac{5}{4}\pi, \frac{7}{4}\pi$

이다. 한편, $(0, 2\pi)$에서 $f(x)=1, 2, 3$ 또는 4이다.
함수 $g(x)=[pf(x)]$가 구간 $(0, 2\pi)$에서 연속이기 때문에 $g(x)$는 $(0, 2\pi)$에서 상수함수이므로

$g(x)=[p]=[2p]=[3p]=[4p]$

이다. $[p]=n$(n은 음이 아닌 정수)라 하면
$n\le p<n+1$이고, $2n\le 2p<2n+2$이다.
그러므로 $[2p]=2n, 2n+1$이고 $[p]=[2p]$에서 $n=2n$이므로 $n=0$이다.
따라서 $0<p<1$이고, $[p]=[2p]=[3p]=[4p]$에서
$0<p<\frac{1}{4}$이다.

(2) ① 구간 $\left(\frac{\pi}{2}, \pi\right)$에서 함수 $f(x)$가 연속이 아닌 점은 $x_0=\frac{3}{4}\pi$이다. $k(x)$가 $x=\frac{3}{4}\pi$에서 연속이므로 (가)에 있는 조건 (i), (ii), (iii)을 만족해야 한다. 먼저 $h(x)$는 다항함수이므로 우극한과 좌극한을 구하면 다음과 같다.

(i) $\lim_{x\to\frac{3}{4}\pi+} k(x)=\lim_{x\to\frac{3}{4}\pi+} 2h(x)=2h\left(\frac{3}{4}\pi\right)$

(ii) $\lim_{x\to\frac{3}{4}\pi-} k(x)=\lim_{x\to\frac{3}{4}\pi-} 4h(x)=4h\left(\frac{3}{4}\pi\right)$

(가)의 (iii)에 의하여

$h\left(\frac{3}{4}\pi\right)=0$

이다.

② 함수 $\dfrac{k(x)-k\left(\frac{3}{4}\pi\right)}{x-\frac{3}{4}\pi}$의 우극한과 좌극한을 구하면 다음과 같다.

우극한: $\lim_{x\to\frac{3}{4}\pi+}\dfrac{k(x)-k\left(\frac{3}{4}\pi\right)}{x-\frac{3}{4}\pi}$

$=\lim_{x\to\frac{3}{4}\pi+}\dfrac{2h(x)}{x-\frac{3}{4}\pi}=2h'\left(\frac{3}{4}\pi\right)$

좌극한: $\lim_{x\to\frac{3}{4}\pi-}\dfrac{k(x)-k\left(\frac{3}{4}\pi\right)}{x-\frac{3}{4}\pi}$

$=\lim_{x\to\frac{3}{4}\pi-}\dfrac{4h(x)}{x-\frac{3}{4}\pi}=4h'\left(\frac{3}{4}\pi\right)$

(나)에 의하여 $2h'\left(\frac{3}{4}\pi\right)=4h'\left(\frac{3}{4}\pi\right)$이므로

$h'\left(\frac{3}{4}\pi\right)=0$

이다. $h(x)$는 최고차항의 계수가 1인 이차함수,
$h\left(\frac{3}{4}\pi\right)=0,\ h'\left(\frac{3}{4}\pi\right)=0$이므로

$h(x)=\left(x-\frac{3}{4}\pi\right)^2$이다.

11 (1) 등식 (ㄴ)의 양변을 x에 대해 미분하면

$\left(-\frac{1}{y}-\frac{y}{\sqrt{1-y^2}(1+\sqrt{1-y^2})}+\frac{y}{\sqrt{1-y^2}}\right)\frac{dy}{dx}=1$

이고, 괄호 안의 수식을 정리하면 $-\frac{\sqrt{1-y^2}}{y}$이다.

그러므로 $\frac{dy}{dx}=-\frac{y}{\sqrt{1-y^2}}$이다.

다른 답안

다음과 같이

$\frac{dx}{dy}=\frac{d}{dy}\{-\ln y+\ln(1+\sqrt{1-y^2})-\sqrt{1-y^2}\}$

$=-\frac{\sqrt{1-y^2}}{y}$

을 계산하고, 역함수의 미분법 $\frac{dy}{dx}=\dfrac{1}{\frac{dx}{dy}}$을 이용해도 좋다.

(2) 점 $P(t, f(t))$에서 $f(x)$의 그래프에 접하는 직선의 방정식은

$y-f(t)=f'(t)(x-t)$

이다. 위의 식에 $y=0$을 대입하면 $x=t-\frac{f(t)}{f'(t)}$이고

(1)에서 $\frac{dy}{dx}=-\frac{y}{\sqrt{1-y^2}}$이므로

$f'(t)=-\frac{f(t)}{\sqrt{1-\{f(t)\}^2}}$이다.

따라서 $x=t+\sqrt{1-\{f(t)\}^2}$이다.

그러면 $Q=(t+\sqrt{1-\{f(t)\}^2}, 0)$

이므로 선분 PQ의 길이는 1이다.

(3) $x\to\infty$일 때 등식 (ㄴ)의 우변은 ∞로 발산한다. 그런데 조건 (ㄱ)에 의하면 좌변에서

$0<\sqrt{1-\{f(x)\}^2}<1$이고

$0<\ln[1+\sqrt{1-\{f(x)\}^2}]<\ln 2$

이다. 따라서 $x\to\infty$일 때 좌변이 ∞로 발산하려면
$\lim_{x\to\infty}\{-\ln f(x)\}=\infty$이어야 한다.
그러므로

$\lim_{x\to\infty} f(x)=0$

이다. 그리고 등식 (ㄴ)의 양변에 지수함수를 취하면

$e^{-\ln f(x)+\ln[1+\sqrt{1-\{f(x)\}^2}]-\sqrt{1-\{f(x)\}^2}}=e^x$,

$\frac{1}{f(x)}\cdot[1+\sqrt{1-\{f(x)\}^2}]\cdot e^{-\sqrt{1-\{f(x)\}^2}}=e^x$이므로

$e^x f(x)=[1+\sqrt{1-\{f(x)\}^2}]\cdot e^{-\sqrt{1-\{f(x)\}^2}}$

이다. 이 등식의 양변에 $x\to\infty$인 극한을 취하고
$\lim_{x\to\infty} f(x)=0$임을 이용하면

$\lim_{x\to\infty} e^x f(x)=\frac{2}{e}$를 얻는다.

다른 답안

$0<x\le 1$일 때

$g(x) = -\ln x + \ln(1+\sqrt{1-x^2}) - \sqrt{1-x^2}$

이라 정의하자.

(1)의 풀이에 의해 $g'(x) < 0$이므로 $y=g(x)$는 $y=f(x)$의 역함수로 볼 수 있다.

그런데 $\lim_{x \to 0} g(x) = \infty$이므로 $\lim_{x \to \infty} f(x) = 0$이다.

$\lim_{x \to \infty} e^x f(x) = \frac{2}{e}$의 증명은 위와 동일하다.

12 (1) $f(x)$를 $(x-1)$로 나눈 몫을 $Q(x)$, 나머지를 R라고 하면 $f(x) = (x-1)Q(x) + R$이다.

$f(1) = 0$인 조건에서 $R = 0$이므로

$f(x) = (x-1)Q(x)$이다.

따라서 $f(x)$는 $(x-1)$로 나누어떨어진다.

또, 조립제법을 이용하면

	1	a	b	c	d
1		1	$a+1$	$a+b+1$	$a+b+c+1$
	1	$a+1$	$a+b+1$	$a+b+c+1$	$a+b+c+d+1=0$

$$f(x) = (x-1)\{x^3 + (a+1)x^2 + (a+b+1)x + a+b+c+1\}$$

이므로

$Q(x) = x^3 + (a+1)x^2 + (a+b+1)x + a+b+c+1$

이다.

(2) (i) (1)에서 $f(x) = (x-1)Q(x)$이므로

$f'(x) = Q(x) + (x-1)Q'(x)$이고

$f'(1) = Q(1)$이다.

그러므로 $g(x) = f'(x) - Q(x)$라 할 때

$g(1) = f'(1) - Q(1) = 0$이다.

(ii) ($\Rightarrow$의 설명)

$f(x)$ 위의 점 $(t, f(t))$에서 그은 접선 L의 방정식은 $y - f(t) = f'(t)(x-t)$이고 이것이 점 $(1, 0)$을 지나는 조건은 $-f(t) = f'(t)(1-t)$, 즉

$f(t) = f'(t)(t-1)$ …… ①

이다. 그런데 (1)에서 $f(x) = (x-1)Q(x)$이므로

$f(t) = (t-1)Q(t)$ …… ②

이다. ①, ②에서 $f'(t) = Q(t)$이므로

$g(t) = f'(t) - Q(t) = 0$이다.

따라서 $f(x)$ 위의 점 $(t, f(t))$에서 그은 접선 L이 점 $(1, 0)$을 지나면 $g(t) = 0$이다.

($\Leftarrow$의 설명)

$g(t) = 0$이면 $g(t) = f'(t) - Q(t) = 0$에서

$f'(t) = Q(t)$이다.

이때,

$f(x) = (x-1)Q(x)$에서

$f(t) = (t-1)Q(t) = f'(t)(t-1)$이고

이것은 $f(x) - f(t) = f'(t)(x-t)$에서 점 $(1, 0)$을 대입한 것과 같다.

따라서 $g(t) = 0$이면 $f(x)$ 위의 점 $(t, f(t))$에서 그은 접선 L이 점 $(1, 0)$을 지난다.

이상에서 $f(x)$ 위의 점 $(t, f(t))$에서 그은 접선 L이 점 $(1, 0)$을 지나는 조건과 $g(t) = 0$인 조건은 서로 필요충분조건이다.

(3) (2)의 결과에 의해서 $(1, 0)$을 지나고 $y=f(x)$에 접하는 직선이 3개 존재하기 위한 필요충분조건은 $g(t) = 0$이 서로 다른 세 실근을 가지는 것이다. 한편

$$\begin{aligned} g(t) &= f'(t) - Q(t) \\ &= (4t^3 + 3at^2 + 2bt + c) - \{t^3 + (a+1)t^2 + (a+b+1)t + (a+b+c+1)\} \\ &= 3t^3 + (2a-1)t^2 + (-a+b-1)t - (a+b+1) \\ &= (t-1)\{3t^2 + 2(a+1)t + a+b+1\} \end{aligned}$$

여기서 방정식 $3t^2 + 2(a+1)t + a+b+1 = 0$은 $t \neq 1$이 아닌 서로 다른 두 실근을 가져야 한다. 따라서

$3 + 2(a+1) + a+b+1 \neq 0$이고

$\frac{D}{4} = (a+1)^2 - 3(a+b+1) > 0$이어야 한다. 따라서 $(1, 0)$을 지나고 $f(x)$에 접하는 직선이 3개 존재하기 위한 필요충분조건은 $3a+b+6 \neq 0$이고 $(a+1)^2 > 3(a+b+1)$이다.

13 (1) 점 $\mathrm{F}(t, f(t))$에서의 접선의 기울기는 $f'(t)$이므로

$\tan\theta = f'(t)$이다.

두 점 $\mathrm{O}(0, 0)$, $\mathrm{G}(t, g(t))$를 지나는 직선의 기울기는 $\frac{g(t)-0}{t-0}$이고, 이 직선이 x축과 이루는 예각의 크기는 $\frac{\pi}{2} - \theta$이므로

$\tan\left(\frac{\pi}{2} - \theta\right) = \frac{g(t)}{t}$, $\frac{1}{\tan\theta} = \frac{g(t)}{t}$이다.

따라서 $\frac{g(t)}{t} = \frac{1}{f'(t)}$에서

$f'(x) = \frac{x}{g(x)}$가 성립한다.

$g(x) = 1$일 때 $f'(x) = x$이고 $f(0) = 0$이므로

$f(x) = \frac{1}{2}x^2$이다.

(2) (나)에서 주어진 함수가 $y = \frac{1}{2}x^2$이므로

$f(x) = \frac{1}{2}x^2$, $g(x) = 1$로 놓으면 (1)의 결과를 이용할 수 있다. 두 점 $\mathrm{A}\left(a, \frac{1}{2}a^2\right)$, $\mathrm{B}\left(b, \frac{1}{2}b^2\right)$을 지나는 직선의 기울기는 $\frac{\frac{1}{2}b^2 - \frac{1}{2}a^2}{b-a} = \frac{1}{2}(b+a)$, 곡선 $y = f(x) = \frac{1}{2}x^2$ 위의 점 $(d, f(d))$에서의 접선의 기

울기는 d이고 $d=\frac{1}{2}(b+a)$이므로 $y=f(x)$ 위의 점 $(d, f(d))$에서의 접선과 직선 AB는 평행하다.
그러므로 직선 AB가 x축과 이루는 예각의 크기를 θ_1이라 하면 점 $(d, f(d))$에서의 접선이 x축과 이루는 예각의 크기도 θ_1이다.

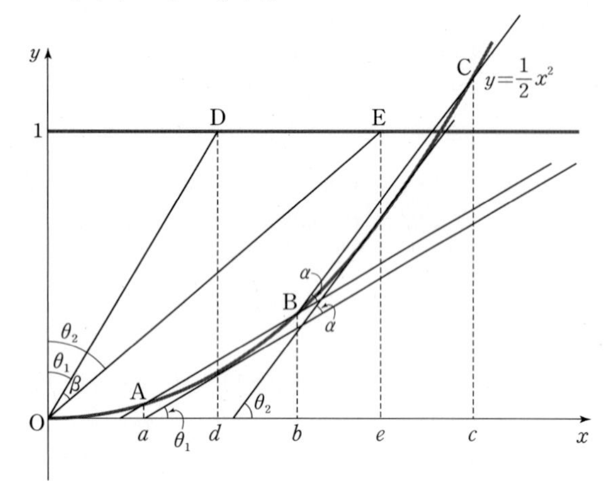

같은 방법으로 하여 직선 BC에 평행한 접선을 점 $(e, f(e))$에서 그어 x축과 이루는 예각을 θ_2로 놓자.
그림에서 $\alpha=\theta_2-\theta_1$, $\beta=\theta_2-\theta_1$이므로 $\alpha=\beta$이다.

14 $x>y$라고 가정해도 일반성을 잃지 않는다. C가 A와 B의 기하평균이므로 $C^2=AB$이다.

$AB-C^2=|x-y|\,|\ln x-\ln y|-(\sqrt{x}-\sqrt{y})^2=0$

그런데 $(x-y)(\ln x-\ln y)\geq 0$이므로

$(x-y)(\ln x-\ln y)-(\sqrt{x}-\sqrt{y})^2=0$ …… ㉠

을 생각하면 충분하다.

㉠의 양변을 y로 나누면

$\left(\frac{x}{y}-1\right)\ln\frac{x}{y}-\left(\frac{\sqrt{x}}{\sqrt{y}}-1\right)^2=0$

$t=\frac{\sqrt{x}}{\sqrt{y}}$로 놓으면 $2(t^2-1)\ln t-(t-1)^2=0\ (t>1)$

$f(t)=2(t^2-1)\ln t-(t-1)^2$으로 놓고

양변을 미분하면

$f'(t)=4t\ln t+\frac{2(t^2-1)}{t}-2(t-1)=4t\ln t+\frac{2t-2}{t}$

$t>1$에서 $4t\ln t$와 $\frac{2t-2}{t}$의 그래프를 비교하면

$4t\ln t>\frac{2t-2}{t}$임을 알 수 있다.

따라서 $f(t)$는 $t>1$에서 증가함수이고 $f(1)=0$이므로 $f(t)>0(t>1)$이 된다.

따라서 $(x-y)(\ln x-\ln y)>(\sqrt{x}-\sqrt{y})^2$임을 알 수 있다.

그런데 이는 ㉠에 모순이다. 따라서 문제의 조건을 만족하는 x와 y는 존재하지 않는다.

15 (1) 두 함수 $f(x)$, $g(x)$가 닫힌 구간 $[a, b]$에서 연속이고 열린 구간 (a, b)에서 미분가능하며 $g(a)\neq g(b)$이므로 식 ㉠에서 주어진 함수 $F(x)$는 닫힌 구간 $[a, b]$에서 연속이고 열린 구간 (a, b)에서 미분가능하다.
또한 분명히 $F(a)=F(b)=f(b)-f(a)$이므로 제시문의 [롤의 정리]에 의하면 다음을 만족시키는 실수 c가 a와 b 사이에 적어도 하나 존재한다.

$F'(c)=0$

여기서 $F'(x)=f'(x)-\frac{f(b)-f(a)}{g(b)-g(a)}g'(x)$이고 위의 식에서 다음을 얻는다.

$F'(c)=f'(c)-\frac{f(b)-f(a)}{g(b)-g(a)}g'(c)=0$

구간 (a, b)에서 $g'(x)\neq 0$이므로 정리하여 다음을 얻는다.

$\frac{f(b)-f(a)}{g(b)-g(a)}=\frac{f'(c)}{g'(c)}$

(2) 점 $s\in(a, b)$와 주어진 함수 $f(x)$와 $g(x)$에 대하여 $f(s)=0$, $g(s)=0$이므로 다음을 얻는다.

$\frac{f(x)}{g(x)}=\frac{f(x)-f(s)}{g(x)-g(s)}$

여기서 $x\neq s$이면 다음이 성립한다.

$$\frac{f(x)}{g(x)}=\frac{f(x)-f(s)}{g(x)-g(s)}=\frac{\frac{f(x)-f(s)}{x-s}}{\frac{g(x)-g(s)}{x-s}}$$

조건에서 함수 $f(x)$와 $g(x)$가 $x=s$에서 미분가능하다. 즉, 다음의 극한값이 존재한다.

$\lim_{x\to s}\frac{f(x)-f(s)}{x-s}=f'(s)$, $\lim_{x\to s}\frac{g(x)-g(s)}{x-s}=g'(s)$

또, 조건에서 구간 (a, b)에서 $g'(x)\neq 0$이므로 $g'(s)\neq 0$이다.

따라서 $\lim_{x\to s}\frac{f(x)}{g(x)}=\frac{f'(s)}{g'(s)}$이다.

(3)

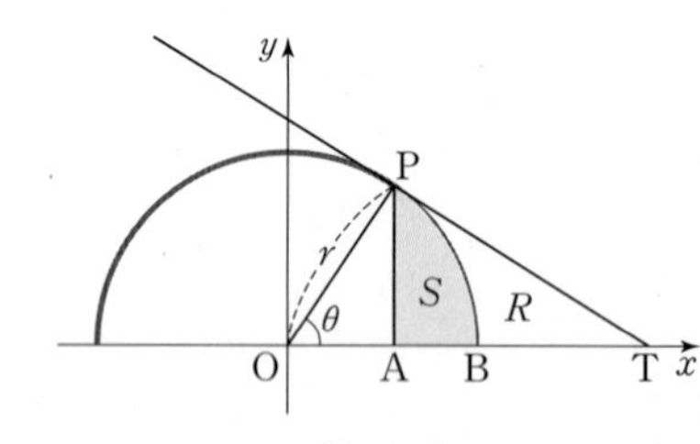

[그림 1]

[그림 1]에서 직각삼각형 OPA를 참조하면 점 P의 좌표는 $P(r\cos\theta, r\sin\theta)$이다. 따라서 점 A의 좌표는 $A(r\cos\theta, 0)$이다. 점 B의 좌표는 분명히 $B(r, 0)$이다.
한편 점 P에서의 접선의 방정식은 주어진 반원을 함수 $y=\sqrt{r^2-x^2}$의 그래프로 나타낼 수 있으므로 그의 도함수를 이용하여 구할 수 있다.

$y'=-\frac{x}{\sqrt{r^2-x^2}}$이므로 $x=r\cos\theta$이면 구하는 접선

의 기울기는 $-\dfrac{\cos\theta}{\sin\theta}$이므로 점 P에서의 접선의 방정식은 다음과 같다.

$y=r\sin\theta-\dfrac{\cos\theta}{\sin\theta}(x-r\cos\theta)$

점 T의 좌표는 위의 접선의 x절편이므로

$\mathrm{T}\left(\dfrac{r}{\cos\theta},\ 0\right)$이다.

다른 답안

[접선의 방정식]

점 P에서의 접선의 기울기는 직선 OP의 기울기가 $\tan\theta$이고 접선은 직선 OP와 수직이므로 접선의 기울기는 $-\dfrac{1}{\tan\theta}=-\dfrac{\cos\theta}{\sin\theta}$이다.

점 $\mathrm{P}(r\cos\theta,\ r\sin\theta)$이므로 접선의 방정식은 다음과 같다.

$y=r\sin\theta-\dfrac{\cos\theta}{\sin\theta}(x-r\cos\theta)$

[점 T의 좌표]

점 T의 x좌표를 q라고 하면 직각삼각형 OPT에서 $\cos\theta=\dfrac{r}{q}$임을 알 수 있다. 따라서 점 T의 좌표는

$\mathrm{T}\left(\dfrac{r}{\cos\theta},\ 0\right)$이다.

(4) [그림 1]에서 도형 PAB의 면적 S는

(부채꼴 OPB의 면적)$-$(직각삼각형 OPA의 면적)

이다.

(부채꼴 OPB의 면적)$=\dfrac{1}{2}r^2\theta$,

(직각삼각형 OPA의 면적)$=\dfrac{1}{2}r^2\cos\theta\sin\theta$

따라서 S는 다음과 같다.

$S=\dfrac{1}{2}r^2(\theta-\sin\theta\cos\theta)=\dfrac{1}{2}r^2\left(\theta-\dfrac{1}{2}\sin 2\theta\right)$

한편 도형 PBT의 면적 R는

(직각삼각형 OPT의 면적)$-$(부채꼴 OPB의 면적)

이다.

$$\begin{aligned}(\text{직각삼각형 OPT의 면적})&=\frac{1}{2}r\sin\theta\frac{r}{\cos\theta}\\&=\frac{1}{2}r^2\tan\theta\end{aligned}$$

이므로 $R=\dfrac{1}{2}r^2(\tan\theta-\theta)$이다.

(5) (4)로부터 Q, R, S는 다음과 같고 모두 $\theta=0$을 포함하는 어떤 구간에서 정의된다.

$Q=\dfrac{1}{4}r^2\sin 2\theta$, $S=\dfrac{1}{2}r^2\left(\theta-\dfrac{1}{2}\sin 2\theta\right)$,

$R=\dfrac{1}{2}r^2(\tan\theta-\theta)$

따라서 다음을 얻는다.

$$\frac{R}{Q}=\frac{\tan\theta-\theta}{\frac{1}{2}\sin 2\theta}=2\cdot\frac{\tan\theta-\theta}{\sin 2\theta}$$

여기서 $\dfrac{R}{Q}$의 분모와 분자의 $\theta\to 0$일 때의 극한값이 모두 0이고, 또 $(\sin 2\theta)'=2\cos 2\theta$이므로 $\theta=0$에서 $(\sin 2\theta)'=2\neq 0$이다. 여기서 (2)를 이용하면 다음과 같다.

$$\lim_{\theta\to 0}\frac{R}{Q}=\lim_{\theta\to 0}2\cdot\frac{\tan\theta-\theta}{\sin 2\theta}=2\cdot\frac{\sec^2 0-1}{2\cos 0}=\frac{0}{2}=0$$

한편 S'과 R'은 다음과 같다.

$S'=\dfrac{dS}{d\theta}=\dfrac{1}{2}r^2(1-\cos 2\theta)$,

$R'=\dfrac{dR}{d\theta}=\dfrac{1}{2}r^2(\sec^2\theta-1)$

여기서 제시문의 [삼각함수의 항등식]과 삼각함수의 정의를 이용하면 다음을 얻는다.

$$\begin{aligned}\lim_{\theta\to 0}\frac{S'}{R'}&=\lim_{\theta\to 0}\frac{1-\cos 2\theta}{\sec^2\theta-1}=\lim_{\theta\to 0}\frac{2\sin^2\theta}{\tan^2\theta}\\&=\lim_{\theta\to 0}2\cos^2\theta=2\end{aligned}$$

따라서 구하는 극한값은 다음과 같다.

$$\lim_{\theta\to 0+}\frac{R}{Q}=0,\ \lim_{\theta\to 0+}\frac{S'}{R'}=2$$

16 (1) 한 점 $(x_0,\ f(x_0))$에서 만나면 $0<x_0\leq 1$이다.

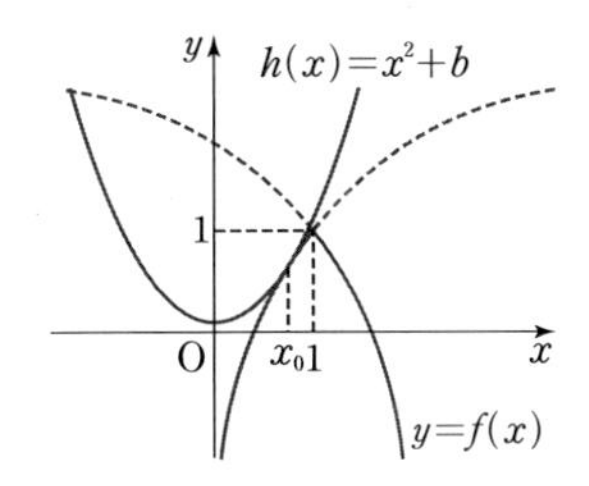

$x=x_0$에서 접선의 기울기가 같아야 하므로 $\dfrac{1}{x_0}=2x_0$

이며 $x_0=\dfrac{1}{\sqrt{2}}<1$이다.

$h(x_0)=\dfrac{1}{2}+b=f(x_0)=1-\dfrac{1}{2}\ln 2$이므로

$b=\dfrac{1}{2}(1-\ln 2)$이다.

따라서 $b<\dfrac{1}{2}(1-\ln 2)=\dfrac{1}{2}-\ln\sqrt{2}$일 때 두 점에서 만난다.

(2) 한 점 $(x_0,\ f(x_0))$에서 만나면 $x_0\geq 1$이다.

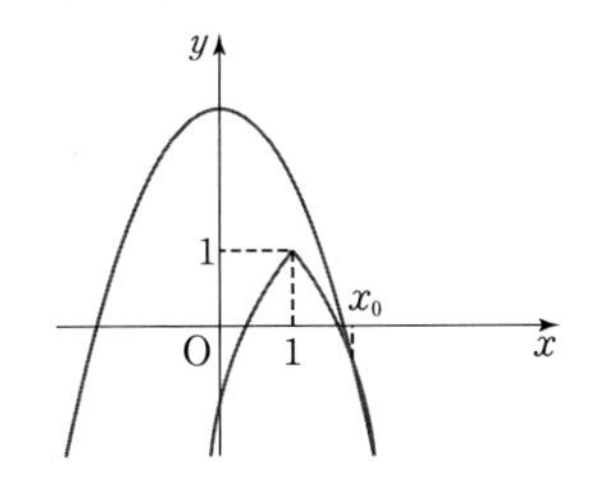

$x=x_0$에서 접선의 기울기가 같아야 하므로

$-\ln 2\cdot 2^{x_0}=2ax_0$이고

$h(x_0)=ax_0{}^2+3=3-2^{x_0}=f(x_0)$이므로

$x_0=\frac{2}{\ln 2}>1$이고, $a=-\frac{(\ln 2)^2\cdot 4^{\frac{1}{\ln 2}}}{4}$이다.

따라서 $a<-\frac{(\ln 2)^2\cdot 4^{\frac{1}{\ln 2}}}{4}=-\frac{(\ln 2)^2\cdot 2^{\frac{2}{\ln 2}}}{4}$일 때 두 점에서 만난다.

(3) $F(x)=f(x)-tx^2$이라 하면

$F'(x)=f'(x)-2tx$이다.

$f'(x)=\begin{cases}\frac{1}{x} & (x<1)\\ -\ln 2\cdot 2^x & (x>1)\end{cases}$과 $y=2tx$의 그래프는

t의 값의 범위에 따라

(i) $0<t\le\frac{1}{2}$인 경우

$x=1$의 좌우에서 $F'(x)$의 부호가 양수에서 음수로 변하므로 $F(x)$는 $x=1$에서 극대가 된다.

$g(t)=F(1)=f(1)-t=1-t$

(ii) $t>\frac{1}{2}$이고 $x<1$인 경우

$F(x)=f(x)-tx^2$이라 하면

$F'(x)=\frac{1}{x}-2tx=0$이고 $x=\frac{1}{\sqrt{2t}}<1$

$t>\frac{1}{2}$이고 $x>1$인 경우 $F'(x)$는 음수이다.

$F(x)$는 $x=1$에서 연속이고 $x=\frac{1}{\sqrt{2t}}$에서 $F'(x)$의 부호가 양수에서 음수로 변하므로 $x=\frac{1}{\sqrt{2t}}<1$에서 극댓값이 있다.

$F\left(\frac{1}{\sqrt{2t}}\right)=g(t)=\frac{1}{2}-\frac{1}{2}\{\ln(2t)\}$이다.

$g\left(\frac{e}{2}\right)\neq 0$이므로

$$\lim_{t\to\frac{e}{2}}\frac{g(t)}{2t-e}=\frac{1}{2}\lim_{t\to\frac{e}{2}}\frac{g(t)-g\left(\frac{e}{2}\right)}{t-\frac{e}{2}}$$

$$=\frac{1}{2}g'\left(\frac{e}{2}\right)=-\frac{1}{2e}$$

17 (1) ① $A=\{1\}$이고 $B=(-\infty,\ \infty)$인 경우는 $p=1$이고 $x\in(-\infty,\ \infty)$에서 최솟값을 가지므로 $x^2+x-f(x)$가 모든 실수 x에서 최솟값을 가져야 한다.

따라서 함수 $x^2+x-f(x)$가 상수여야 하므로

$f(x)=x^2+x+C$(C는 상수)이다.

② $g(x)=f'(x)-2x$라고 하자. $p\in A$라면 $p=g(x)$인 x가 존재하여야 한다.

따라서 $p\in A$인 필요조건은 p가 $g(x)$의 치역에 들어가는 것이다.

예를 들어 $g(x)=e^{-x}$라 하면 $f(x)=x^2-e^{-x}$이고, 이때 $A=(0,\ \infty)$임을 확인할 수 있다.

다른 답안

$p>0$일 때 $y=x^2+px-f(x)$가 $x=t$에서 최솟값(극솟값)을 가진다고 하면

$y'=2x+p-f'(x)$, $y''=2-f''(x)$이므로

$2t+p-f'(t)=0$, $2-f''(t)>0$이다.

$p=f'(t)-2t>0$이고 $f''(t)<2$를 만족하도록

$p=f'(t)-2t=e^{-t}$이라 하면 $f'(t)=2t+e^{-t}$,

$f(t)=t^2-e^{-t}+C$(C는 상수)이다.

따라서 $f(x)=x^2-e^{-x}$은 $A=(0,\ \infty)$인 함수이다.

(2) $y=x^2$을 x축과 y축의 양의 방향으로 각각 a와 b만큼 평행이동하면 $y=(x-a)^2+b$이다.

이것이 곡선 $y=f(x)$의 위쪽에서 단 한 번 만나므로 $(x-a)^2+b-f(x)$의 최솟값은 0이다.

$(x-a)^2+b-f(x)\ge 0$이므로

$x^2-2ax-f(x)\ge -a^2-b$가 성립한다.

따라서 $p=-2a$일 때 $F(p)=-a^2-b$이다.

(3) $f(x)$의 최댓값 M이 존재하고 $M<C$라 하면

$f(x)\le M<C<C+\left(x+\frac{p}{2}\right)^2$이 성립한다.

이것은 모든 실수 p에 대하여

$x^2+px+\frac{p^2}{4}+C>f(x)$가 성립함을 뜻한다.

(2)에 의하여 포물선 $y=x^2+px+\frac{p^2}{4}+C$를 y축의 아랫방향으로 평행이동하면 $y=f(x)$와 최초로 만날 것이다.

따라서 모든 실수 p에 대하여 $F(p)$가 존재하고

$A=(-\infty,\ \infty)$이다.

(4) 두 직선 $y=ax+b$와 $y=cx+d$의 교점을 $\alpha=\frac{b-d}{c-a}$라 하자.

$x^2+px-f(x)$의 최솟값은 $x=\alpha$ 또는 $(x^2+px-f(x))'=0$, 즉 $2x+p-f'(x)=0$인 점에서 발생한다.

$$2x+p-f'(x)=\begin{cases}2x+p-c, & x<\alpha\\ 2x+p-a, & x>\alpha\end{cases}$$

이므로

(i) $x<\alpha$, $2x+p-c=0$이면 $p>c-2\alpha$이고,

$x=\frac{c-p}{2}$에서

$x^2+px-f(x)=-\frac{(p-c)^2}{4}-d$이다. …… ㉠

(ii) $x>\alpha$, $2x+p-a=0$이면 $p>a-2\alpha$이고,

$x=\frac{a-p}{2}$에서

$x^2+px-f(x)=-\frac{(a-p)^2}{4}-b$이다.

(iii) $x=\alpha$에서는 $x^2+px-f(x)$의 값은

$\alpha^2+p\alpha-\dfrac{bc-ad}{c-a}$이다.

그런데

$-\dfrac{(p-c)^2}{4}-d-\alpha p-\alpha^2+\dfrac{bc-ad}{c-a}$

$=-\dfrac{1}{4}(p+2\alpha-c)^2\le 0$이고 마찬가지로

$-\dfrac{(p-a)^2}{4}-b-\alpha p-\alpha^2+\dfrac{bc-ad}{c-a}$

$=-\dfrac{1}{4}(p+2\alpha-a)^2\le 0$이므로

$$F(p)=\begin{cases}-\dfrac{1}{4}(p-a)^2-b & \left(p<a-2\cdot\dfrac{b-d}{c-a}\right)\\ \dfrac{b-d}{c-a}p+\left(\dfrac{b-d}{c-a}\right)^2-\dfrac{bc-ad}{c-a} & \left(a-2\cdot\dfrac{b-d}{c-a}\le p\le c-2\cdot\dfrac{b-d}{c-a}\right)\\ -\dfrac{1}{4}(p-c)^2-d & \left(p>c-2\cdot\dfrac{b-d}{c-a}\right)\end{cases}$$

따라서 $A=(-\infty,\ \infty)$이다.

또한 $B=(-\infty,\ \infty)$이다.

참고 ㉠의 보충 설명

(i) $x<\alpha$, $2x+p-c=0\left(즉,\ x=\dfrac{c-p}{2}\right)$이면

$\dfrac{c-p}{2}<\alpha$에서 $p>c-2\alpha$이고 $f(x)=cx+d$이다.

$x=\dfrac{c-p}{2}$일 때

$x^2+px-f(x)$

$=\left(\dfrac{c-p}{2}\right)^2+p\left(\dfrac{c-p}{2}\right)-f\left(\dfrac{c-p}{2}\right)$

$=\dfrac{(p-c)^2}{4}-\dfrac{1}{2}p(p-c)-\left\{c\left(\dfrac{c-p}{2}\right)+d\right\}$

$=\dfrac{1}{4}(p-c)^2-\dfrac{1}{2}p(p-c)+\dfrac{1}{2}c(p-c)-d$

$=\dfrac{1}{4}(p-c)^2-\dfrac{1}{2}(p-c)^2-d$

$=-\dfrac{1}{4}(p-c)^2-d$

18 (1)

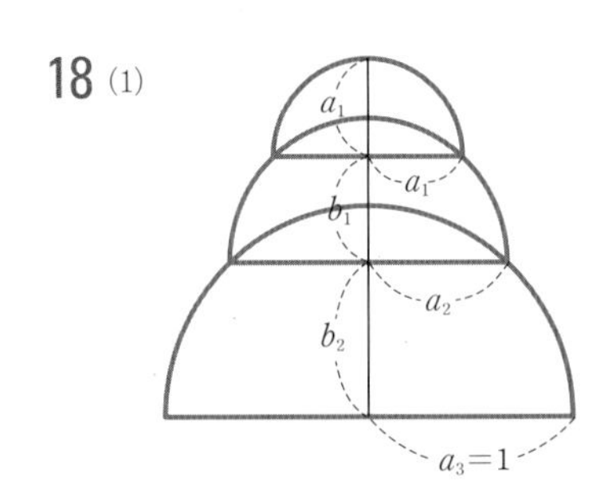

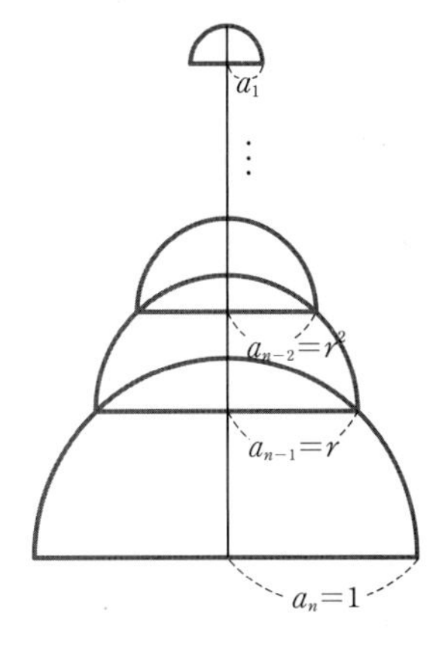

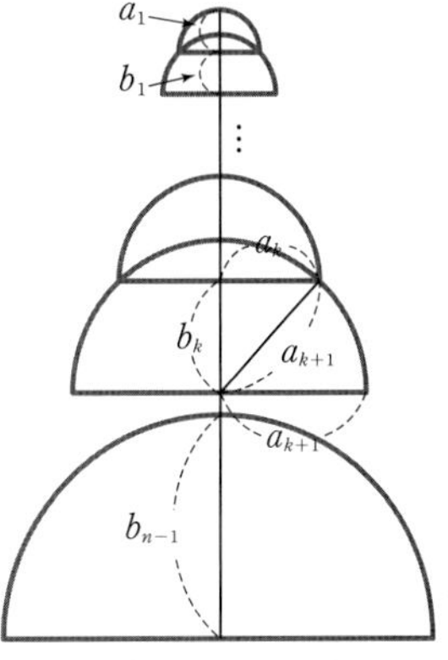

$a_k=r^{n-k}$
$b_k=\sqrt{{a_{k+1}}^2-{a_k}^2}$
$h_n=a_1+(b_1+b_2+\cdots+b_{n-1})$

그릇의 모양이 모두 다르고 큰 것부터 작은 것 순서로 쌓고 있다고 하였으므로 $0<r<1$이다. 수열 $\{a_k\}$는 공비 $\dfrac{1}{r}$, $a_n=1$인 등비수열 $a_n=1$, $a_{n-1}=r$, $a_{n-2}=r^2$, $\cdots$, $a_1=r^{n-1}$이 되어 일반항이 $a_k=r^{n-k}$가 됨을 알 수 있다. $k+1$번째 그릇 밑면에서 k번째 그릇 밑면까지의 거리를 b_k라고 하면 다음 그림과 같이

$b_k=\sqrt{{a_{k+1}}^2-{a_k}^2}=\sqrt{r^{2(n-k-1)}-r^{2(n-k)}}$

$=r^{n-k-1}\sqrt{1-r^2}$이다.

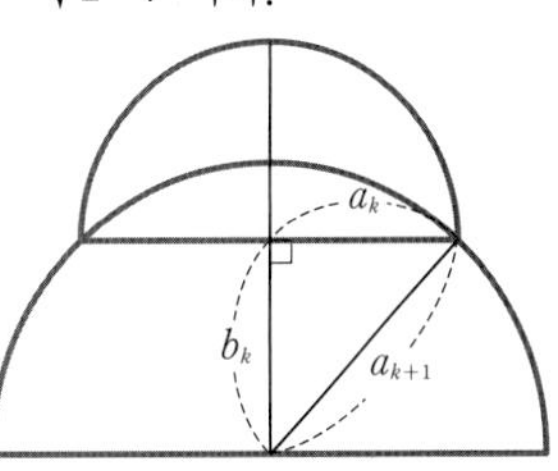

높이 h_n은

$h_n=a_1+b_1+b_2+\cdots+b_{n-1}$

$=r^{n-1}+\sqrt{1-r^2}\displaystyle\sum_{k=1}^{n-1}r^{n-k-1}$

$=r^{n-1}+\sqrt{1-r^2}(r^{n-2}+r^{n-3}+\cdots+r+1)$

$=r^{n-1}+\sqrt{1-r^2}\cdot\dfrac{1-r^{n-1}}{1-r}$

$=r^{n-1}+\sqrt{\dfrac{1+r}{1-r}}(1-r^{n-1})$

$$=\sqrt{\frac{1+r}{1-r}}+\frac{1}{r}\left(1-\sqrt{\frac{1+r}{1-r}}\right)r^n$$

이다.

만약 n이 한없이 커진다면 $0<r<1$이기 때문에 r^n은 0으로 수렴한다. 이때, 그 극한값은 $\sqrt{\frac{1+r}{1-r}}$이다.

(2) a_1을 x라고 하면 b_1은 앞에서처럼

$b_1=\sqrt{a_2^2-a_1^2}=\sqrt{1-x^2}$이고

$h_2=a_1+b_1=x+\sqrt{1-x^2}$이 되어 h_2는 $x(0<x<1)$의 미분가능한 함수로 생각할 수 있다. 최댓값을 구하기 위하여 h_2를 x에 대하여 미분하고 정리하여 도함수

$$h_2'(x)=1-\frac{x}{\sqrt{1-x^2}}$$
$$=\frac{\sqrt{1-x^2}-x}{\sqrt{1-x^2}}=\frac{1-2x^2}{\sqrt{1-x^2}(\sqrt{1-x^2}+x)}$$

을 얻는다. $h_2'(x)$는 $x=\frac{\sqrt{2}}{2}$에서 0, $x<\frac{\sqrt{2}}{2}$에서 양수, $x>\frac{\sqrt{2}}{2}$에서 음수이므로 $h(x)$는 $x=\frac{\sqrt{2}}{2}$에서 극대이면서 최대이다. 최대 높이는

$$h_2\left(\frac{\sqrt{2}}{2}\right)=\frac{\sqrt{2}}{2}+\sqrt{1-\left(\frac{\sqrt{2}}{2}\right)^2}=\sqrt{2}\text{이다.}$$

(3) 점화식은 $a_k=\sqrt{\frac{k}{k+1}}a_{k+1}$로 바꾸어 적을 수 있고,

$a_n=1$로부터 $a_{n-1}=\sqrt{\frac{n-1}{n}}$, $a_{n-2}=\sqrt{\frac{n-2}{n}}$, $\cdots$,

$a_1=\sqrt{\frac{1}{n}}$이 되어, 일반항이 $a_k=\sqrt{\frac{k}{n}}$임을 알 수 있다.

이때,

$b_k=\sqrt{a_{k+1}^2-a_k^2}=\sqrt{\frac{k+1}{n}-\frac{k}{n}}=\frac{\sqrt{n}}{n}$으로 k에 상관없이 일정하다. 이로부터

$$h_n=a_1+b_1+\cdots+b_{n-1}=\frac{\sqrt{n}}{n}+\underbrace{\frac{\sqrt{n}}{n}+\cdots+\frac{\sqrt{n}}{n}}_{n-1\text{개}}$$
$$=\sqrt{n}\text{이다.}$$

(4) 수학적 귀납법을 이용하여 h_n의 최댓값이 $\sqrt{n}$임을 증명한다.

(i) $n=1$일 때, $h_1=a_1=1$인 한 경우밖에 없으므로 $1=\sqrt{1}$이 최댓값이다.

(ii) $n=m$일 때, $\sqrt{m}$이 h_m의 최댓값이라고 가정하자.
$n=m+1$일 때, 반지름의 수열이 $a_1, a_2, \cdots, a_m, a_{m+1}$이고 $a_{m+1}=1$인 입체 P_{m+1}의 높이를 h_{m+1}이라고 하자. 이 그릇들 중 가장 밑에 있는 그릇을 제외한 위에서부터 m개의 그릇을 쌓아 올린 입체는 반지름 $a_1, a_2, \cdots, a_m$을 가지고 있다. 이 입체는 반지름을 $\frac{a_1}{a_m}, \frac{a_2}{a_m}, \cdots, \frac{a_k}{a_m}, \cdots, \frac{a_m}{a_m}$으로 가지고 높이가 h_m인 입체 P_m과 닮음비가 $a_m:1$인 닮은 도형이다. 그래서 $h_{m+1}=a_mh_m+b_m$임을 알 수 있다. h_m의 최댓값은 (ii)에서 $\sqrt{m}$으로 가정되어 있고 $b_m=\sqrt{a_{m+1}^2-a_m^2}=\sqrt{1-a_m^2}$이므로

$h_{m+1}=a_mh_m+b_m\leq a_m\sqrt{m}+\sqrt{1-a_m^2}$이다.

편의상 a_m을 x로 표시하고 $h(x)=x\sqrt{m}+\sqrt{1-x^2}$이라고 하자. 함수 $h(x)$의 도함수가

$$h'(x)=\sqrt{m}-\frac{x}{\sqrt{1-x^2}}$$
$$=\frac{m-(m+1)x^2}{\sqrt{1-x^2}(\sqrt{m}\sqrt{1-x^2}+x)}\text{이므로}$$

$x=\sqrt{\frac{m}{m+1}}$에서 최댓값 $h\left(\sqrt{\frac{m}{m+1}}\right)$을 가지고 그 값은

$$h\left(\sqrt{\frac{m}{m+1}}\right)=\sqrt{\frac{m}{m+1}}\sqrt{m}+\sqrt{1-\left(\sqrt{\frac{m}{m+1}}\right)^2}$$
$$=\sqrt{m+1}$$

이다. 이로부터 $h_{m+1}\leq\sqrt{m+1}$임을 알 수 있다. 또한 (3)에 주어진 수열 $a_k(k=1,\ 2,\ \cdots,\ m+1)$에 대하여 h_{m+1}이 $\sqrt{m+1}$이 되므로 최댓값은 $\sqrt{m+1}$임을 알 수 있다.

(i), (ii)에 의하여 모든 자연수 n에 대하여 h_n의 최댓값은 $\sqrt{n}$이다.

참고

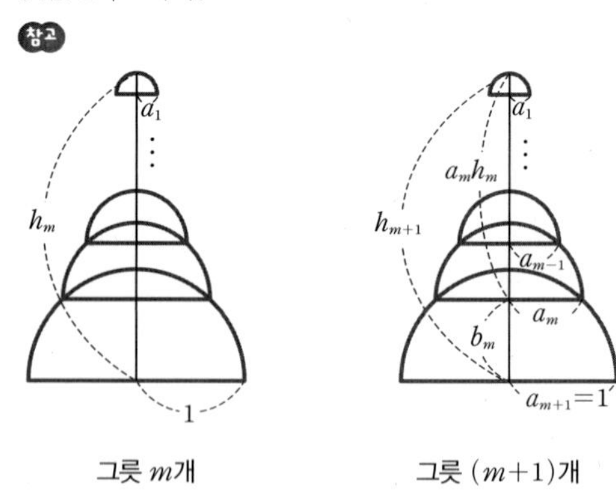

그릇 m개　　그릇 $(m+1)$개

그릇 m개인 입체와 그릇 $(m+1)$개인 입체에서 그릇의 개수가 같은 모양의 입체는 닮은꼴이다.

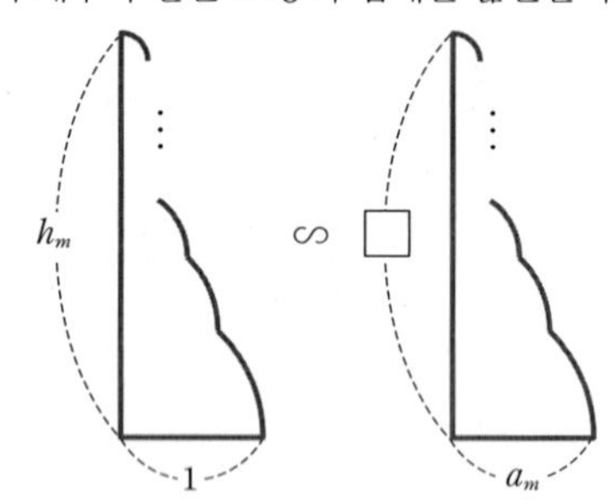

19 (1) 점 B와 C의 좌표를 구하면 $B(\cos\theta_1, \sin\theta_1)$, $C(3+2\cos\theta_1, 2\sin\theta_1)$이므로 직선 l의 기울기를 m이라고 하면

$$m=\frac{2\sin\theta_1-\sin\theta_1}{3+2\cos\theta_1-\cos\theta_1}=\frac{\sin\theta_1}{3+\cos\theta_1}$$

이다.

m을 θ_1에 대하여 미분하면

$$\frac{dm}{d\theta_1}=\frac{3\cos\theta_1+1}{(3+\cos\theta_1)^2}$$

이고,

방정식 $\frac{dm}{d\theta_1}=0$으로부터 $\cos\theta_1=-\frac{1}{3}$을 얻는다.

$\cos\theta_1=-\frac{1}{3}$인 $\theta_1(0<\theta_1<\pi)$ 근방에서 $\frac{dm}{d\theta_1}$의 부호가 양(+)에서 음(−)으로 바뀌므로 이 값에서 m은 극댓값을 갖고, 주어진 범위에서 극댓값은 1개만 존재하므로 m의 극댓값이 최댓값이 된다.

이때, $\sin\theta_1=\frac{2\sqrt{2}}{3}$이므로 기울기 m의 최댓값은

$$\frac{\frac{2\sqrt{2}}{3}}{3-\frac{1}{3}}=\frac{\sqrt{2}}{4}$$이다.

이제 직선 l의 기울기가 $\frac{\sqrt{2}}{4}$이고 점 $B\left(-\frac{1}{3}, \frac{2\sqrt{2}}{3}\right)$를 지나므로 직선 l의 방정식은 다음과 같다.

l: $4y-\sqrt{2}x-3\sqrt{2}=0$

점 O와 직선 l 사이의 거리

$d_1=\frac{|4\cdot 0-\sqrt{2}\cdot 0-3\sqrt{2}|}{\sqrt{4^2+(\sqrt{2})^2}}=1$은 원 C_1의 반지름의 길이와 같으므로 직선 l은 원 C_1과 접한다.

또한 점 A와 l 사이의 거리

$d_2=\frac{|4\cdot 0-\sqrt{2}\cdot 3-3\sqrt{2}|}{\sqrt{4^2+(\sqrt{2})^2}}=2$는 원 C_2의 반지름의 길이와 같으므로 직선 l은 원 C_2와 접한다.

이를 종합하면 l은 두 원 C_1, C_2의 공통접선이다.

(2) 점 B와 C의 좌표는 $B(\cos\theta_1, \sin\theta_1)$, $C(3+2\cos 2\theta_1, 2\sin 2\theta_1)$이다.

사각형 OACB가 볼록사각형임을 보이기 위해서는 다음 그림과 같이 선분 OB의 연장선 l_1, 선분 AB의 연장선 l_2, 선분 OA의 연장선 l_3으로 둘러싸인 영역에 점 C가 존재함을 보이면 된다.

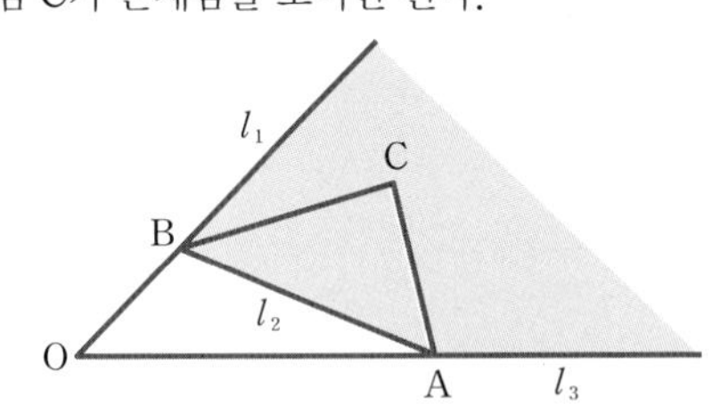

우선 점 C가 직선 l_1의 아래쪽에 있음을 보이자.

직선 l_1의 방정식은 $y-\tan\theta_1 x=0$이고 점 $C(3+2\cos 2\theta_1, 2\sin 2\theta_1)$의 좌표를 직선 l_1의 좌변에 대입하면 $\sin\theta_1>0$, $\cos\theta_1>\frac{1}{6}$일 때, $\tan\theta_1>0$이므로 다음이 성립한다.

$$\begin{aligned}&2\sin 2\theta_1-\tan\theta_1(3+2\cos 2\theta_1)\\&=4\sin\theta_1\cos\theta_1-\tan\theta_1\{3+2(2\cos^2\theta_1-1)\}\\&=4\sin\theta_1\cos\theta_1-\tan\theta_1(1+4\cos^2\theta_1)\\&=4\sin\theta_1\cos\theta_1-\tan\theta_1-4\sin\theta_1\cos\theta_1\\&=-\tan\theta_1<0\end{aligned}$$

따라서 점 C는 직선 l_1의 아래쪽에 있다.

또한 직선 l_3은 x축(즉, $y=0$)이고 점 C의 y좌표 $2\sin 2\theta_1$은 양수이므로 점 C는 직선 l_3 위쪽에 있다.

이제 점 C가 직선 l_2 위쪽 부분에 있음을 보이자.

두 점 A, B를 지나는 직선 l_2의 방정식을 구하면 $(3-\cos\theta_1)y+\sin\theta_1(x-3)=0$이다.

점 C를 직선 l_2의 방정식 좌변에 대입하면 $\sin\theta_1>0$, $\cos\theta_1>\frac{1}{6}$이므로 다음이 성립한다.

$$\begin{aligned}&(3-\cos\theta_1)\times 2\sin 2\theta_1+\sin\theta_1(3+2\cos 2\theta_1-3)\\&=(3-\cos\theta_1)\times 4\sin\theta_1\cos\theta_1\\&\quad+\sin\theta_1\{2(2\cos^2\theta_1-1)\}\\&=\sin\theta_1\{(3-\cos\theta_1)\times 4\cos\theta_1+(4\cos^2\theta_1-2)\}\\&=2\sin\theta_1(6\cos\theta_1-1)>0\end{aligned}$$

따라서 점 C가 직선 l_2 위쪽 부분에 있다.

(3) 사각형 OACB가 볼록사각형이므로 사각형 OACB의 넓이는 삼각형 OAB의 넓이와 삼각형 ABC의 넓이의 합과 같다.

일반적으로 원점 $O(0, 0)$과 두 점 $P(x_1, y_1)$, $Q(x_2, y_2)$에 대하여 삼각형 OPQ의 넓이 S는 다음과 같다.

$$S=\frac{1}{2}|y_1x_2-y_2x_1|$$

증명

두 선분 OP와 OQ의 사잇각을 $\theta(0<\theta<\pi)$라 하자.

그러면 $S=\frac{1}{2}\overline{OP}\cdot\overline{OQ}\sin\theta$이다.

내적의 성질에 의하여

$$\cos\theta=\frac{\overrightarrow{OP}\cdot\overrightarrow{OQ}}{|\overrightarrow{OP}||\overrightarrow{OQ}|}=\frac{x_1x_2+y_1y_2}{\sqrt{x_1^2+y_1^2}\sqrt{x_2^2+y_2^2}}$$

이다. 이때,

$$\begin{aligned}\sin\theta&=\sqrt{1-\cos^2\theta}\\&=\sqrt{1-\frac{(x_1x_2+y_1y_2)^2}{(x_1^2+y_1^2)(x_2^2+y_2^2)}}\\&=\frac{|y_1x_2-y_2x_1|}{\sqrt{x_1^2+y_1^2}\sqrt{x_2^2+y_2^2}}\end{aligned}$$

$$\begin{aligned}\therefore S&=\frac{1}{2}\overline{OP}\cdot\overline{OQ}\sin\theta\\&=\frac{1}{2}\sqrt{x_1^2+y_1^2}\sqrt{x_2^2+y_2^2}\times\frac{|y_1x_2-y_2x_1|}{\sqrt{x_1^2+y_1^2}\sqrt{x_2^2+y_2^2}}\\&=\frac{1}{2}|y_1x_2-y_2x_1|\end{aligned}$$

그러므로

$\triangle OAB=\frac{|3\sin\theta_1-0\times\cos\theta_1|}{2}=\frac{3\sin\theta_1}{2}$이다.

삼각형 ABC의 넓이는 세 점 A, B, C를 $(-3, 0)$ 만큼 평행이동하여 얻어진 세 점 $(0, 0)$, $(\cos\theta_1-3,\ \sin\theta_1)$, $(2\cos 2\theta_1,\ 2\sin 2\theta_1)$로 이루어진 삼각형의 넓이와 같다. 따라서

$\triangle$ABC

$=\frac{1}{2}|2\cos 2\theta_1 \sin\theta_1-2\sin 2\theta_1(\cos\theta_1-3)|$

$=\frac{1}{2}|2(2\cos^2\theta_1-1)\sin\theta_1$

$\quad -4\sin\theta_1\cos\theta_1(\cos\theta_1-3)|$

$=|6\sin\theta_1\cos\theta_1-\sin\theta_1|$

$=|\sin\theta_1(6\cos\theta_1-1)|$

$=\sin\theta_1(6\cos\theta_1-1)\left(\because \sin\theta_1>0,\ \cos\theta_1>\frac{1}{6}\right)$

$=3\sin 2\theta_1-\sin\theta_1$

이므로 사각형 OACB의 넓이를 $S(\theta_1)$이라고 하면

$S(\theta_1)=\frac{3\sin\theta_1}{2}+3\sin 2\theta_1-\sin\theta_1$

$\qquad=\frac{\sin\theta_1}{2}+3\sin 2\theta_1$

이다. 이제

$S'(\theta_1)=\frac{1}{2}\cos\theta_1+6\cos 2\theta_1$

$\qquad=\frac{1}{2}\cos\theta_1+6(2\cos^2\theta_1-1)$

$\qquad=12\cos^2\theta_1+\frac{1}{2}\cos\theta_1-6$

이므로 $S'(\theta_1)=0$으로부터

$\cos\theta_1=\frac{-1+\sqrt{1153}}{48}\left(\because \cos\theta_1>\frac{1}{6}\right)$을 얻는다. 또한 $\cos\theta_1=\frac{-1+\sqrt{1153}}{48}$을 만족하는 θ_1의 근방에서 $S'(\theta_1)$의 부호가 양(+)에서 음(−)으로 바뀌므로 그 θ_1값에서 극댓값을 갖고, 주어진 범위$\left(\sin\theta_1>0,\ \cos\theta_1>\frac{1}{6},\ 0\le\theta_1<2\pi\right)$에서 극댓값이 1개 존재하므로 그 값이 최댓값이 된다.

그러므로 $\cos\theta_1=\frac{-1+\sqrt{1153}}{48}$일 때, $S(\theta_1)$은 최댓값을 갖는다.

20 구에 외접하는 원뿔의 밑면의 반지름을 r, 높이를 h라 하면 원뿔의 모선의 길이는 $\sqrt{r^2+h^2}$이다.

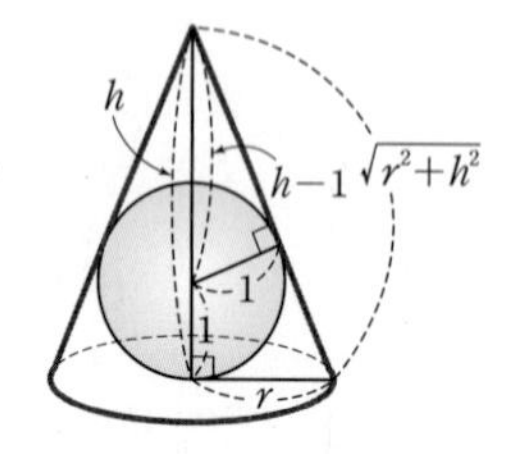

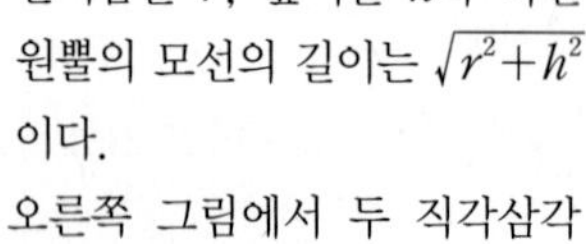

오른쪽 그림에서 두 직각삼각형은 닮은꼴이므로

$(h-1):1=\sqrt{r^2+h^2}:r$, $\sqrt{r^2+h^2}=r(h-1)$이다.

양변을 제곱하면

$r^2+h^2=r^2(h-1)^2=r^2(h^2-2h+1)$,

$h^2=r^2h^2-2hr^2$, $r^2=\frac{h}{h-2}$이다.

원뿔의 부피를 V라 하면

$V=\frac{1}{3}\pi r^2h=\frac{\pi}{3}\cdot\frac{h^2}{h-2}=f(h)$이다.

$f'(h)=\frac{\pi}{3}\cdot\frac{2h(h-2)-h^2}{(h-2)^2}=\frac{\pi}{3}\cdot\frac{h(h-4)}{(h-2)^2}$이므로

$h=4$일 때 극소이고 최소이다.

따라서 원뿔의 부피의 최솟값은 $f(4)=\frac{8\pi}{3}$이다.

다른 답안

외접하는 원뿔의 높이를 $h(h>2)$, 밑면의 반지름을 r, 빗변의 길이를 $x+r$라 하면 원뿔의 부피는 $\frac{1}{3}\pi r^2h$이고,

$\frac{x}{1}=\frac{h}{r}$, $x^2=(h-1)^2-1^2=h(h-2)$이므로

$r^2=\frac{h^2}{x^2}=\frac{h^2}{h(h-2)}=\frac{h}{h-2}$이고

$\frac{1}{3}\pi r^2h=\frac{\pi}{3}\cdot\frac{h^2}{h-2}$이다. 또,

$\frac{h^2}{h-2}=(h-2)+\frac{4}{h-2}+4$

$\qquad\ge 2\sqrt{(h-2)\cdot\frac{4}{h-2}}+4=8$

이고 등호는 $h=4$일 때 성립하므로 구하는 값은 $\frac{8\pi}{3}$이다.

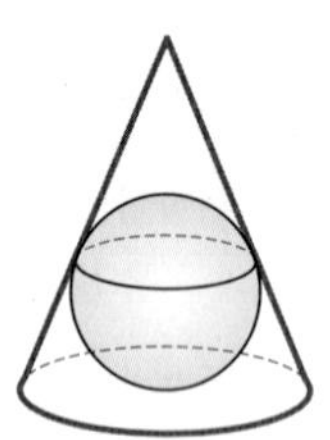

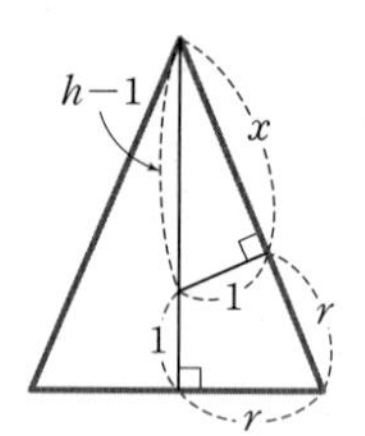

21 (1) 부피의 시간에 대한 변화율이 일정하므로

$\frac{dV}{dt}=a$(상수)로 놓으면 $V=at+b$이다.

주어진 표의 값을 이용하여

$5a+b=1000\pi$, $60a+b=14750\pi$를 연립하면

$a=250\pi$, $b=-250\pi$이다.

따라서 $V=250\pi t-250\pi$이므로 (가)$=10$, (나)$=7250\pi$이다.

(2) 반지름 r(km)인 반구의 부피를 V_1이라 하면

$V_1=\frac{2}{3}\pi r^3$이므로 부피의 반지름에 대한 변화율은

$\frac{dV_1}{dr}=2\pi r^2$이다.

따라서 $r=5$일 때 $\left[\frac{dV_1}{dt}\right]_{r=5}=50\pi$이다.

(3) 반지름 r인 반구에 내접하는 원기둥의 밑면의 반지름을 x, 높이를 y라 하면 원기둥의 부피 V는 $V=\pi x^2y$이다.

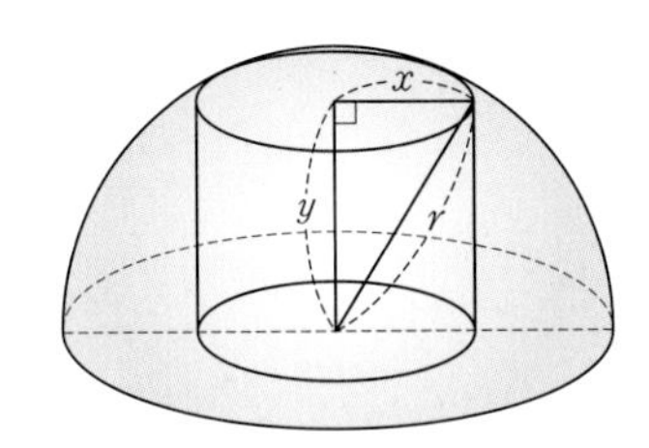

$x^2+y^2=r^2$이므로 $x^2=r^2-y^2$을 대입하면
$V=\pi(r^2-y^2)y=\pi(r^2y-y^3)$이다.

$\frac{dV}{dy}=\pi(r^2-3y^2)=\pi(r+\sqrt{3}y)(r-\sqrt{3}y)$

$\frac{dV}{dy}=0$일 때 $y=\frac{r}{\sqrt{3}}$이므로 $y=\frac{r}{\sqrt{3}}$일 때 극대이고 동시에 최대이다.

이때, $x=\frac{\sqrt{2}}{\sqrt{3}}r=\frac{\sqrt{6}}{3}r$이므로 $r=5$일 때

$x=\frac{5\sqrt{6}}{3}$이다. 따라서 필요한 해독가스의 양은

$\pi\times\left(\frac{5\sqrt{6}}{3}\right)^2\times\frac{5}{\sqrt{3}}=\frac{250\sqrt{3}}{9}\pi(\text{km}^3)$이다.

22 (1)

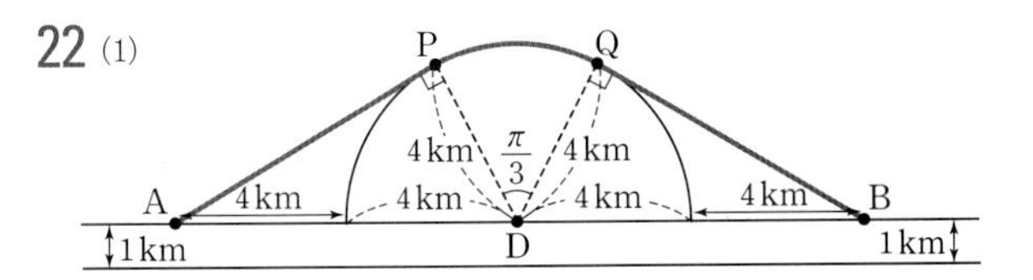

반원의 중심을 D라 하자. 또, 점 A와 B로부터 반원에 접선을 그어 접점을 각각 P와 Q라 하자. 그러면 직선 AP를 지나 호 PQ를 거쳐 직선 QB를 통과하는 항로의 거리가 육지 위를 비행해서 B에 도달하는 가장 짧은 거리이다.

직각삼각형 APD에서 $\overline{AP}$의 길이는 $4\sqrt{3}$,
직각삼각형 BQD에서 $\overline{BQ}$의 길이는 $4\sqrt{3}$,

각 ADP와 각 BDQ는 $\frac{\pi}{3}$이므로 각 PDQ는 $\frac{\pi}{3}$이다.

따라서 호 PQ의 길이는 $\frac{4\pi}{3}$이므로 전체 항로의 거리는 $\left(8\sqrt{3}+\frac{4\pi}{3}\right)(\text{km})$이다.

(2)

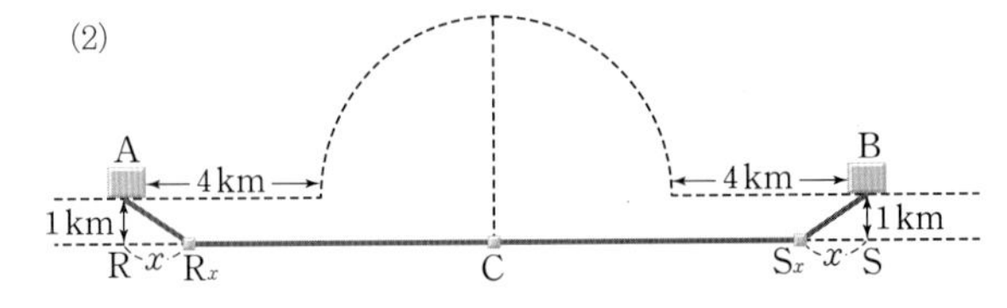

점 A와 B에서 남단의 강변과 직교하는 직선을 그어 각 교점을 R와 S라 하자. R와 S의 중점을 C라 하자. $0\leq x\leq 8$일 때, R에서 동쪽으로 x km 떨어져 있는 점을 R_x라 하고, 점 S에서 서쪽으로 x km 떨어져 있는 점을 S_x라 하자. 이때,

선분 AR_x(또는 선분 S_xB)의 거리는 $\sqrt{x^2+1}$,
선분 R_xC(또는 선분 CS_x)의 거리는 $8-x$이다.

A에서 강남 강변을 지나서 B로 가는 최소에너지는 항로의 대칭성이 있을 때 나타난다. 즉, R_x와 S_x를 지나서 B로 가는 항로만 고려하면 된다. 지상에서 1 km 비행하는 데 1 Joule의 에너지가 소비된다고 가정하자. 이때, 총 에너지는

$E_k(x)=2\{k\sqrt{x^2+1}+(8-x)\}$

$0\leq x\leq 8$에서 $E_k(x)$의 최솟값을 구하자.

$E_k'(x)=2\left(\frac{kx}{\sqrt{x^2+1}}-1\right)$, $E_k'(x_0)=0$이 되는 점은

$x_0=\frac{1}{\sqrt{k^2-1}}$이고

$k>1$일 때: x_0이 존재한다.

(ⅰ) $x_0\leq 8$, 즉 $\left(\sqrt{\frac{65}{64}}\leq k\right)$일 때, 에너지 최솟값은 $E_k(x_0)=2(8+\sqrt{k^2-1})$이고, 이동경로는 선분 AR_{x_0}을 지나 선분 $R_{x_0}S_{x_0}$을 거쳐 $S_{x_0}B$를 이어주는 항로이다.

x	0		x_0		8
$E_k'(x)$	$-$	$-$	0	$+$	$+$
$E_k(x)$			최소		

(ⅱ) $x_0\geq 8$, 즉 $\left(1\leq k\leq\sqrt{\frac{65}{64}}\right)$일 때, 에너지 최솟값은 $E_k(8)=2k\sqrt{65}$, 이동경로는 선분 AC와 CB를 잇는 항로이다.

x	0		8		x_0
$E_k'(x)$	$-$	$-$	$-$	$-$	0
$E_k(x)$			최소		

$0\leq k\leq 1$일 때: x_0이 존재하지 않는다.

(ⅲ) 항상 $E_k'(x)<0$일 때, E_k는 감소함수이므로 최솟값은 $E_k(8)=2k\sqrt{65}$, 이동경로는 선분 AC와 CB를 잇는 항로이다.

(3) (1)의 에너지 값은 $8\sqrt{3}+\frac{4\pi}{3}$, (2)의 에너지 값은 (ⅰ)에서 $E_k(x_0)$, (ⅱ), (ⅲ)에서 $E_k(8)$이다.

(ⅰ) $\sqrt{\frac{65}{64}}\leq k$일 때, (1)에서 구한 $\left(8\sqrt{3}+\frac{4\pi}{3}\right)$와 (2)의 $E_k(x_0)$을 비교하자. $E_k(x_0)<\left(8\sqrt{3}+\frac{4\pi}{3}\right)$인 경우, 즉 $\sqrt{\frac{65}{64}}\leq k<\sqrt{\left\{4(\sqrt{3}-2)+\frac{2\pi}{3}\right\}^2+1}\fallingdotseq 1.4$ 일 때는 (2)의 항로가 더 경제적이다.

$E_k(x_0)\geq\left(8\sqrt{3}+\frac{4\pi}{3}\right)$인 경우, 즉

$k\geq\sqrt{\left\{4(\sqrt{3}-2)+\frac{2\pi}{3}\right\}^2+1}\fallingdotseq 1.4$

일 때는 (1)의 항로가 더 경제적이다.

(ii), (iii) $0 \le k \le \sqrt{\frac{65}{64}}$일 때, (1)에서 구한 $\left(8\sqrt{3}+\frac{4\pi}{3}\right)$

와 (2)의 $E_k(8)$을 비교하자. 부등식

$E_k(8) < \left(8\sqrt{3}+\frac{4\pi}{3}\right)$를 풀면

$\frac{\left(4\sqrt{3}+\frac{2\pi}{3}\right)}{\sqrt{65}} > k$이고, 이 경우 (2)의 항로를 선택하는 것이 경제적이다. 그런데

$\frac{\left(4\sqrt{3}+\frac{2\pi}{3}\right)}{\sqrt{65}} > \sqrt{\frac{65}{64}}$이므로 언제나 (2)의 항로를 택하는 것이 더 경제적이다. 이상에서 k의 값이 클 때(대략 1.4보다 클 때), 강 위 비행에 소모되는 에너지가 많으므로 육지 위 비행을 택하고, k의 값이 작을 때(대략 1.4보다 작을 때)는 강 위 비행에 소모되는 에너지가 적으므로 강 위 비행을 택하는 것이 더 경제적이다.

23 (1) 주어진 다항함수 $f(x)=x^3+ax$를 식 $f(x+y)-f(x)=2yf'(x)$에 대입하여 x에 관한 다음 방정식을 얻을 수 있다.

$y(3x^2-3xy-y^2+a)=0$

$y=0$인 경우는 모든 실수 x에 대하여 성립함을 알 수 있다.

$y \ne 0$인 경우에는 양변을 y로 나누어 x에 관한 이차방정식

$3x^2-3xy-y^2+a=0$ …… ㉠

을 얻을 수 있다. ㉠의 판별식을 D라 하면 $D=21y^2-12a$이다. 이차방정식이 실근을 갖기 위해서는 $D \ge 0$이어야 하므로 모든 실수 y에 대해 $D=21y^2-12a \ge 0$을 만족하는 a를 찾으면 된다.

따라서 $a \le 0$이 된다.

(2) 함수 $y=g(x)=xe^{-\frac{x^2-1}{2}}$의 그래프의 개형을 그려 보자.

(i) $g'(x)=(1-x^2)e^{-\frac{x^2-1}{2}}=0$에서 $x=1, -1$

(ii) $g''(x)=(x^3-3x)e^{-\frac{x^2-1}{2}}=0$에서

$x=-\sqrt{3}, 0, \sqrt{3}$

따라서 함수 $y=g(x)$의 증가와 감소, 오목과 볼록을 표로 나타내면 다음과 같다.

x	…	$-\sqrt{3}$	…	-1	…	0
$g'(x)$	−	−	−	0	+	+
$g''(x)$	−	0	+	+	+	0
$g(x)$	↘	변곡점	↘	극솟값 (최솟값)	↗	변곡점

x	…	1	…	$\sqrt{3}$	…
$g'(x)$	+	0	−	−	−
$g''(x)$	−	−	−	0	+
$g(x)$	↗	극댓값 (최댓값)	↘	변곡점	↘

(iii) $\lim_{x\to\infty} g(x)=0$, $\lim_{x\to-\infty} g(x)=0$이므로 점근선은 x축이다.

따라서 함수 $y=g(x)$의 그래프의 개형은 아래와 같다.

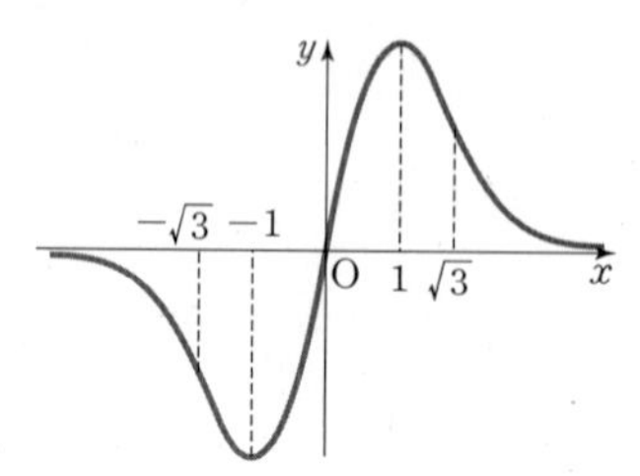

(라)의 조건 (ㄹ)에 의해서 집합 B에 속하는 함수 $h(t)$는 두 개의 극점 $t=x_1$, $x_2(x_1<x_2)$를 갖는다. (라)의 조건 (ㅁ)에 의해서 함수 $h(t)$는 $t=x_1$에서 최솟값을, $t=x_2$에서 최댓값을 갖는다.

따라서 임의의 실수 a에 대하여

$h(x_1+a)-h(x_1) \ge 0$, $h(x_2+a)-h(x_2) \le 0$, $h'(x_1)=0$, $h'(x_2)=0$을 만족한다.

임의의 실수 y에 대하여 모든 실수에서 정의된 함수 $\bar{h}$를 다음과 같이 정의하자.

$\bar{h}(t)=h(t+y)-h(t)-2yh'(t)$

(라)의 조건 (ㄷ)에 의해 함수 $\bar{h}$는 연속이며

$$\begin{cases}\bar{h}(x_1)=h(x_1+y)-h(x_1)-2yh'(x_1) \ge 0 \\ \bar{h}(x_2)=h(x_2+y)-h(x_2)-2yh'(x_2) \le 0\end{cases}$$

임을 알 수 있다. 따라서 사이값의 정리에 의해 $\bar{h}(x)=0$이 되는 점 x가 닫힌 구간 $[x_1, x_2]$에 존재한다. 즉, 모든 실수 y에 대하여

$h(x+y)-h(x)=2yh'(x)$

를 만족하는 x가 존재하게 되어 함수 h가 집합 A의 원소임을 알 수 있다. 그러므로 집합 B는 집합 A의 부분집합이 된다.

24 t의 값에 따라 $f(t)$의 값은 다음과 같이 나눌 수 있다.

(i) $t<b$일 때

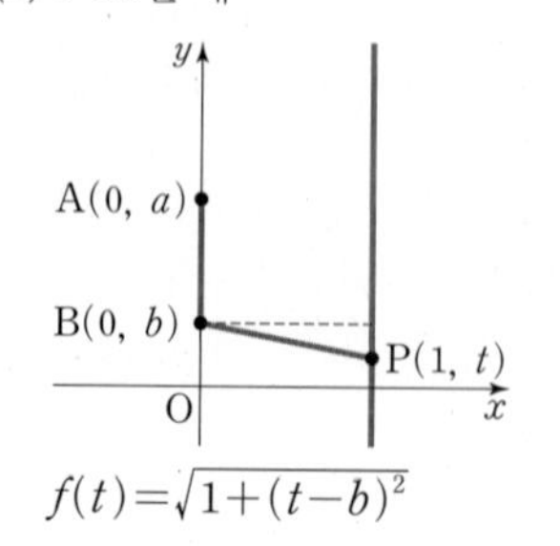

$f(t)=\sqrt{1+(t-b)^2}$

(ii) $b\le t\le a$일 때

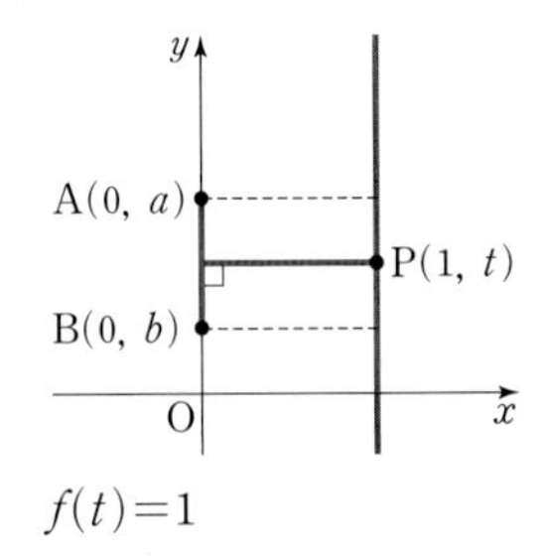

$f(t)=1$

(iii) $t>a$일 때

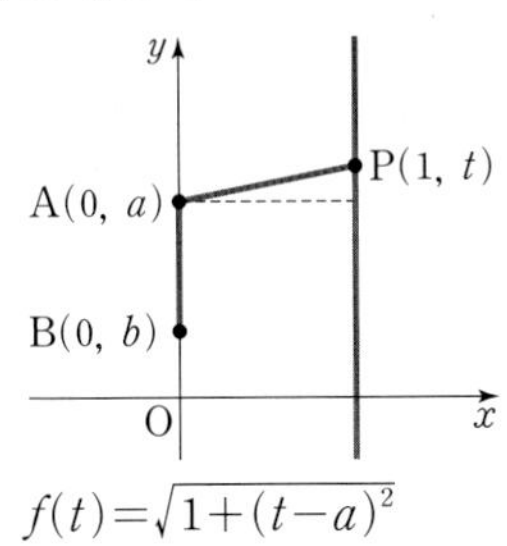

$f(t)=\sqrt{1+(t-a)^2}$

따라서 실수 t에 대하여 함수 $f(t)$는 다음과 같다.

$$f(t)=\begin{cases}\sqrt{1+(t-b)^2} & (t<b)\\ 1 & (b\le t\le a)\\ \sqrt{1+(t-a)^2} & (t>a)\end{cases}$$

이 함수의 그래프의 개형을 구하기 위해

$g(t)=\sqrt{1+t^2}$의 그래프의 개형을 생각하자.

$g'(t)=\dfrac{t}{\sqrt{1+t^2}}$이므로 $t=0$일 때 극솟값 $g(0)=1$을 갖는다.

$g''(t)=\dfrac{1}{(1+t^2)^{\frac{3}{2}}}>0$이므로 $g(t)$의 그래프는 아래로 볼록이다.

또, $g(t)=\sqrt{t^2+1}$의 점근선을 $y=at+b$라 하면

$\lim\limits_{t\to\infty}\{g(t)-(at+b)\}$

$=\lim\limits_{t\to\infty}\{\sqrt{t^2+1}-(at+b)\}$

$=\lim\limits_{t\to\infty}\dfrac{(t^2+1)-(at+b)^2}{\sqrt{t^2+1}+(at+b)}$

$=\lim\limits_{t\to\infty}\dfrac{(1-a^2)t^2-2abt+(1-b^2)}{\sqrt{t^2+1}+(at+b)}=0$

이다. $1-a^2=0$, $ab=0$에서 $a=\pm1$, $b=0$이므로 점근선은 $y=\pm t$이다.

따라서 함수 $f(t)$의 그래프는 함수 $g(t)$의 그래프를 이용하여 구하면 다음과 같다.

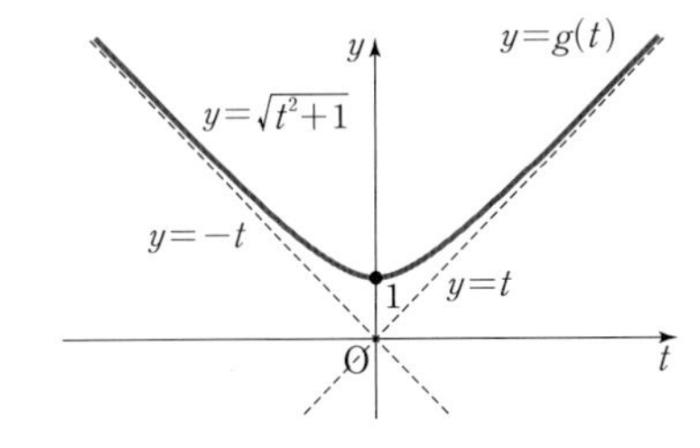

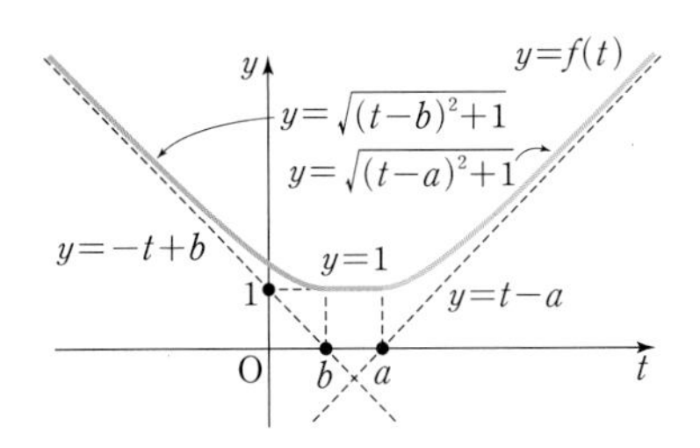

25 (1) 조건 (ㄴ) $f(m)f(n)=f(m+n)+f(m-n)$으로부터

$f(x)=p^x+q^x$에서 $f(0)=p^0+q^0=2$이므로 $f(0)=2$

자연수 $m=1$, $n=1$이면 $f(1)f(1)=f(2)+f(0)$이므로 $f(2)=7$

자연수 $m=2$, $n=1$이면 $f(2)f(1)=f(3)+f(1)$이므로 $f(3)=18$

다른 답안

자연수 $n=1$이면 $f(m)f(1)=f(m+1)+f(m-1)$이므로

점화식 $f(m)=3f(m-1)-f(m-2)$를 이용하면

$f(0)=2$, $f(1)=3$이므로 $f(2)=7$이고 $f(3)=18$

(2) 점화식 $f(m)=3f(m-1)-f(m-2)$를 이용하면

모든 자연수 m에 대해서

$p^{m+2}+q^{m+2}=3(p^{m+1}+q^{m+1})-(p^m+q^m)$이다.

따라서 모든 자연수 m에 대해서

$p^m(p^2-3p+1)+q^m(q^2-3q+1)=0$이 만족되어야 한다.

$p=\frac{1}{2}(3\pm\sqrt{5})$이면 $p^2-3p+1=0$이다.

조건으로부터 $p=\frac{1}{2}(3+\sqrt{5})$, $q=\frac{1}{2}(3-\sqrt{5})$이다.

다른 답안

$f(1)=p+q=3$, $f(2)=p^2+q^2=7$로부터

$9=(p+q)^2=p^2+q^2+2pq=7+2pq$이다.

따라서 $pq=1$이다.

$q=3-p$를 $pq=1$에 대입하면 $p^2-3p+1=0$이므로

$p=\frac{1}{2}(3\pm\sqrt{5})$이다.

$p=\frac{1}{2}(3+\sqrt{5})$이면 $q=\frac{1}{2}(3-\sqrt{5})$이다.

(3) $f(x)=p^x+q^x$이므로

$f(x)$는 미분가능한 함수이며 도함수는

$f'(x)=p^x\ln p+q^x\ln q$이다.

$f'(0)=\ln p+\ln q=\ln pq=0$((2)에서

$pq=\left\{\frac{1}{2}(3+\sqrt{5})\right\}\times\left\{\frac{1}{2}(3-\sqrt{5})\right\}=1$,

$f'(0)<1$이다.)

$f'(1)=p\ln p+q\ln q>1$($\ln p+\ln q=0$이므로

$\ln q=-\ln p$이고 $p-q=\sqrt{5}>2$이므로

$f'(1)=p\ln p+q\ln q=(p-q)\ln p=\sqrt{5}\ln p$이다.

또한 $p^2=\frac{1}{2}(7+3\sqrt{5})>3>e$이므로

$f'(1)=\sqrt{5}\ln p>2\ln p>\ln p^2>1$

따라서 $f'(1)=\sqrt{5}\ln p>1$이다.)

$f'(x)$는 구간 $[0,\ 1]$에서 연속함수이며

$f'(0)<1<f'(1)$이므로 사이값의 정리에 의해서

$f'(a)=1$이 되는 a는 구간 $[0,\ 1]$에서 적어도 한 개가 존재한다.

어떤 값 $0\le b\le 1$에 대해 $f'(b)=1$이라 하자.

$f''(x)=p^x(\ln p)^2+q^x(\ln q)^2$이고 0이 아닌 모든 실수 x에 대해서 $f''(x)>0$이므로 함수 $f'(x)$는 음이 아닌 실수 x에 대해서 연속하는 증가함수이다. 따라서 $0\le x<b$에 대해 $f'(x)<f'(b)$이며 $b<x\le 1$에 대해 $f'(b)<f'(x)$이다. 즉, $f'(a)=1$이 되는 a는 구간 $[0,\ 1]$에서 단 한 개만 존재한다.

26 (1) $f(x)=x^3-ax+2$로 놓자. 삼차방정식 $f(x)=0$이 서로 다른 세 실근을 가지려면 $f'(x)=3x^2-a=0$이 서로 다른 두 실근을 가지고 (극댓값)×(극솟값)<0이어야 한다. 따라서 $f'(x)=0$의 판별식이 양수, 즉

$a>0$이고 $f'(x)=0$의 두 실근 $\pm\sqrt{\frac{a}{3}}$에 대해

$f\left(-\sqrt{\frac{a}{3}}\right)f\left(\sqrt{\frac{a}{3}}\right)<0 \Longleftrightarrow \left(\frac{a}{3}\right)^{\frac{3}{2}}>1 \Longleftrightarrow a>3$이다.

따라서 삼차방정식 $x^3-ax+2=0$이 서로 다른 세 실근을 가질 a의 범위는 $a>3$이다.

(2) 포물선 $y=\frac{1}{2}x^2$ 위의 점 $(x_k,\ y_k)$에서 접선은

$y-y_k=x_k(x-x_k)$이다. 그러므로 점 $(x_k,\ y_k)$를 지나고 이 점에서 포물선 $y=\frac{1}{2}x^2$에 수직인 직선, 즉 법선은 $(x-x_k)+x_k(y-y_k)=0$ ...... ㉠

이다. 점 $(x_k,\ y_k)$는 포물선 $y=\frac{1}{2}x^2$ 위의 점이고,

점 $\mathrm{Q}(\alpha,\ \beta)$는 법선 ㉠ 위의 점이므로

$0=(\alpha-x_k)+x_k(\beta-y_k)$

$=(\alpha-x_k)+x_k\left(\beta-\frac{1}{2}x_k^2\right)$

이다. 이를 정리하면 세 점의 x좌표인 $x_1,\ x_2,\ x_3$은 삼차방정식 $x^3+(2-2\beta)x-2\alpha=0$의 서로 다른 세 실근이다. 편의상 $f(x)=x^3+(2-2\beta)x-2\alpha$로 놓자. 삼차방정식 $f(x)=0$이 서로 다른 세 실근을 가지려면 $f'(x)=3x^2+2-2\beta=0$이 서로 다른 두 실근을 가지고 (극댓값)×(극솟값)<0이어야 한다.

따라서 $f'(x)=0$의 판별식이 양수, 즉 $\beta>1$이고

$f'(x)=0$의 두 실근 $\pm\sqrt{\frac{2\beta-2}{3}}$에 대해

$f\left(\pm\sqrt{\frac{2\beta-2}{3}}\right)=\mp 2\left(\frac{2\beta-2}{3}\right)-2\alpha$이므로

$f\left(-\sqrt{\frac{2\beta-2}{3}}\right)f\left(\sqrt{\frac{2\beta-2}{3}}\right)<0 \Longleftrightarrow \alpha^2<\left(\frac{2\beta-2}{3}\right)^3$

$\Longleftrightarrow -\left(\frac{2\beta-2}{3}\right)^{\frac{3}{2}}<\alpha<\left(\frac{2\beta-2}{3}\right)^{\frac{3}{2}}$이다.

따라서 문제에서 α와 β가 만족해야 하는 조건은

$\beta>1,\ -\left(\frac{2\beta-2}{3}\right)^{\frac{3}{2}}<\alpha<\left(\frac{2\beta-2}{3}\right)^{\frac{3}{2}}$

이다. 그리고 점 $\mathrm{Q}(\alpha,\ \beta)$가 그리는 영역을 개략적으로 그리면 다음과 같다.

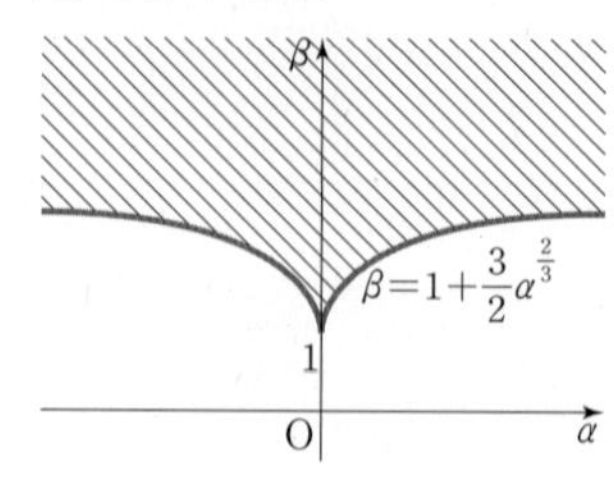

(단, 경계선은 제외)

다른 답안

$y=\frac{1}{2}x^2$에서 $y'=x$이므로 $y=\frac{1}{2}x^2$ 위의 점 $\left(t,\ \frac{1}{2}t^2\right)$

에서의 법선의 방정식은 $y-\frac{1}{2}t^2=-\frac{1}{t}(x-t)$이다.

이것이 점 $\mathrm{Q}(\alpha,\ \beta)$를 지나므로

$\beta-\frac{1}{2}t^2=-\frac{1}{t}(\alpha-t),\ t^3+2(1-\beta)t-2\alpha=0$이다.

이 방정식이 서로 다른 세 실근을 가져야 한다.

$f(t)=t^3+2(1-\beta)t-2\alpha$로 놓으면

$f'(t)=3t^2+2(1-\beta)=0$에서 $\beta>1$이고

$t=\pm\sqrt{\frac{2\beta-2}{3}}$이므로

(극댓값)×(극솟값)<0, 즉

$f\left(-\sqrt{\frac{2\beta-2}{3}}\right)f\left(\sqrt{\frac{2\beta-2}{3}}\right)<0$이다.

$\left\{-2\left(\frac{2\beta-2}{3}\right)\sqrt{\frac{2\beta-2}{3}}-2\alpha\right\}\times$

$\left\{2\left(\frac{2\beta-2}{3}\right)\sqrt{\frac{2\beta-2}{3}}-2\alpha\right\}<0$에서

$-4\left(\frac{2\beta-2}{3}\right)^3+4\alpha^2<0,\ \left(\frac{2\beta-2}{3}\right)^3>\alpha^2,$

$\beta>\frac{3}{2}\alpha^{\frac{2}{3}}+1$이다.

따라서 α와 β가 만족해야 하는 조건은 $\beta>1$,

$\beta>\frac{3}{2}\alpha^{\frac{2}{3}}+1$이고 점 $\mathrm{Q}(\alpha,\ \beta)$가 그리는 영역을 개략적으로 그리면 다음과 같다.

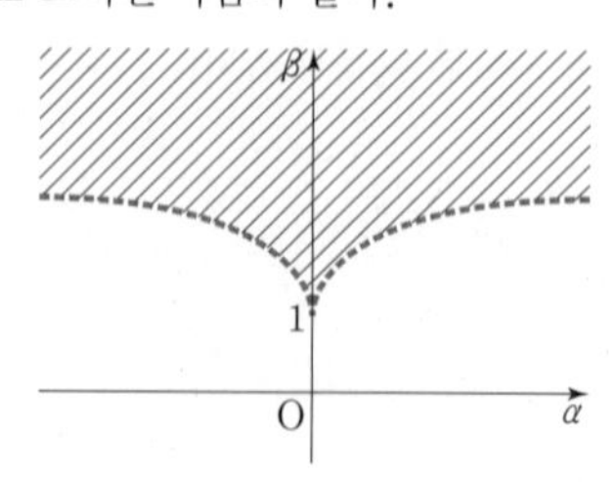

(단, 경계선은 제외)

27 (1) (i) $x=0$일 때, $f(0)=0$이다.

(ii) $x\neq0$일 때, $\lim_{x\to0}f(x)=\lim_{x\to0}x\sin\frac{1}{x}=0$이다.

왜냐하면 $-1\le\sin\frac{1}{x}\le1$이므로

$x>0$이면 $-x\le x\sin\frac{1}{x}\le x$이고

$\lim_{x\to0+}(-x)=\lim_{x\to0+}x=0$이므로

$\lim_{x\to0+}x\sin\frac{1}{x}=0$이다.

$x<0$이면 $-x\ge x\sin\frac{1}{x}\ge x$이고

$\lim_{x\to0-}(-x)=\lim_{x\to0+}x=0$이므로

$\lim_{x\to0-}x\sin\frac{1}{x}=0$이다.

따라서 $\lim_{x\to0}f(x)=f(0)$이므로 함수 $f(x)$는 $x=0$에서 연속이다.

다른 답안

먼저 $\lim_{x\to0}f(x)=\lim_{x\to0}x\sin\frac{1}{x}=0$이다. 왜냐하면 $-1\le\sin\frac{1}{x}\le1$이므로 $-|x|\le x\sin\frac{1}{x}\le|x|$이다.

따라서 $0=-\lim_{x\to0}|x|\le\lim_{x\to0}x\sin\frac{1}{x}\le\lim_{x\to0}|x|=0$

이다.

그런데 $f(0)=0$이므로 $\lim_{x\to0}f(x)=f(0)$이다.

따라서 $f(x)$는 $x=0$에서 연속이다.

> 감점 사례: 설명 없이 $\lim_{x\to0}x\sin\frac{1}{x}=0$이라고
>
> 한 경우 감점

(2) $$\lim_{h\to0}\frac{f(0+h)-f(0)}{h}=\lim_{h\to0}\frac{f(h)}{h}=\lim_{h\to0}\frac{h\sin\frac{1}{h}}{h}$$
$$=\lim_{h\to0}\sin\frac{1}{h}$$

이다.

그런데 $\sin\frac{1}{h}$은 $h\to0$일 때 -1과 1 사이에서 진동하므로 $\lim_{h\to0}\sin\frac{1}{h}$은 존재하지 않는다.

따라서 $f(x)$는 $x=0$에서 미분가능하지 않다.

(3) $x\neq0$일 때

$$f'(x)=\sin\frac{1}{x}+x\cos\frac{1}{x}\left(-\frac{1}{x^2}\right)$$
$$=\sin\frac{1}{x}-\frac{1}{x}\cos\frac{1}{x}$$

이다.

$f'(x)=3$일 때 $\sin\frac{1}{x}-\frac{1}{x}\cos\frac{1}{x}=3$에서

$\frac{1}{x}=t$로 놓으면 $\sin t-t\cos t=3$이다.

$g(t)=\sin t-t\cos t$로 놓으면

$g'(t)=\cos t-\cos t+t\sin t=t\sin t$

$g'(t)=0$일 때 $t=n\pi$ $(n=\pm1,\ \pm2,\ \cdots)$이다.

t	$\cdots$	-2π	$\cdots$	$-\pi$	$\cdots$	0	$\cdots$
$g'(t)$	$\cdots$	0	$-$	0	$+$		$+$
$g(t)$	$\cdots$	2π	↘	$-\pi$	↗		↗

t	π	$\cdots$	2π	$\cdots$	3π	$\cdots$	
$g'(t)$	0	$-$	0	$+$	0	$\cdots$	
$g(t)$	π	↘	-2π	↗	3π	$\cdots$	

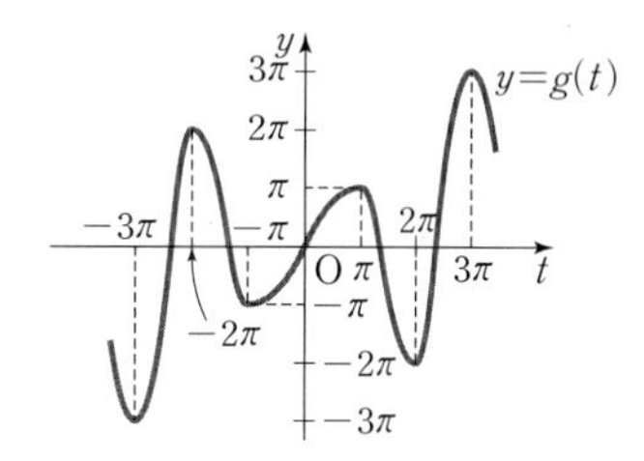

$g(\pi)=\pi>3$, $g(2\pi)=-2\pi<3$, $g(3\pi)=3\pi>3$, $g(4\pi)=-4\pi<3$, $\cdots$

이므로 사이값의 정리에 의해 $g(t)=3$인 t의 값은 무수히 많다.

따라서 $f'(x)=3$을 만족하는 x의 값은 무수히 많다.

다른 답안 1

$f(x)$는 $x\neq0$인 모든 실수 x에 대하여 미분가능하므로 $f'(x)$는

$$f'(x)=\sin\frac{1}{x}-\frac{1}{x}\cos\frac{1}{x}\ (x\neq0)$$

이다. $f'(x)=3$에서 $\frac{1}{x}=\theta$로 놓으면

$g(\theta)=\theta\cos\theta-\sin\theta+3=0$을 만족하는 해를 조사하면 된다.

$g(\pi)=-\pi+3<0$, $g(2\pi)=2\pi+3>0$,

$g(3\pi)=-3\pi+3<0$, $g(4\pi)=4\pi+3>0$, $\cdots$

이다. 따라서 사이값의 정리에 의해

$g(\theta)=\theta\cos\theta-\sin\theta+3=0$을 만족하는 해는 무수히 많다. 즉, $f'(x)=3$을 만족하는 x는 무수히 많다.

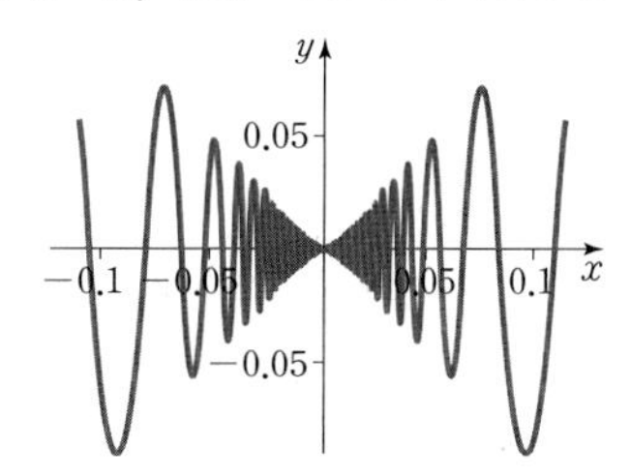

$y=f(x)$의 그래프

다른 답안 2

$x\neq0$일 때, $f'(x)=\sin\frac{1}{x}-\frac{1}{x}\cos\frac{1}{x}$이다.

그러므로 $f'(x)$는 0을 제외한 실수 전체에서 정의되고 정의역에서 연속인 함수이다. n을 양의 정수라 하자. 구간 $\left[\frac{1}{2n\pi}, \frac{1}{(2n-1)\pi}\right]$은 0을 포함하지 않으므로 이 구간에서 $f'(x)$는 연속이다. 그런데

$f'\left(\frac{1}{n\pi}\right)=\sin n\pi-n\pi\cos n\pi=-(-1)^n n\pi$

이다. $n\geq 1$이므로 $f'\left(\frac{1}{2n\pi}\right)=-2n\pi<0$이고

$f'\left(\frac{1}{(2n-1)\pi}\right)=(2n-1)\pi>3$이다.

따라서 사이값의 정리에 의해 구간

$\left[\frac{1}{2n\pi}, \frac{1}{(2n-1)\pi}\right]$ 안에 $f'(x)=3$을 만족하는 x가 존재한다. 이들 구간은 서로 만나지 않으므로 $f'(x)=3$을 만족하는 x는 무한히 많이 있다.

> 감점 사례: $f'(x)=3$의 해가 무한히 많다는 결론에 도달하였으나 그래프 등을 통해 알게 된 함수 $f'(x)$의 성질을 이용한 경우, $f'(a)>3$이 되는 a값들과 $f'(b)<3$이 되는 b값들에 대한 구체적인 언급이 없으면 정도에 따라 감점

28 x분 후 개미가 움직인 거리는 $\frac{1}{3}x(\text{m})$, 띠의 길이는 $1\times k^x(\text{m})$이므로 개미가 다른 쪽 끝에 도달하려면 $\frac{1}{3}x=k^x(k>1,\ x>0)$을 만족하는 유리수 k가 존재해야 한다.

그러므로 두 그래프 $y=\frac{1}{3}x$와 $y=k^x$의 교점이 존재할 조건을 구하자.

$y=k^x$ 위의 점 $(t,\ k^t)$에서의 접선의 방정식은 $y=k^t\ln k(x-t)+k^t$이고 이것과 $y=\frac{1}{3}x$가 일치할 조건은

$k^t\ln k=\frac{1}{3}$ …… ㉠

$k^t(1-t\ln k)=0$ …… ㉡

이다.

㉡에서 $\ln k=\frac{1}{t}$, $k=e^{\frac{1}{t}}$이고 이 값을 ㉠에 대입하면

$e\cdot\frac{1}{t}=\frac{1}{3}$에서 $t=3e$, $k=e^{\frac{1}{3e}}$이다.

따라서 k는 $1<k\leq e^{\frac{1}{3e}}$을 만족하는 유리수이면 개미는 띠의 다른 쪽 끝에 도달할 수 있다.

29 $\theta_1+\theta_2+\cdots+\theta_n=\frac{\pi}{3}$이므로 $\sum_{i=1}^{n}\theta_i=\frac{\pi}{3}$이다.

따라서 증명할 부등식을 $\sum_{i=1}^{n}(2\sin\theta_i+\tan\theta_i-3\theta_i)>0$으로 바꿀 수 있고 이것은 $f(x)=2\sin x+\tan x-3x$가 $0<x<\frac{\pi}{3}$에서 $f(x)>0$임을 밝히는 것으로 증명이 된다.

$$f'(x)=2\cos x+\sec^2 x-3=\frac{2\cos^3 x-3\cos^2 x+1}{\cos^2 x}=\frac{(\cos x-1)^2(2\cos x+1)}{\cos^2 x}$$

$0<x<\frac{\pi}{3}$일 때 $f'(x)>0$이고 $f(0)=0$이므로 $f(x)>0$이다.

따라서 주어진 부등식은 성립한다.

30 (1) 점 P의 좌표를 $\text{P}(p,\ 0)$으로 놓고 그때의 점 Q의 좌표를 $\text{Q}\left(s,\ e^s+\frac{1}{3}\right)$이라 하자. 곡선 $y=e^x+\frac{1}{3}$의 점 $\text{X}\left(x,\ e^x+\frac{1}{3}\right)$에 대하여 $L(x)=\overline{\text{PX}}^2$이라 하면

$L(x)=(x-p)^2+\left(e^x+\frac{1}{3}\right)^2$,

$L'(x)=2(x-p)+2e^x\left(e^x+\frac{1}{3}\right)$

이다. 그런데 선분 PX는 점 X가 점 Q일 때 최소(극소)이므로

$L'(s)=2(s-p)+2e^s\left(e^s+\frac{1}{3}\right)=0$

이다. 즉,

$p=s+e^s\left(e^s+\frac{1}{3}\right)$

이다. 따라서 점 P의 좌표는 $\text{P}\left(s+e^s\left(e^s+\frac{1}{3}\right),\ 0\right)$이다. 점 R는 선분 PQ를 $2:1$로 내분하는 점이므로 점 R의 좌표는

$$\text{R}\left(\frac{e^s\left(e^s+\frac{1}{3}\right)+s+2s}{3},\ \frac{2e^s+\frac{2}{3}}{3}\right)$$

이다. 따라서

$$x=\frac{e^s\left(e^s+\frac{1}{3}\right)+3s}{3},\ y=\frac{2e^s+\frac{2}{3}}{3}$$

라 하면 $y=\frac{2e^s+\frac{2}{3}}{3}$에서 $y>\frac{2}{9}$, $\frac{3y}{2}=e^s+\frac{1}{3}$,

$e^s=\frac{9y-2}{6}$, $s=\ln\left(\frac{9y-2}{6}\right)$이므로

$$x=\frac{\frac{9y-2}{6}\cdot\frac{3y}{2}}{3}+\ln\left(\frac{9y-2}{6}\right)=\frac{y}{12}(9y-2)+\ln\left(\frac{9y-2}{6}\right)$$

이다. 따라서 점 R가 만족시키는 곡선의 방정식은 다음과 같다.

$x=\frac{y}{12}(9y-2)+\ln\left(\frac{9y-2}{6}\right)\left(\text{단, } y>\frac{2}{9}\right)$

(2) 곡선 $y=e^x+\frac{1}{3}$ 위의 점 $Q\left(s,\ e^s+\frac{1}{3}\right)$에서의 접선의 방정식은

$y=e^s(x-s)+e^s+\frac{1}{3}$

이다. 그런데 점 S는 위의 접선의 x절편이므로 점 S의 좌표는

$S\left(s-1-\frac{1}{3e^s},\ 0\right)$

이다. 따라서 선분 PS의 길이를 $l(s)$라 하면 다음과 같다.

$l(s)=\left(e^s+\frac{1}{3}\right)(e^s+e^{-s})$

이때,

$l'(s)=\frac{1}{3}e^{-s}(2e^s-1)(3e^{2s}+2e^s+1)$

이고

$e^{-s}>0,\ 3e^{2s}+2e^s+1>0$

이므로 $l'(s)=0$의 해는 $s=\ln\frac{1}{2}$이고, $s=\ln\frac{1}{2}$ 근방에서 $l'(s)$의 부호는 음$(-)$에서 양$(+)$으로 바뀌므로 $l(s)$는 $s=\ln\frac{1}{2}$에서 극솟값을 갖고 극소가 되는 점이 1개 밖에 없으므로 극솟값이 최솟값이 된다. 즉, $l(s)$의 최솟값은 $l\left(\ln\frac{1}{2}\right)=\frac{25}{12}$이다.

(3) 점 Q가 y축 위에 있을 때 점 Q의 좌표는 $Q\left(0,\ \frac{4}{3}\right)$이고 그때의 점 P의 좌표는 $P\left(\frac{4}{3},\ 0\right)$이다. 그러므로 t_0은 방정식 $18t^3+11t-3=\frac{4}{3}$,

즉 $(3t-1)\left(6t^2+2t+\frac{13}{3}\right)=0$의 실근이다.

그런데 $6t^2+2t+\frac{13}{3}>0$이므로 위의 방정식은 하나의 실근 $t_0=\frac{1}{3}$을 갖는다.

점 P는 t와 s로 표현되므로 t와 s는 다음의 관계식을 만족시킨다.

$18t^3+11t-3=e^s\left(e^s+\frac{1}{3}\right)+s$

따라서 음함수의 미분법을 이용해서 s를 t에 대해서 미분하면

$54t^2+11=\left(2e^{2s}+\frac{1}{3}e^s+1\right)\frac{ds}{dt}$

이므로 $s=0,\ t=\frac{1}{3}$일 때

$\frac{ds}{dt}=\frac{51}{10}$

이다.

그런데 (2)에서 점 S의 좌표가 $S\left(s-1-\frac{1}{3e^s},\ 0\right)$이므로 합성함수의 미분법을 이용하여 $x=s-1-\frac{1}{3e^s}$을 t로 미분하면

$\frac{dx}{dt}=\frac{dx}{ds}\cdot\frac{ds}{dt}=\left(1+\frac{1}{3e^s}\right)\frac{ds}{dt}$

이다. 따라서 $s=0,\ t=\frac{1}{3}$일 때 점 S의 속도는

$\frac{dx}{dt}=\frac{34}{5}$이다.

빛의 반사와 굴절

문제 1 • 114쪽 •

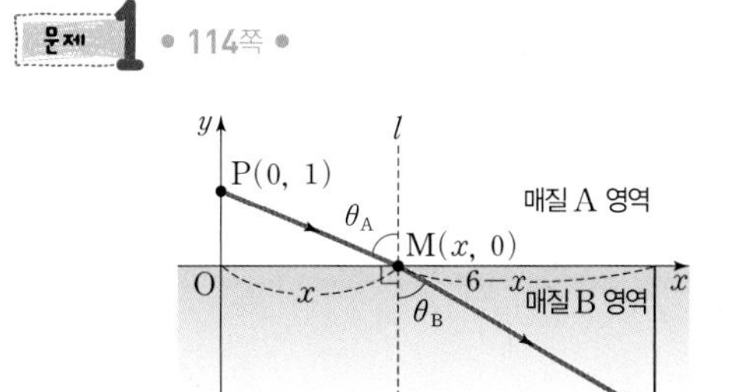

(1) 그림에서 $\overline{PM}=\sqrt{x^2+1}$, $\overline{MQ}=\sqrt{(6-x)^2+4}$이고,

$(\text{시간})=\frac{(\text{거리})}{(\text{속력})}$이므로 $T=h(x)=\frac{\overline{PM}}{v_A}+\frac{\overline{MQ}}{v_B}$이다.

따라서 $h(x)=\sqrt{x^2+1}+2\sqrt{x^2-12x+40}\,(0\le x\le 6)$이다.

(2) (1)에서 구한 시간 $T=h(x)$가 최소가 되는 $x=c$가 존재함을 보이면 충분하다.

닫힌 구간 $[0,\ 6]$에서 $h(x)=\sqrt{x^2+1}+2\sqrt{x^2-12x+40}$은 연속이므로 최대 · 최소의 정리에 의해 최솟값이 존재한다. 따라서 시간 T가 최소가 되게 하는 x축 위의 점 $M(c,\ 0)$이 존재한다.

$h'(x)=\frac{x}{\sqrt{x^2+1}}-\frac{2(6-x)}{\sqrt{x^2-12x+40}}$,

$h''(x)=\frac{1}{(x^2+1)^{\frac{3}{2}}}+\frac{8}{(x^2-12x+40)^{\frac{3}{2}}}$에서 모든 실수 x에 대하여 $h''(x)>0$이므로 $h'(x)$는 닫힌 구간 $[0,\ 6]$에서 증가함수이다. $h'(0)<0$, $h'(6)>0$이므로 $h'(x)=0$은 단 하나의 실근 $x=c$를 가져 $h'(c)=0$이고, 따라서 $T=h(x)$는 $x=c$를 경계로 감소에서 증가 상태이므로 $x=c$에서 극솟값을 가진다.

그러므로 함수 $T=h(x)$의 그래프는 닫힌 구간 $[0,\ 6]$에서 아래로 볼록이고 $x=c$에서 $h(c)$가 유일한 최솟값을 가진다. 따라서 시간 T가 최소가 되게 하는 x축 위의 점 $M(c,\ 0)$이 꼭 하나만 존재한다.

(3) 최단 시간의 원리(페르마 원리)를 만족하는 점 $M(c,\ 0)$에 의해 정해지는 θ_A, θ_B에 대하여

$\sin\theta_A=\dfrac{c}{\sqrt{c^2+1}}$, $\sin\theta_B=\dfrac{6-c}{\sqrt{c^2-12c+40}}$이다.

또한 시간 함수 $T=h(x)=\sqrt{x^2+1}+2\sqrt{x^2-12x+40}$이 $x=c$에서 미분가능하고 극소이므로

$h'(c)=\dfrac{c}{\sqrt{c^2+1}}-\dfrac{2(6-c)}{\sqrt{c^2-12c+40}}=0$이다.

따라서 $\sin\theta_A-2\sin\theta_B=0$이고 $\dfrac{\sin\theta_A}{\sin\theta_B}=2$이다.

문제 2 • 115쪽 •

(1) 지점 A에서 오른쪽 수평 방향으로 z m($z\ge0$)를 달리고 그 위치부터 지점 P까지 곧게 수영을 하는 경우, 걸리는 총 시간(단위: 초)을 $f(z)$라 하면

$$f(z)=\frac{z}{2}+\sqrt{(80-z)^2+(10\sqrt{3})^2}\ (0\le z\le 80)$$

이 된다. 함수 $f(z)$의 도함수를 계산하면

$$f'(z)=\frac{1}{2}-\frac{80-z}{\sqrt{(80-z)^2+(10\sqrt{3})^2}}$$

이며, $0\le z\le 80$일 때

$$\begin{aligned}f'(z)=0 &\Longleftrightarrow 2(80-z)=\sqrt{(80-z)^2+300}\\ &\Longleftrightarrow 4(80-z)^2=(80-z)^2+300\\ &\Longleftrightarrow 3(80-z)^2=300\\ &\Longleftrightarrow z=70\end{aligned}$$

이고 $0\le z<70$일 때 $f'(z)<0$이고 $70<z\le 80$일 때 $f'(z)>0$이므로 $z=70$일 때 함수 f는 최솟값 $f(70)=55$를 갖는다. 따라서 최소 시간은 55초이다.

(2) 같은 방법으로

$f(z)=\dfrac{z}{2}+\sqrt{(x-z)^2+y^2}\ (0\le z\le x,\ y\ge0)$의 도함수를 계산하면

$$f'(z)=\frac{1}{2}-\frac{x-z}{\sqrt{(x-z)^2+y^2}}$$

이며, $0\le z\le x$이고 $y\ge0$일 때

$$\begin{aligned}f'(z)=0 &\Longleftrightarrow 2(x-z)=\sqrt{(x-z)^2+y^2}\\ &\Longleftrightarrow 4(x-z)^2=(x-z)^2+y^2\\ &\Longleftrightarrow 3(x-z)^2=y^2\\ &\Longleftrightarrow \sqrt{3}(x-z)=y\\ &\Longleftrightarrow z=x-\frac{y}{\sqrt{3}}\end{aligned}$$

이다. 또한 $0\le z<x-\dfrac{y}{\sqrt{3}}$일 때 $f'(z)<0$이고

$x-\dfrac{y}{\sqrt{3}}<z\le x$일 때 $f'(z)>0$이므로

$z=x-\dfrac{y}{\sqrt{3}}$일 때 함수 f는 최솟값을 갖는다. 이 식에 $z=50$을 대입하면 다음을 얻는다.

$y=\sqrt{3}(x-50)\ (x\ge50)$

(3) (2)의 풀이에서, 우선 지점 A에서 오른쪽 수평 방향으로 z m($z>0$)를 달리고 그 위치부터 지점 P까지 곧게 수영을 하는 경우를 생각해 보자. 식

$\dfrac{z}{2}+\sqrt{(x-z)^2+y^2}=60\ (0<z\le x)$

에 $y=\sqrt{3}(x-z)$를 대입하여 정리하면

$\dfrac{z}{2}+2(x-z)=60$이 되고, 결국 $z=\dfrac{4}{3}x-40\,(x>30)$을 얻는다. 이 결과를 $y=\sqrt{3}(x-z)$에 다시 대입하여 정리하면

$$y=-\frac{\sqrt{3}}{3}(x-120)\ (30<x\le 120) \qquad \cdots\cdots ㉠$$

이 된다. 즉, xy평면에서 현재 수상안전원이 원점 O에 위치하고 있다고 할 때, 전체 60초의 시간 중 일부(혹은 전체) 동안 우선 오른쪽 수평 방향(즉, x축의 양의 방향)을 따라 z m($z>0$)를 달리고 나서 나머지 시간 동안 직선 $y=\sqrt{3}(x-z)$를 따라 수영을 하였을 경우 도착하게 되는 지점의 좌표를 $(x,\ y)$라 할 때 x와 y가 만족하는 관계식이 식 ㉠이다. 따라서 $z>0$인 경우 60초 안에 수상안전원이 도착할 수 있는 영역을 나타내는 식은 다음과 같다. ([그림 1] 참조)

$$\left\{(x,\ y)\,|\,0\le y\le -\frac{\sqrt{3}}{3}(x-120),\ 0\le y<\sqrt{3}x\right\} \qquad \cdots\cdots ㉡$$

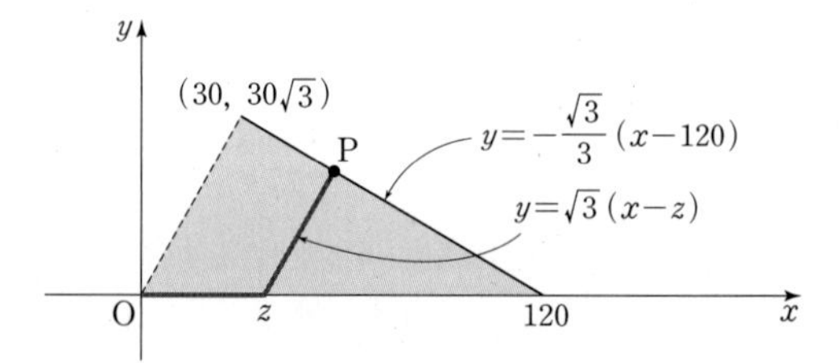

[그림 1] $z>0$인 경우 60초 안에 수상안전원이 도착할 수 있는 영역

$z<0$인 경우, 즉 처음에 수상안전원이 지점 A에서 왼쪽 수평 방향으로 zm를 달리고 나서 수영을 하는 경우는 식 ㉡이 나타내는 영역과 y축에 대하여 대칭인 영역으로 나타난다.

마지막으로 $z=0$일 때는 육지를 따라 달리지 않고, 바로 수영만 하여 가는 경우이므로 반지름이 60 m인 반원 모양의 영역이 되는데, 앞서 구한 영역들과 겹치는 부분을 제외하면 부채꼴 모양으로 나타나게 되며, 이 부채꼴의 중심각은 $\dfrac{\pi}{3}$가 된다. ([그림 2] 참조)

따라서 수상안전원이 60초 안에 도달할 수 있는 바다의 모든 지점들로 이루어진 영역은 [그림 2]에서 색칠된 부분이며, 이 영역의 넓이를 계산하면

$3600\sqrt{3}+600\pi$ m^{2}이다.

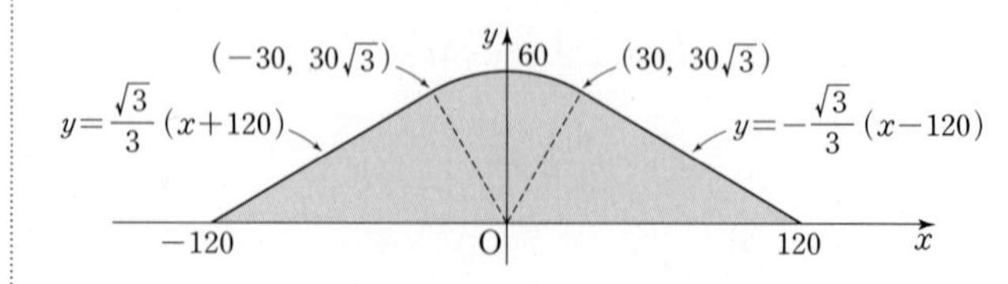

[그림 2] 수상안전원이 60초 안에 도달할 수 있는 바다의 모든 지점들로 이루어진 영역

(1) 진공의 굴절률이 1, 원기둥의 굴절률이 $\sqrt{3}$이므로 입사각 a와 굴절각 b 사이에는 $\sin a=\sqrt{3}\sin b$가 성립한다.

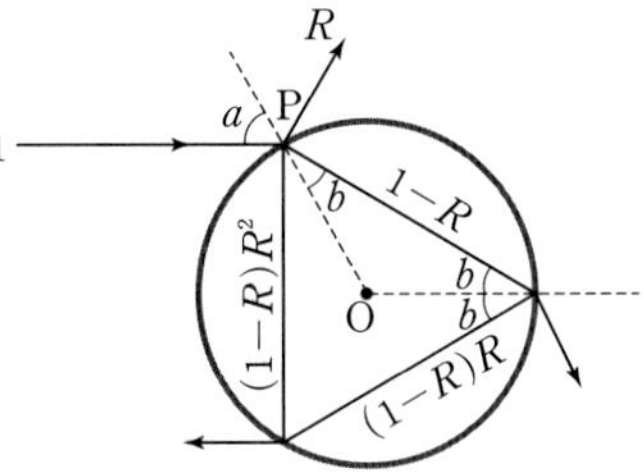

원 내부로 굴절된 빛은 원과 진공의 경계면에 각 b로 입사하여 정다각형의 빛의 경로를 만든다.

그런데 입사각과 반사각이 같으므로 정다각형의 한 내각은 $2b$이다.

빛의 경로가 정삼각형이라면

$b=30^\circ \Rightarrow \sin a=\sqrt{3}\sin 30^\circ=\dfrac{\sqrt{3}}{2}$

따라서 이때의 입사각은 60°이다.

빛의 경로가 정사각형이라면

$b=45^\circ \Rightarrow \sin a=\sqrt{3}\sin 45^\circ=\dfrac{\sqrt{3}}{\sqrt{2}}>1$

따라서 정사각형을 이루는 입사각은 없다.

정다각형의 꼭짓점 수가 더 늘어나면 $\sin b$가 더 커져서 역시 입사각이 존재하지 않는다.

결론적으로 정다각형을 이루는 입사각은 60°밖에 없고 이때 빛의 경로는 정삼각형(즉, 꼭짓점 수 $k=3$)을 이룬다.

(2) 원기둥 표면에서 바로 반사되는 빛의 세기는 R이다. 일단 내부로 굴절된 빛은 여러 번의 반사를 거쳐 다시 점 P에서 나갈 때 굴절이 한 번 더 일어나므로 모두 두 번의 굴절이 일어난다.

한편 들어온 점 P로 빛이 다시 나가려면 반사 횟수는 2, 5, 8, $\cdots$이 가능하므로 점 P에서 나가는 빛들의 세기는 각각 $(1-R)^2R^2$, $(1-R)^2R^5$, $\cdots$이다.

따라서 빛의 세기의 총합은

$R+(1-R)^2R^2+(1-R)^2R^5+\cdots$

$=R+(1-R)^2R^2\sum_{n=0}^{\infty}R^{3n}$

$=R+\dfrac{(1-R)^2R^2}{1-R^3}=R+\dfrac{(1-R)R^2}{1+R+R^2}=\dfrac{R+2R^2}{1+R+R^2}$

이다.

주어진 그림에서 $\dfrac{\overline{\text{BP}}}{\overline{\text{AB}}}=\dfrac{1}{2}$일 때, 반사 횟수는 1번이다.

$\dfrac{\overline{\text{BP}}}{\overline{\text{AB}}}=\dfrac{1}{3}$일 때, 거울면에서 2번 반사한다.

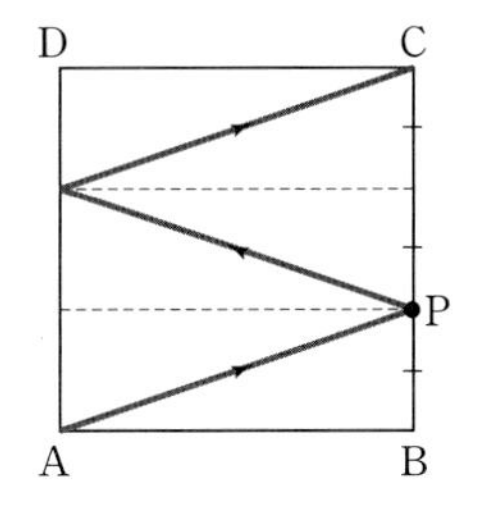

$\dfrac{\overline{\text{BP}}}{\overline{\text{AB}}}=\dfrac{2}{3}$일 때, 거울면에서 3번 반사한다.

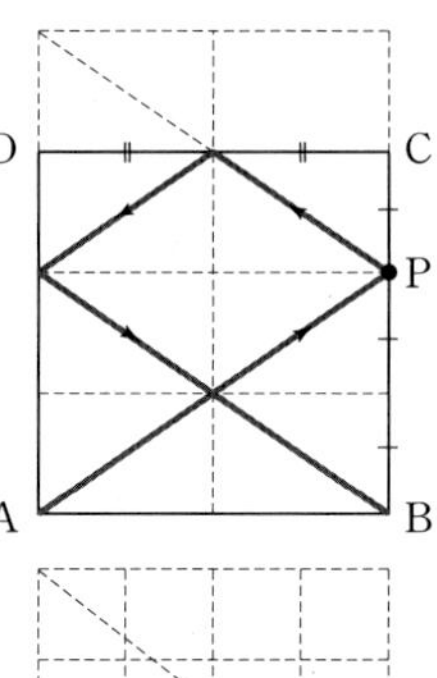

$\dfrac{\overline{\text{BP}}}{\overline{\text{AB}}}=\dfrac{3}{4}$일 때, 거울면에서 5번 반사한다.

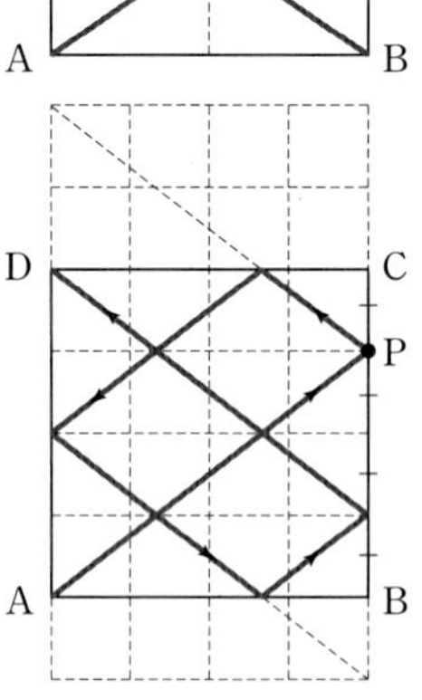

일반적으로 $\dfrac{\overline{\text{BP}}}{\overline{\text{AB}}}=\dfrac{n}{m}$ (m, n은 서로소인 자연수)일 때, $(m+n-2)$번 반사된 후 꼭짓점에 도달하게 된다.

또한 $\dfrac{\overline{\text{BP}}}{\overline{\text{AB}}}\neq$(유리수)로 레이저 광선을 발사하면 이 광선은 네 개의 면이 거울로 둘러싸인 정사각형 모양의 상자 안에서 무한히 움직이게 된다.

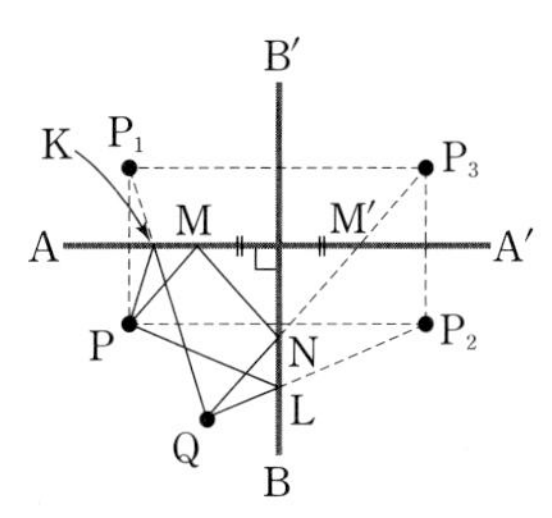

그림에서 거울 A에 대한 거울 B의 대칭도형을 B′, 거울 B에 대한 거울 A의 대칭도형을 A′이라 하자.

이때, 거울 A에 대한 점 P의 대칭점을 P_1이라 하면, 촛불 P를 떠나 거울 A에서 반사하여 점 Q에 도달하는 빛은 거울 A 위의 점 K에서 반사하며, 그 상은 거울 A에 대한 대칭점 P_1에 있는 것처럼 보인다.

마찬가지로 거울 B에서 반사하여 점 Q에 도달하는 빛은 거울 B 위의 점 L에서 반사하며, 그 상은 거울 B에 대한 대칭점 P_2에 있는 것처럼 보인다.

또한 거울 A, B에서 각각 한 번씩 반사하여 도달하는 빛은 점 M과 점 N에서 각각 반사하며, 그 상은 점 P_3에 있는 것처럼 보인다.

따라서 거울에 의하여 생기는 상은 3개이고, 점 Q에서 거울을 바라보면 생기는 상은 점 P_1, P_2, P_3의 방향에 보인다.

ANSWER

문제 6 • 117쪽 •

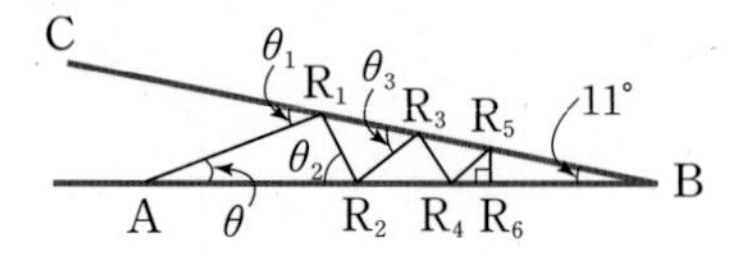

점 A에서 빛이 나가는 각도를 θ라 하면 위의 그림에서 θ_1은 $\angle AR_1B$의 외각이므로 $\theta_1=\theta+11^\circ$이다.
또한 θ_2는 $\triangle R_1R_2B$의 외각이고 입사각과 반사각의 크기는 같으므로 $\theta_2=\theta_1+11^\circ=\theta+11^\circ\times 2$이다.
같은 방법으로 하면 다음이 성립한다.
$\theta_3=\theta_2+11^\circ=\theta+11^\circ\times 3$, $\cdots$
$\theta_n=\theta_{n-1}+11^\circ=\theta+11^\circ\times n$
이때, n번 반사하여 수직인 점에 도달한 후 점 A로 되돌아오면 $\theta_n+11^\circ=90^\circ$이므로 $\theta+11^\circ\times n+11^\circ=90^\circ$,
$\theta=90^\circ-(n+1)\times 11^\circ$이다.
$\theta>0$이어야 하므로 $90^\circ-(n+1)\times 11^\circ>0$,
$(n+1)\times 11^\circ<90^\circ$, $11n<79$,
$n<7.18\cdots$에서 $n\le 7$이다.
따라서 n의 최댓값은 7이다.

주제별 강의 제 5 장

로그 미분법

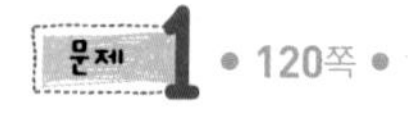
문제 1 • 120쪽 •

(1) $y=x^x(x>0)$으로 놓으면 $\ln y=\ln x^x=x\ln x$이다.
$\lim_{x\to 0+} x\ln x=0$이므로 $\lim_{x\to 0+}\ln y=\lim_{x\to 0+} x\ln x=0$이고
$\lim_{x\to 0+} y=1$, 즉 $\lim_{x\to 0+} x^x=1$이다.

(2) $f(x)=x^x(x>0)$으로 놓으면 $\ln f(x)=\ln x^x=x\ln x$이다.
$\frac{f'(x)}{f(x)}=1\cdot\ln x+x\cdot\frac{1}{x}=\ln x+1$이므로
$f'(x)=f(x)(\ln x+1)=x^x(\ln x+1)$이다.
$f'(x)=0$일 때 $\ln x=-1$, $x=e^{-1}=\frac{1}{e}$이다.
따라서 $x=\frac{1}{e}$일 때 극소이고 최소이므로
최솟값은 $f\left(\frac{1}{e}\right)=\left(\frac{1}{e}\right)^{\frac{1}{e}}$이다.

(3) $g(x)=x^{x^x}=x^{f(x)}(x>0)$으로 놓으면
$\ln g(x)=\ln x^{f(x)}=f(x)\ln x$이다.
$\frac{g'(x)}{g(x)}=f'(x)\ln x+f(x)\cdot\frac{1}{x}$이므로

$$g'(x)=g(x)\left\{x^x(\ln x+1)\ln x+x^x\cdot\frac{1}{x}\right\}$$
$$=g(x)\cdot x^x\left\{(\ln x+1)\ln x+\frac{1}{x}\right\}$$
$$=g(x)f(x)\left\{(\ln x+1)\ln x+\frac{1}{x}\right\}\text{이다.}$$

$$g'\left(\frac{1}{e}\right)=g\left(\frac{1}{e}\right)f\left(\frac{1}{e}\right)\left\{\left(\ln\frac{1}{e}+1\right)\ln\frac{1}{e}+e\right\}$$
$$=g\left(\frac{1}{e}\right)f\left(\frac{1}{e}\right)\cdot e>0$$

이 되고 $g(x)$는 $x=\frac{1}{e}$일 때 증가하므로 $g(x)$의 최솟값은 $g\left(\frac{1}{e}\right)$보다 작다.
$g\left(\frac{1}{e}\right)=g(e^{-1})=(e^{-1})^{(e^{-1})^{e^{-1}}}$과 $f(x)$의 최솟값
$f\left(\frac{1}{e}\right)=f(e^{-1})=(e^{-1})^{e^{-1}}$을 비교하면

$$\frac{g(e^{-1})}{f(e^{-1})}=\frac{(e^{-1})^{(e^{-1})^{e^{-1}}}}{(e^{-1})^{e^{-1}}}=(e^{-1})^{\{(e^{-1})^{e^{-1}}-e^{-1}\}}=e^{\{e^{-1}-(e^{-1})^{e^{-1}}\}}<1$$

이다.
왜냐하면

$$\frac{e^{-1}}{(e^{-1})^{e^{-1}}}=(e^{-1})^{1-e^{-1}}=e^{e^{-1}-1}=\frac{1}{e^{1-\frac{1}{e}}}<1\text{이므로}$$

$e^{-1}<(e^{-1})^{e^{-1}}$이다.
따라서 $g(e^{-1})<f(e^{-1})$이므로 $x>0$일 때
x^{x^x}의 최솟값은 x^x의 최솟값보다 작다.

문제 2 • 120쪽 •

각 항을 $(a^2+b^2)^2$으로 나누면 $\frac{ab(a^2-b^2)}{(a^2+b^2)^2}\le m$이므로 m이 최소일 때 $\frac{ab(a^2-b^2)}{(a^2+b^2)^2}=\frac{\frac{a}{b}\left\{\left(\frac{a}{b}\right)^2-1\right\}}{\left\{\left(\frac{a}{b}\right)^2+1\right\}^2}$은 최대이다.

$\frac{a}{b}=t(t>1)$로 놓아
$f(t)=\frac{t(t^2-1)}{(t^2+1)^2}(t>1)$의 최댓값을 구하자.
여기에서 $f(1)=0$이고 $\lim_{t\to\infty}f(t)=0$이다.
양변에 자연로그를 취하면

$$\ln|f(t)|=\ln\frac{t(t^2-1)}{(t^2+1)^2}$$
$$=\ln t+\ln(t^2-1)-2\ln(t^2+1)$$

이다.
양변을 t에 관하여 미분하면

$$\frac{f'(t)}{f(t)}=\frac{1}{t}+\frac{2t}{t^2-1}-\frac{4t}{t^2+1}=\frac{-t^4+6t^2-1}{t(t^2-1)(t^2+1)}$$

$f'(t)=f(t)\cdot\frac{-t^4+6t^2-1}{t(t^2-1)(t^2+1)}$이다.
$f'(t)=0$일 때 $t^4-6t^2+1=0$으로부터 $t^2=3+\sqrt{8}=3+2\sqrt{2}$,
$t=\sqrt{3+2\sqrt{2}}=\sqrt{2}+1$이다.
$t=\sqrt{2}+1$일 때 극대이고 최대이므로 최댓값은
$f(\sqrt{2}+1)=\frac{1}{4}$이다.

따라서 m의 최솟값은 $\frac{1}{4}$이다.

다른 답안

양변을 $(a^2+b^2)^2$으로 나누면

$\frac{ab(a^2-b^2)}{(a^2+b^2)^2} \le m$이므로 m이 최소일 때 $\frac{ab(a^2-b^2)}{(a^2+b^2)^2}$은 최대이다.

$\frac{ab(a^2-b^2)}{(a^2+b^2)^2} = \frac{1}{2}\cdot\frac{2ab}{a^2+b^2}\cdot\frac{a^2-b^2}{a^2+b^2}$이고

$\left(\frac{2ab}{a^2+b^2}\right)^2 + \left(\frac{a^2-b^2}{a^2+b^2}\right)^2 = \frac{(a^2+b^2)^2}{(a^2+b^2)^2} = 1$이다.

산술평균, 기하평균의 관계에 의해

$$\frac{\left(\frac{2ab}{a^2+b^2}\right)^2 + \left(\frac{a^2-b^2}{a^2+b^2}\right)^2}{2} \ge \sqrt{\left(\frac{2ab}{a^2+b^2}\right)^2 \cdot \left(\frac{a^2-b^2}{a^2+b^2}\right)^2} = \frac{2ab}{a^2+b^2}\cdot\frac{a^2-b^2}{a^2+b^2}$$

으로부터

$\frac{1}{2} \ge \frac{2ab}{a^2+b^2}\cdot\frac{a^2-b^2}{a^2+b^2}$이므로

$\frac{ab(a^2-b^2)}{(a^2+b^2)^2} \le \frac{1}{4}$이다.

따라서 m의 최솟값은 $\frac{1}{4}$이다.

문제 3 • 120쪽 •

$e^t = t^a$에서 $t^{\frac{1}{t}} = e^{\frac{1}{a}}(a>0)$이다.

$f(t) = t^{\frac{1}{t}}(t>0)$으로 놓으면

$\ln f(t) = \ln t^{\frac{1}{t}} = \frac{1}{t}\ln t$이므로

$\frac{f'(t)}{f(t)} = -\frac{1}{t^2}\cdot\ln t + \frac{1}{t}\cdot\frac{1}{t} = \frac{1-\ln t}{t^2}$

$f'(t) = f(t)\cdot\frac{1-\ln t}{t^2} = t^{\frac{1}{t}}\cdot\frac{1-\ln t}{t^2}$

$f'(t)=0$일 때 $\ln t = 1$에서 $t=e$이다.

t	0	$\cdots$	e	$\cdots$
$f'(t)$		+	0	−
$f(t)$		↗	극대	↘

$x=e$일 때 극대이고 극댓값은 $f(e)=e^{\frac{1}{e}}$이다.

또, $\lim_{t\to 0+} f(t) = 0$,

$\lim_{t\to\infty} \ln f(t) = \lim_{t\to\infty} \frac{\ln t}{t} = 0$이므로 $\lim_{t\to\infty} f(t) = 1$이다.

이상에서 $y=f(t)=t^{\frac{1}{t}}$의 그래프는 다음과 같다.

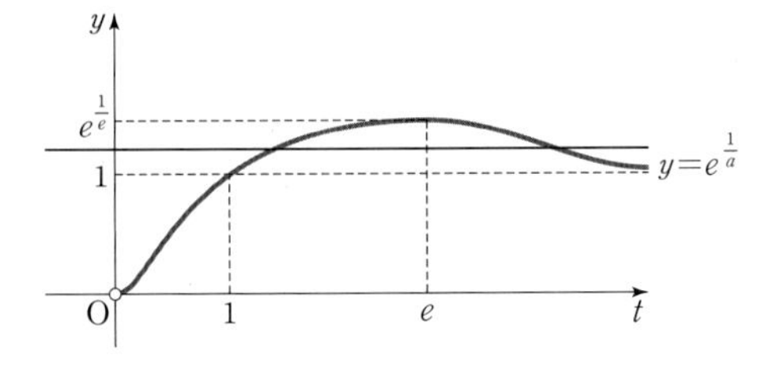

따라서 $e^t = t^a(a>0)$, 즉 $t^{\frac{1}{t}} = e^{\frac{1}{a}}(a>0)$에서 양의 근 t의 개수는

$e^{\frac{1}{a}} > e^{\frac{1}{e}}$, 즉 $\frac{1}{a} > \frac{1}{e}$, $0<a<e$일 때 0개

$e^{\frac{1}{a}} = e^{\frac{1}{e}}$, 즉 $\frac{1}{a} = \frac{1}{e}$, $a=e$일 때 1개

$1 < e^{\frac{1}{a}} < e^{\frac{1}{e}}$, 즉 $0 < \frac{1}{a} < \frac{1}{e}$, $a>e$일 때 2개

$\left(※\ 0 < e^{\frac{1}{a}} \le 1,\ 즉\ \frac{1}{a} \le 0은\ 생기지\ 않는다.\right)$

다른 답안

$e^t = t^a$의 양변에 자연로그를 취하면 $t = a\ln t$,

$\frac{1}{a} = \frac{\ln t}{t}$이다.

$f(t) = \frac{\ln t}{t}$로 놓으면 $f'(t) = \frac{1-\ln t}{t^2}$, $f''(t) = \frac{2\ln t - 3}{t^3}$

이므로 $f'(t)=0$일 때 $t=e$, $f''(t)=0$일 때 $t=e^{\frac{3}{2}}$이다.

t	0	$\cdots$	e	$\cdots$	$e^{\frac{3}{2}}$	$\cdots$
$f'(t)$		+	0	−	−	−
$f''(t)$		−	−	−	0	+
$f(t)$		↗	$\frac{1}{e}$	↘	$\frac{3}{2e^{\frac{3}{2}}}$	↘

$\lim_{t\to\infty} f(t) = \lim_{t\to\infty} \frac{\ln t}{t} = 0$

$\lim_{t\to 0+} f(t) = \lim_{t\to 0+} \frac{\ln t}{t} = -\infty$

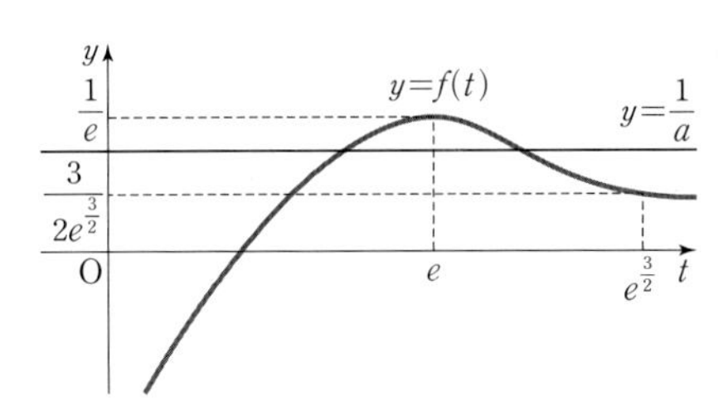

위의 그림으로부터 방정식의 양의 근의 개수는 다음과 같다.

$\frac{1}{a} > \frac{1}{e}$, 즉 $0<a<e$일 때 0개

$\frac{1}{a} = \frac{1}{e}$, 즉 $a=e$일 때 1개

$0 < \frac{1}{a} < \frac{1}{e}$, 즉 $a>e$일 때 2개

문제 4 • 121쪽 •

(1) $(3^{2.5})^2 = 3^5 = 243$, $(2.5^3)^2 = 2.5^6 = \frac{5^6}{2^6} > 244$이므로

$3^{2.5} < 2.5^3$이다.

다른 답안

$y = \frac{2.5^3}{3^{2.5}}$으로 놓으면

$\log y = 3\log 2.5 - 2.5\log 3$

$= 3(1-2\log 2) - 2.5\log 3$

$=3-6\log 2-2.5\log 3$

$\log 2<0.3011$, $\log 3<0.4772$이므로

$\log y>3-6\times 0.3011-2.5\times 0.4772=0.0004>0$, $y>1$이다.

따라서 $3^{2.5}<2.5^3$이다.

(2) $y=\dfrac{2.4^3}{3^{2.4}}$으로 놓으면

$\log y=3\log 2.4-2.4\log 3=0.6\log 3+9\log 2-3$

$\log 2<0.3011$, $\log 3<0.4772$이므로

$0.6\log 3+9\log 2<(0.6)(0.4772)+9(0.3011)$

$=0.28632+2.7099=2.99622<3$

따라서 $\log y<0$, $y<1$이므로 $3^{2.4}>2.4^3$이다.

다른 답안

$\left(\dfrac{2.4^3}{3^{2.4}}\right)^5=\dfrac{2.4^{15}}{3^{12}}=\dfrac{504857.3\cdots}{531441}<1$이므로

$3^{2.4}>2.4^3$이다.

(3) $f(x)=x^{\frac{1}{x}}$에서 양변에 자연로그를 취하면

$\ln f(x)=\dfrac{1}{x}\ln x$이다.

양변을 x에 대해 미분하면

$$\frac{f'(x)}{f(x)}=\frac{\frac{1}{x}\cdot x-(\ln x)\cdot 1}{x^2}=\frac{1-\ln x}{x^2},$$

$$f'(x)=x^{\frac{1}{x}}\left(\frac{1-\ln x}{x^2}\right)$$

$x>0$이므로 $\dfrac{x^{\frac{1}{x}}}{x^2}>0$이고 $f'(x)=0$일 때 $x=e$이다.

따라서 $0<x<e$이면 $f'(x)>0$이므로 $f(x)$는 증가하고,
$x>e$이면 $f'(x)<0$이므로 $f(x)$는 감소한다.

(4) $e<3<\pi$이므로 (3)의 결론을 이용하면, $f(3)>f(\pi)$,
즉 $3^{\frac{1}{3}}>\pi^{\frac{1}{\pi}}$, $(3^{\frac{1}{3}})^{3\pi}>(\pi^{\frac{1}{\pi}})^{3\pi}$이므로 $3^\pi>\pi^3$이다.

(5) $a^x=x^a$에서 $x^{\frac{1}{x}}=a^{\frac{1}{a}}$이고 $f(x)=x^{\frac{1}{x}}$이라 하면

$\ln f(x)=\dfrac{\ln x}{x}$, $\displaystyle\lim_{x\to 0+}\frac{\ln x}{x}=-\infty$이므로

$\displaystyle\lim_{x\to 0+}f(x)=0$이다. $\displaystyle\lim_{x\to\infty}\frac{\ln x}{x}=0$이므로 $\displaystyle\lim_{x\to\infty}f(x)=1$이다. 이를 (3)에서 조사된 $f(x)$의 증감에 적용시켜 $y=f(x)$의 그래프 개형을 그려 보면 다음과 같다.

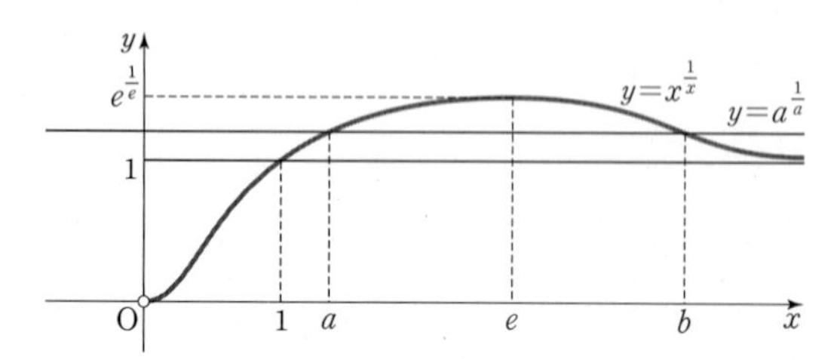

$b^{\frac{1}{b}}=a^{\frac{1}{a}}$이면 $(b^{\frac{1}{b}})^{ab}=(a^{\frac{1}{a}})^{ab}$, $b^a=a^b$이다.

따라서 $a^x=x^a$에 대해 $x\neq a$인 양의 실수 x는 $0<a\leq 1$ 또는 $a=e$일 때는 존재하지 않고, $1<a<e$ 또는 $a>e$이면 1개 존재한다.

문제 5 • 121쪽 •

(1) $f(x)=\sqrt{x}-\ln x\,(x>0)$로 놓으면

$f'(x)=\dfrac{1}{2\sqrt{x}}-\dfrac{1}{x}=\dfrac{\sqrt{x}-2}{2x}$, $f'(x)=0$일 때
$x=4$이다.

x	0	$\cdots$	4	$\cdots$
$f'(x)$		$-$	0	$+$
$f(x)$		↘	극소	↗

$x=4$일 때 극소이고 최소이다. 최솟값은
$f(4)=2-\ln 4=2(1-\ln 2)>0$이고 $f(x)\geq f(4)>0$이다.

따라서 $x>0$일 때 $f(x)=\sqrt{x}-\ln x>0$이므로
$\ln x<\sqrt{x}$이다.

다른 답안

$f(x)=\dfrac{\ln x}{\sqrt{x}}\,(x>0)$로 놓으면

$$f'(x)=\frac{\frac{1}{x}\times\sqrt{x}-\ln x\times\frac{1}{2\sqrt{x}}}{x}=\frac{2-\ln x}{2x\sqrt{x}}$$

$f'(x)=0$일 때 $\ln x=2$에서 $x=e^2$이다.

x	0	$\cdots$	e^2	$\cdots$
$f'(x)$		$+$	0	$-$
$f(x)$		↗	극대	↘

$x=e^2$일 때 극대이고 극댓값은 $f(e^2)=\dfrac{2}{e}<1$이다.

따라서 $x>0$일 때 $f(x)=\dfrac{\ln x}{\sqrt{x}}<1$이므로 $\ln x<\sqrt{x}$이다.

(2) $x>0$일 때 $\ln x<\sqrt{x}$이므로
$x>1$일 때 $0<\ln x<\sqrt{x}$이다.
각 항을 x로 나누면 $0<\dfrac{\ln x}{x}<\dfrac{\sqrt{x}}{x}$가 성립한다.
함수의 극한에 대한 성질에 의해

$0\leq\displaystyle\lim_{x\to\infty}\frac{\ln x}{x}\leq\lim_{x\to\infty}\frac{\sqrt{x}}{x}$이고

$\displaystyle\lim_{x\to\infty}\frac{\sqrt{x}}{x}=0$이므로 $\displaystyle\lim_{x\to\infty}\frac{\ln x}{x}=0$이다.

(3) $f(x)=\dfrac{\ln x}{x}\,(x>0)$에서

$f'(x)=\dfrac{1-\ln x}{x^2}$, $f'(x)=0$일 때 $x=e$이다.

$$f''(x)=\frac{-\frac{1}{x}\cdot x^2-(1-\ln x)\cdot 2x}{x^4}=\frac{2\ln x-3}{x^3},$$

$f''(x)=0$일 때 $\ln x=\dfrac{3}{2}$, $x=e^{\frac{3}{2}}$이다.

x	0	$\cdots$	e	$\cdots$	$e^{\frac{3}{2}}$	$\cdots$
$f'(x)$		$+$	0	$-$	$-$	$-$
$f''(x)$		$-$	$-$	$-$	0	$+$
$f(x)$		↗	극대	↘	변곡점	↘

$x=e$일 때 극대이고 극댓값은 $f(e)=\frac{1}{e}$, $x=e^{\frac{3}{2}}$일 때 변곡점 $\left(e^{\frac{3}{2}}, \frac{3}{2e^{\frac{3}{2}}}\right)$이다.

$\lim\limits_{x\to 0+} f(x)=-\infty$, $\lim\limits_{x\to\infty} f(x)=0$을 이용하여 그래프의 개형을 그리면 다음과 같다.

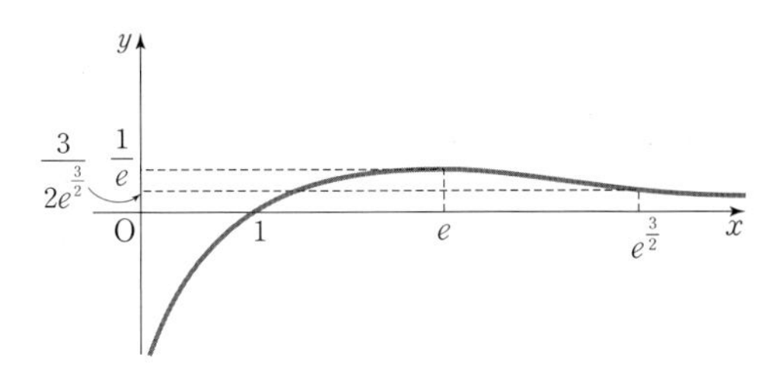

(4) $m^n=n^m(m<n)$에서 양변에 자연로그를 취하면 $\ln m^n=\ln n^m$, $n\ln m=m\ln n$, $\frac{\ln m}{m}=\frac{\ln n}{n}$과 동치이다. ($\because$ 로그함수는 일대일함수)

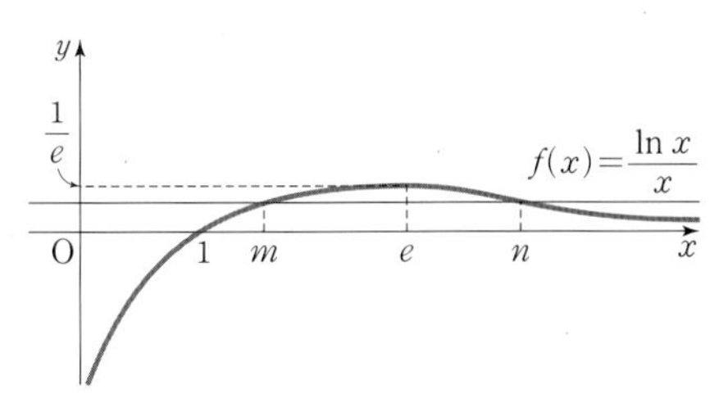

그림에서 $1<m<e=2.7\cdots$이어야 하므로 자연수 m, n의 값은 $m=2$, $n=4$뿐이다.

참고

문제의 조건에 (3)을 이용하라는 조건이 없으면 다음과 같이 풀 수 있다.

$m^n=n^m$에서 $m^{\frac{1}{m}}=n^{\frac{1}{n}}$이 성립하므로

$f(x)=x^{\frac{1}{x}}$의 그래프를 이용하자.

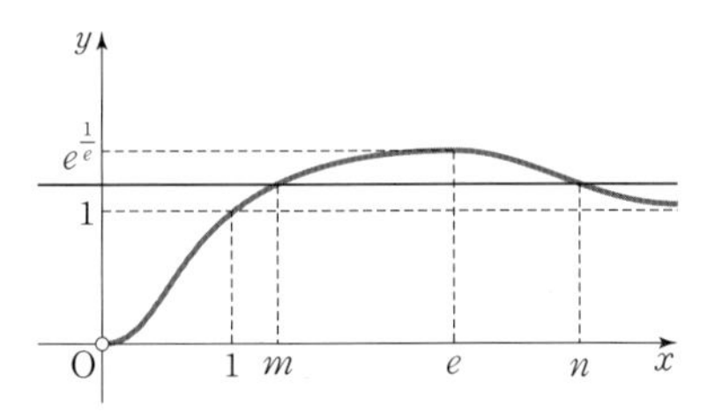

그래프에서 $f(m)=f(n)(m<n)$인 자연수 m, n은 $m=2$, $n=4$이다.

방정식의 실근의 근삿값 (Newton의 방법)

문제 1 • 124쪽 •

(1) 기울기가 $f'(x_0)$이고 점 $(x_0, f(x_0))$을 지나는 접선의 방정식은 $y-f(x_0)=f'(x_0)(x-x_0)$이다.

이 접선의 x절편 x_1은 $x_1=x_0-\frac{f(x_0)}{f'(x_0)}$이다.

(2) ① (다)의 사실로부터 $a(-1)=0$임을 알 수 있다. 따라서 $S(-1)=a(-1)-a_0=-a_0<0$이다.

② $S(1)$은 B와 A의 단면적 차이이므로 $S(1)>0$이다.

③ 따라서 0은 연속함수 $S(t)$의 함숫값 $S(1)$과 $S(-1)$ 사이에 존재하므로 (가)에 의하여 방정식 $S(t)=0$은 닫힌 구간 $[-1, 1]$에서 적어도 하나의 근을 가진다.

(3) ① (다)로부터 $S(t)=\int_{-1}^{t}(1-x^2)\,dx-1=t-\frac{t^3}{3}-\frac{1}{3}$이다.

또한 $S'(t)=1-t^2$이다.

② 따라서 (1)로부터

$t_k=t_{k-1}-\frac{S(t_{k-1})}{S'(t_{k-1})}=\frac{1-2t_{k-1}{}^3}{3(1-t_{k-1}{}^2)}$임을 알 수 있다.

③ 위의 공식으로부터 제1차 근삿값은

$t_1=t_0-\frac{S(t_0)}{S'(t_0)}=\frac{1}{3}$이다.

④ t_1의 값으로부터 제2차 근삿값은

$t_2=t_1-\frac{S(t_1)}{S'(t_1)}=\frac{25}{72}$이다.

문제 2 • 125쪽 •

(1) $f(x)=4x^3+6x^2-2x-1=(2x^2+4x+1)(2x-1)=0$의 해는 $x=\frac{1}{2}$ 또는 $x=\frac{-2\pm\sqrt{2}}{2}$이다. 이때,

$-2<\frac{-2-\sqrt{2}}{2}<-1<\frac{-2+\sqrt{2}}{2}<0<\frac{1}{2}<1$

이 성립한다.

(i) $a=1$인 경우

$x>\frac{1}{2}$에서는 함수 $f(x)$의 그래프가 아래로 볼록이면서 증가하는 함수이고 $f(1)>0$이므로 점 $(1, f(1))$에서 그래프의 접선은 함수의 그래프 아랫부분에 있고 접선의 x절편인 a_1은 $\frac{1}{2}<a_1<1$을 만족한다.

점 $(a_1, f(a_1))$에서 그래프의 접선은 함수의 그래프 아랫부분에 있고 접선의 x절편인 a_2는 $\frac{1}{2}<a_2<a_1$을 만족한다.

같은 방법으로 점 $(a_k, f(a_k))$에서 그래프의 접선은 함수의 그래프 아랫부분에 있고 접선의 x절편인 a_{k+1}은 $\frac{1}{2}<a_{k+1}<a_k$를 만족한다.

따라서 a_n은 닫힌 구간 $\left[\frac{1}{2}, 1\right]$에서 수열을 이루며 단조수열이다. 그러므로 수열 $\{a_n\}$은 수렴한다.

(ii) $a=-2$인 경우

$x<\frac{-2-\sqrt{2}}{2}$에서는 함수 $f(x)$의 그래프가 위로 볼록이면서 증가하는 함수이고 $f(-2)<0$이므로

점 $(-2, f(-2))$에서 그래프의 접선은 함수의 그래프 윗부분에 있고 접선의 x절편인 a_1은

$-2<a_1<\frac{-2-\sqrt{2}}{2}$를 만족한다.

점 $(a_1, f(a_1))$에서 그래프의 접선은 함수의 그래프 윗부분에 있고 접선의 x절편인 a_2는

$a_1<a_2<\frac{-2-\sqrt{2}}{2}$를 만족한다.

같은 방법으로 점 $(a_k, f(a_k))$에서 그래프의 접선은 함수의 그래프 윗부분에 있고 접선의 x절편인 a_{k+1}은

$a_k<a_{k+1}<\frac{-2-\sqrt{2}}{2}$를 만족한다.

따라서 a_n은 닫힌 구간 $\left[-2, \frac{-2-\sqrt{2}}{2}\right]$에서 수열을 이루며 단조수열이다. 그러므로 수열 $\{a_n\}$은 수렴한다.

(2) $f'(x)=12x^2+12x-2$이고 $12x^2+12x-2=0$의 근은 $x=\frac{-3\pm\sqrt{15}}{6}$이므로 함수 $f(x)$의 극댓값의 x성분은 $\frac{-3-\sqrt{15}}{6}$, 극솟값의 x성분은 $\frac{-3+\sqrt{15}}{6}$이다.

또, 점 $(x_1, f(x_1))$에서 그래프의 접선의 식은

$y-(4x_1^3+6x_1^2-2x_1-1)=(12x_1^2+12x_1-2)(x-x_1)$

이고, 접선이 점 $\left(\frac{1}{2}, 0\right)$을 지나므로

$-(4x_1^3+6x_1^2-2x_1-1)=(12x_1^2+12x_1-2)\left(\frac{1}{2}-x_1\right)$

이다. 이 방정식을 풀면 $x_1=\frac{1}{2}$ 또는 $x_1=-1$이다.

(i) $x_1=\frac{1}{2}$인 경우

$y-(4x_1^3+6x_1^2-2x_1-1)$
$=(12x_1^2+12x_1-2)(x-x_1)$

에서 $y=7x-\frac{7}{2}$이다.

(ii) $x_1=-1$인 경우

$y-(4x_1^3+6x_1^2-2x_1-1)$
$=(12x_1^2+12x_1-2)(x-x_1)$

에서 $y=-2x+1$이다.

한편, $\frac{-3-\sqrt{15}}{6}<a=-\frac{10^9+1}{10^9}<-1$이고,

점 $(a, f(a))$에서 그래프의 접선의 x절편인 a_1은 $a_1>\frac{1}{2}$이므로 $x>\frac{1}{2}$에서는 함수 $f(x)$의 그래프가 아래로 볼록이면서 증가하는 함수이고 $f(a_1)>0$이므로 점 $(a_1, f(a_1))$에서 그래프의 접선은 함수의 그래프 아랫부분에 있고 접선의 x절편인 a_2는 $\frac{1}{2}<a_2<a_1$을 만족한다.

점 $(a_2, f(a_2))$에서 그래프의 접선은 함수의 그래프 아랫부분에 있고 접선의 x절편인 a_3은 $\frac{1}{2}<a_3<a_2$를 만족한다.

같은 방법으로 점 $(a_k, f(a_k))$에서 그래프의 접선은 함수의 그래프 아랫부분에 있고 접선의 x절편인 a_{k+1}은

$\frac{1}{2}<a_{k+1}<a_k$를 만족한다.

따라서 a_n은 닫힌 구간 $\left[\frac{1}{2}, a_1\right]$에서 수열을 이루며 단조수열이다. 그러므로 수열 $\{a_n\}$은 수렴한다.

참고 **단조수열** 수열에서 이전 항의 값보다 점점 커지는 단조증가수열과 이전 항의 값보다 점점 작아지는 단조감소수열을 총칭한 수열이다.

(3) $f''(x)=24x+12=0$에서 변곡점의 x성분은 $x=-\frac{1}{2}$이다.

$f(0)=-1$이고, 점 $(0, -1)$에서 그래프의 접선의 식은 $y+1=-2(x-0)$이므로 $a_1=-\frac{1}{2}$이다.

$f\left(-\frac{1}{2}\right)=1>0$이고 점 $\left(-\frac{1}{2}, 1\right)$에서 그래프의 접선의 식은 $y-1=-5\left(x+\frac{1}{2}\right)$이고 $a_2=-\frac{3}{10}<\frac{-2+\sqrt{2}}{2}$이다.

$-\frac{1}{2}<x<\frac{-2+\sqrt{2}}{2}$에서는 함수의 그래프가 아래로 볼록이면서 감소하는 함수이고 $f(a_1)=1>0$이므로

점 $(a_1, f(a_1))$에서 그래프의 접선은 함수의 그래프 아랫부분에 있고 접선의 x절편인 a_2는

$a_1=-\frac{1}{2}<a_2<\frac{-2+\sqrt{2}}{2}$를 만족한다.

점 $(a_2, f(a_2))$에서 그래프의 접선은 함수의 그래프 아랫부분에 있고 접선의 x절편인 a_3은 $a_2<a_3<\frac{-2+\sqrt{2}}{2}$를 만족한다.

같은 방법으로 점 $(a_k, f(a_k))$에서 그래프의 접선은 함수의 그래프 아랫부분에 있고 접선의 x절편인 a_{k+1}은

$a_k<a_{k+1}<\frac{-2+\sqrt{2}}{2}$를 만족한다.

따라서 a_n은 닫힌 구간 $\left[-\frac{1}{2}, \frac{-2+\sqrt{2}}{2}\right]$에서 수열을 이루며 단조수열이다. 그러므로 수열 $\{a_n\}$은 수렴한다.

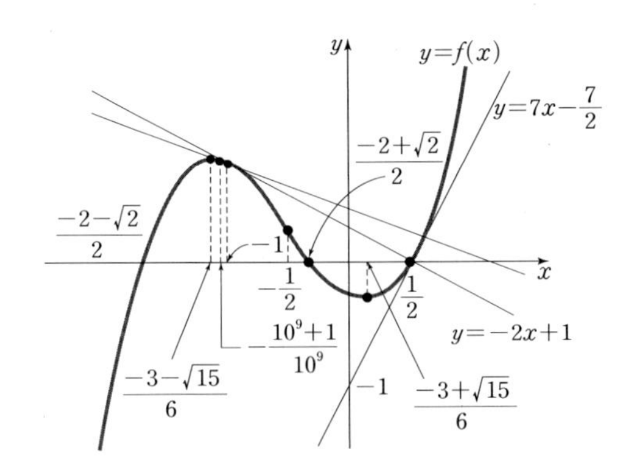

주제별 강의 **제 7 장**

평균값의 정리

문제 1 • 129쪽 •

(1) $f(x)=a_nx^{n+1}+b_nx^n+1$에서

$f'(x)=(n+1)a_nx^n+nb_nx^{n-1}$이다.

$f(x)$가 $(x-1)^2$으로 나누어떨어지기 위한 조건은 ㈎에서

$f(1)=a_n+b_n+1=0$이고, $f'(1)=(n+1)a_n+nb_n=0$

이다. 이들을 풀면 $a_n=n,\ b_n=-n-1$이다.

(2) $f'(x)=-xe^{-x}-e^{-x}=-(x+1)e^{-x}$이고 $f''(x)=xe^{-x}$

이다. $x>0$에서 $f''(x)>0$이므로 ㈏에 의하여 $f'(x)$는 단조증가한다.

$f(x)$에 대해 ㈐에 의하여 $\dfrac{f(b)-f(a)}{b-a}=f'(c)$인 $a<c<b$가 반드시 적어도 하나 존재한다.

또한 $f'(x)$가 단조증가하므로 $f'(a)<f'(c)<f'(b)$이다.

따라서

$$-(a+1)e^{-a}<\frac{(b+2)e^{-b}-(a+2)e^{-a}}{b-a}<-(b+1)e^{-b}$$

이다.

(3) $\dfrac{1}{3}<a_n<\dfrac{1}{2}$, $f(x)=\dfrac{3}{2}x(1-x)$이므로 $f\left(\dfrac{1}{3}\right)=\dfrac{1}{3}$이다.

㈐에 의하여

$$\frac{f(a_n)-\frac{1}{3}}{a_n-\frac{1}{3}}=f'(c),\ \frac{1}{3}<c<a_n$$

을 만족하는 c가 존재한다.

$f'(x)=\dfrac{3}{2}-3x$이고 $\dfrac{1}{3}<x<\dfrac{1}{2}$일 때 $f'(x)<0$이다.

따라서 $f'(c)<f'\left(\dfrac{1}{3}\right)=\dfrac{1}{2}$이므로

$\dfrac{3a_{n+1}-1}{3a_n-1}<\dfrac{1}{2}$이 된다.

문제 2 • 130쪽 •

(1) ($\Rightarrow$) 모든 실수 x에 대하여 $|f'(x)|\le 1$이라 가정하자.

함수 f가 실수 전체에서 미분가능하므로 ㈏의 평균값의 정리에 의해 $\dfrac{f(s)-f(t)}{s-t}=f'(c)$를 만족하는 c가 존재한다. 따라서

$$\begin{aligned}|f(s)-f(t)|&=|f'(c)(s-t)|\\&=|f'(c)||s-t|\le|s-t|\end{aligned}$$

가 성립한다.

($\Leftarrow$) 모든 실수 $s,\ t$에 대하여 $|f(s)-f(t)|\le|s-t|$라 가정하자.

그러므로 모든 h에 대하여

$|f(x+h)-f(x)|\le|x+h-x|=|h|$이다.

따라서 $-1\le\dfrac{f(x+h)-f(x)}{h}\le 1$이다.

이 부등식의 각 항에 $\lim\limits_{h\to 0}$을 취하면

$$-1\le\lim_{h\to 0}\frac{f(x+h)-f(x)}{h}\le 1$$

이고 f가 실수 전체에서 미분가능한 함수이므로

$-1\le f'(x)\le 1$, 즉 $|f'(x)|\le 1$이다.

(2) $|f'(x)|\le 1$이므로 $|f(x)-f(0)|\le|x-0|$이다.

따라서 $|f(x)|\le|x|$이다.

$a\le b$라 가정하자.

풀이 1

$g(x)=x^{\frac{2}{3}}f(x^{\frac{1}{3}})$으로 놓으면 $x\ne 0$이면 $g'(x)$가 존재하는 것은 당연하고, $x=0$에서

$$\lim_{x\to 0}\frac{g(x)-g(0)}{x-0}=\lim_{x\to 0}\frac{f(x^{\frac{1}{3}})}{x^{\frac{1}{3}}}=f'(0)$$

이므로 $g(x)$는 실수 전체에서 미분가능하다. 또한

$$\begin{aligned}|g'(x)|&=\left|\frac{2}{3}x^{-\frac{1}{3}}f(x^{\frac{1}{3}})+x^{\frac{2}{3}}f'(x^{\frac{1}{3}})\frac{1}{3}x^{-\frac{2}{3}}\right|\\&\le\frac{2}{3}|x|^{-\frac{1}{3}}|x|^{\frac{1}{3}}+\frac{1}{3}=1\end{aligned}$$

이다. 따라서 (1)에 의해

$|b^2f(b)-a^2f(a)|=|g(b^3)-g(a^3)|\le|b^3-a^3|$

이 성립한다.

풀이 2

(i) $0<a<b$ 또는 $a<b<0$인 경우

$$\begin{aligned}&|b^2f(b)-a^2f(a)|\\&=|b^2\{f(b)-f(a)\}+(b^2-a^2)f(a)|\\&\le b^2|f(b)-f(a)|+|b^2-a^2||f(a)|\\&\le b^2(b-a)+(b^2-a^2)a\\&=b^3-a^3\end{aligned}$$

(ii) $a<0<b$인 경우

$$\begin{aligned}|b^2f(b)-a^2f(a)|&\le|b^2f(b)|+|a^2f(a)|\\&\le b^2|b|+|a^2||a|\\&=b^3-a^3\end{aligned}$$

풀이 3

$|b^2f(b)-a^2f(a)|$

$$=\left|\int_a^b \frac{d}{dx}\{x^2f(x)\}dx\right|$$
$$\leq\int_a^b \left|\frac{d}{dx}\{x^2f(x)\}\right|dx$$
$$=\int_a^b |(2xf(x)+x^2f'(x)|dx$$
$$\leq\int_a^b \{2|x||f(x)|+|x|^2|f'(x)|\}dx$$
$$\leq\int_a^b \{2|x|^2+|x|^2\}dx=\int_a^b 3x^2\,dx=b^3-a^3$$

문제 3 • 130쪽 •

(1) $x=0$일 때, 주어진 부등식에서 등호가 성립한다.
$x\neq0$일 때, $f(x)=(1+x)^{\frac{1}{4}}-1$로 놓으면 $f(x)$는 $|x|\leq\frac{1}{2}$에서 연속이고 미분가능하므로 평균값의 정리에 의하여 $\frac{f(x)-f(0)}{x-0}=\frac{f(x)}{x}=f'(c)(0<c<x)$를 만족하는 c가 존재한다.
$f'(x)=\frac{1}{4}(1+x)^{-\frac{3}{4}}$에서 $f'(c)=\frac{1}{4}(1+c)^{-\frac{3}{4}}$이므로
$\left|\frac{f(x)}{x}\right|=|f'(c)|=\left|\frac{1}{4}(1+c)^{-\frac{3}{4}}\right|$이다.
여기에서 $|c|<|x|\leq\frac{1}{2}$이므로
$(1+c)^{-\frac{3}{4}}=\frac{1}{(1+c)^{\frac{3}{4}}}\leq\frac{1}{\left(1-\frac{1}{2}\right)^{\frac{3}{4}}}=2^{\frac{3}{4}}<2$이다.
따라서 $\left|\frac{f(x)}{x}\right|\leq\frac{1}{4}\times2$이므로 $|f(x)|\leq\frac{|x|}{2}$, 즉
$|(1+x)^{\frac{1}{4}}-1|\leq\frac{|x|}{2}$가 성립한다.

다른 답안

(i) $x=0$일 때, 주어진 부등식에서 등호가 성립한다.
(ii) $x\neq0$일 때,
$f(x)=(1+x)^{\frac{1}{4}}$으로 놓으면 문제의 부등식은
$|f(x)-f(0)|\leq\frac{|x|}{2}$, $\left|\frac{f(x)-f(0)}{x-0}\right|\leq\frac{1}{2}$이다.
$f(x)$는 $|x|\leq\frac{1}{2}$에서 연속이고 미분가능하므로 평균값의 정리에 의하여
$\frac{f(x)-f(0)}{x-0}=f'(c)(0<c<x)$인 c가 존재한다.
$f'(x)=\frac{1}{4}(1+x)^{-\frac{3}{4}}=\frac{1}{4(1+x)^{\frac{3}{4}}}$은 $|x|\leq\frac{1}{2}$에서 감소하므로 최댓값은
$f'\left(-\frac{1}{2}\right)=\frac{1}{4\left(\frac{1}{2}\right)^{\frac{3}{4}}}\leq\frac{1}{4\left(\frac{1}{2}\right)^{1}}=\frac{1}{2}$이다.
따라서 $\left|\frac{f(x)-f(0)}{x-0}\right|=|f'(c)|\leq\frac{1}{2}$이므로
$|(1+x)^{\frac{1}{4}}-1|\leq\frac{|x|}{2}$가 성립한다.

(2) $x=0$일 때, 주어진 부등식은 등호가 성립한다.
$x\neq0$일 때, $g(x)=(1+x)^{\frac{1}{4}}-\left(1+\frac{1}{4}x\right)$로 놓으면 $g(x)$는 $|x|\leq\frac{1}{2}$일 때 연속이고 미분가능하므로 평균값의 정리에 의하여
$\frac{g(x)-g(0)}{x-0}=\frac{g(x)}{x}=g'(c)\ (0<c<x)$
를 만족하는 c가 존재한다.
$g'(x)=\frac{1}{4}(1+x)^{-\frac{3}{4}}-\frac{1}{4}$에서 $g'(c)=\frac{1}{4}(1+c)^{-\frac{3}{4}}-\frac{1}{4}$이므로
$$\left|\frac{g(x)}{x}\right|=|g'(c)|=\left|\frac{1}{4}(1+c)^{-\frac{3}{4}}-\frac{1}{4}\right|$$
$$=\frac{1}{4(1+c)}|(1+c)^{\frac{1}{4}}-(1+c)|$$
$$=\frac{1}{4(1+c)}|\{(1+c)^{\frac{1}{4}}-1\}-c|$$
여기에서 $|c|<|x|\leq\frac{1}{2}$이고 (1)의 결과에 의하여
$$\left|\frac{g(x)}{x}\right|\leq\frac{1}{4\left(1-\frac{1}{2}\right)}\{|(1+c)^{\frac{1}{4}}-1|+|c|\}$$
$$\leq\frac{1}{2}\left(\frac{|c|}{2}+|c|\right)$$
$$=\frac{3}{4}|c|\leq\frac{3}{4}|x|$$
이다.
따라서 $|g(x)|\leq\frac{3}{4}|x|^2$이므로
$\left|(1+x)^{\frac{1}{4}}-\left(1+\frac{1}{4}x\right)\right|\leq\frac{3}{4}x^2$이 성립한다.

문제 4 • 131쪽 •

(1) $$f'(x)=\lim_{h\to0}\frac{f(x+h)-f(x)}{h}$$
$$=\lim_{h\to0}\frac{f(x)+f(h)+6xh-f(x)}{h}$$
$$=\lim_{h\to0}\frac{f(h)}{h}+6x=f'(0)+6x$$
따라서 $f(x)=3x^2+f'(0)x+C$이다. (여기서 C는 적분상수이다.)
$f(0)=0=C$이다.
$f(1)=1=3+f'(0)$이므로 $f'(0)=-2$이다.
그러므로 $f(x)=3x^2-2x$이다.

(2) 사이값의 정리에 의해 $f(x)=\frac{1}{2}$인 x_0이 0과 1 사이에 존재한다.
구간 $[0,\ x_0]$과 $[x_0,\ 1]$에 대하여 평균값의 정리를 적용하면
$f'(c_1)=\frac{f(x_0)-f(0)}{x_0}=\frac{f(x_0)}{x_0}$,
$f'(c_2)=\frac{f(1)-f(x_0)}{1-x_0}=\frac{1-f(x_0)}{1-x_0}$
인 $0<c_1<x_0$과 $x_0<c_2<1$이 존재한다.

$$\frac{1}{f'(c_1)}+\frac{1}{f'(c_2)}=2$$
$$\Longleftrightarrow \frac{x_0}{f(x_0)}+\frac{1-x_0}{1-f(x_0)}=2$$
$$\Longleftrightarrow x_0\{1-f(x_0)\}+(1-x_0)f(x_0)=2f(x_0)\{1-f(x_0)\}$$
$$\Longleftrightarrow \{1-2f(x_0)\}\{x_0-f(x_0)\}=0$$

그런데 $f(x_0)=\frac{1}{2}$이므로 $1-2f(x_0)=0$이다.

따라서 $\{1-2f(x_0)\}\{x_0-f(x_0)\}=0$이 성립한다.

그러므로 $\frac{1}{f'(c_1)}+\frac{1}{f'(c_2)}=2$이다.

(3) $n=1$인 경우는 구간 $[0, 1]$에서 평균값의 정리를 적용하면 $f'(c_1)=\frac{f(1)-f(0)}{1-0}=1$인 c_1이 0과 1 사이에 존재한다.

$n=2$인 경우는 (2)에서 이미 증명하였는데, 증명의 아이디어는 다음과 같다.

① 구간 $[0, 1]$의 함수 f에 대한 치역 $f([0, 1])$에 포함되는 구간 $[0, 1]$을 2등분 하여 사이값의 정리를 적용

② 사이값의 정리의 적용을 통해 구한 값 $x_0\in(0, 1)$에 의해 결정된 두 구간 $[0, x_0]$과 $[x_0, 1]$에 대해 평균값의 정리를 적용

$n\geq 3$인 경우에도 위의 아이디어를 적용한다. 우선 치역 $f([0, 1])$에 포함되는 구간 $[0, 1]$을 n등분 하여 얻은 값은 $\frac{1}{n}, \cdots, \frac{n-1}{n}$이다. k는 $1\leq k\leq n-1$인 자연수라고 할 때 사이값의 정리에 의해 $f(x)=\frac{k}{n}$를 만족시키는 x가 0과 1 사이에 적어도 하나 존재한다. 그런 x 중에서 제일 작은 수를 a_k라고 하자. 그러면

$f(a_k)=\frac{k}{n}\,(1\leq k\leq n-1)$이고, 사이값의 정리에 의해 $0<a_1<a_2<\cdots<a_{n-1}<1$을 만족함을 알 수 있다.

$a_0=0,\ a_n=1$이라 하고, 구간 $[a_{k-1}, a_k]$에서 평균값의 정리를 적용하면 $f'(c_k)=\frac{f(a_k)-f(a_{k-1})}{a_k-a_{k-1}}$을 만족시키는 c_k가 a_{k-1}과 a_k 사이에 적어도 하나 존재한다. 그런데

$$f'(c_k)=\frac{f(a_k)-f(a_{k-1})}{a_k-a_{k-1}}=\frac{\frac{k}{n}-\frac{k-1}{n}}{a_k-a_{k-1}}$$
$$=\frac{1}{n(a_k-a_{k-1})}$$

이므로

$$\sum_{k=1}^{n}\frac{1}{f'(c_k)}=\sum_{k=1}^{n}n(a_k-a_{k-1})=n(a_n-a_0)=n$$

이다.

문제 5 • 132쪽 •

(1) $\frac{f(b)-f(a)}{b-a}$는 곡선 위의 두 점 $(a, f(a))$, $(b, f(b))$를 연결하는 직선 L의 기울기이고, $f'(c)$는 $x=c$에 대응하는 곡선 위의 점 $(c, f(c))$에서 접선의 기울기이므로 평균값의 정리는 곡선 위에 직선 L에 평행인 접선을 갖는 점 $(c, f(c))$가 적어도 한 개는 존재함을 나타낸다.

(2) $f(x)=\frac{1}{x}$에서 $f'(x)=-\frac{1}{x^2}$이므로

$f(1+h)=f(1)+hf'(1+\theta h)$는

$\frac{1}{1+h}=\frac{1}{1}+h\left(-\frac{1}{(1+\theta h)^2}\right)$이 된다.

$\frac{h}{(1+\theta h)^2}=\frac{h}{1+h}$, $(1+\theta h)^2=1+h$,

$h\theta^2+2\theta-1=0$에서 $0<\theta<1$이므로

$\theta=\frac{-1+\sqrt{1+h}}{h}$이다.

$$\lim_{h\to 0}\theta=\lim_{h\to 0}\frac{-1+\sqrt{1+h}}{h}$$
$$=\lim_{h\to 0}\frac{(-1)^2-(1+h)}{h(-1-\sqrt{1+h})}$$
$$=\lim_{h\to 0}\frac{1}{1+\sqrt{1+h}}=\frac{1}{2}$$

이므로 h가 충분히 작아지면 θ는 $\frac{1}{2}$로 수렴한다.

문제 6 • 132쪽 •

(1) 구간 $[a, b]$에서 정의된 직선 $f(x)$ 위의 두 점 $(a, f(a))$와 $(b, f(b))$ 사이의 길이는

$L=\sqrt{(b-a)^2+\{f(b)-f(a)\}^2}$이다.

평균값의 정리에 의하여 $\frac{f(b)-f(a)}{b-a}=f'(c)$인 c가 a와 b 사이에 적어도 하나 존재하므로

$f(b)-f(a)=f'(c)(b-a)$이다.

따라서

$L=\sqrt{(b-a)^2+\{f'(c)(b-a)\}^2}=(b-a)\sqrt{1+\{f'(c)\}^2}$

(2) a와 b 사이를 n등분하여 순서대로

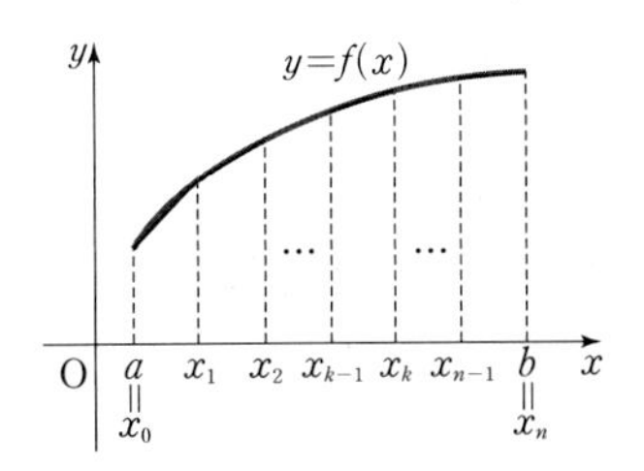

$a=x_0<x_1<\cdots<x_{k-1}<x_k<\cdots<x_n=b$라 하고

$\Delta x=x_k-x_{k-1}\left(=\frac{b-a}{n}\right)$라 하자.

두 점 $(x_{k-1}, f(x_{k-1}))$과 $(x_k, f(x_k))$ 사이의 선분의 길이는 $\sqrt{(x_k-x_{k-1})^2+\{f(x_k)-f(x_{k-1})\}^2}$이다.

이때, 평균값의 정리에 의하여

$\frac{f(x_k)-f(x_{k-1})}{x_k-x_{k-1}}=f'(c_k)$인 c_k가 x_{k-1}과 x_k 사이에 적어도 하나 존재하므로

$f(x_k)-f(x_{k-1})=f'(c_k)(x_k-x_{k-1})$이다.

따라서 위의 선분의 길이는

$\sqrt{(x_k-x_{k-1})^2+\{f'(c_k)(x_k-x_{k-1})\}^2}$

$=\sqrt{1+\{f'(c_k)\}^2}(x_k-x_{k-1})$

$=\sqrt{1+\{f'(c_k)\}^2}\Delta x$

이다. 각 구간에서 이러한 방법으로 구한 선분의 길이의 총합은

$\sum_{k=1}^{n}\sqrt{1+\{f'(c_k)\}^2}\Delta x$이므로 구하는 곡선의 길이 L은

$L\approx\lim_{n\to\infty}\sum_{k=1}^{n}\sqrt{1+\{f'(c_k)\}^2}\Delta x=\int_a^b\sqrt{1+\{f'(x)\}^2}dx$

이다.

(3) 원 위의 점 P가 다시 곡선과 최초로 만났을 때의 점을 P′이라 하면 곡선 PP′의 길이는 원의 둘레와 같으므로

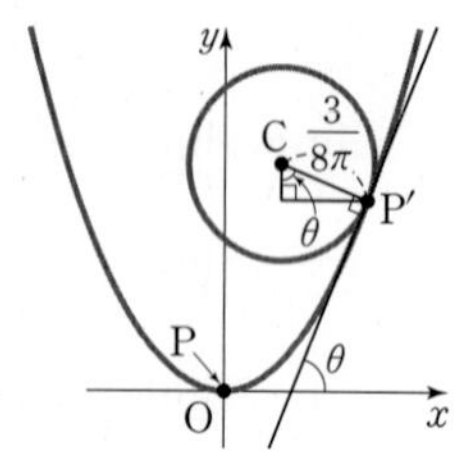

$2\pi\times\frac{3}{8\pi}=\frac{3}{4}$이다.

한편 점 P′의 x좌표를 t라 하고

(2)에서 구한 곡선의 길이의 식을 이용하면

$1+(y')^2=1+\left(\frac{e^x-e^{-x}}{2}\right)^2=\left(\frac{e^x+e^{-x}}{2}\right)^2$이므로

$\int_0^t\sqrt{1+(y')^2}\,dx=\int_0^t\frac{e^x+e^{-x}}{2}\,dx=\frac{e^t-e^{-t}}{2}$이다.

따라서 $\frac{e^t-e^{-t}}{2}=\frac{3}{4}$을 풀면

$2e^t-2e^{-t}=3,\ 2(e^t)^2-3e^t-2=0$

$(e^t-2)(2e^t+1)=0$에서 $e^t=2,\ t=\ln 2$이므로

점 P′의 좌표는 $\left(\ln 2,\ \frac{1}{4}\right)$이다.

그런데 $[y']_{x=\ln 2}=\left[\frac{e^x-e^{-x}}{2}\right]_{x=\ln 2}=\frac{3}{4}$이므로

$y=\frac{e^x+e^{-x}}{2}$ 위의 점 P′에서의 접선이 x축과 이루는 각의 크기를 $\theta\left(0<\theta<\frac{\pi}{2}\right)$라 하면 $\tan\theta=\frac{3}{4}$이다.

그림에서 원의 중심을 C$(x,\ y)$라 하면

$x=\ln 2-\frac{3}{8\pi}\sin\theta=\ln 2-\frac{3}{8\pi}\times\frac{3}{5}=\ln 2-\frac{9}{40\pi}$

$y=\frac{1}{4}+\frac{3}{8\pi}\cos\theta=\frac{1}{4}+\frac{3}{8\pi}\times\frac{4}{5}=\frac{1}{4}+\frac{3}{10\pi}$

이므로 원의 중심의 좌표는 $\left(\ln 2-\frac{9}{40\pi},\ \frac{1}{4}+\frac{3}{10\pi}\right)$

이다.

문제 7 • 133쪽 •

함수 $f'(x)$가 구간 $[a,\ b]$에서 연속이면 적분에 관한 평균값의 정리를 적용하여

$\frac{1}{b-a}\int_a^b f'(x)\,dx=f'(c)$

를 만족하는 c가 a와 b 사이에 적어도 하나 존재한다.

$\frac{1}{b-a}\int_a^b f'(x)\,dx=\frac{[f(x)]_a^b}{b-a}=\frac{f(b)-f(a)}{b-a}$이므로

$\frac{f(b)-f(a)}{b-a}=f'(c)$를 만족하는 c가 a와 b 사이에 적어도 하나 존재한다.

문제 8 • 134쪽 •

(1) $F(x)=\int_a^x f(t)\,dt$는 정적분과 미분의 관계로부터, 닫힌 구간 $[a,\ b]$에서 연속이고 열린 구간 $(a,\ b)$에서 미분가능한 함수이다. 따라서 평균값의 정리를 함수 $F(x)$에 적용하면

$\frac{F(b)-F(a)}{b-a}=F'(c)$

를 만족하는 $c\in(a,\ b)$가 적어도 하나 존재한다.

$F(x)$의 정의에 의하여 위 식의 좌변은

$\frac{1}{b-a}\left(\int_a^b f(x)\,dx-\int_a^a f(x)\,dx\right)=\frac{1}{b-a}\int_a^b f(x)\,dx$

와 같다. 우변은 정적분과 미분의 관계로부터

$F'(c)=f(c)$이므로 원하는 결과를 얻는다.

(2) $f(x)=a_0+a_1x^2+a_2x^4+\cdots+a_nx^{2n}$으로 정의하자. 그러면 $f(x)$는 닫힌 구간 $[0,\ 1]$에서 연속이므로 (1)에 의해서

$\frac{1}{1-0}\int_0^1 f(x)\,dx=f(c)$

를 만족하는 $c\in(0,\ 1)$가 적어도 하나 존재한다. 위 식의 좌변은

$\int_0^1 f(x)\,dx=\frac{a_0}{1}+\frac{a_1}{3}+\frac{a_2}{5}+\cdots+\frac{a_n}{2n+1}=0$

이므로 $f(c)=0$을 만족하는 c가 열린 구간 $(0,\ 1)$에 적어도 하나 존재한다. 또한 $f(c)=f(-c)$이므로 c가 근이면 $-c$ 역시 근이다. 위에서 $c\in(0,\ 1)$이므로 $c\neq0$이고 $c\neq-c$이다(사실, $f(0)=a_0\neq0$이므로 0은 근이 될 수 없다.). 따라서 방정식 $a_0+a_1x^2+a_2x^4+\cdots+a_nx^{2n}=0$의 실근은 적어도 두 개이다.

주제별 강의 **제 8 장**

그래프의 모양(위 · 아래로 볼록)

문제 1 • 137쪽 •

(1) $x_1<x_2$인 $x_1,\ x_2$를 구간 $[a,\ b]$의 임의의 두 점이라 하자. 평균값의 정리에 의하여 적당한 $x_3\in(x_1,\ x_2)$에 대하여

$\frac{f(x_2)-f(x_1)}{x_2-x_1}=f'(x_3)$

을 만족한다. 가정에 의하여 $f'(x_3)>0$이고

$x_2-x_1>0$이므로 $f(x_1)<f(x_2)$가 성립한다.

그러므로 $f(x)$는 증가함수이다.

(2) $f''(x)>0$이므로 (1)에 의하여 $f'(x)$는 증가함수이다.

또, $f(x)$가 아래로 볼록이 아니라고 가정해 보자.

그러면 적당한 $p, q, r \in [a, b]\,(p<q<r)$에 대하여 점 $(q, f(q))$가 두 점 $(p, f(p))$, $(r, f(r))$를 잇는 선분 위쪽에 있게 된다.

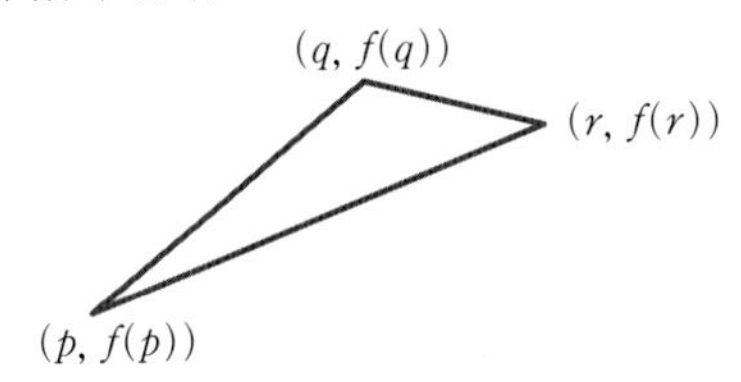

위 그림의 세 선분의 기울기를 비교하면

$$\frac{f(q)-f(p)}{q-p} > \frac{f(r)-f(p)}{r-p} > \frac{f(r)-f(q)}{r-q}$$

가 성립함을 알 수 있다.

한편, 평균값의 정리에 의하여 적당한

$u \in (p, q)$, $v \in (q, r)$에 대하여

$$f'(u) = \frac{f(q)-f(p)}{q-p} > f'(v) = \frac{f(r)-f(q)}{r-q}$$

가 된다. 이때, $u<v$이므로 이는 $f'(x)$가 증가함수라는 사실에 모순이다.

따라서 $f(x)$는 아래로 볼록이다.

138쪽

(1) 접선의 접점의 x좌표를 m이라 하면 $c=f'(m)$이고 $d=f(m)-f'(m)m$이다.

함수 $g(x)$를 $g(x)=f(x)-cx-d$로 놓자. 그러면 $g''(x)=f''(x)<0$이다. 따라서 $g'(x)$는 감소함수이고, 또한 $g'(m)=f'(m)-c=0$이므로 $g(x)$의 증감표는 다음과 같다.

x	$\cdots$	m	$\cdots$
$g'(x)$	$+$	0	$-$
$g(x)$	↗	0	↘

그러므로 $g(x)\le 0$, 즉 $f(x)\le cx+d$이다.

다른 답안

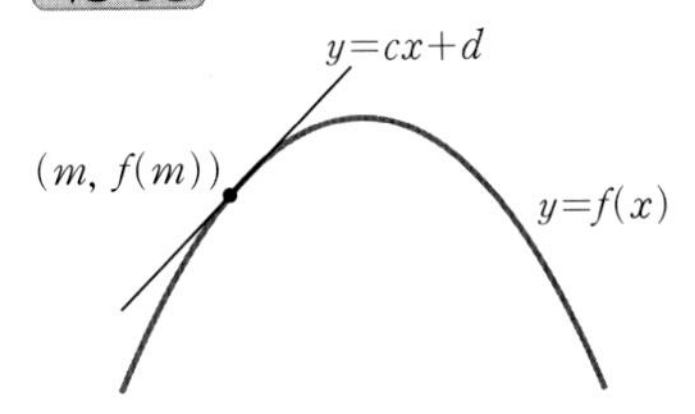

접점을 $(m, f(m))$이라 하면 $y=f(x)$의 접선의 방정식은

$y-f(m)=f'(m)(x-m)$,

$y=f'(m)x-mf'(m)+f(m)$이므로

$c=f'(m)$, $d=-mf'(m)+f(m)$이다.

$g(x)=f(x)-(cx+d)$로 놓으면

$g'(x)=f'(x)-c$에서 $g'(m)=f'(m)-c=0$이고,

$g''(x)=f''(x)<0$에서 $g''(m)=f''(m)<0$이다.

따라서 $g(x)$는 $x=m$일 때 극대이고, 극댓값은 $g(m)=f(m)-(cm+d)=0$이므로 $g(x)\le 0$, 즉 $f(x)\le cx+d$이다.

(2) $m=\dfrac{a_1+a_2+\cdots+a_n}{n}$으로 놓으면 $(m, f(m))$에서의 접선의 방정식 $y=cx+d$는

$c=f'(m)$, $d=f(m)-f'(m)m$

으로 주어진다. 구간에 속하는 모든 x에 대해 $f(x)\le cx+d$이므로

$$\begin{cases} f(a_1)\le ca_1+d \\ f(a_2)\le ca_2+d \\ \cdots \\ f(a_n)\le ca_n+d \end{cases}$$

그런데

$(ca_1+d)+(ca_2+d)+\cdots+(ca_n+d)$

$=c(a_1+a_2+\cdots+a_n)+nd=nf(m)$

따라서

$$\frac{1}{n}\{f(a_1)+f(a_2)+\cdots+f(a_n)\}\le f\left(\frac{a_1+a_2+\cdots+a_n}{n}\right)$$

이 부등식에서 등식이 성립하기 위해서는 $f(a_i)=ca_i+d$가 모든 $i=1, 2, \cdots, n$에 대해 성립해야 하는데, (1)의 논의를 다시 살펴보면, 등식이 성립하는 경우는 $x=m$인 경우뿐이므로 모든 i에 대해 $a_i=m$인 경우뿐이다.

이것은 $a_1=a_2=\cdots=a_n$과 동치이다. 즉, 등식이 성립하는 경우는 $a_1=a_2=\cdots=a_n$일 때뿐이다.

다른 답안

주어진 구간에 속하는 모든 실수 x에 대하여 $f(x)\le cx+d$이므로

$$\begin{cases} f(a_1)\le ca_1+d \\ f(a_2)\le ca_2+d \\ \cdots \\ f(a_n)\le ca_n+d \end{cases}$$

이다. 위의 식에서 좌변은 좌변끼리, 우변은 우변끼리 더하면

$f(a_1)+f(a_2)+\cdots+f(a_n)$

$\le c(a_1+a_2+\cdots+a_n)+dn$

이고 양변을 양의 정수 n으로 나누면

$$\frac{f(a_1)+f(a_2)+\cdots+f(a_n)}{n}$$

$$\le c\cdot\frac{a_1+a_2+\cdots+a_n}{n}+d$$

이다. 그런데 접점의 x좌표 m을

$m=\dfrac{a_1+a_2+\cdots+a_n}{n}$으로 놓으면

$$c\cdot\frac{a_1+a_2+\cdots+a_n}{n}+d=cm+d=f(m)$$

$$=f\left(\frac{a_1+a_2+\cdots+a_n}{n}\right)$$

이다. 따라서

$f\left(\frac{a_1+a_2+\cdots+a_n}{n}\right)$

$\geq\frac{1}{n}\{f(a_1)+f(a_2)+\cdots+f(a_n)\}$

이 성립한다.

(3) $f(x)=\ln x$로 놓으면 $f(x)$는 구간 $(0, \infty)$에서 정의되고 $f'(x)=\frac{1}{x}$, $f''(x)=-\frac{1}{x^2}<0$을 만족한다.

따라서 (2)에 의해

$\ln\frac{a_1+a_2+\cdots+a_n}{n}\geq\frac{1}{n}(\ln a_1+\ln a_2+\cdots+\ln a_n)$

그런데 $\frac{1}{n}(\ln a_1+\ln a_2+\cdots+\ln a_n)=\ln(a_1a_2\cdots a_n)^{\frac{1}{n}}$

이고 함수 $\ln x$는 증가함수이므로

$\frac{a_1+a_2+\cdots+a_n}{n}\geq\sqrt[n]{a_1a_2\cdots a_n}$

또한 (2)에 의해 등식이 성립하는 경우는

$a_1=a_2=\cdots=a_n$일 때뿐이다.

문제 3 • 139쪽 •

(1) $f(x)=\sqrt[3]{x}\,(x>0)$일 때 $f''(x)=\frac{-2}{9(x)^{\frac{5}{3}}}<0\,(x>0)$이다.

따라서 (나)에 의해 정의역 위의 모든 실수 x, y(즉, $x>0$, $y>0$)에 대하여 다음을 만족한다.

$tf(x)+(1-t)f(y)\leq f(tx+(1-t)y)\,(0\leq t\leq 1)$

(2) $x\geq 0$일 때 $f(x)=\sqrt[3]{x}$는 (1)에 의해 (다)를 만족하므로

$f(y)-f(x)\leq(y-x)f'(x)=(y-x)\frac{1}{3\sqrt[3]{x^2}}$이 성립한다.

$y=k+1$, $x=k$일 때 $f(k+1)-f(k)\leq\frac{1}{3\sqrt[3]{k^2}}$ … ㉠

$y=k-1$, $x=k$일 때 $f(k-1)-f(k)\leq-\frac{1}{3\sqrt[3]{k^2}}$ … ㉡

이다.

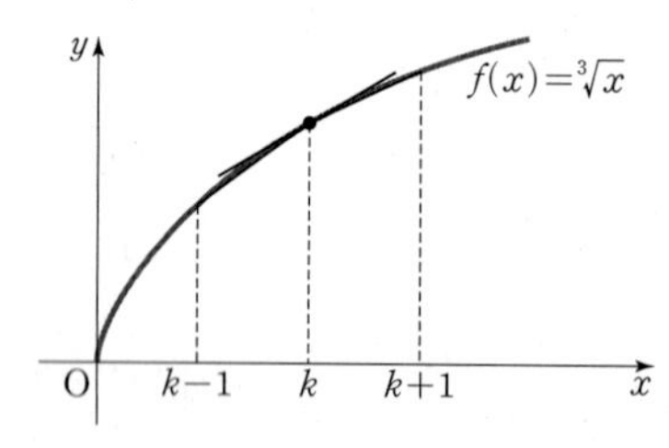

㉡에서 $\frac{1}{\sqrt[3]{k^2}}\leq 3\{f(k)-f(k-1)\}$이므로

$$\sum_{k=2}^{1000}\frac{1}{\sqrt[3]{k^2}}\leq\sum_{k=2}^{1000}3\{f(k)-f(k-1)\}$$
$$=3[\{f(2)-f(1)\}+\{f(3)-f(2)\}+\cdots+\{f(1000)-f(999)\}]$$
$$=3\{f(1000)-f(1)\}=3(\sqrt[3]{1000}-\sqrt[3]{1})$$
$$=3(10-1)=27$$

즉, $S\leq 27$이다.

㉠에서 $\frac{1}{\sqrt[3]{k^2}}\geq 3\{f(k+1)-f(k)\}$이므로

$$\sum_{k=2}^{1000}\frac{1}{\sqrt[3]{k^2}}\geq\sum_{k=2}^{1000}3\{f(k+1)-f(k)\}$$
$$=3[\{f(3)-f(2)\}+\{f(4)-f(3)\}+\cdots+\{f(1001)-f(1000)\}]$$
$$=3\{f(1001)-f(2)\}$$
$$=3(\sqrt[3]{1001}-\sqrt[3]{2})>3(\sqrt[3]{1000}-1.3)$$
$$=26.1$$

(※ $1.2^3=1.728$, $1.3^3=2.197$)

즉, $S>26.1$이다.

따라서 S보다 큰 정수 중 최솟값은 27이다.

문제 4 • 140쪽 •

(1) (i) x가 양수일 때, $f(x)=x\ln x$라 하면

$f'(x)=\ln x+1$, $f''(x)=\frac{1}{x}>0$이므로

$f(x)$는 아래로 볼록하다.

(ii) 젠센의 부등식을 사용하고 $a+b+c+d=1$을 이용하면

$$a\ln a+b\ln b+c\ln c+d\ln d$$
$$=4\left(\frac{1}{4}a\ln a+\frac{1}{4}b\ln b+\frac{1}{4}c\ln c+\frac{1}{4}d\ln d\right)$$
$$=4\frac{f(a)+f(b)+f(c)+f(d)}{4}$$
$$\geq 4f\left(\frac{a+b+c+d}{4}\right)$$
$$=4\left(\frac{a+b+c+d}{4}\ln\frac{a+b+c+d}{4}\right)=-\ln 4$$

를 얻는다.

(iii) 그런데 $a=b=c=d=\frac{1}{4}$일 때, 등식이 성립하므로 최솟값은 $-\ln 4$이다.

(2) (i) 산술평균−기하평균 부등식을 이용하면

$\sin A\sin B\sin C\leq\left(\frac{\sin A+\sin B+\sin C}{3}\right)^3$

이 성립한다.

(ii) $0<x<\pi$일 때 $f(x)=\sin x$는 위로 볼록하다.

젠센의 부등식에 의하여

$$\frac{\sin A+\sin B+\sin C}{3}\leq\sin\frac{A+B+C}{3}$$
$$=\sin\frac{\pi}{3}=\frac{\sqrt{3}}{2}$$

이므로 $\sin A\sin B\sin C\leq\left(\frac{\sqrt{3}}{2}\right)^3=\frac{3\sqrt{3}}{8}$이다.

(iii) 등호는 $A=B=C=\frac{\pi}{3}$일 때, 즉 정삼각형일 때 성립한다.

다른 답안

(i) $I=\sin A\sin B\sin C$라 하면

$\ln I=\ln\sin A+\ln\sin B+\ln\sin C$이다. 이제 함수 $f(x)$를 $f(x)=\ln\sin x$라고 정의한다.

$f'(x)=\dfrac{\cos x}{\sin x}=\cot x$이고 $f''(x)=-\csc^2 x<0$

이므로 $f(x)$는 $0<x<\pi$일 때 위로 볼록하다.

(ii) 젠센의 부등식을 이용하여

$$\ln I=\frac{3(\ln\sin A+\ln\sin B+\ln\sin C)}{3}$$

$$\le 3\ln\sin\frac{A+B+C}{3}=3\ln\sin\frac{\pi}{3}=3\ln\frac{\sqrt{3}}{2}$$

을 얻는다. 따라서 $I\le\dfrac{3\sqrt{3}}{8}$이다.

(iii) 등호는 $A=B=C=\dfrac{\pi}{3}$일 때, 즉 정삼각형일 때 성립한다.

(3) (i) 젠센의 부등식에 의하여 모든 양수 $a_1, a_2, \cdots, a_n$에 대하여

$$\frac{a_1^{\,r}+a_2^{\,r}+\cdots+a_n^{\,r}}{n}=\frac{f(a_1^{\,t})+f(a_2^{\,t})+\cdots+f(a_n^{\,t})}{n}$$

$$\le f\left(\frac{a_1^{\,t}+a_2^{\,t}+\cdots+a_n^{\,t}}{n}\right)$$

$$=\left(\frac{a_1^{\,t}+a_2^{\,t}+\cdots+a_n^{\,t}}{n}\right)^{\frac{r}{t}}$$

이 성립함을 알 수 있다.

(ii) 양변을 $\dfrac{1}{r}$제곱하면

$$\left(\frac{a_1^{\,r}+a_2^{\,r}+\cdots+a_n^{\,r}}{n}\right)^{\frac{1}{r}}\le\left(\frac{a_1^{\,t}+a_2^{\,t}+\cdots+a_n^{\,t}}{n}\right)^{\frac{1}{t}}$$

이 되어 부등식 $S_r\le S_t$를 얻는다.

다른 답안

(i) 젠센의 부등식에 의하여 모든 양수 $a_1, a_2, \cdots, a_n$에 대하여

$$\frac{a_1^{\frac{r}{t}}+a_2^{\frac{r}{t}}+\cdots+a_n^{\frac{r}{t}}}{n}\le\left(\frac{a_1+a_2+\cdots+a_n}{n}\right)^{\frac{r}{t}}$$

이 성립함을 알 수 있다.

(ii) 여기서 a_1을 $a_1^{\,t}$으로, a_2를 $a_2^{\,t}$으로, $\cdots$, a_n을 $a_n^{\,t}$으로 대치하면

$$\frac{a_1^{\,r}+a_2^{\,r}+\cdots+a_n^{\,r}}{n}\le\left(\frac{a_1^{\,t}+a_2^{\,t}+\cdots+a_n^{\,t}}{n}\right)^{\frac{r}{t}}$$

을 얻는다.

(iii) 양변을 $\dfrac{1}{r}$제곱하면

$$\left(\frac{a_1^{\,r}+a_2^{\,r}+\cdots+a_n^{\,r}}{n}\right)^{\frac{1}{r}}\le\left(\frac{a_1^{\,t}+a_2^{\,t}+\cdots+a_n^{\,t}}{n}\right)^{\frac{1}{t}}$$

이 되어 부등식 $S_r\le S_t$를 얻는다.

(4) (i) 함수 $f(x)=\left(x^2+\dfrac{1}{x^2}\right)^5$을 생각하자.

함수 $f(x)$를 미분하면

$$f'(x)=5\left(x^2+\frac{1}{x^2}\right)^4\left(2x-\frac{2}{x^3}\right),$$

$$f''(x)=20\left(x^2+\frac{1}{x^2}\right)^3\left(2x-\frac{2}{x^3}\right)^2+5\left(x^2+\frac{1}{x^2}\right)^4\left(2+\frac{6}{x^4}\right)>0$$

이므로 $f(x)$는 아래로 볼록하다.

(ii) 주어진 식은

$$f(x_1)+f(x_2)+\cdots+f(x_n)=\frac{n\{f(x_1)+f(x_2)+\cdots+f(x_n)\}}{n}$$

과 같다. 젠센의 부등식을 이용하면

$$f(x_1)+f(x_2)+\cdots+f(x_n)\ge nf\left(\frac{x_1+x_2+\cdots+x_n}{n}\right)=nf(1)=32n$$

을 얻는다.

(iii) 실제로 $x_1=x_2=\cdots=x_n=1$일 때 등호가 성립하므로 구하는 최솟값은 $32n$이다.

다른 답안

(i) 산술평균-기하평균 부등식에 의하여 주어진 식의 i번째 항은

$$\left(x_i^2+\frac{1}{x_i^2}\right)^5\ge\left(2\sqrt{x_i^2\cdot\frac{1}{x_i^2}}\right)^5=2^5=32$$

이다. 그러므로

$$\left(x_1^2+\frac{1}{x_1^2}\right)^5+\left(x_2^2+\frac{1}{x_2^2}\right)^5+\cdots+\left(x_n^2+\frac{1}{x_n^2}\right)^5\ge 32n$$

이 성립한다.

(ii) 실제로 $x_1=x_2=\cdots=x_n=1$일 때 등호가 성립하므로 구하는 최솟값은 $32n$이다.

주제별 강의 **제 9 장**

도형에서의 최대 · 최소

문제 1 • 149쪽 •

(1) 밑면의 반지름의 길이가 r, 높이가 h인 원기둥의 겉넓이 $A(r)$는

$$A(r)=\pi r^2\times 2+2\pi rh \quad \cdots\cdots ㉠$$

이다. 그런데 $V(r)=1$이므로

$$\pi r^2h=1\text{에서 } h=\frac{1}{\pi r^2} \quad \cdots\cdots ㉡$$

이다. ㉡을 ㉠에 대입하면

$$A(r)=\pi r^2\times 2+2\pi rh=\pi r^2\times 2+2\pi r\times\frac{1}{\pi r^2}$$

$$=2\pi r^2+\frac{2}{r}$$

겉넓이가 최소가 되는 r를 구하기 위하여 $A(r)$를 미분하여 $A'(r)=0$이 되는 r를 구해 보자.

$$A'(r)=4\pi r-\frac{2}{r^2}=\frac{4\pi r^3-2}{r^2}$$

$A'(r)=0$에서 $4\pi r^3-2=0$, $r=\sqrt[3]{\dfrac{1}{2\pi}}$이다.

이것을 ㉡에 대입하면 $h=\dfrac{1}{\pi r^2}=\dfrac{\sqrt[3]{4\pi^2}}{\pi}$이다.

따라서 $\dfrac{h}{r}=\dfrac{\frac{\sqrt[3]{4\pi^2}}{\pi}}{\sqrt[3]{\frac{1}{2\pi}}}=2$, 즉 높이가 반지름의 길이의 2배

일 때, 겉넓이가 최소가 된다.

(2) ①

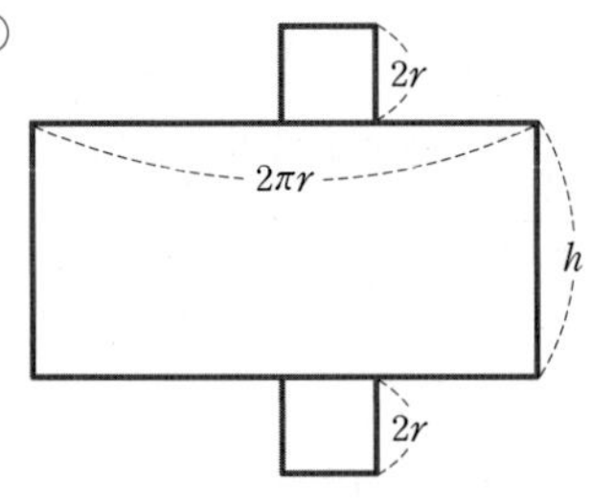

밑면인 원을 자를 때 한 변의 길이가 $2r$인 정사각형만큼의 재료를 사용하므로 캔의 겉넓이 $A(r)$는

$A(r)=4r^2\times2+2\pi rh$ …… ㉢

이다. 그런데 $V(r)=1$이므로

$4r^2h=1$에서 $h=\dfrac{1}{4r^2}$ …… ㉣

이다. ㉣을 ㉢에 대입하면

$$A(r)=4r^2\times2+2\pi rh$$
$$=4r^2\times2+2\pi r\times\frac{1}{4r^2}$$
$$=8r^2+\frac{\pi}{2r}$$

이다.

$A'(r)=16r-\dfrac{\pi}{2r^2}=\dfrac{32r^3-\pi}{2r^2}$,

$A'(r)=0$에서 $32r^3-\pi=0$, $r=\dfrac{\sqrt[3]{\pi}}{\sqrt[3]{32}}$이다.

이것을 ㉣에 대입하면 $h=\dfrac{1}{4r^2}=\dfrac{1}{4}\left(\dfrac{\sqrt[3]{32}}{\sqrt[3]{\pi}}\right)^2$이다.

따라서 $\dfrac{h}{r}=\dfrac{\dfrac{\sqrt[3]{32^2}}{4\times\sqrt[3]{\pi^2}}}{\dfrac{\sqrt[3]{\pi}}{\sqrt[3]{32}}}=\dfrac{8}{\pi}\fallingdotseq2.55$이다.

② 밑면인 원을 자를 때 사용하는 원이 내접하는 정육각형의 한 변의 길이를 구하면 오른쪽 그림에서

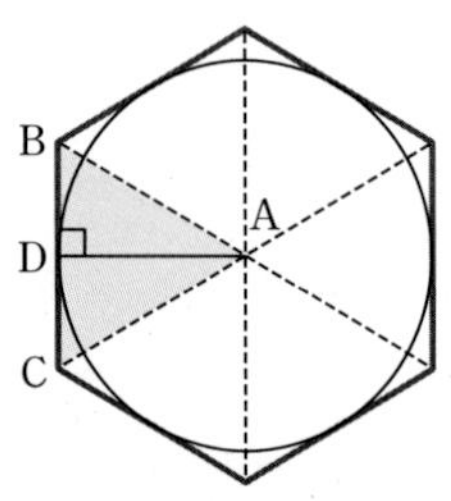

$\overline{\mathrm{AD}}=r$이므로

$\overline{\mathrm{AB}}=\dfrac{2r}{\sqrt{3}}$이다.

이 경우에는 밑면을 자를 때, 한 변의 길이가 $\dfrac{2r}{\sqrt{3}}$인 정육각형만큼의 재료를 사용하므로 캔의 겉넓이 $A(r)$는

$$A(r)=\left\{\frac{\sqrt{3}}{4}\times\left(\frac{2r}{\sqrt{3}}\right)^2\right\}\times12+2\pi rh$$
$$=4\sqrt{3}r^2+2\pi rh \quad \cdots\cdots ㉤$$

이다. 그런데 $V(r)=1$이므로

$2\sqrt{3}r^2h=1$에서 $h=\dfrac{1}{2\sqrt{3}r^2}$ …… ㉥

이다. ㉥을 ㉤에 대입하면

$A(r)=4\sqrt{3}r^2+2\pi r\times\dfrac{1}{2\sqrt{3}r^2}=4\sqrt{3}r^2+\dfrac{\pi}{\sqrt{3}r}$

$A'(r)=8\sqrt{3}r-\dfrac{\pi}{\sqrt{3}r^2}=\dfrac{24r^3-\pi}{\sqrt{3}r^2}$,

$A'(r)=0$에서

$24r^3-\pi=0$, $r=\dfrac{\sqrt[3]{\pi}}{\sqrt[3]{24}}$이다.

이것을 ㉥에 대입하면 $h=\dfrac{1}{2\sqrt{3}r^2}=\dfrac{1}{2\sqrt{3}}\times\dfrac{\sqrt[3]{24^2}}{\sqrt[3]{\pi^2}}$이다.

따라서 $\dfrac{h}{r}=\dfrac{\dfrac{1}{2\sqrt{3}}\times\dfrac{\sqrt[3]{24^2}}{\sqrt[3]{\pi^2}}}{\dfrac{\sqrt[3]{\pi}}{\sqrt[3]{24}}}=\dfrac{4\sqrt{3}}{\pi}\fallingdotseq2.21$이다.

③ 밑면인 원을 사각형 모양으로 자르려면 $h=2.55r$인 관계가 되도록 하는 것이 바람직하며 육각형 모양으로 자르려면 $h=2.21r$인 관계가 되도록 하는 것이 바람직하다. 그러나 버려지는 재료가 가장 적은 경우는 육각형 모양으로 원을 배열하는 것이므로 두 번째 경우로 하는 것이 재료를 가장 절약할 수 있는 길이다.

문제 2 • 150쪽 •

(i) 반지름의 길이가 a인 구에 내접하는 직원뿔의 부피가 최대인 경우를 구한다.

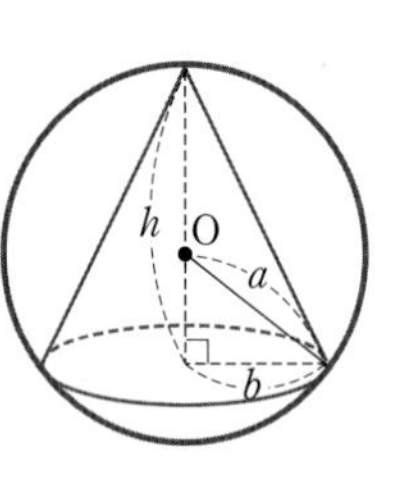

구에 내접하는 직원뿔의 밑면의 반지름의 길이를 b, 높이를 h라 하면

$b^2+(h-a)^2=a^2$이므로

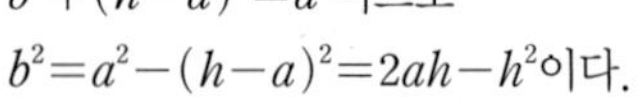

$b^2=a^2-(h-a)^2=2ah-h^2$이다.

직원뿔의 부피 V는

$V=\dfrac{1}{3}\pi b^2h=\dfrac{\pi}{3}(2ah-h^2)h=\dfrac{\pi}{3}(2ah^2-h^3)$,

$\dfrac{dV}{dh}=\dfrac{\pi}{3}(4ah-3h^2)=\dfrac{\pi}{3}h(4a-3h)$이고

$0<h<2a$이므로 $h=\dfrac{4}{3}a$일 때 부피가 최대이다.

이때, $b^2=2a\times\dfrac{4}{3}a-\left(\dfrac{4}{3}a\right)^2=\dfrac{8}{9}a^2$이므로

$b=\dfrac{2\sqrt{2}}{3}a$이다. 즉, $a=\dfrac{3}{2\sqrt{2}}b$이다.

(ii) 밑면의 반지름의 길이가 b, 높이가 h인 직원뿔에 내접하는 원기둥의 부피가 최대인 경우를 구한다.

직원뿔에 내접하는 원기둥의 밑면의 반지름의 길이를 x, 높이를 y라 하면

$(h-y):x=h:b$에서

$b(h-y)=hx$,

$h-y=\dfrac{h}{b}x$,

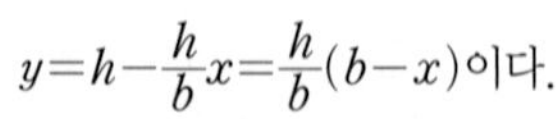

$y=h-\dfrac{h}{b}x=\dfrac{h}{b}(b-x)$이다.

원기둥의 부피 V는

$V=\pi x^2y=\pi x^2\times\dfrac{h}{b}(b-x)=\dfrac{\pi h}{b}(bx^2-x^3)$,

$\dfrac{dV}{dx}=\dfrac{\pi h}{b}(2bx-3x^2)=\dfrac{\pi h}{b}x(2b-3x)$이고

$0<x<b$이므로 $x=\frac{2}{3}b$일 때 부피가 최대이다.

(i), (ii)에 의하여

$a:b:x=\frac{3}{2\sqrt{2}}b:b:\frac{2}{3}b=9:6\sqrt{2}:4\sqrt{2}$이다.

따라서 세 입체도형의 반지름의 길이의 비는

$9:6\sqrt{2}:4\sqrt{2}$이다.

150쪽

(1) 직사각형은 공식 ㉠으로 넓이의 참값을 구할 수 있다. 한편, 마름모를 생각하면 정사각형의 경우에는 공식 ㉠으로 넓이의 참값을 구할 수 있지만, 변의 길이는 변함이 없지만 이를 '눌러서' 만들 수 있는 마름모의 넓이는 원하는 만큼 작게 할 수 있다. 즉, 공식 ㉠을 일반적으로 적용할 수 없다.

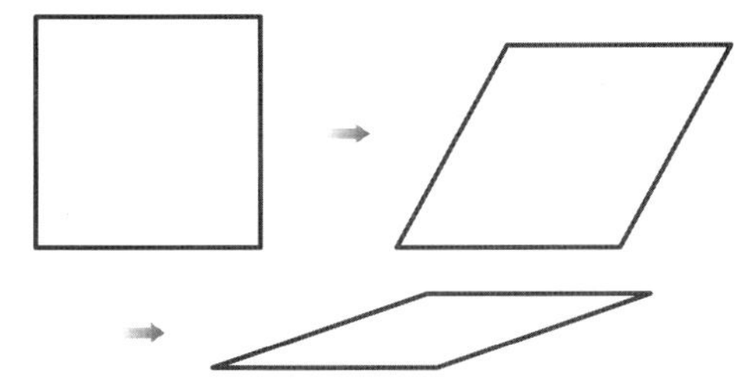

(2) ① $\angle$A와 $\angle$C의 크기를 각각 A와 C라 하면

$A+C=180°$이다. 그러므로

$\cos C=\cos(180°-A)=-\cos A$ ...... *

이다. 대각선 BD의 길이를 제이코사인법칙으로 나타내면 다음을 얻는다.

$$\overline{\text{BD}}^2=a^2+d^2-2ad\cos A$$
$$=b^2+c^2-2bc\cos C$$
$$=b^2+c^2+2bc\cos A\ (\because *\text{에서}),$$
$$2(ad+bc)\cos A=a^2+d^2-b^2-c^2,$$
$$\cos A=\frac{a^2+d^2-b^2-c^2}{2(ad+bc)}$$

② □ABCD의 넓이 S는 다음과 같다.

$$S=\triangle\text{ABD}+\triangle\text{BCD}$$
$$=\frac{1}{2}ad\sin A+\frac{1}{2}bc\sin C$$
$$=\frac{1}{2}ad\sin A+\frac{1}{2}bc\sin(180°-A)$$
$$=\frac{1}{2}ad\sin A+\frac{1}{2}bc\sin A$$
$$=\frac{1}{2}(ad+bc)\sin A$$

③ $\sin A=\sqrt{1-\cos^2 A}$이므로 다음이 성립한다.

$$S=\frac{1}{2}(ad+bc)\sqrt{1-\cos^2 A}$$
$$=\frac{1}{2}(ad+bc)\sqrt{(1-\cos A)}\cdot\sqrt{(1+\cos A)}$$
$$=\frac{1}{2}(ad+bc)\sqrt{\frac{(2ad+2bc-a^2-d^2+b^2+c^2)}{2(ad+bc)}}\cdot\sqrt{\frac{(2ad+2bc+a^2+d^2-b^2-c^2)}{2(ad+bc)}}$$
$$=\frac{1}{2}\sqrt{\frac{\{(b+c)^2-(a-d)^2\}}{2}}\cdot\sqrt{\frac{\{(a+d)^2-(b-c)^2\}}{2}}$$
$$=\sqrt{\frac{b+c-a+d}{2}\cdot\frac{b+c+a-d}{2}}\cdot\sqrt{\frac{a+d-b+c}{2}\cdot\frac{a+d+b-c}{2}}$$
$$=\sqrt{\frac{2p-2a}{2}\cdot\frac{2p-2d}{2}}\cdot\sqrt{\frac{2p-2b}{2}\cdot\frac{2p-2c}{2}}$$
$$=\sqrt{(p-a)(p-b)(p-c)(p-d)}$$

(3) 먼저 문제의 사각형 ABCD에서 $\angle$B와 $\angle$D의 크기를 각각 B와 D라 하자. 그러면 $A+B+C+D=2\pi$이므로

$\frac{A+C}{2}=\pi-\frac{B+D}{2}$이고, 따라서

$$\cos\frac{A+C}{2}=\cos\left(\pi-\frac{B+D}{2}\right)=-\cos\frac{B+D}{2}$$

이다. 이때, 2α는 두 대각의 크기의 합이므로

$\cos^2\alpha=\cos^2\frac{A+C}{2}=\cos^2\frac{B+D}{2}$이다.

따라서 삼각함수의 덧셈정리와 배각공식에 의하여 다음이 성립한다.

$$1+\cos A\cos C-\sin A\sin C$$
$$=1+\cos(A+C)$$
$$=1+2\cos^2\frac{A+C}{2}-1$$
$$=2\cos^2\frac{A+C}{2}$$
$$=2\cos^2\alpha$$

V 적분법

COURSE A

유제 1 • 161쪽 •

부분적분을 여러번 연속으로 사용하여 정리한다.

$$\int_1^2 (x-1)^p(2-x)^q dx$$
$$=\int_1^2 \left\{\frac{1}{p+1}(x-1)^{p+1}\right\}'(2-x)^q dx$$
$$=\left[\frac{1}{p+1}(x-1)^{p+1}(2-x)^q\right]_1^2 + \frac{q}{p+1}\int_1^2 (x-1)^{p+1}(2-x)^{q-1}dx$$
$$=\frac{q}{p+1}\int_1^2 (x-1)^{p+1}(2-x)^{q-1}dx$$
$$\left(\because \left[\frac{1}{p+1}(x-1)^{p+1}(2-x)^q\right]_1^2=0\right)$$
$$=\frac{q}{p+1}\int_1^2 \left\{\frac{1}{p+2}(x-1)^{p+2}\right\}'(2-x)^{q-1}dx$$
$$=\frac{q}{p+1}\left\{\left[\frac{1}{p+2}(x-1)^{p+2}(2-x)^{q-1}\right]_1^2 + \frac{q-1}{p+2}\int_1^2 (x-1)^{p+2}(2-x)^{q-2}dx\right\}$$
$$=\frac{q(q-1)}{(p+1)(p+2)}\int_1^2 (x-1)^{p+2}(2-x)^{q-2}dx$$
$$\left(\because \left[\frac{1}{p+2}(x-1)^{p+2}(2-x)^{q-1}\right]_1^2=0\right)$$
$$\vdots$$
$$=\frac{q(q-1)\cdots 1}{(p+1)(p+2)\cdots(p+q)}\int_1^2 (x-1)^{p+q}dx$$
$$=\frac{q(q-1)\cdots 1}{(p+1)(p+2)\cdots(p+q)}\left[\frac{(x-1)^{p+q+1}}{p+q+1}\right]_1^2$$
$$=\frac{q!}{(p+1)(p+2)\cdots(p+q)(p+q+1)}$$
$$=\frac{p!q!}{p!(p+1)(p+2)\cdots(p+q)(p+q+1)}$$
$$=\frac{p!q!}{(p+q+1)!}$$

유제 2 • 162쪽 •

$f(x+y)=f(x)+f(y)$에 $y=x$를 대입하면

$f(2x)=2f(x)$,

$y=2x$를 대입하면

$f(3x)=f(x)+f(2x)=3f(x)$

를 얻을 수 있다.

이 과정을 반복하여 주어진 방정식에 $y=(n-1)x$를 대입하면

$$f(nx)=f(x)+f((n-1)x)$$
$$=f(x)+(n-1)f(x)=nf(x) \quad \cdots\cdots ㉠$$

이다.

$$\int_{11}^{22} f(x)dx=\lim_{n\to\infty}\sum_{k=1}^{n} f\left(11+\frac{11k}{n}\right)\frac{11}{n}$$

이고 ㉠에 의하여

$$f\left(11+\frac{11k}{n}\right)=f\left(11\left(1+\frac{k}{n}\right)\right)=11f\left(1+\frac{k}{n}\right)$$

이므로

$$\int_{11}^{22} f(x)dx=\lim_{n\to\infty}\sum_{k=1}^{n} 11f\left(1+\frac{k}{n}\right)\frac{11}{n}$$
$$=121\lim_{n\to\infty}\sum_{k=1}^{n} f\left(1+\frac{k}{n}\right)\frac{1}{n}$$
$$=121\int_0^1 f(1+x)dx$$
$$=121\times 11=1331$$

이다.

TRAINING

수리논술 기출 및 예상 문제 • 164쪽 ~ 184쪽 •

01
$$f'(x)=\lim_{h\to 0}\frac{f(x+h)-f(x)}{h}$$
$$=\lim_{h\to 0}\frac{f\left(x\left(1+\frac{h}{x}\right)\right)-f(x\cdot 1)}{h}$$
$$=\lim_{h\to 0}\frac{f(x)f\left(1+\frac{h}{x}\right)-f(x)f(1)}{h}$$
$$=\lim_{h\to 0}\frac{f(x)\left\{f\left(1+\frac{h}{x}\right)-f(1)\right\}}{h}$$
$$=\lim_{h\to 0}\frac{f(x)\left\{f\left(1+\frac{h}{x}\right)-f(1)\right\}}{\frac{h}{x}\cdot x}$$
$$=f(x)\cdot f'(1)\cdot\frac{1}{x}=\frac{f(x)}{x}\ (\because f'(1)=1)$$

이므로 $\frac{f'(x)}{f(x)}=\frac{1}{x}$ $\cdots\cdots$ ㉠

이다. 양변을 x에 대하여 적분하면

$\int \frac{f'(x)}{f(x)}dx=\int\frac{1}{x}dx$이므로

$\ln|f(x)|=\ln|x|+C$(C는 적분상수) $\cdots\cdots$ ㉡

이다.

㉠의 양변에 $x=1$을 대입하면 $\frac{f'(1)}{f(1)}=\frac{1}{f(1)}=1$

($\because f'(1)=1$)에서 $f(1)=1$이고

㉡의 양변에 $x=1$을 대입하면 $\ln|f(1)|=\ln 1+C$에서 $C=0$이다.

이때, $\ln|f(x)|=\ln|x|$이므로

$|f(x)|=|x|$, 즉 $f(x)=x$ 또는 $f(x)=-x$이다.

그런데 $f(x)=-x$이면 $f'(1)=-1$이 되어 조건 ㈎에 모순이다.

따라서 $f(x)=x$이다.

02 (1) (나)에 의해 $f_2(x)$는 $f_1(x)$의 부정적분 중의 하나이므로 부분적분을 이용하면

$$f_2(x)=\int f_1(x)dx=\int x^2e^xdx=x^2e^x-\int 2xe^xdx$$
$$=x^2e^x-2\left(xe^x-\int e^xdx\right)$$
$$=(x^2-2x+2)e^x+C \text{ (단, }C\text{는 적분상수)}$$

이다.

그런데 (나)에 의해 $f_2(x)=P_2(x)e^x$이므로 $C=0$이다.

따라서 $f_2(x)=(x^2-2x+2)e^x$이다.

(2) 다항식 $P_n(x)$는 최고차항의 계수가 1인 이차 다항식이 되므로 $P_n(x)=x^2+a_nx+b_n$으로 가정하자.

여기에서 $n=1$일 때 $a_1=b_1=0$이다.

(나)의 조건으로부터 $f_{n+1}(x)$는 $f_n(x)$의 부정적분 중 하나이고,

$f_{n+1}(x)=P_{n+1}(x)e^x$에서

$(f_{n+1}(x))'=\{(P_{n+1}(x))'+P_{n+1}(x)\}e^x$이다.

$(f_{n+1}(x))'=f_n(x)=P_n(x)e^x$이므로

$(P_{n+1}(x))'+P_{n+1}(x)=P_n(x)$이다. 이때

$P_{n+1}(x)=x^2+a_{n+1}x+b_{n+1}$이고

$(P_{n+1}(x))'=2x+a_{n+1}$이므로

$$x^2+(a_{n+1}+2)x+a_{n+1}+b_{n+1}$$
$$=x^2+a_nx+b_n$$

에서 $a_{n+1}+2=a_n$, $a_{n+1}+b_{n+1}=b_n$을 얻을 수 있다.

수열 $\{a_n\}$은 첫째항이 $a_1=0$이고 공차가 -2인 등차수열이므로 $a_n=-2(n-1)$이다.

이로부터 $b_{n+1}=b_n+2n$이므로

$b_n=b_1+\sum_{k=1}^{n-1}2k=(n-1)n\,(\because\ b_1=0)$이다.

따라서 $f_n(x)=P_n(x)e^x$이므로

$f_n(x)=\{x^2-2(n-1)x+(n-1)n\}e^x$이다.

(3) $f_n(x)=\{x^2-2(n-1)x+(n-1)n\}e^x$에 $x=0$을 대입하면 $f_n(0)=(n-1)n$이다.

$\sum_{n=2}^{2015}\frac{1}{f_n(0)}=\sum_{n=2}^{2015}\frac{1}{(n-1)n}=1-\frac{1}{2015}=\frac{2014}{2015}$이다.

03 (1) $(x+1)^3$으로 나눌 때의 몫을 $Q(x)$라 하면

$$x^{10}+x^9+x^8+\cdots+x^2+x+1$$
$$=(x+1)^3Q(x)+a(x+1)^2+b(x+1)+c$$

가 성립한다.

$f(x)=x^{10}+x^9+x^8+\cdots+x^2+x+1$,

$g(x)=(x+1)^3Q(x)+a(x+1)^2+b(x+1)+c$

라 하면 $f(x)=g(x)$이다.

$f'(x)=10x^9+9x^8+8x^7+\cdots+2x+1$,

$f''(x)=10\cdot9x^8+9\cdot8x^7+8\cdot7x^6+\cdots+3\cdot2x+2$,

$g'(x)=3(x+1)^2Q(x)+(x+1)^3\cdot Q'(x)+2a(x+1)+b$,

$g''(x)=6(x+1)Q(x)+3(x+1)^2Q'(x)+3(x+1)^2Q'(x)+(x+1)^3Q''(x)+2a$

이므로

$f(-1)=g(-1)$에서 $c=1$,

$f'(-1)=g'(-1)$에서

$-10+9-8+\cdots-2+1=b$,

$b=(-10+9)+(-8+7)+\cdots+(-2+1)=-5$,

$f''(-1)=g''(-1)$에서

$10\cdot9-9\cdot8+8\cdot7-\cdots-3\cdot2+2=2a$,

$$2a=(10\cdot9-9\cdot8)+(8\cdot7-7\cdot6)+\cdots+(4\cdot3-3\cdot2)+2$$
$$=2(9+7+5+3+1)=50$$

에서 $a=25$이다.

따라서 $a=25$, $b=-5$, $c=1$이다.

다른 답안

다음의 조립제법을 이용하여 $a=25$, $b=-5$, $c=1$을 얻는다.

-1	1	1	1	1	1	1	1	1	1	1	1
		-1	0	-1	0	-1	0	-1	0	-1	0
-1	1	0	1	0	1	0	1	0	1	0	1
		-1	1	-2	2	-3	3	-4	4	-5	
-1	1	-1	2	-2	3	-3	4	-4	5	-5	
		-1	2	-4	6	-9	12	-16	20		
	1	-2	4	-6	9	-12	16	-20	25		

(2) $$\frac{1}{x^2(x+1)^2}=\left\{\frac{1}{x(x+1)}\right\}^2=\left(\frac{1}{x}-\frac{1}{x+1}\right)^2$$
$$=\frac{1}{x^2}+\frac{1}{(x+1)^2}-\frac{2}{x(x+1)}$$
$$=\frac{1}{x^2}+\frac{1}{(x+1)^2}-2\left(\frac{1}{x}-\frac{1}{x+1}\right)$$
$$=\left(\frac{1}{x^2}-\frac{2}{x}\right)+\left\{\frac{1}{(x+1)^2}+\frac{2}{x+1}\right\}$$

이므로

$$\frac{10x+p}{x^2(x+1)^2}$$
$$=\frac{10x+p}{x^2}-\frac{2(10x+p)}{x}+\frac{10x+p}{(x+1)^2}+\frac{2(10x+p)}{x+1}$$
$$=\frac{10x+p}{x^2}-\frac{20x+2p}{x}+\frac{10(x+1)+(p-10)}{(x+1)^2}+\frac{20(x+1)+2(p-10)}{x+1}$$
$$=\frac{10}{x}+\frac{p}{x^2}-20-\frac{2p}{x}+\frac{10}{x+1}+\frac{p-10}{(x+1)^2}+20+\frac{2p-20}{x+1}$$
$$=\frac{p}{x^2}+\frac{p-10}{(x+1)^2}+\frac{10-2p}{x}+\frac{2p-10}{x+1}$$

이다.

$$\int \frac{10x+p}{x^2(x+1)^2}dx$$
$$=\int\left(\frac{p}{x^2}+\frac{p-10}{(x+1)^2}+\frac{10-2p}{x}+\frac{2p-10}{x+1}\right)dx$$
$$=-\frac{p}{x}-\frac{p-10}{x+1}+(10-2p)\ln x$$
$$+(2p-10)\ln(x+1)+C$$

이므로 이 식이 x에 대한 유리식이 되려면

$10-2p=2p-10=0$, 즉 $p=5$가 되어야 한다.

04 (1) 주어진 구간 $[0,\ 1]$을 n등분 하면

$\Delta x=\frac{1}{n}$, $x_k=0+k\Delta x=\frac{k}{n}$, $k=1,\ 2,\ \cdots,\ n$이다.

$f(x)=e^x$라고 하면

$f(x_k)=e^{x_k}=e^{\frac{k}{n}}=\{e^{\frac{1}{n}}\}^k$, $k=1,\ 2,\ \cdots,\ n$

여기서 정적분의 정의와 등비급수의 부분합을 이용하여 다음을 얻는다.

$$\int_0^1 e^x dx=\lim_{n\to\infty}\sum_{k=1}^{n}f(x_k)\Delta x=\lim_{n\to\infty}\frac{1}{n}\sum_{k=1}^{n}\{e^{\frac{1}{n}}\}^k$$
$$=\lim_{n\to\infty}\left\{\left(e^{\frac{1}{n}}+e^{\frac{2}{n}}+\cdots+e^{\frac{n}{n}}\right)\left(\frac{1}{n}\right)\right\}$$
$$=\lim_{n\to\infty}\frac{e^{\frac{1}{n}}\{(e^{\frac{1}{n}})^n-1\}}{e^{\frac{1}{n}}-1}\left(\frac{1}{n}\right)$$
$$=\lim_{n\to\infty}\left\{e^{\frac{1}{n}}\cdot(e-1)\cdot\left(\frac{\frac{1}{n}}{e^{\frac{1}{n}}-1}\right)\right\}$$

한편 $\lim_{x\to 0}\frac{e^x-1}{x}=\lim_{x\to 0}\frac{f(x)-f(0)}{x-0}=f'(0)=e^0=1$

이므로 다음을 얻는다.

$$\lim_{n\to\infty}\frac{\frac{1}{n}}{e^{\frac{1}{n}}-1}=\lim_{n\to\infty}\frac{1}{\frac{e^{\frac{1}{n}}-1}{\frac{1}{n}}}$$
$$=\lim_{n\to\infty}\frac{1}{\frac{f\left(\frac{1}{n}\right)-f(0)}{\frac{1}{n}-0}}=1$$

또 $\lim_{n\to\infty}e^{\frac{1}{n}}=1$이므로 극한의 성질에 의해

$\lim_{n\to\infty}\left\{e^{\frac{1}{n}}\cdot(e-1)\cdot\left(\frac{\frac{1}{n}}{e^{\frac{1}{n}}-1}\right)\right\}=e-1$이다.

그러므로 $\int_0^1 e^x dx=e-1$이다.

(2) 주어진 식을 다음과 같이 변형할 수 있다.

$$\lim_{n\to\infty}\left(\frac{1}{2n+1}+\frac{1}{2n+2}+\cdots+\frac{1}{2n+n}\right)$$
$$=\lim_{n\to\infty}\frac{1}{n}\left(\frac{1}{2+\frac{1}{n}}+\frac{1}{2+\frac{2}{n}}+\cdots+\frac{1}{2+\frac{n}{n}}\right)$$
$$=\lim_{n\to\infty}\frac{1}{n}\sum_{k=1}^{n}\left(\frac{1}{2+\frac{k}{n}}\right)$$

구간을 $[0,\ 1]$, $\Delta x=\frac{1}{n}$, $x_k=0+k\cdot\frac{1}{n}$, $k=1,\ 2,\ \cdots$, n이라 하면 제시문의 [정적분의 정의]에 의하여 구하는 함수는 $h(x)=\frac{1}{2+x}$이다.

따라서 함수 $h(x)$의 정적분 $\int_0^1 h(x)dx$를 이용하면 구하는 극한값은 다음과 같이 $\ln\frac{3}{2}$이다.

$$\lim_{n\to\infty}\left(\frac{1}{2n+1}+\frac{1}{2n+2}+\cdots+\frac{1}{2n+n}\right)$$
$$=\lim_{n\to\infty}\sum_{k=1}^{n}h(x_k)\Delta x$$
$$=\int_0^1\frac{1}{2+x}dx=\Big[\ln(2+x)\Big]_0^1=\ln\frac{3}{2}$$

05 (1) 함수 $f(x)=\frac{\ln x}{x}$는 구간 $(0,\ \infty)$에서 미분가능하고 $f'(x)=\frac{1-\ln x}{x^2}$이므로 구간 $(0,\ \infty)$에서 $f(x)$의 증가와 감소는 다음 표와 같다.

x	0	$\cdots$	e	$\cdots$
$f'(x)$		+	0	−
$f(x)$		↗	$\frac{1}{e}$	↘

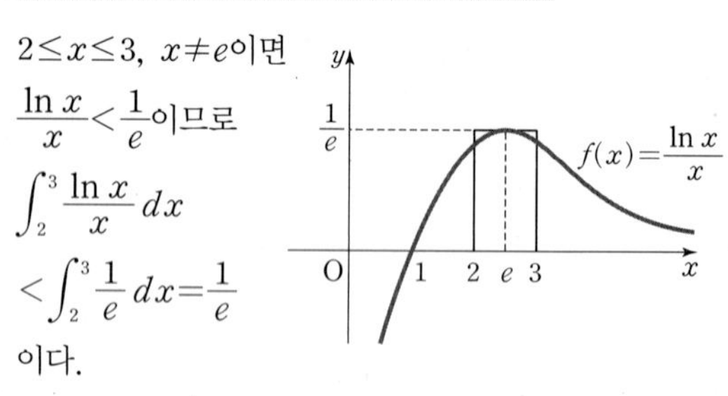

$2\le x\le 3$, $x\ne e$이면

$\frac{\ln x}{x}<\frac{1}{e}$이므로

$$\int_2^3\frac{\ln x}{x}dx<\int_2^3\frac{1}{e}dx=\frac{1}{e}$$

이다.

(2) 함수 $f(x)=\frac{\ln x}{x}$는 구간 $[1,\ 2]$에서 증가하므로

$$\int_1^2\frac{\ln x}{x}dx<\int_1^2\frac{\ln 2}{2}dx=\frac{\ln 2}{2}$$

이고, 구간 $[3,\ n+1]$에서 감소하므로

$$\int_3^{n+1}\frac{\ln x}{x}dx=\sum_{k=3}^{n}\int_k^{k+1}\frac{\ln x}{x}dx$$
$$<\sum_{k=3}^{n}\int_k^{k+1}\frac{\ln k}{k}dx=\sum_{k=3}^{n}\frac{\ln k}{k}$$

이다.

$\ln n<\ln(n+1)$이고 (1)에서 $\int_2^3\frac{\ln x}{x}dx<\frac{1}{e}$이므로

$$\frac{(\ln n)^2}{2}$$
$$<\frac{1}{2}\{\ln(n+1)\}^2=\int_1^{n+1}\frac{\ln x}{x}dx$$
$$<\int_1^2\frac{\ln x}{x}dx+\int_2^3\frac{\ln x}{x}dx+\sum_{k=3}^{n}\int_k^{k+1}\frac{\ln x}{x}dx$$
$$<\sum_{k=2}^{n}\frac{\ln k}{k}+\frac{1}{e}\left(\because \int_1^2\frac{\ln x}{x}dx<\frac{1}{e}\right)$$
$$=\frac{\ln 2}{2}+\frac{\ln 3}{3}+\cdots+\frac{\ln n}{n}+\frac{1}{e}$$

$=\ln 2^{\frac{1}{2}}+\ln 3^{\frac{1}{3}}+\cdots+\ln n^{\frac{1}{n}}+\frac{1}{e}$

$=\ln\left(2^{\frac{1}{2}}3^{\frac{1}{3}}\cdots n^{\frac{1}{n}}\right)+\frac{1}{e}$

이다.

다른 답안

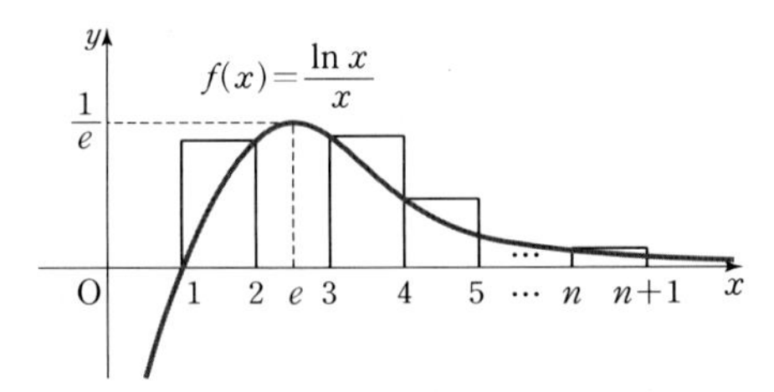

$f(x)=\frac{\ln x}{x}$는 $x>e$에서 감소하므로

$\int_3^{n+1} f(x)dx<f(3)+f(4)+\cdots+f(n)$ ⋯⋯ ㉠

이고 $x<e$에서 증가하므로

$\int_1^2 f(x)dx<f(2)$ ⋯⋯ ㉡

이다. 또, (1)에서 $\int_2^3 \frac{\ln x}{x}dx<\frac{1}{e}$ ⋯⋯ ㉢

이므로 ㉠, ㉡, ㉢에서 각 항끼리 더하면

$\int_1^2 f(x)dx+\int_2^3 f(x)dx+\int_3^{n+1} f(x)dx$

$<f(2)+f(3)+\cdots+f(n)+\frac{1}{e}$,

$\int_1^{n+1} f(x)dx<f(2)+f(3)+\cdots+f(n)+\frac{1}{e}$이다.

이때 $\ln x=t$라 하면 $\frac{1}{x}dx=dt$이므로

$\int_1^{n+1} f(x)dx=\int_1^{n+1}\frac{\ln x}{x}dx=\int_{\ln 1}^{\ln(n+1)} t\,dt$

$=\left[\frac{t^2}{2}\right]_0^{\ln(n+1)}$

$=\frac{\{\ln(n+1)\}^2}{2}>\frac{(\ln n)^2}{2}$

$f(2)+f(3)+\cdots+f(n)+\frac{1}{e}$

$=\frac{\ln 2}{2}+\frac{\ln 3}{3}+\cdots+\frac{\ln n}{n}+\frac{1}{e}$

$=\ln\left(2^{\frac{1}{2}}3^{\frac{1}{3}}\cdots n^{\frac{1}{n}}\right)+\frac{1}{e}$

이므로 $\frac{(\ln n)^2}{2}<\ln\left(2^{\frac{1}{2}}3^{\frac{1}{3}}4^{\frac{1}{4}}\cdots n^{\frac{1}{n}}\right)+\frac{1}{e}$이다.

06 (1) (가), (나)에서 함수 $f_4(x)$의 그래프는 다음 그림과 같다.

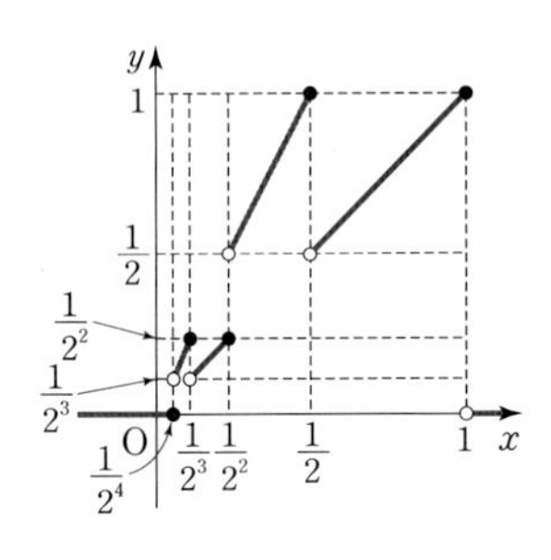

(2) $a_n=\int_{\frac{1}{2^n}}^{\frac{1}{2^{n-1}}} x\,dx$, $b_n=\int_{\frac{1}{2^n}}^{\frac{1}{2^{n-1}}} 2x\,dx$라고 하면

$a_n=\left[\frac{1}{2}x^2\right]_{\frac{1}{2^n}}^{\frac{1}{2^{n-1}}}=\frac{1}{2}\left(\frac{1}{2^{2n-2}}-\frac{1}{2^{2n}}\right)=\frac{3}{2^{2n+1}}$,

$b_n=\left[x^2\right]_{\frac{1}{2^n}}^{\frac{1}{2^{n-1}}}=\frac{1}{2^{2n-2}}-\frac{1}{2^{2n}}=\frac{3}{2^{2n}}$이 된다.

$a_1+a_3+\cdots+a_{2m+1}=3\left(\frac{1}{2^3}+\frac{1}{2^7}+\cdots+\frac{1}{2^{4m+3}}\right)$

$=3\times\frac{\frac{1}{2^3}\left\{1-\left(\frac{1}{2^4}\right)^{m+1}\right\}}{1-\frac{1}{2^4}}$

$=3\times\frac{2}{15}\left\{1-\left(\frac{1}{2^4}\right)^{m+1}\right\}=\frac{2}{5}\left\{1-\frac{1}{2^{4(m+1)}}\right\}$

이고

$b_2+b_4+\cdots+b_{2m}=3\left(\frac{1}{2^4}+\frac{1}{2^8}+\cdots+\frac{1}{2^{4m}}\right)$

$=3\times\frac{\frac{1}{2^4}\left\{1-\left(\frac{1}{2^4}\right)^{m}\right\}}{1-\frac{1}{2^4}}$

$=3\times\frac{1}{15}\left\{1-\left(\frac{1}{2^4}\right)^{m}\right\}=\frac{1}{5}\left(1-\frac{1}{2^{4m}}\right)$

이다.

(i) $n=2m+1$일 때

$S_n=\frac{2}{5}\left(1-\frac{1}{2^{4(m+1)}}\right)+\frac{1}{5}\left(1-\frac{1}{2^{4m}}\right)$

$=\frac{1}{5}\left(2-\frac{1}{2^{4m+3}}+1-\frac{1}{2^{4m}}\right)$

$=\frac{1}{5}\left(3-\frac{1}{2^{4m}}-\frac{1}{2^{4m+3}}\right)$

(ii) $n=2m$일 때

$S_n=\frac{2}{5}\left(1-\frac{1}{2^{4m}}\right)+\frac{1}{5}\left(1-\frac{1}{2^{4m}}\right)$

$=\frac{1}{5}\left(2-\frac{1}{2^{4m-1}}+1-\frac{1}{2^{4m}}\right)$

$=\frac{1}{5}\left(3-\frac{1}{2^{4m-1}}-\frac{1}{2^{4m}}\right)$

이 된다.

따라서 n이 무한대로 갈 때 S_n은 $\frac{3}{5}$으로 수렴한다.

07 (1) 직선 $y=x$와 원 $x^2+y^2=1$의 교점의 좌표는 $P\left(\frac{\sqrt{2}}{2}, \frac{\sqrt{2}}{2}\right)$이다.

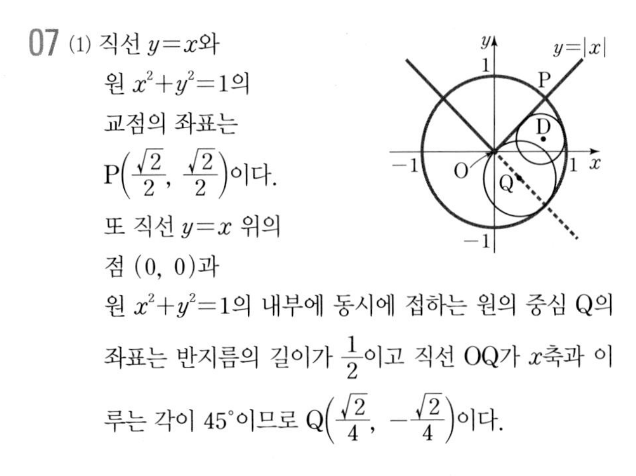

또 직선 $y=x$ 위의 점 $(0, 0)$과 원 $x^2+y^2=1$의 내부에 동시에 접하는 원의 중심 Q의 좌표는 반지름의 길이가 $\frac{1}{2}$이고 직선 OQ가 x축과 이루는 각이 45°이므로 $Q\left(\frac{\sqrt{2}}{4}, -\frac{\sqrt{2}}{4}\right)$이다.

x의 값의 범위에 따라 원의 중심 D$(x,\ y)$의 자취가 달라지므로 다음과 같이 세 가지 경우로 나누어 생각한다.

(i) $\frac{\sqrt{2}}{4}\le x<\frac{\sqrt{2}}{2}$일 때, 중심이 D인 원은 직선 $y=x$와 원 $x^2+y^2=1$과 동시에 접하므로 점 D에서 $y=x$까지의 거리와 $1-\overline{\mathrm{OD}}$가 같다.
따라서 $\frac{|x-y|}{\sqrt{2}}=1-\sqrt{x^2+y^2}$에서 $y<x$이므로 $\sqrt{2}\sqrt{x^2+y^2}=\sqrt{2}-(x-y)$의 양변을 제곱하여 정리하면 $x^2+y^2+2xy+2\sqrt{2}x-2\sqrt{2}y-2=0$이다.

(ii) $-\frac{\sqrt{2}}{4}\le x<\frac{\sqrt{2}}{4}$일 때, 원점을 지나고 원 $x^2+y^2=1$에 내접하는 경우이고 $\overline{\mathrm{OD}}=\frac{1}{2}$이므로 $x^2+y^2=\frac{1}{4}$이다.

(iii) $-\frac{\sqrt{2}}{2}<x<-\frac{\sqrt{2}}{4}$일 때, (i)의 경우와 y축에 대하여 대칭이므로 $x^2+y^2-2xy-2\sqrt{2}x-2\sqrt{2}y-2=0$이다.

참고

(i)에서 구한 $x^2+y^2+2xy+2\sqrt{2}x-2\sqrt{2}y-2=0$, 즉 $(x+y)^2+2\sqrt{2}(x-y)-2=0$은 원점을 초점으로 하고 $y=x-\sqrt{2}$를 준선으로 하는 포물선의 일부이다. 이것은 $x^2=2y$를 y축으로 $-\frac{1}{2}$만큼 평행이동한 후 원점을 중심으로 45° 회전이동하면 얻을 수 있는 방정식이다.
따라서 원의 중심 D의 자취는 다음 그림과 같다.

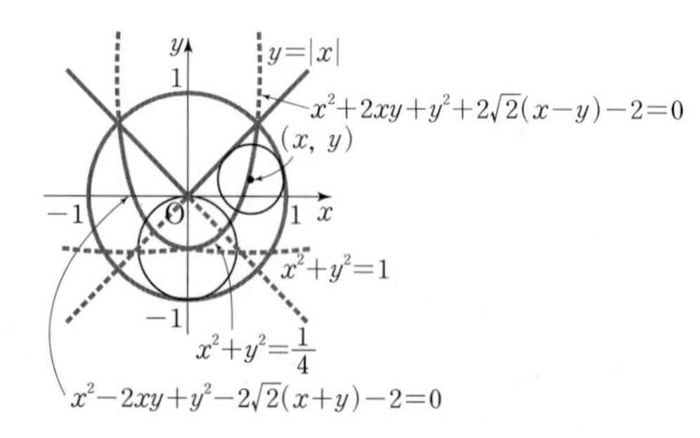

(2) $\overline{\mathrm{AC}}$의 길이가 원의 반지름의 길이와 같으므로 $\sqrt{(x-t)^2+(y-t^2)^2}=y$이고 양변을 제곱하여 정리하면 $x^2-2xt+t^2+t^4-2yt^2=0$ …… ㉠
이다. 또, 점 C$(x,\ y)$는 $y=x^2$ 위의 점 A$(t,\ t^2)$에서 그은 법선 위에 있으므로

$y-t^2=-\frac{1}{2t}(x-t),\ y=-\frac{1}{2t}x+\frac{1}{2}+t^2$ …… ㉡

이 성립한다.
㉡을 ㉠에 대입하여 정리하면 $x^2-tx-t^4=0$이므로

$x=f(t)=\frac{t+t\sqrt{1+4t^2}}{2}$,

$y=g(t)=t^2-\frac{\sqrt{1+4t^2}}{4}+\frac{1}{4}$ (단, $t>0$)

이다.

다른 답안

점 A$(t,\ t^2)$에서 접선의 방정식은 $y-t^2=2t(x-t)$이고, x절편의 좌표는 P$\left(\frac{t}{2},\ 0\right)$이다.

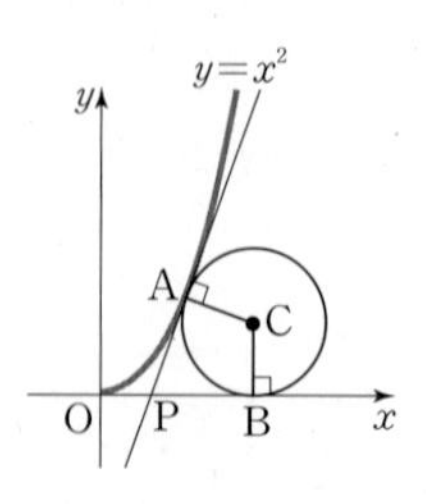

위의 그림에서 $\overline{\mathrm{PB}}=\overline{\mathrm{PA}}$이므로

$x-\frac{t}{2}=\sqrt{\left(t-\frac{t}{2}\right)^2+(t^2)^2}$
$=\sqrt{\frac{t^2}{4}+t^4}=\frac{t}{2}\sqrt{1+4t^2}$

이다. 따라서

$x=\frac{t}{2}+\frac{t}{2}\sqrt{1+4t^2}$

이다. 또한 C$(x,\ y)$라 하면 직선 AC의 기울기가 $-\frac{1}{2t}$이므로 $\frac{y-t^2}{x-t}=-\frac{1}{2t}$이고 위에서 구한 $x=\frac{t}{2}+\frac{t}{2}\sqrt{1+4t^2}$을 대입하면

$y-t^2=-\frac{1}{2t}\left(\frac{t}{2}+\frac{t}{2}\sqrt{1+4t^2}-t\right)$

이고, 이 식을 정리하면

$y=\frac{1-\sqrt{1+4t^2}}{4}+t^2$

이다. 그러므로

$x=f(t)=\frac{t}{2}+\frac{t}{2}\sqrt{1+4t^2}$,

$y=g(t)=\frac{1-\sqrt{1+4t^2}}{4}+t^2$ (단, $t>0$)

이다.

(3) $x=f(t),\ y=g(t)$가 $t=0$에서 연속이기 위해서는 $\lim_{t\to0+}f(t)=f(0),\ \lim_{t\to0+}g(t)=g(0)$가 되어야 하므로

$f(0)=\lim_{t\to0+}\frac{t+t\sqrt{1+4t^2}}{2}=0$,

$g(0)=\lim_{t\to0+}\left(t^2-\frac{\sqrt{1+4t^2}}{4}+\frac{1}{4}\right)=0$

이다.

$\int_0^1 f(t)dt=\frac{1}{2}\int_0^1 t(1+\sqrt{1+4t^2})dt$에서

$1+4t^2=s$로 놓으면 $8tdt=ds$이고

$t\to0$일 때 $s\to1$, $t\to1$일 때 $s\to5$이므로

$\int_0^1 f(t)dt=\frac{1}{2}\int_0^1 t(1+\sqrt{1+4t^2})dt=\frac{1}{16}\int_1^5(1+\sqrt{s})ds$
$=\frac{1}{16}\left[s+\frac{2}{3}s\sqrt{s}\right]_1^5$

$=\frac{5}{24}(\sqrt{5}+1)$

이다.

08 (1) $-\frac{\pi}{4}\le\theta\le\frac{\pi}{4}$이므로

$\frac{1}{\sqrt{2}}\le\cos\theta\le 1$, $1\le\sec\theta\le\sqrt{2}$이다.

따라서 $1\le\sec^2\theta\le 2$이므로

$e^{x\tan\theta}\le e^{x\tan\theta}\sec^2\theta\le 2e^{x\tan\theta}$이다.

$-\frac{\pi}{4}$에서 $\frac{\pi}{4}$까지 적분을 취하면

$F(x)\le G(x)\le 2F(x)$이므로

$\frac{1}{2}G(x)\le F(x)\le G(x)$이다.

(2) $x\tan\theta=t$로 놓고 θ에 대하여 미분하면

$x\sec^2\theta\, d\theta=dt$이므로

$$\int e^{x\tan\theta}\sec^2\theta\, d\theta=\int e^t\frac{dt}{x}$$
$$=\frac{1}{x}e^t+C\,(C\text{는 적분상수})$$
$$=\frac{1}{x}e^{x\tan\theta}+C\text{이다.}$$

$$G(x)=\int_{-\frac{\pi}{4}}^{\frac{\pi}{4}}e^{x\tan\theta}\sec^2\theta\, d\theta$$
$$=\left[\frac{1}{x}e^{x\tan\theta}\right]_{-\frac{\pi}{4}}^{\frac{\pi}{4}}=\frac{e^x-e^{-x}}{x}$$

을 얻는다. $x>0$이고 ln은 증가함수이므로 (1)에서 주어진 부등식 $\frac{1}{2}G(x)\le F(x)\le G(x)$으로부터

$$\frac{1}{x}\ln\left(\frac{1}{2}xG(x)\right)\le\frac{1}{x}\ln(xF(x))\le\frac{1}{x}\ln(xG(x))$$

를 얻는다. 한편

$$\frac{1}{x}\ln\left(\frac{1}{2}xG(x)\right)=\frac{1}{x}\ln\frac{1}{2}+\frac{1}{x}\ln(xG(x))$$

이고 $\lim_{x\to\infty}\frac{1}{x}\ln\frac{1}{2}=0$이다.

따라서 구하는 극한값은 조임정리에 의해

$$\lim_{x\to\infty}\frac{1}{x}\ln(xF(x))=\lim_{x\to\infty}\frac{1}{x}\ln(xG(x))$$
$$=\lim_{x\to\infty}\frac{1}{x}\ln(e^x-e^{-x})$$
$$=\lim_{x\to\infty}\frac{1}{x}\ln\{e^x(1-e^{-2x})\}$$
$$=\lim_{x\to\infty}\frac{\ln e^x}{x}+\lim_{x\to\infty}\frac{\ln(1-e^{-2x})}{x}$$
$$=\lim_{x\to\infty}\left\{1+\frac{\ln(1-e^{-2x})}{x}\right\}$$
$$=1$$

09 (1) ① $\int_0^1 f(x)dx=\int_0^1\frac{d}{dx}\left\{\frac{(x+1)^2}{2}\right\}\times\ln(x+1)dx$

이므로 (나)를 적용하면

$$\int_0^1 f(x)dx$$
$$=\left[\frac{(x+1)^2}{2}\ln(x+1)\right]_0^1-\int_0^1\frac{(x+1)^2}{2}\times\frac{1}{x+1}dx$$
$$=2\ln 2-\frac{1}{2}\int_0^1(x+1)dx$$
$$=2\ln 2-\frac{3}{4}$$

을 얻는다.

② $0\le x\le 1$에서 $f'(x)=\ln(x+1)+1>0$이므로

$0\le x\le 1$에서 $f(x)$는 증가한다.

따라서 $x=1$에서 최댓값을 가지고 그 값은

$f(1)=2\ln 2$이다.

한편, $f(1)-f(0)=2\ln 2$이므로

$M<f(1)-f(0)+\int_0^1 f(x)dx$에서

(가)에 의해 $2\ln 2<2\ln 2+2\ln 2-\frac{3}{4}$

즉, $\frac{3}{8}<\ln 2$를 보이면 된다.

로그함수의 정의에 의해 $e^{\frac{3}{8}}<2$, 즉 $e^3<2^8$이 된다.

그런데 (라)에 의해 $e^3<3^3=27<256=2^8$이므로

문제의 부등식이 성립함을 알 수 있다.

(2) $g(x)$가 주어진 구간에서 증가하므로 (가)에 의해

$g(0)\le g(x)$가 성립한다. 양변을 적분하면

$$g(0)=\int_0^1 g(0)dx\le\int_0^1 g(x)dx$$

따라서

$$g(x)\le g(1)$$
$$\le g(1)+\int_0^1 g(x)dx-g(0)$$
$$=g(1)-g(0)+\int_0^1 g(x)dx$$

(3) $h(x)$의 최댓값은 삼각함수가 1보다 클 수 없으므로

$h\left(\frac{7}{8}\right)=-\sin\left(\frac{3\pi}{2}\right)=1$이다.

한편 h의 증가폭은

$$h(1)-h(0)=-\sin\left(\frac{5\pi}{3}\right)+\sin\left(\frac{\pi}{3}\right)$$
$$=\frac{\sqrt{3}}{2}+\frac{\sqrt{3}}{2}=\sqrt{3}$$

$T=\frac{\pi}{3}(4x+1)$로 놓으면 $dT=\frac{4\pi}{3}dx$이고

$x\to 0$일 때 $T\to\frac{\pi}{3}$, $x\to 1$일 때 $T=\frac{5}{3}\pi$이므로

치환적분법에 의해 $h(x)$의 평균값은

$$\int_0^1-\sin\left\{\frac{\pi}{3}(4x+1)\right\}dx$$
$$=-\frac{3}{4\pi}\int_{\frac{\pi}{3}}^{\frac{5\pi}{3}}\sin T\,dT$$
$$=\frac{3}{4\pi}\left(\cos\frac{5\pi}{3}-\cos\frac{\pi}{3}\right)=0$$

이 된다. 따라서

$$h(x)\le 1\le\sqrt{3}=h(1)-h(0)+\int_0^1 h(x)dx$$

임을 알 수 있다.

10 (1) $\int_0^2 f(x)dx=\int_0^2 xe^x dx=[xe^x]_0^2-\int_0^2 e^x dx$

$=2e^2-[e^x]_0^2=e^2+1$

(2) 두 번째 조건과 문제 (1)에 의해

$$\int_{x_{n-1}}^{x_n} f(x)dx=\frac{1}{n}\int_0^2 f(x)dx=\frac{1}{n}(e^2+1)$$

이므로

$$\frac{e^2+1}{n(x_n-x_{n-1})}=\frac{1}{x_n-x_{n-1}}\int_{x_{n-1}}^{x_n} f(x)dx$$

$$=\frac{1}{x_{n-1}-2}\int_2^{x_{n-1}} f(x)dx\ (\because x_n=2)$$

이다. 그런데 $n\to\infty$일 때 $x_{n-1}\to 2$이므로 제시문 (가)에 의해

$$\lim_{n\to\infty}\frac{e^2+1}{n(x_n-x_{n-1})}=\lim_{n\to\infty}\frac{1}{x_{n-1}-2}\int_2^{x_{n-1}} f(x)dx$$

$$=\lim_{x\to 2}\frac{1}{x-2}\int_2^x f(t)dt$$

$$=f(2)$$

이다. 그러므로

$$\lim_{n\to\infty} n(x_n-x_{n-1})=\frac{e^2+1}{f(2)}=\frac{e^2+1}{2e^2}$$

(3) $0\le x\le x_1$일 때, $1\le e^x\le e^{x_1}$이므로 $x\le f(x)\le e^{x_1}x$이다. 제시문 (나)에 의해

$$\frac{{x_1}^2}{2}=\int_0^{x_1} x dx\le\int_0^{x_1} f(x)dx\le\int_0^{x_1} e^{x_1}x dx=\frac{{x_1}^2}{2}e^{x_1}$$

이다. 두 번째 조건과 문제 (1)에 의해

$\frac{{x_1}^2}{2}\le\frac{e^2+1}{n}\le\frac{{x_1}^2}{2}e^{x_1}$이고 이를 다시 쓰면

$$\frac{2(e^2+1)}{e^{x_1}}\le nx_1^2\le 2(e^2+1)$$

이다. 그런데 $n\to\infty$이면 $x_1\to 0$이고

e^x는 연속이므로 $\lim_{n\to\infty} e^{x_1}=1$이다. 그러므로

$\lim_{n\to\infty} nx_1^2=2(e^2+1)$이고

$\lim_{n\to\infty}\sqrt{n}(x_1-x_0)=\lim_{n\to\infty}\sqrt{n}x_1=\sqrt{2(e^2+1)}$

이다. 한편,

$$\frac{n^\alpha(x_n-x_{n-1})}{x_1-x_0}=\frac{n(x_n-x_{n-1})}{\sqrt{n}x_1}\cdot n^{\alpha-\frac{1}{2}}$$

이므로 문제 (2)에 의해 $\alpha=\frac{1}{2}$일 때

$\lim_{n\to\infty}\frac{n^\alpha(x_n-x_{n-1})}{x_1-x_0}$의 값이 양의 실수이다.

따라서 극한값 L은 $\dfrac{\frac{e^2+1}{2e^2}}{\sqrt{2(e^2+1)}}=\dfrac{\sqrt{e^2+1}}{2\sqrt{2}e^2}$이다.

11 부분적분법을 사용하여 주어진 $g(x)$에 관한 우변의 적분을 계산하자.

$p(t)=\sin(x-t)$, $q'(x)=e^{t-x}$라 하면

$p'(t)=-\cos(x-t)$, $q(x)=e^{t-x}$이므로

$$g(x)=2\left\{[e^{t-x}\sin(x-t)]_0^x+\int_0^x e^{t-x}\cos(x-t)dt\right\}$$

이다.

여기에서 $r(t)=\cos(x-t)$, $s'(t)=e^{t-x}$라 하면

$r'(t)=\sin(x-t)$, $s(t)=e^{t-x}$이므로

$$g(x)=2\left\{-e^{-x}\sin x+[e^{t-x}\cos(x-t)]_0^x-\int_0^x e^{t-x}\sin(x-t)dt\right\}$$

$$=2(-e^{-x}\sin x+1-e^{-x}\cos x)-g(x)$$

$$2g(x)=2\{1-e^{-x}(\sin x+\cos x)\}$$

$$g(x)=1-e^{-x}(\sin x+\cos x)=1-\sqrt{2}e^{-x}\sin\left(x+\frac{\pi}{4}\right)$$

이다. 그러므로 방정식 $g(x)=1$의 모든 양의 해는

$\pi-\frac{\pi}{4}$, $2\pi-\frac{\pi}{4}$, $3\pi-\frac{\pi}{4}$, $\cdots$

이다. 즉, $x_n=n\pi-\frac{\pi}{4}$(단, n은 자연수)이다. 한편,

$g'(x)=2e^{-x}\sin x$이므로

$$g'(x_n)=2e^{-n\pi+\frac{\pi}{4}}\sin\left(n\pi-\frac{\pi}{4}\right)$$

$$=(-1)^{n+1}\sqrt{2}e^{-n\pi+\frac{\pi}{4}}$$

$$=-\sqrt{2}e^{\frac{\pi}{4}}(-e^{-\pi})^n$$

이다. 그러므로 $\left|-\frac{1}{e^\pi}\right|<1$이므로 등비급수의 합의 공식으로부터

$$\sum_{n=1}^{\infty} g'(x_n)=\sqrt{2}e^{\frac{\pi}{4}}\frac{e^{-\pi}}{1-\left(-\frac{1}{e^\pi}\right)}=\frac{\sqrt{2}e^{\frac{\pi}{4}}}{1+e^\pi}$$

이다.

12 (1) $\lim_{n\to\infty}\frac{1}{n}\sum_{k=1}^{n}\left(\frac{2k+n}{n}\right)^{13}$에서

$\frac{2k+n}{n}=1+k\frac{2}{n}=1+k\frac{3-1}{n}$이므로

$$\lim_{n\to\infty}\frac{1}{n}\sum_{k=1}^{n}\left(\frac{2k+n}{n}\right)^{13}$$

$$=\frac{1}{2}\lim_{n\to\infty}\frac{3-1}{n}\sum_{k=1}^{n}\left(1+k\frac{3-1}{n}\right)^{13}$$

$$=\frac{1}{2}\int_1^3 x^{13}dx=\frac{1}{2}\left[\frac{1}{14}x^{14}\right]_1^3=\frac{1}{28}(3^{14}-1)$$

(2) 정적분의 기본정리를 사용하고 있는데, 이 정리를 사용하려면 피적분함수는 적분구간에서 연속이어야 한다. 그런데 함수 $\frac{1}{x}$은 $x=0$에서 연속이 아니고 0은 적분구간 $\left[-\frac{1}{e}, e\right]$에 속한다.

따라서 정적분의 기본정리를 사용할 수 없다.

(3) $f(x)=\int_0^x \ln(\sin t+2)\,dt+C$($C$는 상수)이다.

$f(0)=C$이므로 $C=3$이다.

그러므로 $f(x)=\int_0^x \ln(\sin t+2)\,dt+3$이다.

(4) $f(x)=\int_0^x \ln(\sin t+a)\,dt$로 놓아도 일반성을 잃지 않는다.

어떤 정수 n에 대해 $x=2n\pi+y$, $0\le y<2\pi$라 쓸 수 있다. 그러면

$$f(x)=\int_0^{2n\pi+y} \ln(\sin t+a)\,dt$$
$$=\int_0^{2n\pi} \ln(\sin t+a)\,dt+\int_{2n\pi}^{2n\pi+y} \ln(\sin t+a)\,dt$$

이고 $\ln(\sin x+a)$는 x 대신 $x+2n\pi$를 대입해도 변함없는 함수이므로

$$f(x)=n\int_0^{2\pi} \ln(\sin t+a)dt+\int_0^{y} \ln(\sin t+a)\,dt$$

로 쓸 수 있다.

그런데 $\int_0^{y} \ln(\sin t+a)\,dt$는 y에 대해 닫힌 구간 $[0,\ 2\pi]$에서 연속이므로 최댓값과 최솟값을 갖는다.

따라서 $0\le y<2\pi$인 범위에서 $\int_0^{y} \ln(\sin t+a)\,dt$는 유한한 범위의 값을 갖는다.

만약 $\int_0^{2\pi} \ln(\sin x+a)\,dx>0$이면

$n\int_0^{2\pi} \ln(\sin t+a)\,dt$는 정수 n이 커지면 무한히 커지고, n이 무한히 작은 음수로 되면 무한히 작은 음수가 된다. $\int_0^{2\pi} \ln(\sin x+a)\,dx<0$이면

$n\int_0^{2\pi} \ln(\sin t+a)\,dt$는 n에 대해 반대로 움직인다.

따라서 $\int_0^{2\pi} \ln(\sin x+a)\,dx\ne 0$이면

$f(x)$는 최댓값과 최솟값을 가질 수 없다. 즉,

$\int_0^{2\pi} \ln(\sin x+a)\,dx=0$인 것은 $f(x)$가 최댓값과 최솟값을 가질 필요조건이다.

만약 $\int_0^{2\pi} \ln(\sin x+a)\,dx=0$이면

$$f(x+2\pi)$$
$$=\int_0^{x+2\pi} \ln(\sin t+a)\,dt$$
$$=\int_0^{2\pi} \ln(\sin t+a)\,dt+\int_{2\pi}^{x+2\pi} \ln(\sin t+a)\,dt$$
$$=\int_0^{x} \ln(\sin t+a)\,dt=f(x)$$

이므로 $f(x)$는 x대신 $x+2n\pi$를 대입해도 변함없는 함수이다. 따라서 $[0,\ 2\pi]$에서 $f(x)$의 최댓값과 최솟값이 실수 전체에서의 최댓값과 최솟값이 된다. 그런데 $f(x)$는 $[0,\ 2\pi]$에서 연속이므로 반드시 최댓값과 최솟값을 갖는다.

즉, $\int_0^{2\pi} \ln(\sin x+a)\,dx=0$인 것은 $f(x)$가 실수 전체에서 최댓값과 최솟값을 가질 충분조건이다.

(5) $1<a<b$이면 $\ln(\sin x+a)<\ln(\sin x+b)$가 모든 x에 대해 성립한다. 따라서

$\int_0^{2\pi} \ln(\sin x+a)\,dx<\int_0^{2\pi} \ln(\sin x+b)\,dx$가 성립한다. 그러므로

$\int_0^{2\pi} \ln(\sin x+a)\,dx=0$인 a가 있다면

그것은 오직 하나이다.

또한 $\ln(\sin x+3)>0$이 모든 x에 대해 성립하므로

$\int_0^{2\pi} \ln(\sin x+3)\,dx>0$이 성립한다.

한편, ㉯의 조건에 의해 $a_0(a_0>1)$에 대해

$\int_0^{2\pi} \ln(a_0^2-\sin^2 x)\,dx<0$이 성립한다고 하자. 그런데

$$\int_0^{2\pi} \ln(\sin x+a_0)\,dx$$
$$=\int_0^{\pi} \ln(\sin x+a_0)\,dx+\int_{\pi}^{2\pi} \ln(\sin x+a_0)\,dx$$

이고 $x=y+\pi$로 치환하면

$$\int_{\pi}^{2\pi} \ln(\sin x+a_0)\,dx=\int_0^{\pi} \ln(-\sin y+a_0)\,dy$$
$$=\int_0^{\pi} \ln(a_0-\sin x)\,dx$$

이므로

$$\int_0^{2\pi} \ln(\sin x+a_0)\,dx$$
$$=\int_0^{\pi} \ln(\sin x+a_0)\,dx+\int_{\pi}^{2\pi} \ln(\sin x+a_0)\,dx$$
$$=\int_0^{\pi} \ln(a_0+\sin x)\,dx+\int_0^{\pi} \ln(a_0-\sin x)\,dx$$
$$=\int_0^{\pi} \{\ln(a_0+\sin x)+\ln(a_0-\sin x)\}dx$$
$$=\int_0^{\pi} \ln(a_0^2-\sin^2 x)\,dx<0$$

이제 ㉮의 조건에 의해 사이값의 정리를 적용하면

$\int_0^{2\pi}\ln(\sin x+a)\,dx=0$이 성립하게 하는 a가 a_0과 3 사이에 존재한다.

위에서 알아본 것을 함께 고려하면

$\int_0^{2\pi} \ln(\sin x+a)\,dx=0$이 성립하게 하는 a가 오직 하나 있다는 것을 알 수 있다.

13 (1) $\sum_{k=2-n}^{n} f(k)$

$$=f(2-n)+f(3-n)+\cdots+f(-1)+f(0)+f(1)+\cdots+f(n-1)+f(n)$$
$$=\{f(n)+f(2-n)\}+\{f(n-1)+f(3-n)\}+\cdots+\{f(3)+f(-1)\}+\{f(2)+f(0)\}+f(1)$$
$$=\sum_{k=2}^{n}\{f(k)+f(2-k)\}+f(1)$$

그런데 $f(n)+f(2-n)=(n-1)^{10}+2(n-1)^2$에서 $n=1$을 대입하여 $f(1)+f(1)=0$이므로 $f(1)=0$이다.

$\sum_{k=2-n}^{n} f(k)=\sum_{k=2}^{n}\{f(k)+f(2-k)\}$이므로 극한값을 구하면 다음과 같다.

ANSWER

$$\lim_{n\to\infty}\frac{1}{n^{11}}\sum_{k=2-n}^{n}f(k)$$
$$=\lim_{n\to\infty}\frac{1}{n^{11}}\sum_{k=2}^{n}\{f(k)+f(2-k)\}$$
$$=\lim_{n\to\infty}\frac{1}{n^{11}}\sum_{k=2}^{n}\{(k-1)^{10}+2(k-1)^2\}$$
$$=\lim_{n\to\infty}\frac{1}{n^{11}}\sum_{k=1}^{n}\{(k-1)^{10}+2(k-1)^2\}$$
$$=\lim_{n\to\infty}\frac{1}{n^{11}}[(0^{10}+2\cdot0^2)+(1^{10}+2\cdot1^2)+(2^{10}+2\cdot2^2)+\cdots+\{(n-1)^{10}+2(n-1)^2\}]$$
$$=\lim_{n\to\infty}\frac{1}{n^{11}}[\{0^{10}+1^{10}+2^{10}+\cdots+(n-1)^{10}\}+2\cdot\{0^2+1^2+2^2+\cdots+(n-1)^2\}]$$
$$=\lim_{n\to\infty}\frac{1}{n^{11}}\sum_{k=0}^{n-1}(k^{10}+2k^2)$$
$$=\lim_{n\to\infty}\sum_{k=0}^{n-1}\left(\frac{k}{n}\right)^{10}\cdot\frac{1}{n}+0$$
$$=\int_0^1 x^{10}\,dx$$
$$=\frac{1}{11}$$

다른 답안 1

주어진 식에서 $n=1$을 대입하면 $f(1)=0$이다.

$$\sum_{k=2-n}^{n}f(k)$$
$$=f(2-n)+f(3-n)+\cdots+f(0)+f(1)+f(2)+\cdots+f(n-1)+f(n)$$

이고 항의 개수가 $(2n-1)$개이므로 $f(1)=0$을 하나 더 추가하여 정리하면

$$f(n)+f(2-n)=(n-1)^{10}+2(n-1)^2$$
$$f(n-1)+f(3-n)=(n-2)^{10}+2(n-2)^2$$
$$\vdots$$
$$f(2)+f(0)=\{n-(n-1)\}^{10}+2\{n-(n-1)\}^2$$
$$f(1)+f(1)=(n-n)^{10}+2(n-n)^2$$

이다. 위의 식을 좌변을 좌변끼리, 우변은 우변끼리 더하면

$$\sum_{k=2-n}^{n}f(k)=\sum_{k=1}^{n}\{(n-k)^{10}+2(n-k)^2\}$$

이므로

$$\lim_{n\to\infty}\frac{1}{n^{11}}\sum_{k=2-n}^{n}f(k)$$
$$=\lim_{n\to\infty}\frac{1}{n^{11}}\sum_{k=2-n}^{n}\{(n-k)^{10}+2(n-k)^2\}$$
$$=\lim_{n\to\infty}\sum_{k=1}^{n}\left(1-\frac{k}{n}\right)^{10}\cdot\frac{1}{n}+\lim_{n\to\infty}\sum_{k=1}^{n}2\left(1-\frac{k}{n}\right)^2\cdot\frac{1}{n^9}$$
$$=\int_0^1(1-x)^{10}\,dx+0$$
$$=\frac{1}{11}$$

이다.

다른 답안 2

제시문 (가)를 이용하면

$$\sum_{k=m}^{n}f(k)=\sum_{k=m-c}^{n-c}f(k+c)$$
$$\sum_{k=m}^{n}f(k)=\sum_{k=-n}^{-m}f(-k)\qquad\cdots\cdots ㉠$$

이다. $f(1)=0$이므로

$$\sum_{k=2-n}^{n}f(k)=\sum_{k=2-n}^{1}f(k)+\sum_{k=1}^{n}f(k)$$

이다. 그런데 ㉠을 이용하면

$$\sum_{k=2-n}^{1}f(k)=\sum_{k=-1}^{n-2}f(-k)=\sum_{k=-1+2}^{n-2+2}f(-(k-2))$$
$$=\sum_{k=1}^{n}f(2-k)$$

이므로

$$\sum_{k=2-n}^{n}f(k)=\sum_{k=1}^{n}f(2-k)+\sum_{k=1}^{n}f(k)$$
$$=\sum_{k=1}^{n}\{f(2-k)+f(k)\}$$
$$=\sum_{k=1}^{n}\{(k-1)^{10}+2(k-1)^2\}$$

이다. 따라서

$$\lim_{n\to\infty}\frac{1}{n^{11}}\sum_{k=2-n}^{n}f(k)$$
$$=\lim_{n\to\infty}\frac{1}{n^{11}}\sum_{k=1}^{n}\{(k-1)^{10}+2(k-1)^2\}$$
$$=\lim_{n\to\infty}\sum_{k=1}^{n}\left\{\left(\frac{k-1}{n}\right)^{10}+\frac{2(k-1)^2}{n^{10}}\right\}\frac{1}{n}$$
$$=\int_0^1 x^{10}\,dx=\frac{1}{11}$$

이다.

(2) $f(x)=(1-x)^n$, $g'(x)=x^n$으로 놓으면

$f'(x)=-n(1-x)^{n-1}$, $g(x)=\dfrac{x^{n+1}}{n+1}$이므로

$$\int_0^1 x^n(1-x)^n\,dx$$
$$=\left[\frac{1}{n+1}x^{n+1}(1-x)^n\right]_0^1+\frac{n}{n+1}\int_0^1 x^{n+1}(1-x)^{n-1}\,dx$$
$$=\frac{n}{n+1}\int_0^1 x^{n+1}(1-x)^{n-1}\,dx$$

이다.

여기에서 $f(x)=(1-x)^{n-1}$, $g'(x)=x^{n+1}$로 놓으면

$f'(x)=-(n-1)(1-x)^{n-2}$, $g(x)=\dfrac{x^{n+2}}{n+2}$이므로

$$\int_0^1 x^n(1-x)^n\,dx$$
$$=\frac{n(n-1)}{(n+1)(n+2)}\int_0^1 x^{n+2}(1-x)^{n-2}\,dx$$

이다. 제시문 (나)의 공식을 반복하여 이용하면

$$\int_0^1 x^n(1-x)^n\,dx$$
$$=\frac{n(n-1)\cdots2\cdot1}{(n+1)(n+2)\cdots(2n-1)(2n)}\int_0^1 x^{2n}\,dx$$
$$=\frac{n(n-1)\cdots3\cdot2\cdot1}{(n+1)(n+2)\cdots(2n-1)(2n)(2n+1)}$$

$=\dfrac{(n!)^2}{(2n+1)!}$

이다.

다른 답안

$I(n,\ m)=\int_0^1 x^n(1-x)^m\,dx$라 하고

$f(x)=(1-x)^m,\ g'(x)=x^n$으로 놓으면

$f'(x)=-m(1-x)^{m-1},\ g(x)=\dfrac{1}{n+1}x^{n+1}$이므로

$I(n,\ m)$

$=\left[\dfrac{1}{n+1}x^{n+1}(1-x)^m\right]_0^1+\dfrac{m}{n+1}\int_0^1 x^{n+1}(1-x)^{m-1}\,dx$

$=\dfrac{m}{n+1}I(n+1,\ m-1)$

이다. 따라서

$$\begin{aligned}I(n,\ n)&=\frac{n}{n+1}I(n+1,\ n-1)\\&=\frac{n}{n+1}\cdot\frac{n-1}{n+2}I(n+2,\ n-2)\\&=\vdots\\&=\frac{n(n-1)\cdots2\cdot1}{(n+1)(n+2)\cdots(2n-1)(2n)}I(2n,\ 0)\end{aligned}$$

이고

$I(2n,\ 0)=\int_0^1 x^{2n}\,dx=\dfrac{1}{2n+1}$이므로

$$\begin{aligned}I(n,\ n)&=\frac{n(n-1)\cdots2\cdot1}{(n+1)(n+2)\cdots(2n)(2n+1)}\\&=\frac{(n!)^2}{(2n+1)!}\end{aligned}$$

(3) (2)에 의해 $\int_0^1 x^n(1-x)^n\,dx=\dfrac{(n!)^2}{(2n+1)!}$이므로

$$\begin{aligned}\sum_{n=0}^{\infty}\frac{2^n(n!)^2}{(2n+1)!}&=\sum_{n=0}^{\infty}2^n\int_0^1 x^n(1-x)^n\,dx\\&=\sum_{n=0}^{\infty}\int_0^1\{2x(1-x)\}^n\,dx\end{aligned}$$

이다. 그런데 $0\le x\le1$일 때,

$2x(1-x)=-2\left(x-\dfrac{1}{2}\right)^2+\dfrac{1}{2}$의 범위는

$0\le2x(1-x)\le\dfrac{1}{2}$이므로

$a_n=\{2x(1-x)\}^n$일 때, $\sum_{n=0}^{\infty}a_n$이 수렴한다.

제시문 (다)를 이용하여

$$\begin{aligned}\sum_{n=0}^{\infty}\frac{2^n(n!)^2}{(2n+1)!}&=\sum_{n=0}^{\infty}\int_0^1\{2x(1-x)\}^n\,dx\\&=\int_0^1\sum_{n=0}^{\infty}\{2x(1-x)\}^n\,dx\\&=\int_0^1\frac{1}{1-2x(1-x)}\,dx\\&=\int_0^1\frac{1}{2x^2-2x+1}\,dx\end{aligned}$$

가 성립한다.

따라서 $p(x)=2x^2-2x+1$이다.

(4) $x\to a$일 때 $(x-a)^3\to0$이므로

$\int_a^{\frac{a+x}{2}}f(t)dt-\int_{\frac{a+x}{2}}^x f(t)dt=(x-a)^3g(x)$

꼴이 되어야 한다.

양변을 x에 대하여 미분하면

$\dfrac{1}{2}f\left(\dfrac{a+x}{2}\right)-\left\{f(x)-\dfrac{1}{2}f\left(\dfrac{a+x}{2}\right)\right\}$

$=3(x-a)^2g(x)+(x-a)^3g'(x),$

$f\left(\dfrac{a+x}{2}\right)-f(x)=3(x-a)^2g(x)+(x-a)^3g'(x)$

이다. 또 양변을 x에 대하여 미분하면

$\dfrac{1}{2}f'\left(\dfrac{a+x}{2}\right)-f'(x)$

$=6(x-a)g(x)+6(x-a)^2g'(x)+(x-a)^3g''(x)$ …… ㉠

이다.

여기에서 $x=a$를 대입하면 $-\dfrac{1}{2}f'(a)=0$에서

$f'(a)=0$이다. 또,

$\lim_{x\to a}\dfrac{1}{(x-a)^3}\left(\int_a^{\frac{a+x}{2}}f(t)dt-\int_{\frac{a+x}{2}}^x f(t)\,dt\right)$

$=\lim_{x\to a}\dfrac{1}{(x-a)^3}\cdot(x-a)^3g(x)$

$=g(a)$

이고 ㉠의 양변을 x에 대하여 미분하면

$\dfrac{1}{4}f''\left(\dfrac{a+x}{2}\right)-f''(x)$

$=6g(x)+18(x-a)g'(x)+9(x-a)^2g''(x)$
$\quad+(x-a)^3g'''(x)$

에서 $x=a$를 대입하여 $g(a)=-\dfrac{1}{8}f''(a)$이므로

$\lim_{x\to a}\dfrac{1}{(x-a)^3}\left(\int_a^{\frac{a+x}{2}}f(t)dt-\int_{\frac{a+x}{2}}^x f(t)\,dt\right)$

$=g(a)=-\dfrac{1}{8}f''(a)$이다.

14 (1) $f(x)=e^x$이라 하면 평균값의 정리에 의하여

$\dfrac{f(x_{k+1})-f(x_k)}{x_{k+1}-x_k}=f'(u_k)$

인 u_k가 x_k와 x_{k+1} 사이에 존재한다.

$f(x_{k+1})-f(x_k)=(x_{k+1}-x_k)f'(u_k)=\dfrac{1}{n}\cdot e^{u_k}$

이므로

$$\begin{aligned}\overline{P_kP_{k+1}}&=\sqrt{(x_{k+1}-x_k)^2+\{f(x_{k+1})-f(x_k)\}^2}\\&=\sqrt{\left(\frac{1}{n}\right)^2+\left(\frac{1}{n}e^{u_k}\right)^2}\\&=\frac{\sqrt{1+e^{2u_k}}}{n}\end{aligned}$$

인 u_k가 x_k와 x_{k+1} 사이에 존재한다.

(2)

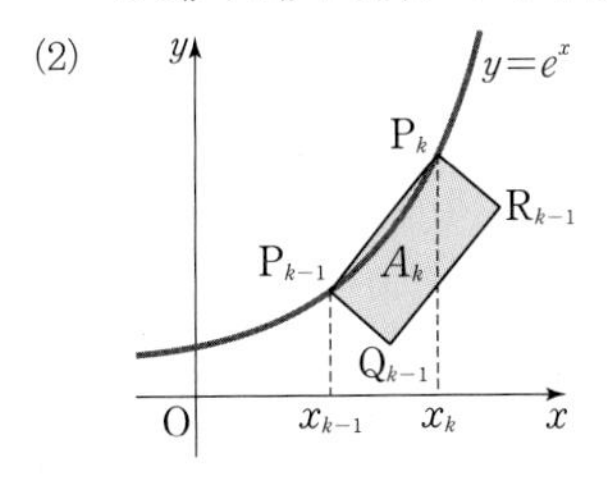

(1)에 의해 $\overline{\mathrm{P}_{k-1}\mathrm{P}_k}=\dfrac{\sqrt{1+e^{2u_{k-1}}}}{n}$인 u_{k-1}이

x_{k-1}과 x_k 사이에 존재하므로

$$A_k=\overline{\mathrm{P}_{k-1}\mathrm{Q}_{k-1}}\cdot\overline{\mathrm{P}_{k-1}\mathrm{P}_k}=\sqrt{1+e^{2x_{k-1}}}\cdot\frac{\sqrt{1+e^{2u_{k-1}}}}{n}$$

이다. 따라서

$$\frac{1+e^{2x_{k-1}}}{n}\le A_k\le\frac{\sqrt{1+e^{2x_{k-1}}}\sqrt{1+e^{2x_k}}}{n}\le\frac{1+e^{2x_k}}{n}$$

이므로

$$\frac{1}{n}\sum_{k=1}^{n}(1+e^{2x_{k-1}})\le\sum_{k=1}^{n}A_k\le\frac{1}{n}\sum_{k=1}^{n}(1+e^{2x_k})$$

이다. 그런데 정적분 $\int_0^1(1+e^{2x})\,dx$의 정의로부터

$$\lim_{n\to\infty}\frac{1}{n}\sum_{k=1}^{n}(1+e^{2x_k})=\int_0^1(1+e^{2x})\,dx=\frac{e^2+1}{2}$$

이다. 그리고

$$\frac{1}{n}\sum_{k=1}^{n}(1+e^{2x_{k-1}})$$
$$=\frac{1}{n}\sum_{k=1}^{n}(1+e^{2x_k})+\frac{2}{n}-\frac{1+e^2}{n}\qquad\cdots\cdots(*)$$

이므로

$$\lim_{n\to\infty}\frac{1}{n}\sum_{k=1}^{n}(1+e^{2x_{k-1}})=\lim_{n\to\infty}\frac{1}{n}\sum_{k=1}^{n}(1+e^{2x_k})$$
$$=\int_0^1(1+e^{2x})\,dx$$

이다. 따라서 극한값의 대소 관계에 의해

$$\lim_{n\to\infty}\sum_{k=1}^{n}A_k=\frac{e^2+1}{2}$$

이다.

$(*)$ $\dfrac{1}{n}\displaystyle\sum_{k=1}^{n}(1+e^{2x_{k-1}})$

$$=\frac{1}{n}\{(1+e^{2x_0})+(1+e^{2x_1})+(1+e^{2x_2})$$
$$+\cdots+(1+e^{2x_{n-1}})$$
$$=\frac{1}{n}\sum_{k=1}^{n}(1+e^{2x_k})+\frac{1}{n}(1+e^{2x_0})+\frac{1}{n}(1+e^{2x_n})$$
$$=\frac{1}{n}\sum_{k=1}^{n}(1+e^{2x_k})+\frac{2}{n}-\frac{1+e^2}{n}\ (\because\ x_0=0,\ x_n=1)$$

15 (1) 점 C에서 $\overline{\mathrm{AB}}$에 내린 수선의 발을 H라 하고 $\overline{\mathrm{CH}}=h$, $\overline{\mathrm{HD}}=x$라 하자. 이제 피타고라스의 정리를 쓰면

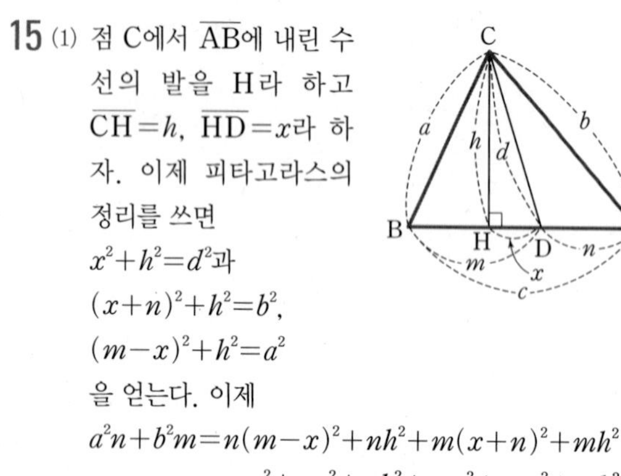

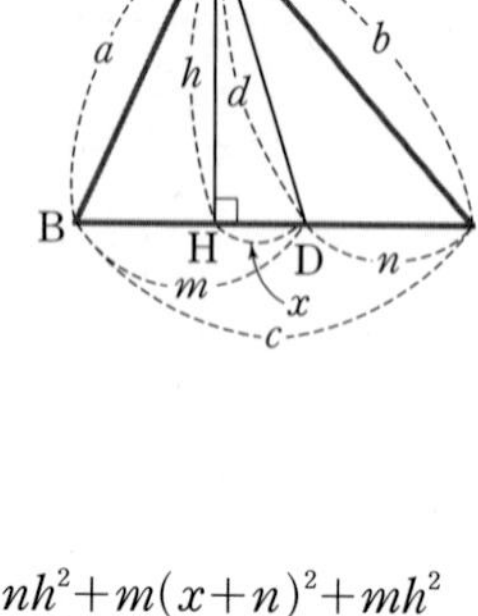

$x^2+h^2=d^2$과

$(x+n)^2+h^2=b^2$,

$(m-x)^2+h^2=a^2$

을 얻는다. 이제

$$a^2n+b^2m=n(m-x)^2+nh^2+m(x+n)^2+mh^2$$
$$=nm^2+nx^2+nh^2+mx^2+mn^2+mh^2$$

이 되고

$$c(d^2+mn)=(m+n)(x^2+h^2+mn)$$
$$=mx^2+mh^2+m^2n+nx^2+nh^2+mn^2$$

이 되어 주어진 등식을 얻는다.

다른 답안 1

$\angle\mathrm{CDB}=\theta$라 하고 $\triangle\mathrm{CDB}$와 $\triangle\mathrm{CDA}$에 대해 각각 제이코사인법칙을 적용하면

$$a^2=m^2+d^2-2md\cos\theta$$
$$b^2=n^2+d^2-2nd\cos(\pi-\theta)$$
$$=n^2+d^2+2nd\cos\theta$$

를 얻는다. 그러면

$$a^2n+b^2m$$
$$=m^2n+d^2n-2mnd\cos\theta+n^2m+d^2m+2mnd\cos\theta$$
$$=(m+n)(d^2+mn)=c(d^2+mn)$$

이 성립한다.

다른 답안 2

$\overrightarrow{\mathrm{CA}}=\vec{b}$, $\overrightarrow{\mathrm{CB}}=\vec{a}$라 하면

$\overrightarrow{\mathrm{CD}}=\dfrac{n}{m+n}\vec{a}+\dfrac{m}{m+n}\vec{b}$이고 $|\overrightarrow{\mathrm{CD}}|=d$이다.

$$(m+n)^2d^2=n^2a^2+m^2b^2+2mn\,\vec{a}\cdot\vec{b}\qquad\cdots\cdots ㉠$$
$$2mn\,\vec{a}\cdot\vec{b}=2mn\,ab\cos\theta$$
$$=2mn\,ab\cdot\frac{a^2+b^2-c^2}{2ab}$$
$$=mn(a^2+b^2-c^2)$$

이다. 이것을 ㉠의 식에 대입하여 정리하면 주어진 등식을 얻는다.

(2) $\overline{\mathrm{BD}_k}=\dfrac{k}{n}c$, $\overline{\mathrm{D}_k\mathrm{A}}=\dfrac{n-k}{n}c$이고 이것을 (1)에서 얻은 공식에 대입하면

$a^2\dfrac{n-k}{n}+b^2\dfrac{k}{n}=d_k^{\,2}+\dfrac{k(n-k)}{n^2}c^2$이므로

$$d_k^{\,2}=a^2\left(1-\frac{k}{n}\right)+b^2\frac{k}{n}-\frac{k(n-k)}{n^2}c^2$$

이다. 따라서

$$P_n=\frac{1}{n}\sum_{k=1}^{n}d_k^{\,2}$$
$$=\frac{1}{n}\sum_{k=1}^{n}\left\{a^2\left(1-\frac{k}{n}\right)+b^2\frac{k}{n}-\frac{k(n-k)}{n^2}c^2\right\}$$
$$=\frac{1}{n}\sum_{k=1}^{n}\left\{a^2-a^2\frac{k}{n}+b^2\frac{k}{n}-c^2\frac{k}{n}+c^2\left(\frac{k}{n}\right)^2\right\}$$

이므로

$$\lim_{n\to\infty}P_n=\int_0^1\{a^2-(a^2-b^2+c^2)x+c^2x^2\}dx$$
$$=\frac{1}{2}(a^2+b^2-c^2)+\frac{c^2}{3}=\frac{a^2}{2}+\frac{b^2}{2}-\frac{c^2}{6}$$

이다.

16 (1) 제시문 (가)에 의해

$$2\triangle\mathrm{ORS}=|(a+c)(b-d)-(b+d)(a-c)|$$
$$=|ab-ad+bc-cd-ab+bc-ad+cd|$$
$$=2|ad-bc|$$
$$=4\times(\triangle\mathrm{OPQ}\text{의 넓이})$$

이다. 따라서 △ORS의 넓이와 △OPQ의 넓이의 비는 2 : 1이다.

(2) 제시문 ㈎에 의해

(△OPQ의 넓이)$=\frac{1}{2}|15d-20c|=\frac{5}{2}|3d-4c|$

이다. $|3d-4c|$는 자연수이므로 △OPQ의 넓이는 $\frac{5}{2}$ 이상이다. $(c, d)=(1, 1)$일 때 $|3d-4c|=1$이므로 △OPQ의 넓이가 $\frac{5}{2}$가 될 수 있다.

따라서 △OPQ의 넓이의 최솟값은 $\frac{5}{2}$이다.

(3)

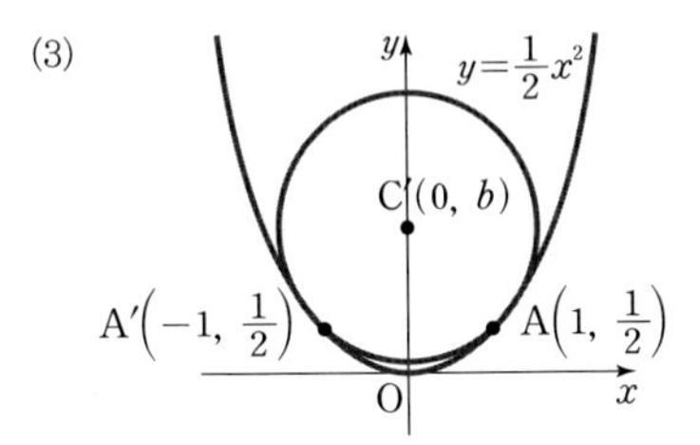

주어진 조건을 만족하는 원 C의 반지름의 길이를 r라 하면 $r>0$이고 두 점 $A\left(1, \frac{1}{2}\right)$, $A'\left(-1, \frac{1}{2}\right)$에 동시에 접하는 원 C′의 반지름의 길이보다 작아야 한다.

원 C′의 중심을 $(0, b)$, 반지름의 길이를 r_0이라 하면 원 C′의 방정식은 $x^2+(y-b)^2=r_0^2$이다.

이것과 $y=\frac{1}{2}x^2$은 접하므로

$2y+(y-b)^2=r_0^2$, $y^2+2(1-b)y+(b^2-r_0^2)=0$에서

$\frac{D}{4}=0$을 이용하면

$(1-b)^2-(b^2-r_0^2)=0$,

$1-2b+r_0^2=0$ …… ㉠

또, 두 점 $A\left(1, \frac{1}{2}\right)$, $C'(0, b)$ 사이의 거리가

r_0이므로 $1+\left(b-\frac{1}{2}\right)^2=r_0^2$ …… ㉡

㉠, ㉡을 연립하여 정리하면

$b^2-3b+\frac{9}{4}=0$, $\left(b-\frac{3}{2}\right)^2=0$에서

$b=\frac{3}{2}$이고, 이때 $r_0=\sqrt{2}$이다.

따라서 원 C의 반지름 r의 값의 범위는 $0<r<\sqrt{2}$이다.

(4) 두 점 $A\left(1, \frac{1}{2}\right)$과 $B\left(t, \frac{1}{2}t^2\right)$에서 곡선 $y=\frac{1}{2}x^2$에 수직인 직선의 방정식은 각각 다음과 같다.

$y=-(x-1)+\frac{1}{2}$, $y=-\frac{1}{t}(x-t)+\frac{t^2}{2}$ (단, $t\neq1$)

위의 두 식을 연립하여 풀면

$x=-\frac{t(t+1)}{2}$, $y=\frac{t(t+1)}{2}+\frac{3}{2}$(단, $t\neq1$)을

얻는다. 즉, 점 D의 좌표는

$\left(-\frac{t(t+1)}{2}, \frac{t(t+1)}{2}+\frac{3}{2}\right)$이다.

(5) 문제 (4)에서 점 D는 직선 $y=-x+\frac{3}{2}$ 위를 움직인다.

$t=2$, $t=4$일 때 점 B의 좌표는 각각 (2, 2), (4, 8)이고 이 점에서 곡선 $y=\frac{1}{2}x^2$에 수직인 직선은 각각

$y=-\frac{1}{2}x+3$, $y=-\frac{1}{4}x+9$이다.

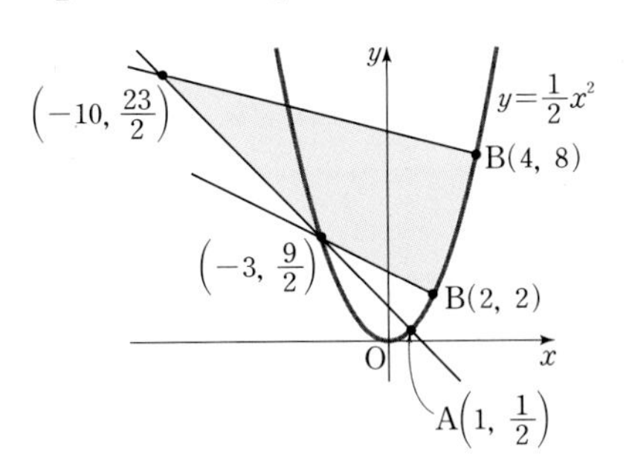

그러므로 선분 BD가 쓸고 지나가는 영역은 위의 그림과 같이 세 직선

$y=-x+\frac{3}{2}$, $y=-\frac{1}{2}x+3$, $y=-\frac{1}{4}x+9$와

곡선 $y=\frac{1}{2}x^2(2\le x\le4)$으로 둘러싸인 영역이 된다.

따라서 구하는 영역의 넓이는 다음과 같다.

$$\int_{-10}^{4}\left(-\frac{1}{4}x+9\right)dx-\int_{-10}^{-3}\left(-x+\frac{3}{2}\right)dx$$
$$-\int_{-3}^{2}\left(-\frac{1}{2}x+3\right)dx-\int_{2}^{4}\frac{1}{2}x^2\,dx=\frac{659}{12}$$

17 (1) 점$(t, (t^2-3)^2)$에서 $f(x)$의 그래프에 접하는 직선의 방정식은

$y=t^4-6t^2+9+(4t^3-12t)(x-t)$

이다. 이 직선이 점 $P(a, b)$를 지나므로

$b=t^4-6t^2+9+(4t^3-12t)(a-t)$

가 성립한다.

(2) $g(t)=3t^4-4t^3-6t^2+12t+b-9$로 놓자.

점 $(t, f(t))$에서 $f(x)$의 그래프에 접하는 직선이 점 $P(1, b)$를 지날 때, t는 방정식 $g(t)=0$의 실근이다.

접선의 개수를 구하기 위해 t의 방정식 $g(t)=0$의 서로 다른 실근의 개수를 파악한다.

이를 위해 $g(t)$의 그래프의 개형을 그려 본다.

$g'(t)=12t^3-12t^2-12t+12=12(t+1)(t-1)^2$

이므로 $t<-1$일 때, $g'(t)<0$이고

$t\in(-1, 1)\cup(1, \infty)$일 때 $g'(t)>0$이다. 그리고

$\lim_{t\to-\infty}g(t)=\infty=\lim_{t\to\infty}g(t)$

이다.

따라서 방정식 $g(t)=0$의 서로 다른 실근의 수는 $b-20=g(-1)<0$일 때 2개, $b-20=g(-1)=0$일 때 1개,

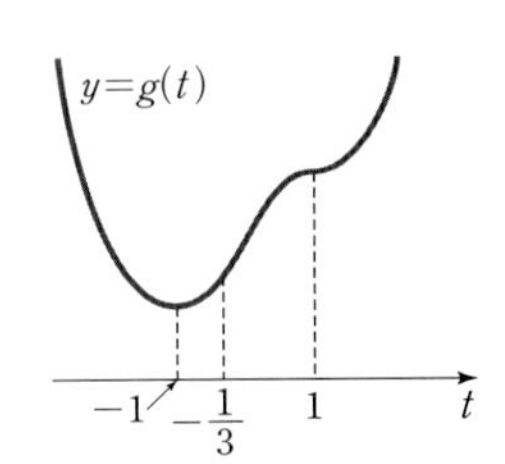

$b-20=g(-1)>0$일 때 0개이다.

이제 서로 다른 접점에서 하나의 접선이 생기는 경우를 찾자.

서로 다른 두 점 $\mathrm{P}(t_1,\ (t_1^2-3)^2)$과 $\mathrm{Q}(t_2,\ (t_2^2-3)^2)$에서 $f(x)$의 그래프에 접하는 직선의 방정식은 각각

$y=(4t_1^3-12t_1)x-3t_1^4+6t_1^2+9$,

$y=(4t_2^3-12t_2)x-3t_2^4+6t_2^2+9$

이다. 두 직선이 같은 경우는 기울기와 y절편이 모두 같을 때이다. 즉,

$t_1^3-3t_1=t_2^3-3t_2$이고 $t_1^4-2t_1^2-3=t_2^4-2t_2^2-3$

일 때이다. 이 방정식을 다시 쓰면

$(t_1-t_2)(t_1^2+t_1t_2+t_2^2-3)=0$ …… ㉠

$(t_1-t_2)(t_1+t_2)(t_1^2+t_2^2-2)=0$ …… ㉡

이다. $t_1\neq t_2$이므로 등식 ㉡으로부터 $t_2=-t_1$이거나 $t_1^2+t_2^2=2$이다.

$t_1^2+t_2^2=2$이면 등식 ㉠에 의해

$0=t_1^2+t_1t_2+t_2^2-3=t_1t_2-1$

이다. 따라서 $t_1^2+\dfrac{1}{t_1^2}=2\ (t_1\neq 0)$이고, 이를 풀면 $t_1=t_2=\pm1$이 되어 $t_1\neq t_2$임에 모순이다.

그러므로 $t_2=-t_1$이다. 이를 등식 ㉠에 대입하면

$0=t_1^2+t_1t_2+t_2^2-3=t_1^2-3$이 되어

$t_1=\pm\sqrt{3},\ t_2=\mp\sqrt{3}$이다. 따라서 점 $\mathrm{P}(1,\ b)$를 지나고 $f(x)$의 그래프에 접하는 직선이 서로 다른 두 접점을 가질 때, 접점은 $(\pm\sqrt{3},\ 0)$이고 접선의 방정식은 $y=0$이다. 이 경우는 $b=0$일 때이다.

그러므로 구하려는 서로 다른 접선의 개수는

(i) $b<0$이거나 $0<b<20$이면 2개

(ii) $b=0$이거나 $b=20$이면 1개

(iii) $b>20$이면 0개

다른 답안

문제 (1)에서 구한 식에서 $a=1$을 대입하면

$b=t^4-6t^2+9+(4t^3-12t)(1-t)$,

$3t^4-4t^3-6t^2+12t-9+b=0$이다.

$g(t)=3t^4-4t^3-6t^2+12t-9+b$라 하면

$g'(t)=12t^3-12t^2-12t+12=12(t-1)^2(t+1)$

이므로 $t=-1$일 때, 극솟값 $g(-1)=b-20$이다.

$g''(t)=12(t-1)(3t+1)$이므로 $t=1,\ t=-\dfrac{1}{3}$일 때 변곡점을 갖는다.

그러므로 방정식 $g(t)=0$의 서로 다른 실근의 개수는 $b-20<0$, 즉 $b<20$일 때 2개, $b-20=0$, 즉 $b=20$일 때 1개, $b-20>0$, 즉 $b>20$일 때 0개이다.

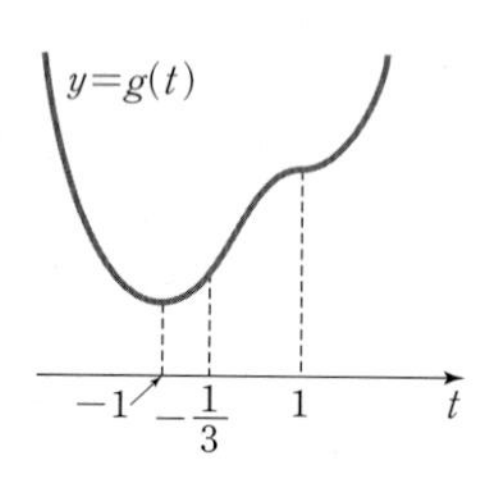

그런데

$f(x)=(x^2-3)^2$

$=(x+\sqrt{3})^2(x-\sqrt{3})^2$

의 그래프는 오른쪽 그림과 같다.

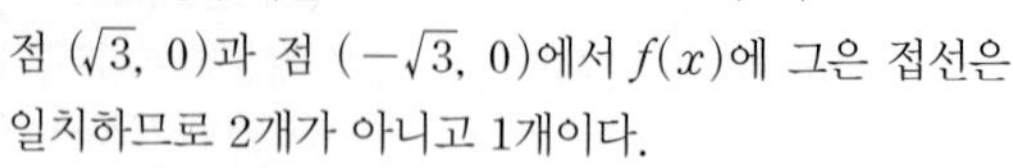

$b=0$인 경우에는

점 $(\sqrt{3},\ 0)$과 점 $(-\sqrt{3},\ 0)$에서 $f(x)$에 그은 접선은 일치하므로 2개가 아니고 1개이다.

따라서 점 $\mathrm{P}(1,\ b)$를 지나고 $f(x)$의 그래프에 접하는 서로 다른 직선의 개수는 다음과 같다.

$b>20$이면 0개,

$b=0$ 또는 $b=20$이면 1개,

$b<0$ 또는 $0<b<20$이면 2개이다.

(3) $G(t)=3t^4-4at^3-6t^2+12at+b-9$로 놓자.

점 $(t,\ f(t))$에서 $f(x)$의 그래프에 접하고 점 $\mathrm{P}(a,\ b)$를 지나는 서로 다른 직선이 4개 존재하면 방정식 $G(t)=0$의 서로 다른 실근이 4개 존재해야 한다.

$G'(t)=12t^3-12at^2-12t+12a$

$\quad=12(t+1)(t-1)(t-a)$

이고 $2\le a\le 3$이므로

$t\in(-\infty,\ -1)\cup(1,\ a)$일 때

$G'(t)<0$이고, $t\in(-1,\ 1)\cup(a,\ \infty)$일 때

$G'(t)>0$이다.

그리고 $\displaystyle\lim_{t\to-\infty}G'(t)=\infty=\lim_{t\to\infty}G'(t)$이다.

따라서 방정식 $G(t)=0$이 서로 다른 네 개의 실근을 가질 필요충분조건은

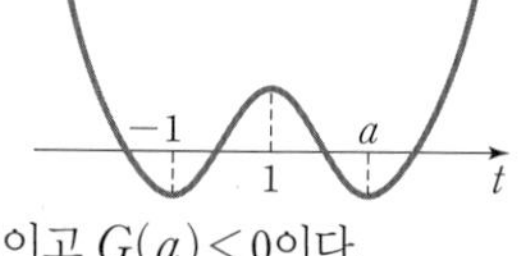

$G(-1)<0$이고 $G(1)>0$이고 $G(a)<0$이다.

한편

$G(-1)-G(a)=a^4-6a^2-8a-3$

$\quad=(a+1)^3(a-3)\le 0$

이므로 $G(t)=0$이 서로 다른 네 개의 실근을 가질 필요충분조건은 $G(1)>0$이고 $G(a)<0$이다.

이를 다시 쓰면

$12-8a<b<a^4-6a^2+9$

이다. 그런데 (2)의 풀이에 따르면 $f(x)$의 그래프에 접하는 직선이 서로 다른 두 접점을 가지는 경우는 $b=0$뿐이다. 그러므로 $2\le a\le 3$일 때 서로 다른 네 접선이 존재할 필요충분조건은

$12-8a<b<a^4-6a^2+9$이고 $b\neq 0$

이다. 선분은 영역의 넓이에 영향을 주지 않으므로 S의 넓이를 구할 때 $b\neq 0$인 조건은 무시해도 된다.

따라서 S의 넓이는

$\displaystyle\int_2^3\{a^4-6a^2+9-(12-8a)\}\,da$

$=\left[\dfrac{a^5}{5}-2a^3+4a^2-3a\right]_2^3=\dfrac{106}{5}$

이다.

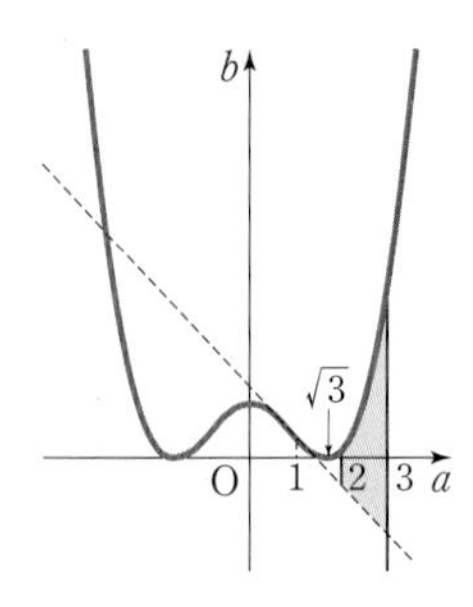

18 (1) $f(x)=-\ln(x+1)\times\ln\left(\dfrac{x+1}{9}\right)$로 변형하면

$f'(x)=\dfrac{-1}{x+1}\left\{\ln\dfrac{x+1}{9}+\ln(x+1)\right\}$

$\quad=\dfrac{-1}{x+1}\ln\dfrac{(x+1)^2}{9}$이므로

$f'(2)=0$이고 $-1<x<2$에서는 $f'(x)>0$, $x>2$에서는 $f'(x)<0$이다.

따라서 $f(x)$는 $x=2$에서 극댓값 $f(2)=(\ln 3)^2$을 갖는다.

한편, $f(0)=0$이므로 $0\le x\le 2$에서는 $f(x)=g(x)$이다. 또한 $x\ge 2$에서는

$g(x)=\displaystyle\int_0^x |f'(t)|\,dt$

$\quad=\displaystyle\int_0^2 f'(t)\,dt-\int_2^x f'(t)\,dt$

$\quad=\Big[f(t)\Big]_0^2-\Big[f(t)\Big]_2^x$

$\quad=f(2)-f(0)-f(x)+f(2)$

$\quad=-f(x)+2f(2)$

이므로 제시문 (나)에 의하여 $y=g(x)$의 그래프와 $y=f(x)$의 그래프는 직선 $y=(\ln 3)^2$에 대하여 대칭이다.

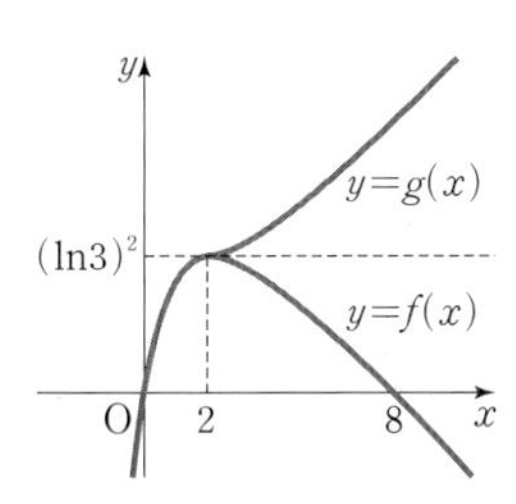

따라서 $f(x)$와 $g(x)$의 그래프는 구간 $[2, \infty]$에서 직선 $y=(\ln 3)^2$에 대하여 대칭이다.

그러므로 구하는 a의 최솟값은 2, $k=(\ln 3)^2$이다.

(2) $x\ge 2$에서

$h(x)=\displaystyle\int_8^x |f'(t)|\,dt=-\int_8^x f'(t)\,dt$

$\quad=-\Big[f(t)\Big]_8^x=-f(x)+f(8)$

$\quad=-f(x)$ ($\because f(8)=0$)

이므로 구하려는 넓이를 A라 하면 구간 $[3, 7]$에서 $f(x)>0$이므로

$A=\displaystyle\int_3^7\{f(x)-h(x)\}\,dx=2\int_3^7 f(x)\,dx$ ⋯⋯ ㉠

이다. 한편 구간 $[3, 7]$에서 $g(x)=-f(x)+2f(2)$이고 $f(2)=(\ln 3)^2$이므로

$\displaystyle\int_3^7\{f(x)+g(x)\}dx=\int_3^7 2(\ln 3)^2dx=8(\ln 3)^2$

⋯⋯ ㉡

이 성립한다. ㉠과 ㉡에 의하여

$\dfrac{A}{2}+s=8(\ln 3)^2$이 성립하므로 $A=16(\ln 3)^2-2s$

이다. 따라서 $c=16(\ln 3)^2$이다.

19 (1) $r<0$, $(-r)^{\frac{1}{m}}<1$인 경우

$a_{m,1}$

$=\displaystyle\int_0^{(-r)^{\frac{1}{m}}}\left(1+\frac{y^m}{r}\right)dy$

$=(-r)^{\frac{1}{m}}+\dfrac{(-r)^{1+\frac{1}{m}}}{r(m+1)}$

$=(-r)^{\frac{1}{m}}\cdot\dfrac{m}{m+1}$

이고

$b_{m,1}=1-(-r)^{\frac{1}{m}}\cdot\dfrac{m}{m+1}$

이다. 따라서 극한 $\displaystyle\lim_{m\to\infty}\frac{b_{m,1}}{a_{m,1}}=0$이다.

$r<0$, $(-r)^{\frac{1}{m}}\ge 1$인 경우

$a_{m,1}=\displaystyle\int_0^1\left(1+\frac{y^m}{r}\right)dy$

$\quad=1+\dfrac{1}{r(m+1)}$이고

$b_{m,1}=-\dfrac{1}{r(m+1)}$이다.

따라서 극한 $\displaystyle\lim_{m\to\infty}\frac{b_{m,1}}{a_{m,1}}=0$이다.

(2) $r>0$, $\{r(n-1)\}^{\frac{1}{m}}\ge n$인 경우

$a_{m,n}=\displaystyle\int_0^n\left(1+\frac{y^m}{r}\right)dy$

$\quad=n+\dfrac{n^{m+1}}{r(m+1)}$ 이고

$b_{m,n}=n^2-n-\dfrac{n^{m+1}}{r(m+1)}$

이다.

$r>0$, $\{r(n-1)\}^{\frac{1}{m}}<n$인 경우

$a_{m,n}$

$=\displaystyle\int_0^{\{r(n-1)\}^{\frac{1}{m}}}\left(1+\frac{y^m}{r}\right)dy$

$\quad+n[n-\{r(n-1)\}^{\frac{1}{m}}]$

$=\{r(n-1)\}^{\frac{1}{m}}+\dfrac{\{r(n-1)\}^{1+\frac{1}{m}}}{r(m+1)}$

$+n[n-\{r(n-1)\}^{\frac{1}{m}}]$

이고

$b_{m,n}$

$=n^2-\{r(n-1)\}^{\frac{1}{m}}-\dfrac{\{r(n-1)\}^{1+\frac{1}{m}}}{r(m+1)}$

$-n[n-\{r(n-1)\}^{\frac{1}{m}}]$

이다. m이 큰 수이면 $\{r(n-1)\}^{\frac{1}{m}}\le n$인 경우가 되므로 극한 $\lim_{m\to\infty}\dfrac{b_{m,n}}{a_{m,n}}=\dfrac{\lim_{m\to\infty}b_{m,n}}{\lim_{m\to\infty}a_{m,n}}=\dfrac{n-1}{n^2-n+1}$이다.

(3) $r<0$, $(-r)^{\frac{1}{m}}\ge n$인 경우

$a_{m,n}=\int_0^n\left(1+\dfrac{y^m}{r}\right)dy=n+\dfrac{n^{m+1}}{r(m+1)}$이고

$b_{m,n}=n^2-n-\dfrac{n^{m+1}}{r(m+1)}$이다.

$r>0$, $(-r)^{\frac{1}{m}}<n$인 경우

$a_{m,n}=\int_0^{(-r)^{\frac{1}{m}}}\left(1+\dfrac{y^m}{r}\right)dy=(-r)^{\frac{1}{m}}+\dfrac{(-r)^{1+\frac{1}{m}}}{r(m+1)}$이고

$b_{m,n}=n^2-(-r)^{\frac{1}{m}}-\dfrac{(-r)^{1+\frac{1}{m}}}{r(m+1)}$이다.

m이 큰 수이면 $(-r)^{\frac{1}{m}}\le n$인 경우가 되므로

극한 $\lim_{m\to\infty}\dfrac{b_{m,n}}{a_{m,n}}=\dfrac{\lim_{m\to\infty}b_{m,n}}{\lim_{m\to\infty}a_{m,n}}=\dfrac{n^2-1}{1}=n^2-1$이다.

20 (1) 영역 D의 넓이는 $2z\times 2w-zw=3zw$이고 $z+w=10$이므로 그 넓이는 $3z(10-z)=h(z)$이고 $h'(z)=30-6z=0$에서 $z=5$일 때 가장 넓은 영역이 된다.

(2) $c>0$인 경우:

$f(0)=1<2w$이면 영역이 두 부분으로 나누어진다.

$c<0$인 경우:

(i) $f(0)=1\le w$이면 영역이 두 부분으로 나누어진다.

(ii) $f(z)=2^{cz}>w$이고 $f(2z)=2^{2cz}<2w$이면 영역이 두 부분으로 나누어진다.

(iii) $f(0)=1>w$이고 $f(z)=2^{cz}\le w$이면 영역이 세 부분으로 나누어진다.

참고 $c<0$인 경우:

① 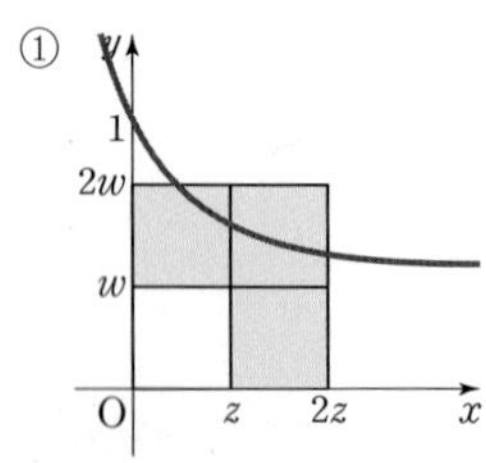

$2w<1$,
$f(z)=2^{cz}<2w$
일 때 두 부분

② 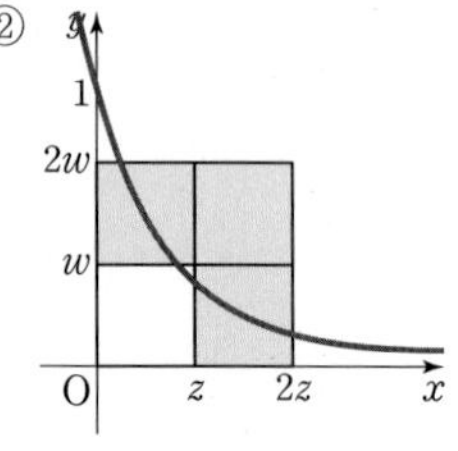

$2w<1$,
$f(z)=2^{cz}\le w$일 때
세 부분

③ 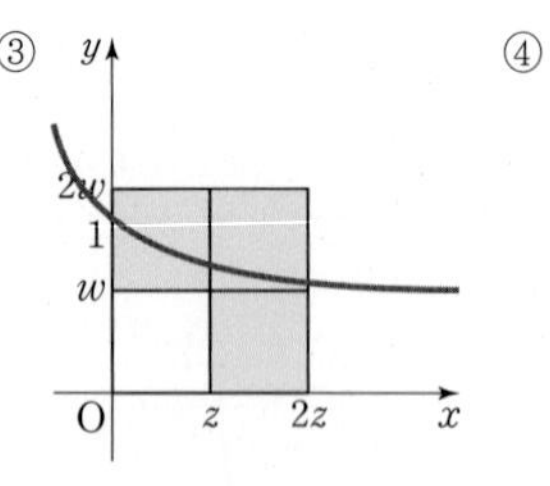

$w<1<2w$,
$f(z)=2^{cz}>w$일 때
두 부분

④ 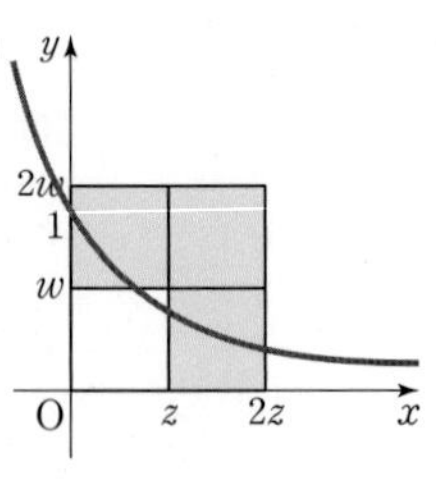

$w<1<2w$,
$f(z)=2^{cz}\le w$일 때
세 부분

⑤ 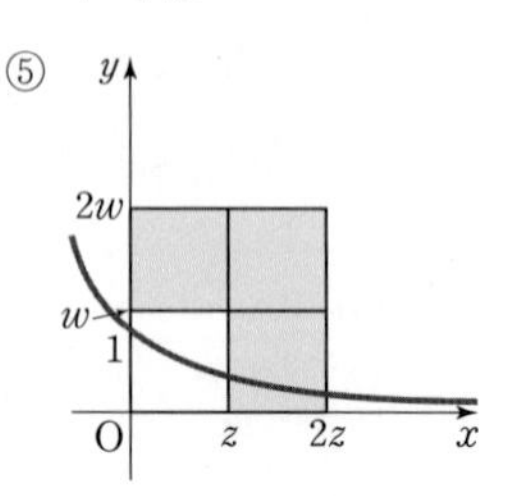

$w\ge 1$일 때 두 부분

(3) (2)의 (iii)에서 $2w\ge f(0)=1>w$이고 $f(z)=2^{-z}\le w$인 경우:

한 부분의 넓이는

$\int_z^{2z}2^{-x}dx=\left[\dfrac{2^{-x}}{-\ln 2}\right]_z^{2z}=\dfrac{2^{-2z}-2^{-z}}{-\ln 2}=\dfrac{2^{-z}-2^{-2z}}{\ln 2}$

이고

또 다른 부분의 넓이는

$\int_0^{-\log_2 w}(2^{-x}-w)\,dx=\left[\dfrac{2^{-x}}{-\ln 2}-wx\right]_0^{-\log_2 w}$

$=\dfrac{w}{-\ln 2}+w\log_2 w-\dfrac{1}{-\ln 2}$

$=\dfrac{w-1}{-\ln 2}+w\log_2 w$

$=\dfrac{1-w}{\ln 2}+w\log_2 w$ …… ㉠

이고, 나머지 한 부분의 넓이는

$3zw-\dfrac{2^{-z}-2^{-2z}+1-w}{\ln 2}-w\log_2 w$이다.

(iii)에서 $2w<f(0)=1$이고 $f(z)=2^{-z}\le w$인 경우:

한 부분의 영역의 넓이는

$\int_z^{2z}2^{-x}dx=\left[\dfrac{2^{-x}}{-\ln 2}\right]_z^{2z}=\dfrac{2^{-2z}-2^{-z}}{-\ln 2}=\dfrac{2^{-z}-2^{-2z}}{\ln 2}$

이다.

또 다른 한 부분의 영역의 넓이를 구하기 위하여

$\int_0^{-\log_2 2w}(2^{-x}-2w)\,dx=\left[\dfrac{2^{-x}}{-\ln 2}-2wx\right]_0^{-\log_2 2w}$

$=\dfrac{2w}{-\ln 2}+2w\log_2 2w-\dfrac{1}{-\ln 2}$

$=\dfrac{2w-1}{-\ln 2}+2w\log_2 2w=\dfrac{1-2w}{\ln 2}+2w\log_2 2w$ …… ㉡

이므로

㉠ − ㉡을 하면 또 다른 한 부분의 영역의 넓이가 된다.
따라서 그 영역의 넓이는

$$\frac{1-w}{\ln 2}+w\log_2 w-\left(\frac{1-2w}{\ln 2}+2w\log_2 2w\right)$$

$$=\frac{w}{\ln 2}-(w\log_2 w+2w)$$ 이고

나머지 한 부분은

$$3zw-\left(\frac{2^{-z}-2^{-2z}}{\ln 2}\right)-\left\{\frac{w}{\ln 2}-(w\log_2 w+2w)\right\}$$

$$=3zw-\left(\frac{2^{-z}-2^{-2z}+w}{\ln 2}\right)+w\log_2 w+2w$$ 이다.

21

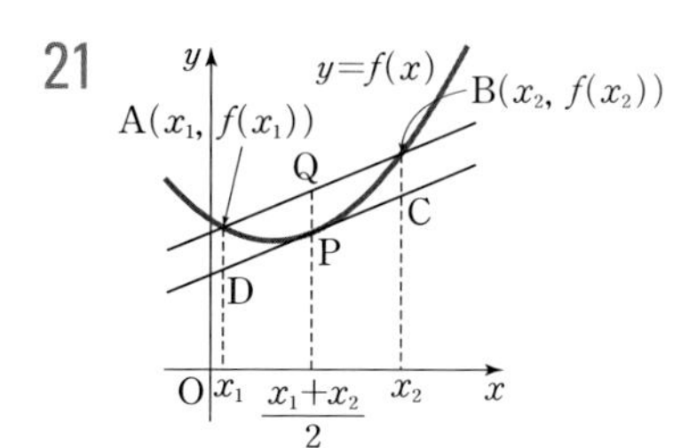

직선 AB의 기울기는

$$\frac{f(x_2)-f(x_1)}{x_2-x_1}=\frac{(ax_2^2+bx_2+c)-(ax_1^2+bx_1+c)}{x_2-x_1}$$

$$=\frac{a(x_2^2-x_1^2)+b(x_2-x_1)}{x_2-x_1}$$

$$=a(x_2+x_1)+b$$ 이고

$f(x)=ax^2+bx+c$에서 $f'(x)=2ax+b$
이므로 직선 AB와 평행한 접선의 접점의 x좌표는

$2ax+b=a(x_2+x_1)+b$에서 $x=\frac{x_1+x_2}{2}$이다.

접점을 P, 선분 AB의 중점을 Q라 하면

$\mathrm{P}\left(\frac{x_1+x_2}{2}, f\left(\frac{x_1+x_2}{2}\right)\right)$, $\mathrm{Q}\left(\frac{x_1+x_2}{2}, \frac{f(x_1)+f(x_2)}{2}\right)$

이므로

$$\overline{\mathrm{AD}}=\overline{\mathrm{PQ}}=\frac{f(x_1)+f(x_2)}{2}-f\left(\frac{x_1+x_2}{2}\right)$$

$$=\frac{1}{2}\{(ax_1^2+bx_1+c)+(ax_2^2+bx_2+c)\}-a\left(\frac{x_1+x_2}{2}\right)^2-b\left(\frac{x_1+x_2}{2}\right)-c$$

$$=\frac{1}{2}(ax_1^2+ax_2^2)-a\left(\frac{x_1+x_2}{2}\right)^2$$

$$=\frac{1}{4}a\{(2x_1^2+2x_2^2)-(x_1+x_2)^2\}$$

$$=\frac{1}{4}a(x_1^2+x_2^2-2x_1x_2)=\frac{1}{4}a(x_2-x_1)^2$$

이다.

그러므로 평행사변형 ABCD의 넓이는

$\frac{1}{4}a(x_2-x_1)^3$이다.

또, 직선 AB와 곡선 $y=f(x)$로 둘러싸인 영역의 넓이는

정적분을 이용하여 구하면 $\frac{1}{6}a(x_2-x_1)^3$이다.

따라서 구하는 넓이의 비는

$\frac{1}{6}a(x_2-x_1)^3 : \frac{1}{4}a(x_2-x_1)^3=2:3$이다.

다른 답안

직선 AB의 기울기는

$$\frac{f(x_2)-f(x_1)}{x_2-x_1}=\frac{(ax_2^2+bx_2+c)-(ax_1^2+bx_1+c)}{x_2-x_1}$$

$$=\frac{a(x_2^2-x_1^2)+b(x_2-x_1)}{x_2-x_1}$$

$$=a(x_2+x_1)+b$$

이다. 이차함수 $f(x)=ax^2+bx+c$의 접선의 기울기는
$f'(x)=2ax+b$이므로
직선 AB와 평행한 접선의 접점의 x좌표는

$2ax+b=a(x_2+x_1)+b$에서 $x=\frac{x_1+x_2}{2}$이다.

직선 AB와 평행한 접선의 방정식을 $y=mx+n$으로 놓으면 $y=ax^2+bx+c$와 $y=mx+n$의 접점의 x좌표가 $\frac{x_1+x_2}{2}$이므로 방정식 $ax^2+bx+c=mx+n$이 중근 $\frac{x_1+x_2}{2}$를 갖는다.

즉, $ax^2+(b-m)x+(c-n)=a\left(x-\frac{x_1+x_2}{2}\right)^2$이 성립한다. 이때,

$$\overline{\mathrm{AD}}=(ax_1^2+bx_1+c)-(mx_1+n)$$

$$=ax_1^2+(b-m)x_1+(c-n)$$

$$=a\left(x_1-\frac{x_1+x_2}{2}\right)^2=a\left(\frac{x_1-x_2}{2}\right)^2$$

이다. 그러므로 평행사변형 ABCD의 넓이는

$$\overline{\mathrm{AD}}\times(x_2-x_1)=a\times\left(\frac{x_1-x_2}{2}\right)^2\times(x_2-x_1)$$

$$=\frac{1}{4}a(x_2-x_1)^3$$

이다. 또, 직선 AB와 곡선 $y=f(x)$로 둘러싸인 영역의 넓이는 $\frac{1}{6}a(x_2-x_1)^3$이므로 두 도형의 넓이의 비는

$\frac{1}{6}a(x_2-x_1)^3 : \frac{1}{4}a(x_2-x_1)^3=2:3$이다.

22 (1) 점 $(n+1, 0)$을 지나는 직선이 $y=x^n$과 수직으로 만나는 점을 (k, k^n)이라 하자.

이때, 점 (k, k^n)에서의 접선의 기울기는

nk^{n-1}($\because y'=nx^{n-1}$)이므로

$$\frac{k^n}{k-n-1}\times n\cdot k^{n-1}=-1$$

$$n\cdot k^{2n-1}=n+1-k$$

$$n\cdot k^{2n-1}+k=n+1 \quad \cdots\cdots ㉠$$

ANSWER

함수 $y=nx^{2n-1}+x-n-1$의 도함수가 $y'=n(2n-1)x^{2n-2}+1>0$을 만족하므로 그림에서 $(n+1,\ 0)$에 대해 주어진 조건을 만족하는 점 $(k,\ k^n)$은 유일하며, ㉠은 $k=1$일때 만족하므로 $(n+1,\ 0)$을 지나는 직선이 $y=x^n$과 수직으로 만나는 점은 $(1,\ 1)$이다. 이 직선은 $(n+1,\ 0)$, $(1,\ 1)$을 지나므로 $y-1=-\frac{1}{n}(x-1)$, 즉 $y=-\frac{1}{n}x+\frac{1}{n}+1$이다.

다른 답안

점 $(n+1,\ 0)$을 지나고 곡선 $y=x^n$과 수직으로 만나는 직선을 l이라고 하자. 직선 l과 $y=x^n$의 교점을 $T(t,\ t^n)$이라고 하면 T에서의 접선의 방정식은 $y=nt^{n-1}(x-t)+t^n=nt^{n-1}x-(n-1)t^n$이다.

따라서 l의 기울기는 $-\frac{1}{nt^{n-1}}$이고 l은 $(t,\ t^n)$, $(n+1,\ 0)$을 지나므로 직선 l의 방정식은 다음과 같다.

$l: y=-\frac{1}{nt^{n-1}}(x-t)+t^n=-\frac{1}{nt^{n-1}}x+\frac{1}{nt^{n-2}}+t^n$

이때, $x=n+1$, $y=0$을 대입하면

$0=-\frac{1}{nt^{n-1}}(n+1-t)+t^n$을 얻고 인수분해를 이용하여

$nt^{2n-1}+t-n-1=(t-1)(nt^{2n-2}+\cdots+nt+n+1)$

을 얻는다. 두 번째 인수는 항상 양수가 되므로 $t=1$이 이 방정식의 유일한 해가 된다.

따라서 직선의 방정식은 $y=-\frac{1}{n}x+\frac{1}{n}+1$이다.

(2) $\overline{A'C'}=\overline{C'B'}$이므로 $c=\frac{a+b}{2}$이고

점 A에서의 접선의 방정식

$l_A: y-a^n=na^{n-1}(x-a)$,

점 B에서의 접선의 방정식

$l_B: y-b^n=nb^{n-1}(x-b)$이다.

$na^{n-1}(x-a)+a^n=nb^{n-1}(x-b)+b^n$ …… ㉠

임의의 a, b(단, $0\le a<b$)에 대해 ㉠의 근이 $\frac{a+b}{2}$이므로

$na^{n-1}\frac{b-a}{2}+a^n=nb^{n-1}\frac{a-b}{2}+b^n$

$\frac{n}{2}a^{n-1}b-\frac{n}{2}a^n+a^n=\frac{n}{2}ab^{n-1}-\frac{n}{2}b^n+b^n$

$\frac{n}{2}ab(a^{n-2}-b^{n-2})+\left(1-\frac{n}{2}\right)a^n-\left(1-\frac{n}{2}\right)b^n=0$

에서 $n=2$($\because$ a, b에 대한 항등식이다.)

$l_A: y-a^2=2a(x-a)$ $(y=2ax-a^2)$,

$l_B: y-b^2=2b(x-b)$ $(y=2bx-b^2)$

$\int_a^b x^2\,dx=\left[\frac{1}{3}x^3\right]_a^b=\frac{1}{3}(b^3-a^3)$ …… ㉡

$\int_a^{\frac{a+b}{2}}(2ax-a^2)\,dx=\left[ax^2-a^2x\right]_a^{\frac{a+b}{2}}$

$=-\frac{1}{4}a^3+\frac{1}{4}ab^2$ …… ㉢

$\int_{\frac{a+b}{2}}^b(2bx-b^2)\,dx=\left[bx^2-b^2x\right]_{\frac{a+b}{2}}^b$

$=\frac{1}{4}b^3-\frac{1}{4}a^2b$ …… ㉣

따라서 구하는 넓이는 ㉡−㉢−㉣$=\frac{(b-a)^3}{12}$이다.

다른 답안 1

$A'(a,\ 0)$, $B'(b,\ 0)$이므로 $C'\left(\frac{a+b}{2},\ 0\right)$인 n을 찾는다.

점 A에서의 접선의 방정식: $y=na^{n-1}(x-a)+a^n$

점 B에서의 접선의 방정식: $y=nb^{n-1}(x-b)+b^n$

이므로

$na^{n-1}(x-a)+a^n=nb^{n-1}(x-b)+b^n$의 근은 $\frac{a+b}{2}$이다.

$na^{n-1}\left(\frac{b-a}{2}\right)+a^n=nb^{n-1}\left(\frac{a-b}{2}\right)+b^n$

$\frac{n(b-a)}{2}(a^{n-1}+b^{n-1})+a^n-b^n=0$

$n(ba^{n-1}+b^n-a^n-ab^{n-1})+2a^n-2b^n=0$

$n(ba^{n-1}-ab^{n-1})+(2-n)a^n-(2-n)b^n=0$

$n=2$일 때 위 식은 $0\le a<b$인 임의의 두 실수 a, b에 대해 항상 성립한다. 따라서 $n=2$이다.

둘러싸인 영역의 넓이는

$$\int_a^{\frac{a+b}{2}}\{x^2-2a(x-a)-a^2\}\,dx+\int_{\frac{a+b}{2}}^b\{x^2-2b(x-b)-b^2\}\,dx$$

이다. $x^2-2ax+a^2=(x-a)^2$이고 $x^2-2bx+b^2=(x-b)^2$이므로

$\left[\frac{1}{3}(x-a)^3\right]_a^{\frac{a+b}{2}}+\left[\frac{1}{3}(x-b)^3\right]_{\frac{a+b}{2}}^b$가 넓이가 된다.

따라서 $\frac{1}{3}\left(\frac{b-a}{2}\right)^3-\frac{1}{3}\left(\frac{a-b}{2}\right)^3=\frac{(b-a)^3}{12}$이다.

다른 답안 2

두 점 A, B에서의 접선의 방정식은 각각

$y=nb^{n-1}x-(n-1)b^n$,

$y=na^{n-1}x-(n-1)a^n$이다.

따라서 점 C의 x좌표를 구하면

$nb^{n-1}x-(n-1)b^n=na^{n-1}x-(n-1)a^n$,

$n(a^{n-1}-b^{n-1})x=(n-1)(a^n-b^n)$에서

$x=\frac{(n-1)(a^n-b^n)}{n(a^{n-1}-b^{n-1})}$이다.

$\overline{A'C'}=\overline{C'B'}$이므로

$\frac{a+b}{2}=\frac{(n-1)(a^n-b^n)}{n(a^{n-1}-b^{n-1})}$

임의의 두 실수 a, b에 대하여 성립해야 한다.

따라서 $n=2$일 때만 위 식이 항상 성립한다.

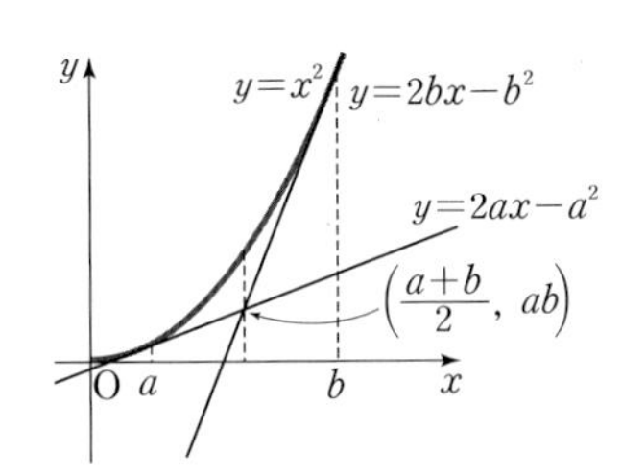

구하는 넓이는

$$\int_a^b x^2\,dx-\int_a^{\frac{a+b}{2}}(2ax-a^2)\,dx-\int_{\frac{a+b}{2}}^b(2bx-b^2)\,dx$$

$$=\frac{1}{3}(b^3-a^3)-\frac{1}{2}\frac{b-a}{2}(a^2+ab)-\frac{1}{2}\frac{b-a}{2}(b^2+ab)$$

$$=\frac{1}{3}(b^3-a^3)-\frac{1}{4}(b-a)(a^2+2ab+b^2)$$

$$=\frac{1}{12}\{4(b-a)(b^2+ab+a^2)-3(b-a)(a^2+2ab+b^2)\}$$

$$=\frac{(b-a)}{12}(4b^2+4ab+4a^2-3a^2-6ab-3b^2)$$

$$=\frac{b-a}{12}(b^2-2ab+a^2)=\frac{1}{12}(b-a)^3$$

23 (1) 접점 P의 좌표를 $P(p^2, p)$라 하면 두 점 $A(a^2, a)$와 $B(b^2, b)$를 지나는 직선의 기울기는 $\frac{1}{a+b}$이고,

$y^2=x$에서 $2y\frac{dy}{dx}=1$, $\frac{dy}{dx}=\frac{1}{2y}$이므로

점 P에서 접선의 기울기는 $\frac{1}{2p}$이다.

따라서 점 P의 y좌표 $p=\frac{a+b}{2}$이다.

또, 제시문 (다)에 의해 세 점 $A(a^2, a)$, $B(b^2, b)$, $P(p^2, p)$를 꼭짓점으로 하는 삼각형 $T(a, b)$의 넓이는

$$\frac{1}{2}\left|a^2\left(b-\frac{a+b}{2}\right)+b^2\left(\frac{a+b}{2}-a\right)+\frac{(a+b)^2}{4}(a-b)\right|$$

$$=\frac{1}{2}|b-a|\left|\frac{a^2}{2}+\frac{b^2}{2}-\frac{(a+b)^2}{4}\right|$$

$$=\frac{1}{8}|b-a|^3$$

이다.

(2) $A=\int_0^1(\sqrt{x}-x)\,dx=\left[\frac{2}{3}x^{\frac{3}{2}}-\frac{1}{2}x^2\right]_0^1=\frac{1}{6}$이다.

또, (1)에 의해 두 점 (0, 0)과 (1, 1)을 지나는 직선과 평행한 접선의 접점은 y좌표가 $\frac{1}{2}$이고, 삼각형 $T(0, 1)$의 넓이는 $S_0=\frac{1}{8}$이다. 같은 방법으로

$$S_1=\frac{1}{8}\left\{\left(\frac{1}{2}\right)^3+\left(\frac{1}{2}\right)^3\right\}=\frac{1}{8}\times\frac{1}{4},$$

$$S_2=\frac{1}{8}\left\{\left(\frac{1}{4}\right)^3+\left(\frac{1}{4}\right)^3+\left(\frac{1}{4}\right)^3+\left(\frac{1}{4}\right)^3\right\}=\frac{1}{8}\times\left(\frac{1}{4}\right)^2$$

$$\vdots$$

이고

$$S_k=\frac{1}{8}\left(\frac{1}{4}\right)^k$$

이다. 따라서

$$A_k=S_0+S_1+S_2+\cdots+S_k$$

$$=\frac{1}{8}\left\{1+\frac{1}{4}+\left(\frac{1}{4}\right)^2+\cdots+\left(\frac{1}{4}\right)^k\right\}$$

$$=\frac{1}{6}\left\{1-\left(\frac{1}{4}\right)^{k+1}\right\}$$

이다. 한편,

$$A-A_k=\frac{1}{6}-\frac{1}{6}\left\{1-\left(\frac{1}{4}\right)^{k+1}\right\}=\frac{1}{6}\left(\frac{1}{4}\right)^{k+1}$$

이므로 $A-A_k<\frac{1}{2015}$을 만족시키는 자연수 k의 최솟값은 4이다.

24 (1) ① $c=0$, 즉 점 (0, 1)에서 $y=e^x$의 접선의 방정식을 구하면 $y=x+1$이므로 $1+x\le e^x$

② x축과 $x=a$에서 $x=b$까지 $y=e^x$으로 둘러싸인 도형의 넓이는 밑변 $(b-a)$와 점 (a, e^a), 점 (b, e^b)을 잇는 직선으로 둘러싸인 사다리꼴의 넓이보다 작다. 즉,

$\int_a^b e^x\,dx=e^b-e^a<(b-a)\frac{e^a+e^b}{2}$이므로

$$\frac{e^b-e^a}{b-a}<\frac{e^a+e^b}{2}$$

③ $\int_a^b\sqrt{1+e^{2x}}\,dx$의 상하한을 구하기 위하여 피적분 함수 $\sqrt{1+e^{2x}}$의 상하한을 먼저 구한다.

$1+x\le e^x$을 이용하면 $\sqrt{2+2x}\le\sqrt{1+e^{2x}}$이며

$\sqrt{a_1a_2}\le\frac{a_1+a_2}{2}$를 이용하면

$\sqrt{1+e^{2x}}\le\frac{1}{2}+\frac{1+e^{2x}}{2}=1+\frac{e^{2x}}{2}$이다. 따라서

$$\sqrt{2}\int_a^b\sqrt{1+x}\,dx\le\int_a^b\sqrt{1+e^{2x}}\,dx\le\int_a^b\left(1+\frac{e^{2x}}{2}\right)dx$$

$$\frac{2\sqrt{2}}{3}\{(1+b)^{\frac{3}{2}}-(1+a)^{\frac{3}{2}}\}\le\int_a^b\sqrt{1+e^{2x}}\,dx\le b-a+\frac{e^{2b}-e^{2a}}{4}$$

(2) 모든 $k=1, 2, \cdots, n$에 대하여 $\frac{a_k}{M}\ne1(a_k\ne M)$이면 $\frac{a_k}{M}<e^{\frac{a_k}{M}-1}$, $\frac{a_k}{M}=1$이면 $\frac{a_k}{M}=e^0=1$이므로

$\frac{a_k}{M}\le e^{\frac{a_k}{M}-1}$이 성립한다.

따라서 모든 $k=1, 2, \cdots, n$에 대해 $a_k\ne M$이라면

$$\frac{a_1a_2\cdots a_n}{M^n}<e^{\frac{a_1+a_2+\cdots+a_n}{M}-n}=1 \qquad \cdots\cdots(*)$$

(*)식에서 부등식이 등호가 성립하는 경우는 모든

$k=1, 2, \cdots, n$에 대해 $a_k=M$일 때이다.

(*)식으로부터

$$\frac{a_1 a_2 \cdots a_n}{M^n}=e^{\frac{a_1+a_2+\cdots+a_n}{M}-n}=1$$

또는 $\frac{a_k}{M} \le e^{\frac{a_k}{M}-1}$을 $k=1, 2, \cdots, n$에 대하여 n번 연속적으로 사용하고 그 부등식들을 각각 변변 곱하면 다음 부등식이 된다.

$$\frac{a_1 a_2 \cdots a_n}{M^n} \le e^{\frac{a_1}{M}-1}e^{\frac{a_2}{M}-1} \cdots e^{\frac{a_n}{M}-1}=e^0e^0 \cdots e^0=1 \qquad \cdots\cdots(**)$$

$$a_1a_2 \cdots a_n \le M^n=\left(\frac{a_1+a_2+\cdots+a_n}{n}\right)^n$$

이므로

$$(a_1a_2 \cdots a_n)^{\frac{1}{n}} \le \frac{a_1+a_2+\cdots+a_n}{n}$$

(**)식으로부터 등호는 모든 $k=1, 2, \cdots, n$에 대하여 $a_k=M$, 즉 $a_1=a_2=\cdots=a_n$일 때 성립한다.

(3) $\tan C=\tan\{\pi-(A+B)\}=-\tan(A+B)$

$=-\frac{\tan A+\tan B}{1-\tan A \tan B}$이므로 다음 식이 된다.

$$\tan A+\tan B+\tan C=\tan A \tan B \tan C \qquad \cdots\cdots(\#)$$

예각이므로 $\tan A$, $\tan B$, $\tan C$는 양수이다.

$(a_1 a_2 a_3)^{\frac{1}{3}} \le \frac{a_1+a_2+a_3}{3}$을 이용하면

$$\frac{\tan A+\tan B+\tan C}{3}=\frac{\tan A \tan B \tan C}{3}$$

$$\ge(\tan A \tan B \tan C)^{\frac{1}{3}} \qquad \cdots\cdots(\#\#)$$

로부터 $\tan A \tan B \tan C \ge \sqrt{27}=3\sqrt{3}$이다.

(#)식으로부터 $\tan A \tan B \tan C \ge 3\sqrt{3}$이다.

이때, 등호는

$\tan A=\tan B=\tan C \left(A=B=C=\frac{\pi}{3}\right)$일 때, 즉 정삼각형일 때 $\tan A \tan B \tan C$는 최솟값 $3\sqrt{3}$을 갖는다.

참고 위 식 (##)에서

$\tan A \tan B \tan C=x$로 놓으면

$\frac{x}{3} \ge x^{\frac{1}{3}}$, $\left(\frac{x}{3}\right)^3 \ge x$, $x^2 \ge 27$, $x \ge 3\sqrt{3}$이다.

25 $A_1=\int_0^r \pi\{g(x)\}^2\,dx$, $A_2=\pi\{g(r)\}^2r$이고, $5A_1=A_2$이므로

$5\int_0^r \pi\{g(x)\}^2\,dx=\pi\{g(r)\}^2r$가 성립한다.

양변을 r에 관하여 미분하면

$5\{g(r)\}^2=2g(r)\cdot g'(r)\cdot r+\{g(r)\}^2$이고

$g(r)\{2g(r)-rg'(r)\}=0$에서

$\frac{g'(r)}{g(r)}=\frac{2}{r}$이다.

$\int\frac{g'(r)}{g(r)}\,dr=\int\frac{2}{r}\,dr$에서

$\ln|g(r)|=2\ln|r|+C$ (C는 적분상수),

$\ln g(r)=\ln r^2+\ln e^c=\ln r^2\cdot e^c$이므로

$g(r)=r^2\cdot e^c=kr^2$(단, $k=e^c$)이다.

따라서 $g(x)=kx^2(k>0)$ 꼴인 이차함수의 형태이다.

다른 답안

$g(x)=a_nx^n+a_{n-1}x^{n-1}+\cdots+a_0(a_n\ne0)$이라 하면

$$A_1=\int_0^r \pi\{g(x)\}^2\,dx=\pi\frac{a_n^2}{2n+1}r^{2n+1}+\cdots+\pi a_0^2r,$$

$$A_2=\pi\{g(r)\}^2r=\pi a_n^2r^{2n+1}+\cdots+\pi a_0^2r$$

이다.

$A_1=\frac{1}{5}A_2$에서 최고차항의 계수를 비교하면

$$\pi\frac{a_n^2}{2n+1}=\pi\frac{a_n^2}{5}$$

을 얻는다.

따라서 $n=2$가 된다.

마지막 항의 계수를 비교하면 $\pi a_0^2=\frac{1}{5}\pi a_0^2$을 얻기 때문에 $a_0=0$이 된다. 그러므로 $g(x)=a_2x^2+a_1x$의 형태가 된다. 이것을 위의 식에 다시 대입하여 마지막 항의 계수를 다시 비교하면 $a_1=0$이 되어 $g(x)=a_2x^2(a_2>0)$꼴인 이차함수의 형태를 얻게 된다.

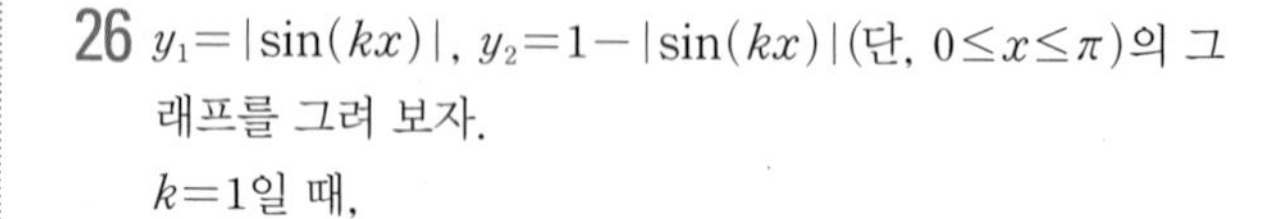

26 $y_1=|\sin(kx)|$, $y_2=1-|\sin(kx)|$(단, $0\le x\le\pi$)의 그래프를 그려 보자.

$k=1$일 때,

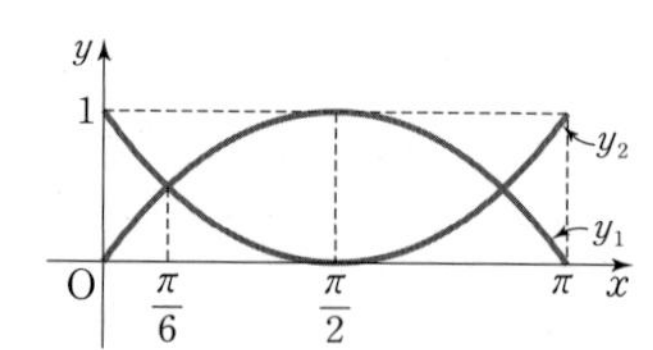

$k=2$일 때,

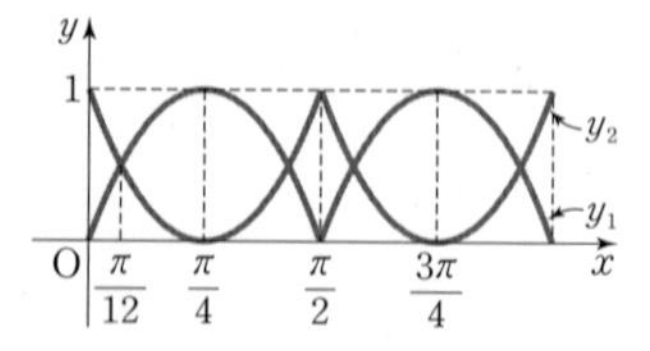

$k=3$일 때,

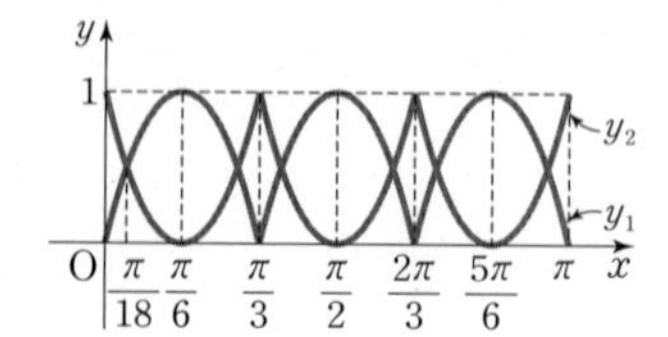

$k=k$일 때,

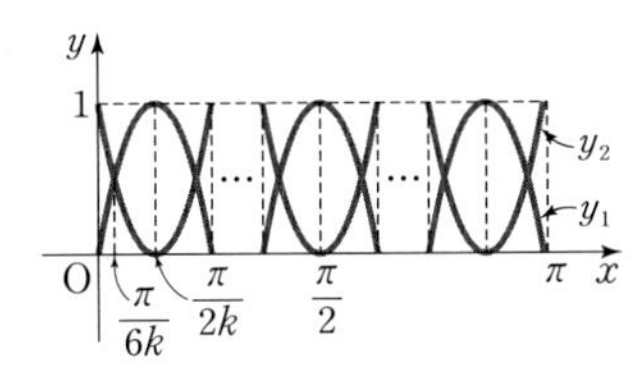

$$V_k=2k\pi\left\{\int_0^{\frac{\pi}{6k}}\sin^2(kx)\,dx+\int_{\frac{\pi}{6k}}^{\frac{\pi}{2k}}(1-\sin(kx))^2\,dx\right\}$$

에서 $kx=t$로 놓으면 $dx=\frac{1}{k}\,dt$이므로

$$V_k=2\pi\left\{\int_0^{\frac{\pi}{6}}\sin^2 t\,dt+\int_{\frac{\pi}{6}}^{\frac{\pi}{2}}(1-\sin t)^2\,dt\right\}$$

$$=2\pi\left\{\int_0^{\frac{\pi}{6}}\sin^2 t\,dt+\int_{\frac{\pi}{6}}^{\frac{\pi}{2}}(1-2\sin t+\sin^2 t)\,dt\right\}$$

$$=2\pi\left\{\int_0^{\frac{\pi}{6}}\frac{1-\cos 2t}{2}\,dt+\int_{\frac{\pi}{6}}^{\frac{\pi}{2}}\left(1-2\sin t+\frac{1-\cos 2t}{2}\right)dt\right\}$$

$$=2\pi\left\{\left[\frac{t}{2}-\frac{\sin 2t}{4}\right]_0^{\frac{\pi}{6}}+\left[\frac{3}{2}t+2\cos t-\frac{\sin 2t}{4}\right]_{\frac{\pi}{6}}^{\frac{\pi}{2}}\right\}$$

$$=2\pi\left(\frac{7}{12}\pi-\sqrt{3}\right)$$

이다. 이 값은 k의 값에 관계없이 일정하므로

$$\sum_{k=1}^{2012}V_k=2012V_k=2012\times 2\pi\left(\frac{7}{12}\pi-\sqrt{3}\right)$$

$$=2024\pi\left(\frac{7}{12}\pi-\sqrt{3}\right)$$

27 구간 [0, 1]을 n등분하여 차례로

$x_0=0,\ x_1,\ x_2,\ \cdots,\ x_n=1$

이라 하면, $x_k=\frac{k}{n}$에서 원의 넓이(제시문 그림에서 S)는

$\pi\left\{f\left(\frac{k}{n}\right)\right\}^2$이다.

주어진 조건에 의해서

(원의 넓이)$=\frac{k^2m^2}{(k+m)^4}$과 같이 표현된다.

그러므로 $n-k=m$이라 할 때

$$\pi\left\{f\left(\frac{k}{n}\right)\right\}^2=\frac{k^2m^2}{(k+m)^4}=\frac{k^2(n-k)^2}{n^4}=\frac{k^2}{n^2}\left(1-\frac{k}{n}\right)^2$$

에서

$$f\left(\frac{k}{n}\right)=\frac{1}{\sqrt{\pi}}\,\frac{k}{n}\left(1-\frac{k}{n}\right)$$

를 얻는다. 한편, 구하고자 하는 영역의 넓이를 D라 하면

$D=2\times$(곡선 $y=f(x)$와 x축, $x=0$, $x=1$로 둘러싸인 영역의 넓이)

이므로, 구분구적법에 의해

$$D=2\times\lim_{n\to\infty}f\left(\frac{k}{n}\right)\frac{1}{n}=\frac{2}{\sqrt{\pi}}\int_0^1 x(1-x)\,dx=\frac{1}{3\sqrt{\pi}}$$

28 (1) 용기에 물을 붓기 시작한 후 흐른 시간을 t라 하고 이때의 높이 h를 $h=al^2$이라고 하자. 그림에서 빗금 친 부분의 넓이를 S라고 하면

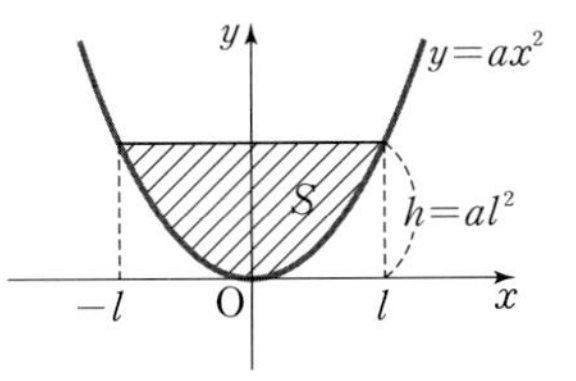

$$S=2l\times al^2-\int_{-l}^{l}ax^2\,dx$$

$$=2al^3-2a\int_0^l x^2\,dx=\frac{4}{3}al^3$$

이다. 이때 수면은 한 변의 길이가 d인 직사각형이므로 용기에 담긴 물의 부피는 빗금친 부분을 밑면으로 하고 높이가 d인 기둥의 부피이다.

따라서 용기에 담긴 물의 부피 V는 $V=\frac{4}{3}al^3d$이다.

이 값은 시간당 일정한 부피 k만큼 물을 붓기 시작한 후 흐른 시간이 t일 때 kt와 같다.

따라서 $V=\frac{4}{3}al^3d=kt$이므로 $l=\sqrt[3]{\frac{3k}{4ad}t}$이고

수면의 높이 h는 $h=al^2=\sqrt[3]{\frac{9ak^2}{16d^2}}\,t^{\frac{2}{3}}$이다.

그러므로 수면의 높이 h는 흐른 시간 t에 대하여 $t^{\frac{2}{3}}$에 비례한다.

다른 답안

물을 붓기 시작한지 t시간 후 수면의 높이를 $y(t)$, xy평면과 평행한 단면의 넓이를 $S(t)$라 하면

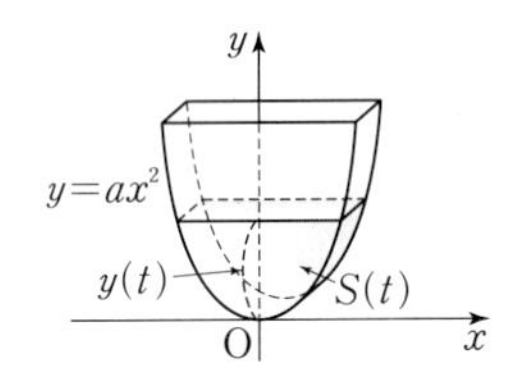

$$S(t)=2\int_0^{y(t)}x\,dy$$

$$=2\int_0^{y(t)}\sqrt{\frac{y}{a}}\,dy$$

$$=\frac{4}{3\sqrt{a}}\{y(t)\}^{\frac{3}{2}}$$

이다. 이때 부피 $V(t)$는

$$V(t)=S(t)\times d=\frac{4d}{3\sqrt{a}}\{y(t)\}^{\frac{3}{2}} \qquad \cdots\cdots ㉠$$

이다.

한편 시간당 일정한 부피 k만큼 물을 붓는다면,

즉 $\frac{dV}{dt}=k$라 하면

$$V(t)=kt \qquad \cdots\cdots ㉡$$

이다. ㉠, ㉡에서 $\frac{4d}{3\sqrt{a}}\{y(t)\}^{\frac{3}{2}}=kt$이므로

$y(t)$는 $t^{\frac{2}{3}}$에 비례한다.

(2) 구형인 풍선의 중심을 $(0,\ h)$, 반지름을 r라 하면 xy평면에서의 풍선의 방정식은 $x^2+(y-h)^2=r^2$이다.

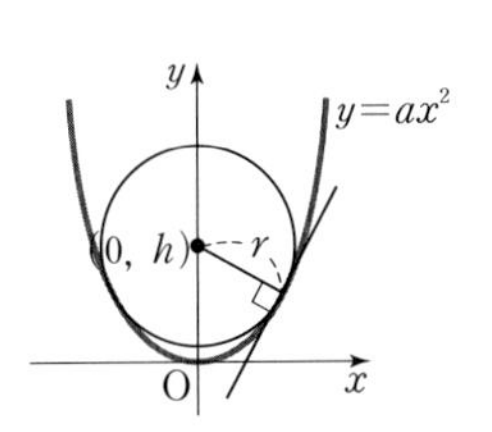

xy평면에서 $y=ax^2$과 $x^2+(y-h)^2=r^2$을 연립하면

$\frac{y}{a}+(y-h)^2=r^2$ …… ㉠

$y^2-2\left(h-\frac{1}{2a}\right)y+(h^2-r^2)=0$

이다. 위 식은 중근을 가지므로

$\frac{D}{4}=\left(h-\frac{1}{2a}\right)^2-(h^2-r^2)=0,$

$-\frac{h}{a}+\frac{1}{4a^2}+r^2=0$ …… ㉡

이다. ㉡에서 $r^2=\frac{h}{a}-\frac{1}{4a^2}$을 ㉠에 대입하여 정리하면

$\frac{y}{a}+(y-h)^2=\frac{h}{a}-\frac{1}{4a^2},$

$y^2-\left(2h-\frac{1}{a}\right)y+\left(h^2-\frac{h}{a}+\frac{1}{4a^2}\right)=0,$

$y^2-2\left(h-\frac{1}{2a}\right)y+\left(h-\frac{1}{2a}\right)^2=0,$

$\left\{y-\left(h-\frac{1}{2a}\right)\right\}^2=0$

이므로 $y=h-\frac{1}{2a}$, 즉 $h-y=\frac{1}{2a}$이다.

따라서 풍선의 중심의 높이 h와 접점들의 높이 y와의 차가 일정하다.

또, 풍선의 아랫부분이 용기의 바닥에 닿는 순간에는 $h=r$이므로 ㉡에서

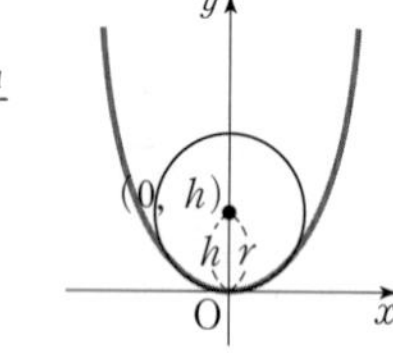

$r^2-\frac{r}{a}+\frac{1}{4a^2}=0,$

$\left(r-\frac{1}{2a}\right)^2=0$, $r=\frac{1}{2a}$이다.

따라서 풍선의 아랫부분이 용기의 바닥에 처음 닿는 순간의 반지름은 $\frac{1}{2a}$이다.

다른 답안

구형인 풍선의 중심을 $(0,\ h)$, 반지름을 r라고 하면 구와 xy평면의 교선은 중심이 $\mathrm{C}(0,\ h)$, 반지름이 r인 원이 된다.

이 원이 곡선 $y=ax^2$과의 한 접점을 $\mathrm{P}\left(\sqrt{\frac{\alpha}{a}},\ \alpha\right)$라 하면 풍선의 중심의 높이는 h, 접점들의 높이는 α가 된다.

이때 직선 CP와 점 P에서의 접선은 직교하므로

$\frac{\alpha-h}{\sqrt{\frac{\alpha}{a}}}\times 2a\sqrt{\frac{\alpha}{a}}=-1$, $h-\alpha=\frac{1}{2a}$이다.

따라서 풍선의 중심의 높이 h와 접점들의 높이 α와의 차가 일정하다.

또, $r^2=\overline{\mathrm{CP}}^2=\frac{\alpha}{a}+(h-\alpha)^2=\frac{\alpha}{a}+\frac{1}{4a^2}$이고

풍선의 아랫부분이 용기의 바닥에 처음 닿는 순간은 $\alpha=0$일 때이므로 $r=\frac{1}{2a}$이다.

(3) 풍선의 아랫부분이 용기의 바닥에 처음 닿을 때 풍선의 중심의 높이 h와 반지름은 $h=r(>0)$이고 xy평면에서의 풍선의 방정식은 $x^2+(y-r)^2=r^2$이다.

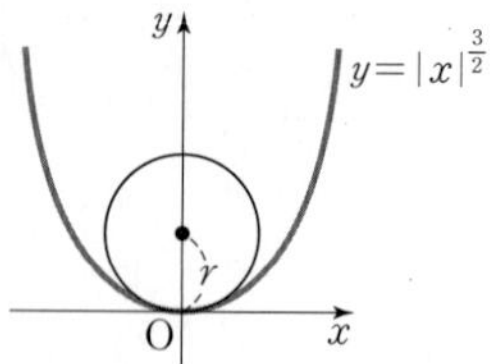

이 식과 $y=|x|^{\frac{3}{2}}$을 연립하면 $x^2+(|x|^{\frac{3}{2}}-r)^2=r^2$,

$x^2+|x|^3-2r|x|^{\frac{3}{2}}=0$

이고 0이 아닌 해를 갖지 않는다.

$2r|x|^{\frac{3}{2}}=x^2+|x|^3$에서 양변을 제곱하면

$4r^2|x|^3=x^4+2x^2|x|^3+x^6,$

$4r^2=|x|+2x^2+|x|^3=|x|(1+|x|)^2$

이다. 이 방정식도 0이 아닌 해를 갖지 않는다.

그 이유는 다음과 같다. 위의 방정식이 0이 아닌 해를 갖는다고 가정하자.

$f(x)=|x|(1+|x|)^2$

으로 놓으면 함수 $f(x)$는 연속함수이고

$f(0)=0$, $\lim_{x\to\infty}f(x)=\infty$

이므로

사이값의 정리에 의하여 $f(c)=4r^2$이 되는 c가 구간 $[0,\ \infty)$에서 존재하므로 모순이다.

따라서 풍선의 아랫부분이 용기의 바닥에 처음 닿는 순간 풍선의 반지름은 0이어야 한다.

다른 답안

풍선의 아랫부분이 용기의 바닥에 처음 닿을 때 원의 중심을 $\mathrm{C}(0,\ h)$, 반지름을 r라 하고 원이 곡선 $y=|x|^{\frac{3}{2}}$과의 한 접점을 $\mathrm{P}(\alpha,\ \alpha^{\frac{3}{2}})$라고 하면

직선 CP와 점 P에서의 접선은 직교하므로

$\frac{\alpha^{\frac{3}{2}}-h}{\alpha}\times\frac{3}{2}\alpha^{\frac{1}{2}}=-1$, $\alpha^{\frac{3}{2}}-h=-\frac{2}{3}\alpha^{\frac{1}{2}}$이다.

따라서 $r^2=\overline{\mathrm{CP}}^2=\alpha^2+(\alpha^{\frac{3}{2}}-h)^2=\alpha^2+\frac{4}{9}\alpha$이고

$\alpha=0$일 때 $r=0$이 된다.

29 (i) $0<\theta<\frac{\pi}{2}$일 때,

(△OAB의 넓이)<(부채꼴 OAB)<(△OAD의 넓이)

이므로

$\triangle\mathrm{OAB}=\frac{1}{2}\times1^2\times\sin\theta=\frac{1}{2}\sin\theta,$

$(\text{부채꼴 OAB})=\frac{1}{2}\times1^2\times\theta=\frac{1}{2}\theta,$

$\triangle\mathrm{OAD}=\frac{1}{2}\times1\times\tan\theta=\frac{1}{2}\tan\theta$

를 대입하면 $\frac{1}{2}\sin\theta<\frac{1}{2}\theta<\frac{1}{2}\tan\theta$에서

$\sin\theta<\theta<\tan\theta$이다.

$0<\theta<\frac{\pi}{2}$에서 $\sin\theta>0$이므로 각 변을 $\sin\theta$로 나누면

$1<\dfrac{\theta}{\sin\theta}<\dfrac{1}{\cos\theta}$이다.

각 변의 역수를 취하면 $\cos\theta<\dfrac{\sin\theta}{\theta}<1$이다.

이때, $\lim\limits_{\theta\to0+}\cos\theta=1$, $\lim\limits_{\theta\to0+}1=1$이므로 $\lim\limits_{\theta\to0+}\dfrac{\sin\theta}{\theta}=1$이다.

(ii) $-\dfrac{\pi}{2}<\theta<0$일 때, $\theta=-t$로 놓으면

$$\lim_{\theta\to0-}\frac{\sin\theta}{\theta}=\lim_{t\to0+}\frac{\sin(-t)}{-t}=\lim_{t\to0+}\frac{-\sin t}{-t}=\lim_{t\to0+}\frac{\sin t}{t}=1$$

이다.

따라서 (i), (ii)에 의하여 $\lim\limits_{\theta\to0}\dfrac{\sin\theta}{\theta}=1$이다.

또, 부채꼴 OAB를 축 OA를 중심으로 회전시킨 입체의 부피는

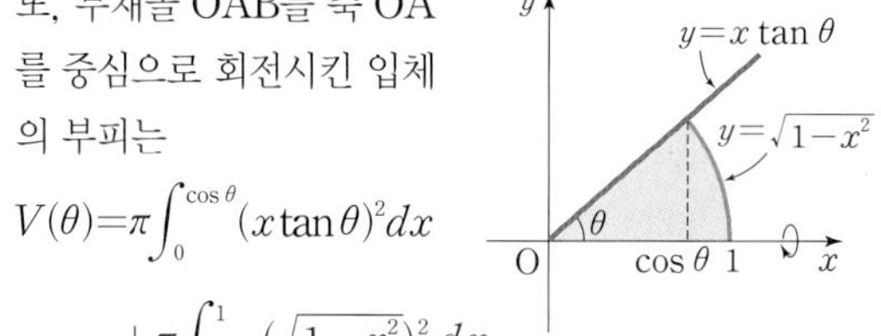

$$V(\theta)=\pi\int_0^{\cos\theta}(x\tan\theta)^2dx+\pi\int_{\cos\theta}^1(\sqrt{1-x^2})^2\,dx$$
$$=\pi\tan^2\theta\int_0^{\cos\theta}x^2\,dx+\pi\int_{\cos\theta}^1(1-x^2)dx$$
$$=\pi\tan^2\theta\left[\frac{x^3}{3}\right]_0^{\cos\theta}+\pi\left[x-\frac{x^3}{3}\right]_{\cos\theta}^1$$
$$=\pi\tan^2\theta\times\frac{\cos^3\theta}{3}+\pi\left(\frac{2}{3}-\cos\theta+\frac{1}{3}\cos^3\theta\right)$$
$$=\pi\left(\frac{1}{3}\sin^2\theta\cos\theta+\frac{2}{3}-\cos\theta+\frac{1}{3}\cos^3\theta\right)$$
$$=\frac{2}{3}\pi(1-\cos\theta)$$

이다. 따라서 $V(2\theta)=\dfrac{2}{3}\pi(1-\cos2\theta)$이므로

$$\lim_{\theta\to0}\frac{V(2\theta)}{V(\theta)}=\lim_{\theta\to0}\frac{\frac{2}{3}\pi(1-\cos2\theta)}{\frac{2}{3}\pi(1-\cos\theta)}=\lim_{\theta\to0}\frac{1-\cos2\theta}{1-\cos\theta}=\lim_{\theta\to0}\frac{2\sin^2\theta}{2\sin^2\frac{\theta}{2}}=\lim_{\theta\to0}\frac{\sin^2\theta}{\sin^2\frac{\theta}{2}}$$
$$=\lim_{\theta\to0}\frac{\sin^2\theta}{\theta^2}\times\frac{\left(\frac{\theta}{2}\right)^2}{\sin^2\frac{\theta}{2}}\times4=4$$

이다.

30 원기둥의 밑면의 반지름의 길이를 r라 하면 구의 지름이 $2r$이므로 원기둥의 높이도 $2r$이다.

원기둥의 부피는 $\pi r^2\times2r=2\pi r^3$, 구의 부피는 $\dfrac{4}{3}\pi r^3$, 원뿔의 부피는 $\dfrac{1}{3}\times2\pi r^3=\dfrac{2}{3}\pi r^3$이다.

따라서 원뿔, 구, 원기둥의 부피의 비는

$\dfrac{2}{3}\pi r^3:\dfrac{4}{3}\pi r^3:2\pi r^3=1:2:3$

이므로 구를 가득 채우는 물의 양이 $36\pi\text{ cm}^3$이면 원뿔에 가득 채울 수 있는 물의 양은 $36\pi\times\dfrac{1}{2}=18\pi(\text{cm}^3)$이다.

또, 구의 부피는 $\dfrac{4}{3}\pi r^3=36\pi$이므로 $r^3=27$에서 $r=3(\text{cm})$이다.

원기둥의 밑면에서부터 높이가 4 cm인 곳까지 원기둥과 구 사이의 부피는 오른쪽 그림의 어두운 부분을 y축 둘레로 회전시킨 회전체의 부피와 같고 이것을 V라 하면 구하는 부피 V는

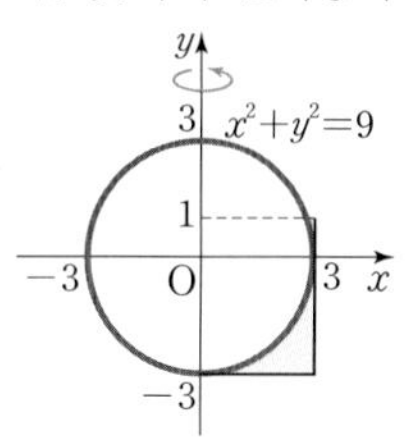

$$V=9\pi\times4-\pi\int_{-3}^1x^2\,dy=36\pi-\pi\int_{-3}^1(9-y^2)dy=36\pi-\pi\left[9y-\frac{1}{3}y^3\right]_{-3}^1=\frac{28}{3}\pi$$

31 (1) 흘러나오는 물의 부피 V는 쇠공이 물에 잠기는 부분의 부피와 일치한다. 즉, 원뿔의 중심축을 x축으로 잡으면 V는 $x=-r$에서 $x=a$ 사이에 들어가는 구의 부피이다. x축에 수직인 평면에 의한 구의 단면은 반지름이 $\sqrt{r^2-x^2}$인 원임을 알 수 있고 이 단면의 면적은 $S(x)=\pi(r^2-x^2)$이다.

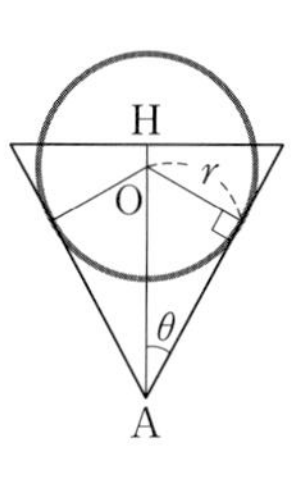

따라서 만약 $a\le r$이라면 V는

$$V=\int_{-r}^a\pi(r^2-x^2)dx=\pi\left[r^2x-\frac{1}{3}x^3\right]_{-r}^a=\pi\left(\frac{2}{3}r^3+ar^2-\frac{1}{3}a^3\right)=\frac{\pi}{3}(r+a)^2(2r-a)$$

가 됨을 알 수 있다. 만약 $a\ge r$이라면 구 전체가 물에 잠기게 되므로 $V=\dfrac{4}{3}\pi r^3$이 된다.

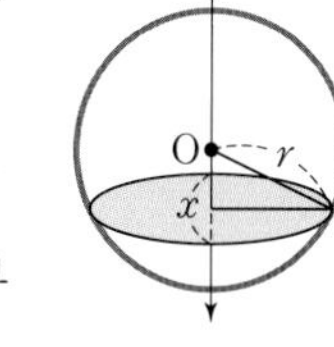

이를 요약하면, 흘러나오는 물의 부피 V는

$$V=\begin{cases}\dfrac{\pi}{3}(r+a)^2(2r-a) & (-r<a\le r)\\ \dfrac{4}{3}\pi r^3 & (r<a<h)\end{cases}$$

이다.

(2) 구가 원뿔의 옆면과 접한다면, 위 그림에서처럼 삼각함수의 정의에 의하여 $\sin\theta=\dfrac{r}{\overline{AO}}$임을 알 수 있다.

또한 $\overline{AO}=\dfrac{r}{\sin\theta}$가 되어

$a=\overline{AH}-\overline{AO}=h-\dfrac{r}{\sin\theta}$

가 된다. 쇠공이 컵의 가장자리에 놓여 있다면, 오른쪽 그림처럼 $\overline{BH}=h\tan\theta$이고 피타고라스 정리에 의하여

$d=\overline{OH}=\sqrt{r^2-\overline{BH}^2}=\sqrt{r^2-h^2\tan^2\theta}$

가 된다. 이 경우 H가 O보다 아래에 있기 때문에

$a=-d=-\sqrt{r^2-h^2\tan^2\theta}$가 된다. 이를 정리하면

$$a=\begin{cases} h-\dfrac{r}{\sin\theta} & \text{(쇠공이 접하는 경우)} \\ -\sqrt{r^2-h^2\tan^2\theta} & \text{(쇠공이 놓여있는 경우)} \end{cases}$$

(3) 원뿔 컵 옆면에 접할 수 있는 구의 최대반지름은 오른쪽 그림처럼 구가 윗면 가장자리에서 접할 때이다. 윗면 가장자리의 한 점을 B라고 하면

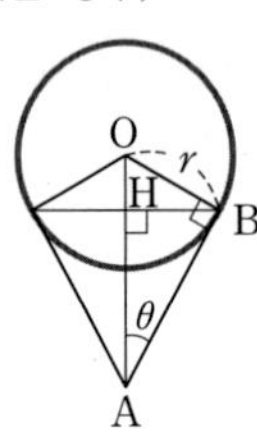

$\cos\theta=\dfrac{h}{\overline{AB}}$로부터 $\overline{AB}=\dfrac{h}{\cos\theta}$

임을 알 수 있다. 구가 점 B에서 접하므로

$r=\overline{AB}\tan\theta=\dfrac{h}{\cos\theta}\tan\theta=\dfrac{h\sin\theta}{\cos^2\theta}$

일 때 구가 윗면 가장자리에 접한다는 것을 알 수 있다. $a\geq r$이 되는 경우 쇠공이 컵 내부에 완전히 들어가므로, $a=r$을 만족하는 r을 찾는다. 쇠공이 컵의 옆면에 접하지 않는 경우는 a가 음수이므로 $a=r$이 될 수 없다. 쇠공이 컵의 옆면에 접하는 경우에만 $a=r$이 가능하다. 이 경우 (2)의 결과 $a=h-\dfrac{r}{\sin\theta}$로부터

$r=\dfrac{h\sin\theta}{1+\sin\theta}$일 때, $a=r$이다. 이로부터,

$0<r\leq\dfrac{h\sin\theta}{1+\sin\theta}$, $\dfrac{h\sin\theta}{1+\sin\theta}\leq r\leq\dfrac{h\sin\theta}{\cos^2\theta}$,

$\dfrac{h\sin\theta}{\cos^2\theta}\leq r$ 등의 세 경우로 나누어진다는 것을 알 수 있다.

(4) 먼저 $0<r\leq\dfrac{h\sin\theta}{1+\sin\theta}$인 경우, 쇠공이 컵의 내부에 완전히 들어가게 되고 $V=\dfrac{4}{3}\pi r^3$이 r에 대한 증가함수이므로 $r=\dfrac{h\sin\theta}{1+\sin\theta}$에서 최댓값을 갖는다.

세 번째 $\dfrac{h\sin\theta}{\cos^2\theta}\leq r$인 경우 r이 증가함에 따라 쇠공의 표면이 평평해지면서 흘러나가는 부피도 줄어들게 되어 V가 감소함을 알 수 있다. 그래서 이 경우 $r=\dfrac{h\sin\theta}{\cos^2\theta}$에서 V가 최대가 된다. 따라서 $\dfrac{h\sin\theta}{1+\sin\theta}\leq r\leq\dfrac{h\sin\theta}{\cos^2\theta}$ 구간에서 V의 최댓값이 모든 경우의 최댓값이 된다.

이제 $\dfrac{h\sin\theta}{1+\sin\theta}\leq r\leq\dfrac{h\sin\theta}{\cos^2\theta}$이라고 가정하자.

이때, $a=h-\dfrac{r}{\sin\theta}$이므로

$$V=\frac{\pi}{3\sin^3\theta}\{(1-\sin\theta)r-h\sin\theta\}^2\{(1+2\sin\theta)r-h\sin\theta\}\text{이다.}$$

r에 대하여 미분하면

$$\frac{dV}{dr}=\frac{\pi}{\sin^3\theta}\{(1-\sin\theta)r-h\sin\theta\}\cdot\{(1-\sin\theta)(1+2\sin\theta)r-h\sin\theta\}$$

이고 V는 $r=\dfrac{h\sin\theta}{1-\sin\theta}$ 또는 $r=\dfrac{h\sin\theta}{(1-\sin\theta)(1+2\sin\theta)}$에서 극값을 가진다.

그런데 $0<\sin\theta<1$이므로

$1+\sin\theta$

$>1+\sin\theta-2\sin^2\theta=(1-\sin\theta)(1+2\sin\theta)$

$>(1-\sin\theta)(1+\sin\theta)=\cos^2\theta$

$>1-\sin\theta$

가 되고

$$\frac{h\sin\theta}{1+\sin\theta}<\frac{h\sin\theta}{(1-\sin\theta)(1+2\sin\theta)}<\frac{h\sin\theta}{\cos^2\theta}<\frac{h\sin\theta}{1-\sin\theta}$$

임을 알 수 있다. V의 도함수 $\dfrac{dV}{dr}$가 $r=\dfrac{h\sin\theta}{(1-\sin\theta)(1+2\sin\theta)}$에서 양수에서 음수로 변하므로

V가 $r=\dfrac{h\sin\theta}{(1-\sin\theta)(1+2\sin\theta)}$에서 최대가 됨을 알 수 있다.

32 (1) 물체는 $2t$ cm/초의 속력으로 용기의 수면과 수직인 방향으로 아래로 움직이고, $0\leq t\leq a$에서 움직인 거리는 1 cm이므로

$\int_0^a 2t\,dt=\Big[t^2\Big]_0^a=a^2$의 값이 1이다.

$a^2=1(a>0)$로 부터 $a=1$이다.

또, $0\leq t\leq b$에서 물체가 움직인 거리는 $1+8=9$(cm)이므로

$\int_0^b 2t\,dt=b^2$의 값이 9이다.

$b^2=9(b>0)$로 부터 $b=3$이다.

따라서 물체가 수면에 잠긴 깊이의 함수 $h(t)(a\leq t\leq b)$는

$h(t)=\int_1^t 2t\,dt=t^2-1$(단, $1\leq t\leq 3$이다.)

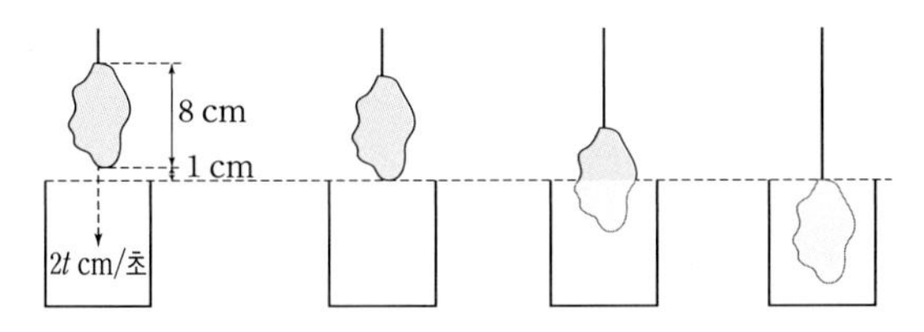

물체가 수면과 수직으로 움직인 거리	$\int_0^a 2t\,dt=1$	$\int_0^t 2t\,dt$	$\int_0^b 2t\,dt=9$

(2) 실을 수면과 수직인 방향으로 연장한 축을 x라 하면 x축 위에서 $h(1)=0$, $h(3)=8$이다. 또 물체의 수면과 평행한 방향으로 물체를 자를 때 시각이 t일 때 축(x)위의 위치 x에서의 단면의 넓이를 $A(x)$라 하고 $x=h(t)$라 하면 $A(x)=A(h(t))$이고 $S(t)=A(h(t))$이다.

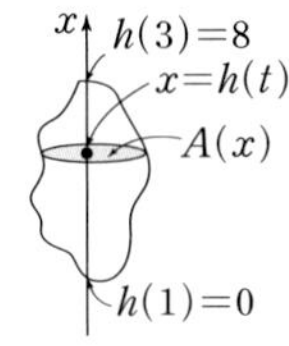

입체의 부피는 축(x)에 수직인 단면의 넓이를 적분하면 얻을 수 있고, 시각이 t일 때 $x=h(t)$이므로 $x=0$부터 $x=h(t)$까지의 물체의 부피 $V(t)$는

$V(t)=\int_0^{h(t)} A(x)dx$이다.

따라서 넘쳐흐른 물의 부피를 이용하면 물체를 자를 때 생기는 단면의 넓이를 구할 수 있다.

여기에서 $F'(x)=A(x)$라 하면

$V(t)=\Big[F(x)\Big]_0^{h(t)}=F(h(t))-F(0)$이다.

이것을 t에 관하여 미분하면

$$V'(t)=F'(h(t))\cdot h'(t)=A(h(t))\cdot h'(t)$$
$$=S(t)\cdot h'(t)\text{이다.}$$

$V(t)=-(5t^2-16t-4)(t-1)^4$이므로

$$V'(t)=-(10t-16)(t-1)^4-(5t^2-16t-4)\cdot 4(t-1)^3$$
$$=-30t(t-3)(t-1)^3$$

이고 $h(t)=t^2-1$에서 $h'(t)=2t$이다.

따라서 $S(t)=-15(t-3)(t-1)^3(1\le t\le 3)$이다.

(3) $S(t)=-15(t-3)(t-1)^3(1\le t\le 3)$이므로

$$S'(t)=-15(t-1)^3-45(t-3)(t-1)^2$$
$$=-30(t-1)^2(2t-5)$$

$S'(t)=0$일 때 $t=1$, $t=\frac{5}{2}$이므로 증감표를 조사하면 다음과 같다.

t	1	$\cdots$	$\frac{5}{2}$	$\cdots$	3
$S'(t)$		+	0	−	
$S(t)$		↗	극대	↘	

따라서 $t=\frac{5}{2}$일 때 $S(t)$는 극대이고 동시에 최대이므로 $S(t)$가 최대가 되는 시각은 $t=\frac{5}{2}$이다.

$\int \sin^n x\,dx$, $\int \cos^n x\,dx$의 계산

문제 1 • 187쪽 •

$a_n=\int_0^{\frac{\pi}{2}} \sin^n x\,dx=\int_0^{\frac{\pi}{2}} \sin^{n-1} x \sin x\,dx$에서

$f(x)=\sin^{n-1} x\,dx$, $g'(x)=\sin x$로 놓으면

$f'(x)=(n-1)\sin^{n-2} x \cos x$, $g(x)=-\cos x$이므로

$$a_n=\Big[-\cos x \sin^{n-1} x\Big]_0^{\frac{\pi}{2}}+(n-1)\int_0^{\frac{\pi}{2}} \sin^{n-2} x \cos^2 x\,dx$$
$$=0+(n-1)\int_0^{\frac{\pi}{2}} \sin^{n-2} x(1-\sin^2 x)\,dx$$
$$=(n-1)\int_0^{\frac{\pi}{2}} (\sin^{n-2} x-\sin^n x)\,dx$$
$$=(n-1)(a_{n-2}-a_n)$$

$na_n=(n-1)a_{n-2}$, $a_n=\frac{n-1}{n}a_{n-2}\,(n\ge 2)$이다.

$a_0=\int_0^{\frac{\pi}{2}} 1\,dx=\frac{\pi}{2}$, $a_{2n}=\frac{2n-1}{2n}a_{2n-2}\,(n\ge 1)$이므로

$$a_{2n}=\frac{2n-1}{2n}\cdot\frac{2n-3}{2n-2}a_{2n-4}$$
$$=\frac{2n-1}{2n}\cdot\frac{2n-3}{2n-2}\cdot\frac{2n-5}{2n-4}a_{2n-6}$$
$$=\frac{2n-1}{2n}\cdot\frac{2n-3}{2n-2}\cdot\frac{2n-5}{2n-4}\cdot\cdots\cdot\frac{1}{2}a_0$$
$$=\frac{(2n-1)(2n-3)(2n-5)\cdot\cdots\cdot 3\cdot 1}{2n(2n-2)(2n-4)\cdot\cdots\cdot 4\cdot 2}\cdot\frac{\pi}{2}$$

이다.

$a_2=\frac{1}{2}\cdot\frac{\pi}{2}=\frac{\pi}{4}>\frac{1}{2}$, $a_4=\frac{3\cdot 1}{4\cdot 2}\cdot\frac{\pi}{2}=\frac{3}{16}\pi>\frac{1}{2}$,

$a_6=\frac{5\cdot 3\cdot 1}{6\cdot 4\cdot 2}\cdot\frac{\pi}{2}=\frac{15}{96}\pi<\frac{1}{2}$이므로

$a_{2n}<\frac{1}{2}$이 성립하는 가장 작은 자연수 n은 3이다.

문제 2 • 188쪽 •

(1) $\int \sin^n x\,dx=\int \sin^{n-1} x\cdot\sin x\,dx$에서

$f(x)=\sin^{n-1} x$, $g'(x)=\sin x$로 놓으면

$f'(x)=(n-1)\sin^{n-2} x\cdot\cos x$, $g(x)=-\cos x$이므로

$$\int \sin^n x\,dx$$
$$=-\sin^{n-1} x \cos x+\int (n-1)\sin^{n-2} x \cos^2 x\,dx$$
$$=-\sin^{n-1} x \cos x+(n-1)\int \sin^{n-2} x(1-\sin^2 x)dx$$
$$=-\sin^{n-1} x \cos x+(n-1)\int \sin^{n-2} x\,dx-(n-1)\int \sin^n x\,dx$$

이다. 오른쪽 마지막 항을 왼쪽으로 이항하여 정리하면

$n\int \sin^n x\,dx$

$$=-\sin^{n-1}x\cos x+(n-1)\int\sin^{n-2}x\,dx$$

이다. 따라서

$$\int\sin^n x\,dx=-\frac{1}{n}\sin^{n-1}x\cos x+\frac{n-1}{n}\int\sin^{n-2}x\,dx$$

이다. 또 $a_n=\int_{\frac{\pi}{2}}^{\pi}\sin^n x\,dx$로 놓으면 위의 식을 이용하여

$$a_n=\left[-\frac{1}{n}\sin^{n-1}x\cos x\right]_{\frac{\pi}{2}}^{\pi}+\frac{n-1}{n}\int_{\frac{\pi}{2}}^{\pi}\sin^{n-2}x\,dx$$

$$=\frac{n-1}{n}a_{n-2}\ (n\ge2)$$

이다. $\int_{\frac{\pi}{2}}^{\pi}\sin^{2n}x\,dx=a_{2n}$이므로

$a_{2n}=\frac{2n-1}{2n}a_{2n-2}\ (n\ge1)$이다.

$$a_{2n}=\frac{2n-1}{2n}\cdot\frac{2n-3}{2n-2}a_{2n-4}$$

$$=\frac{2n-1}{2n}\cdot\frac{2n-3}{2n-2}\cdot\frac{2n-5}{2n-4}a_{2n-6}$$

$$\vdots$$

$$=\frac{(2n-1)(2n-3)(2n-5)\cdot\cdots\cdot3\cdot1}{2n(2n-2)(2n-4)\cdot\cdots\cdot4\cdot2}a_0$$

이고 $a_0=\int_{\frac{\pi}{2}}^{\pi}1\,dx=\frac{\pi}{2}$이므로

$a_{2n}=\frac{1\cdot3\cdot5\cdot\cdots\cdot(2n-1)}{2\cdot4\cdot6\cdot\cdots\cdot2n}\cdot\frac{\pi}{2}$이다.

(2) $a_n=\int_{\frac{\pi}{2}}^{\pi}\sin^n x\,dx=\frac{n-1}{n}a_{n-2}$이므로

$a_{2n+1}=\frac{2n}{2n+1}a_{2n-1}(n\ge1)$이다.

$$a_{2n+1}=\frac{2n}{2n+1}\cdot\frac{2n-2}{2n-1}a_{2n-3}$$

$$=\frac{2n}{2n+1}\cdot\frac{2n-2}{2n-1}\cdot\frac{2n-4}{2n-3}a_{2n-5}$$

$$\vdots$$

$$=\frac{2n(2n-2)(2n-4)\cdot\cdots\cdot4\cdot2}{(2n+1)(2n-1)(2n-3)\cdot\cdots\cdot5\cdot3}a_1$$

이고 $a_1=\int_{\frac{\pi}{2}}^{\pi}\sin x\,dx=\left[-\cos x\right]_{\frac{\pi}{2}}^{\pi}=1$이므로

$a_{2n+1}=\frac{2\cdot4\cdot6\cdot\cdots\cdot(2n)}{3\cdot5\cdot7\cdot\cdots\cdot(2n+1)}$이다.

이때 $a_{2n-1}=\frac{2\cdot4\cdot6\cdot\cdots\cdot(2n-2)}{3\cdot5\cdot7\cdot\cdots\cdot(2n-1)}$이다.

$\frac{\pi}{2}\le x\le\pi$일 때 $0\le\sin x\le1$이므로

$\sin^{2n-1}x\ge\sin^{2n}x\ge\sin^{2n+1}x$이다.

$$\int_{\frac{\pi}{2}}^{\pi}\sin^{2n-1}x\,dx\ge\int_{\frac{\pi}{2}}^{\pi}\sin^{2n}x\,dx\ge\int_{\frac{\pi}{2}}^{\pi}\sin^{2n+1}x\,dx$$

이므로

$a_{2n-1}\ge a_{2n}\ge a_{2n+1}$이고

각 항을 a_{2n+1}로 나누면 $\frac{a_{2n+1}}{a_{2n+1}}\le\frac{a_{2n}}{a_{2n+1}}\le\frac{a_{2n-1}}{a_{2n+1}}$이다.

여기에서 $\lim_{n\to\infty}\frac{a_{2n-1}}{a_{2n+1}}=\lim_{n\to\infty}\frac{2n+1}{2n}=1$이므로

조임정리에 의해 $\lim_{n\to\infty}\frac{a_{2n}}{a_{2n+1}}=1$이다.

(3) $\left(e^{-\frac{x^2}{2}}\right)'=-xe^{-\frac{x^2}{2}}$이므로 $\int(-x)e^{-\frac{x^2}{2}}\,dx=e^{-\frac{x^2}{2}}$이다.

따라서

$$\int_0^t x^{2k}e^{-\frac{x^2}{2}}\,dx$$

$$=\int_0^t(-x^{2k-1})(-x)e^{-\frac{x^2}{2}}\,dx$$

$$=\left[-x^{2k-1}e^{-\frac{x^2}{2}}\right]_0^t+(2k-1)\int_0^t x^{2k-2}e^{-\frac{x^2}{2}}\,dx$$

이다. 여기서

$$\left[x^{2k-1}e^{-\frac{x^2}{2}}\right]_0^t=t^{2k-1}e^{-\frac{t^2}{2}}=\frac{(t^2)^k}{te^{\frac{t^2}{2}}}$$

$$=\frac{2^k}{t}\cdot\frac{\left(\frac{t^2}{2}\right)^k}{e^{\frac{t^2}{2}}}$$ 이므로

문제의 조건에 의해

$$\lim_{t\to\infty}\left[x^{2k-1}e^{-\frac{x^2}{2}}\right]_0^t=\lim_{t\to\infty}\frac{2^k}{t}\cdot\frac{\left(\frac{t^2}{2}\right)^k}{e^{\frac{t^2}{2}}}=0$$

이다. 그러므로

$$\lim_{t\to\infty}\int_0^t x^{2k}e^{-\frac{x^2}{2}}\,dx=\lim_{t\to\infty}(2k-1)\int_0^t x^{2k-2}e^{-\frac{x^2}{2}}\,dx$$

이다. 따라서

$$(2k-1)\int_0^t x^{2k-2}e^{-\frac{x^2}{2}}\,dx$$

$$=(2k-1)(2k-3)\int_0^t x^{2k-4}e^{-\frac{x^2}{2}}\,dx$$

$$\vdots$$

$$=(2k-1)(2k-3)\cdot\cdots\cdot3\cdot1\int_0^t e^{-\frac{x^2}{2}}\,dx$$

이다. 또한 $f(x)=\frac{1}{\sqrt{2\pi}}e^{-\frac{x^2}{2}}$가 확률밀도함수이므로

$\lim_{t\to\infty}\int_0^t\frac{1}{\sqrt{2\pi}}e^{-\frac{x^2}{2}}\,dx=\frac{1}{2}$이고

$\lim_{t\to\infty}\int_0^t e^{-\frac{x^2}{2}}\,dx=\frac{\sqrt{2\pi}}{2}$이다.

$$\lim_{t\to\infty}(2k-1)\int_0^t x^{2k-2}e^{-\frac{x^2}{2}}\,dx$$

$$=\lim_{t\to\infty}(2k-1)(2k-3)\cdot\cdots\cdot3\cdot1\int_0^t e^{-\frac{x^2}{2}}\,dx$$

$$=\frac{(2k!)}{2k(2k-2)(2k-4)\cdot\cdots\cdot4\cdot2}\times\frac{\sqrt{2\pi}}{2}$$

$$=\frac{(2k)!}{2^{k+1}k!}\sqrt{2\pi}$$

이다. 즉

$$\lim_{t\to\infty}\int_0^t x^{2k}e^{-\frac{x^2}{2}}\,dx=\frac{(2k)!}{k!2^{k+1}}\sqrt{2\pi}$$

이다.

다른 답안

$f(x)=e^{-\frac{x^2}{2}}$, $g'(x)=x^{2k}$라 하면

$f'(x)=-xe^{-\frac{x^2}{2}}$, $g(x)=\frac{x^{2k+1}}{2k+1}$이므로

$$\int_0^t x^{2k}e^{-\frac{x^2}{2}}\,dx$$

$$=\left[\frac{x^{2k+1}}{2k+1}e^{-\frac{x^2}{2}}\right]_0^t+\frac{1}{2k+1}\int_0^t x^{2k+2}e^{-\frac{x^2}{2}}\,dx$$

여기에서 $t \to \infty$일 때

$\frac{t^{2k+1}}{2k+1} e^{-\frac{t^2}{2}} = \frac{t^{2k+1}}{(2k+1)e^{\frac{t^2}{2}}} \to 0$이므로

$\lim_{t\to\infty}\int_0^t x^{2k}e^{-\frac{x^2}{2}}\,dx = \frac{1}{2k+1}\lim_{t\to\infty}\int_0^t x^{2k+2}e^{-\frac{x^2}{2}}\,dx$이다.

$\lim_{t\to\infty}\int_0^t x^{2k}e^{-\frac{x^2}{2}}\,dx = I_{2k}$라 하면 $I_{2k} = \frac{1}{2k+1}I_{2k+2}$이다.

$I_{2k+2} = (2k+1)I_{2k}$에서 $I_{2k} = (2k-1)I_{2k-2}$이므로

$$I_{2k} = (2k-1)(2k-3)I_{2k-4}$$
$$\vdots$$
$$= (2k-1)(2k-3)\cdot\cdots\cdot 3\cdot 1\, I_0$$이다.

$I_0 = \lim_{t\to\infty}\int_0^t e^{-\frac{x^2}{2}}\,dx = \sqrt{2\pi}\lim_{t\to\infty}\int_0^t \frac{1}{\sqrt{2\pi}}e^{-\frac{x^2}{2}}\,dx$에서

$f(x) = \frac{1}{\sqrt{2\pi}}e^{-\frac{x^2}{2}}$이 표준정규분포의 확률밀도 함수이고

$f(x) = \frac{1}{\sqrt{2\pi}}e^{-\frac{x^2}{2}}$ (그래프: y, O, x)

$P(X \ge 0) = \frac{1}{2}$이므로

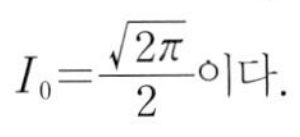

$I_0 = \frac{\sqrt{2\pi}}{2}$이다.

따라서 $I_{2k} = (2k-1)(2k-3)\cdot\cdots\cdot 3\cdot 1 \times \frac{\sqrt{2\pi}}{2}$

$$= \frac{(2k)(2k-1)(2k-2)(2k-3)\cdot\cdots\cdot 3\cdot 2\cdot 1}{(2k)(2k-2)(2k-4)\cdot\cdots\cdot 4\cdot 2} \times \frac{\sqrt{2\pi}}{2}$$

$$= \frac{(2k)!}{k!\,2^{k+1}}\sqrt{2\pi}$$

이다.

주제별 강의 **제 11 장**

여러 가지 변화율

문제 1 • 195쪽 •

(1) 비례상수를 a라 하면 $f'(x) = af(x)$, 즉 $\frac{f'(x)}{f(x)} = a$이다.

양변을 x에 대하여 적분하면 $\int \frac{f'(x)}{f(x)}dx = \int a\,dx$이므로 $\ln|f(x)| = ax + C$(단, C는 적분상수)이다.

즉, $f(x) = e^{ax+C}$ ($\because f(x) > 0$)이므로 [표 1]을 이용하면 인구수 $f(x)$를 구할 수 있다.

(i) $x=0$일 때, 인구수는 46(백 만명)이므로

$46 = f(0) = e^C$

(ii) $x=1$일 때, 인구수는 47(백 만명)이므로

$47 = f(1) = e^{a+C}$

(i), (ii)에 의하여 $e^a = \frac{47}{46}$이다.

따라서 구하는 인구수 $f(x)$는 $f(x) = 46\left(\frac{47}{46}\right)^x$이다.

(2) 2015년은 $x=3$으로 놓을 수 있으므로

$f(3) = 46\left(\frac{47}{46}\right)^3 = 49.22$(백만 명)으로 약 4922만 명으로 예측할 수 있다.

(3) 2050년은 $x=10$으로 놓을 수 있으므로

$f(10) = 46\left(\frac{47}{46}\right)^{10} = 57.04$

2050년 우리나라 65세 이상의 고령인구의 비중은 전체 인구의 38.2 %이므로

$f(10) \times 0.382 = 57.04 \times 0.382 \fallingdotseq 21.78928$

로 21789280명으로 예측할 수 있다.

문제 2 • 196쪽 •

① (나)에서 제시된 $y = rx\left(1 - \frac{x}{20000}\right)$의 그래프는 포물선 모형이고 $\frac{x}{20000} \to 0$이면 $y \to rx$가 성립한다.

여기에서 $r = \frac{3}{2}$이면 $y = \frac{3}{2}x$이므로 매년 코끼리 개체 수는 50%씩 늘어나게 되어 (a)의 조건을 만족한다.

또, $y = rx\left(1 - \frac{x}{20000}\right)$에서 $x = 20000$이면 $y = 0$이 되므로 (b)의 조건을 만족한다.

따라서 (나)에서 제시된 포물선 모형은 두 가지 조건을 모두 잘 반영하고 있다.

② 어떤 해에 코끼리 개체 수가 16000이었다면 포물선 모형

$y = \frac{3}{2}x\left(1 - \frac{x}{20000}\right)$

에 의하여 코끼리 개체 수는 다음과 같이 변화한다.

연수	어떤 해	1년 후	2년 후	3년 후	…
코끼리 개체 수	16000	4800	5472	5962	…

어떤 해의 코끼리 개체 수를 x_n이라 하면 다음 해 코끼리 개체 수는 x_{n+1}이므로 포물선 모형의 식은

$x_{n+1} = \frac{3}{2}x_n\left(1 - \frac{x_n}{20000}\right)$ …… ㉠

이 되고 수열 $\{x_n\}$은 수렴하므로 $\lim_{n\to\infty}x_n = \lim_{n\to\infty}x_{n+1} = \alpha$로 놓으면 ㉠은

$\alpha = \frac{3}{2}\alpha\left(1 - \frac{\alpha}{20000}\right)$, $\alpha(3\alpha - 20000) = 0$이다.

이때, $\alpha \ne 0$이므로 $\alpha = \frac{20000}{3}$이다.

그러므로 코끼리 개체 수 x_n에 대하여 $0 < x_n < 20000$일 때, 세월이 흐르면 $\frac{20000}{3}$으로 수렴하게 된다.

따라서 (가)에서 코끼리가 굶어 죽더라도 그냥 내버려 두기로 한 결정은 타당하다.

문제 3 • 197쪽 •

(1) 변화비율에 대한 관계식 $\frac{1}{P(h)}\frac{dP}{dh}=f(h)$의 양변을 0부터 h까지 정적분하면

$$\int_0^h \frac{1}{P(h)}\frac{dP}{dh}dh=\int_0^h \frac{1}{P(h)}dP=\Big[\ln P(h)\Big]_0^h$$

$$=\ln P(h)-\ln P(0)=\int_0^h f(h)dh$$

와 같은 관계식을 얻을 수 있다.

$\ln P(h)=\ln P_0+\int_0^h f(h)dh$이므로

$P(h)=P_0 e^{\int_0^h f(h)dh}$

(2) $P(h)=P_0 e^{\int_0^h kdh}=P_0 e^{kh}$이다.

$P(5680)=P_0 e^{k\cdot 5680}=\frac{1}{2}P_0$이므로

$k=\frac{1}{5680}\ln\frac{1}{2}=-\frac{\ln 2}{5680}$이다.

따라서 $P(h)=P_0 e^{\frac{h}{5680}\ln\frac{1}{2}}=P_0\left(\frac{1}{2}\right)^{\frac{h}{5680}}$이고,

$P(8520)=P_0\left(\frac{1}{2}\right)^{\frac{8520}{5680}}=P_0\left(\frac{1}{2}\right)^{\frac{3}{2}}=P_0\frac{1}{2\sqrt{2}}$

(3) $T\left(\frac{1}{2}\right)=\frac{373}{1-a\log 0.5}=\frac{373}{1.05}$이므로

$a=\frac{0.05}{\log 2}\left(=\frac{0.05}{0.3}=\frac{1}{6}\right)$이다.

$T(P_H)=\frac{373}{1.0125}=\frac{373}{1-a\log P_H}$이므로

$\log P_H=-\frac{0.0125}{a}=-\frac{0.0125}{0.05}\log 2\left(=-\frac{0.3}{4}\right)$이고,

$P_H=\left(\frac{1}{2}\right)^{\frac{1}{4}}$이다.

$P_H=\left(\frac{1}{2}\right)^{\frac{H}{5680}}=\left(\frac{1}{2}\right)^{\frac{1}{4}}$이므로 $H=\frac{5680}{4}=1420(\text{m})$

다른 답안

(2)의 결과로부터 합성함수를 구하면

$$T(h)=\frac{373}{1-a\log\left(\frac{1}{2}\right)^{\frac{h}{5680}}}=\frac{373}{1+a\cdot\log 2\cdot\frac{h}{5680}}$$과

같다.

$$T_H=\frac{373}{1+\frac{1}{6}\log 2\cdot\frac{H}{5680}}=\frac{373}{1.0125}$$이므로

$H=1420(\text{m})$이다.

주제별 강의 **제 12 장**

분수의 합(급수의 수렴, 발산)

문제 1 • 202쪽 •

(1) ① $r=3$일 때,

$$S_{2^r}=S_{2^3}=S_8=1+\frac{1}{2}+\left(\frac{1}{3}+\frac{1}{4}\right)+\left(\frac{1}{5}+\cdots+\frac{1}{8}\right)$$

$$\geq 1+\frac{1}{2}+2\cdot\frac{1}{4}+2^2\cdot\frac{1}{8}=1+3\cdot\frac{1}{2}$$

$r=7$일 때,

$S_{2^r}=S_{2^7}=S_{128}$

$$=1+\frac{1}{2}+\left(\frac{1}{2^1+1}+\frac{1}{2^2}\right)+\left(\frac{1}{2^2+1}+\cdots+\frac{1}{2^3}\right)$$

$$+\cdots+\left(\frac{1}{2^6+1}+\cdots+\frac{1}{2^7}\right)$$

$$\geq 1+\frac{1}{2}+2\cdot\frac{1}{2^2}+2^2\cdot\frac{1}{2^3}+\cdots+2^6\cdot\frac{1}{2^7}$$

$$=1+7\cdot\frac{1}{2}$$

② 수학적 귀납법을 이용하여 $r=0,\ 1,\ 2,\ \cdots$에 대하여 다음의 부등식이 성립함을 보인다.

$S_{2^r}\geq 1+\frac{r}{2}$ …… ㉠

(i) $r=0$일 때, ㉠이 성립한다.

$S_{2^r}=S_{2^0}=S_1=1\geq 1=1+\frac{0}{2}=1+\frac{r}{2}$

(ii) $r=k$일 때 ㉠이 성립한다고 가정하고 $r=k+1$일 때도 ㉠이 성립함을 보인다.

$$S_{2^{k+1}}=1+\frac{1}{2}+\cdots+\frac{1}{2^k}+\frac{1}{2^k+1}+\cdots+\frac{1}{2^{k+1}}$$

$$=S_{2^k}+\frac{1}{2^k+1}+\cdots+\frac{1}{2^{k+1}}$$

$$\geq 1+\frac{k}{2}+\frac{1}{2^k+1}+\cdots+\frac{1}{2^{k+1}}$$

($r=k$일 때 ㉠ 성립 적용)

$$\geq 1+\frac{k}{2}+2^k\cdot\frac{1}{2^{k+1}}=1+\frac{k+1}{2}$$

즉, $r=k+1$일 때 ㉠이 성립한다.

(2) ㉠으로부터 $r\to\infty$일 때 $S_{2^r}\to\infty$이므로 $\sum_{k=1}^{\infty}\frac{1}{k}$은 발산한다.

(3) 다음 그림에서 색칠된 직사각형 넓이의 합을 L_n이라고 하면

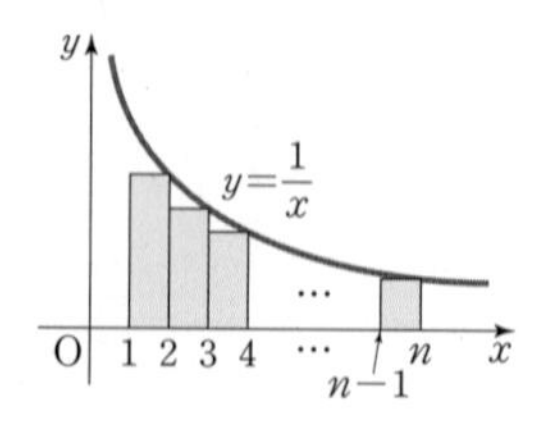

$L_n=1\cdot\frac{1}{2}+1\cdot\frac{1}{3}+\cdots+1\cdot\frac{1}{n}=S_n-1$이고 $L_n\leq A_n$이다.

그러므로 $S_n\leq A_n+1$ …… ㉠

이다.

다음 그림에서 색칠된 사다리꼴 면적의 합을 U_n이라고 하면

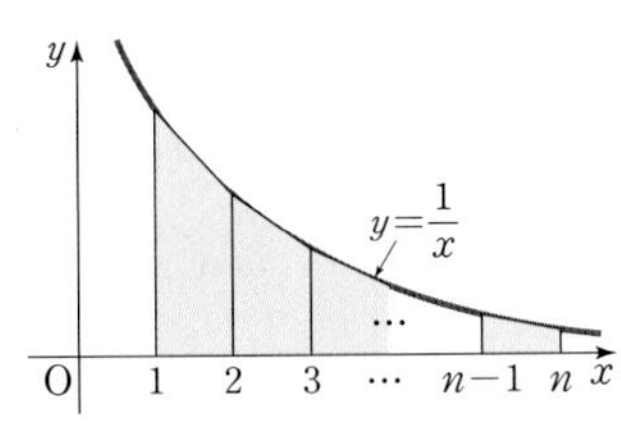

$$U_n=\frac{1}{2}\left(1+\frac{1}{2}\right)+\frac{1}{2}\left(\frac{1}{2}+\frac{1}{3}\right)+\cdots+\frac{1}{2}\left(\frac{1}{n-1}+\frac{1}{n}\right)$$
$$=\frac{1}{2}\left(1+\frac{1}{2}+\frac{1}{3}+\cdots\frac{1}{n-1}\right)$$
$$+\frac{1}{2}\left(\frac{1}{2}+\frac{1}{3}+\frac{1}{4}+\cdots+\frac{1}{n}\right)$$
$$=\frac{1}{2}\left(S_n-\frac{1}{n}\right)+\frac{1}{2}(S_n-1)=S_n-\frac{1}{2n}-\frac{1}{2}$$

또한, $A_n \le U_n$이므로 $A_n+\frac{1}{2n}+\frac{1}{2}\le S_n$ ……㉡

이다. 그러므로 ㉠, ㉡에 의하여

$A_n+\frac{1}{2}+\frac{1}{2n}\le S_n \le A_n+1$이다.

(4) (3)의 결과로부터 $S_5-1\le A_5 \le S_5-\frac{1}{10}-\frac{1}{2}$이다.

$S_5-1=\frac{1}{2}+\frac{1}{3}+\frac{1}{4}+\frac{1}{5}=1.28\dot{3}$

$S_5-\frac{1}{10}-\frac{1}{2}=1+\frac{1}{2}+\frac{1}{3}+\frac{1}{4}+\frac{1}{5}-0.1-\frac{1}{2}=1.68\dot{3}$

위의 결과로부터 $1.28\dot{3}\le A_5 \le 1.68\dot{3}$

그러므로 $A_5>1.7$은 거짓이다.

문제 2 • 203쪽 •

(1) 정적분의 정의에 의하여 $\int_k^{k+1}\frac{1}{\sqrt{x}}dx$는 구간 $[k, k+1]$ 위에서 x축 위의 두 점 $x=k$와 $x=k+1$을 연결하는 선분과 두 수직선 $x=k$와 $x=k+1$, 그리고 함수 $y=\frac{1}{\sqrt{x}}$의 그래프로 둘러싸인 부분의 면적이다.

주어진 그래프에서 볼 수 있듯이, 구간 $[k, k+1]$에서 $y=\frac{1}{\sqrt{x}}$의 그래프는 수평선 $y=\frac{1}{\sqrt{k+1}}$의 위에 있고 수평선 $y=\frac{1}{\sqrt{k}}$의 아래에 있다.

그러므로 정적분 $\int_k^{k+1}\frac{1}{\sqrt{x}}dx$에 대응하는 도형은 밑변이 구간 $[k, k+1]$이고 높이가 $\frac{1}{\sqrt{k+1}}$인 직사각형을 포함하고, 밑변이 구간 $[k, k+1]$이고 높이가 $\frac{1}{\sqrt{k}}$인 직사각형에 포함되어 있다. 따라서 $\int_k^{k+1}\frac{1}{\sqrt{x}}dx$는 밑변이 구간 $[k, k+1]$이고 높이가 $\frac{1}{\sqrt{k+1}}$인 직사각형의 넓이보다 크고, 밑변이 구간 $[k, k+1]$이고 높이가 $\frac{1}{\sqrt{k}}$인 직사각형의 넓이보다 작다. 그러므로 $\int_k^{k+1}\frac{1}{\sqrt{x}}dx$는 $\frac{1}{\sqrt{k+1}}$과 $\frac{1}{\sqrt{k}}$ 사이에 존재한다.

(2) $\int_1^{100}\frac{1}{\sqrt{x}}dx=\sum_{k=1}^{99}\int_k^{k+1}\frac{1}{\sqrt{x}}dx$이므로, (1)의 부등식에 $\sum_{k=1}^{99}$를 적용하면 아래의 부등식을 얻는다.

$$\sum_{k=1}^{99}\frac{1}{\sqrt{k+1}}<\sum_{k=1}^{99}\int_k^{k+1}\frac{1}{\sqrt{x}}dx=\int_1^{100}\frac{1}{\sqrt{x}}dx<\sum_{k=1}^{99}\frac{1}{\sqrt{k}}$$

위에서 얻은 부등식의 좌변과 우변을 $\sum_{k=1}^{100}\frac{1}{\sqrt{k}}$을 포함하도록 변형하면, 좌변은

$$\sum_{k=1}^{99}\frac{1}{\sqrt{k+1}}=\sum_{k=2}^{100}\frac{1}{\sqrt{k}}=\sum_{k=1}^{100}\frac{1}{\sqrt{k}}-1$$

이고, 우변은

$$\sum_{k=1}^{99}\frac{1}{\sqrt{k}}=\sum_{k=1}^{100}\frac{1}{\sqrt{k}}-\frac{1}{\sqrt{100}}=\sum_{k=1}^{100}\frac{1}{\sqrt{k}}-\frac{1}{10}$$

이다. 그러므로 위의 부등식은

$$\sum_{k=1}^{100}\frac{1}{\sqrt{k}}-1<\int_1^{100}\frac{1}{\sqrt{x}}dx<\sum_{k=1}^{100}\frac{1}{\sqrt{k}}-\frac{1}{10}$$

이 되고, 가운데 항의 적분을 계산하면 다음 값을 얻는다.

$$\int_1^{100}\frac{1}{\sqrt{x}}dx=\left[2\sqrt{x}\right]_1^{100}=2(\sqrt{100}-\sqrt{1})=18$$

따라서 위의 부등식은 $\sum_{k=1}^{100}\frac{1}{\sqrt{k}}-1<18<\sum_{k=1}^{100}\frac{1}{\sqrt{k}}-\frac{1}{10}$

이 되고, 위의 부등식을 $\sum_{k=1}^{100}\frac{1}{\sqrt{k}}$에 대하여 쓰면

$18+\frac{1}{10}<\sum_{k=1}^{100}\frac{1}{\sqrt{k}}<18+1$이므로 $\left[\sum_{k=1}^{100}\frac{1}{\sqrt{k}}\right]=18$이다.

문제 3 • 204쪽 •

(1) 수학적 귀납법으로 증명한다.

$n=1$일 때, (좌변)$=\frac{1}{1\cdot 2}=\frac{1}{2}$, (우변)$=\frac{1}{1+1}=\frac{1}{2}$

이므로 성립한다. 자연수 n에 대하여

$\sum_{k=1}^{n}\frac{1}{(2k-1)2k}=\sum_{k=1}^{n}\frac{1}{n+k}$이 성립한다고 하자.

$$\sum_{k=1}^{n+1}\frac{1}{(2k-1)2k}=\sum_{k=1}^{n}\frac{1}{(2k-1)2k}+\frac{1}{(2n+1)2(n+1)}$$
$$=\sum_{k=1}^{n}\frac{1}{n+k}+\frac{1}{(2n+1)2(n+1)}$$
$$=\frac{1}{n+1}+\frac{1}{n+2}+\frac{1}{n+3}+\cdots+\frac{1}{n+n}+\frac{1}{2n+1}$$
$$-\frac{1}{2(n+1)}$$
$$=\frac{1}{(n+1)+1}+\frac{1}{(n+1)+2}+\cdots+\frac{1}{(n+1)+(n-1)}$$
$$+\frac{1}{(n+1)+n}+\left\{\frac{1}{n+1}-\frac{1}{2(n+1)}\right\}$$
$$=\frac{1}{(n+1)+1}+\frac{1}{(n+1)+2}+\cdots+\frac{1}{(n+1)+n}$$

$$+\frac{1}{(n+1)+(n+1)}=\sum_{k=1}^{n+1}\frac{1}{n+1+k}$$

따라서 자연수 n에 대하여 등식

$\sum_{k=1}^{n}\frac{1}{(2k-1)2k}=\sum_{k=1}^{n}\frac{1}{n+k}$이 성립한다.

(2) (1)에서 $\sum_{k=1}^{n}\frac{1}{(2k-1)2k}=\sum_{k=1}^{n}\frac{1}{n+k}$이므로

$$\lim_{n\to\infty}\sum_{k=1}^{n}\frac{1}{(2k-1)2k}=\lim_{n\to\infty}\sum_{k=1}^{n}\frac{1}{n+k}=\lim_{n\to\infty}\sum_{k=1}^{n}\frac{1}{1+\frac{k}{n}}\cdot\frac{1}{n}$$

$$=\int_0^1\frac{1}{1+x}dx=[\ln(1+x)]_0^1=\ln 2$$

(3) 제시문 ㈑에 의해 $\lim_{n\to\infty}\frac{1}{n}=0$이므로 $\sum_{k=1}^{\infty}(-1)^{n+1}\cdot\frac{1}{n}$은 수렴한다. $S_n=\sum_{k=1}^{n}(-1)^{k+1}\frac{1}{k}$로 놓으면 (2)에 의해

$$\lim_{n\to\infty}\sum_{k=1}^{n}\frac{1}{(2k-1)2k}=\left(1-\frac{1}{2}\right)+\left(\frac{1}{3}-\frac{1}{4}\right)+\cdots$$

$$=\ln 2=\lim_{n\to\infty}S_{2n}$$

이다. 따라서 $\lim_{n\to\infty}S_n=\lim_{n\to\infty}S_{2n-1}=\lim_{n\to\infty}S_{2n}$이므로

$\lim_{n\to\infty}S_n=\ln 2$이다. 즉,

$$\sum_{k=1}^{\infty}(-1)^{n+1}\cdot\frac{1}{n}=1-\frac{1}{2}+\frac{1}{3}-\frac{1}{4}+\frac{1}{5}-\frac{1}{6}+\cdots=\ln 2$$

이다.

(4) $\lim_{n\to\infty}\frac{1}{n}\sum_{k=1}^{n}\left(\left[\frac{2n}{k}\right]-2\left[\frac{n}{k}\right]\right)=\int_0^1\left(\left[\frac{2}{x}\right]-2\left[\frac{1}{x}\right]\right)dx$이다. 이것은 $x=0$에서 $x=1$까지 $y=\left[\frac{2}{x}\right]$의 그래프와 $y=2\left[\frac{1}{x}\right]$의 그래프의 사이의 넓이를 구하는 것과 같다. 제시문 ㈒를 이용하여 그래프를 그리면 다음 그림의 색칠된 부분의 넓이와 같다.

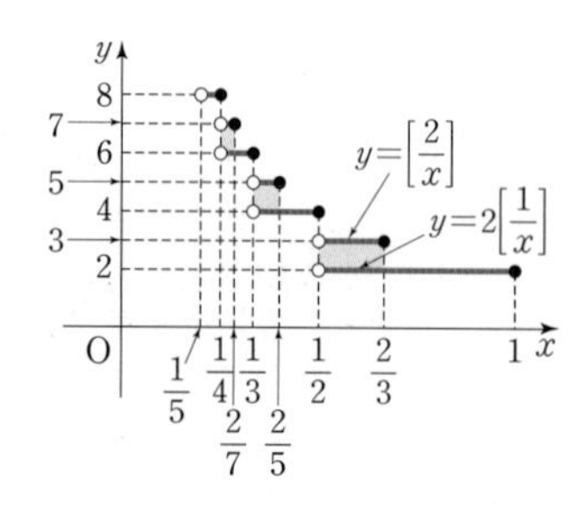

따라서

$$\int_0^1\left(\left[\frac{2}{x}\right]-2\left[\frac{1}{x}\right]\right)dx$$

$$=\left(\frac{2}{3}-\frac{2}{4}\right)+\left(\frac{2}{5}-\frac{2}{6}\right)+\left(\frac{2}{7}-\frac{2}{8}\right)+\cdots$$

$$=2\left\{\left(\frac{1}{3}-\frac{1}{4}\right)+\left(\frac{1}{5}-\frac{1}{6}\right)+\cdots\right\}$$

$$=2\left(\ln 2-\frac{1}{2}\right)=2\ln 2-1$$

이다.

그래프의 대칭성과 미적분

문제 1 • 207쪽 •

(1) $f(x)=x^3-6x^2+11x-6$은 점 $(a,\ b)$에 대해 점대칭이면 제시문에 의하여 $f(a+x)+f(a-x)=2b$를 만족한다.

$f(a+x)+f(a-x)$

$=\{(a+x)^3-6(a+x)^2+11(a+x)-6\}+\{(a-x)^3-6(a-x)^2+11(a-x)-6\}$

$=6(a-2)x^2+2(a^3-6a^2+11a-6)$

이고 이 값이 $2b$와 같으므로

$6(a-2)=0,\ \ 2(a^3-6a^2+11a-6)=2b$에서 $a=2$, $b=0$이다.

따라서 $f(x)$는 점 $(2,\ 0)$에 대해 점대칭이다.

다른 답안 1

$f(x)=x^3-6x^2+11x-6$에서 $f'(x)=3x^2-12x+11$, $f''(x)=6x-12$이므로 변곡점은 $(2,\ 0)$이다.

$f(2+x)+f(2-x)$

$=\{(2+x)^3-6(2+x)^2+11(2+x)-6\}+\{(2-x)^3-6(2-x)^2+11(2-x)-6\}=0$

이므로 $f(x)$는 점 $(2,\ 0)$에 대해 점대칭이다.

다른 답안 2

$f(x)=x^3-6x^2+11x-6$에서 $f''(x)=6x-12$이므로 변곡점은 $(2,\ 0)$이다.

$g(x)=f(x+2)=(x+2)^3-6(x+2)^2+11(x+2)-6$
$=x^3-x$

이고

$g(-x)=(-x)^3-(-x)=-(x^3-x)=-g(x)$

이므로 $g(x)$는 원점에 대해 점대칭이다.

따라서 $f(x)$는 점 $(2,\ 0)$에 대해 점대칭이다.

(2) 점대칭의 정의에 의해 $g(x)$가 원점 $(0,\ 0)$에 대해 점대칭인 함수이므로 $g(-x)=-g(x)$, 즉 $g(x)+g(-x)=0$이다.

또, $h(x)$가 점 $(a,\ 0)$에 대해 점대칭인 함수이므로 $h(a+x)+h(a-x)=0$이다.

$(g\circ h)(a+x)+(g\circ h)(a-x)$

$=g(h(a+x))+g(h(a-x))$

$=g(h(a+x))+g(-h(a+x))$

$=g(h(a+x))-g(h(a+x))=0$

이므로 $(g\circ h)(x)$가 점 $(a,\ 0)$에 대해 점대칭인 함수가 된다.

다른 답안

$i(x)=(g\circ h)(x+a)$로 놓으면

$i(-x)=(g\circ h)(-x+a)=g(h(-x+a))$이고 $h(x)$

가 점 $(a,\ 0)$에 대해 점대칭인 함수이므로
$h(a+x)+f(a-x)=0$에서
$h(a-x)=-h(a+x)$이다.
따라서 $i(-x)=g(-h(a+x))$
$\qquad\qquad =-g(h(a+x))=-i(x)$
이므로 $i(x)=(g\circ h)(x+a)$는 점 $(a,\ 0)$에 대해 점대칭인 함수이다.

(3) $f(x)$가 점 $(2,\ 0)$에 대해 점대칭이므로
$f(2+x)+f(2-x)=0$이 성립한다.
$p(x)=\sqrt[3]{f(x)}$라 하면

$$\begin{aligned}p(2+x)+p(2-x)&=\sqrt[3]{f(2+x)}+\sqrt[3]{f(2-x)}\\&=\sqrt[3]{f(2+x)}+\sqrt[3]{-f(2+x)}\\&=\sqrt[3]{f(2+x)}-\sqrt[3]{f(2-x)}=0\end{aligned}$$

이므로 $p(x)$도 점 $(2,\ 0)$에 대해 점대칭이다.

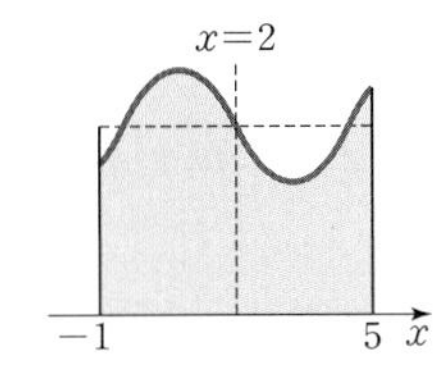

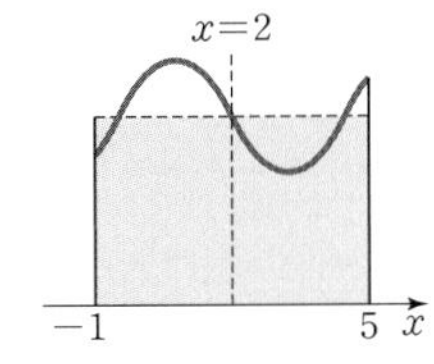

그림과 같이 피적분 함수가 점 $(2,\ 4)$에 대해 점대칭이므로, 정적분의 값은 직선 $y=4$, $x=-1$, $x=5$와 x축으로 둘러싸인 직사각형의 넓이 24와 같다.

문제 2 • 208쪽 •

(1) 함수 $g:\{-h,\ h\}\to \mathrm{R}$를 $g(x)=f(x+a)-b$로 정의하자. 제시문 (다)에 의해 f의 그래프가 평면의 점 $(a,\ b)$에 대해 대칭일 필요충분조건은 g가 기함수인 것이다.
즉, 모든 $-h\leq y\leq h$에 대해 $g(-y)=-g(y)$이다.
$g(-y)=f(-y+a)-b$이고 $-g(y)=-f(y+a)+b$이므로, 위의 등식을 다시 쓰면
모든 $-h\leq y\leq h$에 대해 $f(-y+a)+f(y+a)=2b$
이다. 이 등식에서 $x=y+a$로 치환하면 임의의 $a-h\leq x\leq a+h$에 대해 $f(2a-x)+f(x)=2b$임을 얻는다. 따라서 $\mathrm{A}=2b$이다.

(2) 정적분의 식에서 $y=2a-x(a-h\leq x\leq a+h)$로 치환하면

$$\int_{a-h}^{a+h}f(x)dx=-\int_{a+h}^{a-h}f(2a-y)dy=\int_{a-h}^{a+h}f(2a-x)\,dx$$

이다. $a-h\leq x\leq a+h$일 때 $f(2a-x)=2b-f(x)$이므로, 이를 위의 등식에 대입하면

$$\begin{aligned}\int_{a-h}^{a+h}f(x)dx=\int_{a-h}^{a+h}f(2a-x)\,dx&=\int_{a-h}^{a+h}(2b-f(x))\,dx\\&=4bh-\int_{a-h}^{a+h}f(x)\,dx\end{aligned}$$

이다. 따라서 $\int_{a-h}^{a+h}f(x)\,dx=2bh$이다.

(3) $f(x)=\dfrac{1}{1+2^{\sin x}}\ (0\leq x\leq 2\pi)$이라 두면
임의의 $0\leq x\leq 2\pi$에 대해

$$\begin{aligned}f(2\pi-x)&=\frac{1}{1+2^{\sin(2\pi-x)}}=\frac{1}{1+2^{-\sin x}}=\frac{2^{\sin x}}{1+2^{\sin x}}\\&=1-\frac{1}{1+2^{\sin x}}=1-f(x)\end{aligned}$$

이다. 이를 다시 쓰면 $f(x)+f(2\pi-x)=1\ (0\leq x\leq 2\pi)$이다.
(1)의 결과에 따르면 $f:[0,\ 2\pi]\to\mathrm{R}$의 그래프는 평면의 점 $\left(\pi,\ \dfrac{1}{2}\right)$에 대해 대칭이다.
따라서 정적분의 값은 (2)의 결과에 의해

$$\begin{aligned}\int_0^{2\pi}\frac{1}{1+2^{\sin x}}\,dx=\int_0^{2\pi}f(x)dx&=\int_{\pi-\pi}^{\pi+\pi}f(x)dx\\&=2\times\frac{1}{2}\times\pi=\pi\text{이다.}\end{aligned}$$

문제 3 • 209쪽 •

(1) 함수 $f(x)-(x+2)$을 $(x-\alpha)(x-\beta)(x+\alpha)$로 놓고

$$\int_{-\alpha}^{\alpha}(x-\alpha)(x-\beta)(x+\alpha)dx=0$$

을 계산하면 $\beta=0$을 얻는다.
함수 $f(x)-(x+2)=(x-\alpha)x(x+\alpha)$을 두 번 미분하여 변곡점 $(0,\ 0)$을 가짐을 알 수 있다.

다른 답안

함수 $f(x)-(x+2)$을 $(x-\alpha)(x-\beta)(x+\alpha)$라고 두면
$x=\dfrac{\beta}{3}$에서 변곡점을 가짐을 알 수 있다.
조건 $\int_{-\alpha}^{\alpha}(x-\alpha)(x-\beta)(x+\alpha)dx=0$을 계산하면
$\beta=0$을 얻는다. 따라서 함수 $f(x)-(x+2)$은 변곡점 $(0,\ 0)$을 가진다.

(2) 점대칭과 변곡점의 성질이 평행이동에 대하여 보존되므로 $(p,\ q)$를 원점 $(0,\ 0)$로 생각할 수 있다.
임의의 삼차함수 $g(x)=ax^3+bx^2+cx+d$가
원점 $(0,\ 0)$에 변곡점을 가지면 $b=0=d$이므로
함수 $g(x)$은 $g(-x)=-g(x)$을 만족한다.
함수 $g(x)$의 그래프 $(x,\ g(x))$은 원점 대칭 변환에 대하여 $(-x,\ g(-x))=(-x,\ -g(x))$를 만족하므로 원점 대칭이다.

다른 답안 1

그래프 $(x,\ g(x))$가 점 $(p,\ q)$에 대칭임을 보이기 위하여 $g(2p-x)=2q-g(x)$을 보인다. 삼차함수 $g(x)$가 $(p,\ q)$에 변곡점을 가지므로 $g''(x)=c_1(x-p)$로 놓고 $(x-p)$에 대하여 두 번 적분하면

$g(x)=\frac{c_1}{6}(x-p)^3+c_2(x-p)+q$를 얻는다. 이제

$g(2p-x)=\frac{c_1}{6}(p-x)^3+c_2(p-x)+q=-g(x)+2q$

이므로 그래프 $(x,\ g(x))$가 점 $(p,\ q)$에 대칭이다.

다른 답안 2

그래프 $y=g(x)$가 점 $(p,\ q)$에 대하여 대칭임을 보이기 위하여 $g(p-x)+g(p+x)=2q$임을 보인다.

삼차함수 $g(x)$가 점 $(p,\ q)$를 변곡점으로 가지므로 $g''(x)=c_1(x-p)$라 두고 $(x-p)$에 대하여 두 번 적분하면

$g(x)=\frac{1}{6}c_1(x-p)^3+c_2(x-p)+q$를 얻는다.

$g(p-x)+g(p+x)$

$=\frac{1}{6}c_1(-x)^3+c_2(-x)+q+\frac{1}{6}c_1x^3+c_2x+q=2q$

이므로 그래프 $y=g(x)$가 점 $(p,\ q)$에 대하여 대칭이다.

(3) $(f(x)-(x+2))''=f''(x)$이므로

$f(x)-(x+2)$와 $f(x)$가 모두 $x=\beta=0$에서 변곡점을 가진다. 물음 (2)에 따라 삼차함수 $f(x)$가 변곡점에 대칭이므로 함수 $f(x)$의 변곡점은 $\frac{3+1}{2}=2$를 함숫값으로 하므로 $f(0)=2$이다. 삼차함수 $f(x)$가 변곡점 $(0,\ 2)$에 대하여 대칭이므로 $x=a$와 $x=-a$에서 극솟값과 극댓값을 갖는다고 할 때 $f(-a)=3$, $f(a)=1$이다.

$f''(x)=6x$이므로 적분하면

$f'(x)=3(x^2-a^2)$이고 $f(x)=x^3-3a^2x+2$이다.

$f(a)=1$을 풀면 $a=\frac{1}{\sqrt[3]{2}}$을 얻는다.

따라서 $f(x)=x^3-\frac{3}{\sqrt[3]{4}}x+2$이다.

문제 4 • 210쪽 •

(1) $\int_0^{g(x)} f(t)dt=x-\ln(x+1)$의 양변을 미분하면 제시문 (나)에 의하여

$f(g(x))g'(x)=\frac{x}{x+1}$이고, f가 g의 역함수이므로

$f(g(x))=x$가 된다.

따라서 $g'(x)=\frac{1}{x+1}$임을 알 수 있다.

$g(0)=0$이므로 $g(x)=\ln(x+1)$이다.

(2) $\int_0^a p(x)q(x)dx$

$=\int_0^{\frac{a}{2}} p(x)q(x)dx+\int_{\frac{a}{2}}^a p(x)q(x)\,dx$ …… ①

제시문 (다)와 주어진 조건을 이용하면 식 ①의 우변의 두 번째 항은

$\int_{\frac{a}{2}}^a p(x)q(x)\,dx$

$=\int_{\frac{a}{2}}^a p(a-x)\{k-q(a-x)\}\,dx$ …… ②

이제, $t=a-x$로 놓으면 $dt=-dx$이므로 식 ②의 우변은 다음과 같이 된다.

$\int_{\frac{a}{2}}^a p(a-x)\{k-q(a-x)\}\,dx$

$=-\int_{\frac{a}{2}}^0 p(t)\{k-q(t)\}\,dt$

$=k\int_0^{\frac{a}{2}} p(x)dx-\int_0^{\frac{a}{2}} p(x)q(x)\,dx$ …… ③

③을 식 ①의 우변 두 번째 항에 대입하면 결과를 얻는다.

다른 답안

$p(x)$는 $x=\frac{a}{2}$에 대하여 대칭이면 $p(x)=p(a-x)$를 만족한다.

$q(x)+q(a-x)=k$로부터 $q(x)=k-q(a-x)$이므로

$\int_0^a p(x)q(x)\,dx=\int_0^a p(x)\{k-q(a-x)\}\,dx$

$=k\int_0^a p(x)dx-\int_0^a p(x)q(a-x)\,dx$ …… ①

이다.

$\int_0^a p(x)q(a-x)dx$에서 $a-x=t$로 놓으면

$\int_0^a p(x)q(a-x)dx=\int_a^0 p(a-t)q(t)(-dt)$

$=\int_0^a p(t)q(t)dt$

이므로 ①에 대입하면

$\int_0^a p(x)q(x)\,dx=k\int_0^a p(x)\,dx-\int_0^a p(x)q(x)\,dx$

이다.

$2\int_0^a p(x)q(x)dx=k\int_0^a p(x)\,dx$이므로

$\int_0^a p(x)q(x)dx=\frac{k}{2}\int_0^a p(x)\,dx$이다.

그런데 $p(x)$는 $x=\frac{a}{2}$에 대칭이므로

$\int_0^a p(x)dx=2\int_0^{\frac{a}{2}} p(x)\,dx$이다.

따라서 $\int_0^a p(x)q(x)dx=k\int_0^{\frac{a}{2}} p(x)\,dx$이다.

(3) 부분적분법에 의하여

$\int_{-1}^1 s'(x)(x+1)\,dx$

$=\Big[(x+1)s(x)\Big]_{-1}^1-\int_{-1}^1 s(x)\,dx$ …… ①

$r(x)$가 원점에 대하여 대칭이므로 제시문 (라)로부터 $r(x)$의 역함수 $s(x)$는 원점대칭이다.

따라서 식 ①에서 $\int_{-1}^1 s(x)\,dx=0$이다.

주어진 조건에서 $r(2)=1$이므로 $s(1)=2$이며, 제시문 (다)로부터 $s(-1)=-2$임을 알 수 있다.

그러므로 식 ①의 첫 번째 항의 값은

$(1+1)s(1)-(1-1)s(-1)=4$가 된다.

따라서 $\int_{-1}^{1} s'(x)(x+1)\,dx=4$이다.

주제별 강의 **제 14 장**

역함수와 미적분

문제 1 • 214쪽 •

(1) 함수 f가 일대일 함수임을 보이려면 서로 다른 두 실수 a, b에 대하여 $f(a)\neq f(b)$를 보이면 된다.
만약에 a와 b가 서로 다른 실수라면 일반성을 잃지 않으면서 $a<b$라고 가정할 수 있다. 그러면 함수 f는 주어진 조건에 의하여 닫힌 구간 $[a, b]$에서 연속이고 열린 구간 (a, b)에서 미분가능이다.
따라서 제시문 (가)에 의하여 열린 구간 (a, b)에서 $f(b)-f(a)=f'(c)(b-a)$를 만족하는 적당한 실수 c를 찾을 수 있다.
위 등식의 우변에서 a와 b가 서로 다른 실수이므로 $b-a\neq 0$가 나오고, 주어진 조건에 의하여 $f'(c)\neq 0$이다. 따라서 $f'(c)(b-a)\neq 0$이고 $f(b)-f(a)\neq 0$이다. 그러므로 함수 f는 일대일 함수이다.

(2) (1)의 결과와 제시문 (나) ①에 의하여 f의 역함수 f^{-1}도 연속함수이고 $\gamma=f^{-1}(\beta+h)$로 나타낼 수 있다. 그러므로 h가 0으로 수렴하면 연속성에 의하여 $f^{-1}(\beta+h)$는 $f^{-1}(\beta)=\alpha$로 수렴한다.

(3) $$(f^{-1})'(\beta)=\lim_{h\to 0}\frac{f^{-1}(\beta+h)-f^{-1}(\beta)}{h}$$
$$=\lim_{\gamma\to\alpha}\frac{\gamma-\alpha}{f(\gamma)-f(\alpha)}=\lim_{\gamma\to\alpha}\frac{1}{\dfrac{f(\gamma)-f(\alpha)}{\gamma-\alpha}}$$
$$=\frac{1}{\lim\limits_{\gamma\to\alpha}\dfrac{f(\gamma)-f(\alpha)}{\gamma-\alpha}}=\frac{1}{f'(\alpha)}$$
이므로 역함수 f^{-1}는 β에서 미분가능이고
$(f^{-1})'(\beta)=\dfrac{1}{f'(\alpha)}$가 성립한다.

문제 2 • 215쪽 •

(1) $y=x^3+x$와 $y=\dfrac{f''(x)}{4}$가 $y=x$에 대하여 대칭이므로
$y=x^3+x$이고 $4x=f''(y)$가 동시에 성립한다.
따라서 $f''(x^3+x)=4x$이다.

(2) $f''(x^3+x)=4x$이므로
$f''(x^3+x)\cdot(3x^2+1)=4x(3x^2+1)$이다.
$\int f''(x^3+x)\cdot(3x^2+1)dx=\int(12x^3+4x)dx$에서
$f'(x^3+x)=3x^4+2x^2+C$(단, C는 적분상수)이다.
또, $f'(x^3+x)\cdot(3x^2+1)=(3x^4+2x^2+C)\cdot(3x^2+1)$이므로
$$\int f'(x^3+x)\cdot(3x^2+1)dx$$
$$=\int\{9x^6+9x^4+(3C+2)x^2+C\}dx\text{에서}$$
$$f(x^3+x)=\frac{9}{7}x^7+\frac{9}{5}x^5+\frac{1}{3}(3C+2)x^3+Cx+D$$
(단, D는 적분상수)이다.
$2f'(2)=2(3+2+C)$와
$f(2)=\dfrac{9}{7}+\dfrac{9}{5}+\dfrac{1}{3}(3C+2)+C+D$의 값이 같으므로
$D=10-\dfrac{9}{7}-\dfrac{9}{5}-\dfrac{2}{3}=10-\dfrac{394}{105}=\dfrac{656}{105}$이다.
따라서 $f(0)=D=\dfrac{656}{105}$이다.

문제 3 • 215쪽 •

(1) $g(x)=f^{-1}(x)$이므로 $g(1)=f^{-1}(1)=k$로 놓으면 $f(k)=1$이다.
$2\sin\left(\dfrac{\pi k}{4}\right)=1\ (-2<k<2)$에서
$\sin\left(\dfrac{\pi k}{4}\right)=\dfrac{1}{2}\left(-\dfrac{\pi}{2}<\dfrac{\pi k}{4}<\dfrac{\pi}{2}\right)$
이므로 $\dfrac{\pi k}{4}=\dfrac{\pi}{6}$, $k=\dfrac{2}{3}$, 즉 $g(1)=\dfrac{2}{3}$이다.
또, $g(\sqrt{2})=f^{-1}(\sqrt{2})=l$로 놓으면 $f(l)=\sqrt{2}$이다.
$2\sin\left(\dfrac{\pi l}{4}\right)=\sqrt{2}\ (-2<l<2)$에서
$\sin\left(\dfrac{\pi l}{4}\right)=\dfrac{\sqrt{2}}{2}\left(-\dfrac{\pi}{2}<\dfrac{\pi l}{4}<\dfrac{\pi}{2}\right)$
이므로 $\dfrac{\pi l}{4}=\dfrac{\pi}{4}$, $l=1$, 즉 $g(\sqrt{2})=1$이다.
$h(g(\sqrt{2}))=h(1)=m$으로 놓으면 $h^{-1}(m)=1$이다.
$h^{-1}(x)=\tan x\left(-\dfrac{\pi}{2}<x<\dfrac{\pi}{2}\right)$이므로
$\tan m=1\left(-\dfrac{\pi}{2}<m<\dfrac{\pi}{2}\right)$
에서 $m=\dfrac{\pi}{4}$, 즉 $h(g(\sqrt{2}))=\dfrac{\pi}{4}$이다.

다른 답안

$f(x)=2\sin\left(\dfrac{\pi x}{4}\right)$의 역함수가 $g(x)$이므로
$f(g(x))=x$가 성립한다.
$x=1$일 때 $f(g(1))=1$이므로
$2\sin\left(\dfrac{\pi g(1)}{4}\right)=1$, $\sin\left(\dfrac{\pi g(1)}{4}\right)=\dfrac{1}{2}$이다.
$-2<x<2$에서 $-2<g(1)<2$, $-\dfrac{\pi}{2}<\dfrac{\pi g(1)}{4}<\dfrac{\pi}{2}$
이므로
$\dfrac{\pi g(1)}{4}=\dfrac{\pi}{6}$, $g(1)=\dfrac{2}{3}$이다.

또, 같은 방법으로 하여 $g(\sqrt{2})=1$이므로

$h(g(\sqrt{2}))=h(1)$이다.

$h(x)$는 $\tan x$의 역함수이므로 $h(\tan x)=x$가 성립한다.

$\tan x=1\ \left(-\frac{\pi}{2}<x<\frac{\pi}{2}\right)$일 때 $x=\frac{\pi}{4}$이므로

$h(g(\sqrt{2}))=h(1)=\frac{\pi}{4}$이다.

(2) $F(x)=\sin x$, $f(x)=2\sin\left(\frac{\pi x}{4}\right)$이므로

$f(x)=2F\left(\frac{\pi x}{4}\right)$이다.

$f(x)=y=2F\left(\frac{\pi x}{4}\right)$의 역함수는

$x=2F\left(\frac{\pi y}{4}\right)$이고 이때 $y=f^{-1}(x)=g(x)$ 이다.

그런데, $\frac{x}{2}=F\left(\frac{\pi y}{4}\right)$에서 $\frac{\pi y}{4}=F^{-1}\left(\frac{x}{2}\right)=G\left(\frac{x}{2}\right)$이므로

$y=\frac{4}{\pi}G\left(\frac{x}{2}\right)$, 즉 $g(x)=\frac{4}{\pi}G\left(\frac{x}{2}\right)$이다.

다른 답안 1

$F(x)=\sin x$의 역함수가 $G(x)$이므로

$F(G(x))=x$, $\sin G(x)=x$에서

$\sin^{-1}x=G(x)$ ⋯ ①이다.

$f(x)=2\sin\left(\frac{\pi y}{4}\right)$의 역함수가 $g(x)$이므로

$f(g(x))=x$, $2\sin\left(\frac{\pi g(x)}{4}\right)=x$,

$\sin\left(\frac{\pi g(x)}{4}\right)=\frac{x}{2}$에서

$\sin^{-1}\left(\frac{x}{2}\right)=\frac{\pi g(x)}{4}$ ⋯ ②이다.

①, ②에서 $\frac{\pi g(x)}{4}=\sin^{-1}\left(\frac{x}{2}\right)=G\left(\frac{x}{2}\right)$이므로

$g(x)=\frac{\pi}{4}G\left(\frac{x}{2}\right)$이다.

다른 답안 2

$F(x)=\sin x$의 역함수가 $G(x)$이므로

$G(F(x))=x$, 즉 $G(\sin x)=x$ ⋯ ①이다.

$f(x)=2\sin\left(\frac{\pi x}{4}\right)$의 역함수가 $g(x)$이므로

$g(f(x))=x$, 즉 $g\left(2\sin\left(\frac{\pi x}{4}\right)\right)=x$ ⋯ ②이다.

②에서 $2\sin\left(\frac{\pi x}{4}\right)=t$로 놓으면 $g(t)=x$이고,

①을 변형하여 $G\left(\frac{1}{2}\times 2\sin\left(\frac{\pi x}{4}\right)\right)=\frac{\pi x}{4}$에서

$G\left(\frac{1}{2}t\right)=\frac{\pi}{4}\times g(t)$, $g(t)=\frac{4}{\pi}G\left(\frac{1}{2}t\right)$이다.

따라서 $g(x)=\frac{4}{\pi}G\left(\frac{x}{2}\right)$이다.

또, $f(x)=2\sin\left(\frac{\pi x}{4}\right)$ $(-2<x<2)$는 주기가 8,

$-2<f(x)<2$인 그래프이고,

$y=f(x)$와 $y=g(x)$는 $y=x$에 관하여 대칭이므로 두 그래프의 개형은 다음과 같다.

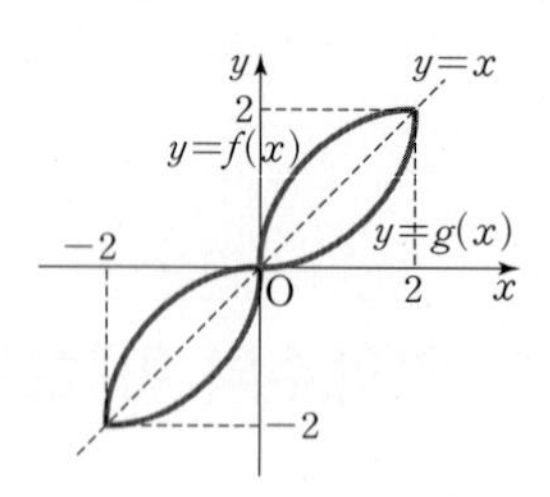

(3) $y=f(x)$와 $y=g(x)$로 둘러싸인 영역의 넓이는 $y=f(x)$와 직선 $y=x$로 둘러싸인 영역의 넓이의 두 배이므로 다음과 같이 구할 수 있다.

$$\begin{aligned}4\int_0^2\{f(x)-x\}dx&=4\int_0^2\left\{2\sin\left(\frac{\pi x}{4}\right)-x\right\}dx\\&=4\left[-\frac{8}{\pi}\cos\left(\frac{\pi x}{4}\right)-\frac{x^2}{2}\right]_0^2\\&=4\left(\frac{8}{\pi}-2\right)\\&=8\left(\frac{4}{\pi}-1\right)\end{aligned}$$

(4) $y=f(x)=2\sin\left(\frac{\pi x}{4}\right)$의 역함수는 $x=2\sin\left(\frac{\pi y}{4}\right)$를 만족하는 $y=g(x)$이다.

$$g'(x)=\frac{dy}{dx}=\frac{1}{\frac{dx}{dy}}=\frac{1}{2\cos\left(\frac{\pi y}{4}\right)\cdot\frac{\pi}{4}}=\frac{2}{\pi\cos\left(\frac{\pi y}{4}\right)}$$

이고 $\sin\left(\frac{\pi y}{4}\right)=\frac{x}{2}\left(-\frac{\pi}{2}<\frac{\pi y}{4}<\frac{\pi}{2}\right)$이므로

$\cos\left(\frac{\pi y}{4}\right)=\sqrt{1-\sin^2\left(\frac{\pi y}{4}\right)}=\sqrt{1-\frac{x^2}{4}}=\frac{1}{2}\sqrt{4-x^2}$이다.

따라서, $g'(x)=\frac{2}{\pi\times\frac{1}{2}\sqrt{4-x^2}}=\frac{4}{\pi\sqrt{4-x^2}}$이다.

다른 답안

$f(x)=2\sin\left(\frac{\pi x}{4}\right)$의 역함수가 $g(x)$이므로

$f(g(x))=x$가 성립한다.

양변을 x에 관하여 미분하면 $f'(g(x))\cdot g'(x)=1$이므로

$g'(x)=\frac{1}{f'(g(x))}$이다.

$f'(x)=\frac{\pi}{2}\cos\left(\frac{\pi x}{4}\right)$이고, $2\sin\left(\frac{\pi g(x)}{4}\right)=x$에서

$\sin\left(\frac{\pi g(x)}{4}\right)=\frac{x}{2}$이므로

$$\begin{aligned}g'(x)&=\frac{1}{\frac{\pi}{2}\cos\left(\frac{\pi g(x)}{4}\right)}=\frac{2}{\pi\sqrt{1-\sin^2\left(\frac{\pi g(x)}{4}\right)}}\\&=\frac{2}{\pi\sqrt{1-\frac{x^2}{4}}}\\&=\frac{4}{\pi\sqrt{4-x^2}}\end{aligned}$$

이다.

문제 4 • 216쪽 •

(1) $f(x)=x+k$이므로 $f^{-1}(x)=x-k$이다.

(i) $k=-\frac{1}{2}$이면 $g(x)=\begin{cases} x+\frac{1}{2} & \left(x\geq -\frac{1}{2}\right) \\ 0 & \left(x<-\frac{1}{2}\right) \end{cases}$은

$x=-\frac{1}{2}$에서 미분가능하지 않으므로 조건을 만족시키지 않는다.

(ii) $k\neq -\frac{1}{2}$이면 $g(x)=\max\left\{x-k,\ \frac{2k+1}{x+k}\right\}$의 정의역은 $\{x\in\mathrm{R}\,|\,x\neq -k\}$이다.

$g(x)$가 정의역 전체에서 미분가능하려면

$x-k=\frac{2k+1}{x+k}$을 만족시키는 실수 $x=\pm(k+1)$에서

$(x-k)'=\left(\frac{2k+1}{x+k}\right)'$, $1=\frac{-2k-1}{(x+k)^2}$이 성립해야 한다.

$x=k+1$일 때, $(2k+1)^2=-2k-1$로부터

$4k^2+6k+2=0$이므로 $k=-1$ 또는 $k=-\frac{1}{2}$이다.

$k\neq -\frac{1}{2}$이므로 $k=-1$이다.

또한 $x=-k-1$일 때, $1=-2k-1$로부터 $k=-1$이다.

따라서 (i)과 (ii)에 의하여 $g(x)$는 $k=-1$일 때만 정의역의 모든 점에서 미분가능하다.

한편, $k=-1$일 때 $g(x)=\begin{cases} x+1 & (x>1) \\ \frac{-1}{x-1} & (x<1) \end{cases}$이므로

$g'(x)=\begin{cases} 1 & (x>1) \\ \frac{1}{(x-1)^2} & (x<1) \end{cases}$이다. 따라서

$$g'(2k)+g'(-2k)=g'(-2)+g'(2)$$
$$=\left(\frac{1}{(-2-1)^2}\right)+1=\frac{10}{9}\text{이다.}$$

(2) $f(x)$가 삼차함수이므로 $a\neq 0$이다. 또한 $h(x)$의 정의역에 0이 속해 있어야 하므로 $f(0)\neq 0$으로부터 $b\neq 0$이다.

이제 $h(0)=\max\left\{f^{-1}(0),\ \frac{b}{f(0)}\right\}$

$=\max\{f^{-1}(0),\ 1\}=1$이므로 $f^{-1}(0)\leq 1$이다.

또한 $h'(0)$이 존재하려면 다음 ① 또는 ②가 성립해야 한다.

① $f^{-1}(0)<1$

② $f^{-1}(0)=1$이면 $(f^{-1})'(0)=b\left(\frac{1}{f}\right)'(0)$이다.

①이 성립할 때

(i) $a>0$인 경우에는 f가 증가함수이므로 $f^{-1}(0)<1$이려면 $0<f(1)$이어야 한다.

$f(1)=2a+b$이므로 $2a+b>0$이다.

(ii) $a<0$인 경우에는 f가 감소함수이므로 $f^{-1}(0)<1$이려면 $0>f(1)$이어야 한다.

따라서 $2a+b<0$이다.

②가 성립할 때

$f^{-1}(0)=1$로부터 $f(1)=0$이므로 $2a+b=0$ ...... (*)

이다.

$(f^{-1})'(0)=\frac{1}{f'(1)}=\frac{1}{4a}$이고,

$b\left(\frac{1}{f}\right)'(0)=\frac{-bf'(0)}{(f(0))^2}=-\frac{a}{b}$이므로

$(f^{-1})'(0)=b\left(\frac{1}{f}\right)'(0)$으로부터

$b=-4a^2$ ...... (**)

이다. (*)을 (**)에 대입하면 $a=\frac{1}{2}$, $b=-1$을 얻는다.

구하는 영역은 다음과 같이 그려진다.

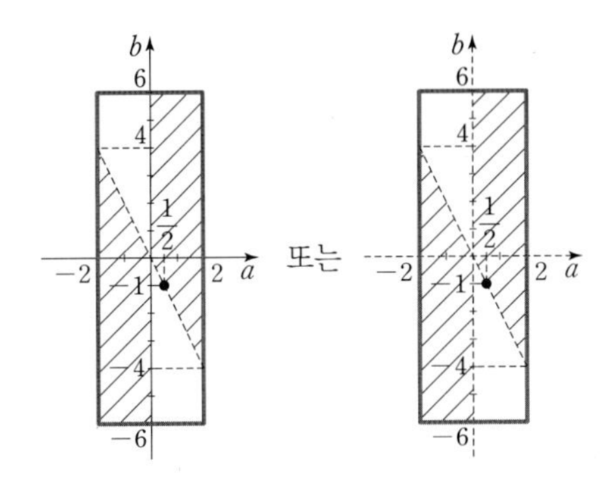

(단, a축과 b축은 영역에 포함되지 않는다.)

문제 5 • 217쪽 •

$$\lim_{n\to\infty}\sum_{k=1}^{n}\left\{g\left(\frac{k}{n}\right)-g\left(\frac{k-1}{n}\right)\right\}\frac{k}{n}$$

$$=\lim_{n\to\infty}\left\{\left(g\left(\frac{1}{n}\right)-g\left(\frac{0}{n}\right)\right)\frac{1}{n}+\left(g\left(\frac{2}{n}\right)-g\left(\frac{1}{n}\right)\right)\frac{2}{n}\right.$$
$$\left.+\left(g\left(\frac{3}{n}\right)-g\left(\frac{2}{n}\right)\right)\frac{3}{n}+\cdots+\left(g\left(\frac{n}{n}\right)-g\left(\frac{n-1}{n}\right)\right)\frac{n}{n}\right\}$$

$$=\lim_{n\to\infty}\left\{-g\left(\frac{0}{n}\right)\frac{1}{n}-g\left(\frac{1}{n}\right)\frac{1}{n}-g\left(\frac{2}{n}\right)\frac{1}{n}\right.$$
$$\left.-\cdots-g\left(\frac{n-1}{n}\right)\frac{1}{n}+g\left(\frac{n}{n}\right)\frac{n}{n}\right\}$$

$$=g(1)-\lim_{n\to\infty}\left\{g\left(\frac{0}{n}\right)\frac{1}{n}+g\left(\frac{1}{n}\right)\frac{1}{n}\right.$$
$$\left.+g\left(\frac{2}{n}\right)\frac{1}{n}+\cdots+g\left(\frac{n-1}{n}\right)\frac{1}{n}\right\}$$

$$=g(1)-\lim_{n\to\infty}\sum_{k=0}^{n-1}g\left(\frac{k}{n}\right)\frac{1}{n}$$

$$=g(1)-\int_0^1 g(x)\,dx$$

$g(1)=f^{-1}(1)=a$로 놓으면 $f(a)=1$이므로

$\frac{\sqrt{\sin a}}{\sqrt{\sin a}+\sqrt{\cos a}}=1$에서 $\sqrt{\cos a}=1$, $a=\frac{\pi}{2}$이다.

즉, $g(1)=\frac{\pi}{2}$이다.

또, $\int_0^{\frac{\pi}{2}} f(x)\,dx+\int_0^1 g(x)\,dx$

$=\frac{\pi}{2}$이므로

(주어진 식)$=\frac{\pi}{2}-\int_0^1 g(x)\,dx$

$=\int_0^{\frac{\pi}{2}} f(x)\,dx$

이다.

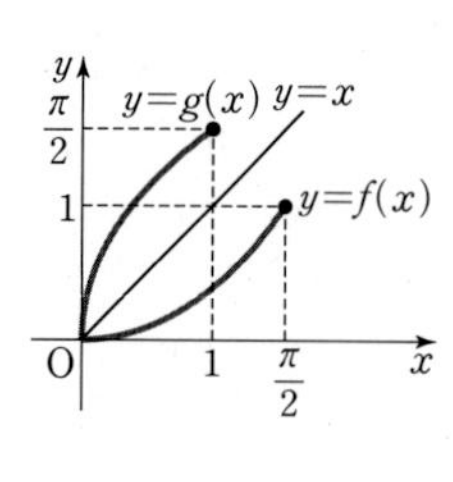

그런데, $\int_0^{\frac{\pi}{2}} f(x)\,dx=\int_0^{\frac{\pi}{2}} \frac{\sqrt{\sin x}}{\sqrt{\sin x}+\sqrt{\cos x}}\,dx=\mathrm{I}_1$에서

$x=\frac{\pi}{2}-t$로 놓으면

$\sin x=\sin\left(\frac{\pi}{2}-t\right)=\cos t$,

$\cos x=\cos\left(\frac{\pi}{2}-t\right)=\sin t$이므로

$\mathrm{I}_1=\int_{\frac{\pi}{2}}^{0} \frac{\sqrt{\cos t}}{\sqrt{\cos t}+\sqrt{\sin t}}\,(-dt)$

$=\int_0^{\frac{\pi}{2}} \frac{\sqrt{\cos x}}{\sqrt{\sin x}+\sqrt{\cos x}}\,dx=\mathrm{I}_2$이다.

$\mathrm{I}_1+\mathrm{I}_2=\int_0^{\frac{\pi}{2}} \frac{\sqrt{\sin x}}{\sqrt{\sin x}+\sqrt{\cos x}}\,dx+\int_0^{\frac{\pi}{2}} \frac{\sqrt{\cos x}}{\sqrt{\sin x}+\sqrt{\cos x}}\,dx$

$=\int_0^{\frac{\pi}{2}} \frac{\sqrt{\sin x}+\sqrt{\cos x}}{\sqrt{\sin x}+\sqrt{\cos x}}\,dx=\int_0^{\frac{\pi}{2}} 1\,dx=\frac{\pi}{2}$

이고 $\mathrm{I}_1=\mathrm{I}_2$이므로

$\int_0^{\frac{\pi}{2}} f(x)\,dx=\frac{\pi}{4}$이다.

문제 6 • 217쪽 •

(1)

함수 $g(x)=x^3-6x$는

$g'(x)=3x^2-6=3(x+\sqrt{2})(x-\sqrt{2})=0$으로부터 극댓값 $g(-\sqrt{2})=4\sqrt{2}$와 극솟값 $g(\sqrt{2})=-4\sqrt{2}$를 갖는다. 따라서 곡선 $g(x)=x^3-6x$와 직선 $y=k$가 서로 다른 세 점에서 만나는 것은 k의 값이 극댓값과 극솟값 사이에 있을 때이다. 즉, $-4\sqrt{2}<k<4\sqrt{2}$이다.

(2)

$x^3-6x=-5$를 만족하는 x의 값을 먼저 구해보자. $x=1$이 이 등식을 만족하므로, $x^3-6x+5=(x-1)(x^2+x-5)$로 인수분해할 수 있고, 등식을 만족하는 것 중에 $x>0$인 것은 $x=1$, $\frac{-1+\sqrt{21}}{2}$이다. $0<x<\sqrt{2}$일 때의 $g(x)=x^3-6x$의 역함수를 h_1, $\sqrt{2}<x<\sqrt{6}$일 때의 역함수를 h_2라고 하면, $f(k)=h_2(k)-h_1(k)$이므로, 역함수의 미분법으로부터 다음을 얻는다.

$f'(-5)=\frac{1}{g'\left(\frac{-1+\sqrt{21}}{2}\right)}-\frac{1}{g'(1)}$

$=\frac{1}{3\left(\frac{-1+\sqrt{21}}{2}\right)^2-6}-\frac{1}{3(1)^2-6}$

$=\frac{21+\sqrt{21}}{42}$

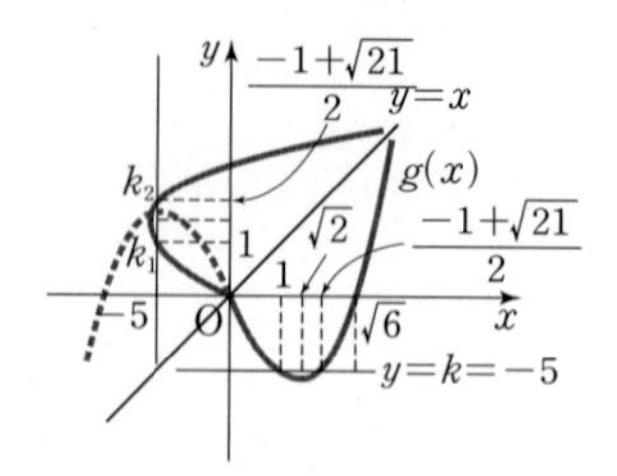

주제별 강의 **제 15 장**

파푸스의 정리

문제 1 • 220쪽 •

(1) 다음 그림에서 $(1+a)\sin\frac{\pi}{n}=a$가 성립함을 알 수 있다. (단, $n\geq 3$)

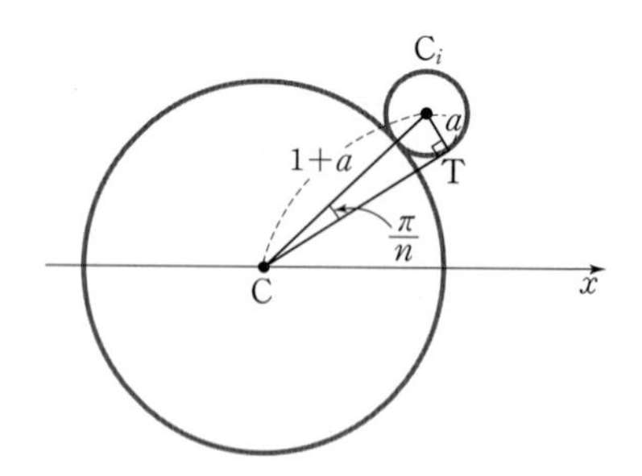

(2) (1)에서 얻은 관계식 $(1+a)\sin\frac{\pi}{n}=a$를 a에 대하여 풀면

$a=\frac{\sin\frac{\pi}{n}}{1-\sin\frac{\pi}{n}}$이다. 이때, $a<1$이기 위한 조건은

$\sin\frac{\pi}{n}<\frac{1}{2}$이다. 따라서 $n>6$이다.

(3) 각 원의 둘레의 길이는 $2\pi a$이고 원의 개수는 $n(n\geq 3)$개이므로

$L(n)=2\pi an=\frac{2\pi n\sin\frac{\pi}{n}}{1-\sin\frac{\pi}{n}}$

이다.

따라서 $\lim_{n\to\infty} L(n)=2\pi^2\lim_{n\to\infty}\frac{\frac{\sin\frac{\pi}{n}}{\frac{\pi}{n}}}{1-\sin\frac{\pi}{n}}=2\pi^2$이다.

(4) 다음 그림에서 원의 개수가 $2n$개일때

k(단, $k=2, 3, \cdots, n-1$)번째 원의 중심과 x축 사이의 거리는 $(1+a)\sin\frac{2(k-1)\pi}{2n}=(1+a)\sin\frac{(k-1)\pi}{n}$

이다.

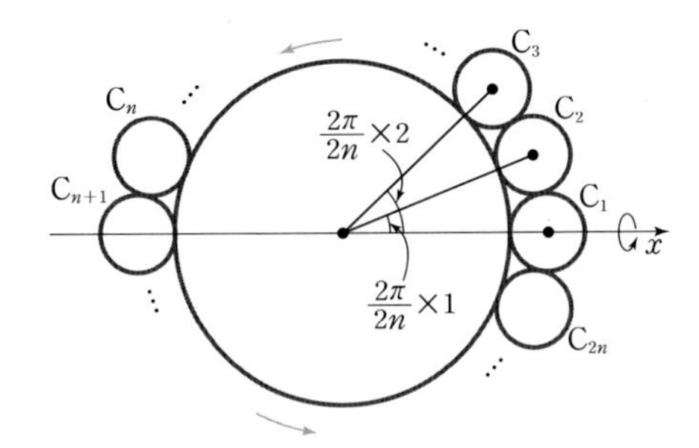

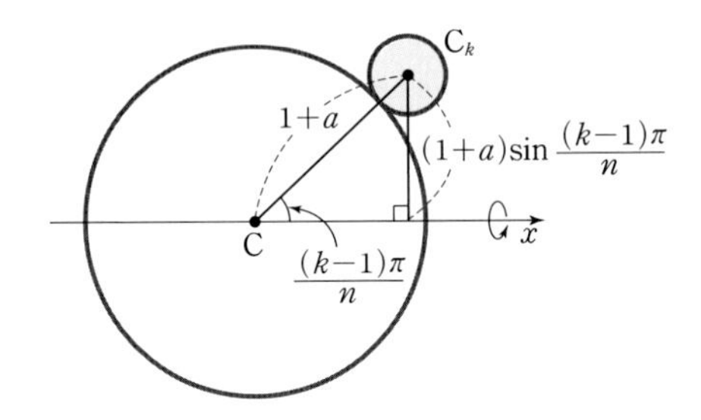

원 C_k를 x축 둘레로 회전시켰을 때 생기는 회전체의 부피 V_k를 파푸스의 정리 $V=2\pi rS$를 이용하여 구하면

$$V_k=2\pi\times(1+a)\sin\frac{(k-1)\pi}{n}\times\pi a^2$$

$$=2\pi^2a^2(1+a)\sin\frac{(k-1)\pi}{n}$$

이다.

$$V(2n)=\frac{8\pi}{3}a^3+\sum_{k=2}^{n}2\pi^2a^2(1+a)\sin\frac{(k-1)\pi}{n}$$

$$=\frac{8\pi}{3}\left(\frac{\sin\frac{\pi}{2n}}{1-\sin\frac{\pi}{2n}}\right)^3$$

$$+\sum_{k=2}^{n}2\pi^2\left(\frac{\sin\frac{\pi}{2n}}{1-\sin\frac{\pi}{2n}}\right)^2\frac{\sin\frac{(k-1)}{n}\pi}{1-\sin\frac{\pi}{2n}}$$

이다. 그러므로

$$\lim_{n\to\infty}nV(2n)$$

$$=\lim_{n\to\infty}\frac{8n\pi}{3}\left(\frac{\sin\frac{\pi}{2n}}{1-\sin\frac{\pi}{2n}}\right)^3$$

$$+\lim_{n\to\infty}\sum_{k=2}^{n}2n\pi^2\left(\frac{\sin\frac{\pi}{2n}}{1-\sin\frac{\pi}{2n}}\right)^2\frac{\sin\frac{(k-1)}{n}\pi}{1-\sin\frac{\pi}{2n}}$$

$$=\lim_{n\to\infty}\frac{8n\pi}{3}\times\frac{\left(\sin\frac{\pi}{2n}\right)^3}{\left(\frac{\pi}{2n}\right)^3}\times\frac{\left(\frac{\pi}{2n}\right)^3}{\left(1-\sin\frac{\pi}{2n}\right)^3}$$

$$+\lim_{n\to\infty}2n\pi^2\times\frac{\left(\sin\frac{\pi}{2n}\right)^2}{\left(\frac{\pi}{2n}\right)^2}\times\frac{\left(\frac{\pi}{2n}\right)^2}{\left(1-\sin\frac{\pi}{2n}\right)^3}$$

$$\times n\sum_{k=2}^{n}\frac{1}{n}\sin\frac{(k-1)\pi}{n}$$

$$=\lim_{n\to\infty}\frac{\pi^4}{3n^2}+\lim_{n\to\infty}\frac{\pi^4}{2}\sum_{k=2}^{n}\frac{1}{n}\sin\frac{(k-1)\pi}{n}$$

$$=\frac{\pi^4}{2}\int_0^1\sin\pi x\,dx$$

이다.

문제 2 • 221쪽 •

(1) $f(x)$와 $g(x)$는 $y=x$에 대칭이므로 $\frac{f(x)+g(x)}{2}=k$를 만족한다. 따라서

$$W=\pi\int_a^b f(x)^2dx-\pi\int_a^b g(x)^2dx$$

$$=\pi\int_a^b(f(x)+g(x))(f(x)-g(x)dx)$$

$$=2k\pi\int_a^b(f(x)-g(x))dx$$

를 만족한다. 여기에서 $\int_a^b(f(x)-g(x))dx=S$이므로 $W=2\pi kS$를 만족한다.

(2) (1)의 결과를 적용하기 위하여 대칭인 축 $y=k$를 구하면 $k=1$이 된다.

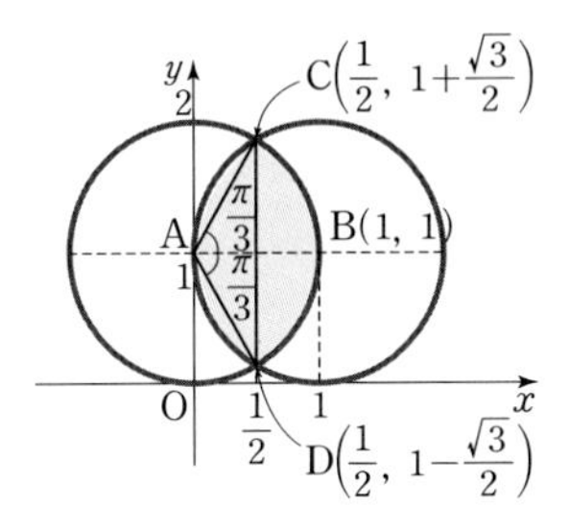

활꼴 BCD의 면적은 부채꼴 ACD−삼각형 ACD이므로

$\frac{1}{2}\times1^2\times\frac{2\pi}{3}-\frac{1}{2}\times1^2\times\sin\frac{2\pi}{3}=\frac{\pi}{3}-\frac{\sqrt{3}}{4}$이다.

따라서, 영역 B의 면적은 $2\left(\frac{\pi}{3}-\frac{\sqrt{3}}{4}\right)=\frac{2\pi}{3}-\frac{\sqrt{3}}{2}$이다.

주어진 영역 B의 면적을 구하면 $\frac{2\pi}{3}-\frac{\sqrt{3}}{2}$이므로

부피는 $2\pi\left(\frac{2\pi}{3}-\frac{\sqrt{3}}{2}\right)$이 된다.

문제 3 • 222쪽 •

(1)

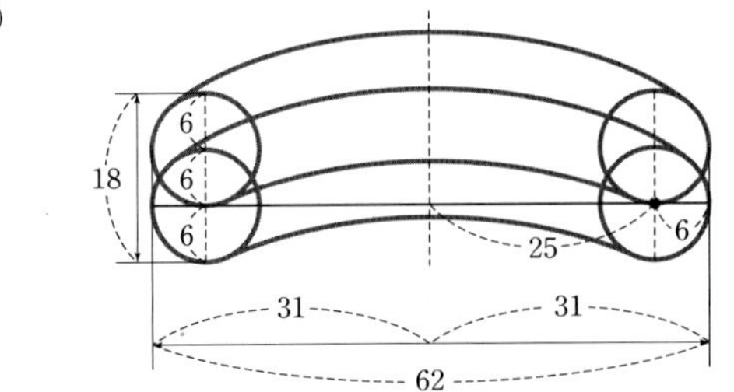

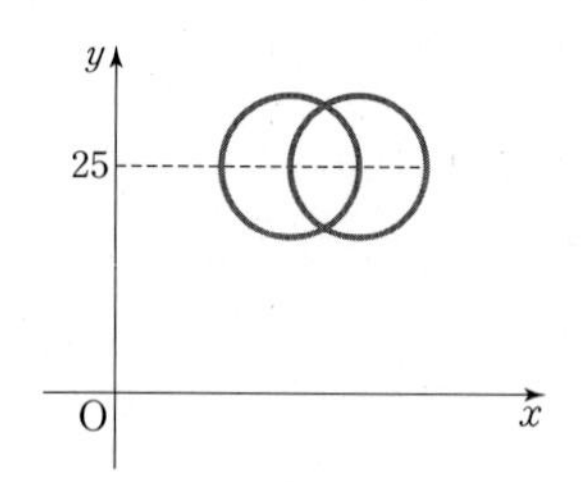

두 원의 중심거리는 6이고 원의 중심에서 x축까지의 최단 거리는 25이다.

(2) 회전한 입체의 부피는

$\pi\int_a^b (c+f(x))^2\,dx-\pi\int_a^b (c-f(x))^2\,dx$이다.

이것을 계산하면 답은 $4c\pi\int_a^b f(x)\,dx$이다.

(3) 문제 (2)의 답에서 나오는 $\int_a^b f(x)\,dx$는 튜브의 단면의 면적의 반이고 $2\int_a^b f(x)\,dx$는 튜브의 단면의 면적이 된다. 그리고 $c=25$이다. 이제 튜브의 단면의 면적의 반을 구하자.

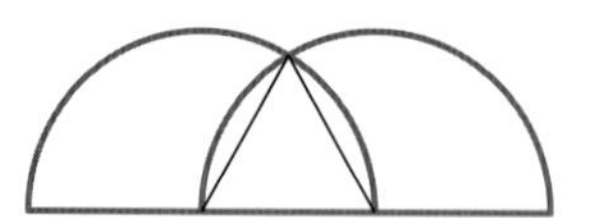

$$\int_a^b f(x)\,dx=\pi\times6^2\times\frac{2}{3}+9\sqrt{3}$$
$$=24\pi+9\sqrt{3}$$

이므로 답은

$$4c\pi\int_a^b f(x)\,dx=100\pi(24\pi+9\sqrt{3})$$
$$=2400\pi^2+900\sqrt{3}\pi$$

이다.

주제별 강의 **제 16 장**

카발리에리의 원리

• 230쪽 •

$x^2+z^2\le1,\ y^2+z^2\le1$로 결정되는 입체도형을 좌표평면에 나타내면 다음과 같다.

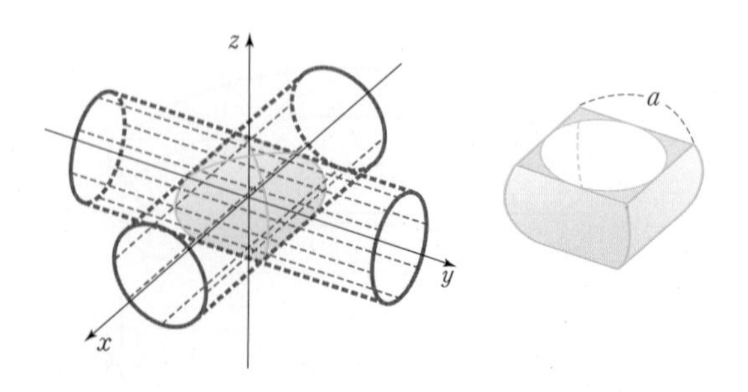

교차하는 부분의 단면은 모두 정사각형으로 나타내어진다. 이때, 정사각형에 내접하는 원을 모두 합치면 구가 된다. 정사각형의 단면의 한 변의 길이를 a라 하면 그에 내접하는 원의 반지름의 길이는 $\frac{a}{2}$이므로

(정사각형의 넓이) : (원의 넓이)

$=a^2 : \pi\left(\frac{a}{2}\right)^2$

$=4 : \pi$

이다.

따라서 카발리에리의 원리에 의하여 구하는 부피와 구의 부피의 비는 사각형의 넓이와 원의 넓이의 비와 같으므로 구하는 입체의 부피는

$\frac{4}{3}\pi\times\frac{4}{\pi}=\frac{16}{3}$

이다.

다른 답안

$x>0,\ y>0,\ z>0$인 영역에서 보면 다음 그림과 같이 한 변의 길이가 $\sqrt{1-z^2}$이 되는 정사각형을 쌓아놓은 것과 같다.

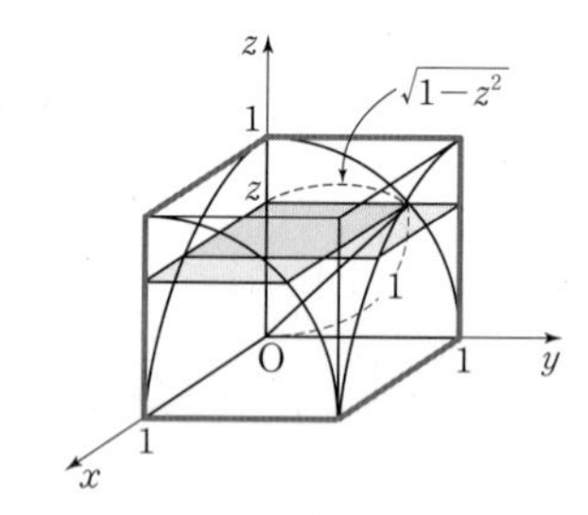

영역 $x>0,\ y>0,\ z>0$에서 z를 고정했을 때의 단면의 넓이를 $S(z)$라 하면 부피 V는 다음과 같다.

$$V=8\int_0^1 S(z)\,dz=8\int_0^1 (\sqrt{1-z^2})^2\,dz$$
$$=8\int_0^1 (1-z^2)\,dz=8\left[z-\frac{z^3}{3}\right]_0^1=\frac{16}{3}$$

• 230쪽 •

(1) 삼각형 ABC는 한 변의 길이가 2인 정삼각형이 되므로 $\overline{BC}=2$이고 $\angle ABC=\frac{\pi}{3}$이다.

이때, 선분 BC와 x축의 음의 방향이 이루는 각은 $\theta+\frac{\pi}{3}$이다.

정육각형의 중심 C의 좌표를 $(x,\ y)$라 하면 사인, 코사인의 정의에 의해

$x=1-2\cos\left(\theta+\frac{\pi}{3}\right),\ y=2\sin\left(\theta+\frac{\pi}{3}\right)$

그러므로 C_1은 다음과 같이 나타낼 수 있다.

$x=1-2\cos\left(\theta+\frac{\pi}{3}\right),\ y=2\sin\left(\theta+\frac{\pi}{3}\right)\ \left(0\le\theta\le\frac{\pi}{3}\right)$

(2) 위 (1)에서 $x_1=1-2\cos\left(\theta+\frac{\pi}{3}\right)$이다.

선분 BC의 연장선과 정육각형이 만나는 점을 D라 하면 $\overline{BD}=4$이다. 그러므로 x축과 나란한 직선 $y=k$가 정육각형과 만나는 경우의 k의 최댓값은 점 D의 y좌표와 같다.

사인의 정의에 의해 $y_1=4\sin\left(\theta+\frac{\pi}{3}\right)$이다.

그러므로 곡선 C_2는 다음과 같이 나타낼 수 있다.

$x_1=1-2\cos\left(\theta+\frac{\pi}{3}\right)$,

$y_1=4\sin\left(\theta+\frac{\pi}{3}\right)\ \left(0\le\theta\le\frac{\pi}{3}\right)$

(3) 곡선 C_1은 영역 $0\le x\le 2$, $\sqrt{3}\le y\le 2$ 안에 있는 원 $(x-1)^2+y^2=4$의 부분이다.

즉, $y=\sqrt{4-(x-1)^2}\ (0\le x\le 2)$이고

곡선 C_2는 타원 $\left(\frac{x-1}{2}\right)^2+\left(\frac{y}{4}\right)^2=1$ 중에서

영역 $0\le x\le 2$, $2\sqrt{3}\le y\le 4$에 속하는 부분이다.

즉, $y=2\sqrt{4-(x-1)^2}\ (0\le x\le 2)$이다.

따라서 그림의 빗금친 영역의 넓이가 구하고자 하는 넓이이다.

한편, 타원 $\left(\frac{x-1}{2}\right)^2+\left(\frac{y}{4}\right)^2=1$은 원 $(x-1)^2+y^2=4$를 y축 방향으로 2배 늘인 것이다. 따라서

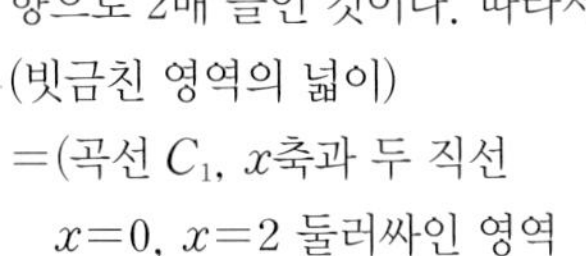

(빗금친 영역의 넓이)

=(곡선 C_1, x축과 두 직선 $x=0$, $x=2$ 둘러싸인 영역의 넓이)

$=4\pi\times\frac{1}{6}+2\left(\frac{1}{2}\times1\times\sqrt{3}\right)=\frac{2}{3}\pi+\sqrt{3}$

다른 답안 1

(1)에서 $\cos\left(\theta+\frac{\pi}{3}\right)=\frac{1-x}{2}$, $\sin\left(\theta+\frac{\pi}{3}\right)=\frac{y}{2}$이므로

$1=\cos^2\left(\theta+\frac{\pi}{3}\right)+\sin^2\left(\theta+\frac{\pi}{3}\right)=\left(\frac{1-x}{2}\right)^2+\left(\frac{y}{2}\right)^2$

이때, $0\le\theta\le\frac{\pi}{3}$이므로 $0\le x\le 2$, $\sqrt{3}\le y\le 2$을 만족한다.

그러므로 곡선 C_1은 영역 $0\le x\le 2$, $\sqrt{3}\le y\le 2$ 안에 있는 원 $(x-1)^2+y^2=4$의 부분이다.

즉, $y=\sqrt{4-(x-1)^2}\ (0\le x\le 2)$이다.

(2)에서 점 (x_1, y_1)은

$1=\cos^2\left(\theta+\frac{\pi}{3}\right)+\sin^2\left(\theta+\frac{\pi}{3}\right)=\left(\frac{1-x_1}{2}\right)^2+\left(\frac{y_1}{4}\right)^2$을 만족한다.

또한, $0\le\theta\le\frac{\pi}{3}$이므로 $0\le x_1\le 2$, $2\sqrt{3}\le y_1\le 4$를 만족한다.

그러므로 곡선 C_2는 타원 $\left(\frac{x-1}{2}\right)^2+\left(\frac{y}{4}\right)^2=1$ 중 영역 $0\le x\le 2$, $2\sqrt{3}\le y\le 4$에 속하는 부분이다.

즉, $y=2\sqrt{4-(x-1)^2}\ (0\le x\le 2)$이다.

그러므로 주어진 영역의 넓이 S는 영역 $0\le x\le 2$ 중에서 타원의 일부인 C_2와 원의 일부인 C_1 사이의 넓이가 된다.

즉,

$$S=\int_0^2\left(2\sqrt{4-(x-1)^2}-\sqrt{4-(x-1)^2}\right)dx$$
$$=\int_0^2\sqrt{4-(x-1)^2}\,dx$$

여기서 $x-1=2\sin\omega\ \left(-\frac{\pi}{6}\le\omega\le\frac{\pi}{6}\right)$로 치환하면

$$S=\int_{-\frac{\pi}{6}}^{\frac{\pi}{6}}\sqrt{4-4\sin^2\omega}\,2\cos\omega\,d\omega$$
$$=\int_{-\frac{\pi}{6}}^{\frac{\pi}{6}}4\cos^2\omega\,x\,d\omega=\int_{-\frac{\pi}{6}}^{\frac{\pi}{6}}4\left(\frac{1+\cos2\omega}{2}\right)d\omega$$
$$=2\int_{-\frac{\pi}{6}}^{\frac{\pi}{6}}(1+\cos2\omega)\,d\omega$$
$$=2\left[w+\frac{\sin2\omega}{2}\right]_{-\frac{\pi}{6}}^{\frac{\pi}{6}}=\frac{2\pi}{3}+\sqrt{3}$$

그러므로 구하는 영역의 넓이는 $\frac{2\pi}{3}+\sqrt{3}$이다.

다른 답안 2

구하는 넓이를 S라 하면

$$S=\int_0^2(y_1-y)\,dx$$
$$=\int_0^{\frac{\pi}{3}}\left\{4\sin\left(\theta+\frac{\pi}{3}\right)-2\sin\left(\theta+\frac{\pi}{3}\right)\right\}\times\left(2\sin\left(\theta+\frac{\pi}{3}\right)d\theta\right)$$
$$=\int_0^{\frac{\pi}{3}}4\sin^2\left(\theta+\frac{\pi}{3}\right)d\theta$$
$$=\int_0^{\frac{\pi}{3}}2\left\{1-\cos\left(2\theta+\frac{2\pi}{3}\right)\right\}d\theta$$
$$=2\left[\theta-\frac{\sin\left(2\theta+\frac{2\pi}{3}\right)}{2}\right]_0^{\frac{\pi}{3}}$$
$$=2\left\{\left(\frac{\pi}{3}+\frac{\sqrt{3}}{4}\right)-\left(0-\frac{\sqrt{3}}{4}\right)\right\}$$
$$=\frac{2\pi}{3}+\sqrt{3}$$

이다.

문제 3 • 231쪽 •

(1)

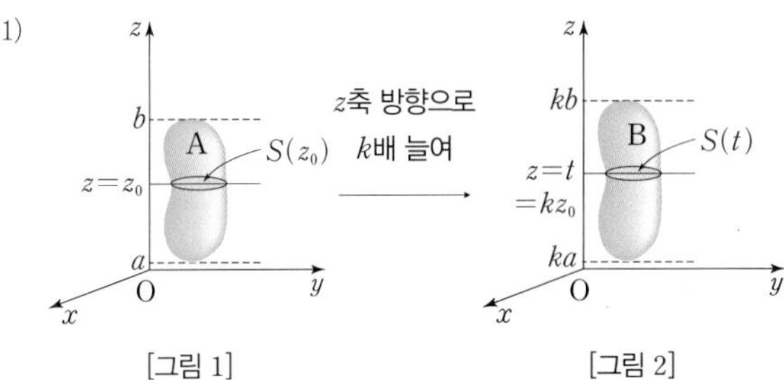

[그림 1] [그림 2]

[그림 1]에서 평면 $z=z_0$로 자른 단면의 넓이는 $S(z)=S(z_0)$이므로 입체 A의 부피 V_A는

$V_A=\int_a^b S(z_0)\,dz=\int_a^b S(z)\,dz$이다.

[그림 2]에서 입체 A를 z축 방향으로 k배 늘여서 얻어진 입체 B는 평면 $z=t=kz_0$으로 자른 단면의 넓이를 $\widetilde{S}(t)$라 하면

$\widetilde{S}(t)=S\left(\frac{t}{k}\right)$이다.

따라서 입체 B의 부피 V_B는

$V_B=\int_{ka}^{kb}\widetilde{S}(t)\,dt=\int_{ka}^{kb}S\left(\frac{t}{k}\right)dt$

이고 $\frac{t}{k}=z$로 놓으면

$V_B=\int_a^b S(z)\,(kdz)=k\int_a^b S(z)dz=kV_A$

이다.

(2)

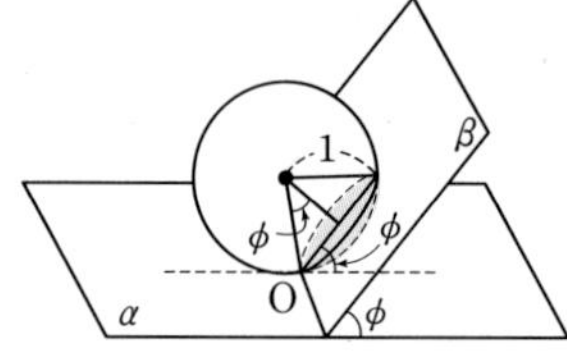

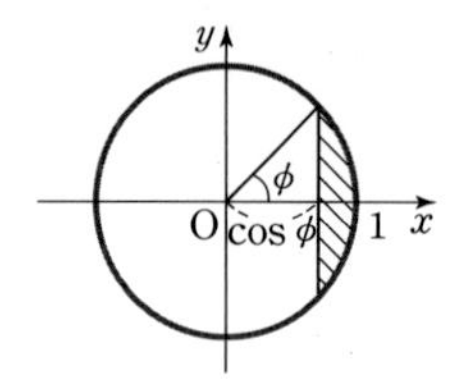

$U(\phi)$는 위 그림에서 빗금 친 영역을 x축 둘레로 회전하여 얻어진 입체의 부피이다. 따라서

$$\begin{aligned}U(\phi)&=\pi\int_{\cos\phi}^{1}(\sqrt{1-x^2})^2\,dx\\&=\pi\int_{\cos\phi}^{1}(1-x^2)\,dx\\&=\pi\left[x-\frac{1}{3}x^3\right]_{\cos\phi}^{1}\\&=\pi\left(\frac{2}{3}-\cos\phi+\frac{1}{3}\cos^3\phi\right)\end{aligned}$$

이다.

(3) 입체 C는 반지름이 1인 구를 한 방향으로 2배 늘여서 얻어진다. 따라서 (1)의 결과에 의해 C의 부피는 $2\times\frac{4}{3}\pi=\frac{8}{3}\pi$ 이다.

또한 θ가 0으로 갈 때, 평면 γ에 의해 나누어지는 C의 영역 중 작은 영역의 부피는 $W(\theta)$는 C의 부피의 절반으로 수렴하므로

$\lim_{\theta\to0+}W(\theta)=\frac{1}{2}\times\frac{8}{3}\pi=\frac{4}{3}\pi$

이다. 따라서 $\lim_{\theta\to0+}\theta^a W(\theta)$가 수렴하기 위한 필요충분조건은 $a\geq0$이다. $a=0$인 경우와 $a>0$인 경우로 나누어서 $\lim_{\theta\to0+}\theta^a W(\theta)$의 극한값을 구하면 다음과 같다.

(i) $a=0$일 때, $\lim_{\theta\to0+}\theta^a W(\theta)=\frac{4}{3}\pi$

(ii) $a>0$일 때, $\lim_{\theta\to0+}\theta^a W(\theta)=0$

(1)

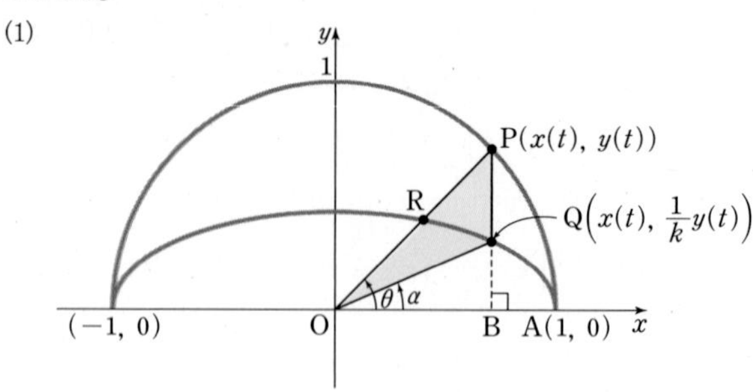

타원 $x^2+k^2y^2=1$은 $x^2+\frac{y^2}{\left(\frac{1}{k}\right)^2}=1$이므로 원 위의 점 $P(x(t),\,y(t))$에서 x축에 내린 수선이 타원과 처음 만나는 점 Q의 좌표는 $\left(x(t),\,\frac{1}{k}y(t)\right)$이다.

점 P에서 x축에 내린 수선의 발을 B라 하면 도형 OAQ의 넓이는 삼각형 OBQ의 넓이와 도형 BAQ의 넓이의 합으로 구할 수 있다. 카발리에리의 원리에 의하여 삼각형 OBQ의 넓이는 삼각형 OBP의 넓이의 $\frac{1}{k}$이고,

도형 BAQ의 넓이는 도형 BAP의 넓이의 $\frac{1}{k}$이므로

도형 OAQ의 넓이는 부채꼴 OAP의 넓이의 $\frac{1}{k}$이 된다.

그러므로 도형 OAQ의 넓이 $S(t)$는

$S(t)=\frac{1}{k}\times\frac{1}{2}\times1^2\times\theta=\frac{\theta}{2k}$ ...... ㉠

이다.

$S(t)$를 t에 대하여 미분하면 $\frac{dS(t)}{dt}=\frac{1}{2k}\frac{d\theta}{dt}$이다.

이때, 점 P가 일정한 속도로 원주 위를 움직이므로 $\frac{d\theta}{dt}$의 값이 상수이다. 따라서 $\frac{dS}{dt}$는 상수이다.

다른 답안

타원 $x^2+y^2=1$ 위의 점 P의 좌표가 $(x(t),\,y(t))$일 때, 선분 OA와 선분 OP가 이루는 각이 θ이므로 $x(t)=\cos\theta$, $y(t)=\sin\theta$로 나타낼 수 있고, 이때 점 Q의 좌표는 $\left(\cos\theta,\,\frac{1}{k}\sin\theta\right)$가 된다.

또, 점 P에서 x축에 내린 수선의 발을 B라 하면 $B(\cos\theta,\,0)$이다.

도형 OAQ의 넓이 $S(t)$는 삼각형 OBQ의 넓이와 도형 BAQ의 넓이의 합으로 다음과 같이 구할 수 있다.

$$\begin{aligned}S(t)&=\frac{1}{2}\times\cos\theta\times\frac{1}{k}\sin\theta+\int_{\cos\theta}^{1}\frac{1}{k}\sqrt{1-x^2}\,dx\\&=\frac{1}{2k}\sin\theta\cos\theta-\frac{1}{k}\int_{1}^{\cos\theta}\sqrt{1-x^2}\,dx\end{aligned}$$

$S(t)$를 t에 대하여 미분하면

$$\frac{dS}{dt}=\frac{1}{2k}(\cos^2\theta-\sin^2\theta)\frac{d\theta}{dt}-\frac{1}{k}\sqrt{1-\cos^2\theta}\left(-\sin\theta\frac{d\theta}{dt}\right)$$

$=\frac{1}{2k}(\cos^2\theta-\sin^2\theta)\frac{d\theta}{dt}+\frac{1}{k}\sin^2\theta\frac{d\theta}{dt}$

$=\frac{1}{2k}(\cos^2\theta+\sin^2\theta)\frac{d\theta}{dt}=\frac{1}{2k}\frac{d\theta}{dt}$

이다.

이때, 점 P가 일정한 속도로 원주 위를 움직이므로 $\frac{d\theta}{dt}$의 값이 상수이다. 따라서 $\frac{dS}{dt}$는 상수이다.

(2) 원 $x^2+y^2=1$ 위의 점 $\mathrm{P}(x(t),\ y(t))$와 타원 $x^2+k^2y^2=1$ 위의 점 $\mathrm{Q}\left(x(t),\ \frac{1}{k}y(t)\right)$에 대하여 선분 OA와 선분 OP가 이루는 각이 θ, 선분 OA와 선분 OQ가 이루는 각이 α이므로

$\tan\theta=\frac{y(t)}{x(t)}$, $\tan\alpha=\frac{y(t)}{kx(t)}$라 할 수 있다.

이때, $\tan\theta=k\tan\alpha$가 성립하므로 이 식을 t에 대하여 미분하면

$\sec^2\theta\frac{d\theta}{dt}=k\sec^2\alpha\frac{d\alpha}{dt}$이다. 이때, $\frac{d\theta}{dt}=\frac{d\alpha}{dt}$이면

$\sec^2\theta=k\sec^2\alpha$, $1+\tan^2\theta=k(1+\tan^2\alpha)$이다.

$\tan\alpha=\frac{1}{k}\tan\theta$를 대입하면

$1+\tan^2\theta=k\left(1+\frac{1}{k^2}\tan^2\theta\right)$

$\left(1-\frac{1}{k}\right)\tan^2\theta=k-1$, $\frac{k-1}{k}\tan^2\theta=k-1$에서

$\tan\theta=\sqrt{k}\left(\because k\neq1,\ 0\le\theta\le\frac{\pi}{2}\right)$이다.

$0\le\theta\le\frac{\pi}{2}$일 때, $\tan\theta=\sqrt{k}$를 만족하는 θ의 값은 하나 존재한다.

따라서 $\frac{d\alpha}{dt}$가 $\frac{d\theta}{dt}$와 같아지는 θ가 구간 $0\le\theta\le\frac{\pi}{2}$에서 적어도 하나는 존재한다.

또, $\tan\theta=k\tan\alpha$이므로 $\frac{1}{\tan\alpha}=\frac{k}{\tan\theta}$이다.

즉, $\tan\left(\frac{\pi}{2}-\alpha\right)=k\tan\left(\frac{\pi}{2}-\theta\right)$가 성립한다. 따라서

$$\lim_{\theta\to\frac{\pi}{2}-}\frac{\frac{\pi}{2}-\theta}{\frac{\pi}{2}-\alpha}=\lim_{\theta\to\frac{\pi}{2}-}\frac{\frac{\pi}{2}-\theta}{\tan\left(\frac{\pi}{2}-\alpha\right)}\times\frac{\tan\left(\frac{\pi}{2}-\alpha\right)}{\frac{\pi}{2}-\alpha}$$

$$=\lim_{\theta\to\frac{\pi}{2}-}\frac{\frac{\pi}{2}-\theta}{k\tan\left(\frac{\pi}{2}-\theta\right)}\times\frac{\tan\left(\frac{\pi}{2}-\alpha\right)}{\frac{\pi}{2}-\alpha}=\frac{1}{k}$$

이다.

(3)

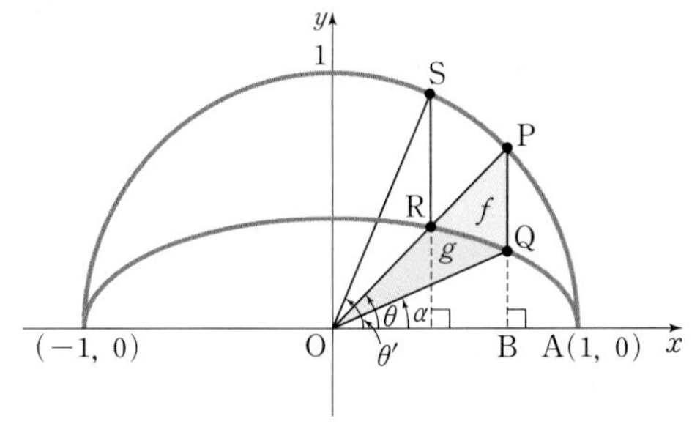

앞의 그림에서 타원 위의 점 R을 지나고 x축에 수직인 직선이 단위원과 만나는 점을 S라 하고 선분 OA와 선분 OS가 이루는 각을 θ'이라 하면 도형 OQR의 넓이 g는 도형 OAR의 넓이에서 도형 OAQ의 넓이를 뺀 값이므로 (1)의 ㉠을 이용하면

$g=\frac{\theta'}{2k}-\frac{\theta}{2k}=\frac{1}{2k}(\theta'-\theta)$

이다. 이때, $\tan\theta'=k\tan\theta$가 성립하고 $x(t)=\cos\theta$, $y(t)=\sin\theta$라 하면 점 $\mathrm{Q}\left(\cos\theta,\ \frac{1}{k}\sin\theta\right)$이므로

$\overline{\mathrm{PQ}}=\sin\theta-\frac{1}{k}\sin\theta$, $\overline{\mathrm{OB}}=\cos\theta$이다. 또한,

$f+g=\frac{1}{2}\times\overline{\mathrm{PQ}}\times\overline{\mathrm{OB}}=\frac{1}{2}\left(\sin\theta-\frac{1}{k}\sin\theta\right)\cos\theta$

$=\frac{k-1}{2k}\sin\theta\cos\theta$

이다. 따라서

$$\lim_{\theta\to\frac{\pi}{2}-}\frac{f}{g}$$

$$=\lim_{\theta\to\frac{\pi}{2}-}\left(\frac{f+g}{g}-1\right)$$

$$=\lim_{\theta\to\frac{\pi}{2}-}\left(\frac{\frac{k-1}{2k}\sin\theta\cos\theta}{\frac{1}{2k}(\theta'-\theta)}-1\right)$$

$$=\lim_{\theta\to\frac{\pi}{2}-}\left\{\frac{(k-1)\sin\theta\cos\theta}{\left(\frac{\pi}{2}-\theta\right)-\left(\frac{\pi}{2}-\theta'\right)}-1\right\}$$

$$=\lim_{\theta\to\frac{\pi}{2}-}\left\{\frac{(k-1)\sin\theta\cos\theta}{\frac{\frac{\pi}{2}-\theta}{\tan\left(\frac{\pi}{2}-\theta\right)}\tan\left(\frac{\pi}{2}-\theta\right)-\frac{\frac{\pi}{2}-\theta'}{\tan\left(\frac{\pi}{2}-\theta'\right)}\tan\left(\frac{\pi}{2}-\theta'\right)}-1\right\}$$

$$=\lim_{\theta\to\frac{\pi}{2}-}\left\{\frac{(k-1)\sin\theta\cos\theta}{\tan\left(\frac{\pi}{2}-\theta\right)-\frac{1}{k}\tan\left(\frac{\pi}{2}-\theta\right)}-1\right\}$$

$\left(\because \tan\theta'=k\tan\theta\text{에서 } \tan\left(\frac{\pi}{2}-\theta'\right)=\frac{1}{k}\tan\left(\frac{\pi}{2}-\theta\right)\right)$

$$=\lim_{\theta\to\frac{\pi}{2}-}\left\{\frac{(k-1)\sin\theta\cos\theta}{\left(1-\frac{1}{k}\right)\cot\theta}-1\right\}$$

$$=\lim_{\theta\to\frac{\pi}{2}-}\left\{\frac{(k-1)\sin^2\theta}{\frac{k-1}{k}}-1\right\}=k-1$$

이다.

다른 풀이

θ가 $\frac{\pi}{2}$에 한없이 가까이 가면 도형 PRQ의 넓이는 삼각형 PRQ의 넓이에 한없이 가까이 가고, 도형 ORQ의 넓이는 삼각형 ORQ의 넓이에 한없이 가까이 간다.

따라서 $\lim_{\theta\to\frac{\pi}{2}-}\frac{f}{g}=\frac{\triangle\mathrm{PRQ}}{\triangle\mathrm{ORQ}}=\frac{\overline{\mathrm{PR}}}{\overline{\mathrm{OR}}}=\frac{1-\frac{1}{k}}{\frac{1}{k}}=k-1$

ANSWER

Ⅵ 이차곡선

TRAINING

수리논술 기출 및 예상 문제

• 238쪽 ~ 241쪽 •

01 (1) 도형 S는 타원의 정의에 의하여 A와 B가 두 초점이고 장축의 길이가 6이고 타원의 중심에서 초점까지의 거리는 $\sqrt{2}$이므로 단축의 길이는

$2\sqrt{3^2-(\sqrt{2})^2}=2\sqrt{7}$이다.

한편 타원 $\frac{x^2}{9}+\frac{y^2}{7}=1$의 초점은 $(\pm\sqrt{2},\ 0)$, 장축의 길이는 6, 단축의 길이는 $2\sqrt{7}$이다.

따라서 두 타원은 모양이 같은 타원이고,

도형 S는 타원 $\frac{x^2}{9}+\frac{y^2}{7}=1$을 원점을 중심으로 45° 회전이동하면 일치한다.

(2) 도형 S 위의 점 $\left(\frac{3}{\sqrt{2}},\ \frac{3}{\sqrt{2}}\right)$은 직선 $y=x$ 위에 있고, 원점과의 거리가 3이므로 $-45°$ 회전시키면 점 $(3,\ 0)$에 대응한다.

타원 $\frac{x^2}{9}+\frac{y^2}{7}=1$ 위의 점 $(3,\ 0)$에서의 접선은 $x=3$이므로 이 직선을 45° 회전시키면

도형 S 위의 점 $\left(\frac{3}{\sqrt{2}},\ \frac{3}{\sqrt{2}}\right)$을 지나고

직선 $y=x$에 수직이므로 구하는 접선의 방정식은

$y-\frac{3}{\sqrt{2}}=-\left(x-\frac{3}{\sqrt{2}}\right)$, $y=-x+3\sqrt{2}$이다.

02 (1) x축, y축을 원 $(x-1)^2+(y-1)^2=2^2$의 중심 C(1, 1)에 대해 대칭이동시킨 직선은 $x=2$와 $y=2$가 되고, 이들 네 직선에 의해 원이 나누어지는 부분의 면적을 각각 A, B라 하면 원의 대칭성에 의해 오른쪽 그림과 같이 된다.

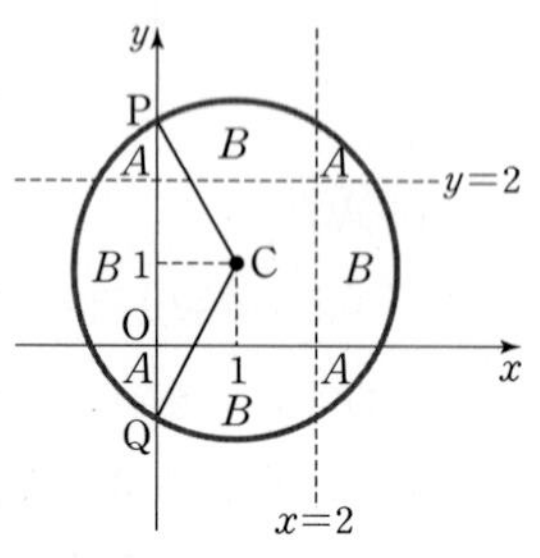

$4(A+B)+4=4\pi$이고 부채꼴 CPQ의 면적이 $\frac{4\pi}{3}$, △CPQ$=\sqrt{3}$이므로

$A+B=\pi-1$ …… ㉠

$2A+B=\frac{4\pi}{3}-\sqrt{3}$ …… ㉡

을 얻는다. 이 식을 풀면

$A=\frac{\pi}{3}-\sqrt{3}+1$, $B=\frac{2\pi}{3}+\sqrt{3}-2$

를 얻는다. 따라서

$S_1^{(1)}=A+2B+4=\frac{5\pi}{3}+\sqrt{3}+1$

다른 답안

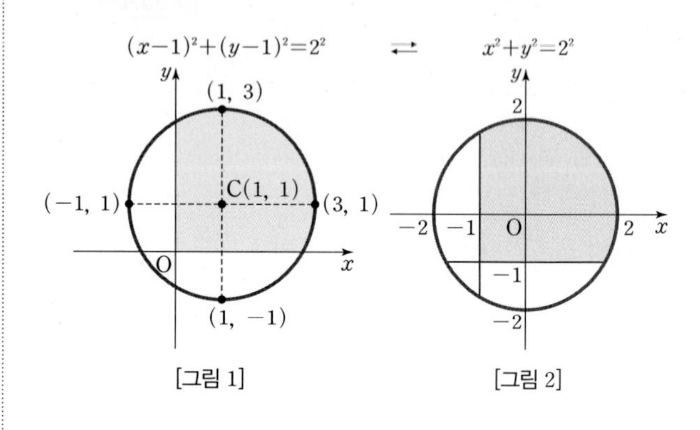

[그림 1] [그림 2]

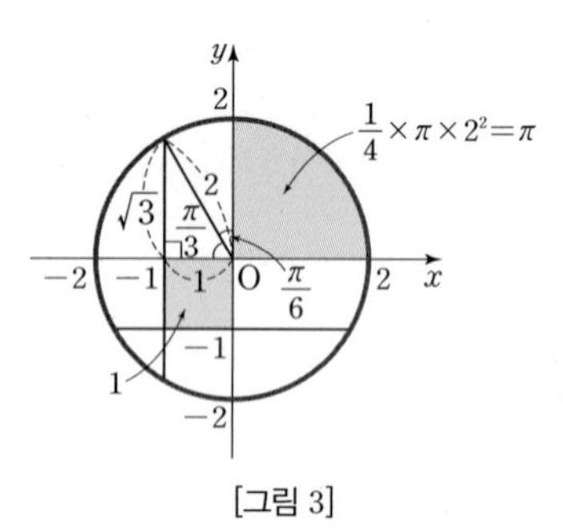

[그림 3]

$k=1$일 때 $(x-1)^2+(y-1)^2=2^2$이므로 $S_1(1)$의 면적은 [그림 1]에서 색칠한 부분이다. 이것을 x축, y축의 양의 방향으로 각각 -1, -1만큼 평행이동시키면 [그림 2]와 같다. 이것의 면적을 [그림 3]과 같이 4개 영역으로 나누어 구하면 다음과 같다.

$$2\left(\frac{1}{2}\times1\times\sqrt{3}+\frac{1}{2}\times2^2\times\frac{\pi}{6}\right)+\pi+1=\frac{5\pi}{3}+\sqrt{3}+1$$

(2) x축, y축을 타원의 중심 $\left(k,\ \frac{1}{k}\right)$에 대해 대칭이동 시킨 직선은 $x=2k$와 $y=\frac{2}{k}$가 되고, 이들 네 직선에 의해 타원이 나누어지는 부분의 면적을 각각 L, M, N이라 하면 타원은 타원의 중심에 대해 대칭이므로 다음 그림과 같이 된다.

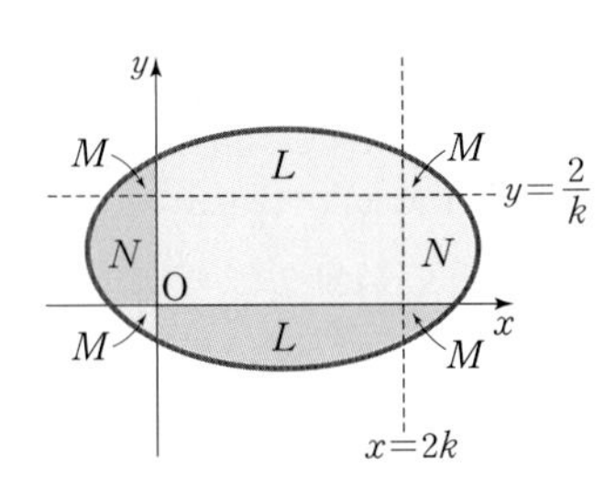

파란색 면적의 합과 빨간색 면적의 합의 차이는

$S_1^{(k)}+S_3^{(k)}-(S_2^{(k)}+S_4^{(k)})$

$=L+2M+N+2k\cdot\frac{2}{k}-(L+2M+N)=4$

로 일정하다. 따라서 구하려는 도형의 넓이의 합의 차이는 사각형 넓이의 합이므로

$\sum_{k=1}^{100}\left(2k\cdot\frac{2}{k}\right)=\sum_{k=1}^{100}4=400$

이 된다.

03 (1) E_1을 $\frac{\pi}{2}$만큼 회전하여 얻어진 E_2의 방정식은

$\frac{x^2}{9}+\frac{y^2}{16}=1$이 된다.

$\frac{x^2}{16}+\frac{y^2}{9}=1$에서 $y^2=9\left(1-\frac{x^2}{16}\right)$을

$\frac{x^2}{9}+\frac{y^2}{16}=1$에 대입하면 $\frac{x^2}{9}+\frac{1}{16}\left\{9\left(1-\frac{x^2}{16}\right)\right\}=1$,

이를 정리하면 $\frac{x^2}{9}+\frac{9}{16}\left(1-\frac{x^2}{16}\right)=1$,

$16x^2+81\left(1-\frac{x^2}{16}\right)=9\times16$,

$16^2x^2-81x^2=9\times16^2-81\times16$,

$175x^2=9\times16\times7$에서 $x=\pm\frac{12}{5}$이다.

조건에 의하여 $x>0$이므로 $x_1=\frac{12}{5}$이다.

따라서 $y^2=9\left(1-\frac{x^2}{16}\right)$에 이를 대입하면

$y^2=\frac{3^2\times16^2}{4^2\times5^2}$이므로 $y=\pm\frac{12}{5}$이다.

$y>0$이므로 $y_1=\frac{12}{5}$이다.

따라서 점 $P\left(\frac{12}{5}, \frac{12}{5}\right)$를 얻는다.

타원 E_1 위의 점 $P\left(\frac{12}{5}, \frac{12}{5}\right)$에서의 접선의 방정식은

공식에 의하여 $\frac{\frac{12}{5}x}{16}+\frac{\frac{12}{5}y}{9}=1$이다.

이 접선의 기울기 $m_1=-\frac{9}{16}$이다. 이 직선과 양의 x축과 이루는 각을 θ_1이라고 하면 $\tan\theta_1=-\frac{9}{16}$가 된다.

마찬가지 방식으로 타원 E_2 위의 점 $P\left(\frac{12}{5}, \frac{12}{5}\right)$에서 접선의 방정식의 기울기 $m_2=-\frac{16}{9}$이 된다.

두 접선이 이루는 예각을 θ라고 하면 $\theta=\theta_1-\theta_2$를 얻는다. 따라서

$$\tan\theta=\tan(\theta_1-\theta_2)=\frac{\tan\theta_1-\tan\theta_2}{1+\tan\theta_1\tan\theta_2}$$

$$=\frac{-\frac{9}{16}-\left(-\frac{16}{9}\right)}{1+\frac{9}{16}\times\frac{16}{9}}=\frac{1}{2}\left(\frac{16^2-9^2}{9\times16}\right)$$

$$=\frac{1}{2}\cdot\frac{25\times7}{9\times16}$$

그러므로 $\sqrt{\cot\theta}=\sqrt{\frac{2\times9\times16}{25\times7}}=\frac{12\sqrt{2}}{5\sqrt{7}}=\frac{12\sqrt{14}}{35}$

(2) 공통접선의 y절편이 양수임을 고려하여, 타원 E_1에 접하는 기울기가 m인 접선의 방정식은 공식에 의하여 $y=mx+\sqrt{m^2\times16+9}$이고 타원 E_2에 접하는 기울기가 m인 접선의 방정식 $y=mx+\sqrt{m^2\times9+16}$이다. 이 두 직선이 서로 같으므로, y절편의 값도 동일해야 한다. 즉,

$16m^2+9=9m^2+16$에서 $m^2=1$이므로 $m=\pm1$이다.

따라서 공통접선의 방정식은 $l_1: y=-x+5$이다.

한편 타원 E_1 위의 점 $Q(s_1, t_1)$에서 접하는 직선의 방정식은

$\frac{s_1x}{16}+\frac{t_1y}{9}=1$에서 $y=-\frac{9}{16}\cdot\frac{s_1}{t_1}x+\frac{9}{t_1}$이므로

$l_1: y=-x+5$와 비교하면 $s_1=\frac{16}{5}$, $t_1=\frac{9}{5}$이다.

즉, $Q(s_1, t_1)=Q\left(\frac{16}{5}, \frac{9}{5}\right)$이다.

마찬가지로 계산하면 타원 E_2 위의 점 $R(s_2, t_2)$에서 접하는 직선의 방정식은

$\frac{s_2x}{9}+\frac{t_2y}{16}=1$에서 $y=-\frac{16}{9}\frac{s_2}{t_2}x+\frac{16}{t_2}$이므로

$l_1: y=-x+5$와 비교하면 $s_2=\frac{9}{5}$, $t_2=\frac{16}{5}$이다.

즉, $R(s_2, t_2)=R\left(\frac{9}{5}, \frac{16}{5}\right)$이다.

점 Q와 R은 직선 $y=x$에 대하여 대칭이다.

또한 $\overline{QR}=\sqrt{\left(\frac{16-9}{5}\right)^2+\left(\frac{9-16}{5}\right)^2}=\frac{7}{5}\sqrt{2}$이다.

한편 직선 $F'Q$의 방정식은

$y=\frac{9}{16+5\sqrt{7}}(x+\sqrt{7})$이고 직선 $G'R$의 방정식은

$y=\frac{16+5\sqrt{7}}{9}x-\sqrt{7}$이다.

두 직선이 만나는 x좌표는 $x=\frac{9\sqrt{7}}{7+5\sqrt{7}}=\frac{5-\sqrt{7}}{2}$

이고 y좌표도 $y=\frac{5-\sqrt{7}}{2}$이 된다.

따라서 $S\left(\frac{5-\sqrt{7}}{2}, \frac{5-\sqrt{7}}{2}\right)$이다.

원점과 점 S를 지나는 직선의 방정식은 $y=x$이며 이

는 $l_1 : y=-x+5$와 수직임을 알 수 있다.
따라서 점 S로부터 직선 l_1의 수선의 발은 선분 QR의 중점 $M\left(\frac{5}{2}, \frac{5}{2}\right)$가 된다. $\overline{SM}=\frac{\sqrt{14}}{2}$가 되므로
삼각형의 면적은 $\frac{1}{2}\cdot\frac{7\sqrt{2}}{5}\cdot\frac{\sqrt{14}}{2}=\frac{7\sqrt{7}}{10}$이다.

(3) E_2 내부에는 속하고 E_1 내부에는 속하지 않는 영역의 면적을 구하는 문제이다. 이중에 제 1, 2사분면에 있는 부분 A의 면적을 구하면 된다.

$$A=\int_{-\frac{12}{5}}^{\frac{12}{5}}\left\{\sqrt{16\left(1-\frac{x^2}{9}\right)}-\sqrt{9\left(1-\frac{x^2}{16}\right)}\right\}dx$$
$$=\frac{8}{3}\int_0^{\frac{12}{5}}\sqrt{9-x^2}\,dx-\frac{6}{4}\int_0^{\frac{12}{5}}\sqrt{16-x^2}\,dx$$

우선, 각각의 적분값을 구한 후 간략히 하자.
이때, $A_1=\int_0^{\frac{12}{5}}\sqrt{9-x^2}\,dx$라 하면 치환 방법을 이용하여 이 값을 구한다.
$x=3\sin\theta\left(0\le\theta\le\frac{\pi}{2}\right)$라고 하면, $dx=3\cos\theta\,d\theta$이고 $\frac{12}{5}=3\sin\theta$에서 $\sin\alpha=\frac{4}{5}$, $\cos\alpha=\frac{3}{5}$이다.
따라서

$$A_1=\int_0^{\alpha}\sqrt{9-9\sin^2\theta}\;3\cos\theta\,d\theta$$
$$=\int_0^{\alpha}3\cos\theta\cdot3\cos\theta\,d\theta=9\int_0^{\alpha}\cos^2\theta\,d\theta$$
$$=\frac{9}{2}\int_0^{\alpha}(1+\cos2\theta)d\theta=\frac{9}{2}\left[\theta+\frac{1}{2}\sin2\theta\right]_0^{\alpha}$$
$$=\frac{9}{2}\left(\alpha+\frac{1}{2}\sin2\alpha\right)=\frac{9}{2}(\alpha+\sin\alpha\cos\alpha)$$
$$=\frac{9}{2}\left(\alpha+\frac{4}{5}\times\frac{3}{5}\right)=\frac{9}{2}\left(\alpha+\frac{12}{25}\right)$$

이다. 마찬가지로 $A_2=\int_0^{\frac{12}{5}}\sqrt{16-x^2}\,dx$로 놓고
$x=4\sin\theta\left(0\le\theta\le\frac{\pi}{2}\right)$라 하면 $dx=4\cos\theta\,d\theta$이고
$\frac{12}{5}=4\sin\theta$에서 $\sin\beta=\frac{3}{5}$, $\cos\beta=\frac{4}{5}$이다.
따라서

$$A_2=\int_0^{\beta}\sqrt{16-16\sin^2\theta}\;4\cos\theta\,d\theta$$
$$=\int_0^{\beta}4\cos\theta\cdot4\cos\theta\,d\theta=16\int_0^{\beta}\cos^2\theta\,d\theta$$
$$=\frac{16}{2}\int_0^{\beta}(1+\cos2\theta)d\theta=8\left[\theta+\frac{1}{2}\sin2\theta\right]_0^{\beta}$$
$$=8\left(\beta+\frac{1}{2}\sin2\beta\right)=8\left(\beta+\frac{12}{25}\right)$$

따라서

$$A=\frac{8}{3}A_1-\frac{3}{2}A_2$$
$$=12\left(\alpha+\frac{12}{25}\right)-12\left(\beta+\frac{12}{25}\right)$$
$$=12(\alpha-\beta)$$

$\left(\text{단, } \alpha, \beta\text{는 예각이고 } \sin\alpha=\frac{4}{5}, \sin\beta=\frac{3}{5}\text{이다.}\right)$

04 (1) $|\overline{PA}-r|$ 또는

$$\begin{cases}\overline{PA}-r & (\text{P가 원 C 외부에 있을 때})\\ r-\overline{PA} & (\text{P가 원 C 내부에 있을 때})\\ 0 & (\text{P가 원 C 위에 있을 때})\end{cases}$$

(2) 두 원 C_1과 C_2의 중심은 각각 $A(-2, 0)$과 $B(2, 0)$이다. 원 C_2 위에 있거나 내부에 있으며 두 원 C_1과 C_2에서 거리가 같은 점을 P라 하자. (1)의 결과에 의해 다음과 같은 두 등식이 만들어진다.

(i) 점 P가 원 C_1의 외부, 원 C_2의 내부에 있을 때,
$\overline{PA}-5=3-\overline{PB}$에서 $\overline{PA}+\overline{PB}=8$이다.
즉, A, B를 두 초점으로 하고 거리의 합이 $2a=8$로 일정한 타원이므로
$\frac{x^2}{16}+\frac{y^2}{12}=1$이다.

(ii) P가 원 C_1의 내부, 원 C_2의 내부에 있을 때,
$5-\overline{PA}=3-\overline{PB}$에서 $\overline{PA}-\overline{PB}=2$이다.
즉, A, B를 두 초점으로 하고 거리의 차가 $2a=2$로 일정한 쌍곡선이므로 $x^2-\frac{y^2}{3}=1$이다.

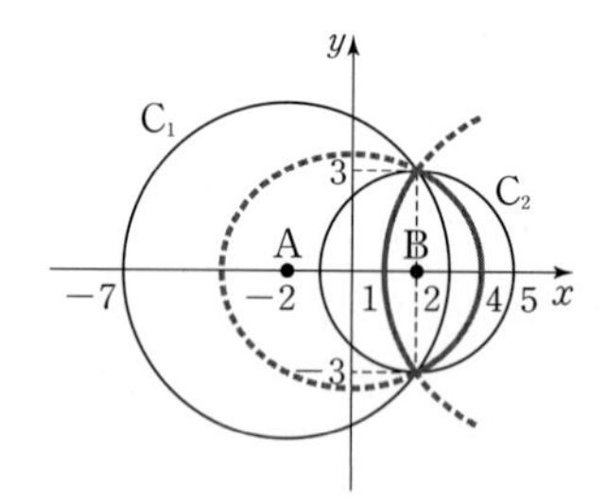

두 원 C_1과 C_2의 두 교점 (2, 3), (2, −3)은 문제의 조건을 만족하고, (i)과 (ii)에서 구한 타원과 쌍곡선은 주어진 두 원 C_1과 C_2의 교점 (2, 3)을 지나므로, 구하는 회전체의 부피는 다음과 같다.

$$V=\pi\int_1^2\{3(x^2-1)\}\,dx+\pi\int_2^4\left\{12\left(1-\frac{x^2}{16}\right)\right\}dx$$
$$=3\pi\int_1^2(x^2-1)dx+12\pi\int_2^4\left(1-\frac{1}{16}x^2\right)dx$$
$$=3\pi\left[\frac{1}{3}x^3-x\right]_1^2+12\pi\left[x-\frac{1}{48}x^3\right]_2^4$$
$$=4\pi+10\pi=14\pi$$

05 (1) C_1의 중심의 좌표를 $(a_1, 0)$, 반지름의 길이를 r_1이라 하면 C_1의 방정식은 $(x-a_1)^2+y^2={r_1}^2$이고 $a_1=1+r_1$이 성립한다.

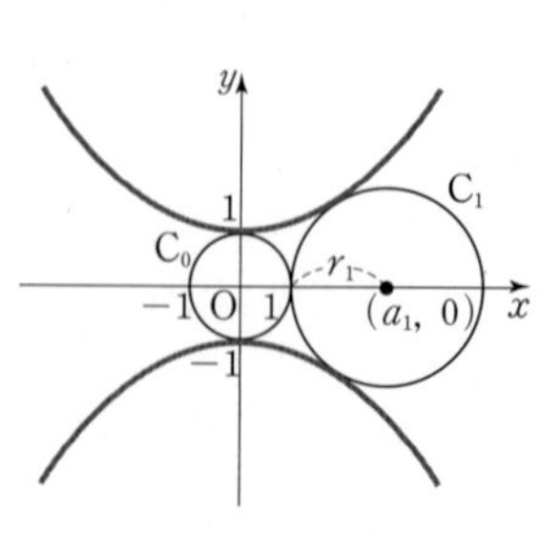

원 C_1과 쌍곡선 $y^2-x^2=1$을 연립한 식은
$(x-a_1)^2+x^2+1={r_1}^2$,

$2x^2-2a_1x+a_1^2+1-r_1^2=0$ ...... ㉠

이다.

이때 두 곡선은 접하므로

$\frac{D}{4}=a_1^2-2(a_1^2+1-r_1^2)=0$에서

$a_1^2=2(r_1^2-1)$이다.

$a_1=1+r_1$을 대입하여 정리하면

$r_1^2-2r_1-3=0$, $(r_1+1)(r_1-3)=0$에서 $r_1>0$이므로 $r_1=3$이고 $a_1=4$이다.

이때 ㉠은 $x^2-4x+4=0$, $(x-2)^2=0$에서 접점의 x좌표는 2이다. 이때 $y^2=5$이므로 $y=\pm\sqrt{5}$이다.

따라서 원 C_1의 중심의 좌표는 $(4, 0)$, C_1과 쌍곡선 $y^2-x^2=1$이 접하는 점의 좌표는 $(2, \pm\sqrt{5})$이다.

(2)

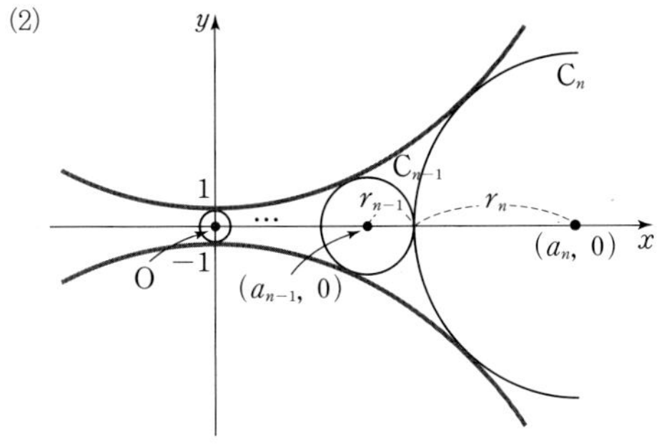

C_n의 중심의 좌표를 $(a_n, 0)$, 반지름의 길이를 r_n이라고 하면 C_n의 방정식은 $(x-a_n)^2+y^2=r_n^2$이다.

이것과 쌍곡선 $y^2-x^2=1$을 연립한 식은

$(x-a_n)^2+x^2+1=r_n^2$,

$2x^2-2a_nx+a_n^2+1-r_n^2=0$이다.

이때 두 곡선은 접하므로

$\frac{D}{4}=a_n^2-2(a_n^2+1-r_n^2)=0$, $a_n^2=2(r_n^2-1)$이다.

같은 방법으로 하여 $a_{n-1}^2=2(r_{n-1}^2-1)$이므로

$a_n^2-a_{n-1}^2=2(r_n^2-r_{n-1}^2)$에서

$(a_n+a_{n+1})(a_n-a_{n-1})=2(r_n+r_{n-1})(r_n-r_{n-1})$이다.

$a_n-a_{n-1}=r_n+r_{n-1}$ ...... ㉠

$a_n+a_{n-1}=2(r_n-r_{n-1})$ ...... ㉡

㉠+㉡을 하면

$2a_n=3r_n-r_{n-1}$이므로 $a_n=\frac{3}{2}r_n-\frac{1}{2}r_{n-1}$이다.

또, $a_{n+1}-a_n=r_{n+1}+r_n$이므로

$\frac{3}{2}r_{n+1}-\frac{1}{2}r_n-\left(\frac{3}{2}r_n-\frac{1}{2}r_{n-1}\right)=r_{n+1}+r_n$,

$r_{n+1}-6r_n+r_{n-1}=0$ $(n\geq1)$이다.

(3) $r_1=3$, $r_{n+1}=6r_n-r_{n-1}(n\geq1)$이므로

$r_2=6r_1-r_0=6\times3-1=17$이다.

r_1, r_2가 $r_1<r_2$인 자연수이므로 r_3도 자연수이다.

같은 방법으로 r_{n-1}, r_n은 $r_{n-1}<r_n$인 자연수이므로 r_{n+1}도 자연수이다.

그러므로 쌍곡선에 접하는 모든 원의 반지름의 길이 r_n은 자연수이다.

따라서 원 C_n의 중심의 x좌표 a_n은

$a_n=1+2(r_1+r_2+\cdots+r_{n-1})+r_n$은 자연수이다.

또 원 C_n과 쌍곡선이 접할 때 연립한 식은

$2x^2-2a_nx+a_n^2+1-r_n^2=0$에서

$\frac{D}{4}=0$으로부터 $a_n^2=2(r_n^2-1)$이다.

여기에서 $r_n^2=\frac{1}{2}a_n^2+1$이므로 위의 식에 대입하여 정리하면

$4x^2-4a_nx+a_n^2=0$, $(2x-a_n)^2=0$, $x=\frac{a_n}{2}$이다.

그런데 $r_0=1$, $r_1=3$, $r_2=17$이 모두 홀수이고 $r_{n+1}=6r_n-r_{n-1}(n\geq1)$로부터 r_{n-1}, r_n이 홀수이면 r_{n+1}도 홀수이다.

그러므로 r_n은 모두 홀수이므로

$a_n=1+2(r_1+r_2+\cdots+r_{n-1})+r_n$은 짝수이다.

따라서 원 C_n과 쌍곡선이 접하는 점의 x좌표 $x=\frac{a_n}{2}$은 자연수이다.

06 (1) $\left(ab-\frac{1}{2}\right)\left(ab+\frac{1}{2}\right)<0$에서 $-\frac{1}{2}<ab<\frac{1}{2}$이다.

(2) 도형 C가 포물선을 나타낼 조건은

$ab-\frac{1}{2}=0$, $\left(ab+\frac{1}{2}\right)(b-2)\neq0$

또는 $ab+\frac{1}{2}=0$, $\left(ab-\frac{1}{2}\right)(b+2)\neq0$

이때, 문제의 조건에서 $ab>-\frac{1}{2}$이므로

도형 C가 포물선을 나타낼 조건은

$ab=\frac{1}{2}$, $b\neq2$이다.

$ab=\frac{1}{2}$을 도형 C에 대입하면

$y^2+(b-2)x+(b+2)y+4(b-1)=0$이고, 이를 정리하면

$\left(y+\frac{b+2}{2}\right)^2=-(b-2)\left(x-\frac{b-10}{4}\right)$

이다. 이 포물선의 초점의 좌표는

$\left(-\frac{b-2}{4}+\frac{b-10}{4}, -\frac{b+2}{2}\right)$❶, 즉 $\left(-2, -\frac{b+2}{2}\right)$

이다. 따라서 b의 값에 관계없이 x의 좌표는 일정하므로 초점은 직선 $x=-2$ 위에 있다.

참고 ❶ 포물선 $(y-n)^2=4p(x-m)$은 포물선 $y^2=4px$를 x축 방향으로 m만큼, y축 방향으로 n만큼 평행이동한 것이므로 초점의 좌표는 $(p+m, n)$이다.

07 $z^2=x^2+y^2$으로 정의된 원뿔면과 $z=ax+1$로 정의된 평면의 교집합은 $(ax+1)^2=x^2+y^2$이다. 이로부터 이차방정식

$(a^2-1)x^2+2ax-y^2+1=0$

을 얻고 이 식을 정리하면 $a^2-1=0$일 경우는

$y^2=2ax+1$이 되고, $a^2-1\neq0$이면

$(a^2-1)\left(x+\dfrac{a}{a^2-1}\right)^2-y^2=\dfrac{1}{a^2-1}$ …… ㉠

이 된다. 그러므로 $z^2=x^2+y^2$으로 정의된 원뿔면과 $z=ax+1$의 교집합으로 주어지는 곡선의 형태는 다음 4가지로 분류된다.

(가) $a^2-1=0$인 경우 ($a=1$ 또는 $a=-1$):
$y^2=2ax+1$이므로 포물선이 된다.

(나) $a^2-1\neq0$인 경우

(i) $a^2-1=-1$인 경우 ($a=0$):
$x^2+y^2=1$이 되므로 중심이 (0, 0)이고 반지름이 1인 원이 된다.

(ii) $a^2-1<0$이고 $a^2-1\neq-1$인 경우 ($-1<a<0$ 또는 $0<a<1$):
㉠의 양변에 -1을 곱하고, 양변을 $\dfrac{1}{1-a^2}$로 나누면

$$\frac{\left(x-\dfrac{a}{1-a^2}\right)^2}{\left(\dfrac{1}{1-a^2}\right)^2}+\frac{y^2}{\left(\dfrac{1}{\sqrt{1-a^2}}\right)^2}=1$$

을 만족하므로 타원이 된다.

(iii) $a^2-1>0$인 경우 ($a>1$ 또는 $a<-1$):

$$\frac{\left(x+\dfrac{a}{a^2-1}\right)^2}{\left(\dfrac{1}{a^2-1}\right)^2}-\frac{y^2}{\left(\dfrac{1}{\sqrt{a^2-1}}\right)^2}=1$$이 되므로

쌍곡선이 된다.

따라서 $a=0$이면 원, $a=1$ 또는 $a=-1$이면 포물선, $-1<a<0$ 또는 $0<a<1$이면 타원, $a>1$ 또는 $a<-1$이면 쌍곡선이 된다.

주제별 강의 **제 17 장**

이차곡선의 자취

문제 1 • 254쪽 •

원기둥에 내접하는 두 구의 중심을 각각 A, A′, 두 구에 접하는 면이 밑면과 θ의 각을 이룰 때, 접점을 각각 H, H′이라 하고, $\overline{AA'}$이 평면과 만나는 점을 C라 하자. 타원의 장축의 길이를 $2a$라 하면

$2a\cos\theta=2r$에서

$a=\dfrac{r}{\cos\theta}=r\sec\theta$이다.

또, 오른쪽 그림에서

$\angle CAH=\angle CBO=\theta$이므로

$\overline{CH}=\overline{AH}\times\tan\theta=r\tan\theta$ …… ㉠

이고, 타원의 단축의 길이는 $2r$이므로 타원의 두 초점을 F, F′이라 하면

$\overline{CF}=\sqrt{a^2-r^2}=\sqrt{r^2\sec^2\theta-r^2}=r\tan\theta$ …… ㉡

이다. ㉠, ㉡에서 $\overline{CH}=\overline{CF}$이므로 접점 H는 이 타원의 초점 F와 일치한다. 마찬가지로 점 H′은 다른 한 초점 F′과 일치하므로 원기둥에 내접하는 구와 평면과의 두 접점은 타원의 초점이다.

문제 2 • 255쪽 •

(1) 주어진 조건에서 $a<\dfrac{1}{2}$, $a>\dfrac{1}{2}$, $a=\dfrac{1}{2}$의 세 가지 경우로 나누어 생각한다.

(i) $a<\dfrac{1}{2}$인 경우

점 A가 y축에, 점 B가 x축에 있는 경우에 A$(0, c)$, B$(d, 0)$, P(x, y)라 하면

$c^2+d^2=1$ …… ㉠

이고 점 P가 선분 AB를 $(1-a):a$로 내분하므로

$x=(1-a)d$, $y=ac$ …… ㉡

이다.

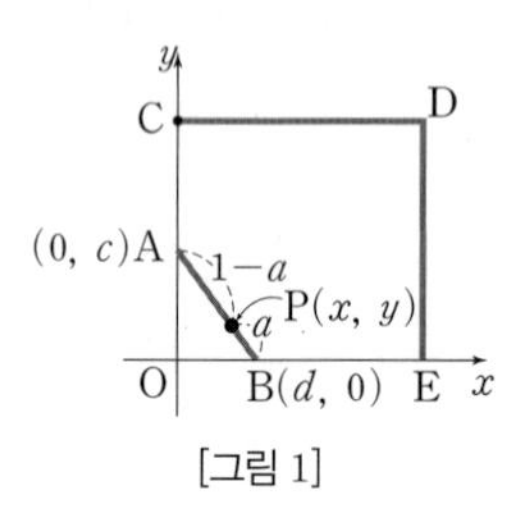

[그림 1]

㉡에서 $d=\dfrac{x}{1-a}$, $c=\dfrac{y}{a}$를 ㉠에 대입하면

점 P는 $\dfrac{x^2}{(1-a)^2}+\dfrac{y^2}{a^2}=1$을 만족한다.

이것은 [그림 2]에서와 같이 원점 근방에서 타원의 일부가 생성된다.

이후에 점 A가 선분 CD에, 점 B가 y축에 있는 경우, 점 A가 선분 DE에, 점 B가 선분 CD에 있는 경우, 점 A가 x축에, 점 B가 선분 DE에 있는 경우도 같은 방법으로 생각하면 점 P의 자취는 [그림 2]와 같다.

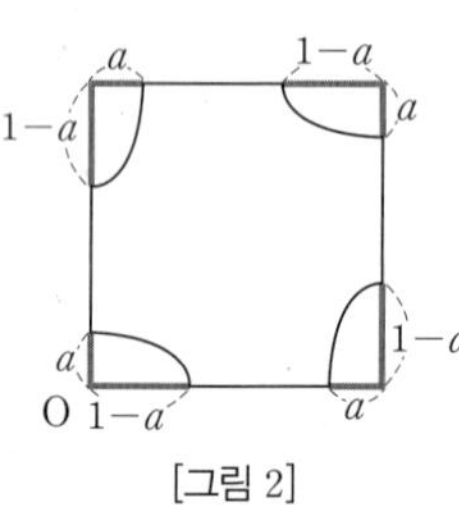

[그림 2]

(ii) $a>\dfrac{1}{2}$인 경우

$a<\dfrac{1}{2}$인 경우와 장축과 단축이 뒤바뀐 타원의 일부이므로 점 P의 자취는 [그림 3]과 같다.

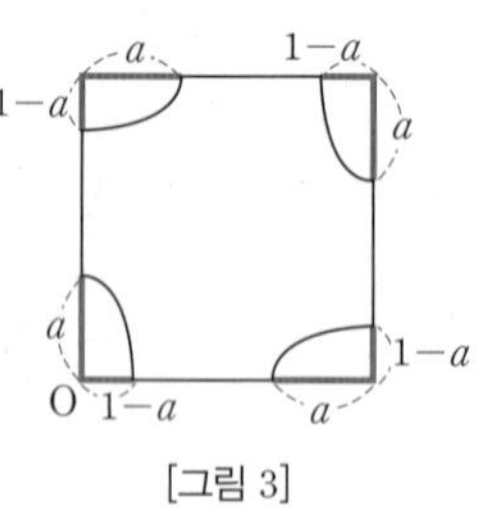

[그림 3]

(iii) $a=\dfrac{1}{2}$인 경우

점 P의 자취는 [그림 4]와 같이 원의 일부와 선분이 된다.

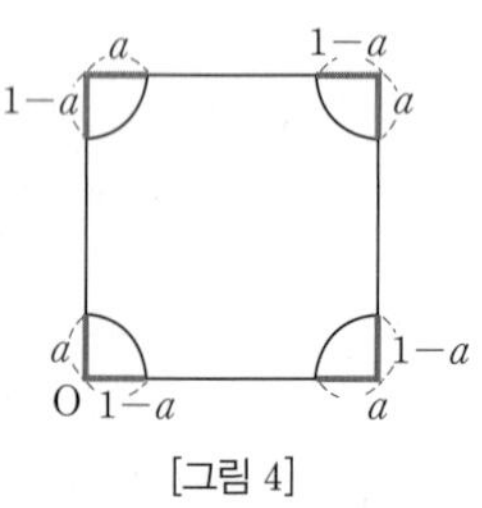

[그림 4]

(2) 먼저 [그림 2]의 도형을 x축으로 회전시켜 얻은 회전체의 부피와 [그림 5]와 [그림 6]의 색칠한 도형을 x축으로 회전시켜 얻은 회전체의 부피의 합은 일치한다. 따라서 회전체의 부피는

$$\int_0^{1-a} \pi a^2\left\{1-\frac{x^2}{(1-a)^2}\right\}dx$$
$$+\int_0^{1-a} \pi\left[3^2-\left\{3-a\sqrt{1-\frac{x^2}{(1-a)^2}}\right\}^2\right]dx$$
$$+\int_0^{a} \pi(1-a)^2\left(1-\frac{x^2}{a^2}\right)dx$$
$$+\int_0^{a} \pi\left[3^2-\left\{3-(1-a)\sqrt{1-\frac{x^2}{a^2}}\right\}^2\right]dx$$

이다. 서로 상쇄되는 부분을 고려하여 간단히 하면 부피 $f(a)$는

$$\int_0^{1-a} 6\pi\cdot\frac{a}{1-a}\sqrt{(1-a)^2-x^2}\,dx$$
$$+\int_0^{a} 6\pi\cdot\frac{1-a}{a}\sqrt{a^2-x^2}\,dx=3\pi^2a(1-a)$$

가 된다. 그러므로 $\lim_{n\to\infty} nf\left(\frac{1}{n}\right)=3\pi^2$이다.

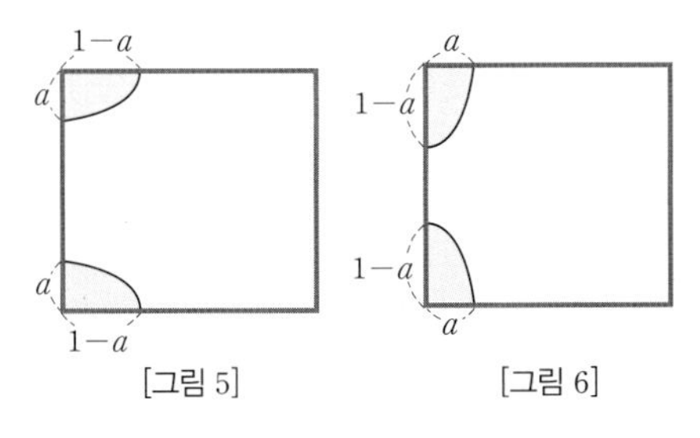

[그림 5] [그림 6]

(3) 이 문제는 (1)의 확장으로 두 반직선이 각 θ를 이루며 만날 때 중점이 이루는 자취에 관한 문제이다.

$\theta=\frac{\pi}{2}$인 경우는 (1)에서 다루었으므로 θ는 $\frac{\pi}{2}$가 아니라고 하자. [그림 7]에서 점 A를 $(c,\ c\tan\theta)$로 놓고 점 B를 $(d,\ 0)$으로 놓으면 점 P의 좌표는

$(x,\ y)=\left(\frac{c+d}{2},\ \frac{c\tan\theta}{2}\right)$가 된다. 점 A와 점 B 사이의 거리가 1이므로 $(c-d)^2+c^2\tan^2\theta=1$을 만족한다. 따라서 위의 정보를 이용하여 x, y가 이루는 방정식을 만들면 $\left(\frac{4y}{\tan\theta}-2x\right)^2+4y^2=1$이 된다.

따라서 P의 자취는 앞의 식을 만족시키는 이차곡선의 일부가 되며 이 이차곡선은 사실상 타원을 회전한 곡선이 된다.

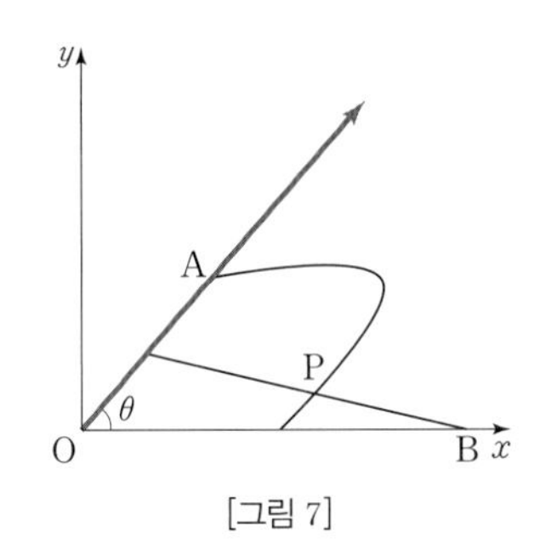

[그림 7]

(1) 지점 P$(-4,\ 6)$은 염색제가 퍼지기 시작하는 지점 A$(-4,\ 0)$으로부터의 거리가 6이고, 표백제가 퍼지기 시작하는 지점 B$(4,\ 0)$으로부터의 거리가 10이다. 따라서 지점 P에는 6초 후에 염색제가 도달하고, 그 후로부터 4초 뒤에 표백제가 도달하므로, 염색제가 고착되기에는 시간이 충분치 않아 염색이 되지 않을 것이다.

(2) 염색이 이루어지는 지점들은 B로부터의 거리가 A로부터의 거리보다 5 cm 이상 먼 지점들이다. 따라서 염색이 이루어지는 지점들과 이루어지지 않는 지점들의 경계는 다음과 같은 관계식을 만족한다.

$\sqrt{(x+4)^2+y^2}+5=\sqrt{(x-4)^2+y^2}$

위 식의 양변을 제곱하여 정리하면

$-16x-25=10\sqrt{(x+4)^2+y^2}$

을 얻는다. 다시 양변을 제곱하여 정리하면 다음과 같은 쌍곡선의 방정식을 얻는다.

$156x^2-100y^2-975=0$

구하려는 경계점들은 이 쌍곡선 위의 점들 중에서 B로부터의 거리가 A로부터의 거리보다 먼 점들이므로

$156x^2-100y^2-975=0,\ x<0$

이 경계가 된다. 따라서 이 경계로 이루어진 영역 중 점 A를 포함하는 영역, 즉

$D=\{(x,\ y)\,|\,156x^2-100y^2-975\ge0,\ x<0\}$

이 염색이 되는 지점들의 영역이다. 이를 좌표평면 위에 그리면 다음과 같다.

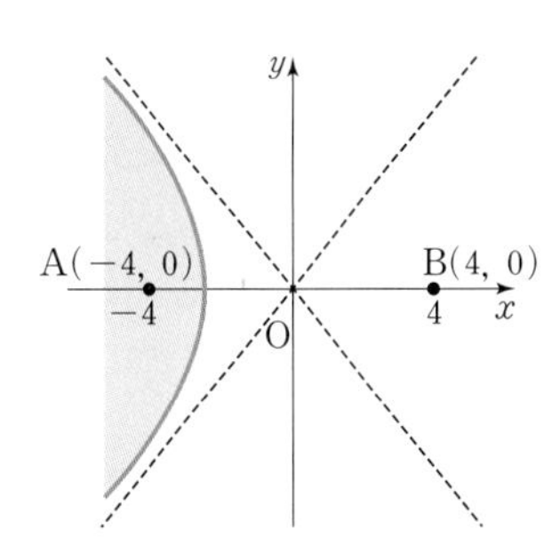

(3) 표백제가 속한 직선 $x=4$를 기준으로 볼 때, 이 직선 왼쪽 영역은 지점 A에서 출발하는 염색제가, 오른쪽 영역은 지점 C에서 출발하는 염색제가 먼저 도착한다. 따라서 염색되는 영역은 직선 $x=4$를 기준으로 하여 왼쪽은 A와 B, 오른쪽은 B와 C에 의해 경계가 결정된다. A와 B에 의해 결정되는 영역 D는 아래와 같이 문제 (2)에서 구하였다.

$D=\{(x,\ y)\,|\,156x^2-100y^2-975\ge0,\ x<0\}$

B와 C에 의해 결정되는 영역 D′은 (2)에서 구한 영역을 직선 $x=4$를 중심으로 대칭이동하여 아래와 같이 구할 수 있다.

$D'=\{(x,\ y)\,|\,156(8-x)^2-100y^2-975\ge0,\ x>8\}$

따라서 염색이 되는 지점들의 영역은 $R=D\cup D'$이다.

이를 좌표평면 위에 그리면 다음과 같다.

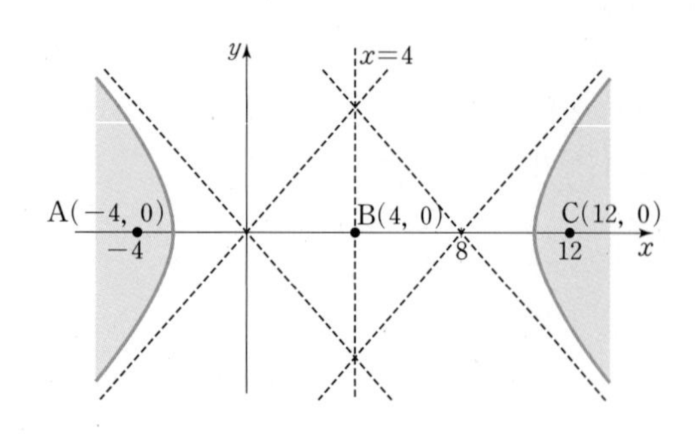

문제 4 • 257쪽 •

(1) 점 P가 원 C의 내부의 점이므로
$\overline{OP}=\overline{OQ}-\overline{PQ}=1-\overline{PQ}$이다. 점 P는 $\overline{AP}-\overline{PQ}=b$에서 $\overline{AP}=\overline{PQ}+b$를 만족하므로 $\overline{AP}+\overline{OP}=b+1$이 된다.
따라서 점 P의 자취는 점 A와 점 O를 초점으로 하고 장축의 길이가 $b+1$인 타원 중 원 C의 내부에 포함되는 부분이다.

(2) 점 A와 점 O를 초점으로 하고 장축의 길이가 $b+1$인 타원상의 점 중 점 O에서 가장 멀리 떨어진 점 P_0은 타원의 중심으로부터 장축의 길이의 반만큼 떨어진 점이다.
따라서 점 O에서 P_0까지의 거리는 $\overline{AO}$의 거리의 반과 장축의 길이의 반의 합이다. $b\le1-a$이므로
$\overline{OP_0}=\frac{a}{2}+\frac{b+1}{2}\le\frac{a}{2}+\frac{2-a}{2}=1$
이 되어 타원 전체가 원 C의 내부에 포함되는 것을 알 수 있다.
단축의 길이가 $2\sqrt{\left(\frac{b+1}{2}\right)^2-\left(\frac{a}{2}\right)^2}=\sqrt{(b+1)^2-a^2}$이므로 자취(타원)로 둘러싸인 면적은
$\frac{\pi}{4}(b+1)\sqrt{(b+1)^2-a^2}$이다.
면적이 b에 대해 증가함수이므로 주어진 구간 $0<b\le1-a$에서 $b=1-a$일 때 최대이다.
따라서 면적의 최댓값은
$\frac{\pi}{2}(2-a)\sqrt{1-a}$이다.

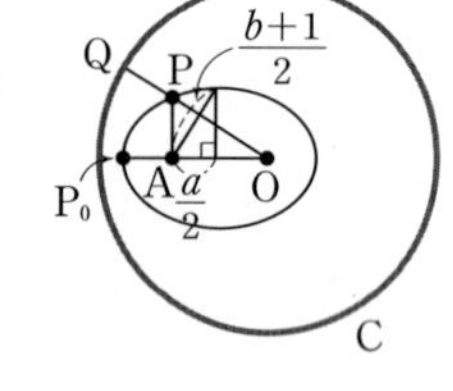

문제 5 • 258쪽 •

(1) $\overline{PM}=\overline{PA}$이므로
$\overline{OP}+\overline{PM}=\overline{OP}+\overline{PA}=4$로 거리의 합이 일정하다.
따라서 점 P가 만드는 곡선은 두 점 O와 M을 초점으로 하고 장축의 길이가 4인 타원이다.

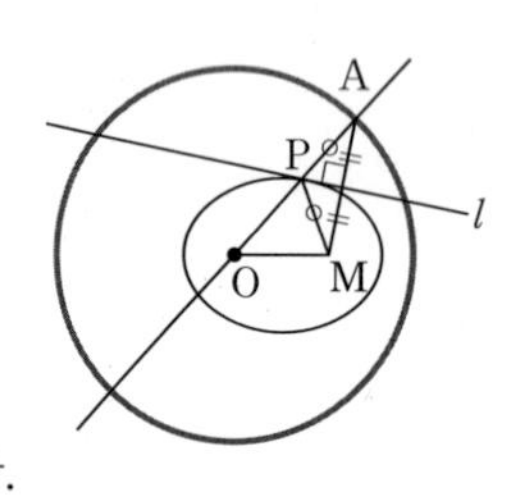

이때, 장축의 길이를 $2a$, 단축의 길이를 $2b$, 초점 사이의 거리를 $2c$라 하자.
$2a=4$이므로 $a=2$이다.
$2c=\overline{OM}=2$이므로 $c=1$이다.
$b=\sqrt{a^2-c^2}=\sqrt{4-1}=\sqrt{3}$이다.
$\overline{OM}$의 수직이등분선과 타원의 두 교점 사이의 거리는 단축의 길이이므로 $2b=2\sqrt{3}$이다.

(2) O를 원점이라 하고 점 M의 좌표를 $(2, 0)$이라 하자.
타원의 중심은 $\overline{OM}$의 중점인 $(1, 0)$이다.
따라서 타원의 방정식은 $\frac{(x-1)^2}{4}+\frac{y^2}{3}=1$이다.

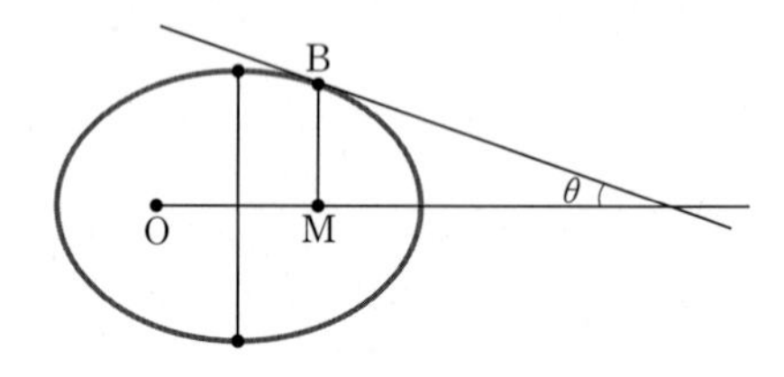

$x=2$일 때의 y좌표를 구하면 $\frac{1}{4}+\frac{y^2}{3}=1$에서
$y^2=\frac{9}{4}$, 즉, $y=\pm\frac{3}{2}$이다.
점 $\left(2, \frac{3}{2}\right)$에서의 접선의 방정식을 구하면
$\frac{(2-1)(x-1)}{4}+\frac{\frac{3}{2}y}{3}=1$에서
$\frac{(x-1)}{4}+\frac{y}{2}=1$이다. 따라서 $y=-\frac{1}{2}x+\frac{5}{2}$이다.
같은 방법으로 점 $\left(2, -\frac{3}{2}\right)$에서의 접선의 방정식은
$y=\frac{1}{2}x+\frac{5}{2}$이다. 이 접선들의 기울기가 $\tan\theta$이고, θ가 예각이므로 $\tan\theta=\frac{1}{2}$이다.

참고 ① 좌표를 $O(-1, 0)$, $M(1, 0)$으로 잡으면 타원의 방정식은 $\frac{x^2}{4}+\frac{y^2}{3}=1$이 된다.
$x=1$일 때의 y좌표는 $y=\pm\frac{3}{2}$이다.
점 $\left(1, \frac{3}{2}\right)$에서의 접선의 방정식은 $y=-\frac{1}{2}x+2$이다.
② 타원 $\frac{(x-m)^2}{a^2}+\frac{(y-n)^2}{b^2}=1$ 위의 (x_1, y_1)에서의 접선의 방정식은 $\frac{(x_1-m)(x-m)}{a^2}+\frac{(y_1-n)(y-n)}{b^2}=1$로 주어진다.

(3) 오른쪽 그림에서와 같이
$\overline{QA}=\overline{QN}$이므로
$|\overline{OQ}-\overline{QN}|$
$=|\overline{OA}+\overline{AQ}-\overline{AQ}|$
$=\overline{OA}=4$

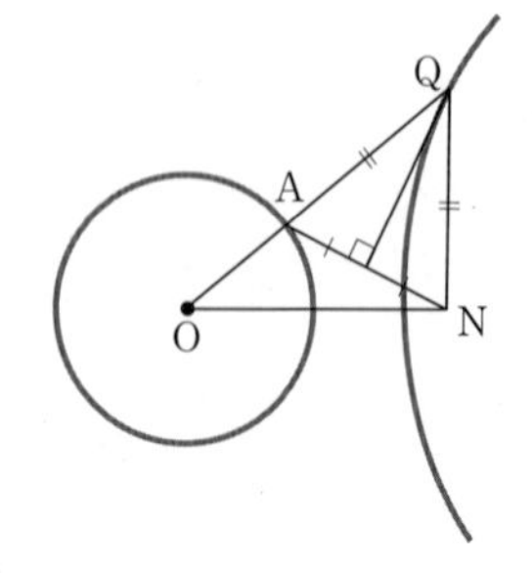

이다. 따라서 Q가 이루는 곡선은 두 점 O와 N을 초점으로 하고 두 꼭짓점 사이의 거리가 4인 쌍곡선이다.

O를 원점이라 하고 점 N의 좌표를 (8, 0)이라 하자.

이 쌍곡선의 중심은 $\overline{\mathrm{ON}}$의 중점인 (4, 0)이므로 방정식은 $\frac{(x-4)^2}{a^2}-\frac{y^2}{b^2}=1$꼴이다.

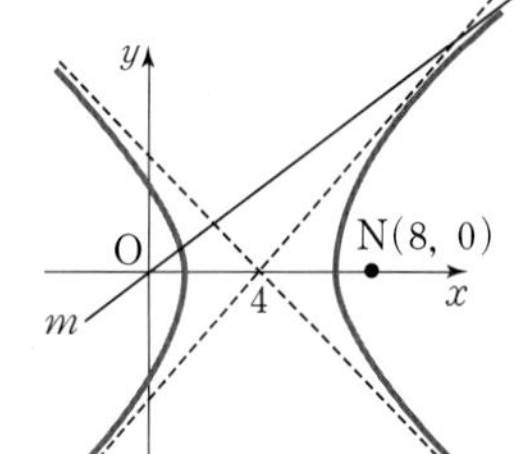

$2a=4$에서 $a=2$

$2c=8$에서 $c=4$

$b=\sqrt{c^2-a^2}=\sqrt{16-4}=2\sqrt{3}$

따라서 쌍곡선의 방정식은

$\frac{(x-4)^2}{4}-\frac{y^2}{12}=1$이다.

$\overline{\mathrm{ON}}$과 45°를 이루는 직선의 방정식은 $y=x$이다.

이를 쌍곡선의 방정식에 대입하면

$\frac{(x-4)^2}{4}-\frac{x^2}{12}=1$에서 $3(x-4)^2-x^2=12$이다.

즉 $2x^2-24x+36=0$, $x^2-12x+18=0$이므로

$x=6\pm3\sqrt{2}$이다.

따라서 두 교점의 x좌표 사이의 거리는 $6\sqrt{2}$이다.

이 두 점이 $y=x$인 직선 위에 있으므로 두 교점 사이의 거리는 $6\sqrt{2}\times\sqrt{2}=12$이다.

다른 답안

오른쪽 그림에서

$\triangle$QAN에서

$\overline{\mathrm{QA}}=\overline{\mathrm{QN}}$이므로

$|\overline{\mathrm{OQ}}-\overline{\mathrm{QN}}|$

$=|\overline{\mathrm{OA}}+\overline{\mathrm{AQ}}-\overline{\mathrm{AQ}}|$

$=\overline{\mathrm{OA}}=4$

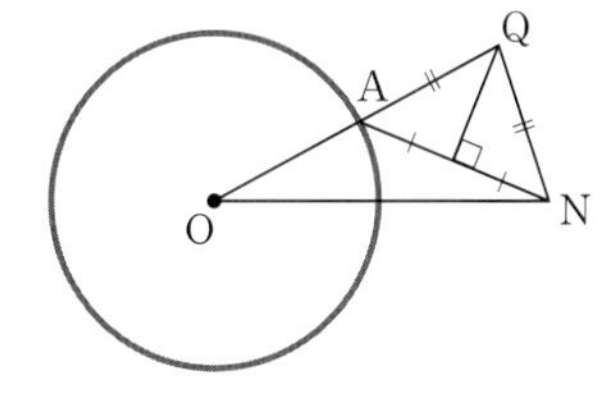

이다. 그러므로 점 Q는 두 점 O와 N을 초점으로 하고 거리의 차가 4인 쌍곡선이다.

두 점 O, N의 중점을 원점으로 하는 좌표평면을 잡으면 O(−4, 0), N(4, 0)이다.

쌍곡선의 방정식을

$\frac{x^2}{a^2}-\frac{y^2}{b^2}=1$이라 하면

$2a=4$에서 $a=2$, $2c=8$에서 $c=4$이므로 $b^2=12$, $b=\pm2\sqrt{3}$이다.

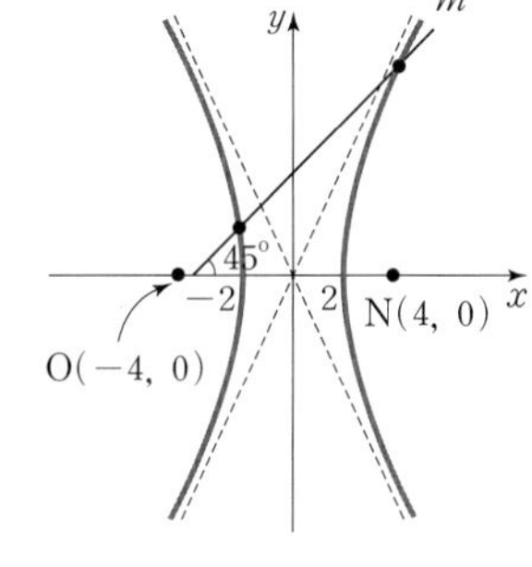

따라서 쌍곡선의 방정식은 $\frac{x^2}{4}-\frac{y^2}{12}=1$이다.

점 O(−4, 0)을 지나고 x축과 이루는 각의 크기가 45°인 직선 m의 방정식은 $y=x+4$이므로 이 직선과 쌍곡선의 두 교점의 좌표는 $\frac{x^2}{4}-\frac{(x+4)^2}{12}=1$, $x^2-4x-14=0$에서 $x=2\pm3\sqrt{2}$이므로 $(2+3\sqrt{2},\ 6+3\sqrt{2})$, $(2-3\sqrt{2},\ 6-3\sqrt{2})$이다.

따라서 곡선과 직선 m이 만나는 두 점 사이의 거리는 12이다.

주제별 강의 **제 18 장**

이차곡선의 여러 가지 성질

문제 1 • 278쪽 •

(1) 주어진 실수 m을 기울기로 가지는 두 접선의 방정식은 $y=mx\pm\sqrt{a^2m^2+b^2}$으로 주어지며, 평행한 두 직선의 거리는 직선 $y=mx-\sqrt{a^2m^2+b^2}$ 위의 점$(0,\ -\sqrt{a^2m^2+b^2})$에서 직선 $y=mx+\sqrt{a^2m^2+b^2}$, 즉 $mx+\sqrt{a^2m^2+b^2}-y=0$까지의 거리와 같으므로

$l(m)=\frac{|\sqrt{a^2m^2+b^2}-(-\sqrt{a^2m^2+b^2})|}{\sqrt{m^2+1}}=\frac{2\sqrt{a^2m^2+b^2}}{\sqrt{m^2+1}}$

으로 주어진다.

다른 답안

주어진 실수 m을 기울기로 가지는 두 접선의 방정식은 $y=mx\pm\sqrt{a^2m^2+b^2}$으로 주어지며, 두 평행한 직선이 원점에서 같은 거리에 있으므로 직선과 한 점의 거리 공식 $\left(\frac{|ax_1+by_1+c|}{\sqrt{a^2+b^2}}\right)$에 의하여

$$l(m)=2\frac{|0-m\cdot0+\sqrt{a^2m^2+b^2}|}{\sqrt{m^2+1}}=\frac{2\sqrt{a^2m^2+b^2}}{\sqrt{m^2+1}}$$

로 구해진다.

(2) 타원 밖의 점 P를 (X, Y)라고 할 때, 점 P를 지나는 기울기 m인 직선의 방정식은 $y=m(x-\mathrm{X})+\mathrm{Y}$로 쓸 수 있다. 이때 기울기 m으로 주어진 타원의 접선의 방정식은 $y=mx\pm\sqrt{a^2m^2+b^2}$으로 구해지므로 $-m\mathrm{X}+\mathrm{Y}=\pm\sqrt{a^2m^2+b^2}$이다. 양변을 제곱하며 좌변에 모아 m에 관하여 정리하면

$(\mathrm{X}^2-a^2)m^2-2\mathrm{XY}m+(\mathrm{Y}^2-b^2)=0$

로 주어지며, 두 접선이 수직하므로 이차방정식의 근과 계수의 관계에 의해

$\frac{\mathrm{Y}^2-b^2}{\mathrm{X}^2-a^2}=-1(\mathrm{X}\neq\pm a)$

이다. 따라서 네 점 $(\pm a,\ \pm b)$을 제외한 원 $\mathrm{X}^2+\mathrm{Y}^2=a^2+b^2$ 위의 점 P에서 서로 수직한 두 접선을 그을 수 있다. 이때 외부의 네 점 $(\pm a,\ \pm b)$에서도 수직한 두 접선 $x=\pm a$, $y=\pm b$를 그을 수 있으므로, 수직한 두 접선을 가지는 타원 밖의 점들의 자취는 원의 방정식 $\mathrm{X}^2+\mathrm{Y}^2=a^2+b^2$을 만족한다.

(3) 주어진 타원에 외접하는 직사각형은 서로 수직한 기울기를 가지는 평행한 두 쌍의 접선으로 결정됨을 알 수 있다.

따라서 기울기 m, $-\frac{1}{m}(m\neq0)$에 대하여 외접하는 직사각형의 넓이는 기울기 m을 가지는 두 평행한 접선의 거리와 기울기 $-\frac{1}{m}$을 가지는 두 평행한 접선의 거리의 곱으로 주어지므로, 위의 (1)을 활용하여 직사각형의 넓이를 구하면

$$l(m)\,l\left(\frac{1}{m}\right)=\frac{2\sqrt{a^2m^2+b^2}}{\sqrt{m^2+1}}\frac{2\sqrt{a^2\frac{1}{m^2}+b^2}}{\sqrt{\frac{1}{m^2}+1}}$$

$$=4\sqrt{\frac{a^2b^2\left(m^2+\frac{1}{m^2}\right)+a^4+b^4}{m^2+\frac{1}{m^2}+2}}$$

$$=4\sqrt{a^2b^2+\frac{a^4-2a^2b^2+b^4}{m^2+\frac{1}{m^2}+2}}=4\sqrt{a^2b^2+\frac{(a^2-b^2)^2}{m^2+\frac{1}{m^2}+2}}$$

으로 주어지며, $m^2+\frac{1}{m^2}\geq2$이므로 위의 식은

$m^2+\frac{1}{m^2}=2$일 때 최댓값을 갖는다.

따라서 최댓값은 $2(a^2+b^2)$이다. 단, 기울기가 $m=0$으로 주어진 경우 외접 직사각형은 외부의 네 점 $(\pm a,\ \pm b)$으로 구성되므로 넓이는 $4ab$이며 절대부등식에 의하여

$$2(a^2+b^2)\geq4\sqrt{a^2b^2}=4ab$$

이므로 모든 기울기에 대하여 최댓값은 $2(a^2+b^2)$이다.

다른 답안

타원에 외접하는 직사각형은 (2)에 구해진 원에 내접함을 알 수 있다. 원에 내접하는 직사각형 중 그 넓이가 최대인 것이 정사각형이다(아래 설명 예시). 반지름의 길이가 $\sqrt{a^2+b^2}$인 원에 내접하는 정사각형의 넓이가 $2(a^2+b^2)$이므로 구하는 직사각형의 넓이의 최댓값은 $2(a^2+b^2)$이다.

(설명 예시)

반지름 $\sqrt{a^2+b^2}$을 가지는 원에 내접하는 직사각형의 두 대각선은 원의 지름과 같다. 따라서 직사각형의 두 변의 길이를 A, B라고 할 때 두 변의 길이는

$A^2+B^2=4(a^2+b^2)$을 만족한다. 이제 직사각형의 넓이 AB는

$$AB\leq\frac{A^2+B^2}{2}=\frac{4(a^2+b^2)}{2}$$

을 만족하므로 두 변의 길이가 같을 때 넓이의 최댓값 $2(a^2+b^2)$을 얻는다.

문제 2 • 279쪽 •

(1) (i) 선분 F_1Q를 점 Q쪽으로 연장하여 타원과 만나는 점을 P_1이라 하면

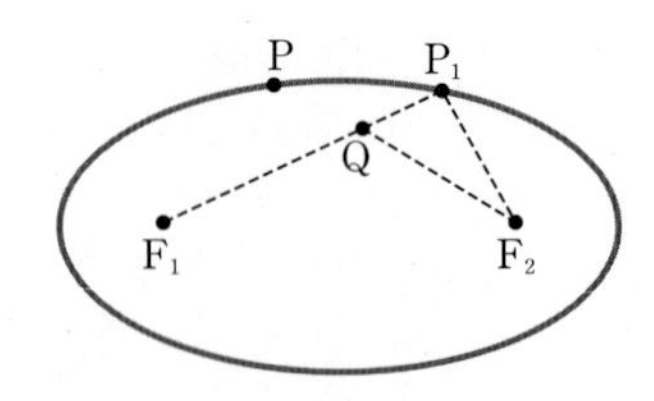

$\triangle P_1QF_2$에서 $\overline{QF_2}<\overline{QP_1}+\overline{P_1F_2}$이므로

$\overline{F_1Q}+\overline{QF_2}<\overline{F_1Q}+\overline{QP_1}+\overline{P_1F_2}=\overline{F_1P_1}+\overline{P_1F_2}$

그런데 점 P_1과 P가 타원 위에 있으므로

$\overline{F_1P_1}+\overline{P_1F_2}=\overline{F_1P}+\overline{PF_2}$이다.

따라서 $\overline{F_1Q}+\overline{QF_2}<\overline{F_1P}+\overline{PF_2}$

(ii) 선분 F_1R이 타원과 만나는 점을 P_2라 하면

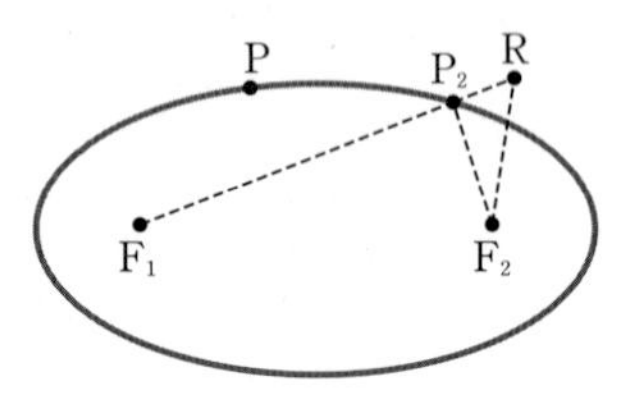

$\triangle P_2F_2R$에서 $\overline{P_2F_2}<\overline{P_2R}+\overline{RF_2}$이므로

$\overline{F_1P_2}+\overline{P_2F_2}<\overline{F_1P_2}+\overline{P_2R}+\overline{RF_2}=\overline{F_1R}+\overline{RF_2}$

그런데 점 P_2와 P가 타원 위에 있으므로

$\overline{F_1P}+\overline{PF_2}=\overline{F_1P_2}+\overline{P_2F_2}$이다.

따라서 $\overline{F_1P}+\overline{PF_2}<\overline{F_1R}+\overline{RF_2}$

(2) 접선 l 위에서 점 P와 다른 임의의 점 X를 잡자. 점 X는 타원 밖에 위치하므로 문제 (1)에 의해 $\overline{F_1P}+\overline{PF_2}<\overline{F_1X}+\overline{XF_2}$가 된다. 이것은 점 F_1에서 l 위의 한 점을 거쳐 점 F_2에 이르는 최단경로가 $\overline{F_1P}+\overline{PF_2}$임을 뜻한다. 따라서 제시문에 의해 $\angle F_1PQ=\angle F_2PR$이다.

(3) (i) 선분 QQ'이 포물선과 만나는 점을 P라 하면

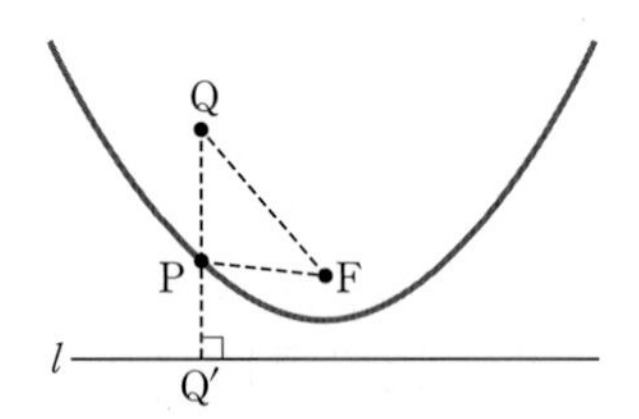

$\triangle PQF$에서 $\overline{FQ}<\overline{QP}+\overline{PF}$이다. 그런데 점 P가 포물선 위에 있으므로 $\overline{PF}=\overline{PQ'}$이다.

따라서 $\overline{FQ}<\overline{QP}+\overline{PQ'}=\overline{QQ'}$

(ii) 직선 RR'이 포물선과 만나는 점을 P라 하면

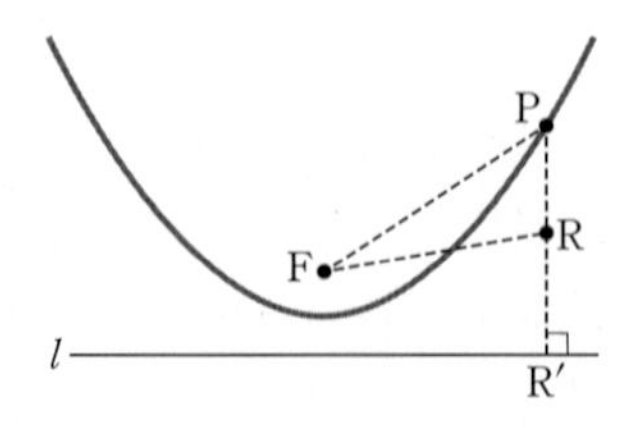

$\triangle FRP$에서 $\overline{FR}>\overline{FP}-\overline{PR}$이다. 그런데 점 P가 포물

선 위에 있으므로 $\overline{FP}=\overline{PR'}$이다.

따라서 $\overline{FR}>\overline{PR'}-\overline{PR}=\overline{RR'}$

(4) 선분 PP′을 점 P쪽으로 연장하여 한 점 P″을 잡자. 제시문을 이용하기 위해 접선 m 위에 P와 다른 임의의 한 점 Q를 잡고 점 Q에서 l에 내린 수선의 발을 Q′이라 하고 $\overline{FP}+\overline{PP''}<\overline{FQ}+\overline{QP''}$임을 보이자.

(ⅰ) $\overline{QQ'}\geq\overline{P''P'}$일 때

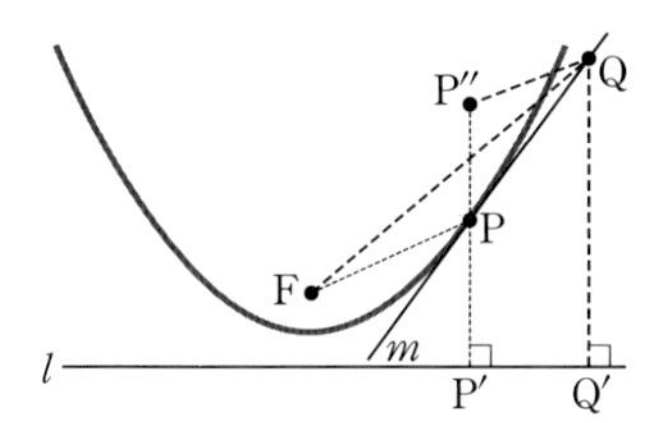

점 Q가 포물선 밖에 있으므로 문제 (3)에 의해 $\overline{FQ}>\overline{QQ'}$이다. 그러므로

$\overline{FP}+\overline{PP''}=\overline{PP'}+\overline{PP''}=\overline{P''P'}\leq\overline{QQ'}<\overline{FQ}<\overline{FQ}+\overline{QP''}$

(ⅱ) $\overline{QQ'}<\overline{P''P'}$일 때

점 Q에서 선분 P″P′에 내린 수선의 발을 Q″이라 하면

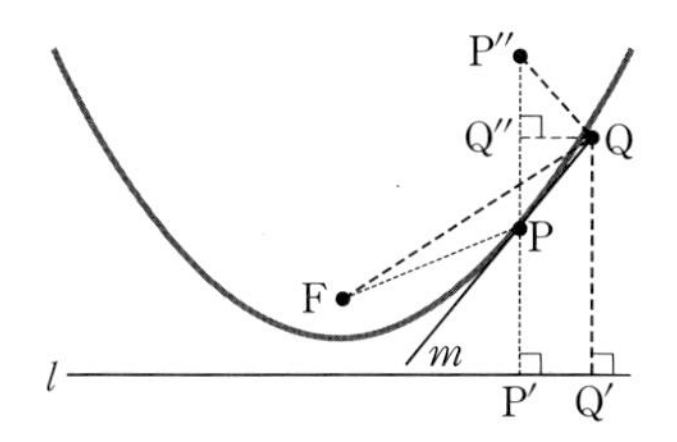

직각삼각형 P″Q″Q에서 $\overline{P''Q''}<\overline{QP''}$이고 점 Q가 포물선 밖에 있으므로 문제 (3)에 의해 $\overline{FQ}>\overline{QQ'}$이므로

$\overline{FP}+\overline{PP''}=\overline{PP'}+\overline{PP''}=\overline{P''P'}=\overline{P''Q''}+\overline{Q''P'}$

$<\overline{QP''}+\overline{QQ'}<\overline{QP''}+\overline{FQ}$

따라서 $\overline{FP}+\overline{PP''}$는 점 F에서 m을 거쳐 점 P″에 이르는 최단거리이므로, 제시문에 의해 m에 대해 선분 FP와 선분 P″P가 이루는 각이 같다. 그런데 m에 대해 선분 P″P와 선분 PP′이 이루는 각이 맞꼭지각으로 같으므로, m은 ∠FPP′을 이등분한다.

(5) 점 F, P, Q, R을 지나고 준선에 수직인 직선들 위에서 그림과 같이 F′, P′, Q′, R′을 잡자.

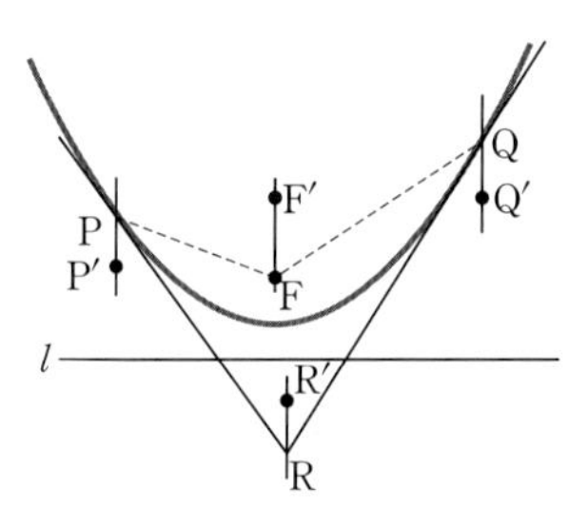

그러면 ∠FPP′=∠PFF′, ∠FQQ′=∠QFF′이고 ∠PRR′=∠P′PR, ∠QRR′=∠Q′QR이다.

그런데 $\angle P'PR=\frac{1}{2}\angle FPP'$, $\angle Q'QR=\frac{1}{2}\angle FQQ'$이므로

$$\begin{aligned}\angle PRQ&=\angle PRR'+\angle QRR'\\&=\angle P'PR+\angle Q'QR\\&=\frac{1}{2}(\angle FPP'+\angle FQQ')\\&=\frac{1}{2}(\angle PFF'+\angle QFF')\\&=\frac{1}{2}\angle PFQ=52.5^\circ\end{aligned}$$

문제 3 • 281쪽 •

(1) ① 타원의 방정식을

$\frac{x^2}{a^2}+\frac{y^2}{b^2}=1$이라 하자.

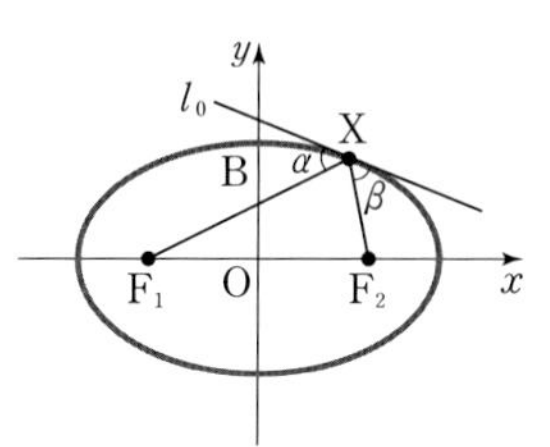

타원의 초점이

$F_1(-1,\ 0)$, $F_2(1,\ 0)$

이고, 타원 위의 한 점이

B(0, 1)이므로 장축의 길이는 타원의 성질에 의해

$2a=\overline{F_1B}+\overline{F_2B}=\sqrt{1+1}+\sqrt{1+1}=2\sqrt{2}$이므로

$a=\sqrt{2}$이다. 그리고 그림에서 $b=1$이다.

따라서 타원방정식은 $\frac{x^2}{2}+y^2=1$이 된다.

타원 위의 임의의 점 $X(x_0,\ y_0)$에서 접선의 기울기는 타원방정식을 x에 관해 미분을 하여 $x+2y\frac{dy}{dx}=0$을 얻고, 이 식에 점 $X(x_0,\ y_0)$을 대입하여 구하면 접선의 기울기는 $m_0=-\frac{x_0}{2y_0}$이고

접선의 방정식은 $y-y_0=-\frac{x_0}{2y_0}(x-x_0)$,

$2y_0y+x_0x=x_0^{\ 2}+2y_0^{\ 2}$이고 $\frac{x_0^{\ 2}}{2}+y_0^{\ 2}=1$이므로

$2y_0y+x_0x=2$이다.

초점 F_1에서 접선 l_0로의 거리 $d=\frac{|2+x_0|}{\sqrt{4y_0^{\ 2}+x_0^{\ 2}}}$이다.

(이때 거리가 최소가 되는 지점은 l_0와 수직이 된다.)

점 X와 F_1 사이의 거리 $\overline{XF_1}=\sqrt{(x_0+1)^2+y_0^{\ 2}}$이므로

$\sin\alpha=\frac{d}{\overline{XF_1}}$이고(직각삼각형의 변임을 이용) 정리를 하면 $\sin\alpha=\frac{1}{\sqrt{1+y_0^{\ 2}}}$이다. ❶

$\cos\alpha=\sqrt{1-\sin^2\alpha}$이므로 $\cos\alpha=\frac{|y_0|}{\sqrt{1+y_0^{\ 2}}}$이다.

② ①에서와 동일한 방법으로 각 β는 직선 l_0와 초점 F_2와의 거리를 이용하여 구할 수 있다.

초점 F_2에서 접선 l_0로의 거리 $d=\frac{|2-x_0|}{\sqrt{4y_0^{\ 2}+x_0^{\ 2}}}$이다.

점 X와 F_2 사이의 거리 $\overline{XF_2}=\sqrt{(x_0-1)^2+y_0^{\ 2}}$이므로

①에서와 같이 정리하면

$\cos\beta=\dfrac{|y_0|}{\sqrt{1+y_0^2}}$이다.

①의 결과와 $\cos\beta$의 결과로부터 $\cos\alpha=\cos\beta$임을 보일 수 있고 $\cos x$는 $x\in\left[0, \frac{\pi}{2}\right]$에서 일대일 함수이므로 $\alpha=\beta$이다.

참고 ❶ $\sin\alpha$의 계산

$$\sin\alpha=\frac{\frac{|2+x_0|}{\sqrt{4y_0^2+x_0^2}}}{\sqrt{(x_0+1)^2+y_0^2}}=\frac{|2+x_0|}{\sqrt{4y_0^2+x_0^2}\sqrt{(x_0+1)^2+y_0^2}}$$

이고 $x_0^2+2y_0^2=2$에서

$x_0^2=2-2y_0^2$이므로

$$(\sin\alpha)^2=\frac{(2+x_0)^2}{(4y_0^2+x_0^2)(x_0^2+2x_0+1+y_0^2)}$$
$$=\frac{4+4x_0+x_0^2}{(4y_0^2+x_0^2)(x_0^2+2x_0+1+y_0^2)}$$
$$=\frac{4+4x_0+(2-2y_0^2)}{(4y_0^2+2-2y_0^2)(2-2y_0^2+2x_0+1+y_0^2)}$$
$$=\frac{2(3+2x_0-y_0^2)}{(2+2y_0^2)(3+2x_0-y_0^2)}=\frac{1}{1+y_0^2}$$

이다. 따라서

$$\sin\alpha=\frac{1}{\sqrt{1+y_0^2}}$$

(2) 타원의 방정식은 동일하며 점 C(3, 0)으로 주어졌으므로 접점 $X(x_0, y_0)$를 구하기 위해 먼저 접점을 지나는 직선

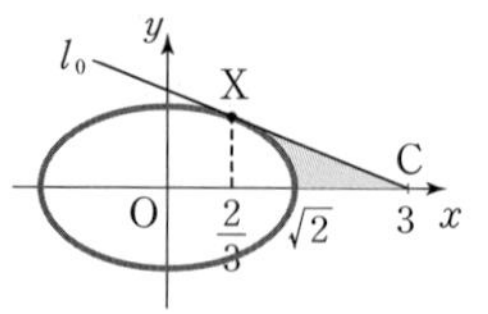

$y=-\dfrac{x_0}{2y_0}(x-x_0)+y_0$을 구한다.

이 직선이 C(3, 0)을 지나므로 점 (x_0, y_0)은

$0=-\dfrac{x_0}{2y_0}(3-x_0)+y_0$을 만족하고

이 식과 $\dfrac{x_0^2}{2}+y_0^2=1$을 연립하면 $(x_0, y_0)=\left(\dfrac{2}{3}, \dfrac{\sqrt{7}}{3}\right)$이다. 색칠한 부분을 x축을 중심으로 회전한 회전체의 부피는 점 C와 X를 지나는 직선을 x의 구간 $\left[\dfrac{2}{3}, 3\right]$에서 x축을 중심으로 회전한 회전체의 부피 V_1에서 타원의 일부인 곡선을 회전한 회전체의 부피 V_2를 뺀 것과 같다.

$$V_1=\pi\int_{\frac{2}{3}}^{3}\frac{1}{7}(x-3)^2dx=\frac{49}{81}\pi$$

(혹은 반지름이 $\dfrac{\sqrt{7}}{3}$, 높이가 $\dfrac{7}{3}$인 원뿔의 부피로 계산)

$$V_2=\pi\int_{\frac{2}{3}}^{\sqrt{2}}y^2\,dx=\pi\int_{\frac{2}{3}}^{\sqrt{2}}\left(1-\frac{x^2}{2}\right)dx$$
$$=\pi\left(\frac{2}{3}\sqrt{2}-\frac{50}{81}\right)$$

이므로 $V_1-V_2=\pi\dfrac{11-6\sqrt{2}}{9}$이다.

(3) ① 회전체에 내접하면서 부피가 최대가 되는 직육면체의 꼭짓점들 중 (x, y, z) 성분이 모두 양수인 점을 (a, b, c)라고 하자. 이 직육면체의 각 면들이 xy, yz 혹은 zx평면과 평행하므로 다른 꼭짓점들은 (a, b, c)와 대칭인 위치에 있다.

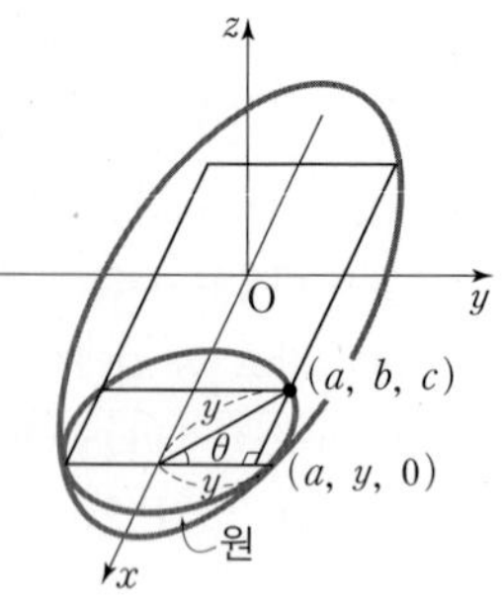

또한 (a, b, c)는 회전체 위의 점이므로 타원 위의 점 $(a, y, 0)$을 x축을 중심으로 회전하여 얻게 된다.

즉, $(a, b, c)=(a, y\cos\theta, y\sin\theta)$이다.

따라서 직육면체의 부피는

$2a\cdot2b\cdot2c=8ay^2\cos\theta\sin\theta$이다.

이때, 부피가 최대가 되는 θ는

$\cos\theta\sin\theta=\dfrac{1}{2}\sin2\theta=\dfrac{1}{2}$일 때이므로 $\theta=\dfrac{\pi}{4}$이다.

다른 답안 회전체의 부피는 $8abc$이며, 이때 (b, c)는 yz평면에서 원 위에 있는 점이므로 원점을 중심으로 거리가 일정하다.

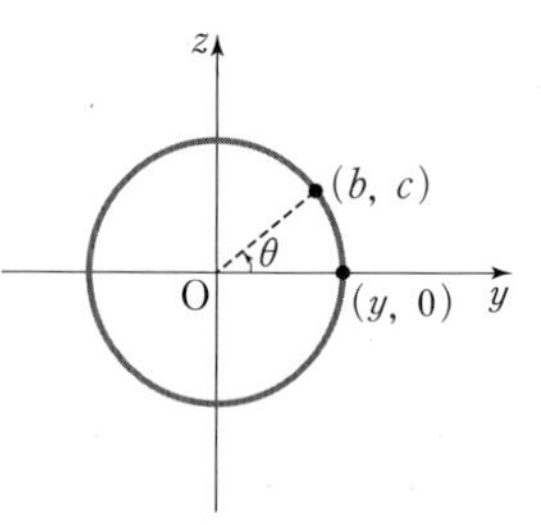

$b^2+c^2=$(상수)이고

bc의 곱이 최대가 되어야 하므로 $b^2+c^2\geq2bc$ 부등식을 이용하면 곱이 최대가 될 때 $b=c$이므로,

$\theta=\dfrac{\pi}{4}$이다.

② ①의 결과로 직육면체 R의 부피는 $4ay^2$이다.

점 (a, y)는 타원 위의 점이므로 $y^2=1-\dfrac{a^2}{2}$를 대입하면 직육면체의 부피는 $4a-2a^3$이 된다.

위 식에서 $a\in[0, \sqrt{2}]$이므로 $f(a)=4a-2a^3$으로 두면 $a=\sqrt{\dfrac{2}{3}}$에서 $f(a)$가 최대가 된다. 이때, $y=\sqrt{\dfrac{2}{3}}$이다.

따라서 부피가 최대가 되는 $a=\sqrt{\dfrac{2}{3}}$, $b=\sqrt{\dfrac{1}{3}}$, $c=\sqrt{\dfrac{1}{3}}$이므로 가로, 세로, 높이는 $2\sqrt{\dfrac{2}{3}}$, $2\sqrt{\dfrac{1}{3}}$, $2\sqrt{\dfrac{1}{3}}$로 결정된다.

VII 공간도형

COURSE A

유제 1 • 287쪽 •

태양 광선이 평면 α와 30°의 각을 이루면서 원판의 면에 수직으로 비추고 있으므로 원판과 평면 α는 60°의 각을 이루고 있고, 원판과 평면 β는 30°의 각을 이루고 있다. 점 C에서 $\overline{AB}$에 내린 수선의 발을 H라 하면 직각삼각형 ABC에서 $\overline{BC}=6$이므로 직각삼각형 CHB에서 $\overline{BH}=3$이다.

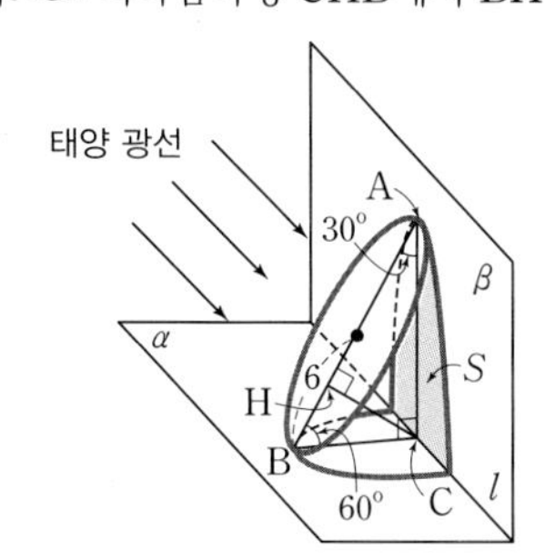

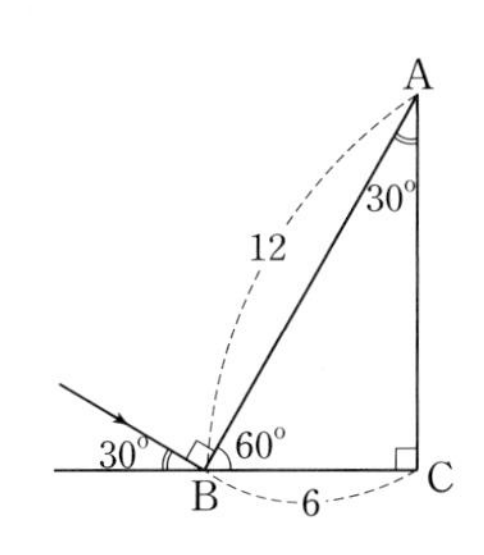

따라서 원판의 그림자의 넓이를 S, 오른쪽 그림의 어두운 부분의 넓이를 S'이라 하면

$S\cos 30^\circ = S'$이 성립한다.

따라서 $S=S'\cdot\dfrac{1}{\cos 30^\circ}=\dfrac{2\sqrt{3}}{3}S'$

$$=\frac{2\sqrt{3}}{3}\left(\frac{1}{2}\cdot 36\cdot\frac{4}{3}\pi+\frac{1}{2}\cdot 6\sqrt{3}\cdot 3\right)$$

$$=\frac{2\sqrt{3}}{3}(24\pi+9\sqrt{3})$$

$=18+16\sqrt{3}\pi$이다.

유제 2 • 288쪽 •

점 $P(r\cos\theta,\ r\sin\theta,\ \theta)$에서 xy평면에 내린 수선의 발을 P'이라 하면 점 P'의 좌표는 $(r\cos\theta,\ r\sin\theta,\ 0)$이므로 점 P'의 자취는 $x^2+y^2=r^2,\ z=0$인 원이다.

따라서 점 P'은 점 $(r,\ 0,\ 0)$을 xy평면 위에서 원점을 중심으로 θ만큼 회전이동한 점이 되고, 점 P는 점 P'을 z축의 양의 방향으로 θ만큼 평행이동한 점이 된다.

그러므로 점 P의 자취는 밑면인 원의 반지름의 길이가 r이고 높이가 2π인 원기둥의 옆면의 점 $(r,\ 0,\ 0)$에서 $(r,\ 0,\ 2\pi)$에 이르는 나선이다. 또, z성분의 변화율은 항상 일정하므로 그 길이는 이 원기둥의 옆면을 전개한 직사각형의 대각선의 길이이다.

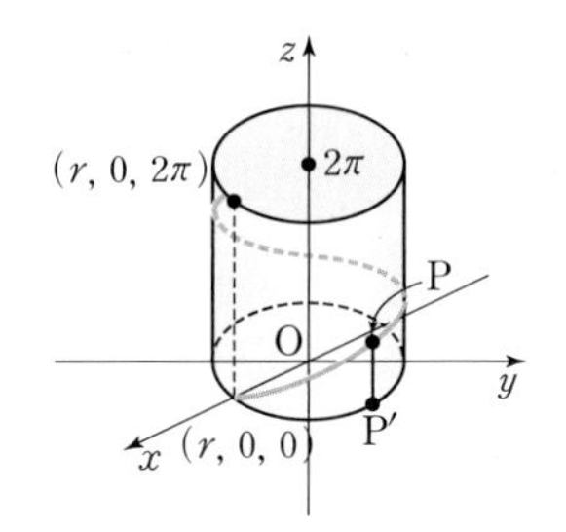

즉, $\sqrt{(2\pi r)^2+(2\pi)^2}=2\pi\sqrt{r^2+1}$이다.

다른 답안

점 P의 x, y좌표는 원주 위의 점이고 z의 좌표만 0에서 2π까지 변하므로 $(r,\ 0,\ 0)$에서 출발하여 원기둥의 옆면을 따라 올라가는 나선 모양의 곡선이다. 이때, $0\le\theta\le 2\pi$이므로 원기둥을 한 바퀴 감는 곡선이다.

$x=r\cos\theta,\ y=r\sin\theta,\ z=\theta$이고 이는 θ에 대한 함수이므로 곡선의 길이를 l이라 하면

$$l=\int_0^{2\pi}\sqrt{\left(\frac{dx}{d\theta}\right)^2+\left(\frac{dy}{d\theta}\right)^2+\left(\frac{dz}{d\theta}\right)^2}\,d\theta$$

$$=\int_0^{2\pi}\sqrt{(-r\sin\theta)^2+(r\cos\theta)^2+1^2}\,d\theta$$

$$=\int_0^{2\pi}\sqrt{r^2+1}\,d\theta$$

$$=\sqrt{r^2+1}\Big[\theta\Big]_0^{2\pi}\ (\because r\text{은 상수})$$

$$=2\pi\sqrt{r^2+1}$$

이다.

참고 공간에서의 곡선의 길이

$a\le t\le b$에서 그려지는 곡선 $x=f(t),\ y=g(t),\ z=h(t)$의 길이 l은

$l=\displaystyle\int_a^b\sqrt{\{f'(t)\}^2+\{g'(t)\}^2+\{h'(t)\}^2}\,dt$이다.

(단, $x=f(t),\ y=g(t),\ z=h(t)$는 구간 $(a,\ b)$에서 미분가능하다.)

TRAINING

수리논술 기출 및 예상 문제 • 289쪽 ~ 294쪽 •

01

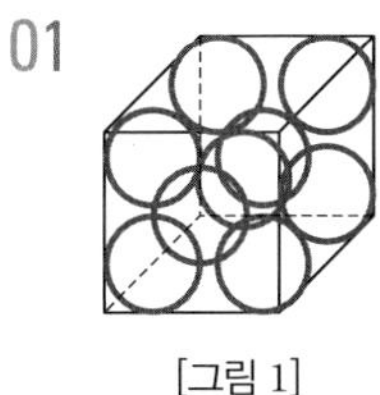

[그림 1]

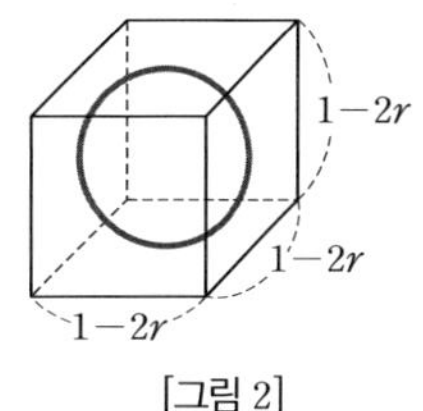

[그림 2]

각각의 구의 반지름의 길이를 $r(r>0)$이라 하면 바깥쪽에 있는 8개의 구의 중심을 연결한 도형은 한 모서리의 길이가 $1-2r$인 정육면체이다.

[그림 1]에서 8개 구의 중심을 연결한 정육면체의 대각선의 길이는 $4r$이고 [그림 2]에서 정육면체의 대각선의 길이는 $\sqrt{3}(1-2r)$이므로 $4r=\sqrt{3}(1-2r)$이다.

양변을 제곱하여 정리하면 $4r^2+12r-3=0$이고 $r>0$이므로

$r=\dfrac{-6+4\sqrt{3}}{4}=\dfrac{-3+2\sqrt{3}}{2}$이다.

02

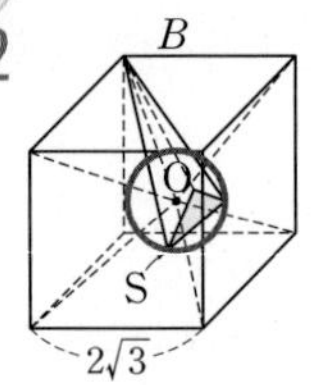

[그림 1]

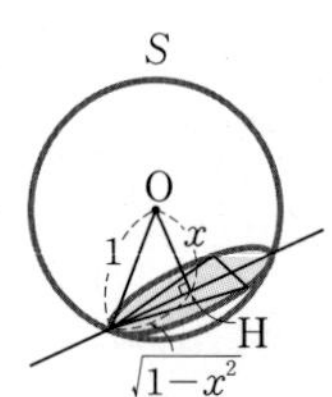

[그림 2]

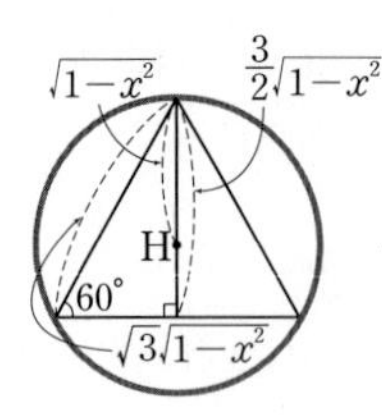

[그림 3]

정육면체 B의 무게중심은 길이가 6인 세 대각선의 교점이다. [그림 1]

이 무게중심을 중심으로 하고 반지름이 1인 구 S의 표면에서 세 점이 삼각형을 이룰 때 이 세 점을 포함하는 평면과 구의 표면의 교집합은 원이다. [그림 2]

이 원을 포함하는 평면과 구의 중심의 수직 거리를 x라 하면 $0\le x\le 1$이고 교집합인 원의 반지름은 $\sqrt{1-x^2}$이다.

평면과 구의 중심의 거리 x를 고정시켰을 때, 정육면체 B의 표면의 점에서 평면까지의 거리의 최댓값은 정육면체의 한 꼭짓점에서 구의 중심을 지나는 직선과 평면이 수직을 이룰 때이므로 $3+x$이다.

또 반지름이 $\sqrt{1-x^2}$인 원 위의 세 점이 이루는 삼각형의 넓이가 최대인 경우는 정삼각형이므로 한 변의 길이는 $\sqrt{3}\sqrt{1-x^2}$이고 삼각형의 넓이의 최댓값은 $\frac{3\sqrt{3}}{4}(1-x^2)$이다. [그림 3]

따라서 단면에서 중심까지의 거리가 x인 삼각형을 밑면으로 하는 사면체의 최대 부피는 다음 부피가 최대일 때이다.

$$V=\frac{1}{3}\times\frac{3\sqrt{3}}{4}(1-x^2)\times(3+x)$$
$$=\frac{\sqrt{3}}{4}(-x^3-3x^2+x+3)$$

이고 $V'=\frac{\sqrt{3}}{4}(-3x^2-6x+1)$

$V'=0$을 풀면 $x=\frac{-3+2\sqrt{3}}{3}$이다.

따라서 $x=\frac{-3+2\sqrt{3}}{3}$일 때 극대이고 최대이므로 부피의 최댓값은

$$\frac{1}{3}\times\frac{3\sqrt{3}}{4}\left(1-\frac{7-4\sqrt{3}}{3}\right)\times\left(3+\frac{-3+2\sqrt{3}}{3}\right)=\frac{4}{3}\text{이다.}$$

03 (1) $x=2$일 때 전개도에서 직원뿔의 옆면은 부채꼴이 되고 부채꼴의 중심각은 π이다.

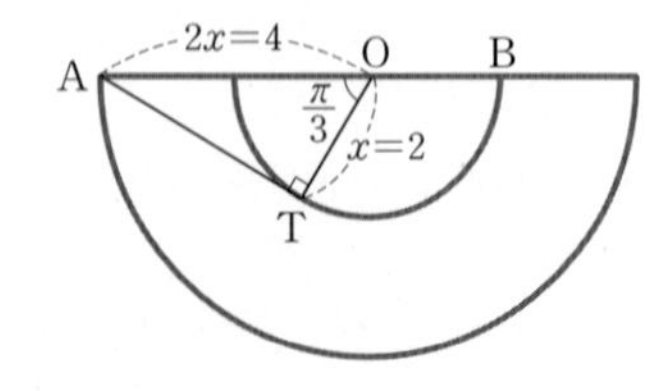

점 A에서 점 B에 이르는 최단경로는 그림의 점 A에서 작은 부채꼴에 접선을 그어 그 접점을 T라 하면, 점 A에서 접점 T까지는 선분 AT를 따라가고, 접점 T에서 점 B까지는 호 TB를 따라가는 것이다.

이때 $\angle\text{AOT}=\frac{\pi}{3}$이므로 $\overline{\text{AT}}=4\sin\frac{\pi}{3}=2\sqrt{3}$,

$\widehat{\text{BT}}=2\times\frac{2\pi}{3}=\frac{4\pi}{3}$이다.

따라서 $x=2$일 때 경로의 최단거리는 $2\sqrt{3}+\frac{4\pi}{3}$이다.

(2) x의 값에 따라 다음과 같은 두 가지를 생각할 수 있다.

(i) $\frac{2\pi}{x}\le\frac{\pi}{3}$, 즉 $x\ge 6$일 때

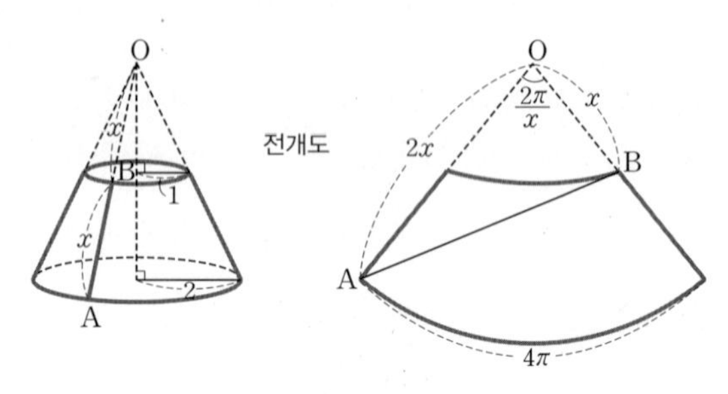

점 A에서 점 B까지의 최단경로는 선분 AB이므로 경로의 최단거리 $f(x)$는

$$f(x)=\sqrt{x^2+(2x)^2-2\times x\times 2x\cos\frac{2\pi}{x}}$$
$$=x\sqrt{5-4\cos\frac{2\pi}{x}}\text{이다.}$$

(ii) $\frac{2\pi}{x}>\frac{\pi}{3}$, 즉 $0<x<6$일 때

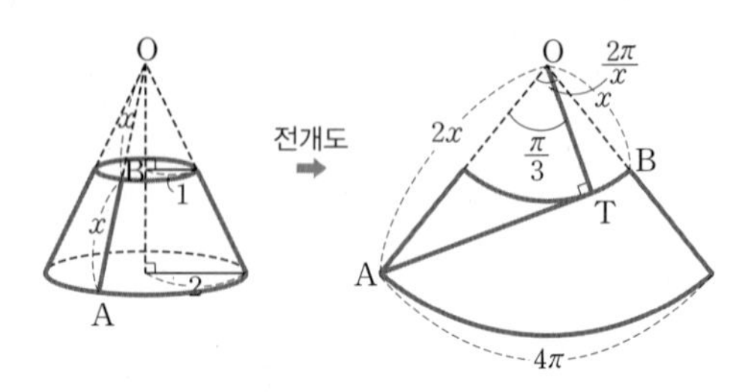

점 A에서 점 B까지의 최단거리는 선분 AT와 호 BT를 더한 길이이다.

$\angle\text{AOT}=\frac{\pi}{3}$, $\angle\text{BOT}=\frac{2\pi}{x}-\frac{\pi}{3}$이므로

$\overline{\text{AT}}=2x\sin\frac{\pi}{3}=\sqrt{3}x$,

$\widehat{\text{BT}}=x\left(\frac{2\pi}{x}-\frac{\pi}{3}\right)=2\pi-\frac{\pi}{3}x$이다.

따라서 경로의 최단거리 $f(x)$는

$f(x)=\sqrt{3}x+2\pi-\frac{\pi}{3}x$이다.

(i), (ii)에 의하여

$$f(x)=\begin{cases}\sqrt{3}x+2\pi-\frac{\pi}{3}x & (0<x<6)\\ x\sqrt{5-4\cos\frac{2\pi}{x}} & (x\ge 6)\end{cases}$$

(3) $f(6)=6\sqrt{3}$이고

$$\lim_{x\to 6-}f(x)=\lim_{x\to 6-}\left(\sqrt{3}x+2\pi-\frac{\pi}{3}x\right)=6\sqrt{3},$$

$\lim_{x \to 6+} f(x) = \lim_{x \to 6+} \left(x\sqrt{5 - 4\cos\frac{2\pi}{x}} \right) = 6\sqrt{3}$

이므로

$\lim_{x \to 6} f(x) = f(6)$이다.

따라서 $f(x)$는 $x=6$에서 연속이다.

04 (1) 두 점 A, B로부터 같은 거리에 있는 점 P의 집합은 선분 AB의 수직이등분선이다.

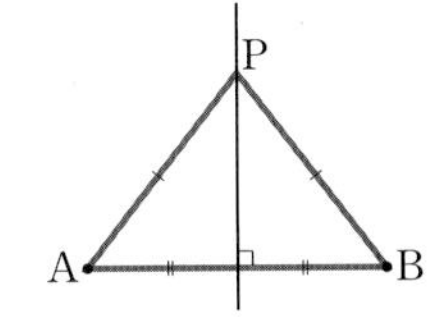

(2) 세 점 A, B, C로부터 같은 거리에 있는 점의 집합은 선분 AB의 수직이등분선과 선분 BC의 수직이등분선의 교점이다. 이 교점은 △ABC의 외심 O이다.

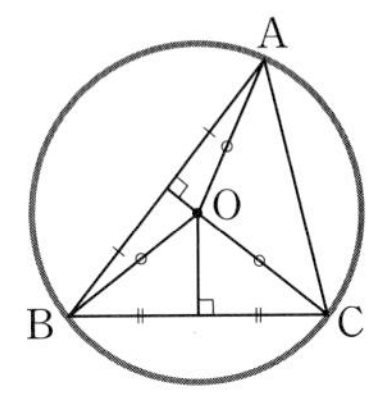

(3) 공간에서 두 점 A, B로부터 같은 거리에 있는 점 P의 집합은 선분 AB의 중점을 지나고 $\overrightarrow{AB}$가 법선벡터인 평면이다.

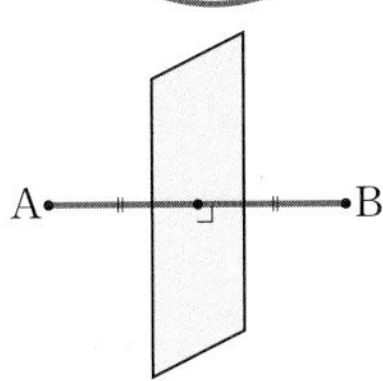

(4) 먼저 세 점 A, B, C를 포함한 평면 α에서 △ABC의 외심 O를 구하면 $\overline{OA} = \overline{OB} = \overline{OC}$이다. 이때 평면 α에 수직이고 점 O를 지나는 직선 l 위에 임의의 점 P를 잡으면 △POA≡△POB≡△POC를 만족하므로 $\overline{PA} = \overline{PB} = \overline{PC}$이다.

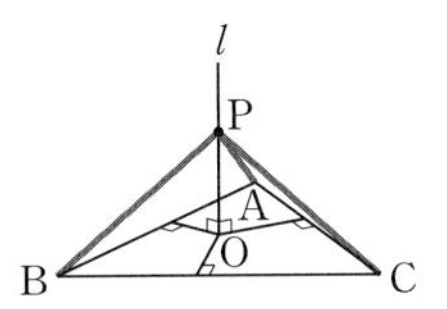

따라서 공간에서 일직선 위에 있지 않는 세 점 A, B, C로부터 같은 거리에 있는 점 P의 집합은 △ABC의 외심 O를 지나고 △ABC와 수직인 직선 l이다.

(5) 네 점 A, B, C, D로부터 같은 거리에 있는 점의 집합은 △ABC의 외심 O를 지나고 △ABC에 수직인 직선 l과 △ACD의 외심 O′을 지나고 △ACD에 수직인 직선 l'의 교점 P이다.

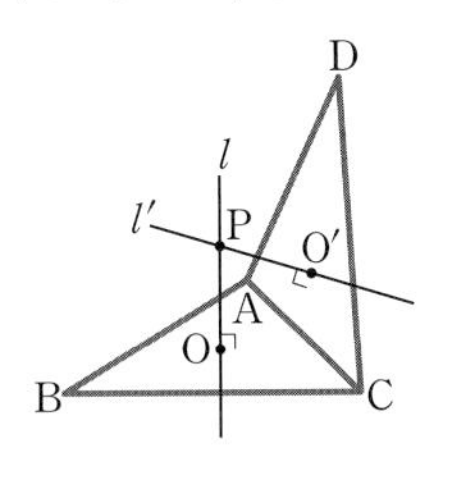

05 (1) n개의 직선에 의해 최대로 나눌 수 있는 평면의 영역의 수를 a_n이라 하면 a_{n+1}은 n개의 직선을 그어 영역을 최대로 나눈 후 한 개의 직선을 더 그어 생기는 평면의 영역의 최대 개수이다.

이때 영역의 개수가 최대가 되게 하려면 마지막 그리려는 직선이 이미 그려져 있는 n개의 직선과 모두 만나게 그려야 하므로 마지막 직선에는 n개의 교점이 생기게 된다.

다음과 같이 n개의 직선을 1, 2, 3, $\cdots$, n이라 하고 마지막 직선을 l이라 하면 직선 l이

$(-\infty, 1)$, $(1, 2)$, $\cdots$, $(n-1, n)$, (n, ∞)

구간의 영역을 모두 나누므로 $(n+1)$개의 영역이 더 생긴다.

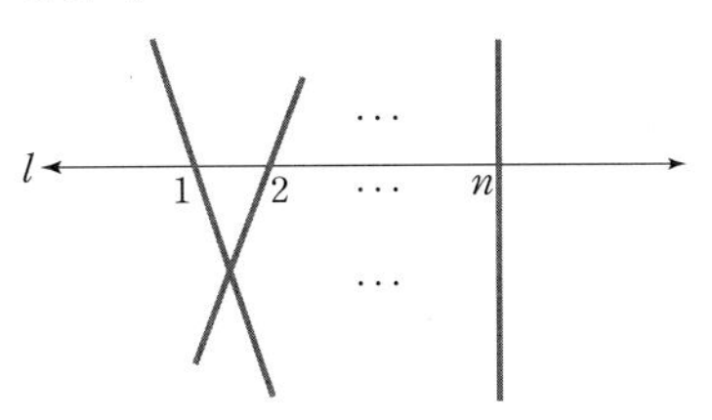

그러므로 $a_1 = 2$, $a_{n+1} = a_n + n + 1$이 성립한다.

따라서 $a_n = 2 + \sum_{k=1}^{n-1}(k+1) = \frac{1}{2}n^2 + \frac{1}{2}n + 1$이다.

(2) n개의 원에 의해 최대로 나누어지는 평면의 영역의 개수를 b_n이라 하면 b_{n+1}은 n개의 원에 또 하나의 원을 그려 생기는 평면의 영역의 최대 개수이다.

이때, 마지막에 그려지는 원은 이미 그려진 n개의 원과 모두 2개의 점에서 만나야 하므로 $2n$개의 교점이 생긴다. $2n$개의 교점을 1, 2, 3, $\cdots$, $2n$이라 하면 $(1, 2)$, $(2, 3)$, $\cdots$, $(2n-1, 2n)$, $(1, 2n)$의 $2n$개의 영역이 마지막 원에 의해서 나눠지므로 $2n$개의 영역이 더 생긴다.

그러므로 $b_1 = 2$, $b_{n+1} = b_n + 2n$이 성립한다.

따라서 $b_n = 2 + \sum_{k=1}^{n-1} 2k = n^2 - n + 2$이다.

(3) n개의 평면에 의해 최대로 나누어지는 공간의 영역의 개수를 c_n이라 하면 c_{n+1}은 n개의 평면에 또 하나의 평면을 추가하여 생기는 공간의 영역의 최대 개수이다.

이때, 추가되는 평면은 n개의 평면과 모두 만나야 하므로 이 평면에는 n개의 교선이 생긴다. n개의 교선이 이 평면을 나누는 영역의 수만큼 이 평면이 공간의 영역을 나누게 된다.

그러므로 $c_1 = 2$, $c_{n+1} = c_n + a_n$이 성립한다. 따라서

$$c_n = c_1 + \sum_{k=1}^{n-1} a_k = 2 + \sum_{k=1}^{n-1}\left(\frac{1}{2}k^2 + \frac{1}{2}k + 1\right) = \frac{1}{6}n^3 + \frac{5}{6}n + 1$$

이다.

(4) n개의 구에 의해 최대로 나누어지는 공간의 영역의 개수를 d_n이라 하면 d_{n+1}은 n개의 구에 하나의 구를 추가하여 생기는 공간의 영역의 최대 개수이다. 추가되는 구는 n개의 구와 모두 만나야 하므로 이 구에는 n개의 원이 생긴다. 이 구면에 나눠지는 영역만큼 공간을 나누게 되므로 $d_1 = 2$, $d_{n+1} = d_n + b_n$이 성립한다. 따라서

$d_n = d_1 + \sum_{k=1}^{n-1} b_k = 2 + \sum_{k=1}^{n-1}(k^2 - k + 2)$

$=\frac{1}{3}n^3-n^2+\frac{8}{3}n$

이다.

06

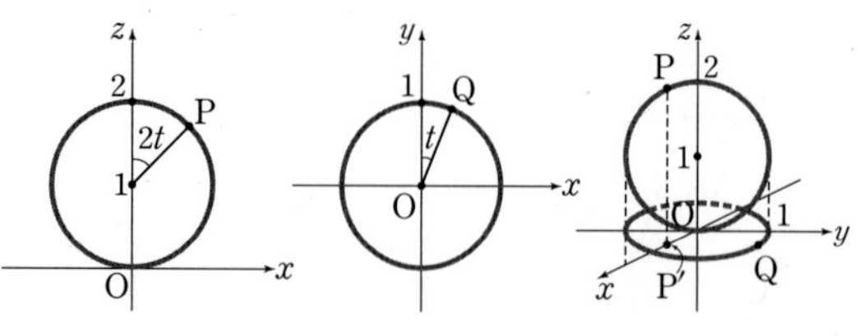

(1) t초 후 점 P의 좌표는

$P\left(\cos\left(\frac{\pi}{2}-2t\right),\ 0,\ 1+\sin\left(\frac{\pi}{2}-2t\right)\right)$이므로

$P(\sin 2t,\ 0,\ 1+\cos 2t)$이고 P'의 좌표는

$P'(\sin 2t,\ 0,\ 0)$이다.

또 t초 후의 점 Q의 좌표는

$Q\left(\cos\left(\frac{\pi}{2}-t\right),\ \sin\left(\frac{\pi}{2}-t\right),\ 0\right)$이므로

$Q(\sin t,\ \cos t,\ 0)$이다.

(2) $\triangle OP'Q$의 넓이는

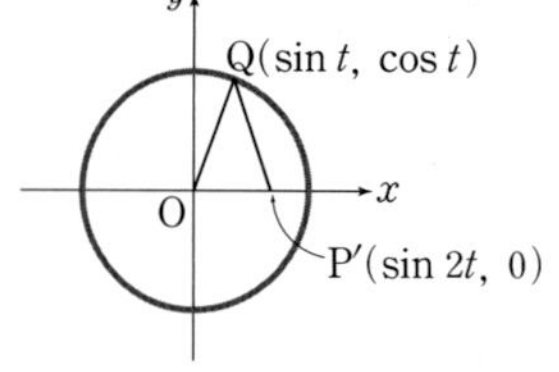

$\frac{1}{2}\sin 2t\cos t$이고

삼각뿔의 높이는

$1+\cos 2t$이므로

삼각뿔의 부피 V는

$V=\frac{1}{3}\times\frac{1}{2}\sin 2t\cos t\times(1+\cos 2t)$

$=\frac{1}{3}\sin t\cos^2 t(2-2\sin^2 t)$

$=\frac{2}{3}\sin t(1-\sin^2 t)^2$이다.

$\sin t=x$로 놓아 부피를 $f(x)$라 하면

$f(x)=\frac{2}{3}x(1-x^2)^2$ (단, $-1\le x\le 1$)이다.

$f'(x)=\frac{2}{3}(1-x^2)^2+\frac{2}{3}x\times 2(1-x^2)(-2x)$

$=\frac{2}{3}(x^2-1)(5x^2-1)$

이고 $-1\le x\le 1$일 때 $f'(x)=0$을 풀면

$x=\pm 1,\ \pm\frac{1}{\sqrt{5}}$이다.

x	-1	$\cdots$	$-\frac{1}{\sqrt{5}}$	$\cdots$	$\frac{1}{\sqrt{5}}$	$\cdots$	1
$f'(x)$	0	$-$	0	$+$	0	$-$	0
$f(x)$		↘	극소	↗	극대	↘	

따라서 $x=\frac{1}{\sqrt{5}}$일 때 극대이고 최대이므로 삼각뿔의 부피의 최댓값은

$f\left(\frac{1}{\sqrt{5}}\right)=\frac{2}{3}\times\frac{1}{\sqrt{5}}\times\left(\frac{4}{5}\right)^2=\frac{32}{75\sqrt{5}}=\frac{32\sqrt{5}}{375}$이다.

07 (1) n번째 단계에서 물의 양은 다음 점화식으로 표현될 수 있다.

$V_1=1,\ V_{n+1}=V_n-\frac{1}{4}V_n^2+1\ (n\ge 1)$

명제 $0<V_n<2$가 모든 n에 대하여 성립함을 보이자.

$n=1$일 때, $V_1=1$이므로 만족한다.

$n=k$일 때, $0<V_k<2$가 성립한다고 가정하면

$V_{k+1}=V_k-\frac{1}{4}V_k^2+1$에서 $1<-\frac{1}{4}(V_k-2)^2+2<2$

이고 $V_{k+1}=-\frac{1}{4}(V_k-2)^2+2$이므로

$0<V_{k+1}<2$이다.

그러므로 $n=k+1$일 때 명제가 성립한다.

따라서 모든 자연수 n에 대하여 $0<V_n<2$가 성립한다.

(2) 임의의 자연수 n에 대하여 $V_{n+1}>V_n$임을 보이자.

$V_{n+1}-V_n=-\frac{1}{4}V_n^2+1$이고 문제 (1)의 결과로부터 모든 자연수 n에 대하여 $0<V_n<2$이다.

이를 이용하면 모든 n에 대하여 $-\frac{1}{4}V_n^2+1>0$이므로

$V_{n+1}>V_n$이다.

따라서 용기에 담긴 물의 양 V_n은 n이 커짐에 따라 증가한다.

(3) 점화식 $V_{n+1}=V_n-\frac{1}{4}V_n^2+1$을

$2-V_{n+1}=\frac{1}{4}(2-V_n)^2$로 변형한다.

여기서 $a_n=2-V_n$이라고 두면 $a_{n+1}=\frac{1}{4}a_n^2$이다.

문제 (1)의 결과로부터 모든 $n\ge 1$에 관하여 $a_n>0$이다.

따라서 등식 $a_{n+1}=\frac{1}{4}a_n^2$의 양변에 $\log_2$를 취하면

$\log_2 a_{n+1}=-2+2\log_2 a_n$이다.

이때, $b_n=\log_2 a_n$으로 두면 $b_{n+1}-2=2(b_n-2)$이므로 수열 $\{b_n-2\}$는 공비가 2이고 초항이 $b_1-2=-2$인 등비수열이다. 즉, $b_n-2=(-2)\cdot 2^{n-1}=-2^n$이고 $a_n=2^{b_n}=2^{2-2^n}$이다.

따라서 $V_n=2-a_n=2-2^{2-2^n}$이고 $\lim_{n\to\infty}V_n=2$이다.

다른 답안

$V_{n+1}=-\frac{1}{4}V_n^2+V_n+1=-\frac{1}{4}(V_n-2)^2+2$이므로

$V_{n+1}-2=-\frac{1}{4}(V_n-2)^2$에서 $V_n-2=a_n$으로 놓으면

$a_1=-1,\ a_{n+1}=-\frac{1}{4}a_n^2$이다.

$a_2=\left(-\frac{1}{4}\right),\ a_3=\left(-\frac{1}{4}\right)^3,\ a_4=\left(-\frac{1}{4}\right)^7,$

$a_5=\left(-\frac{1}{4}\right)^{15},\ \cdots$이므로

$a_n=\left(-\frac{1}{4}\right)^{2^{n-1}-1}=-2^{2-2^n}\ (n\ge 2)$이다.

따라서 $V_n=2-2^{2-2^n}\ (n\ge 1)$이고 $\lim_{n\to\infty}V_n=2$이다.

(4) 원기둥의 밑면의 반지름을 r, 원기둥의 높이를 h라 하자.

물이 넘치지 않게 최소의 겉넓이를 가지도록 용기를 만들려면, 아래 두 조건을 만족하는 θ, h, r 중 용기의 겉넓이가 최소가 되는 값을 찾으면 된다.

[조건 1] $\tan\theta=\dfrac{2r}{h}$

[조건 2] $\dfrac{1}{2}\times$(원기둥의 부피)$=2$

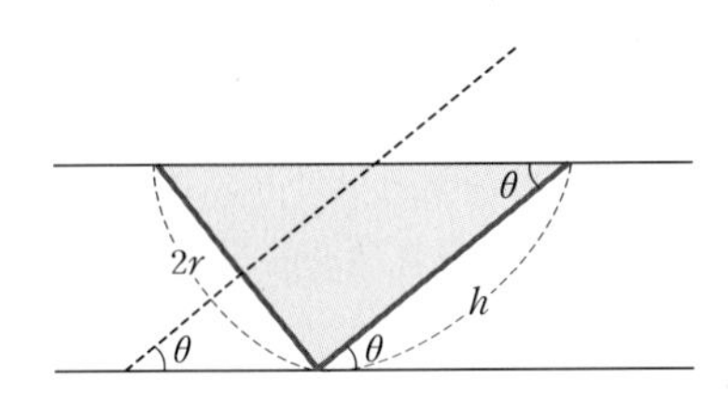

$\dfrac{1}{2}\pi r^2h=2$, $\tan\theta=\dfrac{2r}{h}$, 그리고 용기의 겉넓이는 $f=\pi r^2+\pi rh$이다.

$\dfrac{1}{2}\pi r^2h=2$를 이용하면 $h=\dfrac{4}{\pi r^2}$이므로

$f=\pi r^2+\dfrac{4}{r}$이다.

f는 r에 관한 함수이고 $r>0$에서 미분가능하므로

$f'(r)=\dfrac{2\pi}{r^2}\left(r^3-\dfrac{2}{\pi}\right)$이다.

미분의 결과로서 $r>0$인 구간에서

$f(r)$는 $r=\sqrt[3]{\dfrac{2}{\pi}}$에서 최솟값을 가진다.

이때, $h=\dfrac{4}{\pi r^2}=2\sqrt[3]{\dfrac{2}{\pi}}$이고 $\tan\theta=\dfrac{2r}{h}=1$이다.

용기를 물로 가득 채웠을 때 용기의 밑면은 물의 표면의 정사영이 되므로 두 넓이는

$S_0=S\cos\left(\dfrac{\pi}{2}-\theta\right)=S\sin\theta$를 만족한다.

따라서 $\dfrac{S}{S_0}=\dfrac{1}{\sin\theta}=\sqrt{2}$이고 두 넓이의 비와 가장 가까운 자연수는 1이다.

08 (1) xy평면 위에 있는 정삼각형 ABC의 무게중심을 G라 하면

$\triangle GAB=\triangle GBC$
$=\triangle GCA$

이다. 점 G의 평면 $z=3$ 위로의 정사영을 점 P라 하면

$\triangle PAB=\triangle PBC=\triangle PCA$가 성립한다.

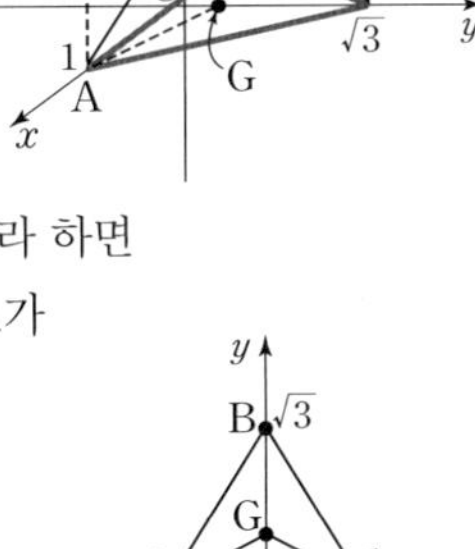

따라서 점 G의 좌표는

$\left(0,\ \dfrac{\sqrt{3}}{3},\ 0\right)$이므로 점 P의 좌표는 $\left(0,\ \dfrac{\sqrt{3}}{3},\ 3\right)$이다.

(2) xy평면 위에 있는 정삼각형 ABC의 한 방심을 그림과 같이 G_1이라 하면

$\triangle G_1AB=\triangle G_1BC=\triangle G_1CA$

이다. 방심 G_1의 평면 $z=3$ 위로의 정사영을 점 P_1이라 하면 $\triangle P_1AB$, $\triangle P_1BC$, $\triangle P_1CA$에서 세 삼각형의 높이는 삼수선의 정리에 의해 $\overline{P_1E}$, $\overline{P_1D}$, $\overline{P_1O}$가 되고 $\overline{P_1E}=\overline{P_1D}=\overline{P_1O}$이므로

$\triangle P_1AB=\triangle P_1BC=\triangle P_1CA$이다. 그런데 방심은 3개가 있고, 각각의 좌표는 $G_1(0,\ -\sqrt{3},\ 0)$, $G_2(2,\ \sqrt{3},\ 0)$, $G_3(-2,\ \sqrt{3},\ 0)$이므로❶ 구하는 점 P의 좌표는

$P_1(0,\ -\sqrt{3},\ 3)$, $P_2(2,\ \sqrt{3},\ 3)$, $P_3(-2,\ \sqrt{3},\ 3)$이다.

❶ 오른쪽 그림에서

$\overline{GG_2}=\overline{GG_1}$

$=\dfrac{\sqrt{3}}{3}+\sqrt{3}=\dfrac{4}{3}\sqrt{3}$

$\triangle G_2GF$에서

$\angle G_2GF=\angle GCA=30°$이므로

$\overline{G_2F}=\overline{GG_2}\sin 30°=\dfrac{4}{3}\sqrt{3}\times\dfrac{1}{2}=\dfrac{2}{3}\sqrt{3}$

$\overline{GF}=\overline{GG_2}\cos 30°=\dfrac{4}{3}\sqrt{3}\times\dfrac{\sqrt{3}}{2}=2$

따라서 점 G_2의 좌표는 $\left(0+2,\ \dfrac{\sqrt{3}}{3}+\dfrac{2}{3}\sqrt{3},\ 0\right)$, 즉 $(2,\ \sqrt{3},\ 0)$이고 같은 방법으로 점 G_3의 좌표를 구할 수 있다.

09 (1)

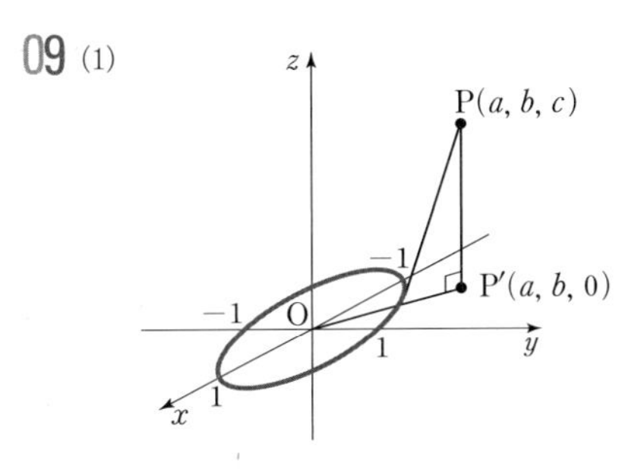

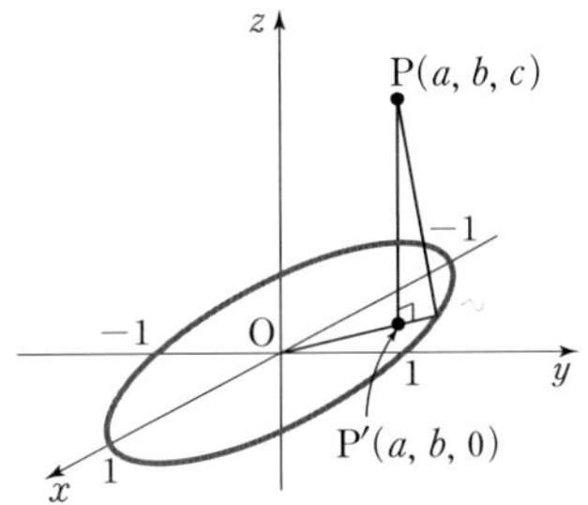

위 그림에서와 같이 점 $P(a,\ b,\ c)$에서 xy평면에 내린 수선의 발을 $P'(a,\ b,\ 0)$이라 하면 $\overline{PP'}=|c|$이고 점 $P'(a,\ b,\ 0)$에서 원 S까지의 최단거리는 $|\sqrt{a^2+b^2}-1|$이므로 점 $P(a,\ b,\ c)$에서 원 S까지의 최단거리는

$\sqrt{|c|^2+|\sqrt{a^2+b^2}-1|^2}=\sqrt{a^2+b^2+c^2+1-2\sqrt{a^2+b^2}}$ 이다.

(2) 원 T 위의 임의의 점을 $(a,\ 0,\ c)$라 하면 원의 대칭성에 의하여 $0\le a\le 1$, $0\le c\le 1$으로 놓고 최단거리를 구해도 된다.

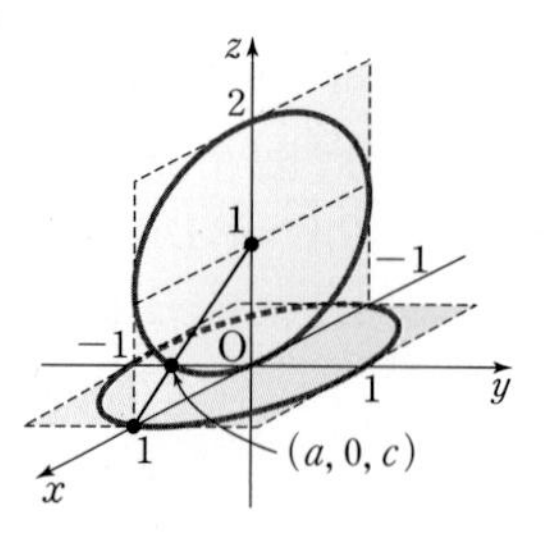

(1)에 의하여 점 $(a,\ 0,\ c)$에서 원 S까지의 최단거리는 $\sqrt{a^2+c^2+1-2a}=\sqrt{(a-1)^2+c^2}$ 이므로 점 $(1,\ 0,\ 0)$과 점 $(a,\ 0,\ c)$ 사이의 거리가 된다. 그런데 $(a,\ 0,\ c)$는 $x^2+(z-1)^2=1$, $y=0$ 위의 점이므로 최단거리는 점 $(1,\ 0,\ 0)$과 원 $x^2+(z-1)^2=1$, $y=0$의 중심 $(0,\ 0,\ 1)$과의 거리에서 반지름의 길이 1을 뺀 값이다.

따라서 구하는 최단거리는 $\sqrt{2}-1$이다.

(3) 타원 E 위의 임의의 $(a,\ 0,\ c)$라 하면 원과 타원의 대칭성에 의하여 $0\le a\le 2$, $0\le c\le 1$로 놓고 최단거리를 구해도 된다.

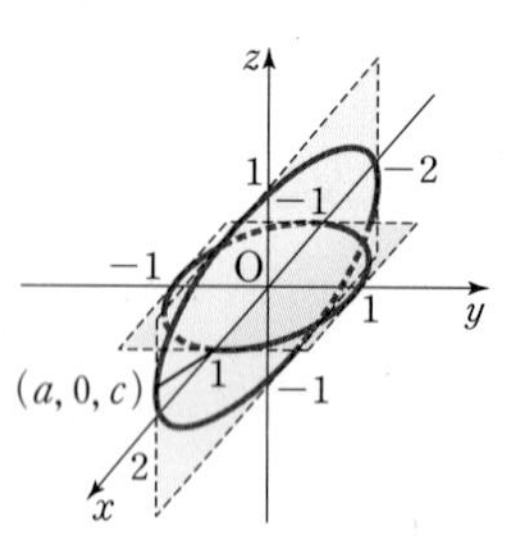

(1)에 의하여 점 $(a,\ 0,\ c)$에서 S까지의 최단거리는 $\sqrt{a^2+c^2+1-2a}=\sqrt{(a-1)^2+c^2}$이므로 점 $(1,\ 0,\ 0)$과 점 $(a,\ 0,\ c)$ 사이의 거리가 된다.

그런데 $(a,\ 0,\ c)$는 타원 $\frac{x^2}{2^2}+z^2=1$, $y=0$ 위의 점이므로 $\frac{a^2}{4}+c^2=1$에서 $c^2=1-\frac{a^2}{4}$이 성립한다.

따라서 구하는 최단거리는

$$\sqrt{(a-1)^2+c^2}=\sqrt{\frac{3}{4}a^2-2a+2}=\sqrt{\frac{3}{4}\left(a-\frac{4}{3}\right)^2+\frac{2}{3}}$$

에서 $\sqrt{\frac{2}{3}}=\frac{\sqrt{6}}{3}$이다.

또, xz평면 위의 임의의 점을 $\mathrm{P}(a,\ 0,\ b)$라 하면 최단거리 d는 항상 $d=\sqrt{b^2+(a-1)^2}$이 되므로 점 $(1,\ 0,\ 0)$에서 점 P에 이르는 거리의 최솟값을 구하면 된다.

10 (1) P′의 좌표가 $(x',\ y')$이고 선분 OP′이 x축과 이루는 양의 각도가 ϕ이므로

$\tan\phi=\frac{y'}{x'}=\frac{b\sin\theta}{a\cos\theta}=\frac{b}{a}\tan\theta$이다.

이때 $\tan\theta=\frac{a}{b}\tan\phi$이고 $\sec^2\theta=1+\tan^2\theta$이므로

$\sec^2\theta=1+\left(\frac{a}{b}\right)^2\tan^2\phi$이다.

여기에서 $0\le\phi<\frac{\pi}{2}$로부터 $0\le\theta<\frac{\pi}{2}$이므로

$\cos\theta=\frac{1}{\sqrt{1+\left(\frac{a}{b}\right)^2\tan^2\phi}}$이다.

또 $\sin\theta=\sqrt{1-\cos^2\theta}=\frac{\frac{a}{b}\tan^2\phi}{\sqrt{1+\left(\frac{a}{b}\right)^2\tan^2\phi}}$이다.

따라서 P′의 좌표

$$(x',\ y')=(a\cos\theta,\ b\sin\theta)=\left(\frac{a}{\sqrt{1+\left(\frac{a}{b}\right)^2\tan^2\phi}},\ \frac{a\tan\phi}{\sqrt{1+\left(\frac{a}{b}\right)^2\tan^2\phi}}\right)$$

다른 답안

$0\le x<\frac{\pi}{2}$에서 $y=\tan x$의 역함수를 $x=g(y)$ 또는 $x=\tan^{-1}y$라 하자.

$\tan\phi=\frac{y'}{x'}=\frac{b\sin\theta}{a\cos\theta}=\frac{b}{a}\tan\theta$이므로

$\tan\theta=\frac{a}{b}\tan\phi$이고

$\theta=g\left(\frac{a}{b}\tan\phi\right)$ 또는 $\theta=\tan^{-1}\left(\frac{a}{b}\tan\phi\right)$이다.

P′의 좌표

$$\begin{aligned}(x',\ y')&=(a\cos\theta,\ b\sin\theta)\\&=\left(a\cos\left(g\left(\frac{a}{b}\tan\phi\right)\right),\ b\sin\left(g\left(\frac{a}{b}\tan\phi\right)\right)\right)\\&=\left(a\cos\left(\tan^{-1}\left(\frac{a}{b}\tan\phi\right)\right),\ b\sin\left(\tan^{-1}\left(\frac{a}{b}\tan\phi\right)\right)\right)\end{aligned}$$

(2) $\phi=\frac{\pi}{4}$일 때, 원에서의 각도 θ를 구하면 다음과 같다.

$\tan\phi=\frac{b\sin\theta}{a\cos\theta}=\frac{b}{a}\tan\theta$, $\tan\left(\frac{\pi}{4}\right)=\frac{1}{\sqrt{3}}\tan\theta$,

에서 $\theta=\frac{\pi}{3}$이다.

반지름이 a인 원에서, 중심각이 θ인 부채꼴의 넓이는 다음과 같다.

$S=a^2\pi\frac{\theta}{2\pi}$

이 부채꼴을 타원의 평면 위로 정사영하면, 정사영된 부채꼴의 넓이는 제시문에 근거하여 다음과 같이 구할 수 있다.

$S'=S\cos\alpha=S\frac{b}{a}=a^2\pi\frac{\theta}{2\pi}\cdot\frac{b}{a}=\frac{ab}{2}\theta$

이 식에 $a=\sqrt{3}$, $b=1$, $\theta=\frac{\pi}{3}$를 대입하면 다음과 같다.

$S'=\frac{\sqrt{3}}{2}\cdot\frac{\pi}{3}=\frac{\sqrt{3}}{6}\pi$

다른 답안

다음 그림에서 P′은 직선 $y=x$와 타원

$\frac{x^2}{3}+\frac{y^2}{1}=1$의 교점이다.

$P'=(x', y')=\left(\frac{\sqrt{3}}{2}, \frac{\sqrt{3}}{2}\right)$

삼각형 KOP′의 넓이는 다음과 같다.

$\frac{1}{2}\cdot\frac{\sqrt{3}}{2}\cdot\frac{\sqrt{3}}{2}=\frac{3}{8}$

부채꼴 QKP′의 넓이는 다음과 같이 구할 수 있다.

$\int_{\frac{\sqrt{3}}{2}}^{\sqrt{3}}\sqrt{1-\frac{1}{3}x^2}\,dx$

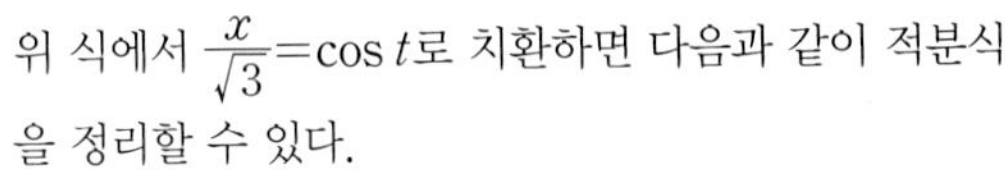

위 식에서 $\frac{x}{\sqrt{3}}=\cos t$로 치환하면 다음과 같이 적분식을 정리할 수 있다.

$\int_{\frac{\pi}{3}}^{0}-\sqrt{3}\sin^2 t\,dt$

$=\frac{\sqrt{3}}{2}\int_0^{\frac{\pi}{3}}(1-\cos 2t)\,dt=\frac{\sqrt{3}}{2}\left[t-\frac{1}{2}\sin 2t\right]_0^{\frac{\pi}{3}}$

$=\frac{\sqrt{3}}{2}\left(\frac{\pi}{3}-\frac{\sqrt{3}}{4}\right)=\frac{\sqrt{3}}{6}\pi-\frac{3}{8}$

부채꼴 QOP′의 넓이는 KOP′의 넓이와 QKP′의 넓이를 더한 것과 같으므로

$\frac{3}{8}+\frac{\sqrt{3}}{6}\pi-\frac{3}{8}=\frac{\sqrt{3}}{6}\pi$

11 (1) 구 S의 방정식 $x^2+y^2+(z-\sqrt{3})^2=4$에 $z=2\sqrt{3}$을 대입하면 원의 방정식 $x^2+y^2=1$을 얻는다. 따라서 $r=1$이다. 또한 주어진 구와 원기둥을 평면 $x=0$으로 자른 단면을 생각하면 다음 [그림]을 얻는다.

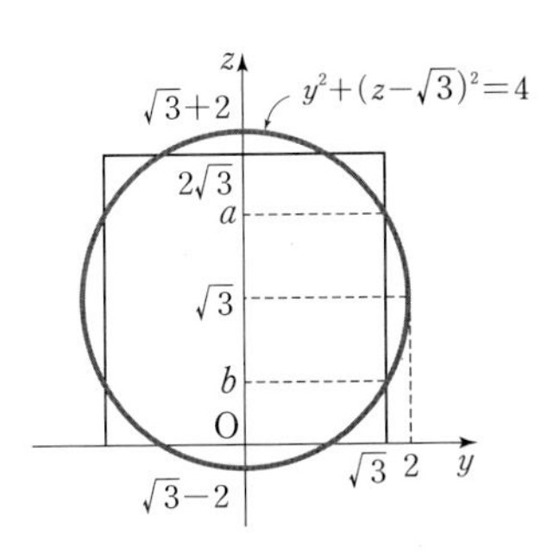

[그림] 구와 원기둥을 평면 $x=0$으로 자른 단면

$y=\sqrt{3}$을 원의 방정식 $y^2+(z-\sqrt{3})^2=4$에 대입하여 z를 구하면

$$z=\sqrt{3}+1=a$$

이다.

(참고로 $b=\sqrt{3}-1$임을 같은 방법으로 알 수 있다.)

(2) $\sqrt{3}+1\le k\le 2\sqrt{3}$일 때 평면 $z=k$가 구 A와 만나 이루어지는 원의 반지름은 [그림]에서 점 $(0, k)$와 원 위의 점 (y, k) 사이의 거리이므로 다음을 얻는다.

$s(k)=\pi y^2=\pi\{4-(k-\sqrt{3})^2\}=\pi(1+2\sqrt{3}k-k^2)$

(3) $\sqrt{3}-1\le z\le\sqrt{3}+1$인 부분의 원기둥의 부피는 6π이고, 대칭성과 $S(k)$의 식을 이용하여 공통 영역의 부피 V를 계산하면 다음과 같다.

$V=6\pi+2\int_{\sqrt{3}+1}^{2\sqrt{3}}S(z)dz$

$=6\pi+2\int_{\sqrt{3}+1}^{2\sqrt{3}}\pi\{4-(z-\sqrt{3})^2\}dz$

$=\left(6\sqrt{3}-\frac{4}{3}\right)\pi$

주제별 강의 **제 19 장**

정다면체

문제 1 • 301쪽 •

(1) K는 f개의 n각형으로 이루어져 있다. 이들이 모두 분리되어 있다면 꼭짓점의 개수는 nf개, 변의 개수도 nf개이다. 이를 다시 결합하면 한 변에 2개의 면이 연결되므로 K의 변의 개수는 $e=\frac{nf}{2}$개이다. 또, 1개의 꼭짓점에 m개의 면이 모이므로 한 꼭짓점에 연결된 선분의 수도 m개이다.

따라서 K의 꼭짓점의 개수는 $v=\frac{nf}{m}$개이다.

위의 결과를 $v-e+f=2$에 대입하면 $\frac{nf}{m}-\frac{nf}{2}+f=2$이고 양변을 nf로 나누면 $\frac{1}{m}-\frac{1}{2}+\frac{1}{n}=\frac{2}{nf}$이다.

그런데 $nf=2e$이므로 $\frac{1}{m}-\frac{1}{2}+\frac{1}{n}=\frac{1}{e}$에서

$\frac{1}{m}+\frac{1}{n}-\frac{1}{e}=\frac{1}{2}$이다.

(2) $\frac{1}{m}+\frac{1}{n}-\frac{1}{e}=\frac{1}{2}$에 $n=4$를 대입하면 $\frac{1}{m}-\frac{1}{e}=\frac{1}{4}$이고 이를 정리하면 $4e-4m=me$, $(m-4)(e+4)=-16$이다. 다면체의 변의 수는 6개 이상이므로 $e\ge6$이다.

따라서 $e+4=16$, $m-4=-1$일 때만 성립하므로 $e=12$이다. $e=12$, $n=4$를 $e=\frac{nf}{2}$에 대입하면 $f=6$이다.

즉, $n=4$인 정규다면체는 육면체이다.

(3) $\frac{1}{m}+\frac{1}{n}-\frac{1}{e}=\frac{1}{2}$에서 $\frac{1}{m}+\frac{1}{n}=\frac{1}{e}+\frac{1}{2}>\frac{1}{2}$이고 $\frac{1}{n}>\frac{1}{2}-\frac{1}{m}$이다. 그런데 1개의 꼭짓점에 3개 이상의 면이 모이므로 $m\ge3$이다.

$\frac{1}{n}>\frac{1}{2}-\frac{1}{m}\ge\frac{1}{2}-\frac{1}{3}$, $\frac{1}{n}>\frac{1}{6}$에서 $n<6$이다.

따라서 면이 육각형 이상인 면은 존재하지 않는다.

문제 2 • 302쪽 •

(1) 정사면체 모양의 꼭짓점의 위치에 있는 공의 중심을 연결한 정사면체를 ABCD라 하고, 꼭짓점 A에서 밑면 BCD에 내린 수선의 발을 H라 하자.

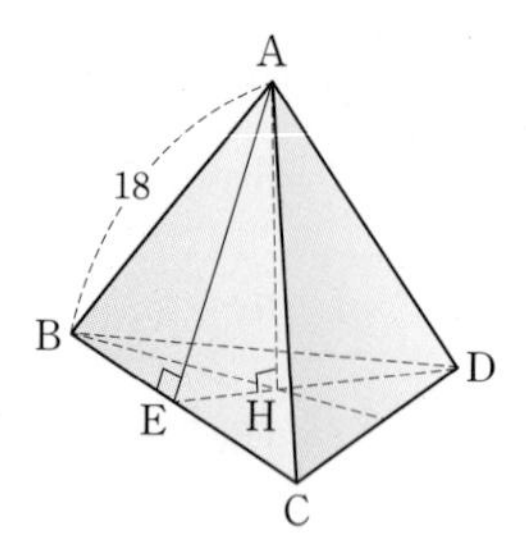

정사면체 ABCD의 한 변의 길이는 18이므로 $\triangle$ABC의 꼭짓점 A에서 $\overline{BC}$에 내린 수선의 발을 E라 하면

$\overline{AE}=\frac{\sqrt{3}}{2}\overline{AB}=\frac{\sqrt{3}}{2}\times 18=9\sqrt{3}$

이다. 점 H는 $\triangle$BCD의 무게중심이므로

$\overline{EH}=\frac{1}{3}\overline{DE}=\frac{1}{3}\overline{AE}=\frac{1}{3}\times 9\sqrt{3}=3\sqrt{3}$이고

$\overline{AH}=\sqrt{\overline{AE}^2-\overline{EH}^2}=\sqrt{(9\sqrt{3})^2-(3\sqrt{3})^2}=\sqrt{216}=6\sqrt{6}$

이다. 따라서 바닥에서 공의 최상단까지의 높이는 $\overline{AH}+3+3=6\sqrt{6}+6$이다.

(2) 반지름의 길이가 r인 구 4개의 중심 A, B, C, D가 한 모서리의 길이가 $2r$인 정사면체의 꼭짓점이 되도록 오른쪽 그림과 같이 만들고 이 정사면체의 중심을 O라 하면 이 정사면체의 높이가 $\frac{2\sqrt{6}}{3}r$이므로 $\overline{OA}=\frac{2\sqrt{6}}{3}r\times\frac{3}{4}=\frac{\sqrt{6}}{3}r$이다.

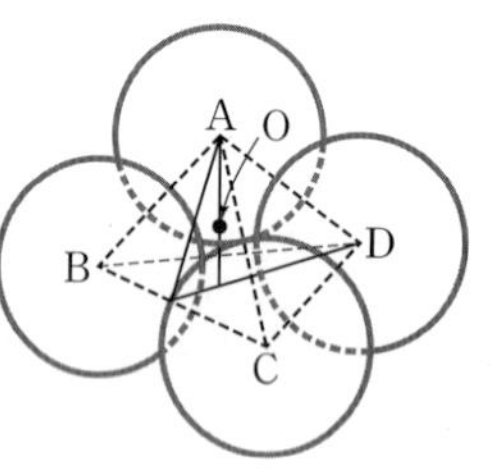

이때, $\overline{OA}+r=\frac{\sqrt{6}}{2}r+r\le R$이므로 $r\le(\sqrt{6}-2)R$이다.

따라서 r의 최댓값은 $(\sqrt{6}-2)R$이다.

문제 3 • 302쪽 •

반지름의 길이가 1인 구의 중심을 서로 연결하면 한 변의 길이가 2인 정사면체가 되고 대칭성에 의하여 작은 구의 중심은 정사면체의 중심과 일치한다.

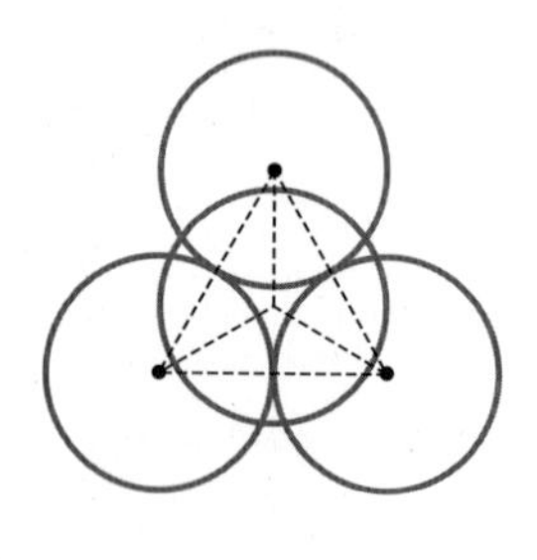

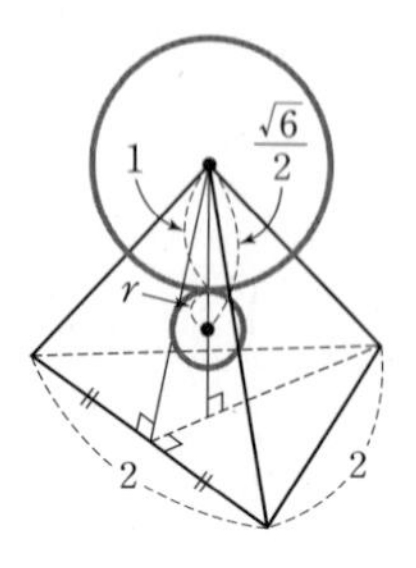

위의 그림에서 정사면체의 꼭짓점에서 밑면에 내린 수선의 길이는 $\frac{2\sqrt{6}}{3}$이므로 꼭짓점에서 정사면체의 중심까지의 거리는

$\frac{2\sqrt{6}}{3}\times\frac{3}{4}=\frac{\sqrt{6}}{2}$이다.

이 값은 $1+r$와 같으므로

$\frac{\sqrt{6}}{2}=1+r$에서 $r=\frac{\sqrt{6}}{2}-1$이다.

다른 답안

반지름의 길이가 1인 4개의 구의 중심을 서로 연결하면 한 변의 길이가 2인 정사면체가 되고 대칭성에 의하여 작은 구의 중심은 정사면체의 중심과 일치한다. 다음 그림과 같이 정사면체의 밑면의 무게중심이 좌표공간의 원점에 오도록 놓고 정사면체의 중심을 C$(0,\ 0,\ k)$라 하자.

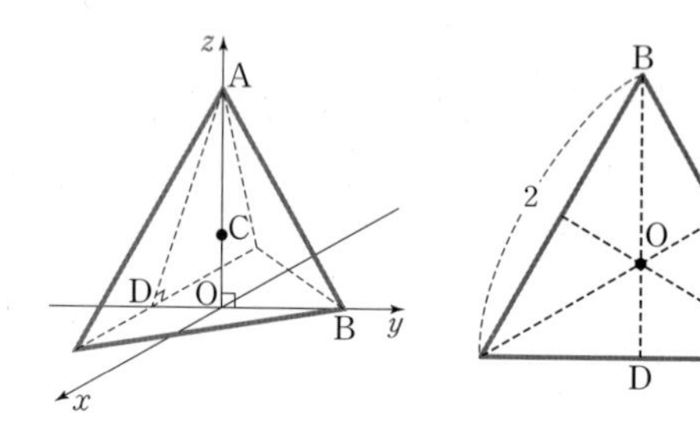

$\overline{AD}=\overline{BD}=\frac{\sqrt{3}}{2}\times 2=\sqrt{3}$이고 점 O가 밑면의 무게중심이므로

$\overline{OD}=\frac{1}{3}\overline{BD}=\frac{\sqrt{3}}{3}$, $\overline{OB}=\frac{2}{3}\overline{BD}=\frac{2}{3}\sqrt{3}$이다.

직각삼각형 AOD에서

$\overline{AO}^2=\overline{AD}^2-\overline{OD}^2=(\sqrt{3})^2-\left(\frac{\sqrt{3}}{3}\right)^2=\frac{8}{3}$이므로

$\overline{AO}=\sqrt{\frac{8}{3}}=\frac{2\sqrt{6}}{3}$이다.

세 점 A, B, C의 좌표는

$A\left(0,\ 0,\ \frac{2\sqrt{6}}{3}\right)$, $B\left(0,\ \frac{2}{3}\sqrt{3},\ 0\right)$, $C(0,\ 0,\ k)$이고

$\overline{CA}=\overline{CB}$이므로

$\left|\frac{2\sqrt{6}}{3}-k\right|=\sqrt{\left(\frac{2}{3}\sqrt{3}\right)^2+(-k)^2}$에서 $k=\frac{\sqrt{6}}{6}$

$\overline{AC}=\overline{AO}-\overline{CO}=\frac{2\sqrt{6}}{3}-\frac{\sqrt{6}}{6}=\frac{\sqrt{6}}{2}$

이고 작은 구의 반지름의 길이를 r라 하면 $\overline{CA}=1+r$이므로

$\frac{\sqrt{6}}{2}=1+r$에서 $r=\frac{\sqrt{6}}{2}-1$이다.

문제 4 • 303쪽 •

(1) 변 AB의 중점을 M이라고 하고, 정삼각형 ABC의 무게중심을 O라고 하면 다음의 왼쪽 그림과 같고, 주어진 사면체에 내접하는 구의 중심은 사면체의 세 옆면과 동일한 거리에 있기 때문에, 선분 OD 위에 있음을 알 수 있다. 이때, 내접하는 구의 반지름을 r라고 하고 그 중심을 O_r라 할 때, 삼각형 DMC를 지나는 평면으로 잘라 단면을 보면 다음의 오른쪽 그림과 같다. 여기에서 점 P는 그 구가 삼각형 DAB를 지나는 평면에 접하는 점이다.

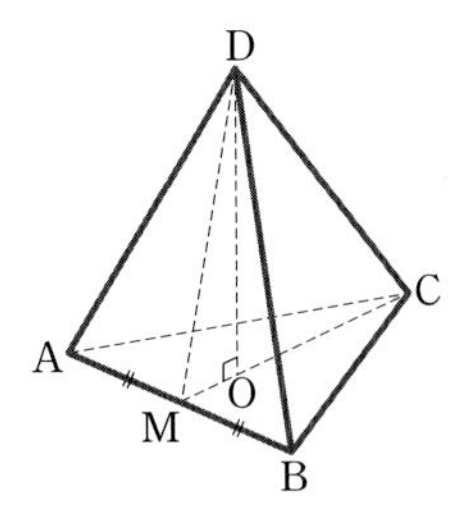

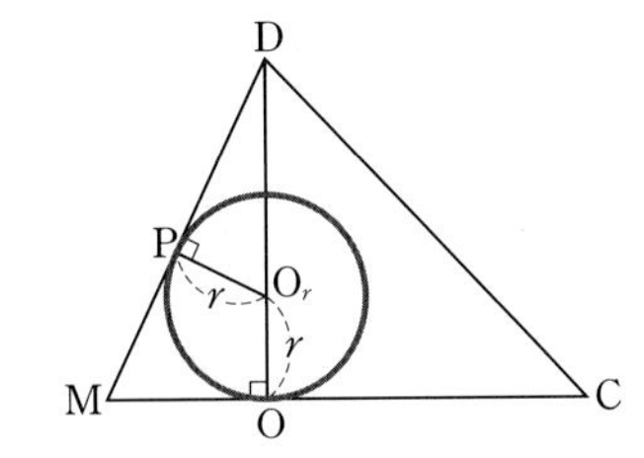

변 DA의 길이가 a이고 각 $\angle$ADM이 θ이므로 변 DM의 길이는 $a\cos\theta$이고 변 AB의 길이는 $2a\sin\theta$이다.
$\left(\text{이때, 사면체를 이루는 }\theta\text{의 범위는 }0<\theta<\frac{\pi}{3}\text{이다.}\right)$
삼각형 ABC는 정삼각형이므로 선분 CM의 길이는 $\sqrt{3}a\sin\theta$이고 O가 정삼각형 ABC의 무게중심이므로 선분 OM의 길이는 $\frac{a\sin\theta}{\sqrt{3}}$이다.
따라서 선분 OD의 길이는

$$\sqrt{a^2\cos^2\theta-\frac{a^2\sin^2\theta}{3}}=a\sqrt{\frac{3-4\sin^2\theta}{3}}$$
$$=a\sqrt{\frac{3\sin\theta-4\sin^3\theta}{3\sin\theta}}$$
$$=a\sqrt{\frac{\sin 3\theta}{3\sin\theta}}$$

가 된다. 삼각형 DPO_r와 삼각형 DOM은 닮은 직각삼각형이므로 내접하는 구의 반지름 r는

$$\frac{a\sqrt{\sin\theta\sin 3\theta}}{\sqrt{3}\sin\theta+3\cos\theta}$$ ❶

$$\left(\text{혹은 }\frac{a\sqrt{\sin\theta\sin 3\theta}}{2\sqrt{3}\sin\left(\theta+\frac{\pi}{3}\right)},\ \frac{a\sin\theta\sqrt{3-4\sin^2\theta}}{\sqrt{3}\sin\theta+3\cos\theta},\ \frac{a\sin\theta\sqrt{4\cos^2\theta-1}}{\sqrt{3}\sin\theta+3\cos\theta}\right)$$

이 된다.

❶

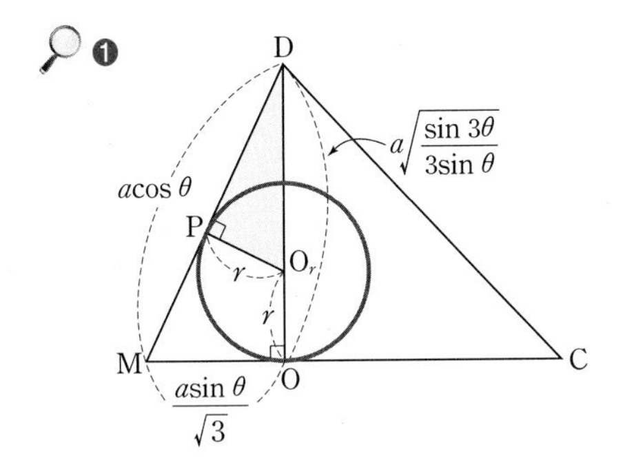

$\triangle$DPO_r과 $\triangle$DOM이 닮은 삼각형이므로

$$r:\left(a\sqrt{\frac{\sin 3\theta}{3\sin\theta}}-r\right)=\frac{a\sin\theta}{\sqrt{3}}:a\cos\theta$$

에서 $r\cos\theta=\frac{a\sqrt{\sin\theta\sin 3\theta}}{3}-\frac{r\sin\theta}{\sqrt{3}}$,

$$r\left(\cos\theta+\frac{\sin\theta}{\sqrt{3}}\right)=\frac{a\sqrt{\sin\theta\sin 3\theta}}{3},$$

$$r=\frac{a\sqrt{\sin\theta\sin 3\theta}}{3}\times\frac{\sqrt{3}}{\sin\theta+\sqrt{3}\cos\theta}$$
$$=\frac{a\sqrt{\sin\theta\sin 3\theta}}{\sqrt{3}\sin\theta+3\cos\theta}$$

(2) 변 AB의 길이가 $2a\sin\theta$이므로 주어진 부등식을 증명하기 위해서 $\frac{r}{2a\sin\theta}$를 고려한다.

$$\frac{r}{2a\sin\theta}=\frac{\sqrt{3-4\sin^2\theta}}{2\sqrt{3}\sin\theta+6\cos\theta}$$

이므로 $\frac{r}{2a\sin\theta}$를 θ에 대하여 미분하면 다음과 같다.

$$\frac{\frac{-4\sin\theta\cos\theta}{\sqrt{3-4\sin^2\theta}}(2\sqrt{3}\sin\theta+6\cos\theta)-\sqrt{3-4\sin^2\theta}(2\sqrt{3}\cos\theta-6\sin\theta)}{(2\sqrt{3}\sin\theta+6\cos\theta)^2}$$

이고 이를 정리하면

$$-6\cdot\frac{\sin\theta+\sqrt{3}\cos\theta}{\sqrt{3-4\sin^2\theta}(2\sqrt{3}\sin\theta+6\cos\theta)^2}$$

이다. 이 값은 $0<\theta<\frac{\pi}{3}$에 대하여 항상 음수이므로 θ가 증가하면 $\frac{r}{2a\sin\theta}$은 감소함을 알 수 있다.

따라서 $\frac{r}{2a\sin\theta}$의 값은 $\lim_{\theta\to 0}\frac{r}{2a\sin\theta}$보다 작으므로

$$\frac{r}{2a\sin\theta}=\frac{\sqrt{3-4\sin^2\theta}}{2\sqrt{3}\sin\theta+6\cos\theta}<\lim_{\theta\to 0}\frac{r}{2a\sin\theta}=\frac{1}{2\sqrt{3}}$$

이다. 그러므로 주어진 부등식이 성립한다.

(3) 주어진 사면체에 외접하는 구의 중심도, 점 A, 점 B, 점 C와 동일한 거리에 있기 때문에, 내접하는 구와 마찬가지로 선분 OD 위에 있음을 알 수 있다. 이때, 외접하는 구의 반지름을 R라 하고 그 중심을 O_R라 할 때, 삼각형 DMC를 지나는 평면으로 잘라 단면을 보면 다음의 그림과 같다.

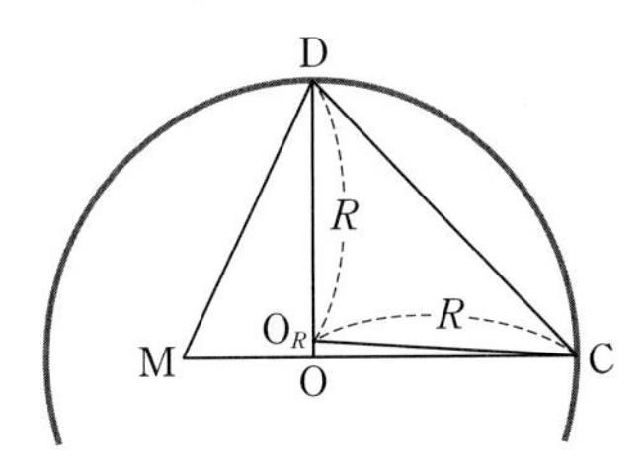

그러면 (1)에서와 같은 이유로 선분 OC의 길이는 $\frac{2a\sin\theta}{\sqrt{3}}$이고, 선분 OO_R는 $a\sqrt{\frac{3-4\sin^2\theta}{3}}-R$가 된다.
삼각형 OCO_R도 직각삼각형이므로, 피타고라스 정리에 의하여 $\left(a\sqrt{\frac{3-4\sin^2\theta}{3}}-R\right)^2+\frac{4a^2\sin^2\theta}{3}=R^2$이 성립한다.
따라서 외접하는 구의 반지름 R는

$$\frac{\sqrt{3}a}{2\sqrt{3-4\sin^2\theta}}\left(\text{혹은 }\frac{a\sqrt{3}\sin\theta}{2\sqrt{\sin 3\theta}},\ \frac{\sqrt{3}a}{2\sqrt{4\cos^2\theta-1}}\right)$$

가 된다.

(4) (2)와 같은 방법으로 $\frac{r}{R}$의 최댓값을 고려한다.

$\frac{r}{R}=\frac{2\sin 3\theta}{3\sin\theta+3\sqrt{3}\cos\theta}$이고 $\sin\frac{\pi}{3}=\frac{\sqrt{3}}{2}$, $\cos\frac{\pi}{3}=\frac{1}{2}$ 이므로 $\frac{r}{R}=\frac{\sin 3\theta}{3\sin\left(\theta+\frac{\pi}{3}\right)}$이 된다.

여기에서 $\theta+\frac{\pi}{3}$를 t로 치환하자. 즉, $t=\theta+\frac{\pi}{3}$이라 하자.

그러면 t의 범위는 $\frac{\pi}{3}\le t\le\frac{2\pi}{3}$이고

$$\begin{aligned}\frac{r}{R}&=\frac{\sin(3t-\pi)}{3\sin t}\\&=-\frac{\sin 3t}{3\sin t}\\&=\frac{4\sin^3 t-3\sin t}{3\sin t}\\&=\frac{4\sin^2 t}{3}-1\end{aligned}$$

가 된다. 따라서 $\frac{r}{R}$는 범위 $\frac{\pi}{3}\le t\le\frac{2\pi}{3}$에서 $t=\frac{\pi}{2}$일 때 최대가 됨을 사인함수의 성질로부터 쉽게 알 수 있다. 즉, $\frac{r}{R}=\frac{4\sin^2 t}{3}-1\le\frac{4\sin^2\frac{\pi}{2}}{3}-1=\frac{1}{3}$이므로, 문제에 주어진 부등식이 성립한다. 이때 등식이 성립하는 경우는 $t=\frac{\pi}{2}$인 경우이므로 그때 $\theta=\frac{\pi}{6}$이다. 이 경우는 정사면체이다.

(1) 정사면체 ABCD의 각 면은 정삼각형이고 아래 그림과 같이 정삼각형 3개와 육각형으로 나뉜다.

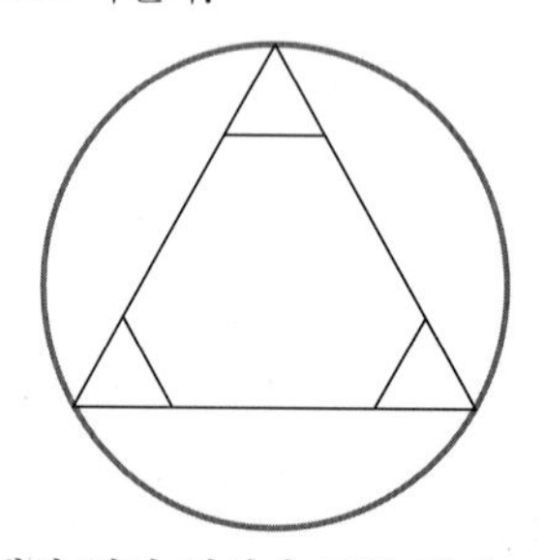

이때, 닮음의 성질을 이용하여 삼각형은 모두 정삼각형이고 육각형의 모든 내각은 120°임을 알 수 있다. 팔면체 V가 깎은 정사면체이면, 모든 모서리의 길이가 같아야 하므로 정삼각형의 한 변의 길이와 육각형의 6개의 변의 길이가 모두 같다. 이 길이는 주어진 정사면체의 한 모서리의 길이를 3등분하는 것이므로 V의 한 모서리의 길이는 $\frac{6}{3}=2$이다.

그러므로 팔면체 V의 정삼각형과 정사면체 ABCD의 한 면인 정삼각형은 닮음비 1 : 3인 닮은 도형이다. 부피비는 닮음비의 세제곱이므로 부피비는 1 : 27이다. 팔면체 V의 부피는 정사면체 ABCD의 부피에서 작은 정사면체 4개의 부피를 뺀 것이므로 ABCD 부피의

$\frac{23}{27}\left(=1-4\times\frac{1}{27}\right)$배이다.

정사면체의 한 면은 한 변의 길이가 6인 정삼각형이므로 넓이가 $\frac{\sqrt{3}}{4}\cdot 6^2=9\sqrt{3}$이다. 정사면체의 높이를 구하기 위하여 다음 그림과 같이 정사면체를 한 모서리와 외접구의 중심을 지나는 평면으로 자른 단면(삼각형 ABM)을 생각하자.

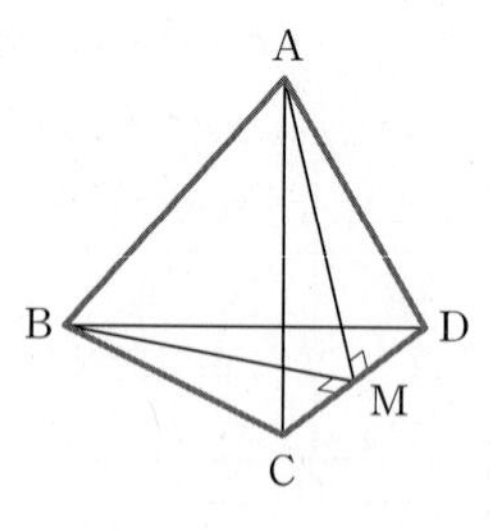

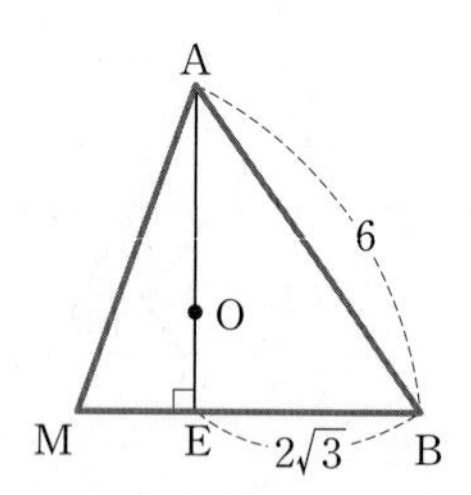

이 삼각형은 위의 그림과 같이 밑변 $\overline{BM}$의 길이가 $3\sqrt{3}$이고, 나머지 두 변 $\overline{AM}$, $\overline{AB}$의 길이가 $3\sqrt{3}$, 6이다. A에서 △BCD의 밑면에 내린 수선 AE에서 점 E는 밑면의 무게중심이므로 피타고라스 정리를 이용하면 높이가 $\sqrt{6^2-(2\sqrt{3})^2}=2\sqrt{6}$이다. 따라서 정사면체 ABCD의 부피는 $\frac{1}{3}\times 9\sqrt{3}\times 2\sqrt{6}=18\sqrt{2}$이고, 팔면체 V의 부피는 $\frac{23}{27}\times 18\sqrt{2}=\frac{46\sqrt{2}}{3}$이다.

(2) 아래 그림은 정사면체를 한 모서리와 외접구의 중심을 지나는 평면으로 자른 단면이다.

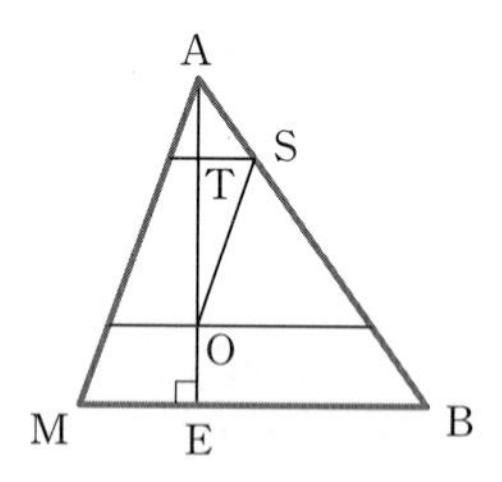

선분 AB 위에 있고 점 A에 가까운 팔면체의 꼭짓점을 S라 하면 구 O는 팔면체 V의 모든 꼭짓점들을 지나므로 구 O의 반지름은 $\overline{OS}$의 길이와 같다. 점 O는 정사면체 ABCD의 외접구의 중심인데, 정사면체이므로 내접구의 중심과 일치한다. 정사면체 ABCD를 작은 정사면체 4개, OABC, OBCD, OCDA, ODAB로 나누어서 부피를 구하면 작은 정사면체들의 높이가 정사면체 ABCD의 $\frac{1}{4}$임을 알 수 있다. 따라서 $\overline{OE}=\frac{1}{4}\overline{AE}$이다. 또한 삼각형 AST와 ABE는 닮음비 1 : 3으로 닮은 삼각형이므로 $\overline{AT}=\frac{1}{3}\overline{AE}$이다. 이를 종합하면 $\overline{OT}=\frac{5}{12}\overline{AE}=\frac{5\sqrt{6}}{6}$이고 $\overline{ST}=\frac{1}{3}\overline{BE}=\frac{2\sqrt{3}}{3}$이며, 피타고라스 정리에 의하여 $\overline{OS}=\sqrt{\left(\frac{2\sqrt{3}}{3}\right)^2+\left(\frac{5\sqrt{6}}{6}\right)^2}=\sqrt{\frac{33}{6}}=\frac{\sqrt{22}}{2}$이다.

참고

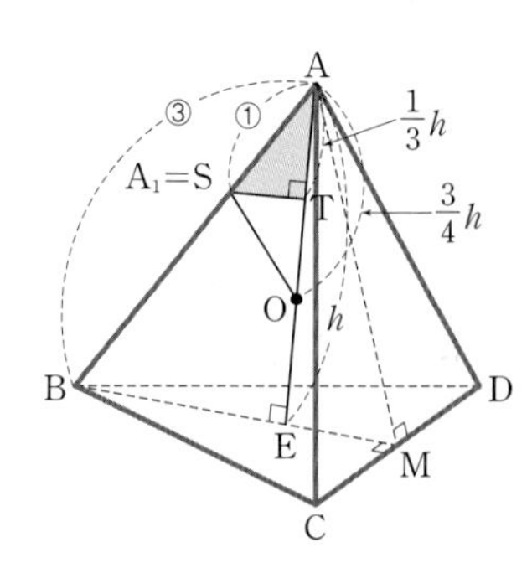

$$\overline{OT}=\frac{3}{4}h-\frac{1}{3}h$$
$$=\frac{5}{12}h$$
$$=\frac{5}{12}\times\left(\frac{\sqrt{6}}{3}\times 6\right)$$
$$=\frac{5}{6}\sqrt{6}$$

다른 답안

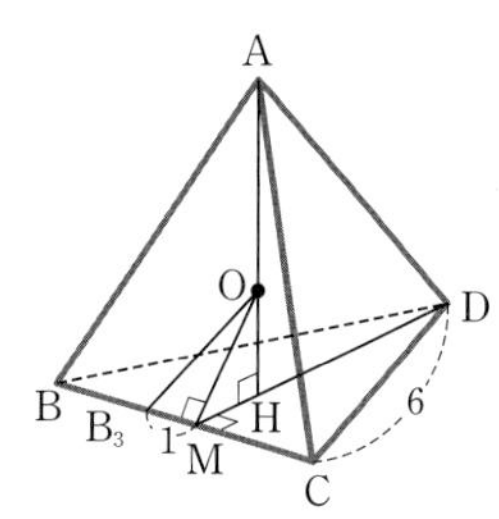

$\triangle$BCD에서 D에서 $\overline{BC}$에 내린 수선의 발을 M이라 하면 $\overline{DM}=3\sqrt{3}$, 꼭짓점 A에서 밑변 BCD에 내린 수선의 발을 H라 하면 $\overline{MH}=3\sqrt{3}\times\frac{1}{3}=\sqrt{3}$이다.

정사면체의 높이 $\overline{AH}=\frac{\sqrt{6}}{3}\times 6=2\sqrt{6}$이고

$\overline{AO}:\overline{OH}=3:1$이므로

$\overline{OH}=2\sqrt{6}\times\frac{1}{4}=\frac{\sqrt{6}}{2}$이다.

$\triangle$OMH에서 피타고라스 정리를 사용하여

$\overline{OM}=\sqrt{(\sqrt{3})^2+\left(\frac{\sqrt{6}}{2}\right)^2}=\sqrt{\frac{9}{2}}=\frac{3}{\sqrt{2}}$이다.

또, 삼수선 정리에 의해 $\angle OMB_3=90^\circ$이고

$\overline{MB_3}=1$이므로 삼각형 OMB_3에서

피타고라스 정리를 사용하여

$\overline{OB_3}=\sqrt{1^2+\left(\frac{3}{\sqrt{2}}\right)^2}=\sqrt{\frac{11}{2}}=\frac{\sqrt{22}}{2}$이다.

따라서 구 O의 반지름의 길이는 $\frac{\sqrt{22}}{2}$이다.

(3) 선분 AB 위에 있고 점 A에 가까운 팔면체의 꼭짓점을 U라 하고 삼각형 AUO에서 $\overline{AU}=x$라 하자.

$\overline{AO}=\frac{3\sqrt{6}}{2}$이고 $\cos\angle BAE=\frac{\overline{AE}}{\overline{AB}}=\frac{2\sqrt{6}}{6}=\frac{\sqrt{6}}{3}$이다.

이들을 $\triangle$AUO에서 제이코사인법칙에 대입하면 $\overline{OU}$는 구의 반지름 $\frac{3\sqrt{3}}{2}$이므로

$x^2+\frac{9\times 6}{4}-2x\cdot\frac{3\sqrt{6}}{2}\cdot\frac{\sqrt{6}}{3}=\frac{27}{4}$이고

해는 $x=\frac{3}{2}$ 또는 $x=\frac{9}{2}$이다.

$x=\frac{9}{2}$이면 팔면체 V가 만들어지지 않으므로 $x=\frac{3}{2}$이다.

팔면체 V의 8면은 한 변의 길이가 $\frac{3}{2}$인 정삼각형 4개와 다음 그림과 같은 육각형 4개이다.

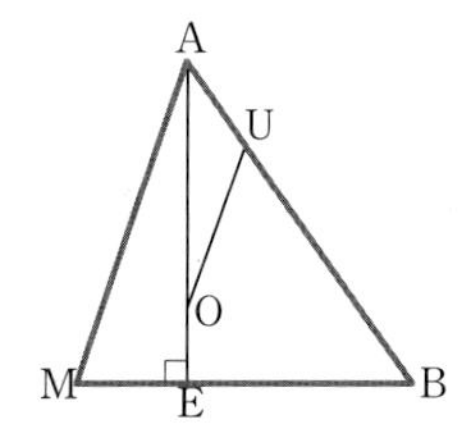

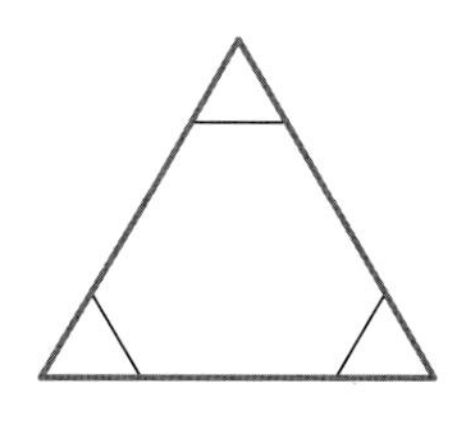

정삼각형는 넓이는 $\frac{\sqrt{3}}{4}\left(\frac{3}{2}\right)^2=\frac{9\sqrt{3}}{16}$이고 육각형의 넓이는 큰 정삼각형에서 작은 정삼각형 3개의 넓이를 뺀 것이므로 $\frac{\sqrt{3}}{4}\cdot 6^2-3\cdot\frac{9\sqrt{3}}{16}=\frac{117\sqrt{3}}{16}$이다.

따라서 팔면체 V의 겉넓이는

$4\left(\frac{9\sqrt{3}}{16}+\frac{117\sqrt{3}}{16}\right)=\frac{63\sqrt{3}}{2}$이다.

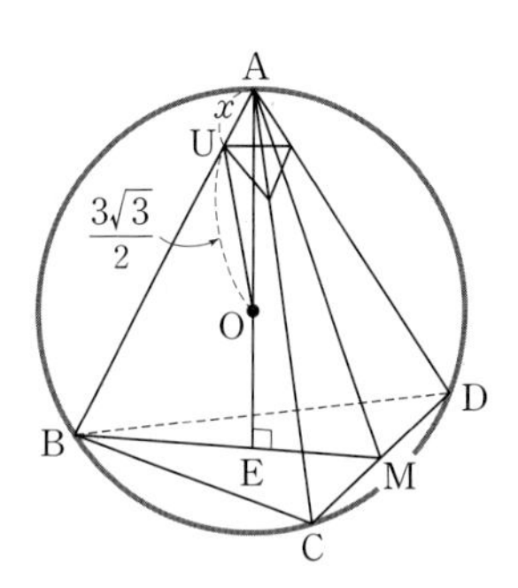

$\overline{AO}$의 값은 다음과 같이 구할 수 있다. 정사면체의 한 모서리의 길이가 6이므로

$h=\overline{AE}=\frac{\sqrt{6}}{3}\times 6=2\sqrt{6}$

이고

$$\overline{AO}=\frac{3}{4}h=\frac{3}{4}\times 2\sqrt{6}$$
$$=\frac{3}{2}\sqrt{6}$$

이다.

VIII 벡터

TRAINING

수리논술 기출 및 예상 문제

● 317쪽 ~ 333쪽 ●

01 (1) 점 P_n을 좌표평면에 표시하면 아래 그림과 같다.

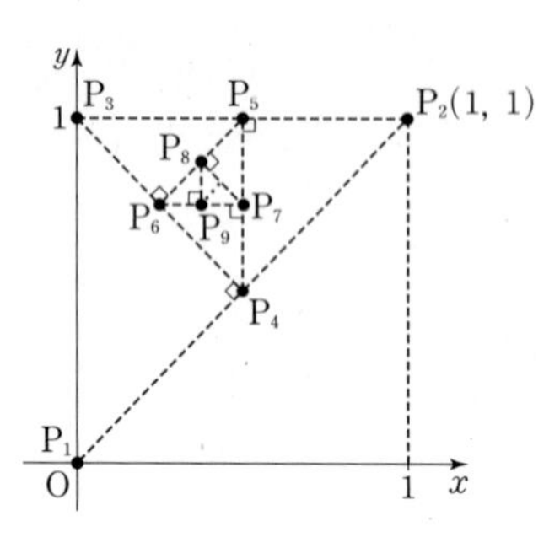

$\triangle \mathrm{P}_n\mathrm{P}_{n+1}\mathrm{P}_{n+2}$는 직각이등변삼각형이므로

$l_1=\overline{\mathrm{P}_1\mathrm{P}_2}=\sqrt{2}$,

$l_2=\overline{\mathrm{P}_2\mathrm{P}_3}=1$,

$l_3=\overline{\mathrm{P}_3\mathrm{P}_4}=\dfrac{1}{2}\overline{\mathrm{P}_1\mathrm{P}_2}=\dfrac{\sqrt{2}}{2}$,

$l_4=\overline{\mathrm{P}_4\mathrm{P}_5}=\dfrac{1}{2}\overline{\mathrm{P}_2\mathrm{P}_3}=\dfrac{1}{2}$

$\vdots$

$l_{n+1}=\dfrac{1}{\sqrt{2}}l_n$이다.

따라서 l_n은 첫째항이 $\sqrt{2}$, 공비가 $\dfrac{1}{\sqrt{2}}$인 등비수열이므로 $l_n=\left(\dfrac{1}{\sqrt{2}}\right)^{n-2}$ 이다.

(2) 그림을 참고하여 $\vec{v_n}$ $(n=1,\ 2,\ 3,\ \cdots)$의 처음 8개의 항을 차례로 구해 보면

$\vec{v_1}=\dfrac{1}{l_1}\overrightarrow{\mathrm{P}_1\mathrm{P}_2}=\dfrac{1}{\sqrt{2}}(1,\ 1)=\left(\dfrac{1}{\sqrt{2}},\ \dfrac{1}{\sqrt{2}}\right)$

$\vec{v_2}=\dfrac{1}{l_2}\overrightarrow{\mathrm{P}_2\mathrm{P}_3}=1(-1,\ 0)=(-1,\ 0)$

$\vec{v_3}=\dfrac{1}{l_3}\overrightarrow{\mathrm{P}_3\mathrm{P}_4}=\dfrac{2}{\sqrt{2}}\left(\dfrac{1}{2},\ -\dfrac{1}{2}\right)=\left(\dfrac{1}{\sqrt{2}},\ -\dfrac{1}{\sqrt{2}}\right)$

$\vec{v_4}=\dfrac{1}{l_4}\overrightarrow{\mathrm{P}_4\mathrm{P}_5}=2\left(0,\ \dfrac{1}{2}\right)=(0,\ 1)$

$\vec{v_5}=\dfrac{1}{l_5}\overrightarrow{\mathrm{P}_5\mathrm{P}_6}=2\sqrt{2}\left(-\dfrac{1}{4},\ -\dfrac{1}{4}\right)=\left(-\dfrac{\sqrt{2}}{2},\ -\dfrac{\sqrt{2}}{2}\right)$

$\vec{v_6}=\dfrac{1}{l_6}\overrightarrow{\mathrm{P}_6\mathrm{P}_7}=4\left(\dfrac{1}{4},\ 0\right)=(1,\ 0)$

$\vec{v_7}=\dfrac{1}{l_7}\overrightarrow{\mathrm{P}_7\mathrm{P}_8}=4\sqrt{2}\left(-\dfrac{1}{8},\ \dfrac{1}{8}\right)=\left(-\dfrac{\sqrt{2}}{2},\ \dfrac{\sqrt{2}}{2}\right)$

$\vec{v_8}=\dfrac{1}{l_8}\overrightarrow{\mathrm{P}_8\mathrm{P}_9}=8\left(0,\ -\dfrac{1}{8}\right)=(0,\ -1)$

이고 그 이후부터는 이 8개의 항이 반복된다.

따라서 $\vec{v_{8n}}=(0,\ -1)$이다.

(3) $\vec{v_n}$의 x좌표를 a_n이라 하면 자연수 k에 대하여

$a_{8k-7}=\dfrac{1}{\sqrt{2}},\ a_{8k-6}=-1,\ a_{8k-5}=\dfrac{1}{\sqrt{2}},\ a_{8k-4}=0,$

$a_{8k-3}=-\dfrac{1}{\sqrt{2}},\ a_{8k-2}=1,\ a_{8k-1}=-\dfrac{1}{\sqrt{2}},\ a_{8k}=0$

이다. P_n의 x좌표를 x_n이라 하면,

$\overrightarrow{\mathrm{OP}_{n+1}}=\overrightarrow{\mathrm{OP}_n}+\overrightarrow{\mathrm{P}_n\mathrm{P}_{n+1}}$이므로

$x_{n+1}=x_n+a_n\left(\dfrac{1}{\sqrt{2}}\right)^{n-2}$

이다. 따라서

$x_2-x_1=a_1\left(\dfrac{1}{\sqrt{2}}\right)^{-1}$

$x_3-x_2=a_2\left(\dfrac{1}{\sqrt{2}}\right)^{0}$

$x_4-x_3=a_3\left(\dfrac{1}{\sqrt{2}}\right)$

$x_5-x_4=a_4\left(\dfrac{1}{\sqrt{2}}\right)^{2}$

$\vdots$

$x_{1001}-x_{1000}=a_{1000}\left(\dfrac{1}{\sqrt{2}}\right)^{998}$

변끼리 더하면 $x_{1001}-x_1=\displaystyle\sum_{n=1}^{1000}a_n\left(\dfrac{1}{\sqrt{2}}\right)^{n-2}$이고

$x_1=0$이므로 $x_{1001}=\displaystyle\sum_{n=1}^{1000}a_n\left(\dfrac{1}{\sqrt{2}}\right)^{n-2}$이다.

이제

$b_n=a_n\left(\dfrac{1}{\sqrt{2}}\right)^{n-2}$,

$c_k=b_{8k-7}+b_{8k-6}+b_{8k-5}+b_{8k-4}+b_{8k-3}+b_{8k-2}+b_{8k-1}+b_{8k}$

라고 하면 $b_{8k-7}+b_{8k-6}=b_{8k-3}+b_{8k-2}=b_{8k-4}=b_{8k}=0$

이므로

$c_k=b_{8k-5}+b_{8k-1}$

$=\dfrac{1}{\sqrt{2}}\left(\dfrac{1}{\sqrt{2}}\right)^{8k-7}-\dfrac{1}{\sqrt{2}}\left(\dfrac{1}{\sqrt{2}}\right)^{8k-3}$

$=\left(\dfrac{1}{2}\right)^{4k-3}-\left(\dfrac{1}{2}\right)^{4k-1}=\dfrac{8-2}{2^{4k}}=\dfrac{6}{2^{4k}}$

이다. 따라서

$$x_{1001}=\sum_{n=1}^{1000}b_n=\sum_{k=1}^{125}c_k=\sum_{k=1}^{125}\frac{6}{2^{4k}}$$

$$=\frac{6}{16}\cdot\frac{1-\frac{1}{16^{125}}}{1-\frac{1}{16}}$$

$$=\frac{2}{5}(1-2^{-500})$$

이다.

02 (1) 점 $\left(\dfrac{u^2}{4p},\ u\right)$에서 포물선 $y^2=4px$와 접하는 직선의 방정식은 $\dfrac{d}{dx}y^2=\dfrac{d}{dx}(4px)$에서

$2y\dfrac{dy}{dx}=4p,\ \dfrac{dy}{dx}=\dfrac{4p}{2y}$이므로

$y-u=\frac{4p}{2u}\left(x-\frac{u^2}{4p}\right)$, 즉 $y=\frac{2p}{u}x+\frac{u}{2}$이다.

이 직선이 점 (α, β)를 지나면

$\beta=\frac{2p}{u}\alpha+\frac{u}{2}$이다.

이 식을 정리하면 $u^2-2\beta u+4p\alpha=0$이므로

$u=\beta\pm\sqrt{\beta^2-4p\alpha}$이다.

그러므로 $y_0=\beta+\sqrt{\beta^2-4p\alpha}$이고 $y_1=\beta-\sqrt{\beta^2-4p\alpha}$ 이다.

(2) $\alpha=-p$인 경우 (1)의 답안에 의해 $y_0=\beta+\sqrt{\beta^2+4p^2}$ 이고 $y_1=\beta-\sqrt{\beta^2+4p^2}$이므로

$x_1-x_0=\frac{{y_1}^2-{y_0}^2}{4p}=\frac{(y_1-y_0)(y_1+y_0)}{4p}$

$=-\frac{\beta\sqrt{\beta^2+4p^2}}{p}$이다.

$\beta=0$이면 $(x_0, y_0)=(p, 2p)$이고 $(x_1, y_1)=(p, -2p)$이므로 두 점을 지나는 직선은 초점 $\mathrm{F}(p, 0)$을 지난다.

$\beta\neq0$이면 $x_1-x_0\neq0$이고 점 (x_0, y_0)과 점 (x_1, y_1)을 지나는 직선은 $y-y_0=\frac{y_1-y_0}{x_1-x_0}(x-x_0)$이다.

그런데 $\frac{y_1-y_0}{x_1-x_0}=\frac{2p}{\beta}$이므로 이 직선의 방정식은

$y=\frac{2p}{\beta}x-\frac{2p}{\beta}x_0+y_0$을 얻는다.

$x=p$를 대입하면 $y=\frac{2p^2}{\beta}-\frac{2p}{\beta}x_0+y_0$이다.

여기에 $x_0=\frac{{y_0}^2}{4p}=\frac{\beta^2+(\beta^2+4p^2)+2\beta\sqrt{\beta^2+4p^2}}{4p}$

$=\frac{4p^2+2\beta(\beta+\sqrt{\beta^2+4p^2})}{4p}$

$=\frac{4p^2+2\beta y_0}{4p}=p+\frac{\beta}{2p}y_0$ …… ㉠

을 대입하면 $y=\frac{2p^2}{\beta}-\frac{2p}{\beta}\left(p+\frac{\beta}{2p}y_0\right)+y_0=0$이므로

이 직선은 $(p, 0)$을 지난다.

(3) 내분점 공식에 의해 $\overrightarrow{\mathrm{OR}}=(1-t)\overrightarrow{\mathrm{OP}}+t\overrightarrow{\mathrm{OQ}}$이다.

그런데 $\overrightarrow{\mathrm{OP}}=(1-t)\overrightarrow{\mathrm{OA}}+t\overrightarrow{\mathrm{OC}}$이고

$\overrightarrow{\mathrm{OQ}}=(1-t)\overrightarrow{\mathrm{OC}}+t\overrightarrow{\mathrm{OB}}$이므로

$\overrightarrow{\mathrm{OR}}=(1-t)^2\overrightarrow{\mathrm{OA}}+2t(1-t)\overrightarrow{\mathrm{OC}}+t^2\overrightarrow{\mathrm{OB}}$

로 나타낼 수 있다.

(4) (i) 점 R는 포물선 $y^2=4px$ 위에 있다. (3)에 의하여

$\overrightarrow{\mathrm{OR}}=((1-t)^2x_0+2t(1-t)\alpha+t^2x_1,$
$(1-t)^2y_0+2t(1-t)\beta+t^2y_1)$

이다. (1)과 같은 방법으로 계산하면

$x_0=-\alpha+\frac{\beta y_0}{2p}$, $x_1=-\alpha+\frac{\beta y_1}{2p}$이고

이 값을 위의 식에 대입하면 $\overrightarrow{\mathrm{OR}}$의 x좌표는

$(-4t^2+4t-1)\alpha+(1-t)^2\frac{\beta y_0}{2p}+t^2\frac{\beta y_1}{2p}$이다.

그런데 $y_0+y_1=2\beta$이므로 이 식은

$(-4t^2+4t-1)\alpha+\frac{(1-2t)\beta y_0}{2p}+\frac{t^2\beta^2}{p}$ …… ㉡

이다. 이 값을 X라 하자.

같은 방법으로 $\overrightarrow{\mathrm{OR}}$의 y좌표는 $(1-2t)y_0+2t\beta$임을 보일 수 있고 이 값을 Y라고 하자.

이제 $Y^2=4pX$임을 보이자.

$\frac{1}{4p}Y^2=\frac{1}{4p}\{(1-2t)^2{y_0}^2+4t^2\beta^2+4t(1-2t)y_0\beta\}$

$=\frac{1}{4p}\{(1-2t)^2 4px_0+4t^2\beta^2+4t(1-2t)y_0\beta\}$

$=(1-2t)^2\left(-\alpha+\frac{\beta y_0}{2p}\right)+\frac{t^2\beta^2}{p}+\frac{t(1-2t)y_0\beta}{p}$

$=-(1-2t)^2\alpha+\frac{(1-2t)^2\beta y_0}{2p}+\frac{t^2\beta^2}{p}+\frac{t(1-2t)y_0\beta}{p}$

$=(-4t^2+4t-1)\alpha+\frac{(1-2t)\beta y_0}{2p}+\frac{t^2\beta^2}{p}$

이므로 ㉡에 의해 $Y^2=4pX$이다.

(ii) 점 R에서의 접선은 직선 PQ이다.

점 R는 선분 PQ의 내분점이므로 직선 PQ 위에 있다. 그러므로 직선 PQ가 접선임을 보이기 위해서는 직선 PQ의 (크기가 1인) 방향벡터와 접선의 (크기가 1인) 방향벡터가 같음을 보이면 된다.

$\overrightarrow{\mathrm{PQ}}=\overrightarrow{\mathrm{OQ}}-\overrightarrow{\mathrm{OP}}$

$=\{(1-t)\overrightarrow{\mathrm{OC}}+t\overrightarrow{\mathrm{OB}}\}-\{(1-t)\overrightarrow{\mathrm{OA}}+t\overrightarrow{\mathrm{OC}}\}$

$=t(\overrightarrow{\mathrm{OA}}+\overrightarrow{\mathrm{OB}}-2\overrightarrow{\mathrm{OC}})+(-\overrightarrow{\mathrm{OA}}+\overrightarrow{\mathrm{OC}})$ …… ㉢

이다.

t가 0과 1 사이를 움직일 때 점 R가 움직이는 자취는 t로 매개화된 곡선이다.

벡터 $\overrightarrow{\mathrm{OR}}$를 $(f(t), g(t))$라고 하면 ㉢에서

$\overrightarrow{\mathrm{OR}}=(1-t)^2\overrightarrow{\mathrm{OA}}+2t(1-t)\overrightarrow{\mathrm{OC}}+t^2\overrightarrow{\mathrm{OB}}$이므로

점 R에서 속도벡터는

$(f'(t), g'(t))$

$=-2(1-t)\overrightarrow{\mathrm{OA}}+2(1-2t)\overrightarrow{\mathrm{OC}}+2t\overrightarrow{\mathrm{OB}}$

$=2\{t(\overrightarrow{\mathrm{OA}}+\overrightarrow{\mathrm{OB}}-2\overrightarrow{\mathrm{OC}})+(-\overrightarrow{\mathrm{OA}}+\overrightarrow{\mathrm{OC}})\}$

$=2\overrightarrow{\mathrm{PQ}}$

이다. 그러므로 두 직선은 점 R를 지나고 같은 방향벡터를 가지므로 서로 일치한다.

03 (1) 조건 ㈎로부터 $\overrightarrow{\mathrm{OA}}+\overrightarrow{\mathrm{OB}}=-\overrightarrow{\mathrm{OC}}$에 의해

$|\overrightarrow{\mathrm{OA}}+\overrightarrow{\mathrm{OB}}|=|\overrightarrow{\mathrm{OC}}|$이다. 양변을 제곱하면

$|\overrightarrow{\mathrm{OA}}|^2+2\overrightarrow{\mathrm{OA}}\cdot\overrightarrow{\mathrm{OB}}+|\overrightarrow{\mathrm{OB}}|^2=|\overrightarrow{\mathrm{OC}}|^2$이다.

$\angle\mathrm{AOB}=\theta$라 하면 $|\overrightarrow{\mathrm{OA}}|=|\overrightarrow{\mathrm{OB}}|=|\overrightarrow{\mathrm{OC}}|=1$이므로

$1+2\cos\theta+1=1$에서 $2\cos\theta+1=0$, 즉 $\theta=120°$

이다.

$\overrightarrow{OA}+\overrightarrow{OB}=-\overrightarrow{OC}$에서 $2\times\frac{\overrightarrow{OA}+\overrightarrow{OB}}{2}=-\overrightarrow{OC}$로 변형되고, 이는 변 AB의 중점과 점 C는 중심 O에 대해 서로 반대편에 있음을 의미한다. 따라서 중심각과 원주각의 관계에 의해 $\angle ACB=\frac{1}{2}\angle AOB=60^\circ$이다.
또한, $\overrightarrow{OA}+\overrightarrow{OC}=-\overrightarrow{OB}$에 의해, 같은 방법으로
$\angle ABC=\frac{1}{2}\angle AOC=60^\circ$이고
$\angle BAC=180^\circ-60^\circ-60^\circ=60^\circ$이다.
따라서 삼각형 ABC는 정삼각형이다.

다른 답안

그림과 같이 세 점 A, B, C를 정하여도 일반성을 잃지 않는다.

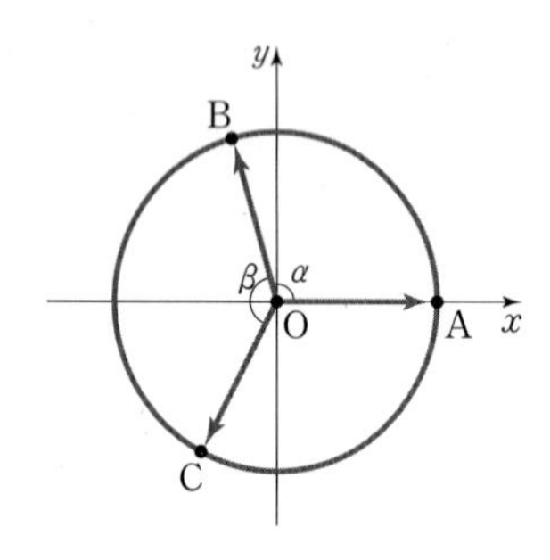

$\overrightarrow{OA}$와 $\overrightarrow{OB}$가 이루는 반시계 방향의 각을 α라 하고 $\overrightarrow{OB}$와 $\overrightarrow{OC}$가 이루는 반시계 방향의 각을 β라 하자.
$0\le\alpha\le\frac{\pi}{2}$, $0\le\beta\le\frac{\pi}{2}$이면 조건 (가)로부터 세 점 A, B, C는 원 위에 놓이지 않는다.
따라서 $\frac{\pi}{2}<\alpha<\pi$, $\frac{\pi}{2}<\beta<\pi$이다. 또한

$\overrightarrow{OA}=(1, 0)$, $\overrightarrow{OB}=(\cos\alpha, \sin\alpha)$,
$\overrightarrow{OC}=(\cos(\alpha+\beta), \sin(\alpha+\beta))$

이다. (가)로부터

$$\begin{cases}\cos\alpha+\cos(\alpha+\beta)=-1 & \cdots\cdots ㉠\\ \sin\alpha+\sin(\alpha+\beta)=0 & \cdots\cdots ㉡\end{cases}$$

을 얻는다. ㉠과 ㉡을 제곱하여 더하면

$\cos\alpha\cos(\alpha+\beta)+\sin\alpha\sin(\alpha+\beta)=-\frac{1}{2}$

이때

$\cos\alpha(-1-\cos\alpha)+\sin\alpha(-\sin\alpha)=-\frac{1}{2}$,

즉, $\cos\alpha=-\frac{1}{2}$

을 얻는다. 따라서 $\alpha=\angle AOB=120^\circ$이다.
마찬가지로 $\beta=\angle BOC=120^\circ$이고 $\angle COA=120^\circ$이다.
그러므로 중심각과 원주각과의 관계에 의해 삼각형 ABC는 정삼각형이다.

(2) (나)에 의해 $\overline{BP}:\overline{PC}=1:2$이므로
$\overrightarrow{AP}=\frac{2}{3}\overrightarrow{AB}+\frac{1}{3}\overrightarrow{AC}$이다. 문제 (1)에 의해 삼각형 ABC는 정삼각형이므로 한 변의 길이를 1이라 해도 일반성을 잃지 않는다.

$|\overrightarrow{AB}|=|\overrightarrow{AC}|=|\overrightarrow{BC}|=1$,

$\overrightarrow{AB}\cdot\overrightarrow{AC}=\cos 60^\circ=\frac{1}{2}$

$|\overrightarrow{AP}|^2=\frac{4}{9}|\overrightarrow{AB}|^2+2\times\frac{2}{9}\overrightarrow{AB}\cdot\overrightarrow{AC}+\frac{1}{9}|\overrightarrow{AC}|^2=\frac{7}{9}$

$|\overrightarrow{AP}|=\sqrt{\frac{7}{9}}=\frac{\sqrt{7}}{3}$

삼각형 ABP와 삼각형 CDP는 닮은 삼각형이므로
$\overline{AP}\cdot\overline{PD}=\overline{BP}\cdot\overline{PC}$이다.

따라서 $\overline{PD}=\frac{\overline{BP}\cdot\overline{PC}}{\overline{AP}}=\frac{\frac{1}{3}\cdot\frac{2}{3}}{\frac{\sqrt{7}}{3}}=\frac{2}{3\sqrt{7}}$

$\overline{AP}:\overline{AD}=\overline{AP}:(\overline{AP}+\overline{PD})$
$=\frac{\sqrt{7}}{3}:\left(\frac{\sqrt{7}}{3}+\frac{2}{3\sqrt{7}}\right)$
$=1:\left(1+\frac{2}{7}\right)=1:\frac{9}{7}$

이다. 따라서

$\overrightarrow{AD}=\frac{9}{7}\overrightarrow{AP}=\frac{9}{7}\left(\frac{2}{3}\overrightarrow{AB}+\frac{1}{3}\overrightarrow{AC}\right)$
$=\frac{6}{7}\overrightarrow{AB}+\frac{3}{7}\overrightarrow{AC}$

이다.

04 (1) 조건 (가)에 의하여 $\overrightarrow{QP}=(t, -1)$과 벡터 $\overrightarrow{QR_i}$는 수직이고 두 점 P, Q를 지나는 직선의 기울기는
$\frac{1-0}{0-t}=-\frac{1}{t}$이므로 두 점 Q, R_i를 지나는 직선의 기울기는 t이고 Q(0, 1)을 지나므로 식을 구하면 $y=tx+1$이다.
직선 $y=tx+1$은 R_1과 R_2를 지나고 조건 (나)에 의하여, 준선 $y=-1$과 초점이 Q(0, 1)인 포물선 $y=\frac{1}{4}x^2$ 위에 R_1과 R_2가 존재한다. 즉, R_1과 R_2는 직선 $y=tx+1$과 포물선 $y=\frac{1}{4}x^2$의 교점이다.
R_1과 R_2의 x좌표 α, β는 방정식 $x^2-4tx-4=0$의 근이다.

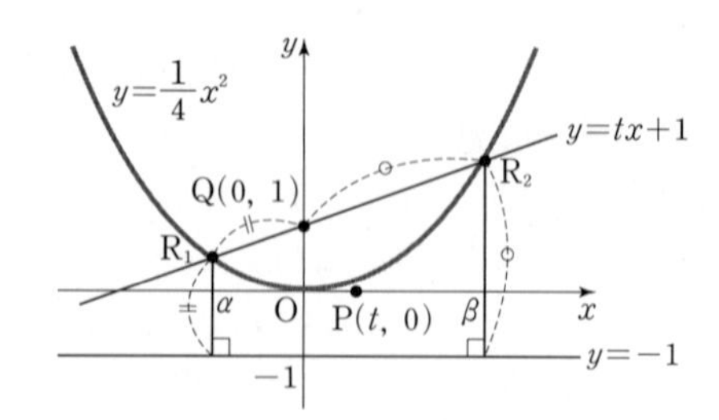

그런데 근과 계수의 관계에서 $\alpha+\beta=4t$, $\alpha\beta=-4$이므로

$\overrightarrow{PR_1}\cdot\overrightarrow{PR_2}=\left(\alpha-t, \frac{\alpha^2}{4}\right)\cdot\left(\beta-t, \frac{\beta^2}{4}\right)$
$=(\alpha-t)(\beta-t)+\frac{\alpha^2\beta^2}{16}$

$$=\alpha\beta-t(\alpha+\beta)+t^2+\frac{(\alpha\beta)^2}{16}$$
$$=-4-4t^2+t^2+1$$
$$=-3t^2-3$$

(2) $x^2-4tx-4=0$의 근은 $2t\pm\sqrt{4t^2+4}$이므로 R의 x좌표를 α라고 하면 $\alpha=2t-2\sqrt{t^2+1}$이다.

세 점 $\mathrm{O}(0,\ 0)$, $\mathrm{R}\left(\alpha,\ \frac{\alpha^2}{4}\right)$, $\mathrm{S}\left(-\alpha,\ \frac{\alpha^2}{4}\right)$을 지나는 원의 중심은 y축에 있으므로 원의 방정식은

$x^2+(y-r)^2=r^2$이다.

이 원이 점 R를 지나므로

$$\alpha^2+\left(\frac{\alpha^2}{4}-r\right)^2=r^2,$$

$$\alpha^2+\frac{\alpha^4}{16}-\frac{r\alpha^2}{2}=0,$$

$r=2+\frac{\alpha^2}{8}=2+\frac{(t-\sqrt{t^2+1})^2}{2}$이다. 그런데

$\lim_{t\to\infty}(t-\sqrt{t^2+1})=\lim_{t\to\infty}\frac{-1}{t+\sqrt{t^2+1}}=0$이므로

$$\lim_{t\to\infty}r(t)=2+\frac{1}{2}\lim_{t\to\infty}(t-\sqrt{t^2+1})^2$$
$$=2+0=2$$

이다.

05 (1) 주어진 조건으로부터 두 점 A, B의 좌표를 구하면

$\mathrm{A}(3\cos\alpha,\ 0,\ 3\sin\alpha)$, $\mathrm{B}(0,\ 2\cos\beta,\ 2\sin\beta)$

이다. 내적의 정의를 이용하면

$$6\sin\alpha\sin\beta=\overrightarrow{\mathrm{OA}}\cdot\overrightarrow{\mathrm{OB}}$$
$$=|\overrightarrow{\mathrm{OA}}|\,|\overrightarrow{\mathrm{OB}}|\cos\angle\mathrm{AOB}$$
$$=3\times2\times\frac{\sqrt{6}}{3}=2\sqrt{6}$$

이므로 $\sin\alpha\sin\beta=\frac{\sqrt{6}}{3}$이다.

(2) 문제 (1)의 결과와 문제의 조건으로부터 다음을 얻는다.

$$\begin{cases}\sin\alpha\sin\beta=\frac{\sqrt{6}}{3}\\ 3\cos\alpha=2\cos\beta\end{cases}\Leftrightarrow\begin{cases}\sin^2\alpha\sin^2\beta=\frac{2}{3}\\ 9\cos^2\alpha=4\cos^2\beta\end{cases}$$

$$\Leftrightarrow\begin{cases}(1-\cos^2\alpha)(1-\cos^2\beta)=\frac{2}{3}\\ \frac{9}{4}\cos^2\alpha=\cos^2\beta\end{cases}$$

에서 두 식을 연립하면

$$(1-\cos^2\alpha)\left(1-\frac{9}{4}\cos^2\alpha\right)=\frac{2}{3},$$

$$27\cos^4\alpha-39\cos^2\alpha+4=0,$$

$$(9\cos^2\alpha-1)(3\cos^2\alpha-4)=0$$

에서 $\cos^2\alpha=\frac{1}{9}$이다.

이때 $0<\alpha<\frac{\pi}{2}$이므로 $\cos\alpha=\frac{1}{3}$이고

$\sin\alpha=\sqrt{1-\cos^2\alpha}=\frac{2\sqrt{2}}{3}$이다.

따라서 점 A의 좌표는

$\mathrm{A}(3\cos\alpha,\ 0,\ 3\sin\alpha)=\mathrm{A}(1,\ 0,\ 2\sqrt{2})$이다.

06 (1) 그림과 같이 점 A_2, A_3은 반지름이 $\frac{1}{\sqrt{3}}$인 원 위에 존재하며 서로 x축에 대칭이다. 그러므로 θ의 범위에 따라 $L(\theta)$는 다음과 같다.

(i) $0<\theta<\frac{\beta}{2}$일 때, $L(\theta)=|\overrightarrow{\mathrm{OA}_2}|=\frac{1}{\sqrt{3}}$

(ii) $\frac{\beta}{2}\le\theta<\alpha$일 때,

$$L(\theta)=|\overrightarrow{\mathrm{OA}_2}+\overrightarrow{\mathrm{OA}_3}|=\frac{2}{\sqrt{3}}\cos\frac{\beta}{2}$$

(iii) $\alpha\le\theta<\pi$일 때, $L(\theta)=|\overrightarrow{\mathrm{OA}_3}|=\frac{1}{\sqrt{3}}$

(iv) $\pi\le\theta<\alpha+\beta$일 때,

벡터의 합과 제이코사인법칙을 이용하면

$$L(\theta)=|\overrightarrow{\mathrm{OA}_1}+\overrightarrow{\mathrm{OA}_3}|=\sqrt{\frac{4+2\sqrt{3}\cos\alpha}{3}}$$

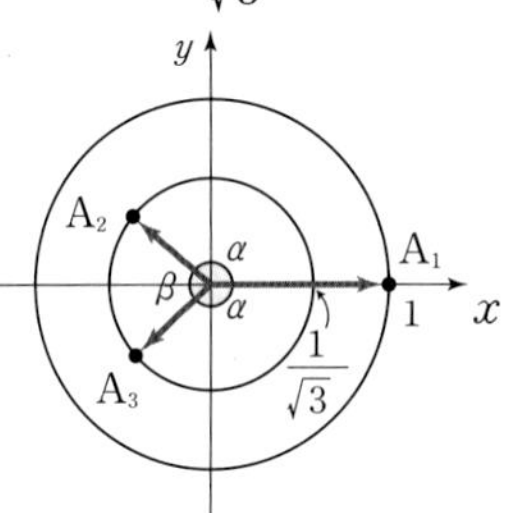

(v) $\alpha+\beta\le\theta<\alpha+\pi$일 때,

$$L(\theta)=|\overrightarrow{\mathrm{OA}_1}|=1$$

(vi) $\alpha+\pi\le\theta\le2\pi$일 때,

$$L(\theta)=|\overrightarrow{\mathrm{OA}_1}+\overrightarrow{\mathrm{OA}_2}|=\sqrt{\frac{4+2\sqrt{3}\cos\alpha}{3}}$$

(i) $0<\theta<\frac{\beta}{2}$일 때

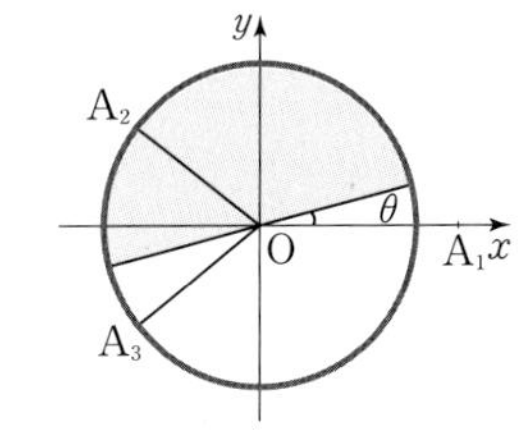

(ii) $\frac{\beta}{2}\le\theta<\alpha$일 때

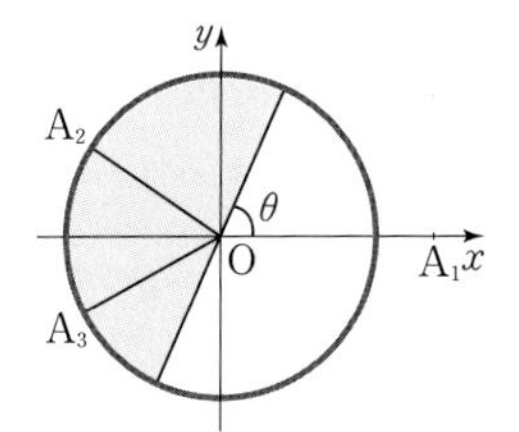

(iii) $\alpha\le\theta<\pi$일 때

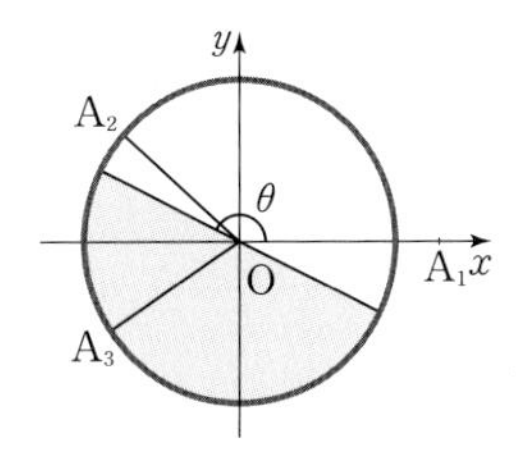

(iv) $\pi\le\theta<\alpha+\beta$일 때

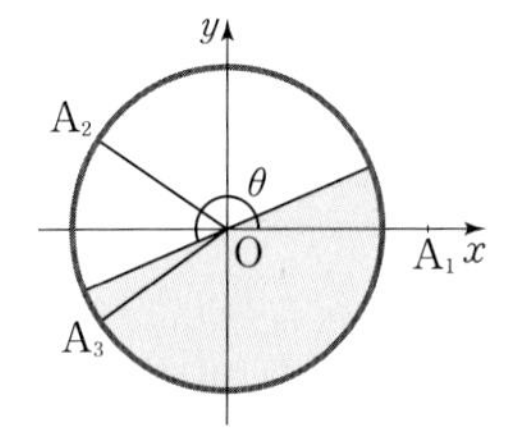

(v) $\alpha+\beta\le\theta<\alpha+\pi$일 때

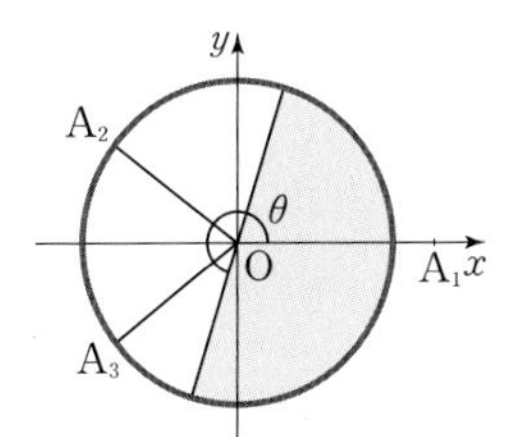

(vi) $\alpha+\pi\le\theta\le2\pi$일 때

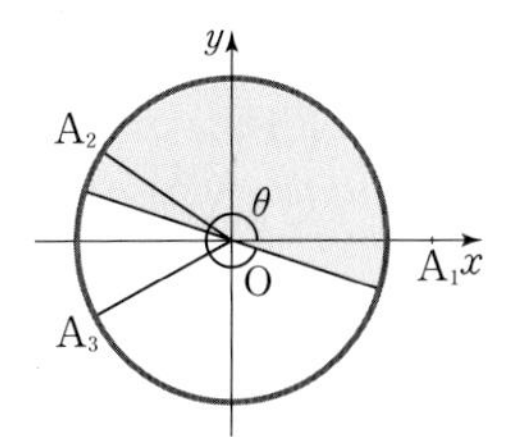

(2) $L(\theta)$의 최댓값을 M이라 두면 $90^\circ<\alpha<180^\circ$, $0<\beta<90^\circ$이므로 M의 값은

$$1 \le M < \frac{2}{\sqrt{3}}$$

의 값을 취한다. 이때 $L(\theta)$의 최댓값을 가장 작게 만드는 경우는 $M=1$, 즉

$$|\overrightarrow{OA_1}+\overrightarrow{OA_2}| \le 1,\ |\overrightarrow{OA_1}+\overrightarrow{OA_3}| \le 1,$$
$$|\overrightarrow{OA_2}+\overrightarrow{OA_3}| \le 1$$

일 때이다.

여기서 $\overrightarrow{OA_1}=\vec{a}$, $\overrightarrow{OA_2}=\vec{b}$, $\overrightarrow{OA_3}=\vec{c}$라 두면

$|\vec{a}|=1$, $|\vec{b}|=|\vec{c}|=\frac{1}{\sqrt{3}}$이고

$|\vec{a}+\vec{b}| \le 1$이어야 하므로 양변을 제곱하면

$|\vec{a}|^2+|\vec{b}|^2+2|\vec{a}||\vec{b}|\cos\alpha \le 1$로부터

$\cos\alpha \le -\frac{\sqrt{3}}{6}$ …… ㉠

그리고 $|\vec{b}+\vec{c}| \le 1$이어야 하므로

$0 < 2|\vec{b}|\cos\frac{\beta}{2} \le 1$, $\cos\frac{\beta}{2} \le \frac{\sqrt{3}}{2}$

$\alpha+\frac{\beta}{2}=\pi$이므로

$\cos\alpha=\cos\left(\pi-\frac{\beta}{2}\right) \ge -\frac{\sqrt{3}}{2}$ …… ㉡

따라서 ㉠, ㉡에서 $-\frac{\sqrt{3}}{2} \le \cos\alpha \le -\frac{\sqrt{3}}{6}$이다.

한편

$$\cos\beta=\cos(2\pi-2\alpha)$$
$$=\cos 2\alpha=2\cos^2\alpha-1$$

이므로

$(\cos\alpha, \cos\beta)=(x, y)$라 두면 점 (x, y)는

$y=2x^2-1\left(\text{단, } -\frac{\sqrt{3}}{2} \le x \le -\frac{\sqrt{3}}{6}\right)$

이 되고 이를 그리면 다음과 같다.

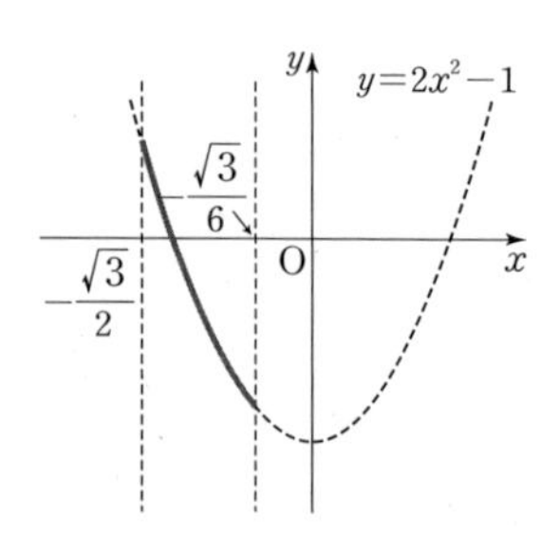

07 (1) 타원의 방정식을 $\frac{x^2}{a^2}+\frac{y^2}{b^2}=1$로 놓으면

$b^2=a^2-c^2$에서 $b=1$, $c=1$이므로 $a=\sqrt{2}(a>0)$이고

만족하는 타원의 방정식은 $\frac{x^2}{2}+y^2=1$이다.

$\angle F'PF=\theta$라고 하자. 이때, $\triangle F'PF$에 대해 제이코사인법칙을 적용하면 다음과 같다.

$$\cos\theta=\frac{\overline{F'P}^2+\overline{FP}^2-\overline{F'F}^2}{2\overline{F'P}\cdot\overline{FP}}$$
$$=\frac{(\overline{F'P}+\overline{FP})^2-2\overline{F'P}\cdot\overline{FP}-\overline{F'F}^2}{2\overline{F'P}\cdot\overline{FP}}$$

이때, $\overline{F'P}+\overline{FP}=2\sqrt{2}$, $\overline{F'F}=2$이므로

$$\cos\theta=\frac{(2\sqrt{2})^2-2\overline{F'P}\cdot\overline{FP}-2^2}{2\overline{F'P}\cdot\overline{FP}}$$
$$=\frac{4-2\overline{F'P}\cdot\overline{FP}}{2\overline{F'P}\cdot\overline{FP}}=\frac{2}{\overline{F'P}\cdot\overline{FP}}-1$$

산술평균과 기하평균의 관계에 의하여

$\frac{\overline{F'P}+\overline{FP}}{2}=\sqrt{2} \ge \sqrt{\overline{F'P}\cdot\overline{FP}}$이므로

$2 \ge \overline{F'P}\cdot\overline{FP} > 0$이다.

따라서 $\cos\theta \ge 0$이므로 $\angle F'PF \le \frac{\pi}{2}$이다.

실제로 $P(x, y)=(0, \pm1)$일 때 $\overline{F'P}=\overline{FP}=\sqrt{2}$이므로 $\cos\theta=0$이다.

$\angle F'PF$는 $P(0, \pm1)$일 때 가장 큰 각인 $\frac{\pi}{2}$를 갖는다.

다른 답안 1

$P(0, \pm1)$일 때 두 초점과 점 P가 이루는 각은 타원의 내접원에 내접하는 삼각형의 지름에 대한 원주각에 해당한다. 이 외의 점들의 경우는 모두 내접원의 바깥쪽에 있기 때문에 $\angle F'PF$는 지름에 대한 원주각인 $\frac{\pi}{2}$보다 작거나 같아야 한다. 따라서 최대각은 $\frac{\pi}{2}$이다.

다른 답안 2

$F'(-1, 0)$, $F(1, 0)$, $P(x, y)$ 세 점으로 이루어진 삼각형 $\triangle F'PF$에 대해 제이코사인법칙을 적용한다.

$\overline{F'P}=\sqrt{(x+1)^2+y^2}$, $\overline{FP}=\sqrt{(x-1)^2+y^2}$,

$\overline{F'F}=2$이고 $\angle F'PF=\theta$라고 하면

$$\cos\theta=\frac{\overline{F'P}^2+\overline{FP}^2-\overline{FF'}^2}{2\overline{F'P}\cdot\overline{FP}}$$
$$=\frac{(x+1)^2+y^2+(x-1)^2+y^2-4}{2\sqrt{(x+1)^2+y^2}\sqrt{(x-1)^2+y^2}}$$

점 $P(x, y)$가 타원 위의 점이므로 방정식 $\frac{x^2}{2}+y^2=1$을 만족한다. 이를 대입하면

$$\cos\theta=\frac{(x+1)^2+1-\frac{x^2}{2}+(x-1)^2+1-\frac{x^2}{2}-4}{2\sqrt{(x+1)^2+\left(1-\frac{x^2}{2}\right)}\sqrt{(x-1)^2+\left(1-\frac{x^2}{2}\right)}}$$
$$=\frac{x^2}{2\sqrt{(x+1)^2+\left(1-\frac{x^2}{2}\right)}\sqrt{(x-1)^2+\left(1-\frac{x^2}{2}\right)}}$$

이 식은 분모, 분자가 모두 음이 아닌 수이므로 $\cos\theta$는 $x=0$일 때 최솟값을 갖는다.

따라서 $\cos\theta \ge 0$이고 $\theta=\angle F'PF \le \frac{\pi}{2}$이다.

실제로 $P(x, y)=(0, \pm1)$일 때

$\overline{F'P}=\overline{FP}=\sqrt{2}$이므로 $\cos\theta=0$이다.

$\angle F'PF$는 $P(0, \pm1)$일 때 가장 큰 각인 $\frac{\pi}{2}$를 갖는다.

다른 답안 3

$\angle F'PF$는 궤도 위의 임의의 점을 P라 할 때, $\overrightarrow{F'P}$와 $\overrightarrow{FP}$의 사잇각에 해당한다. $P(x, y)$에 대해 $\overrightarrow{F'P}$와 $\overrightarrow{FP}$

를 좌표로 표시하면
$\overrightarrow{F'P}=(x+1,\ y)$, $\overrightarrow{FP}=(x-1,\ y)$이다.
$\angle F'PF=\theta$라 하면,

$$\cos\theta=\frac{\overrightarrow{F'P}\cdot\overrightarrow{FP}}{|\overrightarrow{F'P}||\overrightarrow{FP}|}$$
$$=\frac{x^2-1+y^2}{\sqrt{(x+1)^2+y^2}\sqrt{(x-1)^2+y^2}}$$

점 $P(x,\ y)$가 타원 위의 점이므로 방정식 $\frac{x^2}{2}+y^2=1$을 만족한다. 이를 대입하면

$$\cos\theta=\frac{x^2-1+\left(1-\frac{x^2}{2}\right)}{\sqrt{(x+1)^2+\left(1-\frac{x^2}{2}\right)}\sqrt{(x-1)^2+\left(1-\frac{x^2}{2}\right)}}$$
$$=\frac{x^2}{2\sqrt{(x+1)^2+\left(1-\frac{x^2}{2}\right)}\sqrt{(x-1)^2+\left(1-\frac{x^2}{2}\right)}}$$

이 식은 분모, 분자가 모두 음이 아닌 수이므로 $\cos\theta$는 $x=0$일 때 최솟값을 갖는다.

따라서 $\cos\theta\geq 0$이고 $\theta=\angle F'PF\leq\frac{\pi}{2}$이다.

실제로 $P(x,\ y)=(0,\ \pm1)$일 때 $\overline{F'P}=\overline{FP}=\sqrt{2}$이므로 $\cos\theta=0$이고 $\angle F'PF$는 $P(0,\ \pm1)$일 때 가장 큰 각인 $\frac{\pi}{2}$를 갖는다.

(2) 궤도 위의 임의의 점 $P(x_1,\ y_1)$에 대해 두 벡터를 좌표로 표시하면
$\overrightarrow{F'P}=(x_1+1,\ y_1)$, $\overrightarrow{FP}=(x_1-1,\ y_1)$이고
두 벡터의 합벡터를 좌표로 표시하면
$\overrightarrow{F'P}+\overrightarrow{FP}=(2x_1,\ 2y_1)$이다.
따라서 본래 타원보다 궤도 반경이 두 배인 큰 타원궤도가 되어, 면적이 본래 타원궤도의 네 배가 된다. 본래 타원궤도의 넓이는 $S=\pi ab=\pi\sqrt{2}$이므로, 벡터가 그리는 도형의 넓이는 $S=4\times\pi\sqrt{2}=4\pi\sqrt{2}$이다.

(3) 주어진 타원
$S_1:\frac{x^2}{2}+y^2=1$을
$y=x$에 관하여 대칭이동하면 변환된 타원
$S_2:x^2+\frac{y^2}{2}=1$이다.

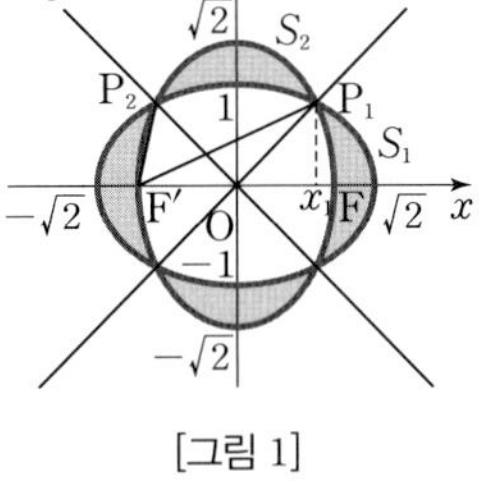

[그림 1]

$y=x$와 타원식의 교점을 구하면 $\frac{x_1^2}{2}+\frac{x_1^2}{1}=1$이므로
$\frac{3x_1^2}{2}=1$이고 $x_1=\sqrt{\frac{2}{3}}$이다.
따라서 두 타원의 x축 윗쪽 부분의 교점은
$\left(\sqrt{\frac{2}{3}},\ \sqrt{\frac{2}{3}}\right)$, $\left(-\sqrt{\frac{2}{3}},\ \sqrt{\frac{2}{3}}\right)$이다.
회전체의 부피는 πy^2을 구하면 되므로 타원식을 y^2으로 정리하면 다음과 같다.

주어진 타원 $S_1:y^2=1-\frac{x^2}{2}$
변환된 타원 $S_2:y^2=2(1-x^2)$
좌우대칭이므로 $x>0$인 영역의 부피를 구해서 두 배하는 경우를 생각해 보면 $[0,\ x_1]$ 영역에서는 S_2회전체에서 S_1회전체의 부피를 빼주고, $[x_1,\ 1]$에서는 반대로 S_1회전체에서 S_2회전체의 부피를 빼준다. 또 $[1,\ \sqrt{2}]$에서는 S_1회전체만 계산해주면 된다.
따라서 회전체의 부피는 다음 식으로 구해진다.
(혹은 $[0,\ x_1]$ 영역에서는 S_2회전체에서 S_1회전체의 부피를 빼주고 $[x_1,\ \sqrt{2}]$ 영역에서 S_1회전체의 부피를 구한 다음 $[x_1,\ 1]$ 영역에서 S_2회전체의 부피를 빼주어도 됨.)
회전체의 부피의 식을 세우면

$$\frac{V}{2}=\pi\int_0^{\sqrt{\frac{2}{3}}}\left\{2(1-x^2)-\left(1-\frac{x^2}{2}\right)\right\}dx+\pi\int_{\sqrt{\frac{2}{3}}}^{1}\left\{\left(1-\frac{x^2}{2}\right)-2(1-x^2)\right\}dx+\pi\int_1^{\sqrt{2}}\left(1-\frac{x^2}{2}\right)dx$$

또는

$$\frac{V}{2}=\pi\int_0^{\sqrt{\frac{2}{3}}}\left\{2(1-x^2)-\left(1-\frac{x^2}{2}\right)\right\}dx+\pi\int_{\sqrt{\frac{2}{3}}}^{\sqrt{2}}\left(1-\frac{x^2}{2}\right)dx-\pi\int_{\sqrt{\frac{2}{3}}}^{1}2(1-x^2)\,dx$$

정적분을 계산해 부피를 계산하면

$$\frac{V}{2}=\pi\int_0^{\sqrt{\frac{2}{3}}}\left(1-\frac{3}{2}x^2\right)dx+\pi\int_{\sqrt{\frac{2}{3}}}^{1}\left(-1+\frac{3}{2}x^2\right)dx+\pi\int_1^{\sqrt{2}}\left(1-\frac{1}{2}x^2\right)dx$$
$$=\pi\left[x-\frac{1}{2}x^3\right]_0^{\sqrt{\frac{2}{3}}}-\pi\left[x-\frac{1}{2}x^3\right]_{\sqrt{\frac{2}{3}}}^{1}+\pi\left[x-\frac{1}{6}x^3\right]_1^{\sqrt{2}}$$
$$=\pi\left[\sqrt{\frac{2}{3}}-\frac{1}{3}\sqrt{\frac{2}{3}}\right]-\pi\left[\frac{1}{2}-\sqrt{\frac{2}{3}}+\frac{1}{3}\sqrt{\frac{2}{3}}\right]+\pi\left[\frac{2\sqrt{2}}{3}-\frac{5}{6}\right]$$
$$=\pi\left(\frac{\sqrt{6}}{3}-\frac{\sqrt{6}}{9}-\frac{1}{2}+\frac{\sqrt{6}}{3}-\frac{\sqrt{6}}{9}+\frac{2\sqrt{2}}{3}-\frac{5}{6}\right)$$
$$=\pi\left(\frac{4\sqrt{6}}{9}+\frac{2\sqrt{2}}{3}-\frac{4}{3}\right)$$

따라서 구하는 부피는 $V=\pi\left(\frac{8\sqrt{6}}{9}+\frac{4\sqrt{2}}{3}-\frac{8}{3}\right)$이다.

(4) $F'(-1,\ 0)$, $P_1\left(\sqrt{\frac{2}{3}},\ \sqrt{\frac{2}{3}}\right)$, $P_2\left(-\sqrt{\frac{2}{3}},\ \sqrt{\frac{2}{3}}\right)$이므로
$\overrightarrow{F'P_1}=\left(\sqrt{\frac{2}{3}}+1,\ \sqrt{\frac{2}{3}}\right)$, $\overrightarrow{F'P_2}=\left(-\sqrt{\frac{2}{3}}+1,\ \sqrt{\frac{2}{3}}\right)$
$\overrightarrow{F'P_1}\cdot\overrightarrow{F'P_2}=|\overrightarrow{F'P_1}||\overrightarrow{F'P_2}|\cos\theta$이므로

$$\cos\theta=\frac{\overrightarrow{F'P_1}\cdot\overrightarrow{F'P_2}}{|\overrightarrow{F'P_1}||\overrightarrow{F'P_2}|}$$
$$=\frac{\left(\sqrt{\frac{2}{3}}+1,\ \sqrt{\frac{2}{3}}\right)\cdot\left(-\sqrt{\frac{2}{3}}+1,\ \sqrt{\frac{2}{3}}\right)}{\sqrt{\frac{7}{3}+2\sqrt{\frac{2}{3}}}\sqrt{\frac{7}{3}-2\sqrt{\frac{2}{3}}}}$$

$$=\frac{-\frac{2}{3}+1+\frac{2}{3}}{\sqrt{\frac{49}{9}-4\cdot\frac{2}{3}}}=\frac{1}{\frac{\sqrt{49-24}}{3}}=\frac{3}{5}$$

$\cos\theta=\frac{3}{5}$은 빗변의 길이가 5, 밑변의 길이가 3인 직각삼각형으로부터 얻는 값과 같으므로 $\tan\theta=\frac{4}{3}$이다.

다른 답안

$\angle P_1F'F=\alpha$, $\angle P_2F'F=\beta$이면

$$\tan\alpha=\frac{\sqrt{\frac{2}{3}}}{1+\sqrt{\frac{2}{3}}}=\frac{\sqrt{2}}{\sqrt{3}+\sqrt{2}}=\sqrt{6}-2$$

$$\tan\beta=\frac{\sqrt{\frac{2}{3}}}{1-\sqrt{\frac{2}{3}}}=\frac{\sqrt{2}}{\sqrt{3}-\sqrt{2}}=\sqrt{6}+2$$

이므로 $\overrightarrow{F'P_1}$과 $\overrightarrow{F'P_2}$의 사잇각에 대해 다음을 얻는다.

$$\tan\theta=\tan(\beta-\alpha)=\frac{\tan\beta-\tan\alpha}{1+\tan\beta\tan\alpha}$$

$$=\frac{4}{1+(6-4)}=\frac{4}{1+2}=\frac{4}{3}$$

08 (1) (i) $0\le\theta\le\frac{\pi}{4}$일 때,

$(\overrightarrow{OP}-\overrightarrow{OC})\cdot(\overrightarrow{OP}-\overrightarrow{OC})=1$에서

$|\overrightarrow{OP}-\overrightarrow{OC}|^2=1$, $|\overrightarrow{CP}|=1$

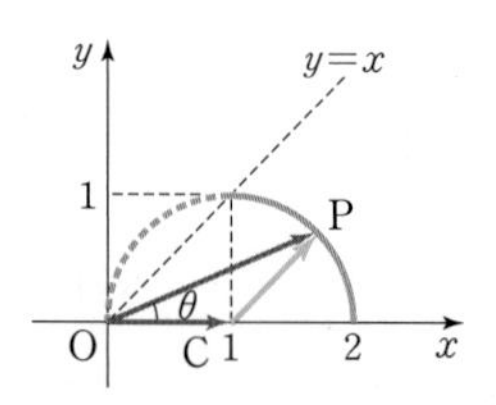

점 $P(x, y)$의 자취는 그림과 같이 $0\le y\le x$와 점 C를 중심으로 하고 반지름 1인 원을 동시에 만족한다.

(ii) $\frac{\pi}{4}\le\theta\le\frac{\pi}{2}$일 때,

$\overrightarrow{OP}=(1-t)\overrightarrow{OA}+t\overrightarrow{OB}$ $(0\le t\le 1)$

를 만족하는 점 $P(x, y)$의 자취는 그림과 같이 $y\ge x\ge 0$과 선분 AB를 동시에 만족한다.

즉, $\overline{AB}$이다.

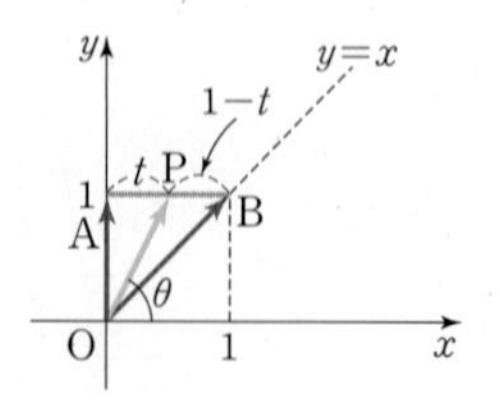

(i), (ii)에 의하여 구하는 점 P의 자취는 오른쪽 그림과 같다.

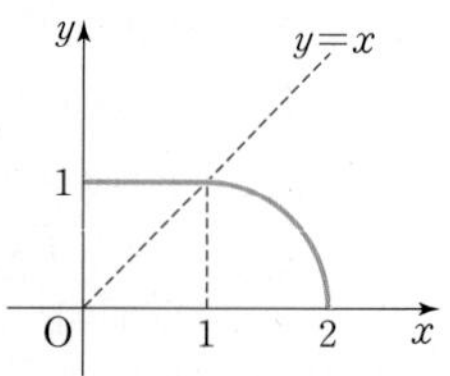

(2) $|\overrightarrow{OP}|=|\overrightarrow{OQ}|$를 만족하는 점 Q는 원점을 중심으로 점 P를 회전이동시킨 것이고 $\overrightarrow{OP}\cdot\overrightarrow{OQ}=0$에서 그 회전각은 90° 또는 -90°이다. 또,

$\overrightarrow{OP}\cdot\overrightarrow{OQ}=-|\overrightarrow{OP}||\overrightarrow{OQ}|=|\overrightarrow{OP}||\overrightarrow{OQ}|\cos\pi$

에서 그 회전각은 180°이다.

따라서 점 Q의 자취는 다음 그림과 같다.

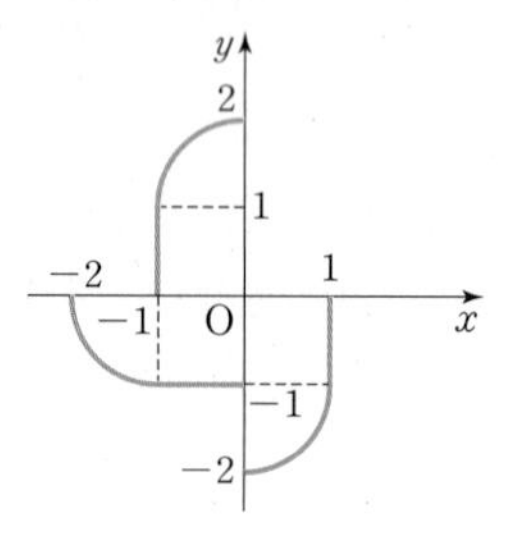

(3) 점 P의 자취와 점 Q의 자취를 한 좌표평면 위에 나타내면 [그림 1]과 같고 이 도형을 x축 둘레로 회전시킨 도형은 [그림 2]의 도형을 x축 둘레로 회전시킨 것과 같다.

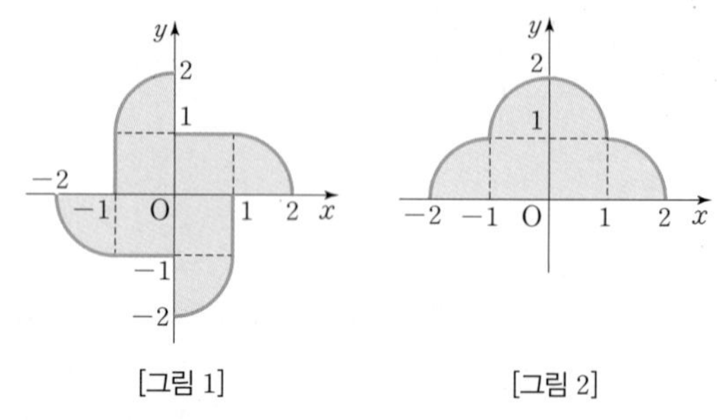

[그림 1] [그림 2]

이 도형을 x축 둘레로 회전시킬 때 얻는 입체의 부피는 다음 두 도형을 각각 x축 둘레로 회전시킬 때 얻는 두 입체의 부피의 합과 같다.

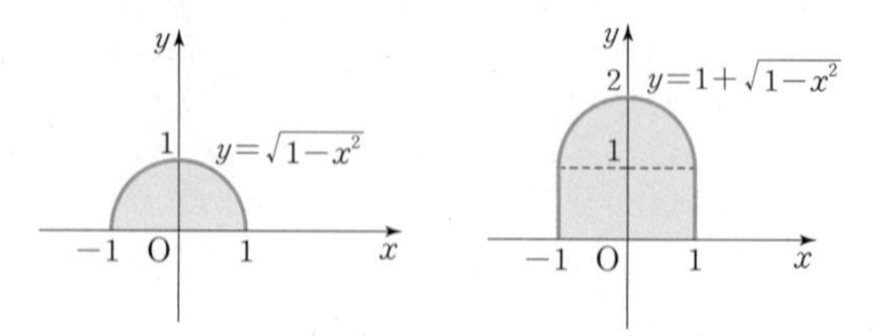

따라서 구하는 부피는 다음과 같다.

$$V=\frac{4}{3}\pi+\int_{-1}^{1}\pi(1+\sqrt{1-x^2})^2\,dx$$

$$=\frac{4}{3}\pi+\int_{-1}^{1}\pi(2-x^2+2\sqrt{1-x^2})\,dx$$

$$=\frac{4}{3}\pi+\int_{-1}^{1}\pi(2-x^2)\,dx+\int_{-1}^{1}2\pi\sqrt{1-x^2}\,dx$$

$$=\frac{4}{3}\pi+\frac{10}{3}\pi+\pi^2=\frac{14}{3}\pi+\pi^2$$

09 (1) 정삼각형의 한 내각의 크기는 $\frac{\pi}{3}$이므로

$\vec{a}\cdot\vec{b}=|\vec{a}||\vec{b}|\cos\frac{\pi}{3}=\cos\frac{\pi}{3}=\cos\frac{\pi}{3}=\frac{1}{2}$

마찬가지로 $\vec{b}\cdot\vec{c}=\vec{c}\cdot\vec{a}=\frac{1}{2}$

그리고 $\vec{a}$, $\vec{b}$, $\vec{c}$는 단위벡터이므로

$\vec{a}\cdot\vec{a}=\vec{b}\cdot\vec{b}=\vec{c}\cdot\vec{c}=1$

그러므로 $\vec{v}\cdot\vec{a}=0$과 $\vec{v}\cdot\vec{b}=0$에서

$\vec{v}\cdot\vec{a}=(\vec{a}+k\vec{b}+l\vec{c})\cdot\vec{a}$

$=1+k\vec{a}\cdot\vec{b}+l\vec{a}\cdot\vec{c}$

$=1+\frac{1}{2}k+\frac{1}{2}l=0$

마찬가지로

$\vec{v}\cdot\vec{b}=\frac{1}{2}+k+\frac{1}{2}l=0$

따라서 $k=1$, $l=-3$이다.

(2) $\cos\frac{2\pi}{5}=\frac{1}{4}(\sqrt{5}-1)=\alpha$라 두자.

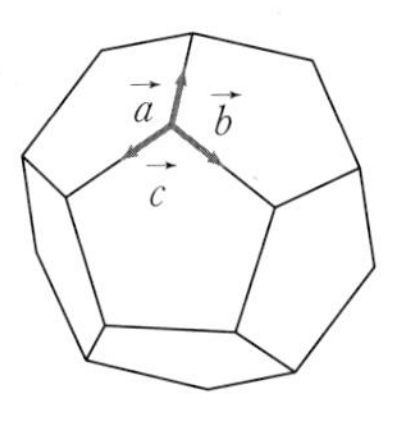

그림과 같이 정십이면체의 한 꼭짓점을 시점으로 하는 세 개의 단위벡터를 $\vec{a}$, $\vec{b}$, $\vec{c}$라 두고 $\vec{v}=\vec{a}+k\vec{b}+l\vec{c}$가 $\vec{a}$와 $\vec{b}$에 모두 수직인 벡터라고 하자.

정오각형의 한 내각의 크기는 $\frac{3\pi}{5}$이므로

$\vec{a}\cdot\vec{b}=|\vec{a}||\vec{b}|\cos\frac{3\pi}{5}=\cos\frac{3\pi}{5}$

$=-\cos\frac{2\pi}{5}=-\alpha$

마찬가지로 $\vec{b}\cdot\vec{c}=\vec{c}\cdot\vec{a}=-\alpha$

그리고 $\vec{a}$, $\vec{b}$, $\vec{c}$는 단위벡터이므로

$\vec{a}\cdot\vec{a}=\vec{b}\cdot\vec{b}=\vec{c}\cdot\vec{c}=1$

그러므로 $\vec{v}\cdot\vec{a}=0$과 $\vec{v}\cdot\vec{b}=0$에서

$1-\alpha k-\alpha l=0$, $-\alpha+k-\alpha l=0$

따라서 $k=1$, $l=\frac{1-\alpha}{\alpha}$이다.

그러므로 $\vec{v}=\vec{a}+\vec{b}+\frac{1-\alpha}{\alpha}\vec{c}$ $(\vec{v}=\vec{a}+\vec{b}+\sqrt{5}\vec{c})$가 $\vec{a}$와 $\vec{b}$에 모두 수직인 벡터, 즉 $\vec{a}$와 $\vec{b}$에 모두 평행한 오각형에 수직인 벡터임을 알았다.

이 오각형에 인접한 면으로 $\vec{a}$와 $\vec{c}$에 모두 평행한 오각형이 있으므로

$\vec{w}=\vec{a}+k'\vec{b}+l'\vec{c}$라 두면

$\vec{w}\cdot\vec{a}=0$과 $\vec{w}\cdot\vec{c}=0$에서

$1-k'\alpha-l'\alpha=0$, $-\alpha-k'\alpha+l'=0$

$k'=\frac{1-\alpha}{\alpha}$, $l'=1$이므로

$\vec{w}=\vec{a}+\frac{1-\alpha}{\alpha}\vec{b}+\vec{c}$ $(\vec{w}=\vec{a}+\sqrt{5}\vec{b}+\vec{c})$

이로부터 $\vec{v}\cdot\vec{w}=\frac{1}{\alpha^2}(-2\alpha^3-\alpha^2+\alpha)=\frac{\sqrt{5}+1}{2}$이고

$|\vec{v}|^2=|\vec{w}|^2=\frac{1}{\alpha^2}(2\alpha^3-\alpha^2-2\alpha+1)=\frac{\sqrt{5}+5}{2}$

그러므로

$\cos\theta=\frac{\vec{v}\cdot\vec{w}}{|\vec{v}||\vec{w}|}=\frac{-2\alpha^3-\alpha^2+\alpha}{2\alpha^2-\alpha^2-2\alpha+1}$

$=\frac{\sqrt{5}+1}{\sqrt{5}+5}=\frac{1}{\sqrt{5}}$

$\left(\cos\theta=-\frac{1}{\sqrt{5}}\text{도 가능한 값}\right)$

다른 답안

정이십면체의 한 변의 길이를 1이라 하자. 한 면이 정오각형이므로 제이코사인법칙에서

$\overline{BD}=\sqrt{1+1-2\cos\frac{3\pi}{5}}=\sqrt{\frac{3+\sqrt{5}}{2}}=\frac{\sqrt{5}+1}{2}$

$=\overline{BC}=\overline{CD}$

(여기서 $\cos\frac{3\pi}{5}=-\cos\frac{2\pi}{5}=-\frac{\sqrt{5}-1}{4}$을 이용)

이다. 삼각뿔 ABCD에서 선분 AB의 연장선 위에 C, D에서 내린 수선의 발을 A′라 하면

$\overline{A'C}=\overline{A'D}=\overline{AC}\sin\left(\pi-\frac{3\pi}{5}\right)$

$=\sqrt{1-\cos^2\frac{2\pi}{5}}=\sqrt{\frac{5+\sqrt{5}}{8}}$

이다. 이면각을 θ라 하면 $\theta=\angle DA'C$이므로 $\triangle DA'C$에서 제이코사인법칙을 사용하면

$\cos\theta=-\frac{\overline{A'D}^2+\overline{A'C}^2-\overline{CD}^2}{2\overline{A'D}\cdot\overline{A'C}}=-\frac{1}{\sqrt{5}}$

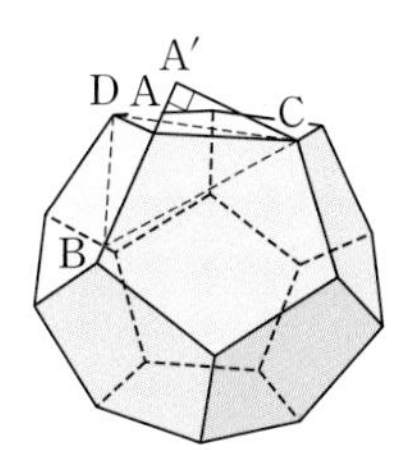

10 빛

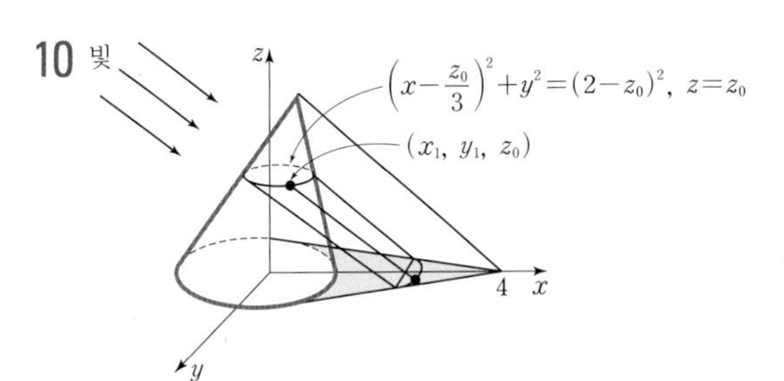

원 $\left(x-\frac{z_0}{3}\right)^2+y^2=(2-z_0)^2$ 위의 점 (x_1, y_1, z_0)을 지나고

직선 $z=-\frac{3}{5}x$, $y=0$, 즉 $\frac{x}{-\frac{5}{3}}=\frac{z}{3}$, $y=0$에 평행한

직선의 방정식은 $\frac{x-x_1}{-\frac{5}{3}}=\frac{z-z_0}{1}$, $y=y_1$

즉 $x-x_1=-\frac{5}{3}(z-z_0)$, $y=y_1$이다.

이 직선의 xy평면과의 교점의 좌표는 $z=0$일 때

$x=x_1+\frac{5}{3}z_0$, $y=y_1$, $z=0$이다.

점 (x_1, y_1, z_0)은 원 $\left(x-\frac{z_0}{3}\right)^2+y^2=(2-z_0)^2$ 위의 점이므로

$\left(x_1-\frac{z_0}{3}\right)^2+{y_1}^2=(2-z_0)^2$이 성립하고,

이 식에 $x_1=x-\frac{5}{3}z_0$, $y_1=y$를 대입하면

$(x-2z_0)^2+y^2=(2-z_0)^2$, $z=0$이 된다.

원뿔꼴의 꼭짓점은 $z_0=2$이므로 이것의 그림자는 $(x-4)^2+y^2=0$, $z=0$에서 $(4, 0, 0)$이 된다.

따라서 원뿔꼴의 그림자는 $(x-2z_0)^2+y^2=(2-z_0)^2$, $z=0$, $x\geq 2z_0(0\leq z_0\leq 2)$을 그린 모양이다.

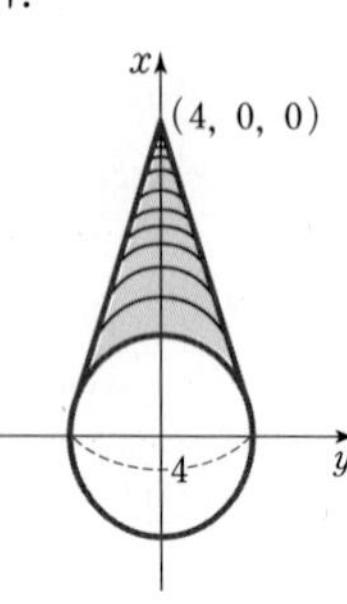

11 (1) 점 P의 좌표를 (x, y, z)이라고 하면

$$\overline{PA}^2+\overline{PB}^2+\overline{PC}^2$$
$$=(x-a_1)^2+(y-a_2)^2+(z-a_3)^2$$
$$+(x-b_1)^2+(y-b_2)^2+(z-b_3)^2$$
$$+(x-c_1)^2+(y-c_2)^2+(z-c_3)^2$$
$$=3x^2-2(a_1+b_1+c_1)x+3y^2-2(a_2+b_2+c_2)y$$
$$+3z^2-2(a_3+b_3+c_3)z+{a_1}^2+{b_1}^2+{c_1}^2$$
$$+{a_2}^2+{b_2}^2+{c_2}^2+{a_3}^2+{b_3}^2+{c_3}^2$$
$$=3\left(x-\frac{a_1+b_1+c_1}{3}\right)^2+3\left(y-\frac{a_2+b_2+c_2}{3}\right)^2$$
$$+3\left(z-\frac{a_3+b_3+c_3}{3}\right)^2+\text{상수}$$

이 값이 최소가 되게 하는 P의 좌표는

$\left(\frac{a_1+b_1+c_1}{3}, \frac{a_2+b_2+c_2}{3}, \frac{a_3+b_3+c_3}{3}\right)$이다.

(2) 문제 (1)의 계산에서 $\overline{PA}^2+\overline{PB}^2+\overline{PC}^2$이 상수인 점 P의 집합은 삼각형 ABC의 무게중심 $(1, 1, 1)$을 중심으로 하는 구이다. 따라서 구하려는 점 P는 $(1, 1, 1)$을 중심으로 하는 구가 평면 $x+2y+3z=0$에 접할 때의 접점이다.

$(1, 1, 1)$을 지나고 평면에 수직인 직선의 방정식은

$$x=1+t,\ y=1+2t,\ z=1+3t$$

이고 이 직선과 평면의 교점을 구하기 위해 이 식을 평면의 식에 대입하면

$$(1+t)+2(1+2t)+3(1+3t)=0$$

으로부터 $t=-\frac{3}{7}$을 얻는다. 따라서 $P\left(\frac{4}{7}, \frac{1}{7}, -\frac{2}{7}\right)$이다.

12 오른쪽 그림과 같이 정사각뿔 P의 5개의 꼭짓점 A, B, C, D, E의 좌표를 도입하자.

O(0, 0, 0), A(1, 0, 0),

B(0, 1, 0), C(−1, 0, 0),

D(0, −1, 0), E$(0, 0, \sqrt{1+\sqrt{2}})$

세 점 A, B, E를 지나는 평면의 방정식은

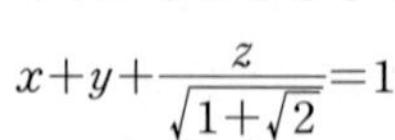

$$x+y+\frac{z}{\sqrt{1+\sqrt{2}}}=1$$

이다. 이때 원점 O에서 삼각형 ABE에 내린 수선의 발을 H라 하면

$$H\left(\sqrt{2}-1, \sqrt{2}-1, \frac{\sqrt{2}-1}{\sqrt{1+\sqrt{2}}}\right) \quad ❶$$

이다.

구 S와 위 평면의 공통부분은 오른쪽 그림과 같이 점 A, B를 지나고 중심이 점 H인 원이 된다. 이 원과 삼각형 ABE의 변 AE, BE와의 교점을 각각 F, G라고 하자. (단, 두 점 F, G는 점 A와 B가 아니라고 하자.)

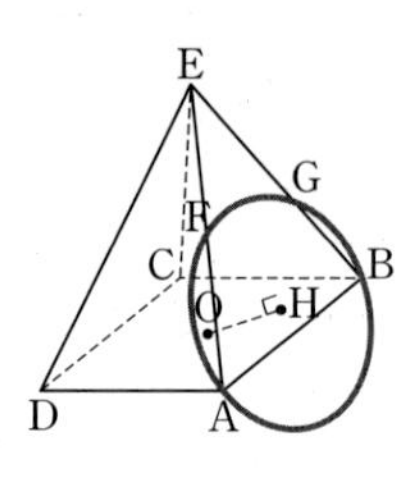

이제 두 점 F와 G의 좌표를 구해보자. 두 점 A와 E를 지나는 직선의 방정식은

$$\frac{x-1}{1}=-\frac{z}{\sqrt{1+\sqrt{2}}},\ y=0$$

이고, 구 S의 방정식은

$$x^2+y^2+z^2=1$$

이므로, 연립하여 풀면

$$F\left(\sqrt{2}-1, 0, \frac{\sqrt{2}}{\sqrt{1+\sqrt{2}}}\right)$$

이다. 마찬가지로 직선 BE와 구면과의 교점을 구하면

$$G\left(0, \sqrt{2}-1, \frac{\sqrt{2}}{\sqrt{1+\sqrt{2}}}\right)$$

이다.

두 벡터 $\overrightarrow{HF}$와 $\overrightarrow{HG}$가 이루는 각을 $\theta(0<\theta<\pi)$라고 하면

$$\cos\theta=\frac{\overrightarrow{HF}\cdot\overrightarrow{HG}}{|\overrightarrow{HF}||\overrightarrow{HG}|}=\frac{\sqrt{2}-1}{\sqrt{2-\sqrt{2}}\sqrt{2-\sqrt{2}}}$$
$$=\frac{\sqrt{2}-1}{2-\sqrt{2}}=\frac{\sqrt{2}}{2}$$

이므로

$$\theta=\frac{\pi}{4}$$

이다. 이때, 부채꼴 호 FG의 길이 l은

$$l=\overline{HF}\theta=\frac{\sqrt{2-\sqrt{2}}}{4}\pi$$

이다. 그런데 구하는 곡선의 길이는 호 FG의 길이의 4배이므로

$$4l=\sqrt{2-\sqrt{2}}\pi$$

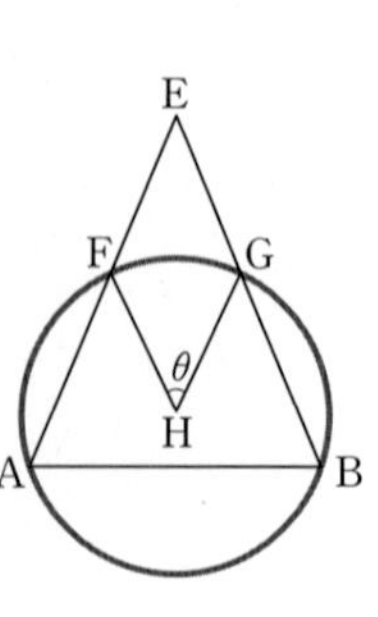

이다.

$A(1, 0, 0)$, $B(0, 1, 0)$, $E(0, 0, \sqrt{1+\sqrt{2}})$를 지나는 평면의 방정식은

$\frac{x}{1}+\frac{y}{1}+\frac{z}{\sqrt{1+\sqrt{2}}}=1$이다.

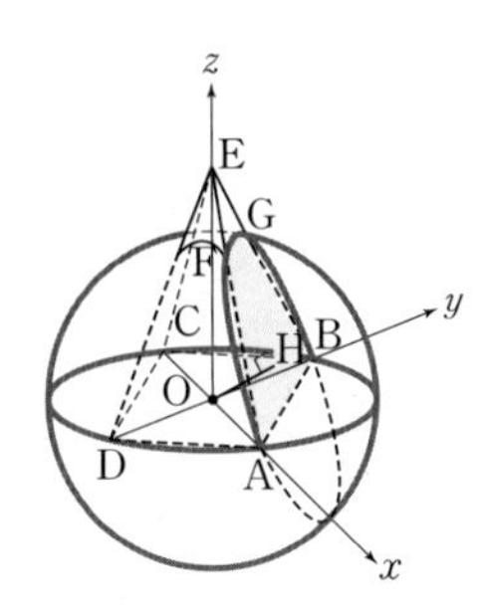

평면의 법선벡터가

$\left(1, 1, \frac{1}{\sqrt{1+\sqrt{2}}}\right)$이므로

원점 O에서 평면 ABE에 내린 수선의 발을 H라 하면

$\overrightarrow{OH}=t\left(1, 1, \frac{1}{\sqrt{1+\sqrt{2}}}\right)=\left(t, t, \frac{t}{\sqrt{1+\sqrt{2}}}\right)$이다.

점 H는 평면 $x+y+\frac{z}{\sqrt{1+\sqrt{2}}}=1$ 위의 점이므로

$t+t+\frac{t}{1+\sqrt{2}}=1$, $\{2(1+\sqrt{2})+1\}t=1+\sqrt{2}$,

$t=\frac{1+\sqrt{2}}{3+2\sqrt{2}}=\sqrt{2}-1$이다.

따라서 $H(\sqrt{2}-1, \sqrt{2}-1, \frac{\sqrt{2}-1}{\sqrt{1+\sqrt{2}}})$이다.

13 (1) (i) 구의 중심 구하기 :

점 E를 원점, $\overrightarrow{EF}$를 x축, $\overrightarrow{EH}$를 y축, $\overrightarrow{EA}$를 z축으로 하면, 꼭짓점의 좌표는

$A(0, 0, a)$, $B(b, 0, a)$, $D(0, c, a)$이다. 이때, 사면체 ABDE에 외접하는 구의 중심을 $O(x_0, y_0, z_0)$이라 하면,

$\overline{OA}=\overline{OB}=\overline{OD}=\overline{OE}$가 성립해야 하므로

$$\begin{aligned} & {x_0}^2+{y_0}^2+(z_0-a)^2 \\ &=(x_0-b)^2+{y_0}^2+(z_0-a)^2 \\ &={x_0}^2+(y_0-c)^2+(z_0-a)^2 \\ &={x_0}^2+{y_0}^2+{z_0}^2 \end{aligned}$$

이 되어 $O\left(\frac{b}{2}, \frac{c}{2}, \frac{a}{2}\right)$를 얻는다.

(ii) 사면체 OBDE의 높이 구하기:

점 B, D, E를 지나는 평면의 방정식을 $px+qy+rz+t=0$이라 하고 (x, y, z)에 B, D, E의 좌표 $(b, 0, a)$, $(0, c, a)$, $(0, 0, 0)$을 각각 대입하면 평면의 방정식은 $acx+aby-bcz=0$이다. 사면체 OBDE의 높이 h는 점 O와 평면 $acx+aby-bcz=0$ 사이의 거리와 같으므로, h의 값은 다음과 같이 주어진다.

$$h=\frac{abc}{2\sqrt{a^2b^2+b^2c^2+c^2a^2}}$$

(iii) 삼각형 BDE의 넓이를 구하기 :

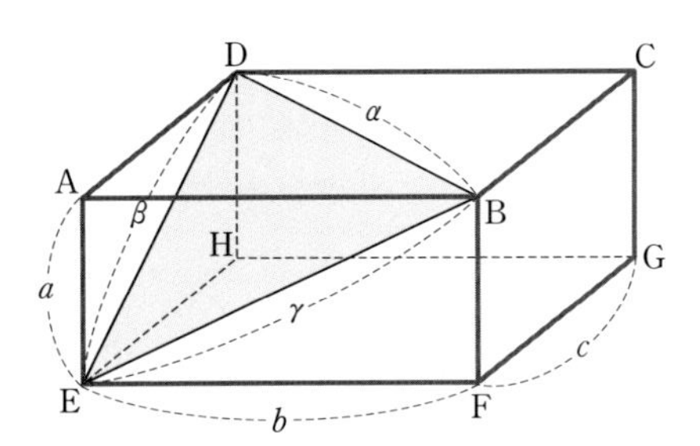

그림과 같이 $\overline{BD}=\alpha$, $\overline{DE}=\beta$, $\overline{EB}=\gamma$라 하면, 삼각형 BDE의 각 변의 길이는

$\alpha=\sqrt{b^2+c^2}$, $\beta=\sqrt{a^2+c^2}$, $\gamma=\sqrt{a^2+b^2}$이다.

제시문 (다)에서 주어진 식을 적용하기 위하여 $s=\frac{1}{2}(\alpha+\beta+\gamma)$라 하면 삼각형 BDE의 넓이 Ω에 대하여 다음이 성립한다.

$$\begin{aligned} \Omega^2 &= s(s-\alpha)(s-\beta)(s-\gamma) \\ &=\frac{1}{16}\{(\beta+\gamma)^2-\alpha^2\}\{\alpha^2-(\beta-\gamma)^2\} \end{aligned}$$

그런데,

$(\beta+\gamma)^2-\alpha^2=2(a^2+\sqrt{a^2+c^2}\sqrt{a^2+b^2})$,

$\alpha^2-(\beta-\gamma)^2=2(-a^2+\sqrt{a^2+c^2}\sqrt{a^2+b^2})$이므로

$\Omega^2=\frac{1}{4}(a^2b^2+a^2c^2+b^2c^2)$이고

따라서 $\Omega=\frac{1}{2}\sqrt{a^2b^2+a^2c^2+b^2c^2}$을 얻는다.

(ii)와 (iii)으로부터, 사면체 OBDE의 부피 V는 다음과 같다.

$$\begin{aligned} V &=\frac{1}{3}\Omega h \\ &=\frac{1}{3}\cdot\frac{1}{2}\sqrt{a^2b^2+b^2c^2+c^2a^2}\cdot\frac{abc}{2\sqrt{a^2b^2+b^2c^2+c^2a^2}} \\ &=\frac{1}{12}abc \end{aligned}$$

(2) (1)의 결과로부터,

구의 반지름의 길이 $R=\frac{1}{2}\sqrt{a^2+b^2+c^2}$을 얻는다.

$\overline{BE}=\sqrt{a^2+b^2}$이므로, 삼각형 OEB에 제이코사인법칙을 적용하면

$\overline{BE}^2=\overline{OB}^2+\overline{OE}^2-2\overline{OB}\cdot\overline{OE}\cos\theta$,

즉 $a^2+b^2=2R^2-2R^2\cos\theta$이다. 그런데 문제의 조건에서 $a=1$, $b=1$, $c=\sqrt{6}$이므로 $\cos\theta=\frac{1}{2}$이고

따라서 $\theta=\frac{\pi}{3}$이다.

그러므로 $l(B, E)=R\theta=\frac{\sqrt{2}}{3}\pi$이다.

14 (1) (i) 반지의 위치를 R라 하면, 양 끝점으로부터 반지까지의 거리의 합 $\overline{PR}+\overline{RQ}$가 $4\sqrt{2}$로 일정하다.
따라서 반지가 움직이는 궤적은 타원의 일부이다.

(ii) 두 점 P, Q 사이의 거리가 $2\sqrt{2}$이고 P, Q를 지나는 직선이 x축, P, Q의 중점이 원점이므로 초점의 좌표는 $(-\sqrt{2},\ 0)$과 $(\sqrt{2},\ 0)$이다.
또, 실의 길이가 $4\sqrt{2}$이므로 X축과 만나는 점의 X좌표는 $X=\pm2\sqrt{2}$, Y축과 만나는 점의 Y의 좌표는 $\pm\sqrt{6}$이다.

따라서 구하는 타원의 방정식은 $\frac{X^2}{8}+\frac{Y^2}{6}=1$이다.

(2) 반지가 평면과 가장 가까운 위치에서 멈췄을 때, 반지의 위치와 두 점 P, Q가 이루는 평면 π는 xy평면과 수직인 평면이다. 이때, 두 평면의 교선을 l이라 하자.

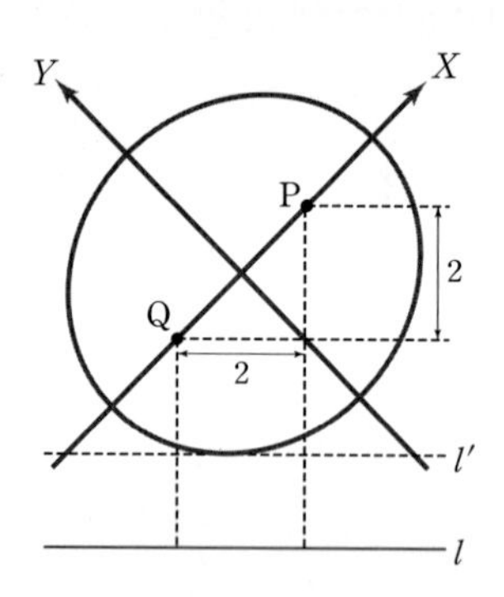

두 점 P, Q에서 xy평면까지 이르는 수직거리의 차가 $5-3=2$이고, 두 점에서 xy평면 위에 내린 수선의 발 $(0,\ -\sqrt{3})$, $(1,\ 0)$ 사이의 거리도 2이므로

평면 π 위에서 직선 l과 X축이 이루는 각은 $\frac{\pi}{4}$이다.
따라서 XY평면에서 직선 l의 방정식은
$Y=-X-m(m>0)$꼴이다.
직선 l의 절편 m을 구하기 위해 점 P에서 l에 이르는 수직거리가 5임을 이용하면

$\frac{|\sqrt{2}+m|}{\sqrt{2}}=5 \Leftrightarrow m=4\sqrt{2}$

(3) 반지가 xy평면과 가장 가까운 위치는 기울기가 -1인 직선이 접선 l'이 되는 접점의 위치이므로 접선의 기울기가 -1인 타원 위의 점을 구하자.

$\frac{X}{4}+\frac{Y}{3}\frac{dY}{dX}=0$에서

$-1=\frac{dY}{dX}=-\frac{3X}{4Y} \Leftrightarrow X=\frac{4}{3}Y$와

타원의 방정식으로부터 접점의 좌표는

$(X,\ Y)=\left(-\frac{4\sqrt{2}}{\sqrt{7}},\ -\frac{3\sqrt{2}}{\sqrt{7}}\right)$이다.

따라서 지면까지의 거리는 접점

$(X,\ Y)=\left(-\frac{4\sqrt{2}}{\sqrt{7}},\ -\frac{3\sqrt{2}}{\sqrt{7}}\right)$에서 직선 l까지의

수직거리이므로 $\frac{\left|-\frac{3\sqrt{2}}{\sqrt{7}}-\frac{4\sqrt{2}}{\sqrt{7}}+4\sqrt{2}\right|}{\sqrt{2}}=4-\sqrt{7}$이다.

15 (1) 제시문 (나)에 의해 집합 A는 서로 다른 두 점 P와 Q를 지름의 양 끝점으로 하는 구와 그 내부이고, 제시문 (가)에 의해 집합 B는 점 M을 지나고 법선벡터가 $\overrightarrow{PQ}$인 평면이다. [그림1]과 같이 B에 의해 잘린 A의 두 부분의 부피를 V_1, V_2라 하자. 편의상 [그림2]와 같이 선분 PQ의 길이를 $4a$로 놓고 직선 PQ를 x축, 선분 PQ의 중점을 xy평면의 원점 O가 되도록 하자.

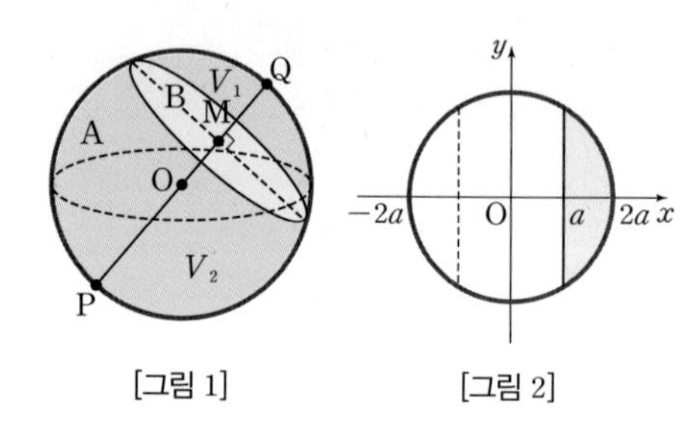

[그림 1] [그림 2]

구하려는 두 부분의 부피 V_1, V_2는 각각 [그림 2]에서 원의 일부를 x축 둘레로 회전시켜 생기는 회전체의 부피이다. 원의 식은 $x^2+y^2=4a^2$으로 주어지므로

$$V_1=\pi\int_a^{2a} y^2 dx=\pi\int_a^{2a}(4a^2-x^2)dx$$

$$=\pi\left[4a^2x-\frac{1}{3}x^3\right]_a^{2a}=\frac{5}{3}\pi a^3$$

$$V_2=\frac{4}{3}\pi(2a)^3-V_1=\frac{32}{3}\pi a^3-\frac{5}{3}\pi a^3=\frac{27}{3}\pi a^3$$

이다. 따라서 $V_1 : V_2=5 : 27$이다.

(2) 먼저 $A\cap B$는 아래 그림과 같이 원판이다.

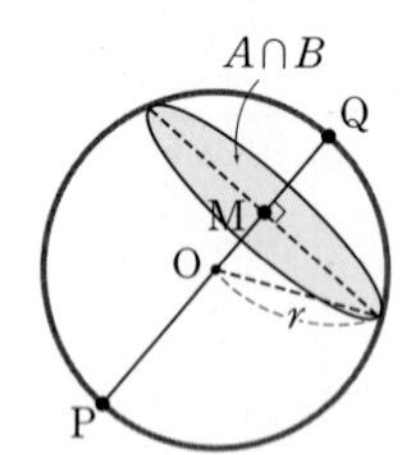

$|\overrightarrow{PQ}|=3$이므로 구의 반지름은 $r=\frac{3}{2}$이고 $\overline{OM}=\frac{3}{4}$

이다. 따라서 $A\cap B$의 반지름은 $\frac{3\sqrt{3}}{4}$이고 $A\cap B$의 넓이는 $\frac{27}{16}\pi$이다. 평면 $A\cap B$와 xy평면이 이루는 각을 θ라 하면 평면 $A\cap B$와 xy평면의 법선벡터가 각각 $\overrightarrow{PQ}=(1,\ 2,\ 2)$와 $\vec{k}=(0,\ 0,\ 1)$이므로

$$\cos\theta=\frac{\overrightarrow{PQ}\cdot\vec{k}}{|\overrightarrow{PQ}||\vec{k}|}=\frac{2}{3}$$

이다. 따라서 $A\cap B$의 xy평면으로의 정사영의 넓이는

$$(A\cap B\text{의 넓이})\times\cos\theta=\frac{27}{16}\pi\times\frac{2}{3}=\frac{9}{8}\pi$$

이다.

16 (1) 제시문 ㈏에 의해 주어진 조건을 만족하는 X가 나타내는 도형은 반지름이 1인 반쪽구(경계 포함)이다.

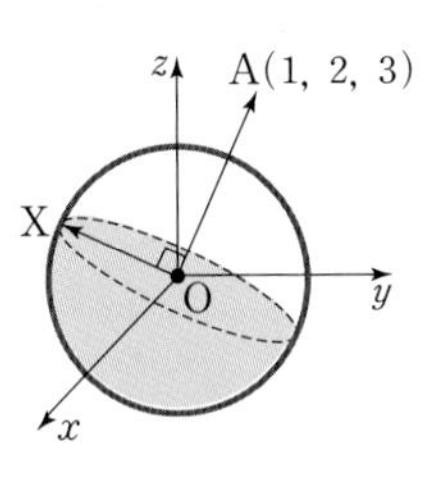

따라서 겉넓이는

$\frac{1}{2}\{4\pi(1)^2\}+\pi(1)^2=3\pi$이다.

(2) 제시문 ㈐에 의해 주어진 조건을 만족하는 X가 나타내는 도형은 아래 그림과 같이 반지름이 2이고 높이가 무한인 원기둥과 $\overrightarrow{OB}=(1,\ 2,\ 2)$에 수직이고 원점에서 거리가 $|\overrightarrow{OB}|=3$인 두 평면 α, β에 의해 잘린 도형이다. $\overrightarrow{OB}$와 z축($\vec{k}$)이 이루는 각을 θ라 두면

$$\cos\theta=\frac{\vec{k}\cdot\overrightarrow{OB}}{|\vec{k}||\overrightarrow{OB}|}=\frac{2}{3}$$

이고, α평면과 xy평면이 이루는 각이 θ이므로 α평면과 원기둥이 만나 생기는 도형의 넓이를 S라 하면 정사영의 법칙에 의해 $S\cos\theta=4\pi$,

즉 $S=4\pi\times\frac{3}{2}=6\pi$이다.

따라서 구하는 입체의 부피는

$V=S\times2|\overrightarrow{OB}|=6\pi\times6=36\pi$이다.

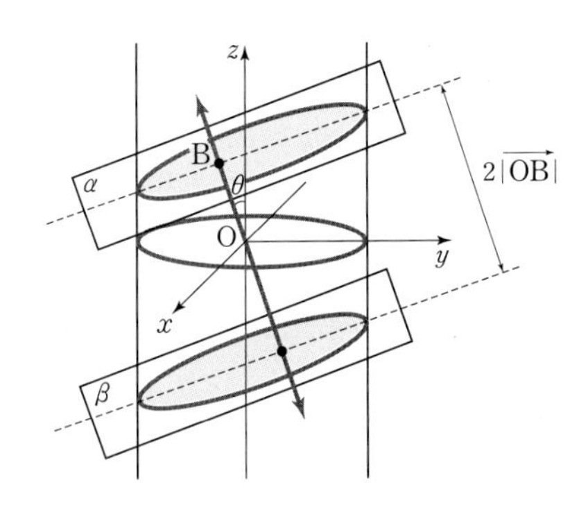

(3) 먼저 점 B가 원점인 경우 부피는 0이므로 성립하지 않는다. 점 B가 원점이 아닌 경우 제시문 ㈐에 의해 주어진 조건을 만족하는 X가 나타내는 도형은 문제 (2)에서와 같이 반지름이 1이고 높이가 무한인 원기둥과 $\overrightarrow{OB}$에 수직이고 원점에서 거리가 $r=|\overrightarrow{OB}|$인 두 평면 α, β에 의해 잘린 도형이다. $\overrightarrow{OB}=(x,\ y,\ z)$라 하고 $\overrightarrow{OB}$와 z축이 이루는 각을 θ라 두면, $z=r\cos\theta$이다. α평면과 xy평면이 이루는 각이 θ이므로 α평면과 원기둥이 만나 생기는 도형의 넓이를 S라 하면 정사영의 법칙에 의해 $S\cos\theta=\pi$이다. 문제에서 점 X가 나타내는 도형의 부피가 π라 하였으므로

$\pi=S\times2r=\frac{\pi}{\cos\theta}2r$로부터

$r=\frac{\cos\theta}{2}$ ······ ㉠

을 얻는다. ㉠의 양변에 r을 곱하여 정리하면 다음을 얻는다.

$$r^2=\frac{r\cos\theta}{2}\Leftrightarrow x^2+y^2+z^2=\frac{z}{2}$$
$$\Leftrightarrow x^2+y^2+\left(z-\frac{1}{4}\right)^2=\left(\frac{1}{4}\right)^2$$

따라서 점 B의 집합은 중심이 각각 $\left(0,\ 0,\ \pm\frac{1}{4}\right)$이고 반지름이 $\frac{1}{4}$인 두 구의 합집합에서 원점을 뺀 것이다.

17 (1) 제시문 ㈏로부터 구와 평면 α의 접점 P는 $(0,\ \cos\theta,\ \sin\theta+1)$로 놓을 수 있다.

직선 $l: y=\sqrt{3},\ z=0$에서 y축 상의 점을 R라 하면 $R(0,\ \sqrt{3},\ 0)$을 얻는다.

한편, $\overrightarrow{AP}$와 $\overrightarrow{RP}$는 수직이므로 $\overrightarrow{AP}\cdot\overrightarrow{RP}=0$으로부터

$$0=1-\sqrt{3}\cos\theta+\sin\theta$$
$$=1-2\sin\left(\frac{\pi}{3}-\theta\right)$$

따라서 $\theta=\frac{\pi}{6}$이다.

그러므로 접점 P의 좌표는

$\left(0,\ \cos\frac{\pi}{6},\ \sin\frac{\pi}{6}+1\right)=\left(0,\ \frac{\sqrt{3}}{2},\ \frac{3}{2}\right)$이다.

또한, 구의 중심 $A(0,\ 0,\ 1)$로부터 접점 P까지의 벡터가 법선벡터이므로 평면 α의 법선벡터는 $\left(0,\ \frac{\sqrt{3}}{2},\ \frac{1}{2}\right)$이다.

(2) yz평면 위에 있는 xy평면의 법선벡터는 원의 중심 O에서 점 N으로 향하는 벡터 (0, 1)이다.

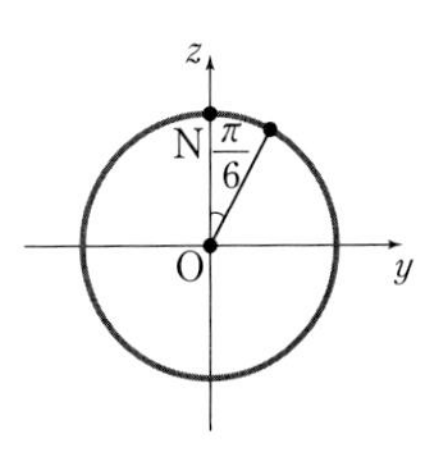

이 벡터는 원에서 N의 좌표에 대응한다.

yz평면상에서 평면 β의 법선벡터는 xy평면의 법선벡터를 $-\frac{\pi}{6}$ 회전한 원의 좌표에 대응하므로

yz평면상에서는 $\left(\frac{1}{2},\ \frac{\sqrt{3}}{2}\right)$이다.

따라서 평면 β의 법선벡터는 $\left(0,\ \frac{1}{2},\ \frac{\sqrt{3}}{2}\right)$이다.

18 (1) 구 $x^2+y^2+z^2=9$의 중심이 $O(0,\ 0,\ 0)$이므로 $\overrightarrow{OA}=(\sqrt{3},\ \sqrt{6},\ 4)$가 $A(\sqrt{3},\ \sqrt{6},\ 4)$에서 구에 그은 접점으로 이루어진 도형을 포함하는 평면 α의 법선벡터가 된다. 따라서 평면 α의 방정식은

$$\sqrt{3}x+\sqrt{6}y+4z+d=0$$

한편, 구에 그은 접점으로 이루어진 도형 위의 한 점을 P라 하고, 점 A에서 평면 α 위로 내린 수선의 발을 H라 하자.

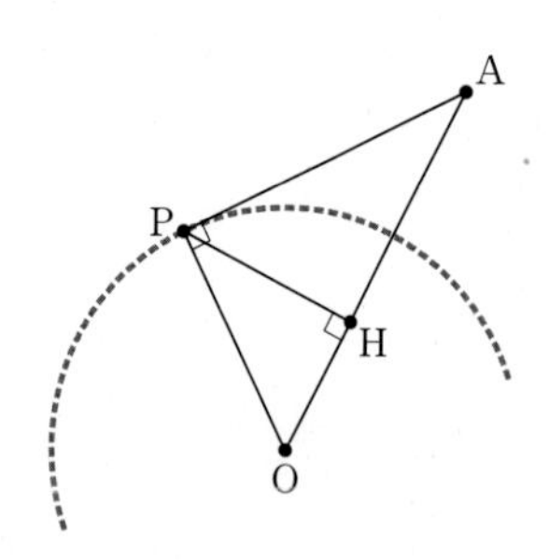

$\triangle$OPA는 변의 길이가 $\overline{OP}=3$, $\overline{PA}=4$, $\overline{AO}=5$인 직각삼각형이고, $\triangle$OHP는 $\triangle$OPA와 닮은 직각삼각형이다. 따라서 닮음비에 의해

$\overline{OH}=\frac{9}{5}$이므로

$$\overrightarrow{OH}=\frac{9}{25}(\sqrt{3},\ \sqrt{6},\ 4)$$

점 H가 평면 α 위에 있으므로

$$d=-\frac{9}{25}(3+6+16)=-9$$

따라서 구하고자 하는 평면 α의 방정식은

$$\sqrt{3}x+\sqrt{6}y+4z-9=0$$

(2) $\overrightarrow{PQ}=\overrightarrow{PO}+\overrightarrow{OQ}$이므로

$$|\overrightarrow{PQ}|^2=|\overrightarrow{PO}+\overrightarrow{OQ}|^2=|\overrightarrow{PO}|^2+|\overrightarrow{OQ}|^2+2\overrightarrow{PO}\cdot\overrightarrow{OQ}$$
$$=|\overrightarrow{PO}|^2+|\overrightarrow{OQ}|^2-2\overrightarrow{OP}\cdot\overrightarrow{OQ}$$

여기서 $|\overrightarrow{PO}|^2+|\overrightarrow{OQ}|^2=r^2+|\overrightarrow{OQ}|^2$의 값은 일정하므로 $|\overrightarrow{PQ}|$의 값이 최소가 되기 위해서는, 내적 $\overrightarrow{OP}\cdot\overrightarrow{OQ}$이 최댓값 $|\overrightarrow{OP}||\overrightarrow{OQ}|$을 가져야 한다.

따라서 제시문 (가)에 의하여 두 벡터 $\overrightarrow{OP}$, $\overrightarrow{OQ}$가 이루는 각이 $\theta=0$이 된다. 따라서 어떤 상수 $t>0$에 대하여 $\overrightarrow{OP}=t\overrightarrow{OQ}$이다.

(3)

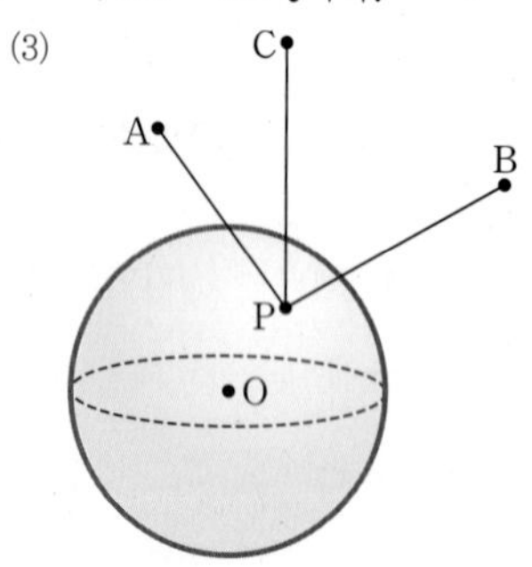

$|\overrightarrow{PA}+\overrightarrow{PB}+\overrightarrow{PC}|=3\left|\frac{\overrightarrow{PA}+\overrightarrow{PB}+\overrightarrow{PC}}{3}\right|$라 쓸 수 있으므로, $\overrightarrow{PD}=\frac{\overrightarrow{PA}+\overrightarrow{PB}+\overrightarrow{PC}}{3}$라 놓으면 $|\overrightarrow{PD}|$가 최소일 때, $|\overrightarrow{PA}+\overrightarrow{PB}+\overrightarrow{PC}|$가 최소가 된다.

한편, $\overrightarrow{OD}=\frac{\overrightarrow{OA}+\overrightarrow{OB}+\overrightarrow{OC}}{3}$이므로 $\overrightarrow{OD}$는 $\triangle$ABC의 무게중심의 위치벡터이다.

따라서 점 D는 $\triangle$ABC의 무게중심이다. 즉,

$$\mathrm{D}\left(\frac{1-2-1}{3},\ \frac{2+1+0}{3},\ \frac{3+2+1}{3}\right)$$
$$=\mathrm{D}\left(-\frac{2}{3},\ 1,\ 2\right)$$

이제, $|\overrightarrow{PD}|$가 최소가 되기 위해서는, 문제 (2)에 의하여, 어떤 상수 $t>0$에 대하여 $\overrightarrow{OP}=t\overrightarrow{OD}$이다.

점 P가 구 $x^2+y^2+z^2=1$ 위에 있으므로

$$t=\frac{|\overrightarrow{OP}|}{|\overrightarrow{OD}|}=\frac{1}{\sqrt{\frac{4}{9}+1+4}}=\frac{3}{7}$$

$\overrightarrow{PD}=\overrightarrow{PO}+\overrightarrow{OD}=(1-t)\overrightarrow{OD}$이므로

$$|\overrightarrow{PD}|=\frac{4}{7}|\overrightarrow{OD}|=\frac{4}{3}$$

따라서 $|\overrightarrow{PA}+\overrightarrow{PB}+\overrightarrow{PC}|$의 최솟값은 4이다.

이때, 점 P는 $\mathrm{P}\left(-\frac{2}{7},\ \frac{3}{7},\ \frac{6}{7}\right)$이다.

19 (1) 기주가 얻은 식은 구와 평면의 공통부분에 놓인 점의 x좌표와 y좌표가 만족하는 식이므로 공통부분을 xy평면에 정사영한 도형이 만족하는 식이 된다.

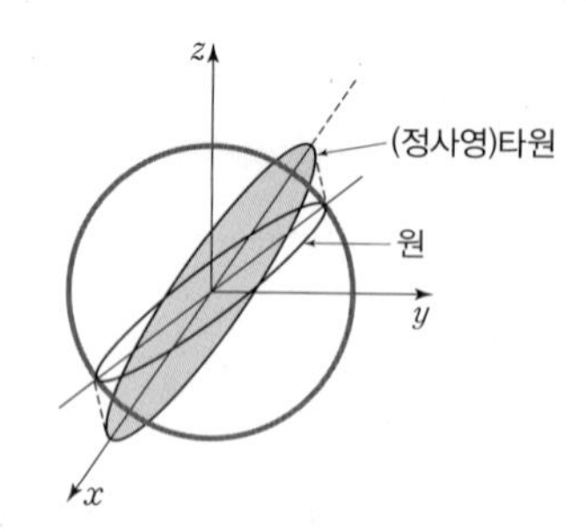

(2) 세 점 (1, 0, 0), (0, 1, 0), (0, 0, 1)을 지나는 평면의 방정식은 $x+y+z=1$로 주어진다. 이 평면과 xy평면이 이루는 각을 θ라 놓으면 $\cos\theta$의 값은 $\frac{1}{\sqrt{3}}$이 된다.

한편 평면 $x+y+z=1$과 공의 공통부분은 중심이 $\left(\frac{1}{3},\ \frac{1}{3},\ \frac{1}{3}\right)$이고 반지름이 $\frac{\sqrt{6}}{3}$인 원의 테두리와 내부 영역이 된다. 따라서 이 영역을 xy평면에 정사영시킨 부분은 타원이 되며, 이 타원의 넓이는 원의 넓이와 $\cos\theta$의 곱이 되므로 $\frac{2\sqrt{3}}{9}\pi$가 된다.

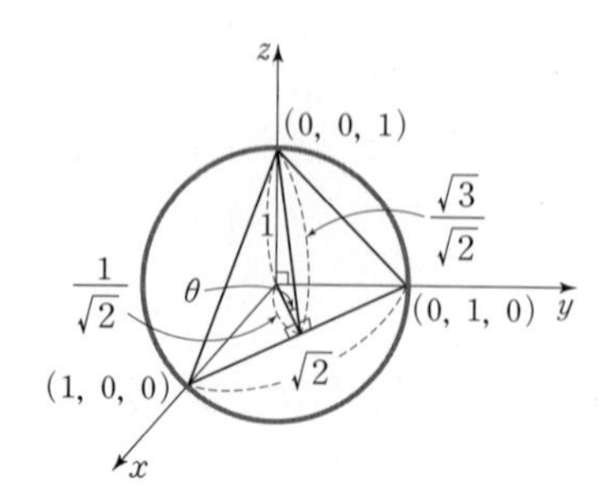

20 (1) 곡선 C를 포함하는 평면 α가 존재한다고 가정하고 평면 α의 방정식을 $ax+by+cz+d=0$이라고 하면 평면 α는 곡선 C를 포함하므로

$a(2\cos t+6\sin t)+b(-4\cos t+3\sin t)$
$+c(6-5\cos t)+d=0,$

$(2a-4b-5c)\cos t+(6a+3b)\sin t+(6c+d)=0$

이다.

위의 식은 t에 관한 항등식이므로

$2a-4b-5c=0,\ 6a+3b=0,\ 6c+d=0$을 연립하면

$a=a,\ b=-2a,\ c=2a,\ d=-12a$이다.

따라서 구하는 평면 α의 방정식은

$x-2y+2z-12=0$이다.

(2) 철수의 추측이 참이려면 곡선 C의 중심에서 곡선 C 위의 임의의 점

$(2\cos t+6\sin t,\ -4\cos t+3\sin t,\ 6-5\cos t)$

까지의 거리가 일정해야 한다.

곡선 C의 xy평면 위로의 정사영이 원점을 중심으로 하는 타원이므로 원점에 대응하는 곡선 C의 z축 위의 점은 평면 $x-2y+2z-12=0$ 위에 있으므로 $(0,\ 0,\ 6)$이다.

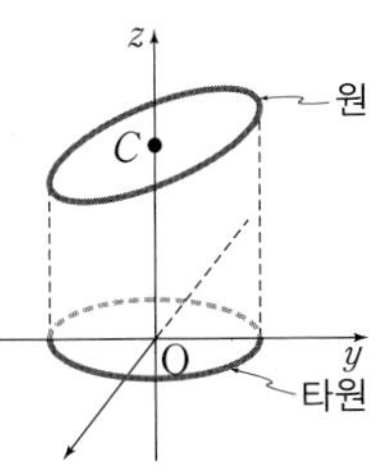

이 점과 곡선 C 위의 임의의 점까지의 거리는

$\sqrt{(2\cos t+6\sin t)^2+(-4\cos t+3\sin t)^2+(-5\cos t)^2}$

$=\sqrt{45(\cos^2 t+\sin^2 t)}=3\sqrt{5}$이다.

따라서 곡선 C는 중심이 $(0,\ 0,\ 6)$이고 반지름의 길이가 $3\sqrt{5}$인 원이므로 철수의 추측은 참이다.

(3) 곡선 C를 포함하는 평면 α의 방정식이 $x-2y+2z-12=0$이므로 법선벡터 $\vec{h}=(1,\ -2,\ 2)$이고, 타원을 포함하는 xy평면의 법선벡터는 $\vec{e}=(0,\ 0,\ 1)$이다. 두 평면이 이루는 각을 θ라 하면

$\vec{e}\cdot\vec{h}=|\vec{e}||\vec{h}|\cos\theta$에서 $\cos\theta=\frac{2}{3}$이다.

따라서 곡선 C의 넓이는 $\pi\times(3\sqrt{5})^2=45\pi$이므로

타원 E의 넓이는 $45\pi\times\frac{2}{3}=30\pi$이다.

21 (1) S는 중심이 원점이고 반지름이 1인 원이고 $\alpha,\ \beta,\ \gamma$는 모두 원점을 지나는 평면이므로 교선 $C_1,\ C_2,\ C_3$은 각각의 평면 $\alpha,\ \beta,\ \gamma$에 놓인 반지름 1인 원이다.

따라서 원판 A의 넓이는 π이다.

평면 $\beta: \sqrt{3}y-z=0$의 법선벡터는 $(0,\ \sqrt{3},\ -1)$,

평면 $\gamma: -x+\sqrt{2}y=0$의 법선벡터는 $(-1,\ \sqrt{2},\ 0)$으로 하고 두 평면이 이루는 예각을 θ라 하면

$$\cos\theta=\frac{(0,\ \sqrt{3},\ -1)\cdot(-1,\ \sqrt{2},\ 0)}{\sqrt{0^2+(\sqrt{3})^2+(-1)^2}\sqrt{(-1)^2+(\sqrt{2})^2+0^2}}=\frac{\sqrt{2}}{2}$$

이다. 따라서 (원판 A의 평면 γ 위로의 정사영의 넓이)

$=$(원판 A의 넓이)$\times\cos\theta=\frac{\sqrt{2}}{2}\pi$이다.

(2) 점 M_1을 $(p,\ q,\ r)$라 하면 $p^2+q^2+r^2=1,\ r=0,\ r=\sqrt{3}q,\ p>0$을 만족한다.

따라서 M_1은 $(1,\ 0,\ 0)$이고 같은 방법으로

M_2는 $\left(\frac{1}{\sqrt{3}},\ \frac{1}{\sqrt{6}},\ \frac{1}{\sqrt{2}}\right)$, M_3은 $\left(\frac{\sqrt{2}}{\sqrt{3}},\ \frac{1}{\sqrt{3}},\ 0\right)$이다.

<[그림 1] 참조>

세 점 $M_1,\ M_2,\ M_3$을 지나는 평면의 방정식을 $ax+by+cz=1$로 두고 위 좌표들을 대입해 $a,\ b,\ c$를 구하면, 평면의 방정식은

$x+(\sqrt{3}-\sqrt{2})y+(\sqrt{2}-1)z=1$이 된다.

따라서 $a+b+c=\sqrt{3}$이다.

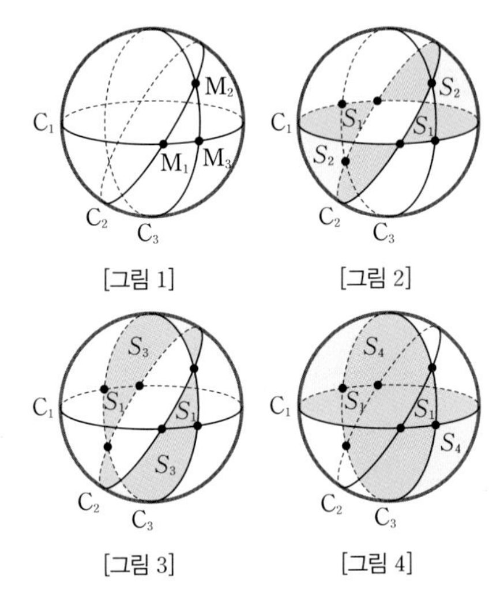

(3) $C_1,\ C_2,\ C_3$은 S를 8개의 조각으로 나눈다.

평면 $\alpha,\ \beta,\ \gamma$의 법선벡터를 각각 $(0,\ 0,\ 1)$, $(0,\ \sqrt{3},\ -1)$, $(-1,\ \sqrt{2},\ 0)$으로 하면, 문제 (1)의 방법을 따라 평면 $\alpha,\ \beta$가 이루는 예각은 $\frac{\pi}{3}$, 평면 $\beta,\ \gamma$가 이루는 예각은 $\frac{\pi}{4}$, 평면 $\gamma,\ \alpha$가 이루는 각은 $\frac{\pi}{2}$이다.

[그림 2]의 색칠한 부분의 넓이는

$2(S_1+S_2)=2\times4\pi\times\dfrac{\frac{\pi}{3}}{2\pi}=\frac{4}{3}\pi$이고

정리하면 $S_1+S_2=\frac{2}{3}\pi$ …… ㉠

[그림 3]의 색칠한 부분의 넓이는

$2(S_1+S_3)=2\times4\pi\times\dfrac{\frac{\pi}{4}}{2\pi}=\pi$이고

정리하면 $S_1+S_3=\frac{\pi}{2}$ …… ㉡

[그림 4]의 색칠한 부분의 넓이는

$2(S_1+S_4)=2\times4\pi\times\dfrac{\frac{\pi}{2}}{2\pi}=2\pi$이고

정리하면 $S_1+S_4=\pi$ …… ㉢

구면의 넓이는 $2S_1+2S_2+2S_3+2S_4=4\pi$이고

정리하면 $S_1+S_2+S_3+S_4=2\pi$ …… ㉣

㉠, ㉡, ㉢, ㉣로부터

$S_1=\frac{\pi}{12}$, $S_2=\frac{7}{12}\pi$, $S_3=\frac{5}{12}\pi$, $S_4=\frac{11}{12}\pi$이다.

따라서 가장 작은 조각의 넓이는 S_1으로 $\frac{\pi}{12}$이다.

22 (1) $\overrightarrow{OB}=(3, 0, 3)$, $\overrightarrow{AB}=(1, -4, -1)$ 이므로 $\overrightarrow{OB}\cdot\overrightarrow{AB}=0$이다.

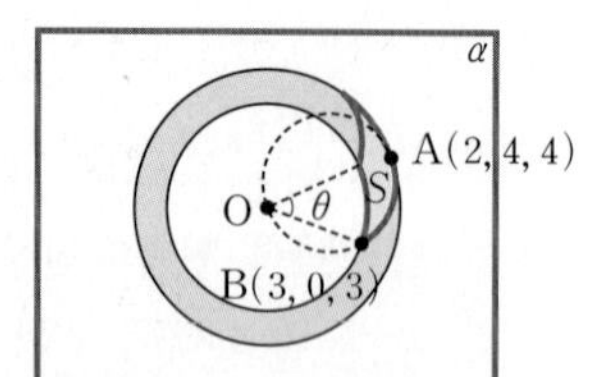

또 $\theta=2\pi$일 때 호 AB가 지나가는 영역의 넓이는 반지름의 길이가 $\overline{OA}=6$인 원의 넓이에서 반지름의 길이가 $\overline{OB}=3\sqrt{2}$인 원의 넓이를 뺀 값과 같으므로

$\pi\times6^2-\pi\times(3\sqrt{2})^2=18\pi$이다.

(2) $\overrightarrow{OB}\cdot\overrightarrow{AB}=0$이므로 두 벡터 $\overrightarrow{OB}$와 $\overrightarrow{AB}$는 수직이다.

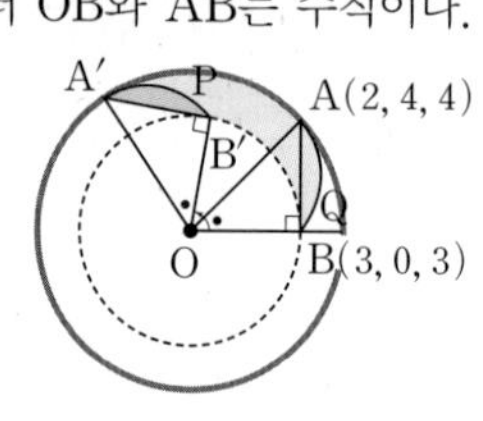

오른쪽 그림에서 활꼴 P의 넓이는 활꼴 Q의 넓이와 같으므로 S의 넓이는 반지름의 길이가 $\overline{OA}=6$이고 중심각이 θ인 부채꼴의 넓이에서 반지름의 길이가 $\overline{OB}=3\sqrt{2}$이고 중심각이 θ인 부채꼴의 넓이를 뺀 값이다.

따라서 $f(\theta)=\frac{1}{2}\times6^2\times\theta-\frac{1}{2}\times(3\sqrt{2})^2\times\theta=9\theta$이다.

또 세 점 O(0, 0, 0), A(2, 4, 4), B(3, 0, 3)을 포함하는 평면 S의 방정식은 $2x+y-2z=0$이고 세 점 O(0, 0, 0), A′(2, 4, 8), B′(3, 0, 6)을 포함하는 평면 S'의 방정식은 $2x+y-z=0$이다.

xy평면과 평면 S, 평면 S'가 이루는 각을 각각 α, β라 하면

$\cos\alpha=\frac{|(0, 0, 1)\cdot(2, 1, -2)|}{1\cdot\sqrt{4+1+4}}=\frac{2}{3}$,

$\cos\beta=\frac{|(0, 0, 1)\cdot(2, 1, -1)|}{1\cdot\sqrt{4+1+1}}=\frac{1}{\sqrt{6}}$이다.

영역 S와 영역 S'의 xy평면으로의 정사영 S″은 같으므로

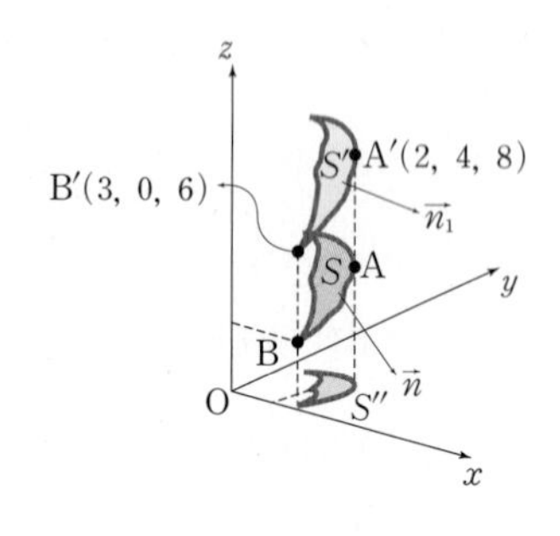

$S''=S\cos\alpha=9\theta\times\frac{2}{3}=6\theta$,

$S''=S'\cos\beta$로부터 $6\theta=S'\times\frac{1}{\sqrt{6}}$, $S'=6\sqrt{6}\,\theta$이다.

따라서 S'의 넓이는 $g(\theta)=6\sqrt{6}\,\theta$이다.

23 시각 t에 대하여 자동차 A, B의 교차로로부터의 거리를 각각 x km, y km라 하고 두 자동차 A, B 사이의 거리를 l km라 하면

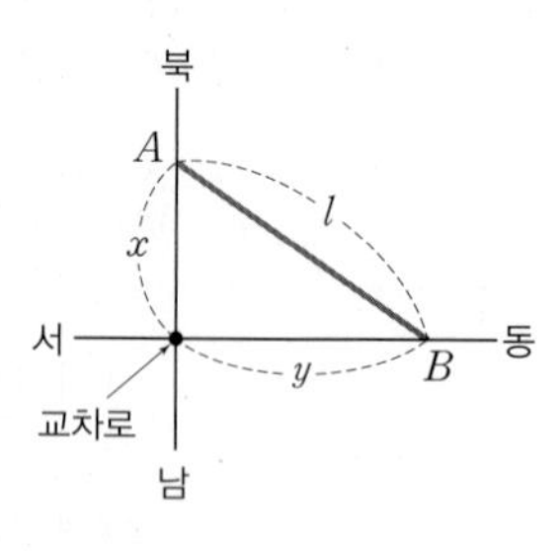

$x^2+y^2=l^2$ …… ㉠

이 성립한다.

따라서 자동차 A의 속도는 100 km이므로

$\left[\frac{dx}{dt}\right]_{x=3}=-100$(km/시)이고,

자동차 A에서 측정한 자동차 B의 속도는 30 km이므로

$\left[\frac{dl}{dt}\right]_{x=3,\ y=4}=30$(km/시)이다.

이때, 실제 자동차 B의 속도는 $\left[\frac{dy}{dt}\right]_{y=4}$이다.

㉠의 양변을 t에 대하여 미분하면

$2x\frac{dx}{dt}+2y\frac{dy}{dt}=2l\frac{dl}{dt}$, $x\frac{dx}{dt}+y\frac{dy}{dt}=l\frac{dl}{dt}$ …… ㉡

이다. 여기에서 $x=3$, $y=4$, $l=5$와

$\left[\frac{dx}{dt}\right]_{x=3}$, $\left[\frac{dl}{dt}\right]_{x=3,\ y=4}$

의 값을 ㉡에 대입하면

$3\times(-100)+4\times\left[\frac{dy}{dt}\right]_{y=4}=5\times30$

이 성립한다.

따라서 $\left[\frac{dy}{dt}\right]_{y=4}=\frac{450}{4}=112.5$(km/시)이다.

다른 답안

자동차 B의 속도를 v라 하면 교차로를 원점으로 하는 좌표평면에서 t시간 후의 자동차 A, B의 위치는 A$(0, 3-100t)$, B$(4+vt, 0)$이므로

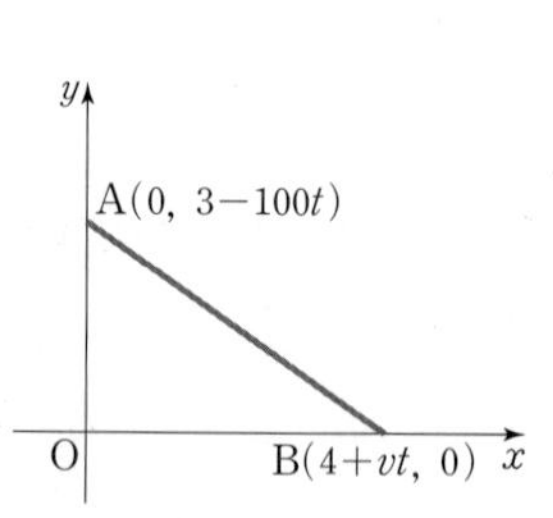

$\overrightarrow{AB}=(4+vt, 100t-3)$이다.

$S=|\overrightarrow{AB}|=\sqrt{(4+vt)^2+(100t-3)^2}$

$=\sqrt{(v^2+10000)t^2+(8v-600)t+25}$

$\frac{dS}{dt}=\frac{2(v^2+10000)t+(8v-600)}{2\sqrt{(v^2+10000)t^2+(8v-600)t+25}}$

$\left[\frac{dS}{dt}\right]_{t=0}=\frac{8v-600}{2\sqrt{25}}=30$으로부터

$v=\frac{900}{8}=112.5$(km/시)이다.

24 (1) ㈎에 의하여 상대속도 $v_{BA}(t)=v_B(t)-v_A(t)$이고,

$v_A(t)=4$, $v_B(t)=\begin{cases}16-3t\,(0\le t\le k)\\16-3k\,(t\ge k)\end{cases}$ 이므로

상대속도는 $v_{BA}(t)=\begin{cases}12-3t(0\le t\le k)\\12-3k(t\ge k)\end{cases}$ 이다.

이때, 문제에서 주어진 상대적인 변위는

$\int_k^{k+1} v_{BA}(t)dt$

$=\int_0^k (12-3t)dt+\int_k^{k+1}(12-3k)dt$

$=-\frac{3}{2}k^2+9k+12$

이다. 변위는 위와 같이 부호를 가진 값이므로 이 양이 최대가 되는 경우는 물체 B가 물체 A로부터 오른쪽으로 가장 멀리 있게 되는 k의 값을 구하면 된다.

$-\frac{3}{2}k^2+9k+12=-\frac{3}{2}(k-3)^2+\frac{51}{2}$

이므로 변위는 $k=3$일 때 최대가 되고 최댓값은 $\frac{51}{2}$ m이다.

다른 답안

$v_{BA}(t)$를 구한 후 적분을 하지 않고 오른쪽 그림과 같이 그래프를 그려서 생각하면 영역 A의 넓이는

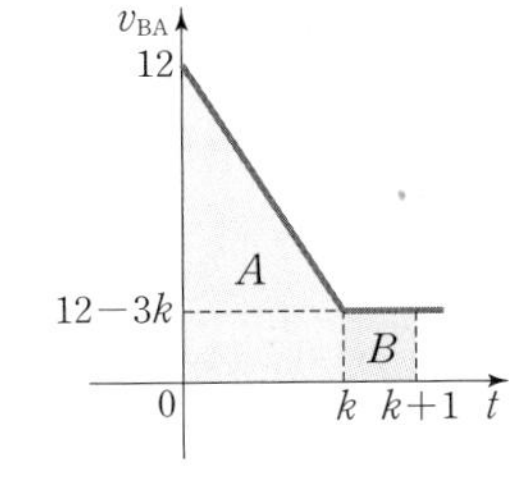

$A=\frac{1}{2}(12+12-3k)k$

$=12k-\frac{3}{2}k^2$

이고 영역 B의 넓이는

$B=(12-3k)\times 1=12-3k$이다.

따라서 두 영역 A, B의 넓이의 합은

$A+B=12k-\frac{3}{2}k^2+12-3k=-\frac{3}{2}k^2+9k+12$

이다. 이때,

$-\frac{3}{2}k^2+9k+12=-\frac{3}{2}(k-3)^2+\frac{51}{2}$

이므로 변위는 $k=3$일 때 최대가 되고 최댓값은 $\frac{51}{2}$ m이다.

(2) 제시문 (나)에 의하여 $\overrightarrow{F_A}=-\overrightarrow{F_B}$가 성립하는 점은 만유인력이 상쇄되는 점으로 두 점 A, B로부터 거리가 같아야 하며 A, B를 연결하는 직선 위에 있어야 한다. (즉, A, B에 의해 가해진 만유인력이 서로 반대방향으로 상쇄되는 점이다.) 그러므로 점 P는 두 점 A, B의 중점이 된다.

점 $B(x_1, y_1)$은 영역 $(x-100)^2+y^2\le 50^2$, $y\ge 0$ 위를 움직이므로

$(x_1-100)^2+{y_1}^2\le 50^2$, $y_1\ge 0$ …… ㉠

이다. 이때, 점 P를 $P(x, y)$라 하면 $x=\frac{x_1}{2}$, $y=\frac{y_1}{2}$

이므로 ㉠에 대입하면

$(2x-100)^2+(2y)^2\le 50^2$, $2y\ge 0$,

$(x-50)^2+y^2\le 25^2$, $y\ge 0$

즉, 점 P가 움직이는 영역은 다음 그림과 같이 반지름의 길이가 25인 반원을 나타내므로 영역의 넓이는 $\frac{625}{2}\pi$이다.

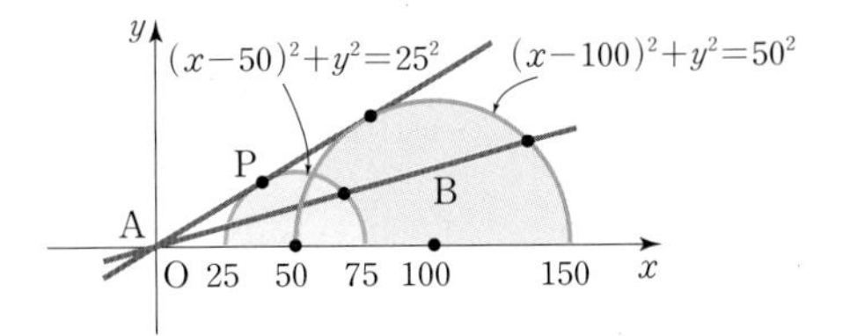

25 (1) [단계 1] 곡선 C의 길이를 정적분으로 표현하면

제시문의 공식에 의해 곡선 C의 길이는

$\int_0^{2\pi}\sqrt{1+\cos^2 x}\,dx=4\int_0^{\frac{\pi}{2}}\sqrt{1+\cos^2 x}\,dx$이다.

$4\int_0^{\frac{\pi}{2}}\sqrt{1+\cos^2 x}\,dx<2\sqrt{2}\pi$임을 보여야 하므로

이제 $\int_0^{\frac{\pi}{2}}\sqrt{1+\cos^2 x}\,dx<\frac{\sqrt{2}\pi}{2}$임을 보이면 된다.

[단계 2] 함수 $y=\sqrt{1+\cos^2 x}$가

구간 $0\le x\le\frac{\pi}{2}$에서 감소함수임을 설명한다.

함수 $f(x)=\sqrt{1+\cos^2 x}$를 생각하자.

$0\le x\le\frac{\pi}{2}$일 때, $f'(x)=\frac{-\cos x\cdot\sin x}{\sqrt{1+\cos^2 x}}\le 0$이므로

$f(x)$는 감소함수이다.

(또는 $y=\cos x$가 감소함수이므로 차례로 $y=\cos^2 x$, $y=1+\cos^2 x$, $y=\sqrt{1+\cos^2 x}$도 감소함수라고 설명해도 된다.)

[단계 3] 넓이를 비교해서 부등식이 성립함을 보인다.

$f(0)=\sqrt{2}$, $f\left(\frac{\pi}{4}\right)=\sqrt{\frac{3}{2}}$, $f\left(\frac{\pi}{2}\right)=1$이므로

$\int_0^{\frac{\pi}{2}}\sqrt{1+\cos^2 x}\,dx$

$=\int_0^{\frac{\pi}{4}}\sqrt{1+\cos^2 x}\,dx+\int_{\frac{\pi}{4}}^{\frac{\pi}{2}}\sqrt{1+\cos^2 x}\,dx$

$\le\sqrt{2}\cdot\frac{\pi}{4}+\sqrt{\frac{3}{2}}\cdot\frac{\pi}{4}$

$<\frac{\sqrt{2}\pi}{2}$이다.

(아래 그림 참조)

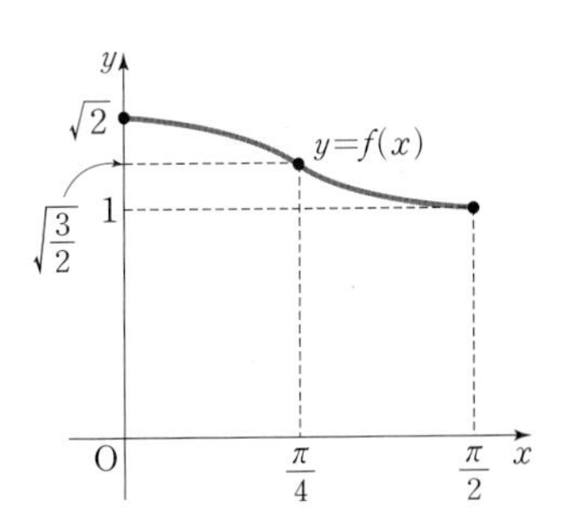

다른 답안

곡선 C의 길이는

$$\int_0^{2\pi} \sqrt{1+\cos^2 x}\,dx < \int_0^{2\pi} \sqrt{1+1}\,dx = 2\sqrt{2}\pi \text{이다.}$$

(2) ㈀은 참이다.

[단계 1] 알맞은 평면 α를 찾는다.

아래 그림과 같이 중심이 O이고, 원기둥과 반지름 1인 원에서 만나는 원판을 생각하자. 이 원판과 선분 EB에서 만나고 각 $\frac{\pi}{4}$를 이루는 평면을 α라 하자.(그림만으로 평면 α를 설명해도 된다.)

[단계 2] 곡선 L 위의 임의의 점이 평면 α에 포함됨을 보인다.

곡선 L 위의 임의의 점을 X라 하고, X에서 평면 α에 내린 수선의 발을 H라 하면, 호 EH의 길이가 x일 때, 선분 XH의 길이는 $\sin x$이다. 한편 H에서 선분 EB에 내린 수선의 발을 F라 하면, 각 $\angle$FOH의 크기는 x이므로, 선분 HF의 길이는 $\sin x$이고

(선분 XH의 길이)$=\sin x=$(선분 HF의 길이)이다.

따라서 점 X는 평면 α 위에 놓여 있고 곡선 L은 평면 α 위에 놓여 있다.

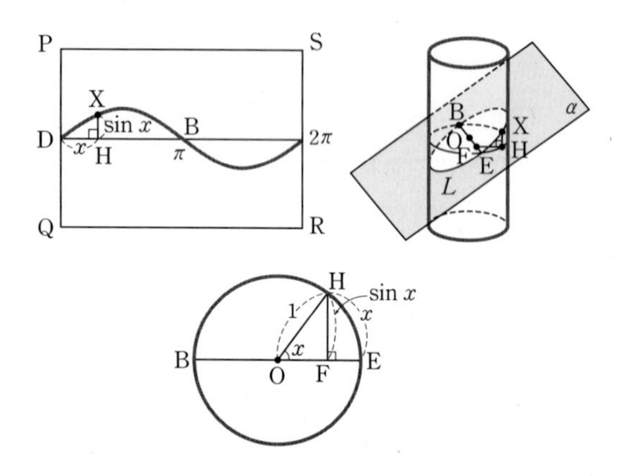

[제시문 ㈀의 다른 풀이]

원기둥을 중심축이 z축이고 점 D(=E)가 (1, 0, 0)이 되도록 좌표공간에 놓으면, 곡선 C 위의 임의의 점 $(x,\ \sin x)$는 원기둥 위의 점 $(\cos x,\ \sin x,\ \sin x)$로 옮겨진다.

이 점은 항상 $y=z$를 만족하고, 곡선 L은 평면 $y=z$ 위에 놓여 있으므로 ㈀은 참이다.

㈁은 거짓이다.

[단계 1] 첫 번째 문장은 참임을 설명한다.

곡선 L 위의 임의의 점에서 '원기둥과 수직인 평면'으로 내린 수선의 발은 항상 '원기둥과 수직인 평면'과 원기둥의 교선인 원 위에 있다. 따라서 곡선 L의 '원기둥과 수직인 평면' 위로의 정사영은 원기둥 위에 있는 반지름 1인 원임은 분명하다.

[단계 2] 두 번째 문장은 참이 아님을 설명한다.

일반적으로 두 평면 S, S′이 만나고 그 교각이 θ일 때, S 위의 곡선 L의 S′ 위로의 정사영을 L′이라 하면 'L의 길이'와 'L의 길이 $\cdot \cos\theta$'는 다를 수 있다.

참고

'L로 둘러싸인 영역의 넓이'와

'L′으로 둘러싸인 영역의 넓이 $\cdot \cos\theta$'는 항상 같다.

다른 답안

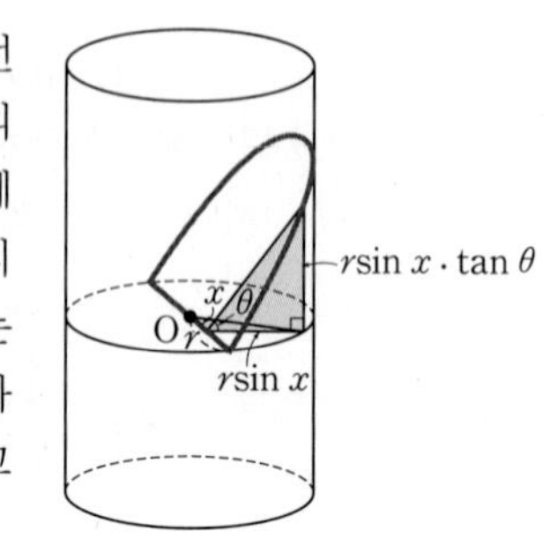

오른쪽 그림에서 곡선 L이 밑면의 반지름의 길이가 r인 원기둥에서 밑면의 중심을 지나고 밑면과 이루는 각이 α인 평면으로 자른 평면 위에 있다고 하자.

이때 위 그림에서 원기둥을 펼치면 곡선 L의 방정식은 $y=r\sin x \cdot \tan\theta$이다.

㈀은 그림에서 $r=1$, $\theta=\frac{\pi}{4}$일 때이므로 $y=\sin x$이고

'곡선 L은 원기둥의 축과 각 $\frac{\pi}{4}$를 이루며 만나는 평면 위에 놓여 있다'는 참이다.

㈁ '(곡선 L의 길이) $\cdot \cos\frac{\pi}{4}=$(원기둥 위에 있는 한 원의 둘레의 길이)'의 부분은 옳지 않다. 왜냐하면 이와 같은 정사영에서는 다음 왼쪽 그림과 같이 넓이비는 성립하지만 다음 오른쪽 그림과 같이 길이비는 성립하지 않기 때문이다.

다음 오른쪽 그림에서 곡선의 길이를 구하기 위해 사용하는 선분 각각을 정사영시키면 원 위의 선분들이 되지만 밑면과 이루는 각의 크기가 다르기 때문에 길이의 비는 성립하지 않는다.

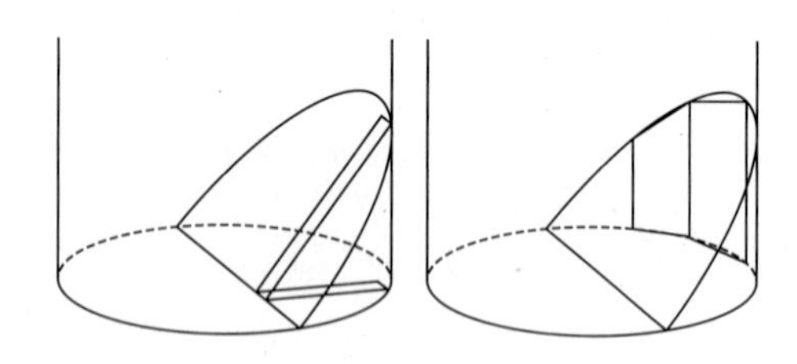

(3) 현주의 방법을 일반화한다.

[단계 1] 곡선 C′의 방정식을 적당한 사인곡선의 방정식으로 바꾼다.

삼각함수의 합성에 의해, 곡선

$$\text{C}' : y=a\cos\frac{x}{c}+b\sin\frac{x}{c}=\sqrt{a^2+b^2}\sin\left(\frac{x}{c}+\alpha\right)$$

이다.

단, α는 상수이고 $0\le x\le 2\pi c$이다. 따라서 평행이동에 의해 곡선 C′은

곡선 C″ : $y=\sqrt{a^2+b^2}\sin\left(\frac{x}{c}\right)$(단, $0\le x\le 2\pi c$)와 같은 길이를 갖는다.

[단계 2] 곡선 C″과 같은 길이를 갖는 타원 L′을 찾는다.

제시문에 주어진 방법을 적용해서 가로의 길이가 $2\pi c$인 직사각형 P′Q′R′S′ 위에 곡선 C″을 그리고, 이 직사각형의 두 변 P′Q′, R′S′를 이어 붙여 원기둥을 만들면, 곡선 C″은 반지름이 c인 원기둥 위의 곡선 L′이 되고, L′은 한 평면 위에 놓여 있으므로 타원이다. 이때, L′과 C″의 길이는 C′의 길이와 같다.

(아래 그림 참조)

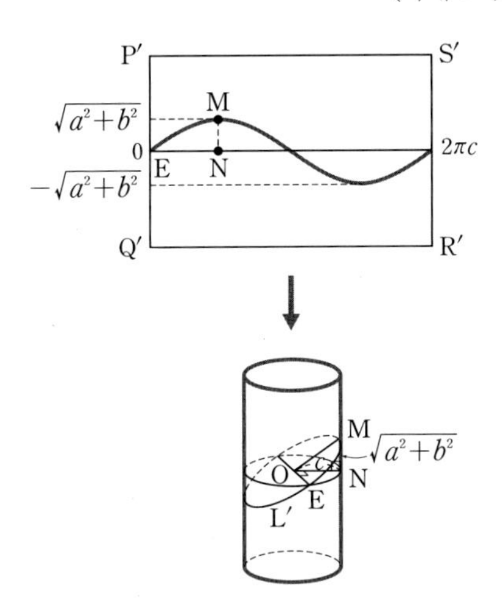

[단계 3] 타원 L″의 장축과 단축의 길이를 구한다.

위 그림에서 선분 MN, ON의 길이는 각각 $\sqrt{a^2+b^2}$, c이므로 타원 L′의

(장축의 길이)

$=2\overline{\mathrm{OM}}=2\sqrt{\overline{\mathrm{MN}}^2+\overline{\mathrm{ON}}^2}=2\sqrt{a^2+b^2+c^2}$,

(단축의 길이)$=2\overline{\mathrm{OE}}=2c$이다.

참고

타원 L′의 방정식을 $\frac{x^2}{\mathrm{A}}+\frac{y^2}{\mathrm{B}}=1$(단, A>B>0)의 형태로 쓰면

$\mathrm{A}=\overline{\mathrm{OM}}^2=a^2+b^2+c^2$, $\mathrm{B}=\overline{\mathrm{OE}}^2=c^2$이므로

방정식은 $\frac{x^2}{a^2+b^2+c^2}+\frac{y^2}{c^2}=1$이다.

주제별 강의 **제 20 장**

사이클로이드

문제 1 • 341쪽 •

(1) 중심이 A이고 반지름의 길이가 2인 원이 x축 위를 θ만큼 굴러가면, 원점 O에서 출발한 점 P의 위치는 문제에서 제시한 그림과 같다. 점 P의 좌표를 (x, y)라 하면

$$x=\overline{\mathrm{OB}}=\overline{\mathrm{OC}}-\overline{\mathrm{BC}}$$

이다. 여기서 $\overline{\mathrm{OC}}$와 $\overline{\mathrm{BC}}$를 θ를 이용하여 나타내 보자.

원이 x축 위를 굴러가면 $\overline{\mathrm{OC}}=\overparen{\mathrm{PC}}$이므로 $\overline{\mathrm{OC}}=\boxed{2\theta}$이고, $\triangle$APD에서 $\overline{\mathrm{BC}}=\overline{\mathrm{PD}}=\boxed{2\sin\theta}$이다. 따라서

$$x=\boxed{2(\theta-\sin\theta)}$$

이다. 또

$$y=\overline{\mathrm{PB}}=\overline{\mathrm{AC}}-\overline{\mathrm{AD}}=2-\overline{\mathrm{AD}}$$

인데, $\triangle$APD에서 $\overline{\mathrm{AD}}=\boxed{2\cos\theta}$이다. 따라서

$$y=\boxed{2(1-\cos\theta)}$$

이다.

(2) $x=2(\theta-\sin\theta)$, $y=2(1-\cos\theta)$, $0\le\theta\le 2\pi$이므로

$$\frac{dx}{d\theta}=2(1-\cos\theta),\ \frac{dy}{d\theta}=2\sin\theta$$

이다. 제시문 (가)의 매개변수로 나타낸 곡선의 길이 구하는 공식에 의하여

$$l=2\int_0^{2\pi}\sqrt{(1-\cos\theta)^2+\sin^2\theta}\,d\theta=2\int_0^{2\pi}\sqrt{2-2\cos\theta}\,d\theta$$

이다. 그런데 제시문 (나)의 삼각함수의 반각공식에 의하여 $1-\cos\theta=2\sin^2\frac{\theta}{2}$이고, $0\le\theta\le 2\pi$에서 $\sin\frac{\theta}{2}\ge 0$이므로

$$l=4\int_0^{2\pi}\sin\frac{\theta}{2}\,d\theta=4\left[-2\cos\frac{\theta}{2}\right]_0^{2\pi}=16$$

이다.

(3) 사이클로이드의 방정식과 치환적분법에 의하여

$$m_k=8\int_{2(k-1)\pi}^{2k\pi}(\theta-\sin\theta)(1-\cos\theta)^2d\theta$$

이다. 부분적분법에 의하여

$\int_{2(k-1)\pi}^{2k\pi}\theta(1-\cos\theta)^2d\theta$

$=\left[\frac{3}{4}\theta^2-2\theta\sin\theta+\frac{1}{4}\theta\sin 2\theta-2\cos\theta+\frac{1}{8}\cos 2\theta\right]_{2(k-1)\pi}^{2k\pi}$

$=3\pi^2(2k-1)$

이고

$\int_{2(k-1)\pi}^{2k\pi}\sin\theta(1-\cos\theta)^2d\theta$

$=\left[\frac{1}{3}(1-\cos\theta)^3\right]_{2(k-1)\pi}^{2k\pi}=0$

이므로

$m_k=24\pi^2(2k-1)$

이다. 그런데 $\sum_{k=1}^{n}k=\frac{n(n+1)}{2}$이고

$\sum_{k=1}^{n}k^2=\frac{n(n+1)(2n+1)}{6}$이므로

$\sum_{k=1}^{n}km_k=\sum_{k=1}^{n}24\pi^2(2k^2-k)$

$=24\pi^2\left\{\frac{n(n+1)(2n+1)}{3}-\frac{n(n+1)}{2}\right\}$

$=4\pi^2n(n+1)(4n-1)$

이다. 따라서

$$\lim_{n\to\infty}\frac{1}{n^3}\sum_{k=1}^{n}km_k=\lim_{n\to\infty}\frac{1}{n^3}4\pi^2n(n+1)(4n-1)=16\pi^2$$

이다.

(1) 문제의 원 C와 타원 E를 좌표평면에 그리면 다음과 같다.

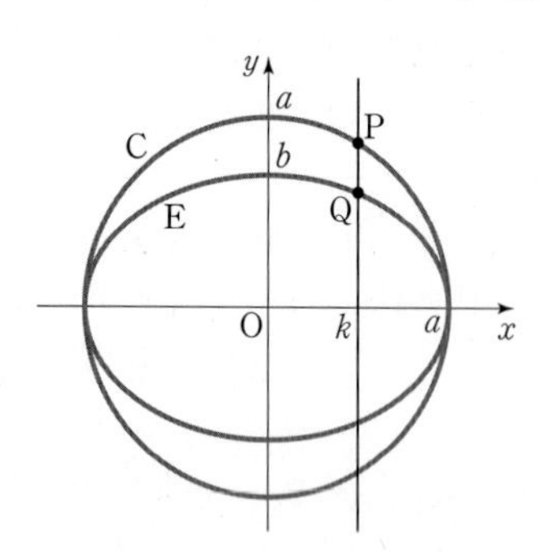

y축에 나란한 직선 $x=k$가 원 C, 타원 E와 만나는 점을 그림과 같이 각각 P, Q라 하면 P의 좌표는 $(k, \sqrt{a^2-k^2})$이고 Q의 좌표는 $\left(k, \frac{b}{a}\sqrt{a^2-k^2}\right)$이다.

그러므로 y축에 나란한 직선 $x=k$에 의해 C, E의 잘린 선분의 길이는 각각 $2\sqrt{a^2-k^2}$과 $\frac{2b}{a}\sqrt{a^2-k^2}$이고 그 비는 $a:b$로 일정하다. 따라서 카발리에리의 원리에 의해 C와 E의 넓이의 비도 $a:b$이다. 그런데 C의 넓이는 πa^2이므로 E의 넓이는 $\frac{b}{a}\times\pi a^2=\pi ab$이다.

(2) 원점에서 x축에 접하고 있던 반지름이 각각 1과 r인 원에 의해 생성된 사이클로이드곡선 S_1과 S_2가 다음 그림과 같이 위치하고 있다고 하자.(단, 그림은 $r>1$인 경우를 나타내고 있다.)

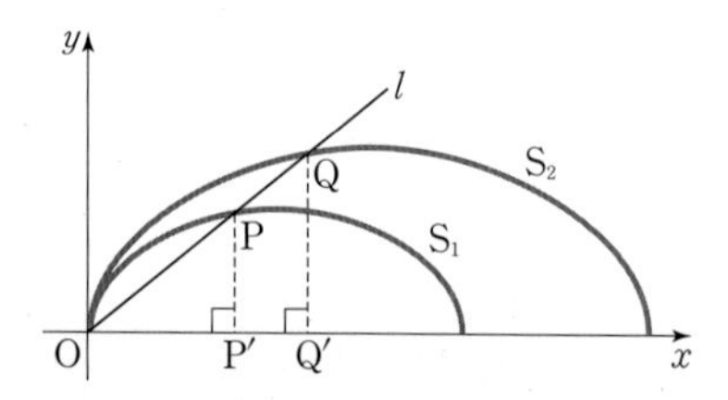

O에서 시작하는 임의의 반직선 l이 S_1, S_2와 만나는 점을 각각 P, Q라 하고 P의 좌표를 $(t-\sin t, 1-\cos t)$라 하자. 그러면 좌표가 $(r(t-\sin t), r(1-\cos t))$인 점은 직선 l 위에 있으면서 동시에 사이클로이드곡선 S_2 위에 있게 된다. 즉, 점 Q의 좌표가 $(r(t-\sin t), r(1-\cos t))$가 된다. 따라서 $\overline{OP}:\overline{OQ}=(t-\sin t):r(t-\sin t)=1:r$가 되어 일정하므로 S_1과 S_2는 닮은꼴이다.

(3)

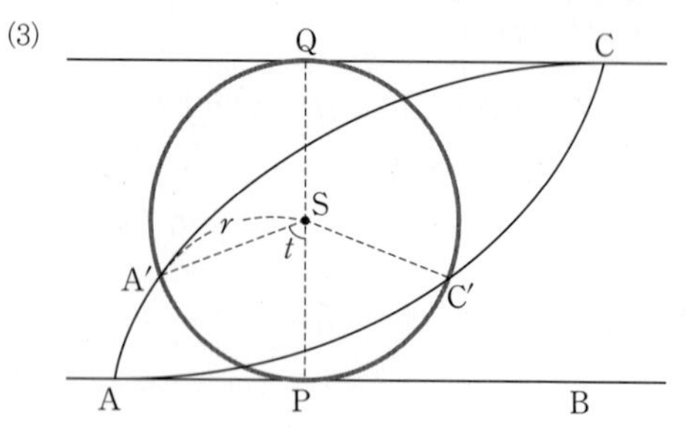

$t=\angle PSA'$이라 하면 $\overline{AP}=rt$이다. 그러면

$\overline{CQ}=\overline{BP}=\overline{AB}-\overline{AP}=\pi r-rt=r(\pi-t)$

가 되므로 $\angle QSC'=\pi-t$가 된다. 따라서

$\angle PSC'=\pi-\angle QSC'=\pi-(\pi-t)=t=\angle PSA'$

이 되어 $\overline{A'C'}$은 $\overline{AB}$에 평행하게 된다.

(4) 문제 (3)에 의해 다음 그림의 선분 A′C′은 직선 AB에 평행한 직선에 의해 두 사이클로이드곡선 AA′C와 CC′A로 둘러싸인 영역이 잘린 부분이면서 원 S가 잘린 부분이기도 하다.

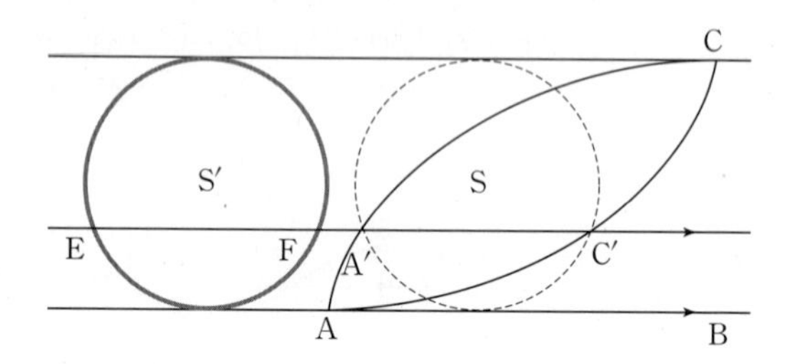

따라서 직선 AB에 평행한 직선으로 원 S와 S′을 각각 자른 선분 A′C′과 선분 EF는 길이가 같게 된다. 그러면 카발리에리의 원리에 의해 두 사이클로이드곡선 AA′C와 CC′A로 둘러싸인 영역의 넓이는 원 S′의 넓이와 같은 πr^2이 된다. 그러므로 구하는 넓이는 두 사이클로이드곡선 AA′C와 CC′A로 둘러싸인 영역의 넓이의 반에 △ABC의 넓이를 더하면 되므로 $\frac{1}{2}\pi r^2+\frac{1}{2}\pi r\cdot 2r=\frac{3}{2}\pi r^2$이다.

문제 3 • 344쪽 •

(1) 둘레의 길이가 1인 정삼각형을 한 바퀴 굴렸을 때 점 A가 이동한 거리는 그림과 같이 반지름의 길이가 $\frac{1}{3}$이고 중심각의 크기가 $\frac{2}{3}\pi$인 부채꼴의 호의 길이의 2배와 같다.

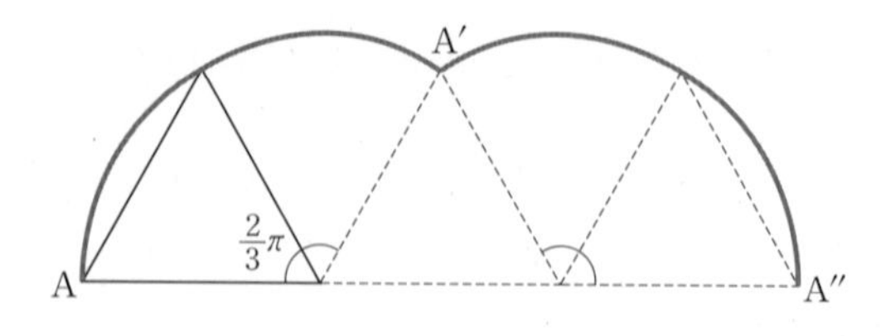

따라서 점 A가 이동한 거리는 $\frac{1}{3}\times\frac{2}{3}\pi\times 2=\frac{4}{9}\pi$이다.

(2) 제시문 (나)에서 둘레의 길이가 1인 정사각형을 한 바퀴 굴렸을 때 점 A가 이동한 거리는 그림과 같이 반지름의 길이가 $\frac{1}{4}$이고 중심각의 크기가 $\frac{\pi}{2}$인 부채꼴의 호의 길이의 2배와 반지름의 길이가 $\frac{\sqrt{2}}{4}$이고 중심각의 크기가 $\frac{\pi}{2}$인 부채꼴의 호의 길이와의 합이다.

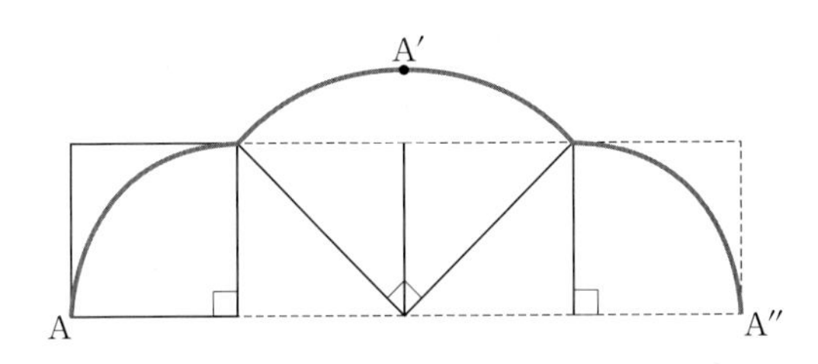

따라서 점 A가 이동한 거리는

$$\frac{1}{4}\times\frac{\pi}{2}\times2+\frac{\sqrt{2}}{4}\times\frac{\pi}{2}=\frac{\pi}{4}+\frac{\sqrt{2}}{8}\pi=\left(\frac{1}{4}+\frac{\sqrt{2}}{8}\right)\pi$$

(3) 둘레가 1인 정n각형의 외접원의 반지름을 r라 하면

$$\overline{\mathrm{A}_k\mathrm{A}_n}=2r\sin\frac{k\pi}{n} \quad \cdots\cdots ㉠$$

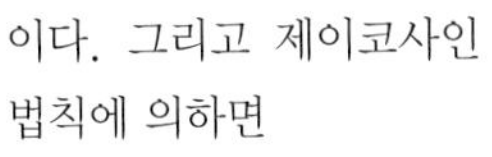

이다. 그리고 제이코사인 법칙에 의하면

$$\frac{1}{n^2}=r^2+r^2-2r\cdot r\cos\frac{2\pi}{n}$$
$$=2r^2\left(1-\cos\frac{2\pi}{n}\right)$$
$$=4r^2\sin^2\frac{\pi}{n}\ (\because 1-\cos2\theta=2\sin^2\theta)$$

이므로 $r=\dfrac{1}{2n\sin\frac{\pi}{n}}$이고 이것을 ㉠에 대입하면

$$\overline{\mathrm{A}_k\mathrm{A}_n}=\frac{\sin\frac{k\pi}{n}}{n\sin\frac{\pi}{n}}\ (k=1,\ 2,\ \cdots,\ n-1)\text{이다.}$$

참고

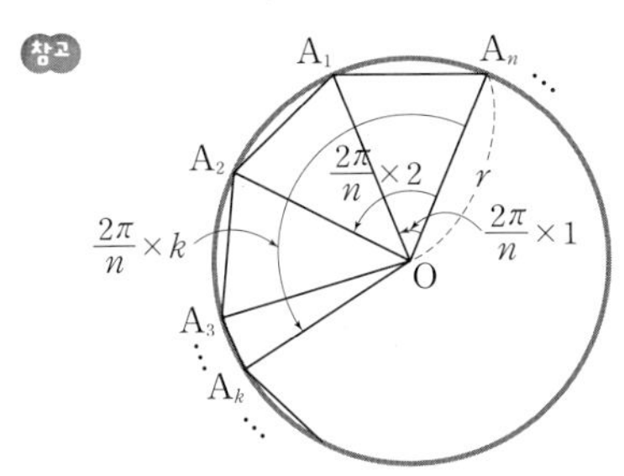

다른 답안

둘레의 길이가 1인 정n각형의 외접원의 반지름을 r라 하고 이 원의 중심을 원점, $\mathrm{A}_n(r,\ 0)$으로 하는 좌표평면을 생각하자.

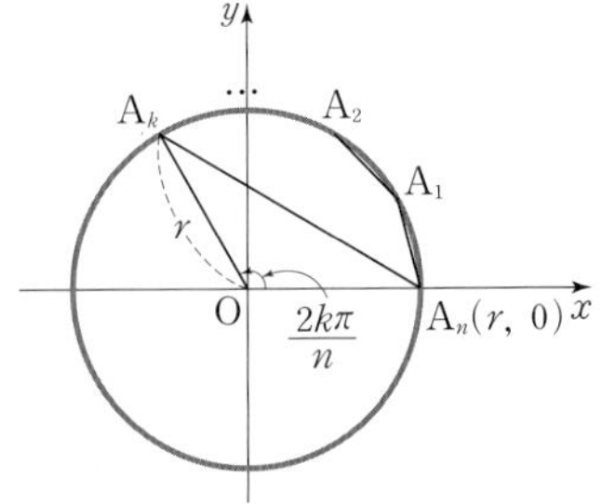

이때 $\angle\mathrm{A}_k\mathrm{OA}_n=\dfrac{2k\pi}{n}$이므로

$\mathrm{A}_k\left(r\cos\dfrac{2k\pi}{n},\ r\sin\dfrac{2k\pi}{n}\right)$이다.

$$\overline{\mathrm{A}_n\mathrm{A}_k}=\sqrt{\left(r-r\cos\frac{2k\pi}{n}\right)^2+\left(0-r\sin\frac{2k\pi}{n}\right)^2}$$

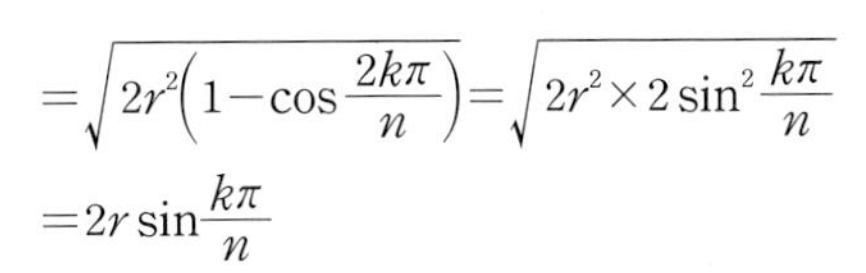

$$=\sqrt{2r^2\left(1-\cos\frac{2k\pi}{n}\right)}=\sqrt{2r^2\times2\sin^2\frac{k\pi}{n}}$$
$$=2r\sin\frac{k\pi}{n}$$

이다. 그런데 점 O에서 선분 $\mathrm{A}_n\mathrm{A}_1$에 내린 수선의 발을 H라 하면 삼각형 $\mathrm{OA}_n\mathrm{H}$에서

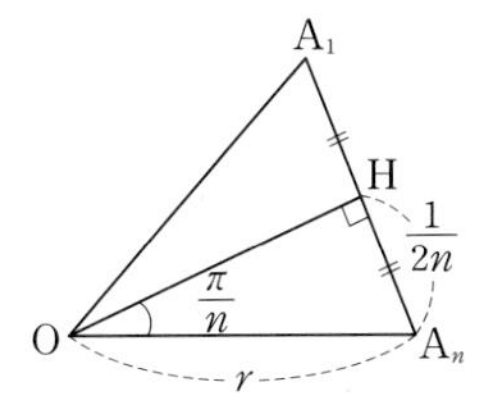

$$\sin\frac{\pi}{n}=\frac{\frac{1}{2n}}{r},\ r=\frac{1}{2n\sin\frac{\pi}{n}}$$

이므로

$$\overline{\mathrm{A}_n\mathrm{A}_k}=\frac{\sin\frac{k\pi}{n}}{n\sin\frac{\pi}{n}}\text{이다.}$$

(4) 문제 (1), (2)에 의하여 추론해 보면 정n각형을 직선 위에서 한 바퀴 굴릴 때 한 꼭짓점이 움직인 거리 d_n은 $\displaystyle\sum_{k=1}^{n-1}\{\overline{\mathrm{A}_k\mathrm{A}_n}\times(\text{한 외각의 크기})\}$이다.

$$d_n=\sum_{k=1}^{n-1}\left(\overline{\mathrm{A}_k\mathrm{A}_n}\times\frac{2\pi}{n}\right)=\sum_{k=1}^{n-1}\left(\frac{\sin\frac{k\pi}{n}}{n\sin\frac{\pi}{n}}\times\frac{2\pi}{n}\right)$$
$$=\frac{2\pi}{n^2\sin\frac{\pi}{n}}\sum_{k=1}^{n-1}\sin\frac{k\pi}{n}$$

$$\lim_{n\to\infty}d_n=\lim_{n\to\infty}\frac{2\pi}{n^2\sin\frac{\pi}{n}}\sum_{k=0}^{n-1}\sin\frac{k\pi}{n}$$
$$=\lim_{n\to\infty}\frac{2}{\pi}\cdot\frac{\frac{\pi}{n}}{\sin\frac{\pi}{n}}\cdot\frac{\pi}{n}\sum_{k=0}^{n-1}\sin\frac{k\pi}{n}$$
$$=\frac{2}{\pi}\int_0^{\pi}\sin x\,dx=\frac{4}{\pi}$$

이다.

참고

정n각형의 한 외각의 크기는 정n각형의 외접원의 중심각을 n등한 각 $\dfrac{2\pi}{n}$이다.

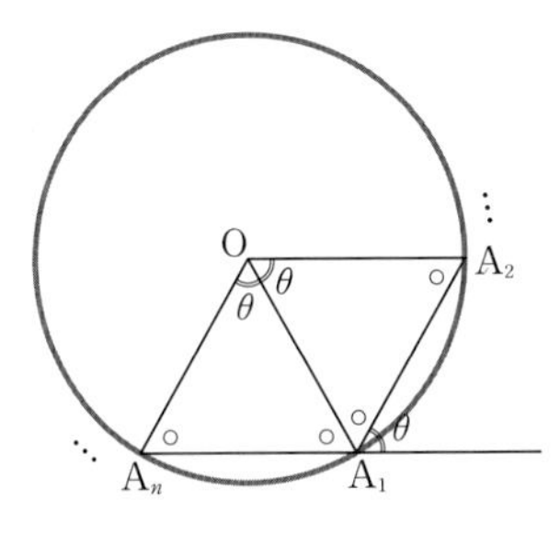

다른 답안

$n\to\infty$일 때 둘레의 길이가 1인 정n각형은 둘레의 길이가 1인 원이 되므로 $l=\displaystyle\lim_{n\to\infty}d_n$은 원을 한 바퀴 굴릴 때 원 위의 점 P의 자취의 길이가 된다. 즉 반지름의 길이 $r=\dfrac{1}{2\pi}$인 원 위의 점 P가 그리는 사이클로이드곡선 하나의 길이가 된다.

사이클로이드곡선 위의 점 $\mathrm{P}(x,\ y)$를 매개변수 θ로 나타내면

$x=r(\theta-\sin\theta)$, $y=r(1-\cos\theta)$가 되므로

$$l=\int_0^{2\pi}\sqrt{\left(\frac{dx}{d\theta}\right)^2+\left(\frac{dy}{d\theta}\right)^2}\,d\theta$$
$$=\int_0^{2\pi}\sqrt{r^2(1-\cos\theta)^2+r^2\sin^2\theta}\,d\theta$$
$$=\int_0^{2\pi}r\sqrt{2(1-\cos\theta)}\,d\theta$$
$$=2r\int_0^{2\pi}\sin\frac{\theta}{2}\,d\theta$$
$$=8r=8\times\frac{1}{2\pi}$$
$$=\frac{4}{\pi}$$

이다.

문제 4 • 345쪽 •

(1) 원 C의 반지름을 r, 원 D의 반지름을 R라 하고 제시문에 나오는 역점의 정의에 따라 점 Q가 원 C에 대한 점 P의 역점임을 보이면 된다.
즉, $\overline{OP}\cdot\overline{OQ}=r^2$임을 보이면 된다.

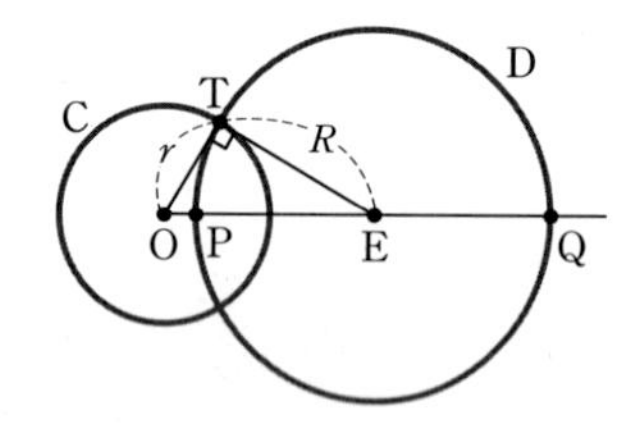

그런데 $\overline{TE}=\overline{PE}=\overline{EQ}$이고

$$r^2=\overline{OT}^2=\overline{OE}^2-\overline{TE}^2$$
$$=(\overline{OE}+\overline{TE})(\overline{OE}-\overline{TE})$$
$$=\overline{OQ}\cdot\overline{OP}$$

이다. 따라서 점 Q는 원 C에 대한 점 P의 역점이다.

(2) [그림 a]와 같이 점 P의 역점은 중심으로부터 거리가 $2a$인 점 Q가 된다. 이때 점 Q가 그리는 궤적은 [그림 b]와 같다.

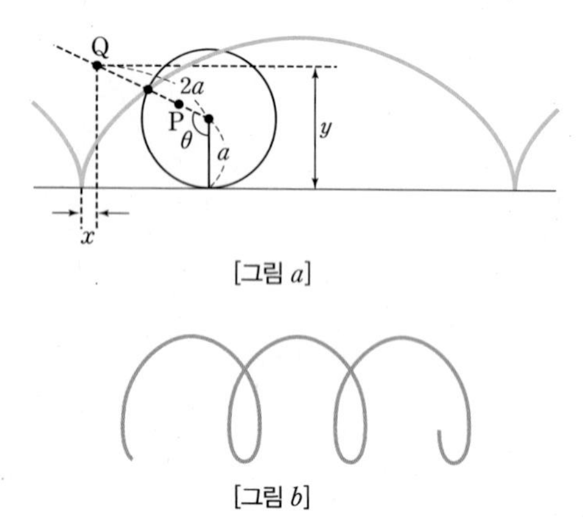

[그림 a]

[그림 b]

따라서 점 Q가 그리는 궤적의 식을 유추해 보자.
다음 그림과 같이 점 P에 대한 역점은 중심으로부터 거리가 $2a$(지름의 길이) 떨어진 점 Q가 된다.

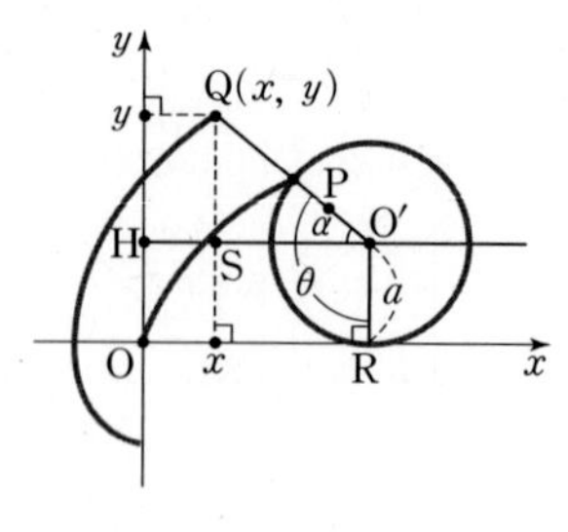

그림에서 구하고자 하는 점 Q의 좌표를 (x, y)라 두고 $\angle QO'H=\alpha$로 놓으면

$$\theta=\alpha+\frac{\pi}{2},\ \alpha=-\left(\frac{\pi}{2}-\theta\right)$$

이다. 또한, $\overline{O'Q}=2a$, $\overline{OR}=a\theta$이므로

$$\overline{O'S}=2a\cos\alpha=2a\cos\left\{-\left(\frac{\pi}{2}-\theta\right)\right\}$$
$$=2a\cos\left(\frac{\pi}{2}-\theta\right)=2a\sin\theta$$
$$\overline{QS}=2a\sin\alpha=2a\sin\left\{-\left(\frac{\pi}{2}-\theta\right)\right\}$$
$$=-2a\sin\left(\frac{\pi}{2}-\theta\right)=-2a\cos\theta$$

이고

$$x=\overline{OR}-\overline{O'S}=a\theta-2a\sin\theta,$$
$$y=\overline{QS}+\overline{O'R}=-2a\cos\theta+a$$

이다.

문제 5 • 346쪽 •

(1) x축의 양의 부분과 중심선이 이루는 각의 크기가 θ일 때, 중심선과 원 T가 만나는 점을 Q, 원 S의 중심을 $C(\theta)$, 점 P의 위치를 $P(\theta)$라 하면 호 $QP(\theta)$의 길이와 호 QP의 길이는 같으므로 $\frac{1}{4}\angle QC(\theta)P(\theta)=1\cdot\theta$이다.
즉, $\angle QC(\theta)P(\theta)=4\theta$이다.

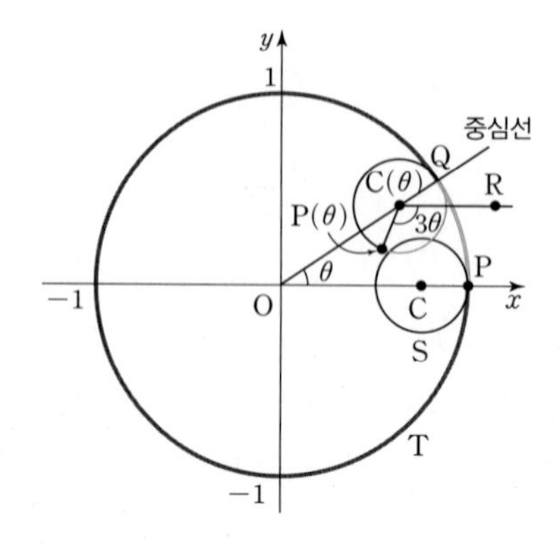

점 $C(\theta)$에서 x축에 평행한 반직선을 그어 그 위의 한 점을 R이라 하면 $\angle RC(\theta)P(\theta)=4\theta-\theta=3\theta$이다.

점 $C(\theta)$의 좌표는 $\left(\frac{3}{4}\cos\theta,\ \frac{3}{4}\sin\theta\right)$이므로 점 $P(\theta)$의 좌표는

$\left(\frac{3}{4}\cos\theta+\frac{1}{4}\cos 3\theta,\ \frac{3}{4}\sin\theta-\frac{1}{4}\sin 3\theta\right)$

$=\left(\frac{3}{4}\cos\theta+\frac{1}{4}(4\cos^3\theta-3\cos\theta),\right.$

$\left.\frac{3}{4}\sin\theta-\frac{1}{4}(3\sin\theta-4\sin^3\theta)\right)$

$=(\cos^3\theta,\ \sin^3\theta)$

이다.

(2) 점 P의 좌표를 $P(x,\ y)$로 놓으면

$x=\cos^3\theta,\ y=\sin^3\theta\ (0\le\theta\le\pi)$이다.

$\cos^2\theta+\sin^2\theta=1$이므로

$x^{\frac{2}{3}}+y^{\frac{2}{3}}=1\ (-1\le x\le 1,\ 0\le y\le 1)$이다.

한편, $0<\theta<\frac{\pi}{2}$일 때, $0<x<1,\ 0<y<1$이고

$$\frac{dy}{dx}=\frac{\frac{dy}{d\theta}}{\frac{dx}{d\theta}}=\frac{3\sin^2\theta\cos\theta}{3\cos^2\theta(-\sin\theta)}=-\tan\theta<0$$

이므로 단조감소한다. 또,

$$\frac{d^2y}{dx^2}=\frac{d}{dx}\left(\frac{dy}{dx}\right)=\frac{d\theta}{dx}\cdot\frac{d}{d\theta}\left(\frac{dy}{dx}\right)$$

$$=\frac{1}{3\cos^2\theta(-\sin\theta)}\cdot(-\sec^2\theta)$$

$$=\frac{1}{3\cos^4\theta\sin\theta}>0$$

이므로 아래로 볼록하다.

또, $x^{\frac{2}{3}}+y^{\frac{2}{3}}=1(-1\le x\le 1,\ 0\le y\le 1)$의 그래프는 y축에 대하여 대칭이므로 구하는 그래프의 개형은 아래 그림과 같다.

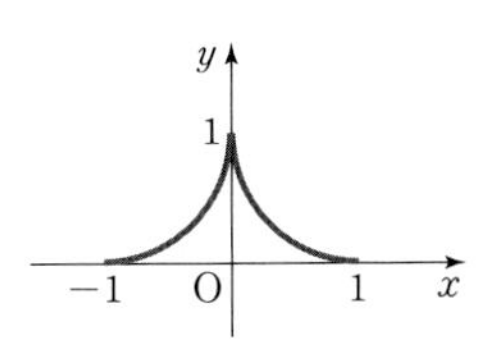

(3) $\int_0^{\pi}\sqrt{\left(\frac{dx}{d\theta}\right)^2+\left(\frac{dy}{d\theta}\right)^2}\,d\theta$

$=2\int_0^{\frac{\pi}{2}}\sqrt{\left(\frac{dx}{d\theta}\right)^2+\left(\frac{dy}{d\theta}\right)^2}\,d\theta$

$=2\int_0^{\frac{\pi}{2}}\sqrt{\{3\cos^2\theta(-\sin\theta)\}^2+(3\sin^2\theta\cos\theta)^2}\,d\theta$

$=6\int_0^{\frac{\pi}{2}}\sin\theta\cos\theta\,d\theta$

$=6\times\frac{1}{2}\int_0^{\frac{\pi}{2}}\sin 2\theta\,d\theta$

$=3\left[\frac{-\cos 2\theta}{2}\right]_0^{\frac{\pi}{2}}=3$

(4) 구하는 부피를 V라 하면

$V=\pi\int_{-1}^{1}y^2\,dx=2\pi\int_0^1 y^2\,dx$

이때 $x=\cos^3\theta,\ y=\sin^3\theta$이므로

$dx=3\cos^2\theta(-\sin\theta)\,d\theta$이고

$V=2\pi\int_{\frac{\pi}{2}}^{0}\sin^6\theta\{3\cos^2\theta(-\sin\theta)\}\,d\theta$

$=2\pi\int_0^{\frac{\pi}{2}}3(1-\cos^2\theta)^3\cos^2\theta\sin\theta\,d\theta$

이다. 이때 $\cos\theta=t$라 하면 $-\sin\theta\,d\theta=dt$이므로

$V=2\pi\int_1^0 3(1-t^2)^3t^2(-dt)$

$=2\pi\int_0^1(3t^2-9t^4+9t^6-3t^8)\,dt$

$=2\pi\left[t^3-\frac{9}{5}t^5+\frac{9}{7}t^7-\frac{1}{3}t^9\right]_0^1$

$=2\pi\left(1-\frac{9}{5}+\frac{9}{7}-\frac{1}{3}\right)$

$=2\pi\times\frac{16}{105}=\frac{32}{105}\pi$

이다.

문제 6 • 347쪽 •

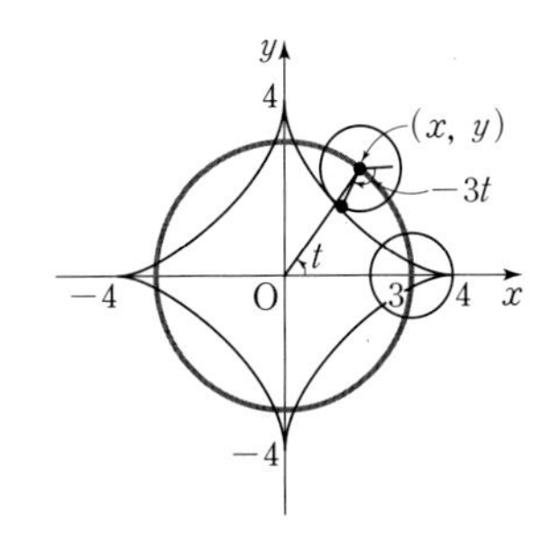

(1) $w=1$이므로 안쪽 팔 끝점의 위치 $(x,\ y)$는 매개변수방정식 $x=3\cos t,\ y=3\sin t$로 나타낼 수 있다.

이때 스크램블러의 바깥쪽 팔의 오른쪽 끝점에 있는 사람의 위치 $(x(t),\ y(t))$는 다음과 같이 나타낼 수 있다.

$x(t)=3\cos t+\cos(-3t)=3\cos t+\cos 3t$

$=3\cos t+(4\cos^3 t-3\cos t)$

$=4\cos^3 t$

$y(t)=3\sin t+\sin(-3t)=3\sin t-\sin 3t$

$=3\sin t-(3\sin t-4\sin^3 t)$

$=4\sin^3 t$

또한, $\cos^2 t+\sin^2 t=1$이므로 $\left(\frac{x(t)}{4}\right)^{\frac{2}{3}}+\left(\frac{y(t)}{4}\right)^{\frac{2}{3}}=1$

에서 $(x(t))^{\frac{2}{3}}+(y(t))^{\frac{2}{3}}=4^{\frac{2}{3}}$으로 나타낼 수 있다.

따라서 구하는 그래프는 위의 그래프와 같다.

(2) $\frac{dx(t)}{dt}=12\cos^2 t(-\sin t)=-12\sin t\cos^2 t$,

$\frac{dy(t)}{dt}=12\sin^2 t\cos t$이고,

$\vec{v}=\left(\frac{dx(t)}{dt},\ \frac{dy(t)}{dt}\right)$일 때 속력 v는

$|\vec{v}|=\sqrt{\left(\frac{dx(t)}{dt}\right)^2+\left(\frac{dy(t)}{dt}\right)^2}$

$=\sqrt{12^2\sin^2 t\cos^4 t+12^2\sin^4 t\cos^2 t}$

$=\sqrt{12^2\sin^2 t\cos^2 t(\cos^2 t+\sin^2 t)}$

$=|12\sin t\cos t|$

$=6|\sin 2t|$

이다.

속력이 0인 시각은 $\sin 2t=0(0\le t\le 2\pi)$일 때

$2t=0,\ \pi,\ 2\pi,\ 3\pi,\ 4\pi$에서

$t=0,\ \frac{\pi}{2},\ \pi,\ \frac{3\pi}{2},\ 2\pi$이다.

또, 곡선의 길이는 다음과 같다.

$4\int_0^{\frac{\pi}{2}}\sqrt{\left(\frac{dx(t)}{dt}\right)^2+\left(\frac{dy(t)}{dt}\right)^2}\,dt$

$=4\int_0^{\frac{\pi}{2}}6\sin 2t\,dt$

$=24\left[\frac{-\cos 2t}{2}\right]_0^{\frac{\pi}{2}}$

$=24$

(3) 구하는 넓이는 곡선이 제1사분면에서 x축과 둘러싸인 넓이를 4배하면 된다.

$4\int_0^4 y\,dx=4\int_{\frac{\pi}{2}}^0 (4\sin^3 t)\{12\cos^2 t(-\sin t)\,dt\}$

$=192\int_0^{\frac{\pi}{2}}\sin^4 t\cos^2 t\,dt$

$=192\int_0^{\frac{\pi}{2}}(\sin^2 t\cos^2 t)\sin^2 t\,dt$

$=192\int_0^{\frac{\pi}{2}}\left(\frac{1}{4}\sin^2 2t\times\frac{1-\cos 2t}{2}\right)dt$

$=24\left(\int_0^{\frac{\pi}{2}}\sin^2 2t\,dt-\int_0^{\frac{\pi}{2}}\sin^2 2t\cdot\cos 2t\,dt\right)$

여기에서

$\int_0^{\frac{\pi}{2}}\sin^2 2t\,dt=\int_0^{\frac{\pi}{2}}\frac{1-\cos 4t}{2}\,dt$

$=\frac{1}{2}\left[t-\frac{\sin 4t}{4}\right]_0^{\frac{\pi}{2}}=\frac{1}{2}\times\frac{\pi}{2}=\frac{\pi}{4}$

$\int_0^{\frac{\pi}{2}}\sin^2 2t\cdot\cos 2t\,dt$에서 $\sin 2t=u$로 놓으면

$\int_0^0 u^2\frac{du}{2}=0$이므로 구하는 넓이는 $24\times\frac{\pi}{4}=6\pi$이다.

참고

$\int_0^{\frac{\pi}{2}}\sin^4 t\cdot\cos^2 t\,dt$의 적분

(i) (준식)$=\int_0^{\frac{\pi}{2}}(\sin^2 t\cos^2 t)\sin^2 t\,dt$

$=\int_0^{\frac{\pi}{2}}\left(\frac{1}{2}\sin 2t\right)^2\sin^2 t\,dt$

$=\int_0^{\frac{\pi}{2}}\frac{1}{4}\times\frac{1-\cos 4t}{2}\times\frac{1-\cos 2t}{2}\,dt$

$=\frac{1}{16}\int_0^{\frac{\pi}{2}}(1-\cos 4t)(1-\cos 2t)\,dt$

$=\frac{1}{16}\int_0^{\frac{\pi}{2}}(1-\cos 4t-\cos 2t+\cos 2t\cos 4t)\,dt$

$=\frac{1}{16}\int_0^{\frac{\pi}{2}}\left\{1-\cos 4t-\cos 2t+\frac{1}{2}(\cos 6t+\cos 2t)\right\}dt$

$=\frac{1}{16}\int_0^{\frac{\pi}{2}}\left(1-\cos 4t-\frac{1}{2}\cos 2t+\frac{1}{2}\cos 6t\right)dt$

$=\frac{1}{16}\left[t-\frac{\sin 4t}{4}-\frac{\sin 2t}{4}+\frac{\sin 6t}{12}\right]_0^{\frac{\pi}{2}}$

$=\frac{\pi}{32}$

(ii) (준식)$=\int_0^{\frac{\pi}{2}}(\sin^2 t)^2\cos^2 t\,dt$

$=\int_0^{\frac{\pi}{2}}\left(\frac{1-\cos 2t}{2}\right)^2\left(\frac{1+\cos 2t}{2}\right)dt$

$=\frac{1}{8}\int_0^{\frac{\pi}{2}}(1-\cos 2t)(1-\cos^2 2t)\,dt$

$=\frac{1}{8}\int_0^{\frac{\pi}{2}}(1-\cos 2t)\sin^2 2t\,dt$

$=\frac{1}{8}\int_0^{\frac{\pi}{2}}(1-\cos 2t)\frac{1-\cos 4t}{2}\,dt$

$=\frac{1}{16}\int_0^{\frac{\pi}{2}}(1-\cos 2t)(1-\cos 4t)\,dt$

$=\frac{1}{16}\int_0^{\frac{\pi}{2}}(1-\cos 4t-\cos 2t+\cos 2t\cos 4t)\,dt$

$=\frac{1}{16}\int_0^{\frac{\pi}{2}}\left\{(1-\cos 4t-\cos 2t+\frac{1}{2}(\cos 6t+\cos 2t)\right\}dt$

$=\frac{1}{16}\int_0^{\frac{\pi}{2}}\left(1-\cos 4t-\frac{1}{2}\cos 2t+\frac{1}{2}\cos 6t\right)dt$

$=\frac{1}{16}\left[t-\frac{\sin 4t}{4}-\frac{\sin 2t}{4}+\frac{\sin 6t}{12}\right]_0^{\frac{\pi}{2}}$

$=\frac{\pi}{32}$

(iii) $I=\int_0^{\frac{\pi}{2}}\sin^4 t\cos^2 t\,dt$로 놓고

$t=\frac{\pi}{2}-u$로 치환하면

$\sin t=\cos u,\ \cos t=\sin u,\ dt=-du$이므로

$I=\int_{\frac{\pi}{2}}^0\cos^4 u\sin^2 u(-du)$

$=\int_0^{\frac{\pi}{2}}\cos^4 t\sin^2 t\,dt$

$2I=\int_0^{\frac{\pi}{2}}\sin^4 t\cos^2 t\,dt+\int_0^{\frac{\pi}{2}}\cos^4 t\sin^2 t\,dt$

$$=\int_0^{\frac{\pi}{2}} \sin^2 t\cos^2 t(\sin^2 t+\cos^2 t)dt$$

$$=\int_0^{\frac{\pi}{2}} \left(\frac{1}{2}\sin 2t\right)^2 dt$$

$$=\int_0^{\frac{\pi}{2}} \frac{1}{4}\times\frac{1-\cos 4t}{2}\,dt$$

$$=\frac{1}{8}\int_0^{\frac{\pi}{2}} (1-\cos 4t)\,dt$$

$$=\frac{1}{8}\left[t-\frac{\sin 4t}{4}\right]_0^{\frac{\pi}{2}}$$

$$=\frac{\pi}{16}$$

이므로 $I=\frac{\pi}{32}$이다.

주제별 강의 **제 21 장**

구의 그림자

문제 1 • 351쪽 •

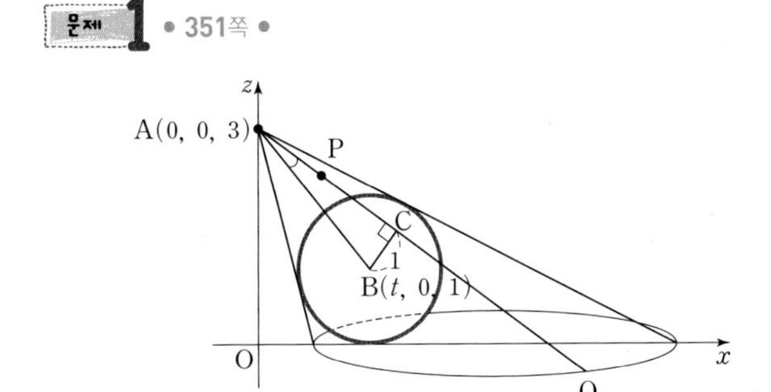

(1) 그림에서 직선 AP와 xy평면의 교점을 Q라 하고, 직선 AP와 구가 접하는 점을 C라 하자. $\angle\mathrm{BCA}=90°$이므로 $\overline{\mathrm{AB}}=\sqrt{t^2+4}$, $\overline{\mathrm{BC}}=1$이다.

따라서 $\sin(\angle\mathrm{PAB})=\frac{1}{\sqrt{t^2+4}}$이다.

(2) $\overrightarrow{\mathrm{AP}}\cdot\overrightarrow{\mathrm{AB}}=|\overrightarrow{\mathrm{AP}}||\overrightarrow{\mathrm{AB}}|\cos(\angle\mathrm{PAB})=\overline{\mathrm{AP}}\times\overline{\mathrm{AC}}$이므로

$(x,\ y,\ z-3)\cdot(t,\ 0,\ -2)$

$=\sqrt{x^2+y^2+(z-3)^2}\times\sqrt{(\sqrt{t^2+4})^2-1^2}$

$tx-2(z-3)=\sqrt{x^2+y^2+(z-3)^2}\,\sqrt{t^2+3}$

이다. 양변을 제곱하면

$(tx-2z+6)^2=\{x^2+y^2+(z-3)^2\}(t^2+3)$이다.

(3) 구의 그림자는 xy평면 위에 생기므로 구의 그림자의 방정식은 (2)에서 구한 식에서 $z=0$일 때이다.

이때 $(tx+6)^2=(x^2+y^2+9)(t^2+3)$에서

$3x^2+(t^2+3)y^2-12tx+9t^2-9=0$,

$3(x-2t)^2+(t^2+3)y^2=3(t^2+3)$,

$\frac{(x-2t)^2}{t^2+3}+\frac{y^2}{3}=1$이다.

그러므로 구의 그림자는 타원이 되고 넓이 $S(t)$는

$S(t)=\pi\sqrt{3t^2+9}$이다.

$$\lim_{t\to\infty}\{S(t)-f(t)\}=\lim_{t\to\infty}\{\pi\sqrt{3t^2+9}-f(t)\}$$

$$=\lim_{t\to\infty}\frac{\pi^2(3t^2+9)-\{f(t)\}^2}{\pi\sqrt{3t^2+9}+f(t)}$$

$$=0$$

을 만족해야 하고 분모가 t에 관한 일차식이므로 분자는 상수가 되어야 한다.

따라서 $f(t)$는 t에 관한 일차함수가 되어야 하므로

$f(t)=\pi(at+b)$로 놓을 수 있다.

이때 극한값은

$$\lim_{t\to\infty}\frac{\pi^2(3t^2+9)-\pi^2(at+b)^2}{\pi\sqrt{3t^2+9}+\pi(at+b)}$$

$$=\pi\lim_{t\to\infty}\frac{(3-a^2)t^2-2abt+(9-b^2)}{\sqrt{3t^2+9}+(at+b)}$$

$$=0$$

이므로 $3-a^2=0$, $b=0$에서 $a=\sqrt{3}$, $b=0$이다.

따라서 $f(t)=\sqrt{3}\pi t$이다.

문제 2 • 351쪽 •

점광원 P를 xz평면 위의 $x>0$인 부분에 있는 것으로 해도 일반성을 잃지 않는다. 이때 점 P의 좌표 (1, 0, 1)이 된다.

입체 V를 xz평면으로 자른 단면의 식은 $0\le z\le 2-x^2$, $y=0$이고 곡선 $z=2-x^2$ 위의 점 (1, 0, 1)에서의 접선의 방정식은

$z=-2(x-1)+1=-2x+3$, $y=0$ …… ㉠

이다. 접선 ㉠을 포함하고 xz평면에 수직인 평면 $z=-2x+3$은 회전체 위의 점 P에서의 접평면이고 이 평면이 점광원 P로부터 빛이 도달하는 영역의 경계가 된다.

따라서 점광원 P로부터의 빛이 도달하는 영역은 $z\ge 3-2x$로 표현되고,

xy평면인 $z=0$에서의 영역은 $0\ge 3-2x$, 즉 $x\ge\frac{3}{2}$인 부분이다.

xy평면 위의 원 C의 반지름의 길이를 r라 하면 빛이 도달하는 부분은

C : $x^2+y^2=r^2$ 위의

$\frac{3}{2} \le x \le r$인 호이다. 이때

$r\cos\theta=\frac{3}{2}$ …… ㉡

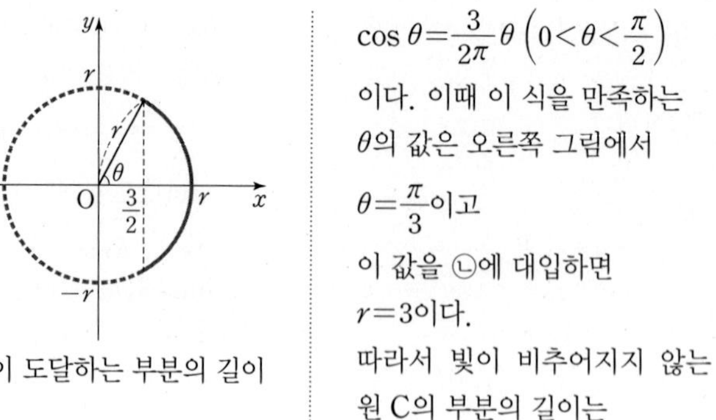
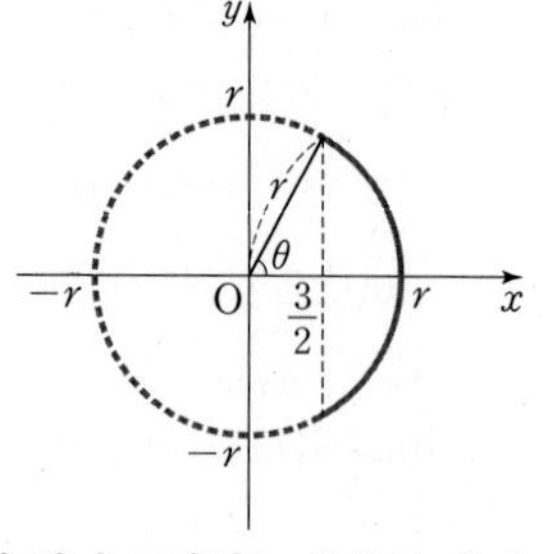

을 만족하는 양의 예각 θ를 정하면 빛이 도달하는 부분의 길이 l은 $l=2r\theta=2\pi$ …… ㉢

이다. ㉡, ㉢에서 r를 소거하면

$\cos\theta=\frac{3}{2\pi}\theta \left(0<\theta<\frac{\pi}{2}\right)$

이다. 이때 이 식을 만족하는 θ의 값은 오른쪽 그림에서

$\theta=\frac{\pi}{3}$이고

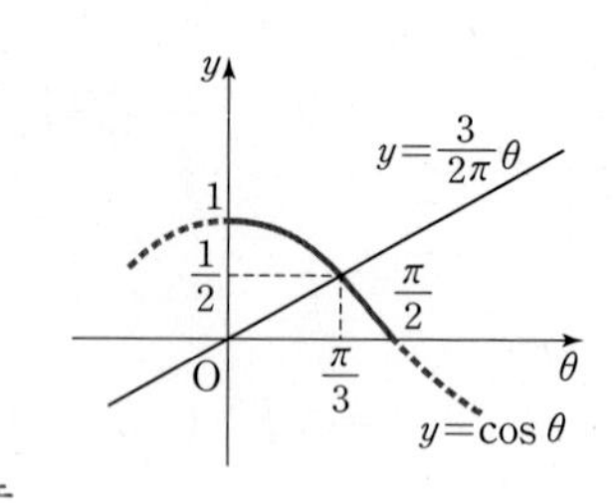

이 값을 ㉡에 대입하면

$r=3$이다.

따라서 빛이 비추어지지 않는 원 C의 부분의 길이는

$2\pi r-l=6\pi-2\pi=4\pi$이다.

memo

memo

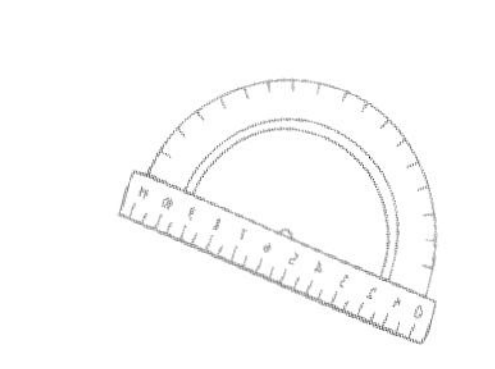

수리논술의 개념서

신통

수리논술 2권

미적분, 기하와 벡터 과정

사고의 차원을 높여주는 수리논술 공략법!

각 대학별 출제 유형 완벽 분석!

개념부터 주제별 강의까지 완전 정복!

수리논술 만점 예시 답안 수록!